AF597717

HANDBUCH DER KATALYSE

HERAUSGEGEBEN

VON

G.-M. SCHWAB

MÜNCHEN

FÜNFTER BAND:

HETEROGENE KATALYSE II

SPRINGER-VERLAG WIEN GMBH

1957

HETEROGENE KATALYSE II

BEARBEITET VON

J. BLOCK · P. BROVETTO · F. H. CONSTABLE
A. G. NASINI · G. NATTA · H. NOLLER
R. RIGAMONTI · G. SAINI · G.-M. SCHWAB

MIT 119 ABBILDUNGEN IM TEXT

SPRINGER-VERLAG WIEN GMBH
1957

ISBN 978-3-7091-8041-9
DOI 10.1007/978-3-7091-8040-2

ISBN 978-3-7091-8040-2 (eBook)

URSPRÜNGLICH ERSCHIENEN BEI SPRINGER-VERLAG IN VIENNA 1957
SOFTCOVER REPRINT OF THE HARDCOVER 1ST EDITION 1957

Vorwort.

„Habent sua fata libelli.“ In dem Vorwort zum Gesamtwerk, das 1941 dem ersten Band dieses Handbuches vorangestellt wurde, war die Absicht ausgesprochen und begründet worden, einen möglichst gleichzeitigen Querschnitt durch das Gebiet der Katalyse zu schaffen und deshalb das ganze Werk möglichst kurzfristig fertigzustellen. Dies schien zunächst zu gelingen, indem bis 1943 die Bände I bis IV, VI und VII trotz aller Schwierigkeiten der Kriegsjahre herausgegeben werden konnten. Dann aber begannen die geschichtlichen Ereignisse übermächtig zu werden, und die schon weit gediehenen Vorbereitungen zum fehlenden Band V hatten zu ruhen. Der Herausgeber und der Verleger sind glücklich, daß nunmehr nach 13 Jahren die Lücke geschlossen werden kann, nicht zuletzt durch die aufopfernde Arbeit der Autoren, die ihre alten Manuskripte teilweise völlig umgearbeitet haben.

Natürlich ist die Forschung besonders auf dem Gebiet der heterogenen Katalyse, der dieser Band gilt, inzwischen vorangeeilt, und die Brücke, die jetzt zwischen Band IV und VI geschlagen wird, liegt schon in beträchtlicher Höhe über den beiden Ufern. Es wäre aber nicht zu verantworten gewesen, um des ursprünglich geplanten gleichzeitigen Querschnitts willen nun nicht bis zur Gegenwart vorzustoßen. Band V behandelt die Fragen des eigentlichen Mechanismus der heterogenen Katalyse und bildet so gewissermaßen das Herzstück des ganzen Handbuches. Es ist sicher von Vorteil für das Ganze, daß gerade in diesem Stück der neueste Stand berücksichtigt werden konnte.

Band IV (Heterogene Katalyse I) hat die Eigenschaften und Kennzeichnung der Festkörper, insbesondere der festen Katalysatoren, enthalten, dann einen Überblick über anorganische Katalyse und Vorbereitendes über Adsorption. Es wurde damals schon angekündigt, daß die Phänomenologie und Theorie der Adsorption erst am Beginn von Band V behandelt werden sollten. Das ist jetzt durch die italienische Schule in übersichtlicher und theoretisch tiefgründiger Weise geschehen. Die Frage der „aktiven Zentren“, früher für eine Schlüsselfrage gehalten, aber immer noch von hoher Bedeutung, wird durch einen ihrer ersten Verfechter neu diskutiert, und nun ist der Boden bereitet für die Betrachtung des eigentlichen chemischen Umsatzes an der Katalysatoroberfläche. Hieran hatte sich der Herausgeber schon 1943 versucht und konnte jetzt mit eifrigen Mitarbeitern die Darstellung auf den stark vertieften gegenwärtigen Stand bringen. Auf diesem Gebiet zeichnen sich wohl heute die entscheidendsten Fortschritte der Katalyseforschung ab. Gleich wichtig wie diese Kenntnis der chemischen Vorgänge bleibt die chemische Zusammensetzung der Katalysatoren, insbesondere der technisch so wichtigen Mischkatalysatoren, die von den erfahrensten italienischen Forschern ausführlich dargestellt wurde.

Die Übersetzung der beiden italienischen Beiträge wurde vom Herausgeber besorgt. Bei den Korrekturen wurde er in dankenswerter Weise von den Herren Dr. rer. nat. Wolfgang Müller und Diplom-Chemiker Karl Schneck unterstützt. Besonderer Dank gebührt dem Verlag, der in den schwierigsten Zeiten stets zu diesem Werk gestanden ist und jetzt auch den Schlußstein in alter Qualität setzen geholfen hat. Es ist zu hoffen, daß nicht nur dieser letzte Band, der jetzt in die Hand des Benutzers gelangt, sondern auch das nunmehr vollständige Gesamtwerk der wissenschaftlichen Forschung nützlich sein möge.

München, im Dezember 1956.

G.-M. Schwab.

Inhaltsverzeichnis.

Adsorption und Allgemeines über mono- und mehrmolekulare Schichten.

Von

A. G. NASINI, Turin, und **G. SAINI**, Turin,
unter Mitarbeit von **P. BROVETTO**, Turin.

Inhaltsverzeichnis.

Einleitung.

Zweck der vorliegenden Arbeit ist eine allgemeine und moderne Darstellung der Erscheinungen der Adsorption von Gasen an festen Stoffen und der modernen Theorien, die sich hierauf beziehen.

Im vorliegenden Handbuch sind bereits Kapitel veröffentlicht worden, die sich auf einige Seiten der Adsorptionsfrage beziehen. Besonders sei das Kapitel erwähnt, das der aktivierten Adsorption gewidmet ist (HUNSMANN, Bd. IV, S. 405), und das Kapitel von BEEBE über die Messung der Adsorptionswärme (Bd. IV, S. 473).

Im folgenden wird eine Darstellung der physikalischen und der chemischen Adsorption (auch Chemisorption) gegeben werden.

Da die ersten Theorien, die hauptsächlich von LANGMUIR, POLANYI, MAGNUS, HENRY und WILLIAMS, DE BOER usw. entwickelt worden sind, schon in vielen Monographien wiedergegeben wurden, werden wir uns in der vorliegenden Arbeit auf eine rasche Betrachtung dieser Behandlungen beschränken und daher das Hauptgewicht auf die neueren Theorien legen, die im besonderen, was die physikalische Adsorption betrifft, von BRUNAUER und Mitarbeitern, HARKINS und JURA, HÜTTIG und anderen aufgestellt worden sind. Einige Abschnitte werden ganz besonders von den einmolekularen Schichten handeln, denen dann im Abschnitt B größerer Raum eingeräumt werden wird hinsichtlich der statistischen Behandlung der Adsorption, wie sie von FOWLER, PEIERLS, WANG, ROBERTS, MILLER entwickelt worden ist.

Was die mehrmolekularen Schichten betrifft, so wird die Darstellung im wesentlichen von dem allgemeinen Gesichtspunkt im Abschnitt A bestimmt werden; vom statistischen Gesichtspunkt wird die Gleichung von BET in der Behandlungsweise von CASSIE und HILL dargestellt werden.

A. Experimentelle Tatsachen und allgemeine Betrachtungen.

1. Allgemeine Definition. Physikalische Adsorption-Chemisorption.

Wenn ein Gas in einen Behälter eingelassen wird, der einen festen Stoff enthält, so beobachtet man, daß ein Teil des Gases aus dem Gasraum entfernt und von dem festen Stoff festgehalten wird. Diese Erscheinung führt den Namen „*Sorption*“. Das vom festen Stoff festgehaltene Gas kann sich an der Oberfläche des festen Stoffes oder in seinem Inneren befinden. Wenn die Molekeln des Gases sich an der Oberfläche des festen Stoffes in einer oder einer begrenzten Zahl von Schichten befinden, so erhält diese Erscheinung den Namen *Adsorption*. Sie kann von atomarer oder molekularer Natur sein. Wenn das Gas ins Innere des festen Stoffes eindringt, so kann diese Erscheinung entweder an einer Diffusion ins Innere oder an einer Auflösung liegen. Einige Autoren bezeichnen diese zweite Erscheinung mit dem allgemeinen Namen *Absorption*. Mit dem Ausdruck Sorption bezeichnet man außer den Erscheinungen der Gasadsorption auch die allgemeinen Erscheinungen eines Eindringens in das Innere eines festen Körpers. Bei den Adsorptionsvorgängen wird der feste Stoff, der das Gas festhält, Adsorbens genannt, das Gas, das festgehalten wird, bezeichnet man als Adsorptiv (vgl. Abb. 1). Adsorbat ist das System, bestehend aus dem Adsorbens und dem Adsorptiv in der adsorbierten Schicht.

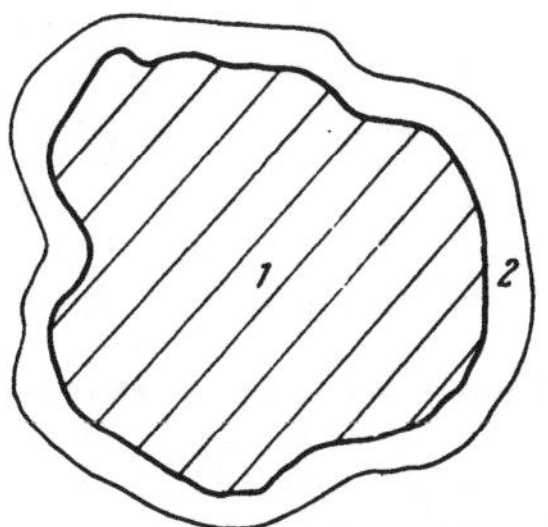

Abb. 1. *1* Adsorbens, *2* Adsorpt.

Der Adsorptionsvorgang ist exotherm und die Wärme, die sich dabei entwickelt, heißt Adsorptionswärme. Die entwickelte Wärmemenge kann von der Größenordnung sein, wie sie bei gewöhnlichen Kondensationsvorgängen der Gase auftritt, oder sie kann sich auch den Werten nähern, die bei chemischen Reaktionen ins Spiel kommen. Da diese und andere Erscheinungen zeigen, daß die Adsorptionsvorgänge Kennzeichen haben können, die sich den Kondensationsvorgängen von Dämpfen annähern oder auch chemischen Reaktionen, so unterscheidet man eine physikalische Adsorption und eine chemische Adsorption oder Chemisorption.

Die physikalische Adsorption scheint auf VAN DER WAALSsche Kräfte zurückzugehen und deshalb bezeichnet man sie auch als Adsorption nach VAN DER WAALS oder VAN DER WAALSsche Adsorption. Andererseits betätigt die Chemisorption beachtliche Energien. Die Erscheinungen der Chemisorption erfordern auch eine Aktivierungsenergie und haben deshalb gewöhnlich einen langsameren Ablauf als die physikalischen Adsorptionsvorgänge. Infolgedessen spricht man bei der Chemisorption auch von *aktivierter Adsorption*. Es ist immer festzuhalten, daß die langsamen Erscheinungen, die sich bei der Chemisorption auswirken, zuweilen auch durch eine Gasdiffusion ins Innere des Gitters des festen Stoffes zu erklären sind und auch durch andere Ursachen und daß deshalb die als aktivierte Adsorption betrachteten Erscheinungen in manchen Fällen eher solche Eindringerscheinungen des Gases in den festen Stoff oder auch noch Erscheinungen anderer Art darstellen.

2. Begriff der Oberfläche des Adsorbens.

Auf Grund der oben gemachten Einteilung ist es notwendig, über die Bezeichnung des Begriffes Oberfläche des festen Stoffes eine Übereinkunft zu treffen. Es ist bekannt, daß die tatsächliche Oberfläche eines festen Stoffes, auch wenn sie anscheinend glatt ist, in Wirklichkeit erheblich größer sein kann als die geometrisch berechenbare Oberfläche. Zum Beispiel enthält eine Kristallfläche Rauhigkeiten und Spalten, die man oft selbst mit dem Mikroskop nicht erkennen kann und die nichtsdestoweniger bei der Adsorption wirksam sind. Andererseits weiß man, daß das einfache Waschen eines festen Körpers, zum Beispiel von Glas, seine Oberfläche beachtlich vergrößert. Außer den Versuchen von FRAZER und Mitarbeitern, die später besprochen werden sollen, sei hier daran erinnert, daß RAZOUK und SALEM[1] gefunden haben, daß die Oberfläche von Glasfäden, die mit Wasser gewaschen wurden, zwei bis dreimal größer wurde als die geometrische Oberfläche und daß die Oberfläche des mit Säure behandelten Glases sich sogar um das Zehn- bis Zwanzigfache vergrößerte.

Die Ausmessung der Oberfläche eines festen Stoffes wird noch schwieriger, wenn man mit Materialien im Pulverzustand arbeitet. Wenn es sich dabei um Stoffe mit kolloidalen Eigenschaften handelt, hat man Poren von äußerst geringen Dimensionen und die Ausmessung dieser inneren Oberfläche wird mit direkten Methoden praktisch unmöglich. Die Größe der für die Adsorption zugänglichen Oberfläche ist jedoch ziemlich schwierig zu bestimmen. Man weiß zum Beispiel, daß gewisse Aktivkohlen Poren vom Durchmesser weniger Ångströmeinheiten enthalten, in der Art, daß die Oberfläche dieser Poren nur für Gasmolekeln von solchen Dimensionen zugänglich ist, die in die Poren eindringen können, während für andere Gase mit Molekeln größeren Durchmessers als die genannten Poren diese Oberfläche nicht adsorptionswirksam ist.

Wir wollen jedoch festhalten, daß man unter Adsorption die Erscheinung verstehen soll, die auftritt, wenn das Gas von der Oberfläche des festen Stoffes festgehalten wird, ohne in das Kraftfeld des Inneren einzudringen.

---

[1] R. I. RAZOUK, A. S. SALEM: J. physic. Colloid Chem. 52 (1948), 1208.

Tabelle 1. *Vergleich zwischen Chemisorptionswärmen und van der Waalsschen Adsorptionswärmen.*

Chemisorption					Physikalische Adsorption				
Adsorbens	Adsorptiv	Temperatur °C	Chemisorptionswärme cal/Mol	Literatur	Adsorbens	Adsorptiv	Temperatur °C	Adsorptionswärme cal/Mol	Literatur
Ni	CH_4	100—200	12000	1	KCl	Ar	—183	2080	
Pd	CO	273—457	15000	2	KCl	Kr	—160	2620	
W	O_2	1800	162000	3	KCl	CO_2	—70 ÷ —40	6500	9
Cr_2O_3	H_2	338—375	27000	4	KJ	Ar	—183	2520	
ThO_2	C_2H_5OH	52—100	14000	5	KJ	CO_2	—50 ÷ —30	7450	
ZnO	H_2O	313—401	30000	6	LiF	Ar	—183	1770	
ZnO	H_2	184—218	21000	6	Kohle	H_2O	187	5200	10
Pt	J_2	1027	54000	7	Kohle	CH_4	0	4500	11
Ag (reduz.)	O_2	188—197	16000	8	Kohle	CH_3Cl	25—5Q	9200	12
					Kokosnußkohle	CO_2	0	6150	13

1 M. KUBOKAWA: Proc. Imp. Acad. (Tokyo) **14** (1938), 61.
2 H. S. TAYLOR, P. V. MCKINNEY: J. Amer. chem. Soc. **53** (1931), 3604.
3 I. LANGMUIR, D. S. VILLARS: J. Amer. chem. Soc. **53** (1931), 486.
4 J. HOWARD, H. S. TAYLOR: J. Amer. chem. Soc. **56** (1934), 2259.
5 G. I. HOOVER, E. K. RIDEAL: J. Amer. chem. Soc. **49** (1927), 104, 116.
6 H. S. TAYLOR, D. V. SICKMAN: J. Amer. chem. Soc. **54** (1932), 602.
7 G. VAN PRAAGH, E. K. RIDEAL: Proc. Roy. Soc. (London), Ser. A **134** (1931), 385.
8 A. F. BENTON, L. C. DRAKE: J. Amer. chem. Soc. **56** (1934), 255.
9 F. V. LENEL: Z. physik. Chem., Abt. B **23** (1933), 379.
10 A. S. COOLIDGE: J. Amer. chem. Soc. **49** (1927), 708.
11 A. G. R. WHITEHOUSE: J. Soc. chem. Ind. **45** (1926), 13.
12 J. N. PEARCE, G. H. REED: J. physic. Chem. **35** (1931), 905.
13 A. TITOFF: Z. physik. Chem. **74** (1910), 641.

3. Charakteristische Eigenschaften, die die physikalische Adsorption von der Chemisorption trennen.

a) Adsorptionswärme.

Die Adsorptionswärme (die man gewöhnlich in kcal/Mol adsorbiertes Gas ausdrückt) nähert sich im Falle der physikalischen Adsorption der molekularen Kondensationswärme des Gases, das heißt sie ist von der Größenordnung einiger tausend Kalorien pro Mol. Bei Chemisorptionsvorgängen sind die Adsorptionswärmen ungefähr zehnmal größer, also von der Größenordnung von einigen zehn kcal/Mol, und liegen daher Reaktionswärmen recht nahe (s. Tabelle 1).

b) Spezifität.

Die physikalische Adsorption zeigt gewöhnlich keine Spezifität: sie findet unterschiedslos mit allen Gasen und Dämpfen und an allen festen Stoffen statt. Auch die Edelgase werden bei Temperaturen in der Nähe ihrer Kondensation von festen Stoffen adsorbiert.

Der Chemisorptionsvorgang ist hingegen spezifisch. Zum Beispiel haben BEECK und Mitarbeiter gefunden, daß an aufgedampften Kupferschichten Wasserstoff praktisch nicht chemisorbiert wird[1], während er auf Nickelfilmen in 10^6 mal größerer Menge adsorbiert wird.

c) Einfluß der Temperatur.

Die bei der physikalischen Adsorption gebundene Gasmenge fällt mit steigender Temperatur (Abb. 2); die Adsorption ist besonders dann beträchtlich, wenn man bei Temperaturen in der Nähe der Verflüssigung des betreffenden Gases arbeitet.

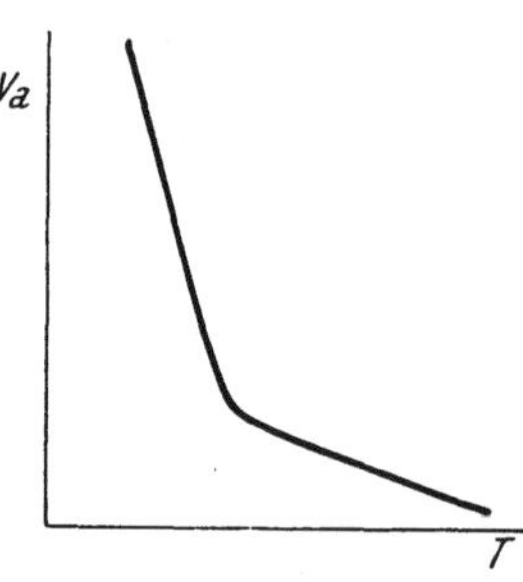

Abb. 2. Isobare der physikalischen Adsorption.

Die chemisorbierte Gasmenge steigt im Gegensatz dazu im allgemeinen mit der Temperatur und die Kurve Adsorbierte Gasmenge—Temperatur bei konstantem Druck (Adsorptionsisobare) zeigt fast immer Maxima. Immerhin ist daran zu erinnern, daß Chemisorptionsvorgänge in gewissen Fällen auch bei sehr tiefer Temperatur vor sich gehen. Zum Beispiel hat ROBERTS[2] gefunden, daß Wasserstoff an Wolframdrähten schon bei $-183°$ C chemisorbiert wird und nach BEECK und Mitarbeitern[1] wird Wasserstoff bei der gleichen Temperatur an aufgedampften Nickelfilmen chemisorbiert.

d) Adsorptionsgeschwindigkeit.

Die physikalischen Adsorptionseffekte laufen gewöhnlich sehr rasch ab: wenige Sekunden genügen, um ein Gleichgewicht zu erreichen. Zum Beispiel finden BRUNAUER und EMMETT[3], daß gekörnte Aktivkohle ungefähr dreihundertmal ihr eigenes Volumen an Stickstoff bei $-183°$ C in weniger als einer Minute adsorbiert. In einigen Fällen allerdings verlangsamt sich der zu Beginn rasche Adsorptionsvorgang; das kann an Chemisorptionsvorgängen liegen, die die physikalische Adsorption begleiten, oder auch an der Existenz von ziemlich kleinen Poren im Adsorbens, in die das Eindringen des Gases nur langsam stattfinden kann[3]. Verzögerungen der physikalischen Adsorption können auch an der Gegenwart von bereits am festen Stoff adsorbierten Gasen liegen. Die Chemisorptionsvorgänge erreichen im allgemeinen ihren Endzustand recht langsam[4], aber in manchen Fällen, so den bereits zitierten der Wasserstoffadsorption an Wolfram und Nickel bei $-183°$ C, ist die Adsorption sehr rasch.

TAYLOR[5] wurde durch die Beobachtung, daß die Chemisorptionsgeschwindigkeit erheblich mit der Temperatur veränderlich ist, dazu geführt, solche Prozesse als *aktivierte Adsorption* zu bezeichnen.

Es scheint jedoch, daß in vielen Fällen die langsamen Prozesse auf Eindringvorgänge des Gases in das Innere des festen Stoffes zurückzuführen sind. So fanden BEECK und Mitarbeiter[6], daß die Sorption von Wasserstoff auf Nickel-

[1] O. BEECK, A. E. SMITH, A. WHEELER: Proc. Roy. Soc. (London), Ser. A **177** (1940), 62.
[2] J. K. ROBERTS: Proc. Roy. Soc. (London), Ser. A **152** (1935), 445.
[3] Siehe S. BRUNAUER: The Adsorption of Gases and Vapours, S. 7. Princeton, 1943.
[4] H. S. TAYLOR, A. T. WILLIAMSON: J. Amer. chem. Soc. **53** (1931), 813.
[5] H. S. TAYLOR: Proc. Roy. Soc. (London), Ser. A **108** (1925), 105.
[6] O. BEECK: Advances in Catalysis, Vol. II. New York, 1950.

schichten auch noch bei Temperaturen unterhalb -183^0 C recht rasch ist. Bei Zimmertemperatur beobachtet man eine rasche Adsorption und eine langsame Adsorption. Aus verschiedenen Gründen haben dann BEECK und Mitarbeiter vermutet, daß der langsame Prozeß, der bei Zimmertemperatur vor sich geht, eine Absorption von Wasserstoff im Inneren des Nickels sei. Nach BEECK scheint der einzige Prozeß von wirklich „aktivierter" Adsorption der bei Stickstoff am Eisen bei Zimmertemperatur stattfindende zu sein, während alle anderen Prozesse auf Metallschichten entweder zu rasch sind oder sich als Eindringungsvorgänge ins Innere erweisen. Die Aktivierungsenergie des Stickstoffs am Eisen ist wahrscheinlich die Energie, die erforderlich ist, um teilweise oder ganz die dreifache Bindung zwischen den Stickstoffatomen zu zerreißen.

Im Falle der Adsorption an Katalysatoren muß man zwischen Katalysatoren von homogenem Aufbau unterscheiden, wie zum Beispiel reinen Metallen, und heterogenen Katalysatoren, wie zum Beispiel Metallen auf Trägern. Diese zuletzt genannten weisen offensichtlich eine heterogene Oberfläche auf und deshalb existieren auf ihnen Zentren von verschiedener Wirksamkeit, und der Bruchteil von ihnen, der adsorptionsfähig ist, hängt auch noch von der Temperatur ab.

Die aktivierten Adsorptionserscheinungen auf Metallen ohne Träger sind wahrscheinlich nach BEECK der Tatsache zuzuschreiben, daß die Oberfläche dieser Adsorbentien mit adsorbierten Verunreinigungen bedeckt ist, die nur schwer zu entfernen sind.

Tabelle 2. *Isostere Adsorptionswärmen. Ammoniak an Kohle*[1].

v (cm³)	q (cal/Mol)	v (cm³)	q (cal/Mol)
10	7300	50	6400
20	6800	75	6200
35	6500	100	6100

HALSEY, JR.[2] ist dagegen der Ansicht, daß die sofortige Adsorption zum Beispiel von Wasserstoff an Wolfram nicht gegen die Hypothese einer Aktivierungsenergie spricht, da ja eine starke negative Adsorptionsentropie vorliegen kann, und in einem solchen Falle wäre dann die Geschwindigkeit zu groß, um meßbar zu sein, auch wenn die Aktivierungsenergie nicht Null ist.

Daß zwischen den Oberflächen pulverförmiger Metalle und denen aufgedampfter Metalle starke Unterschiede auftreten, geht klar zum Beispiel daraus hervor, daß BEECK, wie schon berichtet, praktisch keine Wasserstoffadsorption an Kupfer gefunden hat, WARD[3] hingegen fand, daß Wasserstoff auf pulverförmigem Kupfer mit einer Adsorptionswärme von etwa 9 kcal/Mol adsorbiert wird.

e) Umkehrbarkeit der Adsorptionsvorgänge.

Wenn bei der physikalischen Adsorption nach Eintreten der Adsorption unter konstanter Temperatur evakuiert wird, so kann das adsorbierte Gas von dem Adsorbens größtenteils wieder entfernt werden. Kleine Mengen vom Gas bleiben jedoch auf dem Adsorbens, und dies kann entweder darauf beruhen, daß diese Gasmenge in ziemlich kleine Poren des Adsorbens eingedrungen ist,

---

[1] A. TITOFF: Z. physik. Chem. **74** (1910), 641.
[2] G. D. HALSEY, JR.: Trans. Faraday Soc. **47** (1951), 649.
[3] A. F. H. WARD: Proc. Roy. Soc. (London), Ser. A **133** (1931), 506.

oder darauf, daß eine kleine Gasmenge chemisorbiert worden ist. Diese zweite Erklärung ist ziemlich wahrscheinlich. Man beobachtet nämlich, daß nach langsam geleiteter Adsorption eines Gases auf einem festen Körper bei sehr tiefer Temperatur (zwecks Vermeidung der Chemisorption) die differentielle Adsorptionsenergie[1] zu Beginn des Prozesses ziemlich häufig von der Größenordnung von 10 kcal ist (das heißt von der Größenordnung der Chemisorption) und dann auf 2 bis 3 kcal fällt (s. Tabelle 2). Man kann annehmen, daß mit Ausnahme der zu allererst adsorbierten Gasmengen die physikalische Adsorption hinsichtlich des Druckes reversibel ist[2].

So hat man bei den Phänomenen der physikalischen Adsorption Reversibilität auch hinsichtlich der Temperatur. Wenn man nämlich nach Adsorption bei bestimmter Temperatur den festen Körper erwärmt, so geht ein Teil des adsorbierten Gases wieder in die Gasphase über, um dann wieder adsorbiert zu werden, wenn die Temperatur auf den Anfangswert zurückgebracht wird.

Bei den Erscheinungen der Chemisorption hingegen ist es unmöglich, das adsorbierte Gas zu entfernen, wenn man einfach evakuiert. Um es zu entfernen, ist es notwendig, zu einer Erhitzung des Adsorbens auf hohe Temperaturen zu schreiten. So hat LANGMUIR[3] gefunden, daß man, um den chemisorbierten Gasfilm vollständig zu entfernen, das Wolfram bis auf etwa 3000^0 K erhitzen muß. Indessen stimmen bei Chemisorptionsprozessen die Adsorptionsisobare und die Desorptionsisobare nicht miteinander überein. Wenn man bei der Chemisorption die Temperatur steigert, so tritt ein Maximum des adsorbierten Volumens ein. Bei Senkung der Temperatur entfernt sich das chemisorbierte Gas nicht von der Oberfläche und so fallen die beiden Kurven für Adsorption und Desorption nicht zusammen.

In manchen Fällen ist es selbst bei Erhitzung auf hohe Temperatur nicht möglich, das adsorbierte Gas als solches wieder zu entfernen. Zum Beispiel hat SHAH[4] beobachtet, daß ein Teil des auf Kohle bei 0^0 C adsorbierten Sauerstoffs vom Adsorbens einfach durch Evakuieren bei der gleichen Temperatur entfernt werden konnte. Der Rest jedoch ging erst bei viel höherer Temperatur weg und nicht als Sauerstoff, sondern als Kohlenoxyd und Kohlensäureanhydrid.

Es ist jedoch zu beachten, daß die Reversibilität der Chemisorptionsvorgänge sich auch nach dem Bruchteil der bedeckten Oberfläche richtet, und zwar in gleicher Weise wie die Änderung der Adsorptionswärme.

So fanden RIDEAL und TRAPNELL[5] wie auch ELEY[6], im Gegensatz zu früheren Befunden von ROBERTS[7], daß, wenn man eine Wolframoberfläche, die zu mehr als 70% mit chemisorbiertem Wasserstoff bedeckt ist, einfach evakuiert, dieses genügt, um den adsorbierten Wasserstoff, der diese 70% überschreitet, zu entfernen. Die Adsorption dieses Wasserstoffes ist also reversibel.

Im vorhergehenden haben wir die Kriterien auseinandergesetzt, die die physikalische Adsorption von der Chemisorption scheiden. Wie man gesehen hat, sind diese Kriterien häufig widersprechend, auch insofern, als in vielen Fällen die Trennung zwischen physikalischer Adsorption und Chemisorption nicht sauber ist und

---

[1] Siehe Definition 4, d, S. 10.

[2] Eine andere Ausnahme ist gegeben bei porösen Adsorbentien, die in Gegenwart von Dämpfen mit relativen Drucken oberhalb 0,6 Anlaß zu Hysteresiserscheinungen geben.

[3] I. LANGMUIR: J. chem. Soc. (London) **1940**, 511.

[4] M. S. SHAH: J. chem. Soc. (London) **1929**, 2661.

[5] E. K. RIDEAL, B. M. W. TRAPNELL: Discuss. Faraday Soc. 8 (1950), 114; J. Chim. physique 47 (1950), 126.

[6] D. D. ELEY: Discuss. Faraday Soc. 8 (1950), 99.

[7] J. K. ROBERTS: Some Problems in Adsorption. Cambridge, 1939.

sich häufig die beiden Erscheinungen überlagern. Wenn man bei tiefer Temperatur arbeitet, hat man es im allgemeinen mit physikalischer Adsorption zu tun; wie schon berichtet, treten jedoch auch häufig Chemisorptionsvorgänge auf, die mit einer Geschwindigkeit ablaufen, die mit der der physikalischen Adsorption vergleichbar ist. In diesem Falle ist das beste Kriterium zur Unterscheidung der beiden Vorgänge die Messung der Adsorptionswärme.

Wenn andererseits die Versuche bei hinreichend hoher Temperatur, verglichen mit der Temperatur der Kondensation des Gases, durchgeführt werden, so darf man annehmen, daß die physikalische Adsorption vernachlässigbar wird. In diesen Fällen kann jedoch immer noch die Chemisorption von einem Eindringen des Gases in den festen Stoff begleitet sein und es wird nicht leicht sein, zu entscheiden, welcher Teil des sorbierten Gases chemisorbiert ist.

4. Adsorptionsdaten.

Bei der Adsorption interessiert besonders das Studium der adsorbierten Gasmenge als Funktion des Druckes und der Temperatur sowie die Messung der Adsorptionswärme[1].

a) Adsorptionsisothermen.

Wenn man die Adsorption als Funktion des Druckes bei konstanter Temperatur studiert und die Daten in ein Diagramm der adsorbierten Menge gegen den Druck einträgt, so erhält man die Isothermen. Im Falle der physikalischen Adsorption zeigen diese einen Gang, der in fünf verschiedene Typen eingeteilt werden kann, nach einer Klassifikation, die von BRUNAUER, DEMING, DEMING und TELLER[2] vorgeschlagen wurde. Sie sind in Abb. 3 dargestellt[3].

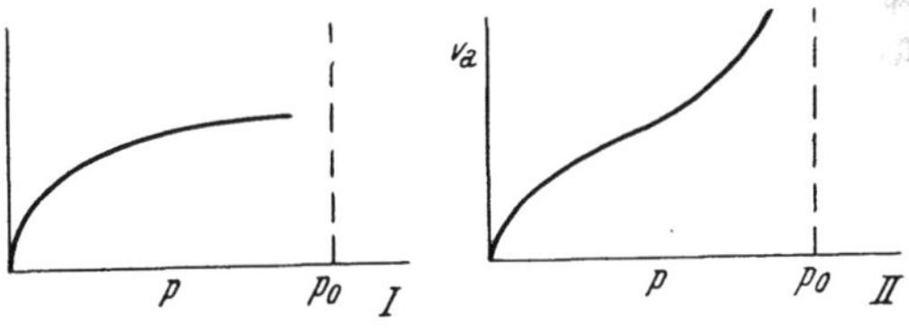

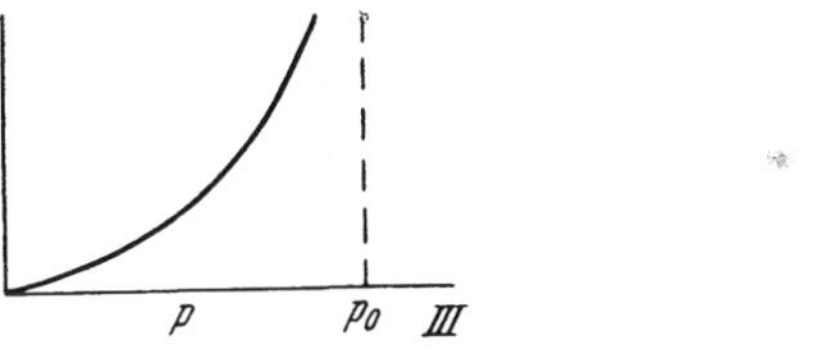

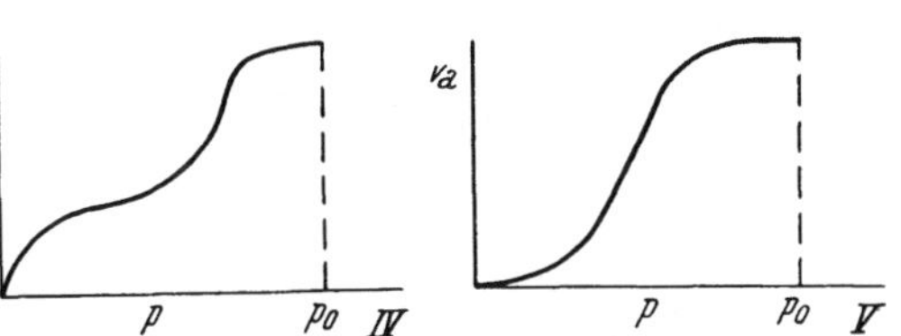

Abb. 3. Verschiedene Arten von Adsorptionsisothermen: Die Kurven *I* bis *V* beziehen sich auf physikalische Adsorption, Kurve *I* auch auf Chemisorption. p_0 ist der Druck des gesättigten Dampfes.

Wir behalten uns vor, später auf die verschiedenen Isothermentypen zurückzukommen und beschränken uns jetzt darauf, festzustellen, daß die Chemisorption immer Isothermen vom Typ I unserer Klassifikation liefert. Die adsorbierte Gasmenge wird gewöhnlich in cm³ Gas bei Normalbedingungen der Temperatur und des

[1] Die Kinetik der Adsorption wird in Abschnitt B, 7, S. 127 behandelt werden.

[2] S. BRUNAUER, L. S. DEMING, W. E. DEMING, E. TELLER: J. Amer. chem. Soc. 62 (1940), 1723.

[3] Ein sechster Typ von Isothermen (Adsorption von Methanol an Graphit) stammt aus einer Arbeit von C. PIERCE, R. N. SMITH: J. physic. Colloid Chem. 54 (1950), 354.

Druckes angegeben (0° C und 760 mm Quecksilber)[1]. Bei der physikalischen Adsorption von Dämpfen werden die Drucke gewöhnlich als relative Drucke p/p_0 ausgedrückt, wo p der Druck des Dampfes und p_0 der Sättigungsdampfdruck bei der betrachteten Temperatur ist.

b) Adsorptionsisobaren.

Die Adsorptionsisobaren geben eine Darstellung der Adsorptionsdaten als Funktion der Temperatur bei konstantem Druck. Die Adsorptionsisobaren sind von besonderem Interesse beim Studium der Chemisorption. Hier sind nämlich die Kurven durch Maxima charakterisiert (Abb. 4).

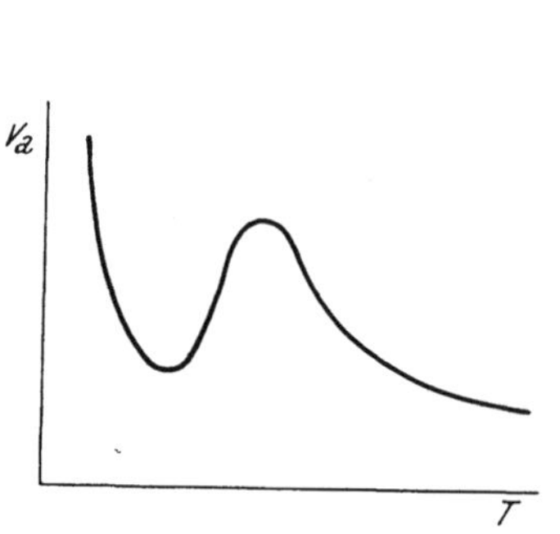

Abb. 4. Isobare der Chemisorption.

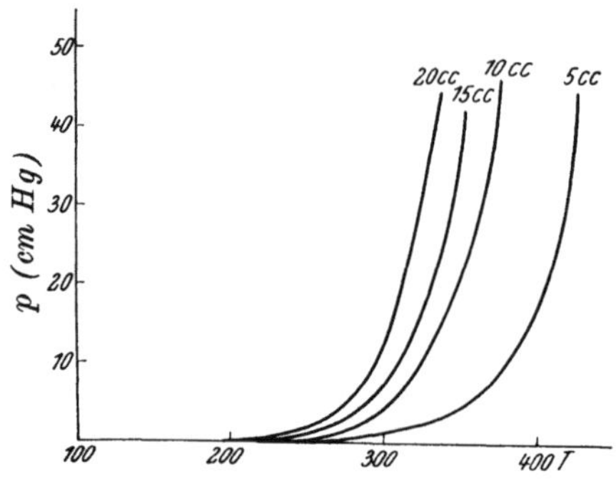

Abb. 5. Adsorptionsisosteren von Kohlendioxyd an Kohle. (Nach TITOFF[2].)

c) Die Isosteren.

Adsorptionsisosteren stellen die Änderung des Gleichgewichtsdruckes als Funktion der Temperatur bei einer bestimmten adsorbierten Gasmenge dar. Sie werden gewöhnlich berechnet auf Grund einer Reihe von Isothermen bei verschiedener Temperatur (Abb. 5).

d) Adsorptionswärmen.

Die Kräfte, die die Molekeln des festen Stoffes zusammenhalten, bewirken, daß die Teilchen, die die Oberfläche bilden, größeren Kräften aus dem Inneren her ausgesetzt sind als von außen her. Hieraus ergibt sich eine erhöhte Oberflächenenergie. Die adsorbierten Teilchen vermindern die Ungleichheit zwischen den nach innen gerichteten und den nach außen gerichteten Kräften und hieraus ergibt sich eine Verringerung der Oberflächenenergie des Systems.

Die Entropie des Gases wird geringer, weil durch Adsorption an der Oberfläche sich die Zahl der Freiheitsgrade der Molekeln verringert. Die Veränderung des Wärmeinhaltes des Systems ist gegeben durch

$$\Delta H = \Delta G + T \Delta S. \tag{4, 1}$$

[1] R. B. DEAN hat vorgeschlagen, [J. physic. Colloid Chem. 55 (1951), 611], die Adsorptionsdaten in Oberflächenkonzentrationen auszudrücken. Wenn eine einzige Schicht adsorbiert wird, dann gibt das eine Adsorptionsmenge von 1 bis 10×10^{-10} Mol Gas pro cm^3, und er hat vorgeschlagen, die Bezeichnung „Gibbs“ als Einheit der Oberflächenkonzentration zu benutzen, die gleich 1×10^{-10} Mol cm^2 ist (Symbol G). Diese Art, die Adsorptionsdaten auszudrücken, ist jedoch nicht sehr geeignet wegen der Schwierigkeit, die Oberfläche des Adsorbens genau zu kennen.

[2] A. TITOFF: Z. physik. Chem. 74 (1910), 641.

ΔG und ΔS sind negativ und so kommt auch ein negatives ΔH heraus. Der Prozeß ist also exotherm und der Wert der Adsorptionswärme ist gegeben durch $-\Delta H$.

Die Adsorptionswärme kann direkt gemessen werden nach einer der Methoden, die in der Monographie von BEEBE (Dieses Handbuch, Bd. IV) beschrieben worden sind oder die in dem folgenden Paragraphen noch beschrieben werden. Die Wärme, die sich entwickelt, wenn das Gas in einen Raum, der das Adsorbens im Vakuum enthält, eingelassen wird, heißt *integrale Adsorptionswärme* Q. Sie stellt die Wärmemenge dar, die frei wird auf dem Teil der Oberfläche, der von dem Gas bedeckt wird, wenn das Gleichgewicht erreicht ist. Die Adsorptionswärme wird gewöhnlich in cal/Mol des adsorbierten Gases ausgedrückt.

Auf der anderen Seite kann man als *differentielle Adsorptionswärme* die Wärmemenge definieren, die frei wird durch die Adsorption von 1 Mol Gas an einer Oberfläche, die groß genug ist, um durch diese Adsorption ihre Oberflächenkonzentration nicht merklich zu verändern. Dieser Wert ist gegeben durch dQ/da. Ein Wert, der diesem dQ/da sehr nahe liegt, kann experimentell erhalten werden, wenn man auf dem festen Stoff eine Menge Δa (Mol) von Gas adsorbieren läßt und die entwickelte Wärmemenge ΔQ mißt. So erhält man $\Delta Q/\Delta a$. Ein anderer Wert, der nahe der differentiellen Adsorptionswärme liegt, kann aus der Adsorptionsisosteren mit Hilfe der Gleichung von CLAUSIUS-CLAPEYRON erhalten werden. Aus den Adsorptionsisosteren (die die Drucke und Temperaturen angeben, bei denen Gleichgewicht zwischen adsorbierter und gasförmiger Phase besteht) ergibt sich durch Anwendung der Gleichung von CLAUSIUS-CLAPEYRON folgendes:

$$\frac{d \ln p}{d\,(1/T)} = -\frac{q}{R}. \tag{4, 2}$$

Der Wert von q stellt isostere Adsorptionswärme dar, die der adsorbierten Gasmenge entspricht. Einfacher kann man auf Grund von zwei Isothermen bei den Temperaturen T_1 und T_2 die Drucke p_1 und p_2 auswerten, bei denen das gleiche Gasvolumen adsorbiert worden ist, und dann von dem Ausdruck Gebrauch machen

$$\frac{R\,(T_1\,T_2)}{T_1 - T_2} \ln \frac{p_1}{p_2} = q, \tag{4, 3}$$

jedoch kann nur innerhalb eines kleinen Intervalls von p und T der Wert von q als konstant betrachtet werden.

Die isosteren und die kalorimetrischen differentiellen Adsorptionswärmen stimmen untereinander nicht überein. Die Beziehung zwischen dem kalorimetrischen Wert q_a und dem isosteren Wert q ist nach KINGTON und ASTON[1] die folgende: $q = q_a - (q_{ca} - RT)$, wenn die Messung mit einem adiabatischen Kalorimeter ausgeführt worden ist. q_{ca} ist die differentielle adiabatische Kompressionswärme.

In Tabelle 3 sind die Werte von q_a und q für die Adsorption von Stickstoff an Titandioxyd bei 77,32° K nach KINGTON und ASTON eingetragen worden.

Wie man sieht, ist innerhalb der experimentellen Fehlergrenzen die Beziehung zwischen q und q_a erfüllt. Der Unterschied zwischen dem kalorimetrischen und dem isosteren Wert ist im allgemeinen gering; der Unterschied fällt häufig in die Fehlergrenze. Die Änderung der differentiellen Adsorptionswärme gibt Anlaß zu interessanten Betrachtungen, wenn man sie nicht als Funktion

[1] K. L. KINGTON, J. G. ASTON: J. Amer. chem. Soc. **73** (1951), 1929.

Tabelle 3. *Differentielle Adsorptionswärmen.*

V/V_m	q_a cal/Mol	q cal/Mol	$q_{ca} - RT$ cal/Mol	$q_a - (q_{ca} - RT)$ cal/Mol
1,161	1786	1702	132	1654
1,176	1807	1700	132	1675
1,201	1841	1698	133	1708
1,250	1820	1692	137	1683
1,265	1842	1688	140	1702
1,327	1780	1669	145	1635

V_m ist das Volumen des in der ersten Schicht adsorbierten Gases.

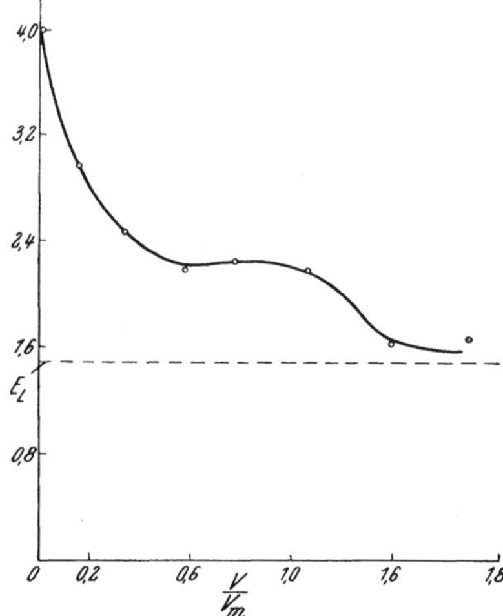

Abb. 6. Differentielle Adsorptionswärme von Argon an der Aktivkohle Spheron Nr. 6, als Funktion des adsorbierten Gasvolumens V. V_m ist das Volumen des in der ersten Schicht gebundenen Gases. Die Adsorptionswärmen sind in kcal/Mol angegeben, E_L ist die Kondensationswärme des Gases. Temperatur — 195° C[2].

des adsorbierten Gasvolumens betrachtet, sondern als Funktion des bedeckten Bruchteils der gesamten Oberfläche[1].

Ein Diagramm dieser Art ist in Abb. 6 wiedergegeben. Es bezieht sich auf die Adsorption von Argon an der Kohle Spheron G 6 bei — 195° C[2]. Die Änderung der differentiellen Adsorptionswärme als Funktion der bedeckten Oberfläche kann Angaben gestatten über die Anziehungs- oder Abstoßungskräfte zwischen den Molekeln der Adsorbates. Bei der Chemisorption erlaubt der Gang der Kurve $\Delta Q/\Delta \vartheta$ (wo ϑ der bedeckte Teil der Oberfläche ist) festzustellen, ob der adsorbierte Film beweglich oder unbeweglich ist.

Diese Betrachtungen werden in dem Teil unseres Kapitels weiterentwickelt werden, der der statistischen Behandlung der Adsorptionserscheinungen gewidmet ist (Abschnitt B, 6, S. 122).

Auf dem Gebiete der physikalischen Adsorption hat außer der integralen und differentiellen Adsorptionswärme auch die sogenannte *Nettoadsorptionswärme* Bedeutung. Sie stellt den Unterschied E-E_L zwischen der Adsorptionswärme und der Kondensationswärme des zu adsorbierenden Gases dar. Dieser Unterschied kann nach BRUNAUER und Mitarbeitern größer, kleiner oder gleich 0 sein je nach der Gestalt der Adsorptionsisotherme.

Der Ausdruck (4,1) enthält den Entropieterm $T\Delta S$. Die Bedeutung dieses Terms für die genauere Kenntnis des Zustandes der Molekeln in der adsorbierten Schicht ist in jüngster Zeit betont worden. Experimentelle Arbeiten sind ausgeführt worden z. B. von KINGTON, BEEBE, POLLEY und SMITH[3] sowie von KINGTON

[1] Siehe hierzu auch die Bemerkungen von R. S. HANSEN: J. physic. Colloid Chem. **54** (1950), 411.

[2] R. A. BEEBE, J. BISCOE, W. R. SMITH, C. B. WENDELL: J. Amer. chem. Soc. **69** (1947), 95.

[3] G. L. KINGTON, R. A. BEEBE, M. H. POLLEY, W. R. SMITH: J. Amer. chem. Soc. **72** (1950), 1775.

und ASTON[1]. Die Adsorptionsentropie ist kürzlich auch behandelt worden von KEMBALL[2], GORTER und FREDERICHSE[3], HANSEN[4], EVERETT[5] und HILL[6].

5. Experimentelles Studium der Adsorptionsvorgänge.

a) Bedingungen zur Ausführung von Adsorptionsmessungen.

Zum Studium der Adsorption muß man einige wichtige Forderungen beachten, um genügend brauchbare experimentelle Resultate zu erhalten. Vor allem ist es notwendig, daß die Oberfläche des adsorbierenden Materials groß genug ist, um mit guter Annäherung das Volumen bzw. die Menge des adsorbierten Gases messen zu können.

Aus diesen Gründen werden die Adsorptionsmessungen gewöhnlich mit Materialien in sehr fein verteiltem Zustand ausgeführt. Die zuverlässigsten Messungen der Oberfläche der Pulver zeigen, daß kristalline, fein verteilte Stoffe Oberflächen bis zu etwa 10 m^2/g haben, während kolloidale oder amorphe Stoffe Oberflächenausdehnungen von der Größenordnung einiger 100 m^2/g und gewisse Aktivkohlen sogar bis zu 1000 m^2/g haben können.

Die Oberfläche der kolloidalen oder amorphen Stoffe, im Gegensatz zu derjenigen der kristallinen, ist im wesentlichen auf Mikroporen von verschiedenem Durchmesser zurückzuführen. Die Adsorptionserscheinungen, die sich an diesen zwei Typen von festen Stoffen abwickeln, zeigen charakteristische Unterschiede.

Es wäre wünschenswert, Materialien in der Hand zu haben, deren Oberflächengröße ihrer geometrischen Oberfläche gleich wäre. Unglücklicherweise kommt nach dem gegenwärtigen Stand unserer Kenntnisse heraus, daß die Stoffe, die am ehesten eine vollständig glatte Oberfläche haben, doch noch eine Oberfläche besitzen, die größer ist als die geometrische.

Bei Benutzung der klassischen Methoden der Adsorptionsmessung arbeitet man deshalb mit pulverförmigen Materialien, die wenigstens einige 1000 cm^2 besitzen.

Die Benutzung des Adsorbens in Pulverform ist indessen unbequem, besonders für das Studium der Chemisorption. Es ist nämlich notwendig, daß vor Beginn der Adsorptionsmessungen alle Verunreinigungen von der Oberfläche entfernt werden, die sich dort befinden, und ganz besonders die bereits adsorbierten Gase. Dies erreicht man offensichtlich, indem man das Adsorbens in eine Umgebung bringt, in der ein sehr hohes Vakuum erzeugt wird, und durch Erwärmung die Entfernung der adsorbierten Schichten erleichtert.

Diese Behandlung ist für physikalisch adsorbierte Gase wirksam. Für die vollständige Entfernung der chemisch adsorbierten Schichten sind recht hohe Temperaturen erforderlich.

Jedoch ist es bei Untersuchung der physikalischen Adsorption nicht absolut notwendig, auch die chemisorbierten Filme vollständig zu entfernen, da ja die Spezifität der physikalischen Adsorption gering ist. Man setzt dann das Adsorbens für eine lange Zeit unter Vakuum bei einer nicht allzu hohen Temperatur, damit nicht Sinterungserscheinungen im Adsorbens hervorgerufen werden.

---

[1] G. L. KINGTON, J. G. ASTON: J. Amer. chem. Soc. **73** (1951), 1934, 1937.
[2] C. KEMBALL: Advances in Catalysis, Vol. II. New York, 1950.
[3] C. J. GORTER, H. P. R. FREDERICHSE: Physica **15** (1949), 891.
[4] R. S. HANSEN: J. physic. Colloid Chem. **54** (1950), 411.
[5] D. H. EVERETT: Trans. Faraday Soc. **46** (1950), 453, 942, 957.
[6] T. L. HILL: J. chem. Physics **17** (1949), 507; Ibid. **18** (1950), 246; Trans. Faraday Soc. **47** (1951), 376; Advances in Catalysis, Vol. IV. New York, 1952.

Sehr viel wichtiger ist jedoch die Forderung, adsorbierte Verunreinigungen von einer Oberfläche zu entfernen, auf der man Chemisorptionserscheinungen studieren will. Der größte Teil der bis vor wenigen Jahren ausgeführten Arbeiten wurde an technischen Katalysatoren durchgeführt und an diesen hat man keine besonderen Vorsichtsmaßnahmen ergriffen hinsichtlich der vollständigen Entfernung der Oberflächenschichten. Im Fall von Metallpulvern hat man sich beschränkt auf Temperaturen bis zu $400 \div 500^0$ unter hohem Vakuum, um adsorbierte Gase zu entfernen und um Oxydfilme zu beseitigen, hat dann auch noch mit Wasserstoff reduziert und dann evakuiert. Unter solchen Bedingungen kann man nicht sicher sein, daß die adsorbierten Schichten vollständig entfernt worden sind. Die Reduktion des Adsorbens mit Wasserstoff kann auch Absorptionen hervorrufen[1].

Bedingungen vollständiger Entgasung der Oberfläche können nur durch Benutzung von solchen Adsorbensoberflächen sichergestellt werden, die, wie zum Beispiel Wolfram, auf Temperaturen bis 3000^0 C gebracht werden können. Natürlich kann eine Erwärmung auf sehr hohe Temperaturen bei Wolfram in einfacher Weise für Drähte oder Bänder durchgeführt werden[2], indem man elektrischen Strom durchschickt, aber nicht bei pulverförmigem Wolfram, welches bei diesen Temperaturen sintert. Besonderes Interesse bieten jedoch Untersuchungen wie die von ROBERTS[3], der mit einer besonderen Technik (s. 10, α, S. 89) unter Benutzung von Wolframfäden wichtige Resultate von grundlegender Natur für die Chemisorption erhalten konnte.

Andere Methoden sind in jüngster Zeit auch noch entwickelt worden, um reine „Oberflächen" zu erhalten. Unter ihnen ist von besonderer Bedeutung die Verwendung von Metalloberflächen, die durch Verdampfen im Vakuum erzeugt worden sind oder auch in Gegenwart von inerten Gasen. Eine Reihe von derartigen Arbeiten ist mit dieser Technik von BEECK und Mitarbeitern durchgeführt worden[4]. Der Prozeß besteht darin, daß man einen Wolframdraht, der mit dem zu verdampfenden Metall bedeckt ist, unter hohem Vakuum oder in Gegenwart von Spuren von Inertgasen glüht. Auf der Glaswand des Gefäßes, die von außen gekühlt wird, bildet sich dann ein Niederschlag von einer porösen Metallschicht, deren Oberfläche einige m^2 pro Gramm erreichen kann und deshalb Messungen erlaubt wie bei einem Pulver. Je nachdem, wie die Verdampfung durchgeführt wird, ob im Hochvakuum oder in Gegenwart von Inertgasen, erhält man nichtorientierte oder orientierte Schichten und damit Oberflächen, die alle Arten von Kristallflächen des Metalls oder vorwiegend nur eine davon nach außen darbieten. BEECK hat auf diese Weise den Einfluß der Kristallparameter auf Adsorption und Katalyse feststellen können.

Die so erhaltenen Oberflächen sind hinreichend frei von Verunreinigungen und deshalb wurde ihre Verwendung auch noch von anderen Autoren für das Studium von Adsorption und Katalyse eingeführt. Mit den verdampften Metalloberflächen kann man immer nur eine einmalige Meßreihe durchführen, da nach

[1] O. BEECK, W. A. RITCHIE, A. WHEELER: J. Colloid Sci. **3** (1948), 505. — O. BEECK: J. W. GIVENS, A. W. RITCHIE: J. Colloid Sci. **5** (1950), 141.

[2] Versuche in diesem Sinne sind in dem Chemischen Institut der Universität Turin durch NASINI und SAINI im Gange.

[3] J. K. ROBERTS: Proc. Roy. Soc. (London), Ser. A **152** (1935), 445; Some Problems in Adsorption. Cambridge, 1939.

[4] O. BEECK, A. E. SMITH, A. WHEELER: Proc. Roy. Soc. (London), Ser. A **177** (1940), 62. — O. BEECK: Advances in Catalysis, Vol. II. New York, 1950. — O. BEECK, A. W. RITCHIE, A. WHEELER: J. Colloid Sci. **3** (1948), 505. — O. BEECK, J. W. GIVENS, A. W. RITCHIE: J. Colloid Sci. **5** (1950), 141. — O. BEECK: Rev. mod. Physics **17** (1945), 61; Ibid. **20** (1948), 127; Discuss. Faraday Soc. **8** (1950), 118. — O. BEECK, A. W. COLE, A. WHEELER: Discuss. Faraday Soc. **8** (1950), 314.

der Adsorption die Oberfläche nicht mehr in die Ausgangsbedingungen zurückgebracht werden kann. BEECK hat erwähnt, daß man die Oberfläche nicht viel über 200° C erwärmen kann, da sie dann sintert und ihre Oberflächenentwicklung sehr gering wird.

Es ist deshalb nach BEECK nicht möglich, mit den verdampften Filmen die Erscheinungen der Katalyse bei den Temperaturen zu studieren, bei denen man in der Technik arbeitet. Indessen haben kürzlich SINGLETON, ROBERTS und WINTER[1] festgestellt, daß die verdampften Nickelschichten eine gewisse katalytische Aktivität bis etwa 500° K behalten und die Wolframfilme bis etwa 700° K.

Ein anderes Verfahren, reine „Oberflächen" zu erhalten, das beachtliche Möglichkeiten zu bieten scheint, ist die zuerst von OATLEY[2] benutzte Methode, eine Platinoberfläche zu reinigen, die auch kürzlich noch von EGGLETON und TOMPKINS[3] zur Reinigung der Oberfläche eines Eisendrahtes benutzt wurde. Dieses Verfahren besteht darin, die Oberfläche des Materials einem Bombardement mit positiven Ionen auszusetzen. EGGLETON und TOMPKINS haben die Wirksamkeit dieser Behandlung geprüft, indem sie den Akkommodationskoeffizienten von Neon auf dem Drahte gemessen haben (s. weiter unten bei den experimentellen Methoden, S. 23). Der Akkommodationskoeffizient des Neons ist ziemlich klein, wenn die Oberfläche rein ist, und steigt infolge Gasadsorption an.

Noch andere Bedingungen für die Ausführung von reproduzierbaren Adsorptionsmessungen sind von HÜTTIG, SCHREINER und KLEIN[4] angegeben worden.

b) Untersuchungsmethoden für die Adsorption.

Wir wollen jetzt die wichtigsten quantitativen Methoden für das experimentelle Studium der Adsorption aufzählen:

a) Volumetrische Messung der adsorbierten Gasmenge: sie wird bei konstanter Temperatur oder konstantem Druck durchgeführt.

b) Gewichtsmessung der Menge des adsorbierten Gases.

c) Messung der Adsorptionswärme mit geeignetem Kalorimeter.

Viele andere Methoden, die quantitative Auskünfte über den Zustand des adsorbierten Gas- oder Dampffilms an der festen Oberfläche zu erhalten erlauben, sind auch noch bei der Adsorption benutzt worden. Einige von ihnen können auch quantitative Auskünfte liefern. Die hauptsächlichsten davon sind folgende:

1. Messung des Oberflächenpotentials.
2. Messung der thermionischen oder photoelektrischen Emission.
3. Messung der Dicke der adsorbierten Schicht nach optischen Methoden.
4. Messung des Akkommodationskoeffizienten.
5. Messung der Widerstandsänderung von Leitern oder Halbleitern durch die Gegenwart adsorbierter Schichten.

Wir geben jetzt summarisch eine Beschreibung der einzelnen Methoden:

α) Volumetrische Methoden.

Man bringt in einen Apparat, der das entgaste Adsorbens enthält (und in dem hohes Vakuum herrscht), eine gewisse Menge von Gas (ein bekanntes Volumen bei bekanntem Druck) und mißt den Druck so lange, bis sich der Gleichgewichts-

---

[1] J. H. SINGLETON, E. R. ROBERTS, E. R. S. WINTER: Trans. Faraday Soc. 47 (1951), 1318.

[2] C. W. OATLEY: Proc. physic. Soc. 51 (1939), 318.

[3] A. E. J. EGGLETON, F. C. TOMPKINS: Trans. Faraday Soc. 48 (1952), 738.

[4] G. F. HÜTTIG, H. SCHREINER, R. KLEIN: Kolloid-Z. 119 (1950), 157.

druck eingestellt hat. Das einfachste Schema eines solchen Apparates ist das von Abb. 7[1]. Das Volumen des in den Apparat einzuführenden Gases wird mit Hilfe einer Bürette aus einem Vorratsgefäß entnommen und in den Apparat eingeführt. Um nun die Menge des adsorbierten Gases zu kennen, ist es notwendig, das Volumen des Apparates genau zu kennen. Dieses Volumen wird gemessen, indem man in den evakuierten Apparat ein bekanntes Gasvolumen einführt von einem Gase, das nicht adsorbiert wird und den Druck mißt, den dieses in dem Apparat ausübt. Das meist für diesen Zweck benutzte Gas ist Helium bei 0° C. Unter diesen Bedingungen ist die Adsorption des Heliums praktisch gleich Null.

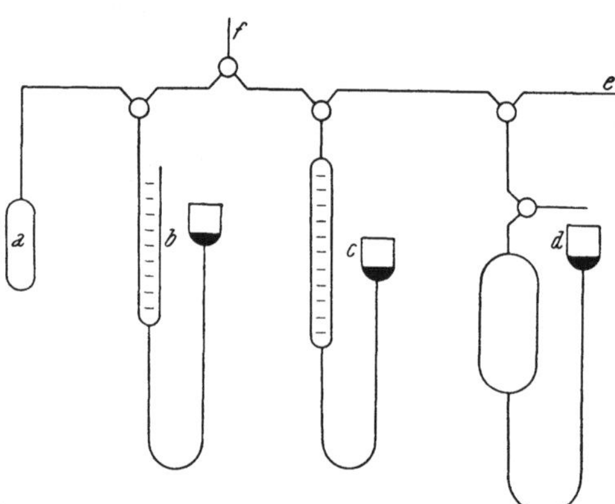

Abb. 7. Apparat von PEASE[1], schematisch. *a* Adsorptionsgefäß, *b* Manometer, *c* Gasbürette, *d* Gasvorrat, *e* Gasdarstellung und -reinigung, *f* zum Pumpenaggregat.

Verschiedene Autoren haben auch Apparate benutzt, die mit Quecksilberventilen ausgerüstet sind[2]. Die Manometertypen, die man hierfür benutzt, sind verschieden, je nach dem Druckintervall, in welchem man arbeitet. Für sehr niedrige Drucke benutzt man gewöhnlich Manometer nach PIRANI oder MCLEOD. Für Drucke von einigen Millimetern Quecksilber benutzt man Quecksilbermanometer von großem Querschnitt, um die Meniskuskorrekturen zu vermeiden. In Abb. 8 ist das Schema eines Apparates nach JURA und HARKINS[3] für Adsorptionsmessungen von Dämpfen bei Drucken unterhalb 100 Millimeter Quecksilber wiedergegeben. Für die Messung der Adsorption von Dämpfen bei Drucken in nächster Nähe des Sättigungsdruckes haben HOLMES und EMMETT[4] ein Differentialmanometer nach PEARSON benutzt.

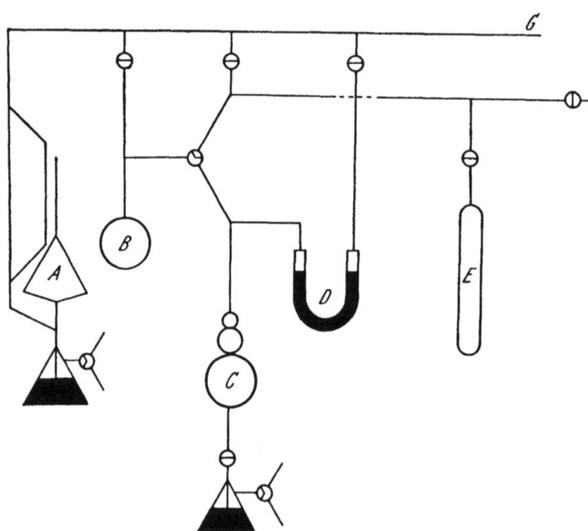

Abb. 8. Apparat von JURA und HARKINS[3] zur Messung der physikalischen Adsorption unterhalb 100 Torr. *A* MCLEOD, *B* Adsorptionsgefäß, *C* Gasbürette, *D* Manometer, *E* Gefäß mit flüssigem Adsorptiv, *F* Gasdarstellung und -reinigung, *G* zum Pumpenaggregat.

Besondere Anordnungen sind benutzt worden, um die Adsorption an Oberflächen von sehr begrenztem Umfange zu messen. Adsorptionsmessungen von n-Butan und von Äthylen an Metallkathoden, die mit Oxydschichten bedeckt

[1] R. N. PEASE: J. Amer. chem. Soc. **45** (1923), 1196.
[2] A. S. COOLIDGE: J. Amer. chem. Soc. **46** (1924), 596.
[3] G. JURA, W. D. HARKINS: J. Amer. chem. Soc. **66** (1944), 1356.
[4] J. HOLMES, P. H. EMMETT: J. physic. Colloid Chem. **51** (1947), 1262.

sind, wurden von WOOTEN und BROWN[1] mit dem in Abb. 9 angegebenen Apparat durchgeführt. Die Oberflächen der Adsorbentien betrugen nur einige hundert Quadratzentimeter. Andere Messungen mit Oberflächen geringer Ausdehnung sind auch noch von ORR[2] und von BEEBE, BECKWITH und HONIG[3] durchgeführt worden.

Die beschriebenen Apparate sind hauptsächlich für die Messung der physikalischen Adsorption geeignet.

Zur Messung der Chemisorption muß man unter Bedingungen arbeiten, durch die eine Verunreinigung durch andere Gase aus dem Apparat vollständig ferngehalten wird. Häufig sind für solche Messungen auch gefettete Hähne auszuschließen, um die Gegenwart von Fettdämpfen im Apparat zu vermeiden. Man hat sie dann durch Quecksilberventile zu ersetzen und die Quecksilberdämpfe zu kondensieren.

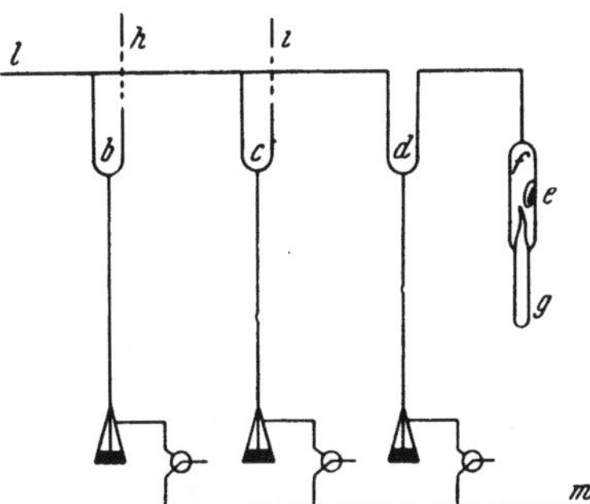

Abb. 9. Apparat von WOOTEN und BROWN[1] (schematisch) zur Messung von Adsorption an kleinen Oberflächen. *b*, *c*, *d* Quecksilberventile, *h* zum Gasvorrat, *i* zum Pumpenaggregat, *l* McLEOD, *m* Hilfspumpe, *g* Adsorptionsgefäß, *e* magnetischer Zerbrecher (Hammer). Das McLEOD-Manometer dient zugleich als Gasbürette.

In Abb. 10 bringen wir das Schema eines Apparates nach FRANKENBURG[4] zur Messung der Chemisorption von Wasserstoff an Wolframpulver. Für die Beschreibung dieses Apparates im einzelnen müssen wir auf die Originalarbeit verweisen.

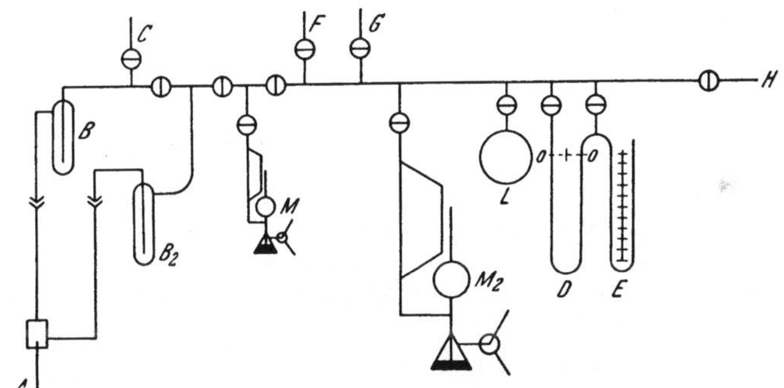

Abb. 10. Apparat von FRANKENBURG[4] für Chemisorptionsmessungen. *A* Adsorptionsgefäß, *B*, B_2 Gasfallen, *M*, M_2 McLEODS, *C* Wasserstoffauslaß bei Reduktion des Adsorbens (W), *F* Wasserstoffeintritt für Reduktion, *G* Wasserstoffeintritt für Adsorptionsmessung, *L* konstantes Volumen, *D* Nullmanometer, *E* Barometer, *H* Pumpleitung.

Die Apparate, von denen wir gesprochen haben, wurden im wesentlichen für die Bestimmung der Adsorptions*isotherme* benutzt.

Ein Apparat, der speziell für die Bestimmung der Adsorptions*isobaren* geeignet ist, wurde von TAYLOR und STROTHER[5] benutzt. Besonders interessant ist der hier angewandte *Manostat*.

Dieser ist in Abb. 11 schematisch dargestellt. In einem graduierten Rohr, das

[1] L. A. WOOTEN, C. BROWN: J. Amer. chem. Soc. **65** (1943), 113.
[2] W. J. C. ORR: Proc. Roy. Soc. (London), Ser. A **173** (1939), 349.
[3] R. A. BEEBE, J. B. BECKWITH, J. M. HONIG: J. Amer. chem. Soc. **67** (1945), 1554.
[4] W. G. FRANKENBURG: J. Amer. chem. Soc. **66** (1944), 1827.
[5] H. S. TAYLOR, C. O. STROTHER: J. Amer. chem. Soc. **56** (1934), 586.

Quecksilber enthält, liegen zwei elektrische Kontakte c_1 und c_2. Wenn das im Rohr enthaltene Quecksilber den Kontakt zwischen den beiden Elektroden herstellt, dann läßt ein Relais eine Elektrolyse in der Zelle *d* vor sich gehen, die eine Natriumhydroxydlösung enthält. Das entwickelte Gas drückt das Quecksilber in *c* zusammen, so daß das Niveau in der Bürette *b* zunimmt, womit dann der Druck des Gases in dem Apparat steigt. Wenn der Wert des gewünschten Druckes erreicht ist, dann schaltet das Quecksilber den Kontakt zwischen den beiden Elektroden aus und die Elektrolyse wird unterbrochen. Auf diese Weise kann der Druck in dem Apparat *m* konstant gehalten werden.

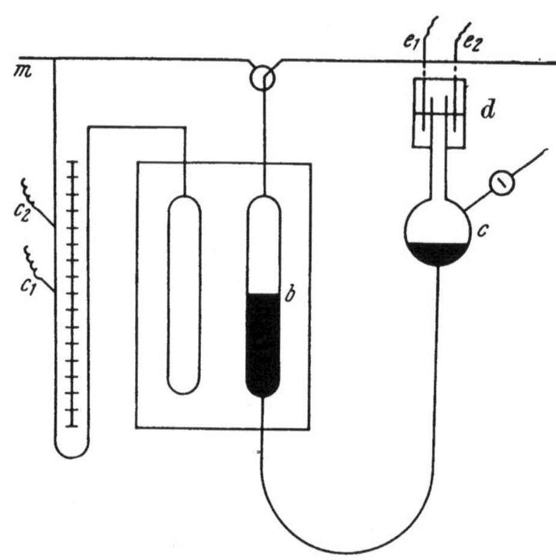

Abb. 11. Manostat nach TAYLOR und STROTHER[1] (schematisch) zur Adsorptionsmessung bei konstantem Druck. e_1, e_2 Elektroden.

Die erwähnten Messungen wurden mit der statischen Methode ausgeführt. Apparate für dynamische Messungen werden im allgemeinen nur für die Adsorption für Gasmischungen verwendet. Wir erwähnen hier die Anordnung von MARKHAM und BENTON[2].

β) Gravimetrische Methoden.

Mit dieser Technik bestimmt man die Gewichtsmenge von Adsorbens plus Adsorpt und als Differenz dann auch das Gewicht des letzteren selbst. Ein klassisches Modell dieses Apparates für gravimetrische Messungen ist die bekannte Waage von MCBAIN und BAKR[3], die man zum Studium der Sorption von Dämpfen benutzt hat (s. Abb. 12). Mit Sorptionswaagen von mehr oder weniger modifiziertem Typ nach MCBAIN und BAKR kann man Sorptionsmessungen auch bei sehr hohen Drucken durchführen. Wenn natürlich der Druck nicht zu vernachlässigen ist, dann muß man dem Auftrieb nach Archimedes Rechnung tragen und eine Korrektur an den gemessenen Werten anbringen. Die Korrektur setzt die Kenntnis der wahren Dichte des festen Körpers voraus, die nicht leicht zu bestimmen ist, wenn es sich um poröse Festkörper handelt. Es sind auch Balkenwaagen beschrieben worden. Wir erwähnen hier die von GREGG und Mitarbeitern[4] mit der Anordnung zur elektrischen Messung, ferner die Mikrowaage von BARRETT, BIRNIE und COHEN[5] und die von EYRAUD[6]. Die Mikrowaagen mit Balken sind empfindlicher als der einfache MCBAIN-BAKR-Typ und beseitigen auch die

[1] H. S. TAYLOR, C. O. STROTHER: J. Amer. chem. Soc. **56** (1934), 586.

[2] E. C. MARKHAM, A. F. BENTON: J. Amer. chem. Soc. **53** (1931), 497.

[3] J. W. MCBAIN, A. M. BAKR: J. Amer. chem. Soc. **48** (1926), 690.

[4] S. J. GREGG: J. chem. Soc. (London) **1946**, 561, 563. — S. J. GREGG, M. F. WINTLE: J. sci. Instruments **23** (1946), 259.

[5] H. M. BARRETT, A. W. BIRNIE, M. COHEN: J. Amer. chem. Soc. **62** (1940), 2839.

[6] I. EYRAUD: J. Chim. physique **47** (1950), 104.

Wirkung des archimedischen Auftriebs. Kürzlich hat RHODIN, JR.[1] einen Apparat mit einer Mikrowaage beschrieben, den er zur Adsorptionsmessung an recht kleinen Metalloberflächen konstruiert hat (s. Abb. 13).

Die Mikrowaage ist von der Art, wie sie GULBRANSEN[2] beschrieben hat, wo die Messung der Gewichtsänderung durch Ablesung der Verschiebung des Balkens mit einem Kathetometer durchgeführt wird. RHODIN ist so in der Lage, Gewichtsänderungen von 10^{-7} g noch zu messen. Adsorbens und Gegengewicht waren aus demselben Material und von demselben Gewicht. Das Gegengewicht war kugelförmig gestaltet. Der Balken der Waage war in einem Luftthermostaten untergebracht. Adsorbens und Gegengewicht waren in Dewargefäße eingetaucht und auf gleicher Temperatur gehalten. RHODIN hat die Adsorption an Kristallen mit Oberflächen von 10 bis 100 cm² noch messen können.

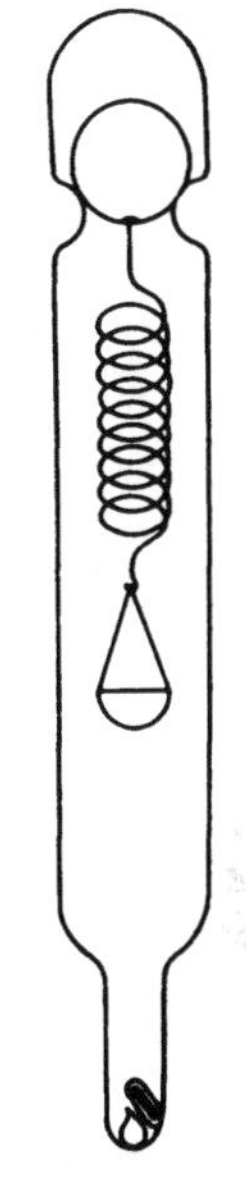

Abb. 12. Sorptionswaage nach McBAIN und BAKR.

γ) Kalorimeter zur Messung der Adsorptionswärme.

Eine allgemeine Übersicht über diesen Punkt ist schon von BEEBE in diesem Handbuch, Bd. IV, gegeben worden. Wir beschränken uns darauf, einige wichtige Kalorimeter, die in den letzten Jahren veröffentlicht worden sind, zu beschreiben. BEECK und Mitarbeiter[3] haben ein Kalorimeter zur Adsorptionsmessung an Metallfilmen beschrieben, die durch Verdampfung auf einer Glaswand erzeugt worden waren. Das Kalorimeter ist schematisch in Abb. 14 dargestellt. Durch einen Draht, der durch elektrischen Strom geglüht wird und der in das Innere eines Rohres A eingeführt ist, läßt man einen Metallfilm auf die inneren Oberflächen von A verdampfen. Das Rohr A hat eine sehr dünne Glaswand, um seine Wärmekapazität gering zu halten. An dem Äußeren von A ist ein Platindraht angekittet. Der Filmniederschlag wird erhalten, indem man das Äußere des Rohres A mit einem Wasserstrom kühlt, der durch den Mantel B fließt. Nach Beendigung der Verdampfung wird das Rohr A und der Mantel evakuiert. Der Apparat wird dann in Betrieb gesetzt wie ein Vakuumkalorimeter. In A bringt man das zu adsorbierende Gas ein. Die hervorgebrachte Temperaturänderung infolge der Adsorption wird durch eine Veränderung des Widerstandes des Platindrahtes gemessen, der als Widerstandsthermometer funktioniert. Der Druck wird mit einem Pirani-Manometer gemessen.

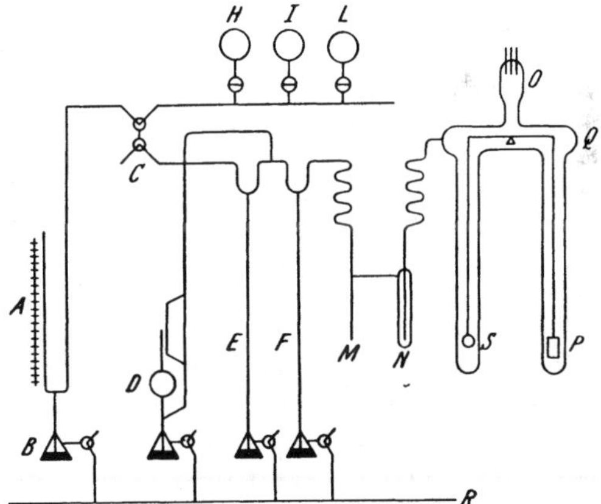

Abb. 13. Apparat (schematisch) nach RHODIN[1] zur Adsorptionsmessung an Kristallen. A Gasbürette, C, M zum Hochvakuum, D McLEOD, H, I, L Vorratsgefäße, E, F Quecksilberverschlüsse, N Gasfalle, Q Waage nach GULBRANSEN, O Ionisationsmanometer, P Adsorbens, S Gegengewicht, R Hilfspumpe, B Vakuumflasche.

Ein anderes adiabatisches Kalorimeter für die Messung der physikalischen

---

1 T. N. RHODIN, JR.: J. Amer. chem. Soc. 72 (1950), 4343.

2 E. A. GULBRANSEN: Rev. sci. Instruments 15 (1944), 201.

3 O. BEECK, W. A. COLE, A. WHEELER: Discuss. Faraday Soc. 8 (1950), 314.

Adsorption bei tiefer Temperatur ist von MORRISON und LOS[1] beschrieben worden. Der Apparat ist von klassischer Konstruktion mit einer Reihe von Feinheiten, die einen erheblichen Grad von Genauigkeit ermöglichen. Mit diesem Apparat können Messungen der Wärmekapazität bis auf 0,1 % durchgeführt werden, auch wenn das Gleichgewicht erst in einer halben Stunde erreicht wird. Ein adiabatisches Mikrokalorimeter für Adsorptionsmessungen ist auch von WARD[2] vorgeschlagen worden. In ihm wird die Temperatur des Adsorbens während der Adsorption konstant gehalten durch eine Reihe von Thermoelementen, die durch einen PELTIER-Effekt das Kalorimeter kühlen, wenn ein schwacher elektrischer Strom durch sie hindurchgeht. Der Strom wird so reguliert, daß er die Temperatur konstant hält. Man kann so nach WARD Wärmemengen bis zu 0,0005 Kalorien messen und die entwickelte Wärme mit einer Geschwindigkeit bis zu 0,2 cal/Min. Ein weiteres adiabatisches Kalorimeter hat WICKE[4] entwickelt.

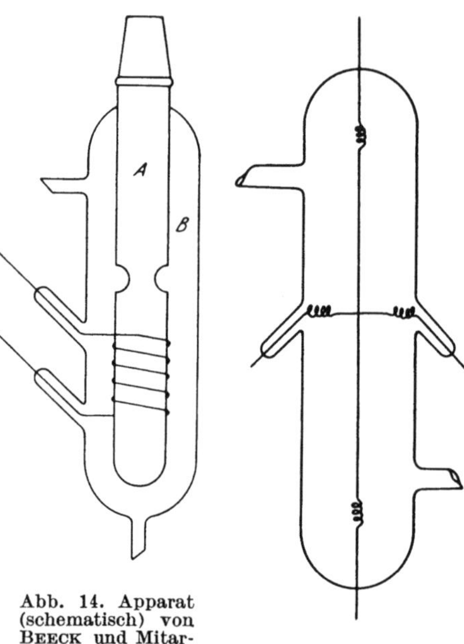

Abb. 14. Apparat (schematisch) von BEECK und Mitarbeitern[3] zur Messung der Adsorptionswärme an verdampften Metallfilmen.

Abb. 15. Apparat zur Messung von Kontaktpotentialen nach ELEY und RIDEAL[6] (schematisch).

δ) Andere Methoden.

1. *Kontaktpotential.*

Das Kontaktpotential ist eine Eigenschaft der Oberfläche, die von dem elektrischen Moment der adsorbierten Molekeln und von ihrer Oberflächenkonzentration abhängt. Die Methode ist zum Studium der Adsorption verwandt worden von LANGMUIR und KINGDON[5] sowie von BOSWORTH und RIDEAL[6], BOSWORTH[7], FROST und Mitarbeitern[8] und von DUHN[9], MIGNOLET[10], REIMANN[11].

Die von BOSWORTH und RIDEAL benutzte Methode ist folgende: Der Apparat besteht aus zwei Wolframfäden, die sich im rechten Winkel kreuzen und voneinander 1 mm entfernt sind (Abb. 15). Die beiden Fäden können durch zwei elektrische Ströme geheizt werden. Wenn man zwischen ihnen eine Potentialdifferenz anlegt, kann man den thermionischen Strom, der sich herausbildet, messen. Zur Bestimmung des Kontaktpotentials werden zuerst die beiden Fäden

[1] J. A. MORRISON, J. M. LOS: Discuss. Faraday Soc. 8 (1950), 321.
[2] A. F. H. WARD: Proc. Cambridge philos. Soc. **26** (1930), 278; Discuss. Faraday Soc. 8 (1950), 365.
[3] O. BEECK, W. A. COLE, A. WHEELER: Discuss. Faraday Soc. 8 (1950), 314.
[4] E. WICKE: Z. physik. Chem. **193** (1944), 417.
[5] I. LANGMUIR, K. H. KINGDON: Physic. Rev. **34** (1929), 129.
[6] R. C. L. BOSWORTH, E. K. RIDEAL: a) Physica **4** (1937), 925. — b) Proc. Roy. Soc. (London), Ser. A **162** (1937), 1. — c) D. D. ELEY, E. K. RIDEAL: Ibid. A **178** (1941), 429.
[7] R. C. L. BOSWORTH: Proc. Cambridge philos. Soc. **33** (1937), 394; J. Proc. Roy. Soc. New South Wales **79** (1946), 53.
[8] a) A. A. FROST, V. R. HURKA: J. Amer. chem. Soc. **62** (1940), 3335. — b) A. A. FROST: Trans. electrochem. Soc. 82 (1942).
[9] J. H. v. DUHN: Ann. Physik **43** (1943), 37.
[10] J. C. P. MIGNOLET: Discuss. Faraday Soc. 8 (1950), 105, 326.
[11] A. L. REIMANN: Philos. Mag. **20** (1935), 594.

im Vakuum ausgeglüht, dann wird der Heizstrom des Kollektors unterbrochen, es wird der emittierende Draht auf eine Standardtemperatur (etwa 2000° K) gebracht und unter Variation der zwischen den beiden Drähten angelegten Spannung erhält man eine Kurve des thermionischen Stromes gegen die Polarisationsspannung. Nachdem man die Emission unterbrochen hat, bringt man das zu messende Gas hinein und evakuiert von neuem. Ein Teil des Gases wird dann chemisorbiert und bleibt auf dem Draht auch nach dem Evakuieren. Man schaltet dann den Emitter wieder ein und mißt die Kurve des Thermionenstromes gegen die Polarisationsspannung. Man erhält so, wie Abb. 16 zeigt, zwei Kurven. Der Abstand zwischen den beiden Kurven in ihrem geradlinigen Teil gibt dann das Kontaktpotential reines Wolfram/Wolfram mit Gas.

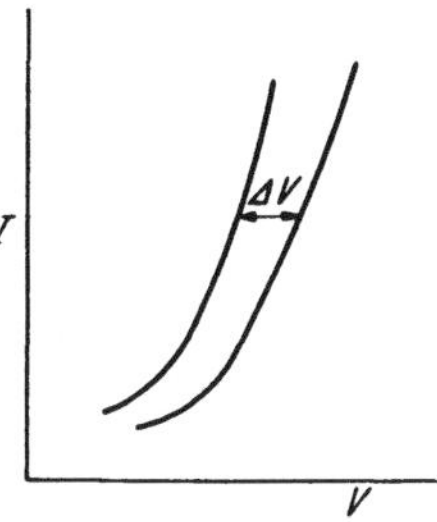

Abb. 16. Zum Kontaktpotential bei Adsorption.

Man kann folgende Beziehung zwischen dem Kontaktpotential V und dem Dipolmoment μ aufstellen[1]:

$$V = 2\pi\,\mu\,c_s, \tag{5, 1}$$

wo c_s die Oberflächenkonzentration der Dipole ist. Wenn die Oberfläche gesättigt ist, so kann man diesen Wert als gleich der Zahl der Adsorptionsplätze pro Oberflächeneinheit setzen. Jedenfalls kann c_s auch ein Bruchteil dieser Zahl sein.

Frost und Hurka[2] haben zur Messung von Kontaktpotentialen einen Apparat aus zwei Kondensatorplatten benutzt; auf einer von ihnen ist das Adsorbens aufgetragen.

Der Apparat von Mignolet[3] ist mit einem vibrierenden Kondensator ausgerüstet. Die Meßzelle ist in Abb. 17 schematisch dargestellt.

Sie besteht aus einem Pyrexrohr in der Form eines (kleinen lateinischen) h, das an einem Eisenblock festgemacht ist. Die feste Elektrode (*1*) befindet sich in der Mitte des Rohres, das den längeren Ast des h bildet. Die vibrierende Elektrode (*2*) steht der festen Elektrode gegenüber und ist an der Glaswand befestigt. An dem anderen Ast des Pyrexrohres ist ein Stück Eisen befestigt, das einem Elektromagneten (*3*) gegenübersteht, der die Schwingung des Glasrohres hervorbringt. Der Apparat wird in Schwingung versetzt auf der Grundfrequenz parallel zu der Ebene des h. Die Kontaktpotentialmessung wird dann nach der Methode des vibrierenden Kondensators durchgeführt. Natürlich ist es nach dieser Methode von Mignolet nicht möglich, die eine Oberfläche zu entgasen und die andere mit dem adsorbierten Film zu bedecken. Mignolet hat einige Verbesserungen vorgeschlagen, um Bedingungen in der Nähe der erwünschten zu erhalten. In Tabelle 4 sind einige Werte von Kontaktpotentialen aus der Literatur zusammengestellt.

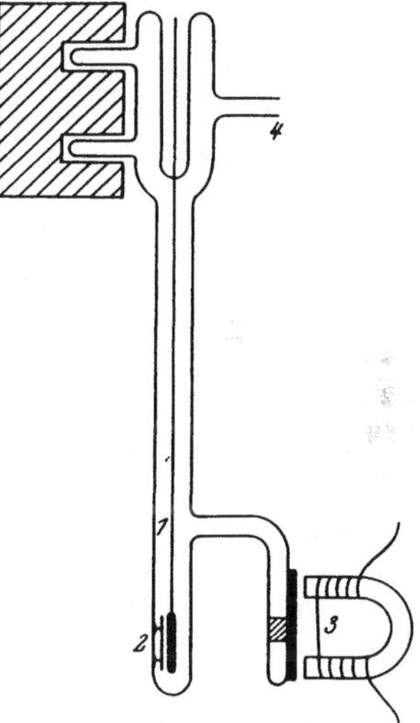

Abb. 17. Zelle nach Mignolet[3] zur Messung von Oberflächenpotentialen. *1* feste Platte, *2* schwingende Platte, *3* Elektromagnet, *4* Verbindung zur Apparatur.

---

[1] Wenn man die gegenseitige Depolarisation der Dipole vernachlässigt.
[2] A. A. Frost, V. R. Hurka: J. Amer. chem. Soc. 62 (1940), 3335.
[3] J. C. P. Mignolet: Discuss. Faraday Soc. 8 (1950), 105, 326.

Tabelle 4. *Kontaktpotentiale.*

System	Kontaktpotential (Volt)	Dipolmoment (Debye)	Autor
W-WH	—1,04	—0,4	Bosworth[1]
W-WD	—1,02	—0,4	Bosworth[1]
W-WO	—1,76	—0,66	Bosworth und Rideal[2]
W-WN	—1,38	—0,61	Bosworth und Rideal[2]
Pt-PtH	+1,17		Oatley[3]
Ni-NiO	—1,4		Bosworth[4]
Ni-NiXe (—196° C)	+0,85		Mignolet[5]
W-WNa	+2,78 (ϑ=0,75)		Bosworth und Rideal[6]

2. Thermionenemission und photoelektrische Emission.

Die Thermionenemission einer gasfreien Oberfläche bei hoher Temperatur wird geregelt durch die Gleichung von Richardson:

$$i = A T^2 e^{-\Phi/kT}, \qquad (5, 2)$$

wo i der Thermionenstrom und k die Boltzmann-Konstante ist. A kann als eine universale Konstante betrachtet werden, T ist die absolute Temperatur, Φ ist die Austrittsarbeit (ausgedrückt in Elektronenvolt). Sie bedeutet die Arbeit, die ein Elektron leisten muß, um aus der Oberfläche des Metalles zu entweichen. Die Austrittsarbeit eines bestimmten Metalles wird nun deutlich verändert, wenn an der Oberfläche fremde Atome zugegen sind. Wenn es sich um Schichten handelt, die geringen Oberflächenkonzentrationen entsprechen, dann ist die Änderung der Austrittsarbeit gegeben durch den Ausdruck:

$$\Phi' = \Phi + \alpha\,\vartheta, \qquad (5, 3)$$

wo α ein positiver oder negativer Koeffizient und ϑ der bedeckte Teil der Oberfläche ist. Im Falle von kompakten Filmen ist dieser Ausdruck nicht mehr gültig.

Durch Messungen der thermionischen Emission hat Langmuir[7] gefunden, daß die Emission eines Wolframdrahtes bei 1500° K in Gegenwart von äußerst geringen Mengen von Sauerstoff sich auf einen Wert von 1×10^{-4} erniedrigt, bezogen auf den Emissionswert des Drahtes vor der Einführung des Sauerstoffes. Die Emission änderte sich nicht mehr, wenn man in den Apparat so viel Cäsiumdampf einließ, daß er den ganzen anwesenden Sauerstoff als Gasphase entfernte. Die Thermionenemission ist auch empfindlich gegen das Vorhandensein z. B. von Thorium an der Oberfläche eines Wolframdrahtes. Die Gegenwart einer vollständigen Monoschicht dieses Metalles auf dem Wolfram bringt die Elektronenemission eines Wolframdrahtes bei der Temperatur von 1500° K auf

[1] R. C. L. Bosworth: Proc. Cambridge philos. Soc. **33** (1937), 394.
[2] R. C. L. Bosworth, E. K. Rideal: Physica **4** (1937), 925.
[3] C. W. Oatley: Proc. physic. Soc. **51** (1939), 418.
[4] R. C. L. Bosworth: Trans. Faraday Soc. **35** (1939), 397.
[5] J. C. P. Mignolet: Discuss. Faraday Soc. 8 (1950), 105, 326.
[6] R. C. L. Bosworth, E. K. Rideal: Proc. Roy. Soc. (London), Ser. A **162** (1937), 1.
[7] I. Langmuir: Chem. Reviews **13** (1933), 147.

einen Wert, der etwa 10^5mal größer ist als der eines reinen Wolframdrahtes[1]. Die Emission positiver Ionen ist ebenfalls von TAYLOR und LANGMUIR[2] zum Studium der Cäsiumfilme auf Wolfram benutzt worden. Jedes Cäsiumatom, das einen Wolframdraht bei hoher Temperatur trifft, verliert ein Elektron und entweicht als Ion Cs^+, wenn der Draht von einem geeigneten elektrischen Feld umgeben ist. Man erzeugt also am Draht einen Strom, der der Zahl der Cäsiumatome entspricht, die ihn treffen, und es ist möglich, unter diesen Bedingungen die Dampfspannung des Cäsiums bis zu 10^{-15} bar durch ein sehr empfindliches Elektrometer zu messen. Natürlich ist die Methode der Thermionenemission auf hohe Temperaturen (etwa 1500° C) und auf wenige recht elektropositive Elemente (wie Cäsium) oder sehr elektronegative (wie Sauerstoff) beschränkt und die Resultate, die man erhält, geben keine direkten Angaben über die katalytischen Erscheinungen, die bei tiefer Temperatur vor sich gehen.

Lichtelektrische Austrittsarbeit. Die lichtelektrische Austrittsarbeit ist für Adsorptionsstudien u. a. von SUHRMANN und CHSECH[3] sowie von OUELLET und RIDEAL[4] benutzt worden. Die Methode hat jedoch verschiedene Schwierigkeiten, da bei vielen Gasen die Schwelle im fernen Ultravioletten liegt. Hinsichtlich der Konstruktion der Apparate verweisen wir auf die zitierten Originalarbeiten.

3. Messung der Dicke der adsorbierten Schichten.

Die Dickenmessung kann mit einer optischen Methode nach FRAZER[5] ausgeführt werden. Wenn man auf die Grenzfläche zwischen einem festen Körper und einem Gas ein polarisiertes Lichtbündel mit der Polarisierungsebene unter 45° zur Einfallsebene sendet und wenn man das reflektierte Bündel analysiert, so müßte dies immer noch aus in einer Ebene polarisiertem Licht bestehen, wenn die Oberfläche Festkörper-Gas vollständig sauber wäre. In Wirklichkeit beobachtet man, daß das reflektierte Licht immer mehr oder weniger elliptisch polarisiert ist. Dieser Effekt liegt an der Rauhigkeit und an Schwingungen der Oberfläche des festen Körpers, vor allem aber an der Existenz einer adsorbierten Schicht in der Grenzfläche. Die Elliptizität des reflektierten Lichtes kann mit einem Kompensator nach Babinet oder photometrisch gemessen werden. Die Beziehung, die die Dicke mit der Elliptizität verbindet, stammt von DRUDE und setzt voraus die Kenntnis der Wellenlänge des Lichtes und der Dielektrizitätskonstanten des festen Stoffes, sowie des Gases in der Gasphase und im adsorbierten Zustand. Diese letztere Größe ist natürlich schwer abzuschätzen.

4. Messung des Akkommodationskoeffizienten.

Die Messung des Akkommodationskoeffizienten wurde hauptsächlich von ROBERTS[6] zum Studium der Chemisorptionserscheinungen verwendet.

Wenn ein Gas in einem Glasrohr von der Temperatur T_1 enthalten ist und sich in der Achse ein Metalldraht von der Temperatur T_2 befindet (T_2 größer als T_1), dann können die Molekeln des Gases, die den Draht treffen, adsorbiert bleiben oder in den Gasraum zurückkehren. Im zweiten Falle wird die Gasmolekel wegen

[1] I. LANGMUIR: Physic. Rev. **22** (1923), 357.
[2] J. B. TAYLOR, I. LANGMUIR: Physic. Rev. **51** (1937), 753.
[3] R. SUHRMANN, H. CHSECH: Z. physik. Chem., Abt. B **28** (1935), 215.
[4] C. OUELLET, E. K. RIDEAL: J. chem. Physics 3 (1935), 150.
[5] J. H. FRAZER: Physic. Rev. (2) **33** (1929), 97.
[6] J. K. ROBERTS: Proc. Roy. Soc. (London), Ser. A **129** (1930), 146; **135** (1932), 192; **142** (1933), 518; Some Problems in Adsorption. Cambridge, 1939.

des Energieaustausches in den Gasraum mit einer Energie zurückkehren, die der Temperatur T_2' entspricht. Man versteht nun unter Akkommodationskoeffizient das Verhältnis $a = \frac{T_2' - T_1}{T_2 - T_1}$; a kann also Werte zwischen 0 und 1 annehmen. ROBERTS hat gefunden, daß der Akkommodationskoeffizient der Edelgase ganz besonders empfindlich gegen die Anwesenheit adsorbierter Gase an dem Metalldraht ist. So fand er, daß mit Neon und einem Wolframdraht, der ganz gasfrei ist, a den Wert 0,08 annimmt, während, wenn auf dem Draht eine Wasserstoffschicht chemisorbiert ist, $a = 0{,}17$ bei 23° C[1].

Auf Grund der gemessenen Akkommodationskoeffizienten konnte ROBERTS in einigen Fällen den bedeckten Prozentsatz der adsorbierenden Oberfläche abschätzen. Die Ableitungen von ROBERTS sind teilweise bestätigt worden durch spätere Arbeiten von BEECK und von RIDEAL und TRAPNELL[2], die mit einer abweichenden Technik durchgeführt wurden.

5. *Änderung des elektrischen Widerstandes durch Adsorption.*

Die Methode der Widerstandsänderung ist von TWIGG[3] beschrieben worden. Mit einem Katalysator aus silberbedeckter Glaswolle hat er beobachtet, daß in Gegenwart von Sauerstoff bei 250÷360° C eine Zunahme des Widerstandes auftritt. Aus seinen Resultaten hat TWIGG geschlossen, daß die Zunahme des Widerstandes von der Chemisorption des Sauerstoffes auf dem Silber herrührt, und daß die Widerstandsänderung hauptsächlich auf einer Änderung des Kontaktwiderstandes zwischen den silberbedeckten Glasfäden beruht.

Auch ALLEN[4] hat gefunden, daß der Widerstand eines aufgedampften Kupferfilms in Gegenwart von Gasen wie Kohlenoxyd, Sauerstoff, Stickoxyd, Aethylen, bei —183° C zunimmt. Er schreibt diesen Effekt der Chemisorption zu und stützt diese Ansicht darauf, daß der Kupferfilm bei derselben Temperatur seinen Widerstand in Gegenwart von Stickstoff, Wasserstoff oder Argon nicht verändert, da diese Gase bei dieser Temperatur vom Kupfer nicht chemisorbiert werden.

GRAY[5] hat einen Apparat zum Studium der Gasadsorption an Halbleitern beschrieben, der auf der Änderung der Leitfähigkeit des Halbleiters beruht. Man kann annehmen, daß die Änderung der Leitfähigkeit in direkter Beziehung mit der Gasmenge steht, die an besonderen Plätzen an der Oberfläche sich befindet, welche an dem Leitungsvorgang teilnehmen (auf Grund der Theorien über die Leitung in Halbleitern). Andere Arbeiten über die Veränderlichkeit des elektrischen Widerstandes durch Adsorption verdankt man BRAUER und MÜLLER[6] und BEVAN und ANDERSON[7]; übrigens auch MOSTOVETCH[8] und FRIZ[9].

Messungen der Veränderung des elektrischen Widerstandes im Laufe der

---

[1] Kürzlich sind die Werte, die ROBERTS gefunden hat, von J. G. M. BREMNER [Proc. Roy. Soc. (London), Ser. A **201** (1950), 305, 321] in Zweifel gezogen worden. A. E. J. EGGLETON und F. C. TOMPKINS [Discuss. Faraday Soc. 8 (1950), 92; Trans. Faraday Soc. **48** (1952), 738] haben indessen im wesentlichen die Richtigkeit von ROBERTS' Angaben bestätigt, und ebenso auch die Ergebnisse von A. G. NASINI und G. SAINI [Chim. e Ind. **33** (1951), 67].

[2] E. K. RIDEAL, B. M. W. TRAPNELL: J. Chim. physique **47** (1950), 126.

[3] G. H. TWIGG: Trans. Faraday Soc. **42** (1946), 657.

[4] J. A. ALLEN: Discuss. Faraday Soc. 8 (1950), 357.

[5] T. J. GRAY: Discuss. Faraday Soc. 8 (1950), 331; Proc. Roy. Soc. (London), Ser. A **197** (1949), 314; Nature **162** (1948), 260.

[6] P. BRAUER, F. H. MÜLLER: Kolloid-Z. **107** (1944), 129.

[7] D. J. M. BEVAN, J. S. ANDERSON: Discuss. Faraday Soc. 8 (1950), 238.

[8] N. MOSTOVETCH: C. R. hebd. Séances Acad. Sci. **228** (1949), 1702.

[9] H. FRIZ: Z. Elektrochem. angew. physik. Chem. **54** (1950), 538.

physikalischen Gasadsorption an Kohle sind auch von McINTOSH und Mitarbeitern[1] gemacht worden. Sie haben gefunden, daß der elektrische Widerstand von Kohlenstäben sich als Funktion des Druckes reversibel ändert, und schreiben diesen Effekt der physikalischen Adsorption zu. Die Autoren haben eine Reihe von Hypothesen aufgestellt, um die Erscheinung zu erklären. Der Effekt der Veränderung des Widerstandes der Kohlestäbe mit der Adsorption wurde von denselben Autoren auch in Beziehung zu der Veränderlichkeit der Länge der Stäbe wegen der Adsorption gesetzt.

Andere Erscheinungen, die mit der Adsorption in Zusammenhang stehen, sind ebenfalls studiert worden: z. B. *die Elektrisierung eines Kontaktes*, die von DEBEAU[2] benutzt wurde, die Lumineszenzerscheinungen, die gewisse Adsorptionsprozesse begleiten[3]. Unter den besonderen Techniken zum Adsorptionsstudium erwähnen wir noch die Kohärermethode, die von PALMER[4] zur Messung der Adsorptionswärme benutzt worden ist. Die Verläßlichkeit der Resultate, die man mit dieser Methode erhält, ist später von LEHNER und CAMERON[5] in Zweifel gezogen worden, weil diese keine reproduzierbaren Resultate erhalten konnten. An Kohle ist von JUZA und Mitarbeitern[6] die Veränderlichkeit der magnetischen Suszeptibilität durch Adsorption festgestellt worden.

In den letzten Jahren werden immer häufiger die Methoden angewandt, die sich auf die Benutzung von stabilen und instabilen *Isotopen* zum Studium der Adsorption und der Katalyse stützen. Die Techniken sind beachtlich verschieden, je nach den Isotopen, mit denen man arbeitet. Kürzlich sind Arbeiten durchgeführt worden z. B. von TURKEVICH und Mitarbeitern[7], KEMBALL[8], BOND, SHERIDAN und WHIFFEN[9], SINGLETON, ROBERTS und WINTER[10], CROWELL und FARNSWORTH[11].

Besondere Vorteile scheint die Anwendung des Feldelektronenmikroskops[12] auf die Untersuchung von Adsorptionserscheinungen zu bieten[13]. GOMER hat nach dieser Methode die auf der Spitze eines Wolframdrahtes (vom Krümmungsradius 10^{-5} bis 10^{-4} cm) adsorbierten Schichten untersucht, wobei die Spitze als kalte Elektronenquelle wirkt. Die Elektronenemission wird durch die Gegenwart der adsorbierten Schichten vermindert, und so ist es möglich, den Schatten der adsorbierten Molekeln zu photographieren. GOMER konnte so mit dem Feldelektronenmikroskop den direkten Nachweis für die Diffusion des Sauerstoffes auf Wolfram führen, und auch die Aktivierungsenergie dieses Diffusionsprozesses (etwa

---

[1] a) R. McINTOSH, R. S. HAINES, G. C. BENSON: J. chem. Physics **15** (1947), 17. — b) R. S. HAINES, R. McINTOSH: Ibid. **15** (1947), 28.

[2] D. E. DEBEAU: Physic. Rev. **66** (1944), 9.

[3] J. W. McBAIN, C. I. GLASSBROOCK: J. Amer. chem. Soc. **65** (1943), 1908. — J. EWLES, C. N. HEAP: Trans. Faraday Soc. **48** (1952), 331.

[4] W. G. PALMER: Proc. Roy. Soc. (London), Ser. A **106** (1924), 55; **110** (1926), 133; **115** (1927), 227; **122** (1929), 487.

[5] S. LEHNER, G. H. CAMERON: J. physic. Chem. **35** (1931), 3082.

[6] R. JUZA, R. LANGHEIM: Z. Elektrochem. angew. physik. Chem. **45** (1939), 689. — R. JUZA: Chemiker-Ztg. **74** (1950), 55.

[7] J. TURKEVICH, F. BONNER, D. SCHISSLER, P. IRSA: Discuss. Faraday Soc. 8 (1950), 352.

[8] C. KEMBALL: Proc. Roy. Soc. (London), Ser. A **207** (1951), 539; Trans. Faraday Soc. **48** (1952), 254.

[9] G. C. BOND, J. SHERIDAN, D. H. WHIFFEN: Trans. Faraday Soc. **48** (1952), 715.

[10] J. H. SINGLETON, E. R. ROBERTS, E. R. S. WINTER: Trans. Faraday Soc. **47** (1951), 1318.

[11] A. D. CROWELL, H. E. FARNSWORTH: J. chem. Physics **19** (1951), 1206.

[12] E. W. MÜLLER: Ergebn. exakt. Naturwiss. **27** (1953), 290.

[13] R. GOMER: Trans. N. Y. Acad. Sci. II, **17** (1954), 109.

30 kcal/Mol) messen. DRECHSLER hat diese Untersuchungen weitergeführt und verfeinert[1]. Er hat unter anderem eine Berechnungsmethode für die Adsorptionsenergie von Atomen auf Gittern, für die Energiedifferenzen zwischen Mulden- und Sattellagen und für Platzwechselenergien entwickelt. Er erhält so Oberflächenenergien, die an bestimmten Flächen spezifisch sind, je nach dem Radienverhältnis der Gitteratome und der Ad-Atome. Aus den Versuchen kann man auf die Temperaturveränderlichkeit der Adsorptionsenergie schließen.

Ferner werden die verschiedenen Vorzugsrichtungen der Oberflächendiffusion auf Einkristallflächen behandelt. So stimmen die Platzwechselenergien von an Einkristallflächen von Wolfram adsorbierten Bariumatomen mit theoretisch vorherzusehenden Werten überein; auch ergibt sich, daß die Koeffizienten der Oberflächendiffusion des Bariums auf verschiedenen Einkristallflächen des Wolframs überraschenderweise bis zu einem Faktor 10^4 variieren können. Zum Beispiel betragen sie auf den Flächen (110) und (112) des Wolframs $6 \cdot 10^{-10}$ bzw. $1{,}8 \cdot 10^{-14}$ cm^2 sec^{-1}.

Diese Untersuchungen versprechen für eine vertiefte Kenntnis der inneren Natur der Adsorptionserscheinungen außerordentlich ertragreich zu werden.

6. Oberflächenbindungskräfte.

Wenn man eine Molekel kinetisch betrachtet, die die Oberfläche eines festen Körpers trifft, so kann ein längerer oder kürzerer Aufenthalt dieser Molekel auf der Oberfläche stattfinden, bevor sie in den Gasraum zurückkehrt.

Die Erscheinung der Adsorption kann auf diese Weise betrachtet werden, und dies ist der Ausgangspunkt von LANGMUIR bei der Aufstellung der Gleichung für die Adsorptionsisotherme[2].

Die Aufenthaltszeit der Molekeln an der Oberfläche des festen Körpers hängt von den Wechselwirkungskräften ab, die zwischen dem festen Körper und dem Gas auftreten können. Die Temperatur des festen Körpers, die den energetischen Zustand der Oberfläche bestimmt, kann ein wichtiger Faktor dafür sein, was auf dieser Oberfläche vor sich geht.

Die Kräfte, die bestrebt sind, die mittlere Lebensdauer der Gasmolekeln auf den festen Körper zu vergrößern, können in grober Weise in zwei Arten eingeteilt werden, Kräfte nach VAN DER WAALS und chemische Kräfte. Die ersteren, die von unspezifischer Natur sind, sind grundsätzlich verantwortlich für die physikalische Adsorption, die zweitgenannten sind wirksam bei den Chemisorptionsvorgängen.

a) Physikalische Adsorption.

Die Kräfte, die man im allgemeinen VAN DER WAALSsche Kräfte nennt, sind bestimmt durch die wechselseitigen Wechselwirkungen der Elektronenbahnen der Moleküle und sind das Resultat der Beiträge von verschiedenen Arten von Kräften. Während bei den Kondensationsvorgängen der Gase die Wechselwirkungen zwischen Molekülen gleicher Art stattfinden, betrachtet man bei der Adsorption die Wechselwirkungen zwischen einem einzelnen Molekül und einer unendlich ausgedehnten Oberfläche.

---

[1] M. DRECHSLER: Z. Elektrochem. angew. physik. Chem. 58 (1954), 327, 334, 340; Z. Kristallogr., Mineralog. Petrogr. (im Druck). — M. DRECHSLER, G. PANKOW: Proc. Conf. on Electron Microscopy. Cambridge, 1955.

[2] I. LANGMUIR: J. Amer. chem. Soc. 40 (1918), 1361.

Wenn das Gas aus unpolaren Molekeln besteht, dann überwiegen die sogenannten *Dispersionskräfte*, die auf der Anziehung zwischen fluktuierenden Dipolen und den durch diese Fluktuationen induzierten Dipolen beruhen.

Eine nicht-polare Gasmolekel wie z. B. ein Argonatom, das ein mittleres Dipolmoment von Null besitzt, hat ein momentanes Dipolmoment, das von Null verschieden ist, wegen der Tatsache, daß die Elektronen nicht in jedem Augenblick um den Kern in vollständig symmetrischer Weise angeordnet sind. Dieser fluktuierende Dipol erzeugt eine Ladungsverschiebung in jedem Nachbaratom. Daraus ergibt sich eine Anziehung zwischen zwei Atomen. Das oszillierende Dipolmoment ist mit der Lichtstrahlung verbunden und der Name Dispersionskräfte ist abgeleitet aus der Beziehung zwischen diesen Anziehungskräften und den Erscheinungen der Lichtdispersion.

Die Berechnung der Wechselwirkungsenergie zwischen einer isolierten Molekel und einer unendlich ausgedehnten Oberfläche ist von LONDON[1] ausgeführt worden. Er hat unter Annahme eines kleinen Abstandes zwischen den Atomen des Adsorbens, verglichen mit dem Abstand zwischen den Adsorbensatomen und den Gasmolekeln, für das Potential der Dispersionskräfte den Ausdruck gefunden:

$$\varphi_D = -\frac{N\pi}{4}\frac{\alpha\alpha'}{r^3}\frac{JJ'}{J+J'} \qquad (6,1)$$

(N = Zahl der Atome des Adsorbens je cm^3; α, α' = Polarisierbarkeit des Adsorptivs und des Adsorbens; r = Abstand zwischen Oberfläche und der Gasmolekel; J und J' = die charakteristischen Energien des Adsorbens und des Adsorptivs; $J = h\nu_0$; $J' = h\nu_0'$).

Der Ausdruck (6, 1) entsteht durch Integration über alle Atome des Adsorbens.

BARRER[2] und ORR[3] haben es in einigen Berechnungen der Adsorptionswärme vorgezogen, statt der Integration eine Summation vorzunehmen.

Der Ausdruck (6, 1) wird erhalten, wenn man der Dispersionskonstanten den Wert

$$\frac{3}{2}\,\alpha\alpha'\,\frac{JJ'}{J+J'}$$

zuschreibt.

BARRER hat statt dessen die Dispersionskonstante benutzt, wie sie von J. G. KIRKWOOD berechnet wurde:

$$A = 6\,m\,c^2\,\frac{\alpha_1\alpha_2}{\frac{\alpha_1}{\chi_1}+\frac{\alpha_2}{\chi_2}}$$

(A = Dispersionskonstante; m = Masse des Elektrons; c = Lichtgeschwindigkeit; χ_1, χ_2 = diamagnetische Suszeptibilität des Adsorbens und des Adsorpts).

Bei der Berechnung der Adsorption des Argons an Ionenkristallen wie KCl hat ORR auch noch dem Influenzeffekt Rechnung getragen, der daher kommt, daß die Gitterionen ein Dipolmoment in dem Edelgasatom induzieren und infolgedessen eine Anziehung zwischen Ion und induziertem Dipol auftritt.

Wenn das Adsorbens ein elektrischer Leiter ist, dann ist die Wechselwirkung mit einer nichtpolaren Molekel, die man als fluktuierenden Dipol betrachtet, proportional r^{-3} gemäß einer Berechnung von LENNARD-JONES[4]. Wenn der Ab-

---

[1] F. LONDON: a) Z. physik. Chem., Abt. B **11** (1930), 222; b) Trans. Faraday Soc. **33** (1937), 8.

[2] R. M. BARRER: Proc. Roy. Soc. (London), Ser. A **161** (1937), 476.

[3] W. J. C. ORR: Trans. Faraday Soc. **35** (1939), 1247.

[4] J. E. LENNARD-JONES: Trans. Faraday Soc. **28** (1932), 333.

stand zwischen der Molekel und dem Leiter sehr klein ist, dann ist nach PROSEN und SACHS[1] die Wechselwirkungsenergie proportional r^{-2} lnr. *Im Falle von Gasmolekeln, die ein permanentes Dipolmoment besitzen,* müssen auch noch die Orientierungs- und die Induktionseffekte berücksichtigt werden.

Wenn die adsorbierende Oberfläche leitend ist, dann kann der Orientierungseffekt nach KELVIN berechnet werden, indem man berücksichtigt, daß an der vollständig polarisierbaren Oberfläche sich ein Spiegelbild des Dipols mit umgetauschten Polen ausbildet und man dann die Anziehungskraft zwischen dem Dipol und seinem Spiegelbild berechnet (Spiegelkraft). Nach den Berechnungen von LORENZ und LANDÉ[2] und von JAQUET[3] findet man, daß die Orientierungs- und Induktionseffekte zwischen einem permanenten Dipol und einer leitenden Oberfläche ein Wechselwirkungspotential proportional r^{-3} hervorbringen wie im Falle der Dispersionskräfte.

Es sind auch noch die Beiträge zu berücksichtigen, die von der Anziehung zwischen einer Molekel mit *Quadrupolmoment* (wie CO_2) herrühren und einer leitenden Oberfläche. In diesen Fällen ist das Potential der Wechselwirkung proportional r^{-5} [3].

Abstoßungsenergien treten zwischen zwei Molekeln erst dann auf, wenn ihr Abstand ziemlich gering wird. Die Anwendung dieser theoretischen Resultate auf die Berechnung der Adsorption ist erst in den einfachsten Fällen durchgeführt worden (vgl. die Arbeiten von BARRER und ORR[4]).

Man kann im allgemeinen sagen, daß im Falle der Adsorption von unpolaren Molekeln auf nichtleitenden und leitenden Festkörpern im wesentlichen die Dispersionskräfte von Bedeutung sind.

Für die Systeme aus einem Gas mit einem permanenten Dipolmoment und leitenden Festkörpern sind sowohl die Dispersionskräfte als auch die Bildkräfte maßgebend.

b) Chemisorption.

LANGMUIR[5] betrachtet bei der theoretischen Ableitung der Adsorptionsisotherme auf kinetischem Wege die Oberfläche des Adsorbens als aus einer gewissen Zahl verfügbarer „Stellen“ bestehend, die von den adsorbierten Partikeln besetzt werden können. Dieses Modell kann sowohl auf die physikalische als auch auf die chemische Adsorption angewandt werden.

Im zweiten Falle erscheint es ganz besonders nützlich, da man ja hier Grund zu der Annahme hat, daß zwischen den einzelnen Molekeln des Adsorbens und des Adsorptivs sich Bindungen von ähnlicher Natur ausbilden, wie es die Bindungen zwischen Atomen innerhalb einer Molekel sind.

BEECK und Mitarbeiter[6] haben gefunden, daß die Adsorption verschiedener Gase an aufgedampften Nickelschichten zur Sättigung führt bei einer adsorbierten

[1] E. J. R. PROSEN, R. G. SACHS: Physic. Rev. **61** (1942), 65.
[2] R. LORENZ, A. LANDÉ: Z. anorg. allg. Chem. **125** (1922), 47.
[3] E. JAQUET: Fortschr. Chem., Physik, physik. Chem., Ser. B **18** (1925), H. 7.
[4] R. M. BARRER: Proc. Roy. Soc. (London), Ser. A **161** (1937), 476. — W. J. C. ORR: Trans. Faraday Soc. **35** (1939), 1247.
[5] I. LANGMUIR: J. Amer. chem. Soc. **40** (1918), 1361.
[6] O. BEECK, A. E. SMITH, A. WHEELER: Proc. Roy. Soc. (London), Ser. A **117** (1940), 62. — O. BEECK: Advances in Catalysis, Vol. II. New York, 1950. — O. BEECK, A. W. RITCHIE, A. WHEELER: J. Colloid Sci. **3** (1948), 505. — O. BEECK, J. W. GIVENS, A. W. RITCHIE: J. Colloid Sci. **5** (1950), 141.

Gasmenge, die dem folgenden Verhältnis zwischen oberflächlichen Nickelatomen und Gasmolekeln entspricht:

CO	H_2	N_2	C_2H_4
1:1	2:1	2:1	4:1

Man muß deshalb schließen, daß im Falle des Kohlenmonoxyds jede Molekel auf einem Nickelatom adsorbiert wird und daß die Adsorptionsplätze durch Nickelatome dargestellt werden. Die Adsorption von Stickstoff und von Wasserstoff kann in dem Sinne verstanden werden, daß die Molekeln als Atome adsorbiert werden und daß jedes Atom Nickel ein Atom Wasserstoff oder Stickstoff festhält.

Man kann auch eine andere Erklärung vorbringen: eine Molekel aus der Gasphase tritt an die Oberfläche und bleibt dort an einer bestimmten Stelle sitzen. Ihre Dimensionen sind jedoch derart, daß sie auch die benachbarten Plätze teilweise mitbedeckt.

Für den Fall des Wasserstoffs hält man es für wahrscheinlich, daß die auf die Oberfläche stoßende Molekel an zwei benachbarten Plätzen festgehalten wird unter gleichzeitiger Lösung der Bindung zwischen den beiden Wasserstoffatomen und Bildung neuer Bindungen zwischen den Wasserstoffatomen und den Atomen des Adsorbens.

Die Adsorption von Stickstoff an Eisen bei tiefer Temperatur soll demgegenüber nur zu einer teilweisen Lösung der Bindung zwischen den Atomen führen[1].

Die Molekeln oder Atome im adsorbierten Zustand können auch die Möglichkeit haben, von der Oberfläche entweder wieder zu verdampfen, um dann wieder adsorbiert zu werden, oder aber sich auf der Oberfläche selbst zu bewegen. Dann erhält man einen adsorbierten Film von der beweglichen Art, d. h. die Verteilung der Atome oder Molekeln über die verschiedenen Plätze ist die von dem BOLTZMANNschen Gesetz vorhergesagte.

Wenn hingegen die Verdampfungsgeschwindigkeit sehr begrenzt ist und der Potentialwall, der zwischen den einzelnen Adsorptionsstellen liegt, nicht überwunden werden kann, so hat man es mit einer *unbeweglichen* Schicht zu tun. Betrachten wir eine zweiatomige Molekel, die in Form von Atomen an zwei benachbarten Plätzen adsorbiert wird, ohne daß sie sich dabei spaltet: in diesem Falle wird die Oberfläche allmählich in zufälliger Weise bedeckt werden. Wenn die Bedeckung hinreichend hoch wird, dann werden auf der Oberfläche noch freie Einzelplätze übrigbleiben, die jedoch nicht mehr besetzt werden können. In diesem Falle werden diese Plätze von der Adsorption ausgeschlossen bleiben und auch im Sättigungszustand werden nicht alle Plätze besetzt sein.

Die Fälle, in denen eine solche Ausschließung von Plätzen stattfindet, sind behandelt worden von WANG, PEIERLS, ROBERTS und MILLER. Es wird auch von uns in dem statistischen Teil (Abschnitt B, 7, S. 127) eine Behandlung dieses Falles erfolgen.

Wie wir schon gesehen haben, wird die Äthylenmolekel am Nickel an vier Plätzen adsorbiert. BEECK und Mitarbeiter neigen zu der Annahme, daß die Adsorption dieser Molekel mit je einem der vier Wasserstoffatome an jedem Adsorptionsplatz erfolgt. Man kann annehmen, daß die Adsorption an zwei Plätzen mit einem Kohlenstoffatom auf jedem Platz stattfindet unter gleichzeitiger Ausschließung der anderen zwei Plätze oder auch unter Bildung von Azetylenresten und Abspaltung von zwei Wasserstoffatomen aus der Molekel. In einer

[1] Bei höherer Temperatur scheint hingegen die Dissoziation in Atome vollständig zu sein. O. BEECK hat nämlich gefunden, daß sich bei Behandlung des Films mit Salzsäure für jedes adsorbierte Stickstoffatom eine Molekel Ammoniak bildet (Advances in Catalysis, Vol. II. New York, 1950).

kürzlich erschienenen Arbeit zeigt Trapnell[1], daß die Adsorption des Äthylens am Wolfram im ersten Augenblick an vier Plätzen stattfindet. Anschließend tritt dann ein Verlust von zwei Wasserstoffatomen aus der Molekel ein unter Bildung eines Azetylenrestes, der adsorbiert wird, während die zwei abgespaltenen Wasserstoffatome die Hydrierung einer anderen Äthylenmolekel bewirken, die dabei in Äthan übergeht.

Da bei der Chemisorption an den Metallen die Adsorptionsplätze aus den Atomen des Adsorbens bestehen, so müssen die Bedingungen der Chemisorption bei Molekeln wie Äthylen, die für die Adsorption verschiedene Plätze beanspruchen, sich mit dem Netzebenenabstand des Adsorbens verändern. Diese Frage ist von Beeck und Mitarbeitern[2] studiert worden. Sie haben u. a. gefunden, daß die Hydrierungsgeschwindigkeit des Äthylens am Nickel auf der Ebene (110) größer ist als auf anderen Ebenen.

Was hier über die Verteilung des adsorbierten Gases am Adsorbens gesagt wurde, hat lediglich eine annähernde Bedeutung. Die bisherigen experimentellen Resultate erlauben es noch nicht, in dieser Beziehung ganz sichere Schlüsse zu ziehen.

α) Bindungsarten bei der Chemisorption an Metallen.

Die Bindungskräfte zwischen Adsorbens und Adsorptiv können von homöopolarer Art oder von ionischer Art sein. Die Forschungen über die Thermionenemission führen zu der Annahme, daß stark elektropositive Elemente wie Cäsium, Barium oder stark elektronegative Elemente wie Sauerstoff als Ionen adsorbiert werden können[3]. Ein Atom Cäsium z. B., das auf einen glühenden Wolframdraht stößt, gibt diesem ein Elektron ab und verdampft als Cs^+, wenn um den Draht herum ein geeignet gerichtetes elektrisches Feld existiert[4].

In Tabelle 5 sind einige Werte für die scheinbaren Dipolmomente von Cäsium an Wolfram wiedergegeben (auf Grund von Kontaktpotentialen berechnet) als Funktionen von ϑ (Verhältnis zwischen der Anzahl von besetzten Oberflächenplätzen zu der Gesamtzahl der für die Adsorption verfügbaren Plätze).

Tabelle 5. *Besetzungsdichte und Dipolmoment*[5].

ϑ	μ (Debye)
0	16,2
0,5	8,2
0,9	4,5

Der Wert 16,2 für ϑ ist gleich 0 kann verglichen werden mit dem Wert 3,9 für Thorium auf Wolfram bei $\vartheta = 0$. Die Herabsetzung des scheinbaren Dipolmomentes bei fortschreitender Bedeckung der Oberfläche bedeutet, daß die Tendenz des Cäsiums, dem Wolfram ein Elektron abzugeben, sich bei zunehmendem ϑ vermindert, d. h. daß man auch eine Verminderung des heteropolaren Bindungscharakters beobachtet.

Wenn man auch jetzt diesen Gesichtspunkt annehmen kann, daß Schichten aus elektropositiven Elementen wie Cäsium an Metallen wie Wolfram weitgehend heteropolar gebunden werden, so ist man doch dazu gekommen, anzunehmen, daß im allgemeinen die Bindung der adsorbierten Atome etwa von Wasserstoff, Stickstoff usw. an das Adsorbens von homöopolarem Typ ist. Die gegenwärtigen Ansichten über diese Frage gründen sich auf die neuen Theorien über die

---

[1] B. M. W. Trapnell: Trans. Faraday Soc. **48** (1952), 160.

[2] O. Beeck, E. Smith, A. Wheeler: Proc. Roy. Soc. (London), Ser. A **177** (1940), 62.

[3] J. A. Becker: Trans. Faraday Soc. **28** (1932), 148.

[4] J. B. Taylor, I. Langmuir: Physic. Rev. **51** (1937), 753. — J. A. Becker: Trans. electrochem. Soc. **55** (1929), 153.

[5] I. Langmuir: J. chem. Soc. (London) **1940**, 511.

Elektronenstruktur der Metalle. Diese sind ausführlich in den Diskussionen der Faraday Society des Jahres 1950 im Zusammenhang mit dem Studium der heterogenen Katalyse behandelt worden (s. auch ELEY[1]).

Die experimentellen Daten über Adsorptionswärmen und über die katalytische Aktivierung des Wasserstoffs an Metallen stehen im Einklang sowohl mit der Theorie der Elektronenbänder in den Metallen (MOTT und JONES[2]) als auch mit der Theorie von PAULING über die Resonanz in den Valenzbindungen.

Die Möglichkeit der Adsorption von Wasserstoff durch ein Metall ist gebunden an die Möglichkeit des Metalles, Metallbindungen mit dem Adsorptiv einzugehen. Nach der Theorie von MOTT und JONES ist diese Möglichkeit abhängig von der Existenz von Elektronenlücken in den Metallatomen. Nach PAULING nimmt die Zahl der verfügbaren Atombahnen allmählich ab in dem Maße, wie das d-Band aufgefüllt wird. Wenn man annimmt, daß die Oberflächenzustände wenigstens qualitativ mit der Elektronenkonfiguration des Metalles in Zusammenhang stehen, so ist vorauszusehen, daß die Metalle mit stärker metallischem d-Charakter weniger verfügbare Orbitals für die Bindung mit dem Adsorptiv haben als diejenigen mit schwachem d-Charakter.

Nach der Behandlung von MOTT und JONES kann man für ein Atom wie Palladium maximal zwei Elektronen in dem s-Band und zehn Elektronen in dem d-Band haben. Die Elektronen füllen diese Bänder auf bis zu dem gleichen energetischen Niveau. Von den zehn Valenzelektronen des Palladiums sind 0,6 in dem s-Band und 9,4 in dem d-Band. In dem d-Band haben wir also 0,6 positive Löcher. Nach PAULING bleiben 0,66d-Elektronen in einem Übergangselement wie Palladium ungepaart.

Die Ausbildung von Elektronenlücken nach der Theorie von MOTT und JONES entspricht nach PAULING ungepaarten d-Elektronen. Man kann annehmen, daß an der Oberfläche keine Veränderung der Hybridisierung der Bahnen eintritt, gleichgültig ob die Oberfläche frei oder mit einem reagierenden Substrat bedeckt ist.

Eine Bestätigung dafür, daß dieser Gesichtspunkt auf die Adsorptionserscheinungen angewandt werden kann, liegt in den Ergebnissen von BEECK[3], der beobachtet hat, daß die Adsorptionswärme des Wasserstoffs und besonders des Äthylens auf einer Reihe von Metallen mit zunehmendem d-Charakter des Metalles abnimmt.

Die Adsorptionswärme des Wasserstoffs nimmt auch ab bei Zunahme des bedeckten Bruchteils der Oberfläche und dies tritt besonders bei Metallen ein, die nur schwachen d-Charakter besitzen. Diese Tatsache bildet eine Bestätigung der oben auseinandergesetzten Ideen. Wenn nämlich die Oberfläche allmählich mit Wasserstoff bedeckt wird, so wird der Mangel an Elektronen in dem Metall allmählich abgesättigt und die Wärme, die dann bei der Bildung der Metall-Wasserstoff-Bindung auftritt, wird kleiner. Man beobachtet auch, daß der Wasserstoff schwer adsorbiert wird an Metallen, die vorher Stickstoff adsorbiert haben. Eine mit Stickstoff bedeckte Oberfläche (eine Art von Nitrid) benimmt sich wie eine intermetallische Verbindung. BEECK hat gefunden, daß die anfängliche Adsorptionswärme des Wasserstoffs am Tantal 45 kcal/Mol beträgt, während an einer mit Stickstoff bedeckten Tantaloberfläche nur 27 kcal/Mol gemessen werden.

---

[1] D. D. ELEY: Catalytic Activation of Hydrogen, in Advances in Catalysis, Vol. I. New York, 1948.

[2] N. F. MOTT, H. JONES: Properties of Metals and Alloys. London, 1936.

[3] O. BEECK: Discuss. Faraday Soc. 8 (1950), 118.

Im Zusammenhang mit dem oben Auseinandergesetzten hat MAXTED[1] eine Beziehung zwischen der katalytischen Hydrieraktivität und dem Elektronenmangel hergestellt. Er hat beobachtet, daß unter den Metallen der achten Gruppe des Periodensystems und denen, die darauf folgen (Kupfer, Silber und Gold), diejenigen durch eine maximale katalytische Wirksamkeit ausgezeichnet sind, die sich in der senkrechten Reihe Nickel, Palladium und Platin befinden, und hat festgestellt, daß bei Betrachtung der Elemente der letzten zwei Triaden der achten Gruppe und der Elemente, die darauf folgen, ein Maximum der katalytischen Hydrierwirkung bei Palladium und Platin liegt, welche auch die am stärksten paramagnetischen Elemente sind. Silber und Gold hingegen, die auf Palladium bzw. Platin folgen, haben eine ziemlich geringe katalytische Wirksamkeit, und parallel dazu auch eine ziemlich schwache paramagnetische Suszeptibilität. Die paramagnetische Suszeptibilität steht mit dem d-Charakter des Metalles im Zusammenhang.

MAXTED hat ferner festgestellt, daß die Katalysatorgifte (wie Sulfide und Thiole) Stoffe sind, die leicht imstande sind, Elektronen abzugeben. Ihre Giftwirkung auf den Katalysator muß also gedeutet werden als die Fähigkeit, eine starke Bindung mit dem Metall einzugehen. Im Gegensatz dazu haben die Sulfone, die eine geringe Fähigkeit haben, Elektronen abzugeben, auch keinerlei giftige Wirkung auf den Katalysator.

Die Beziehung zwischen Adsorptionswärme, katalytischer Aktivität und elektronischen Faktoren des Metalladsorbens wird auch durch die Forschungen bestätigt, die kürzlich über verschiedene Legierungen als Katalysatoren ausgeführt worden sind.

Die aufgedampften Kupferschichten adsorbieren praktisch keinen Wasserstoff bei -183^0 C. Bei Legierungen Cu-Ni wird die dissozierende Adsorption des Wasserstoffs verhindert, wenn die Atome des Nickels und Kupfers abwechselnde Plätze in dem Oberflächengitter besetzen. Die Valenzelektronen des Kupfers füllen nämlich die Elektronenlücken des 3-d-Bandes des Nickels aus und machen es so unwirksam für die Adsorption. Nun haben DOWDEN und REYNOLDS[2] gefunden, daß in Kupfer-Nickel-Legierungen, die 30 bis 40 Atomprozent Kupfer enthalten, die Hydrieraktivität des Nickels gegenüber Styrol praktisch Null geworden ist. Magnetische Messungen zeigen, daß es notwendig ist, etwa 60 Atomprozent Kupfer einzubauen, um das 3-d-Band des Nickels vollständig aufzufüllen.

Während die katalytische Aktivität bei der Hydrierung abnimmt bei Auffüllung des 3-d-Bandes des Nickels von seiten des Kupfers, so tritt eine Zunahme der katalytischen Aktivität bei der Zersetzung des Hydroperoxyds ein mit Auffüllung des 3-d-Bandes. Dies erklärt sich nach DOWDEN und REYNOLDS durch die Annahme, daß bei der Zersetzung des Hydroperoxyds ein Elektronenübergang aus dem Metall an das Substrat stattfinden muß, z. B. nach dem Schema:

$$H_2 O_2 + \text{Metall-Elektron} \rightarrow OH^- + OH$$

und demnach

$$M + H_2 O_2 \rightarrow M^+ + HO + OH^-.$$

SCHWAB[3] hat die Dehydrierung der Ameisensäure in Gegenwart von Katalysatoren studiert, die aus Legierungen einwertiger Elemente mit vielwertigen

[1] E. B. MAXTED: J. chem. Soc. (London) **1949,** 1987.

[2] D. A. DOWDEN, P. W. REYNOLDS: Discuss. Faraday Soc. 8 (1950), 184. — D. A. DOWDEN: J. chem. Soc. (London) **1950,** 242. — P. W. REYNOLDS: J. chem. Soc. (London) **1950,** 265.

[3] G.-M. SCHWAB: Trans. Faraday Soc. **42** (1946), 689; Discuss. Faraday Soc. 8 (1950), 166.

Elementen bestanden (Legierungen von Silber, Gold und Kupfer mit anderen Elementen). Er hat gefunden, daß die Aktivierungsenergie proportional dem Quadrat der Elektronenkonzentration des Metalls zunimmt (oder genauer, daß die Aktivierungsenergie sich mit zunehmendem elektronischem Sättigungsgrade der ersten Brillouinzone des Metalls vermehrt). Dies bestätigt nach SCHWAB, daß die katalytische Aktivierung in dem Übergang von Elektronen aus dem Substrat auf den metallischen Katalysator besteht. Im Falle der Ameisensäure treten zwei Wasserstoffatome in die äußersten Zwischengitterplätze in der Nähe der Metalloberfläche ein und ihre Elektronen werden in dem Elektronengas des Metalles gelöst.

COUPER und ELEY[1] haben die Parawasserstoffumwandlung an Legierungen von Palladium und Gold untersucht. Sie beobachteten, daß zwischen 60 und 70 Atomprozent Gold in der Legierung die Änderung der Gitterparameter etwa 0,02 Ångström beträgt, so daß die Änderung der Aktivierungsenergie nicht etwa räumlichen Faktoren zugeschrieben werden kann. In diesem Intervall ändert sich die Aktivierungsenergie für die Parawasserstoffumwandlung in ziemlich deutlicher Weise. Sie steigt nämlich von 60 bis zu 70 Atomprozent Gold in der Legierung an. Magnetische Messungen zeigen nun, daß die magnetische Suszeptibilität bei Zunahme des Goldgehaltes in der Legierung abnimmt und daß sie Null wird, wenn der atomare Prozentgehalt an Gold etwa 60 % beträgt.

COUPER und ELEY stellen nun diese beiden Tatsachen miteinander in Zusammenhang und schreiben die Zunahme der Aktivierungsenergie bei der Umwandlung der Absättigung des d-Charakters des Metalls zu.

Zur Bestätigung der Hypothese, daß die Bindung zwischen Wasserstoff und Metall im wesentlichen von kovalenter Art mit nur schwacher Polarität sei, führen COUPER und ELEY auch noch einen Wert von BOSWORTH für das Kontaktpotential W-H an (—1,04 Volt), der 0,4 Debye, also nur einem Zehntel einer negativen Elektronenladung auf einem Wasserstoffatom entspricht. Sie führen ferner einen Wert von OATLEY für das Kontaktpotential Pt-H an (+1,17 Volt), der einer schwach positiven Ladung am Wasserstoffatom entspricht. Ebenso hat auch DUHM[2] gezeigt, daß der im Palladium gelöste Wasserstoff eine positive Ladung von 1/50 der Elektronenladung besitzt.

Die Möglichkeit der Adsorption von Wasserstoff in Form von Protonen an Übergangsmetallen wird von ELEY und COUPER auf Grund einer Berechnung der Adsorptionsenergie ΔE_{ads} abgelehnt. Zum Beispiel für den Prozeß

$$W + \frac{1}{2} H_2 \longrightarrow W^- \ldots H^+$$

benutzen COUPER und ELEY den Ausdruck:

$$\Delta E_{ads} = \frac{1}{2} D_{H_2} + I_H - \Phi - \frac{e^2}{4r}.$$

Hier ist I_H das Ionisationspotential des Wasserstoffatoms, D_{H_2} die Dissoziationsenergie der Wasserstoffmolekel, Φ die Austrittsarbeit aus dem Metall, r der Abstand zwischen dem chemisorbierten Ion und der Oberfläche und e die Elektronenladung. Nimmt man für das System Wolfram-Wasserstoff an, daß die Adsorption unter Bildung von Protonen nach dem vorstehenden Schema erfolgt, so erhält man einen Wert von $\Delta E =$ etwa 10 eV = etwa 230 kcal/Mol, also einen für diese Reaktion unmöglichen Wert. Dies scheint also zu bestätigen, daß die Wasserstoffadsorption an dem Metall im wesentlichen zur Bildung von

[1] A. COUPER, D. D. ELEY: Discuss. Faraday Soc. 8 (1950), 172.

[2] B. DUHM: Z. Physik 94 (1935), 434.

kovalenten Bindungen führt. Auch EUCKEN[1] drückt eine ähnliche Meinung über die Natur der Bindung des chemisorbierten Wasserstoffs an Nickel aus.

In einer anderen Arbeit hat ELEY[2] die Adsorptionswärmen für eine Reihe von Metallen und Gasen unter der Annahme berechnet, daß die Chemisorptionsbindung kovalent, aber von metallischer Art sei, daß es sich also um eine Bindung handelt, die unterhalb der Oberfläche des Metalls mit den nächstbenachbarten Metallatomen neben dem adsorbierenden Atom in Resonanz steht (die hybridisierten Bahnen sollen also im wesentlichen metallische Bahnen d^2sp^3 sein, wie in der Masse des Metalles).

Zum Beispiel führt die Berechnung der differentiellen Adsorptionswärme Q_0 für $\vartheta \longrightarrow 0$ im Falle der Adsorption von Wasserstoff an einem Metall M nach dem Schema:

$$2M + H_2 \longrightarrow 2M-H$$

zu dem Ausdruck:

$$Q_0 = 2E(M-H) - E(H-H),$$

wo E die Bindungsenergie bedeutet.

Die Gleichung von PAULING lautet:

$$E(M-H) = \frac{1}{2}[E(M-M) + E(H-H)] + 23(\chi_M - \chi_H)^2.$$

Hier wird die Differenz der Elektronegativität $\chi_M - \chi_H$ durch das Bindungsdipolmoment μ (in Debye) gegeben[3]. Was den Wert $E(M-M)$ betrifft, so setzt ELEY voraus, daß jedes Metallatom von 12 anderen Atomen umgeben sei, so daß, da ja jede Bindung zwei Atome einbegreift, die Gleichung gilt:

$$E(M-M) = \frac{2}{12} S,$$

wo S die Sublimationswärme des Metalles ist.

Wir bringen in Tabelle 6 einige von ELEY berechnete Werte nach der besprochenen Methode, verglichen mit experimentellen Werten:

Tabelle 6. *Berechnung differentieller Adsorptionswärmen.* (Nach ELEY.)

System	Q (berechnet) kcal	Q (beobachtet) kcal
$2W + H_2 \longrightarrow 2W-H$	43,6	45
$2W + N_2 \longrightarrow 2W-N$	118,5	95
$2Ta + H_2 \longrightarrow 2Ta-H$	32	39
$2Ni + C_2H_4 \longrightarrow$ Ni Ni (je an H_2C-CH_2 gebunden)	36	58

Die beobachteten Werte stammen von BEECK und seinen Mitarbeitern und gelten für aufgedampfte Metallschichten.

[1] A. EUCKEN: Z. Elektrochem. angew. physik. Chem. **53** (1949), 285.

[2] D. D. ELEY: Discuss. Faraday Soc. 8 (1950), 34.

[3] Offensichtlich müßte man anstatt μ eigentlich μ_0 setzen, das Dipolmoment für einen ganz verdünnten Film. Wenn es sich um Systeme handelt, für die die Depolarisationseffekte bei zunehmender Adsorption gering sind, so kann man aber an Stelle von μ_0 auch μ verwenden.

Andere von ELEY angeführte Werte geben eine weniger zufriedenstellende Übereinstimmung mit den experimentellen Daten.
Zum Beispiel

$$C_2H_4 + 2\,W \longrightarrow \underset{CH_2-CH_2}{W \qquad W}-; \quad Q_{ber} = 64\,\text{kcal}; \quad Q_{beob} = 102\,\text{kcal}.$$

Man muß sich immer vor Augen halten, daß μ nicht gleich μ_0 ist und daß zum Beispiel im Falle des Äthylens die Adsorption wahrscheinlich Bindungen von anderer Art hervorbringt als die von ELEY angenommenen. Die gute Übereinstimmung zwischen den berechneten und den beobachteten Werten in dem System W-Wasserstoff erlaubt zu schließen, daß die Adsorption wahrscheinlich atomarer Natur ist.

Die von ELEY benutzte Rechenmethode ist von beachtlichem Interesse, weil sie bei der Adsorption von komplizierten Molekeln ein Kriterium abgeben kann für die Auswahl des Bindungstyps, den man dem System Adsorbens-Adsorptiv zuzuschreiben hat.

β) Chemisorption an halbleitenden Oxyden.

Man hat die Oxyde in zwei Gruppen einzuteilen: Halbleiter und Isolatoren.

Da in den Halbleitern Gitterfehler vorliegen (die noch leichter als bei den Isolatoren sich ausbilden), so ist die Beweglichkeit der Atome im Gitter größer.

Die Gitterfehler können von zweierlei Art sein: Sie können entweder auf einem Metallüberschuß oder auf einem Oxydüberschuß im Gitter beruhen. Sie können durch Oxydations- oder durch Reduktionsvorgänge hervorgebracht werden. Bei den Temperaturen, bei denen die Oxyde als Katalysatoren wirken, sind diese Prozesse wahrscheinlich auf die Oberfläche beschränkt[1].

Die Adsorption des Wasserstoffs an Metalloxyden von der Art des Zinkoxyds (welches freie Zinkatome im Zwischengitter aufweist[2]) oder niederen Oxyden der Übergangsmetalle (wo nicht alle Metallatome direkt mit Sauerstoff verbunden sind) kann als Analogon der Adsorption von Wasserstoff an Metallen betrachtet werden und auch die Bindung dürfte von derselben Art sein. Analog hat man auch bei leicht reduzierbaren Oxyden (zum Beispiel Kupfer in den Katalysatoren CuO · ZnO) und den verstärkten Ammoniakkatalysatoren aus Eisen derartige Verhältnisse. Der Wasserstoff kann nicht nur als M-H, sondern auch als M-OH adsorbiert werden. GARNER und KINGMAN[3] haben gefunden, daß einige Oxyde Wasserstoff bei tiefer Temperatur reversibel adsorbieren. Beim Erwärmen entfernt sich der Wasserstoff wieder, und bei noch höherer Temperatur wird er wieder adsorbiert, jedoch diesmal irreversibel. Wenn man die Temperatur noch weiter steigert, so entfernt sich der Wasserstoff nicht mehr als solcher, sondern als Wasser und dies ist eine Stütze für die Vorstellung, daß bei dem zweiten Adsorptionsprozeß der Wasserstoff als M-OH adsorbiert wird.

Was die Adsorption von Sauerstoff an Oxyden wie Cu_2O betrifft, so scheinen die Untersuchungen von GARNER und Mitarbeitern[4] zu beweisen, daß der Sauer-

---

1 Überlegungen und Ergebnisse in diesem Sinne wurden von A. G. NASINI, F. TETAZ mitgeteilt: I. T. E. R. Editore 1943, Torino.

2 Man kann auch annehmen, daß in dem Gitter des Zinkoxyds leere Sauerstoffplätze existieren. Die Verunreinigungszentren würden dann in diesem Falle aus Elektronen bestehen, die sich in der Nähe der Gitterfehler aufhalten.

3 W. E. GARNER, F. E. T. KINGMAN: Trans. Faraday Soc. 27 (1931), 322.

4 W. E. GARNER: Discuss. Faraday Soc. 8 (1950), 211. — W. E. GARNER, T. J. GRAY, F. S. STONE: Discuss. Faraday Soc. 8 (1950), 246.

stoff als Molekel adsorbiert und erst nachher in Atome gespalten wird, von denen dann das eine in den Gitterverband eintritt und das andere ein halbleitendes Ionenpaar entstehen läßt. Die Adsorption von Sauerstoff an Kupfer (I)-Oxyd kann nach dem Schema vor sich gehen:

$$Cu^+ + O \longrightarrow Cu^{++} + O^-.$$

Kohlenoxyd wird nach GARNER[1] in ähnlicher Weise wie Wasserstoff adsorbiert, indem eine reversible Bindung M-CO (im Falle von Oxyden, die einen Metallüberschuß enthalten und deshalb fähig sind, Elektronen zu liefern) oder eine Bindung M-O-CO_2 gebildet wird, die nur schwer reversibel zu lösen ist. Die Adsorption von CO_2 soll nach GARNER zur Bindung von Ionen CO_3^{--} führen, die durch eine Elektrovalenz festgehalten werden. Bei der Adsorption von Kohlenwasserstoffen auf Oxyden tritt eine Aufspaltung der Bindungen Kohlenstoff-Kohlenstoff und Kohlenstoff-Wasserstoff auf. Die Deutung der Adsorptionserscheinungen kann dann zu zwei Hypothesen führen: Bildung von Radikalen, die an der Oberfläche durch homöopolare Bindungen haften, oder Bildung von Karboniumionen, die an der Oberfläche durch eine Elektrovalenz haften. Verschiedene katalytische Reaktionen der Isomerisierung, Alkylierung usw. können in befriedigender Weise erklärt werden, wenn man die Bildung von labilen Zwischenprodukten annimmt, die Karboniumionen enthalten.

γ) Adsorption an nichtleitenden Oxyden.

Man hat festgestellt, daß nichtleitende Oxyde wie Kieselsäure-Tonerde, die als Katalysatoren bei verschiedenen Dehydratisierungs-, Isomerisierungsreaktionen usw. wirken, Reaktionsmechanismen hervorbringen, die denen analog sind, die man in homogener Phase in Gegenwart starker Säuren beobachtet. Man hat deshalb angenommen, daß die für die Adsorption verantwortlichen Plätze solche von saurem Charakter sind und daß die katalytischen Reaktionen, die an ihnen stattfinden, einem kationischen Mechanismus gehorchen. Dieser Gesichtspunkt wird jedoch nicht von allen angenommen und die Hypothesen über die saure Natur der erwähnten Katalysatoren sind auch auf Seiten der Verfechter des kationischen Mechanismus ziemlich verschieden.

Man diskutiert im wesentlichen, ob der Katalysator als eine Brønstedsäure (d. h. eine solche, bei der die katalytischen Eigenschaften auf Protonen zurückgehen) oder als eine gewisse Lewissäure (d. h. eine, bei der die katalysierenden Atome einen Elektronenmangel haben) aufzufassen ist.

Der Katalysator soll aus einer Struktur bestehen, in der ein isomorpher Ersatz des (vierfach koordinierten) Siliziums durch (dreifach koordiniertes) Aluminium im Quarzgitter stattgefunden hat. Nach TAMELE[2] hat in einer solchen Struktur das Aluminium die Tendenz, ein Elektronenpaar in Abwesenheit von Wasser aufzunehmen und so eine Lewissäure, in Gegenwart von Wasser dagegen eine Brönstedsäure zu bilden.

Nach MILLIKEN, JR., MILLS und OBLAD[3] entspricht die Struktur des Katalysators derjenigen einer Lewissäure im potentiellen Zustand. Die Struktur des Katalysators bei Temperaturen oberhalb 500^0 C soll sich in einem Spannungszustand befinden und soll nur in Gegenwart von wenn auch schwachen Lewisbasen in eine tetraedrische Struktur übergehen. Dieser Gesichtspunkt ist jedoch von

---

[1] W. E. GARNER: J. chem. Soc. (London) **1947**, 1239.
[2] M. W. TAMELE: Discuss. Faraday Soc. 8 (1950), 270.
[3] T. H. MILLIKEN, JR., G. A. MILLS, A. C. OBLAD: Discuss. Faraday Soc. 8 (1950), 279.

HANSFORD[1] kritisiert worden. Er bemerkt u. a., daß auch bei der Kracktemperatur die Katalysatoren dieser sauren Tonerden noch Protonen enthalten und deshalb immer noch den Charakter von Brönstedsäuren besitzen. Er beobachtet ferner, daß die katalytische Aktivität der Kieselsäure-Tonerde-Katalysatoren für die Krackung von Kohlenwasserstoffen ein Optimum aufweist bei einer bestimmten Temperatur und bei noch höheren Temperaturen wieder abnimmt, und ebenso abnimmt, wenn man den Katalysator im Vakuum entwässert. Eine Diskussion über die verschiedenen Strukturtypen, die man diesen Kieseltonerde-Katalysatoren zuzuordnen hat, ist in der erwähnten Arbeit von HANSFORD enthalten.

Der allgemein angenommene Wirkungsmechanismus für diese Katalysatoren enthält jedoch immer die Bildung von Karboniumionen.

Zum Beispiel haben MAY, SAUNDERS, KROPA und DIXON[2] beim Arbeiten mit Kieseltonerde-Katalysatoren beobachtet, daß die Krackgeschwindigkeit von Diaryläthanen symmetrischer Struktur unter Bildung von substituierten Styrolen sich mit zunehmender Elektronegativität der Substituenten vermindert. Der von ihnen vorgeschlagene Reaktionsmechanismus enthält die Bildung von Karboniumionen durch Einwirkung des Diaryläthans auf den sauren Katalysator.

Die auseinandergesetzten Gesichtspunkte hinsichtlich der Adsorption an nichtleitenden Oxyden bilden jedoch keine klar definierte Anschauung, und auch der Adsorptionsmechanismus der Kohlenwasserstoffe als Karboniumionen stellt eher eine nützliche Arbeitshypothese dar. Ein endgültiger Beweis dafür, daß der Reaktionsmechanismus an Katalysatoren vom Kieseltonerdetypus die Bildung von Karboniumionen mit sich bringt, ist bis jetzt noch nicht erbracht worden.

7. Ein- und mehrmolekulare Schichten. Beweise für den einen oder den anderen Fall.

Eine Frage, die sich beim Studium der Adsorption aufdrängt, ist die, festzustellen, ob die Adsorption nur eine oder mehrere Schichten von adsorbierten Molekeln auf dem Festkörper erzeugt. Man hat im vorhergehenden Paragraphen gesehen, was es für Kräfte sind, die man als verantwortlich für die Adsorption anzusehen hat. Im Falle der Chemisorption haben die Kräfte, die die Adsorption bestimmen, kein größeres Wirkungsfeld als einige Ångströmeinheiten, und die Adsorption gibt nach der Mehrzahl der Autoren nur Anlaß zur Bildung einer einzigen Atom- oder Molekelschicht.

Im Falle der physikalischen Adsorption haben die Kräfte, die die Wechselwirkung zwischen Festkörper und Gas bestimmen, einen Wirkungsradius, der mehr oder weniger groß ist je nach dem Adsorbens und dem Adsorptiv; immerhin kann man im allgemeinen sagen, daß die Kräfte größerer Bedeutung (Dispersionskräfte, Bildkräfte usw.) ein Wirkungsfeld haben, das mit r^{-3} veränderlich ist (r ist der Abstand zwischen Molekel und Oberfläche). Die erste adsorbierte Schicht kann ihrerseits eine Anziehung auf die Gasmolekeln (induzierte Dipole usw.) ausüben, so daß theoretisch möglich ist, daß sich nacheinander noch andere Schichten niederschlagen.

Jedoch sind sich nicht alle Autoren einig über die Möglichkeit des Vorliegens mehrmolekularer Schichten adsorbierter Gase an festen Stoffen.

BRUNAUER, der wie HARKINS[3] einer der Verfechter des Gesichtspunktes der

---

[1] R. C. HANSFORD: Advances in Catalysis, Vol. IV. New York, 1952.

[2] D. R. MAY, K. W. SAUNDERS, E. L. KROPA, J. K. DIXON: Discuss. Faraday Soc. 8 (1950), 290.

[3] W. D. HARKINS: The Physical Chemistry of Surface Films. New York, 1952. — W. D. HARKINS, G. JURA in ALEXANDER: Colloid Chemistry, Vol. VI. New York, 1944.

mehrmolekularen Adsorption ist, erwähnt in seinem grundlegenden Buch über die physikalische Adsorption[1], daß viele der Verfechter der Theorie der Kapillaradsorption die Möglichkeit einer Kapillarkondensation bei der Adsorption an porösen Festkörpern zugeben. Jedoch geben diese ebenso wie auch die Verfechter der einmolekularen Adsorptionsschichten an, daß die Adsorption an einer ebenen Oberfläche, wo keine Kapillaren existieren, einmolekular ist.

Der bekannteste Verfechter der einmolekularen Theorie ist Langmuir[2].

Der Gesichtspunkt von Brunauer, daß die Adsorption von Dämpfen bei ziemlich hohen relativen Drucken[3] an kristallinen und porösen Feststoffen mehrmolekular sei, hat in den letzten Jahren eine stets wachsende Zahl von Anhängern gefunden auf Grund der Forschungsresultate, die kürzlich auf dem Gebiet der physikalischen Adsorption publiziert worden sind. Es ist von Interesse, hier die hauptsächlichsten Argumente vorzubringen, die Brunauer in seinem Buch zur Unterstützung seiner These verwendet.

Vor allem diskutiert Brunauer die Versuche von Frazer, Patrick und Smith[4] über die Adsorption von Dämpfen an Glasoberflächen. Es ist anzumerken, daß die gleichen Resultate auf der anderen Seite Frazer und seinen Mitarbeitern dazu dienen werden, ziemlich abweichende Schlüsse zu ziehen. Wir wollen hier kurz diese Versuche anführen.

Mißt man bei verschiedenen Temperaturen den Druck einer bestimmten Dampfmenge, die in einem Glasballon von bekanntem Volumen und bekannter Oberfläche eingeschlossen ist, so müßte man in einem Diagramm Druck/Temperatur zwei Linien erhalten, die sich an einem deutlichen Schnittpunkt treffen (s. Abb. 18). Bei tieferer Temperatur ist ein Teil des Dampfes im flüssigen Zustand und die Strecke AC repräsentiert ihren Dampfdruck. Bei höherer Temperatur folgt der Dampf hingegen dem idealen Gasgesetz und es bildet sich die Gerade CB. Führt man diese Messungen aus, so erhält man die gestrichelte Linie, die nicht den Knickpunkt hat, den man erwarten sollte. Der von den experimentellen Werten gegebene Abfall des Druckes erlaubt die Berechnung der adsorbierten Mengen bei verschiedenen Temperaturen und Drucken.

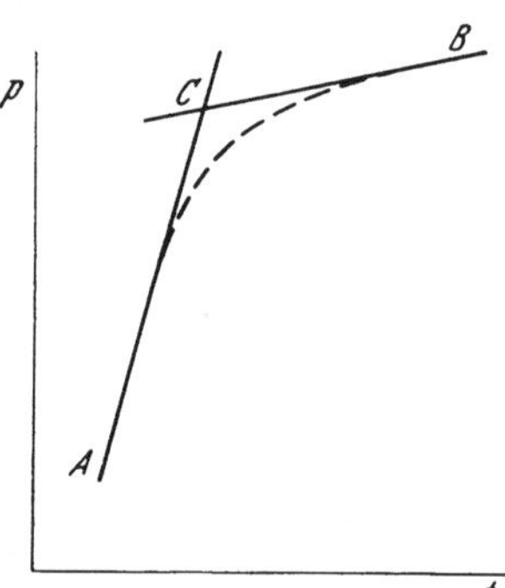

Abb. 18. Adsorption von Dämpfen an Glasoberflächen.

In diesem Sinne wurden solche Versuche zuerst von MacHaffie und Lehner[5] und später von Frazer und Mitarbeitern durchgeführt. Die Resultate der erstgenannten Autoren sind einer Kritik hinsichtlich der Oberfläche des Ballons ausgesetzt, da dieser gewaschen worden ist, und es ist bekannt, daß das Waschen einer Glasoberfläche diese sehr vergrößert gegenüber der geometrischen Oberfläche. Die Experimente von Frazer und Mitarbeitern wurden jedoch mit einem Glasballon ausgeführt, der mit trockener Luft gespült und nachher keiner Waschung mehr unterzogen worden war. Auf diese Weise erhält man mit Wasserdampf eine Kurve von dem Typus der in der Figur ausgezogenen, was

[1] S. Brunauer: The Adsorption of Gases and Vapours. Princeton, 1943.

[2] I. Langmuir: J. chem. Soc. (London) **1940**, 511.

[3] Unter relativem Druck versteht man das Verhältnis p/p_0, wo p der Gleichgewichtsdruck bei der Adsorption und p_0 der Druck des gesättigten Dampfes der Flüssigkeit bei derselben Temperatur ist.

[4] J. C. W. Frazer, W. A. Patrick, H. E. Smith: J. physic. Chem. **31** (1927), 897.

[5] I. R. MacHaffie, S. Lehner: J. chem. Soc. (London) **127** (1925), 1559.

beweist, daß an der Glasoberfläche eine Adsorption stattfindet. Die Größe dieser Adsorption unterliegt noch einer Korrektur wegen der Tatsache, daß Wasser etwas Alkali aus dem Glas herauslöst. Immerhin, wenn man auch dies berücksichtigt und noch die Tatsache, daß für die Temperaturen, bei denen der Dampf vollständig im Gaszustand ist, er nicht genau dem Gesetz der idealen Gase folgt, berechnet BRUNAUER auf Grund der Differenz zwischen dem theoretischen Gang ohne Adsorption und der experimentellen Kurve Schichtdicken für die adsorbierte Schicht von etwa neun Molekelschichten bei relativen Drucken um 0,965. FRAZER und Mitarbeiter haben diese Experimente mit Toluol wiederholt. Auch mit diesem Dampf haben sie Resultate erhalten, die BRUNAUER als etwa zwanzig Molekelschichten, relativen Drucken von 0,98 entsprechend, ansieht.

FRAZER[1] hat mit der schon erwähnten optischen Methode zur Bestimmung der Schichtdicken Adsorptionsmessungen von Wasser und Methanol an jungfräulichem Glas ausgeführt. Die Resultate wurden von BRUNAUER als eine Bestätigung einer mehrmolekularen Adsorption gedeutet. Diese Methode gibt direkt die Schichtdicke. So erhält man das Diagramm in Abb. 19, in dem man sieht, daß bis zu relativen Drucken von 0,4 die Wasseradsorption schwach ist, daß aber bei Drucken von 16 mm (relativer Druck etwa 0,9) die Schicht des adsorbierten Wassers von der Dicke von einigen Molekulardurchmessern ist. Die gebrochene Linie kann ersetzt werden durch eine kontinuierliche Linie, die durch die experimentellen Punkte geht. Analoge Resultate erhält man mit Methanol. Da die experimentellen Werte bei fallendem Druck reversibel waren, kann man sie nicht auf Störungen durch den Alkaligehalt des Glases zurückführen.

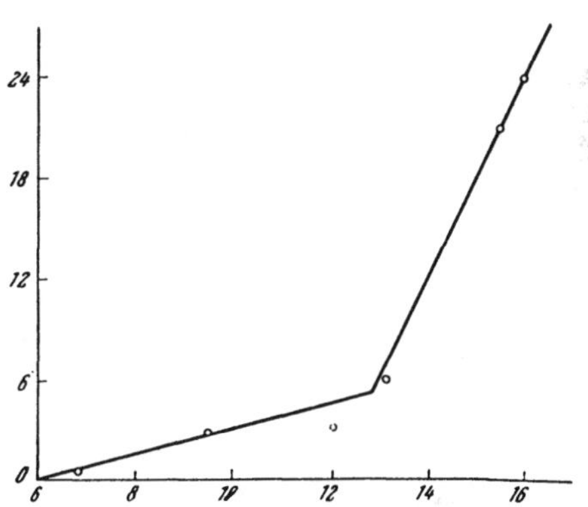

Abb. 19. Messung der Dicke adsorbierter Schichten nach der optischen Methode von FRAZER[1]. Abszisse: Drucke in mm Hg. Ordinate: Schichtdicke in Å. System: Wasser an Glas.

Eine andere Stütze für die Theorie der vielmolekularen Adsorption liegt in den Versuchen von HARKINS und JURA[2]. Sie haben eine Methode zur Bestimmung der Oberfläche von festen, kristallisierten und nichtporösen Stoffen ausgearbeitet. Diese Methode basiert auf folgendem Prinzip: Man bringt das Pulver des festen Körpers in Berührung mit dem Dampf. Der feste Körper bedeckt sich dann mit einer Schicht von adsorbiertem Dampf. Man taucht dann den festen Körper, dessen Oberfläche mit Dampfmolekeln bedeckt ist, in ein bestimmtes Volumen der gleichen Flüssigkeit, deren Dampf vorher an dem festen Körper adsorbiert worden war. Nimmt man an, daß die adsorbierte Dampfschicht genügend dick war, um dem festen Körper die gleichen Eigenschaften wie die der Flüssigkeit zu geben, so wird durch das Eintauchen die Oberfläche des Dampffilms, welche ja den Konturen der Oberfläche des festen Körpers folgt (und die eine von dieser kaum abweichende Ausdehnung hatte), verschwinden. Die Wärmemenge, die je cm² verschwindender Oberfläche entwickelt wird, ist die gleiche,

---

[1] J. H. FRAZER: Physic. Rev. (2) **33** (1929), 97.

[2] W. D. HARKINS: The Physical Chemistry of Surface Films. New York, 1952. — W. D. HARKINS, G. JURA in ALEXANDER: Colloid Chemistry, Vol. VI. New York, 1944; J. chem. Physics **11** (1943), 430 und 431; J. Amer. chem. Soc. **66** (1944), 1362 und 1366.

wie wenn eine Anzahl von Tropfen der Flüssigkeit mit der Gesamtoberfläche 1 cm^2 in eine Menge derselben Flüssigkeit hineinfiele. Diese Wärmemenge ist gegeben durch die Oberflächenspannung der Flüssigkeit und ihre Temperaturabhängigkeit. Man kann so auch die Oberfläche eines Pulvers messen, indem man mit einem hochempfindlichen Kalorimeter die bei dem analogen Prozeß entwickelte Wärmemenge mißt. Diese Methode gilt offensichtlich nicht für poröse Festkörper, weil durch Adsorption von Dampf diese Poren mit kondensiertem Dampf erfüllt werden und die von dem Film bedeckte Oberfläche des festen Körpers sich erheblich von der des trockenen Festkörpers unterscheidet. So waren Harkins und Jura imstande, die Oberflächen von Proben von Anatas (TiO_2) durch Adsorption von Wasserdampf zu messen.

Die notwendige Voraussetzung für die Gültigkeit der Messung ist, daß der Film sich wirklich wie eine Flüssigkeit benimmt. Dies tritt natürlich nur dann ein, wenn der adsorbierte Film eine Dicke hat, die mehreren adsorbierten Schichten entspricht, oder nach der Ausdrucksweise von Harkins und Jura, wenn man einen „Duplexfilm" hat[1].

Harkins und Jura haben die Eintauchenergie eines festen Körpers gemessen, der verschiedene Dampfmengen vorher adsorbiert hatte, und haben gefunden, daß diese Energie (im Absolutwert) abnimmt bei Zunahme der vorher am Festkörper adsorbierten Wassermenge und einem praktisch konstanten Endwert zustrebt, der demjenigen des „Duplexfilms" entspricht.

Aus dem Wert der Eintauch- oder Benetzungsenergie kann man die eigentliche Adsorptionsenergie E_n-E_L des Dampfes am Festkörper berechnen. Die Abhängigkeit von E_n-E_L von n (der Zahl der auf dem Festkörper gebildeten Schichten) ist exponentiell, und schon für die fünfte Schicht ist die besagte Differenz nahezu Null. (Harkins und Jura benutzen die Theorie von Brunauer, Emmett und Teller, um die Zahl von Molekeln zu berechnen, die sich in der ersten Schicht unmittelbar an der Oberfläche des Festkörpers aufhalten können, und nehmen die Molekelzahl in den folgenden Schichten dieser gleich an.) Harkins und Jura schließen, daß in ihren Systemen der adsorbierte Film einer Flüssigkeit sehr ähnlich sei. So werden die Adsorptionsschichten in vielen Fällen schon bei relativen Drucken von 0,1 bis 0,3 mehrmolekular. Auch bei der Adsorption von Wasser auf Graphit, wo kein „Duplexfilm" gebildet wird, soll bei relativen Drucken über 0,97 die Schicht mehrmolekular werden.

Die Versuche von Harkins und Jura führen also zu der Annahme, daß die physikalische Adsorption von Dämpfen an festen Körpern von mehrmolekularem Typ ist.

Wir halten es jedoch für zweckmäßig, die Einwände zu erwähnen, die Cassel[2] gegen die Versuche von Harkins und Jura vorgebracht hat. Er hat beobachtet, daß die Möglichkeit einer Adhäsion von kleinen Teilen des festen Körpers untereinander während der Adsorption vorliegt, wobei infolgedessen eine Verminderung der Oberfläche des Systems Adsorbens-Adsorptiv auftritt, und daß es Gründe zu der Annahme gibt, daß der adsorbierte Film doch von der kompakten Flüssigkeit recht verschiedene Eigenschaften habe.

Harkins erwähnt jedoch[3] gegenüber diesem Einwand, daß der Wert der Benetzungswärme sich nicht ändert, wenn man die Kompaktheit des Adsorbens

---

[1] Hierunter versteht Harkins einen Film, der so dick ist, daß die Wechselwirkung zwischen der äußersten Filmschicht und der festen Oberfläche experimentell unmerklich ist. Unter diesen Umständen wird die Oberflächenenergie des äußersten Teils der Schicht derjenigen der Flüssigkeit gleichgesetzt.

[2] H. Cassel: J. chem. Physics **13** (1945), 249; **14** (1946), 247.

[3] W. D. Harkins, G. Jura: J. chem. Physics **13** (1945), 449.

variiert. Auf die zweite Frage werden wir später nach der Auseinandersetzung über die Adsorptionsgleichungen zurückkommen.

Vorderhand wollen wir festhalten, daß die Analogie zwischen adsorbiertem Film und flüssigem Zustand auf Grund der Versuchsresultate von LAMBERT und FOSTER[1] bestritten werden kann. Sie haben bei Messungen der Adsorption von Wasserdampf auf Kieselgel unter relativen Drucken um 1 festgestellt, daß der Dampf der Flüssigkeit sich auf dem Quecksilber des Manometers kondensierte, während sie auf dem Adsorbens keine sichtbare Kondensation fanden, wo sie bevorzugt hätte stattfinden müssen, da ja dort sich eine Schicht von adsorbierter Flüssigkeit befinden sollte.

Eine ähnliche Tatsache wurde auch von BANGHAM und RAZOUK[2] festgestellt, welche fanden, daß die Dämpfe verschiedener organischer Flüssigkeiten auch im Zustand der Übersättigung sich häufig nicht auf einer mehrfachen Lage des gleichen Dampfes im adsorbierten Zustand auf Kohle oder Glimmer kondensierten, so daß der adsorbierte Film nicht als Kondensationskeim wirkte. Sie fanden jedoch bei der Messung der Ausdehnung der Kohle durch die Adsorption, daß in der Nähe der Sättigung das Volumen der adsorbierten Phase sich demjenigen der flüssigen Phase annähert, und zwar mit verschiedenen Dämpfen. Man wird so zu dem Schluß geführt, daß die adsorbierte Phase und der flüssige Zustand in gewisser Hinsicht verschieden und in anderen Hinsichten wieder ähnlich sind.

Im vorliegenden Abschnitt haben wir die Hauptgründe angeführt, die die Verfechter der Theorie der multimolekularen Adsorption zu der Behauptung veranlaßt haben, daß auch kristalline, nichtporöse Festkörper Dämpfe physikalisch adsorbieren können, und zwar als mehrfache Schichten und schon bei nicht allzu niedrigen relativen Drucken.

Die meisten Arbeiten, die in den letzten Jahren auf dem Gebiet der physikalischen Adsorption durchgeführt worden sind, stützen sich auf die Gleichungen von BRUNAUER, EMMETT und TELLER, von HARKINS und JURA, von HÜTTIG (und ihre Modifikationen), die unter Annahme mehrmolekularer Adsorptionsschichten abgeleitet wurden und zeigen, daß heute der größte Teil der Spezialisten für die Adsorption den Gesichtspunkt einer möglichen multimolekularen Adsorption annimmt. In einer Reihe von Arbeiten von EMMETT und Mitarbeitern[3] ist die Oberfläche verschiedener Festkörper miteinander verglichen worden, wie sie aus Messungen mit dem Elektronenmikroskop und aus Messungen aus der Isotherme von BRUNAUER, EMMETT und TELLER für die mehrmolekulare Adsorption errechnet wurde. Die erhaltene gute Übereinstimmung beider Methoden liefert eine indirekte Bestätigung der Gültigkeit des Gesichtspunktes, daß die Adsorption von Dämpfen bei nicht allzu niedrigen relativen Drucken auch an nichtporösen Festkörpern von mehrmolekularem Typ ist.

8. Adsorptionsisothermen.

Das Studium der Adsorption hat als Grundlage Daten, die aus der Isotherme stammen, und daher haben besonderes Interesse die Versuche, welche die Beziehung zwischen dem adsorbierten Volumen v und dem Druck im Gleichgewicht p in Form von Gleichungen ausdrücken.

---

[1] B. LAMBERT, A. G. FOSTER: Proc. Roy. Soc. (London), Ser. A **134** (1931), 246.

[2] D. H. BANGHAM, R. J. RAZOUK: Trans. Faraday Soc. **33** (1937), 1463; Proc. Roy. Soc. (London), Ser. A **166** (1938), 572. — D. H. BANGHAM, Z. SAWERIS: Trans. Faraday Soc. **34** (1938), 554.

[3] R. B. ANDERSON, P. H. EMMETT: J. appl. Physics **19** (1948), 367. — P. H. EMMETT, T. WITT: Ind. Engng. Chem. (analyt. Edit.) **13** (1941), 28. — P. H. EMMETT: A. S. T. M. Symposium on New Methods for Particle Size Determination p. 95 (1944).

Eine typische Kurve ist in Abb. 20 wiedergegeben. Man kann der Funktion $v = f(p)$ für den Abschnitt, der den kleinen Drucken entspricht, die Form geben

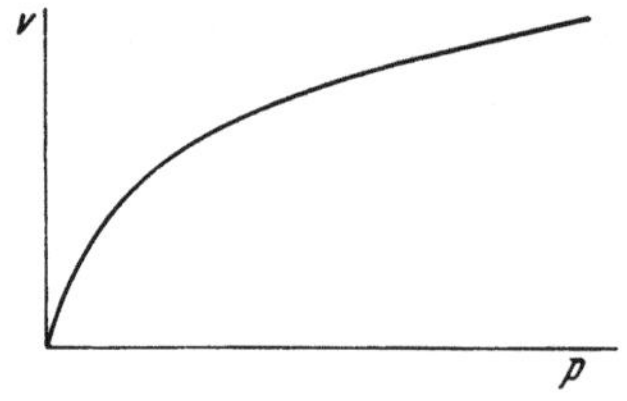

Abb. 20. Adsorptionsisotherme.

$$v = k_1 p, \tag{8, 1}$$

für die hohen Drucke gilt in vielen Fällen:

$$v = k_2 \tag{8, 2}$$

und für das Zwischengebiet gilt:

$$v = k p^{\frac{1}{n}}, \tag{8, 3}$$

wo n größer als 1 ist.

Der Ausdruck $v = kp$ entspricht dem Gesetz von HENRY, das für die Löslichkeit von Gasen in Flüssigkeiten gilt. Im folgenden werden wir die Hauptgleichungen, die zur Darstellung der Form der experimentellen Kurven angegeben wurden, nebeneinanderstellen. Einige von ihnen haben nur empirischen Charakter, während andere auf theoretischem Wege abgeleitet worden sind.

Aus Gründen der Bequemlichkeit werden die Isothermen getrennt behandelt werden, die für die monomolekulare Adsorption gelten, und diejenigen, die für die mehrmolekulare Adsorption anzuwenden sind. (Die letzteren werden offensichtlich in diejenigen für eine monomolekulare Adsorption übergehen, wenn die Zahl der Schichten gleich 1 wird.)

Die getrennte Behandlung der beiden Fälle findet ihre Begründung in der Tatsache, daß die Gleichungen für die einmolekulare Adsorption hauptsächlich bei der Chemisorption verwendet werden, während die für die mehrmolekulare Adsorption für die physikalische Adsorption von Bedeutung sind. Diese Unterscheidung ist jedoch in der Praxis nicht immer so einfach.

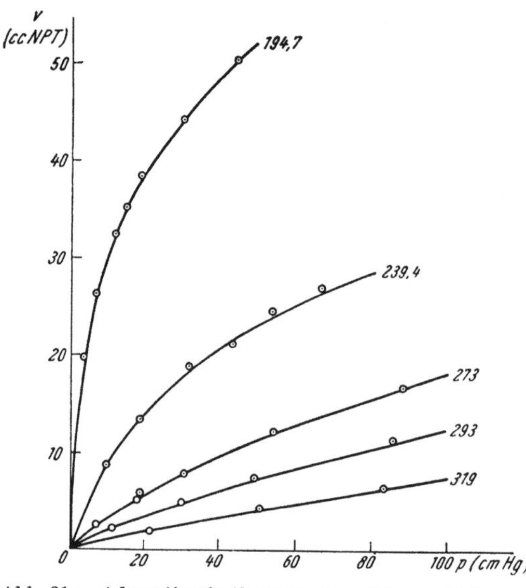

Abb. 21a. Adsorptionsisothermen von CO an Kokosnußkohle bei verschiedenen absoluten Temperaturen. Daten von HOMFRAY[2].

Die Freundlichsche Isotherme.

Eine empirische Gleichung, die von der Überlegung absieht, ob die Adsorption ein- oder mehrmolekular ist, ist die wohlbekannte Isotherme von FREUNDLICH[1],

$$v = k p^{\frac{1}{n}}, \tag{8, 4}$$

die gewöhnlich in der logarithmischen Form verwendet wird, die eine gerade Linie liefert:

$$\log v = \log k + {}^1/_n \log p. \tag{8, 5}$$

Unter den vielen Versuchen, der empirischen Gleichung von FREUNDLICH

[1] H. FREUNDLICH: Colloid and Capillary Chemistry. London, 1936.
[2] I. F. HOMFRAY: Z. physik. Chem. 74 (1910), 129.

eine theoretische Grundlegung zu geben, ist der wichtigste der von ZELDOWITSH[1], neuere Versuche sind die von CREMER[2] und von SCHILLING[3]. Die Gleichung wurde mit Erfolg auf physikalische Adsorptionsisothermen und auf Chemisorptionsisothermen angewandt. Ihre Gültigkeit ist für die physikalische Adsorption auf den Teil der Isotherme beschränkt, der dem Gebiete der mittleren Drucke entspricht.

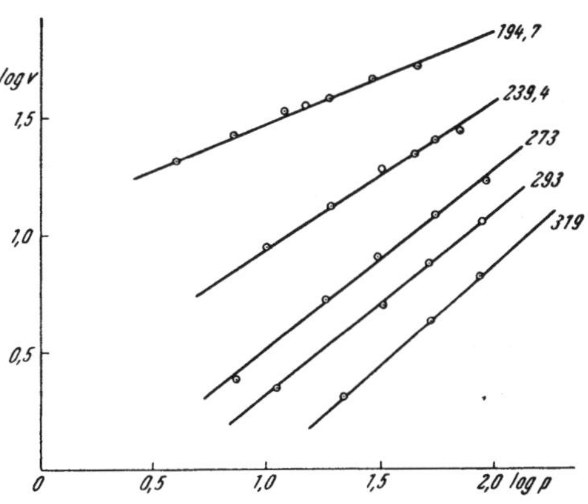

Abb. 21b. Adsorptionsisothermen von CO an Kokosnußkohle in bilogarithmischer Darstellung.

In Abb. 21a und 21b sind die Resultate der klassischen Messungen von HOMFRAY[4] für die Adsorption von Kohlenmonoxyd auf Kokosnußkohle in der Darstellung p, v bzw. log p, log v wiedergegeben. Der Gang der logarithmischen Kurve ist linear in Übereinstimmung mit der Gleichung von FREUNDLICH. Die Werte von k und von $1/n$ der Kurven bei verschiedenen Temperaturen sind in Tabelle 7 angegeben.

Der Wert von $1/n$ steigt mit der Temperatur und strebt dem Werte 1 zu, während k (das das bei Einheitsdruck adsorbierte Volumen ausdrückt) bei steigender

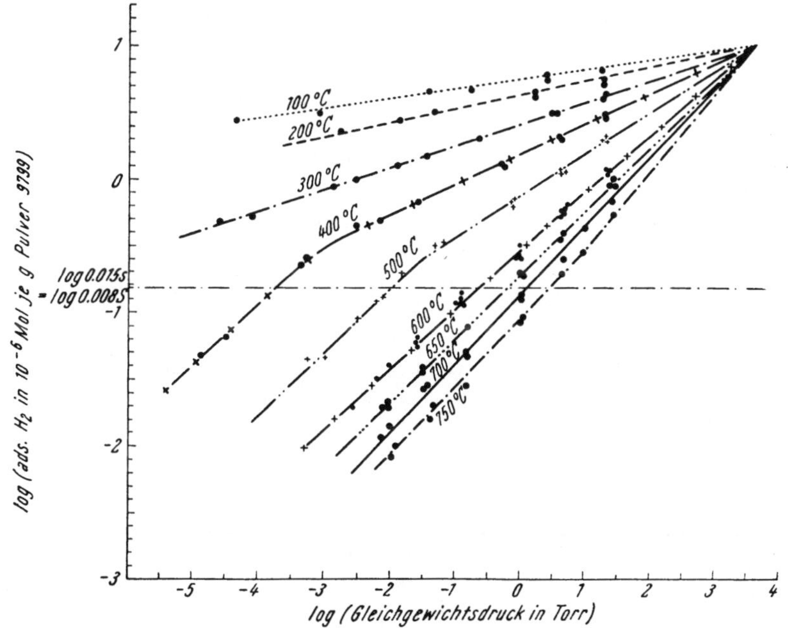

Abb. 22. Adsorptionsisothermen von H_2 an W-Pulver in bilogarithmischer Darstellung. Die gestrichelte Horizontale entspricht 0,8 % Sättigung. (Daten von FRANKENBURG[5].)

[1] J. ZELDOWITSH: Acta physicochim. URSS **1** (1934), 961.

[2] E. CREMER: Mh. Chem. **77** (1947), 126, 134; Österr. Chemiker-Ztg. **49** (1948), 1; J. chim. physique **46** (1949), 411.

[3] K. SCHILLING: Mh. Chem. **77** (1947), 134.

[4] I. F. HOMFRAY: Z. physik. Chem. **74** (1910), 129.

[5] W. G. FRANKENBURG: J. Amer. chem. Soc. **66** (1944), 1827.

Temperatur abnimmt. In anderen Fällen ist die Übereinstimmung der Gleichung mit den experimentellen Daten weniger gut (z. B. die Daten von A. TITOFF[1] für die Adsorption von Ammoniak an Kohle).

Tabelle 7. FREUNDLICH*sche Adsorptions-Isotherme.* (*CO an Kohle nach* HOMFRAY.)

t (°C)	k	$1/n$
—78,3	12	0,38
—33,6	2,5	0,56
0	0,56	0,76
20	0,29	0,82
46,2	0,15	0,84

In Abb. 22 sind die Meßdaten für die Chemisorption von Wasserstoff an Wolframpulver bei verschiedenen Temperaturen wiedergegeben. Es handelt sich um die Daten von FRANKENBURG[2]. Wie man sieht, zeigen einige der logarithmischen Kurven bei tiefen Temperaturen eine deutliche Biegung. Die Gültigkeit der Isotherme dehnt sich jedoch auf ein recht weites Druckgebiet aus. Wir werden auf die Gleichung von FREUNDLICH zurückkommen, wenn wir die Adsorption an nicht gleichförmigen Oberflächen behandeln.

α) Gleichungen, die nur die Behandlung von Isothermen der einmolekularen Adsorption erlauben.

1. Gleichung von Langmuir.

Von großem theoretischem Interesse ist die von LANGMUIR auf Grund der Kinetik der Adsorption theoretisch abgeleitete Gleichung[3]. Sie ist auch auf statistischem Wege von FOWLER abgeleitet worden und wir werden diese letztere Ableitung weiter unten in dem Abschnitt behandeln, der sich auf die statistische Theorie der Adsorption bezieht (Abschnitt B, 2, S. 103). Thermodynamische Ableitungen sind gegeben worden von VOLMER[4] und von RUSHBROOKE und COULSON[5].

Wir geben hier in Kürze die kinetische Ableitung der Isotherme. Die Gasmolekel stoßen auf die Oberfläche und können dort eine kürzere oder längere Zeit verweilen, bevor sie in den Gasraum zurückkehren. Im Gleichgewicht ist die Zahl der Molekel, die aus der Oberfläche verdampfen, gleich der Zahl der Molekel, die sich dort kondensieren.

In der Zeiteinheit haben wir ν Molekel, die aus der Einheitsoberfläche verdampfen, und μ Molekel, die auf die Oberfläche stoßen; nur ein Bruchteil α der μ-Molekel, welche auftreffen, wird sich auf der Oberfläche kondensieren.

Im Gleichgewicht ist dann

$$\alpha \mu = \nu. \tag{8, 6}$$

μ pro Einheit der Oberfläche ist auf Grund der kinetischen Gastheorie gegeben durch:

$$\mu = \frac{p}{\sqrt{2\pi m k T}}, \tag{8, 7}$$

[1] A. TITOFF: Z. physik. Chem. **74** (1910), 641.
[2] W. G. FRANKENBURG: J. Amer. chem. Soc. **66** (1944), 1827.
[3] I. LANGMUIR: J. Amer. chem. Soc. **40** (1918), 1361.
[4] M. VOLMER: Z. physik. Chem. **115** (1925), 253.
[5] G. S. RUSHBROOKE, C. A. COULSON: Proc. Cambridge philos. Soc. **36** (1940), 248.

wo m die Masse der Molekel, k die BOLTZMANN-Konstante, T die absolute Temperatur und p der Druck sind.

Die Verdampfungsgeschwindigkeit beträgt:

$$\nu = k_0 e^{-q/kT} . \tag{8, 8}$$

Hier ist q die Wärme, die bei der Adsorption einer Molekel entwickelt wird. Wenn s die Zahl der auf der Oberflächeneinheit adsorbierten Molekel ist, so ist die mittlere Verweilzeit der Molekel auf der festen Oberfläche gegeben durch:

$$\tau = s/\nu . \tag{8, 9}$$

Hier sind α, μ, ν Funktionen von p, T und s.

LANGMUIR betrachtet nun den bedeckten Teil der Oberfläche, den er mit ϑ bezeichnet. Dann muß $\vartheta = s/s_1$ gelten, wo s die Oberflächenkonzentration bei einem gewissen Drucke und s_1 die Oberflächenkonzentration bei vollständiger Bedeckung der Oberfläche mit einer einfachen Schicht ist.

Die Ableitung der Isothermen nach LANGMUIR macht zwei vereinfachte Annahmen:

a) Man sieht ab von einer eventuellen abstoßenden Wechselwirkung zwischen den adsorbierten Molekeln; infolgedessen gilt:

$$\nu = \nu_1 \vartheta , \tag{8, 10}$$

wo ν_1 die Geschwindigkeit der Verdampfung von der Oberfläche ist, wenn $\vartheta = 1$.

b) Jede Molekel, die einen Punkt der Oberfläche trifft, wo schon eine adsorbierte Molekel sich befindet, wird elastisch reflektiert. Der Kondensationskoeffizient α ist also proportional dem Teil der Oberfläche, der noch frei von adsorbierten Molekeln ist. Im Gleichgewicht gilt:

$$\alpha = \alpha_0 (1 - \vartheta) . \tag{8, 11}$$

α_0 ist der Kondensationskoeffizient für $\vartheta = 0$; α_0 ist etwa gleich 1. Im Gleichgewicht ist die Anzahl von Molekeln, die verdampfen und sich kondensieren, in der Zeiteinheit einander gleich, das heißt:

$$\mu \alpha_0 (1 - \vartheta) = \nu_1 \vartheta , \tag{8, 12}$$

woraus folgt:

$$\vartheta = \frac{\frac{\alpha_0}{\nu_1} \mu}{1 + \frac{\alpha_0}{\nu_1} \mu} . \tag{8, 13}$$

Wenn man bedenkt [Gl. (8, 7)], daß

$$\mu = p \cdot \text{const.}, \tag{8, 14}$$

dann ist $$\vartheta = \frac{b p}{1 + b p} , \tag{8, 15}$$

wo

$$b = \frac{\alpha_0 e^{q/kT}}{k_0 \sqrt{2 \pi m k T}} . \tag{8, 16}$$

Wenn v_m das adsorbierte Gasvolumen bei Vollendung einer einfachen Schicht ist, dann gilt:

$$\vartheta = \frac{v}{v_m} , \tag{8, 17}$$

so daß man schreiben kann:

$$v = \frac{v_m \cdot bp}{1 + bp}. \tag{8, 18}$$

Für kleine Drucke ist bp klein im Vergleich mit 1, so daß gilt:

$$v = v_m bp. \tag{8, 19}$$

Man erhält also einen Ausdruck von der Form des HENRYschen Gesetzes. Für hohe Drucke ist 1 zu vernachlässigen, verglichen mit bp. Und dann gilt:

$$v \cong v_m. \tag{8, 20}$$

In vielen Fällen stimmt die LANGMUIRsche Isotherme vollständig mit den experimentellen Werten überein. Es gibt jedoch auch Abweichungen. In der Gegend niedriger Drucke können die Abweichungen daher rühren, daß die adsorbierende Oberfläche nicht gleichförmig ist. In diesem Falle ist q nicht mehr konstant. Außerdem können auch Abweichungen von der Funktion $f(T)$ eintreten, die in dem Ausdruck b eingeht (vgl. die statistische Ableitung der LANGMUIRschen Isotherme in Abschnitt B, 2, S. 103).

Um die Gültigkeit der LANGMUIRschen Gleichung zu prüfen, kann man die experimentellen Daten in einem Diagramm p/v, p eintragen. Die LANGMUIRsche Isotherme läßt sich nämlich in die Form bringen:

$$\frac{p}{v} = \frac{1}{b\, v_m} + \frac{p}{v_m}, \tag{8, 21}$$

woraus man sieht, daß die Darstellung von p/v als Funktion von p eine gerade Linie geben muß, deren Neigung gleich ist $\frac{1}{v_m}$.

In Abb. 23 sind solche Kurven p/v gegen p nach den Messungen von LANGMUIR[1] für Stickstoff an Glimmer (Kurve a), Argon an Glas (Kurve b) und Methan an Glimmer (Kurve c) bei der Temperatur von 90° K dargestellt. Die Übereinstimmung zwischen den experimentellen Daten und dem theoretischen Gang der Kurven ist deutlich. Die Werte von v_m und b, die sich auf die drei Kurven beziehen, sind in Tabelle 8 zusammengestellt.

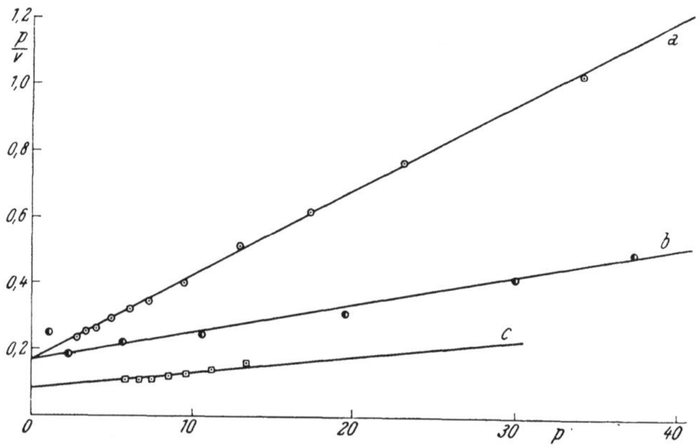

Abb. 23. Adsorptionsisothermen verschiedener Gase bei 90° abs., p gegen p/v. Daten von LANGMUIR[1]. a N_2 an Glimmer, b Ar an Glas, c CH_4 an Glimmer. v in mm³ bei 20° C und 760 Torr, p in Bar. Für die Kurve b sind die Ordinatenwerte mit 10 zu multiplizieren.

Der Wert von v_m (adsorbiertes Gasvolumen bei vollendeter einmolekularer Schicht) sollte es erlauben, die Oberfläche des Adsorbens zu messen. Aus dem Werte v_m ist es leicht, die Zahl der adsorbierten Molekeln in einer vollständigen einmolekularen Schicht zu berechnen, und wenn man die von jeder Molekel

[1] I. LANGMUIR: J. Amer. chem. Soc. 40 (1918), 1361.

bedeckte Fläche kennt und annimmt, daß die Molekeln untereinander in Berührung stehen, so kann man die Oberfläche des Adsorbens ausrechnen.

Benutzt man die Werte von v_m der Kurven *a* und *c* von Abb. 23, die mit demselben Adsorbens bei derselben Temperatur mit Gasen von sehr ähnlichem Molekulardurchmesser gewonnen wurden, so könnte man, wie schon BRUNAUER[1] bemerkt hatte, erwarten, daß die Werte von v_m ungefähr gleich sind. In Wirklichkeit aber ist v_m bei Stickstoff etwa $^1/_3$ von v_m für Methan.

Tabelle 8. LANGMUIR*sche Adsorptionsisothermen von Abb. 23.*

Kurve	v_m (cm³)	b
a)	38,9	0,156
b)	11,8	0,0511
c)	123	0,168

In Abb. 24 sind in einer Darstellung p/v gegen p die Adsorptionsmessungen von Kohlenoxyd an Glas nach VAN ITTERBEEK und VEREYCKEN[2] bei verschiedenen Temperaturen wiedergegeben. Auch hier wird die Linearität der Beziehung zwischen p/v und p eingehalten. Die Messungen erstrecken sich nur auf das Gebiet kleiner Drucke.

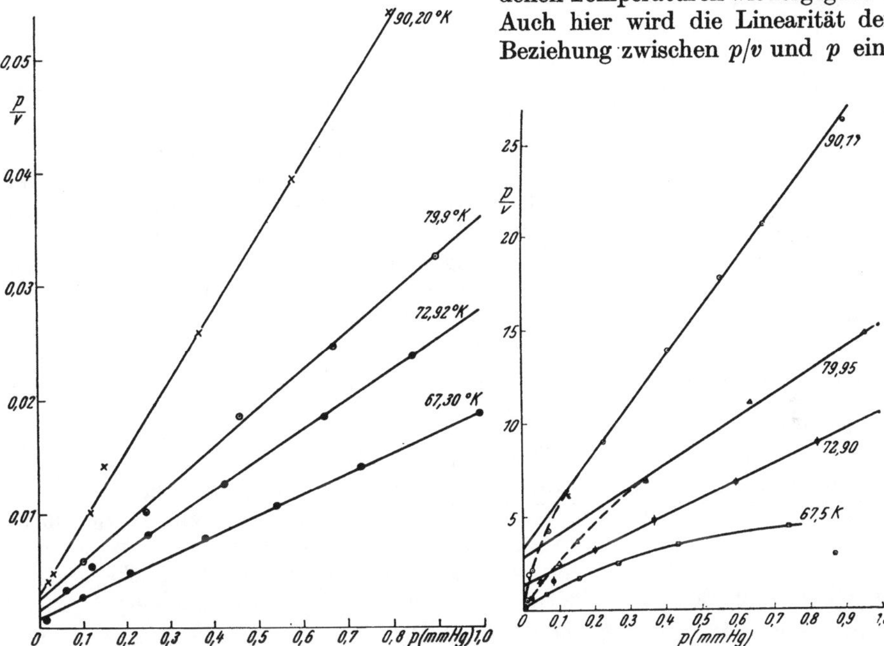

Abb. 24. Adsorptionsisothermen von CO an Glas bei verschiedenen Temperaturen, p gegen p/v. Daten von VAN ITTERBEEK und VEREYCKEN[2]. v in 10^{-11} Mol je cm² der geometrischen Oberfläche.

Abb. 25. Adsorptionsisothermen von CH_4 an Glas bei verschiedenen Temperaturen, p gegen p/v. v in 10^{-8} Mol je cm² der geometrischen Oberfläche.

In Abb. 25 sind Daten derselben Autoren für die Adsorption von Methandampf an Glas bei verschiedenen Temperaturen aufgetragen. Das Intervall relativer Drucke bei diesen Messungen ist viel weiter als bei den Isothermen von Kohlenoxyd.

Bei niedrigen Drucken weichen die Punkte von der geraden Linie ab und deuten so eine Adsorption an, die höher ist, als nach LANGMUIR vorauszusehen wäre.

[1] S. BRUNAUER: The Adsorption of Gases and Vapours. Princeton, 1943.

[2] A. VAN ITTERBEEK, W. VEREYCKEN: Z. physik. Chem., Abt. B 48 (1940), 131.

Dieser Unterschied ist der Heterogenität der Oberfläche zuzuschreiben. Zu Beginn tritt die Adsorption an aktiveren Teilen der Oberfläche ein, die für die Adsorptionsenergie höher ist. Bei höheren Drucken kann die Oberfläche als gleichmäßig betrachtet werden und in diesem Gebiet liegen die experimentellen Punkte auf einer geraden Linie. Nur die Kurve für die Temperatur von 67,5° zeigt keine gerade Gestalt. Bei dieser Temperatur ist nach VAN ITTERBEEK und VEREYCKEN die Adsorption mehrmolekular.

BRUNAUER und EMMETT[1] haben Kurven gleichen Ganges erhalten, indem sie an Kohle mit verschiedenen Gasen bei Temperaturen in der Nähe der Kondensationstemperatur arbeiteten und die Adsorption in einem weiten Druckintervall maßen. Die Werte für die Oberfläche des Adsorbens, die sie aus den Werten v_m für den geradlinigen Teil des Diagramms berechneten, stimmen miteinander gut überein.

Nach BRUNAUER[2] sind jedoch die Unterschiede zwischen den Werten v_m aus den Messungen von Abb. 23 der Tatsache zuzuschreiben, daß das Adsorbens wahrscheinlich heterogen ist und daß in dem Druckintervall der Messungen nur die aktiveren Teile der Oberfläche mit dem Adsorptiv bedeckt werden. Die Werte von v_m sind dann sehr wenig übereinstimmend und die daraus berechnete Oberfläche ist kleiner als die geometrische.

Ähnliche Überlegungen hat HALSEY[3] angestellt hinsichtlich der Werte von v_m, die man mit der Gleichung von LANGMUIR aus der Chemisorptionsisotherme erhält. Er betrachtet die Änderungen von v_m mit der Temperatur und bemerkt, daß die experimentelle Änderung erheblich größer ist als die Änderung, die man auf Grund der LANGMUIRschen Gleichung erwarten sollte. HALSEY schreibt diese mangelnde Übereinstimmung mit der Gleichung von LANGMUIR der Annahme zu, auf die die Gleichung begründet ist, nämlich eine gleichförmige Oberfläche. Nimmt man an, daß die Oberfläche heterogen ist, so versteht man, daß der Wert von v_m sich auf einen kleinen Teil der Oberfläche (auf den aktivsten) bezieht und daß mit veränderter Temperatur auch noch andere Teile der Oberfläche die Fähigkeit zur Adsorption erlangen und so eine Veränderung von v_m hervorbringen. Es ist jedoch zu bemerken, daß in der Arbeit von LANGMUIR[4] schon die Fälle behandelt sind, wo die Oberfläche gleichförmig und wo sie heterogen ist. LANGMUIR hat nämlich zwei Möglichkeiten in Betracht gezogen: a) die Oberfläche besteht aus einer begrenzten Anzahl von Gegenden, von denen jede einen bestimmten Wert für die Adsorptionsenergie besitzt, b) die Oberfläche besteht aus Stellen mit Energien, die von der einen zur anderen sich ändern können.

Im Falle a) folgt eine Isotherme in Stufen, die aus so vielen Isothermen besteht, wie es Gegenden mit bestimmtem Wert von q gibt. Wenn die Oberfläche vom Typus b) ist, so muß man die Verteilungsfunktion der Energie über die Oberfläche kennen und eine Integration dieser Funktion ausführen, um die Isotherme zu erhalten.

In ziemlich seltenen Fällen sind solche Stufenisothermen auch gefunden worden. Andererseits aber tritt für sehr stark heterogene Oberflächen wie die des Falles b) die Schwierigkeit auf, die Funktion der Veränderlichkeit der Energie auf der Oberfläche aufzustellen, eine Schwierigkeit, die nicht leicht zu überwinden ist.

Jedoch haben die beiden von LANGMUIR entwickelten Isothermentypen für

---

[1] S. BRUNAUER, P. H. EMMETT: J. Amer. chem. Soc. **59** (1937), 2682.
[2] S. BRUNAUER: The Adsorption of Gases and Vapours. Princeton, 1943.
[3] G. HALSEY: J. chem. Physics **16** (1948), 931.
[4] I. LANGMUIR: J. Amer. chem. Soc. **40** (1918), 1361.

heterogene Oberflächen noch wenig Anwendung gefunden, und ihr Interesse ist erheblich geringer, als das der Isotherme gleichförmiger Oberflächen.

Es ist zu bemerken, daß eine Gleichung von ähnlicher Form wie die LANGMUIRsche auch von ZEISE[1] aufgestellt worden ist:

$$v = \sqrt{\frac{K_1 K_2 p}{1 + K_2 p}}. \tag{8, 22}$$

Dieser Ausdruck gilt nach ZEISE für die Adsorption von Gas an Glas und ein noch allgemeinerer Ausdruck als der von ZEISE, der sowohl die FREUNDLICHsche wie die LANGMUIRsche Isotherme umfaßt, ist von ARMBRUSTER und AUSTIN[2] aufgestellt worden:

$$v = v_m \sqrt[n]{\frac{a p}{1 + a p}}. \tag{8, 23}$$

Die Gleichung wurde von AUSTIN und ARMBRUSTER auf die Adsorption von Gasen an Metallen angewandt. Während nach ihnen die Isotherme von FREUNDLICH für die niedrigen Drucke und die von LANGMUIR für die höheren Drucke gilt, ist die Gl. (8,23) in dem ganzen Intervall der Drucke anwendbar.

Zusammenfassend: die LANGMUIRsche Isotherme gilt in befriedigender Weise, wenn man mit einer *einmolekularen* Adsorption an weitgehend gleichförmigen Oberflächen zu tun hat. Die Isotherme von LANGMUIR interessiert besonders für die Chemisorptionsvorgänge von einmolekularer Art.

Gl. (8, 18) gilt nur für den Fall, wo die adsorbierte Molekel keine Dissoziation in Atome erleidet.

Betrachten wir eine zweiatomige Molekel, die unter Dissoziation in Atome adsorbiert wird, so bekommen wir eine Isotherme, die wiedergegeben wird durch:

$$\vartheta = \frac{b p^{1/2}}{1 + b p^{1/2}}. \tag{8, 24}$$

Wie wir schon bei Besprechung der Chemisorption gesagt haben, nimmt man an, daß die Atome an bestimmten Punkten des Adsorbens, sogenannten „Plätzen" adsorbiert werden, die im Falle von metallischen Adsorbenten den Atomen des Metalles entsprechen. Diese Plätze sind also regelmäßig verteilt in der Oberfläche in Stellungen, die durch das Kristallgitter und durch die Art der Fläche bestimmt sind, die der Oberfläche des Adsorbens entspricht.

Wir haben früher gesehen, daß man der Ansicht ist, daß der Kondensationskoeffizient α proportional $1 - \vartheta$ sei. Einige Experimente von LANGMUIR mit Cäsiumdampf an Wolfram[3] zeigen, daß alle Atome von Cäsium, die die Oberfläche treffen, sich dort auch bei hohen Temperaturen kondensieren, auch noch wenn $\vartheta = 0{,}98$. Man muß offensichtlich annehmen, daß in diesem Falle die Atome, die an die Oberfläche kommen, die Möglichkeit haben, sich auf die leeren Plätze zu begeben.

Die Wichtigkeit der LANGMUIRschen Isotherme geht klar daraus hervor, daß sie zuerst ein wohl definiertes physikalisches Modell für den Adsorptionsvorgang geliefert hat.

Unter Annahme einer willkürlichen Verteilungsfunktion ist ZELDOWITSH[4] von der LANGMUIRschen Isotherme aus zu einem Ausdruck gelangt, der mit der Gleichung von FREUNDLICH identisch ist.

---

[1] H. ZEISE: Z. physik. Chem. **136** (1928), 385.
[2] M. H. ARMBRUSTER, J. B. AUSTIN: J. Amer. chem. Soc. **66** (1944), 159.
[3] I. LANGMUIR: J. chem. Soc. (London) **1940**, 511.
[4] J. ZELDOWITSH: Acta physicochim. URSS **1** (1934), 961.

Auf einem dem LANGMUIRschen ähnlichen Mechanismus, ausgehend von der Theorie der absoluten Reaktionsgeschwindigkeit, gegründet, haben LAIDLER, GLASSTONE und EYRING[1] Adsorptionsgleichungen abgeleitet.

2. Gleichung von Williams[2] und Henry[3].

Diese Gleichung setzt voraus, daß die Molekel an der Oberfläche von mehr als einem Angriffspunkt festgehalten wird. Die Gleichung hat die Form:

$$\ln \frac{v}{p} = \ln v_m b - \frac{n}{v_m} v, \tag{8,25}$$

wo n die Zahl von benachbarten Angriffspunkten für die Kondensation der Molekel darstellt. $\frac{n}{v_m} v$ ist der erste Term einer Reihenentwicklung, in der die weiteren Terme vernachlässigt worden sind. Gl. (8, 25) ist also nur ein angenähertes Resultat. Sie gilt im allgemeinen nur für Werte von v/v_m kleiner als 0,3. Trägt man sie in ein Diagramm log v/p als Funktion von v auf, so erhält man eine gerade Linie.

Über die Gradlinigkeit der Darstellungen der Gl. (8, 25) und die Möglichkeit, daraus Andeutungen über die Oberfläche des Adsorbens zu erhalten, gelten die Beschränkungen, die wir schon bei der Isotherme von LANGMUIR erwähnt haben.

3. Isotherme von Magnus[4].

Ihre Anwendbarkeit ist beschränkt auf Adsorbentien, die den elektrischen Strom leiten, und hier auf die physikalische Adsorption.

Man betrachtet nämlich nur die elektrostatischen Wechselwirkungen zwischen Adsorbens und Adsorptiv, die von der KELVINschen Bildkraft herrühren. Bei der Ableitung der Isotherme hat MAGNUS die Zustandsgleichung der adsorbierten Phase behandelt, indem er sie als ein zweidimensionales Gas betrachtet, auf das er eine der VAN DER WAALSschen Gleichung analoge Gleichung für das zweidimensionale Gas anwendet.

Die endgültige Gleichung kann in die Form gebracht werden:

$$v = \frac{k_1 k_2 p - k_3 v^2}{1 + k_1 p - \frac{k_3}{k_2} v^2}, \tag{8,26}$$

wo $k_1 = \frac{g\beta}{RT}$, $k_2 = \frac{A}{\beta}$ und $k_3 = \frac{\alpha}{ART}$ ist. α und β bedeuten das Analogon der Konstanten a, b in der VAN DER WAALSschen Gleichung mit dem Unterschied, daß α das entgegengesetzte Vorzeichen der Konstanten a hat.

A bedeutet die Oberflächenausdehnung des Adsorbens und g eine Konstante. Für geringe Adsorptionen gilt:

$$\left(\frac{p}{v}\right)_0 = \frac{RT}{gA}. \tag{8,27}$$

Der Wert von $(p/v)_0$ wird aus den Adsorptionsdaten bei niedrigem Druck entnommen.

---

[1] K. J. LAIDLER, S. GLASSTONE, H. EYRING: J. chem. Physics 8 (1940), 659, 667.

[2] A. M. WILLIAMS: Proc. Roy. Soc. Edinburgh **38** (1918), 23; **39** (1919), 48; Proc. Roy. Soc. (London), Ser. A **96** (1919), 287, 298.

[3] D. C. HENRY: Philos. Mag. **44** (1922), 689.

[4] A. MAGNUS: Z. physik. Chem., Abt. A **142** (1929), 401.

Wenn diese Gleichung von MAGNUS auch auf Leiter anwendbar ist, so ist doch ihre praktische Anwendbarkeit auf Kohle beschränkt. Die Ungültigkeit der Gleichung für Isothermen von Gas an Metallen wird von BRUNAUER[1] der Tatsache zugeschrieben, daß in diesem Falle die Adsorption häufig von mehrmolekularer Art ist.

Dennoch hat die Isotherme von MAGNUS den Vorteil, daß sie die Veränderlichkeit der Adsorptionswärme bei veränderter Temperatur und verändertem Druck vorauszusehen erlaubt.

β) Multimolekulare Adsorption.

Die bisher betrachteten Isothermen beziehen sich auf die einmolekulare Adsorption. Nunmehr soll die multimolekulare Adsorption betrachtet werden, gemäß der Theorie von POLANYI. Die multimolekulare Adsorption ist auch die Voraussetzung der Gleichung von DE BOER sowie der Gleichungen von BRUNAUER, EMMETT und TELLER sowie von HARKINS und JURA.

Die beiden letzten Gleichungen sind von besonderem Interesse wegen des großen Erfolges, den sie gehabt haben (besonders die Theorie von BRUNAUER, EMMETT und TELLER, die einen gemeinsamen Rahmen abgibt für verschiedene Typen von Adsorptionsisothermen, die man in der Literatur antrifft, und zwar so, daß man die Adsorptionswärme berechnen kann), da sie erlauben, die Oberflächengröße des Adsorbens auszumessen.

Unter diesem Gesichtspunkt ist auch die Gleichung von HÜTTIG von beachtlichem Interesse, die kürzlich ausgearbeitet worden ist. Wir werden die Behandlung der Adsorption bei gleichzeitiger Kapillarkondensation auslassen.

1. Potentialtheorie.

Die Potentialtheorie, die man POLANYI und Mitarbeitern[2] verdankt, führt nicht zu einer Isotherme, erlaubt aber die Abhängigkeit der Isotherme von der Temperatur genau auszuwerten. Sie gilt sowohl für ein- als auch für mehrmolekulare Adsorption.

Diese Theorie wurde zwei Veränderungen unterworfen. Das zweite Mal im Jahre 1928, um ihr eine bessere Übereinstimmung mit den neueren Ansichten zu erteilen, die über die Natur der Adsorptionsenergie aufgestellt worden sind.

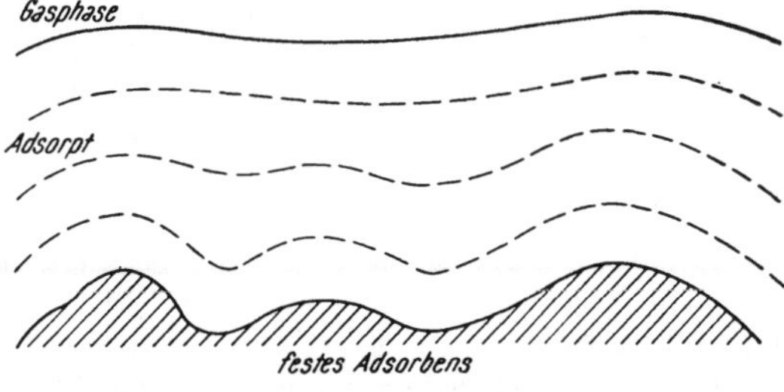

Abb. 26. Äquipotentialflächen eines an einem Festkörper adsorbierten Gases.

Nach der ursprünglichen Theorie bildet das an der Oberfläche eines Festkörpers adsorbierte Gas eine Zone aus einer oder mehreren Schichten; das Gas ist stark komprimiert wegen der Anziehungskräfte, die der feste Körper auf die Molekel des Gases ausübt. Das Adsorptionspotential steigt, wenn man sich der Oberfläche des festen Körpers nähert, und daher ist die Dichte des adsorbierten Gases um so größer, je näher an der Oberfläche

[1] S. BRUNAUER: The Adsorption of Gases and Vapours. Princeton, 1943.

[2] M. POLANYI: Verh. dtsch. physik. Ges. **18** (1916), 55. — F. GOLDMANN, M. POLANYI: Z. physik. Chem., Abt. A **132** (1928), 321.

die betrachtete Schicht liegt. Man kann sich also vorstellen, daß der Festkörper von einer Reihe von Äquipotentialflächen umgeben ist. Jede Äquipotentialfläche enthält ein gewisses Gasvolumen φ_1, φ_2, φ_3 usw. φ mit dem Index *max* bedeutet das maximale Gasvolumen, das zwischen dem festen Körper und der Oberfläche der adsorbierten Phase vorhanden ist, wo das Potential Null wird (s. Abb. 26).

An der Oberfläche des Adsorbens ist das Potential $\varepsilon = \varepsilon_0$ (ε hat also dort den höchsten Wert) und $\varphi=0$, während für $\varphi = \varphi_{max}$ $\varepsilon = 0$ ist.

Man nimmt nun an, daß $\frac{d\,\varepsilon}{dT} = 0$ ist. Also ist auch $\frac{d\,\varphi_i}{d\,T} = 0$. Für jedes System Adsorbens-Adsorpt existiert eine bestimmte „charakteristische Kurve" von dem Typ der Abb. 27, die die Veränderlichkeit von ε als Funktion

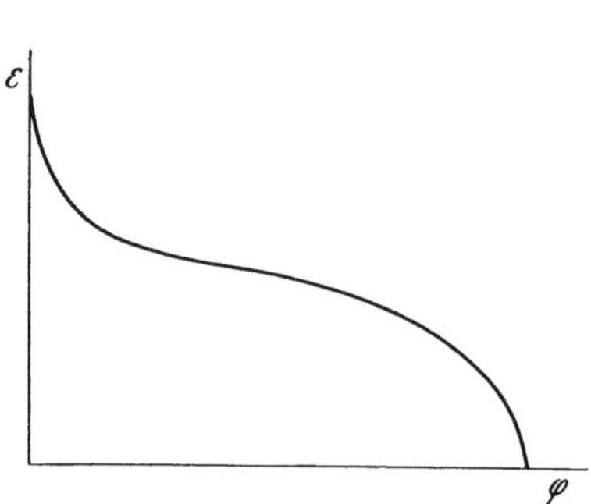

Abb. 27. Typische Adsorptionskurve nach der Polanyischen Theorie.

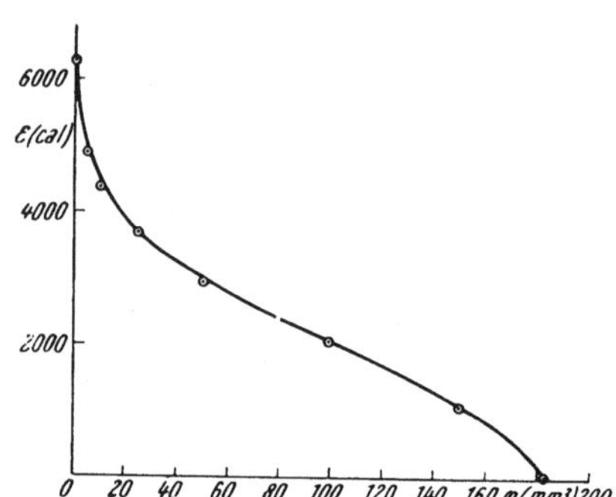

Abb. 28. Charakteristische Adsorptionskurve für CO_2 an Holzkohle, berechnet von Berenyi[1] nach Daten von Titoff[2].

von φ angibt. Da die Funktion $\varepsilon = I\,f\,(\varphi)$ ziemlich kompliziert ist, haben Polanyi und Mitarbeiter sich darauf beschränkt, die charakteristische Kurve für ein bestimmtes System Adsorbens-Adsorpt aus einer Isotherme bei einer gegebenen Temperatur zu berechnen und zu kontrollieren, ob auch andere Isothermen bei verschiedenen Temperaturen Werte ergeben, die auf die gleiche charakteristische Kurve fallen (welche nach den Annahmen von der Temperatur unabhängig sein sollte).

In Abb. 28 ist die charakteristische Kurve für die Adsorption von Kohlendioxyd an Kohle wiedergegeben, wie sie Berenyi[1] aus den Daten von Titoff[2] auf Grund der Isotherme bei 273° K berechnet hat, und in Abb. 29 die für die Temperaturen von 196,5, 303, 353 und 424° K berechneten Isothermen. Die Kurven zeigen die gute Übereinstimmung der Theorie mit den experimentellen Daten mit Ausnahme der Isotherme bei 303° K.

Wegen der Einzelheiten der Berechnung verweisen wir auf die Arbeit von Berenyi. Weitere Verbesserungen der Berechnung der charakteristischen Kurve sind von Lowry und Olmstead[3] angebracht worden.

Die Potentialtheorie hat auch beachtenswerte Bestätigung durch die Adsorptionsmessungen bei sehr hohen Drucken erfahren. In diesem Falle zeigen die Isothermen Maxima[4]. Dies ist darauf zurückzuführen, daß bei der Adsorptionsmessung gewöhnlich der Überschuß von Gas gemessen wird, der an der Oberfläche

---

[1] L. Berenyi: Z. physik. Chem. **94** (1920), 628.
[2] A. Titoff: Z. physik. Chem. **74** (1910), 641.
[3] H. H. Lowry, P. S. Olmstead: J. physic. Chem. **31** (1927), 1601.
[4] A. Antropoff: Z. Elektrochem. angew. physik. Chem. **42** (1936), 544.

des Adsorbens vorhanden ist, verglichen mit der Menge, die anwesend wäre, wenn das Gas auf dem Adsorbens denselben Druck und dieselbe Temperatur hätte wie in dem übrigen Apparat. Es wird also nur die differenzielle Adsorption gemessen.

Nach der Potentialtheorie muß nämlich die Adsorption null werden, wenn der Druck so hoch ist, daß die dadurch bestimmte Gasdichte gleich der des Adsorpts in der Adsorptionszone wird. Gleichungen, die für die differentielle Adsorption gelten, sind von ANTROPOFF[1] abgeleitet worden. Für geringe Drucke fallen praktisch die absolute und die differentielle Adsorption zusammen.

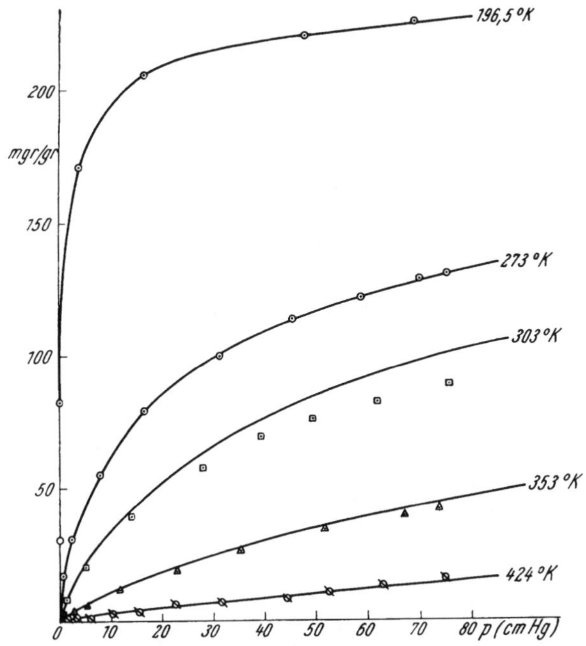

Abb. 29. Adsorptionsisothermen von CO_2 an Holzkohle, berechnet nach der POLANYIschen Theorie von BERENYI[3]. Die Kurven sind aus der 273° K-Isotherme berechnet, die Punkte sind die Meßwerte.

Die erneuerte Theorie von GOLDMANN und POLANYI aus dem Jahre 1928[2] betrachtet nicht mehr eine dreidimensionale Potentialverteilung, sondern nur eine zweidimensionale Verteilung in der Oberfläche unter Bildung von „Flüssigkeitsinseln" des adsorbierten Gases in Übereinstimmung mit den neueren Ansichten der Physik über das Wirkungsfeld der Kräfte in der Oberfläche eines Festkörpers.

Man hat sich daran zu erinnern, daß die in Anbetracht der mehrmolekularen Adsorption ausgearbeitete Theorie auch für die einmolekulare Adsorption auf dem Gebiet der physikalischen Adsorption anwendbar ist.

2. *Gleichung von de Boer und Zwikker.*

DE BOER und ZWIKKER[4] haben eine Gleichung für die Adsorption nichtpolarer Molekel auf ionischen Adsorbentien vorgeschlagen auf Grund der Annahme, daß das ionische Adsorbens in der ersten Molekelschicht des adsorbierten Gases Dipole induziert und daß diese Dipole ihrerseits andere Dipole in den nachfolgenden Schichten induzieren.

Die von DE BOER und ZWIKKER abgeleitete Gleichung hat die Form

$$\ln \frac{p_n}{K_3 p_0} = K_2 K_1^n . \tag{8,28}$$

[1] A. ANTROPOFF: Kolloid-Z. **98** (1942), 249; **99** (1942), 35.
[2] F. GOLDMANN, M. POLANYI: Z. physik. Chem., Abt. A **132** (1928), 321.
[3] L. BERENYI: Z. physik. Chem. **94** (1920), 628.
[4] J. H. DE BOER, C. ZWIKKER: Z. physik. Chem., Abt. B **3** (1929), 407.

n ist die Zahl der adsorbierten Schichten und ist gleich v/v_m, wo v das adsorbierte Volumen bei dem Drucke p_n und v_m das adsorbierte Gasvolumen in der einmolekularen Schicht ist, p_0 ist der Druck des gesättigten Dampfes bei der gleichen Temperatur. Die Gleichung gibt viele experimentelle Werte ziemlich genau wieder, jedoch scheint die Zahl n der adsorbierten Schichten, die sich aus den experimentellen Daten berechnet, zu groß zu sein, verglichen mit dem, was man theoretisch auf Grund der induzierten Dipole voraussehen könnte; dies könnte nämlich nicht zur Bildung von mehr als zwei adsorbierten Schichten führen. DE BOER und ZWIKKER haben die Theorie ausgearbeitet, um die Form der Isothermen zu erklären, die sie experimentell erhalten haben bei der Adsorption von Joddampf an verschiedenen Salzen. Beim Arbeiten mit Jod und Flußspat wurde DE BOER[1] zu der Annahme geführt, daß die adsorbierte Schicht eine Dicke bis zu 11 Molekeln besitzt. Jedoch wurden später DE BOER und seine Mitarbeiter[2] gezwungen, es für ausgeschlossen zu erklären, daß die Adsorption von Joddampf auf Salzen zur Bildung von mehr als einer einmolekularen Schicht führe. Eine der DE BOER- und ZWIKKERschen analoge Gleichung ist auch von BRADLEY[3] abgeleitet worden:

$$T \log \frac{p_0}{p} = K_1 K_3^a. \tag{8,29}$$

Hier bedeutet a die Zahl der pro 1 Mol Adsorbens adsorbierten Mole Gas. Für die Adsorption von permanenten Dipolen gibt BRADLEY[4] die Gleichung an:

$$\log \frac{p_0}{p} = K_1 K_3^a + K_4, \tag{8,30}$$

wo nach BRADLEY K_4 den Unterschied zwischen den Verdampfungswärmen von der polaren Oberfläche und aus der Flüssigkeit bedeutet. Wir wollen festhalten, daß die Gl. (8, 29) für die Adsorption von Wasserdampf an Proteinen und anderen Polymeren von HOOVER und MELLON[5] geprüft worden ist. Abschließend ist zu sagen, daß die auf die Dipolwirkung gegründeten Isothermen nicht in völlig befriedigender Weise die experimentellen Daten erklären, obgleich sie in vielen Fällen die Form der Isothermen gut wiedergeben.

3. Gleichung von Brunauer, Emmett und Teller[6].

Diese Gleichung für die mehrmolekulare Adsorption wird gewöhnlich in der Literatur als die Gleichung von BET bezeichnet, wie auch wir es im folgenden tun werden.

Die Ableitung der BET-Gleichung aus der Isotherme wird auf kinetischem Wege durchgeführt, indem man annimmt, daß an der Oberfläche des Adsorbens sich zunächst eine erste Schicht bildet. Die Bedingungen des Gleichgewichtes zwischen Verdampfung und Kondensation sind identisch mit denjenigen, die LANGMUIR für seine kinetische Ableitung des Dampfdruckgleichgewichts gibt. Hier kann jedoch auf der ersten Schicht eine nacheinanderfolgende Kondensation anderer Schichten stattfinden und zwischen jeder Schicht und der darunterliegenden nimmt man die Vorlage von neuen Gleichgewichten zwischen Ver-

---

[1] J. H. DE BOER: Z. physik. Chem., Abt. B **13** (1931), 134.

[2] J. H. DE BOER: Z. physik. Chem., Abt. B **14** (1931), 457; **15** (1932), 300; **24** (1934), 98; **25** (1934), 237, 399; Recueil Trav. chim. Pays-Bas **65** (1946), 576.

[3] R. S. BRADLEY: J. chem. Soc. (London) **1936**, 1467.

[4] R. S. BRADLEY: J. chem. Soc. (London) **1936**, 1799.

[5] R. S. HOOVER, E. F. MELLON: J. Amer. chem. Soc. **72** (1950), 2562.

[6] S. BRUNAUER, P. H. EMMETT, E. TELLER: J. Amer. chem. Soc. **60** (1938), 309.

dampfung und Kondensation an. Für jede gebildete Schicht gibt es eine Kondensationswärme, die in den exponentiellen Ausdruck für die Verdampfungsgeschwindigkeit der Molekeln der betrachteten Schicht eingeht. Die Theorie von BET nimmt nun an, daß von der zweiten niedergeschlagenen Schicht an für die nachfolgenden Schichten die Kondensationswärme, die in diesen Ausdruck eingeht, der Verflüssigungswärme des Gases gleich sei, und außerdem, daß das Verhältnis zwischen den Geschwindigkeitskonstanten der Verdampfung aus einer Schicht und der der Kondensation in der darunterliegenden Schicht für alle Schichten nach der ersten dasselbe ist.

Diese vereinfachte Annahme ist später, wie wir sehen werden, weitgehend diskutiert worden. BRUNAUER, EMMETT und TELLER rechtfertigen ihre Vereinfachung, daß die Eigenschaften der Kondensation und Verdampfung dieselben seien wie im flüssigen Zustande, mit der Betrachtung, daß die Wechselwirkungen Adsorbens-Adsorpt wegen der VAN DER WAALSschen Kräfte von kurzer Reichweite sich nicht über die erste adsorbierte Molekelschicht hinaus ausdehnen; deshalb hat man für die nachfolgenden Schichten ausschließlich Wechselwirkungen zwischen den Molekeln des Adsorpts, welche dieselben sind wie auch bei der Kondensation eines Gases zur Flüssigkeit.

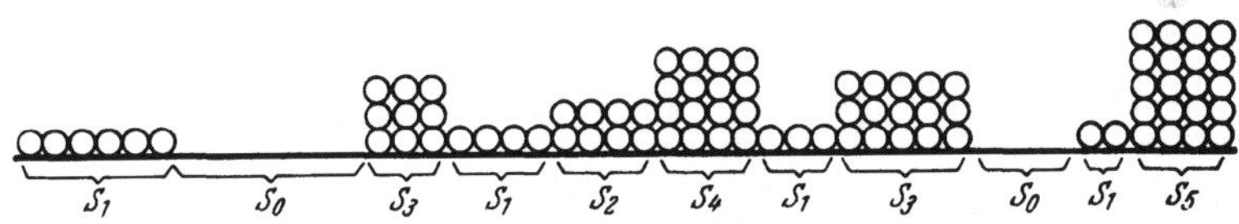

Abb. 30. Schnitt durch die Adsorptionsschicht nach BET.

Es sei A die Gesamtoberfläche des Adsorbens. s_0, s_1, $s_2 \ldots s_i \ldots$ sind die Bruchteile der Oberfläche, die von 0, 1, 2...i Schichten bedeckt werden (vgl. Abb. 30).

$$A = \sum_{0}^{\infty} {}_i\, s_i\,; \tag{8,31}$$

$$v = v_0 \sum_{0}^{\infty} {}_i\, i\, s_i\,. \tag{8,32}$$

Hier ist v das Gesamtvolumen des adsorbierten Gases, v_0 das auf 1 cm^2 der Oberfläche adsorbierte Volumen bei Vollendung einer einmolekularen Schicht.

Im Gleichgewicht sind die Verdampfungsgeschwindigkeit aus der ersten Schicht und die Kondensationsgeschwindigkeit auf der noch freien Oberfläche des Adsorbens einander gleich. Also gilt:

$$a_1\, p\, s_0 = b_1\, s_1\, e^{-\frac{E_1}{RT}}\,. \tag{8,33}$$

Hier ist p der Druck, a_1 und b_1 sind Konstanten.

Die Wechselwirkungen zwischen adsorbierten Molekeln in der gleichen Schicht werden ebenso vernachlässigt wie bei der Ableitung der Isotherme von LANGMUIR; deshalb sind a_1 usw. unabhängig von der Zahl der an der ersten Schicht adsorbierten Molekeln.

Aus dem Prinzip der mikroskopischen Reversibilität leitet man auch ab, daß auch für die anderen Schichten analoge Gleichgewichtsbedingungen existieren müssen:

$$a_2\, p\, s_1 = b_2\, s_2\, e^{-\frac{E_2}{RT}}$$
$$a_3\, p\, s_2 = b_3\, s_3\, e^{-\frac{E_3}{RT}} \tag{8,34}$$
$$a_i\, p\, s_{i-1} = b_i\, s_i\, e^{-\frac{E_i}{RT}}\,.$$

Wie schon gesagt, nimmt man an:

$$E_2 = E_3 = E_i = E_L\,, \tag{8,35}$$

wo E_L die molekulare Verflüssigungswärme ist, und

$$\frac{b_2}{a_2} = \frac{b_3}{a_3} = \frac{b_4}{a_4} = g\,. \tag{8,36}$$

s_1, s_2 usw. können in folgender Weise als Funktionen von s_0 ausgedrückt werden:

$$s_1 = \frac{a_1}{b_1} s_0\, p\, e^{E_1/RT}\,; \quad s_1 = y\, s_0 \tag{8,37}$$

$$s_2 = \frac{a_2}{b_2} s_1\, p\, e^{E_L/RT}\,; \quad s_2 = x\, s_1 \tag{8,38}$$

$$y = \frac{a_1}{b_1}\, p\, e^{E_1/RT}\,; \tag{8,39}$$

$$x = \frac{a_2}{b_2}\, p\, e^{E_L/RT}\,; \tag{8,40}$$

$$s_3 = x\, s_2 = x^2 s_1 = x^2 y\, s_0 = x^3 \frac{y}{x} s_0 = x^3 c\, s_0 \tag{8,41}$$

$$c = \frac{y}{x} = \frac{a_1 b_2}{b_1 a_2}\, e^{(E_1 - E_L)/RT} = \frac{a_1 g}{b_1}\, e^{(E_1 - E_L)/RT}\,. \tag{8,42}$$

Setzt man: $v_m = A v_0 =$ das von einer einmolekularen Schicht eingenommene Volumen und benutzt man die Gl. (8, 31) und (8, 32), so erhält man unter Gleichgewichtsbedingungen:

$$\frac{v}{v_m} = \frac{v}{A\, v_0} = \frac{\sum_0^\infty{}_i\, i\, s_i}{\sum_0^\infty{}_i\, s_i} = \frac{c \sum_1^\infty{}_i\, i\, x^i}{1 + c \sum_1^\infty{}_i\, x^i}\,. \tag{8,43}$$

Das Summenzeichen im Nenner bedeutet die Summe einer geometrischen Reihe

$$\sum_1^\infty{}_i\, x^i = \frac{x}{1-x}\,. \tag{8,44}$$

Das Summenzeichen im Zähler kann ausgewertet werden:

$$\sum_1^\infty{}_i\, i\, x^i = x \frac{d}{dx} \sum_1^\infty{}_i\, x^i = \frac{x}{(1-x)^2}\,. \tag{8,45}$$

Also:

$$\frac{v}{v_m} = \frac{c\dfrac{x}{(1-x)^2}}{1+c\dfrac{x}{1-x}} = \frac{c\,x}{(1-x)\,(1-x+c\,x)}\,. \tag{8,46}$$

Wenn $p = p_0$ der Dampfdruck des gesättigten Dampfes ist, so wird $v = \infty$. Nun ist $v = \infty$, wenn x in Gl. (8, 46) gleich 1 ist. Also:

$$\frac{p_0}{g}\,e^{E_L/RT} = 1\,; \quad x = \frac{p}{p_0}\,. \tag{8,47}$$

Hieraus folgt also:

$$v = \frac{v_m\,c\,p}{p_0\left(1-\dfrac{p}{p_0}\right)\left(1-\dfrac{p}{p_0}+c\,\dfrac{p}{p_0}\right)}\,, \tag{8,48}$$

und demnach:

$$\frac{v\,(p_0-p)}{p} = \frac{v_m\,c}{1+(c-1)\dfrac{p}{p_0}}\,.$$

Durch eine Umordnung erhält man:

$$\frac{p}{v\,(p_0-p)} = \frac{1}{v_m\,c} + \frac{c-1}{v_m\,c}\cdot\frac{p}{p_0}\,. \tag{8,49}$$

Gl. (8, 49) ist die Gleichung einer geraden Linie in einem Diagramm

$$\frac{p}{v\,(p_0-p)} \text{ gegen } \frac{p}{p_0}\,.$$

Ihre Neigung ist

$$\frac{c-1}{v_m\,c}$$

und ihr Schnittpunkt mit der Achse

$$\frac{p}{v\,(p_0-p)}$$

ist gegeben durch

$$\frac{1}{v_m\,c}\,.$$

Brunauer und Mitarbeiter nehmen an, daß der Koeffizient von c, nämlich

$$\frac{a_1\,b_2}{b_1\,a_2}\,,$$

nahezu gleich 1 sei, also

$$c = e^{(E_1-E_L)/RT}\,.$$

Es kann vorkommen, daß die Zahl der adsorbierten Schichten begrenzt ist, wie z. B. in einer Spalte mit zwei parallelen einander gegenüberliegenden Wänden. Wenn hier n die Maximalzahl der Schichten ist, die sich auf jeder der beiden Wände bilden können, so erhält man:

$$v = \frac{v_m\,c\,x}{1-x}\,\frac{1+n\,x^{n+1}-(n+1)\,x^n}{1+x\,(c-1)-c\,x^{n+1}}\,. \tag{8,50}$$

In dem Falle $n=1$:

$$v=\frac{v_m\,c\,\frac{p}{p_0}}{1+\frac{p}{p_0}\,c}, \qquad (8,51)$$

was die LANGMUIRsche Isotherme (8, 18) ist, wenn die Konstante $b=c/p_0$ wird.

Wenn x klein ist und n größer als 4 bis 5, so sind die Gleichungen für eine begrenzte Zahl von Schichten und die für eine unbegrenzte Zahl nahezu identisch.

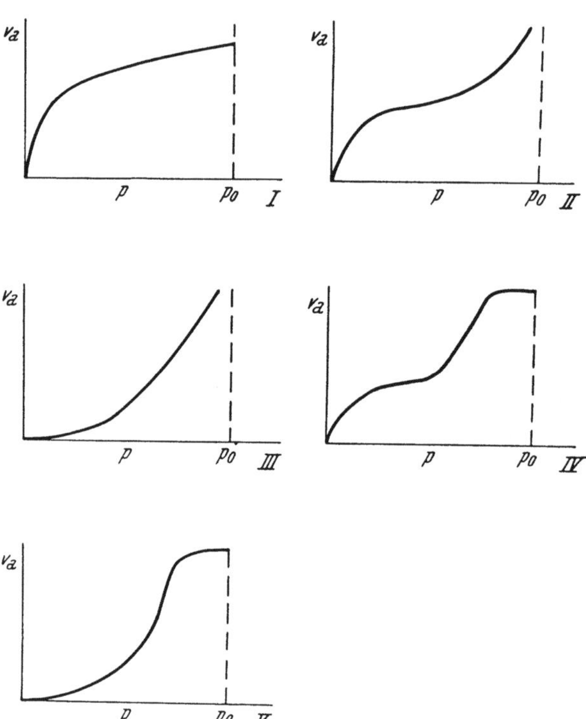

Abb. 31. Arten von Adsorptionsisothermen nach BRUNAUER und Mitarbeitern.

Wir wollen jetzt die Adsorptionskurven untersuchen, die für die physikalische Adsorption experimentell gefunden worden sind (Abb. 31). Die Gestalt der Isotherme wird von der BET-Theorie in folgender Weise erklärt: Kurven nach Typ I: Diese sind typisch für die monomolekulare Adsorption ($n=1$): hierfür gilt die Gleichung von LANGMUIR.

Kurven nach Typ II: n größer als 1; E_1 größer als E_L. Die Kurven nach Typ II sind diejenigen, die man am häufigsten bei der Dampfadsorption antrifft.

Kurven nach Typ III: n größer als 1; E_1 kleiner als E_L. Dieser Fall ist weniger häufig als derjenige vom Typ II.

Die Kurven von den Typen IV und V können auf die Kurven der Typen II und III zurückgeführt werden für den Teil der Kurve, der den relativ geringen Drucken entspricht. Bei hohen Drucken zeigen sie einen Sättigungswert. Die Kurven werden mit porösen Adsorbentien erhalten und der der Sättigung entsprechende Ast bezieht sich auf die Kapillarkondensation unter Auffüllung der Poren des Adsorbens.

Die Gültigkeit der Gleichung von BET ist begrenzt auf das Gebiet von relativen Drucken zwischen 0,05 und 0,35.

In Abb. 32 sind zwei Kurven in dem Maßstab $\frac{p}{v\,(p_0-p)}$ gegen $\frac{p}{p_0}$ wiedergegeben, bezogen auf die Adsorption von Argon bei 83° K und Stickstoff bei 78° K auf zwei Proben von Kaliumchlorid (Messungen von KEENAN und HOLMES[1]). Die Isothermen sind vom Typ II. Wie man sieht, ist die Geradlinigkeit der

[1] A. G. KEENAN, J. M. HOLMES: J. physic. Colloid Chem. 53 (1949), 1309.

Darstellung $\frac{p}{v\,(p_0 - p)}$, p/p_0 für den Stickstoff in dem Druckintervall von 0,02 bis etwa 0,25 relativen Druckes erfüllt, während sie für Argon nur in dem Intervall von 0,1 bis 0,15 gilt. In Abb. 33 sind immer in denselben Maßstäben die

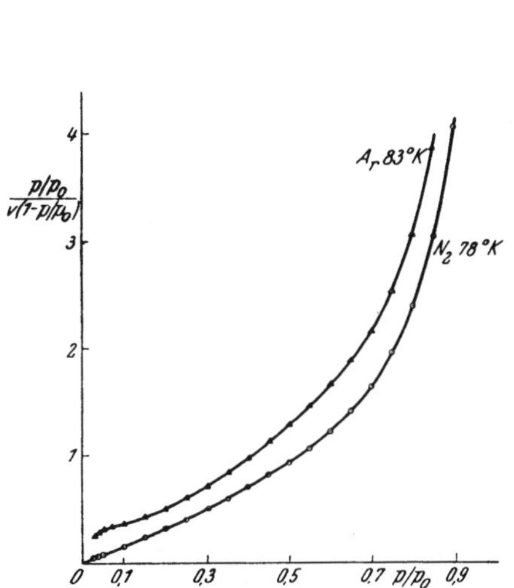

Abb. 32. Isothermen von Ar bei 83° abs. und N_2 bei 78° abs. an KCl, nach der BET-Gleichung dargestellt. p/p_0 relativer Druck, v in cm³ NPT je Gramm Adsorbens. Daten von KEENAN und HOLMES[1].

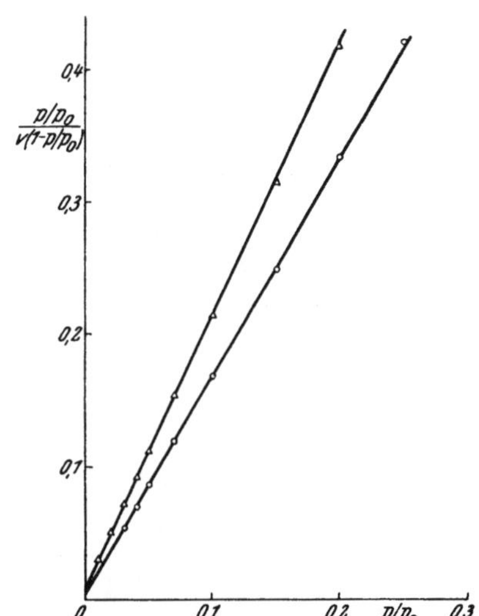

Abb. 33. Adsorptionsisothermen von N_2 bei 78° abs. und 85° abs. an zwei Proben von KCl, nach der BET-Gleichung dargestellt, Daten von KEENAN und HOLMES[1]. ○ Probe 1 bei 78° abs., △ Probe 2 bei 85° abs. v in cm³ NPT je Gramm Adsorbens.

Tabelle 9. *Adsorption von Stickstoff, Argon und Sauerstoff an Kaliumchlorid* (KEENAN und HOLMES[1]). *Werte von v_m und von c nach der Gleichung von BET.*

Temperatur	Stickstoff				Argon			Sauerstoff	
(° abs.)	78	84	85	89,9	83	85	89,9	85	89,97
v_m	0,611	0,598	0,489	0,481	0,742	0,759	0,717	0,738	0,694
c	360	270	230	170	5,1	4,7	4,6	5,5	5,6
	Probe 1	Probe 2							

Adsorptionskurven von Stickstoff an zwei verschiedenen Proben von Kaliumchlorid nach denselben Autoren wiedergegeben. Abb. 33 enthält nur den Teil des Diagramms, der für relative Drucke bis 0,25 gilt. Wie man sieht, liegen in diesem Intervall die experimentellen Punkte ausgezeichnet auf geraden Linien. Die beiden Diagramme geben eine Vorstellung von den Gültigkeitsgrenzen der BET-Gleichung. In Tabelle 9 sind die Werte von c und v_m angegeben, die nach der BET-Gleichung aus den Daten von KEENAN und HOLMES[1] für die Adsorption von Stickstoff, Argon und Sauerstoff bei verschiedenen Temperaturen an Kaliumchlorid berechnet werden. Die Daten wurden unter Benutzung der Gleichung für $n = \infty$ erhalten. In vielen Fällen erhält man eine bessere Übereinstimmung mit den experimentellen Daten, wenn man ein endliches n verwendet. Man geht dann

[1] A. G. KEENAN, J. M. HOLMES: J. physic. Colloid Chem. **53** (1949), 1309.

gewöhnlich so vor, daß man zuerst die Gleichung für $n = \infty$ benutzt, daraus c und v_m berechnet und dann versuchsweise verschiedene Werte von n einsetzt, so daß man eine feste Übereinstimmung mit den experimentellen Daten erhält.

Man bemerkt, daß, während für Werte p/p_0 unterhalb 0,30 die Kurven für endliches n und für $n = \infty$ zusammenfallen, bei einem geeigneten Werte von n es möglich ist, die Gültigkeit der BET-Gleichung auch jenseits des relativen Druckes 0,35 noch auszudehnen. Eine Methode für die Bestimmung von n ist beschrieben worden von JOYNER, WEINBERGER und MONTGOMERY[1]. Die grundsätzliche Wichtigkeit der BET-Gleichung beruht auf der Möglichkeit, aus ihr die Oberflächenausdehnung des Adsorbens zu errechnen.

Wenn man nämlich v_m aus der geraden Linie im unteren Teil der Darstellung $\frac{p}{v\,(p_0 - p)}$ gegen p/p_0 bestimmt, so berechnet man die Zahl der adsorbierten Molekeln, und wenn man diese mit von jeder Molekel bedeckten Oberfläche multipliziert, so erhält man die gesamte Oberfläche des Adsorbens.

BRUNAUER und Mitarbeiter berechnen die Oberfläche des Adsorbens unter der Annahme, daß die adsorbierten Molekeln in der ersten Schicht die gleiche Anordnung haben wie in der dicht besetzten Ebene, wenn das Gas sich im festen Zustand befindet. Die molekulare Oberfläche eines Gases im festen Zustand ist gegeben durch:

$$\sigma = 4\ (0{,}866) \left(\frac{M}{4\sqrt{2}\,N d} \right)^{2/3}. \tag{8, 52}$$

Hier ist M das Molekulargewicht, N die LOSCHMIDT-AVOGADROsche Zahl, d die Gasdichte im festen Zustand. Man kann auch statt der molekularen Oberfläche des adsorbierten Stoffes im festen Zustande diejenige im flüssigen Zustande verwenden. Die Auswahl ist willkürlich, denn wenn Gründe existieren, zu behaupten, daß der adsorbierte Film einer Flüssigkeit ähnlicher sei als einem festen Stoffe, so scheint es doch, daß in einigen Fällen die bei verschiedenen Gasen auf Grund der festen Molekularoberfläche erhaltenen Werte bessere Übereinstimmung untereinander liefern als diejenigen, die man aus dem flüssigen Zustand berechnen würde.

Bei der Berechnung der molekularen Oberfläche muß man sich auf die Dichte der flüssigen oder festen Phase bei der Temperatur beziehen, bei der die Messung der Adsorption durchgeführt worden ist. In Tabelle 10 sind die Werte der mole-

Tabelle 10. *Molekulare Flächenbedeckungen.*

Temperatur	Stickstoff					Argon			Sauerstoff	
(°abs.)	78	84	84	85	89,9	83	85	89,9	85	89,9
Molekulare Oberfläche L (Å²)	16,3	16,7		16,8	17,1	14,2	14,3	14,5	13,9	14,1
Spezifische Oberfläche nach BET m²/g	2,68	2,68	2,19	2,21	2,21	2,83	2,92	2,79	2,76	2,63
	Probe 1 Kalium-chlorid		Probe 2 Kalium-chlorid							

[1] L. G. JOYNER, E. B. WEINBERGER, C. W. MONTGOMERY: J. Amer. chem. Soc. 67 (1945), 2182.

kularen Oberfläche im flüssigen Zustande für Stickstoff, Argon und Sauerstoff bei verschiedenen Temperaturen zusammengestellt worden.

Die Werte der Tabelle 10 sind von KEENAN und HOLMES[1] für die Berechnung der Oberflächen von Kaliumchloridproben aus Adsorptionsmessungen benutzt worden (s. Abb. 32, 33 und Tabelle 9). Die Oberflächen der Proben wurden auf Grund der Werte von v_m (Tabelle 9) mit der BET-Gleichung berechnet. Wie man sieht, hat die Oberfläche der Probe 2 bei den drei Gasen einen Mittelwert von 2,57 m² mit einer Genauigkeit von 10 %. Die Werte, die mit Argon und Sauerstoff erhalten wurden, sind ein wenig höher als die mit Stickstoff erhaltenen.

In Tabelle 11 sind einige Werte von molekularen Oberflächen für verschiedene Gase bei den entsprechenden Temperaturen angeführt worden. Diese Daten dürften diejenigen sein, die bessere Übereinstimmung untereinander bei der Berechnung der Oberfläche von Adsorbentien liefern, wie aus der Literatur hervorgeht. Die Werte sind im allgemeinen in Übereinstimmung mit dem, was man aus der Dichte der gleichen Gase im flüssigen Zustand berechnen würde, jedoch scheint in einigen Fällen der Wert bis zu 1,5 mal größer zu sein als der, den man aus der Flüssigkeit berechnen würde.

Tabelle 11. *Molekulare Oberfläche von Gasen zur Benutzung in der BET-Gleichung.*

Gas	Oberfläche (Å²)	Temperatur (° C)
H_2	8,3	—253
D_2	7,2	—253
CH_4	16,0	—183
C_2H_2	21,1	—78
C_2H_6	22,5	—183
1-Buten	40,6	0
n-Butan	44,6	0
C_6H_6	32,3	25
n-Heptan	59,4	24
NH_3	14,6	—32
O_2	14,6	—183
H_2O	10,8	25
Propanol	19,8	25
CO	16,3	—183
CO_2	19,5	—78
N_2O	20,4	—78
Ne	10,0	—253
CS_2	37,9	0
$CHFCl_2$	38,2	0
C_2H_5Cl	24,8	0
Ar	14,6	—195
Kr	18,5 (19,5)	—195

Die Werte dieser Tabelle stammen von LIVINGSTON[2].

Die Messung der Oberfläche von Adsorbentien nach der Methode BET wird gewöhnlich bei —195° C mit Stickstoff ausgeführt, wobei man dem Stickstoff einen Wert für die molekulare Oberfläche von 16,2 Å² zuschreibt. Mit diesem Gas zeigen die Diagramme $\frac{p}{V(p_0-p)}$ gegen p/p_0 gewöhnlich einen gradlinigen Gang für Werte von p/p_0 unterhalb 0,35. Hinsichtlich der Benutzung der BET-Gleichung bei der Messung der Adsorbentienoberfläche vgl. auch EMMETT[3].

Die Gleichung erlaubt auch, die Adsorptionswärme in der ersten Schicht aus einer einzigen Isotherme zu berechnen, während die Benutzung der Gleichung von CLAUSIUS-CLAPEYRON mindestens zwei Isothermen erfordert.

Der Wert von E_1, den man aus der Gleichung von BET auf Grund des Wertes von c berechnet, ist immer kleiner als die Adsorptionswärme, die man experimentell mißt. In Tabelle 12 sind die Werte von E_1 und von E_1-E_L berechnet nach der BET-Gleichung, verglichen mit den kalorimetrischen Werten, u. zw. für eine

[1] A. G. KEENAN, J. M. HOLMES: J. physic. Colloid Chem. **53** (1949), 1309.
[2] H. K. LIVINGSTON: J. Colloid Sci. **4** (1949), 447.
[3] P. H. EMMETT: Advances Colloid Sci. **1** (1942), 1; Advances in Catalysis, Vol. I. New York, 1948.

Tabelle 12. *Adsorptionswärmen, berechnet aus der BET-Isotherme und kalorimetrisch gemessen an Proben von Kohle und Kohlenwasserstoffen.*

Adsorbens	Adsorpt	BET-Wert $E_1 - E_L$	Kalorimetrischer Wert $E_1 - E_L$
Spheron grade 6	Normalbutan	2070	5230
Spheron grade 6	1-Buten	2165	5020
Spheron grade 6	cis-2-Buten	1985	5520
Spheron grade 6	trans-2-Buten	2020	4490
Spheron grade 6	n-Pentan	2150	6290
Spheron grade 6	1-Penten	2200	6320
Spheron grade 6	2-Penten	1855	6440
Sterling S	n-Butan	2021	4390
Sterling S	1-Buten	1884	3540
Sterling L	1-Butan	2185	3590
Sterling L	1-Buten	2090	2930

Adsorption von Stickstoff bei —195° an Kohlenruß	E_1 (BET)	E_1 kalorimetrisch
Spheron grade 6 (MPC)	2180	3180
Spheron grade 6 („devol.")	2250	3100
Graphon	2200	3040
Sterling S (SRF)	2080	3010
Sterling L (HMF)	2140	2880

Reihe von Kohlenwasserstoffen an Kohle (BEEBE und Mitarbeiter[1]). Der Unterschied ist nach BRUNAUER der Tatsache zuzuschreiben, daß der kalorimetrische Wert einen Mittelwert für die gesamte Oberfläche darstellt, während der mit der BET-Isotherme erhaltene Wert den Mittelwert für den weniger aktiven Teil der Oberfläche liefert, weil die BET-Gleichung gewöhnlich in der aktivsten Region der Oberfläche nicht gültig ist (d. h. für p/p_0 kleiner als 0,05). Tatsächlich handelt es sich in den Fällen der Daten von Tabelle 12 um Materialien, die einen Oberflächenbruchteil enthalten, der aktiver ist als der Rest. Die stärker graphitierten Kohlen zeigen einen geringeren Unterschied zwischen kalorimetrischem und berechnetem Wert, weil die Oberfläche gleichmäßiger ist.

Eine andere Erklärung des Unterschiedes, die CASSIE[2] vorgeschlagen hat, ist die, daß die Annahme der Theorie von BET nicht korrekt sei, wonach das Verhältnis zwischen dem Kondensations- und dem Verdampfungskoeffizienten a_1b_2/a_2b_1 gleich 1 sei. CASSIE schätzt auf statistischem Wege ab, daß dieses Verhältnis gleich 1/50 sei. HILL[3] behauptet demgegenüber, daß dieses Verhältnis für zweiatomige Moleküle größer als 1 sei.

Eine genaue Aussage über die Gültigkeit der Berechnung der Adsorptionswärme aus einer einzigen Isotherme ist von KEMBALL und SCHREINER[4] gemacht worden. Sie bemerken, daß der Koeffizient gleich 1 nur dann erhalten werden kann, wenn die Entropie der Adsorption im Normalzustand (die Hälfte der ersten Schicht ist bedeckt und die Hälfte frei) gleich der Verflüssigungsentropie

[1] R. A. BEEBE, M. H. POLLEY, W. R. SMITH, C. B. WENDELL: J. Amer. chem. Soc. **69** (1947), 2294. — R. A. BEEBE, J. BISCOE, W. R. SMITH, C. B. WENDELL: J. Amer. chem. Soc. **69** (1947), 95.

[2] A. D. B. CASSIE: Trans. Faraday Soc. **41** (1945), 450.

[3] T. L. HILL: J. chem. Physics **16** (1948), 181.

[4] C. KEMBALL, G. D. L. SCHREINER: J. Amer. chem. Soc. **72** (1950), 5605.

des Adsorpts ist. KEMBALL und SCHREINER behaupten, daß a_1b_2/a_2b_1 Werte annehmen kann, die zwischen 10^{-5} und 10 liegen und daß dennoch die Bestimmung der Adsorptionswärme nach der BET-Methode gemacht werden kann, jedoch nur, wenn man die Adsorptionsentropie kennt.

In Tabelle 13 befinden sich die Werte von E_1-E_L, die man aus der BET-Gleichung erhält, verglichen mit den Werten, die man aus Isosteren erhält. Diese Daten sind von GREGG und JACOBS berechnet worden[1]. Die Frage nach den besten Bedingungen für verläßliche Daten für die Adsorptionswärme wird auch von ARMBRUSTER und AUSTIN[2] diskutiert sowie von RHODIN, JR.[3], von GREGG und JACOBS[4] und von HALSEY[5]. Wir haben schon gesagt, daß der Kurventyp, den man am häufigsten bei der Adsorptionsmessung von Dämpfen erhält, die Kurve vom Typ II ist. Kurven vom Typ I erhält man bei der Adsorption von Dämpfen an Kohle.

Tabelle 13. *Vergleich zwischen den Werten von E_1-E_L, berechnet aus Adsorptionsisosteren und aus der BET-Gleichung.*

System	r	Temperatur °C	r (E_1-E_L) cal/Mol nach BET	(E_1-E_L) aus der Isostere cal/Mol	Literatur
Holzkohle					
CS_2	1	0	1820	2200	6
C_2H_5Cl	1	0	1760	2800	6
$(C_2H_5)_2O$	1	0	2280	3400	6
Silikagel					
C_4H_{10}	0,62	30	610	900	7
H_2O	0,48	60	700	900	8
Eisenoxydgel, Benzol	0,46	40	850	1610	9

r bedeutet im Sinne der BET-Theorie den Teil der adsorbierten Menge, der in der ersten Schicht mit einer Adsorptionswärme E_1 festgehalten wird, der Rest $(1-r)$ wird in den weiteren Schichten mit der Adsorptionswärme E_L festgehalten.

BRUNAUER, EMMETT und TELLER[10] haben gefunden, daß ihre Gl. (8, 51) für $n = 1$ bei der Adsorption von organischen Dämpfen an Kohle gültig ist. Die Abhängigkeit von der Temperatur ist mit der von der Gleichung vorgesehenen in Übereinstimmung.

Kurven vom Typus III erhält man in einer sehr begrenzten Anzahl von Fällen. Besonderes Interesse beanspruchen die Adsorptionsmessungen von REYERSON und Mitarbeitern[11]. Sie haben als Adsorbens Kieselgel und als Adsorpt Chlor, Brom und Jod benutzt. Die Messungen geben eine Kurve vom Typus II für Chlor

---

1 S. J. GREGG, J. JACOBS: Trans. Faraday Soc. **44** (1948), 574.
2 M. H. ARMBRUSTER, J. B. AUSTIN: J. Amer. chem. Soc. **66** (1944), 159.
3 T. N. RHODIN, JR.: J. Amer. chem. Soc. **72** (1950), 5691.
4 S. J. GREGG, J. JACOBS: Trans. Faraday Soc. **44** (1948), 574.
5 G. HALSEY: J. chem. Physics **16** (1948), 931.
6 F. GOLDMANN, M. POLANYI: Z. physik. Chem., Abt. A **132** (1928), 321.
7 W. A. PATRICK, J. S. LONG: J. physic. Chem. **29** (1925), 336.
8 B. LAMBERT, A. G. FOSTER: Proc. Roy. Soc. (London), Ser. A **134** (1932), 246.
9 B. LAMBERT, A. M. CLARK: Proc. Roy. Soc. (London), Ser. A **122** (1929), 497.
10 S. BRUNAUER, P. H. EMMETT, E. TELLER: J. Amer. chem. Soc. **60** (1938), 309.
11 L. H. REYERSON, A. F. CAMERON: J. physic. Chem. **39** (1935), 181. — L. H. REYERSON, A. W. WISHART: J. physic. Chem. **41** (1937), 943. — L. H. REYERSON, C. BEMMELS: J. physic. Chem. **46** (1942), 31.

und Typus III für Jod und von einem Zwischentyp zwischen II und III für Brom. Aus den Resultaten der Messungen soll man E_1 größer als E_L für Chlor erhalten, $E_1 = E_L$ für Brom und E_1 kleiner als E_L für Jod. Wir wollen jedoch bemerken, daß, wie wir später noch sehen werden, SMITH und PIERCE[1] es in Zweifel gezogen haben, daß man auch Adsorption erhalten kann, wenn E_1 kleiner als E_L ist[2].

Die Kurven vom Typus IV und V beziehen sich auf Adsorption unter Kapillarkondensation und gelten deshalb nur für poröse Festkörper. In vielen Fällen führt die Adsorption an porösen Festkörpern zu Hystereseerscheinungen, d. h. daß die Kurve der Adsorption nicht mit der Kurve der Desorption übereinstimmt, es sei denn bei sehr geringen relativen Drucken. Ohne in die Behandlung der Adsorptionserscheinungen unter Kapillarkondensation eintreten zu wollen, halten wir fest, daß ein Versuch, den Gang solcher Isothermen auszudrücken, von BRUNAUER, DEMING, DEMING und TELLER[3] gemacht worden ist, die angenommen haben, daß die Poren Spalten mit parallelen Wänden ähnlich sind, die an beiden Enden offen und alle von gleicher Weite sind. Die letzte adsorbierte Gasschicht ist durch eine Adsorptionswärme charakterisiert, die größer ist als E_L, und die zusätzliche Wärme steht im Zusammenhang mit dem Verschwinden der beiden Oberflächen der Schichten, die sich an den beiden Wänden bilden, wenn die Pore schließlich ganz voll Flüssigkeit ist. Zwei verschiedene Gleichungen sind erhalten worden, je nachdem, ob die Zahl der Schichten n, die zur Füllung der Pore notwendig ist, gerade oder ungerade ist.

Wegen der vielen vereinfachenden Voraussetzungen der Theorie kann man voraussehen, daß die Übereinstimmung mit den experimentellen Daten sich nur auf eine ziemlich begrenzte Region von relativen Drucken erstreckt, wie es tatsächlich auch der Fall ist. Wir wollen es deshalb unterlassen, die Gleichungen anzuführen, welche noch komplizierter sind und die im folgenden keine erhebliche Anwendung gefunden haben.

Die Gleichung von BET wird weitgehend angewendet, um die Oberfläche von Pulvern und Katalysatoren zu messen. Die publizierten experimentellen Arbeiten hierüber sind in den letzten Jahren recht zahlreich geworden.

Die Gültigkeit des kinetischen Mechanismus, nach welchem die BET-Gleichung abgeleitet worden ist, wird durch Arbeiten von HILL (s. statistischer Teil, Abschnitt B, S. 138) bestätigt. Er hat, ausgehend von denselben Voraussetzungen, auf statistischem Wege die Resultate von BET wiedererhalten. Da die statistische Behandlung keine Hypothese über den Mechanismus des Prozesses macht, muß man schließen, daß die Ableitung aus den Annahmen richtig ist. Die Übereinstimmung mit den experimentellen Daten ist, wie schon gesagt, nicht für Werte von p/p_0 unter 0,05 und über 0,35 anzutreffen. Bei geringen relativen Drucken ist gewöhnlich die von der BET-Gleichung vorausgesehene Adsorption zu gering und oberhalb 0,35 zu groß.

Die vereinfachenden Annahmen der BET-Gleichung wurden in der Folge in einer großen Reihe von Arbeiten analysiert. Die am meisten diskutierten Punkte sind die folgenden:

a) Die Vereinfachung, daß man $E_2 = E_3 = \ldots E_L$ ansetzt. In Wirklichkeit sind die Adsorptionskräfte proportional r^{-3}, und es ist vorauszusehen, daß ihre

---

[1] R. N. SMITH, C. PIERCE: J. physic. Colloid Chem. 52 (1948), 1115.

[2] HARKINS bemerkt, daß einige Kurven, die anscheinend dem Typ III angehören, in Wirklichkeit den Typ II haben (z. B. die Adsorption von Wasserdampf an Graphit mit niedrigem Aschengehalt). Nur bei sehr geringen Drucken nähert sich der anfängliche Teil der Kurve dem Typ II. W. D. HARKINS, G. JURA, E. H. LOESER: J. Amer. chem. Soc. 68 (1946), 554.

[3] S. BRUNAUER, L. S. DEMING, W. E. DEMING, E. TELLER: J. Amer. chem. Soc. 62 (1940), 1723.

Wirksamkeit sich deshalb über die erste Schicht hinaus erstreckt und in vielen Fällen noch für verschiedene weitere Schichten in Frage kommt. Man muß auch dem Term Rechnung tragen, der sich auf die Adsorptionsentropie bezieht und der einen beachtlichen Einfluß auf die Adsorptionswärme besitzen kann.

b) Die Annahme $\frac{a_1 b_2}{a_2 b_1} = 1$. Wir haben schon gesehen, daß diese Annahme im allgemeinen ungültig ist.

c) Die Annahme, daß die Oberfläche gleichförmig sei. In Wirklichkeit macht schon die Veränderlichkeit der differentiellen Adsorptionswärme bei Bedeckung der ersten Schicht die Vorstellung wahrscheinlich, daß die Oberfläche häufig heterogen ist.

d) Es werden die Wechselwirkungen zwischen den adsorbierten Molekeln nicht in Betracht gezogen. Daher nimmt die Theorie die Möglichkeit von Molekelanordnungen an, wie etwa die Bildung eines Turmes von Molekülen auf einem einzigen, was aber physikalisch ungerechtfertigt erscheint. Auf Grund der Möglichkeit des Vorliegens von Oberflächenteilen, die mit einer ziemlich verschiedenen Zahl von Schichten bedeckt sind, würde eine Oberfläche resultieren für die adsorbierte Phase, die ziemlich wellig ist, und dies scheint nicht mit der Oberflächenenergie in Einklang zu bringen zu sein, die eine solche adsorbierte Phase ja besitzen muß (Abschnitt B, S. 139).

Verschiedene andere Einwände, die formuliert worden sind, werden weiter unten auseinandergesetzt werden. Bevor wir hierauf eingehen, wollen wir noch einige Modifikationen erwähnen, die für die BET-Gleichung vorgeschlagen worden sind, um die Übereinstimmung mit den experimentellen Daten auf ein breiteres Intervall relativer Drucke zu erstrecken, sowie auch andere Gleichungen, wie die von HÜTTIG, die unabhängig von der BET-Gleichung abgeleitet worden sind, aber unter Voraussetzungen für den Mechanismus der Adsorption, die denen der BET-Gleichung analog sind.

Eine Diskussion über die Beziehungen zwischen der BET-Gleichung und der Gleichung von LANGMUIR ist von JONES und Mitarbeitern ausgeführt worden[1].

4. *Modifikationen der BET-Gleichung.*

Modifikation nach PICKETT. Wenn die Adsorption zu einer begrenzten Zahl von adsorbierten Schichten führt, dann sieht die BET-Gleichung eine Adsorption voraus, die geringer ist als die durch Messungen erhaltene. Die Gleichung von BET gibt also an, daß die Schichten oberhalb der ersten nicht vollständig sind, außer bei unendlichem Drucke. PICKETT[2] hat nun die Annahme eingeführt, daß die Wahrscheinlichkeit, mit der eine Molekel aus einem elementaren Flächenbereich, der mit n Schichten bedeckt ist, entweicht (n ist die maximale Schichtanzahl, die sich bilden kann), allmählich geringer wird, wenn die Bedeckung mit n Schichten zunimmt auf den Flächenteilen, die der in Betracht gezogenen Elementarfläche benachbart sind. Das Verhältnis b_n/a_n ist dann nicht mehr gleich g, sondern wird von PICKETT gleich $g\,(1-x)$ gesetzt, wo $x = p/p_0$. Hieraus folgt die Gleichung:

$$\frac{v}{v_m} = \frac{c x\,(1 - x^n)}{(1 - x)\,(1 - x + c x)}\,. \tag{8, 53}$$

Wenn x gegen 1 geht, so geht v/v_m gegen n und zeigt so eine vollständige Bedeckung der Oberfläche an. Die Gleichung führt zu einer Isotherme, die prak-

[1] D. C. JONES: J. chem. Soc. (London) **1951**, **126**, **1464**. — D. C. JONES, E. W. BIRKS: Ibid. **1951**, 1127.
[2] G. PICKETT: J. Amer. chem. Soc. **67** (1945), 1958.

tisch mit derjenigen von BET identisch ist für die geringen Drucke, während für relativ hohe Drucke sie eine viel größere Adsorption als die BET-Gleichung angibt und so die Übereinstimmung mit den experimentellen Daten zu höheren Drucken hin fortsetzt. Die Annahme, auf der sich die PICKETTsche Modifikation stützt, ist jedoch von HILL[1] kritisiert worden. Er bemerkt u. a., daß das Prinzip der mikroskopischen Reversibilität verletzt wird, nach welchem, wenn sich die Verdampfungsgeschwindigkeit vermindert, sich auch die Kondensationsgeschwindigkeit vermindern muß, und so erscheine die Einführung des Faktors $1-x$ nicht gerechtfertigt. Auf der anderen Seite führt die statistische Behandlung zu einem Resultat, wie es die BET-Gleichung gibt, und nicht wie es PICKETT errechnete.

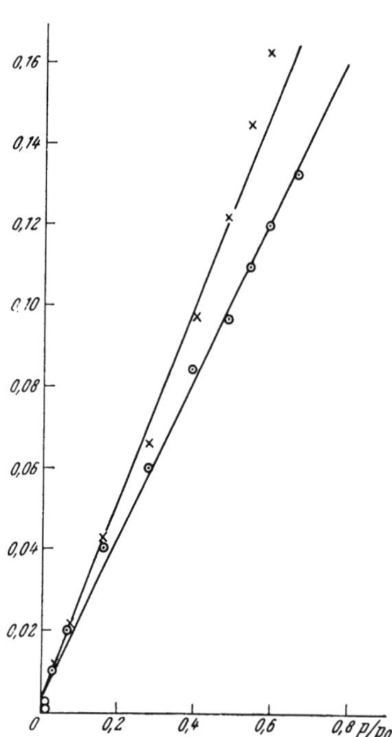

Abb. 34. Vergleich zwischen der BET-Gleichung und der Modifikation nach ANDERSON. Adsorption von H_2O an TiO_2 bei 31° C[3].
Ordinate: $\frac{p/p_0}{v\,(1-kp/p_0)}$. ×: $k=1$ (BET) ⊙: $k=0{,}7$ (ANDERSON).

Modifikation von ANDERSON. Zum Unterschied von der BET-Gleichung für eine begrenzte Schichtanzahl gibt die Gleichung, gültig für $n=\infty$ (8, 48), Adsorptionen, die höher sind als die experimentellen bei hohen relativen Drucken. Jedoch erstreckt sich die Übereinstimmung zwischen Theorie und Experiment bei den nicht porösen Adsorbentien über ein größeres Intervall relativer Drucke, wenn der Druck mit einem Faktor kleiner als 1 multipliziert wird. Dies ist die Grundlage der Modifikation, die ANDERSON und Mitarbeiter[2] vorgeschlagen haben. ANDERSON nimmt an, daß die Adsorptionswärme von der 2. bis zur 9. Schicht von der Verdampfungswärme verschieden sei, und rechtfertigt das mit der Behauptung, daß die adsorbierten Molekeln in der 2. bis 9. Schicht sich in einem geordneteren Zustand befänden als in der Flüssigkeit, was dazu beiträgt, daß der Entropieterm von demjenigen der Flüssigkeit verschieden ist.

Die Gleichung, die man im Falle von nicht sehr vielen wirklich adsorbierten Schichten erhält (nämlich bei nicht zu hohen relativen Drucken), ist die folgende:

$$\frac{v}{v_m}=\frac{ck\frac{p}{p_0}}{\left(1-k\frac{p}{p_0}\right)\left[1+(c-1)\,k\frac{p}{p_0}\right]}, \quad (8,54)$$

wo $k=e^{d/RT}$ und d der Unterschied zwischen der Adsorptionswärme der 2. bis 9. Schicht und der Verflüssigungswärme ist. In Abb. 34 sind Diagramme $\frac{p/p_0}{v\,(1-p/p_0)}$ bzw. $\frac{p/p_0}{v\,(1-k\,p/p_0)}$ gegenüber p/p_0 wiedergegeben, wie man sie unter Anwendung der Gleichung von BET bzw. von ANDERSON auf die Daten von GANS, BROOKS und BOYD[3] für die Adsorption von Wasserdampf an Titandioxyd bei 31° C erhält.

[1] T. L. HILL: J. Amer. chem. Soc. **68** (1946), 535.
[2] R. B. ANDERSON: J. Amer. chem. Soc. **68** (1946), 686. — R. B. ANDERSON, W. K. HALL: J. Amer. chem. Soc. **70** (1948), 1727.
[3] D. M. GANS, U. S. BROOKS, G. E. BOYD: Ind. Engng. Chem. (analyt. Edit.) **14** (1942), 396.

Die Abbildung zeigt, daß die Übereinstimmung der ANDERSONschen Modifikation mit den experimentellen Daten sich über ein größeres Intervall relativer Drucke erstreckt als bei der BET-Gleichung.

Offensichtlich wird für $k = 1$ diese Gleichung identisch mit der BET-Gleichung. ANDERSON berichtet über eine gewisse Zahl von Isothermen für nichtporöse Adsorbentien, in denen k von 0,5 bis 0,8 variiert. Wenn die Anzahl der adsorbierten Schichten zu groß ist, so wird der Einfluß des Faktors k (der nur die Schichten zwischen der zweiten und der neunten betrifft) sehr gering. ANDERSON gibt auch eine für diesen Fall geltende Gleichung an.

In einer späteren Arbeit von ANDERSON und HALL[1] werden Gleichungen auch für die Adsorption auf porösen Adsorbentien mitgeteilt. In diesem Falle wird eine neue Konstante angeführt, um der Tatsache Rechnung zu tragen, daß in zylindrischen kapillaren Poren die für die Adsorption zur Verfügung stehende Oberfläche für die -$i$te Schicht sich bei zunehmendem i vermindert. Die Gleichungen für poröse Adsorbentien geben nun in befriedigender Weise die Kurven vom Typ IV wieder. Bei porösen Adsorbentien ist häufig der Wert von k größer als 1. Hierüber vgl. auch KEENAN[2]. ANDERSON und HALL haben ihre Gleichung auch auf die Integration einer von KISTLER, FISCHER und FREEMAN[3] vorgeschlagenen Gleichung für die Isotherme vom Typ IV angewandt, um damit die Oberfläche des Adsorbens auszuwerten, und haben für verschiedene Adsorbentien Oberflächen gefunden, die sich in Übereinstimmung mit denen nach der BET-Gleichung befinden.

Andere Gleichungen, die als Modifikationen der BET-Gleichung angesehen werden können, wurden von COOK und Mitarbeitern[4] vorgeschlagen. In der ersten Arbeit nimmt COOK Rücksicht auf die Wechselwirkung zwischen Adsorbens und Adsorpt sowie zwischen Adsorpt und Adsorpt und führt solche Terme auf Grund von empirischen Überlegungen ein. In der zweiten Arbeit[5] werden Gleichungen genauerer Annäherung für Isothermen des Typus II mitgeteilt. Sie berücksichtigen auch noch Faktoren, die von der abstoßenden Wechselwirkung zwischen den adsorbierten Molekeln herrühren. COOK und PACK haben die von ihnen entwickelten Gleichungen auch auf die Integration der Gleichung von GIBBS angewandt, um eine Zustandsgleichung für den adsorbierten Film zu erhalten (vgl. 8, c). Nach COOK erlaubt die Gleichung, die die Abstoßungsfaktoren berücksichtigt, eine Übereinstimmung mit experimentellen Daten bei Isothermen des Typus II in dem Intervall relativer Drucke zwischen 0,05 und 1 herzustellen. Die Gleichungen sind jedoch ziemlich kompliziert, und man bekommt diese Ausdehnung der Übereinstimmung mit dem Experiment auf Kosten der Einfachheit.

Die Modifikationen der BET-Gleichung, die wir hier angeführt haben, geben eine bessere Übereinstimmung mit dem Experiment. Das Resultat ist offensichtlich der Tatsache zuzuschreiben, daß diese Gleichungen eine größere Anzahl von Konstanten einführen, die immer von empirischem Charakter sind und deshalb keine genaue physikalische Bedeutung haben. Daher ist auch das Interesse an diesen Gleichungen begrenzt.

---

[1] R. B. ANDERSON, W. K. HALL: J. Amer. chem. Soc. 70 (1948), 1727.

[2] A. G. KEENAN: J. Amer. chem. Soc. 70 (1948), 3947.

[3] S. S. KISTLER, E. A. FISCHER, I. R. FREEMAN: J. Amer. chem. Soc. 65 (1943), 1909.

[4] M. A. COOK: J. Amer. chem. Soc. 70 (1948), 2925. — M. A. COOK, D. H. PACK: J. Amer. chem. Soc. 71 (1949), 791.

[5] M. A. COOK, D. H. PACK: J. Amer. chem. Soc. 71 (1949), 791.

5. *Die Adsorptionsisotherme von Hüttig.*

Eine Gleichung, die viele Ähnlichkeiten mit der BET-Gleichung aufweist, ist von Hüttig und seinen Mitarbeitern[1] veröffentlicht worden.

Die Analogien zwischen den Gleichungen von BET und dieser sind auch von Ross[2] betont worden. Auch diese Gleichung stellt wie die BET-Gleichung eine Erweiterung der Langmuirschen dar. Die Ableitung der Gleichung wird hier in Kürze mitgeteilt, wobei wir der Einfachheit halber statt der von Hüttig die schon bei der BET-Gleichung benutzten Symbole einführen. Wenn n_1 die Zahl der in der ersten Schicht adsorbierten Mole betrifft, χ die Zahl der adsorbierten Mole bei Vollendung der ersten Schicht und $y = \frac{a_1}{b_1} \cdot p \cdot e^{E_1/RT}$ (wie bei der Ableitung der BET-Gleichung), dann gilt für den Fall einer Adsorption nur in der ersten Schicht:

$$n_1 = \frac{\chi y}{1+y}. \tag{8, 55}$$

Wir nehmen nun die Bildung einer zweiten adsorbierten Schicht auf der ersten an. Für die zweite Schicht ergibt sich:

$$a_2 p (n_1 - n_2) = b_2 n_2 e^{-E_2/RT}, \tag{8, 56}$$

wo a_2 und b_2 dieselbe Bedeutung wie bei der BET-Gleichung haben, E_2 die Adsorptionswärme auf der zweiten Schicht und n_2 die Zahl der auf ihr adsorbierten Mole ist. Hieraus folgt:

$$n_2 = \frac{p\, n_1}{\frac{b_2}{a_2} e^{-E_2/RT} + p} = \frac{n_1 x_1}{1 + x_1}, \tag{8, 57}$$

wo

$$x_1 = \frac{a_2}{b_2} p \, . \, e^{E_2/RT}. \tag{8, 58}$$

Auf Grund von Gl. (8, 58) ergibt sich:

$$n_2 = \chi \frac{y}{1+y} \frac{x_1}{1+x_1}. \tag{8, 59}$$

Wie man sieht, hat man hier angenommen, daß die Verdampfung aus der ersten Schicht in Gegenwart einer adsorbierten zweiten Schicht genau in derselben Weise erfolgt, als wenn die zweite Schicht gar nicht vorhanden wäre.

In analoger Weise erhält man für die $i$te Schicht:

$$n_i = \chi \frac{y}{1+y} \frac{x_1}{1+x_1} \frac{x_2}{1+x_2} \cdots \frac{x_{i-1}}{1+x_{i-1}}. \tag{8, 60}$$

Die Gesamtadsorption wird dann gegeben durch:

$$n = n_1 + n_2 + n_3 \ldots \tag{8, 61}$$

$$n = \chi \frac{y}{y+1} \left(1 + \frac{x_1}{1+x_1} + \frac{x_1}{1+x_1} \frac{x_2}{1+x_2} + \cdots + \frac{x_1}{1+x_1} \frac{x_2}{1+x_2} \cdots \frac{x_{i-1}}{1+x_{i-1}}\right) \tag{8, 62}$$

---

[1] G. F. Hüttig: Mh. Chem. **78** (1948), 177. — G. F. Hüttig, G. Pietzka: Mh. Chem. **78** (1948), 185. — G. F. Hüttig, O. Theimer: Kolloid-Z. **119** (1950), 69. — G. F. Hüttig, O. Theimer, W. Mehlo: Kolloid-Z. **121** (1951), 50. — G. F. Hüttig, O. Theimer: Mh. Chem. **83** (1952), 650.

[2] S. Ross: J. physic. Colloid Chem. **53** (1949), 383.

Nach HÜTTIG kann man nun setzen (wie bei BET):

$$x_1 = x_2 = x_3 = \ldots = \frac{p}{p_0} = x\,, \tag{8, 63}$$

wo

$$x = \frac{a_{2\ldots i}}{b_{2\ldots i}}\, p\, e^{\frac{E_{2,\ldots,i}}{RT}} \tag{8, 64}$$

und

$$E_{2,\ldots,i} = E_L. \tag{8, 65}$$

Also:

$$n = \chi \frac{y}{1+y}\left[1 + \frac{x}{1+x} + \left(\frac{x}{1+x}\right)^2 + \ldots + \left(\frac{x}{1+x}\right)^{i-1}\right] \tag{8, 66}$$

$$n = \chi \frac{y}{1+y}\,[1 + x].$$

Setzen wir wie bei BET:

$$\frac{y}{x} = c = \frac{a_1 b_2}{a_2 b_1}\, e^{\frac{E_1 - E_L}{RT}} \tag{8, 67}$$

so erhält man:

$$n = \chi \frac{cx}{1+cx}\,(1 + x). \tag{8, 68}$$

Bedenkt man, daß

$$\frac{n}{\chi} = v/v_m\,,$$

so erhält man aus Gl. (8, 63):

$$v/v_m = \frac{c\,p/p_0}{1 + c\,p/p_0}\,(1 + p/p_0). \tag{8, 69}$$

Dies läßt sich mit der BET-Gleichung vergleichen[1]. Der wesentlichste Unterschied zwischen der HÜTTIGschen und der BET-Gleichung besteht darin, daß die erstere für die Geschwindigkeit der Verdampfung der i-ten Schicht Proportionalität mit der Zahl der dort vorhandenen Molekeln annimmt, unabhängig von der Tatsache, daß diese ja von anderen Schichten bedeckt sind, während die BET-Gleichung die Möglichkeit einführt, daß eine Verdampfung aus der i-ten Schicht nur durch den Teil der Oberfläche stattfindet, der nicht von weiteren Schichten oberhalb der i-ten bedeckt ist.

Tabelle 14. *Vergleich zwischen den Symbolen in den Gleichungen BET und Hüttig.*

HÜTTIG	BET
K_1	y/p, c/p_0
$K_2, K_3 \ldots K_i = K$	x/p
n/χ	v/v_m
P	p_0

Dies ist gleichbedeutend damit, daß man sagt, wie ROSS[2] schon bemerkt hat, daß das Gleichgewicht der Kondensation und Verdampfung, z. B. im Falle der ersten Schicht, im allgemeinen gegeben wird durch:

$$a_1\, p\,(\chi - n_1) = b_1\,(n_1 - \gamma\, n_2)\, e^{-E_1/RT}\,, \tag{8, 70}$$

wo $\gamma = 1$ den Fall der BET-Gleichung wiedergibt und $\gamma = 0$ den der HÜTTIGschen Gleichung.

[1] Die Bedeutung der von HÜTTIG benutzten Symbole, bezogen auf die in der BET-Theorie, ist in der Tabelle 14 wiedergegeben.

[2] S. ROSS: J. physic. Colloid Chem. **53** (1949), 383.

Nach HÜTTIG und THEIMER[1] gilt die Annahme, daß $\gamma = 0$, nur in dem Falle, in dem die adsorbierten Moleküle nicht in direktem Kontakt untereinander stehen, so daß die adsorbierten Molekel sozusagen seitwärts „verdampfen" können. Wenn die Bedeckung der Oberfläche dichter ist, dann können nur die nichtbedeckten Molekeln verdampfen.

Die Gleichung von HÜTTIG kann in die Form gebracht werden:

$$\frac{p/p_0}{v}\left(1 + \frac{p}{p_0}\right) = \frac{1}{c\, v_m} + \frac{1}{v_m}\,\frac{p}{p_0}. \tag{8, 71}$$

Zeichnet man in einem Diagramm $\frac{p/p_0}{v}\left(1 + \frac{p}{p_0}\right)$ gegen p/p_0 auf, so muß man eine geradlinige Darstellung erhalten. In Abb. 35 ist in einem solchen Maßstab das Diagramm für die Adsorption von Sauerstoff bei 85° K an Kaliumchlorid gezeichnet

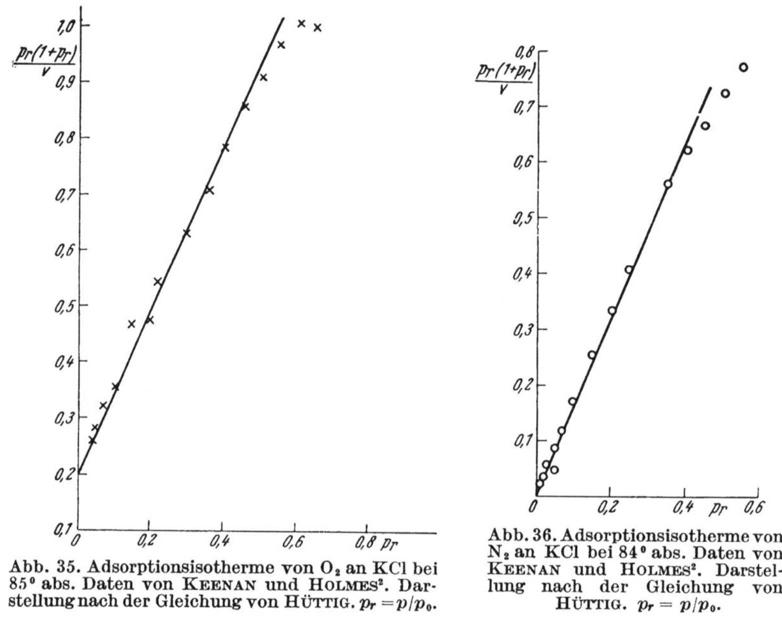

Abb. 35. Adsorptionsisotherme von O_2 an KCl bei 85° abs. Daten von KEENAN und HOLMES[2]. Darstellung nach der Gleichung von HÜTTIG. $p_r = p/p_0$.

Abb. 36. Adsorptionsisotherme von N_2 an KCl bei 84° abs. Daten von KEENAN und HOLMES[2]. Darstellung nach der Gleichung von HÜTTIG. $p_r = p/p_0$.

und in Abb. 36 das Diagramm der Adsorption von Stickstoff an Kaliumchlorid bei 84° K auf Grund der Daten von KEENAN und HOLMES[2].

Wie man sieht, erstreckt sich in diesem Falle die Übereinstimmung zwischen Theorie und Versuch auf ein Gebiet relativer Drucke, das bis 0,5 reicht. Bei höheren relativen Drucken liegen die experimentellen Punkte unterhalb der theoretischen Kurve, was andeutet, daß im Gegensatz zu der Gleichung von BET die Gleichung von HÜTTIG eine zu geringe Adsorption bei den erwähnten Drucken vorsieht. In Abb. 37 sind die theoretischen Kurven von n gegen p/p_0 (n ist die Zahl der adsorbierten Millimole pro Mol Adsorbens) aufgetragen, berechnet auf Grund der Gleichung von BET und von HÜTTIG nach Daten von HÜTTIG, THEIMER und MEHLO[3] für die Adsorption von Wasserdampf an Bariumsulfat bei 10° C, im Vergleich mit den Versuchsdaten. Die BET-Kurve fällt mit den experimentellen Werten bis zu p/p_0 etwa 0,30 zusammen, die Kurve von HÜTTIG bis zu p/p_0 etwa 0,60.

[1] G. F. HÜTTIG, O. THEIMER: Kolloid-Z. **119** (1950), 69.
[2] A. G. KEENAN, J. M. HOLMES: J. physic. Colloid Chem. **53** (1949), 1309.
[3] G. F. HÜTTIG, O. THEIMER, W. MEHLO: Kolloid-Z. **121** (1951), 50.

Jenseits dieser Drucke erwartet die BET-Gleichung eine zu große Adsorption und die HÜTTIG-Gleichung eine zu geringe. Immerhin gibt die BET-Gleichung besser als die HÜTTIG-Gleichung die allgemeine Form der experimentellen Isotherme wieder.

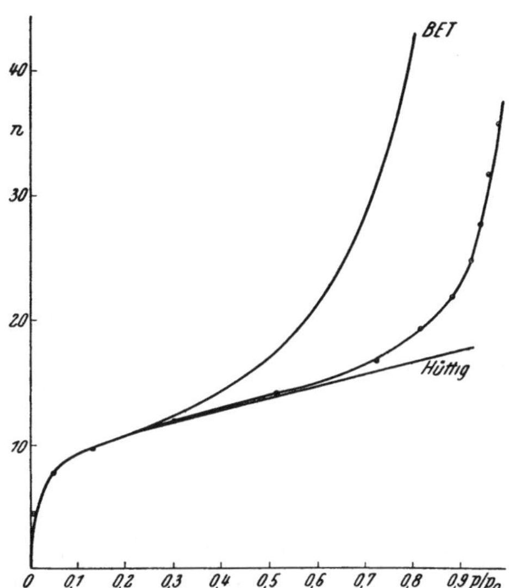

Abb. 37. Adsorption von H_2O an $BaSO_4$ bei 10° C. Ordinate: n = Anzahl Millimol Dampf je Mol $BaSO_4$. Die Kurven nach BET und nach HÜTTIG, verglichen mit der experimentellen Kurve. Daten von HÜTTIG, THEIMER und MEHLO[3].

Eine statistische Ableitung der HÜTTIG-Gleichung ist von FERGUSSON und BARRER[1] gegeben worden.

HILL[2] hat Einwände gegen die HÜTTIG-Gleichung und gegen die Ableitung von FERGUSSON und BARRER erhoben. Seine Haupteinwände sind folgende: a) Weil man den Molekeln der zweiten Schicht und der folgenden Schichten Eigenschaften ähnlich einer Flüssigkeit zuschreibt, so behauptet man, daß auf einer ebenen Oberfläche $v/v_m \to \infty$, wenn $x \to 1$ ist. In der HÜTTIG-Gleichung ist $v/v_m \leq 2$ für $x=1$. b) Die BET-Gleichung kann auf statistischem Wege ohne Betrachtungen über den Mechanismus abgeleitet werden. Da die Modelle von BET und von HÜTTIG die gleichen sind, unabhängig von dem Mechanismus des Adsorptionsprozesses, so muß man schließen, daß der kinetische Mechanismus von HÜTTIG unwahrscheinlich ist. c) Der Mechanismus von HÜTTIG verletzt das Prinzip der mikroskopischen Reversibilität, da die beiden Vorgänge der Kondensation auf Molekeln einer nicht bedeckten Schicht und der Verdampfung vom Grunde irgendeiner zwei oder mehr Molekeln enthaltenden Säule aus nicht das Gegenteil voneinander darstellen. Außerdem ist weder in der Behandlung von HÜTTIG noch in der nach BET berücksichtigt, daß es leere Plätze in einer Molekelsäule geben kann. Auch die statistische Behandlung von FERGUSSON und BARRER wird von HILL kritisiert.

HÜTTIG und THEIMER[4] haben einen Ausdruck vorgeschlagen, der einen Kompromiß zwischen der BET-Gleichung und der HÜTTIG-Gleichung bedeutet, um die Übereinstimmung mit den experimentellen Daten zu verbessern. Hierfür muß der Koeffizient γ von 0 bis 1 steigen, wenn der relative Druck steigt.

Aus Gl. (8, 70) ergibt sich:

$$y\,(\chi - n_1) = n_1 - \gamma\, n_2 \qquad (8, 72)$$

$$n_1 = \chi \frac{y}{1+y} + n_2 \frac{\gamma}{1+y}\,. \qquad (8, 73)$$

Füı die i-te Schicht:

$$x\,(n_{i-1} - n_i) = n_i - \gamma\, n_{i+1} \qquad (8, 74)$$

$$n_i = n_{i-1} \frac{x}{1+x} + \frac{\gamma}{1+x} n_{i+1}\,. \qquad (8, 75)$$

---

[1] R. R. FERGUSSON, R. M. BARRER: Trans. Faraday Soc. **46** (1950), 400.

[2] T. L. HILL: J. Amer. chem. Soc. **72** (1950), 5347; Advances in Catalysis, Vol. IV. New York, 1952.

[3] G. F. HÜTTIG, O. THEIMER, W. MEHLO: Kolloid-Z. **121** (1951), 50.

[4] G. F. HÜTTIG, O. THEIMER: Kolloid-Z. **119** (1950), 69.

Setzt man:

$$\frac{n_i}{n_{i-1}} = \alpha; \quad \frac{n_{i+1}}{n_{i-1}} = \alpha^2, \tag{8, 76}$$

so erhält man aus Gl. (8, 75):

$$\alpha = \frac{x}{1+x} + \frac{\gamma}{1+x}\alpha^2. \tag{8, 77}$$

Berücksichtigt man, daß

$$\alpha \leq 1,$$

so wird:

$$\alpha = \frac{1+x-\sqrt{(1+x)^2-4x\gamma}}{2\gamma}. \tag{8, 78}$$

α bedeutet das Besetzungsverhältnis zweier übereinanderliegender Schichten. Aus den Gln. (8, 77) und (8, 78) erhält man für die beiden Grenzfälle $\gamma = 0$ (HÜTTIG) und $\gamma = 1$ (BET):

$$\alpha = \frac{x}{1+x} \text{ bzw. } \alpha = x.$$

Berücksichtigt man Gl. (8, 76) und betrachtet man das Gleichgewicht in der ersten Schicht [Gl. (8, 72)], so erhält man:

$$y(\chi - n_1) = (1-\alpha\gamma)\, n_1. \tag{8, 79}$$

Berücksichtigt man die Gleichgewichte in den anderen Schichten nacheinander, so bekommt man die allgemeine Gleichung:

$$\frac{v}{v_m} = \chi \frac{y}{1-\alpha\gamma+y} \frac{1-\alpha\gamma+x}{1-\alpha\gamma}, \tag{8, 80}$$

die für die beiden Grenzfälle die Gleichungen von HÜTTIG bzw. BET ergibt. HÜTTIG und THEIMER haben dem Koeffizienten γ den Wert zugeschrieben

$$\gamma = e^{\frac{p-p_0}{p}}. \tag{8, 81}$$

Gl. (8, 80) hat für p/p_0 gleich oder kleiner als etwa 0,4 einen ähnlichen Gang wie für die Gleichung $\gamma = 0$. Für sehr hohe Relativdrucke strebt sie asymptotisch gegen ∞.

HÜTTIG, THEIMER und MEHLO[1] geben Kurven an, die sie mit Hilfe der Gleichungen von LANGMUIR, von BET und von HÜTTIG ($\gamma = 0$) erhalten haben, sowie auch nach Gl. (8, 80), und zwar für die Adsorption von Wasserdampf an Bariumsulfat bei 0,0° C. Die Gl. (8, 80) stimmt mit den experimentellen Daten nur bis $p/p_0 = 0{,}4$ überein, beschreibt aber die allgemeine Form der experimentellen Isotherme besser als die Gl. (8, 69).

Eine weitere Entwicklung der Diskussion zwischen den Beziehungen der BET-Gleichung und der HÜTTIG-Gleichung ist von THEIMER[2] geliefert worden. Er bemerkt auf Grund der Diskussion der BET-Gleichung durch HILL, daß bei der Behandlung der BET-Gleichung $\mu_h = \mu_L$; hier ist μ_L das chemische Potential der Kondensation des Gases und μ_h das chemische Potential der adsorbierten Schicht oberhalb der ersten.

[1] G. F. HÜTTIG, O. THEIMER, W. MEHLO: Kolloid-Z. 121 (1951), 50.
[2] O. THEIMER: Kolloid-Z. 121 (1951), 54; Trans. Faraday Soc. 48 (1952), 326.

Unter solchen Bedingungen zeigt die theoretische Kurve bei hohen Relativdrucken Werte der adsorbierten Menge, die zu hoch sind. Um bessere Übereinstimmung mit den experimentellen Daten zu finden, schlägt THEIMER folgende Beziehung vor:

$$\mu_h = \mu_L + kT \ln(1 + x - x^s) \tag{8, 82}$$

und erhält dann folgendes:

$$\frac{v}{v_m} = \frac{c x}{1 + c x} \, \frac{1 + x - x^s}{1 - x^s}, \tag{8, 83}$$

was in die Gleichung von BET übergeht, wenn $s = 1$, und in die Gleichung von HÜTTIG für $s = \infty$. Dieser letzte Fall bedeutet, daß

$$|\mu_h| = |\mu_L|$$

für $p = 0$ und dann abnimmt bis auf

$$|\mu_h| = |\mu_L + kT \ln 2| \quad \text{für} \quad p = p_0 .$$

Durch geeignete Auswahl des Parameters s erhält man eine Isotherme, die die experimentellen Werte bis zu p/p_0 = etwa 0,8 gut wiedergibt.

6. *Gleichungen für große Werte von v/v_m.*

Ein Fall, für den beim Studium des Adsorptionsprozesses verschiedene Vereinfachungen eingeführt werden können, ist der, wo man Gasmolekeln von kugelförmiger Gestalt auf einem nichtporösen und nichtpolaren Adsorbens bei Werten von v/v_m größer als 2 hat.

In diesem Falle werden die charakteristischen Eigenschaften der adsorbierten Oberfläche gleichmäßiger. Der Fall wird von HILL[1] behandelt. Eine Behandlung des Problems ist auch von MCMILLAN und TELLER[2] sowie von HALSEY[3] durchgeführt worden.

Die resultierende Isotherme ist folgende:

$$\ln x = -a/v^3 . \tag{8, 84}$$

Der Wert von a wird explizit von HILL gegeben auf Grund einer statistischen Ableitung. v ist das Verhältnis v/v_m. HALSEY hat, wie wir noch bei der Behandlung der Adsorption auf nicht gleichmäßigen Oberflächen sehen werden (9, S. 84), eine analoge Gleichung aufgefunden, in der der Exponent eine empirische Konstante r an Stelle der Zahl 3 ist. Gibt man dem Exponenten r den Wert, der die beste Darstellung der experimentellen Daten gibt, so kommt man zu einem Ausdruck, der in manchen Fällen eine gute Übereinstimmung mit den experimentellen Angaben in dem Intervall p/p_0 zwischen 0,0026 bis zu 0,99 liefert.

MCMILLAN und TELLER kommen zu dem gleichen Ausdruck. Sie bemerken, daß zwei wichtige Effekte in der BET-Theorie nicht berücksichtigt worden sind: a) Die Anziehungskräfte der Oberfläche beschränken sich nicht auf die erste adsorbierte Schicht, sondern sind auch noch für einige weitere Schichten wirksam. Deshalb ist für die zweite Schicht und noch für einige weitere Schichten die Adsorptionswärme größer als E_L, wie schon oft beobachtet worden ist. Wenn man für

[1] T. L. HILL: J. chem. Physics **17** (1949), 590, 668.

[2] W. G. MCMILLAN, E. TELLER: J. chem. Physics **19** (1951), 25; J. physic. Colloid Chem. **55** (1951), 17.

[3] G. HALSEY: J. chem. Physics **16** (1948), 931.

diesen Effekt eine Korrektur an der BET-Gleichung anbringt, so erhält man immerhin bei einem gegebenen relativen Druck Werte der adsorbierten Menge, die noch größer sind als die von der BET-Gleichung erwarteten. Man muß jedoch berücksichtigen, daß bei relativem Druck oberhalb 0,35 die Fehler der BET-Gleichung dem Experiment gegenüber schon in diesem Sinne liegen, wenn auch nach Anwendung der erwähnten Korrektur die Abweichungen noch größer werden. b) Man muß auch noch berücksichtigen, daß die Oberflächenspannung der adsorbierten Phase von der BET-Gleichung nicht berücksichtigt wird. Auf Grund dieser Gleichung können Säulen von Molekülen mit einer ziemlich verschiedenen Anzahl von Molekeln auftreten, während unter Berücksichtigung der Oberflächenspannung (seitliche Anziehung zwischen adsorbierten Molekeln) vorauszusehen ist, daß die Schwankungen in der Dicke der adsorbierten Phase nicht sehr groß sein können. Die Betrachtung dieses Effektes begrenzt jedoch das Volumen der adsorbierten Phase und bringt der Gleichung eine Korrektur ein, die dem Effekt *a* entgegengesetzt ist und sie den experimentellen Werten näherbringt. Die qualitative Übereinstimmung zwischen der BET-Gleichung und den Versuchen ist, für nicht zu hohe Werte von p/p_0, darauf zurückzuführen, daß diese sich einander aufhebenden Effekte nicht in Betracht gezogen worden sind.

McMILLAN und TELLER haben die Gestalt der Isotherme berechnet, indem sie nur den Effekt der Oberflächenenergie berücksichtigten und den sehr unregelmäßigen Gestaltungen in der Oberfläche einen geringen BOLTZMANN-Faktor zuschreiben, der eine beachtliche Verzerrungsenergie der Oberfläche enthält[1]. Um die Oberfläche für eine gegebene Gestaltung zu berechnen, haben McMILLAN und TELLER eine Fourieranalyse durchgeführt. Der Beitrag der unregelmäßigen Oberflächengestaltungen zu der Gestalt der gesamten Oberfläche ist sehr klein wegen des geringen BOLTZMANN-Faktors.

McMILLAN und TELLER erhalten für die Isotherme einen Ausdruck

$$-\ln x = \varkappa \nu^{-3}, \tag{8, 85}$$

wo

$$\varkappa \approx kT/18\pi\,\varepsilon\,\tau^2. \tag{8, 86}$$

Hier ist ε die Energie pro Einheitsoberfläche und τ der Abstand von einer Schicht zur anderen. Der Ausdruck ist, abgesehen von dem Wert von $\varkappa$, merkwürdigerweise identisch mit dem von HILL und HALSEY erhaltenen, mit dem Unterschied, daß man in dem von HILL und HALSEY untersuchten Falle angenommen hat, daß die Oberfläche der adsorbierten Schicht eben (und demgemäß eine bis ins Unendliche gleiche Oberflächenenergie habe) und parallel der Oberfläche des Adsorbens sei, die auch als eben angenommen wird, und man den Effekt der Ausdehnung der Anziehungskräfte der Hauptschichten oberhalb der ersten in Betracht gezogen hat.

Berücksichtigt man beide Effekte, so kann man schreiben:

$$-\ln x = (a + \varkappa)\,\nu^{-3}, \tag{8, 87}$$

d. h. man kann annähernd eine Additivität von a und $\varkappa$ annehmen. Bei der Untersuchung der beiden Terme kommen McMILLAN und TELLER zu der Ansicht, daß normalerweise $\varkappa$ ($= 5 \times 10^{-3}$) klein ist verglichen mit a (= etwa 1).

---

[1] Da bei sehr unregelmäßigen Gestaltungen in der Oberfläche der adsorbierten Phase eine beträchtliche Oberflächenenergie auftritt, so wird in der Verteilungsfunktion ein Faktor $e^{-u/RT}$ auftreten, der um so kleiner ist, je größer die Oberflächenenergie des Adsorpts wird.

Wenn ε in der Gl. (8, 86) gleich $+\infty$ gesetzt wird, dann verwandelt sich Gl. (8, 87) in den Ausdruck von HILL (8, 84), der, da der Wert von $\varkappa$ im allgemeinen klein gegen a ist, eine gute Annäherung darstellt.

Jedoch kann der Term $\varkappa$ auch Bedeutung annehmen, wenn a sehr kleine Werte erhält. Dies kann z. B. auftreten, wenn man Adsorptmolekeln, die sehr polarisierbar sind, oder Dipolmolekeln auf einem Adsorbens von niedriger Atomnummer hat, wobei dann die Energie zwischen den adsorbierten Molekeln größer ist als die zwischen Adsorbens und Adsorpt. Ein Vergleich mit den experimentellen Daten kann in diesem Falle nicht ausgeführt werden, weil derartige experimentelle Umstände nur wenig studiert worden sind, wenigstens in dem Gebiet, wo die Adsorption groß genug ist (Isothermen vom Typ III).

γ) Zustand der adsorbierten Schicht.

1. Behandlung nach Gregg.

Bis jetzt haben wir die Beziehungen zwischen der Schicht oder den Schichten des Adsorbats und dem mit ihm im Gleichgewicht befindlichen Gas betrachtet. Das Studium der Adsorptionserscheinungen kann jedoch auch durchgeführt werden, indem man den Zustand der adsorbierten Schicht betrachtet. Von besonderem Interesse ist hier das Studium einer Gleichung, die den Zustand dieses Films zum Ausdruck bringt. Die Untersuchungen über das Verhalten von unlöslichen Schichten, die an der Oberfläche einer Flüssigkeit ausgespreitet sind, hat es erlaubt, festzulegen, daß man einmolekulare Filme auf Flüssigkeiten erhalten kann[1]. Die erhaltenen Schichten zeigen einen bestimmten Oberflächendruck, der je nach der für die Molekeln verfügbare Oberfläche verschieden groß ist. Die gründlichsten Untersuchungen auf diesem Gebiete haben es erlaubt, festzustellen, daß solche Filme (s. HARKINS[2]) (in der Ausdrucksweise der amerikanischen und englischen Schule) in verschiedenen Zuständen existieren können: a) als ideales Gas, für das im Zweidimensionalen eine Gleichung gilt, die der idealen Gasgleichung analog ist; b) als unideales Gas, für das eine zweidimensionale Zustandsgleichung gilt, die der von Amagat für sehr komprimierte Gase und Flüssigkeiten ähnlich ist:

$$\pi(\sigma - \sigma_0) = i\,k\,T\,,$$

wo π der Oberflächendruck des Films ist, σ_0 die von einer Molekel bedeckte Fläche für unendlich großen Druck, σ die von einer Molekel bedeckte Fläche; $1/i$ ist ein Maß der molekularen seitlichen Kohäsion; c) expandierte Flüssigkeit; d) Zwischenflüssigkeit; e) kondensierte Flüssigkeit.

Die Phasenübergänge sind thermodynamisch von DERVICHIAN[3] studiert worden. Ihre Existenz ist durch Änderungen der Kompressibilität bewiesen worden. Die Kompressibilität eines Films ist gegeben[4] durch:

$$\beta = -\frac{1}{\sigma}\left(\frac{\partial\sigma}{\partial\pi}\right)_T. \qquad (8, 88)$$

Bei Übergängen erster Art wird $\beta = \infty$ für Werte von σ, bei denen der Über-

---

[1] Schichten von adsorbierten Dämpfen auf Quecksilber sind der Gegenstand interessanter Untersuchungen von KEMBALL und RIDEAL gewesen. C. KEMBALL, E. K. RIDEAL: Proc. Roy. Soc. (London), Ser. A **187** (1946), 53. — C. KEMBALL: Proc. Roy. Soc. (London), Ser. A **187** (1946), 73; **190** (1947), 117.

[2] W. D. HARKINS: The Physical Chemistry of Surface Films. New York, 1952. — W. D. HARKINS, G. JURA in ALEXANDER: Colloid Chemistry, Vol. VI. New York, 1944.

[3] D. G. DERVICHIAN: J. chem. Physics **7** (1939), 932.

[4] G. JURA, E. H. LOESER, P. R. BASFORD, W. D. HARKINS: J. chem. Physics **14** (1946), 117.

gang eintritt; Änderungen zweiter Ordnung geben eine bestimmte Diskontinuität in β, während für Übergänge dritter Ordnung eine bestimmte Diskontinuität in $\left(\frac{\partial \beta}{\partial \sigma}\right)$ auftritt.

Die Messung von π und von σ kann direkt für die Filme auf der Flüssigkeit durchgeführt werden. Nicht ebenso leicht ist das Studium der Filme von Dämpfen auf festen Stoffen.

Die direkt gemessenen Werte sind in diesem Falle p und v. Um von p und v zu π und zu σ überzugehen, ist es notwendig, die Gleichung von GIBBS zu integrieren:

$$\frac{d\pi}{d\ln p} = \Gamma RT, \tag{8, 89}$$

wo Γ die Oberflächenkonzentration bedeutet (Zahl der adsorbierten Mole pro Oberflächeneinheit).

Die Anwendung der GIBBSschen Gleichung auf experimentelle Resultate ist durchgeführt worden z. B. von BANGHAM und Mitarbeitern[1], wobei man sich auf die Zahl der pro Gramm adsorbierten Molekeln X bezieht:

$$\pi\Sigma = kT\int_0^p X\,d\ln p\,. \tag{8, 90}$$

(Σ = spezifische Oberfläche des Adsorbens.)

Die Oberfläche pro Molekel σ wird gegeben durch Σ/X;

$$\pi\sigma = \pi\Sigma/X\,. \tag{8, 91}$$

Die Integration wird auf graphischem Wege durchgeführt, indem man z. B. X als Funktion von $\ln p$ aufträgt und die Oberfläche von 0 bis zu dem jeweiligen Drucke p nimmt. Die Schwierigkeit besteht darin, die Oberfläche bei geringen Drucken genau auszuwerten, bei welchen die Versuchsdaten spärlich sind ($\ln p$ wird ∞ und negativ für $p=0$), und dies macht die Integration unsicher.

Für die Gegend der kleinen Drucke nimmt man gewöhnlich eine lineare Abhängigkeit der Adsorption vom Druck an (HENRYsches Gesetz), d. h. man nimmt für den Film das Gesetz der idealen Gase als gültig an, während Gasfilme auf Flüssigkeiten in vielen Fällen nur bei außergewöhnlich tiefen Drucken auftreten.

BOYD und LIVINGSTON[2] haben sich mit der Menge Gas beschäftigt, die adsorbiert wird, statt mit seinem Volumen, um die Integration durchzuführen. ARMBRUSTER und AUSTIN[3] benutzen einen von ihnen ROWLEY und INNES[4] zugeschriebenen Ausdruck.

Die Integration der GIBBSschen Gleichung zur Erhaltung der Daten über den adsorbierten Film ist auch von PALMER durchgeführt worden[5].

Wegen der Unsicherheit der Rechnung kann man die Genauigkeit der Werte für π und σ nicht angeben, die man auf indirektem Wege durch die Gleichung von GIBBS erhält.

---

[1] D. H. BANGHAM: Trans. Faraday Soc. **33** (1937), 805. — D. H. BANGHAM, R. J. RAZOUK: Trans. Faraday Soc. **33** (1937), 1463; Proc. Roy. Soc. (London), Ser. A **166** (1938), 572. — D. H. BANGHAM, Z. SAVERIS: Trans. Faraday Soc. **34** (1938), 554.

[2] G. E. BOYD, H. K. LIVINGSTON: J. Amer. chem. Soc. **64** (1942), 2383.

[3] M. H. ARMBRUSTER, J. B. AUSTIN: J. Amer. chem. Soc. **66** (1944), 159.

[4] H. H. ROWLEY, W. B. INNES: J. physic. Chem. **45** (1941), 58.

[5] W. G. PALMER: Proc. Roy. Soc. (London), Ser. A **160** (1937), 254.

GREGG[1] hat nach dem Vorgehen von BANGHAM eine Reihe von Kurven $\pi\sigma$ gegen $\pi\Sigma$ angegeben, die er aus vielen Adsorptionsdaten der Literatur erhalten hat, um die Analogien zu illustrieren, die zwischen den Filmen auf Flüssigkeiten und Filmen auf festen Stoffen bestehen. Die Diagramme besitzen Maxima und Minima; sie scheinen also die Existenz von Phasenübergängen in den adsorbierten Schichten anzuzeigen. Der dem komprimierten Gase oder der kondensierten Flüssigkeit entsprechende Kurvenzug erlaubt Aussagen über die Oberflächenentwicklung des Adsorbens zu machen. Tatsächlich bedeutet die Neigung des geradlinigen Teils der Kurve das Verhältnis $\frac{\sigma_0}{\Sigma}$. Schreibt man der Oberfläche σ_0 einen geeigneten Wert zu, der die unkomprimierbare Oberfläche einer Molekel in diesem Zustande angibt, so kann man daraus Σ erhalten.

Zum Beispiel errechnet man für Stickoxyd auf Natriumchlorid auf Grund der Daten von TOMPKINS[2] nach GREGG $\Sigma = 4{,}7 \cdot 10^4\ \text{cm}^2/\text{gr}$ in Übereinstimmung mit dem von TOMPKINS angegebenen Wert. Mit der erwähnten Methode werden die Oberflächen größer als die, die man nach der BET-Methode berechnet, welche nach GREGG keine verläßlichen Werte geben kann, wenn es Phasenübergänge in dem Gebiet der Isotherme gibt, auf Grund deren man den Oberflächenwert berechnen will. Außerdem muß der Übergang der monomolekularen Filme in mehrmolekulare Filme in dem Diagramm $\pi\sigma - \pi\Sigma$ sich bemerkbar machen. Die von GREGG angegebenen Kurven zeigen, daß es Anzeichen für solche Übergänge nur bei hohen relativen Drucken gibt.

In zwei späteren Arbeiten haben GREGG und MAGGS[3] sowie GREGG und JACOBS[4] sich in das Studium der Schichten auf festen Adsorbentien vertieft und die Gleichung von BET diskutiert.

In der ersten Arbeit[3] haben sie die Kompressibilitätskoeffizienten des Films in bezug auf den Gasdruck im Adsorptionsgleichgewicht angegeben. Unter Anwendung der Gleichung von GIBBS erhält man:

$$\beta = \frac{V\Sigma}{RT\,v} \cdot \frac{d \ln v}{d \ln p}, \tag{8, 92}$$

wo v das adsorbierte Volumen und V das Molekularvolumen bedeutet.

Da Σ nicht gut bekannt ist, benutzen GREGG und MAGGS an Stelle von β den Wert $\beta' = \beta \frac{RT}{\Sigma}$, der proportional der Kompressibilität ist. Aus den Diagrammen von β' gegen $\log p$ und dem Vergleich mit den Diagrammen von $\log p$ gegen v/V für eine Anzahl von in der Literatur angegebenen Kurven schließen sie, daß der Parallelismus zwischen Filmen auf festen Stoffen und auf flüssigen Oberflächen tatsächlich existiert. Jedoch sind die Übergänge im Falle von Filmen auf festen Oberflächen von weniger sauberer Natur als bei Filmen auf Flüssigkeiten, und die einzelnen Phasen sind nicht so klar voneinander zu unterscheiden. Aus ihren Diagrammen entnehmen GREGG und MAGGS, daß der Übergang von der einfachen Schicht zur mehrfachen Schicht sich nur bei sehr hohen relativen Drucken zeigt, die höher sind als die, bei denen auf Grund der Theorie von BET eine Vervollständigung der ersten Schicht statthat.

Da die Übergänge von einer diffusen Art sind, so ist die Isotherme offensichtlich kontinuierlich. Wegen der Existenz von Phasenübergängen erscheinen nach

[1] S. J. GREGG: J. chem. Soc. (London) **1942**, 696.
[2] F. C. TOMPKINS: Trans. Faraday Soc. **32** (1936), 643.
[3] S. J. GREGG, F. A. P. MAGGS: Trans. Faraday Soc. **44** (1948), 123.
[4] S. J. GREGG, J. JACOBS: Trans. Faraday Soc. **44** (1948), 574.

Gregg und Maggs alle Versuche zum Fehlschlagen verurteilt, eine Gleichung von allgemeiner Verwendbarkeit für die Darstellung von Isothermen im ganzen Druckgebiet von 0 bis 1 zu finden.

In der Arbeit von Gregg und Maggs, die der Nachprüfung der BET-Gleichung gewidmet ist, diskutieren die Verfasser die BET-Gleichung im Vergleich mit der Clausius-Clapeyron-Gleichung und schließen, daß der Prozeß der Bildung von mehrfachen Schichten von dem Kondensationsprozeß eines Dampfes verschieden ist, und leugnen deshalb die Gültigkeit einer derartigen Annahme in der BET-Gleichung.

Endlich stellen sie unter anderem fest, daß die Bestimmungsmethode der Adsorptionskapazität einer einfachen Schicht auf Grund von Zustandsdiagrammen der adsorbierten Schichten im wesentlichen mit der BET-Methode nur für Kurven vom Typus I oder II übereinstimmt, aber nicht für Kurven von den Typen III, IV oder V. Diese Feststellungen werden nach der Behandlung der Gleichung von Harkins und Jura besprochen werden.

2. *Gleichung von Harkins und Jura*[1].

In 7 (S. 37) haben wir andeutungsweise die von Harkins und Jura benutzte Methode für die Bestimmung der Oberfläche kristalliner Festkörper beschrieben. Gestützt auf den mit dieser Methode erhaltenen Wert für eine Anatasprobe (Oberfläche 13,8 m^2 pro Gramm) schließen Harkins und Jura, daß die Filme adsorbierter Dämpfe auf einem nichtporösen Festkörper auch bei ziemlich niedrigen relativen Drucken im allgemeinen mehrmolekular sind[2]. Zum Beispiel findet für Stickstoff bei $-195{,}6°$ C die Bildung der zweiten Schicht schon bei einem $p/p_0 = 0{,}08$ bis 0,12 statt, und für n-Butan bei 0° und Wasser bei 25° C beginnt die zweite Schicht sich bei relativen Drucken von 0,15 bis 0,25 zu bilden. Harkins und Mitarbeiter haben eine Reihe von Arbeiten durchgeführt, um die Phasenübergänge in adsorbierten Schichten zu studieren. Sie erklären, daß in der Adsorptionsisotherme eines Dampfes ein Gebiet relativer Drucke existiert, in dem die adsorbierte Schicht der kondensierten flüssigen Phase entspricht. Für dieses Gebiet gilt die empirische Gleichung für kondensierte Filme auf Flüssigkeiten:

$$\pi = b - a\,\sigma\,, \qquad (8,\ 93)$$

wo a und b zwei empirische Konstanten sind, die von einem System zum anderen veränderlich sind. Harkins und Jura behaupten, daß die Phasenübergänge sowohl in einmolekularen wie in mehrmolekularen Schichten stattfinden können.

Aus der schon erwähnten empirischen Gleichung heraus gelangen Harkins und Jura zu ihrer Adsorptionsisotherme:

$$\ln \frac{p}{p_0} = B - \frac{A}{v^2}\,. \qquad (8,\ 94)$$

Die Ableitung wird von Jura und Harkins[3] und von Livingston[4] gegeben.

---

[1] W. D. Harkins, G. Jura: J. Amer. chem. Soc. **66** (1944), 1366.

[2] W. D. Harkins: The Physical Chemistry of Surface Films. New York, 1952. — W. D. Harkins, G. Jura in Alexander: Colloid Chemistry, Vol. VI. New York, 1944.

[3] G. Jura, W. D. Harkins: J. Amer. chem. Soc. **68** (1946), 1941.

[4] H. K. Livingston: J. chem. Physics **12** (1944), 466; **15** (1947), 617.

Durch Differenzierung der Gl. (8, 93) erhält man:

$$d\pi = -\frac{a\Sigma V}{N} d\left(\frac{1}{v}\right). \tag{8, 95}$$

Setzt man dies in die Gleichung von GIBBS ein und integriert zwischen den Grenzen p und p_0, so erhält man:

$$\ln\frac{p}{p_0} = \frac{a\Sigma^2 V^2}{2NRT}\left[\frac{1}{v_0^2} - \frac{1}{v^2}\right].$$

Setzt man nun:

$$A = \frac{a\Sigma^2 V^2}{2NRT}; \quad B = \frac{A}{v_0^2},$$

so erhält man:

$$\ln\frac{p}{p_0} = B - \frac{A}{v^2}.$$

Da in A der Term Σ^2 erhalten ist, so kann man schreiben:

$$\Sigma = k A^{1/2}. \tag{8, 96}$$

Die Gleichung von HARKINS und JURA kann bis zu relativen Drucken von 0,7 Übereinstimmung mit den experimentellen Daten liefern.

Das Diagramm log p/p_0 gegen $1/v^2$ ist eine gerade Linie, deren Neigung A es erlaubt, die Oberfläche des Adsorbens auf Grund von Gl. (8, 96) zu erhalten. HARKINS und JURA erklären, daß, während im Falle der BET-Gleichung eine Voraussetzung über die molekulare Oberfläche des adsorbierten Gases gemacht werden muß, deren Wert ungewiß ist, die Gl. (8, 94) ohne weiteres die gesamte Oberfläche des Adsorbens liefert. Es ist jedoch notwendig, den Wert von k aus Gl. (8, 96) zu kennen, der nach HARKINS und JURA nur für das Adsorpt charakteristisch ist. Der Wert von k ist für Stickstoff auf Grund der Adsorption bei $-195{,}8^0$ C auf Anatas (von einer spezifischen Oberfläche von 13,8 m² pro Gramm nach ihrer Absolutmethode) bestimmt worden und beträgt 4,06.

In Tabelle 15 sind die Werte von k für einige Adsorptive angegeben, die man aus den Diagrammen log p/p_0 gegen $1/v^2$ an Adsorbentien von bekannter Oberfläche erhalten hat.

Tabelle 15. *Werte von k für einige Adsorptive.*

Adsorptiv	k	t °C	Verfasser
Kr	4,20	—195,8	1
N_2	4,06	—195,8	2
H_2O	3,83	25	2
n-Butan	13,6	0	2
n-Heptan	16,9	25	2
Argon	4,16	—195,8	3
Pentan	13,9	25	3
1-Penten	13,4	25	3
n-Hexan	14,3	0	4

[1] R. A. BEEBE, J. B. BECKWITH, J. M. HONIG: J. Amer. chem. Soc. **67** (1945), 1554.
[2] W. D. HARKINS, G. JURA: J. Amer. chem. Soc. **66** (1944), 1366.
[3] M. L. CORRIN: J. Amer. chem. Soc. **73** (1951), 4061.
[4] E. H. LOESER, W. D. HARKINS: J. Amer. chem. Soc. **72** (1950), 3427.

BEEBE und Mitarbeiter[1] haben an einer Reihe von Adsorbentien eine Linearität in dem Diagramm $\log p/p_0$ gegen $1/v^2$ gefunden. Im Falle von Krypton auf porösem Glas hat das Diagramm keine lineare Strecke, was die Abwesenheit einer kondensierten Phase anzudeuten scheint. An demselben Adsorbens liefert jedoch Stickstoff ein Diagramm, aus dem man einen Oberflächenwert für das Adsorptiv in guter Übereinstimmung mit dem aus der BET-Gleichung berechenbaren erhält.

Im allgemeinen kann man sagen, daß die Übereinstimmung zwischen den nach den beiden Gleichungen berechneten Oberflächen ziemlich gut ist[2].

HARKINS und JURA beobachten, daß ihre Methode nur dann nützlich ist, wenn das Adsorptiv als kondensierter Film vorliegt. In gewissen Bereichen des Diagramms ist der Film nicht kondensiert und in diesen Zonen hat dann die Isotherme in der Darstellung $\log p/p_0$ gegen $1/v^2$ keinen geradlinigen Gang. Die experimentellen Resultate zeigen, daß gewöhnlich das Diagramm geradlinig ist in einem Gebiet relativer Drucke zwischen 0,3 und 0,45.

In verschiedenen Fällen besteht dieses Diagramm auch aus geradlinigen Teilen, die Schnittpunkte haben. In diesen Fällen handelt es sich um Übergänge zwischen kondensierten Phasen. Für gewisse Systeme Adsorbens-Adsorptiv gibt es kondensierte Filme nur bei sehr hohen Drucken. Um die Oberfläche des Adsorbens zu erhalten, ist es dann ratsam, mit Stickstoff bei $-195°$ zu arbeiten; in diesem Falle gibt es im allgemeinen ein Intervall relativer Drucke, in dem ein kondensierter Film auftritt.

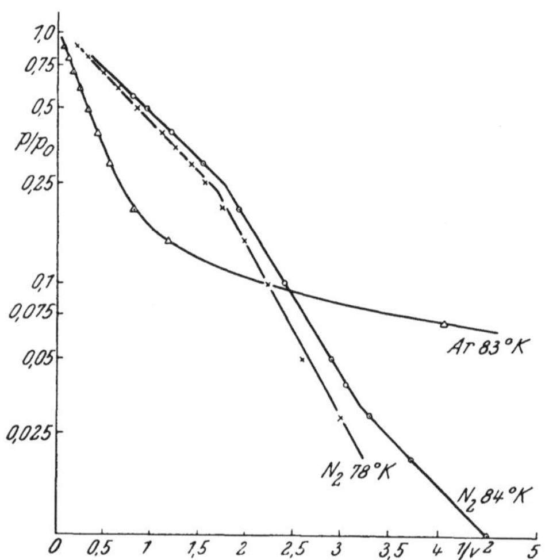

Abb. 38. Adsorptionsisothermen von Ar bei 83° abs. und von N_2 bei 78° abs. und 84° abs. an KCl nach der Gleichung von HARKINS und JURA. Daten von KEENAN und HOLMES[3]. Für Ar sind die Abszissenwerte mit 5 zu multiplizieren. v = cm³ NPT.

Der Übergang von der Isotherme des Typs I zu der des Typs II drückt sich in Gl. (8, 94) durch eine Änderung der Konstanten B aus. Für kleine Werte von B hat man die Isotherme nach Typ II, wenn B groß ist, hat man Isothermen vom Typ I.

In Abb. 38 sind die Kurven $\log p/p_0$ gegen $1/v^2$ aus den schon zitierten Daten von KEENAN und HOLMES[3] für die Adsorption von Stickstoff an Kaliumchlorid bei 78° und 84° abs. und von Argon bei 83° abs. dargestellt.

Die Stickstoffkurven zeigen die Anwesenheit von gradlinigen Stükken, von denen das bei den kleinen Drucken sich über relative Drucke von 0,03 bis 0,20 erstreckt. Die Anwesenheit solcher gradliniger Stücke bedeutet nach HARKINS und JURA das Vorliegen von Übergängen zwischen kondensierten Phasen.

Für die Isotherme von 78° abs. erlaubt die Neigung des gradlinigen Stückes in dem Gebiet der niedrigeren Drucke die Oberfläche des Adsorbens zu etwa 3,32 m² pro Gramm auszuwerten, ein Wert, der um etwa 24% höher ist als der

[1] R. A. BEEBE, J. B. BECKWITH, J. M. HONIG: J. Amer. chem. Soc. **67** (1945), 1554.

[2] E. H. LOESER, W. D. HARKINS: J. Amer. chem. Soc. **72** (1950), 3427.

[3] A. G. KEENAN, J. M. HOLMES: J. physic. Colloid Chem. **53** (1949), 1309.

aus der BET-Gleichung (s. Tabelle 10). Die Isotherme für Argon ist gradlinig nur bei sehr hohen relativen Drucken; in dem Gebiet niedriger Drucke ist sie stark gekrümmt.

Harkins und Jura[1] berechnen aus einer Reihe von Adsorptionsisothermen von Stickstoff bei $-195°$ C an verschiedenen Adsorbentien das Volumen v_m mit der Gleichung von BET sowie auch die Oberfläche nach ihrer Methode. Wenn man die molekulare Oberfläche des Stickstoffs auf Grund des Wertes von v_m und der nach den Gln. (8, 96) und (8, 94) erhaltenen Oberfläche berechnet, so findet man je nach dem Adsorbens Werte zwischen 13,8 Å² und 19 Å² mit einem Mittelwert von 15,2 Å².

Emmett[2] hat eine Erklärung dieser Veränderlichkeit der molekularen Oberfläche des adsorbierten Gases vorgeschlagen. Wenn man eine Reihe von Isothermen nach der BET-Gleichung konstruiert für einen bestimmten Wert von v_m und variable Werte von c, so führt man dann die entsprechenden Werte von p/p_0 und v in die Harkins- und Jura-Gleichung ein und erhält so das entsprechende Diagramm $\log p/p_0$ gegen $1/v^2$. Er hat nun festgestellt, daß die Gestalt dieser Diagramme mit der Veränderung von c sich ändert, und zwar im einzelnen folgendermaßen:

Wenn c kleiner als 25 ist, so hat man keine gradlinigen Stücke in der Harkins-Jura-Kurve bei relativen Drucken unterhalb 0,40 (d. h. in dem Gebiet relativer Drucke, wo die BET-Gleichung gültig ist);

wenn $250 > c > 25$, so hat man ein gradliniges Stück bei relativen Drucken zwischen 0 und 0,35;

wenn $c > 250$, so gibt es zwei gradlinige Stücke von verschiedener Neigung in dem Intervall p/p_0 zwischen 0 und 0,35.

Man versteht, wie man die molekulare Oberfläche des adsorbierten Gases, die man auf Grund des Vergleiches der Gleichungen von BET und von Harkins und Jura erhält, variieren muß, wenn c sich ändert. Bei Zunahme des Wertes von c steigt auch die molekulare Oberfläche, die man dem Gas zuschreiben muß.

Die Kurven der Abb. 38 bestätigen das obige. Für Stickstoff nämlich (der zwei gradlinige Stücke liefert) ist $c > 250$ und für Argon (das keine gradlinigen Stücke bei relativen Drucken unterhalb 0,4 liefert) ist $c < 25$.

Neuere Arbeiten von Loeser und Harkins[3] und von Corrin[4] zeigen, daß man mit dem gleichen Gas an verschiedenen Adsorbentien verschiedene Arten von kondensierten Filmen erhalten kann, von denen jeder seinen eigenen k-Wert in Gl. (8, 96) hat.

Jedoch für die Bestimmung der Oberfläche des Adsorbens nach der Methode von Harkins und Jura ist es notwendig zu wissen, welche kondensierte Phase man gerade betrachtet, um danach dem k den geeigneten Wert zuzuschreiben. Die in Tabelle 15 angegebenen Werte von k beziehen sich auf die kondensierten Filme, die am häufigsten auftreten. Für Stickstoff ist der Wert 4,06 der aus dem kondensierten Film, den man gewöhnlich bei den niedrigsten relativen Drucken erhält.

Die Erkenntnis der Existenz verschiedener Arten kondensierter Filme macht die Anwendung der Gleichung von Harkins und Jura für die Berechnung der Oberfläche von Adsorbentien noch unsicherer. Weitere Forschungen werden notwendig sein, um diese Frage zu klären.

---

[1] W. D. Harkins, G. Jura: J. chem. Physics **11** (1943), 430, 431; J. Amer. chem. Soc. **66** (1944), 1362, 1366.

[2] P. H. Emmett: J. Amer. chem. Soc. **68** (1946), 1784.

[3] E. H. Loeser, W. D. Harkins: J. Amer. chem. Soc. **72** (1950), 3427.

[4] M. L. Corrin: J. Amer. chem. Soc. **73** (1951), 4061.

Jedoch ist, wie schon von EMMETT[1] vermutet, der Wert von k in Gl. (8, 96) nicht nur für das Adsorptiv charakteristisch (wie ursprünglich HARKINS und JURA angenommen hatten), sondern er hängt auch vom Adsorbens ab. Ein Studium der Beziehungen zwischen der BET-Gleichung und der HARKINS-JURA-Gleichung ist in den schon zitierten Arbeiten von LIVINGSTON[2] zu finden.

δ) Diskussion der BET-Gleichung und der Theorien, die sich auf den Zustand der adsorbierten Filme beziehen (GREGG, HARKINS und JURA).

In dem vorstehenden Absatz ist bereits ein Vergleich zwischen den Theorien durchgeführt worden, die die energetischen Beziehungen zwischen Adsorbens und Adsorptiv und die Oberfläche des Adsorptivs betrachten (wie die Gleichung von BET), mit den Theorien, die den Zustand des adsorbierten Films in Betracht ziehen (Behandlung von GREGG und von HARKINS und JURA).

Wie wir gesehen haben, bestehen die Hauptfehler der BET-Theorie darin, daß man E_2, E_3,... E_n gleich E_L setzt, während sich doch die Anziehungskräfte des Adsorbens über die erste Schicht hinaus erstrecken, und darin, daß man die seitlichen Wechselwirkungen zwischen den adsorbierten Molekeln vernachlässigt.

Diese Fehler sind sehr gut aufgezeigt worden in der Diskussion von McMILLAN und TELLER[3], die wir auf S. 73 schon erwähnt haben.

Es ist also zweifelhaft, ob die Isotherme vom Typ III ihre Form der Tatsache verdankt, daß $E_1 > E_L$, wie die Theorie von BET verlangt. Die Möglichkeit, daß $E_1 > E_L$, wird z. B. von PIERCE und SMITH[4] ausgeschlossen.

Bei den Einwendungen gegen die BET-Theorie auf Grund der Zustandsgleichung der Schicht können wir zu denen von GREGG und HARKINS noch die von CASSEL[5] und von ROWLEY und INNES[6] hinzufügen.

Wir haben gesehen, daß der Oberflächendruck des adsorbierten Films durch die Gleichung von GIBBS aus den Daten der Isotherme erhalten werden kann. Für $p/p_0 = 1$ ist der Druck im Film gegeben durch:

$$\pi = \gamma_S - \gamma_L - \gamma_{LS}, \tag{8, 97}$$

wo γ_L und γ_S die Oberflächenspannungen der kompakten Flüssigkeit und des Adsorbens sind und γ_{LS} die Grenzflächenspannung des Systems Festkörper—Flüssigkeit ist. Der Druck π ist also eine endliche Größe. CASSEL[5] hat gezeigt, daß man durch Einführung der BET-Gleichung in die Gleichung von GIBBS erhält:

$$\frac{\pi}{\Gamma R T} = \ln \frac{1 - x + c x}{1 - x}, \tag{8, 98}$$

wo $x = p/p_0$ wie in der Gleichung von BET (1 im betrachteten Falle).

---

[1] P. H. EMMETT: J. Amer. chem. Soc. **68** (1946), 1784.
[2] H. K. LIVINGSTON: J. chem. Physics **12** (1944), 466; **15** (1947), 617.
[3] W. G. McMILLAN, E. TELLER: J. chem. Physics **19** (1951), 25.
[4] C. PIERCE, R. N. SMITH: J. physic. Colloid Chem. **54** (1950), 796.
[5] H. M. CASSEL: J. chem. Physics **12** (1944), 115; J. physic. Chem. **48** (1944), 195.
[6] H. H. ROWLEY, W. B. INNES: J. physic. Chem. **46** (1942), 537, 548, 694.

Es ist leicht zu sehen, daß Gl. (8, 98) im betrachteten Falle ergibt:

$$\pi = +\infty.$$

Die BET-Gleichung ist also mit der Wirklichkeit im Widerspruch. Man muß jedoch nach HILL[1] daran erinnern, daß die Gültigkeit der BET-Gleichung sich nicht über Werte von $p/p_0 \sim 0{,}35$ hinaus erstreckt. Jenseits dieses Wertes sieht die Gleichung größere Adsorption vor, als experimentell gefunden wird. Dies tritt ein, weil die BET-Gleichung der adsorbierten Phase in bezug auf die flüssige Phase eine zu geringe freie Energie zuschreibt, also die seitlichen Wechselwirkungen zwischen den adsorbierten Molekeln vernachlässigt.

In bezug auf die Phasenübergänge in der adsorbierten Schicht bemerken JURA und HARKINS[2], daß die Gleichung nicht mehr gültig ist, wenn Phasenübergänge von erster oder zweiter Ordnung stattfinden, die das adsorbierte Volumen als Funktion des Drucks oder auch die Ableitung des Volumens nach dem Druck diskontinuierlich machen.

Einige Diskrepanzen zwischen der Behandlung von GREGG und der BET-Theorie sind von ROSS[3] geprüft worden. Er hat die Theorien von BET, von GREGG sowie von HARKINS und JURA auf die Adsorptionsdaten für Äthan an Kaliumchlorid und Natriumchlorid bei $-183°$ C angewandt. ROSS beobachtet dabei, daß die molekulare Oberfläche, wie sie nach der Theorie von GREGG verstanden werden muß, eine andere Bedeutung hat als die molekulare Oberfläche im Sinne der BET-Theorie. Im ersten Falle bedeutet sie die inkompressible Oberfläche einer Molekel, wenn die adsorbierte Schicht vollständig von Molekeln in kompakter Verteilung ausgefüllt ist (z. B. im Falle des Äthans mit nur einer Methylgruppe an der Oberfläche des Adsorbens). Die BET-Theorie betrachtet jedoch demgegenüber die Bildung einer zweiten Schicht, wenn die erste noch nicht einmal mit Molekeln in kompakter Verteilung vollständig bedeckt ist. Nur bei relativen Drucken, die gleich 1 sind, ist die Bedeckung der ganzen Oberfläche mit adsorbierten Molekeln vollständig. Natürlich hängt die Situation in der ersten Schicht im Augenblick des Beginns der zweiten von dem Werte c ab. ROSS hat der Äthanmolekel die inkompressible Oberfläche von 15 Å^2 zugeschrieben, während er für die Berechnung der Oberfläche des Adsorbens nach der BET-Methode den Wert 23 Å^2 verwendet hat. Unter diesen Bedingungen erhält man dann Übereinstimmung zwischen den Adsorbensoberflächen nach beiden Methoden.

Unter diesem Gesichtspunkt versteht man auch, warum die Vervollständigung der ersten Schicht nicht in ganz deutlicher Weise in den Kurven $\pi\sigma$ gegen $\pi\Sigma$ sowie in den Kurven der Kompressibilität des Films nach GREGG und Mitarbeitern hervortritt. Die von den Molekeln in der ersten Schicht besetzte Oberfläche ist nämlich noch nicht an ihrer unteren Grenze angelangt, wenn die Bildung der zweiten Schicht schon anfängt.

Abschließend kann man über die Untersuchung der neueren Theorien der multimolekularen Adsorption an gleichmäßigen Oberflächen folgendes sagen:

a) Die Theorie von BET gibt trotz ihrer Unvollkommenheiten, die daher rühren, daß die Adsorption auf ein zu vereinfachtes Schema zurückgeführt wird, in ihrem qualitativen Gang die Gestalt der experimentellen Isotherme gut wieder und gibt auch Werte, die mit dem Experiment in guter Übereinstimmung stehen, für relative Drucke nicht größer als 0,35. Sie liefert auch die Möglichkeit, mit hinreichend guter Annäherung in den Grenzen unserer heutigen Kenntnisse die Oberfläche von festen Körpern zu bestimmen.

---

[1] T. L. HILL: Advances in Catalysis, Vol. IV. New York, 1952.
[2] G. JURA, W. D. HARKINS: J. Amer. chem. Soc. 68 (1946), 1941.
[3] S. ROSS: J. Amer. chem. Soc. 70 (1948), 3830.

b) Die Gleichung von HÜTTIG erstreckt sich in ihrer ursprünglichen Form auf ein breiteres Gebiet relativer Drucke hinsichtlich der Übereinstimmung zwischen theoretischer und experimenteller Isothermen. Sie gibt jedoch die Gestalt der ganzen Isotherme dem Experiment gemäß nicht qualitativ wieder, und zwar deshalb, weil ihre Ableitung im wesentlichen nicht als richtig anerkannt werden kann.

c) Das Studium des Zustandes der adsorbierten Schichten hat es erlaubt, Analogien zwischen den Filmen auf festen und auf flüssigen Oberflächen aufzuzeigen, gibt aber vorläufig nur einen unvollständigen Rahmen hinsichtlich des Zustandes des Films.

d) Die Gleichung von HARKINS und JURA hat trotz ihrer beachtlichen Nützlichkeit für die Bestimmung der Oberfläche von Festkörpern den Nachteil, daß sie auf einer empirischen Gleichung aufgebaut ist, die Unsicherheiten zuläßt. Die Theorie von HARKINS und JURA ist jedoch Entwicklungen zugänglich, die eine Vervollständigung unserer gegenwärtigen Kenntnisse über Adsorptionsschichten anstreben.

9. Physikalische Adsorption an ungleichförmigen Oberflächen.

Die Grundannahme der BET-Theorie und auch der HÜTTIG-Theorie und ihrer Abwandlungen ist die, daß die Oberfläche des Adsorbens gleichförmig sei.

Wir haben schon gesagt, daß die Übereinstimmung zwischen der BET-Theorie und dem Experiment in vielen Fällen bei relativen Drucken unterhalb etwa 0,05 nicht gut ist. Die Adsorptionswärme ist zu Anfang höher und fällt dann mit dem Fortschreiten der Adsorption ab, wie dies in Abb. 6 gezeigt wurde.

BRUNAUER, EMMETT und TELLER schreiben diese Tatsachen der Existenz eines kleinen Oberflächenteiles zu, für den die Adsorptionsenergie höher ist als für die restliche Oberfläche. Die Heterogenität der Oberfläche soll also auf gewisse aktive Zentren beschränkt sein, der übrige Teil soll dann gleichförmig bleiben.

Wir werden im folgenden die Gesichtspunkte der Autoren auseinandersetzen, die von dieser Annahme einer heterogenen Oberfläche ausgehen. Ein Teil von ihnen beschränkt sich darauf, die Übereinstimmung der BET-Gleichung mit dem Experiment zu verbessern, indem sie die Existenz von zwei Arten, A und B, von Oberflächen annehmen, die mit verschiedenen Adsorptionsenergien behaftet sind. Dies gilt für WALKER und ZETTLEMOYER[1]. Sie schreiben den beiden Oberflächengebieten verschiedene Werte von c zu, wenden dann die Gleichung von BET an und erhalten so die Isotherme:

$$v = \frac{x}{1-x}\left[\frac{v_{mA}\cdot c_A}{1+(c_A-1)\,x} + \frac{v_{mB}\cdot c_B}{1+(c_B-1)\,x}\right]. \qquad (9,1)$$

WALKER und ZETTLEMOYER haben die Gleichung angewendet, um die Oberfläche von Magnesiumoxydproben zu bestimmen. Die von ihnen erhaltenen Werte für das gesamte v_m sind um etwa 20% größer als die, die man aus der BET-Gleichung erhält.

Auch MCMILLAN[2] hat in vereinfachender Weise den Fall einer adsorbierenden Oberfläche aus zwei Komponenten verschiedener Wirksamkeit behandelt, um die Übereinstimmung zwischen der BET-Gleichung und dem Experiment bei sehr geringen relativen Drucken zu verbessern (kleineren Drucken, als der

---

[1] W. C. WALKER, A. C. ZETTLEMOYER: J. physic. Colloid Chem. 52 (1948), 47.
[2] W. G. MCMILLAN: J. chem. Physics 15 (1947), 390.

Bildung einer einfachen Schicht entsprechen). Auf die beiden Komponenten der Oberfläche hat er die BET-Gleichung angewandt und hat so einen ziemlich einfachen Ausdruck erhalten für den Fall, wo die Werte der Konstanten c für die beiden Komponenten der Oberfläche sehr groß sind (wie es bei der Adsorption von Stickstoff und anderen Gasen bei niedriger Temperatur der Fall ist). Die Übereinstimmung mit den experimentellen Daten wird dann im Vergleich mit der BET-Gleichung besser.

SMITH und PIERCE[1] kommen durch Prüfung der Daten über die Veränderlichkeit der Adsorptionswärme bei verändertem Druck zu dem Schluß, daß E_1 immer größer sein muß als E_L, und behaupten, daß die experimentellen Daten zeigen, daß auch E noch größer als E_L ist, nachdem die erste Schicht vollständig bedeckt ist. Nach SMITH und PIERCE ist deshalb die Erklärung, die die Theorie von BET für Isothermen vom Typ III liefert, nicht zufriedenstellend. Sie nehmen an, daß die Oberfläche eine veränderliche Aktivität besitze. Die Adsorption an einer gegebenen Stelle kann nur dann eintreten, wenn der relative Druck derjenige ist, der der Adsorptionsenergie der betreffenden Stelle entspricht. Wenn ein beachtlicher Teil der Oberfläche fähig ist, bei kleinen Drucken zu adsorbieren, so erhält man Isothermen vom Typ II, im entgegengesetzten Falle ist die Isotherme die des Typs III.

Der Aktivitätsunterschied der Stellen ist auch noch in der zweiten und den folgenden Schichten bemerkbar: Die Molekülsäulen, die sich auf den aktivsten Stellen bilden, adsorbieren mit einer Adsorptionswärme E, die größer ist als E_L. Für Isothermen vom Typ III kommt man auch bei relativen Drucken $= 1$ nicht zur Bildung von vollständigen Schichten, sondern eher von Flüssigkeitsinseln entsprechend den aktiveren Stellen. PIERCE und SMITH betrachten die Adsorption auf der ersten Schicht getrennt von der auf den späteren Schichten.

Die Gleichung, die sie vorschlagen, ist folgende:

$$v = \frac{a x}{1 + b x} + \frac{\alpha x}{1 - \beta x}. \tag{9, 2}$$

Der erste Term bezieht sich auf die Adsorption an der ersten Schicht (er hat die Form einer LANGMUIR-Isotherme) und der zweite Term auf die folgenden Schichten. a, b, α und β sind empirische Konstanten. Die Konstante β hat im allgemeinen Werte kleiner als Eins. Das Volumen v_m des adsorbierten Gases in der ersten Schicht kann berechnet werden, indem man $x = 1$ setzt und v aus dem ersten Term der rechten Seite der Gleichung auswertet. Die Gl. (9, 2) gilt für Isothermen vom Typ II. Für Isothermen vom Typ III ist der erste Term auf der rechten Seite wegzulassen.

Die theoretischen Isothermen scheinen in guter Übereinstimmung mit den Experimenten zu stehen, die PIERCE und SMITH anführen. Offensichtlich ist die Einführung von vier empirischen Konstanten in die Gleichung der Grund für die Übereinstimmung zwischen Theorie und Experiment.

Eine Behandlung der Adsorption an heterogenen Oberflächen, die ein größeres Interesse beanspruchen kann, ist die von HALSEY[2]. Nachdem er sich zunächst mit der Chemisorption an heterogenen Oberflächen beschäftigt hatte (s. 10, S. 88), hat er dann seine Aufmerksamkeit der physikalischen Adsorption zugewandt. HALSEY[3] hat die BET-Theorie untersucht. Da eine der Annahmen dieser

[1] R. N. SMITH, C. PIERCE: J. physic. Colloid Chem. **52** (1948), 1115; **54** (1950), 354, 795.

[2] G. HALSEY: J. chem. Physics **16** (1948), 931; Discuss. Faraday Soc. 8 (1950), 54; J. Amer. chem. Soc. **73** (1951), 2693; Advances in Catalysis, Vol. IV. New York, 1952.

[3] G. HALSEY: J. chem. Physics **16** (1948), 931.

Theorie die ist, daß die für die Adsorption verfügbare Oberfläche in der n-ten Schicht gleich derjenigen des von der $(n-1)$ten Schicht bedeckten Teiles der Oberfläche sei, kommt man zu einer Verteilung der Moleküle in Form von *Säulen*. Halsey hält diese Hypothese für physikalisch wenig wahrscheinlich und ersetzt sie durch eine andere, nämlich daß die Moleküle sich zwischen den verschiedenen Schichten in Form von *Pyramiden* verteilen müssen. Indem er Adsorption unter seitlicher Wechselwirkung (die in der BET-Theorie vernachlässigt wird) in Betracht zieht mit einer Energie, die gleich ein halbes E_L ist, kommt er zu einer Adsorption, die nicht über die erste Schicht hinausgeht, wenn p/p_0 kleiner als 1 ist. Wenn man an Stelle der Annahme, daß für die höheren als ersten Schichten $E = E_L$ ist, die folgende einführt:

$$E_1 > E_2 > E_3 \ldots > E_i > E_L ,$$

so kommt man zu einer Stufenisotherme im Gegensatz mit dem Experiment. Diese Tatsache und andere veranlassen Halsey, die Annahme auszuschließen, daß die adsorbierende Oberfläche gleichförmig sein könne. Halsey[1] behauptet hingegen, daß für den Fall einer einfachen Schicht eine Gleichung vom Typus der Freundlichschen Gleichung (die man erhalten kann, indem man eine exponentielle Verteilung der Adsorptionsstellen annimmt[2]) erlaube, eine bessere Übereinstimmung mit den experimentellen Daten zu erhalten.

Er nimmt hierzu eine Oberfläche an, die aus Bezirken besteht, von welchen in jedem die Stellen die gleiche Energie besitzen. Die Bezirke sind genügend groß, um für sie die Effekte vernachlässigen zu können, die von der gegenseitigen Berührung herrühren. Jeder Bezirk wird bei einem Druck $p/p_0 = e^{-\Delta E/RT}$ bedeckt. Wenn man eine Verteilung annimmt von dem Typus

$$N_{\Delta E} = c\, e^{-\Delta E/\Delta E_m} ,$$

so gelangt man zu der Isotherme

$$\vartheta = c' \left(\frac{p}{p_0}\right)^{RT/\Delta E_m} , \qquad (9, 3)$$

die dieselbe Form hat wie die Freundlichsche Isotherme, die abgeleitet wird, indem man die gleiche Verteilung der Stellen annimmt, aber die Wechselwirkung zwischen den adsorbierten Molekeln vernachlässigt. In der Gleichung von Freundlich ist

$$\frac{\Delta E_m}{RT} > 1 .$$

Wenn $\frac{\Delta E_m}{RT} < 1$ ist, so wird $\partial^2\vartheta/\partial p^2$ positiv, was nur eintreten kann, wenn die Adsorption kooperativ ist (d. h. wenn eine Wechselwirkung eintritt, die die Adsorption der Molekeln gegenseitig begünstigt). Bei einer Art von Oberfläche, wie sie in der Behandlung von Halsey postuliert wird, sind die kooperativen Effekte noch begünstigt durch die Tatsache, daß die adsorptionsfähigen Stellen für ein und denselben Druck miteinander in Berührung stehen, da sie sich in dem gleichen Bezirk befinden.

Halsey betrachtet, wie schon gesagt, die Adsorption an der ersten Schicht. Für die späteren Schichten nimmt er[1] an, daß eine zusätzliche Energie E_n (noch außer der Verflüssigungsenergie) allen Schichten außer der ersten zukommt. Sie hängt im Grunde genommen von den Dispersionskräften ab, d. h. diese

[1] G. Halsey: J. chem. Physics **16** (1948), 931.

[2] Siehe hierüber auch E. Cremer: Mh. Chem. **77** (1947), 126, 134; J. Chim. physique **46** (1949), 1411.

Energie vermindert sich mit dem Abstand nach einem Gesetz $\Delta E \sim \frac{1}{x^r}$, wo x der Abstand von der Oberfläche ist. Da das adsorbierte Volumen der Dicke der adsorbierten Schicht proportional ist, so kann man einen Ausdruck angeben:

$$\Delta E = a \cdot \vartheta^{-r}, \tag{9, 4}$$

wo $\vartheta = v/v_m$ = Zahl der adsorbierten Schichten. Offenbar ist x eine diskontinuierliche Funktion von ϑ.

Man kann für $\vartheta > 2$ eine Isotherme an einer gleichförmigen Oberfläche schreiben:

$$\frac{p}{p_0} = e^{-a/RT\vartheta^r}. \tag{9, 5}$$

Gl. (9, 5) erinnert an die Gleichung, die HILL[1] für gleichförmige Oberflächen mit ϑ größer als 2 erhalten hat (s. 8, β, 6, S. 73).

HALSEY erhält unter diesen Bedingungen eine Stufenisotherme. Für den Fall, daß einzig und allein die Dispersionsenergien in Betracht zu ziehen sind, ist $r = 3$, wie in der Gleichung von HILL [Gl. (8, 84)].

HALSEY hat gefunden, daß man eine gute Übereinstimmung mit den experimentellen Daten findet, wenn man dem Exponenten r geeignete Werte zuschreibt[2], gewöhnlich zwischen 2 und 3. Für Stickstoff auf Titandioxyd setzt man $r = 2{,}67$ und bekommt dann eine Übereinstimmung mit den experimentellen Daten für relative Drucke von 0,0026 bis 0,9936, wie wir schon gesagt haben.

Die Existenz einer kontinuierlichen Isotherme läßt sich rechtfertigen, wenn man die Tatsache berücksichtigt, daß die Ungleichförmigkeit der Oberfläche die Stufen abrundet. Kürzlich ist HALSEY[3] zu einem noch strengeren Ausdruck gelangt, der die Kontinuität der experimentellen Kurven erklärt, indem er einen Abfall des Wertes von ΔE annimmt, proportional der dritten Potenz von x. Er berücksichtigt, daß auf jeder Schicht die gleiche Verteilungsenergie wie in der ersten Schicht vorliegt, wobei jedoch in jeder Schicht die Energien durch einen Faktor n^3 zu dividieren sind wegen der Schwächung, die mit dem Abstand auftritt.

Die Summation der Isothermen für alle Schichten gibt dann die Gesamtisotherme. Die so erhaltene Isotherme ist für eine heterogene Oberfläche kontinuierlich. Der Wendepunkt, wie er für Isothermen von Typ II charakteristisch ist und der nach der Theorie von BET die Vervollständigung der ersten Schicht bedeutet, wird von HALSEY mit der mehr oder weniger großen Heterogenität der Oberfläche in Beziehung gesetzt.

Neuere Untersuchungen von RHODIN[4] über Kupfereinkristalle mit dem schon beschriebenen Apparat (Abb. 13) scheinen die Behandlung von HALSEY zu bestätigen. Durch Messung der differentiellen Adsorptionswärme von Stickstoff bei Temperaturen zwischen 78° und 89,5° abs. auf Grund von Isothermen hat nämlich RHODIN gefunden, daß die Adsorptionswärme an jedem einzelnen Einkristall ein Maximum bei $\vartheta = 1$ zeigt, während bei zunehmendem ϑ für vielkristallines Kupfer eine kontinuierliche Abnahme auftritt. RHODIN und HALSEY[5] deuten die Kurven in dem Sinne, daß an Einkristallen, die eine nur wenig heterogene Oberfläche besitzen, zunächst eine nichtkooperative Adsorption an einer heterogenen Oberflächenzone stattfindet. Wenn der Wert von ϑ wenig

[1] T. L. HILL: J. chem. Physics 17 (1949), 590, 668.

[2] Es lohnt sich, daran zu erinnern, daß die Gleichung von HARKINS und JURA als ein Sonderfall von Gl. (9, 5) betrachtet werden kann, wo $r = 2$ ist.

[3] G. D. HALSEY, JR.: J. Amer. chem. Soc. 73 (1951), 2693.

[4] T. N. RHODIN, JR.: J. Amer. chem. Soc. 72 (1950), 5691.

[5] G. D. HALSEY, JR.: Advances in Catalysis, Vol. IV. New York, 1952.

unterhalb 1 liegt, dann ist der noch freie Teil der Oberfläche praktisch gleichförmig. Die Adsorption kommt dann kooperativ zustande und die Adsorptionsenergie nimmt zu, wobei das beobachtete Maximum auftritt. Für vielkristallines Kupfer kann die kontinuierliche Abnahme der Adsorptionswärme mit zunehmendem ϑ erklärt werden, wenn man berücksichtigt, daß diese Oberfläche sehr viel stärker heterogen ist als die eines Monokristalls. Es gibt sehr aktive Stellen, die zuerst absorbieren, und allmählich werden dann die weniger aktiven Stellen eine nach der anderen bedeckt, was eine Kurve mit monotonem Gang geben muß.

Tompkins[1] behandelt die Nichtgleichförmigkeit der Oberflächen in bezug auf die Isothermen, die man bei der physikalischen Adsorption für eine bewegliche und unbewegliche Adsorption erhält, wobei er Beziehungen von beachtlichem Interesse bekommt. Wir wollen hier noch einige neuere experimentelle Arbeiten anführen, nämlich von Crawford und Tompkins[2] und von Morrison, Los und Drain[3], die die Hypothese bestätigen wollen, daß die Adsorptionsoberfläche bei der physikalischen Adsorption nicht gleichförmig sei.

10. Vorwiegend einmolekulare Schichten.

Die Chemisorption: Behandlung einiger wichtiger Beispiele.

Wir haben im vorstehenden die Kriterien kennengelernt, die dazu führen, die physikalische Adsorption von der Chemisorption zu unterscheiden. Bei der Chemisorption sind Vorgänge wesentlich, die zur Aufspaltung der zu adsorbierenden Molekeln in Atome führen, und die Stabilität der Bindung, die sich zwischen Adsorbens und Adsorptiv ausbildet.

Es gibt die Möglichkeit der Bildung von unbeweglichen und von beweglichen Schichten. In den unbeweglichen Schichten bleiben die adsorbierten Molekeln oder Atome an der Stelle verankert, an der sie festgehalten worden sind, und da bei der Chemisorption der Potentialwall, der zwei nebeneinander liegende Stellen voneinander trennt, oft sehr hoch ist, während andererseits die Verdampfungsenergie der adsorbierten Partikeln gering ist, so können die adsorbierten Partikeln sich nicht in der Oberflächenverteilung anordnen, die dem Gesetz von Boltzmann entspräche. Hieraus ergibt sich die Folgerung, daß man bei Messung der differentiellen Adsorptionswärme als Funktion des bedeckten Bruchteiles der Oberfläche ϑ im Falle von unbeweglichen Schichten eine nicht sehr erhebliche Abnahme der Adsorptionswärme finden muß bei Zunahme von ϑ, und zwar mit einem linearen Gange, wenn alle Plätze die gleiche Adsorptionsenergie haben (also die Oberfläche gleichförmig ist)[4]. Wenn hingegen die adsorbierte Schicht beweglich ist und daher die adsorbierten Partikeln sich auf der Oberfläche bewegen und die Potentialwälle zwischen den verschiedenen Stellen überwinden können, dann ist die Veränderlichkeit der Adsorptionswärme mit ϑ nicht vollständig gradlinig bei Zunahme von ϑ, da die adsorbierten Partikeln sich zunächst auf solche Lagen verteilen, daß die Wechselwirkungen ein Minimum werden. Nur wenn ein beachtlicher Bruchteil der Oberfläche bedeckt ist, dann beginnen die abstoßenden Wechselwirkungen sich bemerkbar zu machen und erzeugen eine Abnahme der Absorptionsenergie. Diese Betrachtungen (die in quantitativer

---

[1] F. C. Tompkins: Trans. Faraday Soc. **46** (1950), 569, 580.

[2] W. A. Crawford, F. C. Tompkins: Trans. Faraday Soc. **46** (1950), 504.

[3] J. A. Morrison, J. M. Los, L. E. Drain: Trans. Faraday Soc. **47** (1951), 1023. — L. E. Drain, J. A. Morrison: Trans. Faraday Soc. **48** (1952), 316.

[4] Die gefundene Abnahme kommt dann von den abstoßenden Wechselwirkungen zwischen den adsorbierten Teilchen.

Weise dann in dem statistischen Teil, Abschnitt B, 6, S. 122, entwickelt werden sollen) gelten im allgemeinen, auch wenn die Oberfläche heterogen ist. Aber offensichtlich werden die quantitativen Beziehungen verschieden sein. Die Beziehung, die bei Sättigung zwischen der Zahl der absorbierten Molekeln und der Zahl der kristallographischen Lagen an der Oberfläche vorliegt, hängt offensichtlich von den Dimensionen der einzelnen kristallographischen Lagen (die je nach der Flächenart des Adsorbens verschieden sein werden) und auch von den Dimensionen der zu adsorbierenden Molekeln ab, ferner auch von der Möglichkeit einer Adsorption der Gasmolekeln im molekularen oder im atomaren Zustand sowie auch von den Wechselwirkungen zwischen den adsorbierten Partikeln.

Diese Frage wird in dem statistischen Teil diskutiert werden (Abschnitt B, 6, S. 122).

In diesem Handbuch ist bereits ein Kapitel über die aktivierte Adsorption veröffentlicht worden, und wir halten es deshalb für zweckmäßig, viele Fragen zu übergehen, die in diesem Kapitel schon diskutiert worden sind. Wir halten es für praktischer, die Fragen zu besprechen, die sich auf die *Gleichförmigkeit oder Heterogenität* der Oberflächen des Adsorbens bei der Chemisorption beziehen, weil diese Frage direkt auf das Studium der Katalysatoren und der katalytischen Prozesse von Einfluß ist.

Wichtige, in den letzten Jahren veröffentlichte Arbeiten haben Zweifel entstehen lassen über die Existenz der „aktiven Zentren" der Katalysatoren oder haben uns wenigstens dazu gebracht, sie in einer anderen Weise zu betrachten. Wir werden deshalb im folgenden die Ergebnisse der erwähnten Arbeiten besprechen und werden daraus einige allgemeine Schlüsse ziehen.

Besonderes Interesse bieten Arbeiten über die Adsorption von Wasserstoff an Wolfram, wie sie ausgeführt wurden von ROBERTS[1], BEECK[2], FRANKENBURG[3] sowie RIDEAL und TRAPNELL[4]. Sie wurden mit sehr sorgfältiger Technik ausgeführt und haben das Adsorbens in sehr verschiedener Form angewandt: ROBERTS benutzte einen Wolframdraht von sehr beschränkter Oberfläche, BEECK sowie RIDEAL und TRAPNELL einen aufgedampften Wolframfilm und FRANKENBURG Wolframpulver[5].

a) Versuche von ROBERTS.

ROBERTS arbeitete mit einem Draht, dessen Gesamtoberfläche 0,55 cm² betrug und der entgast wurde, indem man ihn auf Temperaturen oberhalb 2000° abs. durch einen elektrischen Strom brachte. Er konnte so auf Grund von Messungen des Akkommodationskoeffizienten von Neon feststellen, daß Wasser-

---

[1] J. K. ROBERTS: Some Problems in Adsorption. Cambridge, 1939.

[2] O. BEECK, A. E. SMITH, A. WHEELER: Proc. Roy. Soc. (London), Ser. A **177** (1940), 62. — O. BEECK: Advances in Catalysis, Vol. II. New York, 1950. — O. BEECK, A. W. RITCHIE, A. WHEELER: J. Colloid Sci. **3** (1948), 505. — O. BEECK, J. W. GIVENS, A. W. RITCHIE: J. Colloid Sci. **5** (1950), 141. — O. BEECK: Rev. mod. Physics **17** (1945), 61; Ibid. **20** (1948), 127; Discuss. Faraday Soc. **8** (1950), 118. — O. BEECK, A. W. COLE, A. WHEELER: Discuss. Faraday Soc. **8** (1950), 314.

[3] W. G. FRANKENBURG: J. Amer. chem. Soc. **66** (1944), 1827, 1838.

[4] E. K. RIDEAL, B. M. W. TRAPNELL: J. Chim. physique **47** (1950), 126; Discuss. Faraday Soc. **8** (1950), 114.

[5] Ein analoger Vergleich könnte auch durchgeführt werden zwischen den Messungen von DAVIS, TRAPNELL und BEECK über die Adsorption von Stickstoff an Wolfram. BEECK und TRAPNELL haben mit aufgedampften Schichten gearbeitet, während DAVIS Wolframpulver und einen dem FRANKENBURGschen ähnlichen Apparat verwendet hat. R. T. DAVIS, JR.: J. Amer. chem. Soc. **68** (1946), 1395. B. M. W. TRAPNELL: Trans. Faraday Soc. **48** (1952), 160.

stoff auf Wolfram so weit adsorbiert wird, bis er die Oberfläche zu etwa 90 % bedeckt.

Mit demselben Draht wurde auch auf Grund von Veränderungen des elektrischen Widerstandes die Adsorptionswärme gemessen. ROBERTS fand, daß die Adsorptionswärme sich von einem Anfangswert von etwa 45 kcal/ Mol für $\vartheta = 0$ auf etwa 18 kcal/Mol verminderte, wenn die Oberfläche mit adsorbiertem Wasserstoff gesättigt war. Außerdem stellte er fest, daß schon bei Temperaturen von — 183° C Wolfram den Wasserstoff momentan adsorbiert und daß dabei eine einmolekulare Adsorptionsschicht vervollständigt wird schon bei einem Wasserstoffdruck von 3×10^{-4} mm Hg. Außerdem erklärt er, daß die Verdampfungsgeschwindigkeit des adsorbierten Wasserstoffs auch noch bei 400° C außergewöhnlich gering sei. Durch diese und andere Ergebnisse wurde er zu der Annahme geführt, daß die Wasserstoffadsorption an Wolfram unter Dissoziation in Atome eintritt und daß der Film von der unbeweglichen Art sei, wenn er auch später die Möglichkeit einer molekularen Adsorption mit beweglichen Schichten zugab[1]. Der hauptsächliche Einwand, der gegen die Versuche von ROBERTS erhoben worden ist, bezieht sich auf die außerordentlich kleine Oberfläche, an der die Messungen durchgeführt wurden.

Andere Versuche wurden von ROBERTS ausgeführt, um die Adsorption von Sauerstoff an Wolfram zu messen, wobei ein Draht von noch kleinerer Oberfläche als bei Wasserstoff benutzt wurde. In diesem Falle nimmt ROBERTS die Anwesenheit von drei Arten von Schichten an: die erste soll eine Adsorptionswärme von 139 kcal/Mol besitzen, die zweite von 48 kcal/Mol. Die erste Schicht verdampft nicht bis etwa 1700° abs. und scheint vom unbeweglichen Typ zu sein, wenigstens bis zu Temperaturen von 1700° abs. Der zweite Film scheint molekularer Natur zu sein. Ein dritter Typ, wahrscheinlich VAN DER WAALSscher Art, schien sich auf der ersten adsorbierten Schicht zu bilden.

β) Versuche von FRANKENBURG.

Durch die Unsicherheit, die in den Messungen von ROBERTS wegen der kleinen Oberfläche zu liegen schien, wurde FRANKENBURG dazu veranlaßt, dieses System Wasserstoff—Wolfram noch einmal zu studieren unter Benutzung von Wolframpulver als Adsorbens. Die gesamte Oberfläche des Adsorbens war bei seinen Messungen etwa 10^5mal größer als bei ROBERTS. Das Adsorbens wurde bei 750° C mit Wasserstoff reduziert, dann in Vakuum bei so hoher Temperatur entgast, bis es keine Gasabgabe mehr zeigte.

Die Zeichnung des Apparates ist in Abb. 10 schon angegeben worden. Die Messungen wurden in einem Temperaturintervall von $-194°$ C bis $+750°$ C ausgeführt. Die Druckmessungen wurden innerhalb ein und derselben Isotherme in einem Intervall von etwa 1 : 300 durchgeführt. Die Zeit, die zur Erreichung des Gleichgewichts notwendig war, betrug in einigen der Messungen bei tiefer Temperatur etwa 10 Stunden oder mehr. Die Messungen geben in einem Diagramm $\log p$ gegen $\log v$ anscheinend gradlinige Diagramme (sie scheinen also der Gleichung von FREUNDLICH zu folgen), aber bei genauerer Prüfung zeigt sich, daß ihre Neigung gegen die Druckachse sich bei zunehmendem Druck verkleinert. Die Neigung verändert sich auch mit der Temperatur und die verschiedenen extrapolierten Isothermen zeigen eine Konvergenz gegen einen gemeinsamen Schnittpunkt. FRANKENBURG hat aus der Neigung der „logarithmischen Isothermen“ den wahren Sättigungswert der Oberfläche ausgewertet. Bei einem solchen Wert ist das Verhältnis zwischen der Anzahl der Wolframatome in der

[1] A. R. MILLER, J. K. ROBERTS: Proc. Cambridge philos. Soc. **37** (1941), 82.

Oberfläche (nach der BET-Methode gemessen) zu der Zahl der adsorbierten Molekeln gleich 2 : 1.

In Abb. 22, S. 43, sind die logarithmischen Kurven wiedergegeben, die zu einer Meßreihe mit der gleichen Adsorbensprobe gehören. Man sieht eine deutliche Änderung der Neigung beim Übergang von kleinen Drucken zu höheren Drucken. Diese Änderung tritt in der Nähe von Adsorptionsgrößen hervor, die etwa 0,8 % des „wahren Sättigungswertes" betragen [die durchgezogene Linie, die das Diagramm in Abb. 22 in zwei Teile teilt, entspricht dem Wert log 0,008 S (S = „wahrer Sättigungswert")].

In dem Abschnitt der Isotherme, der der Adsorption unterhalb 0,8 % entspricht, haben die logarithmischen Kurven Neigungswinkel = 2 und sind untereinander parallel, während sie für größere Adsorptionen sich einander nähern. Schon bei sehr niedrigen Drucken ist die Oberfläche zu etwa 25 % des Sättigungswertes bedeckt. Die differentiellen Adsorptionswärmen wurden von Frankenburg aus den Isothermen mit der Gleichung von Clausius-Clapeyron berechnet. Die Adsorptionswärmen scheinen konstant zu sein für Oberflächenbedeckungen unterhalb 0,8 % des Sättigungswertes: für Isothermen bis zu 500° C gruppieren sie sich um etwa 46 kcal/Mol, für Isothermen höherer Temperatur sind sie etwas niedriger. Bei weiterer Zunahme der Oberflächenkonzentration werden die Adsorptionswärmen kleiner, und wenn man sich allmählich dem Sättigungswert nähert, so streben die Adsorptionswärmen der verschiedenen Isothermen einem gemeinsamen Wert zu. Vergleicht man diese Resultate mit denen von Roberts, so stellt man nach Frankenburg fest: a) daß das Verhältnis 1 : 2 zwischen den adsorbierten Wasserstoffmolekeln bei Sättigung und der Anzahl der Wolframatome in der Oberfläche mit dem Befund von Roberts übereinstimmt, b) daß ein beachtlicher Prozentsatz der Oberfläche schon bei Drucken von 10^{-4} bis 10^{-3} mm Hg bedeckt wird in Übereinstimmung mit Roberts, c) daß die differentielle Adsorptionswärme für sehr verdünnte Schichten (etwa 0,8 % des Sättigungswertes) 46 kcal/Mol beträgt, ein Wert, der dem von Roberts (45 kcal/Mol) sehr nahe liegt, d) daß die Verminderung der Adsorptionsenergie beim Fortschreiten der Bedeckung der Oberfläche bei Oberflächenkonzentrationen oberhalb 0,8 % des Sättigungswertes einem fast linearen Gesetz folgt, wie schon von Roberts beobachtet wurde.

Es gibt jedoch eine Abweichung von Roberts in bezug auf folgende Punkte: e) Roberts teilt mit, daß schon bei Drucken von 10^{-4} mm Hg die Sättigung des Adsorbens erreicht sei; die Daten von Frankenburg zeigen, daß die Sättigung der Oberfläche nur bei viel höheren Drucken (etwa 3×10^{3} mm Hg) erreicht wird. Der Druckwert, den Roberts der Sättigung zuschreibt, scheint bei Frankenburg einer relativen Besetzung von kaum $20 \div 25$ % der ganzen Oberfläche zu entsprechen, f) die Adsorptionsenergie, die Roberts der gesättigten Oberfläche zuschreibt (18 kcal/Mol), wird von Frankenburg bei einer Oberfläche gefunden, die zu etwa $15 \div 20$ % bedeckt ist.

Frankenburg erklärt den Unterschied zwischen seinen Daten und denen von Roberts durch die Annahme, daß Roberts die Oberfläche des Wolframdrahtes, den er als Adsorbens benutzt hat, schlecht gemessen hat, indem er ihm eine zu geringe Oberfläche auf Grund seiner geometrischen Dimensionen zuschrieb, und behauptet, daß die von Roberts angegebene Oberfläche mit einem Faktor von etwa 4,5 multipliziert werden müsse. Auf diese Weise würde dann Übereinstimmung zwischen den beiden Versuchsreihen bestehen.

Die Hauptfolgerungen, die Frankenburg aus seinen eigenen Messungen gezogen hat, sind die folgenden: 1. die Adsorption von Wasserstoff in verdünnten Schichten (kleiner als 0,008 S) tritt unter Dissoziation in Atome ein.

2. Für Filme, in denen die adsorbierte Menge größer als 0,008 S ist, gibt es Gründe, anzunehmen, daß die Adsorption nur teilweise unter Dissoziation der Molekeln in Atome stattfindet.

Frankenburg erklärt die Veränderung der Adsorptionsenergie so, daß er der Oberfläche des Adsorbens eine sehr stark heterogene Anordnung zuschreibt, die sich auf mindestens 40 % der Oberfläche erstreckt, oder er nimmt an, daß Wasserstoff als Molekel unter ziemlich verschiedenartiger Anordnung je nach dem Grade der Bedeckung der Oberfläche adsorbiert wird.

In sehr verdünnten Schichten sollen die Atome der Wasserstoffmolekeln sich in großem Abstand voneinander befinden. Bei Zunahme der prozentualen Oberflächenbedeckung soll die Elektronenkonfiguration des Adsorptionskomplexes eine Art molekularer Bindung zwischen zwei einander benachbarten Wasserstoffatomen hervorbringen.

Frankenburg wird also dazu geführt, ein Modell der Oberfläche auszuschließen, das nur wenige aktive Zentren hätte, wie das von Taylor, und ebenso hält er auch ein Modell mit gleichförmiger Oberfläche für unannehmbar, bei dem die Abnahme der Adsorptionswärme bei zunehmender Oberflächenbedeckung auf Grund der abstoßenden Wechselwirkung zwischen adsorbierten Partikeln erklärt werden müßte, weil die Abnahme der Adsorptionswärme schon bei sehr verdünnten Schichten anfängt, wo die abstoßende Wechselwirkung noch zu vernachlässigen sein müßte wegen des großen Abstandes zwischen den adsorbierten Partikeln.

γ) Versuche von Beeck und Mitarbeitern.

Die Versuche von Beeck wurden ausgeführt unter Verwendung von in Vakuum aufgedampften Metallschichten als Adsorbens. Beeck und seine Mitarbeiter haben die Oberfläche ihrer Schichten nach der BET-Methode gemessen unter Benutzung von Krypton oder Methan[1] als Adsorptiv bei —195° C. Die erhaltenen Oberflächengrößen betrugen bis etwa 8 m^2/Gramm Adsorbens. Bei den Messungen haben sie Filme mit Gesamtoberflächen von der Größenordnung 10^3 cm^2 benutzt. Die Metallschichten wurden erhalten durch Verdampfen des Metalls und Kondensation auf der Apparatwandung bei Temperaturen zwischen 23 und 400° C. Beeck und seine Mitarbeiter berichten, daß die bei niedrigen Temperaturen niedergeschlagenen Schichten eine größere Oberfläche haben als die bei höherer Temperatur erhaltenen, bei welch letzteren offensichtlich ein Rekristallisationsprozeß mit daraus folgender Verminderung der Oberfläche stattgefunden hat. Beim Arbeiten mit verschiedenen Metallen und insbesondere mit Nickel haben sie beobachtet, daß die bei Temperaturen oberhalb —183° C erhaltenen Isothermen einen raschen Sorptionsprozeß anzeigen, dem dann ein langsamer folgt. Dieser zweite Prozeß scheint identisch zu sein mit dem, was wir als langsame oder aktivierte Adsorption kennen. Jedoch haben Beeck und Mitarbeiter beobachtet, daß die Isobaren, die man z. B. beim Druck 0,1 mm Hg erhält, zwischen —183° C und bis zu 400° C eine Abhängigkeit der Sorption von der Temperatur zeigen, die durch ein Maximum charakterisiert ist, das allerdings nicht sehr ausgesprochen ist und bei Temperaturen um 20÷30° C liegt (s. Abb. 39). Wenn man die Temperatur wieder senkt, so verläuft die Desorptionsisobare

[1] Beeck und Mitarbeiter haben gefunden, daß in einigen Fällen die Metallschicht (z. B. Eisenschichten) Stickstoff auch noch bei Temperaturen der flüssigen Luft chemisorbiert, wie aus der Tatsache hervorgeht, daß die anfänglichen Adsorptionswärmen etwa 10 kcal/Mol betragen.

Deshalb scheint für Stickstoff die Oberfläche des Adsorbens größer zu sein, als sie in Wirklichkeit ist. Aus analogen Gründen kann auch Äthylen nicht als Adsorptiv benutzt werden.

höher als die Sorptionskurve und zeigt einen kontinuierlich steigenden Gang bei Abnahme der Temperatur. Die Wasserstoffmenge, die durch die Differenz zwischen der Desorption und der Sorptionsisobare dargestellt wird, ist praktisch dieselbe für Metallschichten, die bei 23° und bei 200° niedergeschlagen worden sind (obgleich die Oberfläche der letztgenannten viel kleiner ist, wie aus der Tatsache hervorgeht, daß Krypton und Kohlenmonoxyd viel weniger adsorbiert werden als an den bei 23° C adsorbierten Schichten). Die so sorbierte Wasserstoffmenge (die dem langsamen Sorptionsprozeß entspricht) hängt demnach nicht von der Oberfläche des Adsorbens ab, sondern eher von seiner Menge. Beeck und seine Mitarbeiter nehmen also auf Grund dieser und anderer Tatsachen (die wir der Kürze wegen nicht aufführen) an, daß die langsame Adsorption ein Prozeß der *Absorption* von Wasserstoff innerhalb des Adsorbens sei (an Stellen, die für Krypton und Kohlenmonoxyd unzugänglich sind).

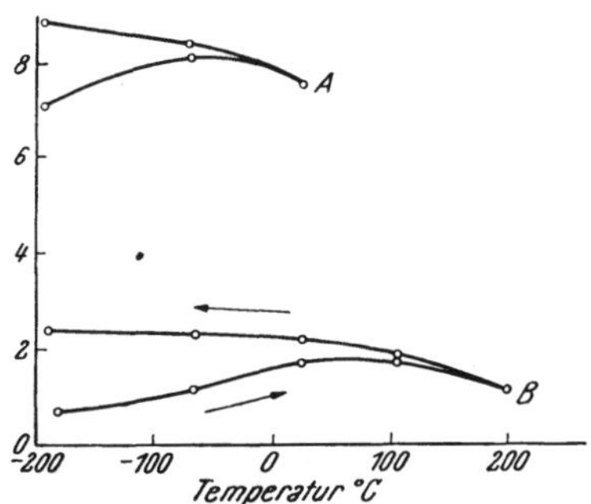

Abb. 39. Sorptionsisobaren an aufgedampften Nickelfilmen, zuerst bei steigender, dann bei fallender Temperatur gemessen. Ordinate: 10^{-18} Mol H_2 je 100 mg Film. *A*: Bei 23° C vorgesintert. *B*: Bei 200° C vorgesintert. Daten von Beeck und Mitarbeitern[1].

Die Absorption ist ein exothermer Prozeß, wie aus den Isobaren hervorgeht, und scheint aktiviert zu sein. Die Geschwindigkeit des Vorganges nimmt mit der Temperatur zu, und bei höheren Temperaturen ist der Vorgang umkehrbar. Übrigens scheint dieser Prozeß weniger exotherm zu sein als die Adsorption und auch leichter reversibel zu werden bei höherer Temperatur als der Chemisorptionsvorgang. Auch die Isobaren, die man mit Wolframschichten als Adsorbens erhält, zeigen dieselbe Erscheinung, die wir für Nickel ausgeführt haben.

Mit dem schon beschriebenen Kalorimeter (vgl. Abb. 14) hat Beeck die differentiellen Adsorptionswärmen von Wasserstoff auf verschiedenen Metallen gemessen. Die Adsorption tritt an vielen von ihnen sehr rasch bei Temperaturen von 0° C und darunter ein. Die Adsorptionswärmen sind für geringe Werte von ϑ identisch für Temperaturen von 0° C und von —183° C. Für Werte von $\vartheta = 0{,}8 \div 0{,}9$ dagegen sind die Adsorptionswärmen bei 0° C größer als bei —183° C. Beeck schreibt diese Unterschiede dem Absorptionsprozeß zu, der bei Zimmertemperatur mit größerer Geschwindigkeit vor sich geht als bei tiefer Temperatur und eine höhere absorbierte Menge ergibt.

Beeck beobachtet ferner, daß sowohl bei orientierten Schichten (die vorwiegend eine bestimmte Flächenart darbieten) als auch bei nichtorientierten Schichten (die alle Arten von Flächen des adsorbierenden Metalls darbieten) die differentiellen Adsorptionswärmen die gleichen sind, was darauf hindeutet, daß ihre Veränderlichkeit mit ϑ nicht von der Heterogenität der kristallographischen Lagen am Adsorbens abhängt.

Die Veränderung der Adsorptionsenergie mit ϑ bei Wasserstoff an Wolfram, wie sie aus den Messungen von Beeck und Mitarbeitern hervorgeht, stimmt

[1] O. Beeck, A. Smith, A. Wheeler: Proc. Roy. Soc. (London), Ser. A 177 (1940), 62. — O. Beeck: Rev. mod. Physics 17 (1945), 61. — O. Beeck, A. Wheeler, W. A. Cole: Trans. Faraday Soc., April 1950. — O. Beeck, A. W. Ritchie, A. Wheeler: J. Colloid Sci. 3 (1948), 505. — O. Beeck, A. Wheeler: J. chem. Soc. (London) 7 (1939), 631.

überein mit der, die von ROBERTS gefunden wurde, während die von FRANKENBURG erhaltene Kurve einen viel rascheren Abfall mit ϑ zeigt als die von BEECK und ROBERTS. Jedoch betrachtet BEECK als $\vartheta = 1$ bei ROBERTS und bei FRANKENBURG die Werte, die diese erhalten haben im Vergleich mit der Sättigung, wobei diese Werte sehr verschiedenen Wasserstoffdrucken entsprechen (10^{-4} mm Hg bei ROBERTS und 3×10^3 mm Hg bei FRANKENBURG).

BEECK hat auch die Adsorptionswärme von Wasserstoff an schon teilweise mit anderen Gasen bedeckten Oberflächen gemessen. So wird z. B. Stickstoff an Wolfram bei gewöhnlicher Temperatur momentan adsorbiert, bis er 60 % der ganzen Oberfläche bedeckt. Wenn man auf einer solchen Oberfläche Wasserstoff adsorbieren läßt, so entspricht der Wert der differentiellen Adsorptionswärme, den man dann findet, dem, den man auch haben würde, wenn die Adsorption an einer zu 60 % mit Wasserstoff bedeckten Oberfläche stattgefunden hätte.

In vielen Fällen bewirkt das voradsorbierte Gas keine Veränderung der Adsorptionswärme des Wasserstoffs, welche dann identisch ist mit derjenigen, die man auf einer mit Wasserstoff in gleichem Umfange schon bedeckten Oberfläche gefunden hätte. Fernerhin ist Wasserstoff, der auf einer teilweise mit Kohlenmonoxyd bedeckten Nickeloberfläche adsorbiert wird, seinerseits immer noch in der Lage, auf die Hydrierung des Äthylens einzuwirken. Diese Argumente bedeuten nach BEECK eine starke Stütze für die Theorie, daß die Oberfläche des Adsorbens von fast gleichmäßiger Qualität sei.

BEECK nimmt bei der Diskussion seiner Versuche Bezug auf die von ROBERTS und FRANKENBURG. Was die von FRANKENBURG betrifft, so meint BEECK, daß die Anwesenheit von Spuren adsorbierter Verunreinigungen am Wolfram die charakteristischen Daten beachtlich verändern könne, und glaubt außerdem, daß die FRANKENBURGsche Methode der Messung auch Absorptionserscheinungen hervorgerufen haben kann, die die Wasserstoffsorption beeinflussen. Außerdem kann die Oberfläche als viel größer abgeschätzt worden sein, weil FRANKENBURG die BET-Methode mit Stickstoff benutzt hat, der ja unter diesen Bedingungen auch chemisorbiert sein kann.

Auf Grund einer Reihe von Überlegungen kommt BEECK zu der Hypothese, daß das Wolframpulver von FRANKENBURG zu drei Vierteln mit adsorbierten Verunreinigungen bedeckt gewesen sei. Dies würde dann die rasche Abnahme der Adsorptionswärme bei zunehmender Bedeckung der Oberfläche erklären. Nach BEECK kann nämlich keine Oberfläche als vollständig gleichmäßig betrachtet werden, weil es nicht möglich ist, eine ideale Kristallfläche zu isolieren. Die Heterogenität der Oberfläche vom Standpunkt der Adsorptionsenergie aus ist sehr wahrscheinlich eine Frage von Verunreinigungen, die auf der Oberfläche anwesend sind, und die Oberfläche des Adsorbens wird zweifellos durch die verschiedene Verteilung der Verunreinigungen innerhalb der Oberfläche verändert. Außerdem kann die Anwesenheit von Verunreinigungen die eigentliche Oberfläche des Adsorbens auf einen sehr kleinen Prozentsatz herabdrücken. Auf diese Weise habe man jetzt die Existenz der „aktiven Zentren“ zu verstehen.

Aus seinen Messungen mit aufgedampften Metallschichten kommt BEECK zu folgenden Schlüssen:

a) daß die Oberflächen der aufgedampften Metalle als beinahe gleichförmig angesprochen werden können mit den oben erwähnten Einschränkungen;

b) daß die Aktivierungsenergie der Adsorption von Wasserstoff an solchen Oberflächen im allgemeinen als klein und beinahe vernachlässigbar angesehen werden kann;

c) daß die langsame Sorption von Wasserstoff in Wirklichkeit ein Absorptionsprozeß im Innern des festen Körpers sei;

d) daß die differentiellen Adsorptionswärmen sich mit ϑ in solcher Weise verändern, daß man dies einfach auf Grund von Wechselwirkungen zwischen adsorbierten Partikeln erklären kann, ohne die Annahme heterogener Oberflächen machen zu müssen.

δ) Versuche von Rideal und Trapnell[1].

Rideal und Trapnell benutzen Schichten, die bei 0° niedergeschlagen worden sind, und finden, daß, während eine gewisse Gasmenge sofort bei so niedrigen Drucken sorbiert wird, daß man sie nicht mehr messen kann, andere Gasmengen langsam und bei beachtlichen Drucken sorbiert werden. Hinsichtlich dieser letzten Mengen kommen Rideal und Trapnell auf Grund ihrer Versuche zu Schlüssen, die denen von Beeck und seinen Mitarbeitern analog sind. Jedoch beobachten sie, daß bei der Temperatur von $-183°$ C auch noch bei Drucken oberhalb 10^{-4} mm Hg sich eine weitere rasche Sorption beobachten läßt. Diese Sorption bei meßbaren Drucken ist zum Teil reversibel, was daraus hervorgeht, daß man Wasserstoff bei niedriger Temperatur sorbieren lassen kann, bis man eine gesamte Gasmenge hat, die praktisch konstant ist, und dann bei zunehmender Temperatur eine rasche Abnahme der Sorption beobachtet. Hält man die neue Temperatur konstant, so wird das abgegebene Gas von neuem vom Wolfram aufgenommen. Senkt man die Temperatur wiederum, so wird eine weitere Gasmenge rasch sorbiert. Die rasche Abnahme der Sorption bei Steigerung der Temperatur und die rasche Zunahme bei verminderter Temperatur sind keine Absorptionsprozesse und zeigen, daß die Adsorption zum Teil reversibel ist.

Rideal und Trapnell finden, daß die bei $-183°$ C absorbierte Gasmenge etwa 5% der adsorbierten ausmacht.

Die Isothermen sind stark abgeflacht. Aus dem Vergleich der chemisorbierten Sauerstoffmenge mit der adsorbierten Wasserstoffmenge finden Rideal und Trapnell, daß der Wasserstoff in mehr als einer einfachen Schicht adsorbiert wird, auch wenn man das im Inneren der Schicht absorbierte Gasvolumen in Rechnung setzt.

Rideal und Trapnell haben aus den Isothermen die Adsorptionswärmen berechnet. Die Werte, die Beeck und Roberts einer bedeckten Oberfläche zuschreiben (12 kcal), entsprechen nach Rideal und Trapnell einer mit 70% bedeckten Oberfläche.

Aus der Berechnung der Adsorptionsentropie kommen sie zu dem Schluß, daß bei dem Adsorptionsprozeß das Gas nur einen Freiheitsgrad verloren hat und deshalb der Film beweglich sein muß, wie man auch aus dem Diagramm der Adsorptionswärme als Funktion von ϑ sieht, das Rideal und Trapnell von Beeck übernommen haben, indem sie es bis zu dem von ihnen berechneten Sättigungswerte ausgedehnt haben. Die Gestalt dieses Diagramms kann nach Rideal und Trapnell nicht auf Grund von einfachen elektrostatischen Wirkungen erklärt werden.

Rideal und Trapnell stellen auch fest, daß die Veränderung von ϑ mit der Temperatur bei dem festgehaltenen Druck in dem von ihnen studierten Temperaturbereich $(-183 \div 0°)$ beachtlich ist im Gegensatz zu dem, was Roberts gefunden hat, der berichtet, daß unterhalb 400° keine Verdampfung von adsorbiertem Wasserstoff stattfindet. Rideal und Trapnell haben auch die Ortho-para-Wasserstoffumwandlung an solchen Wolframschichten durch-

---

[1] E. K. Rideal, B. M. W. Trapnell: Discuss. Faraday Soc. 8 (1950), 114; J. Chim. physique 47 (1950), 126. — B. M. W. Trapnell: Trans. Faraday Soc. 48 (1952), 160.

geführt und die Erklärung dieser Erscheinung auf Grund einer gleichförmigen Oberfläche als befriedigend befunden.

ε) Diskussion der Adsorptionsversuche mit Wasserstoff an Wolfram.

Wie man auch in der Beschreibung der Versuche von ROBERTS, FRANKENBURG, BEECK, RIDEAL und TRAPNELL gesehen hat, gibt es viele nicht übereinstimmende Punkte:

a) Größe der Oberfläche: FRANKENBURG schreibt dem von ROBERTS benutzten Adsorbens eine viermal größere Oberfläche zu als ROBERTS selbst; BEECK schätzt, daß die FRANKENBURGsche Oberfläche zu drei Vierteln mit Verunreinigungen bedeckt sei, und stimmt mit der ROBERTSschen Oberfläche überein; RIDEAL und TRAPNELL ihrerseits behaupten, daß die von BEECK und ROBERTS angenommenen Oberflächen um 30 % geringer als die wahre Oberfläche seien.

b) BEECK bemerkt, daß FRANKENBURG den wirklich adsorbierten Wasserstoff nicht von dem absorbierten unterschieden habe, RIDEAL und TRAPNELL finden wieder, daß BEECK und ROBERTS nicht bewiesen haben, daß es außer dem irreversiblen adsorbierten und absorbierten Wasserstoff nicht auch noch einen kleinen Bruchteil von reversibel adsorbiertem Wasserstoff gäbe.

c) ROBERTS findet, daß die Verdampfung des adsorbierten Wasserstoffs unterhalb 400° C zu vernachlässigen sei; RIDEAL und TRAPNELL stellen fest, daß zwischen —183° und 0° C eine Veränderung stattfindet, ebenso auch FRANKENBURG.

d) ROBERTS, BEECK sowie RIDEAL und TRAPNELL finden eine sehr große Adsorptionsgeschwindigkeit auch bei sehr tiefer Temperatur.

e) Die Werte der Adsorptionswärme für $\vartheta = 0$ sind praktisch identisch bei ROBERTS, BEECK und FRANKENBURG (RIDEAL und TRAPNELL geben keine Werte an). Der Unterschied zwischen den Daten der verschiedenen Autoren bei zunehmendem ϑ kommt von dem Unterschied in den Werten für die Oberfläche.

Auf Grund der Daten von ROBERTS, BEECK sowie RIDEAL und TRAPNELL kann man ihren Oberflächen eine gleichförmige Beschaffenheit zuschreiben, und wenn man die Hypothese von BEECK akzeptiert, daß die von FRANKENBURG benutzte Oberfläche zu drei Vierteln verunreinigt war, so können die Veränderungen der Adsorptionsenergien mit ϑ auch ihrerseits die Anwesenheit einer gleichförmigen Oberfläche anzeigen.

Wenn man hingegen die Schlußfolgerungen nach FRANKENBURG hinsichtlich der Adsorbensoberfläche und hinsichtlich des Sättigungswertes für Wasserstoff als richtig annimmt, so ist die Hypothese wahrscheinlicher, daß die Oberfläche schwach heterogen sei mit einer Heterogenität, die sich auf 40 % der Gesamtoberfläche erstreckt. Diese Art von Heterogenität würde dazu führen, daß die „aktiven Zentren“ sich auf einen sehr großen Bruchteil der Oberfläche erstrecken, im Gegensatz zu der gewöhnlich angenommenen Meinung, daß sie nur einen kleinen Bruchteil der Oberfläche ausmachen.

Eine Untersuchung der Daten von FRANKENBURG ist auch von HALSEY und TAYLOR[1] durchgeführt worden, die die Anwesenheit einer heterogenen Oberfläche ohne Wechselwirkung zwischen den adsorbierten Atomen vorausgesetzt haben. Sie haben es für richtig gefunden, der Oberfläche eine exponentielle Verteilung der Adsorptionsstellen zuzuschreiben, die dargestellt werden kann durch:

$$N = c\, e^{-\chi/\chi_m},$$

---

[1] G. HALSEY, H. S. TAYLOR: J. chem. Physics **15** (1947), 624.

wo χ den Energieunterschied zwischen dem niedrigsten energetischen Zustand des Gases und dem niedrigsten energetischen Zustand des Adsorptionskomplexes darstellt. (χ_m bedeutet die Energie, für die die Stellen einen Bruchteil $1/e$ der Stellen ausmachen, für welche $\chi = 0$.)

Die Temperaturfunktion von χ_m ist nahezu gradlinig.

Unter diesen Voraussetzungen bekommen HALSEY und TAYLOR für die Isotherme:

$$\ln p = \frac{\chi_m}{kT} \ln \vartheta + \ln p_0, \tag{10, 1}$$

wo p_0 eine Funktion der Zustände der verwendeten Materialien (nicht von ϑ) ist. Die bei verschiedenen Temperaturen erhaltenen Linien schneiden sich bei $p = p_0$ (d. h. wenn $\vartheta = 1$) in Übereinstimmung mit den experimentellen Daten.

Berücksichtigt man auch die Veränderung der Entropie an der Oberfläche[1], so bekommt man den Ausdruck:

$$\vartheta = \left(\frac{p}{p_0}\right)^{kT/\chi_m (1 - rT)}. \tag{10, 2}$$

Die Daten von FRANKENBURG können auf Grund der Gl. (10, 2) interpretiert werden.

Für hohe Werte von ϑ schlägt HALSEY[1, 2] an Stelle einer exponentiellen Verteilungsfunktion eine lineare vor, wobei er eine Isotherme erhält, die in Übereinstimmung mit den experimentellen Daten von RIDEAL und TRAPNELL ist.

Eine der von HALSEY und TAYLOR verfolgten Methode entgegengesetzte ist von SIPS[3] angewandt worden, um die Oberfläche von Katalysatoren zu untersuchen. SIPS berechnet, ausgehend von der Adsorptionsisotherme, die Energieverteilung zwischen den Zentren der Oberfläche. Für den Fall, in dem die FREUNDLICHsche Isotherme gilt, erhält man eine Verteilungsfunktion, die sich wenig von einer GAUSSschen unterscheidet.

Offensichtlich können die Daten der Adsorptionsisothermen und der Adsorptionswärme erklärt werden, entweder indem man eine Heterogenität oder indem man eine Gleichförmigkeit der Oberfläche mit Wechselwirkung zwischen den adsorbierten Atomen annimmt. Wie HALSEY[1] bemerkt, behaupten die Verfechter der Heterogenität, daß die Erklärung, die die Verfechter der gleichförmigen Oberfläche mit Wechselwirkung anführen, außerordentlich hohe Wechselwirkungsenergien voraussetzen würde. Umgekehrt denken die Verfechter der gleichförmigen Adsorptionsoberfläche, daß es unwahrscheinlich sei, einer sauberen Oberfläche eine so heterogene Beschaffenheit zuzuschreiben. TAYLOR bemerkt, daß unabhängige Versuche notwendig sein werden, um die größere oder geringere Heterogenität einer Oberfläche zu beweisen.

So haben TAYLOR und LIANG[4] die Adsorption und Desorption von Wasserstoff an Zinkoxyd mit der Zeit bei Zu- und Abnahme der Temperatur verfolgt und haben so Isobaren bei steigender und fallender Temperatur erhalten. Diese Isobaren haben eine Form, die derjenigen von BEECK an Nickelfilmen ähnlich ist. Die langsame Sorption wird von TAYLOR und LIANG einem Prozeß langsamer Chemisorption zugeschrieben, und die Tatsache, daß bei fallender Temperatur die Sorption weiterhin zunimmt, begründet TAYLOR mit der Anwesenheit von

---

[1] G. D. HALSEY, JR.: Advances in Catalysis, Vol. IV. New York, 1952.

[2] G. HALSEY, H. S. TAYLOR: J. chem. Physics **15** (1947), 624. — G. D. HALSEY, JR.: Trans. Faraday Soc. **47** (1951), 649.

[3] R. SIPS: J. chem. Physics **18** (1948), 490.

[4] H. S. TAYLOR, S. C. LIANG: J. Amer. chem. Soc. **69** (1947), 1306.

verschiedenen Bezirken in der Oberfläche, die durch Adsorptionsenergien und Aktivierungsenergien solcher Größe gekennzeichnet sind, daß bei tiefer Temperatur einige von ihnen vom Adsorptiv bedeckt sind und andere nicht, während bei hoher Temperatur die Situation sich umkehren kann. Auf Grund dieses Modelles kann man die charakteristischen Kennzeichen der Isobaren erklären.

In Verfolg der von BEECK über die verschiedenen Möglichkeiten der Wasserstoffabsorption formulierten Einwände haben SADEK und TAYLOR[1] die Adsorption von Wasserstoff an Nickelträgerkatalysatoren durchgeführt. Sie finden, daß die Interpretation, die BEECK der langsamen Sorption gibt, nicht ausreicht, um ihre Ergebnisse zu erklären, und schließen daraus, daß die Oberfläche der Katalysatoren als heterogen angesehen werden muß.

Wenn wir das bisher Berichtete überblicken, so kommen wir zu den folgenden Schlußfolgerungen:

Die Versuche mit aufgedampften Filmen zeigen Eigentümlichkeiten, die sehr schwer auf Grund einer stark heterogenen Oberfläche erklärlich sein würden. Einige von uns erwähnte Tatsachen, wie die, daß bei der Adsorption von Kohlenmonoxyd die Oberfläche für die katalytischen Wirkungen nur in dem Maße vergiftet sein soll, in dem die Oberfläche mit Kohlenmonoxyd bedeckt ist, oder die Tatsache, daß die Adsorptionswärmen einiger Gase sich mit ϑ ziemlich wenig verändern, zeigen, daß es keine ganz besonders aktiven Zentren in der Oberfläche gibt; außerdem zeigt die Tatsache, daß die Sorption verschiedener Gase an metallischen Filmen ziemlich rasch auch bei tiefer Temperatur verläuft und daß die Adsorptionswärme bei verschiedenen Temperaturen nahezu dieselbe ist, daß bei vielen Chemisorptionsprozessen die Aktivierungsenergie ziemlich klein ist. Andererseits berechtigen viele Erscheinungen, die man an technischen Katalysatoren beobachtet (Vergiftung, wenn nur ein geringer Teil der Oberfläche vom Gift bedeckt ist usw.), die Annahme des Modells der Oberfläche mit aktiven Zentren nach TAYLOR, wenn auch nach einer gewissen Revision. Es wäre übrigens schwierig zu erklären, wie eine metallische Oberfläche, die im Vakuum unter solchen Bedingungen niedergeschlagen worden ist, so daß irgendwelche Verunreinigungen ausgeschlossen sind, dieselben Eigentümlichkeiten haben soll wie eine Metallpulveroberfläche, die man an der Luft aufbewahrt und dann einer Entgasung und Reinigung unterzogen hat, die sicherlich nicht alle anwesenden Verunreinigungen entfernt haben kann. Und dies gilt in noch höherem Maße, wenn man es mit Metalloxyden wie Cu_2O, ZnO zu tun hat, die eine Struktur mit Oberflächendefekten infolge Sauerstoff- oder Metallüberschuß besitzen, welche nicht genau zu definieren ist, oder auch wenn es sich um Trägerkatalysatoren handelt, die aus heterogenen Systemen bestehen und für die es schwierig ist, die oberflächliche Verteilung der einzelnen Phasen zu definieren.

Diese Oberflächen bieten großes Interesse vom technischen Standpunkt aus und deshalb sind Untersuchungen der besten Bedingungen für die Herstellung und die Benutzung vom katalytischen Standpunkt aus zweifellos recht wichtig.

Jedoch haben die erwähnten Adsorbentien hinsichtlich einer Vertiefung unserer Kenntnisse des Adsorptionsproblems (und daher auch des Katalyseproblems) den Nachteil, daß es wegen der Kompliziertheit der auftretenden Erscheinungen ziemlich schwierig ist, sichere Schlüsse zu ziehen.

Im vorhergehenden haben wir die Ergebnisse von vier Experimenten angeführt, die mit demselben System Adsorbens—Adsorptiv unter gut reproduzierbaren Bedingungen ausgeführt worden sind. Jedes einzelne dieser Experi-

[1] H. SADEK, H. S. TAYLOR: J. Amer. chem. Soc. **72** (1950), 1168.

mente wurde mit großer Sorgfalt durchgeführt: es handelt sich um wichtige Arbeiten, deren Resultate als Grundlagen dienen, um die Richtigkeit der wichtigsten theoretischen Arbeiten zu kontrollieren (z. B. derjenigen von HALSEY und TAYLOR und derjenigen von ROBERTS, MILLER usw.).

Bei der Diskussion, die stattgefunden hat, wurde festgestellt, daß die Daten untereinander nicht sehr gut übereinstimmen, besonders was den Sättigungsgrad der Oberfläche betrifft. Jedoch handelt es sich um neuere Arbeiten, die mit einer sehr verfeinerten Technik und in einem relativ einfachen System durchgeführt worden sind, denn Wolfram kann ja zur Reinigung der Oberfläche auf sehr hohe Temperaturen erhitzt werden.

Wenn man bedenkt, daß nicht alle Schlüsse, zu denen die einzelnen Autoren gelangen, ohne Vorbehalt angenommen werden dürfen, so ist anzunehmen, daß Untersuchungen mit noch komplizierteren Systemen als diejenigen, die wir betrachtet haben, häufig unter nicht ganz streng definierbaren Bedingungen keine positiven Beiträge zu der Vertiefung unserer Kenntnisse über die Chemisorption liefern können. Deshalb sind wir der Ansicht, daß im gegenwärtigen Zustand unserer Kenntnisse Untersuchungen wichtig sind, in denen die *rigorosesten Vorsichtsmaßnahmen* ergriffen werden, um Oberflächen zu erhalten, die möglichst weitgehend von fremden adsorbierten Stoffen befreit sind (und dies auch noch, wenn man dafür die klassischen Methoden der Adsorptionsmessung verlassen muß), und daß es wichtig ist, das Verhalten der einzelnen Gase an solchen Oberflächen zu studieren. Ganz sicherlich sind die geeignetsten Adsorbentien für diese Art von Untersuchungen die reinen Metalle, bei denen man mit einer gewissen Genauigkeit die Oberflächenstruktur kennt.

Nur wenn man eine sichere Kenntnis dessen besitzt, was bei der einfachsten Adsorption vor sich geht, so ist es möglich, die besten Arbeitsbedingungen festzulegen für kompliziertere Adsorbentien und dann aus den experimentellen Daten mehr als einfache Vermutungen herauszulesen.

B. Statistische Mechanik der Adsorption*.

1. Allgemeines.

In dem vorhergehenden Abschnitt haben wir die grundsätzlichsten Begriffe auseinandergesetzt, die den modernen Theorien über die Adsorption zugrunde liegen; Zweck des vorliegenden Abschnittes ist jetzt, einige dieser Begriffe von dem Standpunkt der statistischen Mechanik aus erneut zu überprüfen und im einzelnen die Grundlage der statistischen Theorie der Adsorption zu entwickeln.

In diesem Abschnitt wird besonderer Wert auf die einmolekularen chemisorbierten Schichten auf Kristallgittern gelegt und besonders auf die Behandlungen geachtet werden, die nach der Methode von BETHE[1] über das Problem Ordnung—Unordnung erfolgt sind, welche von PEIERLS[2] auf die Theorie der einmolekularen Schichten angewandt worden ist, indem man Näherungsausdrücke für die Verteilungsfunktionen entwickelt. Es wird auch ein beachtlicher Raum der statistischen Ableitung der BET-Isotherme gewidmet werden wegen des beachtlichen Erfolges, den diese bei dem Vergleich mit dem Experiment erzielt hat.

Bevor wir in Einzelheiten dieser Fragen eintreten, wollen wir einen kurzen Abschnitt über den Aufbau und die Benutzung der großen Verteilungsfunktionen vorausschicken, da diese eines der hauptsächlichsten Werkzeuge darstellen,

* Unter Mitarbeit von P. BROVETTO, Turin.

[1] H. A. BETHE: Proc. Roy. Soc. (London), Ser. A 150 (1935), 552.

[2] R. PEIERLS: Proc. Cambridge philos. Soc. 32 (1936), 471.

von dem wir Gebrauch machen werden. Wir betrachten eine homogene Phase, die aus verschiedenen Systemen A, B usw. mit den relativen Zahlen N_A, N_B usw. besteht.

Es seien μ_A, μ_B, ... die partiellen chemischen Potentiale, die definiert sind durch

$$\mu_A = \frac{\partial F}{\partial N_A}, \quad \mu_B = \frac{\partial F}{\partial N_B} \ldots \text{ usw.},$$

wo F die freie Energie der Phase ist. Wir führen die Funktion ein:

$$\Phi = \Sigma_A N_A \mu_A - F, \tag{1, 1*}$$

wobei wir berücksichtigen, daß

$$d F = - S d T - X d x + \Sigma_A \mu_A d N_A,$$

wo X (Druck, zweidimensionaler Oberflächendruck oder dergleichen) die verallgemeinerte Kraft ist, die zu der Koordinate x (Volumen, Oberfläche usw.) konjugiert ist. Wenn S die Entropie ist, T die Temperatur, so erhalten wir:

$$d \Phi = S d T + X d x + \Sigma_A N_A d \mu_A,$$

woraus folgt, daß:

$$\frac{\partial \Phi}{\partial T} = S; \quad \frac{\partial \Phi}{\partial x} = X; \quad \frac{\partial \Phi}{\partial \mu_A} = N_A. \tag{1, 2*}$$

In den Fällen, wo die freie Energie x proportional ist, wird die Funktion F $(x, N_A, \ldots, T)$ homogen vom ersten Grade in den Variablen x, $N_A, \ldots$ usw., man hat also nach dem EULERschen Theorem über die homogenen Funktionen:

$$F = x \frac{\partial F}{\partial x} + \Sigma_A N_A \frac{\partial F}{\partial N_A} = - x X + \Sigma_A N_A \mu_A.$$

Wenn wir diesen Ausdruck in Gl. (1, 1*) einsetzen, so sehen wir, daß gilt:

$$\Phi = X x.$$

Wir schreiten jetzt zur statistischen Bestimmung der Funktion Φ. Wir betrachten jedoch zur Vereinfachung eine ideale Gasphase, die aus Systemen (Atomen oder Molekeln) von nur einem Typ besteht, für die die Energieniveaus $\varepsilon_1, \varepsilon_2 \ldots \ldots \varepsilon_r \ldots$ möglich sind, vom statistischen Gewicht $\omega_1, \omega_2, \ldots \omega_r \ldots$; man hat dann für eine Besetzungszahl N_r der Niveaus die wohlbekannte quantenstatistische Formel:

$$N_r = \frac{\omega_r}{\frac{1}{\lambda} e^{\varepsilon_r/kT} \mp 1}. \tag{1, 3*}$$

Der statistische Ausdruck für die Entropie lautet:

$$S = k \lg W,$$

wo

$$W = \Pi_r \binom{\omega_r}{N_r} \text{ oder } W = \Pi_r \binom{\omega_r + N_r - 1}{N_r}$$

bzw. für das FERMI-DIRACsche Gas und für das BOSE-EINSTEINsche Gas ist. Macht man Gebrauch von der asymptotischen STIRLINGschen Formel:

$$N! \backsimeq \left(\frac{N}{e}\right)^N \quad \text{für } N \gg 1, \tag{1, 4*}$$

so erhält man für die Entropie die Quantenformel:

$$S = k\,\Sigma_r \left[N_r \lg\left(\frac{\omega_r}{N_r} \pm 1\right) \pm \lg\left(1 \pm \frac{N_r}{\omega_r}\right)\right] \tag{1, 5*}$$

(das obere Zeichen bezieht sich immer auf die BOSE-EINSTEIN-Statistik, das untere Zeichen auf die FERMI-DIRAC-Statistik). Setzt man G. (1,3*) in Gl. (1, 5*) ein, so erhält man:

$$S = \frac{1}{T}\Sigma_r N_r \varepsilon_r - \frac{1}{T}\left[-kT\,\Sigma_r \lg\left(1 \mp e^{-\frac{\varepsilon_r}{kT}}\right)^{\mp \omega_r} + N\,kT \lg \lambda\right].$$

Man berücksichtigt, daß

$$S = \frac{1}{T}(U - F),$$

wo $U = \Sigma_r N_r \varepsilon_r$ die innere Energie bedeutet, und erhält dann für die freie Energie die Formel:

$$F = -kT\,\Sigma_r\,\omega_r \lg\left(1 \mp \lambda e^{-\frac{\varepsilon_r}{kT}}\right)^{\mp 1} + N\,kT \lg \lambda. \tag{1, 6*}$$

Nun folgt aus der Definition des chemischen Potentials $\mu = \frac{\partial F}{\partial N}$, daß

$$\mu = kT \lg \lambda. \tag{1, 7*}$$

Wenn man nun die Gl. (1, 7*) in (1, 6*) und dann (1, 6*) in (1, 1*) einsetzt, so erhält man für die Funktion Φ folgenden Ausdruck:

$$\Phi = kT\,\Sigma_r\,\omega_r \lg\left(1 \mp \lambda e^{-\frac{\varepsilon_r}{kT}}\right)^{\mp 1}.$$

Setzt man:

$$\Xi = \Pi_r\left(1 \mp \lambda e^{-\frac{\varepsilon_r}{kT}}\right)^{\mp \omega_r},$$

so kann man nunmehr schreiben:

$$\Phi = kT \lg \Xi, \tag{1, 8*}$$

was genau der statistische Ausdruck für das thermodynamische Potential Φ ist. Die Funktion Ξ erhält den Namen „*große Verteilungsfunktion der Phase*". Benutzen wir den Ausdruck (1, 8*) für die Funktion Φ, so wird aus Gl. (1, 2*):

$$kT\left(\frac{\partial \lg \Xi}{\partial x}\right)_{\lambda, T} = X; \quad \lambda\left(\frac{\partial \lg \Xi}{\partial \lambda}\right)_{T, x} = N. \tag{1, 9*}$$

Ferner ist

$$kT^2\left(\frac{\partial \lg \Xi}{\partial T}\right)_{x, \mu} = U - N\mu,$$

was gleichbedeutend ist mit

$$kT^2\left(\frac{\partial \lg \Xi}{\partial T}\right)_{x, \lambda} = U. \tag{1, 10*}$$

Die Erweiterung von Gl. (1, 9*) und (1, 10*) auf den allgemeinen Fall, wo in der Phase mehrere Systemarten A, B ... usw. auftreten, ist klar, jedoch werden wir darauf nicht eingehen. In der klassischen Annäherung, d. h. für $\lambda e^{-\frac{\varepsilon_r}{kT}} \ll 1$, was, wie wir aus dem Ausdruck für λ sehen, bei hohen Temperaturen eintritt, hat man:

$$\lg \Xi = \lg \Pi_r \left(1 \mp \lambda e^{-\frac{\varepsilon_r}{kT}}\right)^{\mp \omega_r} =$$

$$= \lambda \Sigma_r \omega_r e^{-\frac{\varepsilon_r}{kT}} = \lambda f(T),$$

wo $f(T)$ die *kleine Verteilungsfunktion* für nur ein System in dem Ensemble ist.

Wir können auch für die große Verteilungsfunktion schreiben:

$$\Xi = \sum_{0}^{\infty}{}_N \lambda^N \frac{[f(T)]^N}{N!}. \qquad (1, 11^*)$$

Dieser Ausdruck zeigt, daß er nichts anderes ist als die Summe für alle Werte von N von der Verteilungsfunktion $\frac{[f(T)]^N}{N!}$, multipliziert mit λ^N; im allgemeinen gelten für die große Verteilungsfunktion Ausdrücke, die Gl. (1, 11*) analog sind. Es kann z. B. für ein nichtideales Gas eintreten, daß $f(T)$ in expliziter Weise von N abhängt; in diesem Falle verallgemeinern sich die vorliegenden Resultate, indem man annimmt, daß die Formeln (1, 9*), (1, 10*), (1, 11*) noch gelten. Um die ärgsten mathematischen Schwierigkeiten zu vermeiden, die dann bei der Auswertung der Summe der Reihe (1, 11*) auftreten können, ist es üblich, die Reihe durch ihren größten Term zu ersetzen; dies bedeutet in gewöhnlichen Fällen eine sehr gute Annäherung, die für die Bedürfnisse der Theorie mehr als ausreichend ist.

Wenn man immer noch bei der klassischen Annäherung bleibt, so kann man auch einen Ausdruck für die freie Energie F entwickeln, in dem der Parameter λ nicht explizit auftritt. Man hat nämlich für $\lambda^{-1} e^{\frac{\varepsilon_r}{kT}} \gg 1 : N_r = \lambda \omega_r e^{-\frac{\varepsilon_r}{kT}}$, woraus wegen $\Sigma_r N_r = N$ folgt:

$$N = \lambda f(T). \qquad (1, 12^*)$$

Nun gilt nach Gl. (1, 1*):

$$F = N\mu - \Phi,$$

was wegen Gl. (1, 8*), (1, 7*) und (1, 12*) in unserer Annäherung zu dem Ausdruck führt:

$$F = -kT\lambda f(T) + N\mu = -kTN + kT \lg \lambda^N =$$

$$= -kT \left\{ \lg e^N + \lg \frac{[f(T)]^N}{N^N} \right\} = -kT \lg \frac{[f(T)]^N}{\left(\frac{N}{e}\right)^N}.$$

Unter Benutzung der Näherungsformel von STIRLING [Gl. (1, 4*)] folgt daraus unmittelbar:

$$F = -kT \lg \frac{[f(T)]^N}{N!}, \qquad (1, 13^*)$$

was die wohlbekannte klassische Beziehung zwischen freier Energie F und der Verteilungsfunktion der Phase ist.

Die praktische Bequemlichkeit der Formeln (1, 9*) und (1, 10*) ist reichlich erkennbar an den Anwendungen, die wir im folgenden entwickeln werden und auf die wir im Augenblick nicht genauer eingehen wollen. Wir wollen uns jetzt darauf beschränken, kurz die Berechnung des Verteilungsparameters λ darzustellen für den Fall eines idealen Gases. Aus Gl. (1, 3*) erhalten wir durch Summierung:

$$N = \Sigma_r N_r = \Sigma_r \frac{\omega_r}{\frac{1}{\lambda} e^{\varepsilon_r/kT} \mp 1}.$$

Ersetzen wir die diskrete Folge von Niveaus durch eine kontinuierliche Verteilung, vernachlässigen wir den Term ∓ 1 und bedenken wir noch, daß in unserer Annäherung gilt:

$$\omega_r = \frac{4 \pi m V}{h^3} \sqrt{2 m \varepsilon}\, \Delta \varepsilon ,$$

so haben wir

$$N = \frac{4 \pi m V}{h^3} \lambda \int_0^\infty \sqrt{2 m \varepsilon}\, e^{-\frac{\varepsilon}{kT}}\, d \varepsilon ,$$

wo m die Masse der Gasmolekeln und V das dem Gase zugängliche Volumen ist. Durch Ausführung der Integration erhält man:

$$\lambda = \frac{p h^3}{(2 \pi m)^{3/2} (kT)^{5/2} b\,(T)}, \qquad (1, 14^*)$$

wo p der Gasdruck und $b\,(T)$ die kleine Verteilungsfunktion in bezug auf die internen Freiheitsgrade der Molekeln ist. Wir werden im folgenden häufig von den Formeln (1, 7*), (1, 9*), (1, 14*) Gebrauch machen. Für weitere Einzelheiten über diese Überlegung verweisen wir auf FOWLER und GUGGENHEIM[1].

2. Statistische Ableitung der Langmuirschen Isotherme.

LANGMUIR leitet seine Isotherme auf Grund von kinetischen Überlegungen ab, welche in dem vorhergehenden Abschnitt ausführlich besprochen worden sind. FOWLER[2] zeigte, daß die Isotherme nicht von dem speziellen Kondensations- und Verdampfungsmechanismus abhängig ist, mit dem das Gleichgewicht zwischen Gasphase und adsorbierter Phase verknüpft ist. Er gelangt auf Grund einer rigorosen statistischen Behandlung, die auf Hypothesen beruht, die denen von LANGMUIR gleichwertig sind, dazu, die Temperaturabhängigkeit des Gleichgewichts der Adsorption festzulegen. FOWLER nimmt im einzelnen an, daß für die Molekeln des Systems eine Reihe von Energieniveaus ε_r möglich ist von statistischen Gewichten ω_r für die Gasphase sowie eine Reihe η_r von statistischen Gewichten ϱ_r für die adsorbierte Phase und daß die Molekeln von der Gasphase in die adsorbierte Phase ohne Dissoziation übergehen.

Nach FOWLER existieren übrigens pro Einheit der Adsorbensoberfläche N_s Stellen, die fähig sind, die adsorbierbaren Molekeln derart festzuhalten, daß die Zustände einer adsorbierten Molekel an einer Stelle nicht davon abhängen, ob die umliegenden Stellen mehr oder weniger besetzt sind.

---

[1] R. H. FOWLER, E. A. GUGGENHEIM: Statistical Thermodynamics. Cambridge, 1939.

[2] R. H. FOWLER: Proc. Cambridge philos. Soc. **31** (1935), 260.

Die kleine Verteilungsfunktion für eine adsorbierte Molekel an einer dieser Stellen lautet dann:

$$v(T)\, e^{\chi_0/kT},$$

wo

$$v(T) = \Sigma_r\, \varrho_r\, e^{-\frac{\eta_r}{kT}}. \tag{2, 1*}$$

Hier ist $-\chi_0$ die Energiedifferenz zwischen dem Grundzustand einer adsorbierten Molekel und dem Grundzustand einer Gasmolekel. Da $\binom{N_s}{N}$ Möglichkeiten existieren, N Atome auf N_s Stellen zu verteilen, so erhalten wir folgende Form der Verteilungsfunktion für die adsorbierte Phase:

$$\binom{N_s}{N} [v(T)\, e^{\chi_0/kT}]^N,$$

und der Ausdruck für die große Verteilungsfunktion lautet dann:

$$\Xi = \sum_{0}^{\infty}{}_N \binom{N_s}{N} [\lambda\, v(T)\, e^{\chi_0/kT}]^N = [1 + \lambda\, v(T)\, e^{\chi_0/kT}]^{N_s}. \tag{2, 2*}$$

Wir machen jetzt Gebrauch von der zweiten der beiden Formeln (1, 9*), aus der wir für $\overline{N}$ den Gleichgewichtswert von N erhalten:

$$\overline{N} = \lambda \frac{\partial \lg \Xi}{\partial \lambda} = N_s \frac{\lambda\, v(T)\, e^{\chi_0/kT}}{1 + \lambda\, v(T)\, e^{\chi_0/kT}}. \tag{2, 3*}$$

Nun müssen im Gleichgewicht die chemischen Potentiale der Gasphase und der adsorbierten Phase identisch werden, was bedeutet, daß in Gl. (1, 7*) die Verteilungsparameter λ in beiden Phasen identisch werden, woraus folgt, daß in Gl. (2, 3*) wir λ durch den Ausdruck (1, 14*) ersetzen können, der für ein ideales Gas berechnet worden ist. Wir setzen nun für den Bruchteil der besetzten Stellen im Gleichgewicht:

$$\frac{\overline{N}}{N_s} = \vartheta$$

und erhalten λ als Funktion von ϑ aus Gl. (2, 3*):

$$\lambda = \frac{e^{-\chi_0/kT}}{v(T)} \frac{\vartheta}{1-\vartheta}. \tag{2, 4*}$$

Setzt man diese Gleichung in (1, 14*) ein, so erhält man:

$$p = \frac{(2\pi m)^{3/2} (kT)^{5/2}}{h^3} \frac{b(T)}{v(T)}\, e^{-\chi_0/kT} \frac{\vartheta}{1-\vartheta}, \tag{2, 5*}$$

was der statistische Ausdruck für die LANGMUIRsche Isotherme ist. Die vorhergehende Behandlung kann leicht auch auf den Fall von zweiatomigen Molekeln ausgedehnt werden, die unter Dissoziation nach dem Schema

$$A_{2\,gas} \rightleftarrows 2\, A_{ads} \tag{2, 6*}$$

adsorbiert werden. In diesem Falle muß man im Gleichgewicht haben:

$$dF = \frac{\partial F_{gas}}{\partial N_{gas}}\, d N_{gas} + \frac{\partial F_{ads}}{\partial N_{ads}}\, d N_{ads} = 0, \tag{2, 7*}$$

wo F_{gas} und N_{gas} die freie Energie bzw. die Anzahl der in der Gasphase anwesenden Molekeln bedeuten, F_{ads} und N_{ads} die analoge Bedeutung für die adsorbierte Phase besitzen. Da nach dem Schema (2, 6*) $2\,d\,N_{gas} = -\,d\,N_{ads}$ sein muß, so erhält man aus Gl. (2, 7*), wenn man sie durch chemische Potentiale μ_{gas} und μ_{ads} umschreibt:

$$\mu_{gas} = 2\,\mu_{ads}\,.$$

Aus Gl. (1, 7*) folgt dann:

$$\lambda^2_{ads} = \lambda_{gas}\,.$$

Setzt man nun in diese letzte Gleichung Gl. (1, 14*) und (2, 3*) ein, so erhält man:

$$p = \frac{(2\pi m)^{3/2}(kT)^{5/2}}{h^3}\,\frac{b\,(T)}{v^2\,(T)}\,e^{-2\chi_0/kT}\left(\frac{\vartheta}{1-\vartheta}\right)^2, \qquad (2, 8^*)$$

wo $-2\,\chi_0$ den Energieunterschied zwischen den Grundzuständen der zwei adsorbierten Atome und dem Grundzustand einer Molekel in der Gasphase bedeutet. Die Gl. (2, 8*) stellt genau die Adsorptionsisotherme für den Fall dar, daß der Prozeß von einer Dissoziation der Molekel begleitet ist.

Eine andere beachtliche Verallgemeinerung der Langmuirschen Isotherme kann erhalten werden, wenn die Gasphase aus einer Mischung von zwei oder mehreren adsorbierbaren Gasen besteht. In diesem Falle geben wir mit

$$v_A\,(T)\,e^{\chi_A/kT} \quad \text{und} \quad v_B\,(T)\,e^{\chi_B/kT}$$

die kleinen Verteilungsfunktionen für die Molekeln der beiden Gase in der adsorbierten Phase an. Die benutzten Symbole sind dieselben außer der Hinzufügung der Indizes A und B und der Weglassung des Index 0 bei χ, deren wir uns bis jetzt bedient haben. Die Verteilungsfunktion der adsorbierten Phase ist jetzt

$$\binom{N_s}{N_A+N_B}\frac{(N_A+N_B)\,!}{N_A\,!\,N_B\,!}\,[v_A\,(T)\,e^{\chi_A/kT}\,]^{N_A}\,[v_B\,(T)\,e^{\chi_B/kT}\,]^{N_B}\,. \qquad (2, 9^*)$$

Die Bedeutung des Faktors $\binom{N_s}{N_A+N_B}$ entspricht derjenigen des Faktors $\binom{N_s}{N}$ in dem Falle, wo die Gasphase Molekeln von nur einer Art enthält, der Faktor $\frac{(N_A+N_B)\,!}{N_A\,!\,N_B\,!}$ drückt die Anzahl der Wege aus, auf welchen N_A Molekeln einer Art und N_B Molekeln einer anderen Art auf N_A und N_B geeignete Plätze verteilt werden können. Die große Verteilungsfunktion kann jetzt erhalten werden, indem man Gl. (2, 9*) bezüglich N_A und N_B summiert:

$$\begin{aligned}\Xi &= \sum_{0\;N_A N_B}^{\infty}\binom{N_s}{N_A+N_B}\frac{(N_A+N_B)\,!}{N_A\,!\,N_B\,!}\,[\lambda_A\,v_A\,(T)\,e^{\chi_A/kT}\,]^{N_A}\,\cdot\\ &\quad\cdot[\lambda_B\,v_B\,(T)\,e^{\chi_B/kT}\,]^{N_B} =\\ &= \sum_{0\;N_A N_B}^{N_s}\frac{N_s\,!}{N_A\,!\,N_B\,!\,(N_s-N_A-N_B)\,!}\,[\lambda_A\,v_A\,(T)\,e^{\chi_A/kT}\,]^{N_A}\,\cdot\\ &\quad\cdot[\lambda_B\,v_B\,(T)\,e^{\chi_B/kT}\,]^{N_B} =\\ &= [1+\lambda_A\,v_A\,(T)\,e^{\chi_A/kT}+\lambda_B\,v_B\,(T)\,e^{\chi_B/kT}\,]^{N_s}.\end{aligned} \qquad (2, 10^*)$$

Macht man wie üblich Gebrauch von der zweiten der Gln. (1, 9*), so erhält man leicht unter der gewöhnlichen Bedeutung der Symbole:

$$\vartheta_A = \frac{\lambda_A\,v_A\,(T)\,e^{\chi_A/kT}}{1+\lambda_A\,v_A\,(T)\,e^{\chi_A/kT}+\lambda_B\,v_B\,(T)\,e^{\chi_B/kT}}$$

$$\vartheta_B = \frac{\lambda_B\, v_B\,(T)\, e^{\chi_B/kT}}{1 + \lambda_A\, v_A\,(T)\, e^{\chi_A/kT} + \lambda_B\, v_B\,(T)\, e^{\chi_B/kT}}\,. \qquad (2, 11^*)$$

Summiert man (2, 11*) und addiert man zu beiden Gliedern des Resultats die Zahl 1, so erhält man

$$1 - \vartheta_A - \vartheta_B = \frac{1}{1 + \lambda_A\, v_A\,(T)\, e^{\chi_A/kT} + \lambda_B\, v_B\,(T)\, e^{\lambda_B/kT}}\,.$$

Dividiert man gliedweise die Gln. (2, 11*) und berücksichtigt das letzte Resultat, so folgt ein System von Gleichungen:

$$\begin{cases} \vartheta_A\, \lambda_B\, v_B\,(T)\, e^{\chi_B/kT} = \vartheta_B\, \lambda_A\, v_A\,(T)\, e^{\chi_A/kT} \\ \lambda_A\, v_A\,(T)\, e^{\chi_A/kT} + \lambda_B\, v_B\,(T)\, e^{\chi_B/kT} = \dfrac{\vartheta_A + \vartheta_B}{1 - \vartheta_A - \vartheta_B}\,. \end{cases}$$

Wenn man aus diesem System λ_A und λ_B ausrechnet und die entsprechenden Ausdrücke (1, 14*) einsetzt, so erhält man schließlich:

$$p_A = \frac{\vartheta_A}{1 - \vartheta_A - \vartheta_B}\; \frac{(2\pi\, m_A)^{3/2}\,(k\,T)^{5/2}}{h^3}\; \frac{b_A\,(T)}{v_A\,(T)}\; e^{-\chi_A/kT}$$

$$p_B = \frac{\vartheta_B}{1 - \vartheta_A - \vartheta_B}\; \frac{(2\pi\, m_B)^{3/2}\,(k\,T)^{5/2}}{h^3}\; \frac{b_B\,(T)}{v_B\,(T)}\; e^{-\chi_B/kT}\,. \qquad (2, 12^*)$$

Diese beiden letzten Gleichungen drücken in Form von Partialdrucken p_A und p_B das Gleichgewicht zwischen der Mischung der beiden Gase und der adsorbierten Phase aus. Sie können z. B. auf das Adsorptionsgleichgewicht von Mischungen von H_2 und D_2 angewandt werden. Es gehört nicht zu dem Programm dieses Abschnitts, die Anwendbarkeitsgrenzen der mit der statistischen Methode erhaltenen Resultate zu diskutieren. Wir wollen aber immerhin darauf hinweisen, daß die Hypothese, wonach die Adsorption lediglich an N_s Plätzen stattfindet, die die Gasmolekeln festhalten können, besser auf die Erscheinungen der Chemisorption als auf die der physikalischen Adsorption paßt, da diese höhere Wechselwirkungsenergien zwischen den Adsorbensatomen und denen des Adsorptivs voraussetzt, weil dieses auf besonderen Punkten der Oberfläche des Adsorbens lokalisiert ist. Was nun die Isotherme (2, 8*) betrifft, die wir unter der Annahme erhalten haben, daß die Molekeln beim Adsorptionsakt dissoziieren, so ist diese fast ausschließlich bei der Chemisorption anwendbar, da sie eine Wechselwirkung zwischen Adsorbens und Adsorptiv voraussetzt, die vergleichbar ist mit der Dissoziationsenergie der Molekel.

3. Übergang von der lokalisierten einmolekularen Schicht zum zweidimensionalen Gas.

Bevor wir die Behandlung der Theorie der unvollständigen einmolekularen Schichten beginnen, wobei beachtliche Wechselwirkungen zwischen den Molekeln des Adsorptivs auftreten, wollen wir kurz auf eine Isotherme eingehen, die von allgemeinerer Gültigkeit ist als die von LANGMUIR[1]. Wir haben gesehen, daß die gegenwärtigen Theorien über die Adsorption nicht imstande sind, eine einheitliche Behandlung der beiden Grenzfälle zu erreichen, in welchen die Molekeln des Adsorptivs lokalisiert sind auf Adsorbensplätzen bzw. in denen sie umgekehrt frei auf der Oberfläche herumlaufen können, wobei sie eine Phase bilden, die einem zweidimensionalen Gas vergleichbar ist. Wir werden im vorliegenden

---

[1] P. BROVETTO: Gazz. chim. ital. 83 (1953), 281.

Abschnitt zeigen, daß man unter Aufgabe dieser anfänglichen Einschränkung dazu kommt, eine statistische Annäherungsbehandlung zu entwickeln, die zu einer Isotherme führt, welche bei tiefen Temperaturen sich der von LANGMUIR-FOWLER[1] anschließt, während sie bei zunehmender Temperatur sich den Isothermen von VOLMER[2] und MAGNUS[3] annähert, die anwendbar sind, wenn die adsorbierte Phase sich wie ein zweidimensionales Gas benimmt. Im übrigen gelangt man, wie aus dem Ausdruck für die Isotherme selbst hervorgehen wird, mit dieser Behandlung auch dazu, einige andere Einzelheiten der Adsorption wiederzugeben, unter denen sich z. B. der Effekt der sterischen Hinderung befindet, der zwei Molekeln daran verhindert, zwei benachbarte Plätze einzunehmen, wenn die Dimensionen der Molekeln größer sind als die Abstände zwischen diesen Plätzen.

Wir wollen nun ein Kristallgitter von kubischer Symmetrie und mit dem Gitterabstand d betrachten und wollen voraussetzen, daß seine aktive Oberfläche eben sei oder wenigstens aus einer begrenzten Anzahl von ebenen Gebieten gebildet werde, die immer recht ausgedehnt sind, verglichen mit den molekularen Dimensionen. Wir legen ein System von kartesischen, rechtwinkeligen Koordinaten so, daß die x-, y-Ebene mit der Oberfläche des Kristalles zusammenfällt und bezeichnen mit x_r, y_r, z_r die Koordinaten der r-ten adsorbierten Molekel, mit p_{x_r}, p_{y_r}, p_{z_r} die entsprechenden konjugierten Momente; die kinetische Energie einer solchen Molekel läßt sich dann durch die bekannte Beziehung ausdrücken:

$$T_r = \frac{1}{2m}\left(p_{x_r}^2 + p_{y_r}^2 + p_{z_r}^2\right), \tag{3, 1*}$$

wo m die Molekelmasse ist. Die potentielle Energie wird gegeben durch die Summe von zwei Termen, von denen einer die Wechselwirkung zwischen dem Adsorptiv und dem Adsorbensgitter und der andere die innere potentielle Energie des Adsorbats wiedergibt.

Wir bezeichnen als Nullpunkt der Energie die Energie einer Molekel auf dem Grundniveau der Gasphase. Die Wechselwirkung mit dem Kristallgitter kann dann praktisch dargestellt werden für die r-te Molekel durch den Ausdruck

$$U_r = \frac{1}{2} V \left(2 - \cos\frac{2\pi\, x_r}{d} - \cos\frac{2\pi\, y_r}{d}\right) + 2\pi^2 \nu_\perp^2 m\, z_r^2 - \chi_0\,, \tag{3, 2*}$$

wo χ_0 die Energie einer Molekel in dem Grundzustand in der adsorbierten Phase und $2\pi^2 \nu_\perp^2 m\, z_r^2$ der Energiezuwachs ist, der auftritt, wenn bei zunehmendem z_r die Molekel sich vom Adsorbens entfernt, während der erste Term die periodische Veränderung des Potentials wiedergibt, die auftritt, wenn die Molekel auf der Oberfläche des Kristallgitters verschoben wird. Die Koordinaten der aktiven Plätze stimmen offensichtlich mit Minima von U_r überein, d. h. sie sind die Punkte $x = 0, d, 2d \ldots$, $y = 0, d, 2d \ldots$; um eine Molekel gradlinig aus einem Platz mit den Koordinaten $x = 0$, $y = 0$ in die Lage $x = d$, $y = d$ zu verschieben, muß man jedoch einen Potentialwall von der Höhe $2V$ überwinden. Was die innere potentielle Energie des Adsorbats betrifft, die auf den gegenseitigen Wechselwirkungen der Molekeln beruht, so wollen wir voraussetzen, daß diese lediglich von den Koordinaten x und y dieser Molekeln abhängt. Diese Hypothese beschränkt offensichtlich die Gültigkeit der Behandlung auf ein-

---

[1] R. H. FOWLER: Proc. Cambridge philos. Soc. **31** (1935), 260.
[2] M. VOLMER: Z. physik. Chem. **115** (1925), 253.
[3] A. MAGNUS: Z. physik. Chem., Abt. A **142** (1929), 401.

molekulare Schichten. Bezeichnen wir mit $\varepsilon_{rs}(x_r, y_r; x_s, y_s)$ die Wechselwirkungsenergie der r-ten und der s-ten Molekel und mit E_{int} die Energie, die von den inneren Freiheitsgraden einer Molekel herrührt, so können wir die Energie der adsorbierten Phase durch folgende HAMILTON-Gleichung ausdrücken:

$$H = \sum_{1}^{N}{}_r (T_r + U_r) + \sum_{1}^{N}{}_{rs} \varepsilon_{rs} + N E_{\text{int}}. \tag{3, 3*}$$

N ist die Zahl der Molekeln, die in der adsorbierten Phase vorliegen, und die Summe über $r\,s$ ist zu erstrecken auf alle möglichen Molekelpaare.

Wir gehen jetzt dazu über, die Verteilungsfunktion Z der *adsorbierten Phase* aufzustellen. In der klassischen Annäherung ist sie gegeben durch die Gleichung:

$$Z = \frac{1}{N!} \int \cdots \int \exp\left(-\frac{H}{kT}\right) (d\,q)^N\,(d\,p)^N\,(d\,\omega)^N, \tag{3, 4*}$$

wo $(d\,q)^N$, $(d\,p)^N$ und $(d\,\omega)^N$ den Integrationen über die Koordinaten, die Momente bzw. die inneren Freiheitsgrade der N Molekeln entsprechen. Trennt man die Integrationen bezüglich der Koordinaten von denen bezüglich der Momente und denen bezüglich der Freiheitsgrade, so kann die Funktion Z geschrieben werden:

$$Z = \Phi^N\,\Omega\,, \tag{3, 5*}$$

wo

$$\Phi = \frac{2\pi\,m\,k\,T}{h^2}\,j_\perp\,j_{\text{int}}\,e^{\chi_0/kT} \tag{3, 6*}$$

den Term bedeutet, der den Momenten p und den inneren Freiheitsgraden der N Molekeln entspricht; j_{int} und $j_\perp$ bedeuten die molekularen Verteilungsfunktionen in bezug auf die inneren Freiheitsgrade und normal zur Oberfläche des Adsorbens.

Der Faktor Ω, der die Integrationen über die Ortskoordinaten enthält, kann in Termen entwickelt werden, die einem „Cluster" aus 2,3 oder mehr Molekeln entsprechen, genau wie es bei der Theorie der realen Gase vorkommt. Folgen wir dem üblichen Vorgehen, so schreiben wir jetzt die große Verteilungsfunktion der adsorbierten Phase an:

$$\Xi = \sum_{0}^{\infty}{}_N \lambda^N\,\Phi^N\,\Omega\,(N)\,. \tag{3, 7*}$$

λ ist hier die Aktivität der adsorbierten Phase, die im Gleichgewicht gleich derjenigen der Gasphase ist. Für ein ideales Gas wäre sie durch Gl. (1, 14*) gegeben. Unter Benutzung von Gl. (3, 7*) können wir jetzt leicht die Adsorptionsisotherme ermitteln; man muß jedoch die Reihe (3, 7*) summieren; weil dies zu beachtlichen mathematischen Schwierigkeiten führt, so benutzen wir die ausgezeichnete Annäherung, die Reihe durch ihr größtes Glied zu ersetzen. Dieses Glied erhält man für den Wert N^* von N, für welchen gilt:

$$\frac{\partial}{\partial N^*} \lg\,[(\lambda\,\Phi)^{N^*}\,\Omega\,(N^*)] = 0\,. \tag{3, 8*}$$

In dieser Annäherung ist:

$$\Xi \backsim \lambda^{N^*}\,\Phi^{N^*}\,Z\,(N^*)\,.$$

Andererseits benutzen wir jetzt die zweite der Gln. (1, 9*) und erhalten so unmittelbar:

$$\overline{N} = N^*\,. \tag{3, 9*}$$

Das bedeutet, daß N^* als Wurzel der Gl. (3, 8*) mit dem Gleichgewichtswert $\overline{N}$ zusammenfällt.

Die Gln. (3, 8*), (1, 14*) und (3, 9*) geben die fragliche Adsorptionsisotherme wieder. Um sie in expliziter Form zu erhalten, müssen wir jetzt die Funktion $\Omega(N^*)$ auswerten. Hierbei tritt eine Bildung von Clusters von wechselwirkenden Molekeln von immer größerer Zahl auf. Die einfachste Annäherung ist eine, die darin besteht, alle Wechselwirkungen zwischen adsorbierten Molekeln zu vernachlässigen, was offensichtlich der Wirklichkeit nur für kleine Werte von ϑ entspricht oder in entsprechender Weise von p. Es ist jedoch interessant, zu zeigen, daß in diesem Falle für tiefe Temperaturen die große Verteilungsfunktion Ξ mit derjenigen zusammenfällt, die FOWLER auf Grund seiner Behandlung erhalten hat. Man erhält nämlich in dieser Annäherung:

$$\Omega \backsimeq \frac{1}{N!}\left[\exp\left(-\frac{V}{kT}\right) N_s\, d^2\, I_0^2\left(\frac{V}{2\,kT}\right)\right]^{N_s},$$

wo I_0 die modifizierte BESSEL-Funktion der Ordnung Null ist. Für $V/2\,kT$ sehr groß findet man:

$$\Xi \backsimeq \exp\left[N_s\, \lambda\, v_s(T)\, e^{\chi_0/kT}\right],$$

wo gesetzt worden ist:

$$\left(\frac{kT}{h}\right)^2 \frac{2m\,d^2}{V}\, j_\perp\, j_{\text{int}} = v_s(T).$$

Da nun die vorliegende Rechnung für kleine Werte von p und wegen Gl. (1, 10*) auch für kleine Werte von λ gilt, so können wir mit guter Annäherung schreiben:

$$\Xi \backsimeq \left[1 + \lambda\, v_s(T)\, e^{\chi_0/kT}\right]^{N_s}. \tag{3, 10*}$$

Der Ausdruck (3, 10*) für die große Verteilungsfunktion fällt mit dem von FOWLER [Gl. (2, 2*)] auf Grund des Prinzips der gegenseitigen Ausschließung der Plätze erhaltenen zusammen. Dies beweist, daß für tiefe Temperaturen und bei Drucken weit von der Sättigung der einmolekularen Schicht entfernt die so erhaltenen Werte von ϑ diejenigen berühren, welche die Isotherme von LANGMUIR-FOWLER geliefert hat. Wir gehen jetzt dazu über, die zweite Annäherung zu diskutieren. Hierfür betrachten wir die Bildung von Clusters aus zwei Molekeln, die miteinander in Wechselwirkung stehen. Dies führt uns zu einem Fall, der den realen Gasen in der Gleichung von VAN DER WAALS analog ist. Man muß jedoch beachten, daß für die einmolekularen Schichten dies eine bessere Annäherung darstellt als für ein reales Gas; es handelt sich nämlich um eine zweidimensionale Phase und deshalb ist die Bildung von massiven Clusters sehr viel unwahrscheinlicher als in einem dreidimensionalen Gas; außerdem sind die Molekeln durch die Kräfte stark gehalten, die sie an das Kristallgitter binden, was wenigstens für nicht allzu hohe Werte von ϑ ein beachtliches Hindernis für die Bildung von Clusters ist. Berücksichtigt man nur die Terme, die den Molekelpaaren entsprechen und vernachlässigt demgegenüber die Terme, die den Dreier-, Vierer- usw. Gruppen entsprechen, so wird aus dem Ausdruck Ω folgendes:

$$\Omega \sim \frac{\xi^N}{N!}\left\{1 - \frac{N\,B(T)}{2\,\xi^2}\right\}^N. \tag{3, 11*}$$

Hier ist gesetzt worden:

$$\xi = \exp\left(-\frac{V}{kT}\right) \mathfrak{A}\, I_0^2\left(\frac{V}{2\,kT}\right) \text{ und} \tag{3, 12*}$$

$$B(T) = -\int\int \exp\left(-\frac{W_r + W_s}{kT}\right)\left[\exp\left(-\frac{\varepsilon_{rs}}{kT}\right) - 1\right](d\,\mathfrak{A})^2, \tag{3, 13*}$$

wo
$$W_r = \frac{V}{2}\left(2 - \cos\frac{2\pi x_r}{d} - \cos\frac{2\pi y_r}{d}\right).$$

$\mathfrak{A}$ bedeutet die Oberfläche des Adsorbens. Setzt man Gl. (3, 11*) in Gl. (3, 8*) ein, so erhält man die Isotherme:

$$\frac{\lambda\Phi\xi}{\overline{N}}\left\{1-\frac{\overline{N}B}{2\xi^2}\right\}\exp\left[-\frac{\overline{N}B}{2\xi^2\left\{1-\frac{\overline{N}B}{2\xi^2}\right\}}\right]=1. \qquad (3, 14^*)$$

Setzt man:

$$K(T)=\frac{B\exp\left(\frac{2V}{kT}\right)}{\mathfrak{A}\,d^2 I_0^4\left(\frac{V}{2kT}\right)}, \qquad (3, 15^*)$$

$$A(T)=\frac{b(T)}{h\,d^2\,j_{\text{int}}\,j_\perp}\,\frac{kT\sqrt{2\pi m kT}}{I_0^2\left(\frac{V}{2kT}\right)}\exp\frac{V-\chi_0}{kT} \qquad (3, 16^*)$$

und benutzt man die Gln. (3, 6*), (1, 14*), (3, 12*) und (3, 13*), so ergibt sich aus (3, 14*) folgendes:

$$p=A(T)\frac{\vartheta}{1-\vartheta\frac{K(T)}{2}}\exp\frac{\vartheta\frac{K(T)}{2}}{1-\vartheta\frac{K(T)}{2}}. \qquad (3, 17^*)$$

(3, 17*) ist die allgemeine Isotherme in zweiter Näherung. Man muß jedoch noch die Gestalt der Funktion $K(T)$ erklären, und hierfür ist es notwendig, das Wechselwirkungspotential ε_{rs} für zwei Molekeln zu definieren.

Zur Vereinfachung nehmen wir als Modell zwei starre Kugeln an. Bezeichnen wir mit D den Durchmesser dieser Kugeln und mit r den Abstand zwischen ihren Mittelpunkten, so gilt:

$$\varepsilon_{rs}=\infty \quad \text{für } r<D \text{ und}$$
$$\varepsilon_{rs}=0 \quad \text{für } r>D.$$

Setzt man in Gl. (3, 15) die Gl. (3, 13) ein, so erhält man:

$$K(T)=\frac{D}{d\,I_0^4\left(\frac{V}{2kT}\right)}\sum_0^\infty{}_n\left(\frac{V}{4kT}\right)^n\sum_0^n{}_{rsuv}\frac{I_{r-s}\left(\frac{V}{2kT}\right)I_{u-v}\left(\frac{V}{2kT}\right)}{r!\,s!\,u!\,v!}\cdot$$
$$\cdot\frac{J_1\left(\frac{2\pi D}{d}\sqrt{(r-s)^2+(u-v)^2}\right)}{\sqrt{(r-s)^2+(u-v)^2}}. \qquad (3, 18^*)$$

Hier sind I_{r-s} und I_{u-v} die modifizierten BESSEL-Funktionen der Ordnung $r-s$ bzw. $u-v$ und J_1 ist die BESSEL-Funktion erster Ordnung.

Wir gehen jetzt dazu über, die erhaltenen Resultate zu diskutieren. Wir betrachten zunächst den Fall, daß $\frac{V}{kT}\backsimeq 0$; dann lauten die asymptotischen Ausdrücke der Funktionen $A(T)$ und $K(T)$ folgendermaßen:

$$A(T)=\frac{\sqrt{2\pi m kT}\,kT}{h\,d^2\,j_{\text{int}}\,j_\perp}\,b(T)\,e^{-\chi_0/kT} \text{ und} \qquad (3, 19^*)$$

$$K(T) = N_s \left[1 - \frac{1}{\mathfrak{A}^2} \int\int e^{-\varepsilon_{rs}/kT} \, d\mathfrak{A}^2\right]. \tag{3, 20*}$$

Die Gln. (3, 14*), (3, 19*) und (3, 20*), in welchen ε_{rs} das allgemeinste molekulare Wechselwirkungspotential ist, stellen die Adsorptionsisotherme von MAGNUS dar. Sie entspricht dem Fall, daß die adsorbierte Phase sich wie ein zweidimensionales VAN DER WAALSsches Gas verhält, dessen Molekeln vollständig frei sind, sich auf der Oberfläche des Kristallgitters zu bewegen. Nehmen wir das Modell der starren Kugeln an, d. h. ein reines Abstoßungspotential ε_{rs}, so bekommen wir aus Gl. (3, 18*):

$$K(T) = \pi \left(\frac{D}{d}\right)^2. \tag{3, 21*}$$

Die Gln. (3, 17*), (3, 19*) und (3, 21*) bedeuten dann den vollständigen statistischen Ausdruck für die Isotherme von VOLMER, welche ein Sonderfall der Gleichung von MAGNUS ist.

Wir kommen jetzt zu dem anderen Grenzfall, wo bei tiefer Temperatur $\frac{V}{kT}$ etwas größer als 1 ist. Unter diesen Bedingungen ist der Potentialwall, der zwei benachbarte Stellen voneinander trennt, groß, verglichen mit der Translationsenergie der Molekeln, die infolgedessen auf den aktiven Stellen des Gitters *lokalisiert* bleiben müssen, wie dies VOLMER in seiner statistischen Ableitung der LANGMUIRschen Isotherme voraussetzt. Die Funktion $A(T)$ wird dann, wenn V/kT gegen ∞ geht:

$$A(T) = \frac{(2\pi m)^{3/2} (kT)^{5/2}}{h^3} \, \frac{b(T)}{v_s(T)} \exp\left(-\frac{\chi_0}{kT}\right). \tag{3, 22*}$$

Dies ist jedoch der Ausdruck für den Koeffizienten $A(T)$ in der Isotherme von LANGMUIR-FOWLER:

$$p = A(T) \frac{\vartheta}{1-\vartheta}.$$

In Abb. 40 ist der Gang von $K(T)$ als Funktion von D/d für verschiedene Werte des Parameters V/kT dargestellt. Man sieht sofort, daß bei tiefen Temperaturen und für $D/d < 1$ die Funktion $K(T)$ Werte in der Nähe von 1 annimmt. Da nun immer $\vartheta < 1$ ist, haben wir $\frac{\vartheta K(T)}{2} < 1$; wir können deshalb schreiben, wenigstens für Terme von höherer Ordnung als ϑ^2:

$$p = A(T)\,\vartheta \left[1 + K(T)\,\vartheta + \frac{7}{8} K^2(T)\vartheta^2 + \ldots\right] \backsimeq A(T) \frac{\vartheta}{1 - K(T)\,\vartheta}. \tag{3, 23*}$$

Die Isotherme (3, 23*) unterscheidet sich von der LANGMUIR-FOWLERschen Isotherme lediglich durch die Tatsache, daß in der letztgenannten $K(T) = 1$. Man sieht jedoch sofort bei der Betrachtung von Abb. 40, daß bei Molekeldurchmessern, die etwas kleiner sind als d, bei Verminderung der Temperatur $K(T)$ sich rasch der Einheit nähert. Dies ist vom physikalischen Standpunkt aus leicht zu deuten; bei Verminderung der Temperatur vermindert sich nämlich die thermische Bewegung der Molekeln um ihre Gleichgewichtslage an den Plätzen, an denen sie festgehalten werden. Wenn jedoch die molekularen Dimensionen kleiner sind als der Abstand zwischen diesen Gleichgewichtsplätzen, dann genügt dies, um eine schwache thermische Restbewegung der Molekeln zu erlauben, und wir können dann bei zunehmendem Druck die einmolekulare Schicht derart zur Sättigung bringen, daß alle Plätze besetzt werden. Dies ist gleichbedeutend damit, daß bei $\vartheta = 1$ auf der anderen Seite $K(T) = 1$ sein muß. In dem Fall hingegen, wo $D = d$ ist, hat man bei jeder Temperatur gemäß Abb. 40 $K(T) = 3$. Dies ist auch physikalisch zu deuten, denn wenn die Molekeln sich benehmen wie vollständig starre Kugeln, so können sie sich nicht in gegenseitiger Berührung auf dem Adsorbens anordnen, selbst wenn der Druck sehr hoch ist. Es ist dann tatsächlich jede thermische Bewegung vollständig unterdrückt, weil auch die allergeringste Verschiebung aus der Gleichgewichtslage einen unendlich hohen Energiezuwachs erfordern würde. Bei der Sättigung muß ϑ deshalb einen Wert unterhalb der Einheit annehmen; in unserem Falle gilt im Sättigungszustand $\vartheta = K(T)^{-1} = \frac{1}{3}$. Es ist ferner klar, daß, wenn der Molekeldurchmesser gegen Null geht, $K(T) = 0$ sein muß. Bei zunehmendem Druck muß nämlich die Anzahl der adsorbierten Molekeln unbegrenzt wachsen, wie das Gl. (3, 23*) ausdrückt, wenn man $K(T) = 0$ setzt.

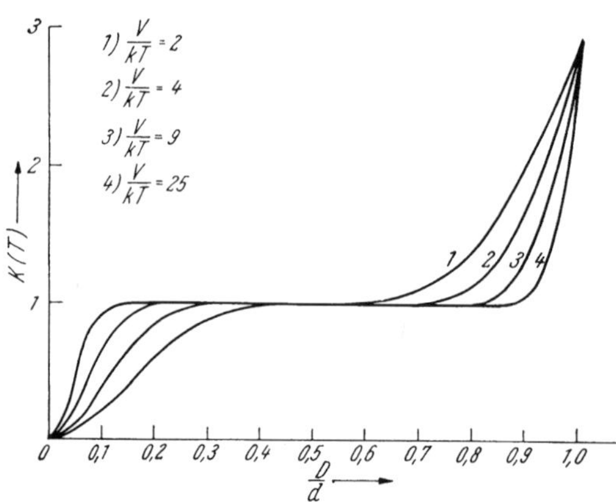

Abb. 40. $K(T)$ als Funktion von D/d für verschiedene Werte des Parameters V/kT.

Aus den soeben entwickelten Betrachtungen heraus wird die genaue Bedeutung und die Gültigkeitsgrenze des Ausschließungsprinzips der Plätze klar, das, wie aus der Behandlung von FOWLER hervorgeht, zu $K(T) = 1$ führt. Die Isothermengleichung (3, 23*) soll nun unter diesem Gesichtspunkt betrachtet werden, der allgemeiner ist als der von LANGMUIR-FOWLER.

Es ist auch interessant, den Gang der Funktion $K\left(\frac{D}{d}, T\right)^{-1}$ bei Veränderung von D/d bei einer bestimmten Temperatur T zu betrachten. In Abb. 41 ist graphisch D/d für das Intervall von 0,8 bis 2 und für $V/kT = 1$ eine Darstellung gebracht. Man sieht sofort, daß diese graphische Darstellung zwei Abschnitte von geringer Neigung enthält, deren jedem ein stärker geneigtes Stück vorausgeht. Ein anderes Stück von geringer Neigung hätte man auch in der Gegend von $D/d = 0{,}5$, wie man sieht, wenn man einen Vergleich mit den Kurven der Abb. 40 durchführt. Man kann dies physikalisch durch die folgenden Überlegungen erklären. Wenn die Abmessungen der adsorbierten Molekeln kleiner sind als die Abstände zwischen den Plätzen, so ist dies genügend, um eine thermische Bewegung zu ermöglichen, und man hat dann in der Sättigung $\vartheta_{\max} = 1$, d. h. eine Molekel je Platz. Wenn man jedoch bei zunehmendem D hat: $1 < \frac{D}{d} < \sqrt{2}$,

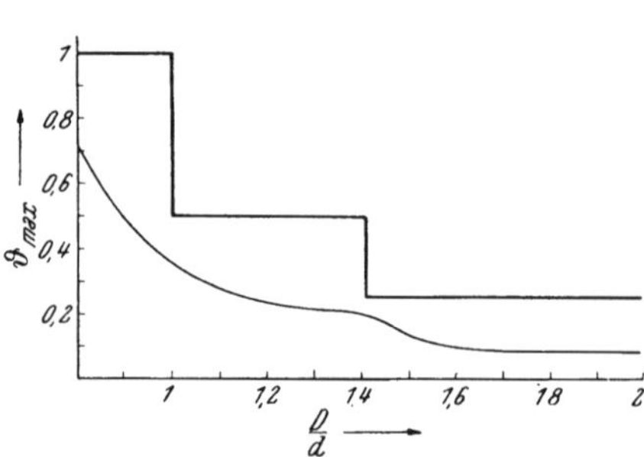

Abb. 41. Darstellung von $\vartheta_{\max}$ in Abhängigkeit von D/d für $V/kT = 1$.

so ist die einzig mögliche Anordnung bei Sättigung diejenige eines Schachbretts, wo man auf jeder Reihe von Plätzen abwechselnd einen freien und einen besetzten Platz hat; unter diesen Bedingungen ist $\vartheta_{\max} = 0{,}5$. Wenn ferner die Dimensionen der Molekeln so sind, daß $\sqrt{2} \leqq \frac{D}{d} < 2$, dann muß man im Sättigungszustand längs jeder der beiden kartesischen Koordinatenachsen eine Reihe von vollständig leeren Plätzen abwechselnd mit besetzten Reihen haben. Dies ist gleichbedeutend damit, daß jeder besetzte Platz im Durchschnitt von drei leeren Plätzen umgeben ist; man hat also dann eine Molekel auf je vier Plätzen und $\vartheta_{\max} = 0{,}25$. Wenn die thermische Bewegung ausbliebe, so würde der Gang von $\vartheta_{\max}$ als Funktion von D/d jedoch durch die stark ausgezogene Kurve in Abb. 41 gegeben sein. Wenn man im Gegensatz dazu diese thermische Bewegung berücksichtigt, so erhalten wir eine Kurve von kontinuierlicher Neigung, die von der stark ausgezogenen Kurve beachtlich nach unten abweicht, deren Verlauf aber ganz ähnlich ist. Da die Annäherung unserer Berechnungen um so besser ist, je niedriger ϑ ist, so folgt, daß bei jedem ϑ die vorliegende Behandlung in richtiger Weise wenigstens qualitativ den Effekt der sterischen Hinderung berücksichtigt, der bei Molekeldimensionen oberhalb der Platzabstände auftritt.

Abschließend können die Vorteile der Isotherme (3, 17*) folgendermaßen gekennzeichnet werden: sie beschreibt den Übergang von der festen einmolekularen Schicht zur beweglichen, sie fällt bei hohen Temperaturen mit der Isotherme von MAGNUS-VOLMER zusammen, bei tiefer Temperatur nähert sie sich der Isotherme von LANGMUIR-FOWLER und verbessert diesen Ausdruck in bezug auf das Verhalten der einmolekularen Schicht in der Nähe der Sättigung; endlich berücksichtigt sie, wie wir soeben gesehen haben, den Effekt der sterischen Hinderung bei variiertem Verhältnis D/d.

4. Unvollständige einmolekulare Schichten und kritische Erscheinungen.

In der vorhergehenden Behandlung haben wir eine ideale einmolekulare Schicht vorausgesetzt, derart, daß die Adsorptionsenergie der N Atome unabhängig von ϑ ist. Dies ist gleichbedeutend mit einer Vernachlässigung der Wechselwirkung zwischen den adsorbierten Atomen. Wir werden jetzt zeigen, daß wir bei Annahme einer Wechselwirkungsenergie χ_1 für jedes Paar adsorbierter Atome an benachbarten Plätzen eine Isotherme erhalten, deren Kennzeichen ganz verschieden sind von der LANGMUIRschen Isotherme.

Im einzelnen setzen wir voraus, daß jeder der N_s Plätze von anderen z gleichartigen Plätzen umgeben ist, daß für jedes an einem Platz adsorbierte Atom eine Reihe von Energieniveaus η_r vom statistischen Gewicht ϱ_r existiert und daß die Energie des Systems von einem konstanten Term χ_1 für jedes Paar aus einem Atom auf einem Platz und einem anderen Atom auf einem der z Nachbarplätze anwächst. Hiermit nimmt man implizite an, daß die Wechselwirkungen nicht auf die Quantenzustände der adsorbierten Atome auf Nachbarplätzen einwirken; in der statistischen Ableitung der LANGMUIRschen Isotherme wird übrigens dieselbe Voraussetzung gemacht. Die Berechtigung dieser Hypothese ist von RUSHBROOKE[1] analysiert worden unter der entgegengesetzten Annahme, daß sich jedes adsorbierte Atom wie ein linearer Oszillator verhalte, dessen Frequenz linear mit ϑ veränderlich ist; man kann zeigen, daß dann die Isotherme sich

[1] G. S. RUSHBROOKE: Proc. Cambridge philos. Soc. **34** (1938), 424.

nicht merklich von derjenigen unterscheidet, die man erhält, wenn die Frequenz unabhängig von ϑ ist. Wir nehmen also die obige Hypothese an und gehen jetzt dazu über, die große Verteilungsfunktion zu konstruieren; die Verteilungsfunktion für die adsorbierte Phase lautet:

$$f(N, N_s, T) = \Sigma_X\, g(X, N, N_s)\, e^{\frac{X\chi_1 + N\chi_0}{kT}} [v(T)]^N, \qquad (4, 1^*)$$

wo χ_0 gewöhnlich der Energieunterschied zwischen dem Grundzustand eines Atoms oder einer Molekel im Gas und dem Grundzustande der adsorbierten Phase ist; X sind die einander berührenden Atompaare, $g(X, N, N_s)$ ist die Zahl der Arten, nach denen sich x Paare mit N Atomen auf N_s Plätzen bilden können, und die Summe wird erstreckt über alle möglichen Paare, die sich bilden können. Die große Verteilungsfunktion wird wie gewöhnlich erhalten durch Summation der molekularen Verteilungsfunktion, multipliziert mit λ^N über alle Werte von N. Man hat dann:

$$\Xi = \Sigma_{N\,0}^{\infty} [\lambda\, v(T)\, e^{\chi_0/kT}]^N\, \Sigma_X g(X, N, N_s) \cdot e^{X\chi_1/kT}. \qquad (4, 2^*)$$

Wenn man imstande wäre, die Summation der Reihe (4, 2*) exakt durchzuführen, so wäre das Problem vollständig gelöst. Dies führt aber zu sehr erheblichen mathematischen Schwierigkeiten, weshalb wir es vorziehen, eine Näherungsmethode zu benutzen.

Im einzelnen setzen wir:

$$\Sigma_X\, g(X, N, N_s)\, e^{X\chi_1/kT} \backsimeq e^{\overline{X}\chi_1/kT}\, \Sigma_X\, g(X, N, N_s) = e^{\overline{X}\chi_1/kT} \cdot \binom{N_s}{N}. \qquad (4, 3^*)$$

Wir werten jetzt $\overline{X}$ unter der Voraussetzung einer Zufallsverteilung der Paare aus. Zu diesem Zweck bezeichnen wir mit X_{01} die Paare von Plätzen, von denen einer leer und einer besetzt ist, und mit X_{00} die Paare von Plätzen, die beide leer sind, wie sie auftreten können bei einer besonderen Verteilung von N Atomen über N_s Plätze. Unter diesen Bezeichnungen haben wir dann folgende streng gültige Gleichungen:

$$2X + X_{01} = z\,N \qquad 2X_{00} + X_{01} = z\,(N_s - N)$$

woraus für die Mittelwerte $\overline{X}$, $\overline{X}_{01}$, $\overline{X}_{00}$ folgt:

$$2\overline{X} + \overline{X}_{01} = z\,N \qquad 2\overline{X}_{00} + \overline{X}_{01} = z\,(N_s - N)\,. \qquad (4, 4^*)$$

Die Hypothese einer Zufallsverteilung der Paare führt offensichtlich zu der Gleichung:

$$2\overline{X} \cdot 2\,\overline{X}_{00} = (\overline{X}_{01})^2\,. \qquad (4, 5^*)$$

Setzt man (4, 5*) in (4, 4*) ein und eliminiert man $\overline{X}_{01}$ und $\overline{X}_{00}$, so erhält man die Gleichung:

$$2\overline{X}\,(z\,N_s - 2z\,N + 2\overline{X}) = (z\,N - 2\overline{X})^2\,. \qquad (4, 6^*)$$

Dies ist eine quadratische Gleichung für $\overline{X}$, deren Lösung lautet:

$$\overline{X} = \frac{1}{2}\,z\,\frac{N^2}{N_s}\,. \qquad (4, 7^*)$$

Mit diesen Annäherungen erhalten wir dann folgende große Verteilungsfunktion:

$$\Xi = \sum_{0}^{\infty}{}_N \binom{N_s}{N} \left[\lambda\, v(T)\, e^{\left(\frac{1}{2}\frac{N^2}{N_s} z\chi_1 + \chi_0\right)/kT}\right]^N. \qquad (4, 8^*)$$

Nun kann die Summe der Reihe (4, 8*) nicht in einfacher Weise ausgedrückt werden und deshalb nähern wir die Reihe an, indem wir ihr größtes Glied einsetzen. Das ist, wie wir schon in der Einleitung erwähnt haben, für den Zweck unserer Theorie ausreichend. Der Logarithmus des allgemeinen Gliedes der Reihe (4, 8*) lautet:

$$N_s \lg N_s - N \lg N - (N_s - N) \lg (N_s - N) + N \lg [\lambda v(T) e^{\chi_0/kT}] + \frac{1}{2} \frac{N^2}{N_s} z \chi_1/kT .$$

Wenn wir die Ableitung bilden und gleich Null setzen, erhalten wir die Gleichung:

$$\lg \left[\frac{1 - \frac{N^*}{N_s}}{N^*/N_s} \lambda v(T) e^{\chi_0/kT} \right] + z \frac{N^*}{N_s} \chi_1/kT = 0 . \tag{4, 9*}$$

Hiedurch ist der Wert N^* von N definiert, für den das allgemeine Glied der Reihe (4, 8*) seinen größten Wert annimmt. In der Annäherung unserer Rechnung ist dann:

$$\Xi \backsim \Xi^* = \binom{N_S}{N^*} \left[\lambda v(T) e^{\left(\frac{1}{2} \frac{N^*}{N_s} z \chi_1 + \chi_0\right)/kT} \right]^{N^*} . \tag{4, 10*}$$

Unter Benutzung der zweiten der Gln. (1, 9*) haben wir nun:

$$\overline{N} = \lambda \frac{\partial \lg \Xi^*}{\partial \lambda} = N^* .$$

Das bedeutet: N^*, die Wurzel der Gl. (4, 9*), ist nichts anderes als der Wert von N im Gleichgewicht. Die Gl. (4, 9*), aufgelöst nach λ, lautet dann:

$$\lambda = \frac{\vartheta}{1 - \vartheta} \frac{e^{-(\chi_0 + z \vartheta \chi_1/kT}}{v(T)} .$$

Setzt man für λ den Wert aus (1, 14*) ein, der für das ideale Gas berechnet wurde, so resultiert die Isotherme:

$$p = \frac{\vartheta}{1 - \vartheta} \frac{(2\pi m)^{3/2} (kT)^{5/2}}{h^3} \frac{b(T)}{v(T)} e^{-(\chi_0 + z \vartheta \chi_1)/kT} . \tag{4, 11*}$$

Diese unterscheidet sich von der Isotherme (2, 5*) nach Langmuir nur durch das Auftreten eines Terms $z \vartheta \chi_1/kT$ im Exponenten. Fowler[1] hat gezeigt, daß Gl. (4, 11*) eine Adsorption bedeutet, die von typischen kritischen Erscheinungen begleitet ist, wie sie tatsächlich beobachtet worden sind, z. B. bei der Adsorption von Kadmiumdampf an einem Dielektrikum. Zu diesem Zweck schreibt er Gl. (4, 11*) in folgender Weise:

$$\lg (A \cdot p) = \lg \frac{\vartheta}{1 - \vartheta} - \frac{\chi_0 + \vartheta z \chi_1}{kT} = P(\vartheta, T) . \tag{4, 12*}$$

Die Funktion A ändert sich ziemlich langsam mit der Temperatur und für unsere Zwecke können wir sie auch als konstant betrachten. Die Funktion $P(\vartheta, T)$ ist in Abb. 42 für $\chi_0 = 0$ und $\chi_1 > 0$ dargestellt für verschiedene Werte der Temperatur. Aus dem Diagramm geht hervor, daß für $T > \frac{z \chi_1}{4k}$ dies eine monotone Funktion von T ist und daß Gl. (4, 12*) jedem Wert von ϑ nur einen reellen Wert für den Druck im Gleichgewicht p zuordnet. Umgekehrt wird für $T < \frac{z \chi_1}{4k}$

[1] R. H. Fowler: Proc. Cambridge philos. Soc. 32 (1936), 144.

der Gang vergleichbar mit dem einer kubischen Parabel, und die Gl. (4, 12*) ordnet Werten von p unterhalb -2 je drei Werte von ϑ zu, von denen einer in der Nähe von 0 und der andere in der Nähe von 1 liegt. Der Zwischenwert hat keine unmittelbar physikalische Bedeutung, jedoch entspricht einer der beiden Extremwerte einem wirklichen Gleichgewichtswert. Wie man leicht einsehen kann, entspricht bei sehr niedrigem Druck der kleinere der beiden ϑ-Werte dem Gleichgewichtswert, während für hohe Drucke der in der Nähe von 1 gelegene ϑ-Wert seinerseits dem Gleichgewicht angehört. Es existiert also ein bestimmter Druck, bei dem man unvermittelt von einem zum anderen der beiden ϑ-Werte überzugehen hat: Dies ist gleichbedeutend damit, daß bei diesem Druck in ausgesprochener Weise eine Kondensation eines Gases stattfindet. Wenn wir nun in gleicher Weise den Druck konstant halten und die Temperatur variieren würden, so würde man in analoger Weise sehen, daß es eine Temperatur gibt, bei der dicht darunter ϑ unvermittelt von Werten um 0 zu Werten in der Nähe von 1 emporsteigt. Um den Punkt zu bestimmen, an welchem diese soeben beschriebene kritische Erscheinung auftritt, müssen Betrachtungen von quantitativem Charakter ausgeführt werden. Zu diesem Zweck schreiben wir unter Berücksichtigung des Ausdruckes (4, 1*) für die Verteilungsfunktion der adsorbierten Phase und der Formel (1, 13*) für die freie Energie des Systems:

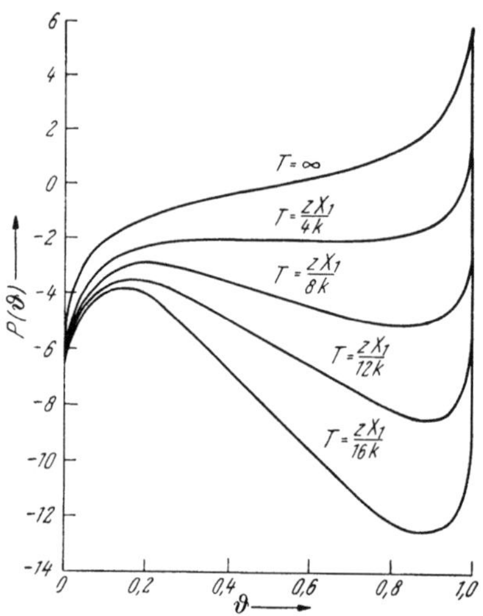

Abb. 42. Abhängigkeit der Funktion P von ϑ bei verschiedenen Temperaturen.

$$F = -kT \lg f(N, N_s, T) + F_g .$$

Hier ist F_g die freie Energie des Gases und $\lg f(N, N_s, T)$ kann ermittelt werden aus den Gln. (4, 1*), (4, 3*) und (4, 7*), wenn man in diesen $N/N_s = \vartheta$ setzt. Man erhält dann:

$$F = -kT N_s \left[-\vartheta \lg \vartheta + (1-\vartheta) \lg (1-\vartheta) + \vartheta \lg v(T) + (\vartheta \chi_0 + \frac{1}{2} \vartheta^2 z \chi_1)/kT \right] -$$
$$- kT N_g \left\{ \lg \left[\frac{(2\pi m kT)^{3/2}}{h^3} \frac{V}{N_g} b(T) \right] + 1 \right\} .$$

Hier ist N_g die Zahl der Atome in der Gasphase. Die Gleichgewichtsbedingung $\frac{\partial F}{\partial \vartheta} = 0$ wird dann unter Berücksichtigung der Tatsache, daß $N_s \vartheta + N_g = \text{const.}$:

$$\frac{\partial F}{\partial \vartheta} = -kT [\lg (A p) - P(\vartheta, T)] = 0 ,$$

was nichts anderes ist als Gl. (4, 12*). Nun zeigt sich die kritische Erscheinung dann, wenn die freie Energie des Systems, berechnet auf Grund der beiden betrachteten Wurzeln von Gl. (4, 12*), gleiche Werte annimmt. Das bedeutet, wenn wir diese beiden Wurzeln mit ϑ_1 und ϑ_2 bezeichnen, folgendes:

$$F(\vartheta_2) - F(\vartheta_1) = \int_{\vartheta_1}^{\vartheta_2} \frac{\partial F}{\partial \vartheta} d\vartheta = 0 ,$$

woraus folgt:

$$\int_{\vartheta_1}^{\vartheta_2} P(\vartheta, T)\, d\vartheta = \lg(A \cdot p)(\vartheta_2 - \vartheta_1). \tag{4, 13*}$$

Gl. (4, 13*) sagt aus, daß der Flächeninhalt zwischen der ϑ-Achse innerhalb des Intervalls ϑ_2, ϑ_1 und dem Diagramm der Funktion $P(\vartheta, T)$ gleich ist dem Rechteck von gleicher Grundfläche und von der Höhe $\lg(A . p)$. Diese Bedingung, die offensichtlich für eine gegebene Temperatur den Druck festlegt, für den die Gaskondensation eintritt, oder umgekehrt für einen gegebenen Druck die Temperatur, bei der die kritische Erscheinung auftritt, ist somit gefunden. Man hat also zu beachten, daß es nicht eine absolut kritische Temperatur gibt, wie bei der Kondensation eines gesättigten Dampfes, sondern nur eine kritische Temperatur in bezug auf einen bestimmten Druck.

5. Nichtideale einmolekulare Schichten. Verbesserte Behandlung nach Peierls.

Die im vorhergehenden entwickelte Rechnung für die nichtidealen einmolekularen Schichten stützt sich auf die Hypothese einer Zufallsverteilung der adsorbierten Atome auf die Plätze. Diese Annahme berücksichtigt offensichtlich nicht in richtiger Weise bei der Auswertung der Verteilungswahrscheinlichkeit den Einfluß von Termen von der Art $e^{\chi_1/kT}$, die die Adsorptionswahrscheinlichkeit von zwei Atomen an benachbarten Plätzen abweichen läßt von der Adsorptionswahrscheinlichkeit auf irgendwelchen zwei Plätzen.

PEIERLS[1] konnte die Anwendung der Methode von BETHE auf das Problem Ordnung-Unordnung[2] ausdehnen auf die Theorie der nichtidealen einmolekularen Schichten und konnte so die Annäherung der Berechnung von FOWLER verbessern, die wir soeben betrachtet haben. Die Behandlung, die wir in diesem Paragraphen mitteilen werden, ist entwickelt worden vom thermodynamisch-statistischen Standpunkt aus unter Benutzung der großen Verteilungsfunktion Ξ und unterscheidet sich deshalb in einigen Einzelheiten von der Berechnung in der Originalabhandlung von PEIERLS. Übrigens ist dieser Gesichtspunkt in leicht abweichender Weise auch schon von ROBERTS[3] und von MILLER[4] berücksichtigt worden und ändert den Inhalt der Überlegungen von PEIERLS nicht wesentlich.

Wir betrachten wie gewöhnlich ein Adsorbens, an dessen Oberfläche N_s Plätze vorliegen, und führen für jeden dieser Plätze einen Parameter ϑ_r ein, der den Wert 1 annimmt, wenn der Platz besetzt ist und den Wert 0, wenn der Platz frei ist. Wir greifen den Ausdruck (4, 1*) für die Verteilungsfunktion der adsorbierten Phase wieder auf, indem wir setzen:

$$v(T)\, e^{\chi_0/kT} = \delta, \quad e^{\chi_1/kT} = \eta. \tag{5, 1*}$$

Der Ausdruck wird dann

$$f(N, N_s, T) = \delta^N \Sigma_x g(X, N, N_s)\, \eta^X = \delta^N \Sigma_{\vartheta_0 \vartheta_1 \ldots \vartheta_{N_s}} \eta^{\sum_{rs\,0}^{N_s} \vartheta_r \vartheta_s} \tag{5, 2*}$$

[1] R. PEIERLS: Proc. Cambridge philos. Soc. **32** (1936), 471.

[2] R. H. FOWLER, E. A. GUGGENHEIM: Statistical Thermodynamics. Cambridge, 1939.

[3] J. K. ROBERTS: Proc. Roy. Soc. (London), Ser. A **152** (1935), 445.

[4] A. R. MILLER: The Adsorption of Gases on Solids. Cambridge, 1949.

unter der Bedingung

$$\sum_0^{N_s}{}_r \vartheta_r = N . \qquad (5, 3^*)$$

Hier ist in Gl. (5, 2*) die Summe über $\vartheta_0, \vartheta_1 \ldots \vartheta_{N_s}$ ausgedehnt worden auf alle Werte 0,1 der Parameter ϑ_r, die mit (5, 3*) verträglich sind, während die Summe über r, s im Exponenten sich über alle ϑ_r, ϑ_s erstreckt, die benachbarten Plätzen entsprechen. Wir müssen jetzt genau das einführen, was man für die benachbarten Plätze braucht; für diesen Zweck betrachten wir, um unsere Vorstellungen festzulegen, die Fläche (100) eines kubischen Gitters und nehmen an, daß auf dieser Fläche die Plätze ein quadratisches Gitter bilden, dessen Periode der Gitterkonstanten gleich ist (Abb. 43). Wir verstehen dann unter „benachbarten Plätzen" solche, deren Abstand der Gitterkonstante gleich sind. Es ist dann klar nach Abb. 43, daß wir bei willkürlicher Auswahl eines Platzes um ihn andere Plätze in konzentrischen Schichten anordnen können, die eine verschiedene Zahl umfassen (4 für die ersten drei Schichten). Zur Bequemlichkeit numerieren wir die ϑ so, daß die zu einer solchen Schicht gehörenden Indices kleiner sind als die, die zur darauffolgenden Schicht gehören. Den zentralen Platz wollen wir demgegenüber durch den Index 0 hervorheben. Die große Verteilungsfunktion kann dann in der gewöhnlichen Weise aufgestellt werden. Setzen wir:

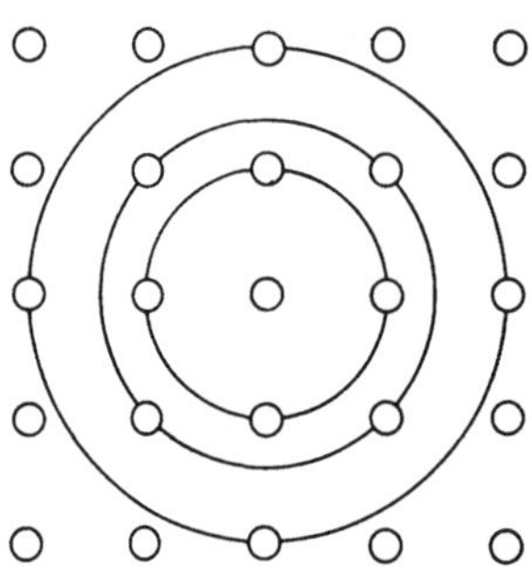

Abb. 43. Plätze in den Schichten des kubischen Gitters.

$$\lambda\,\delta = \xi , \qquad (5, 4^*)$$

so erhalten wir:

$$\Xi = \sum_0^{N_s}{}_N \xi^N \Sigma_X g(X, N, N_s)\, \eta^X = \Sigma_{\vartheta_0 \vartheta_1 \ldots \vartheta_{N_s}} \xi^{\sum_0^{N_s}{}_r \vartheta_r}\, \eta^{\sum_0^{N_s}{}_{rs} \vartheta_r \vartheta_s} . \qquad (5, 5^*)$$

Dies unterscheidet sich von Gl. (5, 2*) durch den Ersatz von δ durch ξ und durch die Abwesenheit der einschränkenden Bedingung (5, 3*). Wir können auch formal und im Hinblick auf spätere Entwicklung den Term $\xi^{\sum_0^{N_s}{}_r \vartheta_r}$, der in Gl. (5. 5*) auftritt, in Faktoren für die verschiedenen Schichten zerlegen:

$$\xi^{\sum_0^{N_s}{}_r \vartheta_r} = \xi^{\vartheta_0}\, \xi^{\sum_1^4{}_r \vartheta_r}\, \xi^{\sum_5^8{}_r \vartheta_r} \ldots \xi^{\sum_h^k{}_r \vartheta_r} \ldots$$

Wir können dann das ξ durch Indizes kennzeichnen je nach der Schicht, auf die sich die verschiedenen Faktorenexponenten beziehen, wobei dann Gl. (5, 5*) entsteht:

$$\Xi = \Sigma_{\vartheta_0 \vartheta_1 \ldots \vartheta_{N_s}} \xi_0^{\vartheta_0}\, \xi_1^{\sum_1^4 \vartheta_r}\, \xi_2^{\sum_5^8{}_r \vartheta_r} \ldots \xi_n^{\sum_h^k{}_r \vartheta_r} \ldots \eta^{\sum_0^{N_s}{}_{rs} \vartheta_r \vartheta_s} . \qquad (5, 5^*)$$

Mit der zweiten Formel aus Gl. (1, 9*) und unter Berücksichtigung von (5, 4*) gibt das:

$$\overline{N} = \xi\,\frac{\partial \lg \Xi}{\partial \xi} = \frac{1}{\Xi}\,\Sigma_{\vartheta_0\,\vartheta_1\ldots\vartheta_{N_s}} \sum_{r=0}^{N_s} \vartheta_r\, \xi^{\sum_{r=0}^{N_s}\vartheta_r}\, \eta^{\sum_{rs=0}^{N_s}\vartheta_r\vartheta_s} =$$

$$= \frac{1}{\Xi}\left\{\Sigma_{\vartheta_0\,\vartheta_1\ldots\vartheta_{N_s}}\,\vartheta_0\,\xi_0^{\vartheta_0}\,\xi^{\sum_{r=1}^{N_s}\vartheta_r}\,\eta^{\sum_{rs=0}^{N_s}\vartheta_r\vartheta_s} + \right.$$

$$+ \Sigma_{\vartheta_0\,\vartheta_1\ldots\vartheta_{N_s}} \sum_{r=1}^{4}\vartheta_r\,\xi_1^{\sum_{r=1}^{4}\vartheta_r}\,\xi^{\sum_{r=1}^{*N_s}\vartheta_r}\,\eta^{\sum_{rs=0}^{N_s}\vartheta_r\vartheta_s} +$$

$$+ \Sigma_{\vartheta_0\,\vartheta_1\ldots\vartheta_{N_s}} \sum_{r=5}^{8}\vartheta_r\,\xi_2^{\sum_{r=5}^{8}\vartheta_r}\,\xi^{\sum_{r=1}^{*N_s}\vartheta_r}\,\eta^{\sum_{rs=0}^{N_s}\vartheta_r\vartheta_s} +$$

$$\left. + \ldots + \Sigma_{\vartheta_0\,\vartheta_1\ldots\vartheta_{N_s}} \sum_{r=h}^{k}\vartheta_r\,\xi_n^{\sum_{r=h}^{k}\vartheta_r}\,\xi^{\sum_{r=1}^{*N_s}\vartheta_r}\,\eta^{\sum_{rs=0}^{N_s}\vartheta_r\vartheta_s} + \ldots\right\}.$$

Hier bedeutet der Stern, daß in der Summe diejenigen ϑ ausgeschlossen werden müssen, die bereits in der anderen Summe im Exponenten von ξ erscheinen. Wir setzen nunmehr:

$$\overline{N}_0 = \frac{1}{\Xi}\,\Sigma_{\vartheta_0\,\vartheta_1\ldots\vartheta_{N_s}}\,\vartheta_0\,\xi_0^{\vartheta_0}\,\xi^{\sum_{r=1}^{N_s}\vartheta_r}\,\eta^{\sum_{rs=0}^{N_s}\vartheta_r\vartheta_s}$$

$$\overline{N}_1 = \frac{1}{\Xi}\,\Sigma_{\vartheta_0\,\vartheta_1\ldots\vartheta_{N_s}} \sum_{r=1}^{4}\vartheta_r\,\xi_1^{\sum_{r=1}^{4}\vartheta_r}\,\xi^{\sum_{r=0}^{*N_s}\vartheta_r}\,\eta^{\sum_{rs=0}^{N_s}\vartheta_r\vartheta_s}$$

$$\overline{N}_2 = \frac{1}{\Xi}\,\Sigma_{\vartheta_0\,\vartheta_1\ldots\vartheta_{N_s}} \sum_{r=5}^{8}\vartheta_r\,\xi_2^{\sum_{r=5}^{8}\vartheta_r}\,\xi^{\sum_{r=0}^{*N_s}\vartheta_r}\,\eta^{\sum_{rs=0}^{N_s}\vartheta_r\vartheta_r}$$

. . . .

$$\overline{N}_n = \frac{1}{\Xi}\,\Sigma_{\vartheta_0\,\vartheta_1\ldots\vartheta_{N_s}} \sum_{r=h}^{k}\vartheta_r\,\xi_n^{\sum_{r=h}^{k}\vartheta_r}\,\xi^{\sum_{r=0}^{*N_s}\vartheta_r}\,\eta^{\sum_{rs=0}^{N_s}\vartheta_r\vartheta_s}$$

. . . . ,

wobei man auch schreiben kann:

$$\overline{N} = \overline{N}_0 + \overline{N}_1 + \overline{N}_2 + \ldots\ldots + \overline{N}_n + \ldots\ldots;$$

Die Bedeutung des allgemeinen Terms $\overline{N}_n$ geht aus diesem Ausdruck klar hervor. Er enthält die Summe der möglichen Zahlen von Besetzungen $\sum_{r=h}^{k}\vartheta_r$ der n-ten Schicht, multipliziert mit den dazugehörigen Wahrscheinlichkeiten der Besetzung, die ausgedrückt sind durch den Term:

$$\xi^{h\,\sum_{r=h}^{k}\vartheta_r}\,\xi^{\sum_{r=1}^{*N_s}\vartheta_r}\,\eta^{\sum_{rs=0}^{N_s}\vartheta_r\vartheta_s},$$

das ganze geteilt durch die große Verteilungsfunktion Ξ, was nichts anderes ist als die Gesamtsumme der Wahrscheinlichkeiten aller möglichen Besetzungszahlen aller Plätze. Hieraus folgt, daß $\overline{N}_0$, $\overline{N}_1$, $\overline{N}_2 \ldots \overline{N}_n \ldots$ nichts anderes sind als die

Mittelwerte der Besetzungszahlen des zentralen Platzes (N_0) bzw. der 1., 2., ... Schicht. Berücksichtigt man die gemachten Übereinkünfte und Gl. (5, 5*), so kann man schreiben:

$$\bar{N}_n = \xi_n \frac{\partial \lg \Xi}{\partial \xi_n}, \tag{5, 6*}$$

was eine der Beziehungen ist, auf die wir uns im folgenden häufig berufen werden. Nach diesem Ergebnis gehen wir jetzt dazu über, die von Peierls angenommenen Näherungen zu prüfen. Wir betrachten zu diesem Zweck folgenden Ausdruck für Ξ:

$$\Xi = \Sigma_{\vartheta_{z+1} \ldots \vartheta_{N_s}} \xi^{\sum_{r,\, z+1}^{N_s} \vartheta_r} \eta^{\sum_{rs,\, z+1}^{N_s} \vartheta_r \vartheta_s} \cdot$$

$$\cdot \Sigma_{\vartheta_0 \vartheta_1 \ldots \vartheta_z} \xi_0^{\vartheta_0} \xi_1^{\sum_{r,1}^{z} \vartheta_r} \eta^{\sum_{rs,0}^{z} \vartheta_r \vartheta_s} \cdot \eta^{\sum_{r,1}^{z} \sum_{s,\, z+1}^{t} \vartheta_r \vartheta_s}$$

Hier ist z die Zahl der Plätze in der ersten Schicht und t die Zahl der Plätze, die innerhalb der letzten Schicht liegen, die noch Nachbarplätze mit der ersten Schicht enthält; aus Abb. 43 sieht man, daß für das kubische Gitter gelten muß: $z = 4$ und $t = 3z + 1 = 13$.

Wir setzen nun:

$$\eta^{\sum_{s,\, z+1}^{t} \vartheta_s} = \zeta.$$

Aus Gl. (5, 5) wird jetzt:

$$\begin{aligned}
\Xi(N_s) &= \Xi(N_s - z - 1)\, \Sigma_{\vartheta_0 \vartheta_1 \ldots \vartheta_z} \xi_0^{\vartheta_0} (\zeta \xi_1)^{\sum_{r,1}^{z} \vartheta_r} \cdot \eta^{\sum_{rs,0}^{z} \vartheta_r \vartheta_s} = \\
&= \Xi(N_s - z - 1) \left[\Sigma_{\vartheta_1 \ldots \vartheta_z} (\zeta \xi_1)^{\sum_{r,1}^{z} \vartheta_r} + \xi_0 \Sigma_{\vartheta_1 \ldots \vartheta_z} (\eta \zeta \xi_1)^{\sum_{r,1}^{z} \vartheta_r}\right] = \\
&= \Xi(N_s - z - 1) \left[(1 + \zeta \xi_1)^z + \xi_0 (1 + \eta \zeta \xi_1)^z\right]
\end{aligned} \tag{5, 7*}$$

Das letzte Glied der Gl. (5, 7*) ist der Ausdruck von Ξ in bezug auf den zentralen Platz und auf die Plätze der ersten Schicht. Es gibt jedoch nicht die vollständige Abhängigkeit von ξ_0 und ξ_1 von der großen Verteilungsfunktion wieder, wenigstens was den Parameter ζ betrifft, dessen Auswertung die Betrachtung der Plätze in anderen Schichten erfordern würde. Diese Gleichung kann jedoch für die Berechnung von ϑ in folgender Weise benutzt werden: Unter Verwendung von Gl. (5, 6*) und (5, 7*) sowie unter Berücksichtigung der Tatsache, daß jeder Platz ein Mittelplatz ist, dessen Besetzungswahrscheinlichkeit gleich der Besetzungswahrscheinlichkeit irgendeines anderen Platzes ist, erhalten wir:

$$\begin{aligned}
\vartheta &= \bar{N}_0 = \xi_0 \frac{\partial \lg \Xi}{\partial \xi_0} = \frac{\xi_0 (1 + \eta \zeta \xi_1)^z}{(1 + \zeta \xi_1)^z + \xi_0 (1 + \eta \zeta \xi_1)^z} \\
\vartheta &= \frac{\bar{N}_1}{z} = \frac{\xi_1}{z} \frac{\partial \lg \Xi}{\partial \xi_1} = \xi_1 \frac{\zeta (1 + \zeta \xi_1)^{z-1} + \xi_0 \zeta \eta (1 + \eta \zeta \xi_1)^{z-1}}{(1 + \zeta \xi_1)^z + \xi_0 (1 + \eta \zeta \xi_1)^z}.
\end{aligned} \tag{5,8*}$$

Wir setzen jetzt $\zeta \xi_1 = \varepsilon$. Dann folgt aus der ersten der Gln. (5, 8*):

$$\frac{\vartheta}{1 - \vartheta} = \xi_0 \left(\frac{1 + \eta \varepsilon}{1 + \varepsilon}\right)^z. \tag{5,9*}$$

Die zweite Gl. (5, 8*) kann unter Berücksichtigung der ersten folgendermaßen geschrieben werden:

$$\vartheta = \vartheta \frac{\eta\,\varepsilon}{1+\eta\,\varepsilon} + (1-\vartheta)\frac{\varepsilon}{1+\varepsilon},$$

woraus sich ergibt:

$$\frac{\vartheta}{1-\vartheta} = \varepsilon \frac{1+\eta\,\varepsilon}{1+\varepsilon}. \tag{5, 10*}$$

Durch Division von (5, 9*) durch (5, 10*) und Berücksichtigung von (5, 1*), (5, 4*) und (1, 14*) erhält man:

$$\mathrm{p} = \frac{(2\pi m)^{3/2}(kT)^{5/2}}{h^3}\,\frac{b\,(T)}{v\,(T)}\,\mathrm{e}^{-\frac{\chi_0}{kT}}\,\varepsilon\left(\frac{1+\varepsilon}{1+\eta\,\varepsilon}\right)^{z-1}. \tag{5, 11*}$$

Die Gln. (5, 10*) und (5, 11*) sind in bezug auf ε die Parametergleichungen der Isotherme. Im Beginn der vorliegenden Rechnung haben wir bemerkt, daß die Isotherme von FOWLER [Gl. (4, 11*)] nicht mit genügender Genauigkeit die Terme $\eta = e^{\chi_1/kT}$ berücksichtigt, und jetzt können wir zeigen[1], daß für $\chi_1 \backsimeq 0$ die wirkliche Isotherme mit der FOWLERschen (4, 11*) zusammenfällt. Betrachten wir nämlich Gl. (5, 9*) und berücksichtigen wir wie früher die Gln. (5, 1*), (5, 4*) und (1, 14*), so erhalten wir:

$$p = \frac{\vartheta}{1-\vartheta}\,\frac{(2\pi m)^{3/2}(kT)^{5/2}}{h^3}\,\frac{b\,(T)}{v\,(T)}\,e^{-\frac{\chi_0}{kT}}\left(\frac{1+\eta\,\varepsilon}{1+\varepsilon}\right)^{-z}. \tag{5, 12*}$$

Da nun für $\chi_1 \backsimeq 0$ $\quad \eta \backsimeq 1 + \frac{\chi_1}{kT}$ ist,

können wir schreiben:

$$\frac{1+\eta\,\varepsilon}{1+\varepsilon} = 1 + (\eta - 1)\frac{\varepsilon}{1+\varepsilon} = 1 + \frac{\chi_1}{kT}\,\frac{\varepsilon}{1+\varepsilon}.$$

Andererseits erhält man aus Gl. (5, 10*):

$$\frac{\vartheta}{1-\vartheta} = \varepsilon + \frac{\varepsilon^2}{1+\varepsilon}\cdot\frac{\chi_1}{kT}$$

und hieraus unter Vernachlässigung der Terme mit $\frac{\chi_1}{kT}$:

$$\frac{\varepsilon}{1+\varepsilon} = \vartheta.$$

Also haben wir, unter Vernachlässigung von Termen der Ordnung $\left(\frac{\chi_1}{kT}\right)^2$:

$$\frac{1+\eta\,\varepsilon}{1+\varepsilon} = 1 + \frac{\vartheta\,\chi_1}{kT},$$

was, immer unter Vernachlässigung von Termen von der Ordnung $\left(\frac{\chi_1}{kT}\right)^2$, gleichbedeutend ist mit:

$$\frac{1+\eta\,\varepsilon}{1+\varepsilon} = e^{\frac{\vartheta\chi_1}{kT}}.$$

Unter Einsetzung in Gl. (5, 12*) erhält man so die Isotherme (4, 11*) von FOWLER zurück.

---

[1] P. BROVETTO: Ricerca sci. 22 (1952), 287.

Durch ein analoges Vorgehen kann man auch den Fall behandeln, daß jede adsorbierte Molekel zwei benachbarte Plätze besetzt. Dies kommt insbesondere bei der Chemisorption von Wasserstoff an Wolfram in Frage. Wir werden uns hiemit noch im folgenden Abschnitt in Hinblick auf die statistische Theorie der Adsorptionswärme zu beschäftigen haben. Vorläufig wollen wir uns darauf beschränken, die notwendigen Veränderungen für den Fall zu betonen, der unserer soeben erfolgten Rechnung zugrunde liegt. Wir wollen zunächst mit ϑ_r einen Parameter bezeichnen, der die Werte 0 oder 1 annehmen kann, je nachdem ob der r-te Platz frei oder besetzt ist, und wir wollen im übrigen an den Abmachungen festhalten, die wir bisher getroffen haben mit der Ausnahme, daß jetzt ξ_r sich auch auf ein Paar von benachbarten besetzten Plätzen beziehen soll, die zwei verschiedenen Schichten angehören sollen, von denen die innere die r-te ist. Wir berücksichtigen, daß, wenn der Parameter ϑ_0 den Wert 1 annimmt, in der ersten Schicht $z - 1$ freie Plätze übrigbleiben, von denen einer von der Molekel benutzt wird, die auch den zentralen Platz einnimmt. Wir erhalten dann an Stelle von Gl. (5, 5*) folgendes:

$$\begin{aligned} \Xi(N_s) &= \Xi(N_s - z - 1)\left[\Sigma_{\vartheta_1 \ldots \vartheta_z} \varepsilon^{\sum_1^z r \vartheta_r} + \xi_0 \Sigma_{\vartheta_1 \ldots \vartheta_{z-1}} (\eta\,\varepsilon)^{\sum_1^{z-1} r \vartheta_r}\right] = \\ &= \Xi(N_s - z - 1)\left[(1+\varepsilon)^z + \xi_0 (1+\eta\,\varepsilon)^{z-1}\right]. \end{aligned} \qquad (5, 13^*)$$

Hieraus ergeben sich durch das übliche Vorgehen:

$$\vartheta = \xi_0 \frac{\partial \lg \Xi}{\partial \xi_0} = \xi_0 \frac{(1+\eta\varepsilon)^{z-1}}{(1+\varepsilon)^z + \xi_0 (1+\eta\varepsilon)^{z-1}} \quad \text{und}$$

$$(z-1)\,\vartheta = \xi_1 \frac{\partial \lg \Xi}{\partial \xi_1} = \frac{z\,\varepsilon\,(1+\varepsilon)^{z-1} + \xi_0 (z-1)(1+\eta\varepsilon)^{z-2}\,\eta\,\varepsilon}{(1+\varepsilon)^z + \xi_0 (1+\eta\varepsilon)^{z-1}}. \qquad (5, 14^*)$$

Aus (5, 14*) folgt genau wie bei der Ableitung von (5, 6*):

$$\frac{\vartheta}{1-\vartheta} = \xi_0 \frac{(1+\eta\varepsilon)^{z-1}}{(1+\varepsilon)^z} \qquad (5, 15^*)$$

$$\frac{\vartheta}{1-\vartheta} = \frac{z}{z-1} \frac{\varepsilon(1+\eta\,\varepsilon)}{1+\varepsilon}. \qquad (5, 16^*)$$

Die Gln. (5, 15*) und (5, 16*) sind analog den Gln. (5, 9*) und (5, 10*). Bei den Gleichungspaaren bedeutet der Parameter ϑ den Bruchteil der besetzten Plätze. Wir wollen vorläufig bei diesen Formeln nicht verharren, weil sie den Gegenstand einer späteren Betrachtung im nachfolgenden Abschnitt bilden werden.

6. Statistische Theorie der Adsorptionswärme.

Wir haben zu Beginn von 4, S. 113, betont, daß für unideale einmolekulare Schichten die Adsorptionsenergie der N Molekeln von ϑ abhängt.

Wir wollen jetzt die Resultate benutzen, die wir in den vorhergehenden Abschnitten erhalten haben, um diese Frage im einzelnen zu prüfen. Zu Beginn betrachten wir den einfachen Sonderfall einer idealen einmolekularen Schicht und berechnen die innere Energie U. Zu diesem Zweck setzen wir Gl. (2, 2*) für die große Verteilungsfunktion in Gl. (1, 10*) ein und erhalten:

$$U = -N_s \frac{\lambda\, v(T)\, \chi_0\, e^{\chi_0/kT}}{1 + \lambda\, v(T)\, e^{\chi_0/kT}}.$$

Hieraus bekommen wir unter Benutzung von (2, 3*):

$$U = -\vartheta N_s \chi_0. \qquad (6, 1^*)$$

Hier ist, wie wir es im allgemeinen machen wollen, vorausgesetzt, daß der Faktor $v\,(T)$ praktisch konstant oder wenigstens sehr viel langsamer veränderlich sei als der Faktor $e^{\chi_0/kT}$. Wir kommen jetzt zu der unidealen einmolekularen Schicht und wollen die innere Energie unter Benutzung des Näherungsausdrucks (4, 10*) für die große Verteilungsfunktion berechnen, wobei wir $N^* = \overline{N}$ setzen. Unter Benutzung der Gl. (1, 10*), wie früher, findet man dann:

$$U = -\vartheta N_s \left(\chi_0 + \frac{1}{2}\,\vartheta z \chi_1\right).$$

Dies kann unter Benutzung von (4, 7*) auch geschrieben werden:

$$U = -\vartheta N_s \chi_0 - \overline{X} \chi_1. \tag{6, 2*}$$

Jetzt definieren wir als q die Absorptionsenergie pro Molekel der einmolekularen Schicht:

$$q = u - \frac{\partial\, U\,(\vartheta)}{\partial\,(N_s \vartheta)}, \tag{6, 3*}$$

wo u die Energie einer Molekel in der Gasphase ist.

Aus Gl. (4, 1*) erhält man dann unmittelbar:

$$q = u + \chi_0.$$

Dies drückt, wie man ohne weiteres sieht, die Tatsache aus, daß sich für die ideale einmolekulare Schicht infolge der Abwesenheit von Wechselwirkungen zwischen den adsorbierten Molekeln und unter Vernachlässigung des Beitrages der oberhalb des Grundzustandes gelegenen Energieniveaus bei $v\,(T) =$ konst. die Adsorptionswärme pro Molekel auf den konstanten Term $u + \chi_0$ reduziert. Demgegenüber folgt aus Gl. (6, 2*):

$$q = u + \chi_0 + \frac{\partial\, \overline{X}\,(\vartheta)}{\partial\,(N_s \vartheta)}\, \chi_1. \tag{6, 4*}$$

Diese Gleichung liefert einen Beitrag zur Adsorptionsenergie, der von den inneren Wechselwirkungen innerhalb der einmolekularen Schicht abhängt. Das ist gleichbedeutend damit, daß bei Veränderung des Bruchteils der besetzten Plätze ϑ die Adsorptionsenergie pro Molekel aus zwei Termen besteht. Von ihnen ist der eine, $u = \chi_0$, konstant und der andere veränderlich mit ϑ und proportional χ_1.

Wir wollen jetzt diese Frage etwas näher besprechen, indem wir, wie schon gesagt, die Resultate benutzen, die man durch Anwendung der Betheschen Methode erhält. Wir beginnen mit dem Fall, in dem jede adsorbierte Molekel nur einen Platz besetzt. Wir benützen wie früher Gl. (1, 10*) und Gl. (5, 7*) für die große Verteilungsfunktion Ξ, die bezogen auf einen Platz, den Zentralplatz, und auf diesen berührende Plätze entwickelt wurde. Wir erhalten dann:

$$U = kT^2 \frac{\partial}{\partial T} \lg \Xi\,(N_s - z - 1) + \frac{kT^2}{(1+\varepsilon)^z + \xi_0\,(1+\eta\varepsilon)^z} \left\{(1+\eta\,\varepsilon)^z \frac{\partial\, \xi_0}{\partial\, T} + \xi_0 z\,(1+\eta\,\varepsilon)^{z-1} \frac{\partial\, \eta\,\varepsilon}{\partial\, T} + z\,(1+\varepsilon)^{z-1} \frac{\partial\, \varepsilon}{\partial\, T}\right\}.$$

Unter Berücksichtigung von Gl. (5, 8*) für die Voraussetzung $\zeta\, \xi_1 = \varepsilon$ und unter Berücksichtigung von $\xi_0 \equiv \xi_1 = \lambda\, v\,(T)\, e^{\chi_0/kT}$ ist diese Gleichung gleichwertig mit der folgenden:

$$U = kT^2 \frac{\partial}{\partial T} \lg \Xi\,(N_s - z - 1) + kT^2 \vartheta z \frac{\partial \lg \zeta}{\partial\, T} - \\ - \vartheta\,(z-1)\,\chi_0 - \vartheta z \frac{\eta\,\varepsilon}{1+\eta\,\varepsilon}\, \chi_1. \tag{6, 5*}$$

Hier bedeutet der dritte Term den Beitrag der Wechselwirkungsenergie mit dem Adsorbens, der von Plätzen der ersten Schicht und vom Zentralplatz herrührt, der vierte Term die gegenseitige Wechselwirkungsenergie zwischen einer adsorbierten Molekel auf dem zentralen Platz und den anderen, die den Plätzen der ersten Schicht angehören, der zweite Term bedeutet die Wechselwirkungsenergie zwischen den Molekeln der ersten Schicht und denen der nachfolgenden Schichten und der erste Term endlich betrifft nur die Schichten, die außerhalb der ersten Schicht liegen. Da irgendein Platz als Zentralplatz ausgewählt werden kann, so folgt, daß in unserer Näherung die innere Energie U der einmolekularen Schicht durch die Gleichung ausgedrückt werden kann:

$$U = -\vartheta N_s \chi_0 - \frac{1}{2} N_s \vartheta z \frac{\eta\varepsilon}{1+\eta\varepsilon} \chi_1 . \qquad (6,6^*)$$

Hier hat der erste Term die übliche Bedeutung, während im zweiten Term der Faktor N_s allen anwesenden Plätzen Rechnung trägt und der Faktor 1/2 eingeführt worden ist, um zu vermeiden, daß man jedes Paar von benachbarten Plätzen doppelt zählt. Die Gl. (6, 6*) setzt uns jetzt in den Stand, über Gl. (6, 3*) die Wärme zu berechnen, die sich je adsorbierte Molekel entwickelt. Um das durchzuführen, muß man zunächst aus Gl. (6, 5*) den Parameter ε eliminieren; hierfür benutzen wir Gl. (5, 10*) und erhalten:

$$\varepsilon = \frac{2\vartheta - 1 + [1 - 4\vartheta(1-\vartheta)(1-\eta)]^{1/2}}{2\eta(1-\vartheta)} .$$

Wenn man diesen Ausdruck in Gl. (6, 5*) einsetzt, so erhält man nach einigen Umrechnungen:

$$U = -N_s \vartheta \chi_0 - \frac{z}{2} N_s \chi_1 \left\{ \vartheta - \frac{1 - [1 - 4\vartheta(1-\vartheta)(1-\eta)]^{1/2}}{2(1-\eta)} \right\} .$$

Aus Gl. (6, 4*) bekommt man dann, wenn man $u + \chi_0 = q_0$ setzt:

$$\frac{q - q_0}{z\chi_1} = \frac{1}{2} \left\{ 1 - \frac{1 - 2\vartheta}{[1 - 4\vartheta(1-\vartheta)(1-\eta)]^{1/2}} \right\} . \qquad (6,7^*)$$

Hier bedeutet q_0 offensichtlich die Adsorptionswärme auf der nackten Oberfläche, d. h. für $\vartheta = 0$. Dieses Resultat, das man WANG[1] verdankt, kann man leicht auch auf den Fall einer *Adsorption unter Dissoziation* der Molekel in zwei Atome ausdehnen. Zu diesem Zweck bezeichnen wir mit q_2 und mit q_d die Adsorptionswärme bzw. die Dissoziationswärme der Molekel und mit q die Adsorptionswärme eines ihrer Atome. Wir haben dann offensichtlich für jeglichen Wert von ϑ:

$$q_2 = 2q - q_d .$$

Wir setzen ferner: $2q_0 - q_d = q_{2,0}$, wo $q_{2,0}$ und q_0 die Adsorptionswärmen eines Atoms bzw. einer zweiatomigen Molekel sind, wenn $\vartheta = 0$. Unter Berücksichtigung von (6, 6*) erhält man dann:

$$\frac{q_2 - q_{2,0}}{z\chi_1} = 1 - \frac{1 - 2\vartheta}{[1 - 4\vartheta(1-\vartheta)(1-\eta)]^{1/2}} . \qquad (6,8^*)$$

Aus den Gln. (6, 7*) und (6, 8*) sieht man klar, daß die dimensionslosen Größen $(q - q_0)/z\chi_1$ und $(q_2 - q_{2,0})/z\chi_1$ monotone Funktionen von ϑ in dem Intervall von 0 bis 1 sind, die sich in der Nähe des Wertes $\vartheta = {}^1/_2$ sehr rasch ändern. In dem wichtigen Sonderfalle, wo $\chi_1 < 0$, sind dies fallende Funktionen von ϑ, was bedeutet, daß wegen der Abstoßungskräfte zwischen den adsorbierten

[1] J. S. WANG: Proc. Roy. Soc. (London), Ser. A **161** (1937), 127.

Atomen die Adsorptionswärme rasch abnimmt, wenn die Hälfte der Plätze schon besetzt ist. In Wirklichkeit bestätigt das Experiment dieses Resultat nicht immer, zum Beispiel beim Wasserstoff, der auf Wolfram atomar chemisorbiert ist; dies kommt daher, daß wegen der sehr starken Wechselwirkung mit dem Gitter (es handelt sich ja um Chemisorption) die Atome auf den Plätzen adsorbiert bleiben, auf die sie fallen, wenn sie aus der Gasphase kommen und die Oberfläche des Adsorbens treffen. Man erreicht also nicht, wenigstens nicht in dem Zeitintervall, in dem der Versuch durchgeführt wird, die Gleichgewichtsverteilung, die von dem BOLTZMANNschen Gesetz vorausgesehen wird, sondern man hat vielmehr eine Zufallsverteilung der Atome über die Plätze analog jener, die aus Vereinfachung der Hypothese als Grundlage der FOWLERschen Behandlung der einmolekularen Schichten angenommen worden war. Um eine ähnliche Sachlage zu kennzeichnen, definiert ROBERTS[1] eine solche einmolekulare Schicht mit dem Namen einer unbeweglichen Schicht, indem er auf die Tatsache anspielt, daß die Energie, die notwendig ist, um ein Atom von einem Platz auf einen Nachbarplatz zu verschieben, viel größer ist als kT; im entgegengesetzten Fall, d. h. wenn das statistische Gleichgewicht experimentell erreichbar ist, verwendet ROBERTS den Namen einer beweglichen Schicht. Man muß jedoch berücksichtigen, daß in beiden Fällen die Atome der einmolekularen Schicht nicht in beachtlichem Maße mit Translationsenergie begabt sind, wie es auch sein würde, wenn die monomolekulare Schicht einem zweidimensionalen Gas vergleichbar wäre, das an der Oberfläche des Adsorbens adheriert. Hiernach wollen wir uns jetzt im einzelnen mit der statistischen Behandlung des Problems bezüglich der Chemisorption von Wasserstoff auf Wolfram beschäftigen. Da in diesem Falle die Wasserstoffatome an den Punkten festgehalten bleiben, an denen sie die Oberfläche des Adsorbens getroffen haben, so werden sie immer Paare von benachbarten Plätzen besetzen und es ist deshalb praktisch, die Ergebnisse der Berechnungen zu benutzen, die wir im vorigen Abschnitt für die Adsorption von zweiatomigen Molekeln entwickelt haben. Gehen wir so vor, wie in dem Falle, wo jede Molekel nur einen Platz besetzt, so erhalten wir für die innere Energie:

$$U = kT^2 \frac{\partial}{\partial T} \lg \Xi (N_s - z - 1) + \frac{kT^2}{(1+\varepsilon)^z + \xi_0 (1+\eta\varepsilon)^{z-1}} \cdot$$

$$\cdot \left\{ (1+\eta\varepsilon)^{z-1} \frac{\partial \xi_0}{\partial T} + (z-1)(1+\eta\varepsilon)^{z-2} \frac{\partial \eta}{\partial T} + z(1+\varepsilon)^{z-1} \frac{\partial \varepsilon}{\partial T} \right\}.$$

Hieraus folgt mit (5, 14*):

$$U = kT^2 \frac{\partial}{\partial T} \lg \Xi (N_s - z - 1) + kT^2 \left\{ \vartheta \frac{\partial \lg \xi_0}{\partial T} + (z-1)\vartheta \frac{\partial \lg \xi_1}{\partial T} + \right.$$

$$\left. + (z-1)\vartheta \frac{\partial \lg \zeta}{\partial T} + (z-1)\vartheta \frac{\eta\varepsilon}{1+\eta\varepsilon} \frac{\partial \lg \eta}{\partial T} \right\}.$$

Berücksichtigen wir jetzt, daß die ξ sich auf zwei benachbarte Plätze beziehen, d. h.

$$\xi = \lambda^2 v^2 (T) e^{2 \chi_0/kT},$$

und daß in ξ_1 nur einer der beiden Plätze zur ersten Schicht gehört, während der andere sich in einer höheren Schicht befindet, so haben wir analog zu (6, 5*):

$$U = kT^2 \frac{\partial}{\partial T} \lg \Xi (N_s - z - 1) - (z-1)\vartheta \chi_0 + kT^2 \vartheta (z-1) \frac{\partial \lg \zeta}{\partial T} -$$

$$- (z+1)\vartheta \chi_0 - \vartheta (z-1) \frac{\eta\varepsilon}{1+\eta\varepsilon} \chi_1 \cdot \qquad (6, 9^*)$$

[1] J. K. ROBERTS: Some Problems in Adsorption. Cambridge, 1939.

Die beiden letzten Terme beziehen sich hier auf den zentralen Platz und die erste Schicht, der dritte Term auf die Wechselwirkung der ersten Schicht mit den äußeren Schichten, während die ersten beiden Terme lediglich die höheren Schichten betreffen. Aus Gl. (6, 9*) erhält man analog zu (6, 6*) dann folgendes:

$$U = -\vartheta N_s \chi_0 - \frac{1}{2} N_s \vartheta (z-1) \frac{\eta \varepsilon}{1+\eta \varepsilon} \chi_1 . \qquad (6, 10^*)$$

Wir benutzen jetzt an Stelle von (6, 3*) folgende Definition von q_2, der Adsorptionswärme pro Molekel:

$$q_2 = u - \frac{\partial U}{\partial \left(\frac{N_s \vartheta}{2}\right)} . \qquad (6, 11^*)$$

Hier ist u die Energie einer Molekel im Gas und $\frac{N_s \vartheta}{2}$ die Zahl von adsorbierten Molekeln. Unter Benutzung der Gln. (6, 10*) und (6, 11*) und mit

$$u + 2\chi_0 = q_{2,0}$$

erhält man dann[1]:

$$\frac{q_2 - q_{2,0}}{z \chi_1} = \frac{z-1}{z} \frac{\eta \varepsilon}{1+\eta \varepsilon} + \vartheta \frac{z-1}{z} \frac{\eta}{(1+\eta \varepsilon)^2} \frac{\partial \varepsilon}{\partial \vartheta} . \qquad (6, 12^*)$$

Hier ist $q_{2,0}$ die Adsorptionsenergie an der reinen Oberfläche. Wir berechnen jetzt $\frac{\partial \varepsilon}{\partial \vartheta}$ aus Gl. (5, 16*) und erhalten:

$$\frac{\partial \varepsilon}{\partial \vartheta} = \frac{z-1}{z} \frac{(1+\varepsilon)^2}{1+2\eta \varepsilon + \eta \varepsilon^2} \frac{1}{(1-\vartheta)^2} .$$

Wir setzen dies in Gl. (6, 12*) ein und bekommen:

$$\frac{q_2 - q_{2,0}}{z \chi_1} = \frac{z-1}{z} \frac{\eta \varepsilon}{1+\eta \varepsilon} + \left(\frac{z-1}{z}\right)^2 \left(\frac{1+\varepsilon}{1+\eta \varepsilon}\right)^2 \frac{\eta}{1+2\eta \varepsilon + \eta \varepsilon^2} \frac{\vartheta}{(1-\vartheta)^2} . \qquad (6, 13^*)$$

Diese Gleichung drückt zusammen mit (5, 16*) die Veränderlichkeit der Adsorptionswärme mit ϑ aus.

Gl. (6, 13*) bezieht sich auf den Fall, wo jede Molekel unter Besetzung von zwei Nachbarplätzen adsorbiert wird und einen beweglichen Film bildet. Wenn, wie es besonders bei Wasserstoff an Wolfram vorkommt, eine zweiatomige Molekel unter Dissoziation adsorbiert wird, aber die zwei Atome (wobei der Film unbeweglich ist) nach wie vor die beiden Nachbarplätze besetzen, auf die die Molekel gefallen war, als sie adsorbiert wurde, so müssen wir an Stelle von Gl. (6, 3*) folgende Definition von q einführen:

$$q_2^* = u - q_d - \frac{\partial U}{\partial \left(\frac{N_s \vartheta}{2}\right)} . \qquad (6, 14^*)$$

Man muß also von der Adsorptionswärme die Dissoziationswärme der Molekel q_d abziehen. Wir setzen dann:

$$u - q_d + 2\chi_0 = q_{2,0}^* .$$

Es folgt dann aus Gln. (6, 10*) und (6, 14*) eine Gleichung, die formal der Gl. (6, 13*)

[1] A. R. MILLER: Proc. Cambridge philos. Soc. **43** (1947), 232.

gleich ist, abgesehen davon, daß $q_{2,0}$ ersetzt worden ist durch $q_{2,0}^*$; setzen wir in dieser Gleichung $\eta = 1$, so erhalten wir leicht:

$$\frac{q_2^* - q_{2,0}^*}{z\,\chi_1} = \frac{(z-1)^2}{z}\,\frac{\vartheta\,(2z-\vartheta)}{(z-\vartheta)^2}\,. \tag{6, 15*}$$

Tatsächlich liegt, wie wir ja schon in Gl. (5, 9*) gesehen haben, eine Zufallsverteilung der Molekeln auf die Plätze vor, wenn $\chi_1 \cong 0$; in diesem Falle konkurriert mit der Zufallsverteilung wegen der Schwäche der Wechselwirkungen zwischen den adsorbierten Atomen eine Gleichgewichtsverteilung nach Boltzmann mit nahezu der gleichen Energie. Man leitet daraus ab, daß für $\chi_1 \cong 0$ auch die beiden Verteilungen zu derselben Formel führen müssen. Nun ist Gl. (6, 15*) nahezu der asymptotische Ausdruck von Gl. (6, 12*) für $\chi_1 \cong 0$. In dieser Annäherung haben wir nämlich $\eta \cong 1 + \frac{\chi_1}{kT}$. Wir wollen nun das Analogon von Gl. (6, 12*) in bezug auf $\frac{q^*_2 - q^*_{2,0}}{z}$ (worin man $q^*_2 - q^*_{2,0}$ für $q_2 - q_{2,0}$ einsetzt) auflösen. In diesem Fall tritt im zweiten Glied der Faktor χ_1 hervor. Bei Vernachlässigung der Terme χ_1^2 können wir tatsächlich $\eta = 1$ setzen. Hieraus folgt dann Gl. (6, 15*), die der Zufallsverteilung der Molekeln über die Plätze entsprechen muß. Die Gln. (6, 8*) und (6, 15*) entsprechen beide der Adsorption und der Dissoziation zweiatomiger Molekeln. In Abb. 44 sind graphische Darstellungen zusammen mit einer Reihe von experimentellen Punkten wiedergegeben, die von Roberts durch Messung der Adsorption von Wasserstoff an Wolfram erhalten wurden.

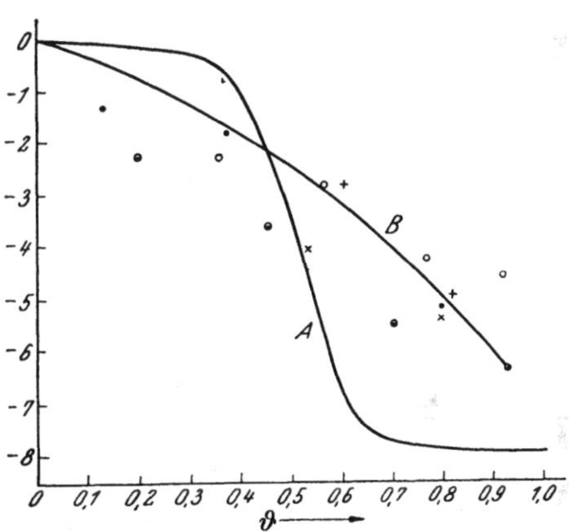

Abb. 44. Adsorptionsenergie und Besetzungsdichte.

Unter Berücksichtigung der beachtlichen Streuung der experimentellen Drucke scheint es jedoch klar aus der Figur hervorzugehen, daß der Versuch nicht mit Gl. (6, 8*) in Übereinstimmung steht, während er sich im Gegensatz dazu der Gl. (6, 5*) hinreichend gut anschließt und so die Hypothese einer unbeweglichen Schicht bestätigt.

7. Kinetik der Adsorption.

Um die vorhergehende Behandlung zu vervollständigen, wollen wir noch eine kurze Betrachtung zu einigen Fragen anschließen, die die Kinetik der Bildung und Verdampfung der einmolekularen Schichten betreffen. Dieses Problem kann nämlich nicht durch die gewöhnliche statistische Mechanik behandelt werden, weil es die Betrachtung von Zuständen, die nicht Gleichgewichtszustände sind, erfordert, wofür die Gesetze der gewöhnlichen Thermodynamik der reversiblen Prozesse ungenügend sind. Lennard Jones und neuerdings Laidler, Eyring, Glasstone, Schuler[1] haben, ausgehend von verschiedenen Voraussetzungen,

[1] K. J. Laidler, S. Glasstone, H. Eyring: J. chem. Physics 8 (1940), 659, 667. — K. J. Laidler: J. physic. Colloid Chem. 53 (1948), 712. — K. E. Schuler, K. J. Laidler: J. chem. Physics 17 (1949), 1212.

versucht, das Problem absolut zu lösen. Geht man von diesen Überlegungen aus, so kann man immerhin in elementarer Weise interessante Resultate erhalten, die in direkter Beziehung mit den Schlüssen stehen, die wir im vorhergehenden Abschnitt erarbeitet haben.

Wir betrachten zunächst den Prozeß der Bildung einer *beweglichen Schicht* in dem Falle, wo die zweiatomigen Molekeln der Gasphase unter Dissoziation auf einem kubischen Gitter adsorbiert werden. Wie gewöhnlich wollen wir voraussetzen, daß eine abstoßende Wechselwirkung χ_1 zwischen zwei an benachbarten Plätzen adsorbierten Atomen vorliegt. Wir wollen dann voraussetzen, daß die Wahrscheinlichkeit, mit der eine Molekel beim Stoß auf die Oberfläche des Adsorbens adsorbiert wird in einer Gegend, wo zwei Nachbarplätze vorliegen, unabhängig sei von dem Besetzungszustand der darum herumliegenden Plätze. Im Falle der Chemisorption, wo die Wechselwirkungsenergie mit dem Adsorbens hinreichend groß ist, um die Verdampfung der adsorbierten Molekel in dem Zeitintervall, in dem sich Gleichgewicht zwischen Gasphase und Adsorbat einstellt, unwahrscheinlich zu machen, können wir ohne merklichen Fehler die Geschwindigkeit der Wiederverdampfung vernachlässigen. In diesem Falle fällt die Absolutgeschwindigkeit der Bildung der einmolekularen Schicht mit der wirklichen Geschwindigkeit, mit der das Gas adsorbiert wird, zusammen. Unter dieser Voraussetzung wollen wir jetzt zur Berechnung der absoluten Adsorptionsgeschwindigkeit übergehen für den Fall, wo der adsorbierte Film beweglich ist, d. h. wo er imstande ist, rasch statistisches Gleichgewicht zu erreichen. Zu diesem Zweck werten wir zunächst die Wahrscheinlichkeit aus, daß irgendwelche zwei Nachbarplätze frei seien. Sie läßt sich aus dem Produkt zwischen der Wahrscheinlichkeit $1 - \vartheta$ ableiten, daß irgendein Platz frei sei, und der Wahrscheinlichkeit, daß einer der z Nachbarplätze ebenfalls frei sei. Wir greifen die zweite der Gl. (5, 8*) auf und schreiben sie in folgender Weise:

$$\frac{\overline{N}_1}{z} = \overline{N}_0 \frac{\eta \varepsilon}{1 + \eta \varepsilon} + (1 - \overline{N}_0) \frac{\varepsilon}{1 + \varepsilon}. \tag{7, 1*}$$

In dieser Gleichung setzen wir $\overline{N}_0 = 0$ und sehen dann, daß die Wahrscheinlichkeit, daß einer von z Plätzen der ersten Schicht besetzt sei, während der Zentralplatz leer sei, $\frac{\varepsilon}{1 + \varepsilon}$ beträgt, während die Wahrscheinlichkeit, daß er unbesetzt ist, $\frac{1}{1 + \varepsilon}$ beträgt. Hieraus folgt unmittelbar, daß die Wahrscheinlichkeit für ein Paar von freien Nachbarplätzen $(1 - \vartheta)/(1 + \varepsilon)$ ist. Nun wissen wir aus der kinetischen Gastheorie, daß die mittlere Zahl von Molekeln, die pro Zeiteinheit die Oberflächeneinheit des Adsorbens treffen, ist:

$$\frac{p}{\sqrt{2 \pi m k T}}.$$

Hier ist m die Masse der zweiatomigen Molekeln, die im Gas vorliegen. Wir nehmen an, daß die Absolutgeschwindigkeit der Adsorption proportional der Zahl von Molekeln sei, die in der Zeiteinheit die Oberflächeneinheit des Adsorbens treffen, und der Wahrscheinlichkeit proportional sei, daß auf irgendeinem Punkt der Oberfläche des Adsorbens ein Paar von freien Nachbarplätzen existieren. Hieraus folgt für die Geschwindigkeit der Adsorption die Gleichung:

$$\frac{d}{dt}\left(\frac{N_s \vartheta}{2}\right) = \alpha \frac{p}{\sqrt{2 \pi m k T}} \frac{1 - \vartheta}{1 + \varepsilon}. \tag{7, 2*}$$

Hier ist α die Wahrscheinlichkeit, daß eine Molekel beim Stoß auf die Oberfläche dort, wo zwei freie Plätze nebeneinander existieren, adsorbiert wird.

Aus Gl. (7, 2*) muß jedoch ε eliminiert werden unter Benutzung von (5, 10*), wo der Parameter η auftritt. Wie man aus Gl. (5, 1*) sieht, läßt dieser die Wechselwirkungsenergie χ_1 zwischen zwei adsorbierten Atomen aus Nachbarplätzen ins Spiel treten. Unter Integration von Gl. (7, 2*) erhalten wir[1]:

$$\int_0^\vartheta \frac{1+\varepsilon}{1-\vartheta}\, d\vartheta = \frac{2}{N_s} \frac{a p}{\sqrt{2\pi m k T}}\, t. \qquad (7, 3^*)$$

Setzen wir den Druck und die Temperatur konstant und deshalb auch den Koeffizienten a, so gibt diese letztgenannte Gleichung die Abhängigkeit von ϑ von der Zeit t. In Abb. 45 ist ϑ als Funktion von $\int_0^\vartheta \frac{1+\varepsilon}{1-\vartheta} d\vartheta$ für verschiedene Werte von η oder auch von χ_1 dargestellt. Der Grenzfall, wo $\eta = 0$, bedeutet das Verhalten einer beweglichen einmolekularen Schicht auch noch bei den tiefsten Temperaturen. Andererseits bildet der Fall, wo $\eta = 1$, d. h. χ_1 praktisch vernachlässigbar ist, eine Annäherung (wie wir schon bei der Adsorptionsenergie gesehen haben) für das Verhalten einer unbeweglichen einmolekularen Schicht.

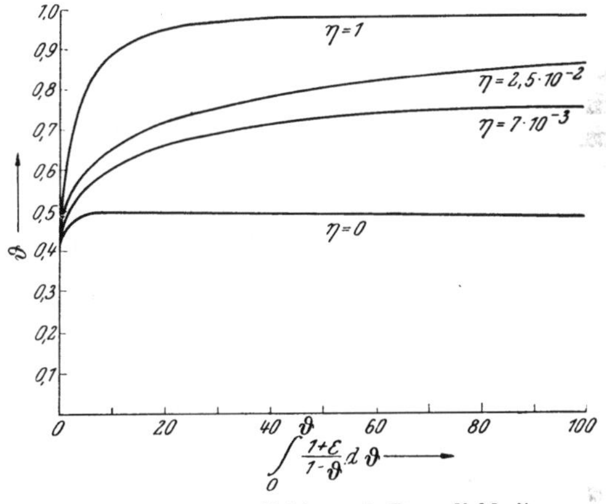

Abb. 45. Besetzungsdichte und Beweglichkeit.

Es ist zu beachten, daß für einen beweglichen Film oder auch für $\eta < 1$ die Neigung der Kurve, d. h. die Adsorptionsgeschwindigkeit, sich in der Nähe von $\vartheta = 0{,}5$ erheblich vermindert. In der Kurve auf Abb. 44 beobachtet man ganz entsprechend in der Umgebung von $\vartheta = 0{,}5$ ebenfalls für den beweglichen Film eine plötzliche Verminderung der Adsorptionswärme. Der Grund für die besondere Bedeutung des Wertes $\vartheta = 0{,}5$ ist in beiden Fällen derselbe: auf der Abb. 46 sieht man unmittelbar, daß für $\vartheta \leq 0{,}5$ die Atome, die aus der Dissoziation der adsorbierten Molekeln hervorgehen, sich so anordnen können, daß sie keine Paare von besetzten Nachbarplätzen bilden, während dies für $\vartheta > 0{,}5$ unmöglich ist. Jedes Paar von besetzten Nachbarplätzen vermehrt also die innere Energie um einen konstanten Term χ_1, und daraus folgt die Verminderung der Adsorptionsenergie für $\vartheta > 0{,}5$. Da zu einer Zunahme der inneren Energie eine Verminderung der Wahrscheinlichkeit der betreffenden Konfiguration der einmolekularen Schicht gehört, folgt daraus, daß die Kondensationsgeschwindigkeit des Gases in der Gegend um $\vartheta = 0{,}5$ beachtlich fallen muß. Dies ist natürlich nicht

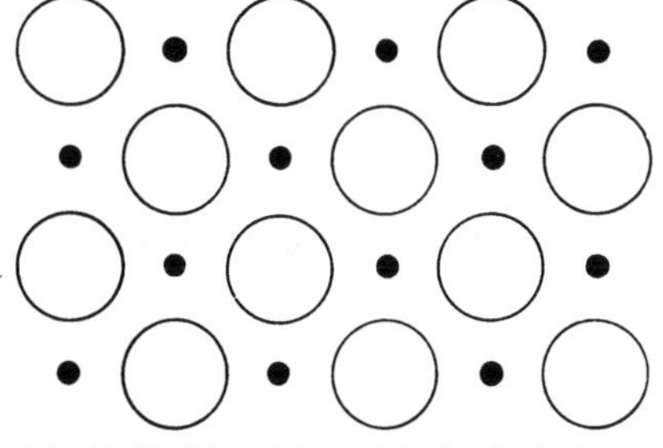

Abb. 46. Nachbarplätze bei halber Bedeckung.

[1] J. K. ROBERTS: Proc. Cambridge philos. Soc. 34 (1938), 399.

mehr gültig, wenn $\eta \backsimeq 1$, d. h. wenn der adsorbierte Film unbeweglich ist, weil dann die Atome nach wie vor Paare von Nachbarplätzen besetzen, auf denen die Molekeln ursprünglich die Oberfläche des Adsorbens getroffen haben. In diesem Falle beobachtet man hingegen, daß der Gang von ϑ als Funktion von t in relativ kurzer Zeit praktisch konstant wird, wenn $\vartheta < 1$ ist, und dann konstant bleibt, wenigstens bis dahin, wo im Falle des beweglichen Films ϑ den Wert 1 erreicht hat. Die Kurven für $\eta \backsimeq 1$ und für $\eta < 1$ müssen sich daher an einem bestimmten Punkt schneiden. Roberts[1] hat das Verhalten von unbeweglichen Filmen nach einer direkten Methode untersucht, wobei er eine beschränkte Anzahl von Plätzen in Betracht zog und annahm, daß eine Zufallsverteilung der Paare von besetzten Plätzen vorliege, aber nicht von einzelnen besetzten Plätzen, weil die Besetzung eines von ihnen notwendigerweise die Besetzung eines der z Nachbarplätze nach sich zöge. Man kann dann zeigen, daß bei Sättigung der einmolekularen Schicht noch 8% der Plätze frei bleiben. Dies liegt daran, daß für $\vartheta = 0{,}92$ leere Plätze übrigbleiben, die im kubischen Gitter von vier besetzten Plätzen umgeben sind, auf denen Atome sitzen, die vier verschiedenen Molekeln angehören. Diese Plätze, die gerade 8% der Gesamtoberfläche ausmachen, können nicht mehr von zweiatomigen Gasmolekeln besetzt werden; nach Roberts[1] können diese Plätze als aktive Zentren der Katalyse funktionieren. Nach derselben Methode hat Roberts auch die Abhängigkeit der Adsorptionsenergie von ϑ für die unbewegliche Schicht untersucht und gefunden, daß sie sich fast gradlinig mit ϑ verändert.

Wir wollen uns jetzt mit der *Geschwindigkeit der Verdampfung* aus den beweglichen Schichten beschäftigen. Damit eine zweiatomige Molekel auf einer einmolekularen Schicht verdampfen kann, ist es notwendig, daß ein Paar von adsorbierten Atomen auf Nachbarplätzen existiert; die Wahrscheinlichkeit, daß irgendein Platz besetzt ist, ist ϑ, die Wahrscheinlichkeit, daß bei einem solchen besetzten Platz nun auch einer der z Nachbarplätze besetzt sei, erhalten wir aus Gl. (7, 1*), wenn wir $\overline{N}_0 = 1$ setzen. Sie ist gleich

$$\frac{\eta\,\varepsilon}{1+\eta\,\varepsilon}.$$

Daher drückt $\vartheta \dfrac{\eta\,\varepsilon}{1+\eta\,\varepsilon}$ die Wahrscheinlichkeit aus, daß zwei adsorbierte Atome sich auf Nachbarplätzen befinden. Nun ist die Wahrscheinlichkeit der Verdampfung einer Molekel in exponentieller Form von der Energie abhängig, mit der diese am Adsorbens festgehalten wird. Diese Wahrscheinlichkeit enthält im einzelnen den Faktor:

$$\begin{aligned} & e^{-\chi_2/kT}\, e^{-(\vartheta_2 + \,.\,.\,.\, \vartheta_z)\chi_1/kT}\, e^{-(\vartheta_2' + \,.\,.\,.\, \vartheta_z')\chi_1/kT} = \\ & = e^{-\chi_2/kT}\, \eta^{-(\vartheta_2 + \,.\,.\,.\, \vartheta_z)}\, \eta^{-(\vartheta_2' + \,.\,.\,.\, \vartheta_z')}. \end{aligned} \tag{7, 4*}$$

Hierin ist $\chi_2 = 2\chi_0 + \chi_1 + u + q_d$ die Energie, die notwendig ist, um eine adsorbierte Molekel zu entfernen, wenn keine anderen auf Nachbarplätzen sitzen. Die Terme

$$e^{(\vartheta_2 + \,.\,.\,.\, \vartheta_z)\chi_1/kT} \text{ und } e^{(\vartheta_2' + \,.\,.\,.\, \vartheta_z')\chi_1/kT}$$

bedeuten den Beitrag, der von den Plätzen um die zwei adsorbierten Atome herum herrührt. Hierbei beziehen sich die $\vartheta_2 \ldots \vartheta_z$ und $\vartheta_2' \ldots \vartheta_z'$ auf den Besetzungszustand der Plätze, die die zwei Atome umgeben. Die Abwesenheit der Terme ϑ_1 und ϑ_1' kommt daher, daß diese sich auf die zwei betrachteten und annahmegemäß besetzten Plätze beziehen und beide gleich 1 und automatisch

---

[1] J. K. Roberts: Proc. Cambridge philos. Soc. **34** (1938), 399.

in χ_2 enthalten sind. Die Anwesenheit des exponentiellen Faktors kommt aus dem BOLTZMANNschen Gesetz, insofern, als eine Molekel außerhalb des Kraftfeldes des Adsorbens einer Molekel auf einem stark angeregten Niveau gleichzusetzen ist, dessen relative Besetzungswahrscheinlichkeit einfach durch das BOLTZMANNsche Gesetz gegeben ist. Der Exponent hat ein negatives Vorzeichen erhalten, weil nunmehr der Energiezustand 0 nicht der Grundzustand einer Gasmolekel ist, sondern im Gegenteil der Grundzustand einer adsorbierten Molekel. Nun ist die Wahrscheinlichkeit der Konfiguration $\vartheta_2, \ldots \vartheta_z$; $\vartheta_2' \ldots \vartheta_z'$ nach dem Gesetz von BOLTZMANN:

$$\frac{(\eta\,\varepsilon)^{1+\vartheta_2+\ldots\vartheta_z}\,(\eta\,\varepsilon)^{1+\vartheta_2'+\ldots\vartheta_z'}}{\Sigma_\vartheta\,(\eta\,\varepsilon)^{1+\vartheta_2+\ldots\vartheta_z}\,(\eta\,\varepsilon)^{1+\vartheta_2'+\ldots\vartheta_z'}}\,.$$

Die Summe ist dabei zu erstrecken über alle möglichen Werte von ϑ. Hieraus folgt also, daß die absolute Verdampfungsgeschwindigkeit durch die Gleichung gegeben wird:

$$\frac{d}{dt}\left(\frac{N_s\,\vartheta}{2}\right) = A\,\vartheta\,\frac{\eta\,\varepsilon}{1+\eta\,\varepsilon}\,e^{-\chi_2/kT}\times$$

$$\times\frac{\Sigma_\vartheta\,(\eta\,\varepsilon)^{1+\vartheta_2+\ldots\vartheta_z}\,\eta^{-(\vartheta_2+\ldots\vartheta_z)}\,(\eta\,\varepsilon)^{1+\vartheta_2'+\ldots\vartheta_z'}\,\eta^{-(\vartheta_2'+\ldots\vartheta_z')}}{\Sigma_\vartheta(\eta\,\varepsilon)^{1+\vartheta_2+\ldots\vartheta_z}\,(\eta\,\varepsilon)^{1+\vartheta_2'+\ldots\vartheta_z'}}\,,$$

wo A nur von der Temperatur abhängt. Führen wir die Summierung aus, so erhalten wir unmittelbar:

$$\frac{d}{dt}\left(\frac{N_s\,\vartheta}{2}\right) = A\,\vartheta\,\frac{\eta\,\varepsilon}{1+\eta\,\varepsilon}\,e^{-\chi_2/kT}\left(\frac{1+\varepsilon}{1+\eta\,\varepsilon}\right)^{2z-2}. \qquad (7, 5^*)$$

Diese Gleichung bestimmt zusammen mit (5, 15*) die Abhängigkeit der absoluten Verdampfungsgeschwindigkeit vom Bedeckungsgrad ϑ. Analog der Lage für die Kondensationsgeschwindigkeit können wir hier die Abhängigkeit von A von der Temperatur nicht genau bestimmen, wenn wir uns nicht auf die genauere Theorie stützen, die wir zu Beginn dieses Abschnittes erwähnt haben. Dies ist jedoch in gewissem Sinne überflüssig, da die verschiedenen exponentiellen Faktoren, die in Gl. (7, 5*) auftreten, sich sehr stark mit T verändern und so die Wichtigkeit des Faktors A vermindern, so daß wir A für unsere Zwecke als konstant betrachten können. Es ist nun möglich, eine der ARRHENIUSschen Gleichung analoge Formulierung zu benutzen, um die Verdampfungsgeschwindigkeit und die Verdampfungswärme einer einmolekularen Schicht miteinander in Beziehung zu setzen. Hierfür betrachten wir die Gleichung:

$$q_a = -k\left(\frac{\partial \lg V}{\partial\, 1/T}\right)_{\vartheta\,=\,\text{const.}}, \qquad (7, 6^*)$$

wo q_a die scheinbare Verdampfungswärme[1] bedeutet und wo gilt:

$$V = \frac{d}{dt}\left(\frac{N_s\,\vartheta}{2}\right).$$

Setzen wir in (7, 6*) den Ausdruck für V ein (7, 5*) und benutzen noch Gl. (5, 10*) und setzen

$$\frac{\vartheta}{1-\vartheta} = x\,,$$

[1] J. K. ROBERTS: Some Problems in Adsorption. Cambridge, 1939.

so erhalten wir nach einigen Umformungen:

$$q_a = \chi_2 + (2z-2)\chi_1 - \frac{2\eta x \chi_1}{[(x-1)^2+4x\eta]^{1/2}} \times$$
$$\times \left\{ \frac{2z-1}{(x-1)+[(x-1)^2+4x\eta]^{1/2}} - \frac{1}{(x+1)+[(x-1)^2+4x\eta]^{1/2}} \right\}. \qquad (7, 7^*)$$

In Abb. 47 sind für verschiedene Werte von η graphische Darstellungen von Gl. (7, 7*) gegeben, die Kurven A_1, B_1 und C_1, sowie auch graphische Darstellungen von Gl. (6, 8*) in den Kurven A_2, B_2 und C_2. Gl. (6, 8*) hatten wir aufgestellt für die Kondensation einer einmolekularen Schicht. Man sieht sofort, daß in dem nunmehr interessierenden Falle die Kurve für $\eta = 1$ keinen gradlinigen Verlauf hat wie nach Gl. (6, 8*) und daß, während (6, 8*) stets für $\vartheta = 1$ den Wert $\frac{q_2 - q_{2,0}}{-\chi_1} = -8$ ergibt, Gl. (7, 7*) demgegenüber für diese Bedingung $\vartheta = 1$ liefert:

$$\frac{q_a - q_{2,0}}{-\chi_1} = -7\,.$$

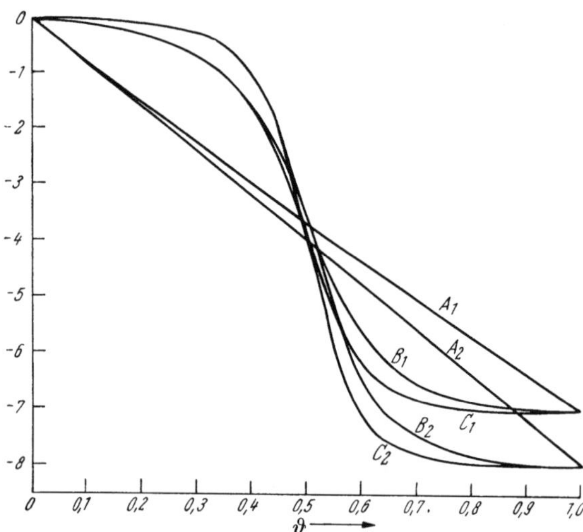

Abb. 47. Scheinbare Verdampfungsenergie und Besetzungsdichte.

Dies kann leicht auf folgende Weise gedeutet werden: Wenn $\vartheta = 1$ ist, und nun eine Molekel adsorbiert wird, so wird zunächst die Energie χ_2 frei, und die beiden Atome bleiben auf Nachbarplätzen sitzen. In der Folge entfernen sie sich, wobei sie die Energie des Systems noch weiter um einen Term $-\chi_1$ erniedrigen.

Daraus folgt für die Adsorptionsenergie:

$$q_{2,0} = \chi_2 - \chi_1\,.$$

Umgekehrt, wenn für $\vartheta = 0$ eine Molekel verdampft, so ist es zuerst notwendig, daß zwei Atome durch Bewegung auf dem Adsorbens zwei Nachbarplätze einnehmen; dies bedeutet eine Zunahme der Energie um χ_1, und es ist dann notwendig, daß die beiden Atome als Molekel verdampfen, und dies bedeutet eine Zunahme $-\chi_2$ der Energie des Systems. Man sieht also, daß für $\vartheta = 0$ die Verdampfungswärme und die Kondensationswärme pro Molekel der gleichen Energieänderung entsprechen.

Die Dinge werden aber anders, wenn im Grenzfalle $\vartheta = 1$ ist. Wir wollen voraussetzen, daß immer noch zwei freie Plätze existieren und daß eine Molekel sich kondensiert. Damit diese adsorbiert werden kann, müssen diese beiden Plätze auch Nachbarplätze sein. Wenn dies wegen der Beweglichkeit des adsorbierten Films eintritt, dann steigt die Energie der einmolekularen Schicht um einen Term χ_1; wenn dann daraufhin die Molekel diese beiden Plätze einnimmt, steigt die Energie der einmolekularen Schicht nochmals um $\chi_2 + (2z-2)\,\chi_1$, weil ja zur Stabilisierung noch $2\,z-2$ neue Wechselwirkungen zwischen den adsorbierten Atomen neu auftreten müssen. Da im Falle des kubischen Gitters, mit dem wir uns beschäftigen, $z = 4$, entspricht dies dem Wert

$$(q_2)_{\vartheta=1} = \chi_2 + 7\,\chi_1 .$$

Für die Verdampfung hingegen ist es nicht notwendig, daß irgendeine Neuanordnung in dem adsorbierten Film stattfindet, und deshalb ist die Verdampfungsenergie für $\vartheta = 1$ gegeben durch:

$$(q_a)_{\vartheta=1} = \chi_2 + 6\,\chi_1 .$$

Berücksichtigt man diese Resultate, so sieht man nunmehr ohne weiteres, daß

$$(q_2 - q_{2,0})_{\vartheta=1} = 8\,\chi_1 \text{ und}$$

$$(q_a - q_{2,0})_{\vartheta=1} = 7\,\chi_1 ,$$

genau wie es aus Abb. 47 hervorgeht.

8. Statistische Ableitung der BET-Isotherme.

Wir haben in 2, S. 103 gesehen, daß die LANGMUIRsche Isotherme abgeleitet werden kann, indem man von jeglicher Hypothese hinsichtlich des Mechanismus absieht, mit welchem das Gleichgewicht zwischen Gasphase und adsorbierter Phase erreicht wird. Dasselbe gilt auch für die Isotherme BET, die unter einem gewissen Gesichtspunkt die Isotherme von LANGMUIR verallgemeinert, indem sie ihre Gültigkeit auch auf den Fall ausdehnt, wo die adsorbierte Phase aus solchen übereinandergelegten einmolekularen Schichten besteht und wobei die erste dieser Schichten in direkter Berührung mit der Oberfläche des Adsorbens ist. Wir werden im vorliegenden Abschnitt zeigen, wie wir, ausgehend von dem Gesichtspunkt der statistischen Mechanik, die Hypothesen, die der kinetischen Behandlung im Abschnitt A 8, S. 44 zugrunde liegen, leicht zu einem Ausdruck umformen können für die große Verteilungsfunktion Ξ, die einer Isotherme entspricht, die vollständig mit der BET-Isotherme identisch ist.

Wir setzen also voraus, daß pro Einheit der Oberfläche des Adsorbens N_s Plätze existieren, die fähig sind, die Molekeln des Adsorptivs festzuhalten, genau wie es im Falle der einmolekularen Schicht auftritt. Wir setzen ferner die Möglichkeit an, daß auf der ersten Schicht sich n andere Schichten bilden können, so wie es im Falle der Kapillarkondensation auftritt, wo man die Bildung einer adsorbierten Phase in dem Raum zwischen zwei parallelen Wänden betrachtet, was ja eine schematische Darstellung der Eindringung eines Adsorptivs in die Poren und Kapillarräume, Spalten und Unregelmäßigkeiten im Gitter eines Adsorbens bedeutet. Analog wie bei der kinetischen Behandlung nehmen wir an, daß die Molekeln in der ersten Schicht in Berührung mit der Adsorbensoberfläche durch eine Energie χ_s und in den nachfolgenden Schichten durch eine Energie χ_L festgehalten werden, die gleich der Verdampfungswärme je Molekel des adsorbierten Stoffes in Form einer dreidimensionalen Flüssigkeit sein möge. Wir wollen damit nicht unbedingt behaupten, daß die Adsorption der Kondensation der Gasphase vergleichbar sei.

Wir benutzen, um das Verhalten der adsorbierten Molekeln in den aufeinanderfolgenden Schichten der Adsorption zu beschreiben, das Modell eines linearen Oszillators. Diese Hypothese ist übrigens nicht wesentlich für die Entwicklung der Ableitungen und wenn man will, kann man sie leicht durch eine andere geeignetere Hypothese ersetzen. Dies ist gleichbedeutend mit einem Vergleich zwischen dem Verhalten der adsorbierten Phase und dem einer zweidimensionalen

Flüssigkeit, die über die Oberfläche des Adsorbens ausgebreitet ist. Man muß jedoch berücksichtigen, daß diese hypothetische Flüssigkeit aus Molekelschichten zusammengesetzt ist, die alle auf der ersten Schicht ruhen, die ihrerseits auf den Plätzen des Adsorbens sitzt, und man muß deshalb die geometrische Anordnung der fraglichen Schichten berücksichtigen, die geordneter ist als die einer dreidimensionalen Flüssigkeit. Auf der anderen Seite ist diese Schichtstruktur des Adsorptivs, die auf Grund unserer Behandlung angenommen wird, sicherlich geordneter als die der Flüssigkeit.

Mit diesen Voraussetzungen wollen wir jetzt die große Verteilungsfunktion Ξ aufstellen und beginnen mit dem Fall, wo man irgendeine beliebige Anzahl der Schichten bilden kann. Wir bezeichnen mit X die Anzahl der Molekeln, die in der ersten Schicht liegen, und unter Berücksichtigung der Tatsache, daß $0 \leqslant X \leqslant N_s$, nehmen wir an, daß die erste Schicht an der Verteilungsfunktion der adsorbierten Phase mit dem Faktor

$$\binom{N_s}{X}\left[v(T)\, e^{\frac{\chi_s}{kT}}\right]^X \tag{8, 1*}$$

teilnimmt.

Wir bezeichnen entsprechend mit Y die Zahl der Molekeln, die den anderen Schichten angehören, und dann führt das Modell des linearen Oszillators zu einer molekularen Verteilungsfunktion

$$u(T)\, e^{\frac{\chi_L}{kT}} = \left(\frac{kT}{h\nu}\right)^3 e^{\frac{\chi_L}{kT}} + 1.$$

Die Y-Molekeln der über der ersten liegenden Schicht werden dann an der Verteilungsfunktion der Phase mit den Faktoren teilnehmen:

$$\binom{Y+X-1}{X-1}\left[u(T)\, e^{\frac{\chi_L}{kT}}\right]^Y . \tag{8, 2*}$$

Hier bedeutet nach HILL der Koeffizient

$$\binom{Y+X-1}{X-1} \backsimeq \binom{Y+X}{X}$$

die Zahl der Arten, auf die die Y verfügbaren Molekeln auf den X-Molekeln der ersten Schicht verteilt werden können, die gewissermaßen als Angriffspunkte für die späteren Molekeln wirken. Dies berücksichtigt offenbar, wenn auch nur in angenäherter Weise, die geordnete Struktur der adsorbierten Phase und die Möglichkeit, auch unvollständige Schichten zu haben. Multiplizieren wir (8, 1*) mit (8, 2*) und führen wir den üblichen Faktor λ^{X+Y} ein und summieren wir über alle möglichen Werte von X und Y, so erhalten wir für die große Verteilungsfunktion folgenden Ausdruck:

$$\Xi = \sum_0^\infty{}_Y \sum_0^{N_s}{}_X \binom{X+Y}{X}\binom{N_s}{X}\cdot\left[\lambda\, u(T)\, e^{\frac{\chi_L}{kT}}\right]^Y\cdot\left[\lambda\, v(T)\, e^{\frac{\chi_s}{kT}}\right]^X . \tag{8, 3*}$$

Da man nicht in einfacher Weise die Summierung der Reihe (8, 3*) vornehmen kann, so setzen wir statt dessen wie gewöhnlich wieder ihr größtes Glied ein. Wenn wir nun von der Formel von STIRLING Gebrauch machen, so ist der Logarithmus des allgemeinen Gliedes der Reihe (8, 3*) zu schreiben:

$$(X+Y)\lg(X+Y) - Y\lg Y - 2X\lg X + N_s\lg N_s - (N_s - X)\lg(N_s - X) + \\ + X\lg\left[\lambda\, u(T)\, e^{\frac{\chi_L}{kT}}\right] + X\lg\left[v(T)\, e^{\frac{\chi_s}{kT}}\right]. \tag{8, 4*}$$

Dies hängt ab von den zwei Variablen X und Y, und wir müssen deshalb in bezug auf diese den Ausdruck (8, 4*) zu einem Maximum werden lassen. Durch Bildung der Ableitung von (8, 4*) nach X und Y und Gleichsetzen mit 0 erhalten wir die Gleichungen:

$$\lg(X^* + Y^*) = \lg Y^* - \lg\left[\lambda\, u\,(T)\, e^{\frac{\chi_L}{kT}}\right]$$
$$\lg(X^* + Y^*) = 2\lg X^* - \lg(N_s - X^*) - \lg[\lambda\, v\,(T)\, e^{\chi_s/kT}]. \qquad (8, 5^*)$$

Diese bestimmen die Werte X^* und Y^*, für die das allgemeine Glied der Reihe (8, 3*) ein Maximum wird. In unserer Annäherung wird dann die große Teilungsfunktion folgende:

$$\Xi \backsim \Xi^* = \binom{X^* + Y^*}{X^*}\binom{N_s}{X^*}\left[\lambda\, u\,(T)\, e^{\frac{\chi_L}{kT}}\right]^{Y^*}\left[\lambda\, v\,(T)\, e^{\frac{\chi_s}{kT}}\right]^{X^*}.$$

Hieraus erhalten wir unter Benutzung der zweiten Gl. (8, 9*):

$$\overline{N} = \lambda \frac{\partial \lg \Xi^*}{\partial \lambda} = X^* + Y^*.$$

Berücksichtigen wir diese letztere Gleichung und nehmen wir an, daß das Adsorbat im Gleichgewicht mit einem idealen Gas stehe, so kann dann noch Gl. (8, 5*) zusammen mit (1, 14*) zur Definierung der Isotherme von BET dienen. Unter Benutzung von (8, 5*) und (1, 14*) erhalten wir nämlich die gleichwertigen Gleichungen:

$$\frac{\overline{N} - X^*}{\overline{N}} = \mathrm{p}\, \frac{h^3}{(2\pi m)^{3/2}(kT)^{5/2}}\, \frac{u\,(T)}{b\,(T)}\, e^{\chi_L/kT}$$

$$\beta X^{*2} - (\overline{N} - X^*)(N_s - X^*) = 0\,, \text{ wo gilt:} \qquad (8, 6^*)$$

$$\beta = \frac{u\,(T)}{v\,(T)}\, e^{\frac{\chi_L - \chi_s}{kT}}. \qquad (8, 7^*)$$

Lösen wir die zweite Gl. (8, 6*) nach X^* auf, so erhalten wir:

$$X^* = \frac{-\overline{N} - N_s + [(\overline{N} - N_s)^2 + 4\,(\beta - 1)\,\overline{N} N_s]^{1/2}}{2\,(\beta - 1)}.$$

Setzen wir dann

$$\frac{(2\pi m)^{3/2}(kT)^{5/2}}{h^3}\, \frac{b\,(T)}{u\,(T)}\, e^{-\frac{\chi_L}{kT}} = p_0 \qquad (8, 8^*)$$

und ersetzen wir den Ausdruck für X^* in der ersten Gl. (8, 6*), so folgt nach einigen Umformungen die Gleichung:

$$\overline{N} = \frac{N_s\, p}{(p_0 - p)\left[\beta + (1 - \beta)\, \frac{p}{p_0}\right]}. \qquad (8, 9^*)$$

Diese bestimmt für jeden beliebigen Druck die Anzahl $\overline{N}$ der Molekeln im Gleichgewicht mit der Gasphase und bedeutet dann den statistischen Ausdruck für die Isotherme BET. Die Bedeutung des Parameters p_0 ist klar: er bedeutet denjenigen Druck, bei dem das Gas sich auf dem Adsorbens kondensiert, wobei man dem $\overline{N}$ einen unendlich großen Wert zuschreibt. Wie aus Gl. (8, 8*) hervorgeht, wächst dieser Druck bei zunehmender Temperatur, und für eine gegebene Temperatur ist er um so größer, je kleiner χ_L ist. Entsprechend dem, was in der Langmuirschen Isotherme auftritt, bestimmt die vorliegende statistische Behandlung in vollständiger Weise die Temperaturabhängigkeit des Adsorptionsgleichgewichts. Wir wollen nicht auf die Grenzen der Gültigkeit und auf die möglichen Abänderungen dieser Isotherme eingehen, da diese Fragen bereits ausführlich im Abschnitt A besprochen worden sind. Wir wollen hingegen dazu übergehen, den Fall zu betrachten, wo die Zahl der molekularen Schichten nur begrenzt ist. Wir haben schon betont, daß wahrscheinlich die Adsorption auf einer porösen oder rissigen Oberfläche, wo das adsorbierbare Gas in die Poren oder Risse des Adsorbens eindringt, schematisiert werden kann, indem man annimmt, daß die Anzahl der adsorbierten Schichten, da diese in einem Raum von einigen Ångströmeinheiten eingesperrt sind, nicht über eine gewisse Grenze n hinaus anwachsen kann. Diese Einschränkung erfordert einige Modifikationen in der großen Verteilungsfunktion Ξ; wir werden aber zeigen, daß die so erhältlichen Resultate und besonders die Isotherme, wenn man n unendlich werden läßt, mit denen zusammenfallen, die wir soeben unter der Annahme erhalten haben, daß es keine obere Grenze für die Zahl der Schichten gibt. Und deshalb kann die vorliegende Behandlung als eine Verallgemeinerung der vorhergehenden betrachtet werden. Der Beitrag der ersten adsorbierten Molekelschicht zur Verteilungsfunktion der Phase ist wie vorher durch den Faktor (8, 1*) gegeben, wo wir aus Gründen der Bequemlichkeit X_1 an Stelle von X schreiben werden; wie früher bilden die X_1 Molekeln der ersten Schicht X_1 Plätze für die X_2 Molekeln der zweiten Schicht, die also auf $\binom{X_1}{X_2}$ verschiedene Weisen in der ersten Schicht verteilt werden können. Ihrerseits bilden die X_2 Molekeln der zweiten Schicht X_2 Plätze für die X_3 Molekeln der dritten Schicht. Hieraus folgt für die dritte Schicht ein statistisches Gewicht $\binom{X_2}{X_3}$ usw. bis zur n-ten Schicht. Unter Beibehaltung der Hypothesen der vorhergehenden Rechnung für die molekularen Verteilungsfunktionen erhalten wir für n auf die erste Schicht folgende Schichten an Stelle von (8, 2*) folgenden Faktor:

$$\binom{X_1}{X_2}\binom{X_2}{X_3}\cdots\binom{X_{n-1}}{X_n}\left[u(T)\,e^{\frac{\chi_L}{kT}}\right]^{X_2+X_3+\ldots X_n}. \tag{8, 10*}$$

Unter Benutzung von (8, 1*) und (8, 10*) bekommen wir auf die bisher schon übliche Weise folgende große Verteilungsfunktion:

$$\Xi = \sum_0^{N_s}{}_{X_1}\binom{N_s}{X_1}\sum_0^{X_1}{}_{X_2}\ldots\sum_0^{X_{n-1}}{}_{X_n}\binom{X_1}{X_2}\binom{X_2}{X_3}\cdots\binom{X_{n-1}}{X_n}\times$$
$$\times\left[\lambda\,v(T)\,e^{\frac{\chi_s}{kT}}\right]^{X_1}\left[\lambda u(T)\,e^{\frac{\chi_L}{kT}}\right]^{X_2+X_3+\ldots X_n}.$$

Unter Benutzung von (8, 7*) haben wir dann:

$$\Xi = \sum_0^{N_s}{}_{X_1}\binom{N_s}{X_1}\left[\frac{1}{\beta}\lambda u(T)\,e^{\frac{\chi_L}{kT}}\right]^{X_1}\sum_0^{X_1}{}_{X_2}\binom{X_1}{X_2}\left[\lambda u(T)\,e^{\frac{\chi_L}{kT}}\right]^{X_2}\ldots$$
$$\ldots\sum_0^{X_{n-1}}{}_{X_n}\binom{X_{n-1}}{X_n}\left[\lambda u(T)\,e^{\frac{\chi_L}{kT}}\right]^{X_n} = \left\{1+\frac{1}{\beta}\sum_1^n i\left[\lambda u(T)\,e^{\frac{\chi_L}{kT}}\right]^i\right\}^{N_s}. \tag{8, 11*}$$

Gl. (8, 11*) ist die Verallgemeinerung der großen Verteilungsfunktion (2, 2*) für die einmolekulare Schicht. Setzen wir nämlich $n = 1$ in (8, 11*) und ersetzen wir χ_s durch χ_0, so wird diese Gleichung auf (2, 2*) zurückgeführt. Berücksichtigen wir noch die zweite der Gln. (1, 9*), die Gl. (1, 14*) und die Gl. (8, 11*), so erhalten wir dadurch in der üblichen Weise die Isotherme:

$$\overline{N} = N_s \frac{\frac{1}{\beta}\sum_1^n i\left[\lambda u(T)\, e^{\frac{\chi_L}{kT}}\right]^i}{1+\frac{1}{\beta}\sum_1^n i\left[\lambda u(T)\, e^{\frac{\chi_L}{kT}}\right]^i} = N_s \frac{\frac{1}{\beta}\sum_1^n i\, i\left(\frac{p}{p_0}\right)^n}{1+\frac{1}{\beta}\sum_1^n i\left(\frac{p}{p_0}\right)^n}. \qquad (8, 12^*)$$

Gl. (8, 12*) kann auch noch etwas vereinfacht werden, nämlich:

$$\sum_1^n {}_i \left(\frac{p}{p_0}\right)^i = \frac{p}{p_0}\, \frac{1-\left(\frac{p}{p_0}\right)^n}{1-\frac{p}{p_0}}$$

$$\sum_1^n {}_i\, i\left(\frac{p}{p_0}\right)^i = \frac{p}{p_0}\, \frac{1-(n+1)\left(\frac{p}{p_0}\right)^n + n\left(\frac{p}{p_0}\right)^{n+1}}{\left(1-\frac{p}{p_0}\right)^2}.$$

Hierdurch wird dann aus (8, 12*):

$$\overline{N} = \frac{N_s p}{p_0 - p}\, \frac{1-(n+1)\left(\frac{p}{p_0}\right)^n + n\left(\frac{p}{p_0}\right)^{n+1}}{\beta + (1-\beta)\frac{p}{p_0} - \left(\frac{p}{p_0}\right)^{n+1}}. \qquad (8, 13^*)$$

Das ist der übliche Ausdruck für die Isotherme von BET, der für den Fall gilt, wo die Zahl der molekularen Adsorptionsschichten nicht größer als n werden kann.

Es ist interessant, zu bemerken, daß in der wirklichen Isotherme, wenn p gegen p_0 geht, $\overline{N}$ nicht sich irgendeinem bedeutsamen Wert annähert, während für $p \to \infty$ $\overline{N}$ gegen den Wert nN_s geht, der der Sättigung der n Schichten entspricht. Also hat die Konstante p_0 für ein begrenztes n gar keine unmittelbare Bedeutung.

Im allgemeinen begrenzt das Experiment die Gültigkeit der Gl. (8, 13*) auf Werte von p/p_0 zwischen 0 und 0,35. Wir können gewöhnlich $p/p_0 < 1$ setzen und daraus folgt:

$$\lim_{n\to\infty} n\left(\frac{p}{p_0}\right)^n = \frac{1}{lg\frac{p_0}{p}} \lim_{n\to\infty}\left(\frac{p}{p_0}\right)^n = 0.$$

Wenn man also in Gl. (8, 13*) n gegen ∞ wachsen läßt, so wird diese in (8, 9*) übergeführt, die wir ohne irgendwelche Beschränkungen hinsichtlich der Anzahl der Schichten aufgestellt haben. In dem vorhergehenden Abschnitt wurde die Anwendbarkeit der Gln. (8, 13*) und (8, 9*) diskutiert und wir wollen deshalb nicht weiter darauf zurückkommen. Wir wollen jedoch bemerken, daß die Annahme einer Schichtstruktur des Adsorbats nur durchführbar ist, wenn die Zahl der verfügbaren Molekeln in der adsorbierten Phase hinreicht, um eine begrenzte Anzahl von Schichten zu bilden. Wenn nämlich das Adsorbat die Dicke von einigen Moleküldurchmessern annimmt, und es ist wahrscheinlich, daß das der

Fall ist, wenigstens in der Zone, die von der Oberfläche des Adsorbens am weitesten entfernt ist, dann haben wir eine Struktur, die der einer kompakten Flüssigkeit ohne Schichten vergleichbar ist, wie auch umgekehrt unsere Rechnung es für irgendeine Dicke des Adsorbats annimmt. Das ist offensichtlich einer der Gründe, die die Anwendbarkeit der BET-Gleichung auf Werte des relativen Druckes beschränken, die von dem Druck p_0 der Kondensation des Gases weit entfernt liegen, d. h. die sozusagen nur kleinen Dicken der adsorbierten Schicht entsprechen. Ein anderer Grund der Unsicherheit ist die genaue Bedeutung, die man dem Faktor zuzuschreiben hat, der aber wesentlich ist für die Ableitung der Gl. (8, 9*). CASSIE[1], dem man die erste statistische Arbeit für die BET-Gleichung verdankt, hat in unrichtiger Weise diesen Faktor auf die Gegenwart einer Mischungsentropie zwischen den Molekeln der ersten Schicht und denen der nachfolgenden Schichten zurückgeführt. HILL[2], der die Arbeit von CASSIE wieder aufgenommen hat, hat dagegen diesem Faktor, wie wir schon gesehen haben, eine kombinatorische Bedeutung zugeschrieben. Der Faktor sollte nämlich die Zahl von Arten angeben, nach welchen man auf den X-Molekeln, die an dem Gitter des Adsorbens anhaften, die übrigen Y-Molekeln der nachfolgenden Schicht verteilen kann. Diese Zahl jedoch würde tatsächlich nur dann $\binom{X+Y-1}{X-1} \backsim \binom{X+Y}{X}$ sein (Zahl der Verteilungsmöglichkeiten von Y-Elementen auf X-Zellen), wenn das Adsorbat wirklich aus ebenso vielen Molekelketten bestünde. Die erste Molekel einer Kette würde dann auf einem Platz des Adsorbens sitzen und die anderen würden so verteilt sein, daß auf jede Schicht eine von ihnen kommt, wobei der paradoxe Fall nicht ausgeschlossen wäre, daß alle Molekeln des Adsorbats eine lange Kette bilden. Gewöhnlich bedeutet dies offensichtlich eine Anordnung der adsorbierten Molekeln normal zur Oberfläche des Adsorbens und außerdem parallel zu ihr, eine ziemlich zweifelhafte Sache, da ja, wie wir schon bemerkt haben, eine ungeordnete Struktur des Adsorbats wahrscheinlicher ist, besonders wenn dieses Dicken von der Größenordnung vieler molekularer Durchmesser erreicht. Endlich ist noch zu berücksichtigen, daß etwaige Wechselwirkungen zwischen den Molekeln der auf die erste folgenden Schichten und dem Adsorbens nicht in die Rechnung eingeschlossen sind und, was noch wichtiger ist, auch die seitlichen Wechselwirkungen zwischen den Molekeln, die offensichtlich ebenso bedeutend sein müssen, wie diejenigen normal zur Oberfläche des Adsorbens. In der Tat, wenn die Schichten vollständig wären, so könnte man denken, daß der Mittelwert dieser letzteren Wechselwirkungen pro Molekel in den konstanten Term χ_L eingeschlossen sei, der Energie einer Molekel in ihrem Grundzustand im Adsorbat. Deshalb kann man umgekehrt in unserer Behandlung den Fall nicht ausschließen, daß in einer Schicht Lücken existieren, d. h. daß eine Schicht weniger Molekeln enthält als die darunterliegende, auch wenn die darauffolgenden Schichten schon in beachtlichem Prozentsatz ausgefüllt sind, und daher kommt die Notwendigkeit, diese seitlichen Wechselwirkungen zu berücksichtigen, um nicht beachtliche Fehler in der Auswertung der Verteilungsfunktion zu machen. In der Tat, führt man in die Rechnung diese seitlichen Wechselwirkungen ein, so findet man[3] analog zu dem Fall der einmolekularen Schichten Isothermen mit kritischen Erscheinungen, die das Experiment nicht immer wiedergibt. Dies bedeutet vielleicht, daß die Schichten, wenigstens solange sie für geringe Dicken des Adsorbats ihre Individualität bewahren, eine Tendenz haben, sich vollständig auszufüllen, bevor eine neue angelegt wird, eine Annahme, die eine beachtliche

[1] A. D. B. CASSIE: Trans. Faraday Soc. **41** (1945), 450.
[2] T. L. HILL: J. chem. Physics **14** (1946), 263.
[3] T. L. HILL: J. chem. Physics **15** (1947), 767.

Beweglichkeit der Molekeln voraussetzen würde, die mit der Hypothese schlecht verträglich ist, daß die Struktur des Adsorbats parallel oder normal zur Oberfläche des Adsorbens geordnet sei. Man kann also schließen, daß die Isotherme von BET in ihrer gegenwärtigen Form sich auf ziemlich schwache theoretische Voraussetzungen stützt, und der Hauptgrund für die Wichtigkeit ihrer Benutzung ist daher in der Tatsache zu suchen, daß sie eine Gleichung von beachtlicher Einfachheit liefert, mit der man ziemlich gut experimentelle Resultate erhalten kann. Unter den zahlreichen Modifikationen der Gleichung von BET ist in jüngster Zeit eine vorgeschlagen worden[1], die gelten soll, wenn die adsorbierte Phase eine gewisse Dicke erreicht hat, und die darin besteht, daß man in die Berechnung den Effekt der Oberflächenenergie des Adsorbats einführt. Wir wollen diese Behandlung kurz erwähnen und für die Einzelheiten auf die Originalarbeit verweisen. Wir haben gesehen, daß einer der wichtigsten Einwände, den man der statistischen Behandlung, die wir oben entwickelt haben, entgegenhalten kann, der ist, der die Gleichwahrscheinlichkeit der Molekelverteilung auf die auf die erste folgenden Schichten betrifft. Auf diese Weise berücksichtigt man tatsächlich nicht die beachtliche Zunahme der Oberflächenenergie des Adsorbats entsprechend solchen Verteilungen der Moleküle, die die Oberfläche nicht in größerem Maße ungleichmäßig machen. In der zitierten Arbeit wurde auf Grund der Entwicklungen einer Fourierreihe entsprechend den Kristallgitterperioden des Adsorbens der Überschuß zwischen der Oberflächenentwicklung des Adsorbats und der des Adsorbens berechnet.

Dieser Oberflächenüberschuß wird in Beziehung gesetzt mit der Energie des Adsorbats und tritt deshalb in der entsprechenden Verteilungsfunktion auf. Man kommt so zu einer Isotherme von dem Typus:

$$-\lg \frac{p}{p_0} = \frac{k}{v^3}, \tag{8, 14*}$$

wo bedeutet:

$$v = \frac{p}{(p_0 - p)\left[\beta + (1-\beta)\frac{p}{p_0}\right]}.$$

Die Isotherme (8, 14*) liefert, im Gegensatz zu derjenigen von BET, Werte für die Adsorption, die kleiner sind als diejenigen, die man experimentell erhält, und dies ist andererseits wenigstens qualitativ verständlich, da man die molekularen Konfigurationen, die praktisch erlaubt sind, auf diejenigen beschränkt, die die Oberfläche der adsorbierten Phase gering machen, wenn man ihr chemisches Potential erhöht und infolgedessen die Größe der Adsorption vermindert. Man muß dann jedoch auch noch den Effekt der Kräfte berücksichtigen, die von der Oberfläche des Kristallgitters ausgehen und die auf die Molekeln in den auf die ersten folgenden Schichten wirken und die stärker an das Adsorbens binden und auf diese Weise im Gegensatz die Größe der Adsorption erhöhen. Die diesbezüglichen Rechnungen sind von HILL[2] entwickelt worden. Man findet immer noch eine der Gl. (8, 14*) formal ähnliche Gleichung, aber mit einer verschiedenen Bedeutung der Konstanten k; berücksichtigt man gleichzeitig die beiden Effekte, so kann man jedoch Gl. (8, 14*) benutzen, indem man der Konstanten k den geeigneten Wert zuschreibt. Auf diese Weise erhält man eine Isotherme, die mit dem Experiment auch noch für Werte von p/p_0 größer als 0,35

---

[1] W. G. McMILLAN, E. TELLER: a) J. chem. Physics **19** (1951), 25; b) J. physic. Colloid Chem. **55** (1951), 17.

[2] T. L. HILL: J. chem. Physics **17** (1949), 590, 668.

übereinstimmt: sie bedeutet sowohl vom praktischen als auch vom theoretischen Gesichtspunkt eine beachtliche Verbesserung der BET-Gleichung. Es ist jedoch zu bemerken, daß dies wenigstens teilweise davon abhängt, daß man in die Rechnung eine größere Anzahl von willkürlichen Konstanten eingeführt hat, die man so verändern kann, daß die theoretischen Kurven den experimentellen Resultaten angenähert werden. Es ist sicher, daß die oben zitierten Modifikationen die Behandlung der vielschichtigen Adsorption physikalisch plausibel machen, auch wenn sie das alte Schema der BET-Gleichung im wesentlichen unverändert lassen.

Active Centres from the Point of View of Kinetics.

By

F. H. CONSTABLE, Istanbul.

Inhaltsverzeichnis.

Introduction.

The strong unbalanced fields of force existing at the surface of solids, give such surfaces different physical properties from those possessed by matter in bulk. The forces themselves may be partially electrostatic or electromagnetic in origin according to classical theory, but according to the wave mechanics larger forces may come into play in suitable circumstances which have their origin in wave mechanical resonance[1]. The first fields of force are in general, however, only sufficient to account for phenomena which occur with energy changes of the order of magnitude of heats of vaporisation. It is in the fields of force of higher orders of magnitude such as exist in chemical compounds that heterogeneous catalysis occurs. The unimolecular nature of the adsorbed film in which reaction occurs is well established, and powerful direct methods are available

[1] LONDON: Z. physik. Chem., Abt. B **11** (1930), 222.

for examination[1] of adsorbed films. The abnormal nature of the fields of force necessary for catalysis suggests at once that such fields only occur exceptionally on the catalyst surface, and that the bulk of the surface is only very very slightly, if at all, active. These minute areas are known as the active centres of the catalyst surface, and in the main evidence which has accumulated since the suggestions of Armstrong and Hilditch[2] in 1922 has served to confirm the existence of such centres, and to explain qualitatively and quantitatively many otherwise puzzling occurances. It is to be noted that Taylor[3] in 1925 collected together the then available evidence, and made out a strong case from the effects of the poisoning and sintering of catalysts on adsorption and reaction velocity. Direct visual evidence has later been obtained by Johnson and Shockley[4] of the existence of active centres in the adsorption of thorium, cesium, and potassium on tungsten by use of the electron microscope.

A clean polished tungsten wire emitted electrons uniformly from all parts of the surface. A rough thoriated wire showed numerous very bright spots, which on heating to 1850° K became uniformly bright by the migration of the thorium uniformly over the wire. Similarly a rough tungsten wire in cesium and potassium vapour gave a patchy electron image, showing a work function which varied over the surface.

The Relations Between Surface Area and Adsorption (as Influenced by the Physical Condition of the Surface) and Catalytic Reaction Velocity.

It has long been known that very many pure catalytic surfaces vary enormously in their catalytic activity from time to time without any apparent cause. Subsequent investigations have led to methods of producing stable catalyst surfaces, but it is still found that these surfaces are very sensitive to alterations in the physical and chemical conditions under which they are prepared. Exposing them to high temperatures (sintering); the action of minute quantities of strongly adsorbed substances (poisoning); and variations in the methods of preparation can cause very considerable loss of catalytic activity. In general the fall in catalytic activity is much greater than the fall in adsorption, and it is rare that either is proportional to the surface area exposed. Deductions may be made concerning the nature of the surface by study of such effects.

If catalysis occurs at the normal surface[5] of a solid, then the velocity v should be proportional to the surface area S at constant temperature. i. e.,

$$v = a\, S$$

where a is a constant. If the edges of the crystals are involved then the length of the edges in a constant mass of the material is proportional to the square of the surface. i. e.,

$$v = b\, S^2$$

[1] Schwab: Ergebn. exakt. Naturwiss. 7 (1928), 331. — Germer: Z. Physik 54 (1929), 408. — Rupp: Z. Elektrochem. angew. physik. Chem. 35 (1929), 586. — Finch and others: Proc. Roy. Soc. (London), Ser. A 141 (1933), 414; 145 (1934), 676; Trans. Faraday Soc. 31 (1935), 1051.

[2] Armstrong, Hilditch: Discuss. Faraday Soc. 17 (1922), 670.

[3] Taylor: Proc. Roy. Soc. (London), Ser. A 108 (1925), 105.

[4] Johnson, Shockley: Physic. Rev. [2] 49 (1936), 436.

[5] Schwab, Rudolph: Z. physik. Chem., Abt. B 12 (1931), 427.

where b is a constant. Where as if corners are responsible the number of corners will vary as the cube of the surface. i. e.,

$$v = c\, S^3$$

Generally if all have some activity,

$$v = a\, S + b\, S^2 + c\, S^3$$

that is, the catalytic activity increases faster than the specific surface, and may be described as some power of the surface greater than 1 and less than 3. It may be noted, however, that if the conditions are such that the variation of one dimension of the film is greatly restricted, and the cube effect neglected, the equation in S is only of one degree lower order i. e.

$$v = a\, S + b\, S^2$$

in which a or b may be zero, and thus the specific activity per unit surface is given by the relation

$$\frac{v}{S} = a + b\, S.$$

Thus it is evidently not possible, on geometric grounds only, for the specific surface activity to fall with increasing surface, but it may remain constant, or increase. These cases have been found by experiment, but the occurrence of a constant surface activity is rare. Some cases actually show an increase in specific activity with decrease in area, and the inevitable conclusion is that the nature of the surface has changed.

If the general equation is lowered in order by dividing by S we have

$$v = a + b S + c\, S^2$$

and the specific surface activity then becomes

$$\frac{v}{S} = \frac{a}{S} + b + c\, S$$

and

$$\frac{d\left(\frac{v}{S}\right)}{d\, S} = -\frac{a}{S^2} + c$$

giving an equation, when $\frac{d\left(\frac{v}{S}\right)}{d\, S} = 0,$

$$\frac{a}{S^2} = c \text{ or } S = \sqrt{\frac{a}{c}}$$

for which value the specific surface activity is a minimum.

Terem[1] has studied the absorption of water vapour from air by aluminium and beryllium hydroxides dehydrated at 350° C between 400 and 1300° C. For alumina the percentage of water absorbed at the end of 60 minutes falls from 4 % at 400° C to 0.3 % at 1300° C. With beryllium oxide 1.3 grams of the original oxide ($BeO + 1.54\, H_2O$) dehydrated adsorbed 0.046 grams of water at 400° C and 0.005 grams at 1100° C.

In the reaction between H_2S and metallic nickel between 400 and 550° C the absorption of sulphur is always linear with the time when the nickel is in

[1] H. N. Terem: Rev. Fac. Sci. Univ. Istanbul **15** (1950), 360, 343; **8** (1943), 109; **20** (1955).

the form of wire of 0.5 millimeters diameter. When the nickel is in the form of plates, and for short times of reaction i. e. between 10 and 60 minutes, the reaction is also linear, but after one hour the form changes and becomes more and more parabolic, showing a retardation completely absent in the wire form.

Adsorption, however, often appears as general on the surface, in fact the saturation adsorption in some cases measures the surface area. But generally speaking the adsorption isotherms cannot be used for calculating the reaction velocity, for the adsorption characteristics revealed by catalysis is the adsorption of the active areas and, generally, not of the whole surface.

Sintered Surfaces.

LEVI and HAARDT[1] applied LEVI's method of X-ray examination to the estimation of the increase in size of platinum particles on sintering by twelve hours exposure to temperatures from 60° C to 215° C. The particle size increased from 5.05 mμ to 20.3 mμ. The calculated area per 0.01 gram decreased from 5.6×10^3 sq. cms. to 1.4×10^3 sq. cms., and measurements of the oxygen evolved from aqueous hydrogen peroxide decreased from 20.3 ccs. per hour to 16.1 ccs. per hour in one series of experiments, and from 21.6 ccs. per hour to 19.6 ccs. per hour in another. The specific activity of the surface was evidently increased by the sintering showing that the nature of the surface had changed, and that mere variation of the surface area alone was insufficient to explain the results. The sintering temperatures used are quite low, but were sufficiently high to enable more active centres per unit area to be produced than were originally present in the particles reduced by aluminium from an acid solution of potassium chloroplatinate.

MAXTED and MOON[2] have shown that sintering of platinum particles up to 400° C reduced the catalytic activity to 3% of the original activity in the hydrogenation of crotonic acid. No appreciable alteration of the temperature coefficient was observed. The conclusion is that the active centres were unaltered in nature by the sintering. It is to be noted that no measurements of surface area were made, and that the temperature used was much higher than those of LEVI and HAARDT. In the higher temperature range the fall of catalytic activity is much more marked.

CONSTABLE[3] sintered a reduced copper catalyst at 440° C for times of 10, 50, 100, and 200 minutes. The surface area of the catalyst was measured by an interference method, and the catalytic activity by the dehydrogenation of ethyl alcohol. It was found that the surface area was reduced successively to 0.72, 0.31, 0.32, and 0.33 times that of the original surface, and the specific activity of the surface fell to 0.74, 0.31, 0.42, and 0.40 of the original activity. These results may be calculated with fair accuracy from the formula

$$\frac{v}{S} = 0.10 + 0.90\, S$$

and show that the catalytic reaction velocity increases with the surface area very nearly as the square of the area, but some small effect directly proportional to the surface area seems to be superposed.

PEASE[4] who was one of the early exponents of the theory of active centres,

---

[1] LEVI, HAARDT: Atti Accad. naz. Lincei, Rend. **2** (1925), 419; **3** (1926), 91, 215.
[2] MAXTED, MOON: J. chem. Soc. (London) **1935**, 393.
[3] CONSTABLE: J. chem. Soc. (London) **1927**, 1578.
[4] PEASE: J. Amer. chem. Soc. **45** (1923), 1196, 2235, 2297.

used reduced copper for the hydrogenation of ethylene, and measured also the adsorptions of hydrogen and ethylene on the catalyst. He found that heating the catalyst to temperatures in fair excess of those used in its formation by reduction from oxide, caused a decrease in the adsorption of both hydrogen and ethylene but unequally; and that the reduction in the catalytic activity was very much greater than the reduction in the adsorption of either gas. In fact the fractional reduction in the reaction velocity was much greater than the product of the fractional reductions of the adsorption of hydrogen and ethylene. Such an experiment is almost conclusive evidence that only a small fraction of the surface is active in the hydrogenation of ethylene, and that most of the hydrogen and ethylene are adsorbed on parts of the surface contributing little to the total velocity of the reaction.

Rudishill and Engelder[1] studied the dehydrogenation and dehydration of alcohol on surfaces of titanium oxide. They found that there was a general loss of activity on sintering the catalyst by heat treatment, but that the two reactions were reduced in different ratios by the treatment, suggesting that different portions of the surface were effective for each reaction.

Terem[2] found with aluminium powder heated in air between 900° C and 1050° C considerable sintering which increased with the temperature and humidity, which had a profound effect in reducing the rate of oxidation of the metal, and prevented nearly completely the oxidation after a very short time. The ratio of metal oxidised to metal not oxidised (m) became 0.58 after heating 6 hours at 850° C following the same course as unsintered material. Very considerable sintering occurred after heating to 1050° C for 25 minutes, and the oxidation finished with $m = 0.39$. With nitrogen gas the sintering is very greatly retarded, while with magnesium powder the converse effect occurs and nitrogen accelerates the sintering process.

The same author[3] has found that the reaction between H_2S and metallic silver wire commences at 300° C only at places where the wire surface is strongly curved by bending immediately before the experiment, but with preheating to 560° C the effect is removed. In plate form the corners, then the edges are the first to be attacked. With nickel and H_2S similar phenomena were observed, commencing at 250° C, and disappearing at 540° C, for nickel wire. Plates of nickel commence to react at corners and edges at similar temperatures.

Further experimental data leading to the same conclusions may be found in summarising publications such as by Taylor[4].

Poisoned Surfaces.

It is evident that a poison must be sufficiently strongly adsorbed to replace most of the reactants from the catalyst surface. This result, broadly speaking, may occur in two ways. The adsorption though very strong, may be reversible; when many interesting phenomena may result, or, the adsorption is quite irreversible, and the catalyst surface in contact with the poison is destroyed. The intermediate cases also occur, but for convenience poisons have been classed as temporary or permanent. In both cases the binding energy of the poison to the

---

[1] Rudishill, Engelder: J. physic. Chem. **30** (1926), 106.

[2] H. N. Terem: C. R. hebd. Séances Acad. Sci. **294** (1947), 1351; Rev. Fac. Sci. Univ. Istanbul **16** (1951), 4.

[3] H. N. Terem: Rev. Fac. Sci. Univ. Istanbul **18** (1953), 81; **20** (1955), 44.

[4] Taylor: Proc. Roy. Soc. (London), Ser. A **108** (1925), 105; J. physic. Chem. **30** (1926), 145.

surface is of the order of magnitude that is associated with chemical reactions or with the formation of surface chemical compounds, but in interpreting chemical compound we should consider generally that the original atoms of the surface may continue to be bound to those beneath.

Permanent poisons often destroy the surface, but the fractions left usually behave like the original surface, a fact that can lead to suppositions of homogeneity which are denied on the same surface by a study of temporary poisoning.

The fact that adsorption is affected far less by poisons than is the reaction velocity of catalysis was early evident in the work of MAXTED[1]. PEASE and STEWART[2], in the study of the hydrogenation of ethylene by reduced copper, found that the poison mercury vapour in small quantity diminished the adsorption of ethylene to 80%, hydrogen to 5%, but the velocity of hydrogenation to 0.5%. With carbon monoxide as poison the adsorption of 0.01 ccs. by a catalyst which could adsorb several cubic centimeters of hydrogen or ethylene, caused the reaction velocity to fall to 15% of the original velocity. Thus most of the catalytic activity occurs on a small fraction of the total surface. Calculations of the velocity of the hydrogenation, and the isotherms of the adsorption of carbon monoxide by CONSTABLE[3] from these experiments show that the carbon monoxide covers the most strongly adsorbing centres first, and that these centres are responsible in the main for the catalysis, and not the average surface. Such conclusions are confirmed by the measurements of KAEB[4] of the contact potential between solutions and platinum sponge which was subjected to the action of various poisons. Areas of changing solution pressure were revealed as the poisoning progressed.

Changes of a less complex character have been found by MAXTED[5] and his collaborators. A platinum surface was poisoned by mercury, lead, or arsenic. It was found that the first small quantities of the poison were far more efficient in reducing the catalytic activity than were much larger quantities added at a later stage in the poisoning, but that the curve of catalytic activity against mass of poison added could roughly be broken up into two straight lines, showing an approximate large constant efficiency for small quantities of poison, and a constant small efficiency for large quantities of poison. MAXTED deduced the existence of only two types of active centre, one of which was SCHWAB's active lines, and the other the main surface. When the platinum was used for the hydrogenation of nitrobenzene, acetophenone, benzene, and oleic acid the coefficients of the poisoning equation, with mercury as poison, were the same for each reactant. Similarly the hydrogenation of acetophenone and benzene on platinum were reduced equally by carbon disulphide poisoning. These poisons, in these cases, appear equally effective all over similar parts of the surface.

RUSSEL and GHERING[6], in the case of poisoning of copper by oxygen in the hydrogenation of ethylene, found similar effects to those found by MAXTED; but on re-reduction of the surface, those parts of the surface which combined with oxygen most readily, were found to have a far greater catalytic activity

[1] MAXTED: J. chem. Soc. (London) **115** (1919), 1050; **117** (1920), 1280, 1501; **119** (1921), 225, 1280; **121** (1922), 1760; **127** (1925), 73.

[2] PEASE, STEWART: J. Amer. chem. Soc. **47** (1925), 1235.

[3] CONSTABLE: Proc. Cambridge philos. Soc. **23** (1927), 932.

[4] KAEB: Z. physik. Chem. **115** (1925), 224.

[5] MAXTED and others: J. chem. Soc. (London) **121** (1922), 1760; **127** (1925), 73; **1933**, 502; **1934**, 26, 672.

[6] RUSSEL, GHERING: J. Amer. chem. Soc. **57** (1935), 2544.

than the bulk of the surface. Valuable information about the state of the surface has been obtained from a study of the effect of poisons on the iron catalysts used in the synthesis of ammonia[1]. Small partial pressures of water produced varying quantities of an oxide of iron in the contact mass, stable only in the presence of water vapour, and rapidly reduced back to metallic iron when the partial pressure of water was reduced to zero. Oxidation of the active parts of the iron surface took place at pressures of water vapour far less than would oxidise massive iron, and so the excess of energy in the most active centres was calculated at about 11,000 calories per gram molecule. The phenomenon illustrates also that there must be a distribution of centres with all energies up to the maximum. Further, since the quantity of oxygen combined in the iron surface could be measured, a direct estimate of the fraction of active iron atoms in the surface could be made. With unpromoted iron only about one atom in two hundred was active, while with a compact iron surface only one atom in two thousand was found to be active.

Similar observations have been made by ROBERTI[2] on thiophene acting as a poison in the hydrogenation of benzene on nickel surfaces. Very suggestive observations have been made when more than one reaction takes place at a catalyst surface. It is often found that two or more reactions are poisoned in quite different ways, and it is possible that one reaction may be increased in velocity while another is retarded. VAVON and HUSSON[3] studied the hydrogenation of propyl ketone, piperonal, and nitrobenzene on a platinum catalyst in the presence of carbon disulphide as poison. As the concentration of the carbon disulphide was increased the first reaction was suppressed most, the second less, and the third hardly at all; so that by choosing appropriate concentrations of carbon disulphide the first reaction could be suppressed while the second and third still went on, or only the third reaction would proceed. WILLSTÄTTER and HATT[4] found that thiophene poisons the hydrogenation of benzene on platinum more strongly than that of an unsaturated aliphatic hydrocarbon. KUBOTA and YOSHIKAWA[5] with nickel catalysts, found that thiophene would poison the hydrogenation of aromatic ring compounds, but not olefines, or nitrobenzene. Ethyl sulphide poisons hydrogenation for both aliphatic unsaturated compounds and aromatic rings; but not the hydrogenation of nitrobenzene. Hydrogen sulphide totally destroys all catalytic activity.

GHOSH and BAKSHI[6] found that small pressures of carbon disulphide and chloroform do not poison the dehydrogenation of methyl alcohol on promoted copper catalysts, while having a remarkable poisoning effect on the dehydrogenation of the formaldehyde produced in the reaction.

Such experimental evidence as is here quoted is typical of many observations, and the conclusion is inevitable that different active centres correspond in many cases with corresponding differences in the adsorption of the poison and consequently different effects on the catalytic activity[7].

---

[1] ALMQUIST, BLACK: J. Amer. chem. Soc. 48 (1926), 2814. — EMMETT, BRUNAUER: J. Amer. chem. Soc. 52 (1930), 2682. — USSATSCHER: Z. Elektrochem. angew. physik. Chem. 40 (1934), 647.

[2] ROBERTI: Gazz. chim. ital. 63 (1933), 46.

[3] VAVON, HUSSON: C. R. hebd. Séances Acad. Sci. 175 (1922), 277.

[4] WILLSTÄTTER, HATT: Ber. dtsch. chem. Ges. 45 (1912), 1471.

[5] e. g. KUBOTA, YOSHIKAWA: Jap. J. Chem. 2 (1925), 45.

[6] GHOSH, BAKSHI: J. Indian chem. Soc. 6 (1929), 749.

[7] See M. BACCAREDDA: Vergiftung der Kontakte. This Handbook, Vol. VI, p. 234.

Effect of the Method of Preparation of the Surface.

The mere presence of a substance known to be catalytically active is, in general, quite insufficient to induce catalysis in gas-solid systems. Special precautions have to be taken to procure an active surface, and usually substances that have been exposed to high temperatures are inactive. Freshly prepared surfaces made at moderate or low temperatures are most efficient. Precipitation, low temperature production by chemical reaction, and fine grinding, are all generally effective. For commercial use it is usually necessary to make the catalyst up into the form of porous pellets, and to carefully standardise the method of preparation. It might be thought that the aim of such a procedure is to give the maximum possible specific surface, but investigations have shown, in general, that the nature of the surface is of importance in addition to the area.

In the simple case of a metallic copper surface Constable[1] found that metallic copper prepared by electrolysis, reduction of ammoniacal solutions, and by hammering and polishing the metal, were inactive. The rapid condensation of copper vapour, reduction of cuprous and cupric oxides at 250° C to 350° C, blowing ammonia gas over copper at 820° C, and the thermal decomposition of copper formate, acetate, propionate, valerate, oxalate, and succinate in a stream of nitrogen gas all gave active forms of copper with specific surface activities of the same order of magnitude. The activity of inactive copper surfaces was probably less than 10^{-4} times that of 1 sq. cm. of the active surface. The active centres appear thus as groups of atoms frozen in a state of strain with strong external fields. Taylor, Kistiakowsky, and Perry[2] found that platinum produced by heating ammonium chloroplatinate at 200° C in hydrogen, then nitrogen gas, was a coarse crystalline powder having very little catalytic activity. But when the platinum was formed by the reduction of platinic chloride solutions with formaldehyde or hydrazine and caustic soda, the precipitate was composed of minute crystals, which had a high surface activity. Frohlich, Fenske, and Quiggle[3] reduced the precipitate formed from cupric nitrate and ammonia to give copper surfaces. They found a maximum in the surface activity when the precipitation occured at 22° C.

A very interesting series of experiments by Adkins and co-workers[4] on zinc oxide, titanium oxide, and aluminium oxide prepared from the oxalate, nitrate, or carbonate have shown very large differences between oxides prepared from different salts. The ratio of the velocities of the dehydration and the dehydrogenation of alcohol, which occurs on such surfaces, is influenced enormously by the method of preparation of the oxide; and the heats of activation of both reactions also vary. Cremer[5] found a similar large variation in the relative velocities of the two reactions on catalysts composed of the rare earth oxides according as the method of preparation varied. In these latter cases it appears that there are different types of active centre associated with each reaction, and the relative numbers of each may be changed, as well as the measured heat of activation, by the method of preparation.

As typical of modern methods of studying both the heat of activation, and the number of active centres on a catalyst as shown by dynamical methods, a

---

1 Constable: Proc. Roy. Soc. (London), Ser. A **110** (1926), 283.

2 G. B. Taylor, Kistiakowsky, Perry: J. physic. Chem. **34** (1930), 748.

3 Frohlich, Fenske, Quiggle: J. Amer. chem. Soc. **51** (1929), 61, 187.

4 Adkins and co-workers: J. Amer. chem. Soc. **47** (1925), 807; **48** (1926), 1671; **51** (1929), 2449.

5 Cremer: Z. physik. Chem., Abt. A **144** (1929), 231.

research of HÜTTIG, NOVAK-SCHREIBER, and KITTEL[1] is given below. They studied the initial stages of the decomposition of nitrous oxide on surfaces made by heating magnesium oxide with ferric oxide at various temperatures. The heat of activation was determined by the temperature coefficient of the reaction, and the number of active centres calculated from the measured reaction velocity, and the measured heat of activation. The number of active centres obtained in this way is relative only. They found in the temperature range 450° C to 550° C the number of active centres increased rapidly, from 550° C to 700° C the number fell slightly, and above 700° C fell exceedingly rapidly with rise of temperature. The heat of activation was constant for temperatures of preparation between 500° C and 700° C showing the nature of the active centres was unchanged, but outside these limits lower values of the heat of activation were measured. Chemical compound formation between the two oxides had occurred, and change in the number rather than the nature of the active centres is sufficient to explain the results from 550° C to 700° C.

In the study of the dehydration of $Al(OH)_3$, TEREM[2] has observed the formation of different hydrates according to the method of preparation. From nitrate the aluminium hydroxide obtained gives according to the conditions a dihydrate or a sesquihydrate at 200° C, or a monohydrate at 300°. From the chloride the dihydrate is formed at 200° C, or a product without water according to the initial conditions. The samples prepared from sulphate never gave any hydrates at all. These gels may be regarded only as gels containing adsorbed water in variable proportions.

KANDARE and CONSTABLE[3] found that copper ferrocyanide precipitated and dried at 73° C from aqueous solutions with a slight excess of copper was a very powerful heterogeneous catalyst in the decomposition of hydrogen peroxide. Repeated treatment with water at 100° C markedly reduced both catalytic activity and adsorption of the hydrogen and hydroxyl ions.

Kinetics of Heterogeneous Reactions Showing the Existence of Active Centres.

When a catalyst surface is uniformly active the adsorption of the reactants, combined with a knowledge of the heat of activation of the reaction, should enable the reaction velocity at any temperature to be calculated approximately. In some cases such calculations give results that do not differ greatly from experiment, but if the surface is heterogeneous the characteristics of the active centres of the surface only are required, and then calculations based on the properties of the whole surface are very divergent from the experimental results. If two similar reactions occur on the same surface with different heats of activation E_1 and E_2, shared between F_1 and F_2 degrees of freedom in each case respectively, the ratio of the probabilities that an adsorbed molecule will exceed the required heat of activation is given by

$$\frac{\left(\frac{E_1}{RT}\right)^{F_1} F_2!}{\left(\frac{E_2}{RT}\right)^{F_2} F_1!} e^{-\left(\frac{E_1 - E_2}{RT}\right)}.$$

[1] HÜTTIG, NOVAK-SCHREIBER, KITTEL: Z. physik. Chem., Abt. A **171** (1934), 83; see also Z. Elektrochem. angew. physik. Chem. **41** (1935), 527; J. Amer. chem. Soc. **57** (1935), 2470.

[2] H. N. TEREM: Rev. Fac. Sci. Istanbul **15** (1950), 343.

[3] S. KANDARE, F. H. CONSTABLE: Rev. Fac. Sci. Istanbul **19** (1954), 238; **20** (1955), 62, 113.

Thus, under similar conditions, the reaction with the higher heat of activation will proceed far more slowly than the other. In general, however, this regularity is masked by other more powerful factors located in the surface itself.

Behaviour of Different Reactions on the Same Surface.

Hoover and Rideal[1] found that the simultaneous dehydration and dehydrogenation of alcohol on thoria surfaces occurred with approximately the same velocity, but with different temperature coefficients. Water was a poison for the dehydration, but at small concentrations acted as a promotor for the dehydrogenation. Acetaldehyde and chloroform selectively poisoned the dehydration, leaving the dehydrogenation to occur practically unchanged. Further the ratio of the reaction velocities of the two reactions could be changed by varying the method of preparation of the thoria. This is one of the clearest pieces of evidence that separate active centres are responsible for the decomposition of the alcohol molecule in different ways. Cremer's[2] observations previously quoted are evidence of the same type.

Hinshelwood[3] decomposed hydriodic acid, and ammonia, on the surface of a platinum catalyst. The hydrogen evolved caused no retardation of the decomposition of the hydriodic acid, but a considerable retardation of the ammonia decomposition. The active centres in the first case did not adsorb hydrogen appreciably, but did so moderately in the second case, and taking into account the strong general adsorption of hydrogen on platinum, the conclusion is that very different types of active centre cause the two decompositions. Hinshelwood, Hartley and Topley[4] decomposed formic acid on glass surfaces. The reaction products in one mode of decomposition were hydrogen and carbon dioxide, in the other water and carbon monoxide. At 280° C the velocities of the two reactions were equal, but the energies of activation were 28,000 and 16,000 calories respectively, which would lead to very large differences in reaction velocity on a homogeneous reactive surface.

Behaviour of Different Surfaces in the Same Reaction.

Hinshelwood[5] and co-workers have made a very interesting series of observations on the decomposition of acetaldehyde on surfaces of platinum, rhodium, gold, and tungsten. All the surfaces behaved in a very similar manner, and the heat of activation observed 46,800 calories, was slightly higher than that of the homogeneous reaction 45,500 calories. The kinetics were best explained by reaction occurring between one adsorbed and one bombarding molecule. The catalysis was very feeble, and the whole of the surfaces of the various metals were equally active.

A very different state of surface is revealed in experiments on the decomposition of formic acid on glass, silver, gold, platinum, and rhodium surfaces. Glass is the least active showing a reaction velocity approximately 10^4 times less than that on rhodium, in spite of the fact that the heat of activation for the decomposition on glass is 24,500 calories and that on rhodium 25,000 calories. According

[1] Hoover, Rideal: J. Amer. chem. Soc. **49** (1927), 104, 116.

[2] Cremer: Z. physik. Chem., Abt. A **144** (1929), 231.

[3] Hinshelwood, Burk: J. chem. Soc. (London) **127** (1925), 2896.

[4] Hinshelwood, Hartley, Topley: Proc. Roy. Soc. (London), Ser. A **100** (1922), 575.

[5] Hinshelwood, Hutchinson: Proc. Roy. Soc. (London), Ser. A **111**, 380. — Allen, Hinshelwood: Proc. Roy. Soc. (London), Ser. A **121** (1928), 141.

to more recent measurements of SCHWAB[1] the values are much lower for noble metals, between 7,000 and 18,000 calories. This second appears to be the more general case with active catalysts. There are very considerable changes in the heat of activation for different surfaces, but no direct co-relation through the simple exponential law with the measured reaction velocity. We deduce therefore a specific and variable effect present on each surface identified with variable density of the active centres.

BÉNARD and TALBOT[2] have studied the behaviour of single crystals of copper and iron. At 900° C the rate of oxidation of the various faces is in the order (210) (221) > (211) > (110) > (100) > (123).

LEIDHEISER and GWATHMEY[3] have studied the combination of 2 H_2 and O_2 on single crystals of copper from 360 to 440° C and the catalytic decomposition of carbon monoxide on single crystals of nickel at 550° C. At partial pressures of oxygen considerably less than 5 %, the rate of formation of water on the cube (100) faces was twice that on the (111) faces in spite of the roughening of the (111) face during the reaction. The cube face remained perfectly smooth. Conversely the catalytic deposition of carbon from carbon monoxide occurred exclusively on the (111) faces.

SCHWAB and PESMATJOGLOU[4] have studied the decomposition of formic acid at 225 to 350° C on the surface of gold-cadmium alloys. The activation energy for a given alloy has been related to the BRINELL hardness of the surface.

In the catalytic decomposition of ethyl chloride to give ethylene and hydrochloric acid on the surfaces of crystalline barium chloride, manganous chloride, lead chloride, silver chloride, and some mixed crystals the catalytic activity has been connected with the dipole moment of the "active doublet" on the surface[5].

Characteristics of Reactions of Higher Orders on Surfaces.

While from the point of view of kinetics bi-molecular reactions with mutual displacement of the reactants are of great interest, the case which gives the clearest indication of the existence of active centres is found when the two gases are adsorbed without mutual displacement. In such cases it is evident that they cannot be adsorbed on the same portions of the surface, yet chemical reaction is sometimes possible. The best two examples are the reaction of hydrogen with nitrous oxide on the surface of gold[6]

$$H_2 + N_2O \rightarrow H_2O + N_2$$

and the reaction of hydrogen with carbon dioxide on the surface of tungsten[7]

$$H_2 + CO_2 \rightarrow H_2O + CO$$

The reaction velocity was found to be proportional to the concentration of each reactant in its adsorbed layer. The explanation of the result involves that there are two types of adsorbing areas, and that reaction occurs at the boundaries of the areas, which constitute the active centres. SCHWAB[8] has discussed a considerable number of reactions which fall into the same class.

---

1 G.-M. SCHWAB: Trans. Faraday Soc. **42** (1946), 689.
2 BÉNARD, TALBOT: C. R. hebd. Séances Acad. Sci. **225** (1947), 411.
3 LEIDHEISER, GWATHMEY: J. Amer. chem. Soc. **70** (1948), 1200, 1206.
4 SCHWAB, PESMATJOGLOU: J. physic. Colloid Chem. **52** (1948), 1046.
5 SCHWAB, KARATZAS: J. physic. Colloid Chem. **52** (1948), 1053.
6 HUTCHINSON, HINSHELWOOD: J. chem. Soc. (London) **1926**, 1556.
7 HINSHELWOOD, PRICHARD: J. chem. Soc. (London) **127** (1925), 1546.
8 SCHWAB: Ergebn. exakt. Naturwiss. **7** (1928), 276.

Influence of the Conditions of Reaction on the Specific Behaviour of Centres.

The activity of the various possible surfaces of platinum are considerably changed by the pressure of the reactants. The decomposition of ammonia on platinum at low pressures between 0.25 and 10 mms. of mercury pressure is directly proportional to the pressure of the ammonia, and inversely proportional to the pressure of hydrogen; and the reaction takes place with an apparent heat of activation of 44,000 calories. At pressures lower than 0.25 mms. of mercury the nitrogen also causes retardation, and at pressures higher than 10 mms. of mercury the apparent heat of activation rises greatly. Such a surface adsorbs nitrogen and hydrogen equally well, and can be nearly saturated with either gas[1].

At moderate pressures this type of surface is completely saturated with the resultants, and so is quite ineffective as a catalyst. Only when a surface is prepared which adsorbs hydrogen only can the catalysis occur at moderate pressures. However in the reactions

$$2\,HI \rightarrow H_2+I_2 \qquad CO_2+H_2 \rightarrow H_2O+CO$$
$$2\,H_2+O_2 \rightarrow 2\,H_2O \qquad N_2O+H_2 \rightarrow N_2+H_2O$$

the hydrogen appears to have little retarding effect on the reaction. It thus appears that different centres are effective according as the pressure is changed. Dohse[2] was enabled to study the decomposition of an adsorbed film without interference from the reaction products, and he found that the rate of reaction per unit area of the adsorbed molecules was a constant up to a critical density of the adsorption (which was independent of the temperature) and then fell off rapidly with further adsorption, showing a distribution of activity over various areas on the surface, the areas adsorbing at higher and higher pressures being less and less active as catalysts.

The hydrogenation of ethylene at room temperatures on copper[3] is markedly inhibited by ethylene, and the reaction is nearly proportional to the partial pressure of hydrogen. But at 150° C to 250° C the effect of varying the partial pressures of each gas was nearly equal. The adsorption on the active centres has changed due to rise of temperature. Similar effects have been observed in the hydrogenation of benzene.

The Heat of Activation.

If we consider a reaction with true heat of activation E occurring under conditions of temperature and pressure such that the catalyst surface remains far from the condition of saturation, the fraction of the surface covered σ is connected with the heat of adsorption λ of the reactant and the pressure p by the relation

$$\sigma = b\,p$$

$$\text{where } b = A\,e^{\frac{\lambda}{RT}}$$

and A is a constant for a given surface.

[1] Schwab: Z. physik. Chem. **128** (1927), 161; Abt. B **3** (1929), 337.
[2] Dohse: Z. physik. Chem., Abt. B **5** (1929), 131; **6** (1929), 343; **8** (1930), 159.
[3] Pease: J. Amer. chem. Soc. **45** (1923), 1196.

Thus the reaction velocity equation is of the form

$$v = p \cdot B \cdot e^{\frac{\lambda}{RT}} \cdot e^{-\frac{E}{RT}}$$

where B is a constant. If there exist on the surface points with a higher heat of adsorption than others then the reaction velocity will be greatest on those points with the highest heats of adsorption. Moreover the heat of activation appears to be diminished by the heat of adsorption, for the equation may be written

$$v = p \cdot B \cdot e^{-\frac{(E-\lambda)}{RT}}.$$

Under these conditions a graph of log v/p against p is a curve showing the variation of $(E - \lambda)$ with pressure in the simple case of a unsaturated surface with no retardation by the reaction products. Corresponding variations of the heat of adsorption with pressure have been observed in some cases, in fact some variation of this nature is to be expected from the interaction of the adsorbed molecules themselves. Most of the observed cases show the heat of adsorption to be nearly constant on the centres responsible for the catalytic change. It is clear, however, that a strong heat of adsorption causes an increase in the velocity of catalysis on unsaturated surfaces when other conditions are constant. Variations in heat of adsorption have been revealed by many experiments on the surface of active catalysts (see Adsorption in this Vol.).

When the same reaction may occur in the gaseous phase and on a catalyst it is found that the energy of activation on the catalyst is usually less than that in the gaseous phase, and is reduced to roughly half the value, for active catalysis. The fact of adsorption reduces the energy level which has to be attained by the molecule before reaction can take place, and therefore the probability that any one adsorbed molecule will attain this energy level, is very much greater in the adsorbed phase, than in the vapour state.

Theory of the Distribution, Behaviour, and Nature of the Active Centres on Catalysts.

Zeldowitsch[1] from an exponential distribution of adsorption sites with adsorption energy deduced Freundlich's isotherm. Halsey and Taylor[2] concluded that monolayers, without molecular interaction, adsorbed on a continuously variable surface having an exponential distribution of energy of adsorption would show a linear relation between the logarithm of the mass adsorbed and the logarithm of the pressure, which is experimentally verified as Freundlich's isotherm.

A serious attempt to distinguish between real nonuniformity of surface, and the effects of adsorbed molecular interaction has been successful. Emmett and Kummer[3] following Roginsky[4] have adsorbed and afterwards desorbed, collected and analysed ^{14}CO, which was first adsorbed on a surface which was afterwards covered with ^{12}CO. There was no interaction with the ^{14}CO on the most strongly adsorbing parts of the surface. Keier and Roginsky have obtained similar evidence with the adsorption of deuterium and hydrogen on charcoal.

[1] Zeldowitsch: Acta physicochim. URSS 1 (1934), 960.
[2] Halsey, Taylor: J. chem. Physics 15 (1947), 624.
[3] Emmett, Kummer: Brookhaven Conf. Rep. No. 2 (1949), 1.
[4] Keier, Roginsky: Ber. Akad. Wiss. UdSSR 57 (1947), 157.

From the experimental evidence previously given, it would appear that an active catalyst can contain points on its surface which have an energy which is greater than that of the average surface, and thus that some sort of distribution of centres of all kinds appear on surfaces. The distribution will vary with the reaction taking place, as well as from surface to surface. We shall attempt to work out what the distribution is, and then to discuss some models of active centres.

Distribution and Behaviour of Active Centres.

A consideration of the evidence shows that a catalyst may be active at a very few points on the surface in one reaction in which case there is a considerable lowering of the heat of activation of the homogeneous reaction, and in another case may show uniform activity over the whole surface, when the heat of activation is not appreciably lowered from that in the homogeneous reaction. A remarkable example of uniform surface activity exists in the decomposition of ozone on a silver oxide surface[1]. A variety of intermediate cases arise, so that any catalyst presents generally a distribution of active centres. Another interesting point is the fact that liquid surfaces, used as catalysts near their melting points, show no abrupt change in activity; and there is direct evidence that the solidification of a liquid metal does not greatly change its surface area[2]. The distribution of active centres of a liquid surface does not greatly change on solidification. TAYLOR[3] shows that the heat of adsorption of ammonia on an iron catalyst decreases from a high value to a lower limit as the quantity of gas adsorbed increases. DOHSE[4] showed the rapid falling off of catalytic activity when the adsorption exceeded a definite lower limit. We wish to find how the number of adsorbing centres n, with a given value of the heat of activation E, varies with the heat of activation shown on each characteristic centre on the surface.

If dn be the number of centres with heat of activation between E and $E+dE$ the problem is to evaluate a function such that

$$dn = F(E)\, dE.$$

The limits of the variation of E over the surface are given by general considerations. Since the function of the catalyst is to lower the heat of activation in the homogeneous reaction, the maximum value of E, which we will call E_2, is the heat of activation in the homogeneous reaction; for in this case the centre has minimum activity. The lower limit of E is E_1, that on the most active centres on the surface. The rate of reaction dk on the surface composed of dn centres is given by the ARRHENIUS relation

$$dk = C\, e^{-\frac{E}{RT}}\, dn$$

where C is a constant, for the heat of activation on these centres lies between E and $E + dE$. Substituting for dn we have

$$dk = C\, e^{-\frac{E}{RT}} \cdot F(E) \cdot dE\,.$$

---

[1] STRUTT: Proc. Roy. Soc. (London), Ser. A **87** (1912), 302.

[2] STEACIE, ELKIN: Proc. Roy. Soc. (London), Ser. A **142** (1933), 457; Canad. J. Res. **11** (1934), 47. — BOWDEN, O'CONNOR: Proc. Roy. Soc. (London), Ser. A **128** (1930), 317.

[3] TAYLOR: Z. Elektrochem. angew. physik. Chem. **35** (1929), 545.

[4] DOHSE: Z. physik. Chem., Abt. B **5** (1929), 131; **6** (1929), 343; **8** (1930), 159.

Thus the mean value of the heat of activation for the reacting molecules is given by[1]

$$\overline{E}=\frac{\int_{E_1}^{E_2} E\,dk}{\int_{E_1}^{E_2} dk}=\frac{\int_{E_1}^{E_2} E\cdot F(E)\cdot e^{-\frac{E}{RT}}\,dE}{\int_{E_1}^{E_2} F(E)\cdot e^{-\frac{E}{RT}}\,dE}.$$

Constable evaluated $F(E)$ by obtaining the distribution of centres composed of x atoms or molecules in the random distribution in a liquid surface, and then supposing that these centres sintered for a short time τ on solidification of the liquid, and that the rate of sintering was proportional to the excess energy ε in each. The relation obtained was

$$dn=fe^{-\frac{\varepsilon}{h}}\,d\varepsilon$$

where f is a constant. Cremer and Schwab[2] postulated that the surface had reached statistical equilibrium at some temperature Θ, and obtained according to Boltzmann's relation

$$dn=fe^{-\frac{\varepsilon}{R\Theta}}\,d\varepsilon.$$

Both relations are formally identical if $h=R\Theta$; so it remains to connect ε with E. With Polanyi[3] and London[4] we may consider the true activation energy E as the heat of activation of the homogeneous reaction E_2 from which the heat of adsorption and the excess energy of the centre is subtracted. Thus

$$E=E_2-\lambda-\varepsilon \text{ or } \varepsilon=E_2-\lambda-E.$$

Therefore

$$\begin{aligned} dn &= fe^{-\frac{\varepsilon}{h}}\,d\varepsilon \\ &= fe^{-\left(\frac{E_2-\lambda-E}{h}\right)}dE \\ &= fe^{-\left(\frac{E_2-\lambda}{h}\right)}e^{\frac{E}{h}}\,dE \\ &= a\,e^{\frac{E}{h}}\,d\,E \end{aligned}$$

where a is a constant, and h is the distribution constant of the active centres, and equal to $R\Theta$ according to Cremer and Schwab.

Thus the mean value of the heat of activation for the reacting molecules becomes

$$\overline{E}=\frac{\int_{E_1}^{E_2} E\,e^{\frac{E}{h}}\,e^{-\frac{E}{RT}}\,dE}{\int_{E_1}^{E_2} e^{\frac{E}{h}}\,e^{-\frac{E}{RT}}\,dE}$$

$$\overline{E}=\frac{e^{-E_1 r}\left(E_1+\frac{1}{r}\right)-e^{-E_2 r}\left(E_2+\frac{1}{r}\right)}{e^{-E_1 r}-e^{-E_2 r}}$$

---

[1] Constable: Proc. Roy. Soc. (London), Ser. A **108** (1925), 355.

[2] Cremer, Schwab: Z. physik. Chem., Abt. A **144** (1929), 243. — Schwab: ibid. B **5** (1929), 406.

[3] Polanyi: Z. Elektrochem. angew. physik. Chem. **27** (1921), 143.

[4] London: Z. Elektrochem. angew. physik. Chem. **35** (1929), 552.

where

$$\frac{1}{RT} - \frac{1}{h} = r.$$

The value of the mean value of the heat of activation for the reacting molecules given by this equation is different according to the sign of r. Since in general E_1 and E_2 are considerably different the relation may be simplified by approximation.

Case I. $\frac{1}{RT} - \frac{1}{h} = r$ positive.

The exponential term with E_2 is negligably small compared with the term involving E_1, hence we have

$$\bar{E} = E_1 + \frac{1}{r}.$$

The experimental results show that the term $\frac{1}{r}$ is a small correction to E_1. Thus, from the point of view of chemical catalysis, a surface with such an exponential distribution of active centres behaves as if it were composed of homogeneous centres with a heat of activation only slightly greater than that on the most active parts of the surface, for this is the temperature coefficient measured by experiment provided r is positive. The cases so far investigated show r is positive, but the number of investigations is still very few. Direct measurements of the active fraction of an iron surface by Almquist gives results of 1 in 2000, and Rideal and Wright estimate 1 in 1000 for the active surface of charcoal. There also would be expected a wide divergence between adsorption characteristics, and the adsorption of the active centres.

Case II. $\frac{1}{RT} - \frac{1}{h} = r$ negative.

The exponential term with E_1 now becomes negligable and the mean value of the heat of activation for the reacting molecules becomes

$$\bar{E} = E_2 - \left|\frac{1}{r}\right|$$

which is only slightly different from the mean value of the heat of activation for the reactive centres on the surface ($E_2 - h$) and close to the heat of activation for the uncatalysed reaction. Such a surface shows correspondance between adsorption measurements and catalysis, and appears to have a uniform slight activity in spite of the existence of a very small number of highly active centres.

Case III. $\frac{1}{RT} - \frac{1}{h} =$ zero. $\bar{E} = \frac{1}{2}(E_1 + E_2)$.

This is the transition case to uniform surface activity.

Thus it appears that it is only when $h > RT$ that the characteristic phenomenon of active centres is strongly marked, or if we equate h to $R\Theta$ with Cremer and Schwab when $\Theta > T$ or expressed in words: the phenomenon of active centres only appears when the range of temperature in which the catalyst is used is less than the temperature at which the catalyst surface has attained statistical equilibrium, which in favorable circumstances would be the true temperature of preparation of the catalyst surface. This result certainly provides a reasonable explanation of the increase in specific surface activity of pure substances prepared at low temperatures when they are sintered at slightly higher temperatures.

Case I. r positive. The equation for the reaction velocity becomes

$$dk = a\,C\,e^{\frac{E}{h}}\,e^{-\frac{E}{RT}}\,dE$$

and, with E_2 considerably greater than E_1, the integrated form is

$$k = \frac{A}{r} e^{\frac{E_1}{h}} e^{-\frac{E_1}{RT}}$$

where A is a constant. Thus the specific activity of the surface as caused by the number of active centres present in unit area of the catalyst is given by an equation

$$\frac{A}{r} e^{\frac{E}{h}}$$

so that if the heat of activation rises for a particular reaction on a catalyst and thus the probability that a molecule will react falls, then there exists on the catalyst a greater number of active spots capable of causing the reaction. Generally speaking in a similar group of catalysts, used for similar reactions, there may be wide variations in the heat of activation without large corresponding changes in catalyst efficiency. CONSTABLE verified this relation for supported reduced copper catalysts for which $h = 1.5 \times 10^3$. BALANDIN[1] has verified the relation with 15 different catalysts, and 4 different reactants in dehydrogenation reactions in which E varied from 9,700 calories to 23,710 calories, while h varied from 0.8 to 1.0×10^3. CREMER[2] has verified the relation for the dehydration of alcohol on the tervalent oxides in group 3 of the periodic table. She found a variation in the heats of activation of 13,000 to 32,000 calories, and a variation of 10^4 times in the reaction velocities, but the change in h was very small from 1.7 to 1.9×10^3. GRIMM and SCHWAMBERGER's results show, according to CREMER, that h is constant for the decomposition of ethyl chloride on the surfaces of a number of univalent to quadrivalent chlorides. SCHWAB has pointed out that in the last two cases the relation $h = R\Theta$ is fulfilled.

Case II. r negative. The equation for the reaction velocity becomes

$$k = \frac{A}{r} e^{\frac{\lambda}{h}} \cdot e^{-\frac{E_2}{RT}}$$

which is formally similar to case I, but the upper limit of the heat of activation replaces the lower and the distribution function has vanished. As previously pointed out such catalysts are almost uniformly active.

The mean value of the heat of activation on the surface is independent of r being given by the equation

$$\frac{\int_{E_1}^{E_2} E\,dn}{\int_{E_1}^{E_2} dn} = \frac{\int_{E_1}^{E_2} E e^{\frac{E}{h}} dE}{\int_{E_1}^{E_2} e^{\frac{E}{h}} dE} = \frac{e^{\frac{E_2}{h}} (E_2 - h) - e^{\frac{E_1}{h}} (E_1 - h)}{e^{\frac{E_2}{h}} - e^{\frac{E_1}{h}}}$$

If E_2 is considerably greater than E_1 the result simplifies to

$$\overline{E} = (E_2 - h)$$

which is very different to the mean value for the reacting molecules when r is positive, and very close to the value when r is negative.

[1] BALANDIN: Z. physik. Chem., Abt. B **19** (1932), 451.
[2] CREMER: Z. physik. Chem., Abt. A **144** (1929), 231.

Some criticisms of the theory of active centres should be mentioned, though the weight to be attached to them is very problematical and awaits further experimental evidence. Polanyi and Wigner[1] failed to confirm the exponential relation. Storch[2] concluded that there were disturbing factors in the probability distribution of active centres, and cited the variation in energy exchange on multiple adsorption as one effect, and the "tunnel" effect of quantum mechanics as another. Roginsky and Rosenkiewitsch[3] assume catalysis is a resonance effect and that all reactions whether homogeneous or heterogeneous should follow a relation of the exponential type between the collision and probability factors and the heat of activation. As previously stated much further work is necessary to ascertain how far these more recently calculated effects are present in individual cases and what modifications, if any, they produce[4].

Nature of Active Centres.

General mathematical considerations often leave a sense of vagueness in our physical conceptions of phenomenon, and the various attempts to give a precise description of an active centre are therefore to be welcomed. Smekal[5] identifies the active centres with cracks or imperfections in the crystal surface. Balandin[6] suggests that his multiplets are the nuclei only of the lattice faces of the crystal, and so have large free valencies. Schwab and Pietsch[7] have developed a comprehensive theory with care and ingenuity, which is well supported by experimental evidence, and by calculations. This theory has been called the theory of "Adlineation" for the active centres become active lines; such as crystal edges, imperfections in the surface, and the boundaries of individual small crystals in the crystalline whole. Calculations and crystallographic data show the existence of strong fields at such lines[8], and calculations show that the catalytic activity should increase faster than the surface area increases on a constant mass of material. Such relations have been found[9]. Schwab and Stauffer[10] have observed catalysis at the edges of macrocrystals. Much chemical evidence from the study of reactions in solids shows a special reactivity at the edges.

Taylor's "highly unsaturated atoms in the surface" which he identified as the active centres, have received considerable support from quantum mechanics[11] applied to the growth of metal lattices in metal vapours. Small groups of atoms readily form filaments, and attach themselves easily to corners of the lattice, and project out into space. There is an activation energy of sintering of such structures, which gives an explanation of the fall of specific surface activity on

[1] Polanyi, Wigner: Z. physik. Chem., Abt. A **139** (1928), 439.
[2] Storch: J. Amer. chem. Soc. **57** (1935), 1395.
[3] Roginsky, Rosenkiewitsch: Z. physik. Chem., Abt. B **10** (1930), 47.
[4] See Schwab, Noller and Block in this Vol., p. 190 ff.
[5] Smekal: Z. Elektrochem. angew. physik. Chem. **35** (1929), 567.
[6] Balandin: Z. physik. Chem., Abt. B **2** (1929), 289.
[7] Schwab, Pietsch: Z. physik. Chem., Abt. B **1** (1929), 385; **2** (1929), 262; Z. Elektrochem. angew. physik. Chem. **35** (1929), 573.
[8] Kossel: Naturwiss. **18** (1930), 901. — Stranski: Z. Elektrochem. angew. physik. Chem. **36** (1930), 25.
[9] Schmidt: Z. physik. Chem., Abt. A **165** (1933), 133, 209; Ber. dtsch. chem. Ges. **68** (1935), 1098. — Schwab, Rudolph: Z. physik. Chem., Abt. B **12** (1931), 427.
[10] Schwab, Stauffer: Z. Elektrochem. angew. physik. Chem. **35** (1929), 573.
[11] Taylor, Eyring, Sherman: J. chem. Physics **1** (1933), 68.

subjecting such a surface to higher temperatures than those used in its preparation. Some calculations of the activation energy of the activated adsorption of hydrogen on charcoal by the methods of quantum mechanics[1] show that there is an optimum distance (circa 3.6×10^{-8} cms.) between carbon atoms for which the energy of activation for adsorption is a minimum. This calculation strongly suggests the generalisation by BRAGG[2]: "It is when we consider a catalyst surface as possessing active centres on its surface, the relative positions, magnitudes, and mutual distances of which are such that two wandering molecules of different kind, attracted by these points, may be held together in a special way, that we get some idea of the fundamental action of catalysis."

It does not appear desirable at this stage to choose between the various models of active centre that have been put forward, for there is a very great diversity, even in the behaviour of the same surface, in different reactions; and it is quite possible that each of the models is very close to reality under special conditions. Generally, however, the adlineation theory seems to correlate more facts at once than any other single model of active centre. At the same time it has become clear that a single crystal face can be an active catalyst. This is an ideal case of uniform distribution of active centres.

VOLKENSTEIN[3] has suggested that in some cases the active centres can be the lattice defects of crystalline solids, i. e. places where sites are vacant, or interstitial ions. The number of such defects would depend on the past history of the substance, and the temperature, and if the temperature were sufficiently elevated they would actually be mobile.

A new approach has been made to relate the electronic structure of the catalyst to the properties of the material itself i. e. hardness, electrical conductivity and magnetic susceptibility. This is, in general, a way of finding substances likely to produce active centres. The catalytic activity of the transition metals is associated with vacancies in 3d, 4d, 5d bands. SCHWAB and his school have found that the square root of the increase in activation energy was linear with the electron concentration in the alloys[4].

PAULING concluded there was a direct correlation between metallic radii and the d-character of the interatomic bond. But it is necessary to remember that different surfaces of the same crystal behave differently. SCHWAB connects higher activation energy in catalytic dehydrogenation with fewer and higher levels in the Brillouin zone of the metal.

The non uniform fields which exist in the vicinity of paramagnetic centres have been suggested as a general cause of catalytic activity. Clearly two possibilities present themselves. One that paramagnetism is an accidental accompaniment of the paramagnetic orbitals necessary for catalysis, and the other that intense localised magnetic fields may be effective in relaxing some quantum restrictions forbidding change in the chemical bonding. In any case a striking parallel exists sometimes between maximum magnetic susceptibility and maximum catalytic activity.

There are thus many models of the active centre, varying from almost homogeneity on the face of a perfect crystal, to the very strained groupings of atoms very rarely to be found indeed, and occupying a very small fraction of the total catalytic surface.

---

[1] SHERMAN, EYRING: J. Amer. chem. Soc. **54** (1932), 2661. — ECKELL: Z. Elektrochem. angew. physik. Chem. **39** (1933), 423, 807.

[2] BRAGG: Nature **115** (1928), 269.

[3] VOLKENSTEIN: J. physic. Chem. URSS **21** (1941), 163.

[4] See this Vol., p. 330.

Kinetik der heterogenen Katalyse.

Von

G.-M. Schwab, München, H. Noller, München, und J. Block, München.

Inhaltsverzeichnis.

A. Allgemeiner Teil.

I. Einleitung.

Der vorliegende Artikel soll das gesamte Gebiet der Reaktionskinetik heterogener Katalysen behandeln. Unter Reaktionskinetik ist dabei im weiteren Sinne alles, was auf die Reaktionsgeschwindigkeit Bezug hat, zu verstehen. Die Reaktionskinetik im engeren Sinne, d. h. die Aufstellung von Geschwindigkeitsgleichungen, also Konzentrationsfunktionen der Geschwindigkeit, wurde natürlich besonders berücksichtigt, jedoch wird sich zeigen, daß die besondere Lage der heterogenen Kinetik die ist, daß vielfach auch Zusammenhänge, die nicht quantitativ formulierbar sind, zur Aufklärung des Reaktionsmechanismus herangezogen werden müssen. Solche Zusammenhänge wurden denn auch mitbenutzt, denn das letzte Ziel der Reaktionskinetik ist ja, zur Erkenntnis der Elementarvorgänge der Katalyse beizutragen. Besondere Beachtung aber hat dabei im Sinne der neueren Richtung der Katalyseforschung die Ermittlung des Temperaturkoeffizienten der Geschwindigkeit und daraus der Aktivierungsenergie (und der Häufigkeitszahl) gefunden. Der ursprüngliche Plan, den Aktivierungsenergien einen besonderen Artikel zu widmen, hat sich jedoch als unzweckmäßig erwiesen, weil ihre Trennung von der isothermen Kinetik nur zu Wiederholungen und zur Zerreißung der sachlich wichtigen Folgerungen geführt hätte.

Der Artikel ist im Sinne moderner Handbuchliteratur nicht etwa als ein vollständiges ausführliches Lehrbuch über die einschlägigen Fragen aufzufassen, weil über das Grundsätzliche bereits genügend monographische Literatur aus früheren Jahren vorliegt und in jüngerer Zeit auch schon vieles in gängige Lehrbücher übergegangen ist. So konnte das Handbuch von den Grundlagen entlastet werden. Es werden natürlich viele ältere Ergebnisse des Zusammenhangs wegen neuerdings vorgetragen, jedoch dann ohne Anführung von Originalliteratur. Um klare Verhältnisse zu haben, haben wir uns zum Prinzip gesetzt, die Originalliteratur im allgemeinen erst zu berücksichtigen, soweit sie nach dem Erscheinen der Katalysemonographie des einen von uns in deutscher Sprache[1] erschienen ist und somit über das dort Gebrachte hinausweist. Für noch geltendes Ältere wird auf dieses Buch und seine erweiterte englische Übersetzung[2] verwiesen. Dadurch erhält der Artikel den heute wohl nützlicheren Charakter eines breiten Fortschrittsberichts über den Zeitraum von etwa 1931 bis etwa Ende 1954.

Die materielle Grundlage bildet in erster Linie die in dem genannten Zeitraum im Chemischen Zentralblatt, seit 1943 auch in den Chemical Abstracts referierte Originalliteratur, soweit sie in den Jahresregistern unter folgenden Stichwörtern erscheint und auf das Thema Bezug hat:

Adsorption (Beziehung zur Katalyse), Ammoniak, Diffusion, Dissoziation (thermische), Gasabsorption, Hydratation, Hydrierung, Katalyse, Knallgas, Kohle (aktive), Kohlenoxyd, Methylalkohol, Oberfläche, Oxydation, Reaktionen, Reaktionsfähigkeit, Reaktionsgeschwindigkeit, Reduktion, Schwefelsäure (SO_3), Wasserstoff.

In zweiter Linie — und das ist ein sehr erheblicher Anteil — ergaben sich natürlich zahlreiche Literaturstellen aus Rückverweisungen in den berücksichtigten Arbeiten sowie aus persönlicher Kenntnis der Verfasser. Es kann wohl erhofft werden, daß die auf diese Weise erhaltenen rund 1000 Zitate tatsächlich das grundsätzlich Wichtige über das Gebiet enthalten.

Der von dem einen von uns schon während der Krieges einmal abgeschlossene Bericht wurde von den andern beiden Verfassern in allen Einzelheiten auf den gegenwärtigen Stand gebracht. Mengenmäßig ergab sich dabei mehr als eine Verdopplung des Materials, sachlich aber eine Klärung vieler Fragen, die seinerzeit offengeblieben wären, und dafür eine erheblich vertiefte Fragestellung an zahlreichen Punkten. Dies mag als Anzeichen dafür dienen, daß die vermehrte Aufmerksamkeit, die die heterogene Katalyse in neuerer Zeit genießt, nicht nur ihrer technischen Anwendung, sondern auch ihrer kinetischen und theoretischen Durchdringung dient.

[1] G.-M. Schwab: Katalyse vom Standpunkt der chemischen Kinetik. Berlin, 1931.

[2] G.-M. Schwab, H. S. Taylor, R. Spence: Catalysis from the Standpoint of Chemical Kinetics. New York, 1937.

Zur Ergänzung seien noch einige allgemeine, einführende oder zusammenfassende Artikel über die Kinetik der heterogenen Katalyse aus der Berichtsperiode zusammengestellt, die jedoch nicht weiter benutzt wurden:

A. A. BALANDIN, J. T. EIDUS: Fortschr. Chem. 15 (1946), 15. — J. H. DE BOER: Chem. Weekbl. 47 (1951), 502; C 52, 2308. — G. C. BOND: Quart. Rev. (chem. Soc., London) 8 (1954), 279. — M. BOUDART: Ind. Engng. Chem. 46 (1954), 884. – Discuss. Faraday Soc. 8 (1950). — D. D. ELEY: Quart. Rev. (chem. Soc., London) 3 (1949), 209. — P. H. EMMETT: Rec. chem. Progr. 7 (1946), 41; Catalysis, Bd. I. New York: Reinhold Publ. Co. 1954. — A. A. FROST, G. PEARSON: Kinetics and Mechanism. New York: J. Wiley & Sons, Inc. 1953; C 54, 3417. — S. GLASSTONE, K. J. LAIDLER, H. EYRING: The Theory of Rate Processes. New York: McGraw-Hill. 1941. — C. KRÖGER: Z. anorg. allg. Chem. 194 (1930), 73; C 31 I, 889; Z. anorg. allg. Chem. 205 (1932), 369; 206 (1932), 289; C 32 II, 823f. — I. N. PEARCE: J. physic. Chem. 36 (1932), 1969. — M. PRETTRE: Catalyse et Catalyseurs. Paris, 1946. — H. I. PRINS: Chem. Weekbl. 29 (1932), 66; C 32 I, 2420. — E. B. MAXTED: J. Soc. chem. Ind., Chem. and Ind. 53 (1934), T 102; C 34 II, 1730. — G. C. A. SCHUIT: Chem. Weekbl. 47 (1951), 569; C 52, 2637. — G.-M. SCHWAB: Z. Elektrochem. angew. physik. Chem. 44 (1938), 517; C 38 II, 2550; Chimia (Zürich) 7 (1953), 101; Angew. Chem. 65 (1953), 502. — G. RIENÄCKER: Chemie 57 (1944), 85; Chem. Techn. 2 (1950), 1. — C. WAGNER: Z. Elektrochem. angew. physik. Chem. 44 (1938), 507; C 38 II, 3900. — E. BAUR: Z. Elektrochem. angew. physik. Chem. 47 (1941), 747; C 42 I, 1714. — G. F. HÜTTIG: Kolloid-Z. 44 (1941), 258; C 41 II, 2. — N. SEMENOFF: Nature 151 (1943), 185; sowie die in „Advances in Catalysis" erschienenen Artikel von: V. N. IPATIEFF, L. SCHMERLING: Advances in Catalysis, Vol. I, S. 27. New York, 1948. — R. H. GRIFFITH: Advances in Catalysis, Vol. I, S. 91. New York, 1948. — D. D. ELEY: Advances in Catalysis, Vol. I, S. 157. New York, 1948. — F. SEITZ: Advances in Catalysis, Vol. II, S. 1. New York, 1950. — L. SCHMERLING, V. N. IPATIEFF: Advances in Catalysis, Vol. II, S. 21. New York, 1950. — A. MITTASCH: Advances in Catalysis, Vol. II, S. 82. New York, 1950. — O. BEECK: Advances in Catalysis, Vol. II, S. 151. New York, 1950. — CH. KEMBALL: Advances in Catalysis, Vol. II, S. 233. New York, 1950. — G.-M. SCHWAB: Advances in Catalysis, Vol. II, S. 251. New York, 1950. — B. M. W. TRAPNELL: Advances in Catalysis, Vol. III, S. 1. New York, 1951. — E. B. MAXTED: Advances in Catalysis, Vol. III, S. 129. New York, 1951. — V. HAENSEL: Advances in Catalysis, Vol. III, S. 179. New York, 1951. — R. C. HANSFORD: Advances in Catalysis, Vol. IV, S. 1. New York, 1952. — A. NIELSEN: Advances in Catalysis, Vol. V, S. 1. New York, 1953. — M. KATZ: Advances in Catalysis, Vol. V, S. 177. New York, 1953. — J. G. TOLPIN, G. S. JOHN, E. FIELD: Advances in Catalysis, Vol. V, S. 127. New York, 1953. — J. A. CHRISTIANSEN: Advances in Catalysis, Vol. V, S. 311. New York, 1953. — B. ANDERSON: Advances in Catalysis, Vol. V, S. 355. New York, 1953.

II. Strömung, Diffusion und Reaktion.

Wenn wir von der „Kinetik einer heterogenen Katalyse" sprechen, müssen wir streng zwei Dinge auseinanderhalten: den Zeit- (und Konzentrations-) Verlauf, den die chemische Umsetzung der Beobachtung darbietet, und die Zeit- (und Konzentrations-) Abhängigkeit des eigentlich chemischen Vorgangs in der Oberfläche. Bei einer homogenen Gasreaktion sind beide im allgemeinen identisch, wenn auch dort schon Unterschiede auftreten können, dann nämlich, wenn Strömungsvorgänge und Diffusion längs der Strömungsrichtung mit der Reaktion in Wettbewerb treten (s. unten). Bei einer heterogenen Reaktion dagegen, die an bestimmte Stellen, nämlich an die Katalysatoroberfläche, ortsgebunden ist, können diese Transportvorgänge einen viel erheblicheren Einfluß gewinnen, dann nämlich, wenn sie langsamer verlaufen als die eigentliche chemische Umsetzung und daher die Geschwindigkeit des Gesamtvorgangs bestimmen. Wir haben an anderer Stelle[1] eine vorläufige Diskussion dieser Verhältnisse an Hand der Temperaturabhängigkeit, Reaktionsordnung und Strömungsempfindlichkeit der Ausbeute gegeben. Das wichtigste Faktum, das ihr zugrunde liegt

[1] G.-M. SCHWAB: Katalyse usw., S. 154ff. Berlin, 1931.

und sich immer als das fruchtbarste erweist, ist, daß die Strömungs- und Diffusionsvorgänge keinen oder fast keinen, die chemischen Oberflächenvorgänge aber einen großen Temperaturkoeffizienten zeigen.

In der Zwischenzeit ist diesen Fragen sowohl theoretisch als auch experimentell viel Arbeit gewidmet worden, so daß wir sie hier eingehender zu besprechen haben. Von der theoretischen Seite hat besonders G. DAMKÖHLER[1], mit dem Ziel, technische Kontaktöfen vorauszuberechnen, das Wechselspiel von Transport und Reaktion behandelt. Während reine Geschwindigkeitsbestimmung durch Diffusion nur in seltenen Fällen auftritt (Auflösungsgeschwindigkeiten nach NERNST-BRUNNER, Diffusion von Kettenträgern, hochverdünnte Flammen nach POLANYI, Zusammenfassung der zu erwartenden Gesetzmäßigkeiten auch bei J. F. ZIMMERMANN[2]), sind die Fälle, wo die *Strömung mit der Reaktion* in Wechselwirkung tritt, sehr häufig. Von grundlegender Wichtigkeit ist hier der Fall, daß in einem zylindrischen Gefäß (oder sonst gestalteten konstanten Querschnitts) eine homogene Reaktion im durchströmenden Gas vor sich geht. Wenn L die Länge der Reaktionszone in cm, $\mathfrak{v}_a$ die Einströmungsgeschwindigkeit in cm/sec, c die Konzentration, c_{j_a} die Anfangskonzentration der j-ten Molekelart, c_{j_e} ihre End- (Ausgangs-) Konzentration ist, ν die Änderung der Molzahl nach der Bruttogleichung, ν_j die Molzahl, mit der die j-te Komponente in die Reaktionsgleichung eingeht, und U die Reaktionsgeschwindigkeit in $\frac{\text{Mol}}{\text{cm}^3\,\text{sec}}$, dann gilt allgemein:

$$\frac{L}{\mathfrak{v}_a} = \int\limits_{c_{ja}}^{c_{je}} \frac{\left(\nu_j - \nu\,\frac{c_{ja}}{c}\right)\cdot\left(-d\,c_j\right)}{\left(\nu_j - \nu\,\frac{c_j}{c}\right)^2 \cdot U}, \tag{1}$$

eine Gleichung, die die Veränderlichkeit von U mit der Konzentration c_j, also längs der Reaktionszone, berücksichtigt. Grundsätzlich erlaubt sie also, aus der Abhängigkeit des c_{j_e} von $\mathfrak{v}_a$ diese Veränderlichkeit zu ermitteln, mit anderen Worten, die wahre Reaktionsordnung $U(c_j)$ festzulegen. Da die „homogene“ Reaktion natürlich auch eine solche an körnigem Reaktionsgut in der Reaktionszone sein kann, ist dies also auch die exakte Auswertungsmethode für katalytische Kinetikmessungen. Wie DAMKÖHLER selbst betont, ist ihre Anwendung im Prinzip schon oft erfolgt. Ein einfaches Beispiel ist das folgende (G.-M. SCHWAB und F. LOBER[3]): Für „raumbeständige“ Reaktionen, d. h. solche ohne Änderung der Molzahl ($\nu = 0$) und für den Spezialfall $\nu_j = 1$, z. B. die Reaktion

$$H_2 + Br_2 \rightarrow 2HBr,$$

wird dann: die Verweilzeit in der Kontaktzone

$$\frac{L}{\mathfrak{v}} = \int\limits_{c_{j_a}}^{c_{j_e}} \frac{-d\,c_j}{U} \tag{2}$$

[1] G. DAMKÖHLER: Z. Elektrochem. angew. physik. Chem. **42** (1936), 846; **43** (1937), 1, 8; C 38 I, 2766f.; Der Chemie-Ingenieur, herausgegeben von A. EUCKEN und M. JACOB, Band III, 1, S. 359ff. Leipzig, 1937.

[2] J. F. ZIMMERMANN: J. physic. Chem. **53** (1949), 562; C 49 E, 200.

[3] G.-M. SCHWAB, F. LOBER: Z. physik. Chem., Abt. A **186** (1940), 321; C 40 II, 3441.

und näherungsweise die Reaktionsgeschwindigkeit für die ganze Kontaktmasse:

$$U L = \mathfrak{v} (c_{j_a} - c_{j_e}) . \tag{3}$$

(Über den Charakter dieser Näherung werden wir sofort weiteres hören.) Das unmittelbar anschauliche Resultat ist, daß die Reaktionsgeschwindigkeit die Differenz von Einströmungs- und Ausströmungsgeschwindigkeit eines Reaktionsteilnehmers darstellt. Näheres hierüber bringen wir auf S. 173 ff.

Wenn *Strömung und Diffusion mit der Reaktion* in Wettbewerb treten, gelten andere Ausdrücke. Der allgemeine Fall ist dann schwer exakt zu behandeln; es läßt sich nur zeigen, daß der Konzentrationsausgleich durch Rückdiffussion bei atmosphärischen und höheren Drucken sicherlich noch keine Rolle spielt. Exakt quantitativ ist nur der oben schon betrachtete Sonderfall der raumbeständigen Reaktion erster Ordnung ($U = k \cdot c_j$) behandelt, erstmals von TH. FÖRSTER und K. H. GEIB[1], weitergeführt von G. DAMKÖHLER (l. c.). Die resultierende Endformel interessiert uns hier nicht, wohl aber ihre beiden Grenzfälle:

a) Verschwindende Diffusion und unendlich große Strömungsgeschwindigkeit.

$$c_e/c_a = e^{-\tau} , \tag{4}$$

wo $\tau = \frac{k L}{\mathfrak{v}}$. Da $L/\mathfrak{v}$ die Verweilzeit t ist (s. oben), so bedeutet das:

$$\ln (c_a/c_e) = kt , \tag{5}$$

und das ist das gewöhnliche Integral der Reaktionsgleichung erster Ordnung. Bei verschwindender Diffussion also ist zwischen strömender und statischer Reaktion kein Unterschied. Es ist zu beachten, daß diese Lösung einen Spezialfall der vorher genannten allgemeinen Gleichung DAMKÖHLERS [Gl. (1)] darstellt.

b) Verschwindende Strömungsgeschwindigkeit und unendlich rasche Diffusion.

$$c_e/c_a = \frac{1}{1 + \tau} . \tag{6}$$

Mit $k = U/c_e$, also $\tau = \frac{U L}{\mathfrak{v} \cdot c_e}$ wird daraus:

$$UL = \mathfrak{v} (c_a - c_e) ,$$

also trotz der jetzt überwiegenden Diffusion scheinbar doch wieder die Gl. (3), die wir oben aus der allgemeinen Strömungsgleichung gefolgert haben. Die Näherung $U = k \cdot c_e$ statt $U = k \cdot c_{\text{mittel}}$ hat also genügt, um den Einfluß der völligen Durchmischung durch Diffusion wieder hinfällig zu machen, ein weiteres Zeichen, wie unbedeutend dieser ist. Es wird also schwer sein, aus der Strömungsabhängigkeit der Ausbeute auf An- oder Abwesenheit von Diffusion schließen zu wollen. (Der Grund ist anschaulich der, daß bei kleinem Umsatz c_{mittel} und c_e fast proportional, bei großem aber fast gleich sind.)

Dem entspricht es auch, daß in einem durchströmten birnenförmigen Reaktionsgefäß mit *homogener Raumreaktion*, wo nach M. BODENSTEIN und K. WOLGAST[2] völlige Durchmischung durch *Turbulenz* vorliegt, wiederum

[1] TH. FÖRSTER, K. H. GEIB: Ann. Physik **20** (1934), 250; C 34 II, 3899.
[2] M. BODENSTEIN, K. WOLGAST: Z. physik. Chem. **61** (1908), 422.

dieselbe Gl. (6) gilt, nur daß jetzt U und $\mathfrak{v}$ sich aufs Volumen beziehen, also $\tau = \frac{k \cdot V_R}{G}$, wo V_R das Gefäßvolumen, G die Volumströmungsgeschwindigkeit bedeuten. Es bleibt hierbei noch zu bemerken, daß die Art der Körnung des Katalysators durchaus auf die vorhergehenden Beziehungen von Einfluß sein kann (s. unten). B. W. KANTOROWITSCH[1] bemerkt beispielsweise, daß sich körnige von staubförmigen Katalysatoren hinsichtlich der an ihnen auftretenden Kinetik unterscheiden.

Bisher wurden Fälle betrachtet, in denen die Reaktion als Raumreaktion im ganzen Reaktionsgefäß abläuft oder doch an einer Kontaktmasse, die dieses in hinreichend feiner Körnung gleichmäßig erfüllt. Wir gehen jetzt zu *Wandreaktionen* im leeren Gefäß über. Was zunächst die statische Beobachtung einer Wandreaktion in kugelförmigen Gefäßen angeht, so leitet DAMKÖHLER eine Grenzbedingung ab, bei welcher der Einfluß der mangelnden Diffusion zwischen Wand und Innenraum sich eben in einer Konzentrationsverschiedenheit kundtun würde. Er kommt zu dem Ergebnis, daß bei Atmosphärendruck in Gefäßen von 1 cm Durchmesser solche Konzentrationsunterschiede erst 1 % erreichen würden. Größenordnungsmäßig gilt das natürlich auch für andere Gefäßformen, so daß gesagt werden kann, daß auch in Schüttgütern von nicht gröberer Körnung als 1 cm Konzentrationsgefälle zwischen den Körnern noch nicht auftreten und daher statisch gemessen werden kann (s. oben).

Was endlich *Wandreaktionen in durchströmten Rohren* angeht, so ist dem oben über Raumreaktionen Gesagten wenig hinzuzufügen: Wenn die Strömungsgeschwindigkeit groß ist gegenüber allen Mischungsvorgängen, gilt Gl. (1), (4) bzw. (5), wenn Diffusion oder Turbulenz völlige Längsdurchmischung bewirken, Gl. (6). Nur ist jetzt für U eine der Wandreaktion äquivalente effektive Raumreaktion einzusetzen.

Wir verlassen damit die Reaktionen, die sich in Röhren oder vielmehr gasgefüllten Gefäßen abspielen, und gehen zu den für uns wichtigeren Fällen über, in denen ein *Katalysator in gekörnter Form* den Reaktionsraum erfüllt. Wie wir schon erwähnten, kann für das allgemeine Verhalten hinsichtlich Strömung und Raumdiffusion dieser Fall mit dem vorhergehenden formal gleichgesetzt werden, zumal Strömung und Diffusion die gleiche Hemmung durch makroskopische Körner erfahren. Wir sahen auch schon, daß bei Körnungen, die feiner als 1 cm sind, die Konzentrationsunterschiede zwischen Kornoberfläche und Kornzwischenraum nicht merklich werden.

Es tritt aber hier eine andere Frage auf, wenn die *Katalysatorkörner porös* sind und ein erheblicher Teil der Reaktion im *Innern* der Körner stattfindet. Dann muß notwendig der Fall auftreten können, wo die Diffusion der Substrate in die Körner hinein langsamer wird als die Reaktion im Korninnern selbst und damit die Geschwindigkeit zu bestimmen anfängt. Im Zwischengebiet wird die Substratkonzentration im Poreninnern der Körner, die für den Umsatz maßgebend ist, kleiner sein als die gemessene Außenkonzentration und somit eine „*Porenverarmung*" eintreten. Diese Porenverarmung mit all ihren reaktionskinetischen Folgen ist ausführlich von K.-E. ZIMENS[2] in diesem Handbuch und von A. WHEELER[3] in den Advances in Catalysis behandelt worden. Zur quantitativen Berechnung dieser Einflüsse wäre es eigentlich notwendig, den Konzentrationsverlauf der Reaktionsteilnehmer innerhalb der Poren für jeden Fall zu kennen. Einfacher gelangt man zum Ziel, wenn man annimmt, daß ein Teil η der Ober-

[1] B. W. KANTOROWITSCH: Ber. Akad. Wiss. UdSSR 71 (1950), 315.
[2] K.-E. ZIMENS: Dieses Handbuch Bd. IV, S. 257ff. Wien, 1943.
[3] A. WHEELER: Advances in Catalysis, Vol. III, S. 249ff. New York, 1951.

fläche voll (d. h. entsprechend den in der Gasphase herrschenden Partialdrucken), der Rest überhaupt nicht wirksam ist. Dieser wirksame Bruchteil der Oberfläche ist nach der Berechnung von E. W. THIELE[1] unter vereinfachenden Annahmen (eine einzelne, wirklich nicht voll ausgenutzte Pore, raumstationäre Reaktion ohne hydrodynamische Strömung):

$$\eta = \frac{1}{2^{n/2}} \sqrt{\frac{r \cdot D}{2\,k \cdot C^{n-1}}}\,\frac{1}{L}\,, \tag{7}$$

wobei n = Reaktionsordnung, k = Geschwindigkeitskonstante, C = Konzentration der reagierenden Partner in der Gasphase, L = Länge der Pore, r = deren Radius und D = Diffusionskoeffizient sind. Die wirksame Oberfläche (oder der Nutzungsgrad) steigt bei konstanten geometrischen Verhältnissen (L, r = konst.) mit zunehmendem Diffusionskoeffizienten und fällt mit zunehmender Geschwindigkeitskonstante oder zunehmender Konzentration. Die Geschwindigkeit der Reaktion ist proportional dieser Oberfläche $v = k \cdot C \cdot \eta$, also:

$$v = \frac{\sqrt{\frac{r}{2}}}{L\sqrt{2^n}} \cdot \sqrt{k \cdot D \cdot C^{n+1}}\,.$$

Die Geschwindigkeit ist nur noch proportional der Wurzel der Geschwindigkeitskonstanten, wodurch deren meßbarer Temperaturkoeffizient entsprechend der exponentiellen Abhängigkeit in der ARRHENIUSschen Gleichung jetzt nur noch die Hälfte des wirklichen Wertes beträgt. (Der halbe Wert der Aktivierungsenergie ist ebenso nach folgender Überlegung zu erwarten: Die Eindringtiefe l in die Pore ist nach der SMOLUCHOWSKIschen Beziehung $\tau_D = l^2/D$ der Quadratwurzel der Diffusionszeit proportional, diese wieder ist gleich der Reaktionszeit τ_R, diese wieder umgekehrt proportional der Geschwindigkeitskonstanten k, und die Reaktionsgeschwindigkeit v proportional der Eindringtiefe:

$$l \sim \sqrt{\tau_D} \sim \sqrt{\tau_R} \sim \frac{1}{\sqrt{k}}\,;\, v = k \cdot l \sim \sqrt{k}\,;\, v \sim \sqrt{k_0}\, e^{\frac{1}{2}\frac{q}{RT}}\,.)$$

Diese Zusammenhänge wurden besonders von I. B. ZELDOWITSCH[2] betont. Im Übergangsbereich, der nach Abschätzungen von Ss. JA. PSCHESHETZKI[3] $40 \div 80^0$ betragen soll, ändert sich die Aktivierungsenergie stetig innerhalb der Grenzen q und $\frac{q}{2}$.

Aus der THIELEschen Formel folgt weiter, daß statt der Reaktionsordnung n der Wert $\frac{n+1}{2}$ gemessen wird. Damit bleibt die Kinetik einer ersten Ordnung unverändert, aus der zweiten wird eine 1,5te, aus der nullten eine 0,5te usw. WHEELER (l. c.) ist der Ansicht, daß hierin der Grund für gelegentlich unerklärliche Reaktionsordnungen liegt.

Die THIELEsche Formel bezog sich vereinfachend auf eine einzelne Pore. Für einen gekörnten Katalysator mit einer Vielzahl uneinheitlicher Poren gestaltet sich die Beschreibung umständlicher (s. THIELE[1]), ist jedoch prinzipiell möglich. Für praktische Fälle hat K. ZIMENS (l. c.) einen einfacheren Weg vor-

---

[1] E. W. THIELE: Ind. Engng. Chem. **31** (1939), 916.
[2] I. B. ZELDOWITSCH: Acta physicochim. URSS **10** (1939), 583; C 40 I, 1139.
[3] Ss. JA. PSCHESHETZKI: J. physic. Chem. URSS **21** (1947), 1019. — Ss. PSCHESHETZKI, R. RUBINSTEIN: Acta physicochim. URSS **21** (1946), 1075; C 48 I, 1074.

geschlagen. Durch Multiplikation mit einem „*Labyrinthfaktor*" wird der Diffusionskoeffizient D in einen (meßbaren [E. WICKE[1]]) effektiven Diffusionskoeffizienten D_{eff} verwandelt, der sinngemäß in die THIELEschen Überlegungen eingeordnet wird. Der Diffusionskoeffizient D selbst ist unter normalen Bedingungen umgekehrt proportional dem Gesamtdruck $D \sim \frac{1}{p}$, wodurch die Reaktionsgeschwindigkeit im Bereich der Porenverarmung bei konstanten Partialdrucken der Reaktionsteilnehmer vom Gesamtdruck, also auch vom Partialdruck beliebiger Fremdgase abhängig wird. Anders dagegen bleibt im Bereich der KNUDSEN-Diffusion der Diffusionskoeffizient unabhängig vom Druck. Damit ist jedoch nur bei kleinen Drucken und kleinen Porenradien zu rechnen (bei 1 atm Gesamtdruck unterhalb $r = 100$ Å).

Die Geschwindigkeit wird außerdem verändert, wenn während der Reaktion eine Änderung der Molzahl auftritt und der Massentransport daher nicht allein durch Diffusion, sondern zusätzlich durch eine hydrodynamische Strömung im Druckgefälle erzeugt wird. Nach einer Abschätzung von THIELE[2] soll dieser Einfluß die Geschwindigkeit unter normalen Druckverhältnissen um höchstens $\pm 30\%$ verändern, im KNUDSEN-Bereich ist er ohnehin vernachlässigbar gering. C. WAGNER[3] hat, ausgehend von Diffusionsmessungen von E. WICKE und R. KALLENBACH[4], abzuschätzen versucht, inwieweit bei Reaktionen an körnigen Kontakten mit den für Porenverarmung gültigen Gesetzmäßigkeiten zu rechnen ist. Er kommt zu dem Schluß, daß unter Laboratoriumsbedingungen kaum oder zumindest nur unter extremen Bedingungen (hohe Aktivität bei großem Korndurchmesser) eine Porenverarmung zu erwarten ist. Bei Hochdruckreaktionen, z. B. NH_3-Synthese, darf sie allerdings nicht vernachlässigt werden.

D. W. VAN KREVELEN[5] weist darauf hin, daß neben den von ZELDOWITSCH, WAGNER, WICKE usw. gefundenen Änderungen der Aktivierungsenergie im Gebiet der Porenverarmung zusätzlich weitere Erscheinungen denkbar sind. An porösen Katalysatoren erscheint, wie zuvor dargelegt, beim Übergang in den Bereich der Porenverarmung die halbe Aktivierungsenergie. Sie wird so lange gemessen, wie tatsächlich eine Beteiligung eines Teils der Porenoberfläche an der Reaktion besteht. Bei einem gewissen Umsatz wird jedoch ein Eindringen der reagierenden Stoffe in das Poreninnere nicht mehr erfolgen. Unterscheiden sich nun D_{eff} und D sehr stark voneinander (z. B. bei KNUDSEN-Diffusion in kleinen Poren), so wird von diesem Augenblick an über einen mehr oder minder ausgedehnten Temperaturbereich die *gesamte* äußere Oberfläche vollständig an der Reaktion teilnehmen. In diesem Temperaturbereich ist also nicht mehr die halbe, sondern wieder die ganze Aktivierungsenergie zu erwarten. Bei weiter steigenden Umsätzen wird schließlich die Diffusion innerhalb der Gasphase so langsam, daß die Aktivierungsenergie auf den minimalen Temperaturkoeffizienten der Diffusion absinkt. Daß eine Reaktion unter diesen extremen Bedingungen praktisch überhaupt keine Aktivierungsenergie zu besitzen braucht, wurde schon von PSCHESHETZKI behauptet. Es erscheint also durchaus möglich, daß unter den gegebenen Voraussetzungen mit steigenden Umsätzen zuerst die volle, dann die halbe, dann wieder die volle und schließlich überhaupt keine Aktivierungsenergie gemessen wird.

Ein Beispiel, in dem solche porösen Katalysatoren mit erheblicher Aktivität

---

1 E. WICKE: Angew. Chem., Ausg. B **19** (1947), 57; C 48 I, 883.
2 E. W. THIELE: Ind. Engng. Chem. **31** (1939), 916.
3 C. WAGNER: Z. physik. Chem. **193** (1943), 1.
4 E. WICKE, R. KALLENBACH: Kolloid-Z. **97** (1941), 135.
5 D. W. VAN KREVELEN: Chem. Weekbl. **47** (1951), 427.

im Poreninnern untersucht wurden, sind die Nickel-Skelett-Kontakte nach RANEY, an denen z. B. G.-M. SCHWAB und H. ZORN[1] die Hydrierung des Äthylens untersuchten. Sie finden an wenig aktiven Präparaten das Verhalten einer echten chemischen Reaktion, weil dort die Porendiffusion ausreicht, um genügend Substrat in das Poreninnere nachzuliefern. An hochaktiven Präparaten dagegen finden sie das Verhalten einer Diffusion, weil dort alles im Korninnern ankommende Substrat sofort verbraucht wird und so die Diffusion den Umsatz begrenzt. Von einem Übergangsgebiet der Porenverarmung ist aber nichts zu bemerken; wie auch ZIMENS vermutet, wird es übersprungen. Auch an einem und demselben Präparat ließ sich durch Wahl geeigneter Temperaturen der Übergang von der „Adsorptionskinetik" zur „Diffusionskinetik" scharf beobachten.

Auch an Nickel-Molybdänoxyd-Mischkontakten finden G.-M. SCHWAB und H. H. NAKAMURA[2] das Entsprechende: Nickelreiche oder frische Kontakte zeigen Diffusionskinetik, nickelarme und gealterte Adsorptionskinetik, d. h. geschwindigkeitsbestimmende chemische Reaktion. (Hierzu auch D. A. FRANCK-KAMENETZKY[3].)

C. BOKHOVEN und J. HOOGSCHAGEN[4] schließen aus ihren Versuchen über die Ammoniaksynthese und die Wassergasreaktion unter Laboratoriumsbedingungen ($300^0 \div 450^0$ C, handelsübliche Katalysatoren mit Korndurchmessern zwischen $0{,}5 \div 0{,}7$ bzw. $2{,}8 \div 3{,}4$ mm, 1 atm Gesamtdruck) auf merkliche Diffusionseinflüsse. Die Temperaturabhängigkeit beider Reaktionen wird mit steigenden Umsätzen stetig geringer. Die Berechnung der effektiven Diffusionskoeffizienten ergibt Werte von nur $4 \div 5$ % der normalen, was trotz zu erwartender KNUDSEN-Diffusion (Porenradien $300 \div 400$ Å) beachtenswert gering erscheint.

Systematische Untersuchungen über den Einfluß einer Porenverarmung liegen von E. WICKE und W. BRÖTZ[5] vor. Sowohl die raumbeständige p-o-H_2-Umwandlung an Nickelspänen, als auch der unter Molzahlerhöhung verlaufende Methanolzerfall an Zinkoxyd wurden zunächst als einfache Testreaktionen erster Ordnung an dünnen Katalysatorschichten unter vollständiger Flächenausnutzung auf ihre Geschwindigkeitskonstanten k_0 untersucht. Die auf die Flächeneinheit bezogenen Geschwindigkeitskonstanten k sind dann geringer, wenn sich der Katalysator in einem zylinderförmigen, einseitig geschlossenen Träger befindet, an dem das Reaktionsgas vorbeiströmt. Das Verhältnis dieser Konstanten ist gleich dem Nutzungsfaktor, $\eta = \frac{k}{k_0}$. Bei 400^0 C, $k_0 = 0{,}3\ \text{sec}^{-1}$, 1 atm Gesamtdruck und 9 cm Schichthöhe der Nickelspäne (Siebfraktion 0,1 bis 0,5 mm) ergab sich für die p-o-H_2-Umwandlung ein sehr geringer Nutzungsfaktor von $\eta = 0{,}195$. Aus der Druckabhängigkeit der Reaktion ließ sich ferner der effektive Diffusionskoeffizient $D_{\text{eff}} = 0{,}15\ D$ bestimmen, dessen Wert bei dem hier vorliegenden Porenvolumen von 75 % sehr gering erscheint. Die tatsächlich vorhandene Diffusionshemmung der Reaktion wurde durch die zu erwartende Abhängigkeit der Geschwindigkeitskonstanten von Fremdgaszusätzen bestätigt. Bei dem nicht raumstationären Methanolzerfall am Zinkoxyd ließ sich in der Temperaturabhängigkeit der Übergang zu zeitbestimmender Diffusion verifizieren. Im unteren Temperaturbereich ist die Reaktion bei normaler Aktivierungsenergie unabhängig von Fremdgaszusätzen, bei hohen Temperaturen tritt der

---

[1] G.-M. SCHWAB, H. ZORN: Z. physik. Chem., Abt. B **32** (1936), 169; C 36 I, 4869.

[2] G.-M. SCHWAB, H. H. NAKAMURA: Z. physik. Chem., Abt. B **41** (1938), 189; C 39 I, 383.

[3] D. A. FRANCK-KAMENETZKY: Acta physicochim. URSS **12** (1940), 9; C 40 II, 857.

[4] C. BOKHOVEN, J. HOOGSCHAGEN: J. chem. Physics **21** (1953), 159; C 53, 7743.

[5] E. WICKE, W. BRÖTZ: Chemie-Ing.-Techn. **21** (1949), 219; C 50 I, 1183.

(bis auf die geringe Temperaturabhängigkeit von D_{eff}) zu erwartende halbe Wert der Aktivierungsenergie auf, gleichzeitig wird die Reaktion durch steigende Fremdgaszusätze gehemmt. Der effektive Diffusionskoeffizient D_{eff} beträgt bei 1 atm und 431° C nur 7 % vom normalen. Bei diesen Werten ist die hydrodynamische Strömung bereits eliminiert, die erwartungsgemäß eine Herabsetzung der Geschwindigkeit um weniger als 30 % erzeugte. Wenn die hier betrachteten Verhältnisse in praktischen Fällen auch selten vorliegen, so fordern dennoch die so unerwartet niedrig gefundenen effektiven Diffusionskoeffizienten bei allen rasch verlaufenden Reaktionen die Berücksichtigung der Möglichkeit einer auftretenden Diffusionshemmung.

Es sei hier erwähnt, daß K. FISCHBECK[1] dieses Wechselspiel von Diffusion und Reaktion in festen Phasen mit Erfolg von einem anderen Standpunkt aus als dem der Geschwindigkeitsbestimmung durch den langsameren Teilvorgang, also der Stationarität der Zwischenstufen von Folgereaktionen, beschrieben hat. Die Diffusionsgeschwindigkeit kann bekanntlich als Quotient von treibendem Konzentrationsgefälle und Diffusionswiderstand beschrieben werden; analog beschreibt FISCHBECK auch die chemische Reaktionsgeschwindigkeit als Quotienten der treibenden Konzentrationen und eines „Reaktionswiderstandes“, der natürlich nur formale Bedeutung hat: er ist der reziproke Wert von Oberfläche Q und Geschwindigkeitskonstante k. So gelingt es, einen Ausdruck der allgemeinen Form

$$\frac{dx}{dt} = \frac{f(c_1 \ldots c_j)}{\frac{1}{Qk} + \int\limits_0^L \frac{dl}{QD}}$$

aufzustellen (D die Diffusionskonstante, L die Diffusionsstrecke in der Richtung l), der sich als identisch mit den aus der gewöhnlichen chemischen Kinetik folgenden erweist, aber in vielen Fällen müheloser zu gewinnen ist (s. z. B. G.-M. SCHWAB, J. PHILINIS[2]).

Die oben angegebenen Gl. (1) bis (6) bezogen sich immer auf die Ausbeute c_e/c_a in Abhängigkeit von der Strömungsgeschwindigkeit. Dies ist auch die für die Technik als „Ausbringen“ interessierende Größe. Für den Reaktionskinetiker aber kommt es mehr darauf an, die *Reaktionsgeschwindigkeit* U als Funktion der Konzentrationen zu ermitteln. Dies geschieht entweder *statisch*, wobei sich die Reaktionsgeschwindigkeit zugleich mit den Konzentrationen nach den bekannten klassischen Gesetzen der Reaktionskinetik ändert (s. W. JOST[3]). Oder es geschieht *quasidynamisch*, d. h. in einem geschlossenen Kreislauf des Gases, der über den Katalysator führt. Wenn in diesem Kreislauf die Strömungsgeschwindigkeit viel größer ist als die Reaktionsgeschwindigkeit, wenn also die Verhältnisse der (für einen Sonderfall geltenden) Gl. (4) und (5) vorliegen, dann ist diese Anordnung nicht von der statischen verschieden. Solche Bedingungen haben H. DOHSE und W. KÄLBERER[4] durch Umlaufpumpen, G.-M. SCHWAB, R. STAEGER und H. H. VON BAUMBACH[5] nach dem Thermosyphon-Prinzip ver-

[1] K. FISCHBECK: Z. Elektrochem. angew. physik. Chem. **44** (1938), 513; Der Chemie-Ingenieur, herausgegeben von A. EUCKEN und M. JACOB, Band III, 1, S. 244ff. Leipzig, 1937; C 38 II, 2550.

[2] G.-M. SCHWAB, J. PHILINIS: J. Amer. chem. Soc. **69** (1947), 2588.

[3] W. JOST: Dieses Handbuch Bd. I, S. 64ff. Wien, 1941.

[4] H. DOHSE, W. KÄLBERER: Z. physik. Chem., Abt. B **5** (1929), 131.

[5] G.-M. SCHWAB, R. STAEGER, H. H. VON BAUMBACH: Z. physik. Chem., Abt. B **21** (1933), 65; C 33 I, 2867.

wirklicht. Obgleich diese Anordnung, besonders in ihrer späteren Durchbildung (G.-M. SCHWAB und H. ZORN[1]) als die einwandfreieste zur Ermittlung der isothermen Kinetik gelten kann, werden doch immer noch, und zwar mit guten Gründen, insbesondere wegen der bequemen Ermittlung der Temperaturabhängigkeit, zahlreiche und vielleicht die meisten reaktionskinetischen Messungen nach der *dynamischen oder Strömungsmethode* durchgeführt, auf die sich ja auch unsere bisherigen Überlegungen großenteils bezogen. Hier ändern sich nun die Konzentrationen nicht mehr, wie bei den bisherigen Methoden, nach der Versuchszeit, sondern nach der Berührungszeit oder der Verweilzeit $L/\mathfrak{v}$; die Konzentrationsabhängigkeit der Reaktionsgeschwindigkeit resultiert daher nur aus ganzen Versuchs*reihen* mit variierter Strömungsgeschwindigkeit oder Schichtlänge. Die Grundlage der Auswertung muß wieder Gl. (1) bilden, deren Differentiation U als Funktion der einzelnen Konzentrationen c_j liefert (die man zweckmäßig alle bis auf jeweils eine so groß wählt, daß sie sich nicht merklich ändern). Ein Beispiel haben wir bei Besprechung dieser Gleichung (S. 165) angegeben. Es sei als besonderes Beispiel noch hervorgehoben, daß bei einer Reaktion nullter Ordnung (s. S. 189) die Geschwindigkeit unabhängig von der Konzentration und damit auch unabhängig von der Strömungsgeschwindigkeit sein muß. Die Konzentration an Reaktionsprodukt im Abgas wird daher umgekehrt proportional der Strömungsgeschwindigkeit. Dieser Fall scheint bei der Verbrennung von Methan an Kupferoxyd nach J. R. CAMPBELL und T. GRAY[2] vorzuliegen, ebenso bei der Ammoniakzersetzung an Eisen unterhalb 485° nach S. UCHIDA und T. NAKAJIMA[3]. Höhere Ordnungen geben demgegenüber zu kleine Konzentrationen (Geschwindigkeiten) bei sinkender Strömungsgeschwindigkeit.

Wie auch eine komplizierte Kinetik durch geschickte Auswertung von der statischen in eine dynamische Form gebracht werden kann, ohne auf die fast unmögliche Differentiation von Gl. (1) zurückzugreifen, zeigt A. L. LIBERMANN[4] am Beispiel der Dehydrierung des sekundären Butylalkohols an Kupfer. Die statische Geschwindigkeitsgleichung

$$\frac{d\,(C_4H_8)}{dt} = k \cdot \frac{b_1\,(C_4H_9OH)}{b_1\,(C_4H_9OH) + b_2\,(C_3H_7CHO) + b_3(H_2)}$$

lautet dynamisch umgeschrieben mit der Einströmungsgeschwindigkeit M und der Reaktionsgeschwindigkeit m:

$$\frac{d\left(\frac{m}{M+m}\right)}{dt} = k' \cdot \frac{a_1\,(M-m)}{a_1\,(M-m) + a_2\,m + a_3\,m}$$

und kann nun integriert und zahlenmäßig ausgewertet werden.

Anderseits zeigt eine Arbeit von I. E. ADADUROW und D. W. GERNET[5], welche spezifischen Schlüsse man aus dem Strömungsverhalten einer Reaktion *nicht* ziehen darf: Die SO_3-Synthese an SnO_2-BaO-Katalysatoren ist bei hohen Temperaturen nicht von der Kontaktdauer (reziproken Strömungsgeschwindigkeit) abhängig und ebenso nicht bei großen Kontaktoberflächen. Dies rührt natürlich einfach davon her, daß unter beiden Bedingungen der maximale Umsatz erreicht wird, der dann durch langsameres Strömen auch nicht mehr erhöht

[1] G.-M. SCHWAB, H. ZORN: Z. physik. Chem., Abt. B **32** (1936), 169; C 36 I, 4869.
[2] J. R. CAMPBELL, T. GRAY: J. Soc. chem. Ind. **49** (1930), 432; C 31 I, 2307.
[3] S. UCHIDA, T. NAKAJIMA: J. Soc. chem. Ind. Japan **41** (1938), 360 B; C 39 II, 3780.
[4] A. L. LIBERMANN: C. R. Acad. Sci. URSS **31** (N. S. 9) (1941), 448; C 42 II, 2666.
[5] I. E. ADADUROW, D. W. GERNET: J. angew. Chem. URSS **6** (1933), 450; C 34 II, 1087.

werden kann. Schlüsse auf die Zahl der aktiven Zentren des Katalysators, wie die Autoren dies versuchen, können hieraus nicht gezogen werden.

Alle diese Überlegungen gelten für den Fall, daß Strömungsgeschwindigkeit und Reaktionsgeschwindigkeit einander kommensurabel sind, also eine Strömungsgeschwindigkeit gefunden werden kann, die die Reaktionsgeschwindigkeit zu messen gestattet. Wenn nun die Strömungsgeschwindigkeit von Werten, die klein sind gegen die Reaktionsgeschwindigkeit, wechselt bis zu solchen, die viel größer sind, oder wenn die Reaktionsgeschwindigkeit einen entsprechenden Wechsel durchmacht, dann tritt auch *Wechsel in der Geschwindigkeitsbestimmung* ein. Es kann im Grenzfall die wahre chemische Reaktionsordnung überhaupt nicht zur Beobachtung kommen, wenn alles Material, das den Katalysator durch Strömung erreicht, dort auch umgesetzt wird mit der Geschwindigkeit, mit der es ankommt. So finden z. B. H. EDENHOLM und T. WIDELL[1], daß die Verstärkung von Kohle für die Reaktion $C + CO_2 \longrightarrow 2CO$ durch Soda, die die chemische Reaktionsgeschwindigkeit verzehnfacht, sich erst bei hohen Strömungsgeschwindigkeiten bemerkbar macht, nicht aber bei kleinen, bei denen alles, was die feste Oberfläche erreicht, auch schon ohne Soda umgesetzt werden kann.

Weitere Beispiele dafür, wie kinetische Gesetzmäßigkeiten bei schnell verlaufenden katalytischen Reaktionen durch Strömungseinflüsse beeinträchtigt werden, bieten die zahlreichen Arbeiten von L. ANDRUSSOW[2]. In den hier behandelten Fällen ist die Konzentrationsverarmung in unmittelbarer Nähe der Katalysatoroberfläche so groß, daß die Herandiffusion der Mangelkomponente aus einer gewissen Verarmungsschicht gemessen wird. Die Dicke dieser Verarmungsschicht ist wiederum abhängig von der Strömungsgeschwindigkeit, so daß letztlich auch deren Einfluß mitspielt. Wegen des erhöhten Umsatzes ist mit derartigen Einflüssen verständlicherweise besonders dann zu rechnen, wenn die Reaktion vom Gleichgewicht weit entfernt ist (Näheres s. S. 338f., 364). R. GOMER[3] befaßt sich mit der Konzentrationsverteilung (besonders auch von auftretenden Radikalen) in unmittelbarer Nähe der Kontaktoberfläche.

Diesem Wechsel der Geschwindigkeitsbestimmung beim Wechselspiel der Strömung mit verschiedenen Reaktionsgeschwindigkeiten haben G.-M. SCHWAB und G. DRIKOS[4] besondere Aufmerksamkeit gewidmet bei den Reaktionen:

a) $2\,CO + O_2 \longrightarrow 2\,CO_2$

und b) $CO + N_2O \longrightarrow CO_2 + N_2$

an einem frei in der Gasströmung hängenden Kontakt aus Kupferoxyd. Sie finden zunächst, daß Reaktion a) im ganzen Bereich und Reaktion b) bei hohen Temperaturen unabhängig von der Temperatur verlaufen (Gebiet I). Dies zeigt schon, daß hier nicht die chemische Reaktion, sondern ein Transportvorgang die Geschwindigkeit begrenzt. Noch deutlicher wird das durch die Tatsache, daß bei tieferen Temperaturen Reaktion b) eine ganz normale Temperaturabhängigkeit einer chemischen Reaktion (scheinbare Aktivierungswärme 23 kcal/Mol) aufweist, weil jetzt die Reaktionsgeschwindigkeit unter die Transportgeschwindigkeit gesunken ist (Gebiet II). Besonders charakteristisch ist aber die Abhängig-

---

[1] H. EDENHOLM, T. WIDELL: I. V. A. **1934**, 26; C 34 II, 1257.

[2] L. ANDRUSSOW: Z. Elektrochem. angew. physik. Chem. **55** (1951), 428; C 52, 3297; Bull. Soc. chim. France, Mém. (5) **18** (1951), 50; C 52, 654; Bull. Soc. chim. France, Mém. (5) **18** (1951), 981; C 54, 5474; Angew. Chem. **63** (1951), 21; C 51 II, 2430; Angew. Chem. **63** (1951), 350; C 54, 5473; Bull. Soc. chim. France, Mém. (5) **18** (1951), 45; C 52, 654.

[3] R. GOMER: J. chem. Physics **19** (1951), 284; C 52, 341.

[4] G.-M. SCHWAB, G. DRIKOS: Z. physik. Chem., Abt. A **185** (1940), 405; C 40 I, 2275; Z. physik. Chem., Abt. A **186** (1940), 348; C 40 II, 3582.

keit der Reaktionsgeschwindigkeit (Ausbringen an CO_2 je Zeiteinheit) von der Strömungsgeschwindigkeit. Diese ist für die beiden Bereiche ganz verschieden: in Gebiet I steigt die Reaktionsgeschwindigkeit zunächst mit der Strömungsgeschwindigkeit von Null aus an, und nach einem gewissen Anstieg wird dieser flacher, geht aber dann gradlinig weiter. In Gebiet II dagegen biegt er nach anfänglichem Steigen bald ganz ab, und die Reaktionsgeschwindigkeit wird bei großer Strömungsgeschwindigkeit ganz unabhängig von dieser. Dieses verwickelte Verhalten ist durch folgende Ansätze erklärbar:

Gebiet I.

$$\underset{c}{\text{Frischgas}} \xrightarrow{v} \underset{x}{\text{Ofengas}}$$

$$\underset{x}{\text{Ofengas}} \xrightarrow{k_1} \text{Reaktionsprodukt}$$

$$\underset{x}{\text{Ofengas}} \xrightarrow{k_2 v} \text{Reaktionsprodukt}$$

$$\underset{x}{\text{Ofengas}} \xrightarrow{v} \text{Abgas}$$

Die unter die Gasarten geschriebenen Symbole bedeuten die Konzentration an reaktionsfähiger Unterschußkomponente, die an die Pfeile geschriebenen Geschwindigkeitskonstanten, v im besonderen die Strömungsgeschwindigkeit. Es wird also angenommen, daß von dem zuströmenden Reaktionsgut $c \cdot v$ ein Teil $v \cdot x$ das Reaktionsgefäß unverändert verläßt (weil er an dem freihängenden Katalysator vorbeiströmt), ein kleiner Teil $k_1 x$ spontan abreagiert und ein anderer Teil $k_2 v x$ auf den Katalysator trifft und dort mit unmeßbar großer Geschwindigkeit ganz abreagiert. Die Stationaritätsbedingung für x (vgl. W. JOST, l. c.) führt zu:

$$\text{Reaktionsgeschwindigkeit } RG = c\,(k_1 + k_2 v) \frac{v}{v + k_1 + k_2 v} \tag{8}$$

mit den den oben geschilderten Verlauf anschaulich beschreibenden Grenzfällen:

$$\lim_{v \to 0} RG = cv \text{ und } \lim_{v \to \infty} RG = c\,(k_1 + k_2 v). \tag{8a}$$

Die Richtungsänderung des Anstiegs wird so anschaulich.

Gebiet II.

$$\underset{c}{\text{Frischgas}} \xrightarrow{v} \underset{x}{\text{Ofengas}}$$

$$\underset{x}{\text{Ofengas}} \xrightarrow{k_3} \text{Reaktionsprodukt}$$

$$\underset{x}{\text{Ofengas}} \xrightarrow{v} \text{Abgas}$$

Das führt zu:

$$RG = k_3 c \frac{v}{v + k_3} \tag{9}$$

mit den Grenzwerten

$$\lim_{v \to 0} RG = cv \text{ und } \lim_{v \to \infty} RG = k_3 c, \tag{9a}$$

womit die Unabhängigkeit der Reaktionsgeschwindigkeit von den hohen Strömungsgeschwindigkeiten erklärt ist. (Nach dem oben Gesagten würde das auf Reaktion nullter Ordnung schließen lassen; es sei aber betont, daß hier Vereinfachungen vorgenommen wurden, die die Veränderung der Konzentration durch die Reaktion nicht ganz exakt beschreiben.)

Zu erwähnen sind hier noch einige Arbeiten der russischen Schule, die teils theoretisch, teils experimentell die Kinetik katalytischer Reaktionen in strömenden Systemen untersuchen: Ss. ROGINSKI und O. M. TODESS[1], O. M. TODESS[2], L. MARGOLIS und O. M. TODESS[3] sowie Ss. JA. PSCHESHETZKI und R. N. RUBINSTEIN[4].

Damit verlassen wir die dynamischen Methoden, bei denen Strömung, Diffusion und Reaktion die drei bestimmenden Faktoren sein können, und gehen zu den *statischen Versuchen* über. Diese sind dadurch gekennzeichnet, daß man in einem abgeschlossenen Gefäß, das den Katalysator gleichmäßig verteilt (Körner) oder an einer bestimmten Stelle (Hitzdraht, Wand, auf einem inerten Netz liegende Körner[5]) enthält, an einer andern Stelle eine Analyse (Probeentnahme, manometrische Messung oder dergleichen) macht und nun die Reaktionsgeschwindigkeit an der ersten Stelle bzw. im Gesamtraum den Konzentrationen an der zweiten Stelle zuzuordnen bestrebt ist. Es tritt dabei die Frage auf, ob die Konzentrationen an der ersten Stelle, also an der Katalysatoroberfläche, wirklich die im freien Gasraum gemessenen sind, oder ob sie infolge verzögerter Transportbewegungen (Strömung bei nicht raumbeständigen Reaktionen, Konvektion und Diffusion) andere Werte aufweisen, denen dann die Reaktionsgeschwindigkeit zugehören würde. Wir können auch diesen Zweifel wieder so ausdrücken, ob die chemische Reaktion die Umsatzgeschwindigkeit bestimmt oder langsamere Transportvorgänge geschwindigkeitsbestimmend sind. Wir haben schon gesehen (S.167), daß bei Gefäßen von der Größenordnung eines Zentimeters und darunter und Drucken von der Größenordnung von einer Atmosphäre und darunter Konzentrationsverschiebungen über 1% infolge Diffusionsverzögerung noch nicht auftreten. Bei größeren Gefäßen, wie sie gewöhnlich üblich sind, würden zwar schon Fehler eintreten, aber glücklicherweise sorgt dann eine andere Erscheinung für Durchmischung: Die thermische Konvektion, also der aufwärts gerichtete Gasstrom am heißen Katalysator und der abwärts gerichtete an der kalten Wand. Die Verhältnisse entsprechen daher denen von BODENSTEIN und WOLGAST (s. S. 166) für das strömende System. Nun ist aber die Konvektion ein makroskopischer Vorgang und es lag, besonders zu einer Zeit, da man noch an „atmosphärenartige Adsorptionsschichten" an den Kontaktoberflächen dachte (BODENSTEIN und FINK 1907), die Befürchtung nahe, daß in nächster Nähe der Oberfläche doch ein Konzentrationsgefälle in einer solchen Schicht vorläge und so die beobachtete Reaktionsgeschwindigkeit immer noch einer mikroskopischen Diffusion angehörte. Man ist deshalb vielfach dazu übergegangen, heterogene Katalysen unter ver-

---

[1] Ss. ROGINSKI, O. M. TODESS: Bull. Acad. Sci. URSS, Cl. Sci. chim. **1946**, 381, 475; C 47, 435, 1068.

[2] O. M. TODESS: Bull. Acad. Sci. URSS, Cl. Sci. chim. **1946**, 483; C 47, 1068.

[3] L. MARGOLIS, O. M. TODESS: Acta physicochim. URSS **21** (1946), 885; C 47, 1734.

[4] Ss. JA. PSCHESHETZKI, R. N. RUBINSTEIN: J. physic. Chem. URSS **20** (1946), 1421; C 48 I, 871; Acta physicochim. URSS **21** (1946), 1075; C 48 I, 1074.

[5] G.-M. SCHWAB, R. STAEGER, H. H. VON BAUMBACH: Z. physik. Chem., Abt. B **21** (1933), 65; C 33 I, 2867.

mindertem Druck zu untersuchen, wo die Adsorption geringer und die Diffusionskoeffizienten größer sind.

G.-M. SCHWAB und G. DRIKOS[1] haben eine solche Versuchsanordnung durchgerechnet und Ergebnisse erhalten, die allgemein für derartige Versuche von Interesse sind. Es handelte sich speziell um die *Knallgasreaktion* an einem mit Kupferoxyd überzogenen Draht in der Achse eines zylindrischen Gefäßes von 7 cm Durchmesser bei Drucken zwischen 1 mm und 10 mm sowie um die dabei auftretende Hemmung durch Methan. Es war zu prüfen, ob nicht vielleicht die beobachtete Reaktionsgeschwindigkeit nur eine Diffusion der Reaktionsteilnehmer durch eine Methanschicht wiedergab. Die Absolutberechnung ergab, daß eine solche Diffusion auch noch unter 10 mm Druck etwa 75mal rascher erfolgen würde als die beobachtete Umsetzung, und daß daher, in Übereinstimmung mit dem von uns wiederholt angeführten DAMKÖHLERschen Resultat, Verschleierungen der Reaktion durch Diffusionshemmungen erst bei Atmosphärendruck eben beginnen würden, wo sie aber durch Konvektion wieder hinfällig gemacht würden. Es war weiter zu prüfen — und das ist wiederum von allgemeiner Bedeutung —, ob vielleicht Hemmungen der Reaktion dadurch eintreten können, daß die *Thermodiffusion* Konzentrationsverschiebungen hervorbringt. Es ist ja bekannt, daß in Apparaturen, die Temperaturgefälle in engen Apparateteilen aufweisen, Konzentrationsgefälle infolge Thermodiffusion die Folge sind. Ähnlich müßte es grundsätzlich in der angegebenen Apparatur bei den niedrigen konvektionslosen Drucken der Fall sein können, und es ist nun interessant, daß die Rechnung ergibt, daß merkliche Konzentrationsgefälle zwischen Draht und Wand infolge thermischer Schichtung bei den gegebenen Dimensionen *nicht* auftreten können. Solche normal dimensionierten statischen Apparaturen sind also bei Reaktionsgeschwindigkeiten, die mit der gewöhnlichen Uhr gemessen werden, *durchaus einwandfrei*.

Das hindert natürlich nicht, daß solche Reaktionen, die *größenordnungsmäßig schneller* verlaufen als die genannten, doch in ihrer Geschwindigkeit durch die Diffusion begrenzt sind. Das gilt ganz besonders für Atomrekombinationen an Gefäßwänden; so folgt aus der Kinetik der Chlor- und Bromwasserstoffbildung, daß die Rekombination der Halogenatome an den Wänden bei Atmosphärendruck lediglich durch die Diffusion an die Wand bedingt wird (Literatur und Genaueres hierzu bei BODENSTEIN und JOST[2]). Dasselbe folgert G. KORNFELD[3] auch für die Wasserstoffatome. Ebenso wird nach W. DAVIES[4] auch die Geschwindigkeit der flammenlosen Oberflächenverbrennung von Wasserstoff oder Kohlenoxyd an Edelmetallen durch Diffusion und Konvektion bestimmt, und es liegen an den Drahtoberflächen verkleinerte Konzentrationen der brennbaren Gase vor.

Alle unsere bisherigen Betrachtungen bezogen sich auf isotherme Systeme, in denen also die durch die Reaktion entwickelte oder verbrauchte Wärme mit mehr als hinreichender Geschwindigkeit abgeführt bzw. ersetzt wird. Der entgegengesetzte Fall, wo die Reaktion selbst *Temperaturänderungen* hervorruft, hat für die Technik, die große Umsätze auf engem Raume durchführt, große Bedeutung, für Laboratoriumsversuche zur Ermittlung der Reaktionskinetik wenig; es genügt der Hinweis, daß man sich stets überzeugen muß, ob ein „Heißblasen" bzw. „Kaltblasen" des Katalysators eintritt oder nicht, und daß gegebenenfalls die Reaktionsgeschwindigkeit verändert werden muß (s. z. B. G.-M. SCHWAB,

---

[1] G.-M. SCHWAB, G. DRIKOS: Z. Elektrochem. angew. physik. Chem. **50** (1944), 97.
[2] M. BODENSTEIN, W. JOST: Dieses Handbuch Bd. I, S. 367. Wien, 1941.
[3] G. KORNFELD: Physic. Rev. (2) **51**, 689; Bull. Amer. physic. Soc. **12** (1937), 1, 15; C 37 II, 1732.
[4] W. DAVIES: Philos. Mag. (7) **17** (1934), 233; C 34 II, 192.

R. STAEGER, H. H. VON BAUMBACH[1]). Immer aber empfiehlt es sich, die Temperatur, etwa mit Thermoelementen, *im Katalysator selbst* und nicht in irgendwelchen Außenbädern zu messen. Man ist dann selbst im Falle einer Überhitzung sicher, die Reaktionsgeschwindigkeit wirklich der zugehörigen Temperatur zuzuordnen. Von den verschiedenen Arbeiten, die sich von mehr technischen Standpunkten aus mit der Frage der Temperaturverteilung in durchströmten Reaktionsöfen befassen (Temperatur*maximum* wegen der Konkurrenz von in der Strömungsrichtung zuerst steigender Temperatur und dann fallender Konzentration des Reaktionsgutes!), können wir hier nur die Zitate anführen: Außer dem mehrfach zitierten Artikel G. DAMKÖHLERS noch die Arbeiten: G. DAMKÖHLER[2], G. DAMKÖHLER und G. DELCKER[3], A. A. MATWEJENKO[4], N. I. GELPERIN[5], E. KRUMMENACHER und A. HECKER[6], I. PRIGOGINE und R. BUESS[7].

Die bisher besprochenen Transporteinflüsse auf die heterogene Katalyse bezogen sich fast ausschließlich auf das System gasförmig—fest. Sie sind natürlich sinngemäß in jeder Beziehung auf heterogene Reaktionen in Lösungen übertragbar. Allerdings ist hier wegen der wesentlich geringeren Diffusion schon früher mit Diffusionshemmungen zu rechnen. Eine allgemeine Zusammenfassung transportgesteuerter heterogener Reaktionen in Lösungen stammt von L. L. BIRCUMSHAW und A. C. RIDDIFORD[8].

Sonderfälle.

Es sollen nun noch einige Einzelfälle betrachtet werden, die sich teils durch ihr besonderes kinetisches Verhalten, teils durch ihre besondere apparative Anordnung auszeichnen.

a) Der Zerfall von Hydroperoxyd in Lösung.

Diese Reaktion haben A. SIEVERTS und H. BRÜNING[9] an Platinmohr, R. KUHN und A. WASSERMANN[10] an Eisen-Graphit, E. C. LARSEN und J. H. WALTON[11] an mit $SnCl_2$ oder Kaliumureat imprägnierter Kohle untersucht. Alle diese Autoren kommen wegen der sehr geringen Temperaturabhängigkeit sowie wegen des Einflusses der Rührgeschwindigkeit zu der Annahme, daß ein Diffusionsvorgang geschwindigkeitsbestimmend sei. Da jedoch dieselben Autoren viele Einzelheiten über die chemische Beeinflußbarkeit der Geschwindigkeit durch das p_H, die Katalysatorzusammensetzung und durch Hemmungskörper berichten, wie dies auch allgemeiner bekannt ist, darf die Deutung wohl bezweifelt werden. Gegen

---

[1] G.-M. SCHWAB, R. STAEGER, H. H. VON BAUMBACH: Z. physik. Chem., Abt. B **21** (1933), 65; C 33 I, 2867.

[2] G. DAMKÖHLER: Z. Elektrochem. angew. physik. Chem. **42** (1936), 846; **43** (1937), 1, 8; C 38 I, 2766f.; Z. physik. Chem. **193** (1943), 16; C 44 II, 1250.

[3] G. DAMKÖHLER, G. DELCKER: Z. Elektrochem. angew. physik. Chem. **44** (1938), 193; C 38 II, 649; Z. Elektrochem. angew. physik. Chem. **44** (1938), 228, 240; C 38 II, 3844.

[4] A. A. MATWEJENKO: Chem. Apparatebau **9** (1940), 1, 5; C 40 II, 3076.

[5] N. I. GELPERIN: Chem. Apparatebau **9** (1940), 3, 1; C 40 II, 3076.

[6] E. KRUMMENACHER, A. HECKER: Helv. chim. Acta **24** (1941), Nr. 71 E; C 42 I, 1591.

[7] I. PRIGOGINE, R. BUESS: Bull. Cl. Sci., Acad. roy. Belgique (5) **38** (1952), 851; C 54, 265.

[8] L. L. BIRCUMSHAW, A. C. RIDDIFORD: Quart. Rev. (chem. Soc., London) **6** (1952), 157; C 53, 4340.

[9] A. SIEVERTS, H. BRÜNING: Z. anorg. allg. Chem. **204** (1932), 291; C 32 I, 2807, s. a. C 32 I, 1888.

[10] R. KUHN, A. WASSERMANN: Liebigs Ann. Chem. **503** (1933), 232; C 33 II, 1635.

[11] E. C. LARSEN, J. H. WALTON: J. physic. Chem. **44** (1940), 70; C 41 I, 2351.

sie spricht besonders auch die Tatsache, daß auch die heterogene Zersetzung im Gasraum bei 85÷95° im 70%igen Dampf von der Temperatur unabhängig verläuft, obgleich unter diesen Umständen Diffusionshemmungen aus den oben angeführten Gründen ausscheiden (G. B. KISTIAKOWSKY, S. L. ROSENBERG[1]).

b) Hydrierung in Lösung.

Ebenso ist für die Hydrierung gelöster Substrate schon sehr oft die Geschwindigkeitsbestimmung durch Diffusion behauptet worden, zuletzt und mit besonderem Nachdruck und guten Argumenten durch O. SCHMIDT[2]. Er denkt dabei an die Diffusion in die Poren des Katalysators hinein und kann so eine Anzahl von Spezifitätserscheinungen deuten, andere aber, insbesondere den Einfluß des Lösungsmittels, muß auch er durch eine Verdrängung von der Oberfläche erklären. Wirklich nachgewiesen ist ein Diffusionseinfluß nur bei sehr leicht hydrierbaren Substraten, wie *Kaliumdichromat* an wasserstoffbeladenem Palladium (C. A. KNORR[3]). Theoretisch haben P. HARTECK und H. JENSEN[4] die Diffusionsverhältnisse erörtert und Näherungsrechnungen für Modelleinrichtungen, wie feste ebene Katalysatorfläche oder verteilte Katalysatorkugeln, durchgeführt. Sie denken dabei an den Transport des Wasserstoffs. Ähnlich sehen H. S. DAVIS, G. THOMPSON, G. S. CRANDALL[5] die Diffusion des Wasserstoffs durch stationäre Flüssigkeitsfilme an der Grenzfläche Gas — Flüssigkeit und Flüssigkeit — feste Phase als geschwindigkeitsbestimmend an. Sie selbst beobachten aber chemische Spezifitäten, die dem widersprechen, und D. DOBYTSCHIN und A. FROST[6] schließen aus eben diesen Gründen, daß der Oberflächenvorgang selbst und nicht der Wasserstofftransport geschwindigkeitsbestimmend ist.

Wie wir weiter unten bei Besprechung der Hydrierungskinetik noch sehen werden (S. 275), ist das gesamte kinetische Verhalten mit dieser Ansicht in völligem Einklang. Die gegenteiligen Eindrücke verschiedener Forscher sind vermutlich auf *ungenügende Rühr- bzw. Schüttelgeschwindigkeit* zurückzuführen; solange diese noch Einfluß auf die Geschwindigkeit hat, liegen natürlich Konzentrationsgefälle in der Flüssigkeit vor, und dann kann nicht die echte Reaktionsgeschwindigkeit gemessen werden (s. E. B. MAXTED[7]).

c) Molekularstrahlen.

Eine Methode, die einwandfrei die reine Reaktionsgeschwindigkeit mißt, ist die von O. BEECK[8] angewandte, einen Molekularstrahl des Substrats auf die Oberfläche des Katalysators auftreffen zu lassen. Sie kann vielleicht zur Nachahmung empfohlen werden.

---

1 G. B. KISTIAKOWSKY, S. L. ROSENBERG: J. Amer. chem. Soc. **59** (1937), 422; C 37 I, 3591.
2 O. SCHMIDT: Z. physik. Chem., Abt. A **176** (1936), 237; C 37 I, 826.
3 C. A. KNORR: Z. physik. Chem., Abt. A **157** (1931), 143; C 32 I, 340.
4 P. HARTECK, H. JENSEN: Z. Physik **118** (1941), 416; C 42 I, 2233.
5 H. S. DAVIS, G. THOMPSON, G. S. CRANDALL: J. Amer. chem. Soc. **54** (1932), 2340; C 32 II, 1117.
6 D. DOBYTSCHIN, A. FROST: Acta physicochim. URSS **5** (1936), 111; C 37 I, 4192.
7 E. B. MAXTED: Hydrierung. Dieses Handbuch Bd. VII, 1, S. 622. Wien, 1943.
8 O. BEECK: Physic. Rev. (2) **46** (1934), 331; C 34 II, 2792; Nature **136** (1935), 1028; C 37 I, 4217.

d) Pseudoheterogene Reaktionen.

Nach E. W. R. STEACIE und H. A. REEVE[1] zersetzen sich verschiedene organische Verbindungen, wie Aceton, Äther und andere an heißen Drähten mit einer Absolutgeschwindigkeit und Aktivierungsenergie, die der homogenen Reaktion entspricht; die Reaktion erfolgt also hier in einer heißen Gasschicht um den Draht herum. Wesentlich ist dabei, daß der Energieaustausch mit dem Draht so rasch erfolgt, daß nicht er die Geschwindigkeit bestimmt; der Akkommodationskoeffizient muß also groß sein. Bei Propionaldehyd und Dimethyläther ist das z. B. nicht der Fall.

Von einer heterogenen Reaktion kann man auch dann nicht mehr sprechen, wenn Molekeln in einem besonders reaktionsbereiten Zustand desorbiert werden und dann erst in einiger Entfernung vom Katalysator in der Gasphase reagieren. G. F. HÜTTIG und L. ZAGAR[2] halten einen derartigen Mechanismus bei der CO-Oxydation über Pt-Asbest und Al_2O_3 für möglich. Kohlenmonoxyd und Sauerstoff strömen getrennt in konzentrischen Röhren über die gleiche Katalysatorfüllung und treffen sich erst anschließend im Reaktionsraum, in dem die vermeintliche Homogenreaktion stattfinden soll. Eine Kohlendioxydbildung wird nur dann festgestellt, wenn Sauerstoff zuvor den Katalysator umspült, während eine Aktivierung des Kohlenmonoxyds für die Reaktion nicht nötig sein soll. Über die Natur dieses aktivierten Sauerstoffs steht nur soviel fest, daß er nachweislich nicht als Ozon und auf Grund thermodynamischer Überlegungen wohl kaum als atomarer Sauerstoff vorliegen kann. Seine Lebensdauer erscheint dann jedoch für einen chemisch nicht näher identifizierbaren aktiven Komplex so unwahrscheinlich hoch (0,1 sec), daß Zweifel an der Realität dieser Ergebnisse entstehen. Zumindest sollte zunächst einmal geprüft werden, ob nicht etwa eine Rückdiffusion der Reaktionskomponenten die vermutete pseudoheterogene Reaktion vortäuscht.

e) Chemischer Strömungseinfluß.

Wie wir später sehen werden (s. S. 344ff.), zeigt die Ammoniakzersetzung an Platin bei niederen Drucken eine Kinetik und Aktivierungsenergie, wie sie für heterogene Katalysen gewöhnlich sind, bei Atmosphärendruck jedoch, statisch beobachtet, eine ganz abweichende Kinetik und gewaltig erhöhte Aktivierungsenergie. Die Deutung durch eine Kettenreaktion (SCHWAB[3]) liegt nahe. Auffallend ist nun, daß dieselbe Reaktion, bei Atmosphärendruck *strömend* untersucht, die normale Niederdruckkinetik aufweist (J. K. DIXON[4]). Es scheint, als ob die Strömung in diesem Falle einen spezifischen Einfluß ausübt, vielleicht indem sie die Kettenträger fortführt, ehe sie die Kette fortsetzen können.

III. Die Kinetik der Oberflächenreaktionen.

1. Der geschwindigkeitsbestimmende Vorgang.

Im vorstehenden wurde die Frage behandelt, inwieweit beim gleichzeitigen Vorliegen von Transporterscheinungen und Oberflächenreaktionen bei der heterogenen Katalyse die Geschwindigkeit der letzteren zur Beobachtung gelangt.

[1] E. W. R. STEACIE, H. A. REEVE: Trans. Roy. Soc. Canada III (3) **26** (1932), 75; C 33 II, 2633.

[2] G. F. HÜTTIG, L. ZAGAR: Mh. Chem. **79** (1948), 581; C 49 II, 379.

[3] G.-M. SCHWAB: Katalyse usw., S. 216. Berlin, 1931.

[4] J. K. DIXON: J. Amer. chem. Soc. **53** (1931), 1763; C 31 II, 529; J. Amer. chem. Soc. **53** (1931), 2071; C 32 I, 1193.

Wir haben gesehen, daß mit Ausnahme bestimmter extrem rascher Reaktionen immer Methoden gefunden werden können, diese Geschwindigkeit zu messen. Da nun aber der Grenzflächenvorgang sicherlich seinerseits komplexer Natur ist, entsteht weiterhin die Frage, welcher seiner *Teilvorgänge* wiederum die Geschwindigkeit bestimmt. Zuerst müssen ja die Ausgangsstoffe der Reaktion am Katalysator adsorbiert werden, dann setzen sie sich in der Oberfläche um, und schließlich werden die Reaktionsprodukte wieder desorbiert. Auch zu dieser Frage haben wir[1] schon früher Stellung genommen. Was die *Adsorptionsgeschwindigkeit* als bestimmende Grenze der Gesamtgeschwindigkeit betrifft, so wurde eine solche Auffassung damals abgelehnt, weil damals die Kenntnis der aktivierten Adsorption (vgl. W. HUNSMANN[2]) noch in den Anfängen war. Heute, wo wir wissen, daß es viele Adsorptionsvorgänge gibt, und zwar gerade solche, bei denen Aktivierung der Substrate für chemische Reaktionen eintritt, die Aktivierungswärme benötigen und daher endliche Geschwindigkeiten aufweisen, können wir nicht mehr allgemein die Adsorption als eingestelltes Gleichgewicht voraussetzen. Es ist durchaus damit zu rechnen, daß wenigstens in gewissen Fällen das Auftreffen auf die Katalysatoroberfläche keineswegs immer zu einem Erfolg führt, wenn aber Wechselwirkung, also Adsorption erfolgt, diese auch gleich in einer chemischen Veränderung besteht.

Hinsichtlich der *Desorptionsgeschwindigkeit* dagegen muß aufrechterhalten werden, was damals gesagt wurde: Wenn die Desorption eines Reaktionsproduktes langsamer verläuft als seine Bildung durch die chemische Reaktion, muß notwendig eine Aufstauung dieses Produkts in der wirksamen Oberfläche eintreten. Damit wird aber die für die chemische Umwandlung verfügbare freie Oberfläche immer geringer werden, und damit muß auch die chemische Reaktionsgeschwindigkeit immer geringer werden — bis im stationären Zustand dann doch die Reaktionsgeschwindigkeit so weit gefallen und die Desorptionsgeschwindigkeit so weit gestiegen ist, daß beide Geschwindigkeiten gleich groß geworden sind. Im stationären Zustand kann man also dann doch ebensogut so rechnen, als ob die chemische Reaktion geschwindigkeitsbestimmend wäre und nur vom Reaktionsprodukt durch Verdrängung gehemmt würde. Wir werden uns daher im folgenden hauptsächlich mit der Frage geschwindigkeitsbestimmender *Ad*sorption befassen. Ehe wir auf diese Frage vom Standpunkt strenger quantitativer Theorie eingehen, sollen zunächst experimentelle Arbeiten aus der Berichtsperiode besprochen werden, die Beiträge zu dieser Frage liefern.

Distickstoffmonoxyd. Beim katalytischen Zerfall des N_2O an *Nickeloxyd*katalysatoren stellen C. WAGNER und K. HAUFFE[3] fest, daß im stationären Zustand die (aus der Leitfähigkeit bestimmbare) Konzentration der O-Atome im Katalysator nur wenig größer ist als in Sauerstoff gleichen Druckes. Das bedeutet, daß die *Desorption* des Sauerstoffs viel rascher erfolgt als der geschwindigkeitsbestimmende Zerfall des Stickoxyduls in $N_2 + O_{ads}$. (Doch wäre vielleicht auch eine Modifikation dieser Betrachtungsweise nicht unmöglich. Denn offenbar findet eine, wenn auch geringfügige Aufstauung des Sauerstoffs in der Oberfläche statt. Für die Kinetik würden sich jedoch, wie oben ausgeführt, keine Unterschiede ergeben.) Ob dieser Zerfall selbst durch die Adsorption oder die Reaktion bestimmt wird, bleibt natürlich hierbei unbestimmt. Hierüber versucht L. MEYER[4] eine Aussage mit Kohle als Katalysator. An Kohle wird nämlich

[1] G.-M. SCHWAB: Katalyse usw., S. 155f. Berlin, 1931.
[2] W. HUNSMANN: Dieses Handbuch Bd. IV, S. 405ff. Wien, 1943.
[3] C. WAGNER, K. HAUFFE: Z. Elektrochem. angew. physik. Chem. **44** (1938), 172; C 38 I, 4009.
[4] L. MEYER: Naturwiss. **20** (1932), 791; C 32 II, 3666.

Stickoxydul irreversibel adsorbiert, d. h. der Stickstoff wird sofort frei, der Sauerstoff wird chemisch gebunden. Es wird vermutet, daß diese Adsorption mit dem Zerfall identisch ist.

Für die Reaktion zwischen *Distickstoffmonoxyd und Wasserstoff* nehmen A. F. BENTON und C. M. THACKER[1] an, daß an *Silber* zwischen 60 und 180° primär und geschwindigkeitsbestimmend das N_2O zersetzt wird und das entstandene O_{ads} dann unmeßbar rasch mit Wasserstoff reagiert. Die Zersetzung ihrerseits soll wieder unmittelbar bei der Adsorption erfolgen, denn N_2O allein wird nicht meßbar adsorbiert, sondern nur zersetzt. Denselben Schluß ziehen J. K. DIXON und J. E. VANCE[2] aus der Übereinstimmung der so berechneten mit der wirklichen Reaktionsgeschwindigkeit (letztere ist wegen einer einschränkenden Orientierungsbedingung etwas geringer; über die Bündigkeit einer solchen Absolutrechnung s. S. 196 ff.). Für die Reaktion von *N_2O mit CO* kommen G.-M. SCHWAB und G. DRIKOS[3] zu folgendem Schluß: Der Zerfall des N_2O in Stickstoff und freien Sauerstoff an CuO kann nicht geschwindigkeitsbestimmend sein, weil er erst bei um 150° höheren Temperaturen einsetzt. Geschwindigkeitsbestimmend ist vielmehr die Reaktion

$$N_2O + Cu \rightarrow N_2 + CuO,$$

also wieder eine Art aktivierter Adsorption. Wieder bleibt allerdings offen, ob eine Gleichgewichtsschicht von adsorbiertem N_2O vorliegt oder ob der Adsorptionsakt selbst den Zerfall bedeutet.

Kohlenmonoxyd. Die Geschwindigkeit der Reaktion $2\,CO + O_2$ an *Silber* wird von A. F. BENTON und R. T. BELL[4] mit den Adsorptionsgeschwindigkeiten verglichen. Nur die des Sauerstoffs ist geringer als die Reaktionsgeschwindigkeit, soll also die Reaktion bestimmen. Für dieselbe Reaktion an *Nickeloxyd* bestimmen C. WAGNER und K. HAUFFE[5] wiederum den stationären Sauerstoffgehalt des Katalysators aus der Leitfähigkeit und finden, daß er nur wenig kleiner ist als in reinem Sauerstoff gleichen Druckes. Daraus folgt, daß hier die Sauerstoffadsorption hinreichend rasch erfolgt (wieder mit der oben bei N_2O erwähnten Einschränkung), also (im Gegensatz zum Silber) die chemische Reaktion des Kohlenoxyds mit O_{ads} die Geschwindigkeit bestimmt. Wieder bleibt offen, ob das CO vorher adsorbiert sein muß oder beim Stoß auf die sauerstoffhaltige Oberfläche reagiert. Auch G.-M. SCHWAB und J. BLOCK[6] finden an NiO, daß Sauerstoff genügend rasch adsorbiert wird (die Reaktion verläuft nach nullter Ordnung in bezug auf Sauerstoff). Als geschwindigkeitsbestimmend betrachten sie eher die Chemisorption von CO als Elektronendonator (die auch hier wieder identisch sein kann mit der Reaktion). Dies folgt aus der Veränderung der Aktivierungsenergie durch Veränderung der Defektelektronendichte beim Zusatz ein- und dreiwertiger Kationen zu NiO. An *ZnO* anderseits besteht der Primärschritt in der Chemisorption des Sauerstoffs. Wir verweisen hier auch auf eine Arbeit von K. HAUFFE, R. GLANG und H. J. ENGELL[7], s. S. 368. An *MnO_2* wurde diese Reak-

[1] A. F. BENTON, C. M. THACKER: J. Amer. chem. Soc. **56** (1934), 1300; C 34 II, 2650.

[2] J. K. DIXON, J. E. VANCE: J. Amer. chem. Soc. **57** (1935), 818; C 35 II, 1503.

[3] G.-M. SCHWAB, G. DRIKOS: Z. physik. Chem., Abt. A **186** (1940), 348; C 40 II, 3582.

[4] A. F. BENTON, R. T. BELL: J. Amer. chem. Soc. **56** (1934), 501; C 34 I, 3704.

[5] C. WAGNER, K. HAUFFE: Z. Elektrochem. angew. physik. Chem. **44** (1938), 172; C 38 I, 4009.

[6] G.-M. SCHWAB, J. BLOCK: Z. physik. Chem., N. F. **1** (1954), 42.

[7] K. HAUFFE, R. GLANG, H. J. ENGELL: Z. physik. Chem. **201** (1952), 223.

tion von S. ROGINSKY und Mitarbeitern[1] untersucht. Sie kommen zu dem Ergebnis, daß die Reaktionsgeschwindigkeit charakteristische Übereinstimmungen mit der aktivierten Adsorption von CO aufweist, bei welch letzterer das CO nur als CO_2 abpumpbar ist. Es wird angenommen, daß diese Adsorption oder ein mit ihr eng zusammenhängender Vorgang (?) die Reaktionsgeschwindigkeit bestimmt.

Wassergas-Reaktion. E. DOEHLEMANN[2] bestimmt während des Ablaufs der Reaktion

$$CO_2 + H_2 \longrightarrow CO + H_2O$$

an *Eisen* die stationäre Konzentration des im Katalysator gelösten Kohlenstoffs aus der Leitfähigkeit. Ihre Veränderlichkeit ist nämlich ein Maß für die Veränderlichkeit der Konzentration des adsorbierten Sauerstoffs in der Oberfläche. Er findet, daß C_{gel} größer ist, als dem Gleichgewicht

$$C_{gel} + CO_2 \rightleftarrows 2CO$$

entsprechen würde, die Konzentration des O_{ads} also kleiner ist als normal, und daraus folgt, daß die Reaktion

$$CO_2 \longrightarrow CO + O_{ads}$$

langsam und geschwindigkeitsbestimmend verläuft, während

$$O_{ads} + H_2 \longrightarrow H_2O$$

den gebildeten O_{ads} sofort wegnimmt. Als geschwindigkeitsbestimmende Reaktion kann also die aktivierte Adsorption des Kohlendioxyds angesehen werden — und wieder besteht die Frage, ob sie mit den energiereichen Stößen des Kohlendioxyds auf die Oberfläche identisch ist.

An *Platin* haben G.-M. SCHWAB und K. NAICKER[3] die Reaktion untersucht. Bei sorgfältigem Ausschluß aller Verunreinigungen wird eine Reaktionsgeschwindigkeit gemessen, die temperaturunabhängig und außerordentlich groß ist. Sie kann ihrer Größe nach z. B. durch Stöße von CO_2-Molekeln auf eine mit Wasserstoff gesättigte Teilfläche von 10^{-4} der Gesamtfläche erklärt werden.

Knallgas-Reaktion. I. LANGMUIR hat in bekannten Arbeiten[4] gezeigt, daß die Reaktion von Sauerstoff und Wasserstoff an Wolfram durch Reaktion der Wasserstoffmolekeln beim Stoß auf eine uniatomare Adsorptionsschicht von Sauerstoff erklärt werden kann.

Ammoniaksynthese und -zerfall. P. H. EMMETT, ST. BRUNAUER[5] und P. H. EMMETT, K. S. LOVE[6] stellen fest, daß an Eisenkatalysatoren die Anfangsgeschwindigkeit der aktivierten Adsorption von Stickstoff mit einer Aktivierungsenergie von 16 kcal/Mol und einer Adsorptionswärme von 35 kcal/Mol der Geschwindigkeit der Ammoniaksynthese gleich ist und sehen in ihr den geschwindigkeitsbestimmenden Schritt der Synthese (im Gegensatz hierzu S. S. GAUCH-

---

[1] I. ZELDOWITSCH: Acta physicochim. URSS **1** (1934), 449. — S. ROGINSKY, I. ZELDOWITSCH: ebenda 554, 595; C 35 I, 3245f. — S. ELOWITZ, S. ROGINSKY: Acta physicochim. URSS **7** (1937), 295; C 38 I, 1064.

[2] E. DOEHLEMANN: Z. Elektrochem. angew. physik. Chem. **44** (1938), 178; C 38 I, 4009.

[3] G.-M. SCHWAB, K. NAICKER: Z. Elektrochem. angew. physik. Chem. **42** (1936), 670; C 36 II, 3978.

[4] I. LANGMUIR: J. chem. Soc. **1940**, 511; C 40 II, 1553; Angew. Chem. **46** (1933), 719; C 34 I, 1021.

[5] P. H. EMMETT, ST. BRUNAUER: J. Amer. chem. Soc. **55** (1933), 1738; C 33 I, 3689; J. Amer. chem. Soc. **56** (1934), 35; C 34 I, 1953.

[6] P. H. EMMETT, K. S. LOVE: J. Amer. chem. Soc. **55** (1933), 4043; C 34 I, 6.

MAN, W. A. ROITER[1], die die Beteiligung beider Ausgangsgase am geschwindigkeitsbestimmenden Schritt folgern). Für die Zersetzung an denselben Katalysatoren nehmen sie als geschwindigkeitsbestimmend den Zerfall von Fe_4N, also die Stickstoffdesorption, an, weil dieser Schritt dieselbe Aktivierungsenergie von 50 kcal/Mol aufweist, wie die katalytische Zersetzung nach G. ENGELHARDT und C. WAGNER[2]. Diese Annahme ist übrigens schon früher oft geäußert worden (A. MITTASCH, E. KUSS und O. EMERT[3]). (ENGELHARDT und WAGNER selbst übrigens nehmen als geschwindigkeitsbestimmend eine chemische Zersetzung bzw. Synthese von $Fe \cdot NH_2$ an.)

Schwefeltrioxydsynthese. An verschiedenen Mischkatalysatoren stellt N. I. PEWNY[4] fest, daß eine kleine Desorptionsgeschwindigkeit des SO_3 immer auch mit kleiner Reaktionsgeschwindigkeit verknüpft ist, weil eben, wie oben ausgeführt, dann die Oberfläche blockiert ist. Geschwindigkeitsbestimmend ist demnach die Reaktion. G. K. BORESSKOW und T. I. SOKOLOWA[5] anderseits betrachten die Adsorption von Sauerstoff als den geschwindigkeitsbestimmenden Schritt, zwei Auffassungen, die man, wie gesagt, kinetisch nicht unterscheiden kann.

Peroxydase. Das Ferment Peroxydase verbindet sich nach B. CHANCE[6] in Gegenwart von Dioxymaleinsäure als Substrat außerordentlich rasch mit Hydroperoxyd zu einer Verbindung, deren Zersetzung dann geschwindigkeitsbestimmend ist. Die Bildung dieser Verbindung, die der aktivierten Adsorption analog wäre, erfolgt also *ohne* Verzögerung, wie dies schon die Theorie von MICHAELIS und MENTEN voraussetzt.

Wasserstoffumwandlung und -austausch. Die Umwandlung von Parawasserstoff und der Austausch zwischen H_2 und D_2 sind diejenigen Reaktionen, bei denen mit besonders triftigen Gründen auf eine Geschwindigkeitsbestimmung durch die aktivierte Adsorption und nicht durch einen chemischen Oberflächenvorgang geschlossen worden ist. Es zeigte sich nämlich schon sehr früh (A. FARKAS[7], K. F. BONHOEFFER und A. FARKAS[8]), daß Beeinflussungen des Akkommodationskoeffizienten (s. dieses Handbuch Bd. I, S. 81) der Drahtoberfläche, also der Wechselwirkung mit auftreffenden Molekeln, auch die Parawasserstoffkatalyse stark beeinflussen. E. FAJANS[9] fand dann, daß sowohl die Umwandlungsgeschwindigkeit als auch die Austauschgeschwindigkeit an Nickel von der Größenordnung der Stoßzahl auf die Oberfläche ist, und nahm an, daß bei einem aliquoten Teil der Stöße atomare Adsorption stattfindet. Auch A. und L. FARKAS, die die Parawasserstoffumwandlungsgeschwindigkeit mit der Diffusionsgeschwindigkeit von Wasserstoff in Palladium vergleichen[10], schließen daraus und aus der Geschwindigkeit von Austausch- und Hydrierungsvorgängen[11], daß der geschwindigkeits-

---

[1] S. S. GAUCHMAN, W. A. ROITER: J. physic. Chem. URSS **11** (1938), 569; C 39 I, 323.

[2] G. ENGELHARDT, C. WAGNER: Z. physik. Chem., Abt. B **18** (1932), 369; C 32 II, 3051.

[3] A. MITTASCH, E. KUSS, O. EMERT: Z. Elektrochem. angew. physik. Chem. **34** (1928), 829.

[4] N. I. PEWNY: J. physic. Chem. URSS **14** (1940), 981; C 42 I, 710.

[5] G. K. BORESSKOW, T. I. SOKOLOWA: J. physic. Chem. URSS **18** (1944), 87; **19** (1945), 535.

[6] B. CHANCE: J. biol. Chemistry **140** (1941), Proc. 24; C 42 I, 2145.

[7] A. FARKAS: Z. physik. Chem., Abt. B **14** (1931), 371; C 32 I, 6.

[8] K. F. BONHOEFFER, A. FARKAS: Trans. Faraday Soc. **28** (1932), 561; C 53 I, 1263.

[9] E. FAJANS: Z. physik. Chem., Abt. B **28** (1935), 239; C 35 II, 321.

[10] A. FARKAS: Trans. Faraday Soc. **32** (1936), 1667; C 37 I, 1642.

[11] A. u. L. FARKAS: Trans. Faraday Soc. **33** (1937), 678; C 37 II, 518. — A. FARKAS: Trans. Faraday Soc. **35** (1939), 906. — A. u. L. FARKAS: ebenda 917; C 39 II, 3264.

bestimmende Schritt in der Dissoziation des Wasserstoffs in der Oberfläche besteht. Ganz dasselbe ist nach S. Roginsky[1] auch an Glas, und zwar schon bei 120° C, anzunehmen. Schließlich kann K. J. Laidler[2] zeigen, daß eine Absolutberechnung der Umwandlungsgeschwindigkeit von p-H_2 dann mit dem Experiment übereinstimmende Ergebnisse liefert, wenn man die Reaktionsgeschwindigkeit gleich der Adsorptionsgeschwindigkeit setzt. Auch bei der nahe verwandten Reaktion zwischen H_2 und D_2 an Kupfer halten R. J. Mikovsky, M. Boudart und H. S. Taylor[3] die aktivierte Adsorption für den geschwindigkeitsbestimmenden Schritt. Sie finden nämlich dabei dieselbe Aktivierungsenergie wie T. Kwan[4] für die Adsorption von Wasserstoff an diesen Metallen.

Aber auch bei der Umwandlung an der Oberfläche paramagnetischer Salzkristalle, wo eine solche *aktivierte* Adsorption bzw. Dissoziation nicht in Frage kommt (s. E. Cremer[5]), finden L. Farkas und L. Sandler[6], daß unterhalb 0° nicht die Umwandlung in der Oberfläche geschwindigkeitsbestimmend ist, sondern die Desorption. Dies ist hier so zu verstehen, daß in der Oberfläche immer die Gleichgewichtsmischung von 25 % Parawasserstoff vorliegt und daß die Geschwindigkeit gemessen wird, mit der diese in den Gasraum verdampft. Diese ist natürlich gleich derjenigen, mit der Parawasserstoff adsorbiert wird, und es ist wohl klarer, diese als bestimmend anzusehen. Dieses Ergebnis folgt aus der Gleichheit der Umwandlungsgeschwindigkeiten von p-H_2 und o-D_2. Bei höheren Temperaturen, wo die Belegungsdichte der Oberfläche geringer ist, wird dann die paramagnetische Umwandlung selbst geschwindigkeitsbestimmend, und das zeigt sich daran, daß nunmehr das Geschwindigkeitsverhältnis beider Reaktionen 1 : 11 wird.

Überblicken wir die angeführten Beispiele, so sehen wir, daß tatsächlich eine ganze Reihe von Reaktionen bekannt ist, in denen Hinweise darauf vorliegen, daß der geschwindigkeitsbestimmende Schritt der Katalyse die aktivierte Adsorption ist, d. h. die Bildung reaktionsfähiger Zustände des Substrats bei seiner Bindung an die Oberfläche. Mit wenigen Ausnahmen aber konnte *kein* Beweis dafür erbracht werden, daß dieser Bildung nicht eine Adsorption vorausgeht. Mit andern Worten, es bleibt die Frage offen, ob die Geschwindigkeitsbestimmung durch den Übergang inaktiv adsorbierten Substrats in aktiviert adsorbiertes erfolgt, oder durch einen energiereichen Stoß auf die Oberfläche, bei dem unmittelbar aktivierte Adsorption erreicht wird.

Es ist nun kein Zufall, daß diese Frage in keinem der angeführten Fälle eindeutig entschieden werden konnte. Man könnte daran denken, sie durch Untersuchung der isothermen Reaktionskinetik zu klären, also zu prüfen, ob aus der Konzentrationsabhängigkeit der Reaktionsgeschwindigkeit Rückschlüsse zu ziehen sind, ob geschwindigkeitsbestimmend ein Vorgang in der Oberfläche oder ein Stoß auf diese ist. Nun haben aber G.-M. Schwab und E. Pietsch[7] gezeigt, daß die formale Kinetik sowohl bei verdünnter wie bei einer der Sättigung zustrebenden Adsorption eines Ausgangsgases dieselbe ist, gleichgültig, welche der beiden genannten Annahmen gemacht wird. Für zwei Ausgangsgase zeigten sie zwar, daß Unterschiede auftreten, daß aber die beiden entstehenden For-

---

[1] S. Roginsky: Acta physicochim. URSS 1 (1934), 473; C 35 I, 3115.

[2] K. J. Laidler: J. physic. Chem. 57 (1953), 320.

[3] R. J. Mikovsky, M. Boudart, H. S. Taylor: J. Amer. chem. Soc. 76 (1954), 3814.

[4] T. Kwan: J. Res. Inst. Catalysis 1 (1949), 95.

[5] E. Cremer: Dieses Handbuch Bd. VI, S. 1ff. Wien, 1943.

[6] L. Farkas, L. Sandler: J. chem. Physics 8 (1940), 248; C 40 I, 3743.

[7] G.-M. Schwab, E. Pietsch: Z. physik. Chem., Abt. B 1 (1928), 385.

mulierungen experimentell verifiziert sind und man daher mangels anderer Argumente wiederum keine Entscheidung fällen kann. Näheres hierüber S. 197 ff.

Man könnte weiter daran denken, aus der Absolutgeschwindigkeit der Reaktion zu einer Aussage über diese Frage zu gelangen. Näheres hierüber werden wir auf S. 196ff. bringen. Hier sei aber schon das Folgende hinsichtlich unserer Sonderfrage der Geschwindigkeitsbestimmung vorausgeschickt. Die Absolutgeschwindigkeit einer katalytischen wie überhaupt einer chemischen Reaktion kann auf zwei grundsätzlich verschiedenen Wegen abgeschätzt werden: entweder auf Grund einer quantitativ durchgeführten kinetischen Stoßauffassung oder auf Grund der „Transition state"-Theorie (s. S. 194, 198). Was nun zunächst die erstere Methode betrifft, so haben G.-M. SCHWAB und G. DRIKOS[1] dieselbe auf die Frage angewandt, ob die für die katalytische Kohlenoxydverbrennung an Kupferoxyd geschwindigkeitsbestimmende Reduktion des Kupferoxyds durch Kohlenoxyd in einer im Gleichgewicht vorliegenden Adsorptionsschicht oder bei energiereichen Stößen auf die Oberfläche erfolgt. In dem Ausdruck für die Konstante erster Ordnung

$$k' = k_0' \cdot e^{-q_s/RT}$$

ist der Faktor $e^{-q_s/RT}$ unabhängig von der zugrunde liegenden Vorstellung, solange $q_s = q - \lambda$ den Energieunterschied zwischen freien Gasmolekeln und adsorbierten aktivierten Molekeln darstellt. k_0' bedeutet nach der Adsorptionsvorstellung

$$k_0' = k_0 \cdot b_0 ,$$

wo b_0 der temperaturunabhängige Faktor des Adsorptionskoeffizienten b der LANGMUIR-Isotherme ist. Nach weiter unten (s. S. 193, 197) zu gebenden Formeln ist

$$k_0 = \frac{RT_0}{V} \cdot \frac{\nu\delta}{V_m} \cdot F$$

$$\text{und } b_0 = \frac{Vm}{\nu\delta\sqrt{2\pi MRT}}$$

(T_0 die Gastemperatur, T die Katalysatortemperatur, V das Gefäßvolumen, V_m der Raumbedarf des adsorbierten Mols, ν die Schwingungsfrequenz im adsorbierten Zustand, δ die Dicke der Adsorptionsschicht, F die wahre wirksame Oberfläche, M das Molgewicht). Daraus folgt:

$$k_0' = k_0 b_0 = \frac{T_0 . F}{V}\sqrt{\frac{R}{2\pi MT}} .$$

Genau derselbe Ausdruck folgt nun aber auch aus der Stoßvorstellung, wenn man nach der HERTZ-KNUDSENschen Gleichung die bei Aufbrauch aller stoßenden Molekeln und bei Einheitsdruck auftretende Druckänderung anschreibt. SCHWAB und DRIKOS sagen dazu: „Ebensowenig wie die formale Kinetik kann also die Betrachtung der Absolutgeschwindigkeit unterscheiden, ob eine katalytische Reaktion erster Ordnung über ein Adsorptionsgleichgewicht verläuft oder unmittelbar bei energiereichen Stößen. Dies ist kein Zufall. Für die Frage, wie oft eine stoßende Molekel den Durchschnitt der Gasmolekeln um den Betrag $q - \lambda$ übertrifft, ist es in der Tat belanglos, ob die übrigen, energiearmen Molekeln in der Oberfläche einige Zeit hängenbleiben oder sofort reflektiert werden."

Die so gegebene Begründung läßt es nun schon wahrscheinlich werden, daß auch die Methode des transition state kein anderes Ergebnis zeitigen wird. Dies

[1] G.-M. SCHWAB, G. DRIKOS: Z. physik. Chem., Abt. B 52 (1942), 234; C 43 I, 5.

um so mehr, als diese Methode ja Gleichgewicht zwischen dem aktivierten Zustand und dem Ausgangszustand annimmt und es für ein Gleichgewicht ohne Belang sein muß, auf welchem Wege es sich einstellt. Dies zeigen explizite K. J. LAIDLER, S. GLASSTONE und H. EYRING[1]. Sie erhalten für eine monomolekulare Oberflächenreaktion dieselbe Gleichung wie für eine Adsorptionsgeschwindigkeit, und diese wieder ist für bewegliche Adsorption identisch mit der oben gegebenen. Weitere Literatur: S. GLASSTONE, K. J. LAIDLER und H. EYRING[2], K. J. LAIDLER[3].

Man sieht, daß auch die Absolutgeschwindigkeit kein Kriterium für den geschwindigkeitsbestimmenden Vorgang abgibt und daß daher mit den heutigen Mitteln wohl nicht entschieden werden kann, ob ein Reaktionspartner im Vorgleichgewicht adsorbiert ist oder unmittelbar bei bevorzugten Stößen auf die Oberfläche reagiert. Im Zusammenhang mit dem oben zitierten Satz von SCHWAB und DRIKOS darf man dann wohl die Frage aufwerfen, ob eine solche Fragestellung überhaupt naturwissenschaftlich sinnvoll ist, und wird auf ihre Untersuchung vorläufig lieber verzichten. Hier sei auch verwiesen auf G. D. HALSEY[4], s. S. 225.

2. Die Konzentrationsabhängigkeit.

Aus den Überlegungen des vorhergehenden Abschnitts ergibt sich, daß wir die ganze Mannigfaltigkeit der heterogen-katalytischen Kinetik erfassen können, wenn wir, sei es auch formal, überall Adsorptionsgleichgewicht voraussetzen und die Reaktionsgeschwindigkeit für einen Ausgangsstoff proportional der Adsorptionsdichte ansetzen, also:

$$-\frac{d(c_j)}{dt} = k \cdot \sigma_j^n, \qquad (1)$$

wobei n, die Reaktionsordnung im adsorbierten Zustand, bei allen praktisch in Betracht kommenden Fällen wohl 1 sein wird. σ ist der Bruchteil der in Frage kommenden Oberfläche, der von dem j-ten Gase bedeckt ist.

Wenn mehrere Reaktionspartner miteinander in der Grenzfläche reagieren, gehen in k noch die Konzentrationen der anderen Partner ein, und es wird allgemein:

$$-\frac{d(c_j)}{dt} = k \cdot \prod_j \sigma_j. \qquad (2)$$

Die σ_j sind dabei Funktionen der Gaskonzentrationen oder bequemer der Gasdrucke $p_1 \ldots\ldots p_j$. Die Bestimmung dieser Funktionen ist der Inhalt der *Adsorptionsisotherme.* Über diese ist das Nötige im vorliegenden Bande an anderer Stelle gesagt. Wir müssen hier nur nochmals unterstreichen, daß von den dort besprochenen verschiedenen Arten von Adsorption nur eine für die katalytische Reaktionsbeschleunigung von Belang ist: Da die Adsorption eine Erleichterung der thermischen Aktivierung der Molekeln zur Folge haben soll, also einen energetischen Eingriff in die Molekel des Substrats, muß sie einerseits durch chemische

[1] K. J. LAIDLER, S. GLASSTONE, H. EYRING: J. chem. Physics 8 (1940), 659, 667; C 41 I, 2496, 2497.

[2] S. GLASSTONE, K. J. LAIDLER, H. EYRING: The Theory of Rate Processes. New York: McGraw-Hill. 1941.

[3] K. J. LAIDLER: The Absolute Rates of Surface Reactions, in „Catalysis“ I, herausgegeben von P. H. EMMETT, S. 195. New York, 1954.

[4] G. D. HALSEY, JR.: J. chem. Physics 17 (1949), 758; C 50 II, 254.

Kräfte hervorgebracht sein, andererseits auf eine unimolekulare Schicht beschränkt sein. Beide Forderungen erfüllt die Adsorptionsisotherme von LANGMUIR

$$\sigma_j = \frac{b_j \cdot p_j}{1 + b_j\, p_j}\,. \tag{3}$$

Die beiden Grenzfälle dieser Gleichung sind:

$$\lim_{b_j p_j \to 0} \sigma_j = b_j\, p_j \tag{3a}$$

(Verteilungssatz bei schwacher Adsorption oder geringem Druck) und

$$\lim_{b_j p_j \to \infty} \sigma_j = 1 \tag{3b}$$

(Sättigung bei hohen Drucken oder großen Adsorptionskoeffizienten).

Wir wollen hier davon absehen, daß bei Annahme zweidimensionaler Beweglichkeit des Adsorpts der obige Ausdruck (3b) eigentlich für $2\sigma_j$ gilt, weil der halbe Platz in der Oberfläche auch bei Sättigung für die Eigenbewegung der Molekeln frei bleibt (M. VOLMER[1]), und σ als den verifizierten Bruchteil der maximalen Adsorption definieren. Auch von Kräften zwischen den adsorbierten Molekeln (z. B. G. DAMKÖHLER[2]) wollen wir hier absehen. Wie neuerdings von K. J. LAIDLER[3] gezeigt werden konnte, ist dies bei Berechnungen der Absolutgeschwindigkeit nicht nur erlaubt, sondern sogar unumgänglich, wenn man nicht zu falschen Resultaten kommen will. Hier geht nämlich auch bei dicht besetzter Oberfläche die Wechselwirkung zwischen den Molekeln nicht in die Geschwindigkeitsgleichung ein.

Die Konstante b_j, der Adsorptionskoeffizient, ist dabei, wenn man über rohe Näherungen hinausgehen will, natürlich für jedes Adsorptiv und jedes Adsorbens charakteristisch. Wir müssen hier hinzufügen: auch für jede Reaktion, denn für die in die Reaktionskinetik einzusetzende Adsorptionsisotherme interessiert ja nicht die meßbare Gesamtadsorption, sondern nur die Teiladsorption, die an den für die betreffende Reaktion wirksamen Zentren (Teilfläche) auftritt. b_j hat die Dimension eines reziproken Druckes, und zwar ist es, wie man aus (3) leicht ersieht, der Kehrwert desjenigen Druckes, bei dem die Sättigung halb erreicht wird. Da die Adsorption ein dynamisches Gleichgewicht zwischen Adsorptionsgeschwindigkeit und Desorptionsgeschwindigkeit darstellt, von denen die erstere, wie wir S. 190ff. sehen werden, invariant ist, stellt die Abstufung der b_j-Werte zugleich eine solche der Desorptionsgeschwindigkeiten oder, umgekehrt ausgedrückt, der *Verweilzeiten* in der Oberfläche dar, eine Auffassung, von der besonders A. A. BALANDIN und seine Schule[4] Gebrauch machen.

In der Form (3) gilt die Adsorptionsisotherme nur für ein allein anwesendes einzelnes Gas. In Gegenwart anderer, ebenfalls meßbar adsorbierbarer Gase geht sie über in

$$\sigma_j = \frac{b_j \cdot p_j}{1 + \sum_j b_j\, p_j}\,, \tag{4}$$

[1] M. VOLMER: Z. physik. Chem. **115** (1925), 253; Trans. Faraday Soc. **28** (1932), 359.

[2] G. DAMKÖHLER: Z. physik. Chem., Abt. A **169** (1934), 120; C 34 II, 2056.

[3] K. J. LAIDLER: J. physic. Chem. **57** (1953), 318.

[4] A. A. BALANDIN, A. BORK: Wiss. Ber. Moskauer staatl. Univ. **2** (1934), 217; C 35 II, 1528. — A. A. BALANDIN, N. I. SCHUJKIN: Wiss. Ber. Moskauer staatl. Univ. **6** (1936), 281; C 37 II, 1775. — A. A. BALANDIN, I. I. BRUSSOW: Z. physik. Chem., Abt. B **34** (1936), 96. — A. BORK: Acta physicochim. URSS **9** (1938), 697; C 39 II, 2015.

(z. B.[1]) und der allgemeine Ausdruck für die katalytische Reaktionsgeschwindigkeit wird dann:

$$-\frac{d\,(c_j)}{dt} = k \cdot \prod_j \frac{b_j\,p_j}{1 + \sum_j b_j\,p_j}, \tag{5}$$

wobei die Komponenten j, über die Summation und Produktbildung zu erstrecken sind, von Fall zu Fall verschieden sein können.

In dieser allgemeinsten Form ist der Ausdruck kaum einer nutzbringenden Anwendung fähig; ja, er ist nicht einmal ganz allgemein; es sind zahlreiche Fälle bekannt, in denen zu setzen ist:

$$-\frac{d\,(c_j)}{dt} = k \cdot \frac{\prod b_j\,p_j}{1 + \sum_j b_j\,p_j}, \tag{6}$$

in denen also der Nenner, der die *Verdrängung* ausdrückt, sich nur auf eine der adsorbierten und reagierenden Komponenten bezieht, entweder weil die zweite aus dem Gasraum auf die Adsorptionsfläche stößt, oder weil sie in benachbarten Bezirken ohne Verdrängung oder Selbstverdrängung adsorbiert ist und an der Grenzlinie reagiert.

Ehe wir Formulierungen angeben, die den tatsächlichen experimentellen Verhältnissen mehr angepaßt sind, müssen wir noch eine Eigentümlichkeit besprechen: Es zeigt sich ganz allgemein, und das ist überhaupt die Grundlage der Einführung dieser „LANGMUIR-HINSHELWOODschen Kinetik", daß man die Kinetik katalytischer Reaktionen über große Bereiche der Konzentrationen der Teilnehmer mit je einem konstanten b_j für jede Komponente darstellen kann. Man muß sich fragen, wie das mit den bei Adsorption durchgängig beobachteten Tatsachen verträglich ist, daß im Lauf der Adsorption immer unwirksamere Adsorptionsstellen zur Wirksamkeit gelangen. Die Antwort ist wieder, daß es sich hier nicht um die Gesamtadsorption, sondern um die katalytisch wirksame Teiladsorption handelt, und es bleibt nur zu erklären, warum diese eine von der adsorbierten Menge unabhängige Wirksamkeit der Adsorptionsstellen anzeigt. Das kann (s. G.-M. SCHWAB[2]) zwei Ursachen haben: entweder sind wirklich nur bestimmte Atome in bestimmten kristallographischen Lagen (Kanten, Ecken und dergleichen) katalytisch wirksam, die dann natürlich konstante Eigenschaften aufweisen, oder aber es liegt eine kontinuierliche Eigenschaftsverteilung vor, aus der aber aus statistischen Gründen nur ein schmaler Bereich sich erheblich bemerkbar macht. (Näheres hierüber in dem Artikel von F. H. CONSTABLE im vorliegenden Bande des Handbuchs.)

Es ist vielleicht nicht überflüssig, darauf hinzuweisen, daß in der Gültigkeit dieser Kinetik nicht etwa ein Beweis für den Charakter der katalytischen Reaktionen als Oberflächenvorgängen liegt. *Enzymatische Reaktionen* (z. B.[3]) folgen im allgemeinen nach MICHAELIS und MENTEN ganz demselben mathematischen Formalismus, der aber in diesen Fällen unter Zugrundelegung des Massenwirkungsgesetzes abgeleitet wurde:

Ist E die Konzentration des Katalysators oder Enzyms (oder im bisherigen Sinne die Gesamtzahl der aktiven Stellen), S die Konzentration des Substrats (im bisherigen Sinne p_j) und ES die Konzentration der Enzym-Substrat-Verbindung (im bisherigen Sinne die Zahl der besetzten aktiven Stellen), so wird

---

[1] E. C. MARKHAM, A. F. BENTON: J. Amer. chem. Soc. **53** (1931), 497; C 31 I, 2852.

[2] G.-M. SCHWAB: Katalyse usw., S. 193ff. Berlin, 1931.

[3] H. ALBERS, K. HAMANN: Biochem. Z. **269** (1934), 14, 26, 33, 43; C **34** I, 3866f.

die Flächendichte σ im bisherigen Sinne nunmehr zu definieren sein als

$$\sigma = \frac{ES}{E + ES}, \tag{7}$$

wobei die Variablen durch das Massenwirkungsgesetz verknüpft sind:

$$\frac{ES}{E \cdot S} = b. \tag{8}$$

Die Kombination beider Gleichungen liefert:

$$\sigma = \frac{b \cdot S}{1 + b \cdot S}, \tag{9}$$

also identisch dem Ergebnis der LANGMUIRschen Ableitung. Wiederum gilt natürlich, daß die Konstanz von b eine Gleichartigkeit der wirkenden aktiven Stellen bedeutet. Über die Identität beider Ableitungen vergleiche man neben älterer Literatur besonders H. DUNKEN sowie G.-M. SCHWAB[1].

Es sind nun schon an verschiedenen Stellen die Sonderfälle zusammengestellt worden, die sich aus den allgemeinen Ansätzen (5) und (6) im einzelnen ergeben: erstmals von G.-M. SCHWAB[2], dann von G.-M. SCHWAB und E. PIETSCH[3], dann wieder von G.-M. SCHWAB[4] und von F. H. CONSTABLE[5]. Auch in diesem Handbuch findet sich eine solche Zusammenstellung von M. BACCAREDDA[6]. Wir wollen daher hier nur die wichtigsten Einzelformeln hervorheben im Anschluß an G.-M. SCHWAB und E. PIETSCH[3]:

I. Ein Ausgangsgas:
  1. Keine Hemmung:
    a) erste Ordnung: $dx/dt = k'p$
    b) gebrochene Ordnung: $dx/dt = k'p/(1 + bp)$
    c) nullte Ordnung: $dx/dt = k'$
  2. Hemmung durch ein Produkt des Druckes p':
    a) mittelstarke Hemmung bei erster Ordnung: $dx/dt = k'p/(1 + b'p')$
    b) starke Hemmung bei erster Ordnung: $dx/dt = k'p/p'$
    c) starke Hemmung bei gebrochener Ordnung: $dx/dt = k'p/(bp + b'p')$

II. Zwei Ausgangsgase der Drucke p und p': (10)
  1. Keine Hemmung durch Produkte:
    a) bimolekulare Reaktion: $dx/dt = k'pp'$
    b) bimolekulare Reaktion mit mittelstarker Hemmung:
    $dx/dt = k'pp'/(1 + b'p')^2$ (z. B.[7])
    c) bimolekulare Reaktion mit starker Hemmung: $dx/dt = k'p/p'$
  2. Hemmung durch Produkte: Analog wie I/2.

III. Verschiedenes:
    a) Stoßreaktion: $dx/dt = k'pp'/(1 + b'p')$ (z. B.[8])
    b) Stoßreaktion bei starker Adsorption des Partners p': $dx/dt = k'p$
    c) Adsorption an getrennten Bezirken:
    $dx/dt = [k'p/(1 + bp)] \cdot [p'/(1 + b'p')]$ (z. B.[9])

---

1 H. DUNKEN: Z. physik. Chem., Abt. A 187 (1940), 105, 314; C 40 II, 2134; 41 I, 501; G.-M. SCHWAB: Z. physik. Chem., Abt. A 187 (1940), 313.

2 G.-M. SCHWAB: Ergebn. exakt. Naturwiss. 7 (1928), 276.

3 G.-M. SCHWAB, E. PIETSCH: Z. physik. Chem., Abt. B 1 (1928), 385.

4 G.-M. SCHWAB: Katalyse usw., S. 156ff. Berlin, 1931.

5 F. H. CONSTABLE: Trans. Faraday Soc. 28 (1932), 227; C 32 II, 968.

6 M. BACCAREDDA: Dieses Handbuch Bd. VI, S. 255ff. Wien, 1943.

7 D. REICHINSTEIN: Helv. chim. Acta 20 (1937), 644; C 37 II, 2481.

8 G.-M. SCHWAB, F. LOBER: Z. physik. Chem., Abt. A 186 (1940), 321; C 40 II, 3441.

9 CL. HERBO: Bull. Soc. chim. Belgique 50 (1941), 257; C 42 II, 514.

Die angegebene Konstante k' hat dabei die Bedeutung:

Im Falle I:	1a .... kb	Im Falle	II:	1a .... kbb'
	b .... kb			b .... kbb'
	c .... k			c .... kb/b'
	2a .... kb		III:	a .... kbb'
	b .... kb/b'			b .... kb
	c .... kb			c .... kbb'

Es sollen aber an dieser Stelle keine Beispiele dafür gebracht werden, in welchen Fällen diese einzelnen Reaktionstypen verifiziert sind. Solche Angaben sind reichlich an den schon angeführten Stellen zu finden, besonders auch in G.-M. Schwab, H. S. Taylor, R. Spence[1]. Dagegen werden wir umgekehrt im Speziellen Teil B dieses Artikels bei jeder Reaktion, soweit schon bekannt, ihre Kinetik im Sinne der obigen Begriffe angeben und analysieren und hoffen, dadurch das Problem einen Schritt weiter zu führen, da es heute nicht mehr darauf ankommt, die verschiedenen Formulierungen experimentell zu beweisen, sondern vielmehr darauf, für einzelne Reaktionstypen durch ihre Anwendung zu einer tieferen Einsicht in den Mechanismus zu gelangen.

3. Der Adsorptionskoeffizient.

Wie aus den Formeln (10) hervorgeht, kann die katalytische Geschwindigkeitskonstante k nur in einem Sonderfall, der Reaktion nullter Ordnung an einer vollständig mit Substrat gesättigten aktiven Katalysatoroberfläche, unmittelbar gemessen werden. In allen andern Fällen ist die unmittelbar gemessene Geschwindigkeitskonstante k' noch mit Adsorptionkoeffizienten b bzw. b' als Faktoren oder Nennern behaftet und wahre Werte für k können dann nur erhalten werden, wenn außerdem der Absolutwert von b bzw. b' bekannt ist.

Welche Möglichkeiten bestehen nun für die Messung von b? Der unmittelbarste Weg scheint zunächst die Messung der Adsorption des betreffenden Gases zu sein. Dem stehen aber zwei Bedenken gegenüber: Einmal wird es ja, wenn es Ausgangsgas ist, gleichzeitig auch katalytisch verändert und die Adsorptionsmessung dadurch vereitelt. Zweitens aber, auch wo dies nicht der Fall ist, gibt eine solche direkte Adsorptionsmessung nicht die Adsorptionseigenschaften der katalytisch wirksamen Zentren wieder, sondern diejenigen einer viel größeren und mannigfaltigeren Schar von Zentren, die durch die Überlagerung von unendlich vielen Isothermen des Typs (3) hervorgebracht werden (s. hierzu E. Cremer und S. Flügge[2]).

Wenn also das b nur an den aktiven Zentren der betreffenden Katalyse gemessen werden soll, kann nur eine katalytische Methode in Frage kommen. Und, wie die Formeln (10) lehren, bietet sich diese Möglichkeit tatsächlich, falls die Reaktionsgeschwindigkeitsgleichung eine vollständige Adsorptionsisotherme des Typs (3) enthält und nicht nur ihre Grenzfälle (3a) oder (3b), mit andern Worten, wenn „gebrochene Reaktionsordnung“ herrscht: Dann nämlich können aus geeignet geführten und ausgewerteten Messungen die beiden Konstanten k' und b für jede Temperatur entnommen werden. Aus beiden wieder kann dann, sofern nur eine b-Konstante in Betracht kommt, auch der wahre absolute Wert von k berechnet werden.

Wie man sieht, werden Fälle genug übrig bleiben, in denen dieser Weg nicht

---

[1] G.-M. Schwab, H. S. Taylor, R. Spence: Catalysis, S. 222ff. New York, 1937.
[2] E. Cremer, S. Flügge: Z. physik. Chem., Abt. B **41** (1938), 453; C 39 I, 2737.

gangbar ist. Es ist aber auch dann wünschenswert, zu einer Lösung zu gelangen. Denn, wie beispielsweise G.-M. SCHWAB und G. DRIKOS[1] betonen, kann ein angenommener Reaktionsmechanismus in der heterogenen Katalyse ebensosehr wie in der homogenen Reaktionskinetik erst dann als streng bewiesen gelten, wenn nicht nur die formale Kinetik, sondern auch die Absolutgeschwindigkeit mit den Annahmen in Einklang ist. Es entsteht also dann, wenn eine experimentelle Bestimmung nicht möglich ist, die Aufgabe, b aus physikalischen, im Rahmen des angenommenen Mechanismus liegenden Annahmen theoretisch zu berechnen, um k aus k' ermitteln zu können. (Wie wir gleich sehen werden, besteht noch ein zweiter Grund, der eine solche Berechnung wünschenswert erscheinen läßt.)

Das b stellt die Gleichgewichtskonstante des Adsorptionsgleichgewichts dar, wie am deutlichsten aus Gl. (8) ersichtlich ist. Da die Adsorption, gleichgültig, ob aktivierte oder molekulare, zumeist (s. jedoch M. POLANYI[2]) exotherm ist, also Adsorptionswärme im Betrage λ cal/Mol frei macht, muß b nach VAN'T HOFF bzw. BOLTZMANN die Temperaturabhängigkeit aufweisen:

$$b = b_0 \cdot e^{\frac{\lambda}{RT}}. \tag{11}$$

Über λ läßt sich eine theoretische Voraussage[3] kaum machen (s. S. 215f.), wohl aber über b_0. Dies genügt aber vollauf, da gerade in den Fällen, wo b nicht experimentell ermittelt werden kann, λ immer als Summand in der gemessenen scheinbaren Aktivierungswärme enthalten ist und daher der e-Faktor nicht gesondert berücksichtigt zu werden braucht (s. S. 211ff.).

Umgekehrt aber (und das haben wir oben angedeutet) erlaubt eine theoretische Ermittlung von b_0, den Wert der Adsorptionswärme λ wenigstens schätzungsweise zu ermitteln in den Fällen gebrochener Ordnung, wo b aus experimentellen Gründen nur bei einer Temperatur gemessen werden konnte. Hiervon ist schon mehrfach Gebrauch gemacht worden. Zumeist wird dabei die unten zu besprechende statistische Abschätzung von b_0 benutzt. So haben G.-M. SCHWAB und H. ZORN[4] bei der Hydrierung des Äthylens die kinetisch ermittelten b-Werte mit den ebenso ermittelten λ-Werten durch theoretische b_0-Werte verknüpfen können, wofern es sich um echte Oberflächenreaktionen handelte; an bestimmten Kontakten aber, an denen auch andere Anzeichen für geschwindigkeitsbestimmende Diffusion sprachen (s. S. 167ff.), stimmen die aus experimentellen b-Werten und theoretischen b_0-Werten berechneten λ-Werte keineswegs mit den tatsächlichen Verhältnissen (Temperaturunabhängigkeit) überein. — Konnte hier die Absolutberechnung Beiträge zur Natur des Vorgangs liefern, so konnte anderseits E. CREMER[5] für die Parawasserstoffumwandlung an festem Sauerstoff aus den experimentellen b-Werten über ein theoretisches b_0 das λ, die Adsorptionswärme des Orthowasserstoffs, oder genauer die Differenz $\lambda_{\text{ortho}} - \lambda_{\text{para}}$ zu > 90 cal/Mol abschätzen. Sie zeigt, daß dieser hohe Unterschied[6] durch eine Rotationshemmung des adsorbierten Orthowasserstoffs erklärt werden kann. — Ferner haben

[1] G.-M. SCHWAB, G. DRIKOS: Z. physik. Chem., Abt. B 52 (1942), 234; C 43 I, 5.

[2] M. POLANYI: J. Soc. chem. Ind., Chem. and Ind. 54 (1935), T 123; C 35 II, 3353.

[3] Ein Versuch dazu wurde neuerdings von D. D. ELEY [Discuss. Faraday Soc. 8 (1950), 34] unternommen, und zwar unter Verwendung der PAULINGschen Theorie der chemischen Bindung. Doch stimmen die Werte nur teilweise mit den experimentellen überein. Außerdem handelt es sich bei solchen Berechnungen immer um die Adsorptionswärmen an der Gesamtoberfläche, die nicht unbedingt mit den für die Katalyse geltenden Werten identisch zu sein brauchen.

[4] G.-M. SCHWAB, H. ZORN: Z. physik. Chem., Abt. B 32 (1936), 169; C 36 I, 4869.

[5] E. CREMER: Z. physik. Chem., Abt. B 28 (1935), 383; C 35 II, 1824.

[6] E. CREMER: Z. physik. Chem., Abt. B 49 (1941), 245; C 42 I, 977.

G.-M. SCHWAB und F. LOBER[1] bei der Bromwasserstoffbildung aus den Elementen an Kohle aus einem experimentellen b-Wert für die Adsorptionswärme des Broms am Graphitgitter den plausiblen Wert von 20 kcal/Mol berechnet. — G.-M. SCHWAB und G. DRIKOS[2] endlich konnten für die Kohlenoxydoxydation an Kupferoxyd, wo b nicht experimentell zugänglich ist, durch theoretische b_0-Berechnung den Absolutwert der Reaktionsgeschwindigkeit berechnen.

Auf den Absolutwert von b_0 bezieht sich auch eine — allerdings noch nicht quantitativ geprüfte — Theorie der „anomalen Verstärkung" in Mischkatalysatoren. G.-M. SCHWAB und H. SCHULTES[3] haben beim Stickoxydulzerfall gefunden, daß Gemenge von CuO mit Al_2O_3 (und auch mit CdO) eine gegenüber den Komponenten verstärkte Wirksamkeit entfalten, die aber nicht, wie gewöhnlich bei synergetischer Verstärkung, durch eine Herabsetzung der scheinbaren Aktivierungswärme begründet, sondern, im Gegenteil, von einer Erhöhung derselben begleitet ist. G.-M. SCHWAB und R. STAEGER[4] haben diesen Fall einer eingehenden kinetischen Analyse unterzogen, b-Werte gemessen und gefunden, daß der Mischkatalysator eine kleinere Adsorptionswärme, aber ein erheblich größeres b_0 aufweist als die aktive Komponente CuO, daß also die anomale Verstärkung durch die erhöhte „Adsorptionskapazität" erklärt werden *kann*. Dabei ist vermutlich im Sinne des unten noch Auszuführenden die Erhöhung von b_0 gerade durch die losere Bindung und damit größere Freiheit des Adsorpts zu verstehen. Dieselbe Wirkung, wie hier die Einbettung in Al_2O_3, übt nach G.-M. SCHWAB und H. H. NAKAMURA[5] auch diejenige in röntgenamorphes Material des gleichen Stoffes aus. (Über den erhöhten sterischen Faktor der aktivierten Adsorption siehe übrigens auch O. I. LEIPUNSKI[6].)

Die den oben angeführten Anwendungen zugrunde liegenden Berechnungen haben G.-M. SCHWAB und G. DRIKOS[7] mit speziellem Bezug auf katalytische Fragen dargestellt und vermehrt (für die zahlreichen älteren Ansätze in dieser Richtung ist dort auch die Literatur angegeben).

a) Statistische Abschätzung[8].

Nach dem BOLTZMANNschen Prinzip gilt für das Verhältnis der Adsorptionsdichte zur Gasdichte bei verdünnter Adsorption:

$$\frac{N_{\text{ads}}}{N_{\text{gas}}} = \delta\, w \cdot e^{\lambda/RT}, \tag{12}$$

wo δ die Dicke der Adsorptionsschicht (des Adsorptionsraumes), w das Verhältnis der *a-priori*-Wahrscheinlichkeiten ist, das von der Zahl der in beiden Zuständen verfügbaren Freiheitsgrade der Translation, Rotation und Schwingung ab-

[1] G.-M. SCHWAB, F. LOBER: Z. physik. Chem., Abt. A **186** (1940), 321; C 40 II, 3441.
[2] G.-M. SCHWAB, G. DRIKOS: Z. physik. Chem., Abt. B **52** (1942), 234; C 43 I, 5.
[3] G.-M. SCHWAB, H. SCHULTES: Z. physik. Chem., Abt. B **25** (1934), 411; C 34 II, 900.
[4] G.-M. SCHWAB, R. STAEGER: Z. physik. Chem., Abt. B **25** (1934), 418; C 34 II, 900.
[5] G.-M. SCHWAB, H. H. NAKAMURA: Ber. dtsch. chem. Ges. **71** (1938), 1755; C 38 II, 2226.
[6] O. I. LEIPUNSKI: C. R. Acad. Sci. URSS **1935**, T 35; C 35 II, 3490.
[7] G.-M. SCHWAB, G. DRIKOS: Z. physik. Chem., Abt. B **52** (1942), 234; C 43 I, 5.
[8] A. GANGULI: Kolloid-Z. **60** (1932), 180; C 32 II, 2940.

hängt. Es wird in erster Näherung gleich 1 gesetzt. Andererseits gilt im Adsorptionsraum die Definitionsgleichung

$$N_{\text{ads}} = \frac{\sigma\,\delta}{V_m}, \tag{13}$$

wo V_m das Molvolumen im adsorbierten Zustand bedeutet, wofür näherungsweise das Flüssigkeitsvolumen eingesetzt werden kann. Kombination mit Gl. (3a), (11) und der idealen Gasgleichung für N_{gas} liefert dann:

$$b_0 = \frac{V_m}{RT}. \tag{14}$$

b) Kinetische Abschätzung[1].

Zu einem entsprechenden Resultat muß auch die Auffassung von b als dem Quotienten zweier Geschwindigkeitskonstanten, der der Adsorption und der Desorption, führen. Dies führen die Autoren folgendermaßen durch: Die Adsorptionsgeschwindigkeit ergibt sich aus der bekannten HERTZ-KNUDSENschen Stoßformel[2] zu:

$$+\frac{dn}{dt} = P\sqrt{\frac{1}{2\pi MRT}} \tag{15}$$

(s. dazu auch I. LANGMUIR[3]), die Desorptionsgeschwindigkeit, wenn Desorption bei jeder die Adsorptionswärme aufbringenden Normalschwingung der Frequenz ν ($\approx 10^{13}\ \text{sec}^{-1}$) angenommen wird, zu:

$$-\frac{dn}{dt} = \sigma\cdot\frac{\nu\,\delta}{V_m}\cdot e^{-\frac{\lambda}{RT}}. \tag{16}$$

Kombination mit (3a) und (11) führt dann auf:

$$b_0 = \frac{V_m}{\nu\,\delta\sqrt{2\pi MRT}}. \tag{17}$$

SCHWAB und DRIKOS zeigen zunächst, daß die beiden so erhaltenen Ausdrücke (14) und (17) zahlenmäßig gleichwertig sind, indem sie fast übereinstimmend zu b_0-Werten der Größenordnung $10^{-7}\ \text{mm}^{-1}$ führen, in Übereinstimmung mit zahlreichen reaktionskinetischen Messungen. Sie zeigen ferner, daß auch ihre formelmäßige Kombination zu einem nicht unplausiblen Bild der Adsorption führt. Sie betrachten die kinetische Ableitung daher als eine starke Stütze der früher allein üblichen statistischen und ihrer oben angeführten Anwendungen. G. DAMKÖHLER und R. EDSE[4] haben daran Kritik geübt: Sie zeigen, daß beide Ausdrücke Sonderfälle allgemeinerer statistischer Überlegungen sind, die sie selbst früher angestellt haben, und sich nur dadurch unterscheiden, daß nach (14) das Adsorpt drei translatorische und einen rotatorischen, nach (17) aber zwei translatorische, einen rotatorischen und einen Schwingungsfreiheitsgrad hat. Sie bemerken, daß bei noch stärker variierten Annahmen über die Freiheitsgrade b_0 von den angege-

[1] I. LANGMUIR: J. Amer. chem. Soc. **54** (1932), 2798; C 32 II, 2804; Angew. Chem. **46** (1933), 719; C 34 I, 1021.

[2] W. JOST: Kinetische Grundlagen. Dieses Handbuch Bd. I, S. 46, Gl. (21a). Wien, 1941.

[3] I. LANGMUIR: J. Amer. chem. Soc. **54** (1932), 2798; C 32 II, 2804.

[4] G. DAMKÖHLER, R. EDSE: Z. physik. Chem., Abt. B **53** (1943), 117; C 43 I, 2565.

benen Höchstwerten bis auf 10^{-11} mm^{-1} fallen kann. G.-M. Schwab und G. Drikos[1] erwidern darauf, daß gerade die Übereinstimmung ihrer Berechnungen mit den katalytischen Experimenten und ihrer Grundlagen mit dem sonstigen Gebäude der katalytischen Kinetik dafür sprechen, daß die — implizite oder explizite — gemachten Annahmen über die Freiheitsgrade allgemein bei der Katalyse zutreffen. Eine genauere Diskussion als diese dürfte bei dem heutigen Stand der Versuchsdaten nicht möglich sein (vgl. auch G.-M. Schwab[2]).

c) Abschätzung nach der transition state-Methode.

Man kann natürlich die Abschätzung der Adsorptions- und Desorptionsgeschwindigkeit auch nach der transition state-Methode vornehmen. Diese in der neueren Reaktionskinetik beliebte Methode[3] nimmt bekanntlich an, daß die Reaktion über einen Zwischenzustand führt, der mit dem Ausgangszustand in einem durch die Freiheitsgrade beider Zustände bedingten Gleichgewicht steht, und bestimmt die Häufigkeit, mit der dieser Zustand durchschritten wird, aus der durch die Geschwindigkeitsverteilung bestimmten mittleren Geschwindigkeit in der Reaktionsrichtung. K. J. Laidler, S. Glasstone und H. Eyring[4] haben diesen Weg für die Adsorption beschritten. Sie behandeln sowohl die Adsorption als auch die Desorption als Reaktionen, die über einen transition state verlaufen. Wenn die Adsorption ortsfest und mit einer Aktivierungsenergie ε_1 beim absoluten Nullpunkt behaftet angenommen wird (eine Chemisorption sollte prinzipiell immer eine, wenn auch in manchen Fällen nur sehr kleine Aktivierungsenergie haben), so folgt (s. a. M. Temkin[5]):

$$v_1 = c_{\text{gas}}\, c_{\text{fest}} \frac{kT}{h} \frac{f_x}{f_{\text{gas}}\, f_{\text{fest}}} e^{-\frac{\varepsilon_1}{kT}}, \tag{18}$$

wo die c Konzentrationen bedeuten, kT/h den Frequenzfaktor, also die Häufigkeit des Durchlaufens des Zwischenzustandes angibt (k = Boltzmannsche, h = Plancksche Konstante) und die f die statistischen Zustandssummen des Zwischenzustandes x und der Ausgangszustände Gas und fester Körper darstellen. Die Gleichung gilt nicht ganz allgemein, sondern nur für die Adsorption von Atomen (die auch im Gasraum schon als Atome vorliegen) oder von Molekeln als Ganzes. Für dissoziative Adsorption (z. B. Wasserstoff an Metallen) ist sie nur dann noch gültig, wenn der aktivierte Komplex ohne Dissoziation erreicht wird, letztere also erst nach dessen Durchlaufen eintritt (c_{fest} und f_{fest} bedeuten dann sinngemäß die Konzentration bzw. Zustandssumme der Platzpaare). Ist die Dissoziation bei Erreichen des aktivierten Komplexes schon vollzogen, dann

---

[1] G.-M. Schwab, G. Drikos: Z. Elektrochem. angew. physik. Chem. **50** (1944), 97.

[2] G.-M. Schwab: Advances in Catalysis, Vol. II, S. 251. New York, 1950.

[3] Vgl. Dieses Handbuch Bd. I, Wien 1941, Artikel Mark und Simha, S. 224ff., Artikel W. Jost, S. 94ff.; sowie S. Glasstone, K. J. Laidler, H. Eyring: The Theory of Rate Processes. New York: McGraw-Hill. 1941; die Beiträge von K. J. Laidler zu Catalysis I, herausgegeben von P. H. Emmett, S. 75ff. New York, 1954; und K. J. Laidler: J. physic. Chem. **53** (1949), 712.

[4] K. J. Laidler, S. Glasstone, H. Eyring: J. chem. Physics 8 (1940), 659; C 41 I, 2496; J. chem. Physics 8 (1940), 667; C 41 I, 2497. — S. Glasstone, K. J. Laidler, H. Eyring: The Theory of Rate Processes. New York: McGraw-Hill. 1941. — K. J. Laidler: The Absolute Rates of Surface Reactions, in „Catalysis" I, herausgegeben von P. H. Emmett, S. 195. New York, 1954; J. physic. Chem. **53** (1949), 712.

[5] M. Temkin: Acta physicochim. URSS **8** (1938), 141; C 38 II, 2550; J. physic. Chem. URSS **14** (1940), 1241; C 42 I, 838.

ist, wenn z. B. zwei Bruchstücke entstehen, c_{gas} zu ersetzen durch $c_{gas}^{1/2}$ und f_{gas} durch $f_{gas}^{1/2}$. Für die Adsorption eines zweiatomigen Gases an Einzelplätzen ohne Dissoziation ergibt z. B. Einsetzen der üblichen statistischen Werte:

$$v_1 = c_{gas} c_{fest} \frac{\sigma}{\sigma_x} \frac{h^4}{8\pi^2 J (2\pi m k T)^{3/2}} e^{-\frac{\varepsilon_1}{kT}} \tag{19}$$

mit dem Trägheitsmoment J der zu adsorbierenden Molekel und den Symmetriezahlen σ und σ_x für Ausgangsgas und aktivierten Komplex. Der aktivierte Komplex besitzt bei ortsfester Adsorption keine Freiheitsgrade der Translation und Rotation mehr. Seine Zustandssumme wird bei den üblichen Temperaturen im allgemeinen gleich eins gesetzt, abgesehen von der Symmetriezahl. Nur einer seiner Schwingungsfreiheitsgrade, nämlich der in der Reaktionsrichtung gelegene, ist zu einem translatorischen Freiheitsgrad entartet, berücksichtigt im Faktor kT/h in Gl. (18). Auch f_{fest} ist gleich eins zu setzen, da die Oberflächenatome nur beschränkte Schwingungsmöglichkeiten haben. Allgemein sind hier, ebenso wie bei Gleichgewichtsproblemen, nicht die vollständigen, sondern die auf die Volum- bzw. Flächeneinheit bezogenen Zustandssummen zu verwenden. Wichtiger als diese experimentell kaum geprüfte Gleichung ist die für bewegliche Adsorption abgeleitete, bei der die Atome der festen Phase nicht als Reaktionspartner gewertet werden:

$$v_1 = c_{gas} \frac{kT}{h} \frac{h}{(2\pi m k T)^{1/2}} e^{-\frac{\varepsilon_1}{kT}}, \tag{20}$$

die also den Verlust eines translatorischen Freiheitsgrades durch die Adsorption ausdrückt. Für $\varepsilon_1 = 0$ und $c_{gas} = p/kT$ geht sie nämlich vollständig in die HERTZ-KNUDSENsche Gl. (15) über, statistische und kinetische Methode stimmen hier also ganz überein. Dieselbe Gleichung für die Adsorptionsgeschwindigkeit leitet auch M. TEMKIN[1] ab. Sie läßt sich bestätigen für den Zerfall von Phosphin an Glas, die Ammoniaksynthese an Eisenkatalysatoren (P. H. EMMETT, ST. BRUNAUER[2], W. A. ROITER[3]) und die Spaltung von Wasserstoff an Wolfram (J. K. ROBERTS[4]).

Für die Desorptionsgeschwindigkeit wird entsprechend erhalten:

$$v_2 = c_{ads} \frac{kT}{h} \frac{f_x}{f_{ads}} e^{-\frac{\varepsilon_2}{kT}}. \tag{21}$$

Die Gleichung wurde an den LANGMUIRschen Beobachtungen der Verdampfung von adsorbiertem Kohlenoxyd von Platin oder adsorbierten Sauerstoffs von Wolfram[5] bestätigt gefunden.

---

[1] M. TEMKIN: Acta physicochim. URSS 8 (1938), 141; C 38 II, 2550; J. physic. Chem. URSS **14** (1940), 1241; C 42 I, 838.

[2] P. H. EMMETT, ST. BRUNAUER: J. Amer. chem. Soc. **55** (1933), 1738; C 33 I, 3689. — P. H. EMMETT, K. S. LOVE: J. Amer. chem. Soc. **55** (1933), 4043; C 34 I, 6. — P. H. EMMETT, ST. BRUNAUER: J. Amer. chem. Soc. **56** (1934), 35; C 34 I, 1953. — ST. BRUNAUER, K. S. LOVE, R. G. KEENAN: J. Amer. chem. Soc. **64** (1942), 751; C 43 I, 1030.

[3] W. A. ROITER: J. physic. Chem. URSS **14** (1940), 1229; C 42 I, 838.

[4] J. K. ROBERTS, G. BRYCE: Proc. Cambridge philos. Soc. **32** (1936), 653; C 37 I, 2087. — G. BRYCE: Proc. Cambridge philos. Soc. **32** (1936), 648; C 37 I, 2087.

[5] I. LANGMUIR, D. S. VILLARS: J. Amer. chem. Soc. **53** (1931), 486.

Im Gleichgewicht ist nun $v_1 = v_2$, woraus folgt:

$$\frac{c_{\text{ads}}}{c_{\text{fest}}} = c_{\text{gas}} \frac{f_{\text{ads}}}{f_{\text{gas}}\, f_{\text{fest}}}\, e^{-(\varepsilon_1 - \varepsilon_2)/kT} = \sigma = bp \qquad (22)$$

und mit $c_{\text{gas}} = p/kT$:

$$b_0 = \frac{1}{kT} \frac{f_{\text{ads}}}{f_{\text{gas}}\, f_{\text{fest}}}\,. \qquad (23)$$

Der Zwischenzustand hat sich also wieder ganz herausgehoben, wie es auch natürlich ist, wenn Hin- und Rückreaktion zu einem gewöhnlichen Gleichgewicht kombiniert werden. Für das Gleichgewicht der Adsorption unterscheidet sich also die transition state-Methode in nichts von der gewöhnlichen statistischen Berechnung; wenn man für die Zustandssummen f_{ads}, f_{gas}, f_{fest} die Ausdrücke einsetzt, die den entsprechenden Annahmen über die Freiheitsgrade entsprechen, wird man auf dieselben Ausdrücke kommen, die schon G. DAMKÖHLER (s. o.) allgemein und G. M. SCHWAB und G. DRIKOS[1] sowie M. TEMKIN[2] speziell für katalytische Reaktionen abgeleitet haben. Die transition state-Methode bietet also hier nichts Neues.

ST. BRUNAUER, K. S. LOVE und R. G. KEENAN[3] haben die gegebenen Formulierungen für Adsorptionsgeschwindigkeit, Desorptionsgeschwindigkeit und Adsorptionsgleichgewicht noch erweitert für den Fall, daß λ nicht eine Konstante ist, sondern zwischen zwei Grenzen variiert, sei es wegen der Ungleichwertigkeit der Adsorptionszentren, sei es wegen intermolekularer Kräfte im Adsorbat. In geeigneten Bereichen gehen die erhaltenen Formulierungen wieder in die für konstantes λ gebräuchlichen über. Ganz entsprechende Überlegungen hat auch G. E. KIMBALL[4] angestellt und an Beispielen illustriert.

4. Die Geschwindigkeitskonstante.

Wie wir oben (S. 185) angedeutet haben, ist es eine an Wichtigkeit zunehmende Aufgabe der Reaktionskinetik, auch für die wahre Geschwindigkeitskonstante k theoretische Ansätze zu finden und mit dem Experiment zu vergleichen, um so die Natur des chemischen Vorganges zu klären. Wir wollen auch hier zunächst, wie wir das beim Adsorptionskoeffizienten getan haben (S. 191), die Temperaturabhängigkeit absondern. Nach der ARRHENIUSschen Gleichung gilt:

$$k = k_0 \cdot e^{\frac{-q}{RT}},$$

wo q die wahre Aktivierungsenergie, d. h. die für adsorbierte Molekeln erforderliche thermische Zusatzenergie, bedeutet.

Bei Reaktionen nullter Ordnung ist k und damit sein Temperaturkoeffizient und so q direkt meßbar; bei Reaktionen erster Ordnung ist nach S. 212ff. nur der scheinbare Wert $q_s = q - \lambda$ meßbar. Der temperaturunabhängige Faktor bedeutet im ersten Falle k_0, im zweiten $k_0 b_0$ (S. 189f.). Nach Elimination des b_0 auf theoretischem Wege ist also auch hier k_0 im absoluten Maß zu bestimmen, um die Reaktionsgeschwindigkeit zu erhalten.

---

[1] G.-M. SCHWAB, G. DRIKOS: Z. physik. Chem., Abt. B **52** (1942), 234; C 43 I, 5.

[2] M. TEMKIN: Acta physicochim. URSS **8** (1938), 141; C 38 II, 2550; J. physic. Chem. URSS **14** (1940), 1241; C 42 I, 838.

[3] ST. BRUNAUER, K. S. LOVE, R. G. KEENAN: J. Amer. chem. Soc. **64** (1942), 751; C 34 I, 1030.

[4] G. E. KIMBALL: J. chem. Physics **6** (1938), 447; C 38 II, 2692.

a) Kinetische Abschätzung.

Wieder stehen zwei grundsätzlich verschiedene Wege zur Verfügung: die Abschätzung aus reaktionskinetischen Stoß- bzw. Schwingungsansätzen und die Abschätzung aus der transition state-Theorie. Für erstere schließen wir uns im folgenden wieder der Darstellung von G.-M. SCHWAB[1] und G.-M. SCHWAB und G. DRIKOS[2] an. Wir nehmen also an, daß Abreaktion adsorbierter Molekeln immer dann eintritt, wenn die Schwingung, die die Bindung im Adsorptionskomplex lösen soll, eine bestimmte kritische Schwingungsenergie, eben die wahre Aktivierungsenergie q, überschreitet. Die relative Häufigkeit der Abreaktion der Adsorptionsschicht wird dann:

$$\varkappa = -\frac{1}{\sigma}\frac{d\sigma}{dt} = \nu \cdot e^{-q/RT}, \tag{24}$$

wo ν die Frequenz der betreffenden Schwingung von der Größenordnung $10^{13}\,\text{sec}^{-1}$ ist. Das bedeutet:

$$\varkappa_0 = \nu\,. \tag{25}$$

Wir haben hier die Geschwindigkeitskonstante mit $\varkappa$ und nicht mit k bezeichnet, weil die gemessene Reaktionsgeschwindigkeit gewöhnlich als Druckänderung im Reaktionsgefäß $-\frac{dp}{dt}$ und nicht als Änderung der Adsorptionsdichte $-\frac{d\sigma}{dt}$ ausgedrückt wird. Beide Geschwindigkeiten sind miteinander verknüpft durch die Beziehung

$$-\frac{dp}{dt} = -\frac{d\sigma}{dt} \cdot \frac{F\,\delta}{V_m} \cdot \frac{R\,T_0}{V}\,, \tag{26}$$

wo F die wirksame Katalysatoroberfläche, δ die Dicke des Adsorptionsraums von der Größenordnung 10^{-8} cm, V_m das Molvolumen im adsorbierten Zustand (von der Größenordnung des Flüssigkeitsvolumens), T_0 die mittlere Gastemperatur des ganzen Reaktionsgefäßes und V dessen Volumen ist. Es ergibt sich also:

$$k_0 = \frac{F\,\delta\,\nu}{V_m} \cdot \frac{R\,T_0}{V}\,. \tag{27}$$

Diese Konstante verbindet Druckänderung und Adsorptionsdichte. Die Reaktionsordnung kommt nur in σ der Gl. (24) zum Ausdruck, dessen Dimension im Hinblick auf p auch die Dimension der Geschwindigkeitskonstante richtigstellt ($[\text{sec}^{-1}]$ bei nullter, $[p^{-1}\text{sec}^{-1}]$ bei erster Ordnung). Wir haben oben (S. 184f.) schon auseinandergesetzt, daß diese Gl. (27), kombiniert mit dem berechneten Ausdruck für b_0, im Falle erster Ordnung (oder auch gebrochener Ordnung) zu demselben Ergebnis für k_0' führt, wie auch die Vorstellung geschwindigkeitsbestimmender Stöße, also Umwertung von (15) in Druckgrößen, nämlich:

$$k_0' = \frac{T_0}{V} F \sqrt{\frac{R}{2\pi M T}}\,. \tag{28}$$

Die Grundlage dieser Abschätzung ist die Gl. (24) bzw. (25), die aus der Theorie der homogenen Reaktionen unter dem Namen DUSHMANsche Gleichung bekannt und heute allgemein anerkannt ist. Für heterogene Reaktionen wird sie auch von A. CH. BORK[3] sowie R. S. BRADLEY[4] in der Form benutzt, daß $\tau = \frac{1}{\nu}$ als

---

[1] G.-M. SCHWAB: Advances in Catalysis, Vol. II, S. 251. New York, 1950.
[2] G.-M. SCHWAB, G. DRIKOS: Z. physik. Chem., Abt. B 52 (1942), 234; C 43 I, 5.
[3] A. CH. BORK: Acta physicochim. URSS 12 (1940), 899; C 42 I, 3184.
[4] R. S. BRADLEY: Philos. Mag. (7) 12 (1931), 290; C 31 II, 2108.

reaktionslose Verweilzeit in der Oberfläche betrachtet wird. Der letztgenannte Autor berechnet auf dieser Grundlage auch Reaktionen an der Phasengrenze fest/fest, findet aber 10^4mal zu hohe Erwartungswerte, wohl wegen Keimwirkungen. I. E. Lennard-Jones[1] begründet diesen Ansatz auch theoretisch, indem er Energieaustausch zwischen den Leitungselektronen des Katalysatormetalls und dem Oszillator der anzuregenden Bindung annimmt, wobei für die Zeit zwischen zwei Anregungen Gl. (24) mit $\nu \simeq 10^{12}\ \mathrm{sec}^{-1}$ resultiert. B. Topley[2] und R. E. Burk[3] haben auf dieser Grundlage die Ammoniakspaltung an Wolfram und Molybdän, die Spaltung von Jodwasserstoff an Platin und von Distickstoffmonoxyd an Gold sowie die Entgiftung CO-vergifteten Platins (Langmuir) quantitativ richtig darstellen können, G.-M. Schwab und G. Drikos (l. c.) ebenso die CO-Verbrennung an CuO. Von G.-M. Schwab und H. Noller[4] wurde sie auf die Spaltung von Äthylchlorid an Metall-, Oxyd- und Salzkatalysatoren angewandt.

Die theoretischen Ansätze und ebenso auch die Versuche, auf die sie angewandt wurden, beziehen sich bei dieser Methode stets auf monomolekulare Reaktionen der adsorbierten Molekeln, bei denen die Häufigkeitszahl durch eine Schwingung bedingt wird. Quantitative Ansätze für bimolekulare Reaktionen liegen bisher nicht vor, weder für homogen-bimolekulare Reaktionen in zweidimensionalen Gasen, noch für Stoßreaktionen an Phasengrenzen, sei es Einfachstoß auf besetzte, sei es Doppelstoß auf freie Grenzlinien. Der einleuchtende Grund ist, daß es vom Standpunkt der kinetischen Theorie schwer ist, für die „Stoßzahlen" zu einwandfreien Vorstellungen zu gelangen. Wahrscheinlich ist ja die zweidimensionale Beweglichkeit keine vollständige, sondern die Oberflächendiffusion besteht in einem Springen von einer Potentialmulde zur andern; über die Tiefe dieser Mulden ist relativ wenig bekanntgeworden. Nach E. Wicke[5] kann die zu überwindende Energieschwelle nahe an die Adsorptionswärme herankommen. D. W. van Krevelen[6] gibt einen aus experimentellen Daten ermittelten Wert von 50 bis 80 % derselben an.

b) Abschätzung nach der transition state-Methode.

Von dieser Einschränkung frei ist, wenigstens auf den ersten Blick, die transition state-Methode, die hier mehr als bei der Berechnung der Adsorption ihr eigentliches Betätigungsfeld für die heterogene Katalyse findet. Wir schließen uns wieder der Darstellung von K. J. Laidler, S. Glasstone und H. Eyring[7] an, deren Ansätze über die Adsorption und Adsorptionsgeschwindigkeit wir oben (S. 194ff.) schon wiedergegeben haben. Die dort gegebene Formulierung (20) für den Übergang aus dem freien Gaszustand in den aktiviert adsorbierten Zustand ist zugleich der Ausdruck für die heterogene Reaktion erster Ordnung, da ja, wie dort auseinandergesetzt, zwischen beiden Vorgängen im Sinne der

---

[1] I. E. Lennard-Jones, E. T. Goodwyn: Proc. Roy. Soc. (London) **163** (1937), 101. — I. E. Lennard-Jones: ebenda 127; C 39 II, 44.

[2] B. Topley: Nature **128** (1931), 115.

[3] R. E. Burk: J. Amer. chem. Soc. **56** (1934), 1279; C 34 II, 1573.

[4] G.-M. Schwab, H. Noller: Z. Elektrochem. angew. physik. Chem. 58 (1954), 763.

[5] E. Wicke: Angew. Chem., Ausg. B **19** (1947), 57, 94.

[6] D. W. van Krevelen: Chem. Weekbl. **47** (1951), 427.

[7] K. J. Laidler, S. Glasstone, H. Eyring: J. chem. Physics 8 (1940), 659, 667; C 41 I, 2496; C 41 I, 2497. — S. Glasstone, K. J. Laidler, H. Eyring: The Theory of Rate Processes. New York: McGraw-Hill, 1941. — K. J. Laidler: The Absolute Rates of Surface Reactions, in „Catalysis" I, herausgegeben von P. H. Emmett, S. 195. New York, 1954; J. physic. Chem. **53** (1949), 712.

Theorie kein Unterschied besteht. Die experimentellen Bestätigungen siehe demgemäß a. a. O. sowie G. E. KIMBALL[1], M. TEMKIN[2]. Siehe ferner A. GANGULI[3].

Bei nullter Ordnung, d. h. vorgelagerter Adsorptionssättigung, folgt:

$$v = c_{\text{ads}} \frac{kT}{h} e^{-\frac{\varepsilon}{kT}}, \tag{29}$$

eine Gleichung, die in unsere kinetische Gl. (24) übergeht, wofern $kT/h \approx 10^{13}$ ist, also in Temperaturbereichen um 10^2 Grad, wie sie den gewöhnlichen experimentellen Verhältnissen entsprechen. An dieser Stelle ist der innere Zusammenhang zwischen der kinetischen und der transitionären Methode gut zu erkennen: In jener bedeutet $1/\nu$ die Zeit, in der die harmonische Schwingung der Atome einen Hin- und Hergang ausführt; in dieser wird die Schwingung des aktivierten Zustandes in der Reaktionsrichtung, weil sie keine Rückkehr kennt, in eine Translation übersetzt, und h/kT ist dann die Zeit, in der diese einen kritischen Abstand in der Größenordnung der Atomabstände zurücklegt, also die Zeit eines wesentlich gleichen Vorgangs.

Gl. (29) [und mit ihr (24)] geben die Geschwindigkeit der Spaltung von Ammoniak an Wolfram und Molybdän und von Ameisensäureisopropylester an Glas gut wieder, weniger gut die von Jodwasserstoff an Gold, wo vielleicht nur ein Teil der Oberfläche wirksam ist.

Für *bimolekulare Reaktionen* bei verdünnter Adsorption an benachbarten Stellen folgt allgemein:

$$v = c_{\text{gas}}\, c'_{\text{gas}}\, c_{\text{fest}_2} \frac{kT}{h} \frac{f_x}{f_{\text{gas}}\, f'_{\text{gas}}\, f_{\text{fest}_2}} e^{-\frac{\varepsilon}{RT}}, \tag{30}$$

wo die gestrichenen Größen sich auf die zweite Reaktionskomponente beziehen. c_{fest_2} und f_{fest_2} bedeuten Konzentration und Zustandssumme der freien Platzpaare. Erstere ergibt sich aus der Gesamtzahl der Einzelplätze zu $0{,}5\, s\, c_{\text{fest}}$, wobei s die Koordinationszahl der Plätze bedeutet. Dies gilt jedoch nur bei freier Oberfläche, bzw. angenähert bei verdünnter Adsorption. Ist die Oberfläche schon zu einem größeren Teil besetzt, dann muß stehen $s\, c^2_{\text{fest}}/2L$ mit L als der Gesamtzahl der (freien und besetzten) Plätze. Daß dieser Ansatz mit der kinetischen Stoßformel für bimolekulare Reaktionen, wenigstens im Gasraum, übereinstimmt, haben H. MARK und R. SIMHA[4] gezeigt. Experimentell wird er für die Oxydation von NO an Glasoberflächen durch M. TEMKIN und V. PYZHEV[5] bestätigt, die bei 85^0 $9{,}4 \cdot 10^{-27}$ für den temperaturunabhängigen Faktor k_0 messen, während $14{,}8 \cdot 10^{-27}$ nach (30) berechnet wird. Der Übergang zu nicht verdünnter Adsorption, also zu gegenseitiger Verdrängung der Reaktanten oder auch der Produkte aus der Oberfläche erfolgt natürlich in klassischer Weise und mit denselben Konsequenzen, die wir durch Gl. (10) ausgedrückt haben. Eine Absolutberechnung für solche Reaktionen ist z. B. für die LANGMUIRsche Reaktion $CO + O_2$ an Platin durchgeführt worden, wo $k_0 = 4{,}3 \cdot 10^{15}$ statt $0{,}7 \cdot 10^{15}$ erhalten wird. Für bimolekulare Reaktionen zwischen gleichen Molekeln folgt aus den gemachten Voraussetzungen erste Ordnung bei ver-

---

[1] G. E. KIMBALL: J. chem. Physics **6** (1938), 447; C 38 II, 2692.
[2] M. TEMKIN: Acta physicochim. URSS **8** (1938), 141; C 38 II, 2550.
[3] A. GANGULI: Philos. Mag. (7) **12** (1931), 583; C 31 II, 3569.
[4] H. MARK, R. SIMHA: Dieses Handbuch Bd. I, S. 229. Wien, 1941.
[5] M. TEMKIN, V. PYZHEV: Acta physicochim. URSS **3** (1935), 473; C 41 II, 2647.

dünnter, nullte bei gesättigter Adsorption. (S. a. St. Brunauer, K. S. Love, R. G. Keenan, P. H. Emmett[1] für den Ammoniakzerfall.)

c) Weitere Beispiele.

In der Berichtsperiode ist in steigendem Maße von den oben umrissenen Möglichkeiten theoretischer Berechnung katalytischer Reaktionsgeschwindigkeiten Gebrauch gemacht worden. Außer den bisher schon angeführten Anwendungen sollen im folgenden noch einige mitgeteilt werden. J. K. Dixon und J. E. Vance[2] haben die Geschwindigkeit der Reaktion:

$$N_2O + H_2 \longrightarrow N_2 + H_2O$$

an blanken Platinoberflächen zwischen 260 und 471° berechnet unter der Annahme, daß N_2O reagiert bei erfolgreichen Stößen auf eine teilweise von Wasserstoff, teilweise von hemmendem H_2O bedeckte Teilfläche. Innerhalb der Unsicherheit, die durch Orientierungseffekte, durch Teilnahme auch unbedeckter Oberflächenteile und durch Wirksamkeit mehrerer Freiheitsgrade (s. S. 192f.) entsteht, finden sie Übereinstimmung mit dem Experiment. — A. F. Benton und R. T. Bell[3] finden die Oxydation von CO an Silber-Oberflächen zwischen 80 und 140° 30mal langsamer, als die Absolutberechnung ergibt. — R. E. Burk[4] berechnet die Zersetzungsgeschwindigkeit des Ammoniaks an Wolfram, die nach nullter Ordnung verläuft (s. S. 358), auf Grund von Gl. (25) bzw. (28) und findet Übereinstimmung unter der Annahme, daß die Reaktion an den Rhombendodekaederflächen des Metalls stattfindet und die Schwingungen der Wolframatome die Anregung bewirken. H. R. Hailes[5] behandelt dieselbe Reaktion auf Grund der älteren Theorie von M. Polanyi und E. Wigner[6], die im wesentlichen wiederum auf (25) führt. F. J. Wilkins und S. H. Bastow[7] berechnen die Knallgasreaktion an Kupfer auf Grund der Annahme einer Zwischenverbindung, die geschwindigkeitsbestimmend abreagiert, und finden, daß die so berechnete Geschwindigkeit überschritten wird, woraus sie auf Mitbeteiligung einer Adsorptionsaktivierung bei tieferen Temperaturen (142°) schließen. D. D. Eley und E. K. Rideal[8] benutzen die Absolutgeschwindigkeit, um etwas über den Mechanismus der Parawasserstoff-Umwandlung an Wolfram bei $-78 \div -158°$ zu erfahren; das Ergebnis der transition state-Theorie stimmt besser mit einer Reaktion zwischen physikalisch adsorbierten Wasserstoffmolekeln und chemisorbierten Wasserstoffatomen überein als mit der Annahme einer Rekombination freier Atome in der Oberfläche. K. J. Laidler[9] vertritt jedoch im Gegensatz dazu die Auffassung, daß gerade die Absolutberechnung mehr für den letzteren Mechanismus spricht, weil die sich für den ersteren nach der Absolutberechnung ergebende Aktivierungsenergie zu klein ist. Allerdings muß man dabei beachten, daß die Wechselwirkung zwischen den adsorbierten Teilchen bei dicht besetzter Oberfläche in zweifacher, sich gegenseitig

---

[1] St. Brunauer, K. S. Love, R. G. Keenan: J. Amer. chem. Soc. **64** (1942), 751; C 43 I, 1030. — K. S. Love, P. H. Emmett: J. Amer. chem. Soc. **63** (1941), 3297; C 42 II, 496.

[2] J. K. Dixon, J. E. Vance: J. Amer. chem. Soc. **57** (1935), 818; C 35 II, 1503.

[3] A. F. Benton, R. T. Bell: J. Amer. chem. Soc. **56** (1934), 501; C 34 I, 3704.

[4] R. E. Burk: J. Amer. chem. Soc. **56** (1934), 1279; C 34 II, 1573.

[5] H. R. Hailes: Trans. Faraday Soc. **27** (1931), 601; C 31 II, 2962.

[6] M. Polanyi, E. Wigner: Z. physik. Chem., Abt. A **139** (1928), 439.

[7] F. J. Wilkins, S. H. Bastow: J. chem. Soc. **1931**, 1525; C 31 II, 1814.

[8] D. D. Eley, E. K. Rideal: Proc. Roy. Soc. (London), Ser. A **178** (1941), 429; C 42 I, 1215.

[9] K. J. Laidler: J. physic. Chem. **57** (1953), 320.

aufhebender Art und Weise in die Gleichung für die Absolutberechnung eingeht[1] und darum zu vernachlässigen ist. Daß dies nicht beachtet wurde, ist nach K. J. LAIDLER der Grund dafür, daß die Absolutberechnung von A. COUPER und D. D. ELEY[2] einen um den Faktor 10^6 zu kleinen Wert liefern mußte. Dasselbe gilt für die Berechnungen von B. M. W. TRAPNELL[3].

K. J. LAIDLER konnte noch eine Reihe weiterer Absolutberechnungen mit Erfolg durchführen. Erwähnt seien: Die Rekombination von Wasserstoffatomen an Oberflächen und die Berechnung des Rekombinationskoeffizienten (K. E. SHULER und K. J. LAIDLER[4]) sowie das Gegenstück dazu, die Erzeugung von Wasserstoffatomen an heißen Wolframoberflächen[5] und die Austauschreaktion zwischen Methan und Deuterium (M. C. MARKHAM, M. C. WALL und K. J. LAIDLER[6]).

Weniger gut gelingt die Absolutberechnung beim Äthylen-Deuterium-Austausch (M. C. MARKHAM, M. C. WALL und K. J. LAIDLER[7]). Immerhin kann wahrscheinlich gemacht werden, daß die Geschwindigkeit proportional der Wurzel des Deuteriumdruckes ist und nicht, wie G. H. TWIGG und E. K. RIDEAL[8] annehmen, proportional dem Druck selbst. Auch für die Äthylenhydrierung liegen theoretische Ansätze vor, die aber noch weiterer experimenteller Nachprüfung bedürfen[9].

d) Allgemeines.

Die Hauptschwierigkeit bei allen diesen Vergleichen der Theorie mit der Erfahrung bedeutet der Faktor F, die Oberflächengröße, die z. B. in (27) oder (28) auftritt. Von dieser Schwierigkeit ist auch die transition state-Methode nicht frei, da in (29) c_{ads} und in (30) c_{fest} diesen Faktor enthalten müssen. Deshalb sind bisher alle quantitativen Rückprüfungen an geformten Katalysatoren durchgeführt worden, also Drähten oder Bändern, wo wenigstens die geometrische Oberfläche angebbar ist. Der Übergang von ihr zur wahren wirksamen Oberfläche des Katalysators ist dann mit zwei Unsicherheiten behaftet: Einmal der übermikroskopischen Aufrauhung der Oberfläche, die aber nach O. ERBACHER[10] nicht über eine, höchstens zwei Zehnerpotenzen geht. Zum andern und in der entgegengesetzten Richtung kommt wieder das Auftreten aktiver Zentren in Frage, die (nach Vergiftungsversuchen) unter Umständen nur 0,1 % der geometrischen Oberfläche ausmachen. (Vgl. hierzu N. I. KOBOSEWS[11] Theorie der aktiven Zentren als „Atomgesamtheiten“, die als einheitliche Gebiete wirken sollen.)

Diese beiden Unsicherheiten geben die Grenzen an, zwischen denen eine berechnete Reaktionsgeschwindigkeit liegen muß, und die immerhin noch nach wenigen

---

1 K. J. LAIDLER: J. physic. Chem. **57** (1953), 318.

2 A. COUPER, D. D. ELEY: Proc. Roy. Soc. (London), Ser. A **211** (1952), 536.

3 B. M. W. TRAPNELL: Proc. Roy. Soc. (London), Ser. A **206** (1951), 39.

4 K. E. SHULER, K. J. LAIDLER: J. chem. Physics **17** (1949), 1212. — K. J. LAIDLER: J. physic. Chem. **53** (1949), 712.

5 K. J. LAIDLER: J. physic. Chem. **55** (1951), 1067.

6 M. C. MARKHAM, M. C. WALL, K. J. LAIDLER: J. physic. Chem. **57** (1953), 321.

7 M. C. MARKHAM, M. C. WALL, K. J. LAIDLER: J. chem. Physics **21** (1953), 949.

8 G. H. TWIGG, E. K. RIDEAL: Proc. Roy. Soc. (London), Ser. A **171** (1939), 55; C 40 II, 468. — G. H. TWIGG: Discuss. Faraday Soc. **8** (1950), 152. — G. K. T. CONN, G. H. TWIGG: Proc. Roy. Soc. (London), Ser. A **171** (1939), 70.

9 K. J. LAIDLER: „Catalysis“ I, herausgegeben von P. H. EMMETT, S. 219. New York, 1954. — H. EYRING, C. B. COLBURN, B. J. ZWOLINSKI: Discuss. Faraday Soc. **8** (1950), 39; C 51 I, 2406.

10 O. ERBACHER: Z. physik. Chem., Abt. A **163** (1933), 231.

11 N. I. KOBOSEW: Acta physicochim. URSS **9** (1938), 805; C 39 I, 4280. — N. I. KOBOSEW, L. L. KLACHKO-GURVICH: Acta physicochim. URSS **10** (1939), 1; C 39 II, 3528. — N. I. KOBOSEW: J. physic. Chem. URSS **14** (1940), 663; C 41 II, 575.

Zehnerpotenzen zählen. Die oben angegebenenen Beispiele sind daher sicherlich günstiger dargestellt, als sie in Wirklichkeit liegen können. Immerhin sind in Einzelfällen die Grenzen doch eng genug, um angeben zu können, ob die theoretischen Vorstellungen jeweils den Tatsachen entsprechen. Wo die Grenzen überschritten werden, darf die beobachtete Reaktionsgeschwindigkeit keinesfalls zu klein sein; wird sie zu groß, so darf geschlossen werden, daß mehr Freiheitsgrade an der Aktivierung beteiligt sind, als die zwei in der ARRHENIUSschen Gleichung berücksichtigten, daß also Gleichungen wie die von W. JOST[1] angegebenen statt dieser zu verwenden sind. In Einzelfällen konnten auf diesem Wege erstmals G.-M. SCHWAB und E. PIETSCH[2], später G.-M. SCHWAB und G. DRIKOS[3] sowie auch G.-M. SCHWAB und H. NOLLER[4] zu konkreten Aussagen gelangen.

Wir können jetzt auch genauer, als dies früher möglich war, die Frage nach dem Grund der katalytischen Reaktionsbeschleunigung beantworten. Es wurde schon früher[5] betont, daß die bloße Verdichtung in der Grenzfläche und damit Erhöhung der Stoßzahl (Häufigkeitszahl) nicht ausreicht, um die beobachtbaren großen Beschleunigungen zu erklären, daß vielmehr eine deutliche *Herabsetzung der Aktivierungsenergie* vorausgesetzt werden muß. In der Tat wird eine solche praktisch immer beobachtet. K. J. LAIDLER, S. GLASSTONE und H. EYRING[6] berechnen nun nach Kenntnis theoretischer Häufigkeitszahlen, wie groß diese Herabsetzung mindestens sein muß. Die Ansätze der transition state-Theorie (von denen wir heute wissen, daß sie mit denen der kinetischen Theorie größenordnungsmäßig übereinstimmen) ergeben:

$$\frac{v_{\text{het}}}{v_{\text{hom}}} = 10^{-12} \cdot e^{\Delta q/RT}$$

für das Verhältnis der heterogenen katalysierten zur spontanen homogenen Reaktion, wenn man gangbare Voraussetzungen über c_{fest} einführt. Eine Beschleunigung durch die Grenzfläche tritt daher erst ein, wenn

$$\Delta q \geqq 12 \cdot 4{,}57 \cdot T$$

ist, also bei Zimmertemperatur für $\Delta q \geqq 17$ kcal/Mol, bei 500° C $\Delta q \geqq$ 44 kcal/Mol. Das sind Werte, die den tatsächlichen Verhältnissen entsprechen.

5. Die „Theta-Beziehung“.

Alle bisher dargestellten Betrachtungen der Absolutgeschwindigkeit oder genauer des temperaturunabhängigen Faktors der Geschwindigkeitskonstante, der Häufigkeitszahl, nehmen keine Rücksicht auf eine Erscheinung allgemeinerer Bedeutung. Alle gemachten Ansätze bestimmen ja die Häufigkeitszahl ganz unabhängig von dem Wert der bei derselben Reaktion auftretenden Aktivierungsenergie. In Wirklichkeit hat sich aber in letzter Zeit mit ziemlicher Allgemeinheit herausgestellt, daß diese Unabhängigkeit nicht besteht, daß vielmehr die Häufigkeits-

---

[1] W. JOST: Dieses Handbuch Bd. I, S. 85, Gl. (54). Wien, 1941.
[2] G.-M. SCHWAB, E. PIETSCH: Z. physik. Chem. **121** (1926), 189.
[3] G.-M. SCHWAB, G. DRIKOS: Z. physik. Chem., Abt. B **52** (1942), 234: C 43 I, 5.
[4] G. M. SCHWAB, H. NOLLER: Z. Elektrochem. angew. physik. Chem. 58 (1954), 763.
[5] G.-M. SCHWAB: Katalyse usw., S. 168. Berlin, 1931.
[6] K. J. LAIDLER, S. GLASSTONE, H. EYRING: J. chem. Physics 8 (1940), 667; C 41 I, 2497.

zahl ihrerseits eine Funktion der Aktivierungsenergie darstellt[1]. Diese Beziehung ist von der Form, daß in der ARRHENIUSschen Gleichung

$$k = k_0 \cdot e^{\frac{-q}{RT}}$$

das k_0 gegeben ist durch

$$k_0 = a \cdot e^{\frac{q}{h}} \tag{31}$$

(h eine Konstante), wenn man „verwandte" Reaktionen mit verschiedenen q-Werten vergleicht. „Verwandt" heißen dabei Reaktionen konstitutionell ähnlicher Substrate an einem und demselben Katalysator oder Abläufe ein und derselben Reaktion an chemisch ähnlichen Katalysatoren. Es folgt dann:

$$k = a \cdot e^{\frac{q}{h}} \cdot e^{\frac{-q}{RT}}. \tag{32}$$

Das Wesentliche an dieser Beziehung ist, daß eine Herabsetzung der Aktivierungsenergie durch Verbesserung des Katalysators ihre Grenzen hat, daß also, wie oft gesagt wurde, „die katalytischen Bäume nicht in den Himmel wachsen", denn einer erreichten Vergrößerung der zweiten Exponentialfunktion steht eine Verkleinerung der ersten, d. h. nach (31) der Häufigkeitszahl, gegenüber. Versuchsmaterial, auf das sich diese Beziehung stützt, ist zusammengestellt in G.-M. SCHWAB, H. S. TAYLOR und R. SPENCE[2], wo auch eine erste theoretische Diskussion zu finden ist. H. H. STORCH[3] hat sie an weiterem Versuchsmaterial verschiedener Herkunft geprüft und bestätigt gefunden.

Eine interessante Spezialisierung hat diese Beziehung dadurch erfahren, daß die Konstante h, die die Empfindlichkeit des k_0 gegen q-Schwankungen mißt und die Dimension einer Energie hat, durch die Gaskonstante, multipliziert mit einer „charakteristischen" Temperatur Θ, ausgedrückt wurde, so daß folgt:

$$k_0 = a \cdot e^{\frac{q}{R\Theta}}, \tag{33}$$

$$k = a \cdot e^{-\frac{q}{R}\left(\frac{1}{T} - \frac{1}{\Theta}\right)}. \tag{34}$$

Diese Ausdrucksweise wurde zuerst von E. CREMER und G.-M. SCHWAB[4] eingeführt und wenig später auch von E. N. GAPON[5] angewandt. Gl. (34) zeigt, daß die charakteristische Temperatur Θ, die „Inversionstemperatur" nach GAPON, dadurch gekennzeichnet ist, daß bei ihr alle Reaktionen einer Verwandtschaftsgruppe die gleiche Geschwindigkeit aufweisen, nämlich $k_\Theta = a$.

---

[1] Die Erscheinung bleibt nicht auf die heterogene Katalyse beschränkt, sondern tritt offenbar überall dort auf, wo es sich um einen Prozeß handelt, dessen Geschwindigkeitskoeffizient sich in einer Gleichung darstellen läßt, die der ARRHENIUSschen formal ähnlich ist. Solche Prozesse sind neben heterogenen und homogenen chemischen Reaktionen z. B. Diffusion, Viskosität, Elektronenemission, elektrische Leitfähigkeit von Halbleitern.

[2] G.-M. SCHWAB, H. S. TAYLOR, R. SPENCE: Catalysis etc., S. 287ff. New York, 1937.

[3] H. H. STORCH: J. Amer. chem. Soc. **57** (1935), 1395; C 36 I, 3261.

[4] E. CREMER, G.-M. SCHWAB: Z. physik. Chem., Abt. A **144** (1929), 243. — G.-M. SCHWAB: ebenda, Abt. B **5** (1929), 406.

[5] E. N. GAPON: Ukrain. chem. J. **5** (1930), 169; C 31 I, 1871.

Ehe wir auf den physikalischen Sinn dieser merkwürdigen „Theta-Beziehung" und ihre Beziehung zu den sonstigen Ansätzen über die Häufigkeitszahl eingehen, wollen wir noch neueres Material anführen, das in der Berichtsperiode ihr Vorhandensein an weiteren Beispielen erwiesen und sie so zu allgemeinerer Bedeutung erhoben hat.

J. ECKELL[1] hat die Oxydation von Kohlenoxyd durch Sauerstoff an der Oberfläche von Eisen(III)-oxyd untersucht, deren geschwindigkeitsbestimmender Schritt (s. S. 384) die Reduktion des Eisenoxyds ist, und hat dabei die Aktivierungsenergie durch wachsenden isomorphen Einbau von Aluminiumoxyd systematisch verändert. Dabei zeigte sich, daß allgemein ein kleines q durch ein kleines k_0 kompensiert wurde; diese Kompensation bewirkt, daß — im Gegensatz zu q — das k keine eindeutige Beziehung zur Dispersität der Katalysatoren mehr aufweist. — Bei der Dehydratisierung von Äthylalkohol an Aluminiumoxyd mit verschiedenen Zusätzen anderer Oxyde (V_2O_5, CaO, Fe_2O_3) geht nach S. I. KOSSOLAPOW[2] diese Kompensation sogar so weit, daß die Katalysatoren mit der kleineren Aktivierungsenergie die geringere Geschwindigkeit aufweisen. Dies ist, wie wir noch sehen werden, der seltenere Fall, was auch verständlich werden wird. Im Anschluß an Beispiele, die A. A. BALANDIN[3] beigebracht hat, und die von uns schon l. c. (S. 203, Fußnote 2) angeführt wurden, hat dessen Schule die exponentielle Beziehung sowohl für die Dehydrierung von Alkohol an Kupfer (A. BORK[4], A. BORK und A.A. BALANDIN[5]) als auch für die Dehydrierung und Dehydratisierung von Alkohol an Gemischen von dehydrierendem Nickel und dehydratisierendem Aluminiumoxyd bestätigen können. An Kupfer gilt sie auch noch für eine durch Vergiftung hervorgebrachte Variation von q. Das letztere Resultat erzielten auch G.-M. SCHWAB und D. PHOTIADIS[6] bei der Hydrierung von Zimtsäure-Äthylester an vergiftetem Platin. I. ADADUROW, D. W. GERNET und A. W. SCHIRJAJEWA[7] finden Gültigkeit von (31) für die SO_3-Synthese an verschiedenen Oxyden, wobei der Parameter h von der Herstellungsbedingung abhängt (s. unten), während a universell ist. Ferner gilt (31) nach G.-M. SCHWAB und F. LOBER[8] für die Bromwasserstoffbildung an verschiedenen durch Salzzusätze aktivierten oder desaktivierten Kohlen, nach G.-M. SCHWAB und G. HOLZ[9] für den Ameisensäurezerfall an verschiedenen Silberlegierungen und nach G.-M. SCHWAB und A. KARATZAS[10] für dieselbe Reaktion an verschiedenen Silber-Antimon- und Kupfer-Zinn-Legierungen, nach G.-M. SCHWAB und H. SCHULTES[11] für den Zerfall von Distickstoffmonoxyd an Oxyden und ihren Mischungen, nach G.-M. SCHWAB und E. SCHWAB-AGALLIDIS[12] für die Dehydrierung und Dehydratisierung von Äthylalkohol und Ameisen-

[1] J. ECKELL: Z. Elektrochem. angew. physik. Chem. **39** (1933), 807, 855; C 33 II, 3382; C 34 I, 653.
[2] S. I. KOSSOLAPOW: J. allg. Chem. URSS **5** (1933), 307; C 36 I, 2736.
[3] A. A. BALANDIN: Z. physik. Chem., Abt. B **19** (1932), 451; C 33 I, 1893.
[4] A. BORK: Acta physicochim. URSS **12** (1940), 899; C 42 I, 3184.
[5] A. BORK, A. A. BALANDIN: Z. physik. Chem., Abt. B **33** (1936), 54, 73, 435, 443; C 37 I, 2088, 2089.
[6] G.-M. SCHWAB, D. PHOTIADIS: Ber. dtsch. chem. Ges. **77** (1944), 296.
[7] I. ADADUROW, D. W. GERNET, A. W. SCHIRJAJEWA: J. physic. Chem. URSS **7** (1936), 451; C 37 II, 1300.
[8] G.-M. SCHWAB, F. LOBER: Z. physik. Chem., Abt. A **186** (1940), 321; C 40 II, 3441.
[9] G.-M. SCHWAB, G. HOLZ: Z. anorg. Chem. **252** (1944), 205.
[10] G. M. SCHWAB, A. KARATZAS: Z. Elektrochem. angew. physik. Chem. **50** (1944), 204.
[11] G.-M. SCHWAB, H. SCHULTES: Z. physik. Chem., Abt. B **25** (1934), 411; C 34 II, 900.
[12] G.-M. SCHWAB, E. SCHWAB-AGALLIDIS: J. Amer. chem. Soc. **71** (1949), 1806.

säure an einer Reihe von oxydischen und salzartigen Katalysatoren, nach G.-M. SCHWAB und A. KARATZAS[1] für die Abspaltung von Chlorwasserstoff aus Äthylchlorid an anorganischen Salzen als Katalysatoren und nach G.-M. SCHWAB und H. NOLLER[2] für dieselbe Reaktion an anorganischen Salzen, Oxyden und Metallen, sofern die Flächen der Katalysatoren etwa gleich groß sind. H. HERGLOTZ[3] findet die Beziehung bei der H_2S-Bildung an RANEY-Kobalt mit verschiedenem Gehalt an aktiver Komponente bestätigt, L. JA. MARGOLISS und O. M. TODESS[4] bei der Oxydation von Iso-Octan mit $MgCr_2O_4$ + MgO und $CuCr_2O_4$ + CuO mit verschiedenen Zusätzen. Weiterhin ist sie beim Austausch von Methan mit Deuterium (C. KEMBALL[5]), ebenso, wenn auch weniger streng, beim Austausch zwischen Äthan und Deuterium (J. R. ANDERSON und C. KEMBALL[6]) erfüllt. Nach E. CREMER ergibt sich derselbe Zusammenhang, wenn man ein und dieselbe Reaktion am gleichen Katalysator untersucht, dessen Aktivität jedoch durch Vorbehandeln bei verschiedenen Temperaturen verändert. Gemessen wurde die HCl-Abspaltung aus Äthylchlorid (E. CREMER und R. BALDT[7]) und der Zerfall von N_2O an CuO und La_2O_3 (E. CREMER und E. MARSCHALL[8]). Dasselbe stellen A. COUPER und D. D. ELEY[9] bei der p-H_2-Umwandlung an verschieden vorbehandelten Wolframdrähten fest. Mit der Ameisensäurezersetzung als Testreaktion können G. RIENÄCKER und H. BREMER[10] den Zusammenhang an verschieden vorbehandelten Cu- und Ag-Pulvern, sowie Ag-Blechen bestätigen, K. HEINLE und K. KROGMANN[11] an gepreßten Nickelsinterkörpern. P. ZWIETERING und J. J. ROUKENS[12] haben die Adsorptionsgeschwindigkeit von Stickstoff an Eisenkatalysatoren gemessen. Die Aktivierungsenergie der Adsorption sowie der Logarithmus des temperaturunabhängigen Faktors steigen linear mit der Bedeckung an, so daß sich auch hier wieder dieselbe Beziehung ergibt.

Angesichts eines so vielseitigen und umfangreichen Versuchsmaterials ist die Frage nach der theoretischen Begründung für diese Beziehung von Wichtigkeit. Wir lassen dabei zunächst die weitere Frage beiseite, wie diese Beziehung denn gleichzeitig neben den oben dargelegten molekularkinetischen und statistischen Gesetzmäßigkeiten gelten kann. Dann ist zunächst zu sagen, daß schon für homogene Reaktionen gewisse Ansätze vorliegen, nach denen unter bestimmten Voraussetzungen eine solche Beziehung zwischen Häufigkeitszahl und Aktivierungsenergie erwartet werden darf (gefunden wurde ein solcher Zusammenhang z. B. von D. H. R. BARTON und A. J. HEAD[13] bei der HCl-Abspaltung aus einigen homologen Alkylhalogeniden, soweit diese nicht nach einem Kettenmechanismus erfolgt, von F. KUNZE[14] bei der Hydrolyse von Chloressigsäure, wenn man die Geschwindigkeit durch Zusatz von H^+-Ionen vermindert).

---

[1] G.-M. SCHWAB, A. KARATZAS: J. physic. Colloid Chem. **52** (1948), 1053.
[2] G.-M. SCHWAB, H. NOLLER: Z. Elektrochem. angew. physik. Chem. **58** (1954), 763.
[3] H. HERGLOTZ: Mh. Chem. **81** (1950), 1162; C 51 II, 2430.
[4] L. JA. MARGOLISS, O. M. TODESS: J. allg. Chem. URSS **20** (1950), 1981; C 51 II, 23.
[5] C. KEMBALL: Proc. Roy. Soc. (London), Ser. A **217** (1953), 376.
[6] J. R. ANDERSON, C. KEMBALL: Proc. Roy. Soc. (London), Ser. A **223** (1954), 361.
[7] E. CREMER, R. BALDT: Mh. Chem. **79** (1948), 439; C 49 II, 379; Z. Naturforsch. **4a** (1949), 337; C 50 II, 254.
[8] E. CREMER, E. MARSCHALL: Mh. Chem. **82** (1951), 840; C 52, 4105.
[9] A. COUPER, D. D. ELEY: Proc. Roy. Soc. (London), Ser. A **211** (1952), 544.
[10] G. RIENÄCKER, H. BREMER: Z. anorg. allg. Chem. **272** (1953), 126.
[11] K. HEINLE, K. KROGMANN: Naturwiss. **40** (1953), 528; C 54, 9241.
[12] P. ZWIETERING, J. J. ROUKENS: Trans. Faraday Soc. **50** (1954), 178.
[13] D. H. R. BARTON, A. J. HEAD: Trans. Faraday Soc. **46** (1950), 114.
[14] F. KUNZE: Mh. Chem. **78** (1948), 280.

Einerseits folgert J. A. CHRISTIANSEN[1] ihr Auftreten aus seiner allgemeinen Theorie der chemischen Reaktion als innerer Molekulardiffusion. Diese Theorie vergleicht den Übergang der reagierenden Molekel über den Potentialberg der Aktivierung mit einer Diffusion in einem inhomogenen Potentialfeld und kommt auf eine mit (31) äquivalente Beziehung, wenn die auf die verschobene Partikel (Atom) ausgeübte Kraft des Feldes in bestimmter Weise temperaturabhängig ist, einer Weise, die der Wirkung eines Feldes auf einen der thermischen Desorientierung unterliegenden Dipol gleicht. Man vergleiche dazu auch eine spätere Arbeit desselben Autors[2], in der die Existenz einer ähnlichen Beziehung auch für den Fall von Gleichgewichtskonstanten, z. B. für die Löslichkeit, festgestellt wird.

Andrerseits erhalten R. A. FAIRCLOUGH und C. N. HINSHELWOOD[3] dasselbe Resultat unter der Annahme, daß zwischen Aktivierung und Reaktion der aktivierten Molekel eine bestimmte Zeit verstreicht, während welcher die Wahrscheinlichkeit der Abreaktion wegen der konkurrierenden Desaktivierung ständig abnimmt. H. H. STORCH[4], der alle gemachten Vorschläge geprüft hat, ist der Meinung, daß eine ähnliche Erklärung auch für die heterogene Katalyse zutreffen könnte, indem die Energieaustauschvorgänge in der adsorbierten Phase verzögert sein können.

Ganz ähnliche Ansichten werden von F. KUNZE[5] vertreten. Er unterscheidet in seiner „Theorie der wirklichen Energiezustände" zwischen einer allgemein aktivierten Molekel (die überhaupt die nötige Energie besitzt) und einer kritisch aktivierten Molekel (die sich in der Konfiguration des kritischen Komplexes befindet, von wo aus sie entweder reagieren oder wieder desaktiviert werden kann). Nun stellt er die Hypothese auf, daß die Wahrscheinlichkeit des Übergangs in den kritisch aktivierten Zustand innerhalb einer bestimmten Zeit mit zunehmender Energie ebenfalls zunimmt. Danach muß sich immer der Häufigkeitsfaktor im gleichen Sinne ändern wie die Aktivierungsenergie.

E. CREMER[6] versucht eine quantenmechanische Deutung und betrachtet als geschwindigkeitsbestimmenden Schritt den Übergang eines oder mehrerer Elektronen. Ausgangs- und Endzustand sind durch einen Potentialberg getrennt, den die Elektronen in bestimmter Höhe (entsprechend der Aktivierungsenergie) zu durchlaufen haben, und zwar nach Art eines Tunneleffektes (s. S. 231 ff.). Die Übergangswahrscheinlichkeit, die sich nach der GAMOWschen Theorie berechnen läßt, hängt exponentiell von der Höhe des trennenden Energiewalls, der Aktivierungsenergie (Höhe des Tunnels im Berg) und der Länge der zu durchtunnelnden Strecke im Potentialberg ab. Damit sei die annähernde exponentielle Beziehung zwischen Aktivierungsenergie und Häufigkeitsfaktor über eine Variationsbreite des letzteren von 10 Zehnerpotenzen zu erklären. Mit Hilfe der Vorstellung über die Heterogenität der Oberfläche soll dies nach E. CREMER und R. BALDT[7] nicht möglich sein. F. PATAT[8] schließt sich dieser Deutung weitgehend an und entwickelt noch folgende mehr ins einzelne gehende Vorstellungen: Je nach der Art und Stärke der Fixierung auf der Oberfläche besitzt der aktivierte Komplex eine ver-

---

[1] J. A. CHRISTIANSEN: Z. physik. Chem., Abt. B **37** (1937), 374; C 38 I, 4574.

[2] J. A. CHRISTIANSEN: Acta chem. scand. **3** (1949), 61; C 49 E, 376.

[3] R. A. FAIRCLOUGH, C. N. HINSHELWOOD: J. chem. Soc. (London) **1937**, 538; C 37 II, 1298.

[4] H. H. STORCH: J. Amer. chem. Soc. **57** (1935), 1395; C 36 I, 3261.

[5] F. KUNZE: Mh. Chem. **79** (1948), 267.

[6] E. CREMER: Z. Elektrochem. angew. physik. Chem. **53** (1949), 269; C 50 I, 1056; Experientia (Basel) **4** (1948), 349.

[7] E. CREMER, R. BALDT: Mh. Chem. **79** (1948), 439; C 49 II, 379.

[8] F. PATAT: Z. Elektrochem. angew. physik. Chem. **53** (1949), 216.

schiedene Anzahl von Übergangsmöglichkeiten, und zwar ist diese bei fester Adsorption (niedere Aktivierungsenergie) sehr klein, d. h. die Reaktion ist an einen ganz bestimmten Weg gebunden. Umgekehrt ist bei schwächerer Adsorption und höherer Aktivierungsenergie die Anzahl der möglichen Reaktionswege erhöht.

Will man diese Auffassungen über die Erhöhung der Anzahl der Reaktionswege noch mehr konkretisieren, so kann man wie G.-M. SCHWAB und H. NOLLER[1] die Annahme machen, daß mit steigender Aktivierungsenergie eine zunehmende Zahl von Freiheitsgraden zur Aktivierung beitragen kann, d. h. daß die Aktivierungsenergie gemäß der HINSHELWOODschen[2] Auffassung über eine zunehmende Anzahl von Freiheitsgraden verteilt sein darf. Ein Vergleich mit den experimentellen Ergebnissen bei der HCl-Abspaltung aus Äthylchlorid ergibt jedoch, daß diese Deutung nicht hinreichend ist, um die große Variationsbreite der Häufigkeitsfaktoren zu erklären, während die weiter unten noch näher zu beschreibende Erklärung mit der Heterogenität der Oberfläche für die bis jetzt bekannten Fälle wenigstens keine Widersprüche ergibt.

A. COUPER und D. D. ELEY[3] führen eine Reihe möglicher Ursachen an: Lockerung der Bindung benachbarter Atome bei der Bildung des aktivierten Komplexes, Beeinflussung der Entropie benachbarter Atome wegen Resonanz der Bindungen zwischen benachbarten Lagen, Beeinflussung der Resonanzkopplung zwischen den einzelnen Oberflächenlagen.

C. KEMBALL[4] weist darauf hin, daß ein Hemmstoff nicht nur die Aktivierungsenergie (durch seine eigene Adsorptionswärme) beeinflußt, sondern in analoger Weise auch die Aktivierungsentropie und damit den Häufigkeitsfaktor durch seine eigene Adsorptionsentropie. Da nun nach D. H. EVERETT[5] zwischen Adsorptionswärme und -entropie oft ein linearer Zusammenhang besteht, sieht KEMBALL darin eine mögliche Erklärung für die Theta-Beziehung. Den letzteren Zusammenhang gibt auch T. KWAN[6] für den Fall FREUNDLICHscher Adsorptionsisothermen an. Aus der Kinetik der Adsorption von Stickstoff an Eisenkatalysatoren kann er weiterhin ableiten, daß dort die Aktivierungs*entropie* der Adsorption eine lineare Funktion der Aktivierungs*energie* ist. Dieselbe Reaktion haben kurz zuvor auch P. ZWIETERING und J. J. ROUKENS[7] untersucht. Sie können zeigen, daß die Kompensation zwischen Aktivierungsenergie und Häufigkeitsfaktor einigermaßen durch die Annahme gedeutet werden kann, daß der aktivierte Komplex bei niederen Bedeckungen und dementsprechend hohen Adsorptionswärmen unbeweglich adsorbiert wird und daß mit zunehmender Bedeckung auch seine Beweglichkeit zunimmt. Als Alternative einer Erklärung ziehen sie die Temperaturabhängigkeit des mittleren effektiven Dipolmoments adsorbierter Stickstoffatome in Betracht.

Ähnlich der letzteren Auffassung erklärt R. SUHRMANN[8] die analoge Erscheinung bei der Elektronenemission durch die Temperaturabhängigkeit der Austrittsarbeit.

---

[1] G.-M. SCHWAB, H. NOLLER: Z. Elektrochem. angew. physik. Chem. **58** (1954), 763.
[2] C. N. HINSHELWOOD: The Kinetics of Chemical Change in Gaseous Systems. Oxford, 1935.
[3] A. COUPER, D. D. ELEY: Proc. Roy. Soc. (London), Ser. A **211** (1952), 544.
[4] C. KEMBALL: Proc. Roy. Soc. (London), Ser. A **217** (1953), 376.
[5] D. H. EVERETT: Trans. Faraday Soc. **46** (1950), 957.
[6] T. KWAN: J. physic. Chem. **59** (1955), 285.
[7] P. ZWIETERING, J. J. ROUKENS: Trans. Faraday Soc. **50** (1954), 178.
[8] R. SUHRMANN: Z. Elektrochem. angew. physik. Chem. **53** (1949), 274 (Diskussionsbemerkung).

P. B. WEISZ[1] vergleicht die bei der chemischen Adsorption auftretenden Grenzschichterscheinungen mit denen in Gleichrichtern und kommt, ausgehend von der SCHOTTKYschen Gleichrichtertheorie, ebenfalls zu einer Erklärung des Zusammenhangs.

Nun hängt aber bei der heterogenen Katalyse die Konstante h in charakteristischer Weise von der *Vorgeschichte des Katalysators* ab; ein Beispiel[2] haben wir schon angeführt, andere, noch frappantere Beispiele werden wir alsbald kennenlernen. Wir glauben daher, mehr Nachdruck auf diejenigen Erklärungsversuche legen zu müssen, die von diesem Umstand ihren Ausgang nehmen. Sie gehen zurück auf Überlegungen von F. H. CONSTABLE (s. a. dessen Artikel über aktive Zentren in vorliegendem Bande) und wurden mit Bezug auf das vorliegende Problem durchgeführt von G.-M. SCHWAB und E. CREMER (l.c.). Es wird angenommen, daß die aktiven Zentren eines Katalysators eine kontinuierliche (vielleicht auch diskontinuierliche, s. G.-M. SCHWAB und D. PHOTIADIS l.c.) Mannigfaltigkeit von Energiezuständen darstellen, deren Häufigkeit durch eine Verteilungsfunktion nach Art einer GAUSSschen Kurve geregelt ist, und deren Energie der jeweiligen Aktivierungsenergie derselben Zentrenart für eine bestimmte Reaktion antibat ist. Die Konstante h stellt dann eine Art *Streuparameter* dar, der die Steilheit des Abfalls regelt, den die Häufigkeit einer Zentrenart erleidet, wenn ihre Energie zunimmt. Diese Auffassung macht es sofort verständlich, daß h von den Herstellungsbedingungen des Katalysators abhängt, nicht aber a. Die erwähnte Kompensation kleiner Aktivierungsenergien durch kleine Häufigkeitszahlen ist dann anschaulich so zu verstehen, daß mit jeder Verbesserung der Zentren eine Verminderung ihrer Zahl Hand in Hand geht.

Das Vorliegen einer solchen Verteilung kann zwei Gründe haben. Einmal kann man sich vorstellen, daß bei topochemisch entstandenen Katalysatoren die Wahrscheinlichkeit des Entstehens und vor allem des Erhaltenbleibens eines Zentrums um so kleiner ist, je größer sein Energiegehalt, je exponierter, modellmäßig gesprochen, seine Lage am Kristallgitter ist.

SCHWAB und CREMER konnten aber noch einen Schritt weitergehen. Sie stellen sich vor, daß bei genügend hohen Temperaturen die Zentren jedes Katalysators sich untereinander in ein thermisches, durch das BOLTZMANNsche Prinzip bzw. den zweiten Hauptsatz geregeltes echtes Gleichgewicht setzen. Dieses Gleichgewicht kann sich nur einstellen, wenn die Bedingung genügender Beweglichkeit der Oberflächenatome gegeben ist. Das ist entweder der Fall bei genügend hohen Temperaturen oder während einer chemischen Reaktion, die die Zentren entstehen läßt. Wenn dann der Katalysator abgekühlt wird oder wenn die Reaktionsbedingungen der Zentrenentstehung aufgehoben werden, kann so das bei der Herstellungstemperatur eingestellte Gleichgewicht erhalten bleiben bzw. eingefroren werden.

Nach dieser Auffassung ist (33) ein Ausdruck des BOLTZMANNschen Prinzips, wieder mit der Maßgabe, daß q der Eigenenergie der aktiven Zentren antibat ist. Θ ist dann die „*Herstellungstemperatur*" des Katalysators, also diejenige Temperatur, bei der seine Zentren zuletzt Gelegenheit zu hinreichend häufigem Platzwechsel oder Energieaustausch hatten. Diese Ansicht ist nun einer quantitativen Prüfung zugänglich, und darin beruht ihr Vorteil; man kann nämlich das aus der Theta-Beziehung abgeleitete Θ mit den tatsächlichen Herstellungsbedingungen der betreffenden Katalysatorgruppe vergleichen.

---

[1] P. B. WEISZ: J. chem. Physics **20** (1952), 1483; **21** (1953), 1531.

[2] I. ADADUROW, D. W. GERNET, A. W. SCHIRJAJEWA: J. physic. Chem. URSS **7** (1936), 451; C 37 II, 1300.

Einige solche Vergleiche haben wir in dem zitierten Katalysebuch schon aufgeführt. Seither haben sich die günstigen Beispiele vermehrt; angeführt seien besonders die folgenden: G.-M. SCHWAB und F. LOBER[1] schließen aus der Theta-Beziehung ihrer verschiedenen Bromwasserstoff bildenden Kohlen auf eine gemeinsame Herstellungstemperatur von 300° C; tatsächlich wurden alle diese Kohlen vor der Benutzung bei gerade dieser Temperatur in den Reaktionsgasen bis zu konstanter Wirksamkeit formiert. G.-M. SCHWAB und D. PHOTIADIS (l. c.) vergiften hydrierendes Platin sukzessive und schließen aus der Veränderlichkeit, die die Häufigkeitszahl bei sukzessive zunehmender Aktivierungswärme zeigt, auf eine Herstellungstemperatur von 60° C, tatsächlich wurde die Reduktion des Platinschwarzes mit Formaldehyd bei 55 ÷ 60° zu Ende geführt. Eine Zusammenstellung der experimentellen Befunde s. a. G.-M. SCHWAB[2]. Die Tatsache, daß das errechnete Θ meist etwas höher ist als die tatsächliche Herstellungstemperatur, wird von F. H. CONSTABLE (Diskussionsbemerkung) so gedeutet, daß möglicherweise die Reaktionswärme die Herstellungstemperatur etwas erhöht, natürlich nur, sofern es sich bei der Herstellung um eine exotherme Reaktion handelt. E. CREMER und S. FLÜGGE[3] (s. a. W. HUNSMANN[4]) wenden denselben Gesichtspunkt auf die Adsorption an, indem sie für jede Zentrenart die Anzahl dn ansetzen zu:

$$dn = C \cdot e^{\frac{-\lambda}{R\Theta}} \, d\lambda,$$

da die Adsorptionswärme symbat mit der Eigenenergie der Zentren sein muß. Überlagert man LANGMUIRsche Adsorptionsisothermen für eine unendliche Mannigfaltigkeit solcher Zentren durch Integration von einer unteren Grenze bis $\lambda = \infty$, so folgt näherungsweise die FREUNDLICHsche Adsorptionsisotherme

$$N = K \cdot p^n, \tag{35}$$

in der jetzt der Exponent n die physikalische Bedeutung erhält:

$$n = \frac{T}{\Theta}. \tag{36}$$

Sie adsorbierten nun Alkohol bei etwa 90° abs. an vorerhitzten Nd_2O_3-Proben und fanden aus dem beobachteten n für die Vorerhitzungstemperaturen: 679° abs. statt 699°, 780° abs. statt 793° und 946° abs. statt 926°.

Die erzielten Übereinstimmungen sind also allgemein überraschend gut. Es erscheint uns ziemlich sichergestellt, daß an den betrachteten Katalysatoren tatsächlich ein thermisches Energiegleichgewicht zwischen den aktiven Zentren vorgelegen ist.

Es ist demgegenüber wohl als ein Rückschritt zu werten, wenn E. N. GAPON[5] die „Inversionstemperatur" Θ mit einer Schwingungsfrequenz der kritischen Bindung nach

$$R\Theta = N h \nu$$

in Zusammenhang bringen will. Daß dabei tatsächlich eine plausible Frequenz von der Größenordnung 10^{13} sec^{-1} resultiert, ist nicht verwunderlich, wenn man bedenkt,

---

[1] G.-M. SCHWAB, F. LOBER: Z. physik. Chem., Abt. A **186** (1940), 321; C 40 II, 3441.

[2] G.-M. SCHWAB: Proc. XI. Int. Congr. Chem. London, 1947.

[3] E. CREMER, S. FLÜGGE: Z. physik. Chem., Abt. B **41** (1938), 453; C 39 I, 2737.

[4] W. HUNSMANN: Aktivierte Adsorption. Dieses Handbuch Bd. IV, S. 433f. Wien, 1943.

[5] E. N. GAPON: J. allg. Chem. URSS **2** (64) (1932) 710; C 33 II, 1297.

daß molekulare Resonatoren bei nicht extremen Temperaturen wenige Schwingungsquanten besitzen und daher immer

$$\frac{R}{N} \cdot \Theta = k\Theta \approx h\nu$$

sein wird, eine Tatsache, von der wir S. 197 schon Gebrauch gemacht haben. Die Schärfe der Übereinstimmungen mit der Herstellungstemperatur geht aber über diese Größenordnungsbeziehung bei weitem hinaus.

Man muß bei derartigen Betrachtungen nur in zwei Richtungen vorsichtig sein. Einmal müssen die Versuche wirklich die erforderliche Genauigkeit besitzen. Bei rohen Messungen ist es sehr leicht, abnehmende Häufigkeitszahlen bei abnehmenden Aktivierungswärmen zu erhalten, dann nämlich, wenn in einem engen Temperaturintervall der Messungen die verglichenen Reaktionen etwa gleiche Geschwindigkeiten aufweisen. Dann resultiert ein Θ, das der mittleren Versuchstemperatur entspricht, wo $k_\Theta = a$ ist (s. S. 203), ohne daß die Unterschiede der Aktivierungsenergie reell zu sein brauchen; sie beeinflussen dann k_0, wie leicht zu sehen, einfach in rechnerischer Weise. Zweitens müssen überhaupt Θ-Werte sinnlos sein, die allzunahe an der Versuchstemperatur liegen oder gar darunter[1]; denn wie soll ein Katalysator stabile Aktivität aufweisen, der in demselben Temperaturintervall formiert worden ist?

So ist allgemein die Theta-Beziehung in bezug auf die Herstellungstemperatur als ein „Kann-Gesetz", nicht als ein „Muß-Gesetz" zu betrachten; es sind Fälle genug bekannt, in denen die aus einem Experiment mit gesichertem h berechneten Θ-Werte ohne Bezug zur Vorgeschichte dastehen. Dahin gehören alle die Fälle, die wir als Beispiele für die Gültigkeit von (31), (32) aufgeführt und dann bei den Rückberechnungen der Herstellungstemperatur nicht wiederholt haben. Das ist auch verständlich; Θ kann mit der Herstellungstemperatur identisch sein nur für durch Vorerhitzen stabilisierte Kontakte oder für solche, die nach dem Ablauf einer chemischen Formierungsreaktion keinen Platzwechsel mehr erleiden konnten. Bei Kontakten, die, wie die meisten technischen, topochemisch bei viel tieferen Temperaturen als der relativ hohen Arbeitstemperatur entstanden sind, muß die resultierende Zentrenverteilung eine Zufallsverteilung sein, deren h keinem sinnvollen Θ mehr entsprechen kann.

Gehen wir zum Schluß noch auf die oben zurückgestellte Frage ein, wie die Theta-Beziehung neben den kinetischen und statistischen Ansätzen für die Häufigkeitszahl Geltung haben kann, so ist zu sagen: Wenn der Grund für ihre Geltung von allgemeinerer reaktionskinetischer Natur ist, wie es oben für homogene Reaktionen angedeutet wurde, dann betrifft er nicht eine Modifikation des k_0, das durch Stoßzahlen, Schwingungsfrequenzen oder Übergangswahrscheinlichkeiten gegeben ist, sondern den Faktor $e^{-q/RT}$, der in seiner einfachen Formulierung ja auf der vereinfachten Voraussetzung beruht, daß eine Molekel mit einer geringeren Energie als q nie, eine mit einer höheren Energie immer reagiert. Die Einführung einer Lebensdauer oder einer bestimmten „Diffusionsgeschwindigkeit" durch den aktiven Zustand wird an Stelle der einfachen e-Potenz kompliziertere Ausdrücke treten lassen, die die Θ-Beziehung mit enthalten. Wenn aber, wie hier vertreten, der Grund in einer Energieverteilung der aktiven Zentren besteht, dann wiederum betrifft er nicht das k_0, das statistisch oder kinetisch für die Einheitsoberfläche abgeleitet wird, sondern die auf S. 201 erwähnten Unsicherheiten eben der Bestimmung der aktiven Oberfläche F, die ja die Häufigkeit der aktiven Zentren berücksichtigen muß. Man wird dann erwarten, daß die der Θ-Beziehung folgenden k_0

[1] S. I. Kossolapow: J. allg. Chem. URSS 5 (1933), 307; C 36 I, 2736.

sich bei den höchsten Werten der Aktivierungswärme den theoretisch berechneten als oberer Grenze annähern, wie dies G.-M. SCHWAB und N. THEOPHILIDES[1] tatsächlich feststellen. Jedenfalls ist so der Vergleich verschiedener Reaktionen miteinander mit einer höheren Genauigkeit möglich, als die nur größenordnungsmäßige Absolutberechnung.

IV. Die Energetik der Oberflächenreaktionen.

Unter „Energetik" soll hier, in einem Aufsatz über reaktionskinetische Fragen, nur die Kenntnis und Ausdeutung derjenigen Energiegrößen verstanden werden, die zu Geschwindigkeitsgrößen in Beziehung stehen. Das sind — wegen der Unabhängigkeit der Reaktionsgeschwindigkeit vom „reziproken System" — nicht die Reaktionswärmen, sondern nur die *Aktivierungswärmen*, also die Energiedifferenzen zwischen der großen Masse der Molekeln und dem jeweils reaktionsfähigen Bruchteil derselben. Man kann den Begriff der Aktivierungswärme verschieden streng definieren; man kann ihn z. B. durch Analogien mit thermodynamischen Größen von dem der „Aktivierungs*energie*" absetzen, also fragen, ob er eine Energie- oder eine Enthalpiegröße darstellt. Man kann ferner auch statistisch strengere Definitionen einführen: z. B. ist es ein Unterschied, ob man unter Aktivierungsenergie den gesamten thermischen Energieinhalt der reaktionsfähigen Molekeln versteht, oder — richtiger — ihren Energieunterschied gegenüber den Durchschnittsmolekeln; auch fallen die Werte verschieden aus, je nachdem, welche Freiheitsgrade der reagierenden Molekeln und des Katalysatorgitters man für die Reaktion als maßgeblich ansieht. Man könnte mit zahlreichen theoretischen Arbeiten aufwarten, die mehr oder weniger diesen Unterschieden gewidmet sind. Es muß aber hier betont werden, daß unsere Kenntnisse von der heterogenen Katalyse noch nicht so weit fortgeschritten sind, daß ein genaueres Eingehen auf diese Feinheiten lohnend wäre; eine Erweiterung des Materials in die Breite ist immer noch wesentlich wichtiger als ein In-die-Tiefe-Gehen in der Richtung genauerer Definitionen oder Messungen. Das soll natürlich nicht heißen, daß nicht eine brauchbare Meßgenauigkeit angestrebt werden muß; man kann heute mit geeigneten Anordnungen und gehöriger Sorgfalt Aktivierungswärmen mit einer Genauigkeit von $\pm 3\,\%$, zuweilen besser, messen und reproduzieren, und daher sollte man das auch nach Möglichkeit tun. Die Verschiedenheiten der oben erwähnten Definitionen bewegen sich aber meist in der Größenordnung RT, und das ist bei den gewöhnlichen Katalysetemperaturen gerade in der Gegend der angegebenen Fehlergrenzen. Wir wollen uns daher auf einen einfacheren Standpunkt stellen und einfach von *„Aktivierungswärme" oder „Aktivierungsenergie"* sprechen, ohne diese Begriffe anders als empirisch aus der ARRHENIUSschen Gleichung zu definieren, wobei wir uns bewußt sind, daß diese empirische Aktivierungsenergie auch noch in anderer Hinsicht als allein durch das Entropieglied unbestimmt bleibt.

1. Scheinbare und wahre Aktivierungswärme.

Außerhalb der genannten Fehlergrenzen liegt aber eine andere Unterscheidung, die der sonstigen Reaktionskinetik fremd ist und daher hier eingehend erörtert werden muß, diejenige zwischen scheinbarer und wahrer Aktivierungswärme. Die betreffenden Beziehungen wurden von G.-M. SCHWAB[2] unter Anführung der grundlegenden Literatur eingehend dargestellt, und wir können uns daher hier

[1] G.-M. SCHWAB, N. THEOPHILIDES: J. physic. Chem. 50 (1946), 427.
[2] G.-M. SCHWAB: Katalyse usw., S. 164ff. Berlin, 1931.

kurz auf diese Darstellung beziehen und nur einiges aus der neueren Literatur hinzufügen (im übrigen vgl. auch M. TEMKIN[1]).

Wir erinnern dazu an unseren Gleichungensatz (III, 10) (S. 189f.), der zum Ausdruck bringt, daß die gemessene Geschwindigkeitskonstante k', die die Reaktionsgeschwindigkeit — Druckänderung in der Zeiteinheit — auf den Gasdruck bezieht, nur in einem Sonderfalle (I 1 c) identisch ist mit der „wahren Geschwindigkeitskonstanten" k, die die Druckänderung mit der Adsorptionsdichte verbindet, daß sie aber in allen anderen Fällen außer dieser Konstanten noch Adsorptionskoeffizienten b bzw. b' eines oder zweier Ausgangsgase oder Reaktionsprodukte als Faktoren enthält.

Wir definieren nun die *wahre Aktivierungswärme* q durch die ARRHENIUSsche Gleichung mit der wahren Geschwindigkeitskonstanten:

$$k = k_0 \cdot e^{\frac{-q}{RT}} \tag{1}$$

als die Energie, die den *adsorbierten* Molekeln zugeführt werden muß, damit sie reaktionsfähig werden. [Streng genommen müßte die Definition von q an $\varkappa$ anknüpfen, das die Änderung der Adsorptionsdichte mit dieser Dichte selbst verknüpft; k und $\varkappa$ sind aber durch (III, 26) miteinander verknüpft, also durch lauter Faktoren, die in erster Näherung temperaturunabhängig sind; q wird also im Rahmen der erforderlichen Genauigkeit durch diese Substitution nicht beeinflußt.]

Wir definieren ferner die *scheinbare Aktivierungswärme* (apparent heat of activation) q_s durch eine ebenso beschaffene Gleichung, die aber die scheinbare Geschwindigkeitskonstante k' enthält:

$$k' = k'_0 \cdot e^{\frac{-q_s}{RT}} \cdot \tag{2}$$

Kombination der Gl. (1) und (2) mit (III, 10) läßt nun zunächst drei einfache Fälle erkennen:

a) Reaktion nullter Ordnung, Fall I 1 c:

$$k' = k \text{ und deshalb } \underline{q_s = q}\,. \tag{3}$$

In diesem Falle ist die aus dem Temperaturkoeffizienten der gemessenen Geschwindigkeitskonstanten (Geschwindigkeit) ermittelte Aktivierungswärme also zugleich die wahre des Adsorbats.

b) Reaktion erster Ordnung, Fall I 1 a oder III b:

$$k' = k \cdot b$$

und daher wegen (III, 11):

$$k' = k_0 b_0 e^{\frac{-q}{RT}} \cdot e^{\frac{\lambda}{RT}} = k_0 b_0 e^{\frac{-q_s}{RT}};$$

$$\underline{q_s = q - \lambda}\,, \tag{4}$$

c) Stark gehemmte Reaktion, Fall I 2 b oder II 1 c:
Hier folgt in gleicher Weise:

$$\underline{q_s = q - \lambda + \lambda'}\,. \tag{5}$$

Um die wahre Aktivierungswärme zu erhalten, muß also die scheinbare

---

[1] M. TEMKIN: Acta physicochim. URSS 2 (1935), 313; C 35 II, 3054.

Aktivierungswärme um Adsorptionswärmen korrigiert werden. Im Falle erster Ordnung ist die scheinbare Aktivierungswärme nach (4) die Differenz der wahren Aktivierungswärme und der Adsorptionswärme des Substrats, und das ist nichts anderes als der Energieunterschied zwischen dem Gas und dem adsorbierten aktivierten Zustand (G.-M. SCHWAB und G. DRIKOS[1]; B. TOPLEY[2]; H. S. TAYLOR[3]; M. TEMKIN[4]). Das steht in engstem Zusammenhang mit der von uns oben (S. 184ff.) gezeigten Tatsache, daß nicht entschieden werden kann, ob tatsächlich ein vorgelagertes Adsorptionsgleichgewicht besteht oder ob die Gasmolekeln alle unmittelbar in den adsorbierten aktivierten Zustand übergehen.

Ähnlich folgt aus (5), daß außerdem bei gehemmten Reaktionen die scheinbare Aktivierungswärme um die Desorptionswärme des hemmenden Gases (Substrats oder Produkts) größer erscheint, als die wahre es ist. Im Falle eines hemmenden Produkts (I 2b) kann man dies auch so aussprechen, daß diese Desorptionswärme zusätzlich aufgebracht werden muß, um die Reaktion durchzuführen; im Falle I 1c, Hemmung durch eines der Substrate, ist eine so anschauliche Deutung aber nicht möglich und auch nicht erforderlich. C. H. KUNSMAN, E. S. LAMAR und W. E. DEMING[5] haben diese Beziehungen neuerdings dargestellt für die Zersetzung von Ammoniak an Eisen. Hier scheinen aber übrigens besondere Verhältnisse vorzuliegen, die wir im Speziellen Teil an Ort und Stelle besprechen werden (s. S. 345f., s. a. J. K. DIXON[6]; P. H. EMMETT und R. W. HARKNESS[7] ST. BRUNAUER, K. S. LOVE und R. G. KEENAN[8], wo, ebenso wie von G. E. KIMBALL[9], besonders gezeigt wird, daß unsere Beziehungen auch noch gelten, wenn q und λ über einen bestimmten Bereich variabel sind).

Es sind drei hübsche Beispiele bekanntgeworden, an denen die abgeleiteten Beziehungen direkt bewiesen werden konnten. R. M. BARRER[10] hat den Zerfall von Phosphin an Wolfram um 1000^0 bei geringen Drucken untersucht und findet bei Drucken um 10^{-1} cm Hg nullte Ordnung, bei kleineren Drucken einen Übergang zu gebrochener Ordnung und unterhalb $5 \cdot 10^{-3}$ cm Hg erste Ordnung. Die Aktivierungswärmen bei erster und bei nullter Ordnung müssen sich nun nach (3) und (4) um die Adsorptionswärme unterscheiden; gefunden wird bei erster Ordnung 25 kcal/Mol, bei nullter Ordnung 32 kcal/Mol, woraus ein vernünftiger Wert von 7 kcal/Mol für die Adsorptionswärme des Phosphins folgt.

Was Gl. (5), also die Hemmungen, betrifft, so ist klassisch das Beispiel der Alkoholdehydratisierung an Bauxit (H. DOHSE und H. MARK[11]). Man kann die gehemmte Reaktion direkt messen, und die ungehemmte, wenn durch ein Gastrockenmittel der hemmende Wasserdampf laufend beseitigt wird; es ergibt sich eine Differenz der scheinbaren Aktivierungswärmen, die nach (5) gleich λ' sein muß und tatsächlich mit einem Wert von 12—13 kcal/Mol gut zu kalori-

---

[1] G.-M. SCHWAB, G. DRIKOS: Z. physik. Chem., Abt. B **52** (1942), 234; C 43 I, 5.
[2] B. TOPLEY: Nature **128** (1931), 115.
[3] H. S. TAYLOR: Chem. Rev. **9** (1931), 1; C 32 I, 3027.
[4] M. TEMKIN: Acta physicochim. URSS **2** (1935), 313; C 35 II, 3054.
[5] C. H. KUNSMAN, E. S. LAMAR, W. E. DEMING: Philos. Mag. (7) **10** (1930), 1015; C 31 I, 1566.
[6] J. K. DIXON: J. Amer. chem. Soc. **53** (1931), 1763; C 31 II, 529.
[7] P. H. EMMETT, R. W. HARKNESS: J. Amer. chem. Soc. **57** (1935), 1624; C 36 I, 2682.
[8] ST. BRUNAUER, K. S. LOVE, R. G. KEENAN: J. Amer. chem. Soc. **64** (1942), 751; C 43 I, 1030.
[9] G. E. KIMBALL: J. chem. Physics **6** (1938), 447; C 38 II, 2692.
[10] R. M. BARRER: Trans. Faraday Soc. **32** (1936), 490; C 36 I, 3258.
[11] H. DOHSE, H. MARK: Trans. Faraday Soc. **28** (1932), 165; C 32 I, 2937.

metrischen Werten dieser Größe paßt. J. E. VANCE und J. K. DIXON[1] können die Reaktionsgeschwindigkeit

$$N_2O + H_2 \longrightarrow N_2 + H_2O$$

an Aluminiumoxyd durch die Summe zweier Reaktionen darstellen, von denen die eine an einer Wasser nicht adsorbierenden, die andere an einer Wasser als hemmendes Agens adsorbierenden Oberfläche verläuft. Die gehemmte Reaktion hat $q_s = 36$, die ungehemmte 30 kcal/Mol. Die Differenz sollte wieder die Adsorptionswärme des Wasserdampfes sein.

Wir haben bisher von den zwölf Fällen der Gl. (III, 10) nur fünf behandelt. Wie steht es nun mit den übrigen, insbesondere mit jenen Fällen, in denen Nenner auftreten, die bp-Glieder als Summanden aufweisen? Wir haben schon 1928[2] und 1931[3] darauf hingewiesen, daß diese Fälle besonders günstig sind, um wahre Aktivierungswärmen und Adsorptionswärmen zu bestimmen, denn hinreichend eingehende kinetische Messungen bei verschiedenen Temperaturen können ja hier neben k' auch b direkt liefern, und der Temperaturkoeffizient wird dann q_s und λ getrennt und daher auch q ergeben. Seither ist nun von dieser Möglichkeit ausgiebig und mit Erfolg Gebrauch gemacht worden, und es ist so die Aufklärung verschiedener reaktionskinetischer Probleme gelungen.

An erster Stelle ist hier die katalytische Hydrierung aliphatischer Doppelbindungen und aromatischer Kerne zu nennen (s. a. S. 246ff.). Nachdem auf Grund, der Versuche von H. ZUR STRASSEN[4] wenigstens die Abspaltung der Adsorptionswärme des Äthylens, wenn auch noch nicht des Wasserstoffs, durch G.-M. SCHWAB[5] gelungen war, konnten E. B. MAXTED und C. H. MOON[6] bald darauf allgemein auch für Hydrierungen in flüssiger Phase die Adsorptionswärme des ungesättigten Substrats abspalten und unter Benutzung kalorimetrischer Adsorptionswärmen für Wasserstoff sogar zu wahren Aktivierungswärmen vorstoßen. G.-M. SCHWAB und H. ZORN[7] sowie G.-M. SCHWAB und H. H. NAKAMURA[8] konnten auch die Adsorptionswärme des Wasserstoffs kinetisch bestimmen und abspalten, so daß jetzt die wahre Aktivierungswärme rein reaktionskinetisch bestimmbar wurde. Daß hierbei verhältnismäßig große Adsorptionswärmen im Vergleich zur Aktivierungswärme gefunden werden (bei O. TOYAMA[9] sind beide sogar gleich), ist nach E. K. RIDEAL[10] aus der Vorstellung der Chemisorption der Reaktanten heraus leicht verständlich. A. A. BALANDIN und I. I. BRUSSOW[11] haben auch für die katalytische *Dehydrierung* auf demselben Wege wahre Aktivierungswärmen ermittelt, ebenso CL. HERBO[12], der beide Reaktionstypen miteinander verknüpft. Die für die Hydrierung charakteristische Kompensation relativ kleiner Aktivierungswärmen durch große Adsorptionswärmen zu negativen oder doch

[1] J. E. VANCE, J. K. DIXON: J. Amer. chem. Soc. **63** (1941), 176; C 42 I, 2961.
[2] G.-M. SCHWAB: Ergebn. exakt. Naturwiss. **7** (1928), 311.
[3] G.-M. SCHWAB: Katalyse usw., S. 168. Berlin, 1931.
[4] H. ZUR STRASSEN: Z. physik. Chem., Abt. A **169** (1934), 81; C 34 II, 2039.
[5] G.-M. SCHWAB: Z. physik. Chem., Abt. A **171** (1934), 421; C 35 I, 3257.
[6] E. B. MAXTED, C. H. MOON: J. chem. Soc. **1935**, 1190; C 36 II, 284.
[7] G.-M. SCHWAB, H. ZORN: Z. physik. Chem., Abt. B **32** (1936), 169; C 36 I, 4869.
[8] G.-M. SCHWAB, H. H. NAKAMURA: Z. physik. Chem., Abt. B **41** (1938), 189; C 39 I, 383.
[9] O. TOYAMA: Rev. physic. Chem. Japan **12** (1938), 115; C 38 II, 3797; vgl. C 38 I, 3029.
[10] E. K. RIDEAL: Proc. Cambridge philos. Soc. **35** (1939), 130; C 39 II, 1629.
[11] A. A. BALANDIN, I. I. BRUSSOW: Z. physik. Chem., Abt. B **34** (1936), 96.
[12] CL. HERBO: Bull. Soc. chim. Belgique **50** (1941), 257; C 42 II, 514; Bull. Soc. chim. Belgique **51** (1942), 44; C 42 II, 1107.

nahe Null betragenden scheinbaren Aktivierungswärmen tritt nach E. A. SMITH und H. S. TAYLOR[1] auch bei der Deuteriumaustauschreaktion an Zinkoxyd auf. Es ist jedoch nicht vollkommen sicher, ob die zwischen 383° K und 457° K auf Null abfallende scheinbare Aktivierungsenergie wirklich dieser Kompensation zuzuschreiben ist. Wenn man mit den Autoren die Desorption des HD als geschwindigkeitsbestimmend betrachtet, ist ein Absinken der Aktivierungsenergie so nicht verständlich, sondern sollte durch die in diesem Intervall abnehmende aktive Oberfläche erklärt werden. E. MOLINARI und G. PARRAVANO[2] bestätigen diesen Abfall der scheinbaren Aktivierungsenergie oberhalb 388° K, jedenfalls an gesintertem Zinkoxyd. Unterhalb dieser Temperatur wird an reinem Zinkoxyd eine scheinbare Aktivierungsenergie von 17 kcal/Mol gemessen, oberhalb ist sie praktisch null. Der Übergang bei 388° K wird mit einer Änderung im Reaktionsmechanismus in Zusammenhang gebracht, die sich auf Grund der Adsorptionsmessungen von E. WICKE[3] erklären lassen soll. Unterhalb dieser Temperatur soll Wasserstoff an Zn-Ionen gebunden sein, oberhalb OH-Gruppen bilden. Nur im zweiten Fall ist die Adsorptionswärme so groß, daß die Aktivierungsenergie der Reaktion kompensiert wird. Von andern Reaktionen sei außer dem schon im mehrmals zitierten Katalysebuch (l. c.) erwähnten Zerfall von Stickoxydul (s. a. G.-M. SCHWAB und R. STAEGER[4]) die Bromwasserstoffbildung an Kohle erwähnt, wo G.-M. SCHWAB und F. LOBER[5] die Adsorptionswärme des Broms als Korrektur berücksichtigen und so zu einer wahren (bis auf λ_{H_2}) Aktivierungswärme gelangen konnten, die mit der der homogenen Reaktion verglichen werden konnte.

Es bleibt hier zu vermerken, daß die in unsere Überlegungen einbezogene Adsorptionswärme λ eigentlich keine konstante Größe, sondern vielmehr mit der Oberflächenbelegung und mit der Temperatur veränderlich ist. Kalorisch ermittelte Adsorptionswärmen zeigen allgemein einen beachtlichen Gang mit der Belegung (s. z. B.: A. EUCKEN, Lehrbuch der Chemischen Physik, 2. Aufl., Bd. II, S. 1253, Leipzig), wobei die Adsorptionswärme vom ersten aufgenommenen Adsorbat bis zur Auffüllung einer unimolekularen Schicht um $10 \div 20$ kcal/Mol kleiner werden kann. Solange man diese Abnahme der Adsorptionswärme den energetisch unterschiedlichen Zentren zuordnet, gelingt es auch weiterhin, für die scheinbare Aktivierungsenergie einen zugehörigen, feststehenden λ-Wert, nämlich den der wirksamen Zentren, anzugeben. Wie aber besonders auch E. K. RIDEAL[6] betont, kann durch die Wechselwirkung der adsorbierten Molekeln und Atome eine starke Abnahme der Bindungsenergie des Adsorbats auch an einer homogenen Oberfläche erzeugt werden. Dann sollte bei der Berechnung der wahren Aktivierungsenergie aus der scheinbaren nicht die integrale Adsorptionswärme herangezogen werden, sondern eine von der Oberflächenbelegung abhängige Größe. Diese Einflüsse, ebenso wie die naturgemäß vorhandene Temperaturabhängigkeit der Adsorptionswärme, ergeben für den Wert der wahren Aktivierungsenergie eine Unsicherheit, auf die wir aber wegen des bisher noch recht spärlichen experimentellen Materials nicht näher eingehen können.

Nur zwei Beispiele seien hier genannt: Bei der Hydrierung des Cyclohexens

---

[1] E. A. SMITH, H. S. TAYLOR: J. Amer. chem. Soc. **60** (1938), 362; C 38 I, 3299.

[2] E. MOLINARI, G. PARRAVANO: J. Amer. chem. Soc. **75** (1953), 5233.

[3] E. WICKE: Z. Elektrochem. angew. physik. Chem. **53** (1949), 279.

[4] G.-M. SCHWAB, R. STAEGER: Z. physik. Chem., Abt. B **25** (1934), 418; C 34 II, 900.

[5] G.-M. SCHWAB, F. LOBER: Z. physik. Chem., Abt. A **186** (1940), 321; C 40 II, 3441.

[6] E. K. RIDEAL: Discuss. Faraday Soc. **8** (1950), 96.

durch Wasserstoff an Nickel findet A. EUCKEN[1] eine starke Abhängigkeit der Reaktionsgeschwindigkeit vom Adsorptionszustand des Wasserstoffs. Kalorimetrische Adsorptionsmessungen von Wasserstoff bei 0° C ergeben für die differentielle Adsorptionswärme folgende Abhängigkeit von der Belegung σ_{H_2}:

$$\lambda_{H_2} = 21{,}2 - 18{,}0\ \sigma_{H_2}\ \text{kcal/Mol.}$$

Die Hydrierungsreaktion soll zwar nicht aus diesem kalorimetrisch erfaßbaren, tiefsten Adsorptionszustand des Wasserstoffs erfolgen, sondern aus einem „Zwischenzustand" (Atompaare), für den aber eine ähnliche Abhängigkeit gilt. Die Beziehung zwischen der scheinbaren und wahren Aktivierungswärme wird daher von der Belegungsdichte σ_{HH} der Oberfläche mit Wasserstoffatompaaren abhängig:

$$q_s = q - \beta \cdot \sigma_{HH},$$

wobei β eine noch vom jeweiligen λ abhängige Größe darstellt.

Die Temperaturabhängigkeit der Adsorption von Wasserstoff an Wolfram wird von E. K. RIDEAL und B. M. W. TRAPNELL[2] als mögliche Ursache für die Aktivierungsenergie der p-H_2-Umwandlung an Wolfram betrachtet. Der von D. D. ELEY und E. K. RIDEAL[3] zwischen — 78° und 0° C gemessene Wert von 2 kcal/Mol liegt in der Größenordnung, die schon durch die unterschiedlichen Desorptionsgeschwindigkeiten des Wasserstoffs bei diesen Temperaturen zu erwarten ist.

Sonderfälle. Es ist klar, daß alles bisher Gesagte nur die Regelfälle betrifft. Es sind natürlich Sonderfälle möglich, deren Eigenart in besonderen Eigenschaften der untersuchten Stoffe begründet liegt und in denen dann aus verständlichen oder zu untersuchenden Gründen die angegebenen einfachsten Gesetzmäßigkeiten nicht gelten. Einige solche Besonderheiten seien hier zusammengestellt: Die Oxydation von NO bei 25 bis 200° entspricht nach N. P. KURIN und I. O. BLOCH[4] an Kieselgel und dem Vanadinsäurekontakt der Schwefelsäuresynthese ungefähr unserem Fall II 2b (schwache Adsorption der Ausgangsstoffe, starke des Produktes), an dem Zinkchromitkontakt der Methanolsynthese aber unserem Fall II 1c (schwache Adsorption von Stickoxyd, starke von Sauerstoff). Die danach zu erwartenden deutlichen Unterschiede der scheinbaren Aktivierungswärme sind aber keineswegs vorhanden, diese ist vielmehr an allen Kontakten sehr klein und *negativ.* Dies kommt natürlich von der bekannten Tatsache, daß schon die homogene Reaktion, die im gleichen Temperaturbereich merkliche Geschwindigkeit hat, wegen des vorgelagerten Assoziationsgleichgewichts des *NO* einen negativen Temperaturkoeffizienten hat. Ebenfalls einen besonderen Fall stellt die Parawasserstoffumwandlung dar, weil bei ihr nicht die Umwandlung in der Oberfläche, sondern die Einstellung des Adsorptionsgleichgewichts die Geschwindigkeit bestimmt (s. S. 234ff.). Nach H. S. TAYLOR[5] ist daher hier der für den Temperaturkoeffizienten maßgebende Ausdruck die für die Desorption aufzuwendende Energie, d. h. die Summe der Adsorptionswärme und der für die

---

[1] A. EUCKEN: Z. Elektrochem. angew. physik. Chem. **53** (1949), 285; C 50 I, 1438; Z. Elektrochem. angew. physik. Chem. **54** (1950), 108; C 52, 6343.

[2] E. K. RIDEAL, B. M. W. TRAPNELL: J. Chim. physique Physico-Chim. biol. **47** (1950), 126; Discuss. Faraday Soc. **8** (1950), 114.

[3] D. D. ELEY, E. K. RIDEAL: Proc. Roy. Soc. (London), Ser. A **178** (1949), 429.

[4] N. P. KURIN, I. O. BLOCH: J. angew. Chem. URSS **11** (1938), 734; C 39 II, 4429.

[5] H. S. TAYLOR: Chem. Rev. **9** (1931), 1; C 32 I, 3027.

Adsorption aufzuwendenden Aktivierungsenergie (s. a. M. POLANYI[1], besonders[2]). Ähnliches gilt für die Ammoniakzersetzung an Eisen bei tieferen Temperaturen (P. H. EMMETT und ST. BRUNAUER[3]), wo die Zersetzung des „Oberflächennitrids" die Geschwindigkeit bestimmt (s. S. 352) und wo daher ebenfalls die Summe der Adsorptionswärme des Stickstoffs (34 ÷ 40 kcal/Mol) und der Aktivierungsenergie seiner aktivierten Adsorption (15 ÷ 17 kcal/Mol) gleich der scheinbaren Aktivierungsenergie des Zerfalls (45 kcal/Mol) ist. Ferner ist klar, daß alle unsere Überlegungen nur für einfache, d. h. nach einer einzigen chemischen Formel verlaufende Reaktionen gelten; über Folgereaktionen an Katalysatoren und ihren Temperaturkoeffizienten in Beziehung zu den Aktivierungswärmen der einzelnen Stufen s. H. DOHSE[4].

2. Der Wert der Aktivierungswärme.

Hat man nach den angegebenen Prinzipien die wahre Aktivierungswärme einer katalytischen Reaktion ermittelt, so kann man sich fragen, inwieweit dieser Wert theoretischen Vorstellungen entspricht bzw. zu theoretischen Schlußfolgerungen berechtigt. Es ist das dieselbe Frage, die wir hinsichtlich der Häufigkeitszahl oben (S. 185, 196) gestellt und beantwortet haben. Während dort immerhin mehr oder weniger allgemeine Antworten möglich waren, ist hinsichtlich der Aktivierungswärme, in der sich alle Eigenheiten des Katalysators aussprechen, eine solche Antwort nur unter eingehender Berücksichtigung seiner chemischen und physikalischen Eigenschaften möglich. Die Lage ist also umgekehrt, als man noch vor zwei Jahrzehnten erwartet hätte. Die Fragestellung geht nach zwei Richtungen: Einmal interessiert ganz allgemein der Grund für die Herabsetzung der Aktivierungswärme durch Katalyse — Überlegungen, die letzten Endes zu einer ungefähren Voraussage katalytischer Aktivierungswärmen führen sollten, wenn die Natur des Katalysators mit erfaßt wird —, andrerseits die mehr vergleichende Frage, von welchen Faktoren die Aktivierungswärme innerhalb vergleichbarer Gruppen von Katalysen beeinflußt wird.

Gehen wir zunächst auf die erste Frage nach dem Absolutwert katalytischer Aktivierungswärmen ein, so muß eine allgemeine und physikalisch zu begründende Antwort aus den Ansätzen der Wellenmechanik über homöopolare und polare Bindungen und ihre Überlagerung abgeleitet werden; sind doch bei allen praktisch in Frage kommenden heterogenen Katalysen sowohl die Bindungen innerhalb der Substratmolekeln als auch die Bindungen der aktivierten Adsorption der Substrate am Katalysator als von der Art chemischer Hauptvalenzen anzusprechen. Im ersten Bande dieses Handbuches[5] ist die Entwicklung der Theorie der Aktivierungswärme homogener Reaktionen bis zu ihren ersten Anwendungen auf die heterogene Katalyse eingehend dargestellt worden, kürzer auch von G.-M. SCHWAB, H. S. TAYLOR und R. SPENCE[6], unter stärkerer Berücksichtigung der heterogenen Katalyse. Wir können uns daher hier darauf beschränken, den allgemeinen Entwicklungsgang nochmals anzudeuten und einige neuere, besonders auf unser Gebiet bezügliche Literaturstellen einzuschalten.

---

[1] M. POLANYI: J. Soc. chem. Ind., Chem. and Ind. **54** (1935), T 123; C 35 II, 3353.
[2] M. POLANYI: Sci. J. Roy. Coll. Sci. **7** (1937), 21; C 38 I, 815.
[3] P. H. EMMETT, ST. BRUNAUER: J. Amer. chem. Soc. **55** (1933), 1738; C 33 I, 3689.
[4] H. DOHSE: Z. physik. Chem., Abt. B **12** (1931), 364; C 31 II, 379.
[5] H. MARK, R. SIMHA: Dieses Handbuch Bd. I, S. 214ff. Wien, 1941.
[6] G.-M. SCHWAB, H. S. TAYLOR, R. SPENCE: Catalysis etc., S. 243ff. New York, 1937.

M. POLANYI[1] hat schon 1921 die Arbeitshypothese aufgestellt, daß der aktivierte Zustand gewisser chemischer Reaktionen in freien Atomen besteht und daß insbesondere bei der heterogenen Katalyse die Adsorption an der Oberfläche die Atomdissoziation und damit die Aktivierung deshalb erleichtert, weil die Atome erheblich höhere Adsorptionswärmen aufweisen als die Molekeln. Einer der Verfasser und andere Autoren konnten auf dieser Grundlage mit Hilfe roher Schätzungswerte tatsächlich erstmals heterogene Aktivierungswärmen grobquantitativ berechnen und bestätigen. Der Grund ist, daß die „Adsorptionswärme" der Atome in Wahrheit die Wärmetönung einer chemischen Bindung von der Größenordnung von 50 kcal/Mol darstellt, während die Energie der physikalischen Adsorption in der Größenordnung von 5 kcal/Mol bleiben muß, was auch durch ihre wellenmechanische Berechnung nach der Resonanztheorie (H. MARGENAU, W. G. POLLARD[2]) bestätigt wird.

Die erwähnten Schätzungswerte konnten erst durch strengere Annahmen ersetzt werden, als die Wellenmechanik dazu verwandt wurde, die chemische Bindung mit Hilfe des Resonanzbegriffes zu beschreiben. F. LONDON[3] hat auf dieser Grundlage zuerst die Aktivierungsenergie von Reaktionen des Typs:

$$A + BC \longrightarrow AB + C$$

abschätzen können, mit dem Ergebnis, daß sie höchstens ein Siebentel der Trennungsarbeit der Bindung $B-C$ ausmacht. Dies ist nach S. ROGINSKY[4] die Ursache dafür, daß die nach erster Ordnung verlaufende Atomrekombination an Metalloberflächen[5] fast ohne Aktivierungswärme verläuft; sie ist ja vom Typ:

$$\mathrm{H} + \mathrm{MeH} \longrightarrow \mathrm{Me} + \mathrm{H}_2 .$$

H. EYRING und M. POLANYI[6] haben diese Überlegungen verschärft und allgemeinerer Anwendung zugeführt durch Einführung bestimmter halbempirischer Potentialfunktionen (MORSE-Funktion) für die drei einzelnen interatomaren Bindungsenergien. Sie konnten so erstmals eine Aktivierungswärme, die der Reaktion

$$\mathrm{H} + \mathrm{H}_2\,(\mathrm{para}) \longrightarrow \mathrm{H}_2\,(\mathrm{ortho}) + \mathrm{H},$$

theoretisch vorausberechnen[7]. J. O. HIRSCHFELDER[8] zeigt allerdings später, daß bei der Näherungsannahme der Bindungsenergie Null für $A-C$ die genaue Gestalt der MORSE-Funktion viel weniger Einfluß hat als die Größe der Bindungsenergie selbst und daß dann allgemein die Aktivierungsenergie 5,5 % der Bindungsenergie $B-C$ beträgt (also weniger als nach LONDON). Als nächsten Schritt ging dann H. EYRING[9] dazu über, auch vieratomige Systeme, also Reaktionen des Typs

$$AB + CD \longrightarrow AC + BD$$

nach denselben Grundsätzen zu behandeln (s. a. H. EKSTEIN und M. POLANYI[10],

[1] M. POLANYI: Z. Elektrochem. angew. physik. Chem. **27** (1921), 143.

[2] H. MARGENAU, W. G. POLLARD: Physic. Rev. (2) **60** (1941), 128. — W. G. POLLARD: ebenda 578; C 42 I, 977.

[3] F. LONDON: Z. Elektrochem. angew. physik. Chem. **35** (1929), 552.

[4] S. ROGINSKY: Acta physicochim. URSS **1** (1934), 473; C 35 I, 3115.

[5] L. v. MÜFFLING: Dieses Handbuch Bd. VI, S. 94ff. Wien, 1943.

[6] H. EYRING, M. POLANYI: Z. physik. Chem., Abt. B **12** (1931), 279.

[7] E. CREMER: Dieses Handbuch Bd. I, S. 353ff. Wien, 1941.

[8] J. O. HIRSCHFELDER: J. chem. Physics **9** (1941), 645; C 42 I, 1714.

[9] H. EYRING: J. Amer. chem. Soc. **53** (1931), 2537.

[10] H. EKSTEIN, M. POLANYI: Z. physik. Chem., Abt. B **15** (1932), 334; C 32 I, 1622.

die diese Betrachtungen zuerst auf Katalysatoratome als Teilnehmer erweitern). EYRING konnte so verschiedene Eigenheiten der Wasserstoff-Halogen-Reaktionen[1] aus optischen Daten heraus erklären. J. O. HIRSCHFELDER[2] gibt auch für diesen Fall eine vereinfachte Behandlung an, wonach die Aktivierungsenergie 28 % der Summe der Energien der zu spaltenden Bindungen $A-B$ und $C-D$ beträgt. Die Berechnung der Aktivierungsenergie als 5,5 % der zu spaltenden Me—H-Bindung gibt bei der Wasserstoffrekombination an freien Metalloberflächen nach K. E. SHULER und K. J. LAIDLER[3] die experimentellen Werte sehr gut wieder. Hier läßt sich die Aktivierungsenergie auch noch auf eine andere empirische Art aus der „Desorptionstemperatur" des Wasserstoffs ermitteln. S. KUME und K. OTOZAI[4] gehen von der Vorstellung aus, daß der Bindungsabstand zweier Atome im aktivierten Komplex gleich dem Atomabstand am Wendepunkt ihrer Potentialkurve ist, wobei von mehreren möglichen Bindungszuständen derjenige mit dem Energieminimum bevorzugt wird. Ihre berechneten Aktivierungsenergien stimmen mit den experimentellen Daten folgender Reaktionen gut überein: Addition von Halogen an Äthylen, Reaktion zwischen Halogen und Natrium, Adsorption von Wasserstoff an Nickel, Äthylen an Nickel und Wasserstoff an Kupfer. Für die Hydrierung des Äthylens sind die berechneten Werte höher als die gemessenen.

Die Ausdehnung aller dieser Betrachtungen auf die heterogene Katalyse hat, wie schon an zwei Stellen angedeutet, so zu erfolgen, daß die Oberflächenatome des Katalysators wie freie Atome betrachtet und ihre Verbindungen mit isolierten Substratatomen (Radikalen) als „aktivierte" Zwischenzustände aufgefaßt werden, deren Bildungsenergie zu berechnen ist. Im Sinne unserer bisher angewandten Ausdrucksweisen und Vorstellungen bedeutet dann das möglicherweise, aber nicht beweisbar, vorgelagerte Adsorptionsgleichgewicht eine VAN DER WAALSsche Adsorption, deren Übergang in „aktivierte" Adsorption als Atomdissoziation unter Bindung der Atome an den Katalysator aufgefaßt werden muß. Nach Andeutungen von H. EKSTEIN und M. POLANYI[5] haben diesen Übergang zur heterogenen Katalyse zuerst A. SHERMAN und H. EYRING[6] durchgeführt. Sie gelangten zu einer Abschätzung der Aktivierungsenergie der aktivierten Adsorption von Wasserstoff an Kohle[7] und von da aus zu bestimmten Aussagen über den Mechanismus der Hochtemperaturumwandlung von Para-Wasserstoff. A. SHERMAN, C. E. SUN und H. EYRING[8] haben die Hydrierung von Benzol zu Cyclohaxadien an Nickel nach diesen Gesichtspunkten behandelt. Die Adsorptions- und Reaktionsenthalpien ließen sich auch dann gut berechnen, wenn nur die Austauschintegrale der Elektronen der nächsten Nachbarn berücksichtigt wurden. Für die Berechnung der Aktivierungsenergie wurde das System Wasserstoff—Benzol als 8-Elektronen-Problem behandelt, wobei nur qualitative Ergebnisse mit experimentellen Werten übereinstimmten. Das umfangreiche Material der Äthylenhydrierung an Nickel (und anderen Metallen) wurde von H. EYRING, C. B. COLBURN und B. J. ZWOLINSKI[9] nach quantenmechanischen

---

[1] M. BODENSTEIN, W. JOST: Dieses Handbuch Bd. I, S. 267ff. Wien, 1941.
[2] J. O. HIRSCHFELDER: J. chem. Physics **9** (1941), 645; C 42 I, 1714.
[3] K. E. SHULER, K. J. LAIDLER: J. chem. Physics **17** (1949), 1212.
[4] S. KUME, K. OTOZAI: J. chem. Physics **2** (1934), 581; Bull. chem. Soc. Japan **24** (1951), 257, 262. — K. OTOZAI: Sci. Pap. Osaka Univ. (1951), Nr. 20, 1; C 53, 2240.
[5] H. EKSTEIN, M. POLANYI: Z. physik. Chem., Abt. B **15** (1932), 334; C 32 I, 1622.
[6] A. SHERMAN, H. EYRING: J. Amer. chem. Soc. **54** (1932), 2661.
[7] H. MARK, R. SIMHA: Dieses Handbuch Bd. I, S. 231. Wien, 1941.
[8] A. SHERMAN, C. E. SUN, H. EYRING: J. chem. Physics **3** (1935), 49; C 36 II, 286.
[9] H. EYRING, C. B. COLBURN, B. J. ZWOLINSKI: Discuss. Faraday Soc. 8 (1950), 39; C 51 I, 2406.

Gesichtspunkten ausgewertet. Wenn bei gleichzeitiger Adsorption von H_2 und C_2H_4 (letzteres wird stärker adsorbiert) an der Nickeloberfläche der aktivierte Komplex in einem gerade von zwei Gitterpunkten desorbierten Äthan besteht, ergibt sich ein Wert für die Aktivierungsenergie, der mit dem Experiment gut übereinstimmt. E. K. RIDEAL[1] zeigt, daß das gewählte Bild der homöopolaren Bindung an Katalysatoratome gerade bei Hydrierungsreaktionen die relativ kleinen q-Werte neben relativ hohen λ-Werten und daher bei hohen Temperaturen negativen Temperaturkoeffizienten (s. S. 248) verständlich erscheinen läßt. A. MACCOLL[2] führt für eine Molekel mit entkoppelten π-Elektronen am C-Atom den Begriff der Reaktionsstruktur ein. Für die Hydrierung von Äthylen, konjugierter und aromatischer Systeme gelingt ihm die qualitative Erklärung für die Bereitschaft zur katalytischen Hydrierung.

Mit den genannten Arbeiten ist ein allgemeiner Rahmen gegeben, innerhalb dessen sich in der Zukunft die quantitative Erfassung der heterogenen Aktivierungswärmen vollziehen wird. Wie man sieht, liegt aber noch nicht sehr viel quantitatives Material speziell an berechneten heterogenen Aktivierungswärmen vor. Der Grund ist klar: MORSE-Funktionen für Bindungen wie Me-H oder Me-C sind natürlich nicht bekannt, und so kann die exakte Überlagerung der verschiedenen Resonanzenergien in der Katalysatoroberfläche nicht vollzogen werden. Es ist daher hier besonders wertvoll, daß innerhalb der für unsere Probleme vorläufig allein anzustrebenden Genauigkeit die exakte Kenntnis solcher Potentialfunktionen nicht erforderlich ist, sondern daß im wesentlichen die Aktivierungsenergie nur von den einzelnen Bindungsenergien beeinflußt wird (J. O. HIRSCHFELDER[3]). Deshalb haben zu breiteren Erfolgen als alle quantenmechanischen Rechnungen die rein chemischen Betrachtungen von A. A. BALANDIN geführt, der (insbesondere[4]) für ganze Gruppen von Reaktionen die Abstufung der Aktivierungswärmen richtig wiedergeben konnte, indem er die Bindungsenergien der zu lösenden Bindung in der Substratmolekel und der zu schließenden Bindungen Substratatom-Katalysatoratom einfach algebraisch überlagert. Es ist zu erwarten, daß mit empirischen Faktoren von der Art der HIRSCHFELDERschen noch genauere Übereinstimmung zu erzielen sein würde. Auf diesen Unterschied weist A. A. BALANDIN[5] selbst hin in einer Zusammenfassung, die seine ganze Theorie im Zusammenhang darstellt. Dieselben Grundgedanken liegen auch der W. FRANKENBURGERschen[6] Deutung der Ammoniaksynthese an verschiedenen Kontakten zugrunde, nach der die Umsetzung aktiviert adsorbierten Stickstoffs mit Wasserstoff unter geringem Energieaufwand vor sich gehen muß (s. S. 351f.).

M. POLANYI[7] vertritt einen abweichenden Standpunkt, der hauptsächlich für geschwindigkeitsbestimmende aktivierte Adsorption (Wasserstoff-Deuterium-Austausch, Parawasserstoff-Umwandlung) Geltung haben soll: Hier soll die Aktivierungswärme einer endothermen aktivierten Adsorption, bestehend aus ihrer endothermen Wärmetönung, vermehrt um eine eigentliche Aktivierungsenergie, gleich der scheinbaren Aktivierungsenergie sein. Die Abweichung von den geltenden Anschauungen besteht darin, daß hier der aktivierte Zustand seinerseits über einen Aktivierungsschritt erreicht wird.

---

[1] E. K. RIDEAL: Proc.-Cambridge philos. Soc. **35** (1939), 130; C 39 II, 1629.

[2] A. MACCOLL: Nature **163** (1949), 138.

[3] J. O. HIRSCHFELDER: J. chem. Physics **9** (1941), 645; C 42 I, 1714.

[4] A. A. BALANDIN: Z. physik. Chem., Abt. B **3** (1939), 167.

[5] A. A. BALANDIN: Acta physicochim. URSS **14** (1941), 223; C 41 II, 446.

[6] W. FRANKENBURGER: Z. Elektrochem. angew. physik. Chem. **39** (1933), 269; C 34 II, 2791.

[7] M. POLANYI: J. Soc. chem. Ind., Chem. and Ind. **54** (1935), T 123; C 35 II, 3353; Sci. J. Roy. Coll. Sci. **7** (1937), 21; C 38 I, 815.

Wie aus dem vorhergehenden hervorgeht, sind die Unterlagen für eine einigermaßen exakte quantitative Berechnung der Aktivierungsenergie aus spektroskopischen oder kalorimetrischen Daten meist nicht vollständig vorhanden. Dagegen gibt die Theorie jetzt schon ein Bild davon, von welchen Eigenschaften der Substrate und der Katalysatoren die Aktivierungsenergie abhängen muß, und dadurch wird der Weg für vergleichende Untersuchungen ungleich größerer Genauigkeit eröffnet, als sie die Absolutberechnungen besitzen können.

Es erscheint an dieser Stelle notwendig, auf einen prinzipiellen Unterschied zwischen den quantenmechanisch berechneten Aktivierungsenergien und den experimentellen hinzuweisen. Die aus der Bindungsenergie mit Hilfe von Potentialfunktionen errechneten Aktivierungsenergien beziehen sich auf Standardzustände am absoluten Nullpunkt, die experimentell ermittelten auf Reaktionstemperaturen und allgemein nicht standardisierte Zustände. In einer allgemeinen thermodynamischen Darstellung (s. z. B. M. KILPATRICK: Dieses Handbuch Bd. I, S. 234) ist die Freie Aktivierungsenergie durch die chemischen Potentiale des adsorbierten ($\mu_{\text{ads.}}$) und des aktivierten ($\mu_{\text{akt.}}$)-Zustandes gegeben:

$$q = \mu_{\text{akt.}} - \mu_{\text{ads.}}\,.$$

Strenggenommen handelt es sich dann nicht mehr um q, jedoch macht sich der Unterschied zwischen der Freien Aktivierungsenergie und der Aktivierungswärme nur im Häufigkeitsfaktor geltend. (F. E. C. SCHEFFER und P. KOHNSTAMM[1] stellen die Geschwindigkeitskonstante als eine von der Energie ε und Entropie S abhängige Größe dar, etwa:

$$\ln k = -\frac{\varepsilon_{\text{akt.}} - \varepsilon_{\text{ads.}}}{RT} + \frac{S_{\text{akt.}} - S_{\text{ads.}}}{R} + C\,.)$$

Damit ist natürlich bei unterschiedlichem Gang der spezifischen Wärmen mit einer Temperaturabhängigkeit der Aktivierungsenergie zu rechnen, aber eine Umrechnung der quantenmechanisch ermittelten Aktivierungsenergie auf experimentelle Verhältnisse ist nur näherungsweise möglich. Nach Ansicht von S. GLASSTONE, K. J. LAIDLER und H. EYRING[2] sind die dabei zu erwartenden Abweichungen jedoch vernachlässigbar gering. J.-M. DUNOYER[3] untersucht, von der EYRINGschen Theorie ausgehend, wenigstens qualitativ diese Änderungen der Aktivierungsenergie mit der Temperatur. Bei einfachen Reaktionen, z. B. $H_2 + Cl = HCl + H$ und $H_2 + J_2 = 2\,HJ$, sollen die EYRINGschen Ansätze hinreichend sein, während bei komplizierteren Molekelreaktionen keine so gute Übereinstimmung zu erwarten ist.

J. E. GERMAIN[4] rechnet mit einer stark temperatur- und konzentrationsabhängigen Aktivierungsenergie q und leitet für die empirische Aktivierungsenergie q_e (wie sie aus der ARRHENIUSschen Gleichung gewonnen wird) folgende Beziehung ab:

$$q_e = 1/N \int_0^N \frac{[q - T\,(\partial q/\partial T)]\,\exp.\,(q/RT)\,dN}{\exp.\,(q/RT)}\,.$$

Das Größenverhältnis zwischen den Gliedern $T\,(\partial q/\partial T)$ und q entscheidet darüber, ob q_e klein oder groß (oder sogar negativ!) wird. (Es soll sich, wenn diese

[1] F. E. C. SCHEFFER, P. KOHNSTAMM: Proc., Kon. Akad. Wetensch. Amsterdam **13** (1911), 799; **15** (1915), 1109.

[2] S. GLASSTONE, K. J. LAIDLER, H. EYRING: The Theory of Rate Processes, S. 99 und S. 194. New York und London: McGraw-Hill. 1941.

[3] J.-M. DUNOYER: C. R. hebd. Séances Acad. Sci. **230** (1950), 840; C 53, 9415.

[4] J. E. GERMAIN: J. Chim. physique Physico-Chim. biol. **51** (1954), 263.

Beziehung auf den Chemisorptionsvorgang bezogen wird, eine andere Erklärung für die TAYLORschen Adsorptionsversuche[1] ergeben als durch die Heterogeneität der Oberfläche.) Auch R. SUHRMANN[2] hält eine stärkere Temperaturabhängigkeit der Aktivierungsenergie (und Abhängigkeit von der Besetzungsdichte in der Oberfläche) für möglich, die dann umstrittene Gesetzmäßigkeiten der heterogenen Katalyse, z. B. die Θ-Beziehung, erklären könnte.

Über die Aufteilung der Aktivierungsenergie in ein Enthalpie- und ein Entropieglied glaubt L. J. OOSTERHOFF[3] soviel mit Sicherheit sagen zu können, daß während der Adsorption und Ausbildung eines aktivierten Komplexes eine Entropieverminderung auftreten muß, so daß also die Entropieänderung der Reaktion entgegenwirkt. Nur in den Fällen, in denen bei der Bildung des aktivierten Komplexes eine Bindungslockerung oder Dissoziation erfolgt, braucht dies nicht zu gelten. Allgemein soll die Aktivierungsentropie besonders bei denjenigen Reaktionen von Bedeutung sein, bei denen homogene und heterogen katalysierte Reaktion über sehr unterschiedliche Zwischenstoffe verlaufen. Auch A. E. STEARN, H. P. JOHNSTON und C. R. CLARK[4] kommen zu dem Ergebnis, daß die Aktivierungsentropie bei gewissen Reaktionen von größerem Einfluß auf die Gesamtreaktion sein kann als die Enthalpie.

Wir wollen jetzt die Frage betrachten, welche *Eigenschaften des Substrats* von Einfluß auf die Aktivierungsenergie sein können.

Da ist zunächst die *Nullpunktsenergie* zu nennen, deren Einfluß auf die Aktivierungsenergie, getrennt von allen anderen chemischen Einflüssen, durch die Untersuchung von Isotopenreaktionen erforscht werden kann. Wir verweisen hierfür auf die Materialsammlung von K. H. GEIB in diesem Handbuch[5] und wollen hier nur zwei Beispiele herausgreifen: Einmal die Spaltung von Ammoniak und Deutero-Ammoniak an Wolfram (J. C. JUNGERS und H. S. TAYLOR[6]; R.M. BARRER[7]), wo ein Unterschied von 0,9 kcal/Mol in der Nullpunktsenergie der Substrate die gefundenen Unterschiede der Temperaturkoeffizienten erklärt. Zweitens die Knallgas-Reaktion an Palladium mit leichtem und schwerem Wasserstoff (T. TUCHOLSKI[8]): Hier wird für die Differenz der Aktivierungsenergien 0,8 kcal/Mol gefunden, während die Differenz der Nullpunktsenergien der beiden Wasserstoffarten 1,8 kcal/Mol beträgt, also etwa das Doppelte. Die Abweichung kommt aber daher, daß hiervon der Unterschied in der Nullpunktsenergie der beiden aktiven Zustände, also der Verbindungen Pd-H, abgezogen werden muß, der je Bindung etwa 0,7 kcal/Mol beträgt, womit fast völlige Übereinstimmung besteht, wenn man bedenkt, daß ja die Aktivierung nicht in völliger Spaltung der H-H-Bindungen zu bestehen braucht. K. SCHÄFER[9] weist darauf hin, daß die Berechnung der Reaktionen mit Hilfe unterschiedlicher Nullpunktsenergien aber keineswegs immer befriedigend ist; auch gibt es unerwartete experimentelle Befunde. Während bei der physikalischen Adsorption das schwere Isotop stets stärker adsorbiert wird, wird bei der Chemisorption, z. B. von Wasserstoff an Cu und Zn-Mo-Oxyden auch das Gegenteil beobachtet. Ein weiteres Beispiel

---

[1] H. S. TAYLOR: Advances in Catalysis, Vol. I, S. 1. New York, 1948.
[2] R. SUHRMANN: Z. Elektrochem. angew. physik. Chem. **53** (1949), 274 (Diskussionsbemerkung).
[3] L. J. OOSTERHOFF: Chem. Weekbl. **47** (1951), 406.
[4] A. E. STEARN, H. P. JOHNSTON, C. R. CLARK: J. chem. Physics **7** (1939), 970.
[5] K. H. GEIB: Dieses Handbuch Bd. VI, S. 46ff. Wien, 1943.
[6] J.C. JUNGERS, H. S. TAYLOR: J. Amer. chem. Soc. **57** (1935), 679; C 36 I, 707.
[7] R. M. BARRER: Trans. Faraday Soc. **32** (1936), 490; C 36 I, 3258.
[8] T. TUCHOLSKI: Roczniki Chem. **17** (1937), 284, 340, s. a. Z. physik. Chem., Abt. B **40** (1938), 333; C 38 I, 3425.
[9] K. SCHÄFER: Angew. Chem., Ausg. A **59** (1947), 42.

hierfür ist die Tatsache, daß deuteriertes Äthylen an Nickel unter Umständen leichter hydriert wird als normales Äthylen.

Eine andere Eigenschaft der Substrate, mit der die Aktivierungswärme der heterogenen Katalyse in Zusammenhang stehen muß, ist die *Aktivierungsenergie der homogenen Reaktion*. Allgemein wird diese höher sein, denn darin besteht ja das Wesen der Reaktionsbeschleunigung. Man könnte aber versuchen, allgemeine Beziehungen zwischen beiden Größen aufzufinden; die Differenz beider muß ja die Adsorptionswärme des aktivierten Zustands sein (G.-M. SCHWAB[1]). Da nun diese die Wärmetönung einer Atombindung ist und andrerseits die homogene Aktivierung im Extremfall die völlige Lösung von zwei Atombindungen voraussetzt, kommt man zu einer ganz rohen Faustregel, wonach die heterogene Aktivierungswärme die Hälfte der homogenen sein sollte. Diese Regel ist mehrmals bestätigt, so für den Jodwasserstoff-Zerfall an Gold (C. N. HINSHELWOOD, C. R. PRICHARD[2]), die Chlorierung von Butan an $CuCl_2$-SiO_2 (L. H. REYERSON, S. YUSTER[3]), die Zersetzung der Ameisensäure (A. REIS und E. GLÜCKAUF[4]) und für die Äthylenhydrierung an Nickel (R. N. PEASE[5] und O. BEECK[6]). Die Regel ist natürlich ganz roh; schon der Ansatz mit 28 % der zu spaltenden Bindungen (s. S. 219) dürfte eine bessere Näherung darstellen, und vor allem nehmen beide keinerlei Rücksicht auf die Natur des Katalysators, wie dies die Überlegungen BALANDINS tun. Qualitativ jedoch darf man wohl die Herabsetzung um Beträge von der Größenordnung chemischer Bindungswärmen als ein Kriterium der Adsorptionskatalyse auffassen. Wenn dagegen die Aktivierungswärme *gleich* der der homogenen Reaktion gefunden wird, wie z. B. bei der Äther-Zersetzung an Wolfram und Platin bei 700 ÷ 1000° (H. A. TAYLOR und M. SCHWARTZ[7]) und allgemein bei der Zersetzung organischer Molekeln an heißen Drähten (E. W. R. STEACIE und H. A. REEVE[8]), muß geschlossen werden, daß der „Katalysator" überhaupt nicht als solcher, sondern nur als warmer Reaktionsort, allenfalls noch als Verdichter, wirkt. Und wenn gar, wie bei dem Zerfall von Propionaldehyd oder Acetylen an Platin bei 820 ÷ 935° (E. W. STEACIE und R. MORTON[9]; E. W. R. STEACIE und H. A. REEVE[10]), die heterogene Reaktion fast die doppelte Aktivierungswärme der homogenen aufweist, darf man wohl den Katalysator als Auslöser einer Kettenreaktion mit temperaturabhängiger Kettenlänge ansehen oder einen stark temperaturabhängigen Akkommodationskoeffizienten annehmen.

In viel genauerer Weise läßt sich der Zusammenhang der Aktivierungswärme mit der *Konstitution des Substrats* erkennen. Zuerst hat H. DOHSE[11] solche systematische Zusammenhänge gefunden: Von einem extrapolierten Wert von 36,5 kcal/Mol aus für die Dehydratisierung von Methanol an Bauxit lassen sich die Aktivierungswärmen aller anderen aliphatischen Alkohole, verzweigter und geradkettiger, bis zum *i*-Amylalkohol richtig vorausberechnen, wenn man für jedes in α-Stellung hinzukommende *C*-Atom 5,5 kcal/Mol, in β-Stellung 2,5 kcal/Mol und in γ-Stellung 0,5 kcal/Mol abzieht. Die so bis zum *i*-Amylalkohol eingetretene

[1] G.-M. SCHWAB: Katalyse usw., S. 170. Berlin, 1931.
[2] C. N. HINSHELWOOD, C. R. PRICHARD: J. chem. Soc. (London) **127** (1925), 1552.
[3] L. H. REYERSON, S. YUSTER: J. physic. Chem. **39** (1935), 1111; C 37 I, 1121.
[4] A. REIS, E. GLÜCKAUF: Z. Elektrochem. angew. physik. Chem. **39** (1933), 607; C 33 II, 1469.
[5] R. N. PEASE: J. Amer. chem. Soc. **54** (1932), 1876.
[6] O. BEECK: Rev. mod. Physics **17** (1945), 61.
[7] H. A. TAYLOR, M. SCHWARTZ: J. physic. Chem. **35** (1931), 1044; C 31 I, 2967.
[8] E. W. R. STEACIE, H. A. REEVE: Trans. Roy. Soc. Canada III (3) **26** (1932), 75; C 33 II, 2633.
[9] E. W. R. STEACIE, R. MORTON: Canad. J. Res. **4** (1931), 582; C 32 I, 342.
[10] E. W. R. STEACIE, H. A. REEVE: J. physic. Chem. **36** (1932), 3074; C 33 I, 3045.
[11] H. DOHSE: Z. physik. Chem., Bodenstein-Band (1931), 533; C 31 II, 2269.

Veränderung geht auf 17,5 kcal/Mol, einen Wert, der dem Experiment noch völlig entspricht. Modellmäßig wird aus der Abstufung der Inkremente auf das Kraftgesetz $E \sim r^{-3}$ zurückgeschlossen und so die Änderung als eine Induktionswirkung erklärt. A. BORK und A. A. TOLSTOPJATOWA[1] haben dann ganz ähnliche Gesetze auch für Aluminiumoxyd als Katalysator festgestellt, nur daß dort der Einfluß rascher mit der Entfernung abklingt, und I. J. ADADUROW und P. J. KRAINI[2] bestätigen die DOHSEschen Ergebnisse auch für die Katalysatoren W_2O_5 und ThO_2. A. BORK[3] konnte endlich auch bei der Dehydrierung der Alkohole eine solche Abhängigkeit der Aktivierungswärme von der Substitution der Alkohole nachweisen. Andere Reaktionen sind weniger konstitutionsabhängig. Die Reduktion von Alkylhalogeniden mit Wasserstoff an Kohle hat nach A. A. BALANDIN und W. W. PATRIKEJEW[4] eine von der Natur des Alkylrestes ganz unabhängige Aktivierungswärme, vielleicht weil hier die Aktivierung des Wasserstoffs oder die Desorption von HCl eine größere Rolle spielen als die Aktivierung der C-Cl-Bindung. Ebenso ist die Dehydrierung von Sechsringen an Träger-Nickel nach A. A. BALANDIN und A. RUBINSTEIN[5] in ihrer Aktivierungsenergie fast unabhängig von Substituenten, weil hier nur der Paßsitz des Ringes auf dem Sextett der Unterlage von Bedeutung ist. In allgemeinerer Weise begründen I. J. ADADUROW und J. G. SSEDASCHEWA[6] die Konstitutionsabhängigkeit der Hydrierung der Nitrotoluole von der Stellung der Nitrogruppe durch die Polarisierbarkeit der Molekel; sie finden nämlich die Aktivierungswärme um so geringer, je höher die elektrooptische KERR-Konstante des Substrats ist.

3. Aktivierungswärme und Katalysator.

Neben der soeben besprochenen Abhängigkeit der Aktivierungswärme von der Natur des Substrats steht eine solche von derjenigen des Katalysators. Eine solche muß natürlich vorhanden sein, wenn die Natur des angeregten Zustandes in an den Katalysator chemisch gebundenen Atomen bestehen soll, und wir haben auch gesehen, daß die Natur des Katalysators in die exakten Abschätzungen mit eingeht. Nur ganz grobe Näherungen, wie diejenige, die einfach die Hälfte der homogenen Aktivierungswärme einsetzt, können diesen wesentlichen Einfluß vernachlässigen. Andrerseits ist es gerade dieser Einfluß, der eine Absolutberechnung heterogener Aktivierungswärmen so erschwert, weil die Bindungsenergien der aktiven Zustände an aktiven Zentren unbekannten Energieinhalts nicht leicht vorausgesagt werden können. Dafür hat aber umgekehrt das Vorhandensein solcher Zusammenhänge ganz grundlegende Bedeutung für die Erforschung eben der Natur des Katalysators und der aktiven Zentren, vorläufig nicht unter Verwendung der Absolutwerte der Aktivierungswärme, aber beim Vergleich ihrer Veränderung durch Wechsel oder Beeinflussung des Katalysators. Es handelt sich hier um ein sehr weites und wichtiges Gebiet

---

[1] A. BORK, A. A. TOLSTOPJATOWA: Acta physicochim. URSS 8 (1938), 577, 591, 603; C 39 I, 3116f.

[2] I. J. ADADUROW, P. J. KRAINI: J. physic. Chem. URSS 5 (1934), 1132; C 35 I, 16; C 35 II, 2653.

[3] A. BORK: Acta physicochim. URSS 12 (1940), 899; C 42 I, 3184.

[4] A. A. BALANDIN, W. W. PATRIKEJEW: J. allg. Chem. URSS 11 (73) (1941), 225; C 42 I, 2233.

[5] A. A. BALANDIN, A. RUBINSTEIN: Wiss. Ber. Moskauer staatl. Univ. 2 (1934), 225; C 35 II, 1528.

[6] I. J. ADADUROW, J. G. SSEDASCHEWA: J. physic. Chem. URSS 12 (1938), 455; C 40 I, 2125.

mit einer Fülle von Erfahrungen, die sich auch heute noch nicht einheitlich darstellen lassen. Die Natur der katalytischen Verstärkerwirkung, wie sie zuerst von G.-M. SCHWAB und H. SCHULTES[1] mit Hilfe der Aktivierungsenergie charakterisiert wurde, hat besonders in den letzten Jahren seit 1940 durch die Festkörperphysik (Theorie der Metalle und Legierungen, Halbleiterphysik und Oberflächenuntersuchungen) wichtige neue Gesichtspunkte erhalten. Hier in unserem mehr die Reaktion in den Vordergrund rückenden Zusammenhang können wir uns nur auf einige besonders charakteristische Beispiele beziehen.

Ob die gesamte Oberfläche, soweit sie kristallographisch einheitlich ist, für eine katalytische Reaktion mit einheitlicher Aktivierungsenergie wirksam ist oder nur ein Teil derselben in Form aktiver Zentren, ließ sich bis jetzt nicht endgültig entscheiden. Einerseits wird behauptet, daß die allgemein mit zunehmender Oberflächenbeteiligung bei einer Reaktion abnehmende Wirksamkeit schon durch die geometrische und energetische Lage der Gitterbausteine in der Oberfläche bedingt sei, andrerseits, daß diese Einflüsse erst indirekt durch die gegenseitige Wechselwirkung der Molekeln in der Oberfläche induziert werden. Die erste Auffassung vertreten H. S. TAYLOR und Mitarbeiter[2] auf Grund ihrer Adsorptionsuntersuchungen, G.-M. SCHWAB[3] sowie E. CREMER und G.-M. SCHWAB[4] im Hinblick auf die Θ-Beziehung und F. H. CONSTABLE[5] bei der Erklärung von Vergiftungserscheinungen. Neuerdings haben besonders O. BEECK[6] sowie E. F. G. HERINGTON und E. K. RIDEAL[7] nachzuweisen versucht, daß die Vorstellung aktiver Zentren entbehrlich sei. A. EUCKEN[8] stellt sich bei seinen Untersuchungen über die Cyclohexenhydrierung gegen die Theorie der aktiven Zentren. H. J. ENGELL und K. HAUFFE[9] übertragen die SCHOTTKYsche Sperrschichttheorie der Halbleiter auf die Oberfläche eines Katalysators und eröffnen die Möglichkeit, auf diese Weise Änderungen der Aktivierungsenergie auch an einheitlichen Oberflächen zu erklären; ähnliche Überlegungen stammen von P. B. WEISZ[10] und M. BOUDART[11]. Ein zur Bestimmung der Aktivierungsenergie bedeutungsvolles Problem behandelt G. D. HALSEY[12]. Seiner Meinung nach besteht die Möglichkeit, daß Teilschritte mit hohem Energieaufwand nur an sehr aktiven Zentren verlaufen, während zur gleichen Zeit an weniger aktiven Zentren andere Teilschritte geschwindigkeitsbestimmend katalysiert werden. Dann soll nicht die wirkliche, höchste Aktivierungsenergie des einen, sondern ein Mittelwert mehrerer Teilschritte gemessen werden. G.-M. SCHWAB[13] kann jedoch nachweisen, daß der Einfluß auf die Kinetik und die Aktivierungsenergie auch dann nur gering ist, wenn erhebliche Änderun-

---

1 G.-M. SCHWAB, H. SCHULTES: Z. physik. Chem., Abt. B 9 (1930), 265.
2 H. S. TAYLOR: Advances in Catalysis, Vol. I, S. 1. New York, 1948.
3 G.-M. SCHWAB: Z. physik. Chem., Abt. B 5 (1929), 406.
4 E. CREMER, G.-M. SCHWAB: Z. physik. Chem., Abt. A 144 (1929), 243.
5 F. H. CONSTABLE: Proc. Cambridge philos. Soc. 22 (1925), 738.
6 O. BEECK: Rev. mod. Physics 7 (1945).
7 E. F. G. HERINGTON, E. K. RIDEAL: Trans. Faraday Soc. 40 (1944), 505.
8 A. EUCKEN: Z. Elektrochem. angew. physik. Chem. 54 (1950), 108; C 52, 6343.
9 H. J. ENGELL, K. HAUFFE: Z. Elektrochem. angew. physik. Chem. 57 (1953), 762.
10 P. B. WEISZ: J. chem. Physics 20 (1952), 1483; 21 (1953), 1531.
11 M. BOUDART: J. Amer. chem. Soc. 74 (1952), 3556; C 53, 5992; J. Amer. chem. Soc. 74 (1952), 1531; C 54, 1902.
12 G. D. HALSEY, JR.: J. chem. Physics 17 (1949), 758; C 50 II, 254; Discuss. Faraday Soc. 8 (1950), 88 (Diskussionsbemerkung).
13 G.-M. SCHWAB: Discuss. Faraday Soc. 8 (1950), 88.

gen in der Reaktionsgeschwindigkeit der einzelnen Teilschritte auftreten. Ist z. B. in der einfachen Reaktionsfolge:

$$A_{gas} \underset{2}{\overset{1}{\rightleftharpoons}} A_{ads.} \underset{3}{\longrightarrow} B_{ads.} \underset{5}{\overset{4}{\rightleftharpoons}} B_{gas}$$

mit dem Zeitgesetz:

$$v = \frac{k_1 \cdot k_3 \cdot k_4 \cdot [A]}{k_1 [A] (k_3 + k_4) + k_5 [B] (k_2 + k_3) + k_4 (k_2 + k_3)}$$

die Reaktion von $A_{ads.}$ zu $B_{ads.}$ sehr langsam ($k_3 \ll k_4,\ k_2$), so gilt:

$$v = \frac{k_3 \cdot b_A \cdot [A]}{1 + b_A [A] + b_B [B]},$$

während bei langsamer Desorption ($k_4 \ll k_3,\ k_2$)

$$v = \frac{k_4 \cdot b_A \cdot [A]}{b_A [A] + \frac{k_5}{k_3} [B] + \frac{k_4}{k_3} + \frac{k_4}{k_2}}$$

erhalten wird. In beiden Fällen werden für A eine gebrochene und für B eine negative und gebrochene Reaktionsordnung gemessen. An energetisch heterogenen Oberflächen muß für k_2, k_3 und k_4 ein Mittelwert erwartet werden. An den sehr aktiven Zentren werden k_3 größer, k_2 und k_4 kleiner sein als im Mittel. Da k_3 stets mit Desorptionskonstanten verknüpft ist, tritt also insgesamt eine Kompensation auf, die die angenäherte Gültigkeit der CONSTABLEschen Beziehung $\left[k = k_0 \exp. \frac{q}{h}\right]$ aufrecht erhält. Dies folgt auch aus dem bereits besprochenen Tatbestand (s. S. 180), nach dem Reaktion und Desorption kinetisch nicht unterscheidbar sind.

Nach Zusammenhängen zwischen den chemischen und physikalischen Eigenschaften eines Katalysators und seiner Aktivierungsenergie ist von verschiedenen Gesichtspunkten aus gesucht worden. A. A. BALANDIN[1] stellt eine deutliche Beeinflussung der Aktivierungsenergie der Dehydrierung von Cyclohexan von dem Katalysatormetall unter Anstieg in der Reihe Nickel-Palladium-Platin fest, was er bekanntlich auf eine wesentliche Rolle der Abstände im festen Gitter zurückführt. Auch E. C. PITZER und J. C. FRAZER[2] finden bei der CO-Oxydation eine bestimmte geometrische Anordnung in der Oberfläche von Oxydkatalysatoren als für die Reaktion notwendig. Ebenso bringt J. ECKELL[3] die Aktivitätsänderung von Fe_2O_3-Al_2O_3-Mischoxyden mit der beim Einbau von Al_2O_3 in das Gitter des Fe_2O_3 auftretenden Kontraktion der Elementarzelle in Zusammenhang. Auch G.-M. SCHWAB, R. STAEGER und H. H. VON BAUMBACH[4] können in der isomorphen Reihe MgO-CaO-SrO-(BaO) einen Gang der Aktivierungsenergie mit dem Gitterabstand auffinden. Wie aber besonders auch G.-M. SCHWAB und H. NOLLER[5] bei der Äthylchloridzersetzung an Halogeniden und Oxyden gezeigt haben, sollte man nicht den als nachweisbar geeigneten Gitterabstand

[1] A. A. BALANDIN: Z. physik. Chem., Abt. B **19** (1932), 451; C 33 I, 1893.
[2] E. C. PITZER, J. C. FRAZER: J. physic. Chem. **45** (1941), 761.
[3] J. ECKELL: Z. Elektrochem. angew. physik. Chem. **39** (1933), 807, 855; C 33 II, 3382; C 34 I, 653.
[4] G.-M. SCHWAB, R. STAEGER, H. H. VON BAUMBACH: Z. physik. Chem., Abt. B **21** (1933), 65; C 33 I, 2867.
[5] G.-M. SCHWAB, H. NOLLER: Z. Elektrochem. angew. physik. Chem. **58** (1954), 763.

als eigentliche Ursache der katalytischen Wirksamkeit betrachten, sondern damit in Zusammenhang stehende andere Eigenschaften, beispielsweise die in der Oberfläche herrschende Feldstärke.

Hinsichtlich des *Zustands* eines Einstoffkatalysators hat eine längere Reihe von Experimentalarbeiten von E. W. R. Steacie und E. M. Elkin[1] einerseits, I. E. Adadurow und P. D. Didenko[2] sowie G.-M. Schwab und H. H. Martin[3] andrerseits dazu geführt, daß eine Änderung der Aktivierungswärme beim Schmelzpunkt nicht zur Diskussion steht, weil schon unterhalb dieses keine aktiven Zentren mehr existieren. Die letztgenannten Autoren[4] finden aber auch bei Umwandlungspunkten fester Katalysatoren keine Diskontinuität der Aktivierungswärme, was sie auf Ähnlichkeiten in Teilchengröße und Gittertyp der jeweiligen beiden Modifikationen zurückführen. Dagegen findet G. Cohn[5] beim magnetischen Curie-Punkt einer Pd-Co-Legierung eine deutliche Änderung der Aktivierungswärme der Ameisensäuredehydrierung, die beim ferromagnetischen Zustand um 5 kcal/Mol kleiner ist als beim paramagnetischen[6]. Ähnliche Befunde erheben auch H. Spingler und O. Reinhard[7] an Nickel. Auch J. A. Hedvall und Mitarbeiter[8] finden eine starke Änderung der Aktivierungsenergie des N_2O-Zerfalls am Curie-Punkt. An Nickel ist sie unterhalb desselben praktisch null, erst oberhalb setzt merkliche Reaktion mit großer Aktivierungsenergie ein. Allerdings muß vermutet werden, daß dieser starke Einfluß durch die im Curie-Intervall beginnende Oxydation des Nickels zu dem aktiveren Nickeloxyd vorgetäuscht wird. Dementsprechend können G.-M. Schwab und H. Goetzeler[9] bei der Ameisensäuredehydrierung, der Knallgasreaktion, der N_2O-Reduktion und der Äthylenhydrierung an Nickel und Nickel-Chrom-Legierungen keine Änderung der Aktivierungsenergie am Curie-Punkt feststellen. Hier tritt lediglich eine vorübergehende Geschwindigkeitserhöhung im Curie-Intervall auf. Die Wirkung eines äußeren magnetischen Feldes untersuchten E. Justi und G. Vieth[10]. Bei der p-H_2-Umwandlung an ferromagnetischem Nickel wurde die Aktivierungsenergie teilweise irreversibel erhöht. Dieser Befund braucht nicht unbedingt als Widerspruch zu den vorhergenannten Ergebnissen der Ameisensäurezersetzung zu gelten, da die p-H_2-Umwandlung bei in starken Magnetfeldern aufgehobenen Übergangsverboten einem anderen Mechanismus folgen kann als Dehydrierungs- oder Hydrierungsreaktionen. An ferroelektrischen Umwandlungspunkten von Niobaten soll nach Parravano[11] eine Geschwindigkeitsanomalie der CO-Oxydation auftreten, wobei die Aktivierungsenergie unter- und oberhalb des ferroelektrischen Curie-Punktes dieselbe ist. A. I. Krasilshchikov und

[1] E. W. R. Steacie, E. M. Elkin: J. Amer. chem. Soc. **58** (1936), 691; C 36 II, 3756. — E. W. R. Steacie, E. M. Elkin: Canad. J. Res. **11** (1934), 47; C 35 I, 3247.

[2] I. E. Adadurow, P. D. Didenko: J. Amer. chem. Soc. **57** (1935), 2718; C 36 I, 2683.

[3] G.-M. Schwab, H. H. Martin: Z. Elektrochem. angew. physik. Chem. **43** (1937), 610; C 37 II, 3855.

[4] G.-M. Schwab, H. H. Martin: Z. Elektrochem. angew. physik. Chem. **43** (1937), 610; C 37 II, 3855; Z. Elektrochem. angew. physik. Chem. **44** (1938), 724; C 39 II, 1230.

[5] G. Cohn: Svensk kem. Tidskr. **52** (1940), 30, 49; C 40 I, 859.

[6] J. A. Hedvall: Dieses Handbuch Bd. VI, S. 623f. Wien, 1943.

[7] H. Spingler, O. Reinhard: Z. physik. Chem., Abt. A **190** (1942), 331; C 42 II, 2234.

[8] J. A. Hedvall, R. Hedin, O. Persson: Z. physik. Chem., Abt. B **27** (1934), 196.

[9] G.-M. Schwab, H. Goetzeler: Z. physik. Chem., N. F. **2** (1954), 1; **4** (1955), 148.

[10] E. Justi, G. Vieth: Z. Naturforsch. **8a** (1953), 538.

[11] G. Parravano: J. chem. Physics **20** (1952), 342.

L. G. ANTONOWA[1] berichten über einen Einfluß eines äußeren elektrischen Feldes bei der Knallgasreaktion an Silber, Palladium und Platin (zitiert bei M. BOUDART[1a]).

Wichtig erscheinen Unterschiede, die die Aktivierungsenergie bei Aktivitätsunterschieden in der Oberfläche zeigt. Wir verweisen hier auf den Artikel von G. F. HÜTTIG[2] und beschränken uns wieder auf einige Beispiele: G. RIENÄCKER[3] findet am Wismut eine Abnahme der Aktivierungswärme des Ameisensäurezerfalls beim Zerkleinern, eine Zunahme beim Tempern, am Silber (G. RIENÄCKER, H. BREMER und S. UNGER[4]) eine Abnahme bei Vorbehandlungstemperaturen über 600° und unterhalb eine Zunahme und beim Nickel eine Abnahme beim Ausglühen und Zunahme bei Kaltbearbeitung; den letzteren Befund können allerdings G.-M. SCHWAB und E. SCHWAB-AGALLIDIS[5] nicht bestätigen. Der N_2O-Zerfall an CuO wird nach E. CREMER und E. MARSCHALL[6] in seiner Aktivierungsenergie mit steigender Temperatur der Vorbehandlung stark (von 10 auf 40 kcal/Mol) heraufgesetzt. Diese Befunde werden gleichzeitig mit Leitfähigkeitsänderungen in Verbindung gebracht (s. S. 368). — G.-M. SCHWAB und H. H. NAKAMURA[7] haben die Verschiedenheiten der Aktivierungswärme des N_2O-Zerfalls an Präparaten geprüft, deren Energieinhalt samt den Ursachen seiner Erhöhung durch anderweitige FRICKEsche Messungen bekannt war. Sie finden bei Magnesiumoxyd mit steigender Vorerhitzung eine Zunahme der Aktivierungswärme in dem Maße, wie die ursprüngliche Gitterdehnung verschwindet. An Kupferoxyd tritt das Umgekehrte ein. Die Aktivierungswärme fällt hier mit der Vorerhitzung, die amorphes Material und Wasser beseitigt; diese wirken nämlich als die Aktivierungswärme erhöhende „anomale Verstärker", analog dem auf S. 366 behandelten Zusatz von Al_2O_3.

Bei katalytischen Oxydations- oder Reduktionsreaktionen wurde verschiedentlich nach Zusammenhängen mit der Oxydation oder Reduktion des Katalysators gesucht. G.-M. SCHWAB und G. DRIKOS[8] finden einen derartigen Zusammenhang mit der Reduktionsgeschwindigkeit des CuO bei der CO-Oxydation, J. ECKELL[9] erhebt einen ähnlichen Befund an Eisenoxyd. S. ROGINSKY und J. ZELDOWITSCH[10], G. PARRAVANO[11] und K. HAUFFE und A. RAHMEL[12] weisen jedoch darauf hin, daß die Reduktion der kompakten Phase selten durch die chemische Oberflächenreaktion bestimmt wird.

R. SCHENCK[13], G. RIENÄCKER[14] sowie H. J. ENGELL[15] versuchen, die Aktivierungsenergie der CO-Oxydation an Kupferchromit-Katalysatoren mit den Sauerstoffgleichgewichtsdrucken der Oxyde in Zusammenhang zu bringen. Danach soll der Katalysator bestrebt sein, dem Gasgemisch seinen Sauerstoff-

[1] A. I. KRASILSHCHIKOV, L. G. ANTONOWA: Ber. Akad. Wiss. UdSSR **91** (1953), 291; C. A. 1954, 8681.
[1a] M. BOUDART: Ind. Engng. Chem. **46** (1954), 888.
[2] G. F. HÜTTIG: Dieses Handbuch Bd. VI, S. 318ff. Wien, 1943.
[3] G. RIENÄCKER: Z. Elektrochem. angew. physik. Chem. **46** (1940), 369; C 41 I, 999.
[4] G. RIENÄCKER, H. BREMER, S. UNGER: Naturwiss. **39** (1952), 259.
[5] G.-M. SCHWAB, E. SCHWAB-AGALLIDIS: Ber. dtsch. chem. Ges. **76** (1943), 1228.
[6] E. CREMER, E. MARSCHALL: Mh. Chem. **82** (1951), 840; C 52, 4105.
[7] G.-M. SCHWAB, H. H. NAKAMURA: Ber. dtsch. chem. Ges. **71** (1938), 1755; C 38 II, 2226.
[8] G.-M. SCHWAB, G. DRIKOS: Z. physik. Chem., Abt. A **185** (1940), 405.
[9] J. ECKELL: Z. Elektrochem. angew. physik. Chem. **39** (1933), 807, 855; C 33 II, 3382; C 34 I, 653.
[10] S. ROGINSKY, J. ZELDOWITSCH: Acta physicochim. URSS **1** (1934), 554, 595.
[11] G. PARRAVANO: J. Amer. chem. Soc. **74** (1952), 1194.
[12] K. HAUFFE, A. RAHMEL: Z. physik. Chem., N. F. **1** (1954), 104.
[13] R. SCHENCK: Z. anorg. Chem. **260** (1949), 154.
[14] G. RIENÄCKER, R. BURMANN: Z. anorg. Chem. **258** (1949), 280.
[15] H. J. ENGELL: Z. anorg. allg. Chem. **276** (1954), 57.

druck aufzuprägen. Bei Hydrierungsreaktionen wurden Parallelitäten zwischen der Aktivierungsenergie und der Wasserstofflöslichkeit von Legierungskatalysatoren aufgefunden (W. HIMMLER[1] und C. WAGNER[2]). E. CREMER und R. KERBER[3] stellen fest, daß zwischen der elektrochemischen Überspannung bei der Wasserstoffionenentladung und der Aktivität für Hydrierungsreaktionen bei den Metallen Ni, Co, Cu und Cu-Zn- und Ni-Fe-Mo-Legierungen Parallelität herrscht. Schließlich sei hier noch auf die umfassenden Arbeiten von P. W. SELWOOD[4] über die Valenzinduktion (anomaler Wertigkeit in aufgewachsenen Schichten der Katalysatoroberfläche) und die dadurch bedingte Änderung der Aktivierungsenergie verwiesen.

Gehen wir jetzt zu *Mehrstoffkatalysatoren* über, so ist charakteristisch das Beispiel der Ammoniaksynthese und besonders -Spaltung an Eisen-Molybdän-Katalysatoren nach A. MITTASCH und E. KEUNECKE[5]: Die homogenen Einzelkomponenten und intermetallischen Phasen („Verbindungen") weisen Maxima, die heterogenen Eutektika Minima der Aktivierungswärme auf. Als weitere frühe Beispiele, in denen die Wirksamkeit solcher *heterogener Mischkatalysatoren* durch ihre Aktivierungswärme charakterisiert wurde, führen wir die Oxydgemische an, an denen G.-M. SCHWAB und H. SCHULTES[6] den Stickoxydulzerfall studiert haben und bei denen unter anderen Erscheinungen auch die soeben erwähnte Erscheinung der anomalen Verstärkung unter Erhöhung der Aktivierungswärme aufgefunden und von G.-M. SCHWAB und R. STAEGER[7] kinetisch untersucht wurde. I. J. ADADUROW und P. J. KRAINI[8] stellen sprunghafte Änderungen der Aktivierungswärme des Alkoholzerfalls an Aluminiumoxyd fest, wenn Kohle beigemischt wird.

Die *homogenen Mischkatalysatoren* traten in den Vordergrund des Interesses, als J. ECKELL[9] fand, daß die Oxydation von CO an Fe_2O_3 durch isomorphen Einbau von Al_2O_3 in ihrer Aktivierungswärme herabgesetzt wird, worin zunächst wieder ein Einfluß der Gitterkonstante gesehen wurde. Eine Sonderstellung nehmen die *Legierungen* als Katalysatoren ein. Von verschiedenen Seiten (G.-M. SCHWAB und W. BRENNECKE[10], G. RIENÄCKER und R. BURMANN[11], N. AGLIARDI[12], K. YOSHIKAWA[13]) wurde die besondere Hydrierungsaktivität von Kupfer-Nickel-Mischkristallen festgestellt. Systematische Messungen an *Mischkristallegierungen* hat jedoch erst G. RIENÄCKER mit seinen Mitarbeitern aus-

---

[1] W. HIMMLER: Z. physik. Chem. **195** (1950), 244, 253.

[2] C. WAGNER: Z. physik. Chem. **193** (1944), 386, 407.

[3] E. CREMER, R. KERBER: Z. Elektrochem. angew. physik. Chem. **57** (1953), 757; C 54, 2561.

[4] P. W. SELWOOD: Advances in Catalysis, Vol. III, S. 28. New York, 1951.

[5] A. MITTASCH, E. KEUNECKE: Z. physik. Chem., Bodenstein-Band (1931), 574; C 31 II, 2113.

[6] G.-M. SCHWAB, H. SCHULTES: Z. physik. Chem., Abt. B **25** (1934), 411; C 34 II, 900.

[7] G.-M. SCHWAB, R. STAEGER: Z. physik. Chem., Abt. B **25** (1934), 418; C 34 II, 900.

[8] I. J. ADADUROW, P. J. KRAINI: J. physic. Chem. URSS **5** (1934), 136.

[9] J. ECKELL: Z. Elektrochem. angew. physik. Chem. **38** (1932), 918; C 33 I, 1074; Z. Elektrochem. angew. physik. Chem. **39** (1933), 807, 855; C 33 II, 3382; C 34 I, 653.

[10] G.-M. SCHWAB, W. BRENNECKE: Z. physik. Chem., Abt. B **24** (1934), 393; C 34 I, 3306.

[11] G. RIENÄCKER, R. BURMANN: J. prakt. Chem. **158** (1941), 95; C 41 II, 2291.

[12] N. AGLIARDI: Atti Reale Accad. Sci. Torino **77** T (1941), 82; C 42 II, 623.

[13] K. YOSHIKAWA: Sci. Pap. Inst. physic. Chem. Res. **26/27**, Nr. 566.

geführt[1]. Von G.-M. Schwab und E. Schwab-Agallidis (l. c.) wurden diese Ergebnisse teils bestätigt, teils ergänzt und berichtigt. Die wichtigsten Ergebnisse sind einerseits, daß synergetische Verstärkung, d. h. Herabsetzung der Aktivierungswärme unter die Werte beider Komponenten, bei Mischkristallegierungen nie auftritt, und andrerseits, daß die geordneten und die ungeordneten Mischkristalle gleicher Zusammensetzung sich in ihrer Aktivierungswärme charakteristisch unterscheiden. Über die Gründe des speziellen Verlaufs der Aktivierungswärme in solchen Mischkristallreihen konnten dann G.-M. Schwab und G. Holz[2] durch Untersuchung von Silberlegierungen mit systematisch variiertem Partner eine Aufklärung herbeiführen. Danach ist der wesentliche Parameter nicht die Gitterkonstante, sondern die durch den Zuschlag veränderte *Elektronenkonzentration;* bei der betrachteten Ameisensäure-Dehydrierung wirkt allgemein eine Erhöhung dieser Konzentration erhöhend auf die Aktivierungswärme und eine Verminderung erniedrigend. Gleiche Abhängigkeiten wurden auch von G.-M. Schwab und S. Pesmatjoglou[3] an Au-Cd-Legierungen und von G.-M. Schwab und G. Petroutsos[4] an Au-Fe- und Cu-Mg-Legierungen aufgefunden. Der tiefere Grund hierfür erhellt aus einer Arbeit von G.-M. Schwab und A. Karatzas[5], die auch *heterogene Legierungen* in den Kreis der Betrachtungen einbezogen hat. In jeder Legierungsphase ist die Aktivierungswärme um so höher, je mehr sich die oberste Brillouin-Zone (Energieband) der Leitungselektronen ihrer Auffüllung nähert. Dieses experimentelle Resultat steht in gutem Einklang mit dem Bild, das wir uns im vorstehenden theoretisch von dem Mechanismus der Aktivierung gebildet haben, nämlich mit der Ausbildung einer Oberflächenbindung der Substrate an den Katalysator. Hierfür ist offenbar ein Eintreten von Valenzelektronen der Substrate in das Leitungsband erforderlich, und dies wird eben durch dessen Auffüllung erschwert (siehe dazu auch G.-M. Schwab[6]). Es kann jedoch ein entgegengesetzter Einfluß der Dichte des Elektronengases einer Legierung auftreten, dann nämlich, wenn die Reaktion unter Abgabe von Ladung an das Adsorptiv verläuft. D. A. Dowden und P. W. Reynolds[7] haben dafür ein Beispiel an Ni-Cu-Legierungen geliefert. Für die p-H_2-Umwandlung finden A. Couper und D. D. Eley[8] an Pd-Au-Legierungen einen Anstieg der Aktivierungsenergie mit der Auffüllung des d-Bandes im Katalysator. Diese Befunde dringen bereits tiefer in das Wesen der Aktivierungswärme-Beeinflussung

---

[1] G. Rienäcker: Z. Elektrochem. angew. physik. Chem. **40** (1934), 487; C 34 II, 2491; Z. anorg. allg. Chem. **227** (1936), 353; C 37 I, 565. — G. Rienäcker, W. Dietz: Z. anorg. allg. Chem. **228** (1936), 65; C 37 I, 565. — G. Rienäcker, G. Wessing, G. Trautmann: Metallwirtsch., Metallwiss., Metalltechn. **16** (1937), 633; C 37 II, 3125; Z. anorg. allg. Chem. **236** (1938), 252; C 38 I, 4414. — G. Rienäcker, E. A. Bommer: Z. anorg. allg. Chem. **236** (1938), 263; C 38 I, 4414; Z. anorg. allg. Chem. **242** (1939), 302; C 40 I, 170. — G. Rienäcker, R. Burmann: Z. Metallkunde **32** (1940), 242; C 41 I, 4. — G. Rienäcker, H. Bade: Z. anorg. allg. Chem. **248** (1941), 45; C 41 II, 3027. — G. Rienäcker, H. Hildebrandt: Z. anorg. allg. Chem. **248** (1941), 52; C 41 II, 3027. — G. Rienäcker: Z. Elektrochem. angew. physik. Chem. **47** (1941), 805; C 42 I, 710.

[2] G.-M. Schwab, G. Holz: Z. anorg. Chem. **252** (1944), 205.

[3] G.-M. Schwab, S. Pesmatjoglou: J. physic. Colloid Chem. **52** (1948), 1046.

[4] G.-M. Schwab, G. Petroutsos: J. physic. Colloid Chem. **54** (1950), 581.

[5] G.-M. Schwab, A. Karatzas: Z. Elektrochem. angew. physik. Chem. **50** (1944), 204.

[6] G.-M. Schwab: Z. Elektrochem. angew. physik. Chem. **53** (1949), 274; Discuss. Faraday Soc. 8 (1950), 166.

[7] D. A. Dowden: J. chem. Soc. (London) **1950,** 242; C 50 II, 1779. — D. A. Dowden, P. W. Reynolds: Discuss. Faraday Soc. 8 (1950), 184; C 53, 8798. — P. W. Reynolds: J. chem. Soc. (London) **1950,** 265.

[8] A. Couper, D. D. Eley: Discuss. Faraday Soc. 8 (1950), 172; C 53, 9416.

ein, als etwa die bloße Klassifizierung der Legierungen an Hand der H_2O_2-Spaltung, wie sie A. F. KAPUSSTINSKI und B. A. SCHMELEW[1] vorgenommen haben. Sie lassen bei sinngemäßer Erweiterung die Schaffung recht genauer Vorstellungen von der Natur der Metallkatalyse erwarten.

An Halbleiterkatalysatoren haben sich (zum Teil schon, bevor die Erkenntnisse an Metallkatalysatoren gewonnen wurden) in vollständig analoger Weise Gesetzmäßigkeiten auffinden lassen. Bereits C. WAGNER[2] hatte versucht, an ZnO-Katalysatoren Zusammenhänge zwischen der Konzentration quasifreier Elektronen im Katalysator und der Aktivierungsenergie aufzufinden. Seine scheinbar negativen Ergebnisse wurden von M. BOUDART[3] sowie E. CREMER und E. MARSCHALL[4] positiver beurteilt. Für den N_2O-Zerfall fanden dann auch wirklich K. HAUFFE, R. GLANG und H. J. ENGELL[5] und R. M. DELL, F. S. STONE und P. F. TILEY[6] einen eindeutigen Einfluß der Elektronen- und Defektelektronenkonzentration auf die Aktivität. G.-M. SCHWAB und J. BLOCK[7] konnten die Abhängigkeit der Aktivierungsenergie der CO-Oxydation und des N_2O-Zerfalls an fehlgeordneten NiO- und ZnO-Katalysatoren mit Hilfe gleichzeitiger Kinetikmessungen erklären. Eine eindeutige Voraussage über den fördernden oder hemmenden Einfluß von Ladungsträgern ist danach nur möglich, wenn die Kinetik der Reaktion bekannt ist. Die Ergebnisse von G. PARRAVANO[8] decken sich nicht mit denjenigen von G.-M. SCHWAB und J. BLOCK[9], jedoch haben letztere auf Grund der unterschiedlichen Reaktionsbedingungen eine Erklärung dafür zu geben versucht.

Vom theoretischen Standpunkt wurden die Fragen der Halbleiterkatalyse und der Beeinflussung der Aktivierungsenergie von verschiedener Seite untersucht, so von M. BOUDART[10], D. A. DOWDEN[11], F. F. WOLKENSTEIN[12], H. J. ENGELL und K. HAUFFE[13] und J.-E. GERMAIN[14]. Durch diese Überlegungen scheint sich ein erfolgversprechender Weg für das Verständnis der heterogenen Katalyse aufzutun.

4. Katalyse ohne Aktivierungswärme. „Tunneleffekt."

Von einem rein theoretischen Standpunkt aus haben 1931 M. BORN und V. WEISSKOPF[15] eine Auffassung der heterogenen Katalyse diskutiert, die

---

1 A. F. KAPUSSTINSKI, B. A. SCHMELEW: Bull. Acad. Sci. URSS **1940**, 617; C 41 II, 447.

2 C. WAGNER: J. chem. Physics **18** (1950), 69.

3 M. BOUDART: J. chem. Physics **18** (1950), 571; C 50 II, 2394.

4 E. CREMER, E. MARSCHALL: Mh. Chem. **82** (1951), 840; C 52, 4105.

5 K. HAUFFE, R. GLANG, H. J. ENGELL: Z. physik. Chem. **201** (1952), 223.

6 R. M. DELL, F. S. STONE, P. F. TILEY: Trans. Faraday Soc. **49** (1953), 195; C 53, 9083.

7 G.-M. SCHWAB, J. BLOCK: Z. physik. Chem., N. F. **1** (1954), 42; Z. Elektrochem. angew. physik. Chem. **58** (1954), 756.

8 G. PARRAVANO: J. Amer. chem. Soc. **75** (1953), 1448, 1452.

9 G.-M. SCHWAB, J. BLOCK: Z. Elektrochem. angew. physik. Chem. **58** (1954), 756.

10 M. BOUDART: J. Amer. chem. Soc. **72** (1950), 1040; C 50 II, 2030; J. Amer. chem. Soc. **74** (1952), 1531; C 54, 1902.

11 D. A. DOWDEN: J. chem. Soc. (London) **1950**, 242; C 50 II, 1779.

12 F. F. WOLKENSTEIN: J. physic. Chem. URSS **21** (1947), 1317; C 48 II, 471; J. physic. Chem. URSS **24** (1950), 1068; C 54, 964; J. physic. Chem. URSS **22** (1948), 311; C 49 I, 162.

13 H. J. ENGELL, K. HAUFFE: Z. Elektrochem. angew. physik. Chem. **57** (1953), 762.

14 J.-E. GERMAIN: J. Chim. physique **51** (1954), 691, 263.

15 M. BORN, V. WEISSKOPF: Z. physik. Chem., Abt. B **12** (1931), 206, 478; C 31 II, 7, 529.

auf ganz anderen Voraussetzungen beruht als die oben auseinandergesetzte chemisch-quantenmechanische Theorie. Sie gehen aus von der Forderung der Wellenmechanik, daß eine Wellengruppe oder der ihr zugeordnete Massenpunkt eine Potentialschwelle nicht nur kraft ihrer kinetischen Energie überschreiten, sondern auch durchstoßen oder durchschweben kann, ohne dabei die volle kinetische Energie zu besitzen, die der Höhe der Potentialschwelle entspräche. Für die begriffliche Deutung dieser Erscheinung und für die nähere Berechnung einfacher Modellfälle verweisen wir auf den Artikel von H. MARK und R. SIMHA[1]. Hier interessiert uns nur die Tatsache, daß nach den abgeleiteten Formeln eine merkliche Durchlässigkeit der Potentialschwelle, also ein beobachtbarer „Tunneleffekt" bei einer Aktivierungswärme erfordernden chemischen Reaktion nur zu erwarten ist, wenn 1. die Potentialschwelle sehr dünn ist, 2. die Teilchen sehr leicht sind. Zu 1. berechnen BORN und WEISSKOPF (l. c.), daß ein Abstand von 0,5 Å zwischen Anfangs- und Endlage etwa die kritische obere Grenze darstellt. Sie sehen nun die Rolle des Katalysators darin, daß er die *Berührungszeit* der Reaktanten durch Adsorption so weit verlängert, daß auch bei an sich geringer Durchlässigkeit der Schwelle eine merkliche Umsetzung eintritt. Natürlich wird die Durchlässigkeit der Schwelle um so größer, je höher oben sie durchstoßen werden soll, weil sie nach oben zu dünner wird. Es kann also auch beim Auftreten eines Tunneleffekts noch eine thermische Aktivierungswärme erforderlich sein, die aber jedenfalls kleiner sein wird als die nach S. 202, 217ff. abgeschätzte. R. P. BELL[2] hat einschlägige Rechnungen für die Reaktion:

$$H + H_2 \rightarrow H_2 + H$$

(Parawasserstoffumwandlung) durchgeführt mit dem Ergebnis, daß erst bei sehr tiefen Temperaturen die beobachtbare Aktivierungswärme gegen Null geht.

Man wird nach all dem Vorhergehenden allenfalls für die heterogene Parawasserstoffumwandlung an Metallen, die nach der angeschriebenen Reaktionsgleichung verläuft, einen Tunneleffekt erwarten dürfen, zumal hier die beobachtete Aktivierungswärme klein ist[3]. Jedoch ist eine Entscheidung deshalb nicht zu treffen, weil auch die homogene thermische Umwandlung nach demselben Mechanismus nur eine Aktivierungswärme von 7 kcal/Mol aufweist. Jedoch haben D. D. ELEY und E. K. RIDEAL[4] diese Entscheidung treffen können durch den Vergleich der $p \rightarrow o-H_2$—Umwandlung mit der $o \rightarrow p-D_2$—Umwandlung an Wolfram. Wegen der starken Massenabhängigkeit (s. oben unter 2.) des Tunneleffektes sollten beide Reaktionen einen großen Geschwindigkeitsunterschied zeigen. Nicht nur ist dies nicht der Fall, sondern auch die absolute Reaktionsgeschwindigkeit stimmt mit der auf Grund der Chemisorptionshypothese abgeschätzten (s. S. 200, 237) quantitativ überein. Ein Tunneleffekt tritt also nicht einmal hier auf.

In der Frühzeit dieser Theorie war es üblich geworden, überall dort, wo ganz oder fast ganz temperaturunabhängige Reaktionsgeschwindigkeiten gefunden wurden, auf Tunneleffekt zu schließen. So tat dies L. MEYER für die Zer-

---

[1] H. MARK, R. SIMHA: Dieses Handbuch Bd. I, S. 207ff. Wien, 1941.

[2] R. P. BELL: Proc. Roy. Soc. (London), Ser. A **139** (1933), 466; **148** (1935), 241.

[3] A. FARKAS: Z. physik. Chem., Abt. B **14** (1931), 371; **28** (1935), 239; C 32 I, 6; C 35 II, 321. — L. FARKAS, L. SANDLER: J. chem. Physics 8 (1940), 248; C 40 I, 3743.

[4] D. D. ELEY, E. K. RIDEAL: Proc. Roy. Soc. (London), Ser. A **178** (1941), 429; C 42 I, 1215.

setzung von Stickoxydul an Kohle[1], einen Fall, wo wir heute eine solche Vermutung schon wegen der großen Masse der Atomkerne zurückweisen können, C. SCHUSTER[2] für die Äthylenhydrierung an metallisierter Kohle, wo jedoch, wie wir heute glauben (s. S. 247f.), die Herabsetzung der scheinbaren Aktivierungswärme ganz klassisch durch eine Kompensation der recht großen wahren Aktivierungswärme durch die Adsorptionswärme des hemmenden Äthylens erklärt werden muß (s. a. G.-M. SCHWAB[3]).

Speziell für Hydrierungsreaktionen, die ja nur H-Atome umgruppieren, ist aber auch eine direkte experimentelle Widerlegung der Theorie vorhanden, und zwar wieder durch den Kunstgriff der Isotopenverwendung. Wenn man mit Gemischen von leichtem und schwerem Wasserstoff hydriert, müßte schließlich im Restgas eine erhebliche Anreicherung von Deuterium festgestellt werden, wenn erhebliche Geschwindigkeitsunterschiede bestehen. Eine solche haben aber weder E. CREMER und M. POLANYI[4] bei der Hydrierung von Styrol an Nickel, noch I. A. REMESOW[5] bei derjenigen von Cholesterin an Palladium auffinden können.

Neuerdings besteht jedoch in anderer Hinsicht die Vermutung, daß der Tunneleffekt für heterogen katalysierte Reaktionen von Bedeutung sei. Wie wir bereits verschiedentlich darlegten, ist für zahlreiche Reaktionen nachweislich ein Elektronenaustausch zwischen Katalysator und Substrat entscheidend. Bei diesem Elektronenübertritt sind Potentialschwellen zu überwinden, die möglicherweise auch durchtunnelt werden könnten. E. CREMER[6] hat diese Möglichkeit berücksichtigt und insbesondere in Hinblick auf die Theta-Beziehung diskutiert (s. S. 206).

B. Spezieller Teil.

Unsere Aufgabe ist, die einzelnen katalytischen Reaktionen, soweit sie in der Berichtsperiode kinetisch untersucht worden sind, nacheinander durchzusprechen. Dabei wird einerseits das, was im allgemeinen Teil dieses Beitrages auseinandergesetzt wurde, im Einzelfall belegt, andrerseits erst das Material geliefert, auf das sich dieser Teil aufbaute. Es erschien dabei wenig sinnvoll, die Reaktionen nach kinetischen Typen anzuordnen, denn solche Anordnungen liegen, wie bereits S. 189 gesagt, schon mehrfach vor, und überdies ist auch neuer Erkenntnisgewinn zu erwarten, wenn statt dessen einmal von der andern Seite her, also von der chemischen Reaktion aus, Zusammengehöriges zusammengestellt wird. Dabei muß nämlich der Einfluß des Katalysators auf den kinetischen Typus deutlich werden. Wir werden also die einzelnen chemischen Reaktionen nacheinander betrachten. Hierzu ist nun eine bestimmte Reihenfolge oder Einteilung notwendig. Es dürfte unmöglich sein, eine solche zu finden, die nicht den Nachteil hätte, verschiedene sachlich und vor allem reaktionskinetisch zusammengehörige oder miteinander zu vergleichende Gebiete räumlich voneinander zu trennen. Nach Prüfung verschiedener Möglichkeiten schließen wir uns hier in großen Zügen der Einteilung der Reaktionen an, die H. W. KOHLSCHÜTTER[7] in diesem Handbuch gegeben hat,

---

[1] L. MEYER: Naturwiss. **20** (1932), 791; C 32 II, 3666.
[2] C. SCHUSTER: Trans. Faraday Soc. **28** (1932), 406; C 32 II, 993.
[3] G.-M. SCHWAB: Z. Elektrochem. angew. physik. Chem. **44** (1938), 517; C 38 II, 2550.
[4] E. CREMER, M. POLANYI: Z. physik. Chem., Abt. B **19** (1932), 443; C 33 I, 1892.
[5] I. A. REMESOW: Arch. Sci. biol. **37** (1935), 390; C 37 I, 3915.
[6] E. CREMER: Z. Elektrochem. angew. physik. Chem. **53** (1949), 269; C 50 I, 1056.
[7] H. W. KOHLSCHÜTTER: Dieses Handbuch Bd. IV, S. 337ff. Wien, 1943.

und hoffen, daß dabei die unvermeidlichen Mängel nicht allzu groß sind. Wir behandeln also zuerst Wasserstoff-, dann Sauerstoff-, dann Halogen-, dann Schwefel-, dann Stickstoff- und Phosphorverbindungen und schließlich Kohlenstoffverbindungen. Wo Verbindungen aus zwei dieser Gruppen miteinander reagieren, wurde nicht nach dem schematischen „Prinzip der letzten Stelle" verfahren, sondern nach Gesichtspunkten der Zweckmäßigkeit für unsere vorliegenden Ziele.

Was den Charakter der herangezogenen Arbeiten betrifft, so werden wir uns nicht auf solche beschränken, die zu quantitativer Feststellung kinetischer Gesetze geführt haben, sondern in zahlreichen Fällen auch solche Untersuchungen aufnehmen, in denen aus kinetischen Daten, also Reaktionsgeschwindigkeiten in Abhängigkeit von Konzentration und Temperatur, vorläufig nur qualitative Rückschlüsse auf die chemische Natur des Vorgangs, Geschwindigkeitsbestimmung usw. gezogen werden konnten.

I. Wasserstoffverbindungen.

Die Katalyse unter Anlagerung oder Abspaltung von Wasserstoff spielt wegen der besonders verbreiteten und theoretisch besonders durchsichtigen Wechselwirkung dieses Elements mit Metallen insbesondere als Metallkatalyse eine hervorragende Rolle. Wir werden alles, was im gewöhnlichen chemischen Sprachgebrauch als Hydrierung und Dehydrierung bezeichnet wird, vorweg behandeln und dann als verwandte Gebiete, die gewöhnlich nicht unter dieser Bezeichnung auftreten, die Reduktion von Kohlendioxyd und die Knallgasvereinigung gesondert abhandeln.

1. Hydrierung und Dehydrierung.

Hierunter sollen alle Reaktionen verstanden werden, bei denen Wasserstoff-Kohlenstoff-Bindungen geschlossen oder gelöst werden und die auch stöchiometrisch einer Hydrierung oder Dehydrierung entsprechen; ausgeschlossen werden also zum Beispiel (De)Hydrierungen von Alkoholen usw. Nur unter „Sonstige Substrate" (S. 289) werden einige Ausnahmen von dieser Regel gemacht, wo die Beispiele die Anlage besonderer Abschnitte nicht lohnen.

Einwirkung von Hydrierungskatalysatoren auf Wasserstoff.

Wenn auch die Kinetik der Hydrierungsreaktionen im allgemeinen durch das Studium dieser Reaktionen selbst erschlossen werden muß, so ergeben sich doch wertvolle Hinweise für das Verständnis solcher Reaktionen auch aus Studien, die die Einwirkung der Hydrierungskatalysatoren auf den Wasserstoff allein zum Gegenstand haben. Es kommen hier drei, teilweise miteinander zusammenhängende Gruppen von Untersuchungen in Frage: Die der Parawasserstoffumwandlung, der Deuterium-Wasserstoff-Austausch-Vorgänge und der Sorptions-, Dissoziations- und Rekombinationsvorgänge von Wasserstoff an Metallen.

a) Umwandlung von Parawasserstoff.

Über die Umwandlung des Parawasserstoffs an den uns hinsichtlich der Hydrierung hauptsächlich interessierenden Metalloxyden und Metallen wurden die wichtigsten Ergebnisse bereits in dem Artikel von E. CREMER[1] über die heterogene Ortho- und Parawasserstoffkatalyse in diesem Handbuch besprochen. Diese Über-

[1] E. CREMER: Dieses Handbuch Bd. VI, S. 1 und hauptsächlich 17ff. Wien, 1943.

schau führt zu dem Ergebnis, daß offenbar die bei hohen Temperaturen verlaufende Parawasserstoffumwandlung, genau wie die Hydrierungskatalyse, auf einer chemischen Aktivierung, d. h. wahrscheinlich gewöhnlich Atomisierung des Wasserstoffs bei der Adsorption oder Sorption zurückzuführen ist. Wir können uns daher darauf beschränken, einige Ergänzungen anzubringen, die dort nicht berücksichtigt oder sonst für unser Thema von besonderem Interesse sind.

An *Eisen* wurde die Reaktion besonders mit Hinblick auf die Ammoniaksynthese an dem bekannten Ammoniakmischkatalysator untersucht. A. FARKAS[1] findet, daß sie rascher verläuft als der H_2—D_2-Austausch, aber bei etwa 80° durch anwesendes NH_3 gehemmt wird. Beide Reaktionen haben eine Aktivierungswärme von 8÷9 kcal/Mol. P. H. EMMETT und R. W. HARKNESS[2] finden eine gebrochene Reaktionsordnung; aus ihren Zahlen[3] ergibt sich eine scheinbare Aktivierungswärme von rund 5 kcal/Mol, die auch für eine echte Kontaktaktivierung spricht. J. T. KUMMER und P. H. EMMETT[4] können diese Ergebnisse im wesentlichen bestätigen, finden aber zusätzlich interessante Unterschiede zwischen einem einfach (mit Al_2O_3, SiO_2 und ZrO_2) verstärkten (s. S. 355) Katalysator und einem doppelt (mit Al_2O_3 und K_2O) verstärkten: Der doppelt verstärkte Katalysator wird für die Reaktion bei —195° vergiftet, wenn er mit bei 100° chemisorbiertem Wasserstoff bedeckt ist, der einfach verstärkte kann auf diese Weise nicht vergiftet werden. Der Deuteriumaustausch läuft am einfach verstärkten Kontakt bei —195° um einige Größenordnungen schneller als am doppelt verstärkten. Ebenso ist bei —195° die o-p-H_2-Umwandlung am einfach verstärkten Kontakt nur etwa 100mal schneller als der H-D-Austausch, während es sich beim doppelt verstärkten um einen Faktor von etwa 15000 handelt. Der Faktor 100 läßt sich durch den Unterschied der Nullpunktsenergien von Wasserstoff und Deuterium erklären, beim Faktor 15000 ist dies nicht möglich.

An *Nickel* ist ebenfalls die Umwandlung rascher als der Deuteriumaustausch, die Reaktionsordnung ebenfalls gebrochen (0,6÷0,75), und die Aktivierungswärme liegt zwischen 5,9 und 7,6 kcal/Mol, ist also um 1,4 kcal/Mol kleiner als die des Austauschs, was das Geschwindigkeitsverhältnis 3 : 1 im Meßintervall erklärt (E. FAJANS[5]). Die Geschwindigkeit zeigt leicht starke Unregelmäßigkeiten (A. FARKAS[6]), die durch örtliche Veränderungen des Akkommodationskoeffizienten des Drahtes für Wasserstoff infolge Verunreinigungen erklärt wird (K. F. BONHOEFFER und A. FARKAS[7]). So hemmt z. B. Äthylen deutlich, Äthan aber nicht (A. und L. FARKAS und E. K. RIDEAL[8]), was mit der Kinetik der Äthylenhydrierung (S. 246ff.) in direktem Zusammenhang steht. In einer späteren Arbeit finden A. und L. FARKAS[9] allerdings, daß an aufgedampften Nickelfilmen die stabil adsorbierte (nicht abpumpbare) Wasserstoffschicht mit Wasserstoff und Deuterium austauscht und daß bei Zimmertemperatur die Geschwindigkeit der Umwandlung gleich der des Austausches ist.

---

[1] A. FARKAS: Trans. Faraday Soc. **32** (1936), 416; C 36 I, 3258.

[2] P. H. EMMETT, R. W. HARKNESS: J. Amer. chem. Soc. **57** (1935), 1624; C 36 I, 2682.

[3] P. H. EMMETT, R. W. HARKNESS: J. Amer. chem. Soc. **54** (1932), 403; C 32 I, 1623.

[4] J. T. KUMMER, P. H. EMMETT: J. physic. Chem. **56** (1952), 258.

[5] E. FAJANS: Z. physik. Chem., Abt. B **28** (1935), 239; C 35 II, 321.

[6] A. FARKAS: Z. physik. Chem., Abt. B **14** (1931), 371; C 32 I, 6.

[7] K. F. BONHOEFFER, A. FARKAS: Trans. Faraday Soc. **28** (1932), 561; C 33 I, 1263.

[8] A. u. L. FARKAS, E. K. RIDEAL: Proc. Roy. Soc. (London), Ser. A **146** (1934), 630; C 35 I, 1654.

[9] A. u. L. FARKAS: J. Amer. chem. Soc. **64** (1942), 1594; C 44 I, 514.

An *Platin* (A. FARKAS, A. und L. FARKAS[1]) ist wiederum die Umwandlung zehnmal rascher als Austauschvorgänge, insbesondere zwischen D_2 und H_2O. Wasser übt eine reversible Hemmung aus, die offenbar auf Adsorptionsverdrängung beruht; denn die scheinbare Aktivierungswärme beträgt in Abwesenheit von Wasserdampf 5,6 ÷ 6,4 kcal/Mol, in seiner Anwesenheit dagegen 10,8 ÷ ÷ 13,7 kcal/Mol und nähert sich damit der des Austauschs.

Dieselben Geschwindigkeitsunterschiede finden A. und L. FARKAS[2] auch an aufgedampften Filmen aus Platin und ebenso an Filmen aus *Palladium*. Die Umwandlung ist bis zu 15mal schneller als der Austausch. Aus der Menge an austauschbarem Wasserstoff der chemisorbierten Schicht können sie die Anzahl der aktiven Stellen zu $10^{14} \div 10^{15}$ pro cm^2 errechnen (die gleiche Zahl ergibt sich auch für Nickel). Was den Mechanismus betrifft, so kann nicht entschieden werden, ob die Umwandlungsreaktion zwischen den chemisorbierten Atomen der stabilen Schicht und den darüber anderweitig adsorbierten Molekeln oder Atomen erfolgt. Doch hält D. D. ELEY[3] eine solche Dissoziation von Wasserstoffmolekeln in Atome außerhalb der chemisorbierten Schicht für unwahrscheinlich. (Man vergleiche dazu auch A. FARKAS[4].)

Der ausführliche Vergleich von Umwandlung, Austausch und Hydrierung, den C. WAGNER und K. HAUFFE[5] an *Palladium* vorgenommen haben, wurde schon von E. CREMER (l. c.) in dem oben erwähnten Artikel genau besprochen. Sein Ergebnis ist, daß die Umwandlung hauptsächlich nach:

$$H_{ads} + p\text{-}H_{2ads} \rightarrow o\text{-}H_{2ads} + H_{ads}$$

verläuft.

Die Auffassungen von A. COUPER und D. D. ELEY[6] über den Mechanismus sind insofern noch etwas genauer umrissen, als sie einen Austausch zwischen den Atomen der chemisorbierten Schicht und den Molekeln der physikalisch adsorbierten Schicht annehmen, welch letztere über der chemisorbierten liegt oder auf Lücken (gaps) in ihr. Die theoretischen Berechnungen des Häufigkeitsfaktors wären allerdings auch mit dem BONHOEFFER-FARKAS-Mechanismus verträglich:

$$2\,MH \rightleftharpoons 2\,M + H_2 .$$

COUPER und ELEY untersuchten die Reaktion an *Palladium-Gold*-Legierungen in Drahtform innerhalb eines großen, je nach der Aktivität der Legierung verschiedenen Temperaturbereiches zwischen 150 und 1000°. An Gold finden sie eine Reaktion erster Ordnung, an einer Legierung mit 40 Atom-% Palladium nahezu erste Ordnung. Die Aktivierungsenergie bleibt an Pd-reichen Mischungen bis etwa 40 Atom-% Pd ziemlich konstant bei 3,5 kcal/Mol, steigt zwischen 40 und 30 Atom-% Pd sprunghaft auf 8,5 kcal/Mol und bleibt wieder konstant bis etwa 10 Atom-% Pd, um schließlich für reines Gold auf den Wert 17,5 kcal/Mol zu steigen. Der plötzliche Anstieg der Aktivierungsenergie fällt praktisch mit dem Mischungsverhältnis zusammen, bei dem nach Messungen der magnetischen Suszeptibilität von SIEVERTS und DANZ[7] die Elektronenlücken im *d*-Band

[1] A. FARKAS: Trans. Faraday Soc. **32** (1936), 922; C 37 I, 4458. — A. u. L. FARKAS: Trans. Faraday Soc. **33** (1937), 678; C 37 II, 518.
[2] A. u. L. FARKAS: J. Amer. chem. Soc. **64** (1942), 1594; C 44 I, 514.
[3] D. D. ELEY: Advances in Catalysis, Vol. I, S. 157. New York, 1948.
[4] A. FARKAS: J. physic. Colloid Chem. **55** (1951), 1013; C 52, 3455.
[5] C. WAGNER, K. HAUFFE: Z. Elektrochem. angew. physik. Chem. **45** (1939), 409; C 39 II, 1229.
[6] A. COUPER, D. D. ELEY: Nature **164** (1949), 578; C 49 E, 1185.
[7] A. SIEVERTS, DANZ: Z. physik. Chem., Abt. B **38** (1937), 61.

vollständig aufgefüllt sind. COUPER und ELEY schreiben darum den *d*-Lücken eine entscheidende Bedeutung für die Katalyse bei tiefen Temperaturen zu. Der Häufigkeitsfaktor steigt entgegen der gewohnten Erfahrung beim Übergang von Pd- zu Au-reichen Legierungen nicht ebenfalls an (vgl. Thetaregel, S. 202ff.), sondern wird eher etwas kleiner. In ähnlicher Weise wie durch Zulegieren von Gold können die *d*-Lücken auch durch Auflösen von Wasserstoff in Palladium aufgefüllt werden. Aktivierungsenergie und Häufigkeitsfaktor steigen an, und zwar schon bei Zugabe geringer Mengen Wasserstoff. (Eine offensichtliche Parallele zwischen Aktivierungsenergie und spezifischem elektrischem Widerstand wird beim System Pd-Au nicht gefunden.) Ein ähnlicher Sprung in der Wirksamkeit war kurze Zeit vorher schon von G. RIENÄCKER und B. SARRY[1] an *Platin-Kupfer*-Legierungen gefunden worden (Reaktionsordnung gebrochen), wo er bei 16 Atom-$^0/_0$ Platin auftritt. Die sprunghafte Änderung der Wirksamkeit läßt sich auf eine sprunghafte Änderung der Aktivierungsenergie zurückführen. Im Gegensatz dazu zeigt der Häufigkeitsfaktor einen mehr stetigen Verlauf, ist aber (wiederum entgegen der Thetaregel) bei reinem Kupfer mit der größten Aktivierungsenergie (12 ÷ 13 kcal/Mol) kleiner als bei reinem Platin, das eine kleinere Aktivierungsenergie von 8 kcal/Mol hat. Ordnung der Atome im Gitterverband (erzielt durch Tempern) verkleinert die Aktivierungsenergie und in gewohnter Weise auch den Häufigkeitsfaktor. Bei den obigen Vergleichen von Aktivierungsenergie und Häufigkeitsfaktor ist freilich zu beachten, daß die Meßintervalle mitunter mehrere 100° auseinander lagen.

An *Wolfram* findet A. FARKAS[2] erste Reaktionsordnung und eine Aktivierungswärme von 3,8 kcal/Mol sowie starke Sauerstoffhemmung, alles dies bei 10 ÷ 400 mm Hg und −183° ÷ 300°. D. D. ELEY und E. K. RIDEAL[3] haben die Reaktion bei kleinerem Druck (0,4 ÷ 20,5 mm Hg) und −158° ÷ −78° genauer untersucht. Außer Sauerstoff hemmen auch CO, N_2 und C_2H_4 steigend in dieser Reihenfolge. Eine Reaktion über den Atomaustausch:

$$WH + p\text{-}H_2 \rightarrow o\text{-}H_2 + HW$$

wird für möglich erachtet, da auch W-Filme an der Glaswand umwandeln. Auch stimmt diese Annahme mit der gefundenen Absolutgeschwindigkeit nach der Theorie des aktivierten Komplexes (S. 200) besser überein als die einer vorübergehenden Abspaltung *freier* Atome. Daß es sich um einen Tunneleffekt (S. 232) handle, kann ebenfalls ausgeschlossen werden, da zwischen p-H_2 und o-D_2 der sonst zu erwartende Geschwindigkeitsunterschied nicht besteht.

Weiterhin ergibt eine theoretische Berechnung des „temperaturunabhängigen" Faktors, durchgeführt von D. D. ELEY[4] unter der Voraussetzung des Atomaustausches zwischen einer Wasserstoffmolekel in einer verdünnten VAN DER WAALSschen Adsorptionsschicht und einem Wasserstoffatom der darunterliegenden chemisorbierten Schicht und für eine Reaktion erster Ordnung, daß der berechnete Wert sich für W, Ni, Pt und Pd vom experimentellen nur etwa um den Faktor 3 unterscheidet. Mehrere Varianten von diesem Mechanismus werden diskutiert. (Man vergleiche dazu auch D. D. ELEY[5].) Dieser Mechanismus wird auch von G. D. HALSEY, JR.[6] akzeptiert, der das in der Literatur vorliegende

---

[1] G. RIENÄCKER, B. SARRY: Z. anorg. Chem. **257** (1948), 41.
[2] A. FARKAS: Z. physik. Chem., Abt. B **14** (1931), 371; C 32 I, 6.
[3] D. D. ELEY, E. K. RIDEAL: Nature **146** (1940), 401; C 41 I, 2350; Proc. Roy. Soc. (London), Ser. A **178** (1941), 429; C 42 I, 1215.
[4] D. D. ELEY: Trans. Faraday Soc. **44** (1948), 216; C 49 I, 1199.
[5] D. D. ELEY: J. physic. Colloid Chem. **55** (1951), 1017; C 52, 3455.
[6] G. D. HALSEY, JR.: Trans. Faraday Soc. **47** (1951), 649; C 52, 4581.

Material diskutiert, wobei er den Standpunkt einer heterogenen Oberfläche vertritt.

Damit ist jedoch der ursprüngliche BONHOEFFER-FARKAS-Mechanismus keineswegs abgetan. Im Gegenteil, E. K. RIDEAL und B. M. W. TRAPNELL[1] lassen ihn in jüngster Zeit wieder aufleben. Sie können zeigen, daß die Einwände nicht zwingend sind, die von J. K. ROBERTS[2] wegen der großen Stabilität der chemisorbierten Schicht gegen diesen Mechanismus erhoben wurden und die in der Folgezeit eines der Hauptargumente für den Mechanismus von D. D. ELEY und E. K. RIDEAL (s. oben) bildeten. ROBERTS konnte bei seiner Adsorptionstechnik (Messungen von Akkommodationskoeffizienten) die genaue Form der Isothermen und damit die für die Umwandlung wichtigen Eigenschaften des Systems nicht erkennen. Aus ihren eigenen Messungen ergibt sich, daß der Grenzwert der Bedeckung schon bei sehr kleinen Drucken fast, aber doch nicht ganz erreicht wird und daß auch die Adsorption mit sinkender Temperatur noch etwas zunimmt. Sobald eine gewisse Belegungsdichte erreicht ist, steigt der Gleichgewichtsdruck mit zunehmender Belegungsdichte überaus steil an. Da gleichzeitig die Adsorptionswärme bis auf sehr niedrige Werte absinkt (3 kcal/Mol), so ist ein Verdampfen aus der chemisorbierten Schicht durchaus denkbar. Die experimentellen Daten sprechen für eine bezüglich der chemischen Adsorption energetische Heterogeneität. Was die gemessenen Aktivierungsenergien betrifft, so stellen sie dazu fest, daß diese kein direktes Maß für die Energetik der Oberflächenprozesse sind, da der Temperaturkoeffizient der Geschwindigkeit durch die Änderung der Bedeckung mit der Temperatur mitbestimmt wird. Eine theoretische Berechnung der absoluten Geschwindigkeit der Reaktion durch B. M. W. TRAPNELL[3] ergibt weitgehende Übereinstimmung mit dem Experiment. Dieser Mechanismus ist natürlich auch für andere Metalle als Wolfram möglich. (Man vergleiche auch die Adsorptionsmessungen bei W. G. FRANKENBURG[4].)

K. J. LAIDLER[5] scheint zunächst zwar (auf Grund der Ergebnisse von ROBERTS) ebenfalls dem ELEY-RIDEAL-Mechanismus bei dieser Reaktion den Vorzug gegeben zu haben, wenn er auch bei allgemeinen Betrachtungen über heterogene Reaktionskinetik zu der Auffassung kommt, daß der LANGMUIR-HINSHELWOOD-Mechanismus die häufigere Erscheinung sein dürfte. Später[6] kann er jedoch zeigen, daß eine Berechnung der absoluten Geschwindigkeit nur für den BONHOEFFER-FARKAS-Mechanismus zu richtigen Ergebnissen führt. Setzt man die Reaktionsgeschwindigkeit gleich der Adsorptionsgeschwindigkeit, so ergibt sich $v = k\,(1 - \sigma)^2\,p$. Dieser Ansatz wird der Reaktionsordnung gerecht; denn man beobachtet bei Abreaktion in konstantem Volumen streng erste Ordnung. Vergleicht man jedoch Anfangsgeschwindigkeiten bei verschiedenen Drucken, so ergibt sich eine Ordnung zwischen nahezu Null und 0,5. Da k und $(1 - \sigma)$ Funktionen von p sind und da $k\,(1 - \sigma)^2$ sich etwa proportional p^{-1} ändert, so erhält man die beobachtete nahezu nullte Ordnung. Bezüglich der Absolutberechnung der Geschwindigkeit kann LAIDLER[7] zeigen, daß bei der dicht besetzten Oberfläche die Wechselwirkung zwischen den adsorbierten Teilchen keinen Einfluß auf die Reaktionsgeschwindigkeit ausübt, da sie in

---

[1] E. K. RIDEAL, B. M. W. TRAPNELL: J. Chim. physique Physico-Chim. biol. **47** (1950), 126; Discuss. Faraday Soc. **8** (1950), 114.
[2] J. K. ROBERTS: Trans. Faraday Soc. **35** (1939), 941.
[3] B. M. W. TRAPNELL: Proc. Roy. Soc. (London), Ser. A **206** (1951), 39.
[4] W. G. FRANKENBURG: J. Amer. chem. Soc. **66** (1944), 1827; C 47, 832.
[5] K. J. LAIDLER: Discuss. Faraday Soc. **8** (1950), 47.
[6] K. J. LAIDLER: J. physic. Chem. **57** (1953), 320.
[7] K. J. LAIDLER: J. physic. Chem. **57** (1953), 318.

zweifacher sich gegenseitig aufhebender Weise in die Gleichung eingeht, einmal in die Konzentration der nackten Platzpaare (bare dual sites) und zum andern in deren Zustandssummen. Führt man die Wechselwirkung etwa nur bei der Anzahl der nackten Platzpaare ein, so muß man zu fehlerhaften Resultaten kommen. Dies ist nach LAIDLER der Grund, weshalb die theoretischen Berechnungen von A. COUPER und D. D. ELEY[1] für den BONHOEFFER-FARKAS-Mechanismus keine Übereinstimmung mit dem Experiment ergaben.

Bei ihren letzten Untersuchungen an Wolframdrähten finden A. COUPER und D. D. ELEY[2] für die Reaktion erster Ordnung eine Aktivierungswärme, die immer größer als 3,0 (bis zu 4,4) kcal/Mol ist, im Gegensatz zu den niedrigeren Werten früherer Arbeiten, die möglicherweise zum Teil auf eine Wandreaktion zurückzuführen sind. Für verschieden behandelte W-Drähte finden sie die Thetaregel (s. S. 205) erfüllt (gerade Linie, wenn man den Logarithmus des Häufigkeitsfaktors gegen die Aktivierungsenergie aufträgt). Sie geben eine Reihe von Hypothesen für die Erklärung der Kompensationserscheinung: Lockerung der Bindung benachbarter Atome bei der Bildung des aktivierten Komplexes, Beeinflussung der Entropie benachbarter Atome wegen Resonanz der Bindungen zwischen benachbarten Lagen, Beeinflussung der Resonanzkopplung zwischen den einzelnen Oberflächenlagen. Weiter können sie zeigen, daß die von RIDEAL vorgeschlagene Variante für den ELEY-RIDEAL-Mechanismus (Adsorption von Wasserstoffmolekeln auf den 8% Lücken der chemisorbierten Schicht) nicht wahrscheinlich ist, da die Reaktion durch Auffüllen dieser Lücken mit vorgebildetem atomarem Wasserstoff nicht vergiftet werden kann. Sie nehmen darum an, daß im aktivierten Komplex eine Wasserstoffmolekel zusätzlich an einer schon mit einem Atom besetzten Stelle aufgenommen werden kann. Es sei jedoch bemerkt, daß man diesen Befund auch vom BONHOEFFER-FARKAS-Mechanismus aus betrachten kann. Daß der Katalysator in diesem Falle nicht mit atomarem Wasserstoff vergiftet werden kann, ist offensichtlich und könnte als weiteres Argument für diesen Mechanismus gewertet werden.

An dem festen freien *Radikal α. α-Diphenyl-β-pikryl-hydrazyl* folgt die Reaktion nach L. G. HARRISON und C. A. MCDOWELL[3] in normaler Weise der ersten Ordnung und ist unabhängig vom Druck (wegen des scheinbaren Widerspruches vgl. oben bei LAIDLER, außerdem wurde nur ein kleiner Druckbereich untersucht). Die Geschwindigkeit sinkt mit steigender Temperatur. Daraus schließen die Verfasser, daß die Katalyse in einer physikalisch adsorbierten Schicht unter der Wirkung des inhomogenen Magnetfeldes an der Oberfläche des Katalysators stattfindet.

Auch diamagnetische Substanzen (TiO_2, $BaSO_4$) katalysieren nach Y. L. SANDLER[4] die Reaktion durch paramagnetische Stellen in der Oberfläche, deren Auftreten an Fehlstellen gebunden ist. Durch Vergleich mit der Umwandlungsgeschwindigkeit an Schichten von adsorbiertem molekularem Sauerstoff bekannter Konzentration kann die Anzahl dieser paramagnetischen Stellen und damit der infolge von Fehlstellen in der Oberfläche vorhandenen Extraelektronen ermittelt werden. Da es sich um einen magnetischen Umwandlungsmechanismus handelt, ist der Temperaturkoeffizient der Geschwindigkeit negativ. Weiterhin kann SANDLER experimentell zeigen, daß o-H_2 stärker adsorbiert wird als p-H_2 (auch im flüssigen oder festen Zustand hat die p-Modifikation

[1] A. COUPER, D. D. ELEY: Proc. Roy. Soc. (London), Ser. A **211** (1952), 536.
[2] A. COUPER, D. D. ELEY: Proc. Roy. Soc. (London), Ser. A **211** (1952), 544.
[3] L. G. HARRISON, C. A. MCDOWELL: Proc. Roy. Soc. (London), Ser. A **220** (1953), 77.
[4] Y. L. SANDLER: J. physic. Chem. **58** (1954), 54, 58.

den höheren Dampfdruck); theoretisch erklärt er diesen Effekt durch die Rotationsbehinderung des adsorbierten Wasserstoffs.

Alle diese Befunde stimmen also darin überein, daß die Parawasserstoffumwandlung an *Metallen* über aktivierte, atomare Adsorption des Wasserstoffs verläuft und somit als eine der Hydrierung verwandte Reaktion angesehen werden kann. Von Interesse ist aber dabei die Bemerkung von A. und A. und L. FARKAS[1], wonach die Hydrierung mit Parawasserstoff darauf schließen läßt, daß an Doppelbindungen immer zwei benachbarte H-Atome *simultan* angelagert werden.

β) *Deuteriumaustausch.*

Auch hier verweisen wir hauptsächlich auf die gründliche Zusammenstellung der einschlägigen Reaktionen auch hinsichtlich ihrer Kinetik an anderer Stelle dieses Handbuchs[2]. Wir brauchen den dortigen Ausführungen K. H. GEIBS, die in der Auffassung auch der Wasserstoff-Isotopenreaktion als Atomreaktion (unter Umständen auch Atomkette in der Oberfläche) gipfeln, nur neuere Arbeiten hinzuzufügen.

Da die Reaktion $H_2 + D_2 = HD$ häufig im Zusammenhang mit der p-Wasserstoffumwandlung untersucht wurde, so wurde ein großer Teil der neueren Arbeiten schon im vorhergehenden Abschnitt erwähnt. Prinzipiell stellt sich die Frage nach Kinetik und Mechanismus in analoger Weise wie dort, nur daß natürlich ein magnetischer Umwandlungsmechanismus hier nicht in Betracht kommt. Einige Arbeiten aus der letzten Zeit der Berichtsperiode sollen noch erwähnt werden.

Oberflächen von *Fe- und Re-Kontakten*, die wegen unvollständiger Reduktion den Austausch von Stickstoffisotopen untereinander nicht mehr beschleunigen, katalysieren nach H. S. TAYLOR[3] immer noch den Austausch der Wasserstoffisotopen untereinander, was man als Bestätigung für die Heterogeneität der Oberfläche ansehen kann. Dabei kann es sich sowohl um a priori-Heterogeneität handeln als auch im Sinne der BOUDARTschen Auffassungen[4] um induzierte Heterogeneität (s. a. S. 225). An *Ni-ThO_2-Katalysatoren* finden H. SADEK und H. S. TAYLOR[5] eine scheinbare Aktivierungsenergie von etwa 2 kcal/Mol, an *Ni-Cr_2O_3-Katalysatoren* dagegen nur 0,45 kcal/Mol, beides gemessen in einer Strömungsapparatur. V. C. F. HOLM und R. W. BLUE[6] berichten über Untersuchungen an 25 verschiedenen Katalysatoren zwischen -78 und $300°$ im strömenden System. Kleine K-Mengen setzen die Wirksamkeit eines Fe-Katalysators in einem Umfang herab, der nicht durch Oberflächenverringerung erklärt werden kann. Die Katalysatoren mit hoher Wirksamkeit zeigen im allgemeinen kleine Aktivierungsenergien. Bei hohen D_2-Gehalten sind die Geschwindigkeiten geringer als bei hohen H_2-Gehalten, was darauf zurückgeführt wird, daß D_2 eine niedrigere Nullpunktsenergie hat als H_2. Die Methode eignet sich zum Testen von Hydrierungskatalysatoren. An ZnO-Präparaten, deren Halbleitereigenschaften durch Zusätze von Fremdionen verändert wurden, finden E. MOLINARI und G. PARRAVANO[7], daß die Zusätze einen Einfluß auf die Akti-

---

[1] A. FARKAS: Trans. Faraday Soc. **35** (1939), 906. — A. u. L. FARKAS: ebenda 917; C 39 II, 3264.

[2] K. H. GEIB: Dieses Handbuch Bd. VI, S. 36ff. Wien, 1943.

[3] H. S. TAYLOR: J. Chim. physique Physico-Chim. biol. **47** (1950), 122.

[4] M. BOUDART: J. Amer. chem. Soc. **74** (1952), 3556; C 53, 5992; J. Amer. chem. Soc. **74** (1952), 1531; C 54, 1902.

[5] H. SADEK, H. S. TAYLOR: J. Amer. chem. Soc. **72** (1950), 1168.

[6] V. C. F. HOLM, R. W. BLUE: Ind. Engng. Chem. **44** (1952), 107; C 54, 267.

[7] E. MOLINARI, G. PARRAVANO: J. Amer. chem. Soc. **75** (1953), 5233.

vierungsenergie haben, der allerdings nur schwer in eindeutiger Weise erklärbar ist. Die Reaktion soll über OH- bzw. OD-Gruppen verlaufen, ähnlich wie die Dehydratisierung von Alkoholen bei E. WICKE (vgl. S. 322). Dies erklärt auch die Zunahme der Aktivität am Anfang, da die Hydroxylgruppen erst gebildet werden müssen.

Neue interessante Gesichtspunkte bringt eine Arbeit von R. J. MIKOVSKY, M. BOUDART und H. S. TAYLOR[1]. Sie messen an *Folien von Kupfer, Silber und Gold* praktisch dieselben Aktivierungsenergien, wie sie von G.-M. SCHWAB[2] (s. S. 330) für die Ameisensäurezersetzung gefunden wurden, nämlich an Cu 23,1, an Ag 16,5 und an Au 13,9 kcal/Mol. Da Wasserstoff einerseits nach B. M. W. TRAPNELL[3] an diesen Metallen unter Zimmertemperatur nicht adsorbiert wird, andrerseits die Reaktion über 300° meßbar ist, schließen TAYLOR und Mitarbeiter auf das Vorliegen einer wirklichen aktivierten Adsorption. Tatsächlich hat T. KWAN[4] für die Aktivierungsenergie dieser Adsorption an Cu 20 kcal/Mol gemessen. Hier sollte demnach die Reaktion nach dem BONHOEFFER-FARKAS-Mechanismus mit Geschwindigkeitsbestimmung durch Adsorption verlaufen. Die Unfähigkeit dieser Metalle, Wasserstoff bei tiefen Temperaturen zu adsorbieren, erklärt man damit, daß deren d-Band vollständig aufgefüllt ist. Erst bei höherer Temperatur werden Elektronen in das s-Band gehoben, so daß Substratelektronen auf das d-Band übergehen können. Der Unterschied zwischen s- und d-Niveau beträgt bei Cu nach der Lage der Absorptionsbande für sichtbares Licht etwa 2,1 eV. Die thermische Anregungsenergie für diesen Prozeß sollte aber zufolge dem FRANCK-CONDON-Prinzip, und da zudem in der Oberfläche andere Verhältnisse gelten als im Kristallinnern (freie Valenzen), niedriger sein, so daß die gemessene Aktivierungsenergie mit diesem Wert identifiziert werden kann. Komplizierter liegen die Dinge an Ag und Au, an denen entgegen der Erwartung (nach obigem) niedrigere Aktivierungsenergien gemessen werden als an Cu. Es ist jedoch wahrscheinlich, daß die Reaktion an diesen nach dem ELEY-RIDEAL-Mechanismus verläuft (sie geht erst bei höherer Temperatur als an Cu, hat kleinere Häufigkeitsfaktoren, offenbar geringere Bedeckung der Oberfläche wegen zu großer Aktivierungsenergien der Adsorption). Die gemessene (scheinbare) Aktivierungsenergie setzt sich hier anders zusammen als bei Cu, so daß wohl Ag und Au die nach der d-s-Anregungsenergie zu erwartende Reihenfolge zeigen, aber nicht ohne weiteres mit Cu verglichen werden können. Eine weitere Stütze dieser Auffassung ist, daß Zulegieren von 0,6 Atomprozent Pb zu Ag die Aktivierungsenergie auf 29 kcal/Mol erhöht, weil die Valenzelektronen von Pb zusätzlich die s-Niveaus auffüllen. Es dürfte jedoch nicht ganz einfach sein, diese Deutung auf die Verhältnisse bei der Ameisensäurezersetzung zu übertragen, da man hier kaum annehmen kann, daß der Mechanismus sich ändert, nachdem hier immer nullte Ordnung gefunden wird und somit die gemessene Aktivierungsenergie gleich der wahren ist.

Wir wollen nur noch einige Arbeiten anführen, deren Autoren aus dem Nebeneinander von Hydrierung und Deuteriumaustausch Schlüsse auf den Reaktionsmechanismus zu ziehen versuchen. A. und L. FARKAS und E. K. RIDEAL[5] stellen fest, daß die Hydrierung von Äthylen mit Deuterium und sein Austausch zum schweren

[1] R. J. MIKOVSKY, M. BOUDART, H. S. TAYLOR: J. Amer. chem. Soc. **76** (1954), 3814.
[2] G.-M. SCHWAB: Trans. Faraday Soc. **42** (1946), 689.
[3] B. M. W. TRAPNELL: Proc. Roy. Soc. (London), Ser. A **218** (1953), 566.
[4] T. KWAN: J. Res. Inst. Catalysis **1** (1949), 95.
[5] A. u. L. FARKAS, E. K. RIDEAL: Proc. Roy. Soc. (London), Ser. A **146** (1934), 630; C 35 I, 1654.

Äthylen bis 100° ganz unabhängig nebeneinander verlaufen und verschiedene Aktivierungswärmen und sterische Faktoren haben (bei hohen Temperaturen wird der Austausch rascher). A. und A. und L. FARKAS[1] nehmen daher an, daß dem Austausch eine Dissoziation des Kohlenwasserstoffs in ein H-Atom und ein freies Radikal vorausgeht. Dies wird besonders dadurch gestützt, daß die Dehydrierung von Cyclohexan zu Benzol in keinem Zusammenhang mit seiner Deuterierung steht. G. H. TWIGG[2] redet gegenüber diesem „Dissoziationsmechanismus" einem „Assoziationsmechanismus" das Wort, wonach atomares Deuterium an Alkylene, unter Bildung von teilweise schweren Alkylradikalen, angelagert werden soll. Dafür spricht, daß leichtes und schweres Äthylen nicht miteinander austauschen. Nach W. JOST (zitiert bei TWIGG[2]) spricht aber die quantenmechanische Rechnung unter Berücksichtigung der Resonanzenergie mehr für den Dissoziationsmechanismus. Man vergleiche auch den zitierten Artikel von K. H. GEIB[3]. Für uns ist von Wichtigkeit, daß Austausch und Hydrierung verschiedene Mechanismen haben und daß die vielfach beobachtete Parallelität beider sich also nur auf das Verhalten des Wasserstoffs, nicht auf das des anderen Partners bezieht.

γ) Dissoziation, Rekombination und Sorption von Wasserstoff.

Was die Bildung bzw. das Verschwinden von atomarem Wasserstoff durch heterogene Katalyse betrifft, so haben wir uns in grundsätzlichen Dingen hauptsächlich auf Ergebnisse zu stützen, die vor unserer Berichtszeit erarbeitet wurden. Die Verhältnisse stellen sich wie folgt dar: Wenn molekularer Wasserstoff auf Katalysatoren von hinreichend hoher Temperatur trifft, wird er entsprechend dem zur Katalysatortemperatur gehörenden Gleichgewicht mehr oder weniger in Atome aufgespalten — *Dissoziation.* Wenn andrerseits bei tiefer Temperatur atomarer Wasserstoff (aus Entladungen oder photochemischen Quellen) auf Katalysatoren trifft, wird er, wiederum entsprechend dem Gleichgewicht, zu Molekeln vereinigt — *Rekombination.* Die Kinetik beider Vorgänge läßt gewisse Rückschlüsse auf ihre Elementarvorgänge zu, und daher überhaupt über den intermediären Zustand des Wasserstoffs in der oder dicht unter der Oberfläche eines Katalysators. Wichtiger für diese letztere Frage sind aber Untersuchungen über die Aufnahme von Wasserstoff durch dieselben Katalysatorsubstanzen bei mittleren Temperaturen — *Sorptions- und Desorptionsvorgänge.* Für die drei Gruppen von Erscheinungen bringen wir beispielhaft einige neue kinetische Resultate der Berichtsperiode.

1. Dissoziation. Das geeignetste Mittel zur Erreichung der erforderlichen hohen Temperaturen ist wegen seines hohen Schmelzpunkts das Wolfram, an dem LANGMUIR die Erscheinung entdeckt und zuerst in klassischen Arbeiten studiert hat. G. BRYCE[4] hat durch Messung der Druckabnahme bei laufender Beseitigung der gebildeten H-Atome durch einen MoO_3-Beschlag an der Gefäßwand bei niederen Drucken (keine Zusammenstöße im Gasraum!) die Kinetik des Vorgangs studiert. Er fand für die Zahl der sekundlich je cm² erzeugten Atome:

$$n = 7{,}1 \cdot 10^{24} \sqrt{p} \cdot e^{-\frac{49200}{RT}}.$$

Die Aktivierungsenergie entspricht also ziemlich der halben Dissoziations-

[1] A. FARKAS: Trans. Faraday Soc. **35** (1939), 906. — A. u. L. FARKAS: ebenda 917; C 39 II, 3264.
[2] G. H. TWIGG: Trans. Faraday Soc. **35** (1939), 934; C 39 II, 3265.
[3] K. H. GEIB: Dieses Handbuch Bd. VI, S. 72. Wien, 1943.
[4] G. BRYCE: Proc. Cambridge philos. Soc. **32** (1936), 648; C 37 I, 2087.

wärme der Molekel $\left(\frac{102}{2}\text{ kcal/Mol}\right)$. Andrerseits deutet die gefundene Abhängigkeit von der Quadratwurzel des Druckes darauf hin, daß der Vorgang zusammengesetzter Natur ist. Nach J. K. ROBERTS und G. BRYCE[1] sind zwei nicht unterscheidbare Auffassungen möglich: Entweder ist geschwindigkeitsbestimmend die Verdampfung der H-Atome einzeln aus einer unimolekularen Schicht oder ein Vorgang, bei dem eines der beiden jedesmal erzeugten Atome adsorbiert bleibt, das zweite aber sofort wegfliegt. K. J. LAIDLER, S. GLASSTONE und H. EYRING[2] finden die Absolutgeschwindigkeit im Einklang mit der transition state-Theorie, wenn man den ersten Vorgang als geschwindigkeitsbestimmend ansieht.

Andrerseits findet N. S. SAITZEW[3] an teilweise thoriertem Wolfram Proportionalität mit der ersten Potenz des Druckes und eine mit der durch den Thoriumbelag variierten Austrittsarbeit der Elektronen linear veränderliche Zerfallsgeschwindigkeit. Dies letztere deutet auf eine Beteiligung der Metallelektronen hin in einem Sinne, auf den wir noch zurückkommen (z. B. S. 330 f.), nämlich Desorption von Protonen unter Mitnahme eines Leitungselektrons.

Die Auffassungen K. J. LAIDLERS[4] sind vielleicht geeignet, diese verschiedenen kinetischen Befunde miteinander zu verbinden: Die Dissoziation ist auch kinetisch einfach die Umkehrung der Rekombination, bei welch letzterer sich ein Atom aus dem Gasraum mit einem adsorbierten Atom vereinigt. Trifft also eine Wasserstoffmolekel auf eine noch freie Stelle der Oberfläche auf, so bleibt ein Atom adsorbiert, während das andere wegfliegt. Die Geschwindigkeit wird dann $v = kp\ (1 - \sigma)$. Bei fast vollständig bedeckter Oberfläche, wie dies von R. C. L. BOSWORTH[5] gefunden wurde, ist $1 - \sigma$ ungefähr umgekehrt proportional $p^{1/2}$, so daß sich obiges Quadratwurzelgesetz ergibt. Bei höheren Temperaturen oder niedrigen Drucken jedoch sollte man nach LAIDLER einen Übergang zu erster Ordnung nach H_2 erwarten dürfen, da bei kleiner Bedeckung $1 - \sigma$ dann praktisch unabhängig vom Druck wird. Unter welchen Bedingungen der Übergang stattfindet, hängt natürlich von der Adsorptionswärme ab.

2. Rekombination. Klarer sind die Ergebnisse, die sich aus dem Studium der Rekombination der Atome an Metalloberflächen ziehen lassen. Eine eingehende Darstellung dieser Erscheinungen hat L. v. MÜFFLING[6] in diesem Handbuch gegeben. Die kinetischen Versuche (S. ROGINSKY[7], O. I. LEIPUNSKI[8] u. a.) lassen sich danach so deuten, daß die auftreffenden Atome nicht miteinander reagieren, sondern jedes von ihnen entweder reflektiert wird oder mit einem am Stoßort bereits im Sättigungsgleichgewicht adsorbierten andern Atom reagiert. So erklärt sich sowohl die meist gefundene erste Ordnung der Rekombination, wie auch die Temperaturabhängigkeit. Diese entspricht einer scheinbaren Aktivierungswärme von 2 bis 4 kcal/Mol, die als energetische Hemmung der Atomdiffusion in der Oberfläche gedeutet wird. Bei höheren Temperaturen wäre

[1] J. K. ROBERTS, G. BRYCE: Proc. Cambridge philos. Soc. **32** (1936), 653; C 37 I, 2087.
[2] K. J. LAIDLER, S. GLASSTONE, H. EYRING: J. chem. Physics **8** (1940), 659; C 41 I, 2496; J. chem. Physics **8** (1940), 667; C 41 I, 2497.
[3] N. S. SAITZEW: J. physic. Chem. URSS **14** (1940), 644; C 41 I, 3048.
[4] K. J. LAIDLER: J. physic. Colloid Chem. **55** (1951), 1067.
[5] R. C. L. BOSWORTH: Proc. Cambridge philos. Soc. **33** (1937), 394.
[6] L. v. MÜFFLING: Dieses Handbuch Bd. VI, S. 94, insbesondere S. 95ff. und 105ff. Wien, 1943.
[7] S. ROGINSKY: Acta physicochim. URSS **1** (1934), 473; C 35 I, 3115.
[8] O. I. LEIPUNSKI: Acta physicochim. URSS **5** (1936), 271; C 37 I, 303.

infolge der Verringerung der Adsorption der Atome auch eine Verringerung der Rekombinationsgeschwindigkeit, also negativer Temperaturkoeffizient zu erwarten; dieser Effekt ist beim Wasserstoff wegen der vorher einsetzenden thermischen Dissoziation nicht erreicht worden, wohl aber bei Stickstoffatomen (s. S. 343). Jedenfalls wird man auch hier wieder, wie bei der Dissoziation, zu der Vorstellung geführt, daß der Katalysator mit einer Schicht von H-Atomen bedeckt ist. Neben der ersten Ordnung wurde jedoch von N. BUBEN und A. SCHECHTER[1], F. PANETH, W. HOFEDITZ und A. WUNSCH[2] und von F. PANETH und W. LAUTSCH[3] bei höheren Temperaturen auch zweite Ordnung gefunden. Wieder gelingt es K. J. LAIDLER[4] mit ganz analogen Vorstellungen wie oben beides unter demselben Aspekt zu deuten. Wenn die Reaktion zwischen einem adsorbierten Atom und einem aus der Gasphase stattfindet, dann wird die Geschwindigkeit $v = kp\sigma$. Bei hoher Bedeckung der Oberfläche (z. B. bei niedriger Temperatur) ist $\sigma \approx 1$, und die Reaktion verläuft nach erster Ordnung, bei höherer Temperatur und kleiner Bedeckung wird σ proportional dem Druck, und die Ordnung erhöht sich auf die zweite.

S. KATZ, G. B. KISTIAKOWSKI und R. F. STEINER[5] stellen folgende Reihe der Wirksamkeit verschiedener Substanzen für die Rekombination von Wasserstoffatomen auf: (Pt, Co, Ni) > (Cu, Messing, Fe, Cr, Cd) > (Zn, Paraffin) > Sn.

3. Sorption. Über die näheren Bedingungen der Bildung und des Vergehens der Adsorptionsschicht geben die Beobachtungen über die Wasserstoffsorption an Katalysatoren Aufschluß. Besonders geeignet ist hierfür das Palladium, da bei ihm die Leitfähigkeit ein empfindliches und proportionales Maß des Gehalts des Metalls an atomarem Wasserstoff (bzw. Protonen + Elektronen) ist und man aus dessen Veränderlichkeit Rückschlüsse über den Durchgang der Atome durch die Oberfläche ziehen kann. C. WAGNER[6] stellt für die Beladungsgeschwindigkeit eines *Palladiumdrahtes* mit Wasserstoff die folgenden Erwartungen auf: Wenn der Übergang adsorbierter Atome ins Metallinnere geschwindigkeitsbestimmend ist, also $H_{ads} \rightarrow H_{gel}$, aber das Gleichgewicht $H_{2gas} \rightleftharpoons 2H_{ads}$ eingestellt ist, dann sollte die Beladungsgeschwindigkeit:

$$\frac{dc}{dt} = k(c_e - c)$$

sein (c_e die Endkonzentration des gelösten Wasserstoffs, c diejenige zur Zeit t). Wenn aber die Dissoziation adsorbierter Molekeln geschwindigkeitsbestimmend ist, also $H_{2ads} \rightarrow 2H_{ads}$ oder $H_{2ads} \rightarrow 2H_{gel}$, dann sollte folgen:

$$\frac{dc}{dt} = k(c_e^2 - c^2).$$

Es traten nun je nach den Umständen beide Gesetze auf, der Durchtritt durch die Oberfläche hängt also sehr von deren Zustand ab. Für das Verständnis von Reaktionen des Wasserstoffs (Hydrierungen) ist dann nach C. WAGNER und K. HAUFFE[7] zu entscheiden, aus welchem Stadium heraus die H-Atome in

---

[1] N. BUBEN, A. SCHECHTER: Acta physicochim. URSS **10** (1939), 371, 379; C 40 II, 1247.

[2] F. PANETH, W. HOFEDITZ, A. WUNSCH: J. chem. Soc. **1935**, 372.

[3] F. PANETH, W. LAUTSCH: Ber. dtsch. chem. Ges. **64** (1931), 2708.

[4] K. J. LAIDLER: J. physic. Colloid Chem. **55** (1951), 1067.

[5] S. KATZ, G. B. KISTIAKOWSKI, R. F. STEINER: J. Amer. chem. Soc. **71** (1949), 2258.

[6] C. WAGNER: Z. physik. Chem., Abt. A **159** (1932), 459; C 32 II, 326.

[7] C. WAGNER, K. HAUFFE: Z. Elektrochem. angew. physik. Chem. **45** (1939), 409; C 39 II, 1229.

Reaktion treten. Die Autoren schließen, daß bei der Parawasserstoffumwandlung die H_{2ads} reagieren, bei der Reaktion mit Äthylen aber die H_{ads}, die sich auf Kosten der H_{gel} ergänzen, nach E. CREMER, C. A. KNORR, H. PLIENINGER[1] aber zehnmal rascher aus dem H_{2gas}-Vorrat. Näheres s. bei den betreffenden Reaktionen (S. 234ff., 246ff.). Es treten auch Fälle auf, wo eine solche Entscheidung nicht getroffen werden kann, so besonders bei der Einwirkung von Wasserstoff auf Lösungen. Nach C. A. KNORR[2] ist für die Einwirkung wasserstoffbeladenen Palladiums auf Kaliumdichromatlösungen die Diffusion des Chromations zum Draht hin geschwindigkeitsbestimmend und dieser selbst immer im Lösungs- und Adsorptionsgleichgewicht mit der Gasphase.

An *Nickel* stellen K. ABLESOWA und S. ROGINSKY[3] ein steiles Maximum der Hydrierfähigkeit fest, wenn das Metall 1 Atomprozent H enthält. Dies ist nur eine Andeutung eines Zusammenhangs zwischen dem gelösten und dem adsorbierten Wasserstoff.

Die neueren Arbeiten konzentrieren sich unmittelbar auf die Untersuchung der adsorbierten Schicht und auf die Frage, in welcher Form der Wasserstoff oder allgemein das Substrat in dieser vorliegt und welche Eigenschaften die chemisorbierten Teilchen haben, ohne näher auf den Zusammenhang mit dem im Innern gelösten Anteil einzugehen. Wenn auch, wie früher (S. 190, 201, 225) erwähnt, im allgemeinen nicht die gesamte Oberfläche katalytisch aktiv ist, so darf man doch annehmen, daß der Adsorptionszustand auf der Gesamtoberfläche sich zwar energetisch, nicht aber prinzipiell von dem an den aktiven Zentren, wenn man dieses Bild hier beibehalten will, unterscheidet. Ohne auf die zahllosen Arbeiten über Adsorption im einzelnen einzugehen, wollen wir die wesentlichen Gesichtspunkte kurz zusammenstellen.

Man ist sich wohl allgemein darüber einig, daß Wasserstoff bei der chemischen Adsorption auf metallischen und auch oxydischen Oberflächen in atomarer Form adsorbiert wird. Auch andere zweiatomige Gase dürften, wenigstens in den meisten Fällen, ganz oder teilweise dissoziieren. Zwischen Adsorbens und Substrat wird eine Bindung nach Art der normalen chemischen Bindung hergestellt, die, je nach dem System (alle chemisorbierbaren Gase eingeschlossen), mehr homöopolarer oder metallischer oder auch ionischer Natur ist. Wie bei der normalen chemischen Bindung ist im praktischen Fall nur selten einer dieser Typen in reiner Form verwirklicht. Im allgemeinen enthält die Bindung ein Dipolmoment, dessen Größe durch Messung von Kontaktpotentialen oder Elektronenaustrittsarbeiten ermittelt werden kann. Je nach der Temperatur und der Adsorptionswärme sind die Teilchen auf der Oberfläche mehr oder weniger frei beweglich oder an bestimmten Plätzen ortsfest gebunden. Im letzteren Falle wird meist pro Metallatom in der Oberfläche ein Wasserstoffatom adsorbiert. Die Bindung ist oft so fest, daß die adsorbierte Schicht erst bei höherer Temperatur wieder vollständig entfernt werden kann. Mit zunehmender Bedeckung nimmt die Festigkeit der Bindung ab. Entgegen älteren Auffassungen kann die chemische Adsorption von Wasserstoff (und auch von anderen Gasen) an metallischen Oberflächen sehr rasch, also mit sehr kleiner Aktivierungsenergie, verlaufen. Daneben wird jedoch auch immer wieder aktivierte Adsorption mit meßbarer Geschwindigkeit beobachtet, oft mehrere Typen, die sich durch ihre Temperaturlage unterscheiden. Letzteres ist besonders an praktischen Katalysatoren mit Verstärkern und Trägern der Fall. Andrerseits gehen manche Autoren

[1] E. CREMER, C. A. KNORR, H. PLIENINGER: Z. Elektrochem. angew. physik. Chem. **47** (1941), 737; C 42 I, 1864.

[2] C. A. KNORR: Z. physik. Chem., Abt. A **157** (1931), 143; C 32 I, 340.

[3] K. ABLESOWA, S. ROGINSKY: Z. physik. Chem., Abt. A **174** (1935), 449; C 36 I, 11.

so weit, die Ansicht zu vertreten, daß wirkliche aktivierte (langsame) Adsorption eine sehr seltene Erscheinung ist und daß es sich in den beobachteten Fällen meist um Verdrängung von Verunreinigungen oder um Aufnahme ins Innere handelt. Insgesamt sind die Auffassungen über diesen Fragenkomplex noch umstritten.

Über Adsorption von Wasserstoff an Metallen s. u. a. J. K. ROBERTS[1], O. BEECK[2], D. D. ELEY[3], E. K. RIDEAL und B. M. W. TRAPNELL[4], A. EUCKEN[5], T. KWAN[6].

Auch an *nichtmetallischen* Hydrierungskatalysatoren (Cr_2O_3, $ZnCr_2O_4$) wird Chemisorption und offenbar auch wahre aktivierte Adsorption von Wasserstoff beobachtet. Da aber zwischen der H_2- und der D_2-Adsorption nicht der auf Grund der Nullpunktsenergien (Differenz 1,8 kcal/Mol) zu erwartende Unterschied besteht, sind die Verhältnisse noch nicht ganz klar zu übersehen (J. PACE, H. S. TAYLOR[7]).

Weitere Untersuchungen s. H. S. TAYLOR[8]. Theoretische Betrachtungen: J. E. LENNARD-JONES[9], A. R. MILLER[10], K. HUANG und G. WYLLIE[11]. M. BOUDART[12]. Elektronenaustrittsarbeiten: R. SUHRMANN und W. SCHACHTLER[13]. Kontaktpotentiale: J. C. P. MIGNOLET[14]. Vgl. auch A. NASINI im vorliegenden Band.

Hydrierung.

Äthylenhydrierung.

Reine Kinetik. Von allen Hydrierungsreaktionen hat sich diejenige der einfachen Olefine und besonders des Äthylens besonderen Interesses erfreut, weil sie die einfachste Modellreaktion eines technisch wie wissenschaftlich gleich wichtigen Vorganges darstellt. Unglücklicherweise ist gerade sie kein ganz einfaches Beispiel, und so hat sie zu vielen Mißdeutungen Anlaß gegeben, wie wir im einzelnen noch sehen werden. Zunächst schien es zwar, als würde sich durch die Arbeiten der ersten Hälfte der Berichtsperiode ein in großen Zügen klares Bild dieser Reaktion ergeben, das allen damals bekannten experimentellen Tatsachen gerecht würde. Die Folgezeit brachte jedoch weiteres Material, durch das das Gesamtbild in seinen Einzelheiten zwar schärfer umrissen, in seiner Gesamtheit aber um so komplizierter wurde, so daß es so aussieht, als wären wir von einer übereinstimmenden Auffassung über diese Reaktion weiter denn je entfernt. Erst die in jüngster Zeit von K. J. LAIDLER gegebene Deutung basiert

[1] J. K. ROBERTS: Proc. Roy. Soc. (London), Ser. A **152** (1935), 445; Some Problems in Adsorption. London, 1939.
[2] O. BEECK: Advances in Catalysis, Vol. II, S. 151. New York, 1950.
[3] D. D. ELEY: Advances in Catalysis, Vol. I, S. 157. New York, 1948.
[4] E. K. RIDEAL, B. M. W. TRAPNELL: Discuss. Faraday Soc. 8 (1950), 114.
[5] A. EUCKEN: Z. Elektrochem. angew. physik. Chem. **53** (1949), 285; C 50 I, 1438; Naturwiss. **36** (1949), 48, 74; C 50 I, 2063; Z. Elektrochem. angew. physik. Chem. **54** (1950), 108; C 52, 6343; Discuss. Faraday Soc. 8 (1950), 128.
[6] T. KWAN: Advances in Catalysis, Vol. VI, S. 67. New York, 1954.
[7] J. PACE, H. S. TAYLOR: J. chem. Physics **2** (1934), 578; C 34 II, 3476.
[8] H. S. TAYLOR: Advances in Catalysis, Vol. I, S. 1. New York, 1948.
[9] J. E. LENNARD-JONES: Trans. Faraday Soc. **28** (1932), 333.
[10] A. R. MILLER: Discuss. Faraday Soc. 8 (1950), 57.
[11] K. HUANG, G. WYLLIE: Discuss. Faraday Soc. 8 (1950), 18.
[12] M. BOUDART: J. Amer. chem. Soc. **74** (1952), 3556; C 53, 5992; J. Amer. chem. Soc. **74** (1952), 1531; C 54, 1902.
[13] R. SUHRMANN, W. SCHACHTLER: Z. Naturforsch. **9a** (1954), 14.
[14] J. C. P. MIGNOLET: Discuss. Faraday Soc. 8 (1950), 105.

wieder auf ähnlichen Auffassungen wie die ursprünglich von G.-M. SCHWAB gegebene.

Wir beginnen mit den SCHUSTERschen Arbeiten[1] an metallverstärkten Kohlekontakten. Die Reaktionsgeschwindigkeit wird hier durchweg proportional dem Partialdruck des Wasserstoffs gefunden, vom Partialdruck des Äthylens ist sie bei Nickel ganz unabhängig, bei Eisen und Kupfer wenigstens oberhalb einer bestimmten Druckgrenze, die der Belegung aller aktiven Metallatome ($10^{19}\,g^{-1}$) entspricht. Die scheinbaren Aktivierungswärmen sind durchweg sehr klein, zwischen 2 und 7 kcal/Mol, am Nickel zeigt die Hydrierung aller Olefine ein *Temperaturoptimum*. Es werden jedoch noch nicht die Schlüsse gezogen, die alle diese Tatsachen in Zusammenhang bringen und den ganzen Vorgang aufklären würden, vielmehr wird wegen der Kleinheit der Aktivierungswärme ein Tunneleffekt vermutet.

Die Aufklärung der Vorgänge nimmt ihren Ausgangspunkt von einer Arbeit von H. ZUR STRASSEN[2], der mit einem Nickelbandkatalysator gearbeitet hat. Er findet wieder Proportionalität mit dem Wasserstoffdruck, in bezug auf Äthylen aber eine Abhängigkeit, die der Form einer *Adsorptionsisotherme* entspricht, wobei mit sinkender Temperatur die Sättigung bei immer kleineren Äthylendrucken schon erreicht wird. Das Temperaturoptimum verlagert sich mit sinkendem Druck zu steigenden Temperaturen. Die richtige Deutung dieser Verhältnisse wird hier schon qualitativ ausgesprochen. Die quantitative Behandlung dieser Messungen hat dann G.-M. SCHWAB[3] vorgenommen. Er wandte auf die Äthylenabhängigkeit die LANGMUIRsche Adsorptionsgleichung an und gelangte so zu der Geschwindigkeitsgleichung:

$$\frac{dx}{dt} = \frac{k \cdot b_{H_2} \cdot b_{ä} \cdot (H_2) \cdot (ä)}{1 + b_{ä}\,(ä)}$$

($ä$ bedeutet Äthylen), die die charakteristischen Konstanten $k \cdot b_{H_2}$ einerseits und $b_{ä}$ andrerseits für verschiedene Temperaturen aus den Messungen zu entnehmen erlaubt. Erstere zeigt einen normalen exponentiellen Anstieg mit der Temperatur, letztere einen ebensolchen Abfall. Die erste Tatsache beweist, daß $q > \lambda_{H_2}$ ist. Der aus dem Abfall von $b_{ä}$ folgende Wert von $\lambda_{ä} = 17$ kcal/Mol stimmt mit direkten Messungen SCHUSTERS überein. Das Temperaturoptimum erklärt sich dann zwanglos so: Bei festgehaltenen Drucken ist in niederen Temperaturen die Reaktionsordnung die nullte für Äthylen, also:

$$\frac{dx}{dt} = k \cdot b_{H_2}\,(H_2)\,,$$

und der Temperaturkoeffizient dementsprechend positiv. Bei hohen Temperaturen nimmt die Äthylenadsorption ab, die Äthylenordnung geht langsam in die erste über, im Grenzfall also:

$$\frac{dx}{dt} = k \cdot b_{H_2} \cdot b_{ä}\,(H_2)\,(ä)\,,$$

und da der negative Temperaturkoeffizient von $b_{ä}$ größer ist als der positive von $k \cdot b_{H_2}$, fällt jetzt die Reaktionsgeschwindigkeit mit der Temperatur. In Worten ausgedrückt, wird also die anfängliche Steigerung der Geschwindigkeit mit der

[1] C. SCHUSTER: Z. physik. Chem., Abt. B **14** (1931), 249; C 31 II, 3431; Trans. Faraday Soc. **28** (1932), 406; C 32 II, 993; Z. Elektrochem. angew. physik. Chem. **38** (1932), 614; C 32 II, 1743.

[2] H. ZUR STRASSEN: Z. physik. Chem., Abt. A **169** (1934), 81; C 34 II, 2039.

[3] G.-M. SCHWAB: Z. physik. Chem., Abt. A **171** (1934), 421; C 35 I, 3257.

Temperatur bei hohen Temperaturen durch den gleichzeitigen Abfall der Adsorptionsdichte des Äthylens *überkompensiert*, und die Kleinheit der scheinbaren Aktivierungswärme in mittleren Gebieten ist nicht durch einen Tunneleffekt hervorgebracht, sondern einfach durch diese Kompensation.

Infolge eines glücklichen Umstandes konnte das Bild noch verfeinert werden durch die Beobachtungen, die G.-M. SCHWAB und H. ZORN[1] an Nickel-Skelettkontakten (gewonnen durch Zersetzen von Nickel-Aluminium- oder Nickel-Silicium-Legierungen nach RANEY) anstellten. Diese adsorbieren Wasserstoff stärker, so daß auch die Ordnung nach Wasserstoff nicht mehr die erste, sondern eine gebrochene, der LANGMUIRschen Adsorptionsisotherme folgende wird. Die Geschwindigkeitsgleichung lautet dann:

$$\frac{d\,x}{d\,t} = \frac{k \cdot b_{H_2} \cdot b_{ä}\,(H_2)\,(ä)}{1 + b_{H_2}\,(H_2) + b_{ä}\,(ä)}\,,$$

was Adsorption von Wasserstoff und Äthylen an getrennten Bezirken unter gegenseitiger Verdrängung und Reaktion an den Bezirksgrenzen bedeutet. (Das Fehlen eines Quadrates im Nenner bedeutet, daß nur an einer der beiden Arten von Bezirken, vermutlich denen des Äthylens, gegenseitige Verdrängung besteht; s. dazu S. 188.) Diese Form gestattet nun, die Temperaturkoeffizienten von k, b_{H_2} und $b_{ä}$ getrennt zu bestimmen und so erstmals zu einer Kenntnis der *wahren Aktivierungswärme q der Äthylenhydrierung* vorzudringen. Es ergab sich $q = 18{,}7 \pm 1$ kcal/Mol, $\lambda_{H_2} = 12{,}5 \pm 3$ kcal/Mol, $\lambda_{ä} = 13{,}7 \pm 3$ kcal/Mol, Zahlenwerte, die das Auftreten des Temperaturoptimums auch quantitativ erklären und darüber hinaus deutlich zeigen, daß es sich um eine gewöhnliche Adsorptionsaktivierung handelt[2].

O. TOYAMA[3] hat dieselbe Reaktion an reduziertem Nickel zwischen $-18°$ und $+165°$ kinetisch untersucht. Er kommt zu ganz ähnlichen Ergebnissen, nur ist seine Kinetik besser durch Adsorption an gemeinsamen Bezirken deutbar, was eine kleine Verschiedenheit der Formeln bedeutet. Für $\lambda_{ä}$ findet er 15 kcal/Mol, das Maximum der Geschwindigkeit ist bei ihm sehr flach.

Später haben S. J. JELOWITSCH und G. M. SHABROWA[4] die Reaktion an Nickel bei kleinen Drucken (0,04 ÷ 2 mm Hg) erneut untersucht. Ihre Ergebnisse und ihre Deutung stimmen mit den oben ausgeführten völlig überein, was die Anfangsgeschwindigkeiten betrifft. Im Lauf der Abreaktion des Gemischs treten aber Anomalien auf, die wohl durch die auch von SCHWAB und Mitarbeitern beobachtete Schädigung des Kontakts durch längere Berührung mit (überschüssigem) Äthylen zu verstehen sind. In dieser Arbeit wurde auch geprüft, ob die gemachte Voraussetzung geschwindigkeitsbestimmender Abreaktion adsorbierter Schichten zutrifft, indem die aktivierte Adsorption der Komponenten gesondert untersucht wurde. Diese ist 40÷60-mal langsamer als die Hydrierung, kann also nicht mit der in den Reaktionsmechanismus eingehenden Adsorption

[1] G.-M. SCHWAB, H. ZORN: Z. physik. Chem., Abt. B **32** (1936), 169; C 36 I, 4869.

[2] E. K. RIDEAL [Proc. Cambridge philos. Soc. **35** (1939), 130; C 39 II, 1629] weist darauf hin, daß dieses Auftreten großer Adsorptionswärmen neben kleineren Aktivierungswärmen aus unseren Vorstellungen über heterogene Reaktionen heraus durchaus verständlich ist. Siehe auch A. SHERMAN, C. E. SUN und H. EYRING, wo die Herabsetzung der Aktivierungswärme durch Katalyse berechnet wird: J. chem. Physics **3** (1935), 49; C 36 II, 286.

[3] O. TOYAMA: Proc. Imp. Acad. Tokyo **11** (1935), 319; C 36 I, 3670; Rev. physic. Chem. Japan **11** (1937), 153; C 38 I, 3029; Rev. physic. Chem. Japan **12** (1938), 115; C 38 II, 3797.

[4] S. J. JELOWITSCH, G. M. SHABROWA: J. physic. Chem. URSS **13** (1939), 1769, 1775; C 42 I, 2634.

und Aktivierung identisch sein; denn es ist zu vermuten, daß JELOWITSCH und SHABROWA nicht die eigentliche chemische Adsorption gemessen haben, sondern irgendeine Form der aktivierten Adsorption oder die Absorption ins Innere des Kontaktes. Die sehr sauberen Messungen, die von J. K. ROBERTS[1] an Drähten aus Wolfram und von O. BEECK[2] an aufgedampften Filmen von verschiedenen Metallen durchgeführt wurden, haben gezeigt, daß die Chemisorption in den meisten Fällen sehr kleine Aktivierungsenergien hat und oft sogar bei Temperaturen der flüssigen Luft unmeßbar rasch erfolgt. Für die Adsorption von Wasserstoff und Äthylen an Nickel bei Zimmertemperatur dürfte dies nach O. BEECK[3] sicher zutreffen. In Übereinstimmung damit findet A. EUCKEN[4], daß Äthylen bei 0° an Nickel völlig irreversibel adsorbiert wird (Ähnliches bei O. BEECK[3]) und daß die Adsorption offenbar schon bei niedrigen Drucken äußerst rasch verläuft. Wird der Kontakt mit Äthylen vorbelegt, so bleibt er kurze Zeit nach der Vorbelegung noch aktiv. Nach längerer Wartezeit wirkt das adsorbierte Äthylen teilweise vergiftend, offenbar weil es in einen anderen Adsorptionszustand übergegangen ist (vgl. ähnliche Befunde bei SCHWAB; nach O. BEECK[3] beruht die Vergiftung auf der Bildung von Acetylenkomplexen). Ein analoger Effekt zeigt sich bei Vorbelegung mit Wasserstoff. Der Vergleich von gemessenen und berechneten Adsorptionswärmen des Wasserstoffs spricht für atomare Adsorption. Die Hypothese der aktiven Zentren wird durch die Wechselwirkung zwischen den adsorbierten Molekeln ersetzt, da die erstere Annahme nicht verträglich ist mit der Tatsache, daß an einer mit Wasserstoff zuvor vorbelegten Oberfläche die Adsorptionsgeschwindigkeit kleiner ist als an einer bis zur gleichen Bedeckung frisch belegten Oberfläche. (Bezüglich neuerer interessanter Gesichtspunkte zu der Kontroverse „Aktive Zentren" — „Wechselwirkung" vgl. M. BOUDART[5].) Aus den Vorbelegungsversuchen schließt EUCKEN, daß sich die Reaktion nicht zwischen den beiden adsorbierten Molekelarten abspielt, sondern durch Aufprallen von Wasserstoff auf adsorbiertes Äthylen (im Gegensatz zur Hydrierung von Cyclohexen s. S. 267), doch läßt sich die zweite Möglichkeit, Aufprallen von Äthylen auf adsorbierten Wasserstoff, nicht mit völliger Sicherheit ausschließen. Dieser zweite Mechanismus wurde in der Hauptsache von O. BEECK vertreten, während G. H. TWIGG nur den ersten für möglich hält und schließlich K. J. LAIDLER und auch H. EYRING der Ansicht sind, daß zur Reaktion beide Molekelarten adsorbiert werden müssen. Wir wollen die einzelnen Auffassungen der Reihe nach betrachten.

Die Hydrierversuche von G. H. TWIGG[6] mit einer Mischung aus schwerem und leichtem Wasserstoff ergeben nicht ein Gemisch von C_2H_6 und $C_2H_4D_2$, sondern dieselben Endprodukte, wie wenn eine Gleichgewichtsmischung von H_2, HD und D_2 verwandt worden wäre, woraus geschlossen werden kann, daß die Addition von Wasserstoff nicht in einem einzigen Schritt vor sich geht. Die Reaktion verläuft nach dem assoziativen Mechanismus von I. HORIUTI und M. POLANYI[7], wobei nach TWIGG die Adsorption von Wasserstoff nicht direkt

---

[1] J. K. ROBERTS: Proc. Roy. Soc. (London), Ser. A **152** (1935), 445; Some Problems in Adsorption. London, 1939.

[2] O. BEECK: Advances in Catalysis, Vol. II, S. 151. New York, 1950.

[3] O. BEECK: Discuss. Faraday Soc. 8 (1950), 118; C 53, 9091.

[4] A. EUCKEN: Z. Elektrochem. angew. physik. Chem. **53** (1949), 285; C 50 I, 1438; Naturwiss. **36** (1949), 48, 74; C 50 I, 2063; Z. Elektrochem. angew. physik. Chem. **54** (1950), 108; C 52, 6343.

[5] M. BOUDART: J. Amer. chem. Soc. **74** (1952), 3556; C 53, 5992; J. Amer. chem. Soc. **74** (1952), 1531; C 54, 1902.

[6] G. H. TWIGG: Discuss. Faraday Soc. 8 (1950), 152.

[7] I. HORIUTI, M. POLANYI: Trans. Faraday Soc. **30** (1934), 1164.

erfolgen kann, sondern nur über die Reaktion:

$$C_2H_{4(ads)} + H_{2(gas)} \rightarrow C_2H_{5(ads)} + H_{(ads)}.$$

Den wesentlichen Zwischenstoff bildet der halbhydrierte Zustand ($C_2H_{5(ads)}$), über den Hydrierung und Austausch verlaufen, und zwar beide mit derselben Ordnung. Das Temperaturmaximum der Geschwindigkeit erklärte sich so, daß von diesem Zwischenzustand ausgehend beide Reaktionen verschiedene Temperaturkoeffizienten hätten. Bei tiefen Temperaturen sei die Hydrierung schneller, bei hohen Temperaturen der Austausch. Da die Desorption von Äthylen erst oberhalb von 150° auftritt, könne dies nach TWIGG nicht die Ursache für das Absinken der Geschwindigkeit mit zunehmender Temperatur sein.

Im Gegensatz dazu ist O. BEECK[1] der Ansicht, daß die Reaktion wenigstens zum größten Teil durch Aufprallen von C_2H_4 auf adsorbierten Wasserstoff erfolgt, was er damit belegt, daß zuvor adsorbiertes Äthylen von Wasserstoff nur langsam, zuvor adsorbierter Wasserstoff dagegen von Äthylen sehr schnell entfernt wird. Äthylen bedecke wegen seiner höheren Adsorptionswärme den weitaus größeren Teil der Oberfläche. An den davon freien Stellen sei Wasserstoff adsorbiert und hier finde durch Aufprallen von Äthylen die schnelle Reaktion statt. Die Größe der von Äthylen freien Oberfläche und damit die Geschwindigkeit des schnellen Prozesses wird nach ihm bestimmt durch die langsame Hydrierung von adsorbiertem Äthylen durch adsorbierten Wasserstoff. Wenn im Lauf der Zeit aus dem adsorbierten Äthylen Acetylenkomplexe entstehen — dann, wenn vier nebeneinander liegende Adsorptionsstellen zur Verfügung stehen —, wird die Oberfläche irreversibel vergiftet. Nach all dem ist die Geschwindigkeit der Hydrierung einerseits proportional dem von Äthylen freien Bruchteil der Oberfläche, d.h. also bei hohen Bedeckungen umgekehrt proportional dem Äthylendruck, und zum andern proportional dem Äthylendruck selbst (rasche Aufprallreaktion), ebenso auch dem Wasserstoffdruck, so daß sich nullte Ordnung nach Äthylen und erste nach Wasserstoff ergibt. Aus den mit aufgedampften Schichten einer größeren Zahl von Metallen (W, Ta, Ni, Rh, Pd, Pt, Fe, Cr) erzielten Resultaten ergibt sich, daß Auftragungen der Geschwindigkeitskonstante, des d-Band-Charakters des Metalls (L. PAULING[2]) und der Adsorptionswärmen von Äthylen gegen die Gitterkonstanten auf glatte Kurven fallen und einen analogen Gang zeigen. Geschwindigkeit und d-Band-Charakter haben bei Rhodium ein Maximum, die Adsorptionswärme ein Minimum. (Es ist vielleicht interessant, zu erwähnen, daß der Gitterabstand von Rh mit 2,65 Å ziemlich genau gleich dem Abstand zweier H-Atome in zwei verschiedenen Methylgruppen von Äthan ist.) Orientierte Nickelfilme, die (110)-Flächen ausbilden, zeigen eine fünfmal größere Geschwindigkeit als nicht orientierte[3] (vgl. dazu die Geschwindigkeitsunterschiede bei der Hydrierung von Benzol und der Dehydrierung von Cyclohexan, S. 269, 286). Die scheinbare Aktivierungsenergie beträgt aber in beiden Fällen 10,7 kcal/Mol.

---

[1] O. BEECK: Advances in Catalysis, Vol. II, S. 151. New York, 1950; Discuss. Faraday Soc. **8** (1950), 118; C 53, 9091; Rev. mod. Physics **17** (1945), 61; C 46 I, 888; Rev. mod. Physics **20** (1948), 127; C 49 II, 170.

[2] L. PAULING: Proc. Roy. Soc. (London), Ser. A **196** (1949), 343.

[3] Ob BEECK tatsächlich Filme mit (110)-Flächen auf der Oberfläche hatte, erscheint nach einer neueren Arbeit von W. M. H. SACHTLER, G. DORGELO und W. VAN DER KNAAP zweifelhaft. Diese konnten experimentell (Elektronenmikroskop, Elektronenbeugung) und theoretisch zeigen, daß unter geeigneten Bedingungen die (110)-Fläche wohl die Auflagefläche auf die Unterlage darstellt, aber wegen ihrer großen Wachstumsgeschwindigkeit auf der Oberfläche der einzelnen Körner praktisch nicht vorkommt. W. M. H. SACHTLER, G. DORGELO, W. VAN DER KNAAP: 4e Réunion de Chimie Physique, J. Chim. physique **51** (1954), 491.

Die gleiche Aktivierungsenergie hat Rhodium, obwohl die Geschwindigkeit hier mehrere hundertmal größer ist. An Wolfram andrerseits ist die Geschwindigkeit etwa 20mal kleiner als an nicht orientiertem Nickel, während die Aktivierungsenergie nur 2,4 kcal/Mol beträgt. Die Geschwindigkeitsunterschiede seien also im wesentlichen durch verschiedene Häufigkeitsfaktoren bedingt und werden bei BEECK im großen ganzen geometrisch erklärt. Sicher steht nach M. BOUDART[1] der Ausdruck für die Aktivierungsentropie (Häufigkeitsfaktor) in Beziehung zu der Geometrie der Kristalloberfläche, doch sieht er die primäre Ursache dafür und damit auch für die katalytische Wirksamkeit in der Elektronenstruktur des Metalls und vermutet, daß die aktiven Zentren besser durch die metallischen Bindungsverhältnisse als durch geometrische Daten bestimmt werden.

K. J. LAIDLER[2] betrachtet ganz allgemein die Reaktion zweier Ausgangsstoffe A und B unter den drei möglichen Voraussetzungen: 1. A und B reagieren beide aus dem adsorbierten Zustand heraus (LANGMUIR-HINSHELWOOD-Mechanismus). 2. A wird adsorbiert, B kommt aus dem Gasraum und 3. B wird adsorbiert, A kommt aus dem Gasraum (2 und 3 ELEY-RIDEAL-Mechanismus). Bei Fall 1 durchläuft die Geschwindigkeit mit zunehmendem Druck ein Maximum, in den beiden anderen Fällen erreicht sie einen konstanten Höchstwert (nach Art einer Adsorptionsisotherme). Ganz allgemein scheint LAIDLER der LANGMUIR-HINSHELWOOD-Mechanismus weiter verbreitet zu sein, der ELEY-RIDEAL-Mechanismus herrscht besonders dann vor, wenn die Reaktionsprodukte stark adsorbiert werden. Unter der Annahme, daß Äthylen wegen seiner wesentlich höheren Adsorptionswärme stärker adsorbiert wird als Wasserstoff, ist der Mechanismus 1 mit den experimentellen Daten besser verträglich als 2 oder 3. Das Druckmaximum wurde von R. N. PEASE[3] an Kupfer, von A. und L. FARKAS[4] an Platin und von O. TOYAMA[5] an Nickel beobachtet. Eine verfeinerte Behandlung des Problems (gemeinsam mit M. C. MARKHAM und M. C. WALL[6]) unter der Voraussetzung einer Zweipunktadsorption (dual adsorption site) für Äthylen ergibt ein wesentlich flacheres Maximum als die ursprüngliche Behandlung, bei der Äthylen an einer Einzelstelle (single site) adsorbiert werden sollte. Daß meist nullte Ordnung nach Äthylen gefunden wird, kommt daher, daß die meisten Messungen im Bereich des Maximums gemacht wurden. TWIGGS[7] Mechanismus erklärt weder das Druckmaximum noch den Befund BEECKS[8], daß nur eine geringfügige Reaktion stattfindet, wenn man auf zuvor adsorbiertes Äthylen Wasserstoff einwirken läßt. Die von BEECK[9] gefundenen niedrigen sterischen Faktoren von 10^{-6} lassen sich mit Hilfe der Theorie der absoluten Reaktionsgeschwindigkeiten sehr genau errechnen und sind auf den Verlust von Freiheitsgraden der Translation und Rotation bei der Bildung des aktivierten Komplexes zurückzuführen, so daß man ohne die Annahme aktiver Zentren auskommt. Ähnliches gilt für die Berechnungen von A. EUCKEN[10] nach den Messungen von O. TOYAMA[11].

---

[1] M. BOUDART: J. Amer. chem. Soc. **72** (1950), 1040; C 50 II, 2030.
[2] K. J. LAIDLER: Discuss. Faraday Soc. **8** (1950), 47.
[3] R. N. PEASE: J. Amer. chem. Soc. **45** (1923), 1196.
[4] A. u. L. FARKAS: J. Amer. chem. Soc. **60** (1938), 22; C 38 I, 2697.
[5] O. TOYAMA: Rev. physic. Chem. Japan **11** (1937), 153; C 38 I, 3029; Rev. physic. Chem. Japan **14** (1940), 86; C 41 I, 188.
[6] M. C. MARKHAM, M. C. WALL, K. J. LAIDLER: J. chem. Physics **20** (1952), 1331. — K. J. LAIDLER, M. C. WALL, M. C. MARKHAM: J. chem. Physics **21** (1953), 949.
[7] G. H. TWIGG: Discuss. Faraday Soc. **8** (1950), 152.
[8] O. BEECK: Discuss. Faraday Soc. **8** (1950), 118; C 53, 9091.
[9] O. BEECK: Rev. mod. Physics **17** (1945), 61; C 46 I, 888.
[10] A. EUCKEN: Discuss. Faraday Soc. **8** (1950), 128.
[11] O. TOYAMA: Rev. physic. Chem. Japan **11** (1937), 153; C 38 I, 3029.

Als Mechanismus ergibt sich schließlich nach LAIDLER[1], daß Äthylen an zwei Punkten, Wasserstoffatome an einer Einzelstelle adsorbiert werden und daß sich daraus Äthylradikale bilden. Äthan entsteht sowohl durch Anlagerung eines weiteren Wasserstoffatoms als auch durch die Reaktion:

$$2\,C_2H_{5(ads)} \rightarrow C_2H_6 + C_2H_{4(ads)}\,.$$

LAIDLERS[2] Geschwindigkeitsgleichung unterscheidet sich von der von G.-M. SCHWAB (S. 247f.) angegebenen — abgesehen von der ausführlicheren Form der Konstanten — nur durch das Auftreten eines quadratischen Gliedes im Nenner, das daher rührt, daß nach LAIDLER beide Molekelarten zur Reaktion adsorbiert werden. Berechnungen der absoluten Geschwindigkeit[3] stimmen innerhalb eines Faktors von 10 mit den experimentellen Ergebnissen von A. und L. FARKAS und E. K. RIDEAL[4], O. TOYAMA[5], G. H. TWIGG und E. K. RIDEAL[6] sowie G.-M. SCHWAB und H. ZORN[7] überein. Doch würde hinsichtlich der Absolutgeschwindigkeit auch TWIGGS[8] Mechanismus gute Übereinstimmung ergeben. Wegen einer ausführlichen Behandlung der Äthylenhydrierung nach der Theorie der absoluten Reaktionsgeschwindigkeiten s. K. J. LAIDLER[9].

H. EYRING, C. B. COLBURN und B. J. ZWOLINSKI[10] gehen bei der Anwendung der Theorie der absoluten Reaktionsgeschwindigkeiten auf die Äthylenhydrierung von ganz ähnlichen Voraussetzungen aus wie LAIDLER. Als den aktivierten Komplex betrachten sie ein Äthan, das gerade von seinen zwei Adsorptionspunkten auf der Oberfläche desorbiert wurde. Die errechnete Geschwindigkeit stimmt mit der von O. BEECK gemessenen überein. In dem Druckgebiet, in dem die Geschwindigkeit unabhängig vom Äthylendruck ist, ergibt sich an den meisten Metallen eine Aktivierungswärme von 10,7 kcal/Mol. Dies entspricht gerade der Energie, die nötig ist für den Übergang von gasförmigem Wasserstoff und adsorbiertem Äthylen in gasförmiges Äthan.

Nach einem neueren Vorschlag von D. D. ELEY[11] ist das Maximum der Geschwindigkeit bei Temperaturerhöhung vielleicht auch so zu erklären, daß der im Nickel *gelöste* Wasserstoff, dessen Menge mit der Temperatur zunimmt, einen vergiftenden Einfluß ausübt. Eine experimentelle Bestätigung dieser Vermutungen liefern die neuesten Messungen von H. GOETZELER[12], der die Äthylenhydrierung in einer Strömungsapparatur untersuchte. Bei Temperaturerhöhung findet er das gewohnte Maximum der Geschwindigkeit, bei Temperaturerniedrigung wird jedoch dieses Maximum nicht mehr durchlaufen, es zeigt sich eine Hysterese,

---

[1] K. J. LAIDLER: J. physic. Colloid Chem. **55** (1951), 1067.
[2] K. J. LAIDLER: Discuss. Faraday Soc. 8 (1950), 47.
[3] K. J. LAIDLER, M. C. WALL, M. C. MARKHAM: J. chem. Physics **21** (1953), 949.
[4] A. u. L. FARKAS, E. K. RIDEAL: Proc. Roy. Soc. (London), Ser. A **146** (1934), 630; C 35 I, 1654.
[5] O. TOYAMA: Rev. physic. Chem. Japan **12** (1938), 115; C 38 II, 3797; vgl. C 38 I, 3029.
[6] G. H. TWIGG, E. K. RIDEAL: Proc. Roy. Soc. (London), Ser. A **171** (1939), 55; C 40 II, 468.
[7] G.-M. SCHWAB, H. ZORN: Z. physik. Chem., Abt. B **32** (1936), 169; C 36 I, 4869.
[8] G. H. TWIGG: Discuss. Faraday Soc. 8 (1950), 152.
[9] K. J. LAIDLER: The Absolute Rates of Surface Reactions, in „Catalysis" I, herausgegeben von P. H. EMMETT, S. 214ff. New York, 1954.
[10] H. EYRING, C. B. COLBURN, B. J. ZWOLINSKI: Discuss. Faraday Soc. 8 (1950), 39; C 51 I, 2406.
[11] D. D. ELEY: Discuss. Faraday Soc. 8 (1950), 99; C 53, 8535.
[12] H. GOETZELER: Dissertation. Universität München, 1954. — G.-M. SCHWAB, H. GOETZELER: Z. physik. Chem., N. F. **4** (1955), 149.

die man entweder durch irreversible vergiftende Adsorption nach H. GOETZELER erklären kann oder ebenso durch Absorption nach D. D. ELEY.

Die Messungen mit Legierungen und anderen Katalysatoren als Nickel ergaben im wesentlichen ähnliche Verhältnisse. *Platin*, auf Kohle aufgetragen, hydriert nach zweiter Ordnung (wohl wegen der durch die Kohleadsorption hineingetragenen Komplikationen), zeigt aber ebenfalls das Temperaturoptimum. *Platinschwarz* ist nur wirksam, wenn es mit Wasserstoff vorgesättigt wurde (B. BRUNS, K. ABLESOWA[1]). *Eisen* in Form des Ammoniakkontakts Fe-Al_2O_3-K_2O zeigt ebenfalls recht geringe scheinbare Aktivierungswärmen von 5÷7 kcal/Mol. Die Zuschläge wirken hier im Gegensatz zur Ammoniaksynthese verzögernd. Geschwindigkeitsbestimmend soll die aktivierte Adsorption des Wasserstoffs sein (?) (R. C. HANSFORD und P. H. EMMETT[2]). Über die Messungen von C. SCHUSTER[3] an Eisen und *Kupfer* auf Kohle wurde schon oben berichtet. Ähnlich verhält sich auch Kupfer auf Diatomeenerde nach G. HARKER[4]. Hier zeigt sich, was oben für Nickel erwähnt wurde: Vorbehandlung mit Äthylen ist schädlich, mit Wasserstoff nützlich. Sauerstoff wirkt, wie zu erwarten, als Gift, ebenso aber überraschenderweise Äthan.

An *Nickel-Kupfer*-Legierungen finden R. J. BEST und W. W. RUSSELL[5] ein Maximum der Geschwindigkeitskonstanten bei etwa 60 Atom-% Cu. Der steile Abfall der Geschwindigkeitskonstanten bei einer Gitterkonstanten von etwa 3,6 Å ist nicht im Einklang mit den Vorstellungen O. BEECKS[6] über den Zusammenhang zwischen Gitterparameter und katalytischer Wirksamkeit. Interessant ist, daß bei 60 Atom-% Cu die 3 *d*-Lücken im Nickel vollständig aufgefüllt sein sollten. Eben bei dieser Zusammensetzung zeigt eine Reihe weiterer Eigenschaften ein besonderes Verhalten. Theoretische Betrachtungen über diese Zusammenhänge finden sich bei D. A. DOWDEN[7] und P. W. REYNOLDS[8].

Eine Untersuchung an *nichtmetallischen* Hydrierungskontakten stammt von I. F. WOODMAN und H. S. TAYLOR[9], die mit ZnO und dem Hydrierungsmischkatalysator ZnO-Cr_2O_3 gearbeitet haben. Auch hier geht die Hydrierung schon bei Zimmertemperatur vor sich, wie an den Metallen, und ist von nullter Ordnung für alle Gase. Eine Reduktion des Kontakts setzt erst oberhalb 218° ein.

Einwirkung von γ-Strahlen auf ZnO vermindert nach E. H. TAYLOR und J. A. WETHINGTON[10] dessen katalytische Aktivität, wobei freilich nicht entschieden werden kann, ob die Ursache in einer Änderung der Elektronenstruktur des ZnO zu suchen ist oder in einer Vergiftung der Oberfläche durch Polymerisationsprodukte, die von der Strahlung aus dem noch auf der Oberfläche verbliebenen Äthylen gebildet wurden.

Anderweitige kinetische Beobachtungen. Es sind hier einige Arbeiten über die Äthylenhydrierung anzuführen, die mit der mitgeteilten kinetischen Aufklärung nur in lockerem Zusammenhang stehen. So war eine Zeitlang die Frage erörtert worden, ob die Äthylenhydrierung am Nickel eine Kettenreaktion im Gas-

---

[1] B. BRUNS, K. ABLESOWA: Acta physicochim. URSS **1** (1934), 90; C 35 I, 2489.
[2] R. C. HANSFORD, P. H. EMMETT: J. Amer. chem. Soc. **60** (1938), 1185; C 38 II, 1024.
[3] C. SCHUSTER: Z. physik. Chem., Abt. B **14** (1931), 249; C 31 II, 3431.
[4] G. HARKER: J. Soc. chem. Ind., Chem. and Ind. **51** (1932), T 323; C 33 I, 3299.
[5] R. J. BEST, W. W. RUSSELL: J. Amer. chem. Soc. **76** (1954), 838; C 54, 7830.
[6] O. BEECK: Discuss. Faraday Soc. **8** (1950), 118; C 53, 9091.
[7] D. A. DOWDEN: J. chem. Soc. (London) **1950,** 242; C 50 II, 1779.
[8] P. W. REYNOLDS: J. chem. Soc. (London) **1950,** 265.
[9] I. F. WOODMAN, H. S. TAYLOR: J. Amer. chem. Soc. **62** (1940), 1393; C 40 II, 2731.
[10] E. H. TAYLOR, J. A. WETHINGTON, JR.: J. Amer. chem. Soc. **76** (1954), 971.

raum darstellt, die am Katalysator ausgelöst wird. K. Bennewitz und W. Neumann[1] hatten zunächst geglaubt, dies durch eine Anordnung mit katalytisch aktiven Radiometerflügeln bewiesen zu haben, mußten aber später selbst ihren Irrtum zugeben. B. Foresti[2] zeigte dann durch kalorimetrische Messungen bei freien Weglängen in der Größenordnung der Apparatedimensionen, daß die gesamte Wärmetönung am Katalysator entsteht, Raumketten also nicht in Frage kommen. Genaueres hierüber findet man bei J. Christiansen[3]. Auf Grund statistischer Berechnungen der zu erwartenden heterogenen Reaktionsgeschwindigkeit lehnen auch I. B. Zeldowitsch und S. S. Roginsky[4] den Kettenmechanismus ab. Auch S. J. Jelowitsch[5], der die Hydrierung an reduziertem Nickel studiert hat, kommt im Rahmen einer allgemeinen „Stadientheorie der heterogenen Katalyse" zu der Auffassung, daß aktiviert adsorbiertes Äthylen mit an benachbarten Stellen adsorbiertem Wasserstoff reagiert. O. Beeck[6] hat einen Molekularstrahl von Äthylen auf erhitztes Platin auftreffen lassen. Er findet, daß zwischen 830 und 850° 99 % des Äthylens in Acetylen und Wasserstoff zersetzt werden, während 1 % von dem hierdurch entstandenen adsorbierten Wasserstoff zu Äthan hydriert wird; Äthan seinerseits wird nämlich erst bei 1200° vollständig zu Äthylen und Wasserstoff dehydriert. An *Wolfram* finden S. Roginski und Mitarbeiter[7] einen großen Einfluß eingeschlossener Gase, so ein scharfes Maximum der Hydriergeschwindigkeit bei Einschluß von 0,6 % H_2 oder 0,5 % N_2. Die Reaktion selbst beseitigt diese Einschlüsse und kann daher nur einmal durchgeführt werden.

Eine verwandte Reaktion ist die *Halogenierung des Äthylens*, die nach R. B. Mooney und H. G. Reid[8] an der Oberfläche von Jodkristallen, nicht aber von Glas oder Paraffin vor sich geht. Sie ist erster Ordnung nach dem Äthylen.

Zusammenhang mit der Adsorption. Von verschiedenen Seiten ist geprüft worden, ob die Hydrierung des Äthylens mit seiner direkt gemessenen Adsorption, sei es dem Gleichgewicht, sei es der Adsorptionsgeschwindigkeit, in Zusammenhang steht. Während besonders in älteren Arbeiten diese Zusammenhänge nur recht unklar zum Ausdruck kommen und die Hydriergeschwindigkeit meist größer gefunden wird als die Adsorptionsgeschwindigkeit an der gesamten Oberfläche — wobei natürlich an kleinen Bezirken eine um so größere Adsorptionsgeschwindigkeit angenommen werden muß, da diese schließlich nicht kleiner sein kann als die Reaktionsgeschwindigkeit —, haben besonders in England und USA durchgeführte Arbeiten gezeigt, daß mindestens an sauberen metallischen Oberflächen die Adsorption von Wasserstoff und Äthylen (und auch von anderen Gasen) schon bei kleinen Drucken und tiefen Temperaturen sehr schnell verläuft. So bildete sich allmählich die Auffassung, daß die für die Katalyse wichtige chemische Adsorption nicht unbedingt mit einer hohen Aktivierungsenergie verknüpft zu sein braucht, wie man lange Zeit angenommen

[1] K. Bennewitz, W. Neumann: Z. physik. Chem., Abt. B **7** (1930), 247; **17** (1932), 457.
[2] B. Foresti: Ateneo Parmense **4** (1932), 401, 805; C 33 I, 1567.
[3] J. Christiansen: Dieses Handbuch Bd. VI, S. 301f. Wien, 1943.
[4] I. B. Zeldowitsch, S. S. Roginsky: J. physic. Chem. URSS **4** (1933), 132; C 34 I, 340.
[5] S. J. Jelowitsch: J. physic. Chem. URSS **14** (1940), 1176; C 41 II, 2290.
[6] O. Beeck: Physic. Rev. (2) **46** (1934), 331; C 34 II, 2792.
[7] S. Roginski mit 10 Mitarbeitern: C. R. Acad. Sci. URSS **30** (N. S. 9) (1941), 23, 26, 29, 32, 37.
[8] R. B. Mooney, H. G. Reid: J. chem. Soc. **1931**, 2597; C 32 I, 341.

hat und was auch in dem älteren Begriff „aktivierte Adsorption“ zum Ausdruck gebracht werden sollte. Daß man zunächst meist eine langsame Adsorption gemessen hat, mag daher rühren, daß diese neuen Erkenntnisse erst gewonnen werden konnten, nachdem es gelungen war, metallische Oberflächen von größter Reinheit herzustellen, z. B. im Vakuum aufgedampfte Filme oder durch scharfes Glühen bei hoher Temperatur (flashing) im Vakuum gereinigte Drähte. Pulverpräparate lassen sich kaum in solcher Reinheit darstellen. Da der Fragenkomplex jedoch noch keineswegs entschieden ist und da unreine Katalysatoren in der Praxis wichtiger und wohl auch häufiger sind, sollen vor den neueren Ergebnissen auch die älteren behandelt werden.

An *Nickel* ist nach E. W. R. STEACIE und H. V. STOVEL[1] die Adsorption des Äthylens zwischen $-80°$ und $+150°$, also im Intervall der Hydrierung, eine aktivierte Adsorption[2]. Nach R. KLAR[3] nimmt die Adsorptionsgeschwindigkeit mit der Temperatur gleichförmig zu, zeigt also nicht das für die Hydrierung charakteristische Maximum bei etwa 130°. Die aktivierte Adsorption des Äthylens könne daher nicht geschwindigkeitsbestimmend sein. Aber die *Konzentration* des aktiviert adsorbierten Äthylens nimmt mit der Temperatur ab, woraus richtig geschlossen wird, daß das aktiviert adsorbierte Äthylen Reaktionsteilnehmer ist. (Unrichtig ist natürlich der weitere Schluß, daß eine Aktivierung des Wasserstoffs nicht erforderlich sei.) Derselbe Autor[4] hat auch die aktivierte Adsorption von Wasserstoff und Deuterium an Nickel untersucht[5], ohne jedoch zu klaren Zusammenhängen mit der Hydriergeschwindigkeit zu gelangen. S. J. JELOWITSCH und G. M. SHABROWA[6] finden bei nacheinander stattfindender Adsorption der beiden Komponenten keine Reaktion. Nach ihnen ist, wie schon erwähnt, die Adsorptionsgeschwindigkeit vielmals geringer als die Reaktionsgeschwindigkeit.

An *Eisen* liegen die Verhältnisse ähnlich: Die katalytische Aktivität des Katalysators geht seiner Adsorptionsaktivität für Äthylen parallel (R. KLAR[7]); Acetylen, das viel schwächer aktiviert adsorbiert wird, wird auch nicht hydriert (R. KLAR[8]), sondern nur polymerisiert.

An *Palladium* ist nach D. DOBYTSCHIN und A. FROST[9] ebenfalls die Desorptionsgeschwindigkeit des Wasserstoffs viel geringer als die Reaktionsgeschwindigkeit.

Die neueren Auffassungen über Chemisorption und Katalyse nehmen ihren Ausgang von den grundlegenden Arbeiten von J. K. ROBERTS[10], der bei der Adsorption von Wasserstoff an sorgfältig (durch scharfes Glühen bei 2500° im Vakuum) gereinigten *Wolfram*drähten feststellte, daß schon bei Drucken von 10^{-4} mm Hg und tiefen Temperaturen der Sättigungswert der Adsorption in sehr kurzer Zeit erreicht wird. So sollte bei 0° schon bei $3 \cdot 10^{-4}$ mm die chemisorbierte Schicht vollständig ausgebildet sein. Wenn auch E. K. RIDEAL und

---

[1] E. W. R. STEACIE, H. V. STOVEL: J. chem. Physics **2** (1934), 581; C 34 II, 3490.
[2] W. HUNSMANN: Dieses Handbuch Bd. IV, S. 405 ff., besonders S. 466. Wien, 1943.
[3] R. KLAR: Z. physik. Chem., Abt. A **168** (1934), 215; C 34 II, 710.
[4] R. KLAR: Naturwiss. **22** (1934), 822; C 35 I, 2127.
[5] Dieses Handbuch Bd. IV, S. 463. Wien, 1943.
[6] S. J. JELOWITSCH, G. M. SHABROWA: J. physic. Chem. URSS **13** (1939), 1769, 1775; C 42 I, 2634.
[7] R. KLAR: Z. physik. Chem., Abt. A **166** (1933), 273; C 33 II, 3088.
[8] R. KLAR: Z. Elektrochem. angew. physik. Chem. **43** (1937), 379; C 37 II, 4295.
[9] D. DOBYTSCHIN, A. FROST: Acta physicochim. URSS **5** (1936), 111; C 37 I, 4192.
[10] J. K. ROBERTS: Proc. Roy. Soc. (London), Ser. A **152** (1935), 445; Some Problems in Adsorption. London, 1939.

B. M. W. TRAPNELL[1] zeigen konnten, daß letzteres offenbar nicht der Fall war, so wird dadurch an der Adsorptionsgeschwindigkeit nichts geändert. W. FRANKENBURGER und A. HODLER[2] konnten an Wolframpulver das Phänomen der aktivierten (langsamen) Adsorption durch extreme Reinigung zum Verschwinden bringen und nach Belieben durch kleine Verunreinigungen wieder hervorrufen. Dasselbe berichtet T. KWAN[3] auch von anderen Metallpulvern. Die extreme Reinigung gelingt durch wiederholtes Reduzieren bei genügend hoher Temperatur. Spuren von Hahnfett- oder Quecksilberdampf genügen zur Verunreinigung. Von O. BEECK[4] werden diese Befunde mit aufgedampften Metallfilmen bestätigt. Der einzige Fall, wo eine wirkliche langsame (aktivierte) Adsorption gefunden werden konnte, ist die Adsorption von Stickstoff an Eisen bei Zimmertemperatur (O. BEECK, W. A. COLE und A. WHEELER[5]), was höchstwahrscheinlich mit der außerordentlich hohen Dissoziationsenergie des Stickstoffs zusammenhängt, die nach den neuesten Messungen von G. B. KISTIAKOWSKI, T. H. KNIGHT und M. E. MALIN[6] 225 kcal/Mol beträgt. (Neuere Messungen von T. KWAN[7], B. M. W. TRAPNELL[8] sowie R. J. MIKOVSKY, M. BOUDART und H. S. TAYLOR[9] machen wahrscheinlich, daß es sich auch bei der Adsorption von Wasserstoff an Kupfer, Silber und Gold um eine wirkliche aktivierte Adsorption handelt. Sie konnte an Kupfer erst über 300° gemessen werden. Bei Zimmertemperatur ist überhaupt noch keine Adsorption festzustellen.) A. EUCKEN[10] kommt zu ähnlichen Ergebnissen für die Adsorption von Äthylen an Nickel, die wenigstens bis $\sigma = 0{,}1$ unmeßbar rasch verläuft. Ebenso wird Wasserstoff verhältnismäßig rasch adsorbiert, nach EUCKEN[11] in Form von Wasserstoffmolekeln, die dann langsamer in Atome dissoziieren. Der günstigste Augenblick für die Reaktion ist dann gegeben, wenn die beiden H-Atome sich noch nicht allzu weit voneinander entfernt haben und noch eine lose Verbindung zwischen ihnen besteht, EUCKEN spricht von H-Atompaaren (letzteres gilt besonders für die Hydrierung von Cyclohexen).

Soweit langsame Adsorption gefunden wurde, handelt es sich meist um die Verdrängung von Verunreinigungen oder um eine Aufnahme ins Innere des Gitters, also um eine Absorption (BEECK loc. cit., A. FARKAS[12], D. D. ELEY[13]). Beides aber hat mit der eigentlichen Kinetik des katalytischen Prozesses nichts zu tun. Die häufig beobachtete Diskrepanz zwischen der direkt gemessenen Adsorptionsgeschwindigkeit und der Reaktionsgeschwindigkeit könnte dann so gedeutet werden, daß man bei der ersteren die Geschwindigkeit mißt, mit der Verunreinigungen verdrängt werden, während sich in der letzteren die Adsorptionsgeschwindigkeit an den von Verunreinigungen freien Stellen widerspiegelt, die dort prinzipiell etwa ebenso groß sein sollte wie an einer sauberen Oberfläche.

---

[1] E. K. RIDEAL, B. M. W. TRAPNELL: Discuss. Faraday Soc. 8 (1950), 114.
[2] W. FRANKENBURGER, A. HODLER: Naturwiss. **23** (1935), 609.
[3] T. KWAN: Advances in Catalysis, Vol. VI, S. 67. New York, 1954.
[4] O. BEECK: Advances in Catalysis, Vol. II, S. 151. New York, 1950.
[5] O. BEECK, W. A. COLE, A. WHEELER: Discuss. Faraday Soc. 8 (1950), 314.
[6] G. B. KISTIAKOWSKI, T. H. KNIGHT, M. E. MALIN: J. Amer. chem. Soc. **73** (1951), 2972.
[7] T. KWAN: J. Res. Inst. Catalysis **1** (1949), 95.
[8] B. M. W. TRAPNELL: Proc. Roy. Soc. (London), Ser. A **218** (1953), 566.
[9] R. J. MIKOVSKY, M. BOUDART, H. S. TAYLOR: J. Amer. chem. Soc. **76** (1954), 3814.
[10] A. EUCKEN: Discuss. Faraday Soc. 8 (1950), 128.
[11] A. EUCKEN: Z. Elektrochem. angew. physik. Chem. **53** (1949), 285; C 50 I, 1438.
[12] A. FARKAS: J. physic. Colloid Chem. **55** (1951), 1013; C 52, 3455.
[13] D. D. ELEY: Trans. Faraday Soc. **44** (1948), 216; C 49 I, 1199.

Aus den Adsorptionswärmen, die für Äthylen von etwa 60 bis auf 23, für Wasserstoff von etwa 30 bis auf 18 kcal/Mol abfallen, ist zu ersehen, daß Äthylen an der Oberfläche viel stärker adsorbiert wird als Wasserstoff. Diese Voraussetzung wurde oben allgemein gemacht für die Aufstellung der Kinetik. Nach den Daten von E. K. RIDEAL und B. M. W. TRAPNELL[1] über die Adsorption von Wasserstoff an Wolfram ist vielleicht zu vermuten, daß auch hier die Adsorptionswärmen für vollständige Bedeckung der Oberfläche auf noch tiefere Werte als die angegebenen absinken können.

Hydrierung mit Deuterium. Zur näheren Aufklärung ihres Reaktionsverlaufs ist die Äthylenhydrierung auch mit schwerem Wasserstoff von mehreren Seiten untersucht worden. Zu nennen sind hier Arbeiten von R. KLAR[2], A. und L. FARKAS und E. K. RIDEAL[3], T. TUCHOLSKI und E. K. RIDEAL[4], G. H. TWIGG und E. K. RIDEAL[5], K. MORIKAWA, N. R. TRENNER und H. S. TAYLOR[6], A. und L. FARKAS[7], A. WHEELER und R. N. PEASE[8]. In ihren Deutungen gehen die Arbeiten teilweise recht weit und weichen auch weit voneinander ab, meist weil das sonst über die Reaktion Bekannte zu wenig berücksichtigt wird; die experimentellen Ergebnisse stimmen aber bei den verschiedenen Arbeitskreisen weitgehend überein und lassen sich auch zwanglos in das oben gegebene Schema einordnen.

Die isotherme Geschwindigkeitsgleichung stimmt mit der für leichten Wasserstoff überein[9]; das Geschwindigkeitsoptimum liegt für Deuterium durchweg höher als für Wasserstoff (150° gegen 125° an Eisen[10]; 160° gegen 140° an Nickel[11]; 150° an Platin[12]). Bei tiefen Temperaturen hydriert Deuterium 50÷100% langsamer als Wasserstoff[13], bei 100° gleichen sich die Geschwindigkeiten einander an[14], und bei noch höherer Temperatur hydriert dann Deuterium rascher als Wasserstoff[15]. Nur einmal, an Kupfer, wird der gleiche Temperaturkoeffizient für beide Reaktionen gefunden[16]. Im übrigen wird das geschilderte Verhalten auf eine größere Aktivierungswärme der Deuteriumreaktion zurückgeführt[17],

[1] E. K. RIDEAL, B. M. W. TRAPNELL: Discuss. Faraday Soc. **8** (1950), 114.

[2] R. KLAR: Z. physik. Chem., Abt. B **27** (1934), 319; C 35 I, 1965; Z. physik. Chem., Abt. A **174** (1935), 1; C 36 I, 3496.

[3] A. u. L. FARKAS, E. K. RIDEAL: Proc. Roy. Soc. (London), Ser. A **146** (1934), 630; C 35 I, 1654.

[4] T. TUCHOLSKI, E. K. RIDEAL: J. chem. Soc. **1935**, 1701; C 36 I, 2068.

[5] G. H. TWIGG, E. K. RIDEAL: Proc. Roy. Soc. (London), Ser. A **171** (1939), 55; C 40 II, 468; Trans. Faraday Soc. **36** (1940), 533; C 40 II, 1123.

[6] K. MORIKAWA, N. R. TRENNER, H. S. TAYLOR: J. Amer. chem. Soc. **59** (1937), 1103; C 38 II, 1205.

[7] A. u. L. FARKAS: J. Amer. chem. Soc. **60** (1938), 22; C 38 I, 2697.

[8] A. WHEELER, R. N. PEASE: J. Amer. chem. Soc. **58** (1936), 1665; C 37 I, 4623.

[9] G. H. TWIGG, E. K. RIDEAL: Proc. Roy. Soc. (London), Ser. A **171** (1939), 55; C 40 II, 468.

[10] R. KLAR: Z. physik. Chem., Abt. B **27** (1934), 319; C 35 I, 1965.

[11] T. TUCHOLSKI, E. K. RIDEAL: J. chem. Soc. **1935**, 1701; C 36 I, 2068.

[12] A. u. L. FARKAS: J. Amer. chem. Soc. **60** (1938), 22; C 38 I, 2697.

[13] R. KLAR: Z. physik. Chem., Abt. B **27** (1934), 319; C 35 I, 1965. — A. u. L. FARKAS, E. K. RIDEAL: Proc. Roy. Soc. (London), Ser. A **146** (1934), 630; C 35 I, 1654. — T. TUCHOLSKI, E. K. RIDEAL: J. chem. Soc. **1935**, 1701; C 36 I, 2068. — A. u. L. FARKAS: J. Amer. chem. Soc. **60** (1938), 22; C 38 I, 2697. —A. WHEELER, R. N. PEASE: J. Amer. chem. Soc. **58** (1936), 1665; C 37 I, 4623.

[14] R. KLAR: Z. physik. Chem., Abt. A **174** (1935), 1; C 36 I, 3496.

[15] R. KLAR: Z. physik. Chem., Abt. B **27** (1934), 319; C 35 I, 1965; Z. physik. Chem., Abt. A **174** (1935), 1; C 36 I, 3496. — A. u. L. FARKAS, E. K. RIDEAL: Proc. Roy. Soc. (London), Ser. A **146** (1934), 630; C 35 I, 1654.

[16] A. WHEELER, R. N. PEASE: J. Amer. chem. Soc. **58** (1936), 1665; C 37 I, 4623.

[17] R. KLAR: Z. physik. Chem., Abt. A **174** (1935), 1; C 36 I, 3496. — T. TUCHOLSKI, E. K. RIDEAL: J. chem. Soc. **1935**, 1701; C 36 I, 2068.

wobei der Unterschied zwischen 0,5 und 2,5 kcal/Mol angegeben wird, was in der Größenordnung der Nullpunktsenergien leichter und schwerer Zwischenstufen liegen kann[1].

Was den gleichzeitig verlaufenden Austausch von Wasserstoffatomen unter Bildung schweren Äthylens anlangt, sind die Angaben je nach dem Katalysator verschieden: An Eisen wird zwischen 75 und 150° C Austausch beobachtet (R. KLAR[2]), an Nickel auf Kieselsäure[3] unterhalb 138° kein Austausch, an reinem Nickel[4] aber verlaufen schon unterhalb 100° Austausch und Hydrierung unabhängig mit verschiedener Aktivierungswärme nebeneinander, so daß bei hoher Temperatur der Austausch die Hydrierung überholt. Die scheinbare Aktivierungswärme des Austauschs fällt dabei zwischen 100 und 200° von 18,6 auf 4 kcal/Mol, wobei die Differenz der Aktivierungswärmen von Austausch und Hydrierung konstant gleich 4 bis 5 kcal/Mol bleibt[5]. Später werden dafür 9 kcal/Mol angegeben[6]. Das steht also in völliger Übereinstimmung mit unserem oben entworfenen Bild, wonach wegen der Desorption des Äthylens die scheinbare Aktivierungswärme der Hydrierung bei Temperaturen oberhalb des Maximums sogar negativ wird.

Die Schwierigkeit der Deutung TWIGGS[6] liegt nach K. J. LAIDLER[7] darin, daß die Geschwindigkeit des Austausches trotz der um 9 kcal/Mol höheren Aktivierungsenergie etwa dreimal so groß ist wie die der Hydrierung. Die Häufigkeitsfaktoren der beiden Reaktionen müßten demnach um etwa 5 Größenordnungen differieren. Um denselben Faktor unterscheiden sich auch die Absolutberechnungen der Austauschgeschwindigkeit von den gemessenen Werten. Als Ausweg schlägt LAIDLER vor, daß wie bei anderen Austauschreaktionen die Geschwindigkeit proportional der Quadratwurzel des Deuteriumdruckes sein sollte, was mit den Daten von G. H. TWIGG und E. K. RIDEAL[8] keineswegs unverträglich wäre, da diese nur bei zwei Drucken gemessen haben.

Interessant ist noch die Beobachtung von J. TURKEVICH und Mitarbeitern[9], wonach bei der Hydrierung von Äthylen mit Deuterium alle Arten von Deuteroäthylenen und -äthanen — mit 0÷4 bzw. 0÷6 D-Atomen — gebildet werden. Außerdem tritt leichter Wasserstoff in der Gasphase auf (Bestimmung mit dem Massenspektrometer). An Kupfer[10] werden, jedenfalls bei 0°, keine Wasserstoffatome ausgetauscht. Ebenso findet unterhalb von 160° an Nickel in Anwesenheit von Äthylen auch kein Austausch zwischen leichtem und schwerem Wasserstoff statt[11].

---

[1] H. W. MELVILLE: J. chem. Soc. **1934**, 797; C 34 II, 1571.

[2] R. KLAR: Z. Elektrochem. angew. physik. Chem. **43** (1937), 379; C 37 II, 4295.

[3] K. MORIKAWA, N. R. TRENNER, H. S. TAYLOR: J. Amer. chem. Soc. **59** (1937), 1103; C 38 II, 1205.

[4] A. u. L. FARKAS, E. K. RIDEAL: Proc. Roy. Soc. (London), Ser. A **146** (1934), 630; C 35 I, 1654.

[5] G. H. TWIGG, E. K. RIDEAL: Proc. Roy. Soc. (London), Ser. A **171** (1939), 55; C 40 II, 468.

[6] G. H. TWIGG: Discuss. Faraday Soc. 8 (1950), 152.

[7] K. J. LAIDLER, M. C. WALL, M. C. MARKHAM: J. chem. Physics **21** (1953), 949.

[8] G. H. TWIGG, E. K. RIDEAL: Proc. Roy. Soc. (London), Ser. A **171** (1939), 55; C 40 II, 468.

[9] J. TURKEVICH, F. BONNER, D. SCHISSLER, P. IRSA: Discuss. Faraday Soc. 8 (1950), 352. — J. TURKEVICH, D. SCHISSLER, P. IRSA: J. physic. Colloid Chem. **55** (1951), 1078; C 52, 3796.

[10] A. WHEELER, R. N. PEASE: J. Amer. chem. Soc. 58 (1936), 1665; C 37 I, 4623.

[11] G. H. TWIGG, E. K. RIDEAL: Proc. Roy. Soc. (London), Ser. A **171** (1939), 55; C 40 II, 468.

Hydrierung von schwerem Äthylen. G. JORIS, H. S. TAYLOR und J. C. JUNGERS[1] haben umgekehrt die Hydrierung deuteriumsubstituierter Äthylene durch leichten Wasserstoff an Kupfer untersucht. Während zu Anfang die Geschwindigkeit gleich der der Hydrierung leichten Äthylens ist, reagiert an dem mit etwas Kohle bedeckten Katalysator (ebenso auch bei Nickel, Platin, Kobalt) das schwere Äthylen rascher. Das ist auf einen Unterschied der scheinbaren Aktivierungswärme von ungefähr 0,5 kcal/Mol zurückzuführen, und zwar bei einem Absolutwert von 11,5 kcal/Mol für schweres Äthylen. Die anfängliche Gleichheit der Geschwindigkeiten ist dann durch eine Kompensation infolge der Verschiedenheit der Stoßzahlen zu erklären.

Vergleich mit der Parawasserstoffumwandlung. Beim Vergleich der Hydrierungsgeschwindigkeit mit der gleichzeitigen Para-Ortho-Wasserstoffumwandlung ist nach A. und L. FARKAS[2] (s. a. A. und L. FARKAS und E. K. RIDEAL[3]) zu beachten, daß Äthylen (nicht aber Äthan) die Umwandlung hemmt — nach B. M. W. TRAPNELL[4] durch einfache Blockierung der aktiven Stellen. Deshalb ist die Umwandlung in Abwesenheit von Äthylen fünfmal rascher als die Hydrierung, bei Äthylenüberschuß sind beide Geschwindigkeiten gleich, während Wasserstoffüberschuß wieder die Hydrierung begünstigt. Aus der Ähnlichkeit der Temperaturkoeffizienten der Hydrierung, der p-H_2-Umwandlung und der H_2-D_2-Austauschreaktion jedoch wird geschlossen, daß für alle diese Vorgänge der geschwindigkeitsbestimmende Schritt die Atomisierung des Wasserstoffs ist.

In ähnlicher Weise argumentieren G. RIENÄCKER und Mitarbeiter, die bei der p-Wasserstoffumwandlung[5], der Äthylenhydrierung[6] und dem Ameisensäurezerfall[7] an Legierungen aus Nickel, Palladium und Platin mit Kupfer analoge Aktivitätssprünge (teils bezüglich der Geschwindigkeitskonstanten, teils bezüglich der Aktivierungsenergie) finden.

Das Wesen der katalytischen Aktivierung scheint darin zu bestehen, daß im chemisorbierten Zustand kovalente Bindungen zwischen Kontakt und Substrat geschlossen werden (bei Äthylen höchstwahrscheinlich über die π-Elektronen), deren Art und Wirksamkeit bezüglich der Aktivierung weitgehend von der Elektronenstruktur des Metalls abhängt. Wesentliche Unterschiede der letzteren, z. B. Auffüllung der *d*-Lücken, müssen sich in gleicher Weise auf die Aktivierung aller als Donatoren gebundenen Molekelarten auswirken (was natürlich auch von RIENÄCKER nicht prinzipiell bestritten wird), so daß aus obigen Ergebnissen zwar geschlossen werden kann, daß in allen Fällen der Wasserstoff auf analoge Art und Weise aktiviert wird, nicht aber, mindestens nicht ohne weiteres, daß es allein auf dessen Aktivierung ankommt oder gar, daß dies der geschwindigkeitsbestimmende Schritt sei.

C. WAGNER und K. HAUFFE[8] haben einen solchen Vergleich auf neuartiger Grundlage durchgeführt. Sie vergleichen die gemessenen Reaktionsgeschwindigkeiten an einem Palladiumkatalysator miteinander und mit der gleichzeitig

---

[1] G. JORIS, H. S. TAYLOR, J. C. JUNGERS: J. Amer. chem. Soc. **60** (1938), 1982, 1999; C 38 II, 3072.

[2] A. u. L. FARKAS: J. Amer. chem. Soc. **60** (1938), 22; C 38 I, 2697.

[3] A. u. L. FARKAS, E. K. RIDEAL: Proc. Roy. Soc. (London), Ser. A **146** (1934), 630; C 35 I, 1654.

[4] B. M. W. TRAPNELL: Trans. Faraday Soc. **48** (1952), 160.

[5] G. RIENÄCKER, B. SARRY: Z. anorg. Chem. **257** (1948), 41.

[6] G. RIENÄCKER: Z. Elektrochem. angew. physik. Chem. **47** (1941), 805; C 42 I, 710. — G. RIENÄCKER, E. MÜLLER, R. BURMANN: Z. anorg. allg. Chem. **251** (1943), 55.

[7] G. RIENÄCKER, H. BADE: Z. anorg. allg. Chem. **248** (1941), 45; C 41 II, 304.

[8] C. WAGNER, K. HAUFFE: Z. Elektrochem. angew. physik. Chem. **45** (1939), 409; C 39 II, 1229.

konduktometrisch gemessenen Wasserstoffbeladung des Metalls. Sie zeigen zunächst, daß für die Beladung des Metalls die Dissoziation des Wasserstoffes an der Oberfläche in Atome geschwindigkeitsbestimmend ist (s. S. 244f.) und daß die Parawasserstoffumwandlung zehnmal rascher verläuft als die Beladung, woraus folgt, daß wenigstens ein Teil der Umwandlung als Oberflächenkette oder an paramagnetischen Zentren ablaufen muß[1]. Sie zeigen ferner, daß im Lauf der Äthylenhydrierung die stationäre H-Konzentration im Metall kleiner ist als im Gleichgewicht, daß also die Hydrierung dem Metall Wasserstoffatome entzieht. Da durchschnittlich auf zwei hydrierte Äthylenmolekeln nur ein Atom Wasserstoff aus dem Metall verschwindet, muß die Hydrierung unter diesen Bedingungen mehrere Wege gehen, es muß also, ebenso wie bei der Parawasserstoffumwandlung, auch noch eine Reaktion mit H_2-Molekeln oder eine Atomkette in der Oberfläche ablaufen (vgl. hierzu TWIGG und RIDEAL[2], nach denen die Hydrierung durch molekulare Anlagerung erfolgt).

Scheinbare Aktivierungswärme. Im folgenden seien einige Werte der scheinbaren Aktivierungswärme der Äthylenhydrierung zusammengestellt, wie sie im Bereich des positiven Temperaturkoeffizienten von den angegebenen Autoren gemessen wurden (Tabelle 1):

Tabelle 1. *Scheinbare Aktivierungswärme der Äthylenhydrierung.*

Katalysator	q_s (kcal/Mol)	Literatur	Katalysator	q_s (kcal/Mol)	Literatur
Ni	3,6	3	Fe	2	10
Ni	5	4	Fe	5,7	11
Ni	6	5	Fe	7,5	12
Ni	13	6	Fe	10	13
Ni	10,7	7	Pt	10	14
Cu	2	8	Ag	27	15
Cu	19,5	9			

Wir sehen, daß diese Werte nicht einmal für ein- und dasselbe Katalysatormetall auch nur einigermaßen übereinstimmen. Die Unterschiede sind größer,

[1] E. CREMER: Dieses Handbuch Bd. VI, S. 1ff. Wien, 1943.
[2] G. H. TWIGG, E. K. RIDEAL: Proc. Roy. Soc. (London), Ser. A **171** (1939), 55; C 40 II, 468.
[3] C. SCHUSTER: Trans. Faraday Soc. **28** (1932), 406; C 32 II, 993.
[4] G. RIENÄCKER, E. A. BOMMER: Z. anorg. allg. Chem. **242** (1939), 302; C 40 I, 170.
[5] G.-M. SCHWAB, H. ZORN: Z. physik. Chem., Abt. B **32** (1936), 169; C 36 I, 4869. — O. TOYAMA: Proc. Imp. Acad. Tokyo **11** (1935), 319; C 36 I, 3670.
[6] G. H. TWIGG, E. K. RIDEAL: Proc. Roy. Soc. (London), Ser. A **171** (1939), 55; C 40 II, 468.
[7] O. BEECK: Discuss. Faraday Soc. **8** (1950), 118; C 35, 9091; Rev. mod. Physics **17** (1945), 61; C 46 I, 888.
[8] C. SCHUSTER: Z. physik. Chem., Abt. B **14** (1931), 249; C 31 II, 3431.
[9] G. RIENÄCKER, E. A. BOMMER: Z. anorg. allg. Chem. **242** (1939), 302; C 40 I, 170. — G. RIENÄCKER: Z. Elektrochem. angew. physik. Chem. **47** (1941), 805; C 42 I, 710.
[10] C. SCHUSTER: Z. physik. Chem., Abt. B **14** (1931), 249; C 31 II, 3431.
[11] R. C. HANSFORD, P. H. EMMETT: J. Amer. chem. Soc. **60** (1938), 1185; C 38 II, 1024.
[12] R. KLAR: Z. Elektrochem. angew. physik. Chem. **43** (1937), 379; C 37 II, 4295.
[13] R. KLAR: Z. physik. Chem., Abt. A **174** (1935), 1; C 36 I, 3496.
[14] A. u. L. FARKAS: J. Amer. chem. Soc. **60** (1938), 22; C 38 I, 2697.
[15] G. RIENÄCKER, H. BADE: Z. anorg. allg. Chem. **248** (1941), 45; C 41 II, 3027.

als durch verschiedene Präparation des Katalysators zu rechtfertigen wäre. Nach dem oben über die Kinetik Gesagten ist dies aber auch verständlich, da die scheinbare Aktivierungswärme eben keine Konstante sein kann, wenn mit steigender Temperatur eine steigende Kompensation durch die Desorption des Äthylens eintritt, und zwar je nach dem Druck in verschiedenem Temperaturbereich. Es hat daher keinen Sinn, wie von verschiedenen Seiten geschehen[1], aus diesen Werten Schlüsse auf den Reaktionsmechanismus ziehen zu wollen, ohne sie weiter zu analysieren.

Das gleiche Bedenken ist natürlich auch zu erheben gegen die Schlüsse, die G. Rienäcker und Mitarbeiter[2] aus der Veränderlichkeit dieser scheinbaren Aktivierungswärme mit der Zusammensetzung in Mischkristallreihen ziehen. Sie finden beispielsweise, daß die Aktivierungswärme von 27 kcal/Mol bei reinem Silber durch Einlegieren von 3% Kupfer auf 17 kcal/Mol gedrückt wird, dann im Gebiet der Mischungslücke konstant bleibt, um für Kupfer wieder auf 19,5 kcal/Mol anzusteigen (G. Rienäcker und E. A. Bommer[3]), oder daß im System Ni-Cu der Wert von 5 kcal/Mol des reinen Nickels auf ein breites Maximum von 25 kcal/Mol bei 50% Kupfer steigt, um bei 85% Kupfer den Wert 19,5 kcal/Mol des Kupfers zu erreichen. Es ist klar, daß eine Diskussion solcher Ergebnisse an den *wahren* Aktivierungswärmen durchgeführt werden müßte. Da diese bei der Äthylenhydrierung ihres komplexen kinetischen Verhaltens wegen an jedem einzelnen Katalysator erst durch eine weitschweifige kinetische Analyse erhältlich wären, ist diese Reaktion für derartige vergleichende Untersuchungen weit ungeeigneter als etwa die Spaltung der Ameisensäure, die direkt wahre Aktivierungswärmen zu messen gestattet.

Acetylenhydrierung.

Acetylen und noch mehr seine Derivate werden im allgemeinen langsamer hydriert als Äthylen und dessen Derivate (G. Dupont[4]).

An *eisenhaltiger* Kohle wird Acetylen nach R. Klar[5] nicht hydriert, sondern nur polymerisiert, vermutlich deshalb, weil es so stark adsorbiert wird, daß der Wasserstoff so gut wie völlig verdrängt wird.

An *Palladium* (—78°, 0,05 mm Hg) dagegen findet Hydrierung statt. Nach D. Dobytschin und A. Frost[6] wird es langsamer hydriert als Äthylen; während bei letzterem die Wasserstoffentnahme aus dem Draht rascher verläuft als die Desorption des Reaktionsprodukts, sind beim Acetylen beide Vorgänge von gleicher Größenordnung der Geschwindigkeit; geschwindigkeitsbestimmend ist hier daher der Oberflächenvorgang. E. Cremer, C. A. Knorr und H. Plieninger[7] haben diese Reaktion genauer untersucht. Sie erfährt eine Selbsthemmung durch Acetylen und verläuft daher autokatalytisch nach der Gleichung:

$$\frac{dx}{dt} = \frac{k\cdot(\mathrm{H_2})}{1+b\cdot(\ddot{a})}$$

[1] R. Klar: Z. physik. Chem., Abt. A **174** (1935), 1; C 36 I, 3496. — A. u. L. Farkas: J. Amer. chem. Soc. **60** (1938), 22; C 38 I, 2697. — C. Schuster: Trans. Faraday Soc. **28** (1932), 406; C 32 II, 993.

[2] G. Rienäcker, E. A. Bommer: Z. anorg. allg. Chem. **236** (1938), 263; C 38 I, 4414; Z. anorg. allg. Chem. **242** (1939), 302; C 40 I, 170. — G. Rienäcker: Z. Elektrochem. angew. physik. Chem. **47** (1941), 805; C 42 I, 710.

[3] G. Rienäcker, E. A. Bommer: Z. anorg. allg. Chem. **242** (1939), 302; C 40 I, 170.

[4] G. Dupont: Bull. Soc. chim. France (5) **3** (1936), 1021, 1030; C 36 II, 3653.

[5] R. Klar: Z. Elektrochem. angew. physik. Chem. **43** (1937), 379; C 37 II, 4295.

[6] D. Dobytschin, A. Frost: Acta physicochim. URSS **5** (1936), 111; C 37 I, 4192.

[7] E. Cremer, C. A. Knorr, H. Plieninger: Z. Elektrochem. angew. physik. Chem. **47** (1941), 737; C 42 I, 1864.

($\ddot{a}$ das Acetylen), die so zu deuten ist: Wasserstoff wird schwach unter Verdrängung durch Acetylen adsorbiert und reagiert an der Grenzlinie gegen Nachbarbezirke, die bei jedem Druck mit Acetylen gesättigt sind. Der Hemmungsfaktor $b = 0{,}02\ \text{mm}^{-1}$ ist in der nach SCHWAB und DRIKOS[1] (s. S. 192ff.) zu erwartenden Größenordnung. Gasförmiger Wasserstoff wird hier zehnmal rascher verbraucht als gelöster, das H_{ads} ergänzt sich daher rascher aus ersterem als aus letzterem. Das gebildete Äthylen wird erst nach dem Aufbrauch des Acetylens hydriert, weil letzteres so stark adsorbiert wird, daß es die Äthylenhydrierung vergiftet.

Nach J. SHERIDAN[2] wird Äthan von Anfang an gebildet, eine noch vermehrte Bildung setzt schon zu einem Zeitpunkt ein, an dem noch keineswegs alles Acetylen verbraucht ist. Die Geschwindigkeit der Reaktion (gemessen am Abfall des Gesamtdruckes) durchläuft dann ein Maximum. Die Selektivität bezüglich der Äthylenbildung ist allerdings bei Palladium größer als bei Platin und Nickel (s. unten). Neben Äthylen und Äthan werden auch Produkte mit mehr als zwei C-Atomen gebildet. Aus der Tatsache, daß bei Desaktivierung des Katalysators die relative Menge an gebildetem Äthan zunimmt, schließt SHERIDAN, daß die verschiedenen Produkte an verschiedenen Stellen des Katalysators gebildet werden. Nach Wasserstoff findet er erste Ordnung, nach Acetylen ist die Ordnung $-0{,}4 \div -0{,}7$ (beide Ordnungen bezogen auf den Gesamtverbrauch). Die scheinbare Aktivierungswärme liegt für die Gesamtreaktion zwischen 12 und 15 kcal/Mol. Sauerstoff hemmt die Bildung von höheren Kohlenwasserstoffen. Die Ursache für die bevorzugte Bildung von Äthylen ist darin zu sehen, daß Acetylen stärker am Kontakt adsorbiert wird als Äthylen. K. TAMARU[3] untersucht die verzögernde Wirkung der polymeren Produkte mit mehr als zwei C-Atomen, die teilweise auf dem Katalysator abgelagert werden.

An *Platin* ist die Kinetik ähnlich: Wasserstoff fördert, Acetylen hemmt die Reaktion, ebenso wie es auch die Parawasserstoffumwandlung hemmt (A. und L. FARKAS[4]). Die Hydrierung erfolgt hier langsamer als die des entstandenen Äthylens zu Äthan, doch wird diese ebenfalls durch Acetylen gehemmt. Nach G. DUPONT[5] werden sonst die Äthylenderivate erst hydriert, wenn die Acetylenderivate, aus denen sie entstanden sind, verbraucht wurden.

Nach J. SHERIDAN[6] kann man beides nicht in dieser Allgemeinheit vertreten. Platin wirkt weit weniger selektiv als Palladium, d. h. Äthylen und Äthan bilden sich gleichzeitig in vergleichbaren Mengen, z. B. beträgt das Verhältnis zu Beginn der Reaktion etwa 5 : 1 aus Mischungen $C_2H_2 : H_2 = 1 : 1$. Mit zunehmendem Wasserstoffpartialdruck verschiebt es sich zugunsten von Äthan. Ist der größte Teil des Acetylens verbraucht, dann setzt eine vermehrte Äthanbildung ein, was sich in einer Zunahme der Gesamtreaktionsgeschwindigkeit äußert (vgl. oben bei Palladium). Auch hier treten als weitere Reaktionsprodukte Kohlenwasserstoffe mit mehr als 2 C-Atomen auf. Die Reaktionsordnung (der Abnahme des Gesamtdruckes) nach Wasserstoff ist 1,2, nach Acetylen je nach Katalysator und Druck null oder negativ. Die Aktivierungswärme für die Äthylenbildung wird zu 12 kcal/Mol ermittelt, für die Bildung von höheren Kohlenwasserstoffen soll sie $1 \div 2$ kcal/Mol größer sein. Auch an Platin wird Acetylen stärker adsorbiert als Äthylen.

---

[1] G.-M. SCHWAB, G. DRIKOS: Z. physik. Chem., Abt. B **52** (1942), 234; C 43 I, 5.
[2] J. SHERIDAN: J. chem. Soc. (London) **1945**, 470.
[3] K. TAMARU: Bull. chem. Soc. Japan **23** (1950), 180, 184; C 53, 9439.
[4] A. u. L. FARKAS: J. Amer. chem. Soc. **61** (1939), 3396; C 40 I, 3638.
[5] G. DUPONT: Bull. Soc. chim. France (5) **3** (1936), 1021, 1030; C 36 II, 3653.
[6] J. SHERIDAN: J. chem. Soc. (London) **1945**, 305.

An *Nickel* liegen die Verhältnisse nach J. SHERIDAN[1] nicht wesentlich anders. Wegen der stärkeren Adsorption des Acetylens ist auch hier die Äthylenbildung am Anfang etwa fünfmal schneller als die Äthanbildung. Ebenso entstehen auch hier Polymerisationsprodukte, in der Hauptsache bis zu 30 C-Atome enthaltend. Die Reaktionsordnung ist die erste nach Wasserstoff, die nullte nach Acetylen, wobei allerdings mit sinkendem Acetylendruck die Geschwindigkeit in geringem Maße zuzunehmen scheint. Die scheinbare Aktivierungswärme für die Äthylenbildung beträgt 10,9 kcal/Mol, für die Bildung der Polymeren 14,9 kcal/Mol. N. P. KEIJER[2] untersuchte an einem Ni-Katalysator die Rolle der verschiedenen aktiven Adsorptionszentren, deren Anwesenheit sich bei der Anwendung der differentiellen Isotopenmethode ergibt (Adsorption von gewöhnlichem und radioaktivem C_2H_2 nacheinander und Beobachtung der Reihenfolge der Desorption). Die für die Hydrierung in Frage kommenden Zentren, an denen C_2H_2 reversibel adsorbiert werden muß, sollen $4 \div 6\%$ der Oberfläche bedecken. An Zentren mit höherer Adsorptionswärme soll CH_4 auftreten, während schließlich an denen mit höchster Adsorptionswärme C_2H_2 zerfallen soll. Die Verteilung der Zentren stellt er als Funktion der Aktivierungsenergie der Adsorption dar, die mit zunehmender Bedeckung ansteigt.

An *Eisen* und wahrscheinlich auch an *Kobalt* sind nach J. SHERIDAN[3] die Befunde ähnlich wie an Ni. Für Eisen findet er eine scheinbare Aktivierungswärme von $15 \div 16$ kcal/Mol.

Hydrierung von Acetylenderivaten.

Die Kinetik der Hydrierung höherer Acetylenderivate ist der des einfachen Acetylens weitgehend ähnlich. Am Anfang wird die Dreifachbindung bevorzugt zur Doppelbindung hydriert, während die vollständige Hydrierung zum gesättigten Kohlenwasserstoff zunächst zurücktritt. Dies hängt wieder damit zusammen, daß die Acetylenverbindung stärker adsorbiert wird als das Olefin (G. C. BOND und J. SHERIDAN[4]). Gleichzeitig mit der Hydrierung erfolgt auch hier Polymerisation, wieder nur bei Anwesenheit von Wasserstoff, so daß nur hydrierte Polymerisate entstehen. Auf das Acetylenderivat allein wirkt der Katalysator bei der Reaktionstemperatur nicht ein. Die Hydrierung von *Methylacetylen* verläuft nach G. C. BOND und J. SHERIDAN[5] entsprechend erster Ordnung nach Wasserstoff und nullter nach Methylacetylen. Die Aktivierungsenergie beträgt an Nickel 14,2, an Palladium 16,5 und an Platin 17,3 kcal/Mol. Wegen der sterischen Hinderung durch die Methylgruppe ist der Anteil der Polymerisation an der Gesamtreaktion geringer als bei Acetylen. In Anlehnung an den TWIGGschen Mechanismus für die Äthylenhydrierung (s. S. 249f.) halten BOND und SHERIDAN für möglich, daß Hydrierung und Polymerisation über denselben halbhydrierten Zustand laufen, wobei je einer der darauffolgenden Schritte die Geschwindigkeit der einzelnen nebeneinanderlaufenden Reaktionen bestimmt. Nur an Palladium, an dem Hydrierung und Polymerisation die gleiche Aktivierungsenergie haben, sollte die *Bildung* des Zwischenzustandes geschwindigkeitsbestimmend sein.

Bei der Hydrierung der Dreifachbindung zur Doppelbindung entstehen überwiegend *cis*-Verbindungen, daneben aber auch in geringer Menge *trans*-

[1] J. SHERIDAN: J. chem. Soc. (London) **1944**, 373; **1945**, 133, 301.
[2] N. P. KEIJER: Nachr. Akad. Wiss. UdSSR, Abt. chem. Wiss. **1952**, 616; **1953**, 48; C 53, 8824, 8825.
[3] J. SHERIDAN: J. chem. Soc. (London) **1945**, 470.
[4] G. C. BOND, J. SHERIDAN: Trans. Faraday Soc. 48 (1952), 664; C 53 I, 1154.
[5] G. C. BOND, J. SHERIDAN: Trans. Faraday Soc. 48 (1952), 651; C 53 I, 1153.

Verbindungen. Letzteres ist nach R. ROMANET[1] nicht auf nachträgliche Isomerisierung der *cis*-Verbindungen zurückzuführen, sondern auf Erhöhung der Rotationswahrscheinlichkeit um die Doppelbindung im halbhydrierten Zwischenzustand, da hier infolge Resonanz mit den metallischen Elektronen des Kontaktes eine geringere π-Elektronendichte herrscht als im desorbierten Zustand im Gasraum.

Deuteriumaustausch bei Acetylenen.

Im Gegensatz zu Äthylen, das nach G. K. T. CONN und G. H. TWIGG[2] nicht mit Tetradeuteroäthylen austauscht, läuft die analoge Reaktion zwischen leichtem und schwerem Acetylen nach G. C. BOND, J. SHERIDAN und D. H. WHIFFEN[3] an Nickel schon bei mäßiger Temperatur. Die Geschwindigkeit läßt sich darstellen durch die Gleichung:

$$\frac{d\,[C_2DH]}{dt} = k\,(3{,}2\,[C_2H_2]\,[C_2D_2] - [C_2HD]^2).$$

Dabei ist 3,2 die Gleichgewichtskonstante der Reaktion im Temperaturbereich von 60÷120°. Bezogen auf den Gesamtdruck ist die Ordnung der Reaktion 0,65, was eine Änderung der Oberflächenbedeckung nach Art einer Adsorptionsisotherme bedeuten würde. Da eine so starke Druckabhängigkeit bei der chemisorbierten Schicht unwahrscheinlich ist, erklären die Verfasser den Befund damit, daß der Austausch zwischen den chemisorbierten und den darüber befindlichen physikalisch adsorbierten Molekeln erfolgt. Die gefundene Druckabhängigkeit der Bedeckung bezieht sich dann auf die physikalisch adsorbierten Molekeln. Als scheinbare Aktivierungsenergie werden 10,7 kcal/Mol erhalten.

Methylacetylen tauscht mit Dideuteroacetylen nur das der Dreifachbindung unmittelbar benachbarte H-Atom aus. Der Befund, daß nur solche H-Atome in Abwesenheit von elementarem Wasserstoff austauschfähig sind, scheint allgemeinerer Natur zu sein. So findet auch zwischen Acetylen und Allen oder Äthylen kein Austausch statt. Da es sich demnach nicht um einen dissoziativen Mechanismus handeln kann, suchen BOND, SHERIDAN und WHIFFEN die Ursache in dem stark polaren Charakter der C-H-Bindung in der Acetylengruppe, durch den ein Umspringen der Bindungen zwischen zwei unmittelbar aneinanderliegenden Molekeln erleichtert wird. Die Kinetik ist ganz ähnlich wie bei den nicht substituierten Acetylenen. Nach dem Gesamtdruck ist die Ordnung 0,47.

Hydrierung höherer Olefine.

C. SCHUSTER[4] hat die Hydrierung des Äthylens mit der von *Propylen* und *Butylen* an *nickel*beladener Kohle bei 0° verglichen. *Propylen* unterscheidet sich in der Kinetik nicht vom Äthylen, nur ist die scheinbare Aktivierungswärme im Meßintervall 4,8 statt 3,6 kcal/Mol. Bei den *Butylenen* ist sie noch höher, 5,6÷6,8 kcal/Mol, und zwar 6,5 kcal/Mol für α-Butylen. Auffallend ist, daß für die Butylene die Reaktion nicht erster, sondern ungefähr 1,5ter Ordnung nach dem Wasserstoff ist. Alle Olefine zeigen das Temperaturoptimum. Gegenüber dem Äthylen bestehen also im wesentlichen nur quantitative Unterschiede.

---

[1] R. ROMANET: C. R. hebd. Séances Acad. Sci. **236** (1953), 1677; C 54, 5726.

[2] G. K. T. CONN, G. H. TWIGG: Proc. Roy. Soc. (London) **171** (1939), 70.

[3] G. C. BOND, J. SHERIDAN, D. H. WHIFFEN: Trans. Faraday Soc. **48** (1952), 715; C 53, 6458.

[4] C. SCHUSTER: Z. physik. Chem., Abt. B **14** (1931), 249; C 31 II, 3431; Trans. Faraday Soc. **28** (1932), 406; C 32 II, 993.

Dasselbe gilt vom Propylen auch am Nickel*draht* bei 25÷178° (O. TOYAMA[1]). Die aus der gebrochenen Reaktionsordnung zu entnehmende (s. S. 214) Adsorptionswärme des Propylens ist gleich der des Äthylens, nämlich 15 kcal/Mol, die Aktivierungsenergie aber um 4 kcal/Mol kleiner. Trotzdem ist die Reaktion langsamer (s. a. D. DOBYTSCHIN und A. FROST[2]), wohl wegen der kleineren molekularen Adsorptionsdichte. Im Gemisch beeinflussen Propylen und Äthylen sich gegenseitig nicht. Diese Andeutung für eine Adsorption an getrennten Flächenarten erfährt eine speziellere Durchführung durch G. H. TWIGG und E. K. RIDEAL[3]. Diese schließen aus dem Vergleich der Hydrierung von Äthylen, Trimethyläthylen und *i*-Butylen, daß die der Doppelbindung benachbarten C-Atome an zwei verschiedenen Nickelatomen adsorbiert sein müssen, wobei beim Äthylen die ganze Oberfläche bedeckt werden kann, nicht aber bei den höheren Olefinen, weil dort der Raumbedarf der Methylgruppen eine Wechselwirkung hervorruft, durch die Teile der Oberfläche unbedeckt bleiben müssen.

Die oben erwähnte weitgehende Ähnlichkeit mit der Äthylenhydrierung wird weiterhin damit bestätigt, daß L. L. BAKER, JR. und R. B. BERNSTEIN[4] für die Hydrierung von Propylen an Filmen aus Carbonylnickel eine Geschwindigkeitsgleichung finden, die der von H. EYRING und Mitarbeitern[5] sowie von K. J. LAIDLER[6] für die Äthylenhydrierung angegebenen sehr ähnlich ist. Wenn P_1 und P_2 die Drucke von Propylen bzw. Wasserstoff, b_1 und b_2 die zugehörigen Adsorptionskoeffizienten sind, so ergibt sich unter der Annahme gegenseitiger Adsorptionsverdrängung:

$$-\frac{dP_1}{dt} = \frac{k' b_1 P_1 b_2 P_2}{(1 + b_1 P_1 + b_2 P_2)^2}\,.$$

Freilich ist ein Mechanismus ohne gegenseitige Verdrängung nicht ohne weiteres auszuschließen. In diesem Fall müßte die Gleichung lauten:

$$-\frac{dP_1}{dt} = \frac{K' b_1 P_1 b_2 P_2}{(1 + b_1 P_1)\,(1 + b_2 P_2)}\,.$$

Auch die beobachtete nullte Ordnung in wasserstoffreichen Mischungen soll mit beiden Mechanismen verträglich sein.

Einen Einblick in den verwickelten Verlauf der Reaktion geben die Hydrierversuche mit Deuterium. G. C. BOND und J. TURKEVICH[7] finden bei der Hydrierung von Propylen mit Deuterium über Platin bei 18° eine statistische Verteilung der D-Atome, so daß Propane mit 0÷8 D-Atomen erhalten werden (vgl. Ähnliches bei Äthylen S. 258). Die Ausbeute an $C_3H_6D_2$ nimmt mit steigender Temperatur ab. Dabei treten nur geringe Mengen an Deuteropropenen und leichtem Wasserstoff in der Gasphase auf. Vergleichende Hydrierversuche mit einer äquimolekularen Mischung von H_2 und D_2 und einer Gleichgewichtsmischung von H_2, HD und D_2 führen zum gleichen Ergebnis wie die analogen Versuche von TWIGG

[1] O. TOYAMA: Rev. physic. Chem. Japan **14** (1940), 86; C 41 I, 188.
[2] D. DOBYTSCHIN, A. FROST: Acta physicochim. URSS **5** (1936), 111; C 37 I, 4192.
[3] G. H. TWIGG, E. K. RIDEAL: Trans. Faraday Soc. **36** (1940), 533; C 40 II, 1123.
[4] L. L. BAKER, JR., R. B. BERNSTEIN: J. Amer. chem. Soc. **73** (1951), 4434; C 52, 2476.
[5] H. EYRING, C. B. COLBURN, B. J. ZWOLINSKI: Discuss. Faraday Soc. 8 (1950), 39; C 51 I, 2406. — H. EYRING, R. PARLIN, M. WALLENSTEIN, B. ZWOLINSKI: Office of Naval Research, Technical Report No. IV, Project NR-057-192, University of Utah, 9/15/50.
[6] K. J. LAIDLER: Discuss. Faraday Soc. 8 (1950), 47; The Absolute Rates of Surface Reactions, in „Catalysis" I, herausgegeben von P. H. EMMETT, S. 214 ff. New York, 1954.
[7] G. C. BOND, J. TURKEVICH: Trans. Faraday Soc. **49** (1953), 281; C 54, 3668.

bei Äthylen (S. 249), daß nämlich in beiden Fällen der Anteil am monodeuterierten Produkt gleich groß ist. Da die Gleichgewichtseinstellung zwischen H_2 und D_2 in Gegenwart von Propylen nur $1/4$ der Geschwindigkeit der Addition hat, sprechen die Befunde für atomare Addition von Wasserstoff an die Doppelbindung. Ähnlich wie bei Äthylen verläuft auch hier die Gleichgewichtseinstellung zwischen C_3H_6 und C_3D_6 bei Abwesenheit von Wasserstoff nicht oder zumindest nur äußerst langsam, was gegen dissoziative Adsorption spricht. Die Geschwindigkeit der Hydrierung steigt mit zunehmendem Wasserstoffdruck (untersucht zwischen 25 und 500 mm Hg), jedoch nicht linear, sondern mit einem Exponenten kleiner als 1; in Abhängigkeit vom Propylendruck (untersucht zwischen 50 und 500 mm Hg) nimmt sie ab, zeigt also ein ganz ähnliches Verhalten wie bei Äthylen jenseits des Druckmaximums (vgl. S. 251). Die Geschwindigkeitsgleichung wird aufgestellt unter der Annahme, daß an einem Teil der Oberfläche Adsorptionsverdrängung herrscht, an einem anderen, meist wesentlich kleineren Teil, dagegen nicht:

$$-\frac{dP}{dt} = \frac{kbP_P P_{D_2}}{(P_{D_2}+bP_P)^2} + f\frac{kbP_P}{P_{D_2}+bP_P}\cdot\frac{b'P_{D_2}}{1+b'P_{D_2}}.$$

(b = Verhältnis der Adsorptionskoeffizienten von Propylen und Deuterium, b' = Adsorptionskoeffizient von Deuterium, f = Bruchteil der Oberfläche, der auch bei höherer Bedeckung noch frei bleibt von Propylen, Index P bedeutet Propylen.) Die Aktivierungsenergie der Additionsreaktion ist 6,3 kcal/Mol, für die Bildung anderer Propane als $C_3H_6D_2$ 15 kcal/Mol.

Ebenso wie bei Äthylen und Propylen treten auch bei der Hydrierung von *Butylen* mit Deuterium an Metallkontakten alle Arten von deuterierten Butanen mit zufälliger Verteilung der Deuteriumatome auf die einzelnen Wasserstoffstellen auf (nach C. D. WAGNER, J. N. WILSON, J. W. OTVOS und D. P. STEVENSON[1]). V. H. DIBELER und T. I. TAYLOR[2] untersuchten dazu die gleichzeitig stattfindenden Austausch- und Isomerisierungsreaktionen (Isomerisierung = Doppelbindungsverschiebung oder cis-trans-Umlagerung). Die nahe Verwandtschaft dieser beiden Reaktionen ergibt sich schon aus der fast gleichen Aktivierungsenergie von 7,8 kcal/Mol für den Austausch und 7,1 kcal/Mol für die Isomerisierung (die Differenz liegt noch innerhalb der angegebenen Fehlergrenze). In Abwesenheit von Wasserstoff findet keine Isomerisierung statt, weder von Buten-(1) zu Buten-(2), noch von cis-Buten-(2) zu trans-Buten-(2) oder umgekehrt. Die Geschwindigkeit der Hydrierung wird bei gleichen Drucken von Wasserstoff und Olefin proportional der Wurzel der beiden Drucke gefunden. Doch ließe sich das Ergebnis wohl sinnvoller in Form einer Adsorptionsisotherme darstellen.

Während also, wie oben erwähnt, Olefine mit offener Kette im allgemeinen keinen Wasserstoff miteinander austauschen und auch nicht zu gegenseitiger Hydrierung und Dehydrierung fähig sind, ist dies offenbar bei *Cyclohexen* der Fall. Dieses geht nach N. A. SCHTSCHEGLOWA und M. J. KAGAN[3] am Platinkatalysator in Benzol und Cyclohexan über, von den Autoren als Disproportionierung des Wasserstoffs im Cyclohexen bezeichnet. Die Reaktion verläuft nach nullter Ordnung und hat eine Aktivierungsenergie von 22 kcal/Mol. Mit derselben Reaktion an Kupfer und Eisen und in Gegenwart von Wasserstoff

---

[1] C. D. WAGNER, J. N. WILSON, J. W. OTVOS, D. P. STEVENSON: J. chem. Physics **20** (1952), 338, 1331. — J. N. WILSON, J. W. OTVOS, D. P. STEVENSON, C. D. WAGNER: Ind. Engng. Chem. **45** (1953), 1480.

[2] V. H. DIBELER, T. I. TAYLOR: J. chem. Physics **16** (1948), 1008; C 49 I, 775. — T. I. TAYLOR, V. H. DIBELER: J. physic. Chem. **55** (1951), 1036.

[3] N. A. SCHTSCHEGLOWA, M. J. KAGAN: J. physic. Chem. URSS **23** (1949), 1083.

beschäftigten sich S. D. FRIDMAN und M. J. KAGAN[1]. R. P. LINSTEAD und Mitarbeiter[2] geben einen Überblick über diese bisher wenig untersuchte Reaktion (in flüssiger Phase). Da Cyclohexadien dabei allenfalls in sehr geringen Mengen auftritt, sind sie der Ansicht, daß alle vier H-Atome gleichzeitig von Cyclohexan entfernt werden in trimolekularer Reaktion (Zusammenstoß von drei Cyclohexenmolekeln). Es soll sich demnach nicht um eine Folge von Dehydrierung und Hydrierung handeln, sondern um eine in einem einzigen Schritt verlaufende Reaktion. Von Cyclohexen kann Wasserstoff auch auf andere Molekeln mit Zwei- und Dreifachbindung übertragen werden. Daß Cyclohexen diese Eigenschaft hat, nicht aber Cyclopenten oder -hepten u. ä., ist wahrscheinlich dem großen Gewinn an Resonanzenergie bei der Benzolbildung zuzuschreiben. V. I. KOMAREWSKI und T. A. ERIKSON[3] berichten über Versuche an einem Vanadintrioxydkatalysator. Schickt man Cyclohexen und Wasserstoff über den Katalysator, so ist unter 250° die Hydrierung zu Cyclohexan die Hauptreaktion, zwischen 250° und 300° finden sich sowohl Hydrierung als auch Dehydrierung, über 300° überwiegt die Dehydrierung.

Die direkte Hydrierung von Cyclohexen zu Cyclohexan mit Wasserstoff ist nur wenig untersucht, obwohl gerade Cyclohexen nach A. EUCKEN[4] ein ausgezeichnetes Versuchsobjekt darstellt, da es für Vergiftungen weniger anfällig ist als z. B. Äthylen. Der von EUCKEN aufgestellte Mechanismus weicht insofern von der häufigeren Auffassung über die Hydrierung von Olefinen ab, als die Reaktion durch Aufprallen von Cyclohexenmolekeln auf adsorbierten Wasserstoff erfolgen soll, während sonst ja das Olefin für den stärker adsorbierten Partner gehalten wird. Durch Vergleich der gemessenen Reaktionsgeschwindigkeit mit theoretischen Berechnungen kann gezeigt werden, daß weder der molekulare Wasserstoff noch die gleichmäßig über die Oberfläche verteilten Wasserstoffatome besonders reaktionsfreudig sind, sondern ein Zwischenzustand, in dem die Molekel zwar schon dissoziiert ist, die beiden Atome aber noch dicht beieinander liegen, von EUCKEN als Atompaare bezeichnet. Die besondere Aktivität dieses Zustandes wird dadurch verständlich, daß 1. die feste Verbindung der Atome in der Molekel bereits gelöst ist, 2. die nahe beieinander liegenden Atome aber noch nicht so fest an die Kontaktoberfläche gebunden sind wie bei großer Entfernung voneinander und 3. die sterischen Verhältnisse für die Hydrierung in einem Schritt besonders günstig liegen. Das Vorhandensein bestimmter a priori aktiver Stellen auf der Oberfläche wird bestritten. Zwar machen die jeweils aktiven Stellen nur einen kleinen Bruchteil der Oberfläche aus, doch sind sie, abgesehen von Vergiftungen, nicht an bestimmte Bezirke gebunden, sondern wechseln ihre Lage ständig. (Ähnliche Gedanken wurden später von M. BOUDART[5] ausgesprochen und vertieft, vgl. S. 225, 249.)

In alkoholischer Lösung an *Platin* haben H. S. DAVIS, G. THOMPSON und G. S. CRANDALL[6] Trimethyläthylen, Penten-(2) und *i*-Propyläthylen hydriert. Obgleich sie finden, daß monosubstituierte vor disubstituierten Olefinen bevorzugt

---

[1] S. D. FRIDMAN, M. J. KAGAN: J. allg. Chem. URSS **21** (83) (1951), 874; C 53, 9440.

[2] R. P. LINSTEAD, E. A. BRAUDE, P. W. D. MITCHELL, K. R. H. WOOLRIDGE, L. M. JACKMAN: Nature **169** (1952), 100.

[3] V. I. KOMAREWSKI, T. A. ERIKSON: J. Amer. chem. Soc. **75** (1953), 4082.

[4] A. EUCKEN: Z. Elektrochem. angew. physik. Chem. **54** (1950), 108; C 52, 6343.

[5] M. BOUDART: J. Amer. chem. Soc. **74** (1952), 3556; C 53, 5992; J. Amer. chem. Soc. **74** (1952), 1531; C 54, 1902.

[6] H. S. DAVIS, G. THOMPSON, G. S. CRANDALL: J. Amer. chem. Soc. **54** (1932), 2340; C 32 II, 1117.

werden, glauben sie an geschwindigkeitsbestimmende Diffusion des Wasserstoffs durch die Grenzflächen Gas-Flüssigkeit und Flüssigkeit-Fest (s. hierzu S. 178).

Nach I. M. SLOBODIN[1] erfährt Diallyl bei 84,2%, Dipropenyl bei 72,8% Umsatz eine plötzliche Senkung der Hydrierungsgeschwindigkeit („kritischer Hydrierungspunkt"). Im Gemisch wird ersteres, allein letzteres rascher hydriert. Erklärungen werden nicht gegeben, jedoch dürfte es sich um ein verwickeltes Spiel von Folgereaktionen und Verdrängungserscheinungen handeln.

Sind zwei Doppelbindungen in der Molekel vorhanden, so wird zunächst bevorzugt nur eine davon hydriert, ganz ähnlich wie Dreifachbindungen zunächst bevorzugt zur Doppelbindung hydriert werden. Aus Butadien entstehen Buten-(1), cis- und trans-Buten-(2) (W. G. YOUNG und fünf Mitarbeiter[2]). Aus Allen entsteht Propylen, wobei die Aktivierungsenergien am Anfang der Reaktion nach G. C. BOND und J. SHERIDAN[3] an Nickel 12,9, an Palladium 12,3 und an Platin 17,1 kcal/Mol betragen. Auch hier ist die Kinetik erste Ordnung nach dem Wasserstoff und nullte Ordnung nach dem Kohlenwasserstoff.

Hydrierung von Cycloparaffinen.

Die Hydrierung von Cycloparaffinen unter Ringaufspaltung erfordert wegen des gesättigten Charakters dieser Verbindungen im allgemeinen energischere Reaktionsbedingungen als die Hydrierung der isomeren Olefine. Immerhin läuft die Reaktion bei *Cyclopropan* an Nickel schon bei 0° (CORNER und PEASE[4]). Die Kinetik unterscheidet sich wesentlich von der der oben behandelten Olefine: Von G. C. BOND und J. SHERIDAN[5] wurde an Nickel, Palladium und Platin nullte Ordnung nach Wasserstoff und erste Ordnung nach Cyclopropan gefunden. Diese Umkehrung der Kinetik ist darauf zurückzuführen, daß hier Wasserstoff der stärker adsorbierte Partner ist und wahrscheinlich den größten Teil der Oberfläche bedeckt. Die Vorstellung, daß bei einem Olefin die Adsorption unter maßgeblicher Beteiligung der π-Elektronen erfolgt, wäre mit diesen kinetischen Befunden im Einklang. Beobachtungen über die Kinetik von anderen Substraten als Cyclopropan liegen allerdings nicht vor. Die scheinbaren Aktivierungsenergien betragen an Nickel 10,6, an Palladium 8,1 und an Platin 8,9 kcal/Mol. Interessant ist noch der Befund von BOND und SHERIDAN, daß die Hydrierung von Cyclopropan mit Deuterium Propane mit anderer Deuteriumverteilung liefert als die Hydrierung von Propylen mit Deuterium. Näheres über diese Verteilung berichten G. C. BOND und J. TURKEVICH[6], die die Reaktion untersuchen, um ihren Mechanismus zu ermitteln. In einem 50fachen Überschuß von Deuterium entstehen Propane mit $2 \div 8$ Deuteriumatomen, wobei die Verteilung der D-Atome auf die einzelnen Produkte sich während der Reaktion nicht ändert und auch von der Zusammensetzung des Ausgangsgemisches weitgehend unabhängig ist. Bei Temperaturerhöhung erhöht sich die relative Ausbeute an C_3D_8 und C_3HD_7 so stark, daß diese bei den höheren untersuchten Temperaturen (etwa ab 150°) die Hauptprodukte bilden. Die scheinbare Aktivierungsenergie bleibt offenbar zwischen $-18°$ und 200° konstant bei $8 \div 9$ kcal/Mol. Für die einzelnen Produkte ergeben sich teils niedrigere, teils höhere Werte, die höchsten für C_3D_8 und

---

[1] I. M. SLOBODIN: J. allg. Chem. URSS 5 (67) (1935), 1830; C 36 I, 3875.

[2] W. G. YOUNG und fünf Mitarbeiter: J. Amer. chem. Soc. **69** (1947), 2046; C 48 I, 536.

[3] G. C. BOND, J. SHERIDAN: Trans. Faraday Soc. **48** (1952), 658; C 53 I, 1154.

[4] E. S. CORNER, R. N. PEASE: Ind. Engng. Chem. (analyt. Edit.) **17** (1945), 564; C 46 I, 238.

[5] G. C. BOND, J. SHERIDAN: Trans. Faraday Soc. **48** (1952), 713.

[6] G. C. BOND, J. TURKEVICH: Trans. Faraday Soc. **50** (1954), 1335.

C_3HD_7. Die Reaktionsordnung steigt für Wasserstoff bei 200° auf etwa 0,35 an. Die experimentellen Befunde sprechen für folgende Mechanismen: Aufprallen von Cyclopropanmolekeln auf adsorbierten Wasserstoff mit Addition von zwei Deuteriumatomen nacheinander unter intermediärer Bildung eines adsorbierten *n*-Propylradikals oder Bildung eines adsorbierten Cyclopropylradikals und einer Molekel HD beim Aufprallen von Cyclopropan. Der erste Mechanismus ist verantwortlich für die Bildung von Propanen mit zwei bis sechs Deuteriumatomen, der zweite für die mit sieben und acht Deuteriumatomen.

Noch energischere Bedingungen müssen zur Aufspaltung von *Cyclobutan-* und *Cyclopentanringen* angewendet werden, was wegen der geringeren Spannung dieser Ringe verständlich ist. Bei Cyclobutan beginnt die Ringaufspaltung nach B. A. KASANSKI und M. J. LUKINA[1] an platinierter Kohle bei 150°. Auf Cyclopentan wirkt ein palladiumhaltiger Katalysator nach B. A. KASANSKI[2] bei 300° noch nicht ein. Mit Platin und Nickel dagegen gelingt die Spaltung von Cyclopropanringen bei dieser Temperatur. Die scheinbare Aktivierungsenergie an platinierter Kohle beträgt 35 kcal/Mol[3].

Hydrierung des Benzols.

Kinetik. Vom reaktionskinetischen Standpunkt unterscheidet sich die Hydrierung des Benzols nicht wesentlich von der des Äthylens, von den Versuchsbedingungen abgesehen.

An *Nickel* ist die Reaktion von CL. HERBO[4] genau untersucht worden. Die Gasreaktion wird an auf BeO aufgetragenem Nickel bei 60° meßbar, durchläuft ein Geschwindigkeitsmaximum bei 180° (siehe das Maximum der Äthylenhydrierung!) und fällt bis 310° auf Null, während die Rückreaktion, die Dehydrierung, von 235° ab in steigendem Maße bemerkbar wird. N. AGLIARDI[5] findet das Maximum ebenfalls an seinem trägerfreien Katalysator bei 220°. Bei großer Strömungsgeschwindigkeit und kurzer Katalysatorschicht, also kleinem relativen Umsatz, wird erste Ordnung nach dem Wasserstoff und nullte nach dem Benzol gefunden. Diese Kinetik stellt einen Grenzfall derjenigen dar, die bei größeren Umsätzen gefunden wird (kleine Strömungsgeschwindigkeit), und diese lautet:

$$\frac{dx}{dt} = \frac{k \cdot (\mathrm{H_2})}{1 + b \cdot (\mathrm{H_2})} \cdot \frac{k'(B)}{1 + b'(B) + b''(C)},$$

wo B den Partialdruck des Benzols, C denjenigen des Cyclohexans, also des Reaktionsprodukts, bedeuten. Abgesehen von der Hemmung durch dieses ist die Kinetik mit der für Äthylen gefundenen (s. S. 247f.) völlig identisch, und so gilt hier auch dasselbe für die theoretische Ausdeutung: Adsorption der Komponenten an getrennten Bezirken und geschwindigkeitsbestimmende Anlagerung in den Bezirksgrenzen. Vgl. dazu auch A. A. BALANDIN[6].

Hiermit stimmen die Ergebnisse von R. K. GREENHALGH und M. POLANYI[7]

---

[1] B. A. KASANSKI, M. J. LUKINA: Ber. Akad. Wiss. UdSSR N. S. **74** (1950), 263; C 53, 7767.

[2] B. A. KASANSKI: Fortschr. Chem. URSS **17** (1948), 641; C 48 E, 1212.

[3] B. A. KASANSKI, T. F. BULANOWA: Bull. Acad. Sci. URSS, Cl. Sci. chim. **1947**, 29; C 47, 1078.

[4] CL. HERBO: Bull. Soc. chim. Belgique **50** (1941), 257; C 42 II, 514.

[5] N. AGLIARDI: Atti Reale Accad. Sci. Torino **77** T (1941), 82; C 42 II, 623.

[6] A. A. BALANDIN: Bull. Acad. Sci. URSS, Cl. Sci. chim. **1945**, 339.

[7] R. K. GREENHALGH, M. POLANYI: Trans. Faraday Soc. **35** (1939), 520; C 40 I, 1334.

überein, wonach die Reaktionsordnung in der Gasphase unterhalb 100° gebrochen, darüber die erste ist. Diese Autoren haben auch die scheinbare Aktivierungswärme zu 10,6 kcal/Mol gemessen. In der flüssigen Phase haben sie, wie bei den meisten Hydrierungen in flüssiger Phase, erste Ordnung (nach dem Wasserstoff) festgestellt. Unter diesen Umständen berechnet sich aus Angaben von R. Truffault[1] eine scheinbare Aktivierungswärme von 4,3 kcal/Mol. (Dieser Autor versucht übrigens die gefundene gebrochene Ordnung durch Ermüdung, d. i. wohl Vergiftung, des Katalysators zu erklären.) Die oben angegebene Gleichung wird auch von Cl. Herbo und V. Hauchard[2] an Nickel auf Thoriumoxyd bestätigt und dabei eine Aktivierungsenergie von 11,7 kcal/Mol und eine Wasserstoffadsorptionswärme von 39,5 kcal/Mol gefunden. Anders als bei der Äthylenhydrierung finden O. Beeck und A. W. Ritchie[3] keinen Unterschied in der Wirksamkeit von orientierten und nicht orientierten Ni-Filmen (über Bedenken zu Beecks Ansichten über die Orientierung der Filme vgl. Fußnote S. 250). Nach Wasserstoff finden sie bis 58° die Ordnung 0,44, bei 100° 0,56, was mit der obigen Geschwindigkeitsgleichung verträglich ist. Die Aktivierungsenergie ergibt sich zu 8,7 kcal/Mol.

F. Lihl, H. Wagner und P. Zemsch[4] untersuchten den Einfluß verschiedener Herstellungsbedingungen auf die Wirksamkeit von Nickel- und Kobaltkatalysatoren bzw. auf die Änderung der Wirksamkeit im Laufe der Zeit. Doch scheint es nur schwer möglich, eine einigermaßen klare Linie in diese verwickelten Zusammenhänge zu bringen. Als scheinbare Aktivierungsenergie finden sie bei Nickel je nach den Herstellungsbedingungen 1,4, 6,6 oder 7 kcal/Mol. Steigende Reduktionstemperatur des Katalysators vermindert bei Nickel die Anfangsaktivität. Bei Kobalt ist die Reduktion unterhalb 500° ohne Einfluß. Während Nickelkatalysatoren im Laufe der Zeit an Wirksamkeit verlieren, steigt diese bei Kobaltkatalysatoren an und nähert sich einem Grenzwert. Im Gegensatz zu J. H. Long, J. C. W. Frazer und E. Ott[5] finden die Autoren Kobalt vier- bis elfmal wirksamer als Nickel und erklären diesen Befund sowie das Ansteigen der Wirksamkeit bei Kobalt im Lauf der Zeit mit dessen Zweiphasigkeit. Letztere sei auch der Grund dafür, daß es bei diesem Katalysator wegen andauernder Veränderungen nicht möglich war, Aktivierungsenergie und Häufigkeitsfaktor zu messen. Bei Legierungen aus Kobalt und Nickel sinkt die Aktivierungsenergie im wesentlichen mit zunehmendem Gehalt an Nickel. Dazwischen tritt ein schwach ausgeprägtes Maximum auf. Eisen ist allein unwirksam. Beim Zulegieren zu Kobalt treten mehrere Maxima auf, die alle in heterogenen Gebieten in der Nähe einer Phasengrenze liegen. Daß Eisen und ebenso Kupfer unwirksam sind, war früher schon von P. H. Emmett und N. Skau[6] festgestellt worden. Zusatz von Kupfer zum Nickel vermindert die Zahl der aktiven Stellen und vermehrt die weniger aktiven, wie aus Vergiftungsversuchen mit Thiophen hervorgeht (K. Yoshikawa[7]). Nach M. J. Kagan und Ss. D. Fridman[8] sind Eisen und Kupfer offenbar nicht in der Lage, die Adsorption von Benzol zu aktivieren, wohl aber die eines gewöhnlichen Olefins. Dies soll daher kommen, daß bei der Adsorption von

[1] R. Truffault: Bull. Soc. chim. France (5) **1** (1934), 206; C 34 II, 1755.

[2] Cl. Herbo, V. Hauchard: Bull. Soc. chim. Belgique **52** (1943), 135.

[3] O. Beeck, A. W. Ritchie: Discuss. Faraday Soc. **8** (1950), 159; C 53, 9092.

[4] F. Lihl, H. Wagner, P. Zemsch: Z. Elektrochem. angew. physik. Chem. **56** (1952), 612, 619, 979, 985; **57** (1953), 58.

[5] J. H. Long, J. C. W. Frazer, E. Ott: J. Amer. chem. Soc. **56** (1934), 1101.

[6] P. H. Emmett, N. Skau: J. Amer. chem. Soc. **65** (1943), 1029; C 45 I, 1466.

[7] K. Yoshikawa: Sci. Pap. Inst. physic. Chem. Res. **26/27**, Nr. 566.

[8] M. J. Kagan, Ss. D. Fridman: Ber. Akad. Wiss. UdSSR N. S. **68** (1949), 697; C 50 II, 2002.

Benzol die Resonanz im Ring verschwindet, was, verglichen mit einem Olefin, einen zusätzlichen Energieaufwand von etwa 34 kcal/Mol erforderlich macht.

F. N. HILL und P. W. SELWOOD[1] kommen zu dem Ergebnis, daß Nickel auf γ-Al_2O_3 als Träger erst von einer bestimmten Ni-Kristallgröße an wirksam ist. Bei Kohle als Träger liegt nach A. M. RUBINSTEIN, Ss. Ss. NOWIKOW, S. JA. LAPSCHINA und N. I. SCHUIKIN[2] das Optimum der Wirksamkeit bei einer Kristallgröße von etwa 40 Å.

An *Platin* sind die Reaktionsordnungen sowohl in der Gasphase als auch in der flüssigen Phase nach R. K. GREENHALGH und M. POLANYI[3] die gleichen wie an Nickel; die Reaktion geht schon bei Zimmertemperatur in der Flüssigkeit, bei 25 ÷ 100° in der Gasphase vor sich. Die scheinbare Aktivierungswärme in der Gasphase beträgt im Meßbereich 6,8 kcal/Mol. A. und L. FARKAS[4] finden ebenfalls in der Gasphase erste Ordnung nach Wasserstoff und nullte nach Benzol und ebenfalls eine scheinbare Aktivierungswärme von 7 kcal/Mol. Ihre Deutung stimmt mit der oben vorgetragenen überein. Nach C. W. KEENAN, B. W. GIESEMANN und H. A. SMITH[5] hemmt ein Natriumgehalt in ADAMS' Platinkatalysator die Hydrierung von Benzol in flüssiger Phase. H. A. SMITH und H. T. MERIWETHER[6] vergleichen die Hydrierung von Benzol mit der von Cyclohexen, Cyclohexadien-(1,3) und Cyclohexadien-(1,4), für die sie Aktivierungsenergien von 7,4, 2,4, 4,5 und 4,0 kcal/Mol finden. Da alle anderen Faktoren außer der Art des Kohlenwasserstoffs gleichgeblieben sind, müssen sich in obigen Zahlen die Unterschiede der wahren Aktivierungswärmen widerspiegeln; denn die Reaktion ist nullter Ordnung nach dem Kohlenwasserstoff, so daß auch dessen Adsorptionswärmen nicht in die Aktivierungsenergien eingehen. Daß sich die große Resonanzenergie des Benzols nicht auf die Aktivierungsenergie auswirkt — was aber wohl nicht unbedingt der Fall zu sein braucht, da ja zwischen Reaktionsenthalpie und Aktivierungsenergie kein direkter Zusammenhang besteht —, führt die Autoren zu der Auffassung, daß offenbar die Langsamkeit der Benzolhydrierung, verglichen mit der anderer ungesättigter Verbindungen, nicht mit dessen großer Resonanzenergie erklärt werden kann. (Auch das konjugierte Cyclohexadien-[1,3] wird schneller hydriert als das nicht konjugierte Cyclohexadien-[1,4].) Demnach muß man annehmen, daß die Resonanzenergie des Benzols bei der Adsorption zerstört wird.

An *Palladium* haben A. A. ALTSCHUDSHAN, A. A. WWEDENSKI, W. R. STARKOWA und A. W. FROST[7] die Reaktion in weiten Bereichen (1 ÷ 100 atm H_2, 140 ÷ 330°) untersucht. Solange das Palladium in der α-Phase vorliegt (verdünnte Lösung von Wasserstoff in Palladium), ist auch hier die Hydrierung von nullter Ordnung nach Benzol und — wegen der hohen Drucke — auch nach dem Wasserstoff. Erst oberhalb 200° macht sich ein Einfluß der Benzolkonzentration geltend. Die β-Phase dagegen (Lösung von Wasserstoff in einer Pd-H-Verbindung unbe-

---

[1] F. N. HILL, P. W. SELWOOD: J. Amer. chem. Soc. **71** (1949), 2522; C 50 II, 254.

[2] A. M. RUBINSTEIN, Ss. Ss. NOWIKOW, S. JA. LAPSCHINA, N. I. SCHUIKIN: Ber. Akad. Wiss. UdSSR N. S. **74** (1950), 77; C 53, 7513.

[3] R. K. GREENHALGH, M. POLANYI: Trans. Faraday Soc. **35** (1939), 520; C 40 I, 1334.

[4] A. u. L. FARKAS: Trans. Faraday Soc. **33** (1937), 827; C 37 II, 2665.

[5] C. W. KEENAN, B. W. GIESEMANN, H. A. SMITH: J. Amer. chem. Soc. **76** (1954), 229.

[6] H. A. SMITH, H. T. MERIWETHER: J. Amer. chem. Soc. **71** (1949), 413.

[7] A. A. ALTSCHUDSHAN, A. A. WWEDENSKI, W. R. STARKOWA, A. W. FROST: J. allg. Chem. URSS **4** (66), 1168; C 36 I, 4278.

stimmter Konzentration) verhält sich bezeichnenderweise anders: Hier ist die Kinetik:

$$\frac{dx}{dt} = k \cdot \frac{(B)}{(H_2)},$$

Benzol wird also an den aktiven Stellen nur schwach adsorbiert und von Wasserstoff stark verdrängt, während der Wasserstoff unverdrängt in Sättigung vorliegt. Das Temperaturverhalten des Palladiums entspricht dem anderer Katalysatoren: Oberhalb 225° beginnt eine Abweichung von der einfachen ARRHENIUSschen Gleichung und bei 268° wird auch hier ein Maximum der Geschwindigkeit erreicht. Cyclohexan hat hier, wenigstens abseits vom Gleichgewicht, keinen Einfluß.

Vergleich mit der Parawasserstoffumwandlung und dem Deuteriumaustausch. An *Platin* haben A. und L. FARKAS[1] neben der Hydrierung den gleichzeitigen Austausch des Benzols mit Deuterium untersucht. Beide Reaktionen verlaufen (wie beim Äthylen, s. S. 258) unabhängig nebeneinander, wie schon aus der verschiedenen Kinetik hervorgeht: Während die Hydrierung in der Gasphase unabhängig von der Benzolkonzentration ist, verläuft der Austausch proportional $(B)^{0.4}$, d. h. an den Zentren, an denen Benzol hydriert wird, ist seine Adsorption gesättigt, an denen aber, an denen es austauscht, ist sie unter denselben Bedingungen noch ungesättigt. Auch die scheinbare Aktivierungswärme der Hydrierung von 7 kcal/Mol ist kleiner als die des Austausches von 9 kcal/Mol, weil in diese ja ein Teil der Desorptionswärme des Benzols eingehen muß (s. S. 211ff.). Dabei ist der Wasserstoff an anderen (benachbarten) Zentren adsorbiert, denn die Parawasserstoffumwandlung wird durch Benzol nicht gehemmt, im Gegensatz zu Äthylen.

Im Gegensatz dazu steht eine Arbeit von C. HORREX, R. K. GREENHALGH und M. POLANYI[2], die feststellen, daß Benzol mit Deuterium rascher austauscht als die gesättigten Kohlenwasserstoffe, mit D_2O aber gleich rasch, und daher vermuten, daß der raschere Austausch über die Hydrierung erfolgt (?). R. K. GREENHALGH und M. POLANYI[3] haben Benzolhydrierung, Benzol-Deuterium-Austausch, Parawasserstoffumwandlung und den Wasserstoffaustausch

$$H_2 + D_2 \rightleftharpoons 2HD$$

vergleichend an Platin und Nickel in der Gasphase und flüssigen Phase untersucht. Die Reihenfolge der verschiedenen Geschwindigkeiten ist recht unterschiedlich. In Tabelle 2 nimmt die Reaktionsgeschwindigkeit jeweils von oben nach unten ab; p-H_2 bedeutet die Geschwindigkeit der Parawasserstoffumwandlung, HD die des Wasserstoff-Deuterium-Austausches, A die des Benzol-Deute-

Tabelle 2. *Geschwindigkeitsabstufung verschiedener Benzol-Wasserstoff-Reaktionen.*

Pt (Flüssigkeit)	Pt (Gas)	Ni (Flüssigkeit)	Ni (Gas)
p-H_2	HD	p-H_2	
HD	A	A	A
$Hy = A$	C_6H_{12}	Hy	Hy

[1] A. u. L. FARKAS: Trans. Faraday Soc. **33** (1937), 827; C 37 II, 2665.

[2] C. HORREX, R. K. GREENHALGH, M. POLANYI: Trans. Faraday Soc. **35** (1939), 511; C 40 I, 3507.

[3] R. K. GREENHALGH, M. POLANYI: Trans. Faraday Soc. **35** (1939), 520; C 40 I, 1334.

rium-Austausches, *Hy* die der Benzolhydrierung, C_6H_{12} endlich die des Austausches des Cyclohexans.

Zahlenmäßig ist an Platin in der flüssigen Phase p-H_2: $Hy = 30$, in der Gasphase $A : C_6H_{12} = 40$, an Nickel in der Gasphase $A : Hy = 10$. Man sieht, daß die Parawasserstoffumwandlung, die an nur eine Art von aktiven Zentren gebunden ist, überall an der Spitze steht; HD ist nur wenig langsamer. Das Verhältnis $A : Hy$ dagegen ist offenbar katalysatorcharakteristisch, was verständlich ist, wenn, wie A. und L. FARKAS[1] zeigten, beide an verschiedenartigen Zentren ablaufen und wenn man bedenkt, daß die beiden Katalysatoren unter ganz verschiedenen Bedingungen entstanden sind. Reaktionsordnungen und Aktivierungswärmen sind fast durchweg für die verschiedenen Reaktionen etwas verschieden.

Hydrierung von Benzolhomologen.

R. TRUFFAULT[2] hat neben Benzol auch *Toluol* an Nickel hydriert. Die scheinbare Aktivierungswärme zwischen 20 und 50° ist, aus seinen Angaben berechnet, 6,4 kcal/Mol, gegen 4,3 kcal/Mol des Benzols. A. W. LOSOWOI und M. K. DJAKOWA[3] haben die Hydrierung mehrerer aromatischer Kohlenwasserstoffe an *Nickel auf Tonerdeträger* kinetisch zwischen Zimmertemperatur und 250° und bei Drucken bis 250 Atm. genauer untersucht. Bis 70 % Umsatz ist die Reaktionsordnung durchweg die nullte nach dem Kohlenwasserstoff, später wirken Nebenprodukte hemmend. Bei Toluol ist die Ordnung auch nach dem Wasserstoff unterhalb 110° bei hohem Druck die nullte, oberhalb 190° und unterhalb 20 Atm. wird sie die erste; bei 190 ÷ 210° wird ein Maximum der Geschwindigkeit erreicht. Die Verhältnisse entsprechen also dem, was man *mutatis mutandis* nach der Hydrierung von Benzol und Äthylen erwarten würde. Dieselben Autoren[4] haben auch den Einfluß der Seitenkette auf die Geschwindigkeit systematisch studiert. Er besteht, wie bekannt, in einer Verlangsamung, und zwar ist Länge und Verzweigung der Seitenketten ohne Einfluß, ihre Zahl aber von großer Bedeutung: Der zweite und dritte Substituent halbieren jeweils die Geschwindigkeit, so daß man allgemein setzen kann:

$$v = v_0 \cdot 2^{-n},$$

wo v_0 die Hydrierungsgeschwindigkeit des Benzols, n die Zahl der Seitenketten ist. Für $n > 3$ wird aber die Hemmung stärker als dieser Gleichung entspricht und *para*-Derivate werden rascher hydriert als meta- oder ortho-. Auch die Symmetrie der Gruppierung der Substituenten (nicht die Symmetrie der Molekel) beeinflußt nach H. A. SMITH und J. A. STANFIELD[5] die Geschwindigkeit, und zwar derart, daß Verbindungen mit symmetrischer Gruppierung der Substituenten schneller reagieren als andere mit derselben Anzahl von Substituenten. Diese Verhältnisse dürften von Bedeutung werden bei einer genaueren Diskussion der Sextett-Theorie. Auch an *Palladium* (A. A. ALTSCHUDSHAN, A. A. WWEDENSKI, W. R. STARKOWA und A. W. FROST[6]) wird Toluol langsamer hydriert als Benzol.

---

[1] A. u. L. FARKAS: Trans. Faraday Soc. **33** (1937), 827; C 37 II, 2665.
[2] R. TRUFFAULT: Bull. Soc. chim. France (5) **1** (1934), 206; C 34 II, 1755.
[3] A. W. LOSOWOI, M. K. DJAKOWA: J. allg. chem. URSS **7** (69) (1937), 2964; C 38 II, 4049.
[4] A. W. LOSOWOI, M. K. DJAKOWA: J. allg. Chem. URSS **9** (1939), 895; 39 II, 3043; M. K. DJAKOWA, A. W. LOSOWOI: J. allg. Chem. URSS **8** (1938), 105; C 38 II, 2250.
[5] H. A. SMITH, J. A. STANFIELD: J. Amer. chem. Soc. **71** (1949), 81.
[6] A. A. ALTSCHUDSHAN, A. A. WWEDENSKI, W. R. STARKOWA, A. W. FROST: J. allg. Chem. URSS **4** (66), 1168; C 36 I, 4278.

Unter Bedingungen, die mehr der technischen Kohlehydrierung ähneln, nämlich an MoS_2 unter hohem Druck, wurde die Reaktion der Toluolhydrierung von L. Altmann und M. Nemzow[1] kinetisch verfolgt. Sie ist auch hier nullte Ordnung nach dem Toluol und erste nach dem Wasserstoff bei einer scheinbaren Aktivierungswärme von 23 kcal/Mol. Ein Maximum scheint bis 460° unter diesen Drucken nicht aufzutreten.

Hydrierung sonstiger Aromaten.

Benzoesäure. E. B. Maxted und V. Stone[2] haben gelegentlich einer Untersuchung über die Selektivität der Hydrierung und ihrer Vergiftung auch die Hydrierung der Benzoesäure gemessen. Die scheinbare Aktivierungswärme dieser Verbindung ist zwei- bis dreimal so groß wie die der aliphatischen Fettsäuren, entsprechend ihrer schwereren Hydrierbarkeit. Sie nimmt von 10,7 kcal/Mol bei 30° auf 8,6 kcal/Mol bei 50° ab, so daß auch hier mit einer Kompensation durch die Desorptionswärme des Substrats gerechnet werden muß. Die Giftempfindlichkeit ist aber für alle Säuren die gleiche, entsprechend einer Uniformität der Aktivzentren.

Nitrobenzol. Das Gleiche stellen dieselben Autoren[3] auch für die Vergiftung der Hydrierung von Nitrobenzol fest. I. J. Adadurow und J. G. Ssedaschewa[4] stellen hier einen empirischen Zusammenhang der Aktivierungswärme mit der Polarisierbarkeit auf: Je größer bei *o*-, *m*-, *p*-Nitrotoluol die Kerr-Konstante, desto geringer wird die Aktivierungswärme gefunden. Offen bleibt, ob diese Veränderlichkeit die wahre Aktivierungswärme oder nicht vielmehr die Adsorptionswärme oder beide betrifft. L. Reichardt[5] stellt bei der Hydrierung von Nitrobenzol an Metallpulvern eine Widerstandserhöhung der letzteren fest und führt diese, wohl mit Recht, auf eine Oxydation des Metalls auf Kosten der Nitrogruppe zurück, also einen Vorgang, der vermutlich die aktivierte Adsorption des Nitrobenzols für seine Reduktion ausmacht.

Phenol. An Hand der Hydrierung von Phenol untersuchen L. D'Or und A. Orzechowski[6] den Einfluß eines auf CeO_2 aufgetragenen Nickelkatalysators. An nickelarmen Katalysatoren finden sie trotz großer Nickeloberfläche eine relativ geringe katalytische Aktivität, weshalb sie vermuten, daß das Nickel hier in einem „subamorphen", katalytisch offenbar weniger wirksamen Zustand vorliegt. (Vgl. dazu auch Hill und Selwood sowie Rubinstein und Mitarbeiter S. 271.)

Cholesterin. Wasserstoff und Deuterium hydrieren Cholesterin mit nicht merklich verschiedener Geschwindigkeit; wir haben diese Tatsache (I. A. Remessow[7]) bereits (S. 233) als ein Argument gegen das Vorliegen eines Tunneleffekts bei der Hydrierung angeführt.

---

[1] L. Altmann, M. Nemzow: Acta physicochim. URSS **1** (1934), 429; C 35 II, 966.
[2] E. B. Maxted, V. Stone: J. chem. Soc. **1934**, 26; C 34 I, 1935.
[3] E. B. Maxted, V. Stone: J. chem. Soc. **1934**, 672; C 34 II, 2789.
[4] I. J. Adadurow, J. G. Ssedaschewa: J. physic. Chem. URSS **12** (1938), 455; C 40 I, 2125.
[5] L. Reichardt: Z. Elektrochem. angew. physik. Chem. **37** (1931), 289; C 31 II, 379.
[6] L. D'Or, A. Orzechowski: C. R. hebd. Séances Acad. Sci. **235** (1952), 368; C 54, 4343.
[7] I. A. Remessow: Arch. Sci. biol. **37** (1935), 390; C 37 I, 3915.

Styrol. Dasselbe Argument hatten schon früher E. CREMER und M. POLANYI[1] bei der Hydrierung des Styrols beigebracht. D. A. DOWDEN und P. W. REYNOLDS[2] finden an Katalysatoren aus Eisen-Nickel- und Nickel-Kupfer-Legierungen eine Zunahme der katalytischen Wirksamkeit mit zunehmender Anzahl an d-Lücken bei der Hydrierung von Styrol. BEECKS[3] (s. S. 250) rein geometrische Deutung für die Wirksamkeit von Legierungskatalysatoren bei der Hydrierung wäre nicht in der Lage, die an diesem System erhaltenen Ergebnisse zu erklären. Denn es verhält sich gerade umgekehrt, wie nach BEECK zu erwarten wäre. Nur die elektronische Deutung erlaubt hier richtige Voraussagen. Auch hier verläuft die Reaktion zwischen 20 und 100° bezüglich Wasserstoff nach erster und bezüglich Styrol nach nullter Ordnung, wie S. J. JELOWITSCH und G. M. SHABROWA[4] gefunden haben. An Platin auf Bariumsulfat erhielten sie eine Aktivierungsenergie von 4÷6 kcal/Mol.

Hydrierung ungesättigter Verbindungen in Lösung.

Über die Reaktionskinetik der Hydrierung von Olefinderivaten, insbesondere ungesättigter Säuren und ihrer Ester, in Lösung liegen viele ältere Gelegenheitsbeobachtungen vor, die hier nicht angeführt zu werden brauchen. Ihr kinetischer Gesamtwert erhellt wohl daraus, daß noch im Jahre 1936 die widersprechendsten Ansichten über die Reaktionsordnung geäußert werden konnten (s. z. B. O. SCHMIDT[5]). Der Grund liegt in der großen Empfindlichkeit der meist benutzten hochaktiven Metallkatalysatoren gegen nicht immer sorgfältig genug ausgeschlossene Fremdstoffe, Sauerstoff einerseits, der je nach Umständen und Katalysator hemmend oder stimulierend wirken kann, Gifte andrerseits. Unter von diesem Standpunkt aus einwandfreien Versuchsbedingungen haben G.-M. SCHWAB und L. RUDOLPH[6] die Hydrierung des *Zimtsäure-Äthylesters* in alkoholischer Lösung an Nickelkatalysatoren unter einer Atmosphäre Wasserstoff untersucht und gefunden, daß sie bei Ausschluß von Störungen bis fast zum Ende streng nach nullter Ordnung verläuft. G.-M. SCHWAB und W. BRENNECKE[7], die diese Untersuchung weiterführten, haben das bis zu Wasserstoffdrucken von 140 mm Hg hinunter bestätigt. Beim Übergang zu sehr kleinen Esterkonzentrationen fanden sie jedoch, daß die Ester-Ordnung von der nullten zur ersten übergeht, mit anderen Worten einer LANGMUIRschen Adsorptionsisotherme entspricht. Diese Verhältnisse zeigen, daß unter der Lösung der Katalysator immer wasserstoffgesättigt ist und an seiner Oberfläche das adsorbierte Substrat reagiert. Wenn dem so ist, dann ist für die Temperaturabhängigkeit etwas Ähnliches zu verlangen wie im Falle des Äthylens.

In der Tat finden E. B. MAXTED und V. STONE[8], daß sowohl für Krotonsäure als auch für Ölsäure (und Benzoesäure, s. S. 274) die scheinbare Aktivierungswärme zwischen 30 und 50° um 18÷20 % abfällt. E. B. MAXTED und C. H. MOON[9] finden an Platin sogar echte Maxima der Reaktionsgeschwindigkeit, bei 80°

---

[1] E. CREMER, M. POLANYI: Z. physik. Chem., Abt. B **19** (1932), 443; C 33 I, 1892.

[2] D. A. DOWDEN, P. W. REYNOLDS: Discuss. Faraday Soc. **8** (1950), 184; C 53, 8798.

[3] O. BEECK: Discuss. Faraday Soc. **8** (1950), 118; C 53, 9091.

[4] S. J. JELOWITSCH, G. M. SHABROWA: J. physic. Chem. URSS **19** (1945), 239.

[5] O. SCHMIDT: Z. physik. Chem., Abt. A **176** (1936), 237; C 37 I, 826.

[6] G.-M. SCHWAB, L. RUDOLPH: Z. physik. Chem., Abt. B **12** (1931), 427; C 31 II, 674.

[7] G.-M. SCHWAB, W. BRENNECKE: Z. physik. Chem., Abt. B **24** (1934), 393; C 34 I, 3306.

[8] E. B. MAXTED, V. STONE: J. chem. Soc. **1934**, 26; C 34 I, 1935.

[9] E. B. MAXTED, C. H. MOON: J. chem. Soc. **1935**, 1190; C 36 II, 284.

für Krotonsäure, gelöst in Stearinsäure, bei 65° für Maleinsäure, gelöst in Essigsäure. Anstieg sowohl als Abfall gehorchen dabei der ARRHENIUSschen Gleichung. Nach dem oben beim Äthylen Gesagten entspricht die scheinbare Aktivierungswärme des Anstiegs (im Gebiet der nullten Ordnung) $q-\lambda_{H_2}$, die negative scheinbare Aktivierungswärme im Gebiet des Abfalls (erste Ordnung) $q-\lambda_{H_2}-\lambda_S$, wo λ_S die Adsorptionswärme des ungesättigten Substrats ist. Diese selbst folgt also aus der Differenz der beiden Neigungen. Hierfür werden Werte von 15÷15,5 kcal/Mol gefunden, also merklich dieselben Werte, wie sie G.-M. SCHWAB[1] und G.-M. SCHWAB und H. ZORN[2] für Äthylen erhalten hatten (s. S. 248). Nimmt man noch einen kalorimetrisch gemessenen Wert für λ_{H_2} zu Hilfe (16 kcal/Mol nach[3]) in Übereinstimmung mit 12,5 kcal/Mol nach[2], so läßt sich die wahre Aktivierungswärme q der Hydrierung in der Grenzfläche berechnen. Die Autoren finden so 23 kcal/Mol für Krotonsäure, 26 kcal/Mol für Krotonsäure in Stearinsäure und 25 kcal/Mol für Maleinsäure in Essigsäure, also Werte, die sich von dem des Äthylens (18,7 kcal/Mol nach S. 248) um soviel unterscheiden, wie man wegen der Substitution erwarten kann, zumal wenn man noch die abzuziehende Lösungswärme und die Verschiedenheit der Katalysatoren berücksichtigt. E. B. MAXTED und C. H. MOON[4] haben in einer weiteren Arbeit geprüft, ob die Reaktionsordnungen tatsächlich die nach dieser SCHWABschen Auffassung zu erwartenden sind, also nullte im ansteigenden, erste im abfallenden Teil der Temperaturkurve, und dies für Krotonsäure an Platin völlig bestätigt gefunden. Eine weitere Bestätigung dieser Auffassungen bringt die Arbeit von D. W. SSOKOLSKI, M. F. SCHOSSTAKOWSKI, B. I. MICHANTJEW und F. G. GOLODOW[5] über die Hydrierung von Vinyläthern. Diese verläuft in den meisten Fällen nach nullter Ordnung, nähert sich aber mit steigender Temperatur immer mehr der ersten.

W. W. IPATIEW und I. F. BOGDANOW[6] haben Allylalkohol und Ölsäure an Platin hydriert und finden in Übereinstimmung mit obigem nullte Ordnung für beide. In der Mischung wird erst der Alkohol und erst nach dessen Aufbrauch die Ölsäure hydriert; deren gesättigte Adsorptionsschicht kann sich also erst ausbilden, wenn der verdrängende Alkohol beseitigt ist. Dasselbe Verhalten finden H. I. WATERMAN und C. VAN VLODROP[7] für verschiedene Ester der Ölsäure. Andrerseits werden Naphthalin und Erdnußöl nebeneinander hydriert, konkurrieren also gleichzeitig um die aktiven Zentren. Für die Sättigung der Ölsäureglyzeride mit Wasserstoff erhielt A. A. SINOJEW[8] eine Aktivierungsenergie von 22,5 kcal/Mol.

In starkem und wohl nur durch Beimengungen in Gas und Lösung erklärbarem Gegensatz zu den obigen klaren Verhältnissen stehen Arbeiten von A. KAILAN und Mitarbeitern[9], in denen für Triolein, Ölsäure und Zimtsäure und deren Ester

[1] G.-M. SCHWAB: Z. physik. Chem., Abt. A **171** (1934), 421; C 35 I, 3257.
[2] G.-M. SCHWAB, H. ZORN: Z. physik. Chem., Abt. B **32** (1936), 169; C 36 I, 4869.
[3] E. B. MAXTED, C. H. MOON: J. chem. Soc. **1935**, 1190; C 36 II, 284.
[4] E. B. MAXTED, C. H. MOON: J. chem. Soc. **1936**, 635; C 36 II, 1482.
[5] D. W. SSOKOLSKI, M. F. SCHOSSTAKOWSKI, B. I. MICHANTJEW, F. G. GOLODOW: J. angew. Chem. URSS **25** (1952), 867; C 53, 2419.
[6] W. W. IPATIEW, JR., I. F. BOGDANOW: J. allg. Chem. URSS **6** (68) (1936), 1651; C 38 I, 49.
[7] H. I. WATERMAN, C. VAN VLODROP: Recueil Trav. chim. Pays-Bas **55** (1936), 401; C 36 II, 3081.
[8] A. A. SINOJEW: J. angew. Chem. URSS **22** (1949), 1253; C 49 E, 1009.
[9] A. KAILAN, J. KOHLBERGER: Mh. Chem. **59** (1932), 16; C 32 I, 2421. — A. KAILAN, O. STÜBER: Mh. Chem. **62** (1933), 90; C 33 I, 3158. — A. KAILAN, F. HARTEL: Mh. Chem. **70** (1937), 329; C 38 I, 49. — A. KAILAN, O. ALBERT: Mh. Chem. **72** (1938), 169; C 39 I, 3146.

an *Nickel* auf *Tonerde* höhere Reaktionsordnungen nach dem Wasserstoff sowie auch sonst anomale Verläufe geschildert werden.

An *Mischkatalysatoren* aus Nickel und Kupfer, durch Reduktion gemeinsam gefällter Oxydhydrate entstanden, haben G.-M. SCHWAB und W. BRENNECKE[1] die Hydrierung des Zimtsäureäthylesters, G. RIENÄCKER und R. BURMANN[2], die der Zimtsäure selbst in Abhängigkeit von der Katalysatorzusammensetzung untersucht. Beide Arbeitskreise finden ein Maximum bei Nickelüberschüssen von 60 bzw. 80 %. Die erstgenannten Autoren erklären das durch das röntgenographisch nachgewiesene Vorliegen inhomogen konzentrierter Mischkristalle mit Konzentrationsdifferenzen an den Korngrenzen.

D. W. SSOKOLSKI und W. A. DRUS[3] verfolgten den Gang des elektrischen Potentials während der Hydrierung von Dimethylacetylenylcarbinol. Als Elektrode diente ein Platin- oder Nickeldraht, der durch das Schütteln des Reaktionsgefäßes in dauerndem Kontakt mit dem pulverförmigen Nickelkatalysator blieb. Verglichen wurde mit einer Kalomelelektrode. Die anfängliche EMK, die dem mit Wasserstoff gesättigten Katalysator entsprach, fiel zu Beginn der Reaktion um 120 mV ab und blieb dann bis zur völligen Hydrierung der Dreifachbindung zur Doppelbindung konstant, stieg darauf wieder um 20 mV an, blieb einige Zeit konstant und ging schließlich mit dem Verschwinden des zu hydrierenden Stoffes wieder auf den alten Wert zurück. N. G. PERMITINA und A. I. SCHLYGIN[4] ermitteln ebenso aus dem Potential der als Katalysator dienenden Platinelektrode die Besetzung der adsorptionsfähigen Zentren durch Wasserstoff.

Die Hydrierung von *Furan* und dessen Derivaten an Platin wurde von H. A. SMITH und J. F. FUZEK[5] untersucht. Auch diese Reaktionen verlaufen bezüglich Wasserstoff nach erster, in bezug auf den Wasserstoffakzeptor nach nullter Ordnung. Als Produkte entstehen neben Tetrahydrofuranen auch Substanzen, bei denen der Furanring aufgespalten ist.

Vergiftung von Hydrierungskatalysatoren.

Bei der Vergiftung von Hydrierungskatalysatoren kann sich die Reaktionsgeschwindigkeit in verschiedener Weise verändern. E. B. MAXTED und H. C. EVANS[6] finden außerhalb gewisser Bereiche, daß gleiche *adsorbierte* (nicht gleiche insgesamt anwesende) Giftmengen gleiche Geschwindigkeitseinbuße hervorbringen, gleichgültig, ob der Pt-Katalysator vorvergiftet ist oder nicht und gleichgültig, ob es sich um CN′, H_2S, AsH_3, $(CH_3)_2S$ oder Zn^{++} handelt. Dies spricht für die Uniformität einer Art aktiver Zentren. Wenn diese vollständig vergiftet ist, nimmt die Giftempfindlichkeit sprunghaft ab, weil dann eine zweite, unempfindlichere Art von Zentren an die Reihe kommt. Ähnliche Befunde hatten auch G.-M. SCHWAB und L. RUDOLPH[7] an Nickel erhoben. Auch F. L. MORRITZ, E. LIEBER und R. B. BERNSTEIN[8] erklären ihre Ergebnisse bei der

---

[1] G.-M. SCHWAB, W. BRENNECKE: Z. physik. Chem., Abt. B **24** (1934), 393; C 34 I, 3306.

[2] G. RIENÄCKER, R. BURMANN: J. prakt. Chem. **158** (1941), 95; C 41 II, 2291.

[3] D. W. SSOKOLSKI, W. A. DRUS: Ber. Akad. Wiss. UdSSR N. S. **73** (1950), 949; C 52, 2982.

[4] N. G. PERMITINA, A. I. SCHLYGIN: J. physic. Chem. URSS **26** (1952), 956; C 53 I, 1465.

[5] H. A. SMITH, J. F. FUZEK: J. Amer. chem. Soc. **71** (1949), 415.

[6] E. B. MAXTED, H. C. EVANS: J. chem. Soc. (London) **1938**, 2071.

[7] G.-M. SCHWAB, L. RUDOLPH: Z. physik. Chem., Abt. B **12** (1931), 427; C 31 II, 674.

[8] F. L. MORRITZ, E. LIEBER, R. B. BERNSTEIN: J. Amer. chem. Soc. **75** (1953), 3116.

Hydrierung der Krotonsäure mit dem Vorhandensein von zwei verschiedenen Arten aktiver Zentren und stellen eine entsprechende Geschwindigkeitsgleichung auf. Als Gift wirkt hier gewissermaßen das Reaktionsprodukt Buttersäure. Diese wird an einer der beiden Zentrenarten adsorbiert und bewirkt mit zunehmendem Umsatz eine steigende Verzögerung der Reaktion. Die Aktivierungsenergie der Dehydrierung des Cyclohexans blieb auch mit fortschreitender Vergiftung des Pt-Katalysators unverändert (15÷16 kcal/Mol), was auf energetisch einheitliche Oberfläche zurückgeführt wird (CH. M. MINATSCHEW, N. I. SCHUIKIN und I. D. ROSHDESSTWENSKAJA[1]). Bei diesen Untersuchungen erwies sich die Giftwirkung von *n*-Propylmerkaptan, Isoamylmerkaptan, Thiophen, Thiophan, Diäthylsulfid, Diisoamylsulfid, H_2S und CS_2 als stets dem Schwefeläquivalent proportional. Dies wird so erklärt, daß sich alle Verbindungen an der Katalysatoroberfläche mit großer Geschwindigkeit zu H_2S zersetzen, das dann vergiftet.

An anderen Zentren wird aber auch eine kontinuierliche Zentrenverteilung statistischen Charakters gefunden, so von G.-M. SCHWAB und D. PHOTIADES[2] an Platin, von G.-M. SCHWAB und W. BRENNECKE[3] an Nickel und von F. H. CONSTABLE[4] an Kupfer. Zu Anfang haben die in kleinen Anteilen zugesetzten Gifte eine viel größere Geschwindigkeitsverminderung und Erhöhung der Aktivierungsenergie zur Folge als bei größeren Konzentrationen. Diese Ergebnisse sind keineswegs eindeutige Hinweise auf die energetische Heterogenität der Oberfläche. Sobald eine stärkere gegenseitige Beeinflussung der adsorbierten Molekeln oder eine Rückwirkung der adsorbierten Gifte auf die noch freien Oberflächenplätze des Katalysators anzunehmen ist, können alle Erscheinungen auch bei homogener Oberfläche erklärt werden (E. F. G. HERINGTON und E. K. RIDEAL[5]). G.-M. SCHWAB und M. WALDSCHMIDT[6] finden, daß bei der Vergiftung der Zimtsäureäthylesterhydrierung durch Äthylmerkaptan je nach Habitus der als Katalysator verwandten Nickelkristallite alle Arten von Vergiftungskurven auftreten können: 1. die bei kontinuierlicher Giftzugabe exponentielle Geschwindigkeitsabnahme bei stetig ansteigender Aktivierungsenergie an Skelettkatalysatoren mit sehr poröser Struktur; 2. die der zugefügten Giftmenge proportionale Geschwindigkeitsverminderung bis zu einem scharfen Grenzwert, wobei die Aktivierungsenergie konstant bleibt, an Katalysatoren mit gut ausgebildeten Kristallflächen und 3. die bei konstant bleibender Aktivierungsenergie zu Beginn übergroße Geschwindigkeitsabnahme an Nickelkontakten, an denen eine Giftmolekel anfangs gleichzeitig mehrere Plätze der Oberfläche besetzen kann (Porenverstopfung usw.).

Die Zusammenhänge zwischen der Substratstruktur und der Giftwirkung wurden in einer Reihe von Arbeiten aus der MAXTEDschen Schule weitgehend aufgeklärt. Bei Betrachtung der Katalysatorgifte von Hydrierungskatalysatoren zeigt sich, daß bei den Verbindungen der S- und P-Gruppe die vergiftende Wirkung vom Vorhandensein freier Elektronenpaare abhängig ist und verlorengeht, wenn ein vollständiges Elektronenoktett vorhanden ist. Sulfide und Merkaptane zeigen Giftwirkung gegen Pt, nicht aber Sulfone und Sulfonsäuren, die keine freien Elektronenpaare mehr besitzen. Metallionen werden stark

---

[1] CH. M. MINATSCHEW, N. I. SCHUIKIN, I. D. ROSHDESSTWENSKAJA: Nachr. Akad. Wiss. UdSSR, Abt. chem. Wiss. **1952,** 603; C 54, 5270.

[2] G.-M. SCHWAB, D. PHOTIADES: Ber. dtsch. chem. Ges. **77** (1944), 296.

[3] G.-M. SCHWAB, W. BRENNECKE: Z. physik. Chem., Abt. B **24** (1934), 393; C 34 I, 3306.

[4] F. H. CONSTABLE: Proc. Cambridge philos. Soc. **22** (1925), 738.

[5] E. F. G. HERINGTON, E. K. RIDEAL: Trans. Faraday Soc. **40** (1944), 505.

[6] G.-M. SCHWAB, M. WALDSCHMIDT: J. Chim. physique **51** (1954), 664.

adsorbiert und vergiften demzufolge, wenn alle fünf Elektronenniveaus im *d*-Band (zumindest singulär) besetzt sind. Eine weitere, zur Vergiftung führende Bedingung erfüllen ungesättigte Verbindungen wie CO oder HCN, die ebenfalls am Katalysator sehr stark adsorbiert werden (E. B. MAXTED[1]). Auffallend ist hierbei, daß nicht auch Stoffe mit Elektronenlücken chemisorbiert werden und infolge eines Acceptorschrittes als Gift wirken. Auch dies sollte prinzipiell bei gewissen Reaktionen möglich sein.

Eine Entgiftung von Hydrierungskatalysatoren ist dann möglich, wenn es gelingt, die freien Elektronenpaare des Giftes zu beseitigen. Ein mit Cystein vollständig vergifteter Pt-Katalysator wird für die Krotonsäurehydrierung wieder teilweise wirksam, wenn das Gift mit H_2O_2 oder Perschwefelsäure oxydiert wird und vollständig wirksam durch Oxydation mit Perphosphorsäure oder HNO_3 (E. B. MAXTED[2]); auch Persäuren von Metallen (Perwolframat, Permolybdat oder Pervanadat) wirken, dem H_2O_2 in kleinen Mengen zugesetzt, vollständig entgiftend (E. B. MAXTED und A. MARSDEN[3]). Häufig ist die Adsorptionsbindung des Giftes so fest, daß eine Entgiftung nur auf Umwegen gelingt. Die Entgiftung eines mit CS_2 vergifteten Pt-Katalysators erfolgt beispielsweise sehr viel leichter, wenn das Gift in einer vorläufigen Hydrierungsperiode in ein immer noch giftiges Zwischenprodukt [wahrscheinlich $CH_2{=}(SH)_2$] mit schwächerer Adsorptionsbindung überführt wird, das dann anschließend mit Persäuren leichter zu ungiftigen Produkten [wahrscheinlich $CH_2(SO_3)_2$] oxydiert werden kann (E. B. MAXTED und A. MARSDEN[4]). Die Entgiftung von mit Thiophen oder Thionaphthen beladenen Pt-Katalysatoren ist überhaupt nur über einen intermediären Hydrierungsschritt möglich (E. B. MAXTED und A. G. WALKER[5]). In einfachen Fällen gelingt es, durch Zufuhr reinen Lösungsmittels oder durch Verdrängungsadsorption das Adsorptionsgleichgewicht des Giftes bis zu sehr kleinen adsorbierten Giftmengen zu verschieben, so daß auch auf diesem Wege die katalytische Anfangsaktivität wiederhergestellt werden kann (E. B. MAXTED und G. T. BALL[6]).

Hinsichtlich einer ausführlichen Schilderung all dieser Erscheinungen verweisen wir auf den in diesem Handbuch erschienenen Artikel von M. BACCAREDDA: Dieses Handbuch Bd. VI, S. 234, Wien, 1943, und auf die zusammenfassende Darstellung von E. B. MAXTED: Advances in Catalysis, Vol. III, S. 127, New York, 1951.

Hydrierende Krackung.

Diese technisch für die Erdölaufarbeitung so wichtige Reaktion wurde an ihrem einfachsten Vertreter, der Reaktion

$$C_2H_6 + H_2 \rightarrow 2\,CH_4\,,$$

von H. S. TAYLOR, K. MORIKAWA und W. S. BENEDICT[7] kinetisch verfolgt. An *Nickel* beginnt sie bei 150°, ist zwischen 172° und 184° gut meßbar und wird bei 200° vollständig. Wasserstoff hemmt, verdrängt also das Äthan vom Kontakt — entsprechend der oben (S. 235, 248) erwähnten Tatsache, daß Hydrierungen durch

---

[1] E. B. MAXTED: J. chem. Soc. (London) **1949,** 1987; Chem. and Ind. **1951,** 242.
[2] E. B. MAXTED: J. chem. Soc. (London) **1945,** 763.
[3] E. B. MAXTED, A. MARSDEN: J. chem. Soc. (London) **1945,** 766.
[4] E. B. MAXTED, A. MARSDEN: J. chem. Soc. (London) **1946,** 23.
[5] E. B. MAXTED, A. G. WALKER: J. chem. Soc. (London) **1948,** 1916.
[6] E. B. MAXTED, G. T. BALL: J. chem. Soc. (London) **1952,** 4284.
[7] K. MORIKAWA, W. S. BENEDICT, H. S. TAYLOR: J. Amer. chem. Soc. **58** (1936), 1795; C 37 II, 1973. — H. S. TAYLOR, K. MORIKAWA, W. S. BENEDICT: J. Amer. chem. Soc. **57** (1935), 2735; C 36 I, 4392.

Äthan nicht gehemmt werden. Diese Wasserstoffhemmung hat einen autokatalytischen Verlauf des statischen Einzelversuchs zur Folge. In Abwesenheit von Wasserstoff entstehen Kohle und Methan, und deshalb wird die gefundene Aktivierungswärme von 43 kcal/Mol der Reduktion der C-C-Bindung zugeschrieben, und zwar sollen von ihr etwa 19 kcal/Mol ihrer Überführung in den aktivierten Zustand angehören. An *Kobalt*-Mischkatalysatoren (E. H. TAYLOR, H. S. TAYLOR[1]) verläuft dieselbe Reaktion bei etwas höheren Temperaturen, hat jedoch die kleinere scheinbare Aktivierungswärme von 30 ÷ 34 kcal/Mol, die Wasserstoff-Ordnung ist wiederum negativ zwischen —0,5 und —1,6. An *Kupfer* ist die Aktivierungswärme noch geringer. Bemerkenswert ist, daß bei viel tieferen Temperaturen, an Nickel bei 138°, schon ein Austausch des Äthans mit Deuterium zu schwerem Äthan eintritt. Dies wird darauf zurückgeführt, daß die Aktivierung der hierfür in Betracht kommenden C-H-Bindung die kleinere Energie von 15 kcal/Mol erfordert und deshalb bei tieferer Temperatur merklich wird. Die Krackung mit Deuterium verläuft, wie zu erwarten, langsamer als mit H_2, hat jedoch dieselbe Aktivierungswärme.

Deuteriumaustausch von Paraffinen.

Methan. Nach K. MORIKAWA, W. S. BENEDICT und H. S. TAYLOR[2] tauscht Methan mit schwerem Methan an Nickel rascher aus als mit schwerem Wasserstoff, und die Aktivierungswärmen betragen 19 bzw. 28 kcal/Mol. Mit D_2O erfolgt der Austausch am langsamsten, weil dieses das Methan vom Katalysator verdrängt. Als Mechanismus kommt nur eine dissoziierende Adsorption in Betracht. M. M. WRIGHT und H. S. TAYLOR[3] finden später, daß CD_4 nach erster Ordnung mit einer Aktivierungsenergie von 20,9 kcal/Mol verschwindet. An einem SiO_2-Al_2O_3-Krack-Katalysator messen G. PARRAVANO, E. F. HAMMEL und H. S. TAYLOR[4], für den Deuteriumaustausch zwischen leichtem Methan und Deuteromethan eine Aktivierungsenergie von nur 13 kcal/Mol. Daß der Austausch schon weit unterhalb der Kracktemperaturen einsetzt, nehmen die Verfasser als Hinweis darauf, daß der erste Schritt eines Krackprozesses in der Lösung einer C-H-Bindung besteht. Die C-C-Bindung wird dann aber erst bei höherer Temperatur gespalten (s. S. 390ff.).

Eine ausführliche Untersuchung über den oben erwähnten dissoziativen Mechanismus liefert C. KEMBALL[5] an Hand der Reaktion zwischen Methan und Deuterium an aufgedampften Nickelfilmen. Der Austausch erfolgt nach zwei verschiedenen Mechanismen, von denen der erste mit einer Aktivierungsenergie von 24 kcal/Mol zu CH_3D führt, der zweite mit etwa 32 kcal/Mol Aktivierungsenergie zu CH_2D_2, CHD_3 und CD_4. Daß die Aktivierungsenergie für beide Mechanismen größer ist als bei der oben aufgeführten Reaktion zwischen verschiedenen Methanen, liegt daran, daß, wie auch durch Adsorptionsmessungen bestätigt wird, Wasserstoff stärker als Methan adsorbiert wird und daher zur Adsorption des letzteren erst aus der Oberfläche verdrängt werden muß. Auch die Kinetik der Reaktion bestätigt diese Auffassung. Für den ersten Mechanismus ist die Anfangsgeschwindigkeit proportional $p_{CH_4} \cdot p_{D_2}^{-1/2}$, für den zweiten proportional

[1] E. H. TAYLOR, H. S. TAYLOR: J. Amer. chem. Soc. **61** (1939), 503; C 39 I, 4751.

[2] K. MORIKAWA, W. S. BENEDICT, H. S. TAYLOR: J. Amer. chem. Soc. **58** (1936), 1445; C 37 II, 1972.

[3] M. M. WRIGHT, H. S. TAYLOR: Canad. J. Res., Sect. B **27** (1949), 303; C. A. 1949, 7802f.

[4] G. PARRAVANO, E. F. HAMMEL, H. S. TAYLOR: J. Amer. chem. Soc. **70** (1948), 2269.

[5] C. KEMBALL: Proc. Roy. Soc. (London), Ser. A **207** (1951), 539.

$p_{CH_4} \cdot p_{D_2}^{-1}$. Im ersten Fall wird Methan als CH_3 adsorbiert, dessen H-Atome sich aber nur schwer gegen Deuterium austauschen lassen, beim zweiten Mechanismus zerfällt Methan auf der Oberfläche in drei Bruchstücke und wird als CH_2 adsorbiert, dessen Wasserstoff sehr leicht gegen Deuterium austauschbar ist. Da CD_4 am Anfang das Hauptprodukt der Reaktion bildet, kann diese kaum über einen aufeinanderfolgenden Austausch der einzelnen H-Atome verlaufen. Vielmehr errechnet sich für jede Kohlenstoffbindung eine etwa zwölfmal größere Wahrscheinlichkeit dafür, ein D-Atom aufzunehmen als das H-Atom zurückzubehalten. Daß CD_4 trotz der höheren Aktivierungsenergie am Anfang sogar häufiger auftritt als CH_3D, liegt daran, daß deren Wirkung durch die Größe des Häufigkeitsfaktors überkompensiert wird. Eine Abschätzung der Aktivierungsentropien für die beiden Mechanismen führt auf eine Differenz, die diesem Befund im großen ganzen gerecht wird.

Dieselben beiden Mechanismen wie an Nickel fand C. KEMBALL[1] auch an aufgedampften Filmen aus Rhodium, Platin, Palladium und Wolfram. Bei allen liegen die Aktivierungsenergien zwischen 20 und 30 kcal/Mol, mit Ausnahme von Wolfram, an dem wesentlich niedrigere Werte gemessen werden, nämlich 9 bzw. 11 kcal/Mol. Dies hängt offenbar damit zusammen, daß Methan schon bei 0° leicht an diesem Metall adsorbiert wird. Die Reaktionsordnungen für die beiden Mechanismen I und II ergeben sich aus Tabelle 3.

Tabelle 3. *Reaktionsordnung des Deuteriumaustauschs von Methan.*

Katalysator	Mechanismus I		Mechanismus II	
	Ordnung nach CH_4	Ordnung nach D_2	Ordnung nach CH_4	Ordnung nach D_2
Ni	1,0	—0,5	1,0	—1,0
Rh	1,0	—0,5	1,0	—0,9
W	0,6	—0,4	0,8	—0,8
Pt	0,4	—0,2	0,4	—0,7
Pd	0,3	—0,1	0,3	—0,5

Weiter wird gezeigt, daß sich bei einer gehemmten Reaktion nicht nur die scheinbare Aktivierungsenergie um die Adsorptionswärme des Hemmstoffes erhöht, sondern daß dessen Adsorptionsentropie auch den Häufigkeitsfaktor beeinflußt. Da nach D. H. EVERETT[2] zwischen Adsorptionswärme und -entropie oft ein linearer Zusammenhang besteht, hält es KEMBALL für möglich, daß sich daraus der oft beobachtete lineare Zusammenhang zwischen dem Logarithmus des Häufigkeitsfaktors und der Aktivierungsenergie herleitet (vgl. auch Theta-Regel, S. 205). M. C. MARKHAM, M. C. WALL und K. J. LAIDLER[3] berechnen nach den von KEMBALL aufgestellten Mechanismen die Absolutgeschwindigkeit der Reaktion und erhalten dabei ausgezeichnete Übereinstimmung mit den experimentellen Werten.

S. O. THOMPSON, J. TURKEVICH und A. P. IRSA[4] finden unter den Bedingungen der FISCHER-TROPSCH-Synthese (Kobaltkatalysator) keinen Austausch zwischen Methan und Deuterium. Die bei höheren Temperaturen erhaltenen

[1] C. KEMBALL: Proc. Roy. Soc. (London), Ser. A **217** (1953), 376.
[2] D. H. EVERETT: Trans. Faraday Soc. **46** (1950), 957.
[3] M. C. MARKHAM, M. C. WALL, K. J. LAIDLER: J. physic. Chem. **57** (1953), 321.
[4] S. O. THOMPSON, J. TURKEVICH, A. P. IRSA: J. Amer. chem. Soc. **73** (1951), 5213.

Ergebnisse decken sich weitgehend mit den oben angeführten anderer Autoren. Auffallend ist wieder die hohe Ausbeute an CD_4 und die niedrige an CH_2D_2. Die Verfasser nehmen ebenfalls zwei Mechanismen an, für die sie zwei verschiedene Adsorptionszentren verantwortlich machen, an denen Methan verschieden lang adsorbiert werden soll. Eine andere von ihnen angegebene Erklärung wäre, daß ein Teil der Methanmolekeln bei der Adsorption nur ein einziges Wasserstoffatom abgibt, während bei einem andern Teil sämtliche C-H-Bindungen gelöst werden. Mit einer solchen totalen Dissoziation scheint jedoch nicht recht verträglich, daß beim Austausch zwischen CH_4 und CD_4 am Anfang ebenfalls kein CH_2D_2 auftritt und auch nach längerer Zeit (66 Stunden bei 183° über Co) dieses noch das am wenigsten vorhandene Reaktionsprodukt darstellt. Auch die zur Erklärung dieses Widerspruches gemachte Annahme, daß Methan in Abwesenheit von Wasserstoff nur in CH_3 und H dissoziiert, in dessen Gegenwart dagegen auch in C und H, ist schon vom Massenwirkungsgesetz aus nicht recht einzusehen.

Äthan. Einiges hierüber wurde schon oben bei der hydrierenden Krackung angeführt. Im Gegensatz zu Methan tauscht Äthan nach S. O. THOMPSON, J. TURKEVICH und A. P. IRSA[1] unter den Bedingungen der FISCHER-TROPSCH-Synthese mit Deuterium aus. Wieder bildet C_2D_6 das Hauptprodukt, an zweiter Stelle kommt $C_2D_2H_4$. Letzteres rührt von der Stabilität von Äthylenkomplexen auf der Oberfläche her. Die Spaltung der C-C-Bindung erfolgt unter diesen Bedingungen nur zu einem geringen Prozentsatz, in Übereinstimmung mit den oben (bei hydrierender Krackung) angeführten Ergebnissen. An einer großen Anzahl von aufgedampften Metallfilmen haben J. R. ANDERSON und C. KEMBALL[2] die Reaktion untersucht, nämlich an W, Mo, Ta, Zr, Cr, V, Ni, Pt, Pd, Rh, Ru. Dabei haben sie besonders die Anfangsverteilung der Reaktionsprodukte ermittelt. Bezüglich deren lassen sich die Katalysatoren in drei Klassen einteilen. In der ersten ist das Hauptprodukt C_2H_5D (z. B. an Mo), in der zweiten C_2D_6 (z. B. an Pd), in der dritten treten C_2H_5D und C_2D_6 zusammen als Hauptprodukte auf (z. B. an Cr). Allgemein tauscht Äthan schon bei tieferen Temperaturen aus als Methan. Die niedrigsten Aktivierungsenergien wurden an Mo mit 7,0, an Ta mit 7,8 und an W mit 8,2 kcal/Mol gemessen, die höchsten an V mit 20,7 und an Pd mit 21,4 kcal/Mol. Wahrscheinlich wird an Metallen mit niedriger Aktivierungsenergie Äthan, wie oben Methan, sehr leicht adsorbiert. Irgendwelche Zusammenhänge zwischen Gittergeometrie und Reaktionsgeschwindigkeit (wie sie von O. BEECK gefunden wurden, vgl. S. 250f.) ließen sich nicht aufstellen, abgesehen von der Tatsache, daß die drei Metalle mit der niedrigsten Aktivierungsenergie kubisch raumzentriert kristallisieren. Ag und Mn sind unwirksam, was bei letzterem auffallend ist, da Übergangsmetalle die Reaktion im allgemeinen katalysieren. Zu den höheren Aktivierungsenergien gehören im allgemeinen auch die höheren Häufigkeitsfaktoren, so daß auch hier die lineare Beziehung zwischen dem Logarithmus des Häufigkeitsfaktors und der Aktivierungsenergie einigermaßen erfüllt ist. Gemäß der oben angeführten Deutung wäre als stark hemmendes Gas hier Deuterium anzusehen. Soweit die Kinetik untersucht wurde, ist auch hier die Ordnung nach Deuterium negativ, d. h. dieses wirkt hemmend. Was den Mechanismus betrifft, so soll die Reaktion über adsorbierte Äthylenreste verlaufen, die nach TWIGG[3] sehr schnell mit Deuterium austauschen, so daß dies die große Ausbeute an hoch deuterierten Produkten erklären würde.

[1] S. O. THOMPSON, J. TURKEVICH, A. P. IRSA: J. Amer. chem. Soc. **73** (1951), 5213.
[2] J. R. ANDERSON, C. KEMBALL: Proc. Roy. Soc. (London), Ser. A **223** (1954), 361.
[3] G. H. TWIGG: Discuss. Faraday Soc. **8** (1950), 152.

Ähnlich wie bei Hydrierungsreaktionen olefinischer Doppelbindungen findet man an Nickel zwischen 0 und 75° ein Absinken der Aktivierungsenergie von 6,5 auf 2 kcal/Mol, was die Verfasser durch eine reversible Verschiebung des Gleichgewichtes zwischen den adsorbierten Teilchen erklären. Was die Überlegungen über die Wirksamkeit orientierter und nicht orientierter Ni-Filme angeht, so ist auch hier darauf hinzuweisen, daß orientierte Filme mit der (110)-Fläche parallel zur Unterlage keineswegs auch diese Fläche dem Gasraum aussetzen müssen, vgl. Fußnote S. 250.

Propan. Bei Propan sind die Verhältnisse nicht wesentlich anders. An FISCHER-TROPSCH-Katalysatoren treten nach S. O. THOMPSON, J. TURKEVICH und A. P. IRSA[1] nur C_3D_8 und C_3D_7H auf. Soweit die Molekeln gekrackt werden, entsteht kein Äthan, sondern nur Methan, bei welchem CD_4 weitaus den höchsten Anteil ausmacht. Ausführliche Messungen an aufgedampften Filmen von Wolfram, Rhodium und Nickel wurden wieder von C. KEMBALL[2] durchgeführt. Auch hier konnten keine grundlegenden Unterschiede gegenüber der Reaktion bei Äthan festgestellt werden. Rhodium hat offenbar in besonderem Maße die Fähigkeit, den Vielfachaustausch zu katalysieren, während bei Wolfram die Wasserstoffatome mehr nacheinander ausgetauscht werden. An Nickel reagiert sekundärer Wasserstoff etwa zehnmal schneller als primärer. Außerdem findet man an Nickel wieder ein Abfallen der Aktivierungsenergie mit steigender Temperatur.

Butan. Tertiärer Wasserstoff in Isobutan wird nach C. KEMBALL[2] noch schneller ausgetauscht als sekundärer. An Wolfram läuft die Reaktion schon bei —80° (auch die oben angeführten Kohlenwasserstoffe tauschen an manchen Metallen schon bei solch tiefen Temperaturen aus), wobei als Hauptprodukt die Verbindung mit nur einem D-Atom entsteht. An Rhodium, das erst von —25° an wirksam ist, bildet C_4D_{10} das Hauptprodukt. Nach C. D. WAGNER, O. BEECK, J. W. OTVOS und D. P. STEVENSON[3] tauscht Isobutan (und ebenso Propan) mit einem Isomerisierungskatalysator (Aluminiumoxyd imprägniert mit $AlCl_3$) keinen Wasserstoff aus. Wohl aber findet ein sehr schneller Austausch des tertiären (bei Propan des sekundären) Wasserstoffs unter den einzelnen Molekeln statt. Auch die anderen Wasserstoffatome werden mehr oder weniger rasch ausgetauscht. Daraus würde folgen, daß der Übergang von Wasserstoffatomen zum Katalysator keine notwendige Voraussetzung für den Austausch und ebensowenig für die Isomerisierung sei. Andererseits berichten S. G. HINDIN, G. A. MILLS und A. G. OBLAD[4], daß Isobutan an Krackkatalysatoren (Silicium-Aluminium-Oxyd) zwar leicht mit dem im Katalysator enthaltenen Wasserstoff austauscht, jedoch nur wenig am tertiären C-Atom. *n*-Butan tauscht weit weniger rasch aus. Relativ schnell erfolgt jedoch der Austausch des tertiären Wasserstoffs zwischen verschiedenen Molekeln. Der Wassergehalt des Katalysators spielt allgemein für die Austauschfähigkeit eine wesentliche Rolle. Wie bei den Krackprozessen wird die intermediäre Bildung eines Pseudohydridions und eines Carboniumions angenommen, welch letzteres leicht mit dem Katalysator Protonen austauschen kann und schließlich nach Wiederaufnahme des Hydridions desor-

---

[1] S. O. THOMPSON, J. TURKEVICH, A. P. IRSA: J. Amer. chem. Soc. **73** (1951), 5213.

[2] C. KEMBALL: Proc. Roy. Soc. (London), Ser. A **223** (1954), 377.

[3] C. D. WAGNER, O. BEECK, J. W. OTVOS, D. P. STEVENSON: J. chem. Physics **17** (1949), 419.

[4] S. G. HINDIN, G. A. MILLS, A. G. OBLAD: J. Amer. chem. Soc. **73** (1951), 278; C 52, 4433.

biert wird. Weiteres über den Austausch bei Butan auch bei S. O. THOMPSON, J. TURKEVICH und A. P. IRSA[1].

Pentan. Über Isopentan, das sich hier nicht vom weiter unten zu beschreibenden Cyclohexan unterscheidet, s. bei C. HORREX, R. K. GREENHALGH und M. POLANYI[2]. Ein interessantes Substrat ist Neopentan, das von C. KEMBALL[3] an Filmen aus Palladium, Nickel, Wolfram und Rhodium untersucht wurde. Wenn bei den bisher erwähnten Kohlenwasserstoffen der Vielfachaustausch über adsorbiertes Olefin verlaufen soll, d. h. über Zweipunktadsorption an benachbarten C-Atomen, so wäre hier eine solche Adsorption nur in 1,3-Stellung möglich. Man sollte demnach erwarten, daß am Anfang das monodeuterierte Produkt in der Hauptsache auftreten und die höher deuterierten sich erst im weiteren Verlauf der Reaktion bilden sollten. Dies ist auch weitgehend der Fall. An Wolfram und Rhodium jedoch wurde in geringem Maße auch ein Vielfachaustausch beobachtet, dem ein ähnlicher Mechanismus wie bei Methan zugrunde liegen dürfte. Die Aktivierungsenergien an W, Pd und Rh betragen 11, 33 und 15 kcal/Mol. Mit steigender Anzahl an D-Atomen steigt auch die Aktivierungsenergie, was vielleicht daher kommt, daß hier tatsächlich eine Zweipunktadsorption in 1,3-Stellung vorliegt, die eine höhere Aktivierungsenergie erfordert als die Adsorption an einem Punkt oder an benachbarten C-Atomen.

Hexan. Cyclohexan tauscht an Platin in der Gasphase bei 150° mit Deuterium langsamer aus als Benzol (C. HORREX, R. K. GREENHALGH und M. POLANYI[4], s. a. S. 272) und auch etwas langsamer als n-Hexan (L. und A. FARKAS[5]). Mit der Dehydrierung besteht kein Zusammenhang (A. und L. FARKAS[6]).

Heptan. R. L. BURWELL, JR. und W. S. BRIGGS[7] sind der Ansicht, daß Carboniumionen bei der Reaktion keine Rolle spielen, sondern daß eher ein Radikalmechanismus anzunehmen wäre. Im Zusammenhang mit den Ergebnissen von KEMBALL an Neopentan ist bemerkenswert, daß die Austauschreaktion bei den Heptanen offenbar nicht über ein quaternäres C-Atom hinwegschreiten kann. Mit n-Heptan gelang es J. A. DIXON und R. W. SCHIESSLER[8] nicht, ein vollständig deuteriertes Produkt zu erhalten. In flüssiger Phase findet über Nickel- oder Platin-Katalysatoren bis 150° kein Austausch mit D_2O statt, was die Verfasser mit der wesentlich stärkeren Adsorption des Wassers erklären.

Dehydrierung.

Die Hydrierung von aliphatischen Doppelbindungen und auch von aromatischen Kernen ist grundsätzlich ein umkehrbarer Vorgang, und zwar begünstigt höhere Temperatur die Dehydrierung unter Abspaltung von Wasserstoff. Durch Arbeiten von R. PEASE, G. B. KISTIAKOWSKY und anderen ist über die Lage der Gleichgewichte und die Wärmetönungen Aufklärung geschaffen worden. Hier interessieren diese Werte jedoch nicht unmittelbar, weil die kinetischen Messungen

[1] S. O. THOMPSON, J. TURKEVICH, A. P. IRSA: J. Amer. chem. Soc. **73** (1951), 5213.

[2] C. HORREX, R. K. GREENHALGH, M. POLANYI: Trans. Faraday Soc. **35** (1939), 511; C 40 I, 3507.

[3] C. KEMBALL: Trans. Faraday Soc. **50** (1954), 1344.

[4] C. HORREX, R. K. GREENHALGH, M. POLANYI: Trans. Faraday Soc. **35** (1939), 511; C 40 I, 3507. — R. K. GREENHALGH, M. POLANYI: Trans. Faraday Soc. **35** (1939), 520; C 40 I, 1334.

[5] L. u. A. FARKAS: Nature **134** (1939), 244; C 39 I, 4751.

[6] A. FARKAS: Trans. Faraday Soc. **35** (1939), 906. — A. u. L. FARKAS: ebenda 917; C 39 II, 3264.

[7] R. L. BURWELL, JR., W. S. BRIGGS: J. Amer. chem. Soc. **74** (1952), 5096; C 53, 5156.

[8] J. A. DIXON, R. W. SCHIESSLER: J. Amer. chem. Soc. **73** (1951), 5452; C 52, 7472.

im allgemeinen entfernt vom Gleichgewicht ausgeführt werden. Immerhin ist diese Entfernung, in Temperaturen ausgedrückt, nicht sehr groß, und so kann man erwarten, daß zuweilen (s. unten) die Kinetik der Rückreaktion über die Gleichgewichtskonstante mit der der Hydrierungsreaktion in Zusammenhang steht.

Die Dehydrierung von *Paraffinen* zu Olefinen und von *Olefinen* zu Acetylenen ist erst bei recht hohen Temperaturen, also weit jenseits des Gleichgewichts, beobachtbar rasch. O. BEECK[1] hat sie beobachtet, indem er einen Molekularstrahl dieser Kohlenwasserstoffe auf eine erhitzte Platinoberfläche auftreffen ließ (s. a. S. 178, 254). Es ist dabei das Vorhandensein einer unimolekularen Schicht von Wasser Bedingung, und gerade diese scheint bei tieferen Temperaturen die Reaktion zu verhindern (obgleich nach Erfahrungen eines der Verfasser Wasser Hydrierungen nicht hemmt). Beim *Methan* wird aus den entstehenden Produkten geschlossen, daß die primäre Reaktion die Aufspaltung in freie Radikale CH_2 und Wasserstoff ist. *Äthan* wird von 800° ab in Äthylen übergeführt, dieses selbst von 830° ab in Acetylen, und schon bei 850° ist der Umsatz vollständig. Das entstandene Acetylen verläßt die Oberfläche sofort, der Wasserstoff ebenfalls größtenteils; nur 1% des auftreffenden Äthylens wird durch ihn zu Äthan hydriert. Wenn von vornherein dem Äthylen Äthan beigemengt ist, unterbleibt diese Hydrierung, und der dann adsorbiert bleibende Wasserstoff vermindert auch die Äthanspaltung und die Äthylenspaltung. Deshalb erreicht die zuerst genannte Spaltung im Gegensatz zur Äthylenspaltung erst bei 1200° 100% Umsatz. A. A. BALANDIN[2] behandelt die Dehydrierung von Butan, Butylen und Äthylbenzol nach der Multiplett-Theorie und zeigt, daß die Reaktion einen Dublettmechanismus aufweist, an dem sich zwei Atome des Katalysators beteiligen. Die scheinbare Aktivierungsenergie für die Dehydrierung von Butylen zu Butadien an einem Chromkatalysator beträgt nach A. A. BALANDIN, O. K. BOGDANOWA und A. P. SCHTSCHEGLOWA[3] zwischen 535° und 559°(!) etwa 34,5, zwischen 551° und 600° etwa 27 kcal/Mol. Bei der Dehydrierung von *n*-Butan und Isobutan an einem Chromoxyd-Aluminiumoxyd-Katalysator finden R. D. OBOLENZEW, K. A. WERSCHININA und J. W. SKWORZOWA[4] gleichzeitig auch eine Isomerisierung.

Das Gegenstück zur Hydrierung von Cycloparaffinen unter Ringöffnung bildet der Ringschluß durch Dehydrierung bei Paraffinen, als dehydrierende Cyclisierung bezeichnet. Die Reaktion wurde von MOLDAWSKI und KAMUSCHER[5] gefunden. Meist ist sie von einer gleichzeitigen Aromatisierung begleitet. Als Kontakte eignen sich am besten oxydische Dehydrierungskatalysatoren, und zwar Oxyde der vierten bis sechsten Nebengruppe des Periodensystems (nach H. STEINER[6]); dazu kommt noch Molybdänsulfid. Als Träger kann das selbst nicht wirksame Al_2O_3 dienen; darauf aufgetragen, ist auch MoO_2 wirksam. Der am häufigsten verwendete Kontakt ist wohl Chromoxyd-Gel. Das kristallisierte Präparat ist im Gegensatz zum Gel unwirksam, wie J. TURKEVICH, H. FEHRER und H. S. TAYLOR[7] berichten. Metalle eignen sich nach H. S. TAYLOR und J. TURKEVICH[8] weniger gut als Oxyde, da sie auf die C-C-Bindung spaltend

---

[1] O. BEECK: Physic. Rev. (2) **46** (1934), 331; C 34 II, 2792; Nature **136** (1935), 1028; C 37 I, 4217.

[2] A. A. BALANDIN: Bull. Acad. Sci. URSS, Cl. Sci. chim. **1942,** 21; C 43 II, 1792.

[3] A. A. BALANDIN, O. K. BOGDANOWA, A. P. SCHTSCHEGLOWA: Bull. Acad. Sci. URSS, Cl. Sci. chim. **1946,** 497; C 47, 1067.

[4] R. D. OBOLENZEW, K. A. WERSCHININA, J. W. SKWORZOWA: J. allg. Chem. URSS **21** (83) (1951), 1800; C 53, 8824.

[5] MOLDAWSKI, KAMUSCHER: C. R. Acad. Sci. URSS **1** (1936), 355.

[6] H. STEINER: Discuss. Faraday Soc. **8** (1950), 264; C 51 II, 2017.

[7] J. TURKEVICH, H. FEHRER, H. S. TAYLOR: J. Amer. chem. Soc. **63** (1941), 1129.

[8] H. S. TAYLOR, J. TURKEVICH: Trans. Faraday Soc. **35** (1939), 921.

wirken. Dies mag mit der stärkeren Adsorptionsfähigkeit der Metalle zusammenhängen, die z. B. Wasserstoff schon bei tiefen Temperaturen chemisorbieren, während eine aktivierte Adsorption an Oxyden erst bei höherer Temperatur stattfindet. Ähnliche Verhältnisse gelten möglicherweise auch für gesättigte Paraffine. Bei genügend langer Kontaktzeit läßt sich Heptan an Cr_2O_3 praktisch vollständig in Toluol überführen. Nach H. HOOG, J. VERHUIS und F. J. ZUIDERWEEG[1] werden solche Kohlenwasserstoffe, die einen Sechsring zu bilden vermögen, stets in beträchtlichem Ausmaß aromatisiert (Katalysator Cr_2O_3). Da dabei praktisch keine Naphthene gefunden werden, wird bezweifelt, ob diese Zwischenverbindungen der Reaktion darstellen. Sekundäre C-Atome beteiligen sich bevorzugt am Ringschluß. E. F. G. HERINGTON und E. K. RIDEAL[2] sind der Ansicht, daß die Cyclisierung eine Zweipunktadsorption voraussetzt und daß dann der Ringschluß zwischen einem der adsorbierten C-Atome und einem C-Atom der Kette erfolgt, das in der Gasphase ist. Daß HOOG, VERHUIS und ZUIDERWEEG in den Fällen, bei denen nur Bildung eines Fünfrings möglich ist, keine ausgeprägte Ringbildung finden, im Gegensatz zu S. W. GREEN und A. W. NASH[3], die eine solche feststellen, können HERINGTON und RIDEAL als einen Temperatureffekt aufklären. W. J. MATTOX[4] kommt zu dem Schluß, daß längere Kontaktzeiten die Reaktion deswegen begünstigen, weil dann die für die Ringbildung günstige Anordnung häufiger eingestellt ist. Nach H. STEINER[5] sind Cyclisierung, Dehydrierung und Isomerisierung eng verwandte Reaktionen, für die die katalysierenden Zentren identisch sind. Er nimmt ebenfalls ein adsorbiertes Olefin als Zwischenprodukt an. Hepten liefert unter sonst gleichen Bedingungen nach M. J. KAGAN, L. A. ERIWANSKAJA und I. W. TROFIMOWA[6] höhere Ausbeuten an Toluol als Heptan. Die Geschwindigkeit der Cyclisierung hängt von der Anzahl der für den Ringschluß günstigen Orientierungen der Molekel ab.

Eingehender studiert ist die Dehydrierung von *Cycloparaffinen*. Beim Cyclohexan kommt nur der Übergang in Benzol in Betracht, da Cyclohexen C_6H_{10} und ebenso Cyclohexadien C_6H_8 sowohl an Platin wie an Palladium instabil sind und in Benzol und Cyclohexan disproportioniert werden. Die Ordnung dieses Übergangs ist nach N. D. ZELINSKY und G. S. PAWLOW[7] in allen Stadien die 1,5te. Das kann etwa eine bimolekulare Oberflächenreaktion von proportional der 0,75ten Potenz der Konzentration adsorbiertem Substrat bedeuten. Was nun die Kinetik der Dehydrierung des Cyclohexans zu Benzol selbst betrifft, so hatte CL. HERBO[8] aus seinen oben (S. 269) besprochenen Untersuchungen der entsprechenden Hydrierungsreaktion geschlossen, daß wegen der kommensurablen Adsorption beider Kohlenwasserstoffe die Reaktionsordnung die erste nach dem Cyclohexan sein sollte und daß Benzol eine Hemmung ausüben müßte. An demselben Katalysator (Nickel auf BeO) findet er das bestätigt, und zwar ist wiederum die Adsorption beider Kohlenwasserstoffe unabhängig von der des Wasserstoffs. Von R. M. FLID und M. J. KAGAN[9] wird die Hemmung durch Benzol

[1] H. HOOG, J. VERHUIS, F. J. ZUIDERWEEG: Trans. Faraday Soc. **35** (1939), 993.

[2] E. F. G. HERINGTON, E. K. RIDEAL: Proc. Roy. Soc. (London), Ser. A **184** (1945), 434, 447.

[3] S. W. GREEN, A. W. NASH: Chem. and Ind. **60** (1941), 801.

[4] W. J. MATTOX: J. Amer. chem. Soc. **66** (1944), 2059.

[5] H. STEINER: Discuss. Faraday Soc. 8 (1950), 264; C 51 II, 2017.

[6] M. J. KAGAN, L. A. ERIWANSKAJA, I. W. TROFIMOWA: Ber. Akad. Wiss. UdSSR **82** (1952), 913; C 53, 5802.

[7] N. D. ZELINSKY, G. S. PAWLOW: Ber. dtsch. chem. Ges. **66** (1933), 1420; C 33 II, 3562.

[8] CL. HERBO: Bull. Soc. chim. Belgique **50** (1941), 257; C 42 II, 514.

[9] R. M. FLID, M. J. KAGAN: J. physic. Chem. URSS **24** (1950), 1409; C 51 II, 1413.

ebenfalls gefunden (im Gegensatz zu Metallen wirkt an Cr_2O_3 nicht Benzol, sondern Wasserstoff hemmend). Benzol wird stärker adsorbiert als Cyclohexan, letzteres hat eine nur geringe Adsorptionswärme (aus der Temperaturabhängigkeit der Hemmung berechnet) und wird daher vielleicht nur durch VAN DER WAALSsche Kräfte festgehalten (CL. HERBO[1]). An einem ähnlichen Katalysator (Nickel auf Al_2O_3) haben A. A. BALANDIN und A. RUBINSTEIN[2] die Dehydrierung von Cyclohexan und Methylcyclohexan miteinander verglichen. Wiederum sind die Adsorptionen von Methylcyclohexan und seinem Dehydrierungsprodukt, Toluol, einander ähnlich und die letztere fester. Für die scheinbare Aktivierungswärme des Cyclohexans gibt er 13,63 kcal/Mol an, später mit N. J. SCHUJKIN[3] 12 kcal/Mol, für die des Substitutionsprodukts etwas weniger. Der Einfluß der Substitution ist also hier umgekehrt wie bei der Hydrierung (s. S. 273). Glatter als Nickel soll nach J. P. LAPIN und A. W. FROST[4] Palladium (bei ihnen aufgetragen auf Kohle oder nicht poröses MgO) die Dehydrierung katalysieren, da es weniger krackend wirkt. Doch scheinen nach S. S. NOWIKOW, A. M. RUBINSTEIN, N. I. SCHUIKIN und S. J. MELNIKOWA[5] Palladiumkatalysatoren mitunter von geringerer Beständigkeit zu sein als z. B. Platin, was mit dem Auftreten einer neuen röntgenographisch feststellbaren kristallisierten Phase in Beziehung stehen soll. Die von CL. HERBO vermutete erste Ordnung der Dehydrierung von Cyclohexan wurde von M. J. KAGAN und N. A. SCHTSCHEGLOWA[6] an Platin auf Bimsstein gefunden. Im Gegensatz zur gleich noch näher zu besprechenden Multiplett-Theorie BALANDINS nehmen sie an, daß die Reaktion über die Disproportionierung von Cyclohexen als Zwischenprodukt verläuft. Diese ist nämlich mehrere Größenordnungen schneller als die Dehydrierung von Cyclohexan. Eine Hemmung durch Benzol wurde nicht festgestellt. O. BEECK und A.W. RITCHIE[7] finden an Platin und Palladium ebenfalls erste Ordnung nach Cyclohexan. Ihre Annahme, daß die Molekeln beim Aufprallen auf die Katalysatoroberfläche sechs H-Atome gleichzeitig verlieren, ist wieder eher im Einklang mit der BALANDINschen Theorie. Wieder werden die Wirkung von orientierten und nichtorientierten Platinfilmen verglichen und die nichtorientierten etwa zehnmal wirksamer gefunden. Doch sei hier ein weiteres Mal auf die von SACHTLER, DORGELO und VAN DER KNAAP gegen die vermutete Orientierung erhobenen Einwände hingewiesen (s. Fußnote S. 250).

Nach der bekannten Multiplett-Theorie A. BALANDINS erfordert die Dehydrierung der Sechsringe die Adsorption des Rings an einem Sextett von Metallatomen unter gleichzeitiger Abspaltung aller drei Wasserstoffmolekeln. Deshalb verläuft diese Reaktion direkt nur an Metallen, an diesen aber schon bei 300° und darunter (A. A. BALANDIN und I. I. BRUSSOW[8]). Wo solche Sextetts nicht verfügbar sind, nämlich an *oxydischen* Dehydrierungskatalysatoren, wie Cr_2O_3, MoO_3 und ähnlichen, findet nur Dublettadsorption statt, was sich in der Abspaltung einzelner H_2-Molekeln, also Entstehung von Cyclohexen und Cyclo-

---

[1] CL. HERBO: Bull. Soc. chim. Belgique **51** (1942), 44; C 42 II, 1107.

[2] A. A. BALANDIN, A. RUBINSTEIN: Wiss. Ber. Moskauer staatl. Univ. **2** (1934), 225; C 35 II, 1528.

[3] A. A. BALANDIN, N. J. SCHUJKIN: Wiss. Ber. Moskauer staatl. Univ. **6** (1936), 281; C 37 II, 1775.

[4] J. P. LAPIN, A. W. FROST: Ber. Akad. Wiss. UdSSR **53** (1946), 809; C 47, 448.

[5] S. S. NOWIKOW, A. M. RUBINSTEIN, N. I. SCHUIKIN, S. J. MELNIKOWA: Ber. Akad. Wiss. UdSSR **68** (1949), 1049; C 49 E, 387.

[6] M. J. KAGAN, N. A. SCHTSCHEGLOWA: J. physic. Chem. URSS **23** (1949), 1203; C 49 E, 1009.

[7] O. BEECK, A. W. RITCHIE: Discuss. Faraday Soc. 8 (1950), 159; C 53, 9092.

[8] A. A. BALANDIN, I. I. BRUSSOW: Z. physik. Chem., Abt. B. **34** (1936), 96.

hexadien zu erkennen gibt, sowie an der Dehydrierung auch nichtsechsgliedriger Ringe. Diese Dublettreaktion findet auch erst bei höheren Temperaturen, um 450°, statt. Ihre Kinetik ist der an Metallen ähnlich, wieder sind die Adsorptionen von Substrat und Produkt kommensurabel. Das erlaubt die Ermittlung von *wahren* Aktivierungswärmen (s. S. 211ff.), die zwischen 20 und 40 kcal/Mol liegen, also verhältnismäßig hoch sind. Einen interessanten Beitrag zur Multiplett-Theorie bildet eine spätere Arbeit von A. A. BALANDIN und G. W. ISSAGULJANZ[1] über den Vergleich der Dehydrierung von Dekalin und Cyclohexan an auf Asbest aufgetragenem CrO_3 (gemeint ist wahrscheinlich Cr_2O_3) einerseits und an Nickel auf einem porösen Träger andrerseits. An Chromoxyd (Dublettmechanismus, Kantenorientierung des Kohlenwasserstoffs) verlaufen beide Reaktionen gleich schnell. An Nickel wird Cyclohexan etwa doppelt so schnell dehydriert. Die plausible Erklärung ist, daß bei Flächenorientierung eine Dekalinmolekel eine etwa doppelt so große Fläche belegt wie eine Cyclohexanmolekel. Die Aktivierungsenergie an Nickel berechnet sich zu etwa 12,5 kcal/Mol. Dieselben beiden Autoren[2] stellen beim Vergleich der Adsorptionskoeffizienten der Ausgangs- und Endstoffe fest, daß an Cr_2O_3 die (gesättigten) Ausgangsstoffe die größere Verwandtschaft zu den katalytisch aktiven Zentren haben. An einem auf Asbest aufgetragenen Cr_2O_3 finden sie[3] die folgenden scheinbaren Aktivierungsenergien (in kcal/Mol): Cyclohexan 25,9, Methylcyclohexan 23,7, 1,3-Dimethylcyclohexan 22,2, Tetralin 29,7, Methyltetralin 30,4. Mit Hilfe der Daten für die relativen Adsorptionskoeffizienten und aus der Gleichung für die Kinetik[4] können sie die wahren Aktivierungsenergien erhalten, die durchweg etwa $2{,}5 \div 5$ kcal/Mol höher liegen. Am gleichen Katalysator mit Al_2O_3 als Träger haben auch E. F. G. HERINGTON und E. K. RIDEAL[5] die Dehydrierung einiger Naphthene eingehend untersucht. Sie finden keine Hemmung durch die Reaktionsprodukte. Der langsamste Schritt ist die Entfernung der ersten beiden Wasserstoffatome, die bei Cyclohexan eine scheinbare Aktivierungsenergie von etwa 36 kcal/Mol erfordert. Diese beiden Wasserstoffatome sollen gleichzeitig abgespalten werden und nicht nacheinander, also nicht über einen halbhydrierten Zustand als Zwischenstufe. Die Gesamtreaktion läuft über Cyclohexen als Zwischenprodukt, das auch im Gasraum in beträchtlichen Mengen nachzuweisen ist. Doch findet im Gegensatz zu Metallen an diesem Katalysator keine Disproportionierung statt. Andere Zwischenprodukte als Cyclohexen sind allenfalls in verschwindender Menge vorhanden. Die Ordnung der Reaktion wird zwischen der nullten und der ersten gefunden. Da die Auftragung der reziproken Geschwindigkeit gegen den reziproken Druck eine nicht durch den Koordinatenursprung gehende gerade Linie ergibt, hätte man die experimentellen Ergebnisse statt nach der durchgeführten recht komplizierten kinetischen Analyse auch in Form einer Adsorptionsisotherme auswerten können. Zudem hätte sich hier die relativ seltene Möglichkeit ergeben, in einfacher Weise die wahre Aktivierungsenergie und die Adsorptionswärme aus rein kinetischen Messungen zu ermitteln (vgl. S. 214).

An ähnlichen Katalysatoren, nämlich *Phosphaten* von Chrom-Zink oder

[1] A. A. BALANDIN, G. W. ISSAGULJANZ: Ber. Akad. Wiss. UdSSR N. S. **64** (1949), 207; C 50 I, 28.

[2] A. A. BALANDIN, G. W. ISSAGULJANZ: Ber. Akad. Wiss. UdSSR N. S. **63** (1948), 139; C 48 E, 379.

[3] A. A. BALANDIN, G. W. ISSAGULJANZ: Ber. Akad. Wiss. UdSSR N. S. **63** (1948), 261; C 48 E, 884.

[4] A. A. BALANDIN, O. K. BOGDANOWA, A. P. SCHTSCHEGLOWA: Bull. Acad. Sci. URSS, Cl. Sci. chim. **1946**, 497; C 47, 1067.

[5] E. F. G. HERINGTON, E. K. RIDEAL: Proc. Roy. Soc. (London), Ser. A **190** (1947), 289, 309; C 48 I, 1093, 1094.

Chrom-Kupfer oder auch an Chromoxyd allein wird nach W. I. KARSHEW und S. A. WASSILJEWA[1] auch *Dekalin* mit recht hohen Aktivierungswärmen (24 ÷ 38 kcal/Mol) dehydriert. Auch die Aromatisierung von *n-Heptan* und *n-Dekan* an denselben Katalysatoren (W. I. KARSHEW und P. S. SSOROKIN[2]) erfordert 36 bzw. 45 kcal/Mol. Die Aromatisierung von *Di-i-butyl* an *Platinkohle* dagegen zwischen 270° und 300° liegt in der Nähe der Cyclohexanreaktion, d. h. bei 16 kcal/Mol (B. A. KASANSKI und A. L. LIBERMANN[3]).

A. A. BALANDIN[4] hat eine allgemeine Übersicht über die Dehydrierungsvorgänge gegeben, in der er im Sinne unserer Ausführungen an dieser Stelle betont, daß diese Reaktionen mit der Annahme geschwindigkeitsbestimmender Umsetzung der Adsorptionskomplexe verträglich sind. Die Abstufung der Aktivierungswärmen von Katalysator zu Katalysator und von Substrat zu Substrat läßt sich daher aus der Differenz der Bindungsenergien der C-Atome aneinander und an den Katalysator abschätzen, wenn auch diese Differenzen wegen der an die Stelle der völligen Dissoziation der Bindungen tretenden wellenmechanischen Dehnung noch nicht die Aktivierungswärme selbst darstellen. Er hat ferner[5] gezeigt, daß beim Vergleich verschiedener Metalle die Reihenfolge der Geschwindigkeiten nicht durchaus die umgekehrte der Aktivierungswärmen sein muß, sondern daß oft hohe Aktivierungswärmen durch hohe Aktivitäten kompensiert und sogar überkompensiert werden. Über diese theoretischen Gesichtspunkte BALANDINS vgl. S. 203, Fußnote 2 sowie G.-M. SCHWAB[6]. Der Austausch des Cyclohexans mit Deuterium verläuft nicht über seine Dehydrierung (A. und L. FARKAS[7]).

Hydrierung sonstiger Substrate.

Aceton und Isopropylalkohol.

A. und L. FARKAS[8] stellen fest, daß an *Platin* zwischen —43° und +90° Aceton zu Isopropylalkohol und nur zu geringem Teil zu Propan hydriert wird, sowie, daß der Alkohol selbst viel langsamer in Propan übergeht als das Keton. Der Austausch des Propans mit Deuterium wird erst oberhalb 80° gut meßbar. Es wird daraus geschlossen, daß drei unabhängige Reaktionen nebeneinander verlaufen: 1. die Reduktion des Acetons zu Propan, 2. die Dehydrierung des Alkohols zu Aceton, 3. der Deuterium-Austausch des Acetons. Der Alkohol soll nicht Zwischenstufe der Propanbildung sein. M. KOIZUMI[9], der Konzentrationsabhängigkeiten der Ausbeute ebenfalls an Platin untersucht hat, widerspricht dem. Da die Propanausbeute mit der Alkoholkonzentration zunimmt und mit der Wasserstoff-Konzentration abnimmt, soll Aceton nur zu Alkohol hydriert werden, dieser dann nach erster Ordnung langsam in Propylen und Wasser zerfallen und das Propylen durch Hydrierung das Propan liefern. An *Kohle* scheint auf jeden

---

[1] W. I. KARSHEW, S. A. WASSILJEWA: J. physic. Chem. URSS **11** (1938), 670; C 38 II, 4207.

[2] W. I. KARSHEW, P. S. SSOROKIN: J. physic. Chem. URSS **12** (1940), 42; C 41 I, 1642.

[3] B. A. KASANSKI, A. L. LIBERMANN: J. allg. Chem. URSS **9** (1933), 1431; C 40 I, 34.

[4] A. A. BALANDIN: Acta physicochim. URSS **14** (1941), 223; C 41 II, 446.

[5] A. A. BALANDIN: Z. physik. Chem., Abt. B **19** (1932), 451; C 33 I, 1893.

[6] G.-M. SCHWAB: Katalyse usw. Berlin, 1931.

[7] A. FARKAS: Trans. Faraday Soc. **35** (1939), 906. — A. u. L. FARKAS: ebenda 917; C 39 II, 3264.

[8] A. u. L. FARKAS: J. Amer. chem. Soc. **61** (1939), 1336; C 39 II, 2319.

[9] M. KOIZUMI: Sci. Pap. Inst. physic. Chem. Res. (Tokyo) **34** (1940), 414; C 40 II, 3319.

Fall eine andere Kinetik zu gelten. C. Herbo[1] findet eine Reaktionsbeschleunigung durch Wasserstoff. Auch an *Nickel* scheint ein derartiger Mechanismus, zumindest in einem geringen Temperaturbereich, möglich zu sein. L. C. Anderson und N. W. MacNaughton[2] untersuchen die Reduktionen verschiedener Ketone (Aceton, Methyl-Äthyl-Keton, Diäthylketon und andere) mit Deuterium. Bei 25° C erfolgt der Angriff des Deuteriums, wie durch Ramanspektren nachgewiesen wird, direkt an der Ketogruppe, die in $=C\langle{}^{D}_{OD}$ überführt wird. Bei höheren Temperaturen (150° ÷ 250° C) erfolgt der Angriff offenbar an der Kohlenstoff-Doppelbindung der Enolform. Jedoch zeigt der Deuteriumaustausch mit Isopropylalkohol und dergleichen bei 250° C an Nickel, daß Hydrierungs-, Dehydrierungs- sowie Enolisierungsreaktionen bei dieser Temperatur bereits mitspielen und alle möglichen deuterierten Isopropylalkohole hervorbringen.

L. Friedman und J. Turkevich[3] finden sogar, daß an Kobaltkatalysatoren schon bei — 77° ÷ 25° C die Deuterohydrierung von Aceton mit einem Wasserstoff-Deuterium-Austausch verbunden ist. Dabei liegt die Austauschgeschwindigkeit in derselben Größenordnung wie die Reduktionsgeschwindigkeit der $C=O$-Gruppe, so daß eine Markierung des Reaktionsweges gar nicht mehr möglich ist.

Kohlenmonoxyd.

Die Hydrierung des Kohlenmonoxyds kann je nach Wahl der Reaktionsbedingungen sowohl zu Paraffinen als auch zu Sauerstoffderivaten führen. An metallischen Katalysatoren entsteht bei gewöhnlichem Druck hauptsächlich Methan, an bestimmten Mischkatalysatoren bei gewöhnlichem oder wenig erhöhtem Druck ein Gemisch niederer Kohlenwasserstoffe (Benzinsynthese von F. Fischer und H. Tropsch), bei hohen Drucken (100 atm) Synthol, ein Gemisch höherer Alkohole, Säuren, Ester und dergleichen, an Oxydkatalysatoren und erhöhten Drucken vorzugsweise Methanol (Methanolsynthese der I.G.). Für alle Reaktionstypen liegen Untersuchungen vor.

α) **Methanolsynthese.** Eine vorläufige und zudem unvollständige kinetische Analyse dieser technisch wichtigen Reaktion stammte von G. Natta und G. Pastonesi[4]. Da die Geschwindigkeitsgleichung der umkehrbaren Reaktion auch die Rückreaktion enthält, sind Abschätzungen mit Hilfe thermodynamischer Gleichgewichtsdaten zulässig. Die beste Übereinstimmung mit diesen wurde damals gefunden, wenn man annahm, daß die Reaktion in zwei Schritten verliefe:

$$1.\ CO + H_2 \rightleftharpoons CH_2O$$
$$2.\ CH_2O + H_2 \rightleftharpoons CH_3OH\,.$$

Von diesen sollte der erste mit einer Aktivierungsenergie von 21,8 kcal/Mol, seine Rückreaktion mit 23,9 kcal/Mol verlaufen und sich im Gleichgewicht befinden. Neuerdings ermittelten jedoch G. Natta, P. Pino, G. Mazzanti und I. Pasquon[5] die genaue isotherme Kinetik und kommen zu einem abweichenden Resultat. Aus Reaktionsisothermen der zwischen 320° und 390° und bei Drucken

[1] Cl. Herbo: J. Chim. physique Physico-Chim. biol. **47** (1950), 454; C 53, 7765. — Cl. Herbo, C. Lefebvre, R. Muylle: Ind. chim. belge **16** (1951), 82; C 51 II, 3422.
[2] L. C. Anderson, N. W. MacNaughton: J. Amer. chem. Soc. **64** (1942), 1456.
[3] L. Friedman, J. Turkevich: J. Amer. chem. Soc. **74** (1952), 1669; C 53 I, 358.
[4] G. Natta, G. Pastonesi: Chim. e Ind. **19** (1937), 313; **20** (1938), 587.
[5] G. Natta, P. Pino, G. Mazzanti, I. Pasquon: Chim. e Ind. **35** (1953), 705.

von 150 ÷ 300 atm verlaufenden Reaktionen wird eine Geschwindigkeitsgleichung aufgestellt, die die Methylalkoholbildung v in Abhängigkeit von den Partialdrucken p_{H_2}, p_{CO}, p_{CH_3OH}, von deren Fugazitätskoeffizienten f_{H_2}, f_{CO}, f_{CH_3OH} und der Gleichgewichtskonstanten der Gesamtreaktion K_{eq} darstellt:

$$v = \frac{f_{CO} p_{CO} f^2_{H_2} p^2_{H_2} - \frac{1}{K_{eq}} f_{CH_3OH} p_{CH_3OH}}{(A + B f_{CO} p_{CO} + C f_{H_2} p_{H_2} + D f_{CH_3OH} p_{CH_3OH})^3}.$$

Vorausgesetzt wird hierbei, daß sich alle Reaktionsteilnehmer im Adsorptionsgleichgewicht befinden, so daß die Größen A, B, C und D als Funktionen der Adsorptionskoeffizienten aufgefaßt werden. Die formale Kinetik stimmt überein mit dem trimolekularen Oberflächenmechanismus:

$$CO + 2H_2 = CH_3OH + 2L,$$

wobei L ein freiwerdendes aktives Zentrum in der Oberfläche darstellen soll. Als geschwindigkeitsbestimmender Schritt wird also die Oberflächenreaktion zwischen einer chemisorbierten Kohlenmonoxyd- und zwei chemisorbierten Wasserstoff*molekeln* im Dreierstoß gefunden. Dabei wird weiterhin vorausgesetzt, daß Kohlenmonoxyd, Methanol und Wasserstoff an den gleichen Plätzen der Zinkoxydoberfläche chemisorbiert werden, sich also gegenseitig verdrängen. Aus den experimentellen Daten ergibt sich dann, daß die Werte der Gleichgewichtskonstanten der Adsorption in der Reihenfolge CH_3OH, CO, H_2 abnehmen.

Zur Frage der Übertragbarkeit der aus Laboratoriumsversuchen bei gewöhnlichem Druck gefundenen Gesetzmäßigkeiten auf die Hochdrucksynthese äußert sich D. A. Posspechow[1]. Eindeutige Hinweise über die Kinetik und die unterschiedliche Aktivität verschiedener Kontakte sind aus Untersuchungen über den Methanolzerfall bei normalen Drucken schon deshalb nicht zu erwarten, weil die Wasserstoffsättigung des Kontaktes erst unter den Bedingungen der Methanolsynthese vollständig sein und die Reaktionsbedingungen wesentlich verändern soll. Posspechow[2] ist der Ansicht, daß während der Methanolsynthese an CuO, ZnO und Cr_2O_3 als Katalysatoren die intermediäre Bildung der Hydride der Metallcarbonyle, z. B. $Cu(CO)_3H$, nicht ausgeschlossen sei.

β) **Methansynthese.** H. S. Taylor und P. V. McKinney[3] finden an *Palladium* ein Geschwindigkeitsmaximum(!) bei 300° und vorher eine scheinbare Aktivierungswärme von 23 kcal/Mol, also Verhältnisse, die qualitativ gewöhnlichen Hydrierungsreaktionen ähneln. Der Mechanismus der Reaktion scheint mit demjenigen der Benzinsynthese sehr verwandt zu sein (A. N. Baschkirow und Mitarbeiter[4]), was schon aus der Tatsache abgeleitet wird, daß auch während der Fischer-Tropsch-Synthese unter extremen Bedingungen (Wasserstoffüberschuß) vornehmlich Methan gebildet wird. Bekannt ist, daß die Reaktion stets unter Bildung von H_2O verläuft. Gelegentlich zu beobachtendes Kohlendioxyd stammt aus einem Sekundärprozeß (Konvertierung des CO).

γ) **Benzinsynthese.** Wie so viele technisch wichtige Reaktionen, so ist auch die Benzinsynthese in ihrer empirischen Entwicklung theoretischen Gesichts-

[1] D. A. Posspechow: J. angew. Chem. URSS **20** (1947), 769; C 49 I, 833.

[2] D. A. Posspechow: J. angew. Chem. URSS **20** (1947), 1182; C 49 I, 833; J. angew. Chem. URSS **19** (1946), 848; C 47, 1459.

[3] H. S. Taylor, P. V. McKinney: J. Amer. chem. Soc. **53** (1931), 3604; C 31 II, 3299.

[4] A. N. Baschkirow, J. B. Kagan, J. B. Krjukow: Ber. Akad. Wiss. UdSSR N. S. **78** (1951), 275; C 52, 2319.

punkten weit vorausgeeilt. Seitdem F. Fischer und H. Tropsch[1] 1926 zuerst über die Synthese niederer Kohlenwasserstoffe aus Kohlenoxyd und Wasserstoff berichteten, ist zwar mit großem Aufwand an der Entwicklung der Synthese gearbeitet worden, die Mehrzahl der überaus zahlreichen Arbeiten ist jedoch naturgemäß technischen Belangen zugewandt. Dennoch bietet das bisher über Kinetik und Mechanismus Bekanntgewordene interessante Sonderheiten, über die hier zu berichten ist.

Bei 150 ÷ 250° C entsteht ein Gemisch niederer Kohlenwasserstoffe, wenn Kohlenmonoxyd und Wasserstoff im Verhältnis 1:2 unter Atmosphärendruck (oder gelegentlich auch bis zu 10 Atm.) über verstärkte Co-, Ni- oder Fe-Katalysatoren geleitet werden. Diese niederen Kohlenwasserstoffe bestehen unter den beschriebenen Bedingungen zu etwa gleichen Teilen aus gesättigten und einfach ungesättigten, fast ausschließlich unverzweigten Aliphaten mit bis zu 10 Kohlenstoffatomen. Bei Verwendung eines Fe-Cu-Katalysators bei Atmosphärendruck und 250° C findet H. Tropsch[2] beispielsweise folgende Zusammensetzung der Reaktionsprodukte: 70% Olefine, 30% gesättigte Kohlenwasserstoffe, meist Oktan und Nonan, keine Diolefine oder Naphthene, kaum Benzol oder Toluol.

Unter veränderten Reaktionsbedingungen ändert sich die Zusammensetzung der Reaktionsprodukte in charakteristischer Weise, nämlich:

1. Bei stärkerer Druckerhöhung werden in zunehmendem Maße sauerstoffhaltige Produkte gebildet, Alkohole, Säuren, Ester (F. Fischer und H. Tropsch[3]);

2. Temperaturerhöhung führt zur Kohlenstoffabscheidung und zur erhöhten Methanbildung;

3. Bei Änderung der Ausgangsgasmischung zu höherem Wasserstoffgehalt entstehen zunehmend Paraffine und sehr viel Methan, zu niederem Wasserstoffgehalt entsprechend mehr Olefine.

Ein typisches Merkmal der Reaktion liegt auch darin, daß mit zunehmender Kontaktzeit zwischen Reaktionsgas und Katalysator die mittlere Kettenlänge der Produkte ansteigt (R. B. Anderson und Mitarbeiter[4]). Dabei wird aber auch gleichzeitig die Vergiftung des Kontakts, die sich auch ohnedies niemals ganz ausschalten läßt, stark gefördert. Diese Vergiftung wird durch die starke Adsorption höherer, wachsartiger Kohlenwasserstoffe erzeugt, sie ist durch Behandlung mit Wasserstoff (hydrierende Spaltung höherer Kohlenwasserstoffe) praktisch vollständig zu beseitigen.

Die Kinetik der Reaktion:

$$n\,CO + (2n + x)\,H_2 = C_nH_{2\,(n+x)} + n\,H_2O$$

wurde von verschiedener Seite untersucht, wobei nicht in jeder Hinsicht Übereinstimmung erzielt werden konnte. Die Aufstellung von Geschwindigkeitsgleichungen im Langmuir-Hinshelwoodschen Sinne bereitet insofern Schwierigkeiten, als sich bei Druckänderungen nicht allein die Reaktionsgeschwindigkeiten, sondern gleichzeitig auch die Art und Zusammensetzung der Reaktionsprodukte ändern. Man muß zunächst auf eine vollständige Darstellung der sich überlagernden Einflüsse verzichten und definiert am besten als Reaktionsgeschwindigkeit nicht die Bildungsgeschwindigkeit eines bestimmten oder einer Summe von Kohlen-

---

[1] F. Fischer, H. Tropsch: Brennstoff-Chem. 7 (1926), 97.

[2] H. Tropsch: Brennstoff-Chem. **10** (1929), 337.

[3] F. Fischer, H. Tropsch: Brennstoff-Chem. 7 (1926), 299.

[4] R. B. Anderson, A. King, R. A. Friedel, L. S. Mason: Ind. Engng. Chem. **41** (1949), 2189.

wasserstoffen, sondern die pro Zeiteinheit in Kohlenwasserstoffe überführte Molzahl Kohlenmonoxyd.

An *Kobalt* finden STORCH und Mitarbeiter[1] zwischen 0,1 und 1 Atm. für die reine Gasmischung $2H_2 + 1CO$ fast erste Ordnung nach dem Gesamtdruck. Jedoch macht sich eine geringe Hemmung durch die Reaktionsprodukte bemerkbar. Es handelt sich dabei nicht um die Vergiftung der Oberfläche durch die höheren Kohlenwasserstoffe, sondern um eine unabhängig davon auftretende reversible Desorptionshemmung, was aus dem reproduzierbaren Anstieg der scheinbaren Geschwindigkeitskonstanten erster Ordnung bei steigender Stickstoffverdünnung folgt. Aus der Abhängigkeit der Kohlenwasserstoffbildung von der Strömungsgeschwindigkeit bei verschiedenen (ebenfalls niederen) Drucken wird auf Proportionalität mit dem Gesamtdruck geschlossen (F. FISCHER und H. PICHLER[2]). S. WELLER[3] findet dagegen an Co-ThO_2-Kieselgur-Katalysatoren (allerdings bei sehr hohen Strömungsgeschwindigkeiten) eine Abhängigkeit von der Wurzel des Gesamtdrucks. Trotzdem wurde in den letzten beiden Fällen übereinstimmend eine Aktivierungsenergie von etwa 25 kcal/Mol gefunden. Mit zunehmendem Gesamtdruck der Ausgangsgase in konstantem Mischungsverhältnis finden auch ANDERSON und Mitarbeiter[4] eine Abnahme der Geschwindigkeitskonstanten erster Ordnung, was für eine geringere Ordnung spricht. Eine kleinere als die erste Ordnung finden auch B. V. EROSEJEW und Mitarbeiter[5], jedenfalls bei Atmosphärendruck. Sie erhalten aus der Abhängigkeit von der Strömungsgeschwindigkeit bei unverändertem Mischungsverhältnis der Ausgangsgase folgende Beziehung:

$$A = a + \frac{b}{u_0},$$

die besagt, daß die dem Umsatz proportionale Kontraktion A des Ausgangsgases der Einströmgeschwindigkeit u_0 nicht allein umgekehrt proportional (also etwa der Verweilzeit direkt proportional) sei, sondern daß zusätzlich die Größe a auftritt. Bei kleinen Strömungsgeschwindigkeiten ist also die Proportionalität erfüllt, bei großen wird der Umsatz unabhängig. Die Schlußfolgerungen, die die Verfasser aus diesem Befund ziehen, sind ein Beispiel dafür, was aus kinetischen Ergebnissen nicht ohne weiteres abgeleitet werden darf. Sie folgern: die Reaktion setzt sich aus zwei Teilen zusammen, einem von der Volumgeschwindigkeit unabhängigen Glied a, das einer Kinetik nullter Ordnung entspräche, und einem sich mit der Volumgeschwindigkeit proportional ändernden Glied, das einer ersten Ordnung gleichzusetzen sei, also habe man es mit zwei voneinander unabhängigen Vorgängen zu tun, die entsprechend ihrer unterschiedlichen Kinetik an zwei Arten aktiver Zentren verliefen. Es sind also die tatsächlich zu erwartenden Einflüsse, die allein schon durch das Hinzudiffundieren oder -strömen entstehen, einseitig auf die Adsorptionsschicht bezogen.

Eine ausführliche kinetische Analyse an Kobaltkatalysatoren bei allerdings erhöhten Drucken führte zu abweichenden Ergebnissen. W. BRÖTZ[6] gelangte

---

[1] H. H. STORCH, R. B. ANDERSON, L. J. E. HOFER, C. O. HAWK, N. GOLUMBIC: US Bureau of Mines Technical Paper 709; Advances in Catalysis, Vol. I, S. 141. New York, 1948.

[2] F. FISCHER, H. PICHLER: Brennstoff-Chem. **12** (1931), 365.

[3] S. WELLER, in H. H. STORCH und Mitarbeiter: US Bureau of Mines Technical Paper 709 (1948), 44.

[4] R. B. ANDERSON, A. KING, R. A. FRIEDEL, L. S. MASON: Ind. Engng. Chem. **41** (1949), 2189.

[5] B. V. EROSEJEW, A. P. RUNTSO, A. A. VOLKOWA: Acta physicochim. URSS **13** (1940), 111.

[6] W. BRÖTZ: Z. Elektrochem. angew. physik. Chem. **53** (1949), 301; C 50 I, 1432.

nach Ausschließen der Aktivitätsänderungen des Katalysators zu folgender Geschwindigkeitsgleichung:

$$-\frac{d p_{CO}}{dt} = k \cdot \frac{p^2_{H_2}}{p_{CO}}.$$

Diese Gleichung gilt bei Drucken von 7 atm, die Aktivierungsenergie beträgt 31 kcal/Mol. Bei Drucken über 10 atm scheint sich die Kinetik zu ändern, und zwar in der Weise, daß sich offenbar eine Adsorptionssättigung für Wasserstoff bemerkbar macht:

$$-\frac{d p_{CO}}{dt} = k' \cdot \frac{p_{H_2}}{p_{CO}} \cdot \frac{k'' p_{H_2}}{1 + k''' p_{H_2}}.$$

Es wurde weiterhin gefunden, daß Beimischungen von Stickstoff oder Methan die Geschwindigkeit nicht verändern. Mit diesen Ergebnissen werden wir später noch zu argumentieren haben.

An *Nickel* unterscheidet sich die Kinetik nur wenig von der an Kobalt allgemein gefundenen. A. AICHER, W. W. MYDDLETON und J. WALKER[1] verwandten zu ihren kinetischen Untersuchungen zwei Gasgemische im Verhältnis $2 H_2 : 1 CO$ und $1 H_2 : 1 CO$. Es zeigte sich, daß der Bruch $\frac{A}{x}$ (A = Konzentration der Ausgangskomponenten, x = Konzentration der Reaktionsprodukte) linear von der Strömungsgeschwindigkeit abhing. Danach besteht also erste Ordnung nach den Ausgangskomponenten und Hemmung durch die Reaktionsprodukte, also, wie auch schon an Kobalt gefunden, eine geringere als die erste Ordnung nach dem Gesamtdruck. Nun darf dieser Befund jedoch nicht auf alle beliebigen Partialdruckänderungen erweitert werden. W. W. MYDDLETON und J. WALKER[2] untersuchten die Abhängigkeit der Kohlenwasserstoffbildung bei in weiteren Grenzen veränderten Druckverhältnissen ($H_2 : CO = 0{,}67 \div 2{,}5$). Für die Kohlenwasserstoffbildung liegt das Optimum im stöchiometrischen Gemisch ($H_2 : CO$ wie 2:1). Bei Wasserstoffüberschuß wird entsprechend mehr Methan gebildet, wodurch die Hemmung durch Reaktionsprodukte scheinbar nachläßt. Zusätzliches Kohlenmonoxyd erzeugte keinerlei Hemmung (s. dagegen später). Zu ähnlichen Ergebnissen an Nickel gelangten auch K. FUJIMURA und S. TSUNEOKA[3].

An *Eisen*katalysatoren unterscheidet sich die Reaktion schon insofern wesentlich von derjenigen an Nickel und Kobalt, als hier vorwiegend Kohlendioxyd statt Wasser gebildet wird. Außerdem bilden sich während der Reaktion Carbide und Oxyde des Eisens, was bei entsprechenden Bedingungen an Nickel- und Kobaltkatalysatoren nicht beobachtet wird. Ein weiterer Unterschied besteht in der stärkeren Druckabhängigkeit der Kohlenwasserstoffausbeute an Eisenkatalysatoren, die optimalen Synthesebedingungen liegen zudem bei höheren Drucken ($15 \div 30$ atm). Über kinetische Messungen an Eisen ist wenig bekannt, einige Hinweise befinden sich bei H. H. STORCH, N. GOLUMBIC und R. ANDERSON[4]. Dort wird auch über Versuche von H. PICHLER berichtet, der Bruttoaktivierungsenergien von 20 kcal/Mol findet. Zu ähnlichen Werten kommen R. B. ANDERSON

---

[1] A. AICHER, W. W. MYDDLETON, J. WALKER: J. Soc. chem. Ind. **54** (1935) T, 313.

[2] W. W. MYDDLETON, J. WALKER: J. Soc. chem. Ind. **55** (1936) T, 121.

[3] K. FUJIMURA, S. TSUNEOKA: Sci. Pap. Inst. physic. chem. Res. (Tokyo) **25** (1934), 137.

[4] H. H. STORCH, N. GOLUMBIC, R. ANDERSON: The FISCHER TROPSCH and Related Synthesis, S. 532. New York: J. Wiley & Sons. 1951.

und Mitarbeiter[1], die bei 7,8 atm arbeiten. J. T. EIDUS und S. B. ALTSCHULLER[2] finden dagegen bei normalem Druck am Fe-Cu-ThO_2-K_2CO_3-Katalysator einen höheren Wert von 28,7 kcal/Mol.

Was nun die Kenntnisse über den eigentlichen Reaktionsmechanismus mit seinen möglichen Zwischenstufen anbetrifft, so sind diese weniger aus formalen Kinetikmessungen hergeleitet, als vielmehr aus Paralleluntersuchungen der vermutlichen Teilreaktionen und dem Vergleich mit bekannten Eigenschaften fraglicher Zwischenverbindungen. In einigen Fällen führte außerdem die Markierung durch Kohlenstoffisotope zu wertvollen Rückschlüssen.

Schon F. FISCHER und H. TROPSCH[3] betonten, daß die Reaktion nur an denjenigen Metallen erfolgt, die stabile Carbide zu bilden vermögen. Da bei den Reaktionstemperaturen durch reines Kohlenmonoxyd nachweislich Carbide entstehen, vermuten sie, daß diese auch Zwischenprodukte der Reaktion seien:

$$Co + CO + H_2 \rightarrow CoC + H_2O.$$

In einer Reihe von Arbeiten beschäftigen sich F. FISCHER und seine Mitarbeiter[4] mit der wahrscheinlichen Bildungsweise und den Eigenschaften derartiger Metallcarbide. Interessant ist hier nur, zu erwähnen, daß die Reaktion an Eisen direkt Kohlendioxyd bilden soll:

$$Fe + 2CO \rightarrow FeC + CO_2.$$

Die Carbidtheorie wurde seinerzeit weiterhin durch die im Verhältnis zum Wasserstoff nachweislich stärkere Chemisorption des Kohlenmonoxyds gestützt. Während der Synthese erfolgt nämlich, wie S. R. CRAXFORD[5] zeigen konnte, an FISCHER-TROPSCH-Katalysatoren keine p-H_2-Umwandlung, jedenfalls solange nicht, wie hauptsächlich höhere Kohlenwasserstoffe gebildet werden. Die Bedeckung der Oberfläche mit Metallcarbiden soll so vollkommen sein, daß aller dissoziierende Wasserstoff sofort zur Hydrierung des Carbids verbraucht wird, bevor er als o-H_2 desorbiert werden könnte. Erst wenn bei kleinen Kohlenmonoxydpartialdrucken die metallische Oberfläche freiliegt, wird bei gleichzeitiger Methanbildung auch eine p-H_2-Umwandlung beobachtet. Nach Ansicht von S. R. CRAXFORD und E. K. RIDEAL[6] soll der Wasserstoff die Metallcarbide im fortlaufenden Mechanismus zu CH_2-Radikalen reduzieren, die dann durch einen Polymerisationsvorgang in der Oberfläche zu Kohlenwasserstoffen reagieren. (Warum allerdings an diesen CH_2-Radikalen der Oberfläche keine p-H_2-Umwandlung stattfindet, wird nicht erklärt!) Die Desorption des Kohlenwasserstoffs soll dann erfolgen, wenn der in einer Richtung fortlaufende Polymerisationsvorgang auf chemisorbierten Wasserstoff stößt. D. F. SMITH, C. O. HAWK und P. GOLDEN[7] hatten schon früher festgestellt, daß dem Ausgangsgas beigemischtes Äthylen an Co-Cu-MnO-Katalysatoren während der Reaktion verbraucht wird, ohne daß sich die Zusammensetzung der Reaktionsprodukte dabei ändert. (An Fe-Cu-Katalysatoren erscheint es dagegen als Äthan.) Dieses Verhalten des Äthylens an Kobaltkatalysatoren wertet CRAXFORD als weiteren Beweis der Polymerisationstheorie.

[1] R. B. ANDERSON, B. SELIGMAN, J. F. SHULTZ, R. KELLY, M. A. ELLIOTT: Ind Engng. Chem. **44** (1952), 391; C 54, 6389.

[2] J. T. EIDUS, S. B. ALTSCHULLER: Bull. Acad. Sci. URSS, Cl. Sci. chim. **1944,** 349.

[3] F. FISCHER, H. TROPSCH: Brennstoff-Chem. **7** (1926), 97.

[4] F. FISCHER: Brennstoff-Chem. **11** (1930), 489. — F. FISCHER, H. KOCH: Brennstoff-Chem. **13** (1932), 428. — F. FISCHER: Erdöl u. Kohle **39** (1943), 517.

[5] S. R. CRAXFORD: Trans. Faraday Soc. **35** (1939), 946.

[6] S. R. CRAXFORD, E. K. RIDEAL: J. chem. Soc. **1939,** 1604.

[7] D. F. SMITH, C. O. HAWK, P. GOLDEN: J. Amer. chem. Soc. **52** (1930), 3221.

E. F. G. HERINGTON[1] glaubt sogar nachweisen zu können, daß die Polymerisation an Kobaltkatalysatoren zu längeren Kohlenwasserstoffketten in der Richtung der kürzesten Co-Co-Abstände (2,47 Å) geometrisch festgelegt sei:

```
     CH2  CH2  CH2  CH2          CH3—CH2—CH—CH2
      |    |    |    |    →              |   |
Co   Co   Co   Co   Co       Co   Co   Co   Co   Co
```

In dieser Richtung soll nach geometrischen Berechnungen die Zweipunktadsorption des Äthylens erfolgen. Das Acetylen sei am Kobalt in einer anderen Lage adsorbiert und würde deshalb nicht am Polymerisationsmechanismus der FISCHER-TROPSCH-Synthese teilnehmen können. (An Kobalt adsorbiertes Acetylen polymerisiert natürlich bei den Reaktionstemperaturen unter Wasserstoffeinfluß auch zu höheren Kohlenwasserstoffen, die sich jedoch von gewöhnlichem Benzin wegen der unterschiedlichen Verteilung der Kettenlängen unterscheiden lassen. Daß die beiden Mechanismen unabhängig voneinander verlaufen, wird daraus geschlossen, daß die Produkte der FISCHER-TROPSCH-Synthese stets geringe Mengen Sauerstoff enthalten, die hier fehlen.) M. PRETTRE und Mitarbeiter[2] untersuchen den Verbleib zusätzlichen Methans während der Synthese an Nickel. Genau so wie zuvor das Äthylen wird hier auch das Methan in erheblichen Mengen mitverbraucht, ohne daß sich die Zusammensetzung des Reaktionsproduktes dabei ändert. An Kobalt kommt S. R. CRAXFORD (s.o.) zum gleichen Ergebnis.

Neben der unter Polymerisation verlaufenden Synthese sollen rückläufig auch Krackreaktionen stattfinden (S. R. CRAXFORD[3]). Die Ausbeute an flüssigen Kohlenwasserstoffen ist bei sonst unveränderten Reaktionsbedingungen eine Funktion der Kontaktzeit am Katalysator; sie durchläuft in Abhängigkeit von der Strömungsgeschwindigkeit ein Maximum. Die bei langen Kontaktzeiten an der Katalysatoroberfläche abgeschiedenen wachsartigen Kohlenwasserstoffe lassen sich durch Behandlung mit Wasserstoff bei der Reaktionstemperatur wieder in flüssige überführen. Danach ist die Häufigkeit der verschiedenen Kettenlängen genau so verteilt wie bei der Synthese. Das läßt erwarten, daß auch schon während der Synthese Krackreaktionen stattfinden. C. W. MONTGOMERY und E. B. WEINBERGER[4] haben unter diesen Voraussetzungen die statistisch zu erwartende Häufigkeit der verschiedenen n-Paraffine berechnet und Übereinstimmung mit dem Experiment gefunden. Dennoch ist diese statistische Rechnung kein Beweis für die Polymerisationsreaktion. S. WELLER und R. A. FRIEDEL[5] zeigen, daß sich dieselbe Häufigkeit der Kettenlängen errechnen läßt, wenn man ein Wachsen der Kohlenstoffketten in Schritten von jeweils einem Glied betrachtet, jedem endständigen Kohlenstoffatom eine von der schon vorhandenen Kettenlänge weitgehend unabhängige Wahrscheinlichkeit zum Weiterwachsen zuordnet und für jede Kettenlänge eine eigene Desorptionsgeschwindigkeit annimmt. Unter ähnlichen Gesichtspunkten kommen auch R. B. ANDERSON, R. A. FRIEDEL und H. H. STORCH[6] rechnerisch zum experimentellen Befund.

Nach allem Bisherigen sollte der Mechanismus der FISCHER-TROPSCH-Synthese über drei Teilschritte verlaufen: 1. Bildung des Metallcarbids, 2. Hydrierung

[1] E. F. G. HERINGTON: Trans. Faraday Soc. **37** (1941), 361.

[2] M. PRETTRE, C. EICHNER, M. PERRIN: C. R. hebd. Séances Acad. Sci. **224** (1947), 278.

[3] S. R. CRAXFORD: Trans. Faraday Soc. **42** (1946), 576.

[4] C. W. MONTGOMERY, E. B. WEINBERGER: J. chem. Physics **16** (1948), 424.

[5] S. WELLER, R. A. FRIEDEL: J. chem. Physics **18** (1950), 157; **17** (1949), 801.

[6] R. B. ANDERSON, R. A. FRIEDEL, H. H. STORCH: J. chem. Physics **19** (1951), 313; C 51 II, 3251.

desselben zu CH_2-Gruppen und 3. deren Polymerisation zu Ketten, die bei Wasserstoffchemisorption desorbiert werden sollten. Mit diesem scheinbar geschlossenen Bild unvereinbar war dann aber die Tatsache, daß der Primärschritt, die Bildung des Metallcarbids:

$$2\,Co + 2\,CO = Co_2C + CO_2,$$

als gesonderter Teilschritt für sich untersucht, wesentlich langsamer erfolgte als die Synthese (S. R. CRAXFORD und E. K. RIDEAL[1]). Da jedoch die Reaktion unter gleichzeitiger Beteiligung von Wasserstoff:

$$2\,Co + CO + H_2 = Co_2C + H_2O$$

zunächst als sehr viel schneller gefunden wurde, waren die bisherigen Formulierungen haltbar. Spätere Arbeiten von J. T. EIDUS und N. D. ZELINSKY[2] sowie von S. WELLER[3] zeigten aber, daß tatsächlich in jedem Fall die Geschwindigkeit der Carbidbildung kleiner ist, als für obigen Mechanismus notwendig. Lediglich zu Beginn der Kohlenstoffaufnahme eines frisch reduzierten Kobaltkatalysators ist sie mit der Synthesegeschwindigkeit vergleichbar. (An Eisen liegen die Verhältnisse nach G. BRAUDE und B. BRUNS[4] allerdings anders. Hier soll die Bildung von Fe_4C schneller erfolgen als die Synthese.) Die Carbidtheorie wurde in der Weise modifiziert, daß nicht Metallcarbide mit ihren bekannten chemischen und physikalischen Eigenschaften gebildet werden sollten, sondern „Oberflächencarbide", deren anfängliche Bildung schnell genug verläuft. S. WELLER und Mitarbeiter[5] zeigten aber, daß das Carbid selbst weniger wirksam ist als das metallische Kobalt. L. J. E. HOFER und W. C. PEEBLES[6] untersuchen die Möglichkeit der intermediären Carbidbildung mit röntgenographischen Methoden. An einem metallischen Katalysator war nach der Reaktion kein Carbid nachzuweisen, ein zuvor oberflächlich in Carbid überführter Katalysator zeigte auch nach der Reaktion unverändert die Linien des Carbids. Ein sehr wesentliches Argument gegen die Auffassung der Carbidbildung brachten S. WELLER, L. J. E. HOFER und R. B. ANDERSON[7] durch folgendes Experiment: Bei 400° C durch Reduzieren hergestelltes Kobalt wird bei dieser Temperatur in der stabilen, kubischen β-Modifikation erhalten. Sein Umwandlungspunkt zur hexagonalen Symmetrie bei 360° C konnte übersprungen werden, so daß für die Syntheseversuche bei 200° C ein instabiler kubischer Kobalt-Katalysator verwendet werden konnte. Diese instabile Struktur blieb während der FISCHER-TROPSCH-Synthese erhalten, nicht dagegen, wenn in getrennten Teilschritten zuerst ein Carbid hergestellt wurde, das dann unter Wasserstoffeinwirkung Kohlenwasserstoffe und hexagonales Metall bildete. H. KÖLBEL und R. LANGHEIM[8] vermuten, daß die Bildung definierter Carbide und die Synthesereaktion nicht zwei ineinandergreifende, sondern zwei parallel verlaufende Vorgänge sind, die ihren gemeinsamen Ausgangspunkt in der Chemisorption des Kohlenmonoxyds haben. Neben den Untersuchungen an Kobalt wurde auch an

---

[1] S. R. CRAXFORD, E. K. RIDEAL: J. chem. Soc. **1939,** 1604.

[2] J. T. EIDUS, N. D. ZELINSKY: Bull. Acad. Sci. URSS, Cl. Sci. chim. **1942,** Nr. 1, 45; C 43 II, 1770.

[3] S. WELLER: J. Amer. chem. Soc. **69** (1947), 2432.

[4] G. BRAUDE, B. BRUNS: J. physic. Chem. URSS **22** (1948), 487; C 49 I, 162.

[5] S. WELLER, L. J. E. HOFER, R. B. ANDERSON: J. Amer. chem. Soc. **70** (1948), 799.

[6] L. J. E. HOFER, W. C. PEEBLES: J. Amer. chem. Soc. **69** (1947), 893.

[7] S. WELLER, L. J. E. HOFER, R. B. ANDERSON: J. Amer. chem. Soc. **70** (1948), 799.

[8] H. KÖLBEL, R. LANGHEIM: Erdöl u. Kohle **2** (1949), 544.

anderen Metallen nachgeprüft, ob eine intermediäre Carbidbildung möglich ist. An Nickel konnten A. Michel, R. Bernier und G. Le Clerc[1] mit Hilfe magnetischer und struktureller Untersuchungen während der Synthese Ni_3C nachweisen. An Eisen schließen magnetochemische Untersuchungen von H. Pichler und H. Merkel[2] Carbide als Zwischenprodukte der Synthese aus. H. Pichler und H. Buffleb[3] wiesen nach, daß Ruthenium wohl ein guter Katalysator für die Fischer-Tropsch-Synthese ist, bei den Reaktionstemperaturen aber überhaupt nicht in der Lage ist, ein stabiles Carbid zu bilden.

Trotz dieser schwerwiegenden Argumente wird weiterhin häufig der Begriff „Oberflächencarbid" als Zwischenstoff benutzt. Dabei ist natürlich die Begründung dafür, einen Zwischenstoff mit dem Namen einer wohldefinierten chemischen Verbindung zu versehen, ohne daß er auch nur eine ihrer Eigenschaften besitzen würde, sehr fragwürdig. Daher ist es zu begrüßen, wenn M. Boudart[4], von einem allgemeineren energetischen Standpunkt ausgehend, versucht, die Veränderung der Energiebänder in der Katalysatoroberfläche zur Charakterisierung der Zwischenzustände während der Reaktion heranzuziehen.

Auch der vermutete zweite Schritt der Reaktion, die Reduktion des Carbids durch Wasserstoff, wurde getrennt untersucht. An Kobalt und Nickel ist die Hydrierungsgeschwindigkeit der Carbide größer als deren Bildungsgeschwindigkeit (H. H. Podgurski, J. T. Kummer, T. W. De Witt und P. H. Emmett[5]). so daß also Carbide nicht als stabile Zwischenstoffe zu erwarten sind. An Eisen (verstärkte Katalysatoren der NH_3-Synthese) ist die Hydrierungsgeschwindigkeit des Carbids jedoch geringer.

An Eisenkatalysatoren untersuchten J. T. Kummer und Mitarbeiter[6] die Reaktion bei Verwendung von ^{14}C, das als ^{14}CO zuvor zum $Me_2{}^{14}C$ umgesetzt wurde. Unerwartet zeigte sich, daß bei 200° C nur 10% und bei 300° C nur 16% der primär gebildeten Kohlenwasserstoffe den radioaktiven Kohlenstoff aus dem Carbid aufgenommen hatten. Kummer betrachtet dieses Ergebnis als Hinweis dafür, daß das Carbid nicht (oder zumindest nur für einen Bruchteil der Produkte) als Zwischenstoff dienen kann. Diese Schlußfolgerung scheint jedoch nicht eindeutig. Sie enthält nämlich stillschweigend die Voraussetzung, daß die gesamte Oberfläche gleichmäßig katalysiert. Vielmehr ist aber anzunehmen, daß die Oberfläche des Metallcarbids Aktivitätsunterschiede aufweist, und dann ist es sehr wohl möglich, daß die *gesamte* Reaktion nur an einem Teil der Oberfläche einheitlich abläuft.

Die Carbidtheorie hatte dadurch eine Stütze erhalten, daß die verschiedenen Kohlenwasserstoffe nur an Carbidoberflächen entstehen sollten, nicht dagegen an reinen Metalloberflächen, an denen sich, wie häufig beobachtet wird, hauptsächlich Methan bildet. M. Prettre[7] sowie J. T. Eiduss[8] konnten jedoch zeigen, daß die erhöhte Methanbildung lediglich eine Folge der Überhitzung an frischen, hochaktiven Metalloberflächen ist.

Nachdem sich die Carbidtheorie in vieler Hinsicht als unzulänglich erwiesen hatte, blieben die Versuche, mögliche neue Reaktionswege aufzufinden, nicht

---

[1] A. Michel, R. Bernier, G. Le Clerc: J. Chim. physique Physico-Chim. biol. **47** (1950), 269.

[2] H. Pichler, H. Merkel: Brennstoff-Chem. **31** (1950), 33.

[3] H. Pichler, H. Buffleb: Brennstoff-Chem. **21** (1940), 257, 273, 285.

[4] M. Boudart: J. Amer. chem. Soc. **74** (1952), 1531; C 54, 1902.

[5] H. H. Podgurski, J. T. Kummer, T. W. De Witt, P. H. Emmett: J. Amer. chem. Soc. **72** (1950), 5382.

[6] J. T. Kummer und Mitarbeiter: J. Amer. chem. Soc. **70** (1948), 3632.

[7] M. Prettre: Rev. Inst. franç. Pétrole Ann. **2** (1947), 131; C 47 E, 309.

[8] J. T. Eiduss: Nachr. Akad. Wiss. UdSSR, Abt. chem. Wiss. **1951,** 129; C 52, 4554.

aus. H. PICHLER[1] weist auf die Parallelität zwischen den optimalen Synthesedrucken verschiedener Metalle und für den für die Bildung von Metallcarbonylen notwendigen CO-Drucken hin. Dabei ist allerdings nicht zu erwarten, daß Carbonyle selbst Zwischenstoffe der Reaktion sind, jedoch wird vermutet, daß die zur Aktivierung des Kohlenmonoxyds notwendige Oberflächenbindung mit der Bindungsart des Kohlenmonoxyds im Metallcarbonyl verwandt ist.

B. R. WARNER, M. J. DERRIG und C. W. MONTGOMERY[2] halten es für möglich, daß Ketene als Zwischenstoffe der FISCHER-TROPSCH-Synthese fungieren. Bei der Durchführung der Synthese mit Keten als Ausgangskomponente erhielten sie Kohlenwasserstoffe verschiedener Kettenlänge, wie sie auch in der FISCHER-TROPSCH-Synthese auftreten.

Vielfach findet sich auch die Ansicht, daß andere Sauerstoff enthaltende Kohlenstoffverbindungen, insbesondere Äthylalkohol, Zwischenstoffe der Reaktion seien. Die sehr ähnlichen Reaktionsbedingungen der Synthol- und Oxosynthese weisen darauf hin. A. WEITKAMP[3] findet beispielsweise, daß die Prozentzahl der verzweigten Kohlenwasserstoffe bei den Aliphaten der FISCHER-TROPSCH-Synthese mit veränderten Reaktionsbedingungen genau so zunimmt wie die der Alkohole bei der Syntholsynthese. J. T. KUMMER, H. H. PODGURSKI, W. B. SPENCER und P. H. EMMETT[4] kommen auf Grund ihrer Untersuchungen mit radioaktivem Äthylalkohol zu dem Schluß, daß dieser oder sein Adsorptionskomplex an der Metalloberfläche Zwischenstoff der Kohlenwasserstoffsynthese sein muß: Das Synthesegas ($CO:H_2 = 1:1$) wird zu 1,6% mit radioaktivem Alkohol versetzt und bei 210 ÷ 243° C über Eisenkontakte geschickt. Der Äthylalkohol ist bei verschiedenen Versuchen abwechselnd sowohl an der Methyl- als auch an der Methylengruppe mit ^{14}C markiert. Es wird gefunden, daß bei den Kohlenwasserstoffen mit $C_2 \div C_{10}$ der Äthylalkohol gleichmäßig auf die *Molzahl* (nicht auf den Kohlenstoffgehalt) verteilt ist. Methan enthält keinen radioaktiven Kohlenstoff, für die wachsartigen höheren Paraffine waren die Ergebnisse unbestimmt. Die Ergebnisse sprechen gegen den Polymerisations- und Dissoziationsmechanismus von CH_2-Radikalen, da bei spaltender Adsorption des Alkohols zu CH_2-Radikalen und anschließender Polymerisation derselben der Prozentsatz radioaktiven Alkohols der Kohlenstoffzahl in den einzelnen Paraffinen und nicht deren Molzahl proportional sein müßte.

A. VAN ITTERBEEK und W. VAN DINGENEN[5] haben für die Kohlenwassenstoff-Synthese merkwürdige Beziehungen zur Adsorption der Komponenten festgestellt. Die Adsorption jeder der beiden Komponenten weist verschiedene Temperatur-Maxima und -Minima auf, entsprechend der Tatsache[6], daß VAN DER WAALSsche und aktivierte Adsorptionen mit steigender Temperatur einander ablösen. Dadurch kommt es dazu, daß bei bestimmten Temperaturen die adsorbierten Mengen von Wasserstoff und Kohlenoxyd zueinander im Verhältnis 2:1 oder 3:1 stehen. Ersteres ist nun das stöchiometrische Verhältnis für die Kohlenwasserstoffbildung, letzteres für die Methanbildung. Der Befund ist nun, daß

[1] H. PICHLER: US Bureau of Mines Special Report 1947, 158.

[2] B. R. WARNER, M. J. DERRIG, C. W. MONTGOMERY: J. Amer. chem. Soc. **68** (1946), 1615.

[3] A. WEITKAMP: A. A. A. S. Gordon Conference, New London, June 1949.

[4] J. T. KUMMER, H. H. PODGURSKI, W. B. SPENCER, P. H. EMMETT: J. Amer. chem. Soc. **73** (1951), 564.

[5] A. VAN ITTERBEEK, W. VAN DINGENEN: Physica **8** (1941), 810; C 42 I, 309; Z. physik. Chem., Abt. B **50** (1941), 341; C 42 I, 1864; — A. VAN ITTERBEEK: Meded. Kon. vlaamse Acad. Wetensch. België **3** (1941), 3; C 42 II, 742.

[6] s. W. HUNSMANN: Aktivierte Adsorption. Dieses Handbuch Bd. IV, S. 405ff. Wien, 1943.

in der Nähe dieser „stöchiometrischen Adsorptionstemperaturen“ Maxima der Benzinbildung liegen, dazwischen aber Methanbildung eintritt. Das sähe so aus, als ob stöchiometrische Adsorption Vorbedingung für eine bestimmte Reaktion wäre. I. C. JUNGERS[1] kritisiert diese Anschauungen als mit den Lehren der Kinetik und Thermodynamik nicht vereinbar, und wohl mit Recht.

Aus Chemisorptionsmessungen von J. C. GHOSH und Mitarbeitern[2] erhält man Hinweise für einen möglichen Reaktionsmechanismus, der Metallcarbid als Zwischenstufe ausschließt. Am Co-Katalysator werden Kohlenmonoxyd und Wasserstoff aktiviert adsorbiert. Beide Gase werden offenbar an denselben Oberflächenplätzen adsorbiert (Adsorptionsverdrängung). Gleichzeitig macht sich aber eine weitere gegenseitige Beeinflussung der Adsorption beider Gase bemerkbar, in der Weise, daß der Adsorptionskoeffizient des einen durch die gleichzeitige Adsorption des anderen Gases erhöht wird. Am stärksten ist die Erscheinung im Verhältnis $CO:H_2=2:1$ (im Gasraum) ausgeprägt. Daraus sollte man entnehmen, daß schon während der Adsorption ein aktivierter Komplex aus beiden Komponenten reversibel gebildet wird, der möglicherweise auch für die Synthesereaktion bedeutungsvoll ist.

Ein Überspringen der Carbidstufe im ersten Teilschritt der Reaktion nimmt auch W. BRÖTZ[3] (s. S. 293f.) an. In seiner bereits besprochenen Geschwindigkeitsgleichung trat der Wasserstoff quadratisch im Zähler auf. Wenn im geschwindigkeitsbestimmenden Teilschritt zwei Molekeln Wasserstoff verbraucht werden, sollte hierbei sogleich die CH_2-Gruppe (neben H_2O) gebildet werden. (Die Hemmung durch CO findet allerdings so noch keine Erklärung.)

Abschließend sei auf einige zusammenfassende Abhandlungen über den Mechanismus der FISCHER-TROPSCH-Synthese verwiesen:

H. H. STORCH, N. GOLUMBIC, R. B. ANDERSON: The FISCHER-TROPSCH and Related Syntheses. New York: J. Wiley & Sons. 1951.

H. H. STORCH: Advances in Catalysis, Vol. 1, S. 115. New York: Academic Press Inc. 1948.

F. KAINER: Die Kohlenwasserstoff-Synthese nach FISCHER-TROPSCH. Berlin—Göttingen—Heidelberg: Springer-Verlag. 1950.

H. KÖLBEL, F. ENGELHARDT: Chemie-Ing.-Techn. **22** (1950), 97; C 31 II, 3186.

Schwefelkohlenstoff.

Schwefelkohlenstoff wird an Platinasbest, Kupfer-Blei-Chromoxyd, Magnesiumoxyd, Thoriumoxyd, Silberasbest, Gold und Eisen durch Wasserstoff zu Thioameisensäure, Thioformaldehyd, Thiomethanol, erst bei 870° aber zu Methan und Schwefelwasserstoff reduziert (B. NEUMANN und E. ALTMANN[4]).

Distickstoffmonoxyd.

Die bekannte katalytische Reduktion des Stickoxyduls durch Wasserstoff zu Stickstoff verläuft an Nickel von 160÷250°, und zwar mit H_2 doppelt so rasch wie mit D_2. Dieser Unterschied kann durch die Differenz der Nullpunktsenergien der Zwischenverbindungen Ni-H und Ni-D erklärt werden, der in die Aktivierungsenergie ($<$ 20 kcal/Mol) eingeht, weil diese Bindungen bei der Umsetzung gelöst werden müssen (H. W. MELVILLE[5]).

[1] I. C. JUNGERS: Naturwetensch. Tijdschr. **25** (1943), 3; C 43 I, 1448.
[2] J. C. GHOSH, M. V. C. SASTRI, K. A. KINI: Research **3** (1950), 584; C 54, 2089; Ind. Engng. Chem. **44** (1952), 2463; C 53, 5762.
[3] W. BRÖTZ: Z. Elektrochem. angew. physik. Chem. **53** (1949), 301; C 50 I, 1432.
[4] B. NEUMANN, E. ALTMANN: Z. Elektrochem. angew. physik. Chem. **37** (1931), 766.
[5] H. W. MELVILLE: J. chem. Soc. **1934**, 797; C 34 II, 1571.

2. Reduktion von Kohlendioxyd.

An Platin: Diese Reaktion hat seit Jahren das klassische und immer wieder zitierte[1] Beispiel für eine besondere Form unserer Gl. (III, 5) (s. S. 188) gebildet, nämlich die Form:

$$\frac{-d\,(CO_2)}{dt} = \frac{k'\,(H_2)\,(CO_2)}{[1+b\,(CO_2)]^2},$$

die dem Fall II 1b unserer Gl. (III, 10) (S. 189) entspricht. Diese Formulierung fordert bei festgehaltenem Wasserstoffdruck und steigendem Kohlendioxyddruck ein Maximum der Reaktionsgeschwindigkeit bei $(CO_2) = 1/b$. Dieses Maximum wurde von C. N. HINSHELWOOD und C. R. PRICHARD[2] beobachtet.

Neuere Untersuchungen haben aber diese an sich so interessanten Verhältnisse keineswegs bestätigt, vielmehr auf verwickeltere Erscheinungen aufmerksam gemacht. B. S. SRIKANTAN[3] hat lediglich die Temperatur merklichen Reaktionseinsatzes mit der merklichen Elektronenemission des Platins verglichen, zu der nach seiner Ansicht Beziehungen bestehen sollten (s. a. S. 359). Sein Befund, daß CO_2-Überschuß diese Temperatur herabsetzt, läßt sich vielleicht ebenfalls noch durch eine bevorzugte Adsorption dieses Gases erklären. Mit reaktionskinetischen Methoden haben zuerst M. TEMKIN und E. MICHAILOWA[4] die Reaktion nachgeprüft. Bei strenger Vermeidung von Vergiftungen finden sie nicht nur um 500° tiefere Reaktionstemperaturen (530° statt 1050°) als HINSHELWOOD und PRICHARD, sondern auch ein ganz abweichendes kinetisches Verhalten:

$$\frac{-d\,(CO_2)}{dt} = \frac{k'\,(H_2)}{(H_2)+(CO)},$$

das sie so deuten, daß CO_2-Molekeln aus dem Gasraum auf adsorbierten Wasserstoff stoßen, der seinerseits eine Verdrängung durch CO erleidet. (Die Unabhängigkeit vom CO_2-Druck ist so aber nicht zu verstehen; man muß wohl Reaktion an den Grenzen gegen zweite, mit CO_2 gesättigte Bezirke annehmen.) Bemerkenswert ist, daß die Autoren bei Trocknung des CO_2 mit Phosphorpentoxyd die Kinetik von HINSHELWOOD und PRICHARD erhalten. Dies ist der erste Hinweis auf die ausschlaggebende Rolle der Trockenmittel, wie sie G.-M. SCHWAB und K. NAICKER[5] bei geringen Drucken feststellen. Wenn sie nach dem Vorgange HINSHELWOODS und PRICHARDS Schwefelsäure zur Entfernung des gebildeten Wasserdampfs in das Reaktionsgefäß einbringen, finden sie wie TEMKIN und MICHAILOWA Einflußlosigkeit des Kohlendioxyds, aber eine verwickelte Abhängigkeit von CO und H_2, die durch eine deutliche CO-Autokatalyse gekennzeichnet ist und schwer nur auf Grund der hier dargelegten Grundlagen gedeutet werden kann. Wenn jedoch Phosphorpentoxyd als Trockenmittel eingebracht wird, erhalten sie das völlig abweichende Ergebnis:

$$\frac{-d\,(CO_2)}{dt} = \frac{k'\,(CO_2)}{1+2\,(CO)+2\,(CO_2)},$$

das Konkurrenz von CO und CO_2 um die Aktivzentren bei Sättigung von Nachbargebieten mit Wasserstoff bedeutet. Daß jedoch auch diese Reaktion noch

---

[1] G.-M. SCHWAB: Katalyse usw., S. 159. Berlin, 1931; s. a. K. J. LAIDLER, S. GLASSTONE, H. EYRING: J. chem. Physics **8** (1940), 667; C 41 I, 2497.

[2] C. N. HINSHELWOOD, C. R. PRICHARD: J. chem. Soc. London **127** (1925), 327.

[3] B. S. SRIKANTAN: Indian J. Physics **5** (1930), 685; C 31 II 7.

[4] M. TEMKIN, E. MICHAILOWA: Acta physicochim. URSS **2** (1935), 9; C 35 II, 3054.

[5] G.-M. SCHWAB, K. NAICKER: Z. Elektrochem. angew. physik. Chem. **42** (1936), 670; 36 II, 3978.

und wahrscheinlich alle bisher gemessenen sich auf einer vergifteten Oberfläche vollziehen, zeigten Versuche, bei denen der Wasserdampf durch Kühlung der Gefäßwände auf $-90°$ entfernt wurde: Jetzt verlief die Reaktion mit außerordentlich hoher und temperaturunabhängiger Geschwindigkeit, die z. B. durch geschwindigkeitsbestimmende Stöße von CO_2 auf einen aktiven Bruchteil von 10^{-4} der Oberfläche quantitativ dargestellt werden kann. Vergleichsweise sei hier angeführt, daß bei der Zersetzung dampfförmigen Hydroperoxyds W. A. ROITER und Mitarbeiter[1] eine ebensolche Empfindlichkeit des Platins gegen P_2O_5-Dämpfe feststellen.

An *Eisen* wurde die Reaktion von E. DOEHLEMANN[2] untersucht. Sie ist dort proportional dem CO_2-Druck und steigt langsam mit dem Wasserstoffdruck. Gleichzeitig wurde aus der Leitfähigkeit der Gehalt des Katalysators an gelöstem Kohlenstoff ermittelt, der wiederum ein antibates Maß der Konzentration adsorbierter O-Atome am Katalysator ist. Da er größer gefunden wird, als dem Gleichgewicht:

$$C_{gel} + CO_2 \rightleftharpoons 2CO$$

entspräche, wird geschlossen, daß der geschwindigkeitsbestimmende Schritt ist:

$$CO_2 \rightarrow CO + O_{ads}$$

und daß die unmeßbar rasch verlaufende Gleichgewichtseinstellung:

$$H_2 + O_{ads} \rightleftharpoons H_2O$$

die Konzentration adsorbierter O-Atome soweit erniedrigt, daß sich C_{gel} in größerer Konzentration anhäuft als dem Gleichgewicht in Abwesenheit von Wasserstoff entspräche.

Bei der Hydrierung von Kohlendioxyd an *Kobalt*, Eisen und einigen ihrer Legierungen finden R. A. STOWE und W. RUSSELL[3] besonders bei höheren Temperaturen auch gesättigte und ungesättigte Kohlenwasserstoffe (in beachtlichen Mengen, bis zu 50 %). Zusammenhänge zwischen der katalytischen Aktivität und der Zusammensetzung der Legierungen ließen sich nicht auffinden. Nur soviel ist bekannt (W. RUSSELL und G. MILLER[4]), daß an Kobaltkatalysatoren Alkalispuren zur Kohlenwasserstoffbildung notwendig sind. An einem mit CeO_2 stabilisierten Katalysator wurde die scheinbare Bruttoaktivierungsenergie zu 23 kcal/Mol bestimmt.

An *Wolfram* hat B. S. SRIKANTAN[5] gemessen. Hier ist die Reaktion bei Wasserstoffüberschuß proportional dem Wasserstoffdruck, bei CO_2-Überschuß aber durchläuft sie ein Maximum für einen bestimmten CO_2-Druck, ähnlich also den von HINSHELWOOD und PRICHARD (l. c.) bei Platin gefundenen Verhältnissen, fällt aber dann auf eine konstante Grenzgeschwindigkeit ab. Die Deutung ist der der genannten Autoren ähnlich. Die scheinbare Aktivierungswärme oder besser Brutto-Aktivierungswärme nimmt mit steigender Temperatur stark ab, was nach der Kinetik auch zu erwarten ist, ohne eine vom Autor angenommene Zwischenreaktion zu Hilfe zu nehmen. Wieweit es sich aber hier um eine giftfreie Reaktion handelt, bleibe dahingestellt.

---

[1] W. A. ROITER, I. G. SCHAFRAN, S. S. GAUCHMANN, M. G. LEPERSSON: J. physic. Chem. URSS 4 (1933), 461, 465, 469; C 34 II, 2651.

[2] E. DOEHLEMANN: Z. Elektrochem. angew. physik. Chem. 44 (1938), 178; C 38 I, 4009.

[3] R. A. STOWE, W. RUSSELL: J. Amer. chem. Soc. 76 (1954), 319.

[4] W. RUSSELL, G. MILLER: J. Amer. chem. Soc. 72 (1950), 2446.

[5] B. S. SRIKANTAN: J. Indian chem. Soc. 7 (1930), 745; s. a. Recueil Trav. chim. Pays-Bas 49 (1930), 1146; C 31 I, 1233, 2307.

3. Knallgasreaktion und Verwandtes.

Die große Affinität des Wasserstoffs zum Sauerstoff, verbunden mit seiner relativ leichten Dissoziierbarkeit, bedingt, daß die Knallgasreaktion sowohl wie die Verbrennung organischer Verbindungen an Katalysatoren sehr leicht Kettencharakter annehmen, sei es in Form von Oberflächenketten, sei es von Raumketten. Andererseits tritt Wasserstoff mit den Edelmetallen, Sauerstoff mit den unedlen Metallen leicht in chemische Wechselwirkung. Beide Umstände zusammen bewirken, daß bei diesen Reaktionen die kinetischen Beobachtungen zumeist nicht zur Aufstellung einer eindeutigen Geschwindigkeitsgleichung und Aktivierungswärme führen, sondern vorerst gewöhnlich nur zu einer mehr oder weniger unvollständigen Aufklärung der angegebenen Übereinanderlagerung von Vorgängen. Im einzelnen wird das aus den unten angegebenen Arbeiten der letzten 25 Jahre hervorgehen.

a) Knallgasreaktion.

Wir betrachten hier wieder die verschiedenen Katalysatoren gesondert, wobei wir die Gruppen des Periodensystems, von der sechsten beginnend, nacheinander durchlaufen.

Allgemeines. Bei sehr hohen Temperaturen macht sich eine ganz unspezifische Katalyse der Verbrennungserscheinungen geltend, die unter dem Namen *Oberflächenverbrennung* bekannt ist. Sie beruht zweifellos auf von der Oberfläche ausgelösten Raumketten. Da hier nach W. Davies[1] Diffussion und Konvektion der Gase zum und vom Kontakt die Geschwindigkeit und die Ausbeute bestimmen, können direkt an der Oberfläche verminderte Konzentrationen der Reaktionspartner vorliegen, was die Aufstellung kinetischer Gesetze unmöglich macht. Während aber an keramischen Materialien immer eine Temperatursteigerung auch eine Geschwindigkeitserhöhung hervorbringt, können an Metallen (Pt, Ni) nach W. Davies[2] auch spezifische Effekte auftreten, insofern als die Geschwindigkeit mit steigender Temperatur abfallen kann. Dies wird auf einen Wechsel in der Adsorption der beiden Reaktionsgase zurückgeführt; speziell im Falle der Knallgasreaktion tritt aber ein solcher Effekt nicht auf (W. Davies[3]). (Zur Theorie s. auch W. T. David sowie B. Lewis und G. v. Elbe[4].)

N. I. Kobosew und L. L. Klachko-Gurvich[5] prüfen ihre Theorie, nach der an Katalysatoroberflächen immer Gruppen von n Atomen als Aktivzentren wirken, auch an der Knallgasreaktion, wobei sie aber natürlich die rein heterogene Katalyse im Auge haben. Sie geben an, daß sich n hier zwischen 2 und 4 bewegt.

Glas und Quarz. Die ersten Rückschlüsse auf die Adsorptionsverhältnisse an Glas zog H. N. Alyea[6] aus der Beeinflussung, die die Zündung von Knallgas erfährt. Unterhalb einer oberen Druckgrenze verläuft eine langsame Oberflächenreaktion, oberhalb derselben tritt Explosion ein. Da nun Vorbehandlungen mit Wasserstoff oder Überschuß von Wasserstoff die langsame Reaktion beschleunigt, die Explosion aber verzögert, wird geschlossen, daß unterhalb der Grenze der Wasserstoff weniger fest an die Wand gebunden ist, womit auch Sauerstoff

[1] W. Davies: Philos. Mag. (7) **17** (1934), 233; C 34 II, 192.
[2] W. Davies: Engineering **145** (1938), 587; C 38 II, 1725.
[3] W. Davies: Philos. Mag. (7) **19** (1935), 309; C 36 I, 1171.
[4] W. T. David: J. appl. Physics **11** (1940), 157; s. a. B. Lewis, G. v. Elbe: ebenda 158; C 40 I, 3066.
[5] N. I. Kobosew, L. L. Klachko-Gurvich: Acta physicochim. URSS **10** (1939), 1; C 39 II, 3528.
[6] H. N. Alyea: J. Amer. chem. Soc. **53** (1931), 1342; C 31 II, 5.

diese erreichen kann. W. L. Garstang und C. N. Hinshelwood[1] haben nun die langsame Reaktion an Quarz kinetisch untersucht und finden erste Ordnung nach dem Wasserstoff und nullte Ordnung nach dem Sauerstoff. Danach ist also die Wand im fraglichen Gebiet immer von Sauerstoff und nicht von Wasserstoff bedeckt, womit die obige Deutung hinfällig wird. Auch an Glas mit und ohne Überzug von KCl wird diese Kinetik von M. Prettre[2] bestätigt bei einer scheinbaren Aktivierungswärme von 37 ± 2 kcal/Mol (KCl beeinflußt also nur die Raumreaktion, und sein dämpfender Einfluß auf das Mündungsfeuer der Geschütze ist hierauf zurückzuführen, ohne Rücksicht auf die heterogene Oberflächenreaktion). Was nun die Raumreaktion betrifft, so hat M. Prettre[3] den Einfluß von Wasserstoff auf die gleichzeitige CO-Verbrennung studiert; dieser spricht wieder mehr für eine Wasserstoffadsorption an der Wand.

Porzellan. An Porzellan verlaufen die H_2- und CO-Verbrennungen bei 500° C nebeneinander (B. A. Sacharow und L. I. Durinina[4]). In Gegenwart von Methan wird nur die Knallgasreaktion stark gehemmt. Es wird nachgewiesen, daß CH_4 dabei, ähnlich wie bei der Methanhemmung an CuO (s. S. 310), zum Teil zu CO und H_2 mitverbrannt wird.

Braunstein. Die Reaktionsordnung der Knallgasreaktion an MnO_2 ist die erste nach Wasserstoff und die nullte nach Sauerstoff (M. I. Ssilitsch und P. B. Brunss[5]). Die scheinbare Aktivierungsenergie beträgt 11 kcal/Mol. Die gleichzeitige CO-Verbrennung hat keinen Einfluß; wohl aber wird letztere bei Anwesenheit von Wasserstoff stark gehemmt (Ansteigen der Aktivierungsenergie von 1,7 auf 7,0 kcal/Mol).

Molybdän. An Molybdän wird bei Temperaturen über 800° C Wasserdampf zerlegt und Wasserstoff freigemacht (F. E. T. Kingman[6]); es handelt sich aber nicht um eine echte Katalyse, sondern es wird MoO_3 gebildet, das an die Wand abdestilliert.

Wolfram. Nach I. Langmuir[7] ist die Oberfläche von stark ($\lambda = 160$ kcal/Mol) adsorbiertem Sauerstoff bedeckt, und Wasserstoff reagiert bei Stößen auf diesen mit der Stoßausbeute

$$\log \varepsilon = 1{,}76 - q/RT,$$

wobei die (scheinbare) Aktivierungswärme 27 kcal/Mol beträgt. Erst oberhalb 2000° C verdampft der Sauerstoff von der Oberfläche mit einer Geschwindigkeit, die nach K. J. Laidler, S. Glasstone und H. Eyring[8] der Theorie des transition state entspricht.

Nickel. Nach H. W. Melville[9] ist die Oberfläche von H- und O-Atomen bedeckt, und geschwindigkeitsbestimmend ist die Wanderung der H-Atome

---

[1] W. L. Garstang, C. N. Hinshelwood: Proc. Roy. Soc. (London), Ser. A **134** (1931), 1; C 32 I, 1622.

[2] M. Prettre: Mém. Poudres **27** (1937), 253; C 39 I, 2313.

[3] M. Prettre: C. R. hebd. Séances Acad. Sci. **212** (1941), 1090; **213** (1941), 29; C 41 II, 2526; C. R. hebd. Séances Acad. Sci. **204** (1937), 1734; C 38 I, 2999.

[4] B. A. Sacharow, L. I. Durinina: Ber. Akad. Wiss. UdSSR N. S. **60** (1948), 1539; C 48 E, 29.

[5] M. I. Ssilitsch, P. B. Brunss: J. physic. Chem. URSS **24** (1950), 1179; C 51 II, 1102.

[6] F. E. T. Kingman: Trans. Faraday Soc. **32** (1936), 903; C 36 II, 2284.

[7] I. Langmuir: J. chem. Soc. **1940**, 511; C 40 II, 1553; Angew. Chem. **46** (1933), 719; C 34 I, 1021.

[8] K. J. Laidler, S. Glasstone, H. Eyring: J. chem. Physics 8 (1940), 659; C 41 I, 2496.

[9] H. W. Melville: J. chem. Soc. **1934**, 797; C 34 II, 1571.

zu den O-Atomen. Die Aktivierungswärme von < 20 kcal/Mol ist dieser Wanderung zuzuordnen; Deuterium reagiert ebensoviel langsamer, als der Differenz der Nullpunktsenergien entspricht, nämlich halb so rasch. C. KRÖGER[1] stellt an Nickeldrähten eine Anomalie des Temperaturkoeffizienten fest, die er, weil sie an CuO nicht auftritt, auf eine intermediäre Oxydbildung zurückführt, also im Gegensatz zu MELVILLE auf eine neue zweidimensionale Phase.

Palladium. Hier treffen in besonderem Maße die auf S. 303 angegebenen Gründe zu, die das Reaktionsbild sehr unübersichtlich gestalten. D. L. CHAPMAN und G. GREGORY[2] finden wasserstoffhaltiges Palladium unwirksam und Wasserstoff im Gasraum hemmend, Sauerstoff aber beschleunigend. Sie schließen daraus, daß der Mechanismus ähnlich wie an unedlen Metallen der einer Redoxreaktion über ein intermediäres Palladiumoxyd sein soll. Demgegenüber betont T. TUCHOLSKI[3] die Existenzmöglichkeit von Prozessen, die mit der Lösbarkeit des Wasserstoffs im Palladium und der Bildung verschiedenphasiger Lösungen verbunden sind. Er hat bei Drucken unterhalb 15 mm Hg und Temperaturen bis 300° C die Reaktion kinetisch verfolgt und auch Deuteroknallgas herangezogen. Das Ergebnis ist recht verwickelt: Oberhalb 200° C ist der praktische Temperaturkoeffizient negativ (0,94 für 10°), was unter Vergleich mit der Äthylenhydrierung (S. 246 ff.) durch Desorption erklärt wird; zwischen 280 und 290° C, wo die α- und β-Phase des Systems $Pd-H_2$ ineinander übergehen, wird er gleich 1. Die Reaktionsordnung ist die erste, Deuterium reagiert um etwa 8 % langsamer als Wasserstoff. Diese Ergebnisse gelten jedoch nur, wenn zuerst der Sauerstoff und dann der Wasserstoff in das Reaktionsgefäß eingeführt werden. Bei umgekehrtem Verfahren ist zwar noch der Temperaturkoeffizient negativ, jedoch ohne den Knick um 280° C. Die Reaktionsordnung ist dann die nullte, und Deuterium und Wasserstoff reagieren gleich schnell. Es wird angenommen, daß es sich in diesem Temperaturgebiet um Reaktion und Diffusion in der Oberfläche des Palladiums handelt und daß dabei entweder eine PdH- oder eine PdO-Oberfläche vorliegt, entsprechend den Mechanismen:

Wasserstoff zuerst; erste Ordnung:

$$O_2 \longrightarrow O + O$$
$$PdH + O \longrightarrow PdOH$$
$$PdOH + H_2 \longrightarrow PdH + H_2O$$

Sauerstoff zuerst; nullte Ordnung:

$$H_2 \longrightarrow H + H$$
$$PdO + H_2 \longrightarrow Pd + H_2O$$
$$Pd + H_2 \longrightarrow PdH + H$$
$$H + O_2 \longrightarrow HO_2$$
$$PdH + HO_2 \longrightarrow PdO + H_2O.$$

Unterhalb 200° ist die Ordnung die nullte, und der Temperaturkoeffizient entspricht einer Aktivierungswärme von 1,8 kcal/Mol für H_2 und 2,6 kcal/Mol für D_2; die Differenz ist die halbe Differenz der Nullpunktsenergien. Es wird angenommen, daß es sich hier um Vorgänge in oberflächennahen Schichten innerhalb des Metalls handelt.

Über Temperaturen um 1200° C vgl. W. DAVIES[4]. S. I. ELOVITZ und V. S. ROSING[5] finden eine Reaktionsordnung zwischen der nullten und der anderthalbten und eine Zunahme der Konstanten während des Ablaufs der Reaktion, gleichzeitig aber im Gebrauch scharfe Änderungen der Reaktionsordnung, die

[1] C. KRÖGER: Z. anorg. allg. Chem. **194** (1930), 73; C 31 I, 889.

[2] D. L. CHAPMAN, G. GREGORY: Proc. Roy. Soc. (London), Ser. A **147** (1934), 68; C 35 I, 350.

[3] T. TUCHOLSKI: Roczniki Chem. **17** (1937), 284, 340, s. a. Z. physik. Chem., Abt. B **40** (1938), 333; C 38 I, 3425; Z. physik. Chem., Abt. B **40** (1938), 333; C 38 II, 2693.

[4] W. DAVIES: Philos. Mag. (7) **19** (1935), 309; C 36 I, 1171.

[5] S. I. ELOVITZ, V. S. ROSING: Acta physicochim. URSS **9** (1938), 501; C 39 II, 1231.

wohl auf ähnliche Ursachen zurückgehen, wie die soeben besprochenen. Kohlenoxyd vergiftet bei Zimmertemperatur und kleinsten Drucken die Wasserstoff-Verbrennung vollkommen, bis es selbst verbrannt ist; seine Adsorption geht mit steigender Temperatur zurück und ist zum mindesten unimolekular (M. G. T. BURROWS und W. H. STOCKMAYER[1]).

A. B. SCHECHTER und I. I. TRETJAKOW[2] können nach der Reaktion Strukturänderungen in der Oberfläche des Palladiumkatalysators nachweisen. Die beobachteten Aufrauhungen, die den zonalen Charakter des Kristallgefüges sichtbar machen, sollen durch die während der Reaktion auftretende Überhitzung des Kontakts entstehen und sind möglicherweise Ursache für kinetische Komplikationen.

Während alle diese Beobachtungen sich auf die heterogene Reaktion an der Oberfläche oder doch nahe unter oder über dieser beziehen, steht es außer Zweifel, daß Palladium auch Raumketten auslöst. M. POLJAKOW[3] konnte bei 70÷80° und 5÷20 cm Hg noch im Abstand von 6÷7 cm hinter dem durchströmten Katalysator in der Strömungsrichtung eine Flammenerscheinung nachweisen. C. WAGNER und K. HAUFFE[4] finden durch Messung der Leitfähigkeit eines Palladiumdrahtes, daß sein Wasserstoffgehalt während der Katalyse dem Gleichgewicht mit dem anwesenden gasförmigen Wasserstoff entspricht. Dies kann nur so gedeutet werden, daß die Hauptmenge des verbrauchten Wasserstoffs unter den Versuchsbedingungen nicht aus der Palladiumphase, sondern aus dem Gasraum oder der molekularen Adsorptionsschicht stammt.

Platin. Bei kleinen Drucken finden H. G. TANNER und G. B. TAYLOR[5] einen Mehrverbrauch von Sauerstoff gegenüber 2 H_2 und schließen daraus auf Bildung von H_2O_2; E. O. WIIG[6] führt dies aber auf thermische Entmischung zurück (siehe dazu G.-M. SCHWAB und G. DRIKOS[7]) und ist der Ansicht, daß bei kleinen Drucken nur stöchiometrische Wasserbildung eintritt. Aus Einflüssen der Wandtemperatur auf die Reaktionsgeschwindigkeit schließt H. G. TANNER[8] weiterhin auf fluktuierende Schwankungen der Temperatur der aktiven Zentren. Beide Erscheinungen hängen wahrscheinlich mit dem Kettencharakter der Reaktion zusammen, der im Falle des Platins sehr hervorsticht. J. CHRISTIANSEN[9] hat diese Frage einer eingehenden Besprechung unterzogen. N. I. KOBOSEW und W. L. ANOCHIN[10] haben zuerst gefunden, daß dem Platin beigemengtes WO_3, das ein Reagens für atomaren Wasserstoff ist, während der Knallgasreaktion gebläut wird. S. ROGINSKI und J. ZELDOWITSCH[11] führen zwar diesen Effekt auf

[1] M. G. T. BURROWS, W. H. STOCKMAYER: Proc. Roy. Soc. (London), Ser. A **176** (1940), 474; C 41 II, 2171.

[2] A. B. SCHECHTER, I. I. TRETJAKOW: Ber. Akad. Wiss. UdSSR **72** (1950), 551; C 51 II, 349.

[3] M. POLJAKOW: J. physic. Chem. URSS **3** (1932), 201; M. POLJAKOW, P. M. STADNIK: Physik. Z. Sowjetunion **3** (1933), 227, 617; C 33 II, 1964.

[4] C. WAGNER, K. HAUFFE: Z. Elektrochem. angew. physik. Chem. **45** (1939), 409; C 39 II, 1229.

[5] H. G. TANNER, G. B. TAYLOR: J. Amer. chem. Soc. **53** (1931), 1289; C 31 II, 8. — s. a. H. G. TANNER: J. Amer. chem. Soc. **54** (1932), 2171; C 32 II, 825.

[6] E. O. WIIG: J. Amer. chem. Soc. **55** (1933), 2673; C 33 II, 1471.

[7] G.-M. SCHWAB, G. DRIKOS: Z. Elektrochem. angew. physik. Chem. **50** (1944), 97.

[8] H. G. TANNER: J. Amer. chem. Soc. **54** (1932), 2171; C 32 II, 825.

[9] J. CHRISTIANSEN: Dieses Handbuch Bd. VI, S. 301 und besonders S. 303ff. Wien, 1943.

[10] N. I. KOBOSEW, W. L. ANOCHIN: Z. physik. Chem., Abt. B **13** (1931), 63; C 31 II, 673.

[11] S. ROGINSKI, J. ZELDOWITSCH: Physik. Z. Sowjetunion **2** (1932), 254; C 33 I, 1074; Z. physik. Chem., Abt. B **18** (1932), 361; C 32 II, 2142.

Überhitzung zurück, auch wenn die räumliche Entfernung von Katalysator und Reagens beträchtlich ist, und erklären die beobachteten Reaktionsgeschwindigkeiten[1] für statistisch ohne Ketten verständlich, und B. FORESTI[2] findet den Effekt überhaupt nur bei innigster Durchmischung von Katalysator und Reagens. Aber M. POLJAKOW[3] hat doch schwerwiegende Argumente für Raumketten beigebracht, die sich besonders auf die Abhängigkeit der H_2O_2-Bildung von den räumlichen Bedingungen stützen (s. J. CHRISTIANSEN l. c.).

O. W. KRYLOW und S. ROGINSKI[4] beschäftigen sich mit der während der Reaktion an Platin auftretenden Aktivitätsänderung. Sie wird auf eine Oberflächenvergrößerung, die bei ihren Untersuchungen bis zu 30 % betrug, zurückgeführt. Elektronenmikroskopisch ließen sich nach der Reaktion zwar Linien des Pt_3O_4 nachweisen, jedoch soll dieses weniger wirksam sein als das reine Metall.

Was nun die eigentliche Oberflächenreaktion betrifft, so sind die Angaben viel spärlicher als beim Palladium. H. REISCHAUER[5] hat die Adsorption der beiden Reaktionsgase an Platin gemessen; insbesondere wird der Sauerstoff auf zwei Arten aktiviert adsorbiert, einmal zwischen 120° und 250° und zweitens bei 400÷800°. Die Druckabhängigkeit wird durch primäre Adsorption an „Eingangsatomen" und Wanderung von dort auf die Gesamtfläche gedeutet. Besonders die zuerst genannte Adsorption, die kleine Aktivierungswärme und abnorm große Geschwindigkeit hat, führt zu leichter Reaktion mit auftreffendem Wasserstoff. Sie wird als Adsorption an den Platinatomen gedeutet, im Gegensatz zur zweiten Art, die an den Zwischenräumen erfolgen soll.

An Platin[6], das zuvor bei 800° entgast wurde, verläuft die Knallgasreaktion wie eine autokatalytische Reaktion mit Induktionsperiode. Normalerweise tritt bei 0° C und Drucken von 0,1 mm Hg noch keine Reaktion auf; wird das entgaste Platin jedoch zuvor bei 200÷800° mit Sauerstoff beladen, so ist die Reaktion bei 0° C gut meßbar. Die für die Sauerstoffstimulierung optimale Temperatur liegt bei 550° C. Oberhalb dieser Temperatur entsteht ein Oxydfilm mit geringerer Wirksamkeit. Das Zeitgesetz der Knallgasreaktion zwischen −60° und +200° lautet:

$$-\frac{dp}{dt} = \frac{k.p_{O_2}}{\sqrt{H_2}}.$$

Bei mit Sauerstoff aktiviertem Platin beträgt die scheinbare Aktivierungsenergie 7,8 kcal/Mol. Dieser Wert ist weitgehend unabhängig von der Aktivierungstemperatur und steigt erst bei sehr großer Sauerstoffbeladung (16 mMol O_2 pro 1 cm^2 sichtbarer Pt-Oberfläche) bis auf 60,5 kcal/Mol an.

Die eigentliche Kinetik der Umsetzung haben E. F. M. VAN DER HELD und H. P. REINDL[7] gemessen und drücken sie aus durch:

$$\frac{dx}{dt} = k'.(H_2)(O_2)^{\frac{1}{2}},$$

was in Übereinstimmung mit obigem eine Reaktion bei Stößen von Wasserstoff

[1] J. ZELDOWITSCH, S. ROGINSKI: J. physic. Chem. URSS 4 (1933), 132; C 34 I, 340.

[2] B. FORESTI: Ateneo Parmense 4 (1932), 401, 805; C 33 I, 1567.

[3] M. POLJAKOW: J. physic. Chem. URSS 3 (1932), 201. — M. POLJAKOW, P. M. STADNIK: Physik. Z. Sowjetunion 3 (1933), 227, 617; C 33 II, 1964.

[4] O. W. KRYLOW, S. ROGINSKI: Ber. Akad. Wiss. UdSSR N. S. 88 (1953), 293.

[5] H. REISCHAUER: Z. physik. Chem., Abt. B 26 (1934), 399; C 34 II, 3737.

[6] O. W. KRYLOW, S. ROGINSKI: Ber. Akad. Wiss. UdSSR N. S. 88 (1953), 293.

[7] E. F. M. VAN DER HELD, H. P. REINDL: Physica 6 (1939), 997; C 40 I, 3066.

auf mittelstark adsorbierten Sauerstoff bedeuten könnte. — Über die Reaktion bei höchsten Temperaturen vgl. W. DAVIES[1], über die p_H-Abhängigkeit der Knallgasreaktion an Platinkohle in Elektrolyten S. LEWINA und R. ROSENTRETER[2]; sie entspricht der des Deuterium-Austausches, spricht daher für eine Einwirkung des Knallgaskatalysators auf den Wasserstoff.

Silber. An Silber finden Ss. PSCHESHETZKI und M. L. WLODAWETZ[3] eine erste Ordnung nach dem Gesamtdruck, solange das Ausgangsgas dem stöchiometrischen Verhältnis entspricht, und Unabhängigkeit vom gelegentlich über das stöchiometrische Verhältnis hinaus Zugefügten. S. M. FAINSTEIN[4] bemerkt, daß nicht aller Sauerstoff, der an Silber in drei Stufen (chemisorbiert oder irreversibel oder reversibel) adsorbiert wird, für die Knallgasreaktion bei 7° bis 40° zur Verfügung steht.

Kupfer bzw. *Kupferoxyd.* Die beiden Katalysatoren werden hier gemeinsam behandelt, weil sich ihre Wirkung nicht trennen läßt; je nach der Gaszusammensetzung und der Katalysegeschwindigkeit kann Cu in CuO übergehen und umgekehrt. C. KRÖGER[5] beobachtet z. B. an Kupfer (wie auch bei Nickel, s. oben) eine Anomalie des Temperaturkoeffizienten, die er auf die Bildung von CuO zurückführt, eben weil sie an anfänglichem CuO als Katalysator nicht auftritt; seine Versuchsbedingungen sind eben solche, daß der Katalysator sich unter oxydierenden Bedingungen befindet. Derselbe Autor[6] formuliert dann auch in dem Rahmen einer allgemeinen Klassifikation der Zwischenreaktionskatalyse unsern Vorgang als solche. Quantitativ wurde diese Theorie zuerst von F. J. WILKINS und S. H. BASTOW[7] geprüft; sie finden, daß die Absolutgeschwindigkeit der Knallgasreaktion an Kupfer bei tiefen Temperaturen (142°) die aus der Zwischenreaktionstheorie berechenbare überschreitet, weshalb daneben noch eine zweite Aktivierung in einer Adsorptionsphase (die nicht als stöchiometrisches Oxyd formulierbar ist) angenommen werden muß, daß aber bei 250° die Zwischenreaktion allein schon der Geschwindigkeit Rechnung trägt. G. TEDESCHI[8] findet, daß zwischen 120 und 150° die Reaktionsgeschwindigkeit an CuO gerade der Reduktionsgeschwindigkeit des CuO durch H_2 entspricht; danach ist dann diese geschwindigkeitsbestimmend, während die Wiederoxydation des Kupfers durch O_2 unmeßbar rasch verläuft; das entspricht auch den Verhältnissen bei der Oxydation von Kohlenoxyd an Kupferoxyd (s. diese). Diesem einfachen Mechanismus steht ein verwickelterer gegenüber, den A. B. VAN CLEAVE und E. K. RIDEAL[9] aus ihren Versuchen an Kupfer und Cu-Au-Legierungen zwischen 170 und 250° folgern. Sie finden unter bestimmten Bedingungen rotes Cu_2O auf der Oberfläche. Sie nehmen an, daß drei verschiedene Reaktionen vor sich gehen, von denen zwei miteinander gekoppelt sind: die aktivierte Diffusion von H_2 mit $q = 13$ kcal/Mol und von O_2 mit $q = 6$ kcal/Mol ins Kupfer hinein, und eine eigentlich katalytische Reaktion in der Oberfläche mit $q = 9$ kcal/Mol, die Cu_2O und H_2O gleichzeitig

---

[1] W. DAVIES: Philos. Mag. (7) **19** (1935), 309; C 36 I, 1171.
[2] S. LEWINA, R. ROSENTRETER: J. physic. Chem. URSS **13** (1939), 942; C 41 II, 1935.
[3] Ss. PSCHESHETZKI, M. L. WLODAWETZ: J. physic. Chem. URSS **24** (1950), 353; C 51 I, 569.
[4] S. M. FAINSTEIN: J. physic. Chem. URSS **21** (1947), 37; C 48 I, 871.
[5] C. KRÖGER: Z. anorg. allg. Chem. **194** (1930), 73; C 31 I, 889.
[6] C. KRÖGER: Z. anorg. allg. Chem. **205** (1932), 369; **206** (1932), 289; C 32 II, 823f.
[7] F. J. WILKINS, S. H. BASTOW: J. chem. Soc. **1931**, 1525; C 31 II, 1814.
[8] G. TEDESCHI: Gazz. chim. ital. **66** (1936), 417; C 36 II, 2849.
[9] A. B. VAN CLEAVE, E. K. RIDEAL: Trans. Faraday Soc. **33** (1937), 635; C 38 I, 4413.

bildet. Möglicherweise soll die aktivierte Eindiffusion von Sauerstoff Cu_2O, Cu und CuO gleichzeitig bilden, von denen das Cu speziell den Wasserstoff adsorbiert und aktiviert. Die Gesamt-Reaktionsordnung ist die erste, die scheinbare Aktivierungswärme ist 6 kcal/Mol, nach Oxydation des Katalysators 9 kcal/Mol, nach seiner Reduktion 13 kcal/Mol, woraus die obigen Annahmen gefolgert werden. G. TEDESCHI[1] ist demgegenüber der Meinung, daß bei VAN CLEAVE und RIDEAL besondere Versuchsbedingungen vorgelegen haben müssen, denn er kann kein Cu_2O am Katalysator auffinden. H. LEIDHEISER und A. T. GWATHMEY[2] arbeiten bei 1 bis 20 % Sauerstoff im Reaktionsgas unter Bedingungen, bei denen sie mit der Existenz einer metallischen Katalysatoroberfläche rechnen. Sie beobachten dabei Aktivitätsunterschiede zwischen der Würfel- und der Oktaederfläche eines Kupfereinkristalls. Da Sauerstoff gleichzeitig die Oberflächen des Kupfers verändert (sicher infolge eines Redoxvorganges), ist das Verhältnis beider Geschwindigkeiten vom Sauerstoffpartialdruck abhängig.

G.-M. SCHWAB und G. DRIKOS[3] haben festgestellt, daß bei hohen Temperaturen, nämlich zwischen 400 und 520° und bei Drucken von 1÷9 mm Hg an CuO Methan eine starke Hemmung der Knallgasvereinigung hervorbringt: Die in stickstoffhaltigem Knallgas durch CuO zuweilen ausgelöste Explosion bleibt ganz aus, und auch die langsame Reaktion wird gehemmt. Aus dem Charakter der Hemmung wird geschlossen, daß es sich weder um eine Adsorptionsverdrängung der Reaktanten von der Oberfläche, noch um eine Folge thermischer Entmischung (s. S. 176) handeln kann, sondern nur um einen Kettenabbruch. Dafür spricht besonders die Tatsache, daß Methan, das sonst an CuO im fraglichen Bereich nicht oxydiert wird (s. unten) aus der Knallgaskette heraus mitverbrannt wird. Die scheinbare Aktivierungswärme von 11,4 kcal/Mol der ungehemmten Reaktion kommt nach dieser Auffassung durch eine Kompensation einer kettenauslösenden Reaktion

$$Cu + O_2 + 42\,\text{kcal} \longrightarrow CuO + O$$

und einer mit der Temperatur fallenden Kettenlänge zustande.

b) Methanverbrennung.

Quarz. Während in leeren Quarzgefäßen eine Kettenreaktion von 3,5ter und höherer Ordnung verläuft, wird diese in quarzgepackten Quarzgefäßen durch die Wand unterdrückt und von einer Wandreaktion erster Ordnung abgelöst, die unterhalb 300 mm Hg rascher ist als die Kette (G. L. FREAR[4]).

Platin. W. DAVIES[5] findet, daß in Methan-Luft-Gemischen die Verbrennungstemperatur von 760÷970° bei 1÷5 % Methan bis 380° bei 20÷70 % Methan fällt, daß aber Methan-Sauerstoff-Gemische viel höhere Verbrennungstemperaturen erfordern. 1÷2 % Wasserstoff, dem Methan-Luft-Gemisch zugefügt, verbrennen bei 200° selektiv, das Methan dann erst wieder um 900°. Die gegebene Deutung ist, daß bei tiefen Temperaturen der Draht mit Sauerstoff bedeckt ist, der nur mit Wasserstoff reagieren kann; bei höheren Temperaturen wird der Sauerstoff durch Methan verdrängt, das dann am Draht mit freiem Sauerstoff reagiert. Diese Ver-

---

[1] G. TEDESCHI: Gazz. chim. ital. **67** (1937), 609; C 38 I, 4413.
[2] H. LEIDHEISER, JR., A. T. GWATHMEY: J. Amer. chem. Soc. **70** (1948), 1200.
[3] G.-M. SCHWAB, G. DRIKOS: Z. Elektrochem. angew. physik. Chem. **50** (1944), 97.
[4] G. L. FREAR: J. Amer. chem. Soc. **56** (1934), 305; C 34 I, 2875.
[5] W. DAVIES: Philos. Mag. (7) **21** (1936), 513; C 36 II, 1328.

drängung wird natürlich im reinen Sauerstoff erschwert, in methanreichen Mischungen erleichtert sein.

Kupferoxyd. T. S. WHEELER[1] behandelt ältere statische Versuche von CAMPBELL und GRAY einerseits, dynamische von R. PEASE andrerseits theoretisch und findet in beiden Fällen eine Herabsetzung der Reaktionsgeschwindigkeit durch die Reaktionsprodukte, die deren Partialdruck proportional ist. Die Aktivierungswärme ist aber statisch 32 kcal/Mol, dynamisch 41 kcal/Mol, und trotzdem ist die dynamische Reaktion zehnmal rascher als die statische, auch die Hemmungsfaktoren sind verschieden. Es wird angenommen, daß die Reaktion an einer wandernden Phasengrenze CuO/Cu stattfindet, von der das Methan durch die Produkte verdrängt wird. Die Unstimmigkeiten rühren vermutlich von dem Kettencharakter der Reaktion her, denn G.-M. SCHWAB und G. DRIKOS[2] haben ja gezeigt, daß Methan nur beim Vorliegen einer Kette verbrannt wird, selbst aber CuO nicht reduzieren kann.

c) Äthylenverbrennung.

Silber. Die Äthylenverbrennung an Silber führt im Unterschied zur Homogenreaktion ausschließlich zu Äthylenoxyd, CO_2 und H_2O (G. H. TWIGG[3]). Die Reaktion wird durch präadsorbierten Sauerstoff stark beschleunigt. Während der Reaktion läßt sich Äthylenoxyd nachweisen, dessen Konzentration zeitlich ein Maximum durchläuft. Die Verbrennungsgeschwindigkeit von Äthylen ist größer als die Bildungsgeschwindigkeit des Äthylenoxyds; Äthylenoxyd selbst reagiert ebenfalls unter Sauerstoffaufnahme langsam zu CO_2 und H_2O. Danach werden CO_2 und H_2O auf zwei voneinander unabhängigen Wegen gebildet: 1. in einer direkten Reaktion, möglicherweise über nicht faßbare Zwischenstoffe wie CH_2O und 2. über Äthylenoxyd als nachweisbaren Zwischenstoff. Beide Reaktionen wurden getrennt untersucht. Die Äthylenoxydation zu Äthylenoxyd ist proportional dem Äthylendruck und der Konzentration adsorbierter Sauerstoffatome. Die Geschwindigkeit der Äthylenoxydoxydation ist unabhängig vom Sauerstoffdruck, da die Isomerisierung zu Acetaldehyd als langsamer Teilschritt der Oxydation vorausgehen soll. Die direkte Oxydation des Äthylens zu CO_2 und H_2O ist proportional dem Äthylendruck und proportional dem Quadrat des Sauerstoffdrucks. L. H. REYERSON und H. OPPENHEIMER[4] untersuchen ebenfalls die Äthylenoxydbildung bei der Äthylenverbrennung an Silber. Die Äthylenoxydausbeute besitzt zwischen 260 und 300° C ein Maximum. Wasserdampf beschleunigt anfänglich, führt dann aber zu einer Alterung des Kontakts. Auch Äthylenchlorid soll (E. T. MCBEE, H. B. HASS und P. A. WISEMAN[5]), dem Ausgangsgas in kleinen Mengen zugesetzt, die Ausbeute steigern.

Andere Katalysatoren. Während an Silberkontakten Äthylenoxyd anfangs rascher gebildet als oxydiert wird, läßt es sich an *Mg-Cr- und Cu-Cr-Oxydkatalysatoren* (auf Asbest) bei der Äthylenoxydation nicht fassen (O. M. TODESS und T. I. ANDRIANOWA[6]). Äthylenoxyd soll trotzdem Zwischenstoff (hier allerdings *van't Hoff*scher Zwischenstoff) sein, denn seine getrennt untersuchte Oxydationsgeschwindigkeit erwies sich größer als die des Äthylens. L. J. MARGOLISS und

[1] T. S. WHEELER: Recueil Trav. chim. Pays-Bas 50 (1931), 874; C 31 II, 3432.
[2] G.-M. SCHWAB, G. DRIKOS: Z. Elektrochem. angew. physik. Chem. 50 (1944), 97.
[3] G. H. TWIGG: Proc. Roy. Soc. (London), Ser. A 188 (1946), 92, 105, 123.
[4] L. H. REYERSON, H. OPPENHEIMER: J. physic. Chem. 48 (1944), 290.
[5] E. T. MCBEE, H. B. HASS, P. A. WISEMAN: Ind. Engng. Chem. (ind. Edit.) 37 (1945), 432.
[6] O. M. TODESS, T. I. ANDRIANOWA: Ber. Akad. Wiss. UdSSR N. S. 88 (1953), 515; C 53, 6634.

J. G. PLYSCHEWSKAJA[1] finden auch an *Platin* und *$MgCr_2O_4$* nur CO_2 und H_2O als Reaktionsprodukte der Äthylenverbrennung, während die Oxydation an V_2O_5 nur unvollständig ist. Sie sind der Ansicht, daß die unvollständige Oxydation an milden Oxydationskontakten (Ag oder V_2O_5) durch Einwirkung adsorbierten Sauerstoffs erfolgt, die vollständige als Raumkette mit dem Sauerstoff der Gasphase verläuft. Durch Markierung mit ^{18}O-Atomen versuchen sie, beide Reaktionswege zu trennen. Bei der Oxydation des Äthylens (und Propylens) im Gemisch mit gasförmigem $^{16}O_2$ an einem Kontakt, der mit ^{18}O beladen war und bei der Oxydation mit $^{18}O_2$ in der Gasphase am gewöhnlichen Kontakt wurden die Anreicherungskoeffizienten der Isotope bestimmt. Aus ihnen wurde geschlossen, daß der Oberflächenanteil der Reaktion am V_2O_4 42,5 % und am V_2O_5 29,6 % beträgt und daß die Reaktion am Platin fast ausschließlich in der Gasphase verläuft. (Es könnte hieraus aber ebenso geschlossen werden, daß die gesamte Reaktion heterogen, aber nur an einem Teil der V_2O_4-Oberfläche verliefe und daß an Platin nur ganz wenige, aber hochaktive Zentren wirksam seien!). P. J. BUTJAGIN und L. J. MARGOLISS[2] messen die Reaktionswärme der Äthylen- (und Äthan-) Verbrennung direkt in der Katalysatoroberfläche und in einiger Entfernung davon. Sie finden übereinstimmend mit obigem, daß an AgO und V_2O_5 eine Oberflächenreaktion, am Mg-Cr-Oxydkatalysator eine Raumkette vorliegt.

d) Acetylenverbrennung.

Oberflächenverbrennung. W. DAVIES[3] diskutiert Ergebnisse über die Verbrennung von Acetylen in Gemischen mit Wasserstoff und mit Methan an Platin und Nickel.

Oxyde. An MnO_2, Cu_2O und Hopcalit (Gemisch von CuO und MnO_2) ist die Reaktionsordnung bei 150÷250° kleiner als die erste, die Geschwindigkeit steigt mit der Konzentration des Acetylens zwischen 0,02 und 0,2 %. Oberhalb 300° wird die Ordnung nahezu die erste. Diese Ergebnisse von W. G. FASSTOWSKI und W. A. MALJUSSOW[4] deuten auf eine echte Oberflächenkatalyse hin mit bei steigender Temperatur abnehmender Adsorption der Reaktionsgase, insbesondere wohl des Acetylens.

e) Verbrennung weiterer Kohlenwasserstoffe.

Propylen wird an Platin vollständig zu CO_2 und H_2O oxydiert (P. BUTJAGIN und S. JELOWITSCH[5]). Die Anfangsgeschwindigkeit ist wiederum der Menge präadsorbierten Sauerstoffs proportional. Es soll sich nicht allein um eine Oberflächenreaktion handeln, Zwischenprodukte (Peroxyde von Kohlenwasserstoffen) sollen desorbiert werden und in der Gasphase vollends abreagieren.

R. H. BRETTON, S. W. WAN und B. F. DODGE[6] berichten über die Oxydation von *Butan, Buten* -(1) und -(2), *Isobuten* und *Butadien* an Ag_2O und V_2O_5. An V_2O_5 ist die Oxydation unvollständig und führt bei den verschiedenen Aus-

---

[1] L. J. MARGOLISS, J. G. PLYSCHEWSKAJA: Nachr. Akad. Wiss. UdSSR, Abt. chem. Wiss. **1953**, Nr. 4, 697; C 54, 5727.

[2] P. J. BUTJAGIN, L. J. MARGOLISS: Ber. Akad. Wiss. UdSSR **66** (1949), 405; C 49 E, 216.

[3] W. DAVIES: Philos. Mag. (7) **23** (1937), 409; C 37 I, 4353.

[4] W. G. FASSTOWSKI, W. A. MALJUSSOW: J. Chim. appl. URSS **13** (1940), 1839; C 41 II, 1001.

[5] P. BUTJAGIN, S. JELOWITSCH: Ber. Akad. Wiss. UdSSR **75** (1950), 711; C. A. **46** (1951), 3229.

[6] R. H. BRETTON, S. W. WAN, B. F. DODGE: Ind. Engng. Chem. **44** (1952), 594; C 53, 8823.

gangsstoffen zu Maleinsäure, Glyoxal, Acetaldehyd, Essigsäure, Methylvinylketon und dergleichen. Es wird angenommen, daß die Reaktion durch eine Dehydrierung eingeleitet wird. Nachfolgend soll darauf eine Oxydation zu Peroxyden erfolgen, die zerfallen.

Isooctan wird an Spinellkatalysatoren und an Pt und Pd (auf Asbest) zwischen 300 und 600° C quantitativ zu CO_2 und H_2O oxydiert[1]. Die Oxydationsgeschwindigkeit ist eigenartigerweise dem Quadrat des Isooctandrucks proportional und unabhängig vom Sauerstoffdruck.

An Vanadin-Molybdän-Oxyd (auf Al_2O_3) bildet sich bei der Oxydation des *Benzols* neben CO_2 und H_2O auch Maleinsäureanhydrid. Bei kinetischen Untersuchungen von C. G. B. HAMMAR[2] zeigt sich eine starke Abhängigkeit der Reaktion von der Strömungsgeschwindigkeit. Trotzdem ist der Temperaturkoeffizient sehr groß. Es wird versucht, den Widerspruch durch einen stark temperaturabhängigen wirksamen Anteil der Katalysatoroberfläche zu lösen.

Die Oxydation von *Toluol* bei 250° an einem Ag-Kohle-Katalysator führt mit 15÷18 % Ausbeute zu Benzoesäure. Durch Zusatz von 2 % CS_2, das die vollständige Oxydation verhindert, zum Ausgangsgas ließ sich die Ausbeute bis auf 26 % steigern (R. DUBRISAY und M. FAVART[3]). L. J. MARGOLISS[4] überprüft die Frage, ob die vielfach als Reaktionsprodukte der Kohlenwasserstoffoxydation gefundenen Aldehyde, Alkohole und Säuren Zwischenprodukte der vollständigen Oxydation zu CO_2 und H_2O sein können. An metallischen Katalysatoren, die im allgemeinen zur vollständigen Oxydation von Kohlenwasserstoffen führen, werden Alkohole nur zu Aldehyden und diese nur zu Säuren oxydiert. Deshalb werden sie als Zwischenstoffe der H_2O- und CO_2-Bildung ausgeschlossen.

f) Alkoholverbrennung.

An *Silber*, das verschiedene Zuschläge enthält, nimmt nach J. A. PATTERSON und A. R. DAY[5] die Aldehydausbeute mit steigendem Druck ab. Einerseits könnte dies darauf hindeuten, daß Aldehyd Zwischenstufe zweier Folgereaktionen ist, denn die Aldehydausbeute nimmt auch mit der Berührungszeit ab. Da aber andrerseits mit steigendem Druck auch die Menge an verbranntem Alkohol abnimmt, wird geschlossen, daß steigender Druck die Primärreaktion hemmt. Ob dabei Alkohol oder etwa Sauerstoff eine Verdrängungshemmung, etwa nach Typ II 1c (Formeln [III, 10] S. 189) ausübt, kann ohne Variation der Mengenverhältnisse nicht entschieden werden.

II. Sauerstoffverbindungen.

1. Rekombination von Sauerstoffatomen.

Die Rekombination von Sauerstoffatomen wurde in diesem Handbuch von L. v. MÜFFLING[6] schon einmal besprochen. Nach Arbeiten von S. S. ROGINSKY und A. B. SCHECHTER[7] sind nur solche Metalle Katalysatoren, die nicht

---

[1] L. J. MARGOLISS, O. M. TODESS: C. R. Acad. Sci. URSS **52** (1946), 515; C 47, 1359.

[2] C. G. B. HAMMAR: Svensk kem. Tidskr. **64** (1952), 165; C 53, 6011.

[3] R. DUBRISAY, M. FAVART: C. R. hebd. Séances Acad. Sci. **226** (1948), 900; C 49 II, 1154.

[4] L. J. MARGOLISS: Fortschr. Chem. URSS **20** (1951), 176.

[5] J. A. PATTERSON, A. R. DAY: Ind. Engng. Chem. **26** (1934), 1276; C 35 II, 1161.

[6] L. v. MÜFFLING: Dieses Handbuch Bd. VI, S. 99. Wien, 1943.

[7] S. S. ROGINSKY, A. B. SCHECHTER: C. R. Acad. Sci. URSS **1** (1934), 310; C 34 II, 3718. — S. S. ROGINSKY: Acta physicochim. URSS 1 (1934), 473; C 35 I, 3115.

oxydiert werden können, also Pt, Pd, Au, Ag. Die letzten beiden werden dabei durch die freiwerdende Reaktionswärme geschmolzen. Die Reaktionsordnung ist, wie bei H-Atomen (S. 243f.), die erste, weil es sich um Reaktion auftreffender Atome mit schon adsorbierten handelt. Der Temperaturkoeffizient entspricht ebenfalls dem der H-Atome von ungefähr 2 kcal/Mol; nur am Wolfram ist er höher, weil hier eine hemmende Oxydschicht mit höherer Verdampfungswärme verdampfen muß. G. K. LAWROWSKAJA und W. W. WOJEWODSKI[1] bestimmten den Rekombinationskoeffizienten von *Sauerstoff-* (und *Wasserstoff-*) *Atomen* und dessen Aktivierungsenergie an zahlreichen Katalysatoren, wie Pt, Cr_2O_3, Cr_2O_3-ZnO, MgO, Kohle, ZnO, PbO, Quarz, KCl auf Quarz und $K_2B_4O_7$ auf Quarz. Danach ist MgO wohl für die Rekombination der Sauerstoffatome, nicht aber für die der Wasserstoffatome, ein wirksamer Katalysator.

Die Rekombination von *OH-Radikalen* wurde ebenfalls schon an der angeführten Stelle besprochen. Wir fügen nur eine neuere Arbeit von W. V. SMITH[2] dazu, wonach an verschiedenen Oberflächen die Geschwindigkeit der Reaktion H + OH dieselbe Größenordnung hat wie diejenige H + H.

2. Austausch von Sauerstoffisotopen.

Der Austausch schweren Sauerstoffs mit Wasser $H_2{}^{16}O$ an verschiedenen Metallen und Metalloxyden nach Arbeiten von N. MORITA[3] wurde in diesem Handbuch bereits von K. H. GEIB[4] ausführlich besprochen.

E. R. S. WINTER[5] untersuchte die Kinetik des ^{18}O-Austausches zwischen Cr_2O_3 bzw. ThO_2 und gasförmigem Sauerstoff. Die Beziehungen für die Reaktion

$^{18}O_g + {}^{16}O_s \overset{k_1}{\rightleftharpoons} {}^{16}O_g + {}^{18}O_s$:

$$k_1\, C_g = k_e \left(\frac{\alpha_\infty - \beta_0}{\alpha_0 - \beta_0} \right)$$

und für die zeitbestimmende Desorption:

$$k_3\, (C_g)^n = n_s\, k_e \left(\frac{\alpha_\infty - \beta_0}{\alpha_0 - \beta_0} \right)$$

lassen sich hinsichtlich ihrer Zeitgesetze kinetisch nicht unterscheiden (k_1 und k_3 = Geschwindigkeitskonstanten des Austausches und der Desorption, k_e experimentell bestimmbare Geschwindigkeitskonstante, α_0 und α_∞ = Atombrüche an ^{18}O im Gas zu Beginn und im Gleichgewicht, β_0 = der entsprechende Atombruch an ^{18}O im Oxyd, C_g = Konzentration von gasförmigem O in der Reaktionszone und n_s = Zahl der austauschbaren O-Ionen in der Oberfläche von 1 g Oxyd). Die n_s-Werte wurden für Cr_2O_3 und ThO_2 für verschiedene Entgasungstemperaturen (387 ÷ 600° bzw. 590° C) und Reaktionstemperaturen zwischen 345° und 527° bzw. 445° und 535° zu $1{,}3 \div 2{,}0 \cdot 10^{20}$ bzw. $5{,}8 \div 6{,}4 \cdot 10^{20}$ bestimmt. Die Aktivierungsenergie des O-Austausches ergibt sich bei ThO_2 zu $27 \pm 0{,}5$ kcal. Bei Cr_2O_3 liegen zwei verschiedene Prozesse vor, von denen der eine unterhalb 410° eine Aktivierungsenergie von $29{,}5 \pm 1$ kcal/Mol, der andere oberhalb dieser Temperatur eine Aktivierungsenergie von 1 ± 4 kcal/Mol besitzt. Die hohen Aktivierungsenergien werden der die Gesamtreaktion bestimmenden Desorption, die

[1] G. K. LAWROWSKAJA, W. W. WOJEWODSKI: J. physic. Chem. URSS **25** (1951), 1050.

[2] W. V. SMITH: Bull. Amer. physic. Soc. **16** (1941), Nr. 1, 12; C 41 II, 446.

[3] N. MORITA: Bull. chem. Soc. Japan **15** (1940), 47, 71, 119, 166, 298; C 40 II, 298, 2265 f.; C 41 I, 3, 2351.

[4] K. H. GEIB: Dieses Handbuch Bd. VI, S. 86ff. Wien, 1943.

[5] E. R. S. WINTER: Discuss. Faraday Soc. **8** (1950), 231.

kleinen dem eigentlichen Austauschvorgang zugeordnet. Die experimentell bestimmbare Geschwindigkeitskonstante erster Ordnung k_e ist für Cr_2O_3 (und ebenfalls für MgO) unabhängig vom Sauerstoffdruck. SS. KARPATSCHEWA und A. M. ROSEN[1] berichten dagegen, daß ein Sauerstoffaustausch mit ^{18}O in der Gasphase bei 800° C nur am MnO_2, nicht aber an zahlreichen anderen Oxyden auftritt. Am MnO ist auch der Isotopenaustausch zwischen Wasserdampf und Oxyden, der sich allgemein leichter vollzieht, im Verhältnis zu anderen Oxyden sehr stark.

Dafür, daß nicht der gesamte Sauerstoff der Oxydoberfläche gleichmäßig am Isotopenaustausch mit H_2O teilnimmt, liegen von verschiedener Seite Ergebnisse vor. Darüber berichten einmal SS. KARPATSCHEWA und A. M. ROSEN[2] bei ihren Untersuchungen über den Austausch von $H_2{}^{18}O$ mit dem Sauerstoff im Al_2O_3, Cr_2O_3-Al_2O_3 und CuO. Auch E. WHALLEY und E. R. S. WINTER[3] untersuchten den Isotopenaustausch zwischen Wasserdampf mit angereichertem ^{18}O und Al_2O_3, ThO_2 und TiO_2. Es ergaben sich dabei zwei nebeneinander verlaufende Vorgänge, eine rasch ins Gleichgewicht kommende Anfangsreaktion und ein wesentlich langsamerer, mit großer Aktivierungsenergie verlaufender Austauschvorgang, der unterhalb 100° C unmerklich wird. An Al_2O_3 ließen sich dabei zwei Bindungsarten des Wassers feststellen, die mit den beiden Austauschvorgängen zusammenhängen. Ebenso ist nach Arbeiten von G. A. MILLS und S. G. HINDIN[4] die Bindungsart des Sauerstoffs in Krackkatalysatoren, wie SiO_2-Al_2O_3 und ähnlichen, für die Geschwindigkeit des Sauerstoffaustausches mit $H_2{}^{18}O$ bei 105° C entscheidend. Der in den [SiOH]- und HOH-Bindungen an der Oberfläche der Oxyde vorliegende Sauerstoff wird ebenso wie der durch vorhergehende Dehydratationsreaktionen aktivierte Sauerstoff wesentlich schneller ausgetauscht als derjenige, der in Form einer Si-O-Si-Bindung in der Oberfläche vorliegt.

Im Zusammenhang mit Untersuchungen über den Mechanismus der Alkoholdehydratisierung wurde auch der Sauerstoffisotopenaustausch zwischen Äthylalkoholdampf und Oxyden, besonders Al_2O_3, untersucht. SS. KARPATSCHEWA und A. M. ROSEN[5] fanden, daß der Sauerstoffaustausch bei Äthylalkohol etwa zwei- bis dreimal geringer ist als unter gleichen Verhältnissen mit Wasserdampf. Auf die Bedeutung dieser Erscheinung für den Mechanismus der Dehydratation kommen wir später (s. S. 321 ff.) zurück.

Unter extremen Bedingungen ließ sich auch die Diffusion des Sauerstoffs im Oxydgitter als der für die Gesamtreaktion des Isotopenaustausches zeitbestimmende Teilvorgang nachweisen. Der Isotopenaustausch zwischen $H_2{}^{16}O$ und den Oxyden Fe_2O_3, Cr_2O_3-Al_2O_3 und Cr_2O_3, die angereichert ^{18}O enthielten, wird nach Arbeiten von A. M. ROSEN und SS. KARPATSCHEWA[6] durch Zusatz von H_2 zum Wasserdampf so stark beschleunigt, daß die Nachlieferung des Sauerstoffs aus dem Gitter meßbar wird. Den Sauerstoffaustausch von ^{18}O an V_2O_5 haben L. J. MARGOLISS und J. G. PLYSCHEWSKAJA[7] untersucht. Durch Feuchtigkeit wird die Menge des aktiviert chemisorbierten Sauerstoffs und auch die Austauschgeschwindigkeit vermindert. Für den Übergang $V_2O_5-V_2O_4$ bei 350÷400° C tritt eine Erhöhung der chemisorbierten Sauerstoffmenge auf.

---

[1] SS. KARPATSCHEWA, A. M. ROSEN: Ber. Akad. Wiss. UdSSR **68** (1949), 1057.
[2] SS. KARPATSCHEWA, A. M. ROSEN: Ber. Akad. Wiss. UdSSR N. S. **75** (1950), 55.
[3] E. WHALLEY, E. R. S. WINTER: J. chem. Soc. (London) **1950,** 1175.
[4] G. A. MILLS, S. G. HINDIN: J. Amer. chem. Soc. **72** (1950), 5549.
[5] SS. KARPATSCHEWA, A. M. ROSEN: Ber. Akad. Wiss. UdSSR N. S. **81** (1951), 425.
[6] A. M. ROSEN, SS. KARPATSCHEWA: Ber. Akad. Wiss. UdSSR N. S. **88** (1953), 507; C **53**, **6634**.
[7] L. J. MARGOLISS, J. G. PLYSCHEWSKAJA: Nachr. Akad. Wiss. UdSSR, Abt. chem. Wiss. **1953,** Nr. **4**, **697**.

3. Zersetzung von Hydroperoxyden.

a) Im Dampfzustand.

G. B. KISTIAKOWSKY und S. L. ROSENBERG[1] haben die Zersetzung gasförmigen 70%igen Hydroperoxyds an Quarzoberflächen kinetisch untersucht. Der auftretende Druckanstieg ist der theoretische von 50% des anfänglichen H_2O_2-Partialdrucks. Zwischen 85 und 98° ist ein Einfluß der Temperatur nicht erkennbar. Der entstehende Sauerstoff ist, ebenso wie zugesetzter Sauerstoff, ohne hemmende Wirkung. W. A. ROITER und Mitarbeiter[2] haben dieselbe Reaktion an Pt, MnO_2 und PbO_2 untersucht. Abgesehen von Vergiftungen durch Dämpfe des Phosphorpentoxyds, die bei starker Evakuierung auftreten (s. S. 301), unterscheidet sich die Reaktion in Ordnung und Geschwindigkeit nicht von derjenigen in wäßriger Lösung, was auf Wasserhäute zurückgeführt wird. Kathodische und anodische Vorbehandlung beeinflussen die Geschwindigkeit, weil dann Wasserstoff oder Sauerstoff in der Adsorptionsschicht vorliegen und mit Hydroperoxyd reagieren. C. K. MCLANE[3] berichtet, daß der heterogene Zerfall von H_2O_2-Dampf an Glaswänden dadurch unterbunden werden kann, daß diese mit Borsäure ausgekleidet werden. Der homogene Zerfall erfolgt dann meßbar bei 470 ÷ 520° C, gehorcht der ersten Ordnung nach H_2O_2 und besitzt eine Aktivierungsenergie von 40 kcal/Mol. Dagegen besitzt die Reaktion, wie aus einer Arbeit von M. TAMRES und A. A. FROST[4] hervorgeht, in Pyrexglasgefäßen schon bei 21° C einen heterogenen Anteil. Die Tatsache, daß die entwickelte Sauerstoffmenge dabei größer ist als die theoretisch zu erwartende, führte zu dem Schluß, daß H_2O_2 vor Beginn der Reaktion an den Glaswänden adsorbiert wird. Da nun die Reaktion um so schneller verläuft, je größer diese adsorbierte H_2O_2-Menge ist, wird auf einen heterogenen Anteil der Reaktion geschlossen. Auch für die photochemische Zersetzung liegen ähnliche Ergebnisse vor.

b) In nichtwäßrigen Lösungsmitteln.

Versuche in Äther und Aceton werfen in gewisser Weise Licht auf die Rolle des Wassers auch bei der Reaktion in wäßriger Lösung. L. W. PISSARSHEWSKI und T. S. GLÜCKMANN[5] finden sowohl an Platin als auch an MnO_2, daß die Reaktion (die in Wasser erster Ordnung ist) in den genannten Lösungsmitteln viel langsamer verläuft, aber durch Zusatz von geringen Mengen von Wasser außerordentlich beschleunigt wird. In Äther durchläuft sie ein Maximum bei einer bestimmten Wasserkonzentration. Zwischen 0,7% und 1,2% Wasser steigt die Geschwindigkeit in Äther auf das 20- bis 30fache, ein Effekt, der in Aceton erst durch 80% Wasser hervorgebracht wird. Die Autoren vermuten eine Kettenreaktion, bei der die Katalysatoren hydratisiert sein müssen.

c) In wäßriger Lösung.

Die zahlreichen Arbeiten, die über den Zerfall des Hydroperoxyds in wäßriger Lösung auch in der Berichtsperiode ausgeführt worden sind, haben noch immer kein klares Bild von dem Mechanismus dieses Vorgangs ergeben. Sicher

[1] G. B. KISTIAKOWSKY, S. L. ROSENBERG: J. Amer. chem. Soc. 59 (1937), 422; C 37 I, 3591.

[2] W. A. ROITER, I. G. SCHAFRAN, S. S. GAUCHMANN, M. G. LEPERSSON: J. physic. Chem. URSS 4 (1933), 461, 465, 469; C 34 II, 2651.

[3] C. K. MCLANE: J. chem. Physics 17 (1949), 379.

[4] M. TAMRES, A. A. FROST: J. Amer. chem. Soc. 72 (1950), 5340.

[5] L. W. PISSARSHEWSKI, T. S. GLIKMAN (GLÜCKMANN): Bull. Acad. Sci. URSS 7 (1934), 1281, 3593; C 36 I, 1792.

scheint nach dem oben Gesagten nur die wesentliche Rolle des Wassers zu sein, wonach es sich wahrscheinlich um eine Ionenreaktion handelt, auch bei heterogener Reaktion. Sonst aber sind die nach verschiedenen Methoden arbeitenden Forscher nicht einmal über die Grundfrage einer Meinung, ob es sich um eine einfache Adsorptionskatalyse oder um eine Oberflächen- oder Raumkette handelt oder gar nur Diffusionsvorgänge zur Messung gelangen.

Platin. Das soeben Gesagte gilt auch schon für den meistbearbeiteten Katalysator, das Platin in seinen verschiedenen Formen. An *Platinmohr* finden A. SIEVERTS und H. BRÜNING[1] nach anfänglicher Aktivierung eine Reaktion erster Ordnung, deren Konstante gegen Ende der Umsetzung wegen verzögerter Entwicklung der Sauerstoffblasen abfällt. Der Einfluß der Temperatur und der Rührung führt zu der Annahme geschwindigkeitsbestimmender Diffusion. Sowohl bei Basen- als auch bei Säurezusatz wird ein Maximum der Geschwindigkeit durchlaufen, die Abhängigkeit von der Katalysatormenge ist nicht immer linear. — E. B. MAXTED und C. H. MOON[2], die demgegenüber auf dem Standpunkt geschwindigkeitsbestimmender Oberflächenreaktion stehen, haben deren Aktivierungswärme nach verschieden starker thermischer Sinterung des Katalysators gemessen. Sie finden sie invariant, was auf konstante Qualität der aktiven Zentren hindeutet. Dagegen findet aber M. KUBOKAWA[3], daß die dann zu erwartende lineare Abhängigkeit der Wirksamkeit von der adsorbierten Giftmenge ($Hg^{\cdot\cdot}$) nicht zutrifft.

An *kolloidalem Platin* haben M. A. HEATH und J. H. WALTON[4] den Einfluß zugesetzter Salze studiert. Er geht parallel mit dem Einfluß auf die Beweglichkeit der Kolloidteilchen im Felde. Sie nehmen an, daß eine Hexahydroxy-Platinsäure $[Pt(OH)_6]H_2$ gebildet wird, in der OH' durch Säureanionen außer NO_3' verdrängt werden kann. J. K. SSYRKIN und I. N. GODNEW[5] können die Zersetzung durch eine gebrochene Reaktionsordnung zum Ausdruck bringen, was aber J. K. SSYRKIN und W. G. WASSILJEW[6] nicht abhält, die überlineare Abhängigkeit von der Katalysatormenge durch eine Kettenreaktion zu erklären. Nach I. SANO[7] ist die Reaktionsordnung an Platin, das aus Platinkarbonyl abgeschieden wird, die erste, an als solches dargestelltem kolloidalem Platin aber höher, weil hier der freiwerdende Sauerstoff hemmen soll (es wird also Oberflächenreaktion angenommen). Auch D_2O hemmt die Reaktion (E. DELEO, R. INDOVINA und A. PARLATO[8]) bei 14 bis 40° C an kolloidalem Pt, jedoch nicht die durch KJ katalysierte Reaktion. Der beobachtete Einfluß soll durch intermediär gebildetes D_2O_2 verursacht werden. Nach E. SUITO[9] soll die Reaktion aus zwei Perioden bestehen, in deren erster die Geschwindigkeit proportional $(H_2O_2)^0(Pt)^{-1}$ und in deren hauptsächlicher, zweiter, sie proportional $(H_2O_2)^1(Pt)^2$ sein soll.

Andere Metalle. An *Gold* soll nach P. A. GIGUERE und O. MAASS[10] H_2O_2 nach

[1] A. SIEVERTS, H. BRÜNING: Z. anorg. allg. Chem. **204** (1932), 291; C 32 I, 2807 (s. a. 1888).
[2] E. B. MAXTED, C. H. MOON: J. chem. Soc. (London) **1935,** 393; C 35 II, 3743.
[3] M. KUBOKAWA: Rev. physic. Chem. Japan **11** (1937), 202; C 38 I, 2674.
[4] M. A. HEATH, J. H. WALTON: J. physic. Chem. **37** (1933), 977; C 34 I, 996.
[5] J. K. SSYRKIN, I. N. GODNEW: J. physic. Chem. URSS **5** (1934), 32; C 35 I, 9.
[6] J. K. SSYRKIN, W. G. WASSILJEW: C. R. Acad. Sci. URSS **1935,** I, 513; C 36 II, 1113.
[7] I. SANO: Bull. chem. Soc. Japan **13** (1938), 118; C 38 II, 482.
[8] E. DELEO, R. INDOVINA, A. PARLATO: Ann. Chimica **40** (1950), 251; C 51 II, 3138.
[9] E. SUITO: Rev. physic. Chem. Japan **13** (1939), 74; C 40 II, 450.
[10] P. A. GIGUERE, O. MAASS: Canad. J. Res., Sect. B **18** (1940), 84; C 40 I, 3609.

nullter Ordnung, D_2O_2 (aus 2 cm³ 94% H_2O_2 und 3 cm³ 95% D_2O bereitet) aber auffallenderweise autokatalytisch und nach anderer Ordnung zersetzt werden. An *Quecksilber* wurde schon von BREDIG[1] eine rhythmische Katalyse des Hydroperoxydzerfalls festgestellt. A. BETHE[2] konnte dazu den Nachweis erbringen, daß die chemischen Prozesse während der Katalyse mit elektrischen Vorgängen gekoppelt sind. Bei höherem p_H ist der H_2O_2-Zerfall kontinuierlich, bei mittlerem rhythmisch-pulsierend, bei niedrigem wird die Oberfläche passiv. Im aktiven Zustand ist die Oberfläche des Quecksilbers negativ und im passiven Zustand schwach positiv gegenüber einer Pt-Vergleichselektrode aufgeladen. Dementsprechend bewirkt eine kathodische Polarisation der Katalysatoroberfläche eine Erhöhung, die anodische eine Verminderung der katalytischen Aktivität. Durch Fremdionen (besonders Cl^-) werden die Aktivitätsbereiche weiter ins Alkalische zurückgedrängt. Es ist jedoch unwahrscheinlich, daß die elektrischen Erscheinungen direkt aus den chemischen Prozessen resultieren (nach dem HABER-WEISSschen Mechanismus sollte die Katalysatoroberfläche zudem positiv aufgeladen werden!), vielmehr ist anzunehmen, daß an der Katalysatoroberfläche ein Oxydfilm gebildet wird, der Polarisation und rhythmische Reaktion erzeugt. Dafür spricht auch schon die Empfindlichkeit der Reaktion gegenüber mechanischen Reizen (Erschütterung, Berührung des Hg), die imstande sind, die Reaktion vorzeitig auszulösen. A. F. KAPUSSTINSKI und B. A. SCHMELEW[3] benutzen die H_2O_2-Reaktion zur Untersuchung der katalytischen Wirksamkeit von *Legierungen*. Nach ihren Ergebnissen sollen lückenlose Mischkristallreihen, wie Sb-Bi, keine Extreme der katalytischen Wirkung aufweisen, Eutektika aber, wie die der Systeme Pb-Cd, Sn-Bi, wegen der vergrößerten Phasengrenzen solche zeigen. Dies können jedoch W. A. SCHUSCHUNOW und K. G. FEDJAKOWA[4] nicht bestätigen. Sie fanden, daß die Aktivierungsenergie innerhalb der Legierungsreihe Bi—Sn von 15,6 kcal/Mol (Bi) bis 8,8 kcal/Mol (Sn) stetig abnimmt. Ein Minimum der Aktivierungsenergie ergab sich aber im System Cd-Sb dort, wo die intermetallische Verbindung CdSb vorliegt. D. A. DOWDEN und P. W. REYNOLDS[5] untersuchten den Einfluß der Elektronendichte in Cu-Ni-Legierungen auf den Hydroperoxydzerfall. Sowohl Aktivierungsenergien als auch Frequenzfaktoren nehmen innerhalb der Legierungsreihe mit steigendem Ni-Gehalt zu. Die starke Abhängigkeit der Aktivierungsenergie von der Elektronendichte im Metall und deren starke Zunahme an der Stelle, an der das $3d$-Niveau leer wird, unterstützen die HABER-WEISSsche Theorie, nach der der zeitbestimmende Schritt der Reaktion mit einem Elektronenübergang vom Metall zum Adsorptiv verbunden ist:

$$H_2O_2 + e^- (Me) = OH^- + OH.$$

Jedoch ist auch der von W. C. BRAY und M. H. GORIN[6] formulierte Mechanismus:

$$e^- (Me) + H_2O_2 = O^-_{(Me)} + H_2O,$$

---

[1] G. BREDIG: Biochem. Z. **6** (1907), 283.

[2] A. BETHE: Z. Naturforsch. **3 b** (1948), 69; C 49 I, 562.

[3] A. F. KAPUSSTINSKI, B. A. SCHMELEW: Bull. Acad. Sci. URSS, Cl. Sci. chim. **1940**, 617; C 41 II, 447.

[4] W. A. SCHUSCHUNOW, K. G. FEDJAKOWA: J. physic. Chem. URSS **23** (1949), 936; C 50 I, 2062.

[5] D. A. DOWDEN, P. W. REYNOLDS: Discuss. Faraday Soc. **8** (1950), 184; C 53, 8798.

[6] W. C. BRAY, M. H. GORIN: J. Amer. chem. Soc. **54** (1932), 2124.

der mit einer Chemisorption von Sauerstoff an der Legierung verbunden ist, nicht ausgeschlossen, da auch hierbei ein Elektronenaustausch vorliegt, wie insbesondere Pilling und Bedworth[1] an Hand der Oxydationsgeschwindigkeit von verschiedenen Cu-Ni-Legierungen zeigen konnten.

Es scheint uns, daß diese Reaktion, deren Charakter unbekannt und deren Aktivierungswärme kaum bestimmbar ist, für solche Untersuchungen nicht recht geeignet ist (s. S. 211).

Sonstige Katalysatoren. An ,,*Manganverbindungen* in alkalischer Lösung'', also wohl Manganiten oder (Per-)Manganaten, finden O. W. Altschuler, B. A. Konowalowa und N. N. Petin[2], daß die Konzentrationsfunktion der Geschwindigkeit der Langmuir-Hinshelwoodschen Adsorptionskinetik entspricht.

Neuerdings untersuchten D. B. Broughton und R. L. Wentworth[3] sowie D. B. Broughton, R. L. Wentworth und M. E. Laing[4] den Mechanismus der H_2O_2-Spaltung an MnO_2 und fanden dabei, daß die Katalyse offenbar nur dann einsetzt, wenn die Lösung wenigstens unmittelbar an der Katalysatoroberfläche mit $Mn(OH)_2$ gesättigt ist. Mit Hilfe radioaktiven Mangans ausgeführte Versuche stützen die Vorstellung, daß während der Reaktion ein Wertigkeitswechsel vom zwei- zum vierwertigen Mangan auftritt. J. Mooi und P. W. Selwood[5] dagegen stellen mit Hilfe magnetochemischer Messungen fest, daß der Wertigkeitswechsel während der gleichzeitigen Oxydation und Reduktion des Mn durch H_2O_2 zwischen der dritten und vierten Wertigkeitsstufe erfolgt. Dabei soll die Reaktion hauptsächlich an der Phasengrenze Dioxyd-Sesquioxyd stattfinden. Die Stabilisierung einer der beiden Wertigkeitsstufen durch geeignete Trägersubstanzen führt zu geringerer Wirksamkeit des Katalysators.

M. Dole, De Forest P. Rudd, G. R. Muchow und C. Comte[6] untersuchen die Isotopenzusammensetzung des während der H_2O_2-Zersetzung entstehenden Sauerstoffs. Sie unterscheiden zwischen zwei Reaktionstypen, a) der heterogenen katalytischen Zersetzung, die sie an Pt, Au (kolloidal) und MnO_2 untersuchen, und b) der durch Katalase bewirkten homogenen Zersetzung, die der gleichfalls untersuchten stöchiometrischen Oxydation des H_2O_2 durch MnO_2:

$$H_2O_2 + MnO_2 + H_2SO_4 \rightarrow MnSO_4 + O_2 + 2H_2O$$

im Mechanismus verwandt ist. Bei der Zersetzung von mit ^{18}O angereichertem H_2O_2 ist weder bei a) noch bei b) der ^{18}O-Gehalt des Lösungsmittelwassers für die Isotopenzusammensetzung des entstehenden gasförmigen Sauerstoffs von Bedeutung. Danach sollen also weder H_2O_2 noch diejenigen Zwischenstoffe der H_2O_2-Zersetzung, aus denen der Sauerstoff entsteht, einen Isotopenaustausch mit dem Lösungsmittelwasser erleiden. Bei der durch Katalase bewirkten homogenen Zersetzung und bei der stöchiometrischen Oxydation durch MnO_2 (b) ist der ^{18}O-Gehalt des gasförmigen Sauerstoffs demjenigen des Ausgangs-H_2O_2 gleich. Daher darf die O-O-Bindung in denjenigen H_2O_2-Molekeln, die den Sauerstoff liefern, nicht

[1] N. B. Pilling, R. E. Bedworth: Ind. Engng. Chem. **17** (1925), 372.
[2] O. W. Altschuler, B. A. Konowalowa, N. N. Petin: J. physic. Chem. URSS **13** (1939), 907.
[3] D. B. Broughton, R. L. Wentworth: J. Amer. chem. Soc. **69** (1947), 741; C 48 I, 1168.
[4] D. B. Broughton, R. L. Wentworth, M. E. Laing: J. Amer. chem. Soc. **69** (1947), 744; C 48 I, 1168.
[5] J. Mooi, P. W. Selwood: J. Amer. chem. Soc. **74** (1952), 1750.
[6] M. Dole, De Forest P. Rudd, G. R. Muchow, C. Comte: J. chem. Physics **20** (1952), 961; C 53, 3367.

gespalten werden. Es wird für die durch Katalase (wirksame Gruppe $-\overset{|}{\underset{|}{Fe}}OH$) erzeugte Reaktion folgender Mechanismus formuliert:

$$-\overset{|}{\underset{|}{Fe}}OH + H_2O_2 \rightarrow -\overset{|}{\underset{|}{Fe}}OOH + H_2O$$

$$-\overset{|}{\underset{|}{Fe}}OOH + HOOH \rightarrow -\overset{|}{\underset{|}{Fe}}O\ \boxed{OH + H}\ \boxed{OO}\ H \rightarrow -\overset{|}{\underset{|}{Fe}}OH + H_2O + O_2.$$

Bei der heterogenen katalysierten Reaktion (a) ist der ^{18}O-Gehalt im entstehenden Sauerstoff stets und bei allen untersuchten Katalysatoren in gleichem Maße größer als derjenige der Ausgangssubstanz. Daraus wird geschlossen, daß bei allen Katalysatoren der gleiche Mechanismus vorliegen muß, bei dem die O-O-Bindung im entstehenden Sauerstoff gelöst war. Wie aber dieser erstaunliche Befund einer Anreicherung des schwereren Isotops im Reaktionsprodukt erklärt werden kann, bleibt ungewiß.

J. Amiel, J. Brenet und G. Rodier[1] stellten fest, daß das stark depolarisierend wirkende, in Leclanché-Elementen verwendbare Mangandioxyd außer seinen anomalen magnetischen Eigenschaften auch eine besondere katalytische Wirksamkeit für den H_2O_2-Zerfall besitzt. Die starke Wirksamkeitszunahme wird der Änderung des Abstandes Mn-O im Gitter zugeordnet, jedoch scheint es nicht erwiesen, ob nicht ebenso eine Vergrößerung der Katalysatoroberfläche dafür die Ursache sein kann. An kolloidalem OsO_4 haben L. M. Foster und J. H. Payne[2] die katalytische Zersetzung einerseits und die peroxydatische Einwirkung auf Propionsäure und Essigsäure andrerseits vergleichend studiert. Da beide in gleicher Weise mit der Katalysatormenge zunehmen, wird auf einen allgemeinen Parallelismus beider Reaktionen geschlossen (ein Schluß, den einer der Verfasser auf Grund eigener unveröffentlichter Messungen an Eisenverbindungen bestätigen kann). An *eisenhaltigem Graphit* haben R. Kuhn und A. Wassermann[3] gearbeitet. Geschwindigkeitsbestimmend soll hier die Zudiffusion sein, obgleich ein aktivierender Einfluß des Eisens erkennbar ist und durch die Haber-Willstättersche Kettentheorie der Fermentreaktionen (s. K. A. C. Elliott[4]) erklärt wird. Stoffe, die mit Eisenionen Komplexe bilden, hemmen. An eisenfreier *Kohle* finden E. C. Larsen und J. H. Walton[5] eine Reaktion, die bei jeder Temperatur, Konzentration und Katalysatormenge bis 45% Umsatz nach zweiter, dann nach erster Ordnung verläuft (!). Der Temperaturkoeffizient spricht dabei für echte chemische Reaktion.

Allerdings behaupten P. F. Bente und J. H. Walton[6], daß dieser Temperaturkoeffizient teilweise durch eine Sauerstoffvergiftung vorgetäuscht wird; sie finden nämlich gegenüber dem von 1,9 nur den Wert 1,2 ÷ 1,4, je nach Kohleart. Stickstoff enthaltende Kohlen sind wesentlich bessere Katalysatoren als z. B. Zuckerkohle, ihre Aktivität wird durch Vorbehandlung mit feuchtem Sauerstoff bei 870° C stark erhöht. Die Aktivitätsabnahme, die während der Reaktion bei

[1] J. Amiel, J. Brenet, G. Rodier: Bull. Soc. chim. France, Mém. (5) **16** (1949), 507; C 50 I, 1703.
[2] L. M. Foster, J. H. Payne: J. Amer. chem. Soc. **63** (1941), 223.
[3] R. Kuhn, A. Wassermann: Liebigs Ann. Chem. **503** (1933), 232; C 33 II, 1635.
[4] K. A. C. Elliott: Dieses Handbuch Bd. III, S. 398. Wien, 1941.
[5] E. C. Larsen, J. H. Walton: J. physic. Chem. **44** (1940), 70; C 41 I, 2351.
[6] P. F. Bente, J. H. Walton: J. physic. Chem. **47** (1943), 133; C 44 I, 921.

25° besonders unter der Einwirkung von atomarem, weniger mit molekularem Sauerstoff erfolgt, wird der Bildung von Oberflächenoxyden zugeschrieben. Die Kohleoberfläche soll demnach in der Lage sein, zwei verschiedene Sauerstoffbindungen einzugehen, von denen eine bei hoher Temperatur gebildet wird und als aktives Zentrum für den H_2O_2-Zerfall wirksam ist, während die zweite während der Reaktion bei Raumtemperatur entsteht und hemmend wirkt.

P. PIERRON[1] untersuchte den Einfluß verschiedener Oxyde und Oxydhydrate auf die Zersetzungsgeschwindigkeit von alkalischem H_2O_2. Die Geschwindigkeit wird bei Anwesenheit von SnO_2-Hydrat stets, bei der von MgO, BaO und CaO innerhalb gewisser Konzentrations- und p_H-Bereiche herabgesetzt, ebenso bei den Oxyden von Zn, Gd und Al. Demgegenüber wird die Zersetzung durch die Oxyde des Ni, Co, Fe, Cu, Pb, Mn und Hg beschleunigt. Als Ursache für die Reaktionshemmung gibt PIERRON[2] die Bildung von Zwischenverbindungen, insbesondere Peroxydhydraten, an. In diesem Zusammenhang sind Ergebnisse von R. LIVINGSTON[3] interessant, nach denen der Homogenzerfall von konzentriertem (80 %igem) H_2O_2 nach zwei unabhängigen Wegen verläuft. Der eine besitzt eine größere Geschwindigkeit und eine Aktivierungsenergie von 16 kcal/Mol und wird durch H_2SO_3 und Metazinnsäure nicht beeinflußt, der andere mit einer Aktivierungsenergie von 20 kcal/Mol ist durch Zusätze leicht beeinflußbar.

An *Glas* ist die Reaktion nach P. A. GIGUERE und O. MAASS[4] erster Ordnung, und H_2O_2 reagiert viermal rascher als D_2O_2, was für echte chemische Reaktion als geschwindigkeitsbestimmenden Teilschritt spricht. An Glaswolle arbeitet auch A. C. ROBERTSON[5] und nimmt eine Teilnahme von Schwermetallperoxyden an. S. S. PENNER[6] stellt fest, daß die Gelbildung in alkalischen Natriumsilikatlösungen die Stabilität des H_2O_2 bei Raumtemperatur nicht beeinflußt.

G.-M. SCHWAB, E. ROTH, CH. GRINTZOS und N. MAVRAKIS[7] untersuchten den Einfluß der Kationenverteilung in normalen und inversen Spinellen (über deren Struktur s. VERWEY[8]) auf den Hydroperoxydzerfall. Der normale Zinkferrit ist bei 60° für die Reaktion inaktiv, der inverse Magnesiumferrit aktiv. Die Wirksamkeitsänderung in der Mischungsreihe beider erfolgt nicht kontinuierlich, sondern dort sprunghaft, wo mit einem Übergang der Eisenionen von Oktaeder- zu Tetraederplätzen zu rechnen ist. Die katalytische Aktivität hängt neben der kristallographischen Lage der Eisenionen von der elektronischen Fehlordnung der Spinelle ab. Durch letztere bedingt, befinden sich im Magnesiumferrit Fe^{2+}-Ionen bevorzugt auf Tetraederplätzen, die die Akzeptorreaktion des H_2O_2-Zerfalls besser katalysieren als Fe^{2+}-Ionen auf Oktaederplätzen, wie sie auch im Zinkferrit vorliegen. (Über die CO-Oxydation an den gleichen Katalysatoren s. S. 384.)

Cholesterinsol als Katalysator verhält sich nach I. REMESOW[9] sehr ähnlich wie Katalase oder Platinsol: Die Reaktion ist erster Ordnung, steigt mit dem Dispersitätsgrad und weist ein p_H-Optimum auf, ist jedoch natürlich blausäureunempfindlich.

---

[1] P. PIERRON: Bull. Soc. chim. France, Mém. (5) **16** (1949), 754.
[2] P. PIERRON: Bull. Soc. chim. France, Mém. (5) **17** (1950), 291.
[3] R. LIVINGSTON: J. physic. Chem. **47** (1943), 260.
[4] P. A. GIGUERE, O. MAASS: Canad. J. Res., Sect. B **18** (1940), 84; C 40 I, 3609.
[5] A. C. ROBERTSON: J. Amer. chem. Soc. **53** (1931), 382; C 31 I, 2967.
[6] S. S. PENNER: J. Amer. chem. Soc. **74** (1952), 2754.
[7] G.-M. SCHWAB, E. ROTH, CH. GRINTZOS, N. MAVRAKIS: Conference on the Structure and Properties of Solid Surfaces, N. R. C. 1952, Symposium S. 464.
[8] E. J. W. VERWEY, E. L. HEILMAN: J. chem. Physics **15** (1947), 174.
[9] I. REMESOW: Ber. dtsch. chem. Ges. **67** (1934), 134; C 34 I, 3599.

Zusammenfassend kann man wohl nicht sagen, daß die heterogene Hydroperoxydspaltung geklärt sei. Es muß daher vorsichtig verfahren werden, wenn man sie, wegen der niederen Versuchstemperaturen gebräuchlich und bequem, als *Testreaktion* zur Untersuchung von Katalysatoreigenschaften verwenden will. G.-M. Schwab und A. Karatzas[1] haben das getan und konnten immerhin feststellen, daß teilweise zersetzter *Pyrit* ein Katalysemaximum bei solchen eigenen Zersetzungsgraden aufweist, wo auch seine eigene Zersetzungsgeschwindigkeit ein Maximum hat, nämlich beim ersten Auftreten der selbständigen FeS-Phase. Im übrigen sind die gegenseitigen Beeinflussungen von FeS_2, FeS und Fe_2O_3 in Pulvermischungen so kompliziert, daß „chemische Fernwirkung, wohl wegen des Kettencharakters der Reaktion“ angenommen werden muß. Die Reaktionsordnung ist an Pyrit etwas niedriger, an FeS etwas höher als die erste.

4. Dehydratation und Verwandtes.

Die Abspaltung von Wasser aus organischen Verbindungen, insbesondere aus Alkoholen, Äthern und Ameisensäure, läßt sich praktisch schlecht trennen von einer Reaktion, die vielleicht theoretisch nicht viel mit ihr gemein hat, nämlich der Abspaltung von Wasserstoff — Dehydrierung — aus denselben Verbindungen. Unter „Verwandtes“ verstehen wir daher in diesem Abschnitt insbesondere die Dehydrierung. Zumeist wird bei allen genannten Substraten die Wasserabspaltung hauptsächlich durch Oxyde, die Dehydrierung hauptsächlich durch Metalle bewirkt. Während aber diese Selektivität bei der Ameisensäure ziemlich absolut ist, ist sie bei den Alkoholen immer relativ.

a) Dehydratation von Alkoholen (und Äthern).

Die Reaktion:

$$\begin{matrix} R \searrow \\ R' \rightarrow COH \\ HR'' \nearrow \end{matrix} \longrightarrow \begin{matrix} R \searrow \\ \\ R' \nearrow \end{matrix} C = R'' + H_2O\,,$$

wo R und R′ Wasserstoffatome oder Alkylreste, R″ ein Alkylidenrest C_nH_{2n} sein können, verläuft besonders an Aluminiumoxyd oder Bauxit mit gut meßbarer Geschwindigkeit und ist ein schon in der erwähnten Monographie[2] ausführlich behandeltes Beispiel für eine Reaktion, die sowohl von ihrem Substrat selbst, als auch von einem der Reaktionsprodukte, dem Wasserdampf, durch Verdrängung gehemmt wird. Wir haben auch hier schon (S. 213f.) darauf hingewiesen, daß nach Entfernung des Wasserdampfs aus dem System die scheinbare Aktivierungswärme gerade um den mutmaßlichen Betrag der Adsorptionswärme des Wasserdampfs vermindert wird (H. Dohse und H. Mark[3]). (Gegen diese Auffassung sind Bedenken erhoben worden[4], die hier zu erörtern zu weit gehen würde.) Wir haben auch bereits (S. 223f.) auf die von H. Dohse[5] entwickelte systematische Substratabhängigkeit der Aktivierungswärme hingewiesen. Hier interessiert uns nur mehr, daß aus den Hemmungsfaktoren das Verhältnis der Adsorptionskoeffizienten des Wassers und des Alkohols entnommen werden kann. So berech-

[1] G.-M. Schwab, A. Karatzas: Kolloid-Z. **106** (1944), 128.

[2] G.-M. Schwab: Katalyse usw., S. 161, 195. Berlin, 1931. — G.-M. Schwab, H. S. Taylor, R. Spence: Catalysis etc., S. 230, 283. New York, 1937.

[3] H. Dohse, H. Mark: Trans. Faraday Soc. **28** (1932), 165; C 32 I, 2937.

[4] H. S. Taylor in: G.-M. Schwab, H. S. Taylor, R. Spence: Catalysis etc., S. 239. New York, 1937.

[5] H. Dohse: Z. physik. Chem., Bodenstein-Band (1931), 533; C 31 II, 2269.

nen A. BORK und A. A. TOLSTOPJATOWA[1] aus dynamischen Messungen für dieses Verhältnis 0,65, das zudem[2] sowohl an Al_2O_3 als auch an ThO_2 von der Temperatur und der Katalysatoroberfläche unabhängig ist. Es ist also keineswegs notwendig — was bemerkt zu werden verdient! —, daß der hemmende Stoff immer der stärker adsorbierbare sein muß. Es bedeutet schon daher wenig, wenn GUICHARD[3] durch Extrapolation von direkten Adsorptionsmessungen auf die Versuchstemperatur von 400° zu beweisen glaubt, daß Wasser im Vergleich zu Alkohol verschwindend adsorbiert wird, abgesehen von der Bedenklichkeit solcher Extrapolationen. H. S. TAYLOR und A. I. GOULD[4] finden überdies, daß die Adsorptionskapazität für aktiviert adsorbiertes Wasser erstaunlich groß ist, wodurch überhaupt erst die dehydratisierende Wirksamkeit des Aluminiumoxyds (im Gegensatz zum teilweise dehydrierenden Zinkoxyd z. B.) erklärt wird. — An Aluminiumoxyd, das auf Kohle aufgetragen ist, haben I. J. ADADUROW und P. J. KRAINI[5] die Veränderlichkeit der Aktivierungswärme gemessen. Dieselben Autoren[6] bestätigen die DOHSEschen (l. c.) Ergebnisse auch an blauem W_2O_5 und an ThO_2. G.-M. SCHWAB und H. H. MARTIN[7] haben an Galliumoxyd die scheinbare Aktivierungswärme zu 25 kcal/Mol bestimmt und auch an CuJ[8] den Zerfall festgestellt, der, in verstärktem Maße bei tiefen Temperaturen, auch hier vorwiegend eine Dehydratisierung ist. Der Umwandlungspunkt des Kupferjodürs bei 402° hat keinen Einfluß auf diese Reaktion.

In einer Reihe neuerer Arbeiten konnten A. EUCKEN[9] und E. WICKE[10] einen Mechanismus für die Alkoholspaltung an Al_2O_3 entwickeln. Sie konnten nachweisen, daß die Dehydratisierung in einer Wasserstoffaustauschkatalyse an Hydroxylgruppen der Oxydoberfläche besteht, wobei das Prinzip der geringsten Strukturänderungen gewahrt bleibt:

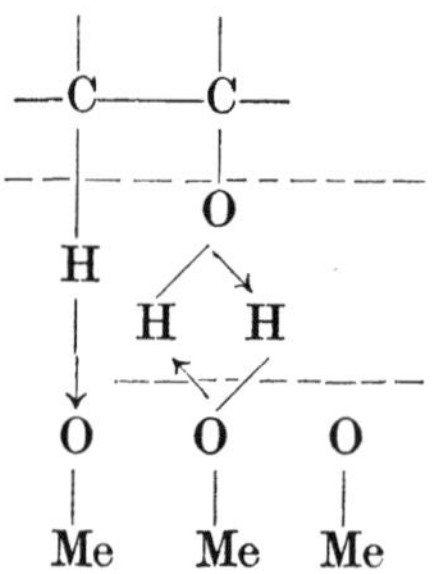

[1] A. BORK, A. A. TOLSTOPJATOWA: Acta physicochim. URSS 8 (1938), 577, 591, 603; C 39 I, 3116f.

[2] A. C. BORK, O. A. MARKOWA: J. physic. Chem. **22** (1948), 1381; C 48 E, 381.

[3] GUICHARD: C. R. hebd. Séances Acad. Sci. **198** (1934), 573; C 34 II, 710.

[4] H. S. TAYLOR, A. I. GOULD: J. Amer. chem. Soc. **56** (1934), 1685; C 34 II, 5737.

[5] I. J. ADADUROW, P. J. KRAINI: J. physic. Chem. URSS **5** (1934), 136; C 35 I, 10.

[6] I. J. ADADUROW, P. J. KRAINI: J. physic. Chem. URSS **5** (1934), 1132; C 35 II, 2653.

[7] G.-M. SCHWAB, H. H. MARTIN: Z. Elektrochem. angew. physik. Chem. **43** (1937), 610; C 37 II, 3855.

[8] S. a. G.-M. SCHWAB, H. H. MARTIN: Z. Elektrochem. angew. physik. Chem. **44** (1938), 724; C 39 II, 1230.

[9] A. EUCKEN: Naturwiss. **36** (1949), 48, 74; C 50 I, 2063. — A. EUCKEN, K. HEUER: Z. physik. Chem. **196** (1950), 40; C 52, 6183. — A. EUCKEN, E. WICKE: Z. Naturforsch. **2a** (1947), 163; C 47, 1254; Naturwiss. **32** (1945), 161. — A. EUCKEN: Forsch. u. Fortschr. **21/23** (1947), 79; C 48 I, 991.

[10] E. WICKE: Angew. Chem., Ausg. A **59** (1947), 34; Z. Elektrochem. angew. physik. Chem. **53** (1949), 279; C 50 I, 1438; Z. Elektrochem. angew. physik. Chem. **52** (1948), 86.

Die Reaktion vollzieht sich so, daß zwischen einer Hydroxylgruppe der Oxydoberfläche und der des Alkohols Wasserstoffbrückenbindungen gebildet werden, ebenso zwischen dem H-Atom eines benachbarten C-Atoms und einem Oxydsauerstoff. So sind die Wassermolekel und die Äthylengruppe im Reaktionskomplex bereits vorgebildet, und lediglich die Hydroxylgruppe ist nach der Dissoziation an ein — nicht unbedingt benachbartes — Me-Atom ausgetauscht. Für die Gültigkeit dieses Reaktionsverlaufes sprechen drei Gründe: 1. Für die Dehydratisierung sind Hydroxylgruppen erforderlich. An Bauxit und Al_2O_3 läßt sich für die Dehydratisierung von Isopropylalkohol ein Absinken der Aktivität nach intensivem Entgasen (H_2O-Verlust) feststellen, wobei die Erholung erst nach einer Inkubationsperiode eintritt, die erwartungsgemäß nach erneuter Behandlung mit Wasserdampf ausbleibt. 2. Die Fähigkeit, Wasserstoff zu übertragen, erstreckt sich nicht nur auf benachbarte, sondern auch auf weiter entfernte C-Atome. Beim Zerfall von *(trans-)*Crotonaldehyd in Butadien und Wasser erfolgt der Austausch nicht an benachbarten C-Atomen. Trotzdem verläuft die Reaktion mit einer Aktivierungsenergie von 12 kcal/Mol glatt bei 120°. 3. Der H-Austausch läßt sich mit Hilfe von Deuterium nachweisen. An mit D_2O belegten Oberflächen wäre als Primärprodukt HDO zu erwarten. Da nun aber H_2O mit der Oberfläche unter den angegebenen Bedingungen zu 50 % austauscht, ist im desorbierten Wasser mit einem Deuteriumgehalt von 75 % zu rechnen. Der gefundene Deuteriumgehalt liegt bei 76 ÷ 78 %.

Auch M. M. Losson[1] untersuchte den Mechanismus der Alkoholdehydratisierung durch Al_2O_3. Die Reaktion wurde an 14 primären und sekundären, normalen und verzweigten Alkoholen studiert, wobei die Struktur der Reaktionsprodukte mit Hilfe von Raman-Spektren ermittelt wurde. Es entstanden hauptsächlich jene Äthylenkohlenwasserstoffe, die unter der Annahme erwartet wurden, daß die Dehydratisierung an der funktionellen Hydroxylgruppe und dem Wasserstoff eines der benachbarten C-Atome erfolgt. So entstanden aus primären Alkoholen ausschließlich Alkene mit der Endgruppe $-CH=CH_2$. Bei sekundären Alkoholen trat eine Isomerisierung durch Wanderung der Doppelbindung nur zu etwa 5% ein.

Ausgehend von der Tatsache, daß die Dehydratisierung des Äthylalkohols bei tiefen Temperaturen auch zu Diäthyläther führen kann, kommen K. W. Toptschijewa und K. Jun-Pin[2] zu einem anderen Mechanismus der Alkoholdehydratisierung. Sie untersuchten die Reaktion an Aluminiumsilikaten und schließen aus ihren Versuchsdaten, daß Äthylen nur über Äther als Zwischenstufe gebildet werden kann.

Nach diesem Mechanismus ist jedoch nicht damit zu rechnen, daß auch der Sauerstoff des Alkohols mit dem der Oxydoberfläche austauscht, was nach Karpatschewa und Rosen[3] geschieht. Man muß also annehmen, daß der Sauerstoffaustausch in einem gesonderten Reaktionsverlauf unabhängig von der Dehydratisierung erfolgt. Es wird die Ansicht geäußert, daß dabei intermediär Alkoholate und Ester gebildet werden.

Den Zerfall von *Äthern* an Bauxit hat W. Marx[4] kinetisch untersucht, mit Ergebnissen, die sich denen über die zugehörigen Alkohole gut anschließen: Gebrochene Ordnung bei deutlicher Hemmung durch Wasserdampf, nach Entfernung des letzteren fast nullte Ordnung, bei Abreaktion gesättigter Adsorptions-

---

[1] M. M. Losson: J. Pharmac. Chim. **9**, 1 (1940/41), 574.

[2] K. W. Toptschijewa, K. Jun-Pin: Nachr. Moskauer Univ., physik.-mathemat. u. naturwiss. Ser. **7**, Nr. 12 (1952), 39; C 53, 4841.

[3] Ss. Karpatschewa, A. M. Rosen: Ber. Akad. Wiss. UdSSR N. S. 81 (1951), 425.

[4] W. Marx: Z. physik. Chem., Abt. B **23** (1933), 33; C 33 II, 3656.

schichten ebenfalls nullte Ordnung, bis die Adsorptionsschicht aufgebraucht wird, dann Anstieg der Ordnung. Auffallend ist nur, daß die Brutto-Aktivierungswärmen für die gehemmte und ungehemmte Reaktion gleich gefunden werden; bei Gleichheit der Adsorptionswärmen von Substrat und Wasser ist das aber unter Berücksichtigung der gefundenen Reaktionsordnung wohl verständlich. Di-*iso*-propyläther zerfällt in zwei Stufen, deren erste, bei höheren Temperaturen geschwindigkeitsbestimmende, eine kleinere Aktivierungswärme (13 gegenüber 26 kcal/Mol) aufweist; sie wird als primäre Zersetzung des Äthers in Alkohol und Propylen gedeutet.

Den *Methanol*zerfall haben H. DOHSE[1] sowie G. F. HÜTTIG und I. FEHER[2] an Zinkoxyd untersucht, M. BACCAREDDA[3] an Kontakten der Methanolsynthese. Im Gegensatz zu den höheren Alkoholen handelt es sich hier um Systeme von Folgereaktionen, da kein primäres Olefin gebildet werden kann. A. B. SCHECHTER und J. S. MOSCHKOWSKI[4] fanden zwischen den katalytischen Eigenschaften verschieden hergestellter ZnO-Katalysatoren und deren Kristallstruktur, spez. Oberfläche und Lumineszenzfärbung bei UV-Bestrahlung keine eindeutigen Zusammenhänge. — Die Wasserabspaltung aus Methanol und *Ammoniak* an Aluminiumoxyd unter Bildung von Methylaminen, deren Ausbeute Temperaturmaxima hat, haben E. BRINER und I. GANDILLON[5] gemessen.

b) Dehydrierung von Alkoholen.

Daß die Dehydrierung von Alkoholen, also die Reaktionen des Typs:

$$\begin{matrix}R\\R'\end{matrix}\!\!>\!CHOH \rightarrow \begin{matrix}R\\R'\end{matrix}\!\!>\!C{=}O + H_2$$

(R ein Wasserstoffatom bei primären, ein Alkylrest bei sekundären Alkoholen, R' ein Alkylrest), oder die Bildung von Aldehyden bzw. Ketonen unter Abspaltung von Wasserstoff (oft begleitet von sekundärer Spaltung des Aldehyds), an dieser Stelle besprochen werden, wurde oben (S. 321) schon gerechtfertigt. Dies rechtfertigt sich im einzelnen noch durch Arbeiten, in denen der Übergang von der Dehydratation zur Dehydrierung besprochen wird. So zeigen H. S. TAYLOR und A. I. GOULD[6], daß an Aluminiumoxyd Wasserstoff erst bei recht hohen Temperaturen und dann mit hoher Adsorptionswärme aktiviert adsorbiert wird, Wasserdampf dagegen schon bei tiefer Temperatur, mit kleiner Wärmetönung und sehr großer Kapazität. Daraus erklärt sich, daß dieser Katalysator, im Gegensatz zu Zinkoxyd, nur die Dehydratation katalysiert. A. A. BALANDIN und A. M. RUBINSTEIN[7] haben Gemische eines typischen Dehydratationskatalysators, Al_2O_3, und eines typischen Dehydrierungskatalysators, Nickel, hergestellt und ihre Einwirkung auf *i*-Amylalkohol geprüft. Sie finden, daß die beiden Reaktionen verschiedene Aktivierungswärmen aufweisen, ebenso auch die Zersetzung des intermediären Valeraldehyds, daß alle diese Aktivierungswärmen mit dem Mischungsverhältnis des Katalysators stark variieren, daß aber das Verhältnis

[1] H. DOHSE: Z. physik. Chem., Abt. B **12** (1931), 364; C 31 II, 379.

[2] G. F. HÜTTIG, I. FEHER: Z. anorg. allg. Chem. **197** (1931), 129; C 31 II, 956.

[3] M. BACCAREDDA: Ann. Chim. appl. **27** (1937), 413; C 38 I, 866.

[4] A. B. SCHECHTER, J. S. MOSCHKOWSKI: Ber. Akad. Wiss. UdSSR **72** (1950), 297; C 51 I, 976.

[5] E. BRINER, I. GANDILLON: Helv. chim. Acta **14** (1931), 1283; C 32 I, 801.

[6] H. S. TAYLOR, A. I. GOULD: J. Amer. chem. Soc. **56** (1934), 1685; C 34 II, 5737.

[7] A. A. BALANDIN, A. M. RUBINSTEIN: J. Amer. chem. Soc. **57** (1935), 1143; C 36 II, 11; J. physic. Chem. URSS **6** (1935), 576; C 36 II, 1324.

der Aktivierungswärmen der beiden konkurrierenden Reaktionen an allen Katalysatoren konstant ist ($q_{Dehydrierung} : q_{Dehydratation} = 0,5$). Das ist so zu deuten, daß die Reaktion vorwiegend an der Grenzlinie Ni/Al_2O_3 verläuft, daß aber dort nur das Nickel dehydriert und das Aluminiumoxyd nur dehydratisiert. W. W. RUSSELL und R. F. MARSCHNER[1] endlich zeigen, daß anwesender Wasserdampf an Nickel auf die Dehydrierung und insbesondere auf die Aldehydzersetzung beschleunigend wirkt (und nicht, wie an Wasser adsorbierenden Dehydratationskontakten, wie Al_2O_3, hemmend).

G.-M. SCHWAB und E. SCHWAB-AGALLIDIS[2] untersuchten vergleichend die Selektivität für die Alkoholspaltung und den Ameisensäurezerfall von verschiedenen ZnO-Proben, TiO_2, Cr_2O_3, Al_2O_3, CaF_2, $Ca_3(PO_4)_2$, GeO_2, ThO_2, NaCl, $BaSO_4$, Na_2CO_3, Na_2SO_4, KJ, FeS, SiO_2 und Aktivkohle. Bei der Alkoholzersetzung besitzt die Dehydratisierung, beim Ameisensäurezerfall die Dehydrierung die größere Aktivierungsenergie, in keinem der Fälle ließ sich jedoch ein Zusammenhang mit der chemischen Natur des Katalysators feststellen. Interessant ist nun, daß die Selektivität jedenfalls im Bereich vergleichbarer Geschwindigkeiten für beide Reaktionen an allen Katalysatoren die gleiche ist, ein Hinweis dafür, daß beide verwandte Mechanismen besitzen. Ferner konnte gezeigt werden, daß die unterschiedliche Selektivität nicht durch die Aktivierungsenergie, sondern hauptsächlich durch die Häufigkeitsfaktoren bestimmt wird, eine Tatsache, die auch die anschließend diskutierte Theorie von EUCKEN fordert. Ein Zusammenhang zwischen Kristallgröße und Selektivität wurde festgestellt, er führte zu dem Schluß, daß die Dehydrierung an ebenen Oberflächen, die Dehydratisierung dagegen innerhalb Spalten molekularer Dimensionen erfolgt. In Übereinstimmung hiermit finden auch G. FEACHEM und H. T. S. SWALLOW[3], daß die Dehydratisierung von Alkohol zu Äthylen um so stärker ist, je kleiner die Kristalle des als Katalysator benutzten γ-Al_2O_3 sind. Außerdem soll ein Alkaligehalt des Katalysators die Reaktion hemmen. Dagegen behaupten A. M. RUBINSTEIN und N. A. PRIBITKOWA[4], daß der kristallographische Einfluß im MgO für die Selektivität des Butanolzerfalls durch den Netzebenenabstand in submikroskopischen Primärkristallen bedingt ist. Kleiner Netzebenenabstand (4,17 Å) begünstigt die Dehydrierung, größerer (4,23 Å) die Dehydratisierung.

A. EUCKEN[5] und E. WICKE[6] gehen bei ihren Untersuchungen über die Selektivität der Alkoholspaltung von der Vorstellung aus, daß Dehydrierung oder Dehydratisierung jeweils an denjenigen Stellen der Kontaktoberfläche auftreten, an denen eine Molekülkonstellation möglich ist, die in ihrer geometrischen Struktur weitgehend den zu bildenden Produkten entspricht. Dabei spielen Oberflächenbindungen des Kontakts als Partner des aktiven Übergangszustandes eine maßgebende Rolle. So kann die letzte Oberflächenlage der hexagonalen Basisfläche des ZnO sowohl aus O-Ionen als auch aus Zn-Ionen aufgebaut sein. Im ersten Fall ist nur der bereits besprochene Dehydratisierungsmechanismus möglich, im zweiten nur die Dehydrierung[7]. Letztere soll sich vollziehen, indem

---

[1] W. W. RUSSELL, R. F. MARSCHNER: J. physic. Chem. **34** (1930), 2554; C 31 I, 1566.

[2] G.-M. SCHWAB, E. SCHWAB-AGALLIDIS: J. Amer. chem. Soc. **71** (1949), 1806.

[3] G. FEACHEM, H. T. S. SWALLOW: J. chem. Soc. (London) **1948**, 267; C 48 E, 464.

[4] A. M. RUBINSTEIN, N. A. PRIBITKOWA: Acta physicochim. URSS **21** (1946), 79.

[5] A. EUCKEN: Naturwiss. **36** (1949), 48, 74; C 50 I, 2063.

[6] E. WICKE: Angew. Chem., Ausg. A **59** (1947), 34; Z. Elektrochem. angew. physik. Chem. **53** (1949), 297; C 50 I, 1438.

[7] A. EUCKEN, K. HEUER: Z. physik. Chem. **196** (1950), 40; C 52, 6183.

ein negativ polarisiertes H-Atom vom Methoxyl-C-Atom des Alkohols zu einem Zn^{++}-Ion und gleichzeitig ein positiv polarisiertes H-Atom der Hydroxylgruppe zu einem O^{--}-Ion des Kontakts übertritt. Die Wasserstoffatome vereinigen sich zu molekularem Wasserstoff, der desorbiert wird, und es entsteht ein Aldehyd (bzw. Keton). Zur Stützung dieser Anschauung konnte an verschiedenen Oxyden gezeigt werden, daß die Dehydrierungsgeschwindigkeit jedenfalls im allgemeinen um so größer ist, je stärker mit dem polarisierenden Einfluß der Ionen in der Kontaktoberfläche zu rechnen ist und je größer die Zahl der Kationen in der Oberfläche (Oberflächenbelegung mit K^+) ist. Außerdem wird die Dehydrierung an mit Dipolmolekeln bedeckten Oberflächen zurückgedrängt. So wird in dem bevorzugten Auftreten von Kationen oder Anionen in der Kontaktoberfläche nach einer Ursache für die Selektivität der Katalysatoren gesucht.

Die Kinetik der Dehydrierung von Äthylalkohol an Kupfer ist besonders von der Schule A. A. BALANDINS untersucht worden. Diese Forscher arbeiten strömend und formen die LANGMUIRsche Gleichung:

$$\frac{d(H_2)}{dt} = \frac{k'(C_2H_5OH)}{1 + b_1(C_2H_5OH) + b_2(CH_3CHO) + b_3(H_2O)}$$

entsprechend um, so daß die Partialdrucke durch Einströmungs-, Ausströmungs- und Reaktionsgeschwindigkeiten ausgedrückt werden (A. BORK und A. A. BALANDIN[1]). Eine Modifikation dieser Umformung und ihre Anwendung auf die Dehydrierung von sekundärem Butylalkohol gibt A. L. LIBERMANN[2]. Im Falle des Äthylalkohols ist das Ergebnis, daß b_2/b_1 bei 270° gleich 5 und bei 240° gleich 3 ist. Daraus berechnen wir eine Differenz der Adsorptionswärmen von Alkohol und Aldehyd von 9,4 kcal/Mol zugunsten des Aldehyds. b_3/b_1 beträgt nach A. BORK und M. I. DARYKINA[3] unabhängig von der Temperatur (A. BORK[4]) 0,25. Trotz der daraus folgenden geringen Hemmung wirkt im ganzen anwesender Wasserdampf beschleunigend, ebenso wie das W. W. RUSSELL und R. F. MARSCHNER[5] an Nickel beobachtet haben (s. oben). Die Erklärung ist, daß Wasser die Konzentration des stark hemmenden Aldehyds herabsetzt, indem es diesen in das leicht zu Essigsäure dehydrierbare Hydrat überführt, eine Reaktion, die schon bei 250° beobachtbar ist.

Über die Kinetik der Alkohol- und Glykoldehydrierung an Kupferkontakten liegen neuere Ergebnisse von A. C. NEISH[6] vor. Die Reaktion folgt danach stets der ersten Ordnung in Beziehung auf den Alkohol. Primäre Alkohole werden langsamer dehydriert als sekundäre, da die entstehenden Aldehyde die Aktivität des Katalysators herabsetzen.

Den Struktureinfluß in Al-Ag-Legierungen auf die Aktivierungsenergie und Geschwindigkeit des Äthylalkoholzerfalls untersuchten G.-M. SCHWAB und E. SCHWAB-AGALLIDIS[7]. Die Ausscheidung, die bei einer Legierung von 9,7 % Ag im Al unterhalb 490° neben der hexagonalen γ-Phase die kubische δ-Phase mit Al-Gitter erzeugt, hat auf die Aktivität und Aktivierungsenergie der Reaktion keinen Einfluß. Ebenso ließ sich der HEDVALLsche magnetokatalytische Effekt

---

[1] A. BORK, A. A. BALANDIN: Z. physik. Chem., Abt. B **33** (1936), 54, 73, 435, 443; C 37 I, 2088, 2089.

[2] A. L. LIBERMANN: C. R. Acad. Sci. URSS **31** (N. S. 9) (1941), 448; C 42 II, 2666.

[3] A. BORK, M. I. DARYKINA: Acta physicochim. URSS **6** (1937), 375; C 38 II, 3363.

[4] A. BORK: Acta physicochim. URSS **7** (1937), 745; C 39 I, 2356.

[5] W. W. RUSSELL, R. F. MARSCHNER: J. physic. Chem. **34** (1930), 2554; C 31 I, 1566.

[6] A. C. NEISH: Canad. J. Res., Sect. B **23** (1945), 49.

[7] G.-M. SCHWAB, E. SCHWAB-AGALLIDIS: Naturwiss. **31** (1943), 322.

(J. A. HEDVALL, R. HEDIN und O. PERSSON[1]) am CURIE-Punkt des Ni nicht auffinden.

An weiteren Alkoholen hat A. BORK[2] neben Äthylalkohol *n*-Propylalkohol und *i*-Propylalkohol untersucht und findet, daß alle drei gleiche Adsorptionskoeffizienten aufweisen und ebenso auch untereinander Acetaldehyd, Propionaldehyd und Aceton. Dies wird durch eine Orientierung der Alkoholmolekeln auf der Oberfläche erklärt, durch die überall dieselben Atomgruppen zur Bindung gelangen. Beim *i*-Amylalkohol tritt nach A. BORK und A. A. BALANDIN[3] eine Verschiedenheit insofern auf, als hier die Aldehydhemmung temperaturunabhängig ist, also die Differenz der Adsorptionswärmen von Alkohol und Aldehyd Null beträgt. — Wasserstoff wird ganz allgemein nicht hemmend adsorbiert. Hinsichtlich der Aktivierungswärme, also des Temperaturkoeffizienten von k', gilt nach A. BORK[4] für verschiedene Alkohole die von H. DOHSE für die Dehydratisierung aufgestellte und S. 223f. besprochene Abhängigkeit von der Konstitution des Alkohols.

Über die Oxydation von Alkohol an Silber in Gegenwart von Sauerstoff s. S. 312[5], über den Austausch von Alkohol mit Deuterium[6], s. a. S. 323.

Für *Methanol*, wo die Verhältnisse wegen der Instabilität des intermediären Formaldehyds anders liegen, wurden kaum kinetische Beobachtungen veröffentlicht. E. W. R. STEACIE und E. M. ELKIN[7] glauben an schmelzendem Zink eine Dehydrierung zu $CO + 2\,H_2$ aus der Druckzunahme festgestellt zu haben. Die scheinbare Aktivierungswärme dafür beträgt ungefähr 30 kcal/Mol. Wie wir schon gesehen haben (S. 227[8]), ist eine solche Katalyse an flüssigen Metallen höchst unwahrscheinlich; G.-M. SCHWAB und H. H. MARTIN (l. c.) nehmen daher für sicher an, daß es sich um eine Katalyse durch Spuren von ZnO handelt, das ja im Gegensatz zu Al_2O_3 auch dehydrierende Eigenschaften besitzt[9].

Der Methanolzerfall an ZnO wurde kürzlich von C. WAGNER[10] untersucht mit der Zielsetzung, einen Zusammenhang zwischen der katalytischen Aktivität und der durch Ga_2O_3-Zusätze beeinflußbaren Elektronenkonzentration des Kontakts aufzufinden. Nach diesen Versuchen soll ebenso wie die CO-Oxydation und der N_2O-Zerfall (s. S. 383f., 368) auch der Methanolzerfall durch die Elektronendichte im Katalysator nicht beeinflußt werden. Abgesehen von entgegenlautenden Resultaten, die hinsichtlich der beiden ersteren Reaktionen von verschiedener Seite vorgebracht wurden, erscheint eine eingehendere Bearbeitung dieser Frage insofern interessant, als die EUCKENsche Theorie der Alkoholdehydrierung Zusammenhänge zwischen der Elektronendichte des Kontakts und seiner katalytischen Wirksamkeit fordert.

Der Methanolzerfall an Al-Ag-Legierungen wird nach G.-M. SCHWAB und E. SCHWAB-AGALLIDIS ebenso wie der Äthanolzerfall (s. S. 325) durch die

---

[1] J. A. HEDVALL, R. HEDIN, O. PERSSON: Z. physik. Chem., Abt. B **27** (1934), 196.
[2] A. BORK: Acta physicochim. URSS **9** (1938), 697; C 39 II, 2015.
[3] A. BORK, A. A. BALANDIN: Z. physik. Chem., Abt. B **33** (1936), 54, 73, 435, 443; C 37 I, 2088, 2089.
[4] A. BORK: Acta physicochim. URSS **12** (1940), 899; C 42 I, 3184.
[5] J. A. PATTERSON, A. R. DAY: Ind. Engng. Chem. **26** (1934), 1276; C 35 II, 1161.
[6] J. HORIUTI, G. OKAMOTO: Trans. Faraday Soc. **32** (1936), 1492; C 37 I, 4921.
[7] E. W. R. STEACIE, E. M. ELKIN: Canad. J. Res. **11** (1934), 47; C 35 I, 3247; J. Amer. chem. Soc. **58** (1936), 691; C 36 II, 3756.
[8] I. E. ADADUROW, P. D. DIDENKO: J. Amer. chem. Soc. **57** (1935), 2718; C 36 I, 2683. — G.-M. SCHWAB, H. H. MARTIN: Z. Elektrochem. angew. physik. Chem. **43** (1937), 610; C 37 II, 3855.
[9] H. S. TAYLOR, A. I. GOULD: J. Amer. chem. Soc. **56** (1934), 1685; C 34 II, 5737.
[10] C. WAGNER: J. chem. Physics **18** (1950), 69.

kristallographische Ausscheidung unterhalb 490° nicht beeinträchtigt. Dagegen ist die Elektronendichte in Ni-Cu-Legierungen für die Methanoldehydrierung von Bedeutung. Hier finden D. A. Dowden und P. W. Reynolds[1] eine starke Zunahme der Dehydrierungsgeschwindigkeit mit abnehmender Elektronendichte im *d*-Band der Legierungsreihe. Der daraus abgeleitete Mechanismus einer Donatorkatalyse, d. h. einer geschwindigkeitsbestimmenden Reaktion unter gleichzeitigem Übergang eines negativen Ladungsträgers zum Katalysator, läßt sich mit der Euckenschen Theorie vereinbaren.

J. A. Christiansen und I. R. Huffmann[2] haben die der Dehydrierung verwandte Reaktion:

$$CH_3OH + H_2O \rightarrow CO_2 + 3H_2$$

an mit Kupfer verstärktem $Mg(OH)_2$ untersucht und schließen aus der verwickelten Geschwindigkeitsgleichung auf das Vorliegen einer Kettenreaktion. Näheres hierüber findet sich in diesem Handbuch a. a. O.[3].

Ganz anders als die besprochenen Alkoholdehydrierungen bei mittleren Temperaturen verlaufen die Dehydrierungen bei extrem hohen Temperaturen an Platin und Wolfram. Nach Molekularstrahlversuchen von O. Beeck[4] ist hier die Primärreaktion eine Aufspaltung in freie Radikale. Die scheinbare Aktivierungswärme ist hier für Äthyläther an Platin und Wolfram dieselbe wie für die homogene Spaltung (H. A. Taylor und M. Schwartz[5]), für Propionaldehyd sogar höher (E. W. R. Steacie und R. Morton[6]). Hierüber vgl. S. 223.

c) Dehydratation von Ameisensäure.

Über diese Reaktion, die insbesondere von Oxyden beschleunigt wird, liegen aus der Berichtszeit nicht viele kinetische Untersuchungen vor. A. Reis und E. Glückauf[7] bemerken allgemein, daß in einer durch eine aus poröser Wand eindringende Gashaut wandlos gemachten Reaktion die homogene Umsetzung die doppelte Aktivierungswärme aufweise als die Wandreaktion. Da die Wand eine keramische Masse sein dürfte, handelt es sich vermutlich um Dehydratisierung. G.-M. Schwab und E. Schwab-Agallidis[8] haben an *Glas* nebeneinander Dehydrierung und Dehydratation beobachtet; die letztere fällt im Gegensatz zur ersteren sehr bald auf kleine Geschwindigkeiten ab, nachdem sie zu Anfang etwa die halbe Geschwindigkeit der Dehydrierung aufgewiesen hat; ihre Aktivierungswärme beträgt 22 kcal/Mol. Ähnlich verhält sich nach G.-M. Schwab und H. H. Martin[9] wasserfreies *Natriumsulfat*. Bezüglich der Selektivität verschiede-

---

[1] D. A. Dowden, P. W. Reynolds: Discuss. Faraday Soc. **8** (1950), 184; C 53, 8798.

[2] J. A. Christiansen: J. physic. Chem. URSS **2** (1931), 585; C 35 I, 2643. — J. A. Christiansen, I. R. Huffmann: Z. physik. Chem., Abt. A **151** (1930), 269; C 31 I, 889. — J. A. Christiansen: Z. physik. Chem., Bodenstein-Band (1931), 69; C 31 II, 2110.

[3] J. A. Christiansen: Dieses Handbuch Bd. VI, S. 313ff. Wien, 1943.

[4] O. Beeck: Nature **136** (1935), 1028; C 37 I, 4217.

[5] H. A. Taylor, M. Schwartz: J. physic. Chem. **35** (1931), 1044; C 31 I, 2967.

[6] E. W. R. Steacie, R. Morton: Canad. J. Res. **4** (1931), 582; C 32 I, 342.

[7] A. Reis, E. Glückauf: Z. Elektrochem. angew. physik. Chem. **39** (1933), 607; C 33 II, 1469.

[8] G.-M. Schwab, E. Schwab-Agallidis: Ber. dtsch. chem. Ges. **76** (1943), 1228.

[9] G.-M. Schwab, H. H. Martin: Z. Elektrochem. angew. physik. Chem. **43** (1937), 610; C 37 II, 3855.

ner Oxyde und Salze verweisen wir auf die Arbeit von G.-M. SCHWAB und E. SCHWAB-AGALLIDIS[1] auf S. 325.

L. CH. FREIDLIN und A. M. LEWIT[2] untersuchten die Dehydratationskinetik von Ameisensäure an Silikagel, an dem sich eine Dehydrierung erst oberhalb 300° C bemerkbar macht. Die Aktivierungsenergie der Dehydratisierung beträgt 14,5 ÷ 15,5 kcal/Mol und wird vermindert durch Promotorenzusätze: $NaCH_3COO$ (13,0), NaOH (14,0) und K_2CO_3 (12,3). Als Aktivzentren für die Reaktion werden OH-Gruppen am SiO_2 angenommen, eine Vorstellung, die in Analogie zur EUCKEN-WICKEschen Theorie der Alkoholspaltung vernünftig erscheint. Ferner[3] wurden die Aktivierungsenergien an $Ca(H_2PO_4)_2$ zu 17,6 ÷ 22,7 kcal/Mol je nach Vorbehandlung und an $Ca_3(PO_4)_2$ zu 15,2 kcal/Mol bestimmt. Die Aktivitätsverminderung, die beim Erhitzen von $Ca_3(PO_4)_2$ beobachtet wurde, ließ sich durch K_2CO_3-Zusätze rückgängig machen. Ähnlich wie bei SCHWAB[4], aber in noch stärkerem Maße, wurde hier gefunden, daß Al_2O_3 für die Ameisensäuredehydrierung weniger selektiv war, besonders wenn es Zusätze von K_2CO_3 enthielt.

d) Dehydrierung von Ameisensäure.

Einen gewissen Übergang zwischen Dehydratisierung und Dehydrierung stellt vielleicht die Zersetzung von ameisensauren *Salzen* dar. F. CAUJOLLE[5] sowie A. A. BALANDIN, E. S. GRIGORIAN und Z. S. JANYSCHEWA[6] stellen an Nickel- und Kobaltformiat fest, daß beim thermischen Zerfall sowohl $CO_2 + H_2$ als auch $CO + H_2O$ entstehen. Schon deshalb können diese Salze wohl nicht als Zwischenstufen der rein dehydrierenden Metallkatalyse angesehen werden. Tatsächlich berichten G.-M. SCHWAB und G. HOLZ[7] über Beobachtungen, die am *Blei* die Salzzersetzung und die katalytische Zersetzung in ganz verschiedenen Temperaturgebieten zeigen, entgegen der Ansicht von L. CH. FREIDLIN und T. F. BULANOWA[8].

Die katalytische Dehydrierung der Ameisensäure, die grundsätzlich von Metallen katalysiert wird, verläuft an diesen immer nach streng nullter Ordnung, und zwar sowohl bei dem Partialdruck einer Atmosphäre als auch bei Bruchteilen des 33 mm Hg bei 20° betragenden Dampfdrucks (G. RIENÄCKER[9]). Dies, im Verein mit dem relativ tiefen Temperaturgebiet, in dem diese Reaktion schon beobachtbar wird (es ist schon bei 130° gemessen worden), macht sie zu einer hervorragend geeigneten *Testreaktion*, um die Abhängigkeit der wahren Aktivierungswärme einer Katalyse von der Zusammensetzung und dem physikalischen

---

[1] G.-M. SCHWAB, E. SCHWAB-AGALLIDIS: J. Amer. chem. Soc. **71** (1949), 1806.

[2] L. CH. FREIDLIN, A. M. LEWIT: J. allg. Chem. URSS **21** (83) (1951), 1255; C 52, 6193.

[3] L. CH. FREIDLIN, A. M. LEWIT: Nachr. Akad. Wiss. UdSSR, Abt. chem. Wiss. **1951**, 625; C 52, 6193.

[4] G.-M. SCHWAB, E. SCHWAB-AGALLIDIS: J. Amer. chem. Soc. **71** (1949), 1806.

[5] F. CAUJOLLE: C. R. hebd. Séances Acad. Sci. **208** (1939), 445; C 39 II, 2626.

[6] A. A. BALANDIN, E. S. GRIGORIAN, Z. S. JANYSCHEWA: Acta physicochim. URSS **12** (1940), 737; C 40 II, 2595.

[7] G.-M. SCHWAB, G. HOLZ: Z. anorg. Chem. **252** (1944), 205.

[8] L. CH. FREIDLIN, T. F. BULANOWA: Bull. Acad. Sci. URSS **1937**, 555; C 39 I, 2947.

[9] G. RIENÄCKER: Z. Elektrochem. angew. physik. Chemie **40** (1934), 487; C 34 II, 2491.

Zustand des Katalysators zu untersuchen. G. RIENÄCKER und seine Mitarbeiter[1] haben dieser Aufgabe eine große Reihe von Arbeiten gewidmet.

Im wesentlichen wurden die lückenlosen Mischkristallreihen von Cu mit Au, Pt, Pd, Ni untersucht. Das allgemeine Ergebnis dabei ist, daß entweder die Aktivierungswärme des Mischkristalls zwischen denen der Komponenten liegt, oder diejenige der wirksameren Komponente über breite Konzentrationsintervalle erhalten bleibt, um erst bei einem gewissen Überschuß der unwirksameren Komponente sich deren Wert anzunähern. Bemerkenswert erscheint, daß *Herabsetzungen*, also synergetische Verstärkungen, in Mischkristallreihen nie beobachtet worden sind. Besonders interessant ist auch der Befund, der an Mischphasen erhoben worden ist, die sowohl als statistische als auch als geordnete Mischkristalle alle erhältlich sind: Hier zeigt nämlich immer der geordnete Mischkristall eine andere Aktivierungswärme als der (sich glatt in die Konzentrationsreihe einordnende) ungeordnete, und zwar eine Herabsetzung, wenn die diamagnetische Suszeptibilität steigt und umgekehrt. A. SCHNEIDER[2] zeigte sodann, daß während des Übergangs von einem Zustand in den andern vorübergehend eine erhöhte Aktivierungswärme auftritt. Von Mischkristallreihen mit Mischungslücke wurde nur das System Cu-Ag untersucht. Nach Korrekturen, die G.-M. SCHWAB und E. SCHWAB-AGALLIDIS[3] an älteren RIENÄCKERschen Werten angebracht haben, wird hier die Aktivierungswärme des Kupfers durch Silber im Mischkristall herabgesetzt, die des Silbers durch Kupfer erhöht, im heterogenen Gebiet und im Eutektikum tritt kein Extremwert auf.

G.-M. SCHWAB und G. HOLZ[4] haben dann Mischkristalle des Silbers und teilweise des Goldes mit Metallen der ersten bis fünften Gruppe des Periodensystems systematisch untersucht und festgestellt, daß die Aktivierungswärme keine Beziehung zu der Gitterkonstanten der Legierungen aufweist, sondern daß eine systematische Abhängigkeit von der *Elektronenkonzentration* der Legierungen besteht (Zahl der Valenzelektronen : Zahl der Atome), in dem Sinne, daß bei steigender Elektronenkonzentration auch die Aktivierungswärme ansteigt.

G.-M. SCHWAB und A. KARATZAS[5] sowie G.-M. SCHWAB, G. PETROUTSOS und S. PESMATJOGLOU[6] haben diese Untersuchungen auf weitere Legierungssysteme ausgedehnt: Ag—Sb, Cu—Sn, Au—Cd, Au—Sb, Au—Pb, Au—Fe, Fe—C, Cu—Sb und Cu—Mg. Sie finden, daß die für die α-Phasen mit Silbergitter aufgestellten Gesetzmäßigkeiten auch in anderen homogenen Phasen (z. B. ε-Phase Ag—Sb oder η-Phase Au—Fe) gelten. Außerdem finden sie in allen γ-Phasen

[1] G. RIENÄCKER: Z. Elektrochem. angew. physik. Chem. **40** (1934), 487; C 34 II, 2491. — G. RIENÄCKER, W. DIETZ: Z. anorg. allg. Chem. **228** (1936), 65; C 37 I, 565. — G. RIENÄCKER: Z. anorg. allg. Chem. **227** (1936), 353; C 37 I, 565. — G. RIENÄCKER, G. WESSING, G. TRAUTMANN: Metallwirtsch., Metallwiss., Metalltechn. **16** (1937), 633; C 37 II, 3125; Z. anorg. allg. Chem. **236** (1938), 252; C 38 I, 4414. — G. RIENÄCKER, R. BURMANN: Z. Metallkunde **32** (1940), 242; C 41 I, 4. — G. RIENÄCKER, H. BADE: Z. anorg. allg. Chem. **248** (1941), 45; C 41 II, 3027. — G. RIENÄCKER, H. HILDEBRANDT: Z. anorg. allg. Chem. **248** (1941), 52; C 41 II, 3027. — G. RIENÄCKER: Z. Elektrochem. angew. physik. Chem. **46** (1940), 369; C 41 I, 999; Z. Elektrochem. angew. physik. Chem. **47** (1941), 805; C 42 I, 710. — G. RIENÄCKER, H. BREMER, S. UNGER: Naturwiss. **39** (1952), 259.

[2] A. SCHNEIDER: Z. Elektrochem. angew. physik. Chem. **45** (1939), 727; C 40, II, 728.

[3] G.-M. SCHWAB, E. SCHWAB-AGALLIDIS: Ber. dtsch. chem. Ges. **76** (1943), 1228.

[4] G.-M. SCHWAB, G. HOLZ: Z. anorg. Chem. **252** (1944), 205.

[5] G.-M. SCHWAB, A. KARATZAS: Z. Elektrochem. angew. physik. Chem. **50** (1944), 242.

[6] G.-M. SCHWAB, S. PESMATJOGLOU: J. physic. Colloid Chem. **52** (1948), 1046. — G.-M. SCHWAB, G. PETROUTSOS: J. physic. Colloid Chem. **54** (1950), 581.

ein ausgeprägtes Maximum der Aktivierungsenergie. Beide Tatsachen zusammen zeigen, daß es nicht auf die absolute Elektronenkonzentration einer Phase ankommt, sondern darauf, wieweit diese von der völligen Sättigung ihres Gittertyps mit Elektronen entfernt ist, wieweit also der für die Elektronen verfügbare Impulsraum noch weitere Elektronen aufzunehmen erlaubt; die γ-Phase ist aus Gittergründen als besonders elektronengesättigt anzusehen. Hieraus ist zu schließen, daß bei der Aktivierung der Ameisensäure durch Metalle *Valenzelektronen in das Metall eintreten müssen*, jedenfalls indem der entstehende Wasserstoff zunächst als Proton + Elektron in das Metall eintritt. (In diesem Zusammenhang verweisen wir auf eine Arbeit von W. HIMMLER[1], in der die Löslichkeit von Wasserstoff als Proton und Elektron in Silberlegierungen nachgewiesen wird.) Über die Zusammenhänge dieser Theorie mit der mechanischen Festigkeit der Metalle, die besonders im System Fe—C beachtsam ist, verweisen wir auf G.-M. SCHWAB[2].

An Mischkristallen Co-Pd, die einen CURIE-Punkt von 152—160° haben, stellt G. COHN[3] eine Änderung der Aktivierungswärme um 5 kcal/Mol beim Übergang in den ferromagnetischen Zustand fest (s. a. J. A. HEDVALL[4]). Dies konnten jedoch G.-M. SCHWAB und H. GOETZELER[5] an Ni und Ni-Cr-Legierungen nicht bestätigen. Dagegen tritt nach deren Messungen nur ein HEDVALL-Effekt erster Art auf, der in einer vorübergehenden Geschwindigkeitserhöhung im CURIE-Intervall besteht.

An *Einzelmetallen* hat G. RIENÄCKER[6] teilweise recht auffallende Beeinflussungen der Aktivierungswärme durch den Bearbeitungszustand angegeben; wir haben diese Befunde schon auf S. 228 kritisch besprochen.

G. RIENÄCKER, H. BREMER und S. UNGER[7] stellten fest, daß die Oberflächenabnahme von Silberpulver bei steigender Vorbehandlungstemperatur größer ist als die Aktivitätsabnahme für die Ameisensäuredehydrierung. Sie schließen daraus, daß der katalytisch wirksame Bruchteil der *Gesamtoberfläche* mit steigender Vorbehandlungstemperatur zunimmt.

An wasserfreiem *Natriumsulfat* endlich findet nach G.-M. SCHWAB und H. H. MARTIN[8] eine Reaktion in der Umgebung des Umwandlungspunktes (234°) statt, auf die dieser ohne Einfluß ist. Sie hat eine Aktivierungswärme von 25 kcal/Mol und ist zu $^2/_3 \div {}^3/_4$ eine Dehydrierung. An mit einer etwa uniatomaren Schicht von *Kupfer* überzogenem Natriumsulfat ist die Geschwindigkeit erheblich größer; die jetzt vermutlich reine Dehydrierung hat eine Aktivierungswärme von roh 40 kcal/Mol.

E. CREMER und E. KULLICH[9] untersuchten den Einfluß der Vorbehandlung des Magnesits auf die Aktivierungsenergie der Ameisensäurezersetzung und stellten eine starke Abhängigkeit zwischen 15 und 52 kcal/Mol fest. Nach ihren Ergebnissen findet am MgO nur Dehydrierung der Ameisensäure statt, die im ganzen Bereich der nullten Ordnung folgt.

[1] W. HIMMLER: Z. physik. Chem. **195** (1950), 244, 253.
[2] G.-M. SCHWAB: Experientia (Basel) **2** (1946), 103; Trans. Faraday Soc. **45** (1949), 385.
[3] G. COHN: Svensk kem. Tidskr. **52** (1940), 30, 49; C 40 I, 859.
[4] J. A. HEDVALL: Dieses Handbuch Bd. VI, S. 624. Wien, 1943.
[5] G.-M. SCHWAB, H. GOETZELER: Z. physik. Chem., N. F. **2** (1954), 1.
[6] G. RIENÄCKER: Z. Elektrochem. angew. physik. Chem. **46** (1940), 369; C 41, I, 999.
[7] G. RIENÄCKER, H. BREMER, S. UNGER: Naturwiss. **39** (1952), 259.
[8] G.-M. SCHWAB, H. H. MARTIN: Z. Elektrochem. angew. physik. Chem. **43** (1937), 610; C 37 II, 3855.
[9] E. CREMER, E. KULLICH: Radex-Rdsch. **1950**, 176; C 52, 1136.

III. Halogenverbindungen.

1. Rekombination von Halogenatomen.

Über die Möglichkeit, auf die Rekombination von Bromatomen an der Wand von Reaktionsgefäßen Rückschlüsse aus der Geschwindigkeit der Reaktion $H_2 + Br_2$ zu ziehen, haben M. BODENSTEIN und W. JOST[1] in diesem Handbuch berichtet, ebenso und noch ausführlicher L. v. MÜFFLING[2]. Dieser hat auch[3] die direkten Untersuchungen der Rekombination von elektrisch erzeugten Halogenatomen ausführlich referiert. Nach Versuchen von G.-M. SCHWAB und H. FRIESS[4] vereinigen sich Chloratome an Quarzwänden bei jedem 30. Stoß, an anderen Stoffen rascher, an Metallen am raschesten; s. a. W. H. RODEBUSH und W. C. KLINGELHOEFER[5]. Bromatome (G.-M. SCHWAB[6]) rekombinieren an allen Wänden bei jedem Stoß. Die Reaktionen sind erster Ordnung (s. S. 243f., 313) und haben keine merkliche Aktivierungswärme.

2. Bildung und Zerfall von Halogenwasserstoffen.

Chlorwasserstoff bildet sich nach R. KLAR und A. MÜLLER[7] an mit Chlor vorbehandelter und so irreversibel chlorierter Kohle bei 360° mit erheblich größerer Geschwindigkeit als an gewöhnlicher Kohle.

Bromwasserstoff bildet sich ebenfalls bei Kohlekatalyse aus den Elementen. U. HOFMANN[8] hat diese Reaktion zuerst untersucht, die nullte Ordnung festgestellt und beobachtet, daß feinkristallisierte Kohlenstoffe eine Wirksamkeit in derselben Größenordnung haben wie hochaktive Adsorptionskohlen. B. BRUNS und O. ZARUBINA[9] finden, daß bei Aktivierung der Kohlen durch Abbrand die Geschwindigkeit ein Maximum bei 80 % Abbrand durchläuft, die Adsorptionsfähigkeit aber schon bei 35 %. Die reaktionskinetischen Angaben dieser Forscher sind als überholt anzusehen. G.-M. SCHWAB und F. LOBER[10] haben die Reaktion im strömenden System eingehend kinetisch untersucht. Die Geschwindigkeitsgleichung lautet:

$$\frac{d\,(\mathrm{HBr})}{dt} = \frac{k'\,(\mathrm{Br_2})\,(\mathrm{H_2})}{1 + b\,(\mathrm{Br_2})},$$

was auf mittelstarke Adsorption des Broms und schwache, von Brom nicht beeinflußte Adsorption des Wasserstoffs an anderen Flächenteilen hinweist. Es wird vermutet, daß Brom zwischen den Basisebenen des Graphitgitters, Wasserstoff an den Prismenflächen adsorbiert wird. Die Adsorptionswärme des Broms wird zu 20 kcal/Mol abgeschätzt, die scheinbare Aktivierungswärme zu 15 kcal/Mol gemessen und darauf hingewiesen, daß ein wenig höherer Wert — 17 kcal/Mol — für die homogene Reaktion $H_2 + Br_2$ gilt. Salzzusätze zur Kohle

---

[1] M. BODENSTEIN, W. JOST: Dieses Handbuch Bd. I, S. 287. Wien, 1941.
[2] L. v. MÜFFLING: Dieses Handbuch Bd. VI, S. 112ff. Wien, 1943.
[3] Derselbe, ebenda, S. 100ff.
[4] G.-M. SCHWAB, H. FRIESS: Z. Elektrochem. angew. physik. Chem. **39** (1933), 586; Naturwiss. **21** (1933), 222.
[5] W. H. RODEBUSH, W. C. KLINGELHOEFER: J. Amer. chem. Soc. **55** (1933), 130.
[6] G.-M. SCHWAB: Z. physik. Chem., Abt. B **27** (1934), 452.
[7] R. KLAR, A. MÜLLER: Z. physik. Chem., Abt. A **169** (1934), 297; C 34 II, 2355.
[8] U. HOFMANN: Z. angew. Chem. **44** (1931), 841; C 31 II, 3091.
[9] B. BRUNS, O. ZARUBINA: Acta physicochim. URSS **8** (1938), 787; C 39 I, 1505.
[10] G.-M. SCHWAB, F. LOBER: Z. physik. Chem., Abt. A **186** (1940), 321; C 40 II, 3441.

verändern Aktivierungswärme und Aktivität unter Gültigkeit der Theta-Beziehung (s. S. 202ff.).

Später haben U. HOFMANN und W. HÖPER[1] das Ausmaß der HBr-Bildung an verschieden vorbehandelten Thermaxrußen (Glühen bei 1300 und 3000°) gemessen, um den Katalysator auf die Existenz besonders aktiver Stellen zu prüfen. Während die Korngröße und die zugängliche Oberfläche (gemessen durch Adsorption von Methylenblau) unabhängig von der Vorbehandlung sind, wird die Anzahl der Kristalle in jedem Korn, und damit die Anzahl der Ecken und Kanten oder anderer aktiver Stellen um mehrere Größenordnungen geändert (elektronenmikroskopische Aufnahmen). Da aber beide Katalysatorproben die gleiche katalytische Leistung zeigen, wird daraus geschlossen, daß bei der HBr-Bildung offenbar die in der Oberfläche der Graphitkristalle normal gebundenen Atome wirksam sind und nicht irgendwelche besonders aktiven Stellen, im Einklang mit der Vermutung von G.-M. SCHWAB und F. LOBER über die Adsorption von Brom und Wasserstoff an Basis- bzw. Prismenflächen.

Schließlich können G. RUESS und F. VOGT[2] durch Untersuchung der Form der Graphitkristalle sowie U. HOFMANN und G. OHLERICH[3] durch weitere katalytische Messungen zeigen, daß der Schwerpunkt der katalytischen Wirksamkeit höchstwahrscheinlich bei den Basisflächen zu suchen ist, da deren Ausdehnung nach G. RUESS und F. VOGT die der Prismenflächen um etwa eine Größenordnung übersteigt und die große katalytische Wirksamkeit nicht auf den Prismenflächen untergebracht werden kann.

Für *Jodwasserstoff* liegen seit den in den einschlägigen Monographien angeführten HINSHELWOODschen Untersuchungen keine kinetischen Messungen mehr vor. K. J. LAIDLER, S. GLASSTONE und H. EYRING[4] stellen auf Grund jener Arbeiten fest, daß sowohl die Reaktion erster Ordnung an Platin wie die nullter Ordnung an Gold der transition state-Theorie in ihrer absoluten Geschwindigkeit entsprechen. Für die Goldreaktion hatte dasselbe schon B. TOPLEY[5] nach der klassischen kinetischen Theorie berechnet.

3. Organische Halogenverbindungen.

Propan wird nach L. H. REYERSON und S. YUSTER[6] durch auf Aluminiumoxyd oder Kieselgel aufgetragenes $CuCl_2$ zu verschiedenen hochchlorierten Produkten umgesetzt, und zwar rascher als ohne Katalysator und mit der halben Aktivierungswärme. Diese variiert mit der Herstellung und dem Träger des Katalysators. Es wird ein Mechanismus über Zwischenverbindungen wie CuCl und $HCuCl_2$ vorgeschlagen. Merkwürdig sind Hystereseerscheinungen, die die beim Aufheizen erreichte hohe Geschwindigkeit beim darauf folgenden Abkühlen bestehen lassen.

n-Butan kann nach A. W. TOPTSCHIJEW, L. N. ANDREJEW und B. A. KRENZEL[7] in ähnlicher Weise chloriert werden, und zwar an mit Cl_2 aktiviertem Al_2O_3 mit einer Aktivierungsenergie von 14,7 kcal/Mol, an Silicagel mit 8,2 kcal/Mol

---

[1] U. HOFMANN, W. HÖPER: Naturwiss. **32** (1944), 225; C 45 II, 1289.

[2] G. RUESS, F. VOGT: Mh. Chem. **78** (1948), 222.

[3] U. HOFMANN, G. OHLERICH: Z. angew. Chem. **62** (1950), 16; C 51 I, 1571.

[4] K. J. LAIDLER, S. GLASSTONE, H. EYRING: J. chem. Physics 8 (1940), 667; C 41 I, 2497.

[5] B. TOPLEY: Nature **128** (1931), 115.

[6] L. H. REYERSON, S. YUSTER: J. physic. Chem. **39** (1935), 1111; C 37 I, 1122.

[7] A. W. TOPTSCHIJEW, L. N. ANDREJEW, B. A. KRENZEL: Ber. Akad. Wiss. UdSSR N. S. 88 (1953), 285; C 53, 6853.

und an mit 20 % $CuCl_2$ getränktem Silicagel mit 4,35 kcal/Mol. Dabei entstehen Mono- und Dichlorbutan in gleichen Mengen. An Spiralen aus 18-8-Stahl verläuft die Reaktion schon bei gewöhnlicher Temperatur völlig zu Ende.

Äthylen wird nach R. B. MOONEY und H. G. REID[1] an der Oberfläche von Jodkristallen proportional seiner eigenen Konzentration jodiert. Da Glas und Paraffin unwirksam sind, ist Jod nicht nur als Reaktionsteilnehmer, sondern auch als Katalysator anzusprechen. Die scheinbare Aktivierungswärme beträgt 20 ± 3 kcal/Mol.

Nach E. A. SHILOV[2] wird die Entflammung von Mischungen aus Chlor und Äthylen durch verschiedene Oxyde katalysiert. Mit HgO, Hg_2O und Ag_2O erfolgt schon bei Raumtemperatur Zündung, mit PbO bei $100 \div 120°$.

Acetylen addiert nach I. VAN DALFSEN und I. P. WIBAUT[3] Chlorwasserstoff und geht in Vinylchlorid über. Katalysator ist $HgCl_2$, Kieselsäure als Träger wirkt günstig, Sublimatdampf ist unwirksam. Von T. KRAUS[4] werden die genauen Bedingungen für die Adsorption von Sublimat an Aktivkohle aus wäßriger Lösung mitgeteilt zwecks Herstellung von Kontakten für diese Reaktion. F. PATAT und P. WEIDLICH[5] benützen Tonscherben als Träger und prüfen neben Sublimat noch einige weitere Chloride. Die Geschwindigkeit der nach erster Ordnung verlaufenden Reaktion (erste Ordnung bezüglich der Summe von C_2H_2 und HCl) ist jedoch an Sublimat am größten, obwohl die Aktivierungsenergie hier höher ist als an den anderen Kontakten (etwa 15 gegenüber etwa 10 kcal/Mol). Es tritt hier gewissermaßen eine Überkompensation ein. Der Schnittpunkt der $\log k - 1/T$ — Geraden liegt unterhalb des Meßintervalls.

Alkylhalogenide haben A. A. BALANDIN und W. W. PATRIKEJEW[6] an Kohle bei $300 \div 500°$ mit Wasserstoff zu Alkan + HCl reduziert. Am leichtesten reagiert Allylchlorid, ohne daß bis 400° die Doppelbindung hydriert wird, dann folgen die Alkylchloride, zuletzt Phenylbromid. Alle diese Substrate erfordern aber dieselbe scheinbare Aktivierungswärme von 33,5 kcal/Mol. Chlorwasserstoff wirkt hemmend.

R. BALTZLY und A. P. PHILIPS[7] beschreiben die katalytische Hydrogenolyse verschiedener aromatischer und aliphatischer Halogenverbindungen in Äthanol oder Methanol bei Gegenwart von Pd-Kohle. Aliphatisch gebundenes Halogen reagiert in saurer und neutraler Lösung nur unter dem Einfluß benachbarter ungesättigter Gruppen, aromatisch gebundenes Chlor nur unter Bedingungen, die den aromatischen Ring reduzieren oder bei Aktivierung durch andere Substituenten. Ebenso gebundenes Brom reagiert mit mäßiger Geschwindigkeit. Aminosubstitution im aromatischen System macht die Halogene ohne Rücksicht auf deren Stellung beweglich, aber nur, solange die Aminogruppe nicht in kationischer Form vorliegt.

---

[1] R. B. MOONEY, H. G. REID: J. chem. Soc. **1931**, 2597; C 32 I, 341.
[2] E. A. SHILOV: Ber. Akad. Wiss. UdSSR N. S. **46**, 69; C. R. Acad. Sci. URSS **46** (1945), 64; C. A. 45, 4791.
[3] I. VAN DALFSEN, I. P. WIBAUT: Recueil Trav. chim. Pays-Bas **53** (4) (15) (1934), 489; C 34 II, 2354.
[4] T. KRAUS: Österr. Chemiker-Ztg. **52** (1951), 185.
[5] F. PATAT, P. WEIDLICH: Helv. chim. Acta **32** (1949), 783.
[6] A. A. BALANDIN, W. W. PATRIKEJEW: J. allg. Chem. URSS **11** (73) (1941), 225; C 42 I, 2233.
[7] R. BALTZLY, A. P. PHILIPS: J. Amer. chem. Soc. **68** (1946), 261; C 47, 1359.

L. CH. FREIDLIN und andere[1] haben in mehreren Arbeiten den katalytischen Ersatz von Halogen durch Hydroxyl bei aromatischen Verbindungen untersucht. Als Katalysatoren dienen in der Gasphase Silicagel allein oder aktiviert mit Cu oder Cu-Verbindungen. Die bei 480÷550° beginnende Desaktivierung der Silicagelkatalysatoren wird von T. RODÉ und A. A. BALANDIN[2] auf die Entfernung definierter Mengen chemisch gebundenen Wassers zurückgeführt. Solange die Kinetik nicht durch Diffusionseffekte bestimmt wird, ist nach G. K. BORESSKOW und W. A. DSISSKO[3] die Aktivität (bezogen auf die Oberflächeneinheit) unabhängig von der Porengröße. NOBUTO OHTA[4] hat eingehend die günstigsten Herstellungsbedingungen für den Silicagel-Kupfer(II)-chlorid-Katalysator für die Hydrolyse von Chlorbenzol zu Phenol in der Dampfphase sowie die Wirkung der Reaktionstemperatur, der Volumgeschwindigkeit und des Verhältnisses Wasser zu Chlorbenzol auf die Ausbeute untersucht. Die Reaktionsgeschwindigkeit steigt zunächst bis 525° schnell mit der Temperatur an und bleibt dann etwa konstant (genügende Verweilzeit am Kontakt vorausgesetzt). Das optimale Verhältnis von Wasser zu Chlorbenzol beträgt 3 : 1 Mol.

Die erstmals von H. G. GRIMM und E. SCHWAMBERGER[5] eingehender studierte, nach erster Ordnung verlaufende Spaltung von Äthylchlorid in Äthylen und Chlorwasserstoff bildete in der Folgezeit den Gegenstand mehrerer Untersuchungen. Katalysatoren sind meist Chloride von ein-, zwei- und dreiwertigen Metallen, soweit sie nicht wegen allzu großer Flüchtigkeit von vornherein ausscheiden. An den Alkalihalogeniden sind die Aktivierungswärmen so hoch (> 30 kcal/Mol), daß die Reaktion meist nicht oder nur sehr schwer meßbar ist. Die Halogenide der zwei- und dreiwertigen Metalle zeigen niedrigere Aktivierungsenergien, < 30 kcal/Mol bis herab zu etwa 15 kcal/Mol. H.G. GRIMM und E. SCHWAMBERGER (l. c.) stellen fest, daß innerhalb der einzelnen Gruppen des Periodensystems Aktivierungsenergien und Häufigkeitsfaktoren mit zunehmender Größe des Kations und wahrscheinlich auch des Anions ansteigen. Der von G.-M. SCHWAB[6] nach diesen Messungen aus dem gemeinsamen Schnittpunkt der $\log k - 1/T$ — Geraden abgeleitete Zusammenhang zwischen Aktivierungsenergie, Häufigkeitsfaktor und Herstellungstemperatur (Thetaregel, s. S. 202ff.) ist nach Ansicht von E. CREMER und R. BALDT[7] bei der Äthylchloridspaltung nicht ohne Einschränkung gültig. Dies wird damit belegt, daß sich in vielen Fällen ein linearer Zusammenhang zwischen der Aktivierungsenergie und dem Logarithmus des Häufigkeitsfaktors auch dann ergibt, wenn man die an ein und demselben Katalysator nach Vorbehandeln (Tempern) bei verschiedenen Temperaturen erhaltenen Werte zueinander in Beziehung

[1] L. CH. FREIDLIN, A. A. BALANDIN, G. A. FRIDMAN, A. I. LEBEDEWA: Bull. Acad. Sci. URSS, Cl. Sci. chim. **1945**, Nr. 2, 154. — L. K. FREIDLIN, A. A. BALANDIN, A. I. LEBEDEWA, G. A. FRIDMAN: Acta physicochim. URSS **21** (1946), 55; Bull. Acad. Sci. URSS, Cl. Sci. chim. **1946**, 439; C 47, 725; Bull. Acad. Sci. URSS, Cl. Sci. chim. **1947**, 515; C 47 E, 30. — L. CH. FREIDLIN, I. J. NEIMARK, G. A. FRIDMAN, R. J. SCHEINFAIN, F. I. CHATZET: Nachr. Akad. Wiss. UdSSR, Abt. chem. Wiss. **1950**, 521; C 51 II, 349.

[2] T. RODÉ, A. A. BALANDIN: Acta physicochim. URSS **21** (1946), 853; C 47, 1734.

[3] G. K. BORESSKOW, W. A. DSISSKO: J. physic. Chem. URSS **24** (1950), 1135; C 53, 4185.

[4] NOBUTO OHTA: Rep. Government chem. ind. Res. Inst., Tokyo **46** (1952), 31, 37; J. chem. Soc. Japan, ind. Chem. Sect. **54** (1951), 328, 462; C 53, 8826.

[5] H. G. GRIMM, E. SCHWAMBERGER: Réunion internat. de chim. physique, Paris, 1928, 214.

[6] G.-M. SCHWAB: Z. physik. Chem., Abt. B **5** (1929), 406.

[7] E. CREMER, R. BALDT: Mh. Chem. **79** (1948), 439; C 49 II, 379; Z. Naturforsch. **4a** (1949), 337; C 50 II, 254.

setzt. An $BaCl_2$ z. B. kann dadurch die Aktivierungsenergie zwischen 22,5 und 41,9 kcal/Mol und der Häufigkeitsfaktor zwischen 10^5 und 10^{10} verändert werden. Die Beziehung $\log A = q/a + \text{const.}$ (A = Häufigkeitsfaktor, q = Aktivierungsenergie, a = Proportionalitätsfaktor) ist zwar erfüllt, doch existiert kein Zusammenhang zwischen a und der Vorbehandlungstemperatur, die sich wohl auf q, nicht aber auf a auswirkt. E. CREMER[1] macht dann den Vorschlag, in den Fällen, in denen sich die Änderung des Häufigkeitsfaktors über eine größere Anzahl von Zehnerpotenzen erstreckt, den Kompensationseffekt nicht durch die als unwahrscheinlich angesehene Änderung der Anzahl aktiver Zentren zu deuten, sondern mit der quantenmechanischen Übergangswahrscheinlichkeit eines Elektrons durch die Ausgangs- und Endstoffe trennende Energieschwelle in Zusammenhang zu bringen. Die Elektronen haben einen nach oben schmäler werdenden Energieberg zu durchlaufen. Muß bei kleiner Aktivierungsenergie der Berg unten durchlaufen werden, so ist wegen der größeren Breite die Übergangswahrscheinlichkeit geringer, als wenn der Berg bei großer Aktivierungsenergie oben durchlaufen wird.

Zweifellos hat es in dem von E. CREMER und R. BALDT[2] behandelten Fall keinen physikalischen Sinn, $a = R\,\Theta$ zu setzen. Andrerseits haben G.-M. SCHWAB und A. KARATZAS[3] sowie G.-M. SCHWAB und H. NOLLER[4] eine Reihe von Katalysatoren durch Schmelzen im Tiegel und rasches Abkühlen des Schmelzflusses durch Ausgießen auf eine glasierte Platte in gleicher Weise vorbehandelt. Sie finden für Θ eine Temperatur, die nahe der oberen Grenze des Reaktionsintervalls bzw. wenige 100° unter dem Schmelzpunkt liegt, und das dürfte tatsächlich etwa die Temperatur sein, für die das Oberflächengleichgewicht im vorliegenden Falle eingestellt ist. G.-M. SCHWAB und A. KARATZAS[5] vergleichen die katalytische Wirkung von $BaCl_2$, $PbCl_2$, $MnCl_2$ und der drei binären Systeme aus je zweien dieser Komponenten. Dabei entspricht das Eutektikum $PbCl_2/MnCl_2$ in seiner katalytischen Wirkung genau der Summe der Komponenten. Beim Mischkristall $BaCl_2$-$PbCl_2$ (Molverhältnis 1 : 1) tritt eine geringe Verstärkung auf (die Aktivierungsenergie ist kleiner als die kleinste an den Komponenten allein gemessene). Bei der Verbindung $BaMnCl_4$ schließlich ist die Aktivierungsenergie nicht größer als die Reaktionswärme der endothermen Reaktion. Es wird eine polare Zweipunktadsorption des Dipols C_2H_5Cl an der Oberfläche des Salzkatalysators angenommen und die Aktivierungsenergie in Zusammenhang gebracht mit dem Dipolmoment des aktiven Dubletts. G.-M. SCHWAB und H. NOLLER[6] geben der Thetaregel (s. S. 207) versuchsweise eine neue Deutung: Mit zunehmender Aktivierungsenergie soll auch die Anzahl der Freiheitsgrade zunehmen, über die diese in der reagierenden Molekel verteilt sein darf. Sie können aber zeigen, daß diese Deutung nicht hinreichend ist, um der großen Variationsbreite der Häufigkeitsfaktoren gerecht zu werden, während bei Annahme einer heterogenen Oberfläche keine prinzipiellen Schwierigkeiten auftreten. Durch eine Betrachtung der mesomeren Grenzstrukturen des Substrates und des aktivierten Komplexes kommen sie zu einer Deutung der Verschiedenheit der Aktivierungsenergien, die darauf hinausläuft, daß derjenige Katalysator die niedrigste Aktivierungsenergie haben wird, der das stärkste elektrische Feld

[1] E. CREMER: Experientia (Basel) 4 (1948), 349.
[2] E. CREMER, R. BALDT: Mh. Chem. 79 (1948), 439; C 49 II, 379; Z. Naturforsch. 4a (1949), 337; C 50 II, 254.
[3] G.-M. SCHWAB, A. KARATZAS: J. physic. Colloid Chem. 52 (1948), 1053.
[4] G.-M. SCHWAB, H. NOLLER: Z. Elektrochem. angew. physik. Chem. 58 (1954), 763.
[5] G.-M. SCHWAB, A. KARATZAS: J. physic. Colloid Chem. 52 (1948), 1053.
[6] G.-M. SCHWAB, H. NOLLER: Z. Elektrochem. angew. physik. Chem. 58 (1954), 763.

an seiner Oberfläche hat und damit der für die Reaktion wichtigen polaren Resonanzstruktur am meisten Gewicht geben kann.

In ähnlicher Weise läßt sich *Äthylendichlorid* nach J. C. GHOSH und S. RAMA DAS GUHA[1] in Chlorwasserstoff und Vinylchlorid spalten. Als Kontakte dienen Präparate aus Aktivkohle mit verschiedenen Metallchloriden.

Die Kinetik der Anlagerung von HCl an Propylen wurde von L. E. SWABB, JR. und H. E. HÖLSCHER[2] an Al_2O_3 als Katalysator untersucht. Dabei entsteht im Temperaturbereich von 44÷80° nur Isopropylchlorid.

Vinylbromid addiert nach G. WILLIAMS[3] Brom, und zwar wirkt die Glaswand zwischen 0° und 50° als heterogener Katalysator. Die Reaktion ist erster Ordnung nach dem Bromid und zweiter nach dem Brom. Da der Temperaturkoeffizient negativ ist, muß eine Zwischenverbindung mit nur einer Molekel Brom angenommen werden, deren Gleichgewichtskonzentration mit der Temperatur abnimmt. Entwässerung der Gefäßwände verzögert die Reaktion und setzt die Ordnung nach dem Brom auf die erste herab, woraus geschlossen wird, daß an solchen Oberflächen die Bildung des Komplexes und nicht, wie an feuchten Wänden, seine Bromierung geschwindigkeitsbestimmend ist.

Äthyljodid wird nach G.-M. SCHWAB und H. H. MARTIN[4] weder von CuJ noch von AgJ an deren Umwandlungspunkten gespalten.

IV. Schwefelverbindungen.

1. Schwefelwasserstoff.

E. E. AYNSLEY, T. G. PEARSON und P. L. ROBINSON[5] haben die alten Versuche von M. BODENSTEIN und R. G. W. NORRISH über die thermische Bildung des Schwefelwasserstoffs aus den Elementen weitergeführt. Sie finden zunächst eine Reaktion proportional $(H_2)\,(S_2)^{1/2}$, stellen aber später fest[6], daß diese eine homogene Gasreaktion ist, während die eigentliche heterogene Katalyse an der Oberfläche des flüssigen Schwefels proportional $(H_2)\,(S_2)^0$ verläuft mit einer Aktivierungswärme von 45,5 kcal/Mol. E. E. AYNSLEY, T. G. PEARSON und P. L. ROBINSON[7] finden ferner bei Drucken unterhalb 40 mm Hg noch eine andere heterogene Reaktion an der Glaswand von derselben Ordnung, die aufhört, sobald der gebildete Schwefelwasserstoff genügt, um die Oberfläche unimolekular zu bedecken. Die gefundene Kinetik bedeutet, daß gesättigt adsorbierter Schwefel (bzw. der flüssige Schwefel selbst) mit auftreffendem (oder verdünnt adsorbiertem) Wasserstoff reagiert.

H. REINHOLD, W. APPEL und P. FRISCH[8] haben die Reaktion an Ag_2S als Katalysator untersucht. Der Schwefelgehalt des Katalysators, durch seine

[1] J. C. GHOSH, S. RAMA DAS GUHA: Petroleum (London) **14** (1951), 261; C 52, 4528.
[2] L. E. SWABB, JR., H. E. HÖLSCHER: Chem. Engng. Progr. **48** (1952), 564; C 54, 744.
[3] G. WILLIAMS: Trans. Faraday Soc. **34** (1938), 1144; C 39 II, 1265.
[4] G.-M. SCHWAB, H. H. MARTIN: Z. Elektrochem. angew. physik. Chem. **43** (1937), 610; C 37 II, 3855.
[5] E. E. AYNSLEY, T. G. PEARSON, P. L. ROBINSON: Nature (London) **131** (1933), 471; C 33 II, 7.
[6] E. E. AYNSLEY, T. G. PEARSON, P. L. ROBINSON: J. chem. Soc. (London) **1935**, 58; C 35 II, 6.
[7] E. E. AYNSLEY, T. G. PEARSON, P. L. ROBINSON: Nature (London) **132** (1933), 894; C 34 I, 652.
[8] H. REINHOLD, W. APPEL, P. FRISCH: Z. physik. Chem., Abt. A **184** (1939), 273; C 40 II, 5.

Leitfähigkeit meßbar, ändert sich hierbei nicht, was bedeutet, daß der Schwefelaustausch mit der Gasphase unmeßbar rasch erfolgt und die Adsorption von Wasserstoff eine begrenzende Bedingung ist. Die Reaktionsgeschwindigkeit ist

$$\frac{d(H_2S)}{dt} = \frac{k'(H_2)}{(S_2)^{1/2}},$$

läßt sich also zwanglos durch eine Verdrängungshemmung der geschwindigkeitsbestimmenden Wasserstoff-Adsorption deuten, also ganz ähnlich, wie die Reaktion am Schwefel selbst.

H. HERGLOTZ[1] beschreibt die H_2S-Bildung an mit Schwefel vorbelegten Kontakten aus RANEY-Kobalt mit verschiedenem Gehalt an aktiver Komponente. Die Reaktion verläuft nach erster Ordnung. Die Aktivierungsenergie nimmt mit steigendem Gehalt an aktiver Komponente (0,68 ÷ 100 %) von etwa 6 auf etwa 34 kcal/Mol zu. Ebenso steigen die Häufigkeitsfaktoren entsprechend der Thetabeziehung (s. S. 202ff.). Jedoch ergibt sich für Θ eine Temperatur innerhalb des Meßintervalls.

Den *Zerfall von Schwefelwasserstoff* an Molybdän hat F. E. T. KINGMAN[2] zwischen 400 und 625° und bei 0,1 mm Hg Gesamtdruck untersucht. Er erfolgt nach erster Ordnung und hat eine scheinbare Aktivierungswärme von 25 kcal/Mol.

2. Schwefeltrioxyd-Synthese.

Die Reaktion:

$$2 SO_2 + O_2 \rightarrow 2 SO_3$$

hat eine verhältnismäßig intensive Bearbeitung erfahren, hauptsächlich aus dem Bestreben heraus, durch die Kenntnis der kinetischen Verhältnisse die technischen Ausbeuten vorauszubestimmen oder zu verbessern (so z. B. D. A. TSCHERNOBAJEW[3], der aus Aktivierungswärmen die Optimaltemperatur berechnet, oder E. KRUMMENACHER und A. HECKER[4], die den Temperaturverlauf im Kontaktofen studieren) oder neue Katalysatoren zu entwickeln.

Platin. Die Kinetik der Synthese wurde durch die vielzitierte klassische Untersuchung von M. BODENSTEIN und W. FINK klargestellt. Eine neuere Untersuchung von G. B. TAYLOR und S. LENHER[5] bestätigt im wesentlichen deren Ergebnisse. Das heißt, die Reaktionsgeschwindigkeit ist umgekehrt proportional einer gebrochenen Potenz, ungefähr der Quadratwurzel, des SO_3-Drucks und proportional der Konzentration des Unterschußgases, oder, bei stöchiometrischem Verhältnis, der Entfernung vom Gleichgewicht. Dies bedeutet, daß das auftreffende Unterschußgas mit dem an aktiven Zentren adsorbierten Überschußgas reagiert, während SO_3 mittelstark adsorbiert ist und daher durch Verdrängung hemmt. Die scheinbare Aktivierungsenergie der Synthese beträgt 16 kcal/Mol. Die Zersetzungsgeschwindigkeit ist ebenfalls der Entfernung vom Gleichgewicht proportional und hat eine Aktivierungswärme von 40 kcal/Mol, entsprechend einer Wärmetönung von 40 − 16 = 24 kcal/Mol. Die Gleichung von TAYLOR und

[1] H. HERGLOTZ: Mh. Chem. 81 (1950), 1162; C 51 II, 2430.
[2] F. E. T. KINGMAN: Trans. Faraday Soc. 32 (1936), 903; C 36 I, 2284.
[3] D. A. TSCHERNOBAJEW: Z. chem. Ind. URSS 15 (1938), Nr. 9; C 39 I, 3607.
[4] E. KRUMMENACHER, A. HECKER: Helv. chim. Acta 24 (1941), Nr. 71E; C 42 I, 1591.
[5] G. B. TAYLOR, S. LENHER: Z. physik. Chem., Bodenstein-Band (1931), 30; C 31 II, 2114.

LENHER wird von G. K. BORESSKOW und W. P. PLIGUNOW[1] an Platin und von ihnen sowie von G. K. BORESSKOW und T. I. SSOKOLOWA[2] auch an Vanadinoxydkatalysatoren bestätigt. Einen etwas anderen Ausdruck stellen H. Y. CHANG und T. H. CHANG[3] auf:

$$\frac{-d\,(SO_2)}{dt} = k' \frac{(SO_2)}{(SO_3)^{0,2}} \cdot \ln \left|\frac{r_e}{r_t}\right|,$$

wo r_e bzw. r_t das Verhältnis $(SO_3) : (SO_2)$ im Gleichgewicht bzw. zur Zeit t bedeuten.

L. ANDRUSSOW[4] geht davon aus, daß die Reaktion in großer Entfernung vom Gleichgewicht die Eigenheiten eines schnell verlaufenden Prozesses hat, bei dem wegen der großen Absolutgeschwindigkeit der einzelnen Elementarprozesse unmittelbar an der Katalysatoroberfläche ein scharfer Abfall der Konzentration der Unterschußkomponente vorliegt, so daß die Geschwindigkeit der Umsetzung im wesentlichen durch das Herandiffundieren der Unterschußkomponente an den Katalysator gegeben ist, wie schon bei M. BODENSTEIN und W. FINK. Erst bei Annäherung an das Gleichgewicht wird die Kinetik normal, d. h. die Oberflächenprozesse werden geschwindigkeitsbestimmend. Von diesen Grundlagen ausgehend, wird ein mathematischer Ansatz zur rechnerischen Erfassung des Umsatzes am Katalysator im strömenden System gegeben. Die Absolutgeschwindigkeit ist eine Funktion der Entfernung des Systems vom Gleichgewicht. Die Rechnungen sind für Röhren aus Platin durchgeführt.

Vanadium(V)-oxyd. Wie schon erwähnt, gilt dieselbe Kinetik, wie am Platin, auch hier (G. K. BORESSKOW und W. P. PLIGUNOW[5]), nur ist hier die scheinbare Aktivierungswärme temperaturabhängig: von 55 kcal/Mol fällt sie bei 440° auf 20 kcal/Mol. Nach CHANG und CHANG (l. c.) soll die Ordnung nach SO_2 hier um eine Einheit höher sein als am Platin. G. K. BORESSKOW und T. I. SSOKOLOWA[6] finden bei 470°:

$$\frac{-d\,(SO_2)}{dt} = \frac{k'\,(SO_2)^{0,8} \cdot (O_2)}{(SO_3)^{0,8}},$$

während sie für großen Sauerstoff-Überschuß die Gleichung von TAYLOR und LENHER (l. c.) bestätigen. Die Aktivierungswärme finden sie zu 23 kcal/Mol. G. K. BORESSKOW und B. P. PLIGUNOW[7] finden dagegen, unabhängig vom Kieselsäurezuschlag zum Kontakt, 38 kcal/Mol. Kieselsäure und Kaliumsulfat zusammen als Zuschläge setzen diesen Wert auf 27 kcal/Mol herab und verzwanzigfachen so die Reaktionsausbeute gegenüber reinem Vanadiumoxyd.

G. K. BORESSKOW, L. G. RITTER und J. I. WOLKOWA[8] untersuchen die

---

[1] G. K. BORESSKOW, W. P. PLIGUNOW: J. angew. Chem. URSS **6** (1933), 758; C 34 I, 3014.

[2] G. K. BORESSKOW, T. I. SSOKOLOWA: J. chem. Ind. URSS **14** (1937), 1241; C 39 I, 1621.

[3] H. Y. CHANG, T. H. CHANG: J. chem. Ind. China **3** (1946), 315; C 37 I, 4730.

[4] L. ANDRUSSOW: Z. Elektrochem. angew. physik. Chem. **55** (1951), 428; C 52, 3297.

[5] G. K. BORESSKOW, W. P. PLIGUNOW: J. angew. Chem. URSS **6** (1933), 758; C 34 I, 3014.

[6] G. K. BORESSKOW, T. I. SSOKOLOWA: J. chem. Ind. URSS **14** (1937), 1241; C 39 I, 1621.

[7] G. K. BORESSKOW, B. P. PLIGUNOW: J. Chim. appl. URSS **13** (1940), 653; C 41 I, 1858.

[8] G. K. BORESSKOW, L. G. RITTER, J. I. WOLKOWA: J. angew. Chem. URSS **22** (1949), 250; C 50 I, 942.

Abhängigkeit der optimalen Wirkungstemperatur des Katalysators von der Zusammensetzung des Gasgemisches und der dadurch bedingten Änderung der Temperatur der Phasenübergänge der katalytisch aktiven Vanadate. Diese Temperatur sinkt mit zunehmendem O_2-Druck, vom SO_2-Druck ist sie praktisch unabhängig. Eine Ergänzung zu den kinetischen Messungen bilden die Untersuchungen von H. FLOOD und O. J. KUPPA[1] über Gleichgewichte im System V_2O_4, V_2O_5, $VOSO_4$, SO_2, SO_3. Das Maximum der katalytischen Wirksamkeit. das bei mäßigen Strömungsgeschwindigkeiten bei 500 ÷ 550° gefunden wird, liegt in der Nähe der Zersetzungstemperatur von $VOSO_4$ zu V_2O_5, SO_2 und SO_3. Es hat nichts zu tun mit der Koexistenz der drei Phasen V_2O_5, V_2O_4 und $VOSO_4$, wie B. NEUMANN, H. PANZNER und E. GOEBEL[2] annehmen, da drei feste Phasen nur bei einer einzigen Temperatur koexistieren. I. G. LESSOCHIN, D. G. TRABER und I. P. MUCHLENOW[3] beschreiben die vergiftende Wirkung von Eisensulfat als Krustenbildung auf dem Kontakt, die nichts mit einer eigentlichen Giftwirkung auf den Katalysator zu tun hat. Bei der Vergiftung mit As_2O_3 bestimmen I. G. LESSOCHIN und I. P. MUCHLENOW[4] den Zusammenhang zwischen Giftmenge einerseits und Geschwindigkeitskonstante und Aktivierungsenergie andrerseits. Über 475° unterscheiden sich die Aktivierungsenergien des reinen und vergifteten Katalysators nur wenig, während darunter die Verdoppelung der Aktivierungsenergie für den vergifteten Katalysator bei höheren Temperaturen einsetzt als für den reinen. Die Geschwindigkeitskonstante nimmt zunächst proportional der Giftmenge ab, bei stärkerer Vergiftung annähernd nach einer hyperbolischen Funktion.

Sonstige Katalysatoren. I. E. ADADUROW, L. GALAMEJEWA und D. W. GERNET[5] haben *Gips* als Katalysator auf einem Kieselsäureträger und in Gegenwart verschiedener Oxyde dreiwertiger Metalle einer eingehenden Prüfung unterzogen. Die Reaktion hat bis zu der Umwandlung des Trägers in Tridymit bei 900° eine Aktivierungswärme von 10 kcal/Mol, darüber 30 ÷ 40 kcal/Mol; während der Umwandlung selbst tritt eine vorübergehende starke Geschwindigkeitssteigerung ein. Die Fremdoxyde beschleunigen, solange sie keinen Spinell mit dem Gips bilden, während Silikatbildung günstig wirkt. Als geschwindigkeitsbestimmende Reaktion wird die thermische Dissoziation des Gipses angesehen, übereinstimmend mit der Kinetik an anderen Katalysatoren, wo ja ebenfalls die schwierige Freigabe von SO_3 das kinetische Bild bestimmt. — Von diesem Standpunkt aus steht diese Untersuchung in Beziehung mit Arbeiten, die *Erdalkali-Oxyde* als Katalysatoren verwenden: I. E. ADADUROW und D. W. GERNET[6] haben Gemenge von SnO_2 und BaO verwandt, N. MAKLAKOW und M. ARCHIPOWA[7] BaO oder CaO mit V_2O_5. Die Kinetik ist die gleiche wie am Platin, und ebenso wie am reinen V_2O_5 wird die Reaktionsgeschwindigkeit unterhalb 450° rasch kleiner. Einen Katalysator aus $Cr_2O_3 + SnO_2$ unter Zusatz von 32 % $SbCl_3$ benutzen I. E. ADADUROW

[1] H. FLOOD, O. J. KUPPA: J. Amer. chem. Soc. **69** (1947), 998; C 48 II, 469.
[2] B. NEUMANN, H. PANZNER, E. GOEBEL: Z. Elektrochem. angew. physik. Chem. **34** (1928), 696.
[3] I. G. LESSOCHIN, D. G. TRABER, I. P. MUCHLENOW: J. angew. Chem. URSS **23** (1950), 345; C 51 I, 1509.
[4] I. G. LESSOCHIN, I. P. MUCHLENOW: J. angew. Chem. URSS **23** (1950), 449; C 51 II, 2567.
[5] I. E. ADADUROW, L. GALAMEJEWA, D. W. GERNET: J. angew. Chem. URSS **5** (1932), 736; C 33 I, 2213.
[6] I. E. ADADUROW, D. W. GERNET: J. angew. Chem. URSS **6** (1933), 450; C 34 II, 1087.
[7] N. MAKLAKOW, M. ARCHIPOWA: Chimstroy **6** (1934), 318; C 35 I, 2311.

und D. W. GERNET[1]. Zusammen mit A. W. SCHIRJAJEWA[2] finden sie allgemein, daß für Oxydkontakte die Theta-Beziehung gilt (s. S. 202ff.), woraus folgt, daß diese Katalysatoren hinsichtlich des Reaktionsmechanismus alle vergleichbar sind. N. I. PEWNY[3] vergleicht an Katalysatoren aller bisher besprochenen Arten die direkt gemessene Desorptionsgeschwindigkeit des SO_3 mit der Reaktionsgeschwindigkeit und findet allgemein, daß geringe Desorptionsgeschwindigkeit auch langsame Reaktion bedingt, wodurch der Charakter der SO_3-Hemmung als Verdrängungshemmung im Sinne der auf S. 338 besprochenen Auffassung bewiesen ist. — An *Eisenoxyd*, dem bekannten Kontakt des Mannheimer Verfahrens, haben P. M. LUKJANOW, I. N. BUSCHMAKIN, M. RYSSAKOW und I. W. MOLKENTIN[4] Versuche unter erhöhten Drucken ausgeführt. Mäßige Variationen der Konzentrationen sind hier ohne Einfluß auf die Ausbeute, die bei 25 atm zu 76 %, bei 100 atm zu 100 % gefunden wird. Der Katalysator ist aber unter diesen Bedingungen nicht stabil.

G. K. BORESSKOW und T. I. SSOKOLOWA[5] nehmen als Mechanismus an Fe_2O_3 an, daß zunächst SO_2 durch ein Oberflächenatom des Katalysators oxydiert wird und daß dieser dann wieder durch O_2 oxydiert wird. Der Katalysator kann erst bei Temperaturen über 640 ÷ 670° als gut bezeichnet werden. Dies scheint damit zusammenzuhängen, daß er unterhalb dieser Temperatur bis zu 41 % SO_3 aufnimmt und im Röntgendiagramm zusätzliche Linien zeigt, während er darüber als reine Hämatitphase vorliegt. Bei 680° verläuft die Reaktion nach der Gleichung:

$$\frac{-d(SO_2)}{dt} = k_1 \frac{(SO_2)^{1,5}}{(SO_3)^{1,5}} (O_2) - k_2 \frac{(SO_3)^{0,5}}{(SO_2)^{0,5}} .$$

Die scheinbare Aktivierungsenergie ist 38 kcal/Mol. Die Adsorption von Sauerstoff wird als der geschwindigkeitsbestimmende Schritt angesehen. G. TOLLEY[6] beschreibt die katalytische Wirkung von verschieden präparierten Eisenoberflächen, wobei sich aber im Verlauf der Reaktion rasch Eisenoxyd und -sulfid(!) bildet, so daß es sich nicht im eigentlichen Sinn um eine Katalyse an metallischen Oberflächen handelt. Zusatz von Wasserdampf zu den reagierenden Gasen wirkt verzögernd.

3. Sonstige Schwefelverbindungen.

Die Oxydation von *Schwefelkohlenstoff* und *Kohlenoxysulfid* durch Sauerstoff an Nickel haben R. H. GRIFFITH und S. G. HILL[7] untersucht, wobei sie die homogene Reaktion durch Zusatz von Äthylen unterdrücken konnten. Schwefelkohlenstoff wird nach nullter Ordnung oxydiert, und daher wird angenommen, daß er bis zur Sättigung adsorbiert ist und von freiem Sauerstoff oxydiert wird. Kohlenoxysulfid dagegen reagiert nach erster Ordnung und wird dabei durch

[1] I. E. ADADUROW, D. W. GERNET: J. angew. Chem. URSS **10** (1937), 245; C 37 II, 3855.
[2] I. E. ADADUROW, D. W. GERNET, A. W. SCHIRJAJEWA: J. physic. Chem. URSS **7** (1936), 451; C 37 II, 1300.
[3] N. I. PEWNY: J. physic. Chem. URSS **14** (1940), 981; C 42 I, 710.
[4] P. M. LUKJANOW, I. N. BUSCHMAKIN, M. RYSSAKOW, I. W. MOLKENTIN: J. angew. Chem. URSS **6** (1933), 772; C 34 I, 2466.
[5] G. K. BORESSKOW, T. I. SSOKOLOWA: J. physic. Chem. URSS **18** (1944), 87; **19** (1945), 535.
[6] G. TOLLEY: J. Soc. chem. Ind. **67** (1948), 369, 401; C 48 E, 803; C 49 I, 1328.
[7] R. H. GRIFFITH, S. G. HILL: J. chem. Soc. (London) **1938**, 2037; C 39 I, 4176.

das entstandene SO_2 gehemmt; daraus wird gefolgert, daß hier adsorbierter Sauerstoff, der von SO_2 teilweise verdrängt wird, mit freiem Oxysulfid reagiert.

Die Reaktion

$$4\,COS + 2\,SO_2 \rightarrow 4\,CO_2 + 3\,S_2,$$

die von Al_2O_3, Fe_2O_3, TiO_2 auf Trägern zwischen 600 und 800° katalysiert wird, trägt nach G. I. TSCHUFAROW und W. S. UDINZEWA[1] alle charakteristischen Züge einer vom Katalysator ausgelösten, entartet verzweigten Kettenreaktion.

R. H. PURCELL und F. D. ZAHOORBUX[2] untersuchen den Zerfall von COSe an den verschiedenen Modifikationen des Selens bei 120÷140°. Die drei Modifikationen unterscheiden sich hinsichtlich ihrer Wirksamkeit.

Die Oxydation von SCl_2 zu Thionylchlorid und Sulfurylchlorid an Aktivkohle wird von A. G. EVANS und G. W. MEADOWS[3] beschrieben unter der Annahme, daß zunächst die irreversible Reaktion $SCl_2 + O_2 \rightarrow SO_2Cl_2$ abläuft und sich anschließend ein Gleichgewicht einstellt nach $SCl_2 + SO_2Cl_2 \rightleftarrows 2\,SOCl_2$.

Thiophen wird nach R. H. GRIFFITH, J. D. F. MARSH und W. B. S. NEWLING[4] in großem H_2-Überschuß katalytisch zersetzt, wobei 60% Buten und 40% Butan entstehen. An Ni_3S_2 ist die Reaktion nahezu von erster Ordnung nach Thiophen, an MoO_2-MoS_2 ist die Ordnung 0,2÷0,6 und nimmt zu, wenn die Temperatur erhöht oder die Konzentration vermindert wird.

W. J. KIRKPATRICK[5] liefert eine zusammenfassende Betrachtung über Nickelsulfidkatalysatoren, insbesondere über Ni_3S_2 (Nickelsubsulfid). Beschrieben werden Herstellungsmethoden, Stabilitätsbedingungen, physikalische und chemische Adsorption verschiedener Gase, Trägermaterialien sowie eine Reihe von Reaktionen. Diese Katalysatoren sind häufig in der Lage, reines Nickel in solchen Fällen zu ersetzen, bei denen dessen Anwendung wegen des Schwefelgehalts im Substrat unmöglich wäre. Doch bietet ihre Anwendung auch sonst mitunter gewisse Vorteile gegenüber metallischem Nickel, z. B. zeigen sie bei höheren Temperaturen (350 oder 400°) eine geringere Krackwirkung als Metalle und können darum vorteilhaft bei der Dehydrierung von Hydroaromaten eingesetzt werden. Weiterhin katalysieren sie den Ersatz von Wasserstoff oder Sauerstoff durch Schwefel und die Umkehrreaktion davon, sowie die Einführung von SH-Gruppen, z. B. durch Addition von H_2S an Doppelbindungen. Abschließend wird bemerkt, daß die beschriebene Wirkung von Nickelsulfiden eine Revision älterer Auffassungen über die Vergiftung von Nickelkatalysatoren durch Schwefel nötig macht. Wie man sieht, braucht Schwefel keineswegs immer nur eine vergiftende Wirkung auf Hydrierungskatalysatoren auszuüben. In diesem Zusammenhang seien noch die Befunde von H. ADKINS und Mitarbeitern[6] erwähnt über die Aromatisierung (Dehydrierung) von Dicyclohexyl zu Diphenyl durch Oxydation mit Benzol an einem Nickelkatalysator. Thiophenfreies Benzol gibt nur sehr geringe Ausbeuten, die aber mit zunehmendem Thiophengehalt sehr stark bis zu einem Maximum ansteigen, um dann wieder abzufallen. G.-M.

---

[1] G. I. TSCHUFAROW, W. S. UDINZEWA: J. angew. Chem. URSS **10** (1937), 1199; C 38 I, 2999.

[2] R. H. PURCELL, F. D. ZAHOORBUX: J. chem. Soc. (London) **1937**, 1029; C 37 II, 1506.

[3] A. G. EVANS, G. W. MEADOWS: Trans. Faraday Soc. **43** (1947), 667; C 47 E, 475.

[4] R. H. GRIFFITH, J. D. F. MARSH, W. B. S. NEWLING: Proc. Roy. Soc. (London), Ser. A **197** (1949), 194; C 50 II, 870.

[5] W. J. KIRKPATRICK: Advances in Catalysis, Vol. III, S. 329. New York, 1951.

[6] H. ADKINS, D. S. RAE, J. W. DAVIS, G. F. HAGER, K. HOYLE: J. Amer. chem. Soc. **70** (1948), 381; C 48 II, 31.

SCHWAB[1] gibt für diese „doppelte" Wirkung des Schwefels versuchsweise eine Erklärung, die sich eng an die Theorie anschließt, die von ihm bei den Untersuchungen über Legierungskatalysatoren für Hydrierungs- und Dehydrierungsprozesse entwickelt wurde (s. S. 330f.): Die Giftwirkung des Schwefels beruht darauf, daß seine beweglichen Elektronen zum Katalysator hin übergehen und die für die Reaktion wichtigen Elektronenniveaus blockieren, das heißt, den Substratelektronen unzugänglich machen. Treten jedoch mit zunehmendem Schwefelgehalt neue feste Phasen mit veränderter Gitterstruktur auf, so ist damit prinzipiell die Möglichkeit zur Bildung neuer freier Elektronenniveaus wieder vorhanden, und die Giftwirkung hört auf.

V. Stickstoff- und Phosphorverbindungen.

1. Rekombination von Stickstoffatomen.

Wir verweisen auf die Darstellung von L. v. MÜFFLING[2] in diesem Handbuch. Die Rekombination der N-Atome unterscheidet sich von der bereits besprochenen der H-, O- und Halogen-Atome in einer Beziehung deutlich, die eine nochmalige kurze Besprechung der bezüglichen Ergebnisse von S. ROGINSKY und A. SCHECHTER[3] sowie N. BUBEN und A. SCHECHTER[4] angezeigt erscheinen läßt. Man kann nämlich hier zu erheblich höheren Temperaturen gehen, ohne wegen der großen Dissoziationswärme der Stickstoffmolekel von 225 kcal/Mol Störungen durch deren Dissoziation fürchten zu müssen. An Nickel steigt die Rekombinationsgeschwindigkeit (gemessen durch die Wärmeaufnahme des Katalysatordrahtes) von 300 bis 1200° an mit einer Aktivierungswärme von 2,5 kcal/Mol, die wegen der ersten Ordnung des an sich bimolekularen Vorgangs die wahre Aktivierungswärme ist, die auftreffende Atome benötigen, um mit gesättigt adsorbierten zu reagieren. Oberhalb 1200° jedoch nimmt die Geschwindigkeit wieder *ab* (andeutungsweise wurde das auch schon bei H-Atomen an Platin oberhalb 1350° beobachtet) und wird bei 1550° Null. Dies ist in derselben Weise zu erklären, wie wir oben (S. 247f.) das Maximum der Äthylenhydrierung gedeutet haben: Die Adsorptionsdichte der adsorbierten Atome, die ja der eine Reaktionspartner sind, nimmt mit der Temperatur ab. Über die betreffenden Gleichungen siehe den zitierten Artikel von L. v. MÜFFLING. Aus der Steilheit des Abfalls und der Lage des Maximums errechnet sich für Nickel z. B. die Adsorptionswärme der N-Atome zu 55 kcal/Mol, also in der Größenordnung einer chemischen Bindung, was für die Beurteilung der Stickstoff-Aktivierung, z. B. an Ammoniakkatalysatoren, von Bedeutung ist.

2. Austausch von Stickstoffisotopen.

W. R. F. GUYER, G. G. JORIS und H. S. TAYLOR[5] haben den Austausch der Isotopen $^{15}N_2$ und $^{14}N_2$ an einem *Osmium*-Katalysator gemessen. Er wird bei

[1] G.-M. SCHWAB: Proc. Internat. Symposion on the Reactivity of Solids, S. 515. Göteborg, 1952.
[2] L. v. MÜFFLING: Dieses Handbuch Bd. VI, S. 99, 107ff. Wien, 1943.
[3] S. ROGINSKY, A. SCHECHTER: Acta physicochim. URSS **6** (1937), 401; C 38 II, 3203.
[4] N. BUBEN, A. SCHECHTER: Acta physicochim. URSS **10** (1939), 371, 379; C 40, II, 1247.
[5] W. R. F. GUYER, G. G. JORIS, H. S. TAYLOR: J. chem. Physics **9** (1941), 287; C 42 I, 579.

200° merklich, bei 300° rasch, von Wasserstoff gehemmt, von Sauerstoff vergiftet und hat eine Aktivierungswärme von 22 kcal/Mol, an Eisen eine solche von 55 kcal/Mol, was mit der Eisennitrid-Zersetzung (s. S. 351 f.) in Zusammenhang gebracht wird. G. G. JORIS und H. S. TAYLOR[1] finden an zweifach verstärkten *Eisen*kontakten für die Ammoniaksynthese, daß die Isotopenaustauschgeschwindigkeit wesentlich kleiner ist als die entsprechende Desorptionsgeschwindigkeit für Stickstoff. J. T. KUMMER und P. H. EMMETT[2] führen dies allerdings darauf zurück, daß die Katalysatoren nicht von den letzten Spuren Sauerstoff befreit worden waren, der sehr stark hemmend wirkt. Bei ihren eigenen Versuchen ergibt sich für beide Geschwindigkeiten durchaus dieselbe Größenordnung. Übereinstimmend wird gefunden, daß Wasserstoff die Reaktion beschleunigt. M. BOUDART[3] betrachtet die Oberfläche eines metallischen Katalysators als einen zweidimensionalen Halbleiter (Fehlstellen entstehen durch Verunreinigungen und adsorbierte Fremdmolekeln oder -Atome), dessen katalytische Wirksamkeit unter anderem von der Lage des FERMI-Niveaus abhängt. Diese wieder ist ceteris paribus abhängig von der Zahl und Art der auf der Oberfläche adsorbierten Teilchen. Mit dieser Auffassung kommt er zu einer Erklärung für die Hemmung des Isotopenaustausches durch Sauerstoff und seine Beschleunigung durch Wasserstoff: Die Entfernung des Akzeptors Sauerstoff und die Zugabe des Donators Wasserstoff verschieben beide das FERMI-Niveau im Katalysator in der gleichen Richtung.

An *Rhenium* wird nach J. P. McGEER und H. S. TAYLOR[4] der Isotopenaustausch erst oberhalb 500° meßbar, auch hier wirkt Wasserstoff beschleunigend.

3. Synthese und Spaltung von Ammoniak.

Die Synthese und Spaltung von Ammoniak an reinen und verstärkten Metallkatalysatoren hat eine relativ eingehende Bearbeitung erfahren, wiederum ausgehend von dem Bestreben, die Vorgänge in der technischen Synthese klarzustellen. Hierzu dienen nicht nur die schwierig anzustellenden kinetischen Untersuchungen der Hochdrucksynthese, sondern in höherem Maße die einfacheren der Zerfallsreaktion; es wird von dem Gedanken ausgegangen, daß der Katalysator das Gleichgewicht nicht verschieben darf und daher gute Synthesekontakte auch solche der Zersetzung sein müssen. Dieser Gesichtspunkt gilt natürlich hier nur unter Vorbehalt, da die Synthese bei einem Gleichgewicht stehenbleibt, das weit von den Bedingungen entfernt ist, unter denen die Zersetzung untersucht wird. Die Ergebnisse der letzteren sind daher für die Synthese nicht unbedingt verbindlich. Dagegen haben kombinierte Studien *beider* Reaktionen die Zusammenhänge und die Unterschiede im wesentlichen klargelegt, die zwischen beiden Reaktionen bestehen. Hinsichtlich der zusammenfassenden Würdigung der bis zum 1. Mai 1935 erschienenen Arbeiten verweisen wir auf die von einem der Verfasser gemeinsam mit H. SCHNELLER und L. RUDOLPH[5] besorgte Darstellung in GMELINS Handbuch. Wir werden hier nur Arbeiten besprechen, die neuer sind als diese Darstellung oder besonderes reaktionskinetisches Interesse beanspruchen.

---

[1] G. G. JORIS, H. S. TAYLOR: J. chem. Physics **7** (1939), 893; C 40 I, 498.
[2] J. T. KUMMER, P. H. EMMETT: J. chem. Physics **19** (1951), 289.
[3] M. BOUDART: J. Amer. chem. Soc. **74** (1952), 1531, 3556; C 53, 5992; C 54, 1902.
[4] J. P. McGEER, H. S. TAYLOR: J. Amer. chem. Soc. **73** (1951), 2743.
[5] G.-M. SCHWAB, H. SCHNELLER, L. RUDOLPH: GMELINS Handbuch der Anorgan. Chemie, 8. Aufl. System-Nr. 4 (Stickstoff), S. 320ff. Berlin, 1935.

a) Eisenkatalysatoren.

Wir rechnen hierher gleichermaßen das reine Eisen und elementares Eisen in Mischkatalysatoren wie dem technischen Gemisch $Fe\text{-}Al_2O_3\text{-}K_2O$; denn es hat sich herausgestellt, daß zwischen beiden keine grundsätzlichen Unterschiede bestehen, sondern nur solche der Beständigkeit. Um die Geschlossenheit des Bildes zu wahren, wollen wir Synthese und Spaltung gemeinsam besprechen, dafür aber eine Trennung in die Kapitel „Kinetik“, „Mechanismus“ und „Katalysatoren“ vornehmen. Dies mag zunächst wenig sinnvoll erscheinen; denn schließlich ist die theoretische Aufstellung einer Geschwindigkeitsgleichung nicht möglich, ohne gewisse Voraussetzungen über den Mechanismus zu machen. Andererseits kann man aus einer empirisch ermittelten Geschwindigkeitsgleichung Rückschlüsse ziehen auf den Mechanismus. Wir hoffen jedoch, den umfangreichen Stoff dadurch übersichtlicher darstellen zu können, daß wir im Kapitel „Kinetik“ die für die Aufstellung der Geschwindigkeitsgleichung nötigen Annahmen und Voraussetzungen zunächst einmal als gegebene Tatsachen hinnehmen wollen, ohne sie im einzelnen experimentell zu begründen. Dies soll dann im Kapitel „Mechanismus“ nachgeholt werden.

α) *Kinetik.*

Neben einigen anderen waren es besonders russische Autoren, die sich um die Aufklärung der Kinetik und die Aufstellung einer Geschwindigkeitsgleichung bemüht haben. Nach einer mehr historischen Aufzählung früherer Versuche soll in diesem Kapitel in der Hauptsache die Gleichung von Temkin und Pyshew besprochen werden, die seit ihrer Aufstellung eine geradezu dominierende Rolle in der Ammoniak-Kinetik spielt. Ursprünglich lag dafür nur eine theoretische und an älteren Messungen geprüfte Gleichung von A. F. Benton[1] vor, die lautet:

$$\frac{d(NH_3)}{dt} = k_1 \frac{(H_2)(N_2)}{(NH_3)} - k_2,$$

in der also eine durch Ammoniak gehemmte Hinreaktion zweiter Ordnung mit einer Rückreaktion nullter Ordnung kombiniert ist. Während A. Popowitsch[2] im Gegensatz hierzu eine Reaktion erster Ordnung voraussetzt, stehen die übrigen reaktionskinetischen Messungen mit dieser Gleichung im Einklang. W. S. Finkelstein und M. J. Rubanik[3] schließen ebenfalls auf zweite Ordnung, die sie durch die Primärreaktion deuten:

$$2K_x + N_2 + H_2 \rightarrow 2K_xNH,$$

also Imidbildung an benachbarten Katalysatoratomen K_x. Die weitere Hydrierung des Imids zu Ammoniak muß dann unmeßbar rasch erfolgen. Verschiedene Messungen der Literatur und besondere Versuche geben Aktivierungswärmen zwischen 18,6 und 22,6 kcal/Mol für die Imidbildung.

Die ersten reaktionskinetischen Messungen für die Spaltung allein stellte C. H. Kunsman (zitiert in Gmelins Handbuch, l. c., sowie bei C. H. Kunsman, E. S. Lamar und W. E. Denning[4]) an einem auf einen Platindraht aufgetragenen

---

[1] A. F. Benton: Ind. Engng. Chem. **19** (1927), 496.

[2] A. Popowitsch: Chimstroy **6** (1934) 258; C 35 I, 2311.

[3] W. S. Finkelstein, M. J. Rubanik: J. physic. Chem. URSS **6** (1935), 1051; C 36 II, 423. — W. Finkelstein und sieben Mitarbeiter: Acta physicochim. URSS **1** (1934), 521; C 35 I, 3244.

[4] C. H. Kunsman, E. S. Lamar, W. E. Denning: Philos. Mag. (7) **10** (1930), 1015; C 31 I, 1566.

technischen Kontaktpulver an. Wasserstoff übt eine Hemmung aus, die mit der Temperatur abfällt, Stickstoff ist ohne Einfluß. Die scheinbare Aktivierungswärme beträgt bei tieferen Temperaturen 50 kcal/Mol, bei höheren fällt sie auf 20 kcal/Mol. Das wird durch die zurückgehende Wasserstoffhemmung erklärt, wenn die wahre Aktivierungswärme 42 ÷ 46 kcal/Mol beträgt, und die Differenz $\lambda_{NH_3} - \lambda_{H_2}$ 5 ÷ 13 kcal/Mol. KUNSMAN findet auch schon Anzeichen einer Nitridbildung. Versuche von J. ZAWADSKI und B. MODRZEJEWSKI[1], die auf nullte Ordnung führen und angeblich die (unter Zersetzungsbedingungen ganz vernachlässigbare!) Rückreaktion bemerken lassen, bedeuten demgegenüber einen Rückschritt. W. FINKELSTEIN und sieben Mitarbeiter[2] haben dann ähnliche Versuche gemacht und die Kinetik zu

$$-\frac{d\,(NH_3)}{dt} = \frac{k'\,(NH_3)^{2,2}}{(H_2)^{0,25}}$$

gefunden, jedoch mit der auffallend kleinen scheinbaren Aktivierungswärme von 11,7 kcal/Mol. Die gehemmte Reaktion wird auch von R. KIYAMA[3] sowie K. SEYA[4] bestätigt, welch letzterer sie teilweise auf eine Bildung von Eisennitrid zurückführt.

Die neuere Entwicklung nimmt ihren Ausgang von E. WINTER[5], der eine abweichende Gleichung findet:

$$-\frac{d\,(NH_3)}{dt} = \frac{k'\,(NH_3)^{0,9}}{(H_2)^{1,5}}\,.$$

Er erklärt als erster die Wasserstoffhemmung nach einem andern Prinzip: Er nimmt an, daß in der Oberfläche die Gleichgewichte:

$$\begin{aligned}
&(1)\quad (NH_3)_{ads} \rightleftharpoons (NH_2)_{ads} + H_{ads}\\
&(2)\quad (NH_2)_{ads} \rightleftharpoons (NH)_{ads} + H_{ads}\\
&(3)\quad (NH)_{ads} \rightleftharpoons N_{ads} + H_{ads}\\
&(4)\quad H_{ads} + H_{ads} \rightleftharpoons H_2
\end{aligned}$$

eingestellt sind und daß

$$(5)\quad 2N_{ads} \rightarrow N_2\,,$$

also die Desorption des Stickstoffs, die Reaktionsgeschwindigkeit bestimmt. Er mißt die Aktivierungswärme des Zerfalls zu 51 ÷ 54 kcal/Mol, eine Zahl, die später noch eine Rolle spielen wird (s. S. 352). G. ENGELHARDT und C. WAGNER[6] haben zwar nicht den Zerfall des Ammoniaks an Eisen gemessen, aber die Nitrierung des Eisens durch Ammoniak und seine Denitrierung durch Wasserstoff und kommen daraus zu etwas anderen Schlüssen für den Ammoniakzerfall, wonach in der obigen Folge nicht die Reaktion (5) die Geschwindigkeit bestimmt, sondern die Reaktionen (2) bis (4):

$$(NH_2)_{ads} \rightarrow N_{ads} + H_2\,.$$

Gemeinsam ist beiden Auffassungen, gegenüber der von KUNSMAN, daß die Hemmung durch Wasserstoff nicht eine Verdrängungshemmung ist, sondern eine

[1] J. ZAWADSKI, B. MODRZEJEWSKI: Roczniki Chem. **11** (1931), 505; C 31 II, 2693.

[2] W. FINKELSTEIN und sieben Mitarbeiter: Acta physicochim. URSS **1** (1934), 521; C 35 I, 3244.

[3] R. KIYAMA: Rev. physic. Chem. Japan **13** (1939), 125; C 40 II, 723; Rev. physic. Chem. Japan **14** (1940), 102; C 41 I, 487.

[4] K. SEYA: Rev. physic. Chem. Japan **13** (1939), 137; C 40 II, 723.

[5] E. WINTER: Z. physik. Chem., Abt. B **13** (1931), 401; C 31 II, 2416.

[6] G. ENGELHARDT, C. WAGNER: Z. physik. Chem., Abt. B **18** (1932), 369; C 32 II, 3051.

Massenwirkung in der Oberfläche, die an einer bestimmten Stelle in der Reaktionsfolge Ammoniak-Amid-Imid-Nitrid-Metall eingreift. Man vergleiche hierüber J. A. CHRISTIANSEN[1] sowie GMELINS Handbuch (l. c.).

Ausgehend von den Untersuchungen E. WINTERS über die Ammoniakspaltung in genügendem Wasserstoffüberschuß (zur Vermeidung von Nitridbildung) ist es M. TEMKIN und W. PYSHEW[2] als ersten gelungen, eine Gleichung aufzustellen, die weite Bereiche von Druck und Temperatur umfaßt und die seitdem zur Grundlage bei allen Untersuchungen über Ammoniak-Kinetik gemacht wird. Sie behalten im wesentlichen WINTERS Annahmen bei. Als geschwindigkeitsbestimmender Schritt der Synthese wird die aktivierte Adsorption von Stickstoff angesehen. Entsprechend ist für die Spaltung die Desorption des Stickstoffs geschwindigkeitsbestimmend. Für die übrigen Reaktionen soll das Gleichgewicht eingestellt sein:

$$1{,}5\,H_{2(gas)} + N_{(ads)} \rightleftharpoons NH_{3(gas)}\,. \tag{A}$$

Die Oberfläche wird als inhomogen angesehen (bzw. wahlweise mit der Gegenwart abstoßender Kräfte zwischen den Molekülen gerechnet), da nur so WINTERS Resultate erklärt werden können. Statt der gewöhnlichen LANGMUIRschen Adsorptionsisotherme gilt die folgende:

$$\sigma = \frac{1}{f} \ln a_0 p \tag{1}$$

(FRUMKIN und SLYGJN[3], σ = bedeckter Bruchteil der Oberfläche, p = Gasdruck, a_0 und f = Konstanten). Ähnlich gilt für die Adsorptionsgeschwindigkeit nach ZELDOWITSCH[4]

$$v = k_a\, p\, e^{-g\sigma} \tag{2}$$

und für die Desorptionsgeschwindigkeit nach LANGMUIR[5]:

$$w = k_d\, e^{h\sigma} \tag{3}$$

(k_a, k_d, g und h sind Konstanten). Der den Formeln zugrunde liegende Gedanke ist, daß die Aktivierungsenergie der Adsorption linear mit der Bedeckung ansteigt, gemäß $Q_a = Q_{ao} + \gamma\sigma$, während die Aktivierungsenergie der Desorption linear mit der Bedeckung absinkt nach $Q_d = Q_{do} - \delta\sigma$. Mit γ/RT = g und $\delta/RT = h$ und durch Zusammenfassen der konstanten Glieder in k_a und k_d ergeben sich (2) und (3), wenn man die ARRHENIUSsche Gleichung für die Adsorptions- und Desorptionsgeschwindigkeit aufstellt. (1) wird erhalten durch Gleichsetzen von (2) und (3) mit $g + h = f$ und $k_a/k_d = a_0$. Die Bedeckung der Oberfläche mit Stickstoff wird bestimmt durch das Gleichgewicht *(A)*, also durch den Druck von H_2 und NH_3 im Gasraum. Zur Errechnung der Bedeckung σ ordnet man dem Stickstoff auf der Oberfläche einen hypothetischen Druck im Gasraum zu, der gleich ist dem zum vorhandenen Wasserstoff- und Ammoniakdruck gehörenden Gleichgewichtsdruck des Stickstoffs und geht damit in Gl. (1) ein. Einsetzen dieses σ-Wertes in die Gl. (2) bzw. (3) ergibt die Adsorptions- bzw. Desorptionsgeschwindigkeit von Stickstoff und damit die Geschwindigkeit der Synthese

[1] J. A. CHRISTIANSEN: Dieses Handbuch Bd. VI, S. 309. Wien, 1943.

[2] M. TEMKIN, W. PYSHEW: J. physic. Chem. URSS **13** (1939), 851; C 41 I, 2350; Acta physicochim. URSS **12** (1940), 327; C 41 II, 2647.

[3] A. FRUMKIN, A. SLYGIN: Acta physicochim. URSS **3** (1935), 791.

[4] I. ZELDOWITSCH: Acta physicochim. URSS **1** (1934), 449. — S. ROGINSKY, I. ZELDOWITSCH: ebenda 554, 595; C 35 I, 3245f.

[5] I. LANGMUIR: J. Amer. chem. Soc. **54** (1932), 2798.

bzw. Spaltung. Die Differenz beider Ausdrücke ist die Geschwindigkeit, mit der Ammoniak in einem gegebenen Gemisch gebildet wird. Es ergibt sich folgende allgemeine Form der Gleichung:

$$\frac{d P_{NH_3}}{dt} = k_1 P_{N_2} \left(\frac{P^3_{H_2}}{P^2_{NH_3}}\right)^{\alpha} - k_2 \left(\frac{P^2_{NH_3}}{P^3_{H_2}}\right)^{1-\alpha},$$

α steht für $g/f = g/(g+h)$ und $1-\alpha$ für $h/f = h/(g+h)$. Wie aus obigem abgeleitet werden kann, verknüpft α gleichzeitig Aktivierungswärme und Adsorptionswärme λ: $Q_a - Q_{ao} = \alpha(\lambda_0 - \lambda)$. Sein Zahlenwert beträgt in den meisten Fällen 0,5. (Man beachte die Ähnlichkeit mit der später von G. K. BORESSKOW und T. I. SSOKOLOWA aufgestellten Gleichung für die SO_2-Oxydation, s. S. 341.) Für die Theorie s. a. M. I. TEMKIN[1] sowie, von einem anderen, besonderen Gesichtspunkt aus, N. I. KOBOSEW und L. L. KLACHKO-GURVICH[2]. Erwähnt sei hier noch die etwas abweichende Auffassung von P. W. USSATSCHEW[3], nach der Stickstoff nicht mit dem Metall, sondern auch mit adsorbiertem Wasserstoff unmittelbar in Kontakt kommen muß und die Ammoniakhemmung eine solche durch Bedeckung ist. Zum Unterschied von WINTER geben TEMKIN und PYSHEW für die Spaltung nur eine Aktivierungswärme von 40 kcal/Mol an, die allerdings aus Synthesedaten berechnet ist.

Die späteren Nachprüfungen der Gleichung ergeben teils gute, teils weniger gute, manchmal auch überhaupt keine Übereinstimmung mit dem Experiment, auch wenn man α unterschiedliche Werte zuschreibt. W. A. ROITER[4] findet sie am vorliegenden Material bestätigt. Vergleichende Messungen der Synthesekinetik an verschieden hergestellten Fe-Al_2O_3-Kontakten haben ferner S. S. GAUCHMAN und W. A. ROITER[5] angestellt. S. BRUNAUER, K. S. LOVE und R. G. KEENAN[6] können zeigen, daß ihre allgemeinen Gleichungen für die Adsorptions- und Desorptionsgeschwindigkeit und die Adsorptionsisotherme von N_2 an Eisenkatalysatoren sich in geeigneten Adsorptionsbereichen (mittlere Bedeckung) auf die obige Gleichung reduzieren lassen und daß dabei eine endliche Variationsbreite der Adsorptionswärmen und Aktivierungswärmen innerhalb der Oberfläche entweder zwischen den verschiedenen Zentren oder (infolge intermolekularer Kräfte) zwischen den verschiedenen Belegungsdichten zulässig ist. Sie berechnen aus Syntheseversuchen die Aktivierungswärme des Zerfalls zu 49 kcal/Mol, wieder in Übereinstimmung mit den direkten Versuchen. Die Messungen des Zerfalls an einem doppelt verstärkten Katalysator (Nr. 931) ergeben nach P. H. EMMETT und J. T. KUMMER[7] für $\alpha = 0{,}724$, was auch durch weitere Zerfallsmessungen von K. S. LOVE und P. H. EMMETT[8] für den gleichen Katalysator bestätigt wird ($q = 45{,}6 \pm 2$ kcal/Mol; nach Nitrierung 53 kcal/Mol, nach Sinterung $47 \div 50$ kcal/Mol). Während in diesen Fällen die Gleichung weitgehend erfüllt ist, finden K. S. LOVE und P. H. EMMETT[8] für zwei einfach verstärkte Katalysa-

---

[1] M. I. TEMKIN: J. physic. Chem. URSS **14** (1940), 1241; C 42 I, 838.

[2] N. I. KOBOSEW, L. L. KLACHKO-GURVICH: Acta physicochim. URSS **10** (1939), 1; C 39 II, 3528.

[3] P. W. USSATSCHEW: J. physic. Chem. URSS **14** (1940), 1246; C 42 I, 839.

[4] W. A. ROITER: J. physic. Chem. URSS **14** (1940), 1229; C 42 I, 838.

[5] S. S. GAUCHMAN, W. A. ROITER: J. physic. Chem. URSS **13** (1939), 593; C 39 II, 4429.

[6] S. BRUNAUER, K. S. LOVE, R. G. KEENAN: J. Amer. chem. Soc. **64** (1942), 751; C 43 I, 1030.

[7] P. H. EMMETT, J. T. KUMMER: Ind. Engng. Chem. **35** (1943), 677.

[8] K. S. LOVE, P. H. EMMETT: J. Amer. chem. Soc. **63** (1941), 3297; C 42 II, 496.

toren im Temperaturbereich von etwa 400 ÷ 425° eine völlig andere Kinetik (Geschwindigkeit proportional dem H_2-Druck und umgekehrt proportional dem NH_3-Druck, fast keine Aktivierungsenergie), die sich allerdings außerhalb dieses Intervalls an die „normale" annähert. Sie nehmen an, daß hier Amid und Imid vorliegen, die erst bei höheren Temperaturen in Nitrid übergehen. Einen Ausnahmefall beschreiben auch S. L. KIPERMAN und V. S. GRANOWSKAJA[1]. Zwar finden sie die Gleichung an einem ihrer Katalysatoren bestätigt, an einem andern, sehr wenig aktiven Katalysator aber, bei dem die Reaktion sich bei sehr geringer Stickstoffbedeckung der Oberfläche abspielt, finden sie für die Synthesegeschwindigkeit $k\,P_{N_2}$. Formal könnte man sagen, daß hier $\alpha = 0$ gesetzt werden muß. Bestätigt wird die Gleichung weiterhin durch die Arbeiten von G. P. KORNEICHUK und I. A. KHRIZMAN[2], R. BRILL[3] sowie von S. KIPERMAN und M. TEMKIN[4], welch letztere die Untersuchungen auch auf Mo-Katalysatoren ausdehnen. Zusammenfassend können M. TEMKIN und S. KIPERMAN[5] durch Auswertung des bis dahin veröffentlichten Materials zeigen, daß die Gleichung für die verschiedensten Versuchsbedingungen und für eine ganze Reihe von Katalysatoren gültig ist und daß in den meisten Fällen $\alpha = 0{,}5$ gesetzt werden kann. Da vollends die Aktivierungsenergie nur wenig von der Natur des verwandten Katalysators abhängt, folgern sie daraus, daß die Reaktion an all diesen Katalysatoren nach dem gleichen Mechanismus verläuft.

M. I. TEMKIN[6] geht dann noch einen Schritt weiter und versucht, die Gleichung auch auf höhere Drucke auszudehnen. Dazu muß statt des Partialdrucks der Gase deren Fugazität eingesetzt und die Gleichung mit einem Faktor $e^{-(\overline{V}_a-\overline{V}_s)P/RT}$ multipliziert werden ($\overline{V}_s$ und $\overline{V}_a$ bedeuten dabei die partiellen Molvolumina des adsorbierten Stickstoffs und des aktivierten Komplexes). Dadurch wird die Geschwindigkeitskonstante auch in geringem Maße druckabhängig, doch macht die Änderung zwischen 1 und 300 atm nur etwa 30% aus.

H. DE BRUIJN[7] geht bei der Ableitung der Geschwindigkeitsgleichung ganz analog wie TEMKIN und PYSHEW von der Voraussetzung aus, daß das Gleichgewicht zwischen Wasserstoff und Ammoniak in der Gasphase und Stickstoff auf der Oberfläche eingestellt ist, verwendet jedoch zum Unterschied von ihnen zunächst die LANGMUIRsche Adsorptionsisotherme und die entsprechenden Gleichungen für die Geschwindigkeit der Adsorption und Desorption. Da diese nur für gleichartige Zentren gelten, so muß über alle Arten von Zentren der heterogenen Oberfläche integriert werden. Irgendwelche Annahmen über die Art der Zentrenverteilung sind dabei zunächst nicht nötig, dagegen wird uneingeschränkte Beweglichkeit des atomar adsorbierten Stickstoffs vorausgesetzt. Die Ableitung soll nur gelten für unmittelbare Nähe des Gleichgewichts. Die Aktivierungswärme wird als proportional der Adsorptionswärme angesetzt. Er erhält eine Gleichung, die sich nur um einen Inhomogenitätsfaktor $F = \overline{[\sigma^n\,(1-\sigma)^{1-n}]^2}$ von der von TEMKIN und PYSHEW unterscheidet. (σ = bedeckter Bruchteil der Oberfläche, n = Proportionalitätsfaktor für die Beziehung zwischen Aktivierungsenergie und Adsorptionswärme wie früher α.) Der Wert

---

[1] S. L. KIPERMAN, V. S. GRANOWSKAJA: J. physic. Chem. URSS 26 (1952), 1615.

[2] G. P. KORNEICHUK, I. A. KHRIZMAN: J. physic. Chem. URSS 18 (1944), 389; C. A. 45, 3197.

[3] R. BRILL: J. chem. Physics 19 (1951), 1047; C 52, 2467.

[4] S. KIPERMAN, M. TEMKIN: Acta physicochim. URSS 21 (1946), 267; J. physic. Chem. URSS 20 (1946), 369.

[5] M. TEMKIN, S. KIPERMAN: J. physic. Chem. URSS 21 (1947), 927; C 48 II, 269.

[6] M. I. TEMKIN: J. physic. Chem. URSS 24 (1950), 1312; C 51, 648.

[7] H. DE BRUIJN: Discuss. Faraday Soc. 8 (1950), 69; C 51 I, 2407.

dieses Faktors wird bestimmt durch die Häufigkeit derjenigen Zentren, die unter den Synthesebedingungen tatsächlich gerade wirksam sind. Für $n = 1/2$ und $\sigma = 1/2$ hat die Funktion F ein Maximum, für $\sigma >$ oder $< 1/2$ fällt sie sehr rasch ab. Daraus folgt, daß die Reaktionsgeschwindigkeit fast ausschließlich durch die Zentren bestimmt wird, die eine mittlere Bedeckung haben. Somit ist nur ein schmales Band innerhalb des gesamten Energiespektrums der Oberfläche wirksam, was aber nicht zu bedeuten braucht, daß dies unter allen Bedingungen das gleiche Band sein muß.

Erwähnt seien noch zwei Arbeiten von S. ENOMOTO und J. HORIUTI[1], die die Reaktionsgeschwindigkeit an einem doppelt aktivierten (allerdings nicht näher beschriebenen) technischen Katalysator untersuchten. Nach ihnen sollte die Bildungsgeschwindigkeit des NH_3 proportional der Differenz zwischen dem Gleichgewichtsdruck x_e des NH_3 und dem gerade herrschenden Druck x sein. Als Umsatz-Zeit-Gleichungen werden angegeben (x und C sind konstante Größen):

$$\text{für die Synthese } \log(x_{e1} - x) = -r_1 t + C_1,$$
$$\text{für den Zerfall } \log(x - x_{e2}) = -r_2 t + C_2.$$

Vergleicht man die Gleichungen mit den bisher besprochenen, so ist anzunehmen, daß sie allenfalls in ganz speziellen Gebieten richtig sind.

C. BOKHOVEN und J. HOOGSCHAGEN[2] finden einen Abfall der Aktivierungsenergie oberhalb 675° K und können rechnerisch zeigen, daß er auf eine Diffusionshemmung zurückzuführen ist.

Über den Einfluß der Strömungsgeschwindigkeit bei sehr hohen Umsatzgeschwindigkeiten s. S. UCHIDA und T. NAKAJIMA[3]. Über den Zusammenhang zwischen optimaler Gaszusammensetzung und Raumgeschwindigkeit (s. S. 173ff.) S. KODAMA, K. FUKUI und A. MAZUME[4]. K. J. LAIDLER, S. GLASSTONE und H. EYRING[5] endlich stellen noch fest, daß die Absolutgeschwindigkeit der Synthese oder der Stickstoffbindung den Formeln entspricht, die die transition state-Theorie für die Geschwindigkeit ortsfester Adsorption liefert (s. a. M. I. TEMKIN[6], s. a. S. 194ff.).

β) *Versuche zum Mechanismus.*

Schon früh wurde die Frage aufgeworfen, ob bei der NH_3-Synthese und -zersetzung intermediär Nitrid gebildet wird. 1930 schließt P. H. EMMETT[7] aus den bisherigen Kenntnissen, daß Stickstoffmolekeln mit aktiven Eisenatomen Nitrid bilden müssen, das dann mit adsorbiertem oder gebundenem Wasserstoff (über Imid oder Amid) weiterreagiert. Auch C. H. KUNSMAN (Zitate s. S. 345) findet Anzeichen einer Nitridbildung. Die Untersuchungen von G. ENGELHARDT und C. WAGNER[8] über die Nitrierung des Eisens durch

---

[1] S. ENOMOTO, J. HORIUTI: Proc. Imp. Acad. (Tokyo) **28** (1952), 493, 499; C 54, 4342, 4343.

[2] C. BOKHOVEN, J. HOOGSCHAGEN: J. chem. Physics **21** (1953), 159; C 53, 7743.

[3] S. UCHIDA, T. NAKAJIMA: J. Soc. chem. Ind. Japan **41** (1938), 360 B; C 39 II, 3780.

[4] S. KODAMA, K. FUKUI, A. MAZUME: J. chem. Soc. Japan, ind. chem. Sect. **54** (1951), 157; C 54, 3303.

[5] K. J. LAIDLER, S. GLASSTONE, H. EYRING: J. chem. Physics **8** (1940), 659; C 41 I, 2496.

[6] M. I. TEMKIN: J. physic. Chem. URSS **14** (1940), 1241; C 42 I, 838.

[7] P. H. EMMETT: J. chem. Educat. **7** (1930), 2571; C 31 I, 407.

[8] G. ENGELHARDT, C. WAGNER: Z. physik. Chem., Abt. B **18** (1932), 369; C 32 II, 3051.

Ammoniak und seine Denitrierung durch Wasserstoff seien nochmals erwähnt (s. S. 346). P. H. EMMETT und K. S. LOVE[1] haben die verschiedenen darstellbaren Eisennitride auf ihre Zerfallsgeschwindigkeit untersucht und finden, daß eines von ihnen, Fe_4N, tatsächlich mit einer Aktivierungswärme von 50 kcal/Mol (≈ Aktivierungsenergie des Ammoniakzerfalls) zerfällt. Während des Zerfalls von Ammoniak an Eisen muß daher unter Bedingungen, unter denen Ammoniak Eisen nitriert, dieses Nitrid zunächst entstehen und dann in stationärer Menge vorliegen und zerfallen, unter anderen Bedingungen aber gar nicht erst als selbständige Phase auftreten. Es erhebt sich aber die Frage, ob es sich hier überhaupt noch um eine Katalyse an Eisen handelt oder ob hier vielmehr das Nitrid selbst Katalysator ist. Diese Ablösung der Eisenkatalyse durch die Nitridkatalyse und umgekehrt hat I. A. CHRISMAN tatsächlich gefunden und untersucht. Zunächst[2] findet er einen Knick des Temperaturkoeffizienten bei 350°; unterhalb beträgt die scheinbare Aktivierungsenergie 12,4 kcal/Mol, oberhalb 39,7 kcal/Mol. Die erste Reaktion gehört dabei nach I. A. CHRISMAN und K. E. AWALIANI[3] der Gleichung von FINKELSTEIN[4] (s. S. 346) zu. Sie wird als die Nitrierungsreaktion aufgefaßt, die andere als die Denitrierung. I. A. CHRISMAN und G. P. KORNITSCHUK[5] haben dann direkt die Zerfallsgeschwindigkeit am vornitrierten und am reinen Eisenkatalysator verglichen und den letzteren wirksamer gefunden. Unterhalb 350° wird an Eisennitrid nur Stickstoff gebildet, erst oberhalb dieser Temperatur tritt stöchiometrische Reaktion ein.

Sieht man von der Bildung einer kompakten Nitridphase ab, so ist es wohl eine Sache der Definition, ob man die Oberflächenverbindung zwischen Stickstoff und dem Katalysator als ein Nitrid bezeichnen will oder nicht. Es erscheint uns darum sinnvoller, an die Stelle der Frage nach einer intermediären Nitridbildung die andere nach der Art des geschwindigkeitsbestimmenden Schrittes zu setzen, wobei wir uns jedoch nicht darauf festlegen wollen, daß immer nur ein einziger Schritt allein die Geschwindigkeit bestimmt. In diesem Zusammenhang sei auf eine neuere theoretische Arbeit von G. D. HALSEY, JR.[6] verwiesen, in der die Ansicht vertreten wird, daß man an ungleichförmigen Oberflächen das Zusammenspiel zweier geschwindigkeitsbestimmender Schritte in Betracht zu ziehen habe, deren Aktivierungsenergien in einem bestimmten Zusammenhang zueinander stehen (s. a. S. 225f.). Fragt man nun in der üblichen Weise nach *dem* geschwindigkeitsbestimmenden Schritt, so hat sich zumindest für Eisenkatalysatoren wohl allgemein die Ansicht durchgesetzt, daß dieser langsamste Schritt die Adsorption bzw. Desorption des Stickstoffs ist. Zu dieser Auffassung kommen schon A. MITTASCH und W. FRANKENBURGER (Zusammenfassung bei W. FRANKENBURGER[7]) bei der Untersuchung der Gasbindefähigkeit der Metalle, insbesondere des Eisens, in feiner Verteilung. Danach ist anzunehmen, daß der Wasserstoff unmeßbar rasch gebunden und desorbiert werden kann, daß aber die Bindung des Stickstoffs

---

[1] P. H. EMMETT, K. S. LOVE: J. Amer. chem. Soc. **55** (1933), 4043; C 34 I, 6.
[2] I. A. CHRISMAN: Acta physicochim. URSS **4** (1936), 899; C 36 II, 2668.
[3] I. A. CHRISMAN, K. E. AWALIANI: Ber. Inst. physik. Chem. Akad. Wiss. UkrSSR **5** (1936), 49; C 38 II, 2888.
[4] W. FINKELSTEIN und sieben Mitarbeiter: Acta physicochim. URSS **1** (1934), 521; C 35 I, 3244.
[5] I. A. CHRISMAN, G. P. KORNITSCHUK: Ber. Inst. physik. Chem. Akad. Wiss. UkrSSR **6** (1936), 95; C 38 II, 2888. — G. P. KORNITSCHUK, I. A. CHRISMAN: J. physic. Chem. URSS **18** (1944), 389; C. A. 45, 3197.
[6] G. D. HALSEY, JR.: J. chem. Physics **17** (1949), 758; C 50 II, 254.
[7] W. FRANKENBURGER: Z. Elektrochem. angew. physik. Chem. **39** (1933), 97; C 33 I, 3044.

der schwierigere und daher geschwindigkeitsbestimmende Vorgang der Synthese sein dürfte. P. H. Emmett und R. W. Harkness[1] stellen fest, daß die Parawasserstoffumwandlung am verstärkten Eisenkontakt der Ammoniaksynthese schon bei Zimmertemperatur verläuft, und da die Ammoniakbildung erst oberhalb 300° merklich wird, schließen sie auf eine Stickstoffaktivierung. In der Tat können P. H. Emmett und S. Brunauer[2] dann die Geschwindigkeit der Ammoniaksynthese derjenigen der aktivierten Stickstoff-Adsorption gleichsetzen; beide haben eine Aktivierungswärme q von $15 \div 17$ kcal/Mol. Da die Wärmetönung der Stickstoffbindung $Q = 34 \div 40$ kcal/Mol beträgt, schließen sie daraus logisch auf eine Aktivierungswärme der Desorption von $Q + q = 49 \div 57$ kcal/Mol. Diesen Wert vergleichen sie mit dem Winterschen von 54 kcal/Mol (s. S. 346) und schließen aus der Übereinstimmung auf Geschwindigkeitsbestimmung des Zerfalls durch die Desorption des Stickstoffs. Letztere Auffassung wird schon von A. Mittasch, E. Kuss und O. Emert[3] vertreten.

Weitere Auskünfte über die Art und Geschwindigkeit der einzelnen Schritte sowie über die Art der Adsorption erhält man durch Austauschversuche mit Isotopen. A. Farkas[4] hat den Austausch des Deuteriums mit Ammoniak an Eisen gemessen. Er ist viel langsamer als der Austausch der Wasserstoffisotopen untereinander und hat eine Aktivierungswärme von 15 kcal/Mol, weshalb ein Dissoziationsmechanismus angenommen wird, der demjenigen der katalytischen Ammoniakspaltung an Eisen ähnelt:

$$NH_3 \rightarrow NH_2 + H; \quad NH_2 + D \rightarrow NH_2D \text{ (geschwindigkeitsbestimmend).}$$

Kinetische Untersuchungen dienen zur Beantwortung der Frage, ob von zwei reagierenden Gasen beide adsorbiert werden müssen (Langmuir-Hinshelwood-Mechanismus) oder ob dies nur bei dem einem von ihnen nötig ist, während das andere direkt aus dem Gasraum reagiert (Rideal-Mechanismus). Zu diesem Zweck untersuchen J. Weber und K. J. Laidler[5] die Kinetik des Ammoniak-Deuterium-Austausches zwischen 122 und 164° an einem einfach verstärkten Katalysator mit Hilfe einer Mikrowellenmethode. Die Geschwindigkeit ist vom NH_3-Druck nur wenig abhängig und geht durch ein Maximum, das je nach der Temperatur verschieden liegt. Bei Deuterium ist sie proportional $p^{1/2}{}_{D_2}$. Als Geschwindigkeitsgleichung geben sie an:

$$v = k \frac{p_{NH_3} \cdot p^{1/2}{}_{D_2}}{(1 + a p_{NH_3})^2}.$$

Aus dem Auftreten eines quadratischen Ausdrucks im Nenner schließen sie auf einen Langmuir-Hinshelwood-Mechanismus. Die Bruttoaktivierungsenergien nehmen mit zunehmendem Druck ab von 13,8 kcal/Mol bei 120 mm Hg bis auf 12,3 kcal/Mol bei 600 mm Hg. Das System verhält sich gerade umgekehrt, als es den üblichen Vorstellungen über eine heterogene Oberfläche entspricht, an der bei kleinem Druck und kleiner Bedeckung zunächst die aktiveren Zentren mit niederer Aktivierungsenergie wirksam sein müßten. Weber und Laidler erklären dieses Verhalten durch die Auswirkung der Wechselwirkungs-

[1] P. H. Emmett, R. W. Harkness: J. Amer. chem. Soc. **54** (1932), 403; C 32 I, 1623.

[2] P. H. Emmett, S. Brunauer: J. Amer. chem. Soc. **55** (1933), 1738; C 33 I, 3689; J. Amer. chem. Soc. **56** (1934), 35; C 34 I, 1953.

[3] A. Mittasch, E. Kuss, O. Emert: Z. Elektrochem. angew. physik. Chem. **34** (1928), 829.

[4] A. Farkas: Trans. Faraday Soc. **32** (1936), 416; C 36 I, 3258.

[5] J. Weber, K. J. Laidler: J. chem. Physics **19** (1951), 381, 1089.

kräfte im Gas, als deren Folge Druckzunahme das System in einen Zustand höherer potentieller Energie versetzt, so daß zur Erreichung des aktivierten Zustandes weniger Energie benötigt wird. In einer weiteren Arbeit diskutiert K. J. LAIDLER[1] ausführlicher die verschiedenen möglichen Mechanismen für den Ammoniak-Deuterium-Austausch, um den erwähnten LANGMUIR-HINSHELWOOD-Mechanismus zu untermauern. Nach C. KEMBALL[2] sind jedoch diese Argumente nicht hinreichend. Ein RIDEAL-Mechanismus würde unter gewissen Bedingungen dieselbe Kinetik ergeben. Man kann nicht unterscheiden, ob die Reaktion über NH_2-Radikale oder über NH_4^+-Ionen verläuft oder zwischen einer NH_3-Molekel und einem D-Atom stattfindet. Nicht in Frage kommt jedoch ein Verlauf über NH-Radikale. An nicht gesinterten Filmen erhält KEMBALL eine Aktivierungsenergie von 12,5 kcal/Mol. J. H. SINGLETON, E. R. ROBERTS und E. R. S. WINTER[3] dagegen finden an gesinterten Eisenfilmen, allerdings bei Temperaturen über 500° K (KEMBALL hat um 400° K gemessen) 20 ± 1 kcal/Mol (Sintern wirkt sich demnach nicht nur auf die Oberflächengröße, sondern auch auf die Energetik des Prozesses aus). Sie verfolgen den Gang der Reaktion mit Hilfe einer Wärmeleitfähigkeitszelle, eine Methode, die schon von FARKAS für die Untersuchung des Deuterium-Austausches angewandt wurde. Bei ihnen ist die Geschwindigkeit proportional p_{D_2} und nimmt mit zunehmendem Ammoniakdruck etwas ab, offenbar wegen Verdrängung des Wasserstoffs von der Oberfläche. Da sie jedoch in einem anderen Temperaturbereich gemessen haben als WEBER und LAIDLER, können die Resultate nicht ohne weiteres miteinander verglichen werden. J. T. KUMMER und P. H. EMMETT[4] finden, daß die o-p-Wasserstoffumwandlung und ebenso der Wasserstoff-Deuterium-Austausch an Eisenkatalysatoren für die Ammoniaksynthese schon bei —195° mit relativ großer Geschwindigkeit erfolgen können. Selbst wenn die schneller verlaufende o-p-Umwandlung zum größten Teil durch magnetische Beeinflussung erfolgt, so ist dies doch beim Deuteriumaustausch nicht möglich, womit ein weiteres Mal gezeigt ist, daß Wasserstoff auf der Katalysatoroberfläche dissoziiert. Sehr schön läßt sich nach R. SUHRMANN[5] diese Dissoziation auch zeigen, wenn man die Beeinflussung der Photoelektronenemission von Metallen durch adsorbierte Fremdmolekeln untersucht. Aus der Veränderung der Elektronenaustrittsarbeit lassen sich Rückschlüsse ziehen auf den Adsorptionszustand der Molekeln. Bei der Adsorption von Wasserstoff wird die Elektronenaustrittsarbeit verringert, was mit der Abgabe der Wasserstoffelektronen an das Metall erklärt wird. Bei Ammoniak sollte das einsame Elektronenpaar des Stickstoffs am Elektronengas des Metalles anteilig werden. Bei der Adsorption von Stickstoff an Eisen allerdings soll nach älteren Messungen von BREWER (zitiert bei SUHRMANN[5]) keine wesentliche Veränderung des Photoeffekts erfolgen.

Die bisher angeführten Arbeiten dokumentieren insbesondere, daß der Wasserstoff in atomarer Form adsorbiert wird. Doch interessiert diese Frage nicht weniger beim Stickstoff wegen dessen großer Dissoziationsenergie von 225 kcal/Mol (augenblicklich neuester Wert nach G. B. KISTIAKOWSKY, T. H. KNIGHT

[1] K. J. LAIDLER: J. physic. Colloid Chem. 55 (1951), 1067.

[2] C. KEMBALL: Proc. Roy. Soc. (London), Ser. A 214 (1952), 413.

[3] J. H. SINGLETON, E. R. ROBERTS, E. R. S. WINTER: Trans. Faraday Soc. 47 (1951), 1318.

[4] J. T. KUMMER, P. H. EMMETT: J. physic. Chem. 56 (1952), 258.

[5] R. SUHRMANN: Z. Elektrochem. angew. physik. Chem. 56 (1952), 351.

und M. E. MALIN[1]). Indessen lassen sich die Ergebnisse von J. T. KUMMER und P. H. EMMETT[2] über die Übereinstimmung der Austauschgeschwindigkeit der Stickstoffisotope mit der Desorptionsgeschwindigkeit des Stickstoffs (s. a. S. 344) kaum anders deuten, als daß man annimmt, daß auch der Stickstoff in atomarer Form adsorbiert wird. A. J. ROMANUSCHKINA, S. L. KIPERMAN und M. I. TEMKIN[3] haben das Gleichgewicht bei der Reaktion von Wasserstoff mit an Eisen adsorbiertem Stickstoff untersucht. Ihre Ergebnisse lassen sich mit einer Gleichung beschreiben, die der atomaren Adsorption des Stickstoffs an einer inhomogenen Oberfläche entspricht. Stickstoff und Wasserstoff verhalten sich nach W. HIMMLER[4] bezüglich ihrer Löslichkeit in Eisenlegierungen (mit Nickel und Mangan) insofern entgegengesetzt, als Verminderung des chemischen Potentials der Elektronen im Metall die Löslichkeit des Wasserstoffs erhöht, die des Stickstoffs herabsetzt. Erhöhung des chemischen Potentials scheint sich in der umgekehrten Richtung auszuwirken. Dieses Verhalten ist dann verständlich, wenn Wasserstoff sich als Proton, Stickstoff als negativ geladenes Ion im Metall löst. Es seien noch einige weitere Arbeiten über die Adsorption von Stickstoff, Wasserstoff oder Ammoniak an Eisen aufgeführt, aus denen Rückschlüsse über den Mechanismus gezogen werden können. M. V. C. SASTRI und H. SRIKANT[5] finden bei Adsorptionsmessungen an einem Fe-K_2O-Al_2O_3-TiO_2-Katalysator für Stickstoff und Wasserstoff verschiedene von Druck und Temperatur abhängige Maxima, als deren Ursache sie das Vorliegen von drei hintereinander angeordneten, zugänglichen Schichten von Eisenatomen verschiedener Lage in der (111)-Ebene des α-Eisens ansehen. Bei höheren Drucken soll das Adsorptionsverhältnis aus stöchiometrischen Stickstoff- und Wasserstoffgemischen 1 : 1, 1 : 2, 1 : 3 betragen. Bei ähnlichen Versuchen über die Mischadsorption bei Temperaturen der NH_3-Bildung haben früher schon P. H. EMMETT und S. BRUNAUER[6] gefunden, daß bei hohen Drucken aus einer Gleichgewichtsmischung von N_2, H_2 und NH_3 dieselbe Menge Stickstoff adsorbiert wird, wie wenn nur Stickstoff allein vom gleichen Partialdruck vorhanden gewesen wäre. P. ZWIETERING und J. J. ROUKENS[7] konnten experimentell zeigen, daß die Aktivierungsenergie der Stickstoffadsorption linear mit der Bedeckung zunimmt. An einem einfach verstärkten Eisenkatalysator wächst sie bei 250° von etwa 9 kcal/Mol für die Bedeckung 0 auf etwa 30 kcal/Mol für die Bedeckung 0,3.

Diese lineare Beziehung war ja eine Voraussetzung für alle theoretischen Ableitungen der Geschwindigkeitsgleichung (vgl. TEMKIN und PYSCHEW, S. 347; BRUNAUER, LOVE, KEENAN, S. 348; DE BRUIJN, S. 349f.). Gleichzeitig mit der Aktivierungsenergie steigt auch der Häufigkeitsfaktor (vgl. Thetaregel S. 202ff.). ZWIETERING und ROUKENS erklären dies mit dem Übergang von unbeweglicher fester Adsorption bei kleiner Bedeckung zu beweglicher lockerer Adsorption bei größerer Bedeckung oder wahlweise mit der Temperaturabhängigkeit des

[1] G. B. KISTIAKOWSKY, T. H. KNIGHT, M. E. MALIN: J. Amer. chem. Soc. 73 (1951), 2972.

[2] J. T. KUMMER, P. H. EMMETT: J. chem. Physics 19 (1951), 289.

[3] A. J. ROMANUSCHKINA, S. L. KIPERMAN, M. I. TEMKIN: J. physic. Chem. URSS 27 (1953), 1181; C 54, 4100.

[4] W. HIMMLER: Z. physik. Chem. 195 (1950), 253; C 51 I, 170.

[5] M. V. C. SASTRI, H. SRIKANT: Current Sci. 19 (1950), 313, 343; 20 (1951), 15; C 51 II, 349; C 53, 7483.

[6] P. H. EMMETT, S. BRUNAUER: J. Amer. chem. Soc. 56 (1934), 35; C 34 I, 1953. — S. BRUNAUER, K. S. LOVE, R. G. KEENAN: J. Amer. chem. Soc. 64 (1942), 751; C 43 I, 1030.

[7] P. ZWIETERING, J. J. ROUKENS: Trans. Faraday Soc. 50 (1954), 178.

effektiven Dipolmoments des adsorbierten Stickstoffatoms, bzw. der Temperaturabhängigkeit der Aktivierungsenergie. Durch Vergleich der Adsorptionsgeschwindigkeit von Stickstoff und der Bildungsgeschwindigkeit von Ammoniak können sie die Stickstoffbedeckung während der Synthese errechnen und erhalten dafür Werte zwischen 0,1 und 0,15, was ebenfalls mit den Anschauungen über mittlere Bedeckung der aktiven Zentren (vgl. BRUNAUER, LOVE und KEENAN, S. 348, sowie DE BRUIJN, S. 349f.) verträglich ist.

γ) *Katalysatoren.*

Wenn auch die Beschreibung der Katalysatoren nicht zur eigentlichen Kinetik der heterogenen Katalyse gehört, so mag es in Anbetracht der zahlreichen wissenschaftlichen Arbeiten über diesen auch technisch so wichtigen Prozeß gerechtfertigt sein, ausnahmsweise über den ursprünglich gesteckten Rahmen hinauszugehen und noch einige Bemerkungen über die Eigenart der Katalysatoren anzufügen. (Wegen Einzelheiten vergleiche den Artikel von NATTA und RIGAMONTI im vorliegenden Band.) Die wirksame Komponente ist metallisches Eisen. Röntgenaufnahmen zeigen die Linien des α-Eisens. Bei frisch reduzierten Katalysatoren beobachtet man eine Verbreiterung und Schwächung der einzelnen Linien, mit zunehmender Gebrauchszeit werden diese infolge besserer Durchbildung der Kristalle schärfer. Eben dies soll durch die Zuschläge verhindert werden. Man unterscheidet je nach der Zahl der zugemischten Oxydarten einfach, zweifach und dreifach verstärkte Katalysatoren. Die Zuschläge bestehen nämlich im allgemeinen der Reihe nach aus einem schwer reduzierbaren Oxyd von saurem oder amphoterem Charakter (Al_2O_3, SiO_2, TiO_2), einem Alkalioxyd (K_2O) und einem Erdalkalioxyd (MgO, CaO). Aber auch eine große Anzahl weiterer Zuschläge wurden untersucht. Bestes Ausgangsmaterial sind Eisenmischoxyde vom Spinelltyp.

Die Wirkung der Zuschläge[1] wurde schon von A. MITTASCH und E. KEUNECKE[2] untersucht durch Messung der Ausbeute an reinen und in verschiedener Weise verstärkten Eisenkontakten unter technischen Synthesebedingungen. Sie finden dabei, daß die Zuschläge die Katalysatoren im Vergleich zu reinem Eisen im wesentlichen ausbeutebeständig machen, während G.-M. SCHWAB[3] aus diesen Messungen berechnet hat, daß die (scheinbare oder Brutto-) Aktivierungswärme sich durch die Zuschläge nicht verändert — „strukturelle Verstärkung". Dies rechtfertigt auch die gemeinsame Behandlung verstärkter und reiner Eisenkatalysatoren hinsichtlich der NH_3-Reaktion in unserem Bericht. Für die Art der Verteilung der Zuschläge gibt eine Arbeit von S. BRUNAUER und P. H. EMMETT[4] über die Adsorption von H_2, N_2, O_2, CO, CO_2 Auskunft. Danach bestünde die Oberfläche bei einem Fe-Al_2O_3-K_2O-Katalysator zu einem Teil aus Eisen, zum andern aus K_2O, wohl in Form von $KAlO_2$. Al_2O_3 allein scheint bei diesem Katalysator nicht in der Oberfläche vorzukommen. Wie sich aus Röntgenaufnahmen ergibt, besteht nach A. NIELSEN[5] das Innere der Körner im wesentlichen aus reinem Eisen, die Zuschläge sammeln sich offenbar an der

---

[1] Vgl. dazu auch A. MITTASCH: Advances in Catalysis, Bd. III, S. 81. New York, 1950.

[2] A. MITTASCH, E. KEUNECKE: Z. Elektrochem. angew. physik. Chem. **38** (1932), 666.

[3] G.-M. SCHWAB: Z. Elektrochem. angew. physik. Chem. **44** (1938), 517; C 38 II, 2550.

[4] S. BRUNAUER, P. H. EMMETT: J. Amer. chem. Soc. **62** (1940), 1732; **59** (1937), 310.

[5] A. NIELSEN: An Investigation on Promoted Iron Catalysts for the Synthesis of Ammonia. Kopenhagen, 1950.

Oberfläche. Über neuere Untersuchungen der Wirkungen der verschiedenen Zuschläge s. H. Uchida und Mitarbeiter[1] sowie S. Yamaguchi[2] und G. Shima[3]. Eine weitergehende Zusammenstellung ist zu finden bei A. Nielsen[4].

Die Eisenkatalysatoren für die Ammoniaksynthese können geradezu als Schulbeispiel dienen für das Verhalten einer energetisch heterogenen Oberfläche. Katalysatoren, die unter ganz bestimmten Bedingungen sehr wirksam sind, brauchen dies unter geänderten Bedingungen keineswegs mehr zu sein. Entsprechend ist von einer Reihe von Katalysatoren der unter bestimmten Bedingungen relativ beste unter geänderten Bedingungen im allgemeinen keineswegs mehr der beste. Eine Erklärung für dieses zunächst überraschende Verhalten können vielleicht die theoretischen Ausführungen von De Bruijn (vgl. S. 349f.) geben. Das Energiespektrum der aktiven Zentren kann ganz beliebig sein und ist bei jedem Katalysator wieder verschieden. Die Geschwindigkeit wird bestimmt durch die Zentren, die gerade eine mittlere Bedeckung haben. Welche das gerade sind, hängt aber ganz von den jeweiligen Bedingungen ab und kann nicht vorhergesagt werden. Von den zahlreichen Arbeiten über die Heterogeneität sei eine besonders eindrucksvolle von J. T. Kummer und P. H. Emmett[5] angeführt. Normales und radioaktives CO werden nacheinander an einem $Fe-Al_2O_3-ZrO_2-SiO_2$-Katalysator adsorbiert (CO wird nur von Fe, nicht aber von den Verstärkern chemisorbiert). Pumpt man die adsorbierte Schicht unter allmählicher Temperaturerhöhung wieder ab, so zeigt der zuletzt adsorbierte Anteil die Tendenz, zuerst zu desorbieren. Freilich findet im Lauf der Zeit und je nach den Adsorptionsbedingungen mehr oder weniger rasch ein Austausch zwischen den beiden Anteilen statt. Diese vielleicht unmittelbarste Methode zur Bestimmung der Heterogeneität der Oberfläche geht zurück auf einen Vorschlag von S. Roginski und O. Todess[6]. Bei der Beurteilung ihrer Ergebnisse wird man freilich die nötige Vorsicht nicht außer acht lassen dürfen, denn eine ganz ähnliche Untersuchung von P. H. Emmett und J. T. Kummer[7] mit Stickstoffisotopen ergab im Gegensatz zu oben vollständige Gleichgewichtseinstellung.

Allgemein bezüglich der NH_3-Synthese sei auch verwiesen auf den Bericht von A. Nielsen[8] über die letzten Entwicklungen auf diesem Gebiet.

b) Nichteisenkatalysatoren.

α) *Synthese.*

Topochemisch entstandene *Molybdän-Legierungen* mit Ni, Co, Fe, Mn sind verstärkte Katalysatoren, mit W und Cr abgeschwächte, mit Cu additive (A. Mittasch und E. Keunecke[9]). Die Verstärkung kommt dadurch zustande, daß eine molybdänreiche, Stickstoff bindende Phase durch eine eutektisch beigemischte intermetallische Phase verstärkt wird. Nur auf der molybdänreichen Seite der Zustandsdiagramme sind diese Verstärkungen zeitbeständig.

---

[1] H. Uchida: Rep. Government chem. Ind. Res. Inst., Tokyo **45** (1950), XXXIX; **46** (1951), I, 1; C 52, 5381. — H. Uchida, N. Todo, K. Ogawa: ebenda **46** (1951), I, 11; C 52, 5381.

[2] S. Yamaguchi: J. physic. Colloid Chem. **55** (1951), 1409; C 52, 5859.

[3] G. Shima: Chem. and chem. Ind. **3** (1950), 344; C 52, 7395.

[4] A. Nielsen: Advances in Catalysis, Vol. V, S. 1. New York, 1953.

[5] J. T. Kummer, P. H. Emmett: J. Amer. chem. Soc. **73** (1951), 2886.

[6] S. Roginski, O. Todess: Acta physicochim. URSS **21** (1946), 519.

[7] P. H. Emmett, J. T. Kummer: J. Chim. physique **47** (1950), 67.

[8] A. Nielsen: Advances in Catalysis, Vol. V, S. 1. New York, 1953.

[9] A. Mittasch, E. Keunecke: Z. physik. Chem., Bodenstein-Band (1931), 574; C 31 II, 2113.

Die Systeme, in denen die Verbindungsbildung fehlt, zeigen den Effekt nicht. S. S. GAUCHMAN und W. A. ROITER[1] haben, wohl in Verkennung dieses Verstärkungsmechanismus, solche Fe-Mo-Legierungen auf Al_2O_3-Trägern untersucht. Sie finden, daß auch hier, wie beim Eisen, die Reaktionsgeschwindigkeit gemeinsam mit der Adsorptionsgeschwindigkeit des Stickstoffs steigt, aber doch unterhalb 375° immer hinter ihr zurückbleibt. Demnach hat die Sorption eine kleinere Aktivierungswärme als die Reaktion. Die Annahme ist, daß für die Reaktion *beide* Gase in einen reaktionsfähigen Zustand gelangen müssen. S. KIPERMAN und M. I. TEMKIN[2] finden an Molybdän (das nach Röntgenaufnahmen in Form von Mo_2N vorliegt) dieselbe Kinetik wie an Eisen. Die scheinbare Aktivierungsenergie für die Spaltung läßt sich aus der Synthesegeschwindigkeit zu 42,5 kcal/Mol berechnen. M. I. TEMKIN und S. KIPERMAN[3] werten die bisher veröffentlichten Meßergebnisse an verschiedenen Metallen (Fe, Mo, W, Os, Mn, U, Cu, Ce, Ni, Pt, Ru) aus und finden in der Mehrzahl der Fälle die Formel von TEMKIN und PYSHEW erfüllt. Da die Aktivierungsenergie nur wenig von der Art des Katalysators abhängt, folgern sie daraus, daß der Mechanismus in allen Fällen derselbe ist. An *Osmium* kann nach P. W. USSATSCHEW[4] das hemmende Ammoniak durch Wasser verdrängt werden. Nach S. KIPERMAN[5] ist an *Ruthenium* die starke Wasserstoffadsorption maßgebend für die Kinetik. Die abgeleitete Reaktionsgleichung wird allerdings vom Experiment nicht gut bestätigt.

J. A. BECKER und C. D. HARTMANN[6] messen die Adsorptionsgeschwindigkeit von Stickstoff an *Wolfram.* Bei 600° K und einem Druck von 10^{-6} mm wird die volle Bedeckung schon in 8 sec erreicht, bei 10^{-5} mm werden schon mehr als zwei Schichten adsorbiert. Die Wahrscheinlichkeit, daß eine Molekel beim Auftreffen haften bleibt, beträgt 0,3 für $\sigma < 0{,}6$, nimmt dann linear auf 0,02 ab für $\sigma = 1$ und beträgt bei $\sigma = 2$ nur noch 0,0004.

Beim Ammoniak-Deuterium-Austausch an aufgedampften Nickelkatalysatoren zwischen 33 und 115° wird nach C. KEMBALL[7] nie mehr als ein H-Atom gleichzeitig ausgetauscht (im Gegensatz zum Austausch bei CH_4, bei dem CD_4 das Hauptprodukt bildet, s. S. 280f.). Die Bildungsgeschwindigkeit von NH_2D ist proportional $p^{1/2}_{D_2}$, für p_{NH_3} ist der Exponent etwas größer. Die Aktivierungsenergie beträgt 8,7 kcal/Mol. Bei 0° C werden beide Gase stark, und zwar etwa gleich stark adsorbiert. Die starke Adsorption scheint zunächst im Widerspruch zur Kinetik zu stehen; KEMBALL gibt dafür folgende Erklärung: Wenn es sich um einen LANGMUIR-HINSHELWOOD-Mechanismus handelt, dann sind die adsorbierten Molekeln am größten Teil der Oberfläche viel zu fest gehalten, als daß eine Reaktion leicht stattfinden könnte. Nur der kleinere Teil der Molekeln kann reagieren, der nicht so fest gehalten ist und der darum eine Druckabhängigkeit zeigt (man vergleiche zum Unterschied die Reaktion an Eisen, S. 352f.).

Eine andere Kinetik finden J. H. SINGLETON, E. R. ROBERTS und E. R. S. WINTER[8] an aufgedampften und anschließend gesinterten Filmen aus Wolfram

---

[1] S. S. GAUCHMAN, W. A. ROITER: J. physic. Chem. URSS 11 (1938), 569; C 39 I, 323.

[2] S. KIPERMAN, M. I. TEMKIN: Acta physicochim. URSS 21 (1946), 267; J. physic. Chem. URSS 20 (1946), 369.

[3] M. I. TEMKIN, S. KIPERMAN: J. physic. Chem. URSS 21 (1947), 927; C 48 II, 269.

[4] P. W. USSATSCHEW: J. physic. Chem. URSS 14 (1940), 1246; C 42 I, 839.

[5] S. KIPERMAN: J. physic. Chem. URSS 21 (1947), 1435; C 47 E, 474.

[6] J. A. BECKER, C. D. HARTMANN: Physic. Rev. (2) 83 (1951), 877; Bull. Amer. physic. Soc. 26 (1951), Nr. 4, 13; C 52, 2634.

[7] C. KEMBALL: Trans. Faraday Soc. 48 (1952), 254.

[8] J. H. SINGLETON, E. R. ROBERTS, E. R. S. WINTER: Trans. Faraday Soc. 47 (1951), 1318.

und Nickel bei Temperaturen über 500° K. Die Geschwindigkeit ist proportional p_{D_2} und vom NH_3-Druck mehr oder weniger unabhängig. Die Aktivierungsenergien sind 16 kcal/Mol an Wolfram und 15 kcal/Mol an Nickel. Von C. KEMBALL[1] wurden an beiden Metallen niedrigere Werte gemessen, nämlich 9,2 bzw. 9,3 kcal/Mol (wahrscheinlich weil die Filme nicht gesintert worden waren), an Platin nur 5, an Kupfer und Silber dagegen 13,4 bzw. 14,1 kcal/Mol. Die Aktivierungsenergie sinkt mit zunehmender Elektronenaustrittsarbeit.

Neuere Messungen der Adsorptionswärmen von Ammoniak und Wasserstoff an aufgedampften Filmen aus Eisen, Nickel und Wolfram wurden von M. WAHBA und C. KEMBALL[2] durchgeführt. Während die Adsorptionswärme von Ammoniak größer ist als die von Wasserstoff (ausgenommen Nickel von einer größeren Bedeckung ab), ist seine Adsorptionsgeschwindigkeit jedoch allgemein geringer. Nickel verhält sich auch noch insofern abweichend, als daran nicht wie an Wolfram und Eisen bei hohen Bedeckungen mit Ammoniak Wasserstoff entwickelt wird. Aus dessen Menge kann errechnet werden, daß die Dissoziation an der Oberfläche über NH_2 hinaus bis zu NH-Radikalen oder gar N-Atomen gehen kann.

β) *Spaltung.*

An *Platin* bestand der auffallende Sachverhalt, daß nach statischen Untersuchungen von G.-M. SCHWAB (s. GMELINS Handbuch, l. c.) bei hohen Drucken die Ammoniakordnung etwa 1,4, die Wasserstoffordnung etwa −2,3 und $q_s = 143$ kcal/Mol ist, bei niederen Drucken aber die Ammoniakordnung 1, die Wasserstoffordnung −1 und $q_s = 44$ kcal/Mol ist. Die Druckgrenze liegt bei 10 mm Hg. Noch auffallender wird das dadurch, daß J. K. DIXON[3] in dynamischen Messungen die letzteren Verhältnisse bis zu hohen Drucken findet. G.-M. SCHWAB[4] denkt an eine Kettenreaktion. Es sei bemerkt, daß M. PRASAD und M. A. NAQVI[5] die Form der Geschwindigkeitsgleichung als ein Muster benutzen, nach dem sie einen ganz andern Vorgang, die Oxydation von Cr(III)-Sulfat an der Oberfläche von Bimsstein und ihre Produkthemmung behandeln. Bei sehr hohen Wasserstoffdrucken wird nach DIXON (l. c.) die Geschwindigkeit der Ammoniakzersetzung unabhängig vom Wasserstoffdruck, weil wohl dann die Wasserstoff adsorbierenden Zentren völlig ausgeschaltet sind.

An *Wolfram* ist unsere Reaktion eines der Schulbeispiele für *nullte Ordnung.* Dies bezieht sich nicht auf die Sorptionsmessungen von W. FRANKENBURGER und A. HODLER[6], die Ammoniak bei sehr niedrigen Temperaturen (90 ÷ 250°) auf gut entgastes Wolframpulver einwirken ließen. Hier finden in verschiedenen, nacheinander eingelassenen Portionen verschiedene Vorgänge teils erster, teils zweiter Ordnung statt, die als Bildung von Wolframnitrid oder -amid gedeutet werden. Beide haben Aktivierungswärmen von 12 kcal/Mol. Hier haben wir einen typischen Fall, wie die Geschwindigkeitsbestimmung der Ammoniakzersetzung mit der Temperatur wechselt. Die erwähnten Reaktionen mit ihrer kleinen Aktivierungswärme müssen natürlich bei höheren Temperaturen einmal unmeßbar rasch werden, und die Geschwindigkeitsbestimmung muß dann an einen andern Vorgang übergehen. Vermutlich ist das ein Vorgang, an dem die

[1] C. KEMBALL: Proc. Roy. Soc. (London), Ser. A **214** (1952), 413.
[2] M. WAHBA, C. KEMBALL: Trans. Faraday Soc. **49** (1953), 1351.
[3] J. K. DIXON: J. Amer. chem. Soc. **53** (1931), 2071; C 32 I, 1193.
[4] G.-M. SCHWAB: Katalyse etc., S. 216. Berlin, 1931.
[5] M. PRASAD, M. A. NAQVI: J. Indian chem. Soc. **17** (1940), 370; C 42 II, 369.
[6] W. FRANKENBURGER, A. HODLER: Trans. Faraday Soc. **28** (1932), 229; C 32 II, 1118.

bis zur Sättigung adsorbierte Ammoniakmolekel beteiligt ist, denn bei hohen Temperaturen (950° und mehr) wird die Reaktion nullter Ordnung und hat eine Aktivierungswärme von 31 ÷ 27 kcal/Mol nach H. R. HAILES[1] oder 42,5 kcal/Mol nach I. MOTSCHAN, I. PEREVESENEFF und S. ROGINSKY[2] (die Unwirksamkeit von Thoriumüberzügen feststellen) oder 35 kcal/Mol nach I. C. JUNGERS und H. S. TAYLOR[3].

Da es sich hier bis zu 10^{-3} mm Hg (R. M. BARRER[4]) um eine Reaktion nullter Ordnung ohne Hemmung durch die Reaktionsprodukte handelt, ist ihre Aktivierungswärme als wahre Aktivierungswärme der adsorbierten Molekeln von besonderem Interesse. Deshalb wohl haben I. C. JUNGERS und H. S. TAYLOR[5] wie R. M. BARRER[6] ihre Isotopieverschiebung beim Übergang zu schwerem Ammoniak ND_3 geprüft und finden übereinstimmend, daß die Differenz von 900 cal/Mol der Differenz der Nullpunktsenergien der beiden Ammoniakarten entspricht.

Auch die Absolutgeschwindigkeit hat der einfachen Verhältnisse wegen theoretisches Interesse gefunden: Auf B. S. SRIKANTANS[7] Vergleich mit der Elektronenemission des Wolframs wollen wir nur hinweisen. B. TOPLEY[8] hat berechnet, daß die Absolutgeschwindigkeit dem einfachen klassischen Ansatz mit einem temperaturunabhängigen Faktor von $\nu = 10^{12}\,\mathrm{sec}^{-1}$ entspricht. R. E. BURK[9] hat diese Rechnung eingehender durchgeführt mit dem Ergebnis, daß beinahe jede Schwingung der Wolframatome von der erforderlichen Energie die darüber liegenden Ammoniakmolekeln zur Reaktion anregt, insoweit sie in Rhombendodekaederflächen des Wolframgitters gelegen sind. K. J. LAIDLER, S. GLASSTONE und H. EYRING[10] zeigen, daß auch die transition state-Theorie die Reaktionsgeschwindigkeit richtig wiedergibt. Über die Gründe dieser Identität haben wir schon auf S. 198ff. das Nötige gesagt.

An *Osmium* haben E. A. ARNOLD und R. E. BURK[11] den Ammoniakzerfall bei Drucken bis 300 mm Hg und Temperaturen bis 640° gemessen. Sie finden Hemmung durch Stickstoff und durch Wasserstoff nach der etwas befremdlichen Gleichung:

$$\frac{-d\,(\mathrm{NH_3})}{dt} = k'\,[1 - b\,(\mathrm{H_2}) - b'\,(\mathrm{N_2})]\,,$$

die sie durch etwa gleich starke Adsorption der drei Gase interpretieren. Die scheinbare (oder wahre ?) Aktivierungswärme beträgt 42 ÷ 48 kcal/Mol. W. R. F. GUYER, G. G. JORIS und H. S. TAYLOR[12] finden diese Reaktion bis 300° sechsmal rascher als den Austausch der Stickstoff-Isotopen untereinander (s. S. 343f.).

An *Kupfer* hat J. K. DIXON[13] die Kinetik

$$\frac{-d\,(\mathrm{NH_3})}{dt} = \frac{k'\,(\mathrm{NH_3})}{(\mathrm{H_2})}$$

---

[1] H. R. HAILES: Trans. Faraday Soc. **27** (1931), 601; C 31 II, 2962.

[2] I. MOTSCHAN, I. PEREVESENEFF, S. ROGINSKY: Acta physicochim. URSS **2** (1935), 203; C 35 II, 3195.

[3] I. C. JUNGERS, H. S. TAYLOR: J. Amer. chem. Soc. **57** (1935), 679; C 36 I, 708.

[4] R. M. BARRER: Trans. Faraday Soc. **32** (1936), 490; C 36 I, 3258.

[5] I. C. JUNGERS, H. S. TAYLOR: J. Amer. chem. Soc. **57** (1935), 679; C 36 I, 708.

[6] R. M. BARRER: Trans. Faraday Soc. **32** (1936), 490; C 36 I, 3258.

[7] B. S. SRIKANTAN: Indian J. Physics **9** (1934), 161; C 35 II, 2778.

[8] B. TOPLEY: Nature (London) **128** (1931), 115.

[9] R. E. BURK: J. Amer. chem. Soc. **56** (1934), 1279; C 34 II, 1573.

[10] K. J. LAIDLER, S. GLASSTONE, H. EYRING: J. chem. Physics **8** (1940), 667; C 41 I, 2497.

[11] E. A. ARNOLD, R. E. BURK: J. Amer. chem. Soc. **54** (1932), 23; C 32 I, 1623.

[12] W. R. F. GUYER, G. G. JORIS, H. S. TAYLOR: J. chem. Physics **9** (1941), 287; C 42 I, 579.

[13] J. K. DIXON: J. Amer. chem. Soc. **53** (1931), 1763; C 31 II, 529.

mit einer scheinbaren Aktivierungsenergie von 46 ± 2 kcal/Mol gefunden. Nitrid wird nicht in meßbarer Menge gebildet.

An *Zink*, *Cadmium* und *Antimon* findet nach G.-M. SCHWAB und H. H. MARTIN[1] in der Gegend der Schmelzpunkte dieser Metalle kein Ammoniakzerfall statt. Das wird so erklärt, daß schon bei der Platzwechseltemperatur, also weit unterhalb des Schmelzpunkts, die aktiven Zentren vernichtet sind.

An *Rhenium* zerfällt Ammoniak nach J. P. MCGEER und H. S. TAYLOR[2] mit einer Aktivierungsenergie von 32 ± 3 kcal/Mol nach einer Kinetik, die weitgehend mit der an Eisen ermittelten übereinstimmt:

$$\frac{-d\,(NH_3)}{dt} = k \left[\frac{(NH_3)^2}{(H_2)^3}\right]^{0{,}28}.$$

Auch hier soll der langsamste Schritt die Desorption des Stickstoffs sein. Wasserstoff wird nur schwach adsorbiert. Der Ammoniak-Deuterium-Austausch soll nicht an der Oberfläche erfolgen, sondern im Gasraum durch Einschaltung von Wassermolekeln, gemäß

$$NH_3 + HDO \rightleftharpoons (NH_3DOH) \rightleftharpoons NH_2D + H_2O\,.$$

Fassen wir die Beobachtungen über den Ammoniakzerfall an Nichteisenmetallen zusammen, so zeigt sich, daß er durchweg so hohe Temperaturen erfordert, daß stabile Nitridphasen nicht auftreten; dennoch werden Hemmungen durch Wasserstoff, zuweilen auch durch Stickstoff beobachtet. Diese Hemmungen sind also im Gegensatz zu Eisen und Rhenium nicht durch Gleichgewichtsverschiebungen des Nitridgleichgewichts oder vorgelagerter Gleichgewichte, sondern durch Verdrängung des Ammoniaks aus der Oberfläche zu erklären. Bemerkenswert erscheint weiterhin die große Ähnlichkeit der Aktivierungswärmen, die an allen Metallen, unabhängig von der Ordnung der Reaktion, um 40 kcal/Mol liegen.

An *Quarz* haben J. A. CHRISTIANSEN und E. KNUTH[3] den Ammoniakzerfall kinetisch untersucht. Die Anfangsgeschwindigkeit ist proportional dem Ammoniakdruck, Wasserstoff hemmt. Aus dem kinetischen Verlauf wird auf eine offene dreistufige Reaktionsfolge geschlossen. J. A. CHRISTIANSEN[4] hat diese Arbeit ausführlich in diesem Handbuch besprochen.

c) Verwandte Reaktionen.

A. S. SELIVANOVA und I. K. SYRKIN[5] haben die an Glas bei Zimmertemperatur verlaufende Reaktion zwischen Ammoniak und Kohlenoxysulfid untersucht. Sie ist zweiter Ordnung, und es wird auf geschwindigkeitsbestimmende Bildung einer Zwischenstufe $SCONH_3$ geschlossen, die dann mit weiterem Ammoniak unmeßbar rasch Ammoniumthiocarbamat NH_4SCONH_2 gibt. Der Temperaturkoeffizient ist negativ (—2 kcal/Mol) wegen des exothermen Charakters der Zwischenstufe (die aber dann im Gleichgewicht vorliegen und geschwindigkeitsbestimmend abreagieren muß!). Die Zerfallsprodukte des Reaktions-

---

[1] G.-M. SCHWAB, H. H. MARTIN: Z. Elektrochem. angew. physik. Chem. **43** (1937), 610; C 37 II, 3855.

[2] J. P. MCGEER, H. S. TAYLOR: J. Amer. chem. Soc. **73** (1951), 2743.

[3] J. A. CHRISTIANSEN, E. KNUTH: Kgl. danske Vidensk. Selsk. mat.-fysiske Medd. **13** (1935), 12; C 36 I, 1172.

[4] J. A. CHRISTIANSEN: Dieses Handbuch Bd. VI, S. 306ff. Wien, 1943.

[5] A. S. SELIVANOVA, I. K. SYRKIN: Acta physicochim. URSS **11** (1939), 647; C 40 I, 1463.

produkts, nämlich Harnstoff und Schwefelwasserstoff, die von 40° ab auftreten, wirken hemmend.

L. ANDRUSSOW[1] berichtet über die katalytische Synthese von HCN nach der Reaktion:

$$NH_3 + CH_4 + 1{,}5\,O_2 \rightarrow HCN + 3\,H_2O,$$

die an metallischen Oberflächen, besonders an Platin und seinen Legierungen, sehr schnell verläuft. Er nimmt an, daß die Reaktion ähnlich wie die Ammoniakoxydation über HNO als Zwischenstufe verläuft. Nach R. WENDLANDT[2] ist jedoch diese Reaktion sicher nicht an HNO bzw. oxydische Zwischenstoffe gebunden, sondern kann auch in Abwesenheit von Sauerstoff und dann sogar wesentlich vollständiger bewirkt werden.

Die *Ammoniak-Oxydation* ist von I. E. ADADUROW und P. D. DIDENKO[3] an flüssigem Zinn und flüssigem Silber geprüft worden. Ersteres katalysiert überhaupt nicht oder nur durch das Oxyd, letzteres zeigt dicht unterhalb des Schmelzpunkts ein scharfes Abfallen der Wirksamkeit unter Änderung des Reaktionstyps. Dieselbe Reaktion an Platin hat G. K. BORESKOW[4] in Interpolationsformeln gefaßt, die aber wegen des bekanntlich komplexen homogen-heterogenen Charakters der Reaktion[5] kein grundsätzliches Interesse haben.

L. APFELBAUM und M. TEMKIN[6] untersuchten die Oxydation des NH_3 an Netzen aus Platin und Platin-Rhodium-Legierungen unter den Bedingungen des technischen Verfahrens. Sie finden im Gegensatz zu der herrschenden Vorstellung über optimale Kontaktzeit keine Verringerung der NO-Ausbeute, wenn die Kontaktzeit über die erforderliche hinaus vergrößert wird. Die Kinetik wird bestimmt durch die Diffusionsgeschwindigkeit des NH_3 an das Netz. Dies ergibt sich daraus, daß die Reaktionsgeschwindigkeit nahezu gleich der berechneten Diffusionsgeschwindigkeit ist und so gut wie keinen Temperaturkoeffizienten hat. Das Verhältnis der Endprodukte NO und N_2 ist jedoch von der Netztemperatur und der Gaszusammensetzung abhängig. Sie[7] finden, daß bei Raumtemperatur und Drucken von 3 bis $7{,}5 \cdot 10^{-3}$ mm Hg die Reaktionsgeschwindigkeit an Platin in erster Näherung proportional dem Ammoniakdruck und unabhängig vom Sauerstoffdruck ist. Als Mechanismus wird angenommen, daß die Oxydation beim Auftreffen einer NH_3-Molekel auf die mit Sauerstoff beladene Oberfläche erfolgt und daß dabei etwa jeder 20. Stoß erfolgreich ist. Ähnliche Ansichten über den Mechanismus entwickelt D. A. EPSTEIN[8]: NH_3 reagiert nach ihm mit aktiviert adsorbiertem Sauerstoff unter Bildung eines Komplexes, der ein O-Atom in unmittelbarer Bindung an Stickstoff enthält. Dieser Komplex zerfällt in NO und Wasserstoff, welch letzterer zu Wasser oxydiert wird. Molekularer Stickstoff entsteht durch Spaltung von Ammoniak an solchen Bereichen der Oberfläche, die nicht von Sauerstoff bedeckt sind.

Etwas abweichend von den Befunden von APFELBAUM und TEMKIN beobach-

---

[1] L. ANDRUSSOW: Bull. Soc. chim. France, Mém. (5) 18 (1951), 45; C 52, 654.

[2] R. WENDLANDT: Z. Elektrochem. angew. physik. Chem. 53 (1949), 307.

[3] I. E. ADADUROW, P. D. DIDENKO: J. Amer. chem. Soc. 57 (1935), 2718; C 36 I, 2683.

[4] G. K. BORESKOW: J. angew. Chem. URSS 5 (1932), 163; C 33 I, 893.

[5] G. ROBERTI, G. SARTORI: Dieses Handbuch Bd. VI, S. 224. Wien, 1943.

[6] L. APFELBAUM, M. TEMKIN: J. physic. Chem. URSS 22 (1948), 179, 195; C 48 E, 370.

[7] L. APFELBAUM, M. TEMKIN: Ber. Akad. Wiss. UdSSR 74 (1950), 963; C 51 II, 2993.

[8] D. A. EPSTEIN: Ber. Akad. Wiss. UdSSR 74 (1950), 1101; C 51 II, 2993.

ten M. W. POLJAKOW, W. I. URISKO und N. P. GALENKO[1] bei der Oxydation von NH_3 an Platinnetzen neben der Bildung von NO eine mit steigender Temperatur und zunehmender Berührungsdauer immer stärker werdende Zersetzung zu N_2. Diese wird aber anscheinend durch die Wand des Reaktionsgefäßes (im vorliegenden Fall Quarz) katalysiert; denn sie tritt auch im platinfreien Gefäß auf. Die scheinbar aktivierende Wirkung von Schwefel (Vergrößerung der Ausbeute an NO), der als H_2S zugegeben wird, beruht auf einer Vergiftung der Gefäßwände. Auch wenn nur der Katalysator erhitzt wird, wird offenbar besonders bei kleinen Gasgeschwindigkeiten die Wand schon heiß genug, um die NH_3-Zersetzung zu bewirken.

W. KRAUSS[2] untersucht den Einfluß der Konzentration an aktivem Sauerstoff (gemeint ist offenbar der Überschußsauerstoff im Sinne der Fehlordnungstheorie nach WAGNER und SCHOTTKY) auf die Bildung von N_2O bei der NH_3-Oxydation an Oxydkontakten (NiO, CoO, MnO u. a.) im Temperaturgebiet zwischen 300 und 500°. Die Bildung des N_2O wird dem Gehalt des Kontaktes an aktivem Sauerstoff proportional gefunden. Der Primärschritt der Reaktion ist:

$$NH_3 + O_{ads} \rightarrow NH_3O\,.$$

Die Bildung von N_2O erfolgt nach

$$NH_3O + O_{ads} \rightarrow HNO + H_2O$$
$$2\,HNO \rightarrow N_2O + 2\,H_2O\,.$$

Außer N_2O wird nur N_2 gefunden, und zwar um so mehr, je geringer der Gehalt an überschüssigem Sauerstoff ist. Die Bildung erfolgt nach

$$NH_3O + HNO \rightarrow N_2 + H_2O\,.$$

Versuche mit Peroxyden als Kontakten bestätigen diese Ergebnisse. J. ZAWADSKI[3], W. WINNICKI[4], K. TUSZYNSKI[5] und K. MARCZEWSKA[6] berichten über die Oxydation von NH_3 an Platin und oxydischen Kontakten bei Temperaturen unter 550°. Dabei tritt als Hauptprodukt N_2O auf.

R. WENDLANDT[7] gibt einen Überblick über den Stand der Theorie bis 1949. Behandelt werden die Nitroxyltheorie (L. ANDRUSSOW[8]), die eine Zeitlang auch von BODENSTEIN vertreten wurde, die Imidtheorie (F. RASCHIG[9], K. A. HOFMANN und J. KORPIUN[10], CHRISTIANSEN und KNUTH[11]) und die Hydroxylamintheorie (M. BODENSTEIN[12]). Die drei Theorien unterscheiden sich insbesondere durch

[1] M. W. POLJAKOW, W. I. URISKO, N. P. GALENKO: J. physic. Chem. URSS **25** (1951), 1460; C 53, 7041.

[2] W. KRAUSS: Z. Elektrochem. angew. physik. Chem. **53** (1949), 320.

[3] J. ZAWADSKI: Roczniki Chem. (Ann. Soc. chim. Polonorum) **22** (1948), 220.

[4] W. WINNICKI: Roczniki Chem. (Ann. Soc. chim. Polonorum) **23** (1950), 388; **45** (1953), 1480; C 54, 2576.

[5] K. TUSZYNSKI: Roczniki Chem. (Ann. Soc. chim. Polonorum) **23** (1950), 397; C 54, 2576.

[6] K. MARCZEWSKA: Roczniki Chem. (Ann. Soc. chim. Polonorum) **23** (1950), 406; C 54, 2576.

[7] R. WENDLANDT: Z. Elektrochem. angew. physik. Chem. **53** (1949), 307.

[8] L. ANDRUSSOW: Angew. Chem. **39** (1926), 321; **40** (1927), 166; Ber. dtsch. chem. Ges. **59** (1926), 458; **60** (1927), 536, 2005.

[9] F. RASCHIG: Z. angew. Chem. **41** (1928), 207.

[10] K. A. HOFMANN: Ber. dtsch. chem. Ges. **60** (1927), 1190; C 27 II, 791. — K. A. HOFMANN, J. KORPIUN: Ber. dtsch. chem. Ges. **62** (1929), 3000; C 30 I, 480.

[11] J. A. CHRISTIANSEN, E. KNUTH: Kgl. danske Vidensk. Selsk., mat.-fysiske Medd. **13** (1935), 12; C 36 I, 1172.

[12] M. BODENSTEIN: Z. Elektrochem. angew. physik. Chem. **41** (1935), 466; **47** (1941), 501; Z. angew. Chem. **48** (1935), 327; Trans. electrochem. Soc. **71** (1937), 353.

den Primärschritt, der die Reihe der verschiedenen Folge- und Simultanreaktionen einleitet. Diese Primärschritte lauten:

Nitroxyltheorie	$NH_3 + O_2 \rightarrow HNO + H_2O$
Imidtheorie	$NH_3 + O \rightarrow NH + H_2O$
Hydroxylamintheorie	$NH_3 + O \rightarrow NH_3O$.

Alle drei Theorien werden bis heute noch vertreten, ohne daß eine eindeutige Entscheidung gefällt werden konnte. Die Nitroxyltheorie unterscheidet sich von den beiden anderen (außer anderen Unterschieden) dadurch, daß die Reaktion nicht durch atomaren, sondern durch molekularen Sauerstoff eingeleitet wird.

R. WENDLANDT vertritt die Hydroxylamintheorie, wobei allerdings bei den von BODENSTEIN angegebenen Folgereaktionen kleine Änderungen vorgenommen werden (z. B. entsteht NO aus HNO_2, nicht über HNO_4). Die Nitroxyltheorie wird abgelehnt, da nach den experimentellen Befunden am Katalysator kein Sauerstoffmangel herrschen kann und demzufolge HNO_3 gebildet werden müßte, was aber nicht bzw. nur unbedeutend erfolgt. Ebenso scheidet die Imidtheorie aus, weil sie dem bei Vakuumversuchen beobachteten Auftreten von Hydroxylamin nicht gerecht wird. Dieses müßte sich allenfalls nach $NH + H_2O \rightarrow NH_3O$ bilden. Dann aber sollte sich seine Bildung durch Zugabe von H_2O beeinflussen lassen, was aber unter technischen Bedingungen nicht der Fall ist. Außerdem müßte sich bei einem Verlauf über NH auch in hinreichend sauerstoffhaltigen Gemischen Hydrazin bilden, was ebenfalls nicht beobachtet wurde. W. KRAUSS[1], der ebenfalls die Hydroxylamintheorie vertritt, geht an die bisher noch nicht durchgeführte Aufgabe, eine Kinetik der Reaktion aufzustellen. Mit NH_{3u} als der umgesetzten Menge und NH_{3a} als der auf den Kontakt auftreffenden Menge an NH_3 läßt sich der relative Umsatz darstellen durch:

$$\frac{d\,(NH_{3u})/dt}{d\,(NH_{3a})/dt} = \frac{1}{1+\frac{1}{2}\,(NH_3)\,/\,(O_2)},$$

eine Gleichung, wie sie analog von I. LANGMUIR[2] für die Reaktionen $O_2 + H_2$ und $O_2 + CO$ an Platin bei hohen Temperaturen und kleinen Drucken gefunden wurde. Die Geschwindigkeit der Reaktion ist danach gegeben durch den Stoß von NH_3-Molekeln gegen chemisorbierte O-Atome. Die mittlere Lebensdauer des NH_3O wird zu $3 \cdot 10^{-12}\, e^{+\frac{5000}{RT}}$ sec abgeschätzt. Die Gesamtreaktion hat so gut wie keinen Temperaturkoeffizienten.

J. ZAWADSKI[3] verficht die Imidtheorie (die Arbeit WENDLANDTs scheint ihm noch nicht bekannt gewesen zu sein) und führt zur Widerlegung der beiden anderen Theorien insbesondere energetische Überlegungen an. Während bisher die Ansicht vorherrschte, daß es sich bei der NH_3-Oxydation um einen komplex homogen-heterogenen Prozeß handelt, kommt J. ZAWADSKI zu der Auffassung, daß alle Teilreaktionen seines Schemas, von denen einige natürlich auch bei den anderen Theorien auftreten, sich auf der Oberfläche des Kontaktes abspielen, von einer eventuellen Ausnahme abgesehen, nämlich der Reaktion zwischen NH_3 und NO_2. Seine Ausführungen gelten für Platin- und Oxydkatalysatoren und für solche Bedingungen, bei denen N_2O als eines der Hauptprodukte auftritt (Temperaturen unter 550°). Das Auffallende an der NH_3-Oxydation ist

[1] W. KRAUSS: Z. Elektrochem. angew. physik. Chem. 54 (1950), 264.
[2] I. LANGMUIR: Trans. Faraday Soc. 17 (1922), 621.
[3] J. ZAWADSKI: Discuss. Faraday Soc. 8 (1950), 140; C 53, 9417.

ihre große Geschwindigkeit. Es reagiert praktisch jede NH_3-Molekel, die auf die Oberfläche trifft. Die Reaktion hat kaum einen Temperaturkoeffizienten. Darum scheidet ein Primärschritt mit molekularem Sauerstoff wie bei der Nitroxyltheorie wegen zu großer Aktivierungsenergie von vornherein aus. Außerdem ist mit genügender Sicherheit bekannt, daß Sauerstoff auf der Oberfläche der verwandten Katalysatoren in atomarer Form adsorbiert wird. Da die Reaktion:

$$NH_{3(ads)} + O_{(ads,\,Pt)} = NH_2OH_{(ads)}\,,$$

wie schon BODENSTEIN annimmt, endotherm ist und die Aktivierungsenergie mindestens ebenso groß sein müßte wie die Reaktionswärme, ist auch die Hydroxylamintheorie aus energetischen Gründen nicht möglich. Allein die Imidtheorie ist von diesem Standpunkt aus zu halten. Die Kombination von atomarem Sauerstoff mit NH_3 gibt einen Übergangskomplex, Katalysator · O · NH_3, der dann nicht in Hydroxylamin übergeht, sondern in $NH + H_2O$. Soweit sich die Reaktionswärmen der einzelnen Schritte des aufgestellten Schemas berechnen oder wenigstens abschätzen lassen, handelt es sich dabei durchwegs um exotherme oder nur in geringem Maße endotherme Prozesse.

L. ANDRUSSOW[1] behandelt die Ammoniakoxydation nach der Theorie der schnell verlaufenden katalytischen Prozesse, bei denen die Reaktionsgeschwindigkeit durch den Diffusionsvorgang bestimmt wird. Die Konzentration der im Unterschuß angewandten Komponente ist unmittelbar an der Katalysatoroberfläche unmeßbar klein. In kürzester Zeit ($10^{-8} \div 10^{-9}$ sec) spielt sich eine Reihe von Reaktionen ab, die je nach den Bedingungen zu NO, N_2O oder N_2 führt. ANDRUSSOW stellt Gleichungen auf, die die Beziehungen zwischen dem Umsatzgrad, der Strömungsgeschwindigkeit, den Ausmaßen des durchströmten Rohres und dem Diffusionskoeffizienten der im Unterschuß vorhandenen Komponente angeben. Im übrigen hält er an der Nitroxyltheorie fest und weist dem HNO eine Schlüsselstellung für den ganzen Reaktionsmechanismus zu, die auch damit begründet wird, daß HNO mit einer Bildungswärme von 14 kcal/Mol (endotherm) neben NO mit 21,6 kcal/Mol (endotherm) zu den bei der hohen Arbeitstemperatur stabilsten N-haltigen Stoffen in diesem System gehört. Das Auftreten von Hydroxylamin bei Vakuumversuchen wird zurückgeführt auf katalytische Reduktion an fein verteiltem Platin, das bei der hohen Reaktionstemperatur (in diesem Fall über 1000°) vom eigentlichen Katalysator wegsublimiert ist. Die Ausbeute an Hydroxylamin zeigt sich abhängig von der Menge an sublimiertem Platin.

4. Zerfall von Distickstoffmonoxyd.

An *Platin* haben HINSHELWOOD und PRICHARD[2] früher für die Reaktion:

$$2\,N_2O \longrightarrow 2\,N_2 + O_2$$

ziemlich genau die unserem Fall I, 2a [Formel (III, 10), S. 189] entsprechende Gleichung:

$$\frac{-d\,(N_2O)}{dt} = \frac{k'\,(N_2O)}{1 + b\,(O_2)}$$

[1] L. ANDRUSSOW: Bull. Soc. chim. France, Mém. (5) **18** (1951), 50; C 52, 654; Bull. Soc. chim. France, Mém. (5) **18** (1951), 981; C 54, 5474; Angew. Chem. **63** (1951), 21; C 51 II, 2430; Angew. Chem. **63** (1951), 350; C 54, 5473.

[2] C. N. HINSHELWOOD, C. R. PRICHARD: J. chem. Soc. (London) **1925**, 327; G.-M. SCHWAB: Katalyse usw., S. 158. Berlin, 1931.

gefunden. Eine ganze Reihe späterer Untersuchungen haben aber Komplikationen aufgedeckt: G. VAN PRAAGH und B. TOPLEY[1] finden zum ersten Mal einen ganz unregelmäßigen Temperaturverlauf. H. CASSEL und E. GLÜCKAUF[2] kommen bei ganz geringen Drucken auf eine Geschwindigkeitsgleichung, die $\sqrt{O_2}$ enthält und so auf eine Hemmung durch atomaren Sauerstoff hindeutet. G.-M. SCHWAB und B. EBERLE[3] finden nicht mittelstarke, sondern starke Hemmung durch Sauerstoff (Fall I, 2b), jedoch ein völlig unreproduzierbares Verhalten gegenüber Temperaturänderungen. Überdies hemmt bei ihnen zum erstenmal *nur der entstandene, nicht der zugesetzte Sauerstoff*. Hinsichtlich der Stärke der Hemmung und der Unreproduzierbarkeit der Geschwindigkeit stimmt mit ihnen eine Arbeit von J. LÜKE und R. FRICKE[4] überein; diese können durch Abkratzen den Draht wieder aktivieren. E. W. R. STEACIE und I. W. MCCUBBIN[5] beschäftigen sich besonders mit der merkwürdigen Verschiedenheit entstandenen und zugesetzten Sauerstoffs, die sie sowohl an Platindrähten als auch an Platinschwamm bestätigen und nicht durch Diffusionsverzögerungen erklären können, obgleich auch Stickstoff eine deutliche Verzögerung ausübt. Wie die andern Autoren, so vermuten auch sie, daß der entstandene Sauerstoff atomar vorliegt, der zugesetzte aber sich nicht ins Gleichgewicht mit dieser aktivierten Adsorption setzt. Es handelt sich also um ein einseitiges Adsorptionsgleichgewicht. — Einen Vergleich mit der Elektronenemission des Platins stellt B. S. SRIKANTAN[6] an.

An *Gold*, wo die Reaktion erster Ordnung ist (Literatur s. SCHWAB l.c.), stimmt ihre Geschwindigkeit nach B. TOPLEY[7] mit der kinetischen Theorie der Absolutgeschwindigkeit, nach K. J. LAIDLER, S. GLASSTONE und H. EYRING[8] ebenso auch mit der transition state-Theorie überein, wenn man die Rauheit der Oberfläche berücksichtigt. Auch C. N. HINSHELWOOD und C. R. PRICHARD[9] gelangen am Gold zu einem Zeitgesetz erster Ordnung nach Stickoxydul und Unabhängigkeit vom Sauerstoff- und Stickstoffdruck. Sie weisen nach, daß die Reaktion einer echten Oberflächenreaktion entspricht und nicht etwa in einer den Katalysator umgebenden erhitzten Gasschicht erfolgt.

An *Silber* gilt nach E. W. R. STEACIE und H. O. FOLKINS[10] bei 375°

$$\frac{-d\,(N_2O)}{dt} = \frac{0{,}383\,(N_2O)}{1 + 1{,}1\,(O_2)}\,.$$

(Dieser hohe b-Wert von 1,1 ist auffallend; nach S. 192f. ist ein b von der Größenordnung 0,01 mm^{-1} zu erwarten.) Zugesetzter Sauerstoff hemmt auch hier etwas schwächer als der entstandene.

Während am Gold der Sauerstoff ohne Einfluß auf die Reaktion ist, am Platin und Silber immerhin eine Sauerstoffhemmung auftritt, führt an allen unedleren Metallen die Sauerstoffadsorption zu einer Oxydation des Metalls, so daß die katalytische Reaktion in diesen Fällen an einer Oxydschicht verlaufen

---

[1] G. VAN PRAAGH, B. TOPLEY: Trans. Faraday Soc. 27 (1931), 312; C 31 II, 2113.
[2] H. CASSEL, E. GLÜCKAUF: Z. physik. Chem., Abt. B 17 (1932), 380; C 32 II, 895.
[3] G.-M. SCHWAB, B. EBERLE: Z. physik. Chem., Abt. B 19 (1932), 102; C 33 I, 1568.
[4] J. LÜKE, R. FRICKE: Z. physik. Chem., Abt. B 20 (1933), 357; C 33 II, 657.
[5] E. W. R. STEACIE, I. W. MCCUBBIN: J. chem. Physics 2 (1934), 585; C 34 II, 3477; Canad. J. Res. 14 (1936), 1384; C 36 II, 1482.
[6] B. S. SRIKANTAN: Indian J. Physics 9 (1934), 161; C 35 II, 2778.
[7] B. TOPLEY: Nature (London) 128 (1931), 115.
[8] K. J. LAIDLER, S. GLASSTONE, H. EYRING: J. chem. Physics 8 (1940), 667; C 41 I, 2497.
[9] C. N. HINSHELWOOD, C. R. PRICHARD: Proc. Roy. Soc. (London), Ser. A 108 (1925), 211.
[10] E. W. R. STEACIE, H. O. FOLKINS: Canad. J. Res. 15 (1937), 237; C 38 I, 6.

wird. So zeigen beispielsweise R. M. DELL, F. S. STONE und P. F. TILEY[1], daß am Kupfer — das zwar schon zuvor oberflächlich mit einer Oxydschicht versehen wurde — die Oxydation des Kontakts sogar bis zu Temperaturen von 50° C herab immer noch schneller verläuft als der N_2O-Zerfall. Trotzdem wollen J. A. HEDVALL, R. HEDIN und O. PERSSON[2] festgestellt haben, daß der katalytische N_2O-Zerfall an metallischem Nickel praktisch erst an dessen CURIE-Punkt (360° C) einsetzt. Unterhalb dieser Temperatur findet nur eine geringe Zersetzung von etwa 5 % statt, die erstaunlicherweise keinen Temperaturkoeffizienten besitzt und erst am CURIE-Punkt im Sinne eines HEDVALL-Effektes zweiter Art stark temperaturabhängig wird. An gewöhnlichem Handelsnickel wollen J. A. HEDVALL und E. GUSTAVSON[3] diesen Effekt bestätigt haben.

An *Oxyden* wurde die Reaktion zuerst von G.-M. SCHWAB und H. SCHULTES[4] aufgefunden und untersucht. Die Reihenfolge der katalytischen Aktivität ist: CuO $> MgO > Al_2O_3 > ZnO > TiO_2 > Cr_2O_3 > Fe_2O_3$. Nachdem der glatte und reproduzierbare Verlauf dieser Reaktion erkannt war, hat sie bei der Beurteilung von Oxydkatalysatoren und deren Mischungen dieselbe Rolle als *Testreaktion* gespielt, wie etwas später die schon besprochene Ameisensäurespaltung bei metallischen Katalysatoren. Sie ist fast die einzige Einstoffreaktion, die Oxyde im allgemeinen nicht bleibend verändert. Schon die zitierten Autoren selbst haben an ihr die Begriffe der strukturellen und synergetischen Verstärkung exemplifiziert und durch die Aktivierungswärme definiert (s. S. 229). G.-M. SCHWAB, R. STAEGER und H. H. VON BAUMBACH[5] haben verschiedene Oxyde der Haupt- und Nebengruppen der zweiten, dritten und vierten Gruppe des Periodensystems untersucht und stellen allgemein fest: In den Hauptgruppen (Mg, Ca, Sr; Al, La) ist der Zerfall genau von erster Ordnung, und die scheinbare Aktivierungswärme nimmt mit steigender Periodennummer ab. In den Nebengruppen weicht die Ordnung von der ersten ab, entweder (In) wegen mittelstarker Stickoxyduladsorption oder (Zn, Cd) wegen mittelstarker Sauerstoffadsorption. G.-M. SCHWAB und H. SCHULTES[6] haben bald darauf noch weitere Mischkatalysatoren untersucht und insbesondere hier zuerst die Erscheinung der „anomalen Verstärkung" in den Systemen CuO-CdO und besonders $CuO\text{-}Al_2O_3$ aufgefunden, sowie qualitativ die Theta-Beziehung bestätigt (s. S. 202ff.). G.-M. SCHWAB und R. STAEGER[7] haben auch an CuO, dessen Metall einer Nebengruppe angehört, Adsorptionshemmungen festgestellt, und zwar sowohl durch Sauerstoff als bei tieferen Temperaturen auch durch Stickoxydul selbst; der anomal verstärkte Mischkontakt $CuO\text{-}Al_2O_3$ zeigt ebenfalls beide Adsorptionshemmungen, die sich hier gegenseitig genau zu erster Ordnung überlagern. G.-M. SCHWAB und H. H. NAKAMURA[8] haben diese Reaktion benutzt, um die Abhängigkeit der Aktivierungswärme von bestimmten, gittermäßig erkannten Aktivitätsunterschieden der Katalysatoren festzulegen. Sie finden, daß beim Magnesiumoxyd die Aktivierungswärme mit der beim

[1] R. M. DELL, F. S. STONE, P. F. TILEY: Trans. Faraday Soc. **49** (1953), 195; C 53, 9083.

[2] J. A. HEDVALL, R. HEDIN, O. PERSSON: Z. physik. Chem., Abt. B **27** (1934), 196.

[3] J. A. HEDVALL, E. GUSTAVSON: Svensk kem. Tidskr. **46** (1934), 64; C 34 II, 10.

[4] G.-M. SCHWAB, H. SCHULTES: Z. physik. Chem., Abt. B **9** (1930), 265.

[5] G.-M. SCHWAB, R. STAEGER, H. H. VON BAUMBACH: Z. physik. Chem., Abt. B **21** (1933), 65; C 33 I, 2867.

[6] G.-M. SCHWAB, H. SCHULTES: Z. physik. Chem., Abt. B **25** (1934), 411; C 34 II, 900.

[7] G.-M. SCHWAB, R. STAEGER: Z. physik. Chem., Abt. B **25** (1934), 418; C 34 II, 900.

[8] G.-M. SCHWAB, H. H. NAKAMURA: Ber. dtsch. chem. Ges. **71** (1938), 1755; C 38 II, 2226.

Tempern verschwindenden Gitterdehnung steigt, daß aber beim Kupferoxyd das Tempern eine Einbettung der Kristallflächen in amorphes Material beseitigt und so die Aktivierungswärme erniedrigt.

Von einem andern Gedankenkreise aus haben G. F. HÜTTIG und seine Mitarbeiter diese Reaktion benutzt, um die Zwischenzustände auf ihre katalytische Wirksamkeit zu prüfen, die vor und während der chemischen Einwirkung verschiedener Metalloxyde aufeinander gebildet werden. Über diese umfangreichen, auch kinetische Daten und Aktivierungswärmen enthaltenden Arbeiten hat er selbst in diesem Handbuch[1] ausführlich berichtet.

G. DAMKÖHLER und G. DELCKER[2] haben den Zerfall des Stickoxyduls an Kupferoxyd als Modellreaktion gewählt, um die in Abschnitt A II (S. 164ff.) erörterten Einflüsse von Strömung und Temperaturverteilung auf die katalytische Reaktion in strömenden Gasen zu untersuchen. Sie stellen fest, daß im Gebiet laminarer Strömung die Ausbeute bei gleichbleibender Verweilzeit nicht von der Strömungsgeschwindigkeit abhängt, und sie berechnen die im durchströmten Ofen wegen der exothermen Reaktion auftretenden Temperaturmaxima, sowie auch eine scheinbare Aktivierungswärme, die aber mit andern Werten nicht übereinstimmt. Insbesondere für *Aluminiumoxyd* liegen noch zwei Arbeiten vor: J. SANCHO[3] hat mit Bauxit gearbeitet, wo unterhalb 300° der homogen gelöste Eisengehalt der wirksame Bestandteil sein soll. Die Reaktion wird als von erster Ordnung angegeben, hat aber eine ausgesprochene Sauerstoffhemmung. J. E. VANCE und J. K. DIXON[4] stellen fest, daß N_2O an Al_2O_3 bis 250° momentan und reversibel adsorbiert wird und daß darüber statt aktivierter Adsorption sofort Zerfall nach erster Ordnung eintritt. Wir haben hier ein Beispiel, wo die Reaktion erster Ordnung vielleicht nicht über eine verdünnte Adsorption als Zwischenstufe läuft (s. S. 184ff.), Wasserdampf hemmt den Zerfall.

Die zunehmende Kenntnis von den *Halbleitereigenschaften* der Oxyde hat in den letzten Jahren verschiedene Forscher veranlaßt, dadurch bedingte neue Untersuchungsmethoden heranzuziehen und prinzipiell neue Einflußmöglichkeiten auf den Reaktionsverlauf zu studieren.

Die Zwischenstoffkonzentration adsorbierten Sauerstoffs während des katalytischen N_2O-Zerfalls an Nickeloxyd und Zinkoxyd bestimmen C. WAGNER und K. HAUFFE[5] durch Anwendung von Leitfähigkeitsmessungen. Die elektrische Leitfähigkeit wird ursächlich durch den Sauerstoffgehalt des Oxyds bestimmt, beim Nickeloxyd steigt sie mit dem Sauerstoffüberschuß an, beim Zinkoxyd mit dem Sauerstoffunterschuß. Die Leitfähigkeit gestattet daher Rückschlüsse auf die Oberflächenkonzentration adsorbierten Sauerstoffs. Da sich der Sauerstoffgehalt des Oxyds auch ohne katalytische Reaktion dem jeweiligen Sauerstoffdruck anpaßt, ist die Leitfähigkeitsdifferenz zwischen dem stationären Zustand der Reaktion und dem Zustand korrespondierender Druckverhältnisse ohne Reaktion ein Maß für die veränderte Sauerstoffadsorption. Während des katalytischen N_2O-Zerfalls steigt am Nickeloxyd die Sauerstoffkonzentration geringfügig an. Daraus wird geschlossen, daß das Adsorptions-Desorptionsgleichgewicht des Sauerstoffs am Nickeloxyd durch die katalytische Reaktion

[1] G. F. HÜTTIG: Dieses Handbuch Bd. VI, S. 318ff. Wien, 1943.

[2] G. DAMKÖHLER, G. DELCKER: Z. Elektrochem. angew. physik. Chem. 44 (1938), 193; C 38 II, 649; Z. Elektrochem. angew. physik. Chem. 44 (1938), 228, 240; C 38 II, 3844.

[3] J. SANCHO: An. Soc. españ. Física Quím. 33 (1935), 854; C 36 I, 4392.

[4] J. E. VANCE, J. K. DIXON: J. Amer. chem. Soc. 63 (1941), 176.

[5] C. WAGNER, K. HAUFFE: Z. Elektrochem. angew. physik. Chem. 44 (1938), 172; C 38 I, 4009.

nur geringfügig verändert wird. Zeitbestimmender Teilschritt ist demnach der Zerfall:

$$N_2O \longrightarrow N_2 + O_{(ads.)}$$

und nicht die Desorption:

$$O_{(ads.)} \rightleftharpoons {}^1/_2 O_{2(Gas)} .$$

Auch die Reaktion zwischen N_2O und adsorbiertem Sauerstoff:

$$N_2O + O_{(ads.)} \longrightarrow N_2 + O_2$$

wird als langsamster Teilschritt ausgeschlossen, da hierbei eine Sauerstoffverarmung in der Katalysatoroberfläche mit steigendem N_2O-Druck zu erwarten wäre. K. HAUFFE, R. GLANG und H. J. ENGELL[1] glauben jedoch, aus der geringfügigen Leitfähigkeitsänderung auf eine meßbar langsame Desorption des Sauerstoffs schließen zu können. Eine zeitbestimmende Sauerstoffdesorption leiten sie auch aus den Einflüssen der Fehlordnung im Katalysator auf die Geschwindigkeit ab. Zusätze von Li_2O zum NiO, die die Defektelektronendichte im Kontakt steigern, beschleunigen die Zerfallsreaktion (wenigstens im Bereich kleiner Zusätze, 0,1 bis 1,0 Mol % Li_2O), bei durch In_2O_3-Zusätze verminderter Defektelektronendichte wird die Reaktion gehemmt. Erklärt wird dieser Einfluß dadurch, daß die zeitbestimmende Sauerstoffdesorption unter Mitwirkung der Ladungsträger des Katalysators erfolgt:

$$\oplus \text{(Kat.)} + O^-_{ads.} \longrightarrow {}^1/_2 O_2 \text{ (Gas) oder}$$
$$\oplus \text{(Kat.)} + N_2O + O^-_{ads.} \longrightarrow O_2 \text{ (Gas)} + N_2\text{(Gas)},$$

wobei $\oplus$ (Kat.) eine Elektronendefektstelle im Katalysator darstellen soll.

Ähnliche Versuche wurden am Zinkoxyd angestellt. Auch hier ist die Sauerstoffadsorption während des katalytischen N_2O-Zerfalls etwas größer, als bei Abwesenheit von Stickoxydul (C. WAGNER und K. HAUFFE, l. c.) unter gleichbleibendem Sauerstoffpartialdruck. C. WAGNER[2] hatte daraufhin, nach seiner Meinung ergebnislos, versucht, die Aktivität des Zinkoxyds durch Zusätze von Galliumoxyd, die die Konzentration an negativen Ladungsträgern um Zehnerpotenzen steigern, zu verändern. Die Aktivitätssteigerung blieb dabei weit hinter den Erwartungen zurück und entsprach nur etwa dem Faktor zwei. Dabei hatte der stark fehlgeordnete Katalysator die größere Aktivierungsenergie. M. BOUDART[3] sowie E. CREMER und E. MARSCHALL[4] beurteilten die WAGNERschen Ergebnisse weniger negativ. Letztere gehen von der Vorstellung aus, daß im geschwindigkeitsbestimmenden Teilschritt der Reaktion Elektronen eine Potentialschwelle in der Katalysatoroberfläche überschreiten müssen. Diese Potentialschwelle wird als Bestandteil der Aktivierungsenergie betrachtet, ihre Höhe bestimmt die Übergangswahrscheinlichkeit der Elektronen. Aus den WAGNERschen Ergebnissen berechnen CREMER und MARSCHALL Häufigkeitsfaktoren, die für die fehlgeordnete Phase etwa 50mal größer sind als für reines Zinkoxyd und damit nach den oben genannten Voraussetzungen ihren Erwartungen entsprechen. Jedoch sind diese Schlüsse nicht vereinbar mit dem Mechanismus einer zeitbestimmenden Sauerstoffdesorption, die bei erhöhter Sauerstoffkonzentration an der Katalysatoroberfläche und Steigerung der Aktivierungsenergie mit zunehmender Fehlordnung zu

[1] K. HAUFFE, R. GLANG, H. J. ENGELL: Z. physik. Chem. **201** (1952), 223.
[2] C. WAGNER: J. chem. Physics **18** (1950), 69.
[3] M. BOUDART: J. chem. Physics **18** (1950), 571; C 50 II, 2394.
[4] E. CREMER, E. MARSCHALL: Mh. Chem. **82** (1951), 840; C 52, 4105.

erwarten ist. G.-M. SCHWAB und J. BLOCK[1] fanden bei kinetischen Messungen am Zinkoxyd eine Hemmung der Reaktion durch Sauerstoff, wobei sich der während der Reaktion gebildete Sauerstoff stärker bemerkbar machte als der aus der Gasphase. Der von ihnen gefundene Gang der Aktivierungsenergien mit der Fehlordnung stimmt mit den qualitativen Ergebnissen WAGNERS überein. Die scheinbare Aktivierungsenergie der Reaktion wird durch Lithiumoxydzusätze zum Zinkoxyd von 48 kcal/Mol auf 28 kcal/Mol herabgesetzt, während mit zunehmenden Galliumoxyddotierungen ein Anstieg auf über 60 kcal/Mol erfolgt. Daraus wird abgeleitet, daß der langsamste Schritt der Reaktion mit gleichzeitigem Ladungsübergang vom Adsorptiv zum Katalysator im Sinne einer Donatorkatalyse verläuft, wobei die Kinetik dafür spricht, daß dieser Teilschritt in der Sauerstoffdesorption besteht.

Den Einfluß unterschiedlicher Vorbehandlung von Kupferoxyd- und Lanthanoxydkatalysatoren auf den Stickoxydulzerfall untersuchten E. CREMER und E. MARSCHALL (l. c.). Mit steigender Sintertemperatur ließ sich die Aktivierungsenergie am Kupferoxyd von 11 kcal/Mol bis auf 42 kcal/Mol heraufsetzen, wobei sich die Beziehung:

$$\log A = \frac{q}{a} + \text{const}$$

(A = Häufigkeitsfaktor, q = Aktivierungsenergie, a und const. = Konst.) als gültig erwies und für $\frac{a}{2{,}3\,R}$ einen Wert von 710° K lieferte. Die Ergebnisse an Lanthanoxyd zeigten qualitativ das gleiche Bild. Der mit steigender Sintertemperatur beobachtete — recht merkwürdige — Leitfähigkeitsabfall der Oxyde wird mit der Aktivitätsabnahme in Zusammenhang gebracht.

G. SCHMID und N. KELLER[2] führten vergleichende Messungen für diese Aktivität verschiedener Oxyde durch. Soweit die Änderung der Strömungsgeschwindigkeit bei dynamischer Versuchsanordnung einen Schluß zuließ, folgte die Reaktion in allen Fällen der ersten Ordnung nach N_2O. Eine Sauerstoffhemmung wurde nicht festgestellt. Die Aktivierungsenergie erwies sich als temperaturabhängig und betrug für niedere Temperaturen meist zwischen 20 und 25 kcal/Mol und bei höheren 30 bis 40 kcal/Mol. Die untersuchten Oxyde waren in der Reihenfolge abnehmender Wirksamkeit (Temperatur beginnender Reaktion): CoO (p), Cu_2O(p)[3] NiO(p), MgO(Isol.), CeO_2(n), CaO(Ionenleiter), Al_2O_3(n), ZnO(n), Fe_2O_3(n).

Diese Reihenfolge, die teilweise auch schon bei SCHWAB (s. S. 366) aufgeführt ist, veranlaßte R. M. DELL, F. S. STONE und P. F. TILEY[4] sowie K. HAUFFE, R. GLANG und H. J. ENGELL[5], auf die Parallelität mit den Halbleitereigenschaften hinzuweisen. Die besten Katalysatoren sind zugleich Defektleiter (zuvor mit (p) bezeichnet), alle schlecht katalysierenden Oxyde Überschußleiter (n), während sich im mittleren Wirksamkeitsbereich Oxyde mit abweichendem Leitfähigkeitscharakter (Isolatoren oder Ionenleiter) wiederfinden.

R. M. DELL, F. S. STONE und P. F. TILEY (l. c.) untersuchten den N_2O-Zerfall an Kupferoxydul, das in dünner Schicht auf elementarem Kupfer als Träger ruhte. Eine Sauerstoffhemmung der Reaktion ist hier ausgeschlossen, da nachweislich die Weiteroxydation des Metalls schneller verläuft als die Zerfallsreaktion. Die

[1] G.-M. SCHWAB, J. BLOCK: Z. Elektrochem. angew. physik. Chem. **58** (1954), 756.
[2] G. SCHMID, N. KELLER: Naturwiss. **37** (1950), 42.
[3] Nach Angaben von DELL, STONE und TILEY: Trans. Faraday Soc. **49** (1953), 195; C 53, 9083.
[4] R. M. DELL, F. S. STONE, P. F. TILEY: Trans. Faraday Soc. **49** (1953), 195; C 53, 9083.
[5] K. HAUFFE, R. GLANG, H. J. ENGELL: Z. physik. Chem. **201** (1952), 223.

Reaktion folgt nahezu der ersten Ordnung nach Stickoxydul, ihre Aktivierungsenergie wurde zu 20 kcal/Mol bestimmt. Bei niedrigeren Temperaturen (etwa 60° C) wurde der Einfluß präadsorbierter Gase auf die Geschwindigkeit der Reaktion untersucht. Zuvor adsorbierter Sauerstoff (der in molekularer Form adsorbiert bei 60° C noch nicht zur Oxydation des Metalls befähigt sein soll) erhöht die Geschwindigkeit um den Faktor 10, auch präadsorbiertes Kohlenmonoxyd beschleunigt etwas. Bei der ebenfalls untersuchten Reaktion von Kohlenmonoxyd mit Stickoxydul (s. S. 382) an Cu_2O wird in Übereinstimmung mit Ergebnissen von G.-M. SCHWAB und G. DRIKOS[1] am CuO festgestellt, daß die CO-Oxydation zumindest innerhalb gewisser Druckbereiche schneller verläuft als der N_2O-Zerfall, so daß der Katalysator reduziert wird.

Bei Sauerstoffüberschuß in der Gasphase untersuchte C. B. AMPHLETT[2] den N_2O-Zerfall an den Oxyden CoO, CuO, NiO + CoO und NiO, wobei nur das CoO in reinem Zustand, alle übrigen auf Asbest vorlagen. Hier ist das CoO etwas weniger aktiv als das CuO, was offenbar daran liegt, daß CoO bei den Reaktionsbedingungen oberflächlich schon zu Co_3O_4 oxydiert wird. Dadurch wird auch die Wirksamkeitsabnahme, wie sie während der Reaktion erfolgt, erklärt. Eine Sauerstoffhemmung wurde unter den hier vorliegenden Bedingungen nicht beobachtet, die Reaktion folgte streng der ersten Ordnung nach N_2O. Die Aktivierungsenergien wurden bestimmt zu: CoO 14 kcal/Mol, alle übrigen auf Asbest: CuO 16, CoO 21, CoO + NiO 29 und NiO 37 kcal/Mol.

5. Reduktion von Distickstoffmonoxyd.

An *Kohle* wird N_2O nach L. MEYER[3] irreversibel adsorbiert, worauf Stickstoff von selbst wieder frei wird, während der Sauerstoff auch beim Erhitzen gebunden bleibt. Die Reaktion hat keine Aktivierungswärme, was als ein Beweis für die Endständigkeit des O-Atoms in der Molekel angesehen wird.

Auch R. F. STRICKLAND-CONSTABLE[4] stellt fest, daß sich beim N_2O-Zerfall an Kohle feste Oberflächenoxyde uneinheitlicher chemischer Zusammensetzung bilden, die erst bei hohen Temperaturen (etwa 900° C) zerfallen. Jedoch beobachtet er, wie auch M. S. SHAH[5] eine zweite Reaktion. Die hohe Anfangsgeschwindigkeit der Stickstoffbildung bei 400° C fällt sehr schnell ab. Die Reaktion verläuft dann nahezu nach der ersten Ordnung nach N_2O (bis auf Sekundärerscheinungen), wobei als Reaktionsprodukte neben geringen Mengen Kohlenmonoxyd hauptsächlich Stickstoff und Kohlendioxyd gebildet werden:

$$C + 2N_2O \rightarrow CO_2 + 2N_2.$$

Während bei 400° C zwischen N_2O und CO noch keine Homogenreaktion eintritt, wird an Kohle auch CO durch N_2O oxydiert. Da CO selbst bei dieser Temperatur an Kohle (auch bei Anwesenheit fester Oberflächenoxyde) kein CO_2 bildet, wird geschlossen, daß während des Stickoxydulzerfalls an Kohle andere Oberflächenoxyde mit erhöhtem Sauerstoffpartialdruck gebildet werden, die in der Lage sind, CO zu oxydieren. Danach sollen an der Kohleoberfläche zwei Arten von Oberflächenoxyden gebildet werden, von denen die leicht dissoziierbare als Zwischenstoff des N_2O-Zerfalls bei gleichzeitiger CO-Oxydation auftritt. Für beide Reak-

[1] G.-M. SCHWAB, G. DRIKOS: Z. physik. Chem., Abt. A **186** (1940), 348; C 40 II, 3582.
[2] C. B. AMPHLETT: Trans. Faraday Soc. **50** (1954), 273.
[3] L. MEYER: Naturwiss. **20** (1932), 791; C 32 II, 3666.
[4] R. F. STRICKLAND-CONSTABLE: Trans. Faraday Soc. **34** (1938), 1074.
[5] M. S. SHAH: J. chem. Soc. (London) **1929**, 2661.

tionen, die Oxydation von elementarem Kohlenstoff und die Oxydation von Kohlenmonoxyd ist der Teilschritt:

$$(1)\ N_2O\ (\text{Gas}) + C \rightarrow \text{intermediäres Oberflächenoxyd} + N_2\ (\text{Gas})$$

schneller als die Folgereaktionen:

$$\text{(2a)}\quad \text{intermediäres Oberflächenoxyd} \xrightarrow{+N_2O} CO_2(\text{Gas}) + N_2(\text{Gas})$$

$$\text{(2b)}\quad \text{intermediäres Oberflächenoxyd} \xrightarrow{+CO} CO_2(\text{Gas})\,.$$

Dementsprechend sollte im Falle der CO-Oxydation durch N_2O eine erste Ordnung nach CO und Unabhängigkeit vom N_2O-Druck zu erwarten sein. Da (2a) einen Temperaturkoeffizienten entsprechend 32 kcal/Mol besitzt, dieser bei (2b) aber nur 12 kcal/Mol beträgt, läßt sich bei genügend tiefen Temperaturen die Kohlenmonoxydoxydation getrennt von der Kohlenstoffoxydation untersuchen. D. G. MADLEY und R. F. STRICKLAND-CONSTABLE[1] haben dies getan und erwartungsgemäß eine erste Ordnung nach CO gefunden. Dadurch konnten sie auch ausschließen, daß die Kohlenstoffoxydation über CO als Zwischenstoff verläuft:

$$N_2O + C \rightarrow CO + N_2$$
$$N_2O + CO \rightarrow CO_2 + N_2,$$

wobei die Kohlenmonoxydoxydation als zweiter Teilschritt enthalten wäre. Dies ist deshalb nicht möglich, weil die Geschwindigkeitskonstante der Gesamtreaktion bei hohen Temperaturen größer als die des zweiten Teilschritts wird, der nach Aussage seiner Kinetik bei diesen Temperaturen der langsamste sein soll.

M. S. SHAH (l. c.) gibt für die N_2O-Reduktion an Kohle ein Zeitgesetz zweiter Ordnung an. R. F. STRICKLAND-CONSTABLE (l. c.) weist jedoch nach, daß diese Beziehung dadurch vorgetäuscht wird, daß die Konstante erster Ordnung an frisch ausgeheizter Kohle infolge der Ausbildung fester Oberflächenoxyde mit der Zeit schnell abnimmt. *Kohlenmonoxyd* führt Stickoxydul nach C. E. H. BAWN[2] in Quarzgefäßen bei 400 ÷ 600° und 50 ÷ 200 mm Hg in Stickstoff und Kohlendioxyd über:

$$CO + N_2O \rightarrow N_2 + CO_2\,.$$

Die Geschwindigkeit ist proportional dem Stickoxyduldruck, umgekehrt proportional dem Kohlendioxyddruck, Fremdgase hemmen nicht, Kohlendioxyd beschleunigt. Da Explosionen vorkommen, wird eine Kettenreaktion für möglich gehalten. Als einwandfreie heterogene Katalyse haben dieselbe Reaktion G.-M. SCHWAB und G. DRIKOS[3] an *Kupfer* bzw. *Kupferoxyd* untersucht. Geschwindigkeitsbestimmend ist hierbei der Vorgang:

$$\text{(a)}\ N_2O + Cu \rightarrow N_2 + CuO,$$

während der Vorgang

$$\text{(b)}\ CuO + CO \rightarrow Cu + CO_2$$

oberhalb 200° demgegenüber sehr rasch verläuft. Deshalb ist der Katalysator

[1] D. G. MADLEY, R. F. STRICKLAND-CONSTABLE: Trans. Faraday Soc. 49 (1953), 1312.

[2] C. E. H. BAWN: Trans. Faraday Soc. 31 (1935), 461; C 35 II, 796.

[3] G.-M. SCHWAB, G. DRIKOS: Z. physik. Chem., Abt. A 186 (1940), 348; C 40 II, 3582.

immer Kupfer und nicht Oxyd, außer unter Umständen, wo nicht die chemische Reaktion, sondern Transportvorgänge die Geschwindigkeit bestimmen. Als scheinbare Aktivierungswärme der Reaktion (a) ermitteln sie 23 kcal/Mol. Dagegen finden R. M. Dell, F. S. Stone und P. F. Tiley[1], daß bei 224° und etwa gleichen Ausgangsdrucken an N_2O und CO nur in einer anfänglichen Reaktionsperiode der CuO-Katalysator reduziert wird, während im folgenden Reaktionsintervall die CO-Oxydation schneller verläuft als der N_2O-Zerfall. Über die Strömungseinflüsse s. S. 173f.

Wasserstoff reagiert nach:

$$H_2 + N_2O \rightarrow H_2O + N_2 .$$

Die Reaktion an *Gold* gilt dabei als einer der besten Beweise für „Adsorption an getrennten Bezirken", und damit für die Unterteilung der katalytischen Oberflächen. An *Platin* wurde die Reaktion von H. Cassel und E. Glückauf[2] beobachtet. Die Reaktionsgeschwindigkeit hat einen ganz anomalen Temperaturverlauf: Konstanz von 600÷775°, Abfall bis zu einem Minimum bei 1208°, dann wieder Anstieg bis 1450°. Dies wird durch Bildung eines Oberflächenoxyds bei hohen Temperaturen gedeutet, das eine Hemmung der Reaktion bewirkt. Überdies wird angenommen, daß oberhalb 1250° Wasser nicht durch Reaktion zwischen adsorbierten Molekeln, sondern durch eine Knallgaskette aus atomarem Sauerstoff entsteht. J. K. Dixon und J. E. Vance[3] haben dieselbe Reaktion bei viel tieferen Temperaturen (260÷470°) untersucht, wo solche Störungen ausscheiden. Hier ist die Geschwindigkeit proportional der Konzentration des Stickoxyduls und unabhängig vom Wasserstoffdruck; Wasserdampf hemmt. Es wird daher Reaktion angenommen bei Stößen von Stickoxydulmolekeln auf die teils von Wasserstoff, teils von Wasser bedeckte Oberfläche. Die scheinbare Aktivierungswärme beträgt 23 kcal/Mol. Über die Absolutgeschwindigkeit s. S. 200.

An *Nickel* hat H. W. Melville[4] festgestellt, daß Wasserstoff doppelt so rasch reagiert wie Deuterium, was durch den Unterschied der Nullpunktsenergien von Ni-H und Ni-D erklärt werden kann (s. S. 222).

An *Silber* haben A. F. Benton und C. M. Thacker[5] gearbeitet. Die Reaktionsgeschwindigkeit gehorcht der Gleichung:

$$\frac{-d\,(N_2O)}{dt} = \frac{k'\,(H_2)}{1 + b\,(H_2O)} .$$

Die direkt gemessene Adsorption von Wasserdampf an Silber ist mit dieser hemmenden Wirkung verträglich. Da Stickoxydul selbst nicht adsorbiert, sondern im Meßbereich (60÷180°) unter Hemmung durch den gebildeten Sauerstoff zersetzt wird (d. h. wohl, Silber oxydiert), wird primäre Dissoziation und Reaktion des gebundenen Sauerstoffs mit adsorbiertem Wasserstoff angenommen. Die scheinbare Aktivierungswärme beträgt 13 kcal/Mol.

An *Aluminiumoxyd* ist die Reaktion 850mal rascher als die Adsorption des N_2O, 2700mal rascher als die von Wasserstoff (J. E. Vance und J. K. Dixon[6]).

---

[1] R. M. Dell, F. S. Stone, P. F. Tiley: Trans. Faraday Soc. **49** (1953), 195.

[2] H. Cassel, E. Glückauf: Z. physik. Chem., Abt. B **19** (1932), 47; C 32 II, 3515.

[3] J. K. Dixon, J. E. Vance: J. Amer. chem. Soc. **57** (1935), 818; C 35 I, 1503.

[4] H. W. Melville: J. chem. Soc. **1934**, 797; C 34 II, 1571.

[5] A. F. Benton, C. M. Thacker: J. Amer. chem. Soc. **56** (1934), 1300; C 34 II, 2650.

[6] J. E. Vance, J. K. Dixon: J. Amer. chem. Soc. **63** (1941), 176.

Die Reaktion ist von gebrochener Ordnung sowohl nach dem Stickoxydul als auch nach dem Wasserstoff, nämlich:

$$\frac{-d\,(N_2O)}{dt} = k'\,(N_2O)^{2/3}\,(H_2)^n\left(1+\frac{1}{(H_2O)}\right),$$

wo n von 0,66 bei 333° auf 0,33 bei 472° fällt. Diese gebrochenen Ordnungen sind natürlich ein anderer Ausdruck für LANGMUIRsche Adsorptionsisothermen. Der eigentümliche Hemmungsfaktor des Wasserdampfs bedeutet, daß ein Teil der Reaktion an einer Wasser nicht adsorbierenden, ein Teil an einer es stark adsorbierenden Fläche verläuft. Die eine hat eine Aktivierungswärme von 36 kcal/Mol, die andere von 30 kcal/Mol, die Differenz müßte die Adsorptionswärme des Wassers sein, die sich also hier erheblich kleiner ergibt als aus der Wasserhemmung der Alkohol-Dehydratation (S. 213f.). Es wird noch darauf hingewiesen, daß an verschiedenen Katalysatoren die Aktivierungswärmen für Zerfall und Hydrierung von Stickoxydul gewisse Ähnlichkeiten im Gang aufweisen.

6. Stickoxyd.

a) Zerfall.

Die Reaktion:

$$2\,NO \rightarrow N_2 + O_2$$

erfolgt nach J. ZAWADSKI und T. BADZYNSKI[1] am *Platin*netz nach Fall I 2 b [Formel (III, 10), S. 189]:

$$\frac{-d(NO)}{dt} = \frac{k'(NO)}{(O_2)},$$

nach 15 Versuchen aber geht diese Gleichung über in Fall I 2 a (l. c.):

$$\frac{-d\,(NO)}{dt} = \frac{k'\,(NO)}{1+b\,(O_2)},$$

wobei b mit der Arbeitsdauer und mit steigender Temperatur sinkt (die anfängliche Kinetik geht aus I 2 a ja durch ein $b \gg 1/O_2$ hervor). Nach J. ZAWADSKI und G. PERLINSKI[2] dagegen kommen beide Arten der Kinetik konstant an verschiedenen Platinnetzen vor, und wiederum (wie beim N_2O, s. S. 365) hemmt zugesetzter Sauerstoff schwächer als entstandener. Die scheinbare Aktivierungswärme wird auf 20 ÷ 25 kcal/Mol geschätzt. Die kinetischen Verhältnisse sind hier also offenbar ganz verwandt denjenigen des Zerfalls von Distickstoffmonoxyd am Platin (S. 364f.).

Wieder eine andere Kinetik geben H. WISE und M. H. FRECH[3] an. Die Reaktion verläuft in Quarzgefäßen im Temperaturgebiet zwischen 872 und 1275° K nach zweiter Ordnung nach NO (Katalysator ist offenbar die Gefäßwand). Doch bleibt die Aktivierungsenergie innerhalb des Bereiches nicht konstant. Bei 900° erreicht sie 21,4 kcal/Mol und wächst mit zunehmender Temperatur bis auf 56,6 kcal/Mol bei 1275° K, entsprechend dem Übergang von einer heterogenen zur homogenen Reaktion. Unterhalb 1000° besitzt N_2 einen merklich verzögernden Einfluß, der einer Vergiftung der Oberfläche zugeschrieben wird, da auch eine Veränderung

[1] J. ZAWADSKI, T. BADZYNSKI: Roczniki Chem. **11** (1931), 158; C 31 I, 3210.

[2] J. ZAWADSKI, G. PERLINSKI: C. R. hebd. Séances Acad. Sci. **198** (1934), 260; C 34 I, 3014.

[3] H. WISE, M. H. FRECH: J. chem. Physics **20** (1952), 22, 1724; C 53, 5146; C 54, 30.

der anfänglichen Stickstoffkonzentration die Hemmwirkung nicht verändert, sofern nur eine solche Anzahl von Stickstoffmolekeln vorhanden ist, daß sie zur Bedeckung der Oberfläche ausreichend ist. Umgekehrt beschleunigt Sauerstoff die Reaktion im gesamten Temperaturgebiet.

b) Oxydation.

Die Reaktion:

$$2NO + O_2 \rightarrow 2NO_2$$

geht bekanntlich schon ohne Katalysator und bis zu sehr tiefen Temperaturen, bei diesen sogar wegen des negativen Temperaturkoeffizienten bevorzugt, mit meßbarer Geschwindigkeit vor sich. Sie ist inzwischen auch in Anwesenheit verschiedener Katalysatoren untersucht worden. Deren Wirkung scheint nicht sehr spezifisch zu sein, aber die kinetischen Verhältnisse sind auch nicht klar genug, um genaue Aussagen zu gestatten. L. Szegö und L. Guacci[1] haben *Kieselgel* und *Aluminiumoxyd* benutzt. Unterhalb 30° ist die Oberfläche mit adsorbiertem Gas bedeckt, darüber nimmt die Bedeckung ab, und bis 80° läßt sich dann die heterogene Reaktion beobachten, bei noch höheren Temperaturen tritt sie gegen die homogene zurück. Unter Berücksichtigung direkt gemessener Adsorptionswärmen wird eine „negative wahre Aktivierungswärme" von —10 kcal/Mol berechnet, was wohl darauf hindeutet, daß der Vorgang ähnlich gedeutet werden muß wie der homogene[2].

G. K. Boresskow und S. M. Schogam[3] haben an *Kohle* bei 15° eine Geschwindigkeitsgleichung

$$\frac{d(NO_2)}{dt} = \frac{k'(NO)}{(NO_2)}$$

gefunden. Die scheinbare Aktivierungsenergie ist 3,2 kcal/Mol bei 15°, 3,4 kcal/Mol bei 80÷120°. Die Änderung wird auf eine Veränderung des Adsorptionskoeffizienten des NO_2 in obiger Gleichung $\left(k' = \frac{k \cdot b_{NO}}{b_{NO_2}}\right)$ zurückgeführt. Wasserdampf hemmt, CO_2 ist ohne Einfluß.

Ganz anders ist die Reaktionskinetik, die N. P. Kurin und I. O. Bloch[4] an *Kieselgel*, an *Vanadium*katalysatoren der Schwefelsäuresynthese und an *Zinkchromit*katalysatoren der Methanolsynthese feststellen. An dem letzteren Katalysator ist nach ihnen:

$$\frac{d(NO_2)}{dt} = \frac{k'(NO)^{1,5}}{(O_2)},$$

an den andern

$$\frac{d(NO_2)}{dt} = \frac{k'(NO)^{1,5}(O_2)}{(NO_2)}.$$

Die scheinbaren Aktivierungswärmen sind überall negativ (—4,7 bis —0,34 kcal/Mol). Wasserdampf hemmt an Kieselgel in mit der Temperatur abnehmendem Maße, am Zinkchromitkontakt erzeugt er ein Temperatur-Optimum. Der negative

---

[1] L. Szegö, L. Guacci: Gazz. chim. ital. 61 (1931), 333; C 31 II, 2415.

[2] Über diesen s. M. Bodenstein und W. Jost: Dieses Handbuch Bd. I, S. 309ff. Wien, 1941, wo auch die geringe Wandempfindlichkeit der homogenen Reaktion hervorgehoben wird.

[3] G. K. Boresskow, S. M. Schogam: J. physic. Chem. URSS 8 (1936), 306; C 37 II, 3276.

[4] N. P. Kurin, I. O. Bloch: J. angew. Chem. URSS 11 (1938), 734, 750; C 39 II, 4429.

Temperaturkoeffizient kann so gedeutet werden, daß auch in der Oberfläche das vorgelagerte Gleichgewicht (s. oben)

$$2\,NO \rightleftharpoons N_2O_2$$

zu berücksichtigen ist, so daß man wohl für $(NO)^{1,5}$ zu setzen hätte: σ^2_{NO} mit $\sigma_{NO} \approx (NO)^{0,75}$. F. DANIELS[1] ist jedoch der Ansicht, daß das vorgelagerte Gleichgewicht lautet:

$$NO + O_2 \rightleftharpoons NO_3,$$

wobei die Konzentration von NO_3 mit steigender Temperatur abnimmt. Der weitere Reaktionsschritt ist dann:

$$NO_3 + NO \rightarrow 2\,NO_2\,.$$

Auf einem abweichenden, sich von der feststehenden Theorie der homogenen Reaktion weit entfernenden Standpunkt stehen L. S. GIBJANSKI und S. ROGINSKY[2], die an Kohle und Kieselgel bei tiefen Temperaturen, nämlich um —40°, eine kritische Druckgrenze von der Größenordnung 1,3 mm, je nach der Gaszusammensetzung, finden, unterhalb deren keine Reaktion und oberhalb deren Reaktion mit temperatur- und druckunabhängiger Geschwindigkeit erfolgt. Sie nehmen an, daß bei diesem Druck die Oberfläche mit Molekeln gerade bedeckt ist und daß jetzt eine zweidimensionale Kette fortgepflanzt werden kann, als deren Träger sie vermutungsweise aktivierten Sauerstoff ansehen.

N. SASAKI und Y. HIRAKI[3] haben bei äußerst kleinen Drucken ($10^{-3} \div 10^{-5}$ mm Hg) und bei der Temperatur der flüssigen Luft an *festem Quecksilber* als Katalysator gearbeitet; Quecksilber beschleunigt die Reaktion, wenn es vorher als Film aufgedampft worden ist, aber fast gar nicht, wenn es während der Reaktion abgeschieden wird. Oberhalb — 150° werden die Filme irreversibel durch Sinterung zerstört, wieder ein Zeichen dafür, daß metallische Katalysatoren schon unterhalb des Schmelzpunkts ihre aktiven Zentren verlieren (s. S. 227).

K. J. LAIDLER, S. GLASSTONE und H. EYRING[4] stellen fest, daß Messungen von TEMKIN und PYSHEV bei 85° an Glas mit der transition state-Theorie bei Annahme bimolekularer Reaktion an benachbarten Stellen verdünnt adsorbierter Molekeln übereinstimmen.

c) Reaktion mit Ammoniak.

E. A. MICHAILOVA[5] hat die interessante Reaktion

$$2NH_3 + 3NO \rightarrow 5/2\,N_2 + 3H_2O$$

an *Platin* bei 500÷530° und 20 mm Hg untersucht. Ihre Ergebnisse, druckunabhängige Reaktion nullter Ordnung bei stöchiometrischer Mischung, Maximum der Geschwindigkeit bei der Zusammensetzung $(NH_3):(NO) = 2.2$, lassen

---

[1] F. DANIELS: Chem. Engng. News **1955, 2370.**
[2] L. S. GIBJANSKI, S. ROGINSKY: **J. physic. Chem. URSS 14 (1940), 1347; C 41 II, 2406. — S. ROGINSKY: Acta physicochim. URSS 9 (1938), 475; C 39 II, 1431.**
[3] **N. SASAKI, Y. HIRAKI: Proc. Imp. Acad. (Tokyo) 16 (1940), 303; C 41 I, 2499.**
[4] **K. J. LAIDLER, S. GLASSTONE, H. EYRING: J. chem. Physics 8 (1940), 667; C 41 I, 2497.**
[5] **E. A. MICHAILOVA: J. physic. Chem. URSS 13 (1939), 572; Acta physicochim. URSS 10 (1939), 653; C 40 II, 858.**

sich durch die modifizierte Geschwindigkeitsgleichung II 1 b [Formeln (III, 10), S. 189] wiedergeben:

$$\frac{d(N_2)}{dt} = \frac{k'(NH_3)(NO)}{[a(NH_3) + b(NO)]^2},$$

also durch die Annahme, daß beide Gase an derselben Oberfläche unter gegenseitiger Verdrängung adsorbiert sind und in der Oberfläche miteinander bimolekular reagieren. Es ist aber klar, daß diese Reaktion nicht unmittelbar die angeschriebene sein kann, sondern es muß ein geschwindigkeitsbestimmender Schritt der Art etwa:

$$NH_3 + NO \rightarrow N_2 + H_2O + H$$

unmeßbar rasche Folgereaktionen einleiten. — Die scheinbare Aktivierungswärme wird zu 24,8 kcal/Mol bestimmt.

d) Sonstiges.

H. S. Johnston, L. Foering, Yu-Sheng Tao und G. H. Messerly[1] verfolgten die *Zersetzung von Salpetersäuredämpfen* in zwei Glaszellen von verschiedenem Verhältnis Oberfläche: Volumen durch kolorimetrische Bestimmung der entstandenen NO_2-Menge, Katalysator war vermutlich Glas. Die Reaktion ist über 400° homogen, darunter heterogen. Die heterogene Reaktion verläuft nach erster Ordnung, verringert aber ihre Geschwindigkeit, wenn Wasser oder NO_2 sich auf der Oberfläche niederschlagen. Die Aktivierungsenergie beträgt nur etwa 5 kcal/Mol.

L. F. Audrieth und W. L. Jolly[2] untersuchten die Zersetzung von gelöstem *Hydrazin* an Raney-Nickel im Temperaturbereich von 1÷49,7°. Sie messen eine Aktivierungsenergie von 17,1 kcal/Mol. Hydrazinsalze beschleunigen vorübergehend die Anfangsgeschwindigkeit der Reaktion, ebenso andere, reduzierbare Metallsalze. Am stärksten wirkt $K_2[PtCl_6]$.

7. Phosphorverbindungen.

Phosphin. PH_3 *zerfällt* nach R. M. Barrer[3] an *Wolfram* monomolekular und nach einer Ordnung, die mit dem Druck wechselt: um 1000° ist sie die erste unterhalb $5 \cdot 10^{-3}$ cm Hg und die nullte oberhalb 10^{-1} cm Hg, dazwischen gebrochen. Über die Aktivierungswärmen s. S. 213. Der Unterschied der Spaltungsgeschwindigkeiten leichten und schweren (Deutero-) Phosphins kann durch eine Differenz der Nullpunktsenergien von 550 cal/Mol erklärt werden. H. W. Melville und H. I. Roxburgh[4] finden dagegen an Wolfram immer und unabhängig vom Druck erste Ordnung, also schwache Adsorption. An *Molybdän* ist die Adsorption stärker, die Ordnung zwischen der ersten und nullten je nach dem Druck. An *Glas* ist die Reaktion schon früher untersucht worden; nach M. Temkin[5] stimmt dort die Absolutgeschwindigkeit mit der statistischen Berechnung (S. 197ff.) überein.

In engem Zusammenhang damit stehen die Arbeiten über die *Oxydation* von

[1] H. S. Johnston, L. Foering, Yu-Sheng Tao, G. H. Messerly: J. Amer. chem. Soc. **73** (1951), 2319; C 53, 5994.
[2] L. F. Audrieth, W. L. Jolly: J. physic. Colloid Chem. **55** (1951), 524; C 52, 190.
[3] R. M. Barrer: Trans. Faraday Soc. **32** (1936), 490; C 36 I, 3258.
[4] H. W. Melville, H. I. Roxburgh: J. chem. Soc. **1933**, 586; C 33 II, 1298.
[5] M. Temkin: Acta physicochim. URSS **8** (1938), 141; C 38 II, 2550.

Phosphin mit Sauerstoff an Molybdän und Wolfram. An Molybdän, das PH_3, wie wir sahen, gut adsorbiert, wird es zu Phosphor dehydriert; erst bei gleichen Drucken von (PH_3) und (O_2) treten infolge einer Zwischenreaktion

$$PH + O_2 \rightarrow HPO_2$$

unterphosphorige Säure, bei noch höherem Sauerstoffdruck auch höhere Phosphorsäuren auf. Diese Reaktionen sind dabei wenig rascher als die reine Zersetzung. An Wolfram, das schwächer adsorbiert, tritt schon an der Metalloberfläche Oxyd auf, und hier haben Zersetzung und Oxydation gleiche Geschwindigkeit. Kettenreaktionen liegen nicht vor (H. W. MELVILLE und H. L. ROXBURGH[1]).

Ganz anders verläuft die *Oxydation von Phosphor* nach H. W. MELVILLE und E. B. LUDLAM[2]. Unterhalb der unteren Explosionsgrenze kann nur an *Platin* bei 200° und niedrigem Druck eine reine Oberflächenreaktion proportional $(P_4)^0$ (O_2) beobachtet werden. An *Wolfram* bei 500° dagegen tritt eine von der Wand ausgelöste und an der Wand abgebrochene Raumkettenreaktion auf. Nach H. W. MELVILLE und S. C. GRAY[3] sollen diese Ketten durch ein von der Wand verdampfendes niederes Phosphoroxyd ausgelöst werden, das aus adsorbiertem P_4 und darauf adsorbiertem Sauerstoff entsteht. Eine *Spaltung* von P_4 in P_2 tritt in Anwesenheit oder nach vorheriger Anwesenheit von Sauerstoff nicht ein, erst oberhalb 1800° katalysiert der adsorbierte Sauerstoff diese Spaltung, deren Aktivierungsenergie dann 30 kcal/Mol beträgt.

VI. Kohlenstoffverbindungen.

1. Verbrennung von Kohlenmonoxyd.

a) An Hopcalit und Braunstein.

Aus der Berichtsperiode liegen hier sehr zahlreiche Arbeiten vor. Das rege Interesse ist einmal durch die direkte technische Bedeutung der Reaktion (NH_3-Synthese, Gasschutztechnik) bedingt, außerdem eignet sie sich als einfache *Testreaktion* ausgezeichnet für theoretische Fragestellungen über die Wirkungsweise oxydischer Kontakte.

Technisch wichtig ist besonders der Hopcalit, ein Oxydgemisch aus MnO_2 und CuO, zuweilen mit Zusätzen von Kobalt- und Silberoxyd, das zum Schutz vor CO-Vergiftungen brauchbar ist. Hopcalit verbrennt CO schon bei Raumtemperatur zu CO_2, und zwar selektiv auch schon aus Gemengen mit Wasserstoff im Verhältnis 1 : 1000. Durch Wasserdampf und Alkali wird die Reaktion gehemmt, doch läßt sich die Wasserdampfvergiftung durch Erhitzen reversibel beseitigen. Was Wirksamkeit, Selektivität für CO, Aktivierungsenergie und reversible Wasserdampfvergiftung anbetrifft, verläuft die Reaktion aus *reinem* MnO_2 ähnlich. Unter besonderen Herstellungsbedingungen kann die Reaktion auch hier schon bei −20° C einsetzen (W. A. WITESELL und I. C. W. FRAZER[4]). An reinem MnO_2 wurde hauptsächlich gearbeitet, um die Wirkungsweise der Katalysatoren bei den verhältnismäßig tiefen Temperaturen zu studieren. Nach einleitenden Untersuchungen von FRAZER und seiner Schule[5] (l. c.) wandte sich besonders die russi-

[1] H. W. MELVILLE, H. L. ROXBURGH: J. chem. Soc. **1934**, 264; C 34 II, 3914.
[2] H. W. MELVILLE, E. B. LUDLAM: Proc. Roy. Soc. (London), Ser. A **135** (1932), 315; C 32 II, 3356.
[3] H. W. MELVILLE, S. C. GRAY: Trans. Faraday Soc. **32** (1936), 1020; C 36 II, 1482.
[4] W. A. WITESELL, I. C. W. FRAZER: J. Amer. chem. Soc. **45** (1927), 2841.
[5] I. C. W. FRAZER, C. E. GREIDER: J. physic. Chem. **24** (1925), 1099.

sche Schule diesem Problemkreis zu: J. ZELDOWITSCH, S. ROGINSKY und J. ZELDOWITSCH[1]; F. CHARACHORIN, S. ELOWITZ und S. ROGINSKY[2]; S. ELOWITZ und S. ROGINSKY[3]; N. SCHURMOWSKAJA und B. BRUNS[4]; S. ROGINSKY[5]; S. J. JELOWITSCH, W. A. KORNDORF und L. A. KATSCHUR[6]; W. G. FASSTOWSKI und W. A. MALJUSSOW[7]; N. SCHURMOWSKAJA und B. BRUNS[8]; S. ROGINSKI und T. F. ZELINSKAJA[9]; N. SCHURMOWSKAJA und B. BRUNS[10]; M. I. SSILITSCH und B. BRUNS[11]; G. J. TUROWSKI und F. M. WAINSTEIN[12]; V. N. KONDTRATEV[13]; F. M. WAINSTEIN und G. TUROWSKI[14].

Neben den Fragen über Kinetik, Aktivierung und Vergiftung ist am Hopcalit und MnO_2 in erster Linie die Frage behandelt worden, ob der Katalysator lediglich die Funktion der Aktivierung der gasförmigen adsorbierten Reaktionsteilnehmer ausübt oder ob er als Sauerstoffspender infolge eines Redoxvorganges wirkt, ob also der die CO-Molekel oxydierende Sauerstoff aus der Gasphase über einen adsorbierten Zustand aufgenommen wird oder aber ob er bei gleichzeitiger intermediärer Reduktion des Oxyds aus dem Gitter stammt. Übereinstimmend wird festgestellt, daß CO am Katalysator aktiviert adsorbiert wird. E. C. PITZER und J. C. W. FRAZER[15] schließen aus ihren Ergebnissen am Hopcalit, besonders aus der Art der Wasserdampfvergiftung und aus der Tatsache, daß ein begrenzter Abstand Me—O im Katalysatorgitter (1,78 ÷ 1,85 Å) für die katalytische Wirksamkeit notwendig ist, auf eine zeitbestimmende Zweipunktadsorption des CO, die gleichzeitig mit einer Verzerrung des Bindungsabstandes C—O von 1,15 Å auf 1,8 Å verbunden sein soll.

Am MnO_2 erfolgt die CO-Adsorption aktiviert mit einer Adsorptionswärme von 40 kcal/Mol, die gleich der Reaktionswärme des CO mit MnO_2 ist. Die Aktivierungsenergie für diesen Prozeß beträgt 6 ÷ 8 kcal/Mol und ist damit gleich der Aktivierungsenergie der katalytischen Gesamtreaktion. Das in dieser Weise chemisorbierte CO ist nur als CO_2 abpumpbar. Dies führt zum Schluß, daß die Chemisorption der zeitbestimmende Schritt der Reaktion ist. Die Aktivierungs-

---

[1] J. ZELDOWITSCH: Acta physicochim. URSS **1** (1934), 449. — S. ROGINSKY, J. ZELDOWITSCH: ebenda 554, 595; C 35 I, 3245f.

[2] F. CHARACHORIN, S. ELOWITZ, S. ROGINSKY: Acta physicochim. URSS **3** (1935), 503; C 36 II, 2283.

[3] S. ELOWITZ, S. ROGINSKY: Acta physicochim. URSS **7** (1937), 295; C 38 I, 1064.

[4] N. SCHURMOWSKAJA, B. BRUNS: J. physic. Chem. URSS **9** (1937), 301; C 38 I, 3300.

[5] S. ROGINSKY: Acta physicochim. URSS **9** (1938), 475; C 39 II, 1431.

[6] S. J. JELOWITSCH, W. A. KORNDORF, L. A. KATSCHUR: J. allg. Chem. URSS **9** (1939), 673, 714; C 39 II, 2882 f.

[7] W. G. FASSTOWSKI, W. A. MALJUSSOW: J. Chim. appl. URSS **13** (1940), 1839; C 41 II, 1001.

[8] N. SCHURMOWSKAJA, B. BRUNS: J. physic. Chem. URSS **14** (1940), 1183; C 41 II, 2407.

[9] S. ROGINSKI, T. F. ZELINSKAJA: J. physic. Chem. URSS **22** (1948), 1360; C 1948 E, 17.

[10] N. SCHURMOWSKAJA, B. BRUNS: J. physic. Chem. URSS **24** (1950), 1174; C 51 II, 1102.

[11] M. I. SSILITSCH, B. BRUNS: J. physic. Chem. URSS **24** (1950), 1179; C 51 II, 1102.

[12] G. J. TUROWSKI, F. M. WAINSTEIN: Ber. Akad. Wiss. UdSSR **78** (1951), 1173; C 53 I, 663.

[13] V. N. KONDTRATEV: J. physic. Chem. URSS **8** (1944), 110; C. A. 1945, 2245.

[14] F. M. WAINSTEIN, G. J. TUROWSKI: Ber. Akad. Wiss. UdSSR **72** (1950), 297; C 51 I, 977.

[15] E. C. PITZER, J. C. W. FRAZER: J. physic. Chem. **45** (1941), 761.

energie für die Reaktion am Hopcalit beträgt nach SCHURMOWSKAJA und BRUNS[1] ebenfalls 5÷7 kcal/Mol.

Weniger übersichtlich sind jedoch die Ergebnisse über die Kinetik der Reaktion. Während nach dem Vorhergehenden erste Ordnung nach CO zu erwarten wäre, folgt sie an beiden Kontakten komplizierten exponentiellen Beziehungen, als Grenzfälle werden je nach den Herstellungsbedingungen nullte und erste Ordnung nach dem CO gemessen, der Sauerstoff ist stets, das Kohlendioxyd meist ohne Einfluß. SCHURMOWSKAJA und BRUNS (l. c.) finden für CO die nullte Ordnung am Hopcalit. Am Braunstein finden CHARACHORIN, ELOWITZ und ROGINSKY[2] die erste Ordnung bei hohen Drucken, mit fallendem Druck dann ein Gebiet kleinerer gebrochener Ordnung, die bei etwa 0,5 mm in die nullte Ordnung übergeht. Während sonst eine Aktivierungsenergie von 6 kcal/Mol gemessen wurde, erfolgt die Reaktion im tiefsten Druckbereich dann ohne Temperaturkoeffizienten. Diese ungewöhnliche Änderung der Kinetik ist um so erstaunlicher, als die Chemisorptionsgeschwindigkeit des CO im gesamten Druckbereich und bei allen untersuchten Temperaturen bis hinab zu −78,5° C, dem Erstarrungspunkt des CO_2, keine derartigen Änderungen aufweist.

Mit Hilfe vergleichender Adsorptionsmessungen stellten ROGINSKY und ZELDOWITSCH[3] einen möglichen Reaktionsmechanismus auf. Die Adsorptionsgeschwindigkeit des CO steigt mit der Menge vorher adsorbierten Sauerstoffs an, jedoch erlaubten die Messungen nicht, die aktivierte Adsorption des CO von der Reaktion:

$$CO + MnO_2 = CO_2 + MnO$$

zeitlich zu trennen. Da sich die Regenerationsgeschwindigkeit des Katalysators durch Sauerstoff jedoch als bedeutend kleiner erwies als die Verbrauchsgeschwindigkeit an Sauerstoff während der Katalyse, wird ein Redoxmechanismus abgelehnt. ROGINSKY und seine Schule postulieren einen Mechanismus, in dem Zwischenverbindungen, etwa $MnO_2 \cdot CO$, an der Oberfläche auftreten, die mit adsorbiertem Sauerstoff etwa zu $MnO_2 \cdot O + CO_2$ reagieren sollen.

Auch nach WAINSTEIN und TUROWSKI[4] ist eine Reaktion im Sinne wechselnder Reduktion und Wiederoxydation des MnO_2-Katalysators sogar bei 178° C ausgeschlossen. Sie stellen fest, daß bei Verwendung von vollständig wasserfreiem $Mn^{18}O_2$ das während der Katalyse gebildete CO_2 keinen Sauerstoff aus dem Oxyd aufgenommen hatte (bezüglich der Unverträglichkeit dieser Ergebnisse mit anderen über den Sauerstoffisotopenaustausch ohne gleichzeitige katalytische Reaktion verweisen wir auf S. 313f.).

Nun wird CO tatsächlich unterhalb 0,5 mm Hg Sauerstoffdruck auf Kosten des Sauerstoffs des Braunsteins oxydiert, erst darüber auf Kosten freien Sauerstoffs. Es gibt auch verschiedene Arbeiten, die nachweisen, daß sich das Oxydgitter während der katalytischen Reaktion ändert. SCHURMOWSKAJA und BRUNS[5] selbst stellen bei der Reaktion am Hopcalit zwei Reaktionsperioden fest: Eine Anfangsperiode mit ausgeprägter Aktivitätssteigerung, die in einer Formierung des Kontakts unter teilweise irreversibler Reduktion des Katalysators und CO_2-Bildung verbunden ist, und nachfolgend eine Reaktionsperiode mit konstanter Aktivität.

---

[1] N. SCHURMOWSKAJA, B. BRUNS: J. physic. Chem. URSS 9 (1937), 301.
[2] F. CHARACHORIN, S. ELOWITZ, S. ROGINSKY: Acta physicochim. URSS 3 (1936), 503.
[3] S. ROGINSKY, J. ZELDOWITSCH: Acta physicochim. URSS 1 (1934), 554, 595.
[4] F. M. WAINSTEIN, G. J. TUROWSKI: Ber. Akad. Wiss. UdSSR 72 (1950), 297; C 51 I, 977.
[5] N. SCHURMOWSKAJA, B. BRUNS: J. physic. Chem. URSS 9 (1937), 301.

Auch PETITPAS, CHEYCAN und MATHIEU[1] schließen auf Grund von Röntgenuntersuchungen, daß während der Aktivierung des Hopcalits durch Vorbehandlung beim Abdissoziieren zuvor anhaftenden Kohlendioxyds leere Gitterplätze zurückbleiben, die nur teilweise mit Sauerstoff aufgefüllt werden, im allgemeinen aber zur aktivierten Adsorption von CO bereit sind. Während der thermischen Aktivierung eines Hopcalits aus $MnCO_3$ verschwanden nämlich lediglich die (111)-Linien im Röntgendiagramm, bei höherem Erhitzen auch die (100)-Reflexe, während das Calcitgitter des $MnCO_3$ sonst erhalten blieb. Erst bei höherem Sintern wurde unter Verlust der katalytischen Wirksamkeit das Mn_2O_3-Gitter beobachtet. Nach CHEYLON[2] bleibt während der Aktivierung die Struktur des Aktivators CuO erhalten.

Die leichte Reduzierbarkeit des Gitters und selbst die in einem Falle beobachtete Reduktion während der katalytischen Reaktion sind für einen Redoxmechanismus nicht unbedingt beweisend, da sich der Sauerstoffgehalt des Oxyds ohnehin — zumindest bei höheren Temperaturen — auf den verminderten Gleichgewichtsdruck der umgebenden Atmosphäre einstellt. Auch SCHWAB und DRIKOS[3] stellen eine — zwar unvollständige — Reduktion des MnO_2-Gitters während der katalytischen CO-Oxydation fest. Was aber hier für einen Redoxmechanismus spricht, ist die Tatsache, daß die Schwellentemperaturen für Katalyse und Reduktion übereinstimmen.

Die besonders hohe Aktivität der hier besprochenen Kontakte gegenüber anderen wird häufig durch die nur hier erreichbare große Oberflächenausdehnung begründet. In diesem Zusammenhang untersuchten J. MOOI und P. W. SELWOOD[4] die Abhängigkeit der katalytischen Aktivität von der Verteilung des Mangan- (sowie Eisen- und Kupfer-) Oxyds auf Aluminiumoxydträgern. Oberhalb einer Grenzkonzentration von $1\,\%$ Mn auf Al_2O_3 trat dabei ein Maximum der Wirksamkeit auf, das durch die erhöhte Dispersion des Katalysators auf dem Träger in diesem Konzentrationsbereich erklärt wird.

Die gleichzeitige Oxydation von CO und H_2 an MnO_2 untersuchten M. I. SSILITSCH und B. BRUNS[5]. Die CO-Oxydation verläuft danach unabhängig von der Anwesenheit des Wasserstoffs stets nach der ersten Ordnung nach CO und der nullten nach O_2; jedoch nimmt die Geschwindigkeit der CO-Oxydation dabei ab. Die Aktivierungsenergie der Reaktion wird bei Gegenwart von Wasserstoff mit 7 kcal/Mol angegeben, soll aber bei Wasserstoffausschluß, abweichend von anderen zuvor zitierten Autoren, nur 1,7 kcal/Mol betragen.

An einem Mischoxyd aus Mn_2O_3 und Cr_2O_3 der Zusammensetzung $MnO_{1,5} \cdot Cr_2O_3$ führte T. WARD[6] Adsorptionsmessungen durch, die einen Hinweis auf den Mechanismus der CO-Oxydation geben. Die Kohlenmonoxyd-Adsorption erfolgt bei Raumtemperatur aktiviert und irreversibel, erst bei Temperatursteigerung wird Kohlendioxyd erhalten. Nach der CO-Adsorption ist die Oberfläche an Sauerstoff ungesättigt. Anschließende Sauerstoff-Adsorption führt zu erleichterter Kohlendioxyd-Desorption. Daraus wird geschlossen, daß ähnlich wie am Cu_2O (s. S. 383) Kohlendioxyd über einen CO_3-Komplex unter Aufnahme von Oxydsauerstoff und intermediärer, oberflächlicher Reduktion des Gitters gebildet wird.

[1] T. PETITPAS, E. CHEYCAN, M. MATHIEU: Mém. Serv. chim. Etat **31** (1944), 316.
[2] E. CHEYLON: Mém. Serv. chim. Etat **31** (1944), 304.
[3] G.-M. SCHWAB, G. DRIKOS: Z. physik. Chem., Abt. A **185** (1940), 405; C 40 I, 2275.
[4] J. MOOI, P. W. SELWOOD: J. Amer. chem. Soc. **74** (1952), 2461.
[5] M. I. SSILITSCH, B. BRUNS: J. physic. Chem. URSS **24** (1950), 1179; C 51 II, 1102.
[6] T. WARD: J. chem. Soc. (London) **1947**, 1244.

b) An anderen Oxyden.

Die Aktivität der *Kobaltoxyde* steht derjenigen des MnO_2 nicht viel nach. Selbst bei 800° C getempertes Kobaltoxyd ist unterhalb 100° C noch aktiv. Wegen der leichten Wertigkeitsübergänge zwischen den verschiedenen Kobaltoxyden ist bezüglich der Angaben über die vorliegende Oxydationsstufe der Katalysatoren Vorsicht geboten. Die Reduktion des Co_2O_3 durch CO beginnt nach C. WRIGHT und A. LUFF[1] schon oberhalb —11° C. A. BENTON[2] untersuchte die Adsorption von CO und O_2 bei 0° und —78° C. Nach NEUMANN und Mitarbeitern[3] ist Co_2O_3 schon zwischen 50 und 100° C ein guter Katalysator für die CO-Oxydation. F. MERCK und E. WEDEKIND[4] untersuchten die Reaktion am CoO, wobei vergleichsweise magnetische Messungen herangezogen wurden. Eine Aktivierung des CoO durch MnO_2 ließ sich feststellen. Über Mischoxyde auf CoO-Basis liegen von verschiedener Seite Untersuchungen vor: C. ENGELDER und M. BLUMER[5]; L. HOFER, W. C. PEEBLES und E. H. BEAN[6], an Sauerstoff enthaltendem CoS (und NiS) wurde die Reaktion von E. DÖNGES[7] untersucht. Die Ermittlung der Kinetik am Kobaltoxyd ist insofern schwierig, als schon kleine Partialdruckänderungen der Reaktionspartner die Struktur der Katalysatoroberfläche verändern. Über den Mechanismus steht nur soviel fest, als übereinstimmend in Analogie zur Reaktion am MnO_2 eine Hemmung durch Wasserdampf beobachtet wurde.

Mit abnehmender katalytischer Wirksamkeit folgen *Nickeloxyd* und *Kupferoxyd*. Nickeloxyd ist um so wirksamer, je größer der Sauerstoffüberschuß im Gitter ist (B. NEUMANN l. c.). C. WAGNER und K. HAUFFE[8] versuchten, den geschwindigkeitsbestimmenden Schritt mit Hilfe der durch die elektrische Leitfähigkeit bestimmbaren Sauerstoffüberschußkonzentration im Nickeloxydkatalysator zu ermitteln. Diese Überschußkonzentration, die der Defektelektronendichte proportional zu setzen ist, bleibt während des stationären Zustandes der Reaktion nur wenig unterhalb der Gleichgewichtskonzentration des entsprechenden Sauerstoffdrucks zurück. Daraus wird geschlossen, daß die Nachlieferung des Sauerstoffs unmeßbar rasch verläuft und die Chemisorption oder die Reaktion des Kohlenmonoxyds an der Katalysatoroberfläche die Geschwindigkeit bestimmt. Bei kinetischen Messungen zwischen 250 und 350° C finden G.-M. SCHWAB und J. BLOCK[9] in Übereinstimmung damit die erste Ordnung nach Kohlenmonoxyd und Unabhängigkeit vom Sauerstoff- und Kohlendioxyddruck. Hier konnte auch gezeigt werden, daß nicht eigentlich der Überschußsauerstoff reaktionsfördernd wirkt, sondern die in seinem Gefolge auftretende erhöhte Defektelektronendichte. Diese wird nämlich nicht nur durch Sauerstoffüberschuß, sondern auch durch die Gegenwart einwertiger Kationen (Li^+) erhöht. Nickeloxyd mit geringer Defektelektronendichte (Cr_2O_3-Zusatz) besitzt eine Aktivierungsenergie von 18 kcal/Mol, mit Lithiumoxyd fehlgeordnetes

---

[1] C. WRIGHT, A. LUFF: J. chem. Soc. (London) **33** (1878), 535.

[2] A. BENTON: Trans. Faraday Soc. **28** (1932), 202.

[3] B. NEUMANN, C. KRÖGER, R. IWANOWSKI: Z. Elektrochem. angew. physik. Chem. **37** (1931), 121.

[4] F. MERCK, E. WEDEKIND: Z. anorg. allg. Chem. **186** (1930), 49; **192** (1930), 113.

[5] C. ENGELDER, M. BLUMER: J. physic. Chem. **36** (1932), 1353.

[6] L. HOFER, W. C. PEEBLES, E. H. BEAN: J. Amer. chem. Soc. **72** (1950), 2698; C 51 I, 1426.

[7] E. DÖNGES: Z. anorg. Chem. **254** (1947), 133; C 48 I, 986.

[8] C. WAGNER, K. HAUFFE: Z. Elektrochem. angew. physik. Chem. **44** (1938), 172; C 38 I, 4009.

[9] G.-M. SCHWAB, J. BLOCK: Z. physik. Chem., N. F. **1** (1954), 42.

Nickeloxyd dagegen nur 12 kcal/Mol. Dieser Einfluß wird durch die geschwindigkeitsbestimmende Chemisorption des Kohlenmonoxyds als Kation im Sinne einer Donatorkatalyse erklärt. G. PARRAVANO[1] kommt jedoch bei seinen Untersuchungen am Nickeloxyd zwischen 100 und 220° C zu anderslautenden Ergebnissen. Die Aktivierungsenergie beträgt unterhalb 180° C für reines Nickeloxyd nur 3 kcal/Mol, darüber 13 kcal/Mol und wird durch leitfähigkeitssteigernde Zusätze (Ag^+ und Li^+) erhöht. Auch die Kinetik folgt nach PARRAVANO anderen Gesetzen: Bei tiefen Temperaturen einer ersten, bei höheren einer 1,25ten Ordnung nach dem Gesamtdruck. R. M. DELL und F. S. STONE[2] führten kürzlich Adsorptionsmessungen am Nickeloxyd durch. Danach werden bei Raumtemperatur CO und O_2 gleichzeitig adsorbiert, wobei sich ein CO_3-Komplex bildet, der erst bei erhöhter Temperatur ($T > 160°$ C) thermisch zerfällt. Daraus leiten G.-M. SCHWAB und J. BLOCK[3] die Möglichkeit für einen unterschiedlichen Hoch- und Tieftemperaturmechanismus für die CO-Oxydation am Nickeloxyd ab. Nach Untersuchungen von W. A. BONE und G. W. ANDREWS[4] soll die Reaktion an Nickeloxydpulver der ersten Ordnung nach dem Gesamtdruck folgen. Sie schließen, daß die Reaktion durch Bildung von aktivem Sauerstoff an der Nickeloxydoberfläche erfolgt. S. ROGINSKY und T. S. ZELINSKAJA[5] bringen die Aktivität des Katalysators in Zusammenhang mit der Änderung der freien Energie, die während der Dissoziation eines intermediären Nickelkarbonats erfolgt.

G. RIENÄCKER und R. BURMANN[6] fanden am CuO und an CuO-Cr_2O_3-Mischoxyden ebenso wie an CeO-Al_2O_3- und Fe_2O_3-Al_2O_3-Mischoxyden Zusammenhänge zwischen deren katalytischer Aktivität und deren Sauerstofftensionen. Die Erhöhung des Sauerstoffdrucks von Kupferoxyd durch Chromoxyd und desjenigen von Ceroxyd durch Aluminiumoxyd führt zur Herabsetzung der Aktivierungsenergie der Kohlenmonoxydoxydation, die mit Al_2O_3-Zusatz fallende Sauerstofftension des Fe_2O_3 setzt die Aktivierungsenergie herauf. R. SCHENK[7] knüpfte an diese Ergebnisse Betrachtungen über Katalyse und Gleichgewicht, über die wir bereits S. 228 berichteten.

Den Mechanismus der CO-Oxydation an CuO untersuchten SCHWAB und DRIKOS[8]. Die Reaktion verläuft nach der ersten Ordnung nach CO und unabhängig vom Sauerstoffdruck. Die Übereinstimmung zwischen der Schwellentemperatur der Reaktion und derjenigen der Reduktion ist hier ganz scharf, und im Gegensatz zum MnO_2 ist hier die Wiederoxydation so rasch, daß die Autoren mit Sicherheit auf einen Redoxmechanismus schließen. Auch bei der Reaktion:

$$N_2O + CO = N_2 + CO_2$$

(G.-M. SCHWAB und G. DRIKOS[9]) gilt derselbe Mechanismus, aber mit der Maßgabe, daß hier die Reoxydation des Cu durch N_2O die Geschwindigkeit bestimmt. Alle diese Versuche sind unter Bedingungen angestellt, unter denen die kleinere der beiden Teilgeschwindigkeiten im Hauptmeßbereich durch die Strömung

---

1 G. PARRAVANO: J. Amer. chem. Soc. **75** (1953), 1448, 1452.
2 R. M. DELL, F. S. STONE: Trans. Faraday Soc. **50** (1954), 501.
3 G.-M. SCHWAB, J. BLOCK: Z. Elektrochem. angew. physik. Chem. **58** (1954), 756.
4 W. A. BONE, G. W. ANDREWS: Proc. Roy. Soc. (London), Ser. A **110** (1926), 16.
5 S. ROGINSKY, T. S. ZELINSKAJA: J. physic. Chem. URSS **22** (1948), 1350.
6 G. RIENÄCKER, R. BURMANN: Z. anorg. Chem. **258** (1949), 280.
7 R. SCHENK: Z. anorg. Chem. **260** (1949), 154.
8 G.-M. SCHWAB: Z. Elektrochem. angew. physik. Chem. **44** (1938), 517; C 38 II, 2550.
9 G.-M. SCHWAB, G. DRIKOS: Z. physik. Chem., Abt. A **186** (1940), 348; C 40 II, 3582.

begrenzt ist (s. S. 173f.). Die Autoren haben aber (G.-M. SCHWAB und G. DRIKOS[1]) die Reaktion selbst auch statisch unter reinen Bedingungen an CuO studiert und hier erste Ordnung nach dem CO, Unabhängigkeit von Sauerstoff und eine scheinbare Aktivierungsenergie von etwa 21 kcal/Mol festgestellt. Berechnungen der Absolutgeschwindigkeit auf klassisch-kinetischer Grundlage (s. S. 192f., 197f.) zeigen, daß hier die Reduktion des Katalysators durch CO bei jedem energiereichen Stoß auf die Oberfläche erfolgt und daß keine bevorzugten Zentren auftreten, sowie daß etwa $3 \div 4$ Freiheitsgrade wirksam sind. Entgegen diesen Ergebnissen stellen G. J. TUROWSKI und F. M. WAINSTEIN[2] unter Verwendung von $Cu^{18}O$ experimentell fest, daß die CO-Oxydation an CuO als Katalysator ohne Reduktion und Wiederoxydation desselben verlaufen muß.

An Kupferoxydul (mit Sauerstoffüberschuß fehlgeordnet) gelangen W. E. GARNER, T. J. GRAY und F. S. STONE[3] und W. E. GARNER, F. S. STONE und P. TILEY[4] auf Grund von Adsorptions- und vergleichenden Leitfähigkeitsmessungen zu einem anderen bei Raumtemperatur gültigen Mechanismus. An einem zuvor bei 200° C entgasten Oxyd beträgt die Adsorptionswärme für CO $18 \div 20$ kcal/Mol und für O_2 etwa 55 kcal/Mol. Sauerstoff wird in zweierlei Weise aufgenommen, die eine Hälfte der dissoziierten Molekel wird vom Gitter aufgenommen, die zweite bleibt an der Oberfläche beweglich und reagiert sofort mit hinzudiffundierendem Kohlenmonoxyd unter CO_2-Bildung. CO bildet an der Oberfläche einen CO_3-Komplex, der bei nachträglicher O_2-Adsorption zerfällt. Dieser CO_3-Komplex ist für die katalytische Reaktion von Bedeutung, denn bei gleichzeitiger CO- und O_2-Adsorption ist die Oberflächensättigung mit CO der schnellere Prozeß.

An Mischoxyden mit CuO als einer Komponente haben C. J. ENGELDER und L. E. MILLER[5] sowie J. C. W. FRAZER und C. G. ALBERT[6] gearbeitet.

W. S. FINKELSTEIN, M. I. RUBANIK und I. A. CHRISMAN[7] haben außer an CuO und MnO_2, wo $q = 8 \div 10$ kcal/Mol gefunden wird, die Oxyde von Cr, Zn, Al und Fe verglichen, die viel weniger aktiv sind und Aktivierungswärmen von $25 \div 26$ kcal/Mol aufweisen. Die Reaktion soll hier dritter Ordnung sein und wird daher durch einen Dreierstoß aktiviert adsorbierten Sauerstoffs mit zwei Molekeln CO gedeutet (?). Die Aktivierung des Sauerstoffs soll durch Oxydoreduktion des Katalysators erfolgen.

C. WAGNER[8] untersuchte die CO-Oxydation an ZnO, das unterschiedliche Konzentrationen quasi-freier Elektronen enthielt, ohne dabei einen Einfluß der Ladungsträger auf die Geschwindigkeit der Reaktion auffinden zu können. Hingegen stellten G.-M. SCHWAB und J. BLOCK[9] fest, daß sich die Aktivierungsenergie der CO-Oxydation am ZnO durch Ga_2O_3-Zusätze von 28 auf 20 kcal/Mol herabsetzen läßt, während Li_2O eine Erhöhung auf 31 kcal/Mol erwirkt. Der

---

[1] G.-M. SCHWAB, G. DRIKOS: Z. physik. Chem., Abt. B **52** (1942), 234; C 43 I, 5.
[2] G. J. TUROWSKI, F. M. WAINSTEIN: Ber. Akad. Wiss. UdSSR **78** (1951), 1173; C 53, 662.
[3] W. E. GARNER, T. J. GRAY, F. S. STONE: Discuss. Faraday Soc. **8** (1950), 246; C 53, 8535.
[4] W. E. GARNER, F. S. STONE, P. TILEY: Proc. Roy. Soc. (London), Ser. A **211** (1952), 472.
[5] C. J. ENGELDER, L. E. MILLER: J. physic. Chem. **36** (1932), 1345.
[6] J. C. W. FRAZER, C. G. ALBERT: J. physic. Chem. **40** (1936), 101.
[7] W. S. FINKELSTEIN, M. I. RUBANIK, I. A. CHRISMAN: J. physic. Chem. URSS **3** (1933), 425; C 34 I, 340.
[8] C. WAGNER: J. chem. Physics **18** (1950), 69.
[9] G.-M. SCHWAB, J. BLOCK: Z. physik. Chem., N. F. **1** (1954), 42.

fördernde Einfluß quasi-freier Elektronen im Katalysator wird durch die Kinetik verständlich. Als Zeitgesetz wurde hier gefunden:

$$-\frac{dp_{CO}}{dt} = k\frac{p_{CO}\cdot p_{O_2}}{1+bp_{CO}+cp_{O_2}},$$

wobei $b = 4\div 5\,c$ ist. Daraus wird geschlossen, daß sich der Einfluß der Elektronen im Katalysator auf die Adsorption des Sauerstoffs als Anion im Sinne einer Akzeptorkatalyse bemerkbar macht.

J. ECKELL[1] hat die Reaktion mit Fe_2O_3 eingehend studiert. Hier ist der geschwindigkeitsbestimmende Schritt wieder die Reduktion des Katalysators. Die Aktivierungsenergie hängt in charakteristischer Weise von der röntgenographisch und elektronenoptisch geprüften Teilchengröße des Katalysators ab. Die Reaktionsordnung ist die erste mit einigen schwer deutbaren Abweichungen. Bemerkenswert ist, daß die scheinbare Aktivierungsenergie systematisch herabgesetzt wird, wenn dem Fe_2O_3 steigende Mengen von Al_2O_3 isomorph beigemengt werden, um dann innerhalb der Mischungslücke konstant zu bleiben. Das ist einer der seltenen Fälle von synergetischer Verstärkung durch Mischkristallbildung, wofern die Wirksamkeit k' tatsächlich mit sinkendem q steigt, was hier nicht immer der Fall ist.

G.-M. SCHWAB und Mitarbeiter[2] untersuchten die CO-Oxydation an normalen und inversen Spinellen. Die Reaktion verläuft hier nach der ersten Ordnung nach dem CO, zeigt jedoch eine Sauerstoffhemmung. Der normale Zinkferrit ist ein besserer Katalysator als der inverse Magnesiumferrit, der ebenfalls inverse Magnetit besitzt unter allen untersuchten Katalysatoren die höchste Aktivität. Die Ergebnisse lassen sich zwanglos deuten, wenn das gleichzeitige, durch Fehlordnung bedingte Auftreten von Fe^{2+}-Ionen und Fe^{3+}-Ionen auf Oktaederplätzen für die katalytische Wirksamkeit verantwortlich gemacht wird.

Eine Reihe weiterer Oxyde: ZnO, TiO_2, ZrO_2, CeO_2, V_2O_5, BeO und WO_3 verglichen ENGELDER und Mitarbeiter[3] untereinander hinsichtlich der Aktivität für die CO-Oxydation.

Abschließend seien noch einige Arbeiten zusammengefaßt, die spezielle physikalische Eigenschaften einiger Oxydgemische mit der katalytischen Wirksamkeit für die CO-Oxydation in Zusammenhang bringen. G. RIENÄCKER und M. BIRKENSTÄDT[4] untersuchten das System CeO_2-ThO_2, in dem sich die AUER-Mischung mit 99 % ThO_2 und 1 % CeO_2 durch die bei thermischer Anregung hohe Lichtemission auszeichnet. Die AUER-Mischung zeigt auch für die CO-Oxydation die für dieses System optimalen Eigenschaften, sie besitzt bei hoher Aktivität die geringste Aktivierungsenergie.

G. PARRAVANO[5] fand, daß ferroelektrische Übergänge in Festkörpern auf deren katalytische Eigenschaften für die CO-Oxydation von Einfluß sind. Am $NaNbO_3$, $KNbO_3$ und $LaFeO_3$ treten an den ferroelektrischen Umwandlungspunkten (374°, 430°, 208° C) Anomalien in den Umsatzkurven der CO-Oxydation auf. Der Autor sieht darin eine Bestätigung für den Elektronenmechanismus der Reaktion.

---

[1] J. ECKELL: Z. Elektrochem. angew. physik. Chem. **38** (1932), 918; C 33 I, 1074; Z. Elektrochem. angew. physik. Chem. **39** (1933), 807, 855; C 33 II, 3382; C 34 I, 653.

[2] G.-M. SCHWAB, E. ROTH, CH. GRINTZOS, N. MAVRAKIS: Conference on the Structure and Properties of Solid Surfaces, N. R. C. 1952, Symposium S. 464.

[3] C. ENGELDER, M. BLUMER: J. physic. Chem. **36** (1932), 1353. — C. ENGELDER, F. L. MILLER: J. physic. Chem. **36** (1932), 1345.

[4] G. RIENÄCKER, M. BIRKENSTÄDT: Z. anorg. Chem. **262** (1950), 81.

[5] G. PARRAVANO: J. chem. Physics **20** (1952), 342.

Auch an den analogen magnetischen Umwandlungspunkten findet G. PARRAVANO[1] Anomalien. Die Untersuchung der CO-Oxydation am Lanthan-Strontiummanganit der Zusammensetzung $La_{0,65}Sr_{0,35}MnO_3$ bei gleitender Temperatur zeigt in der Nähe des CURIE-Punktes (100° C) eine Abweichung von der ARRHENIUS-Geraden.

c) An Glas, Quarz und Kieselsäure.

Den für den Mechanismus der CO-Oxydation aufschlußreichen Isotopenaustausch von ^{13}C zwischen CO und CO_2 untersuchten J. D. BRANDNER und H. C. UREY[2]. Der Austausch wird an Quarz, Gold und Silber bei 900° C mit einer Aktivierungsenergie von etwa 100 kcal/Mol meßbar katalysiert. Gold ist der wirksamste Katalysator, während Quarz und Silber kaum Aktivitätsunterschiede zeigen. Die Reaktion ist unabhängig vom Anfangsdruck und wird besonders an Quarz durch Anwesenheit von H_2 oder H_2O beschleunigt. Sauerstoff erzeugt einen raschen anfänglichen Austausch, ist aber ohne Einfluß bei der nachfolgenden Reaktion. Auch T. H. NORRIS und S. RUBEN[3] stellen mit Hilfe von ^{14}C fest, daß der Austausch an Quarz erst oberhalb 800° C einsetzt. Für die Aktivierungsenergie wurden hier 77 kcal/Mol gemessen. Jedoch soll die Austauschgeschwindigkeit v bei 850° C in folgender Weise von den Partialdrucken der Reaktionsteilnehmer abhängen:

$$v = K\, p_{CO}^{0,73} \cdot p_{CO_2}^{0,85}.$$

Neben H_2 und H_2O beschleunigt auch N_2 die Reaktion, während Argon ohne Einfluß bleibt. Die Autoren halten eine bimolekulare Reaktion in der Oberfläche für möglich.

Die Adsorptionsverhältnisse von CO und Sauerstoff an SiO_2, die der LANGMUIRschen Gemischisotherme folgen, wurden von E. C. MARKHAM und A. F. BENTON[4] geprüft. Die Reaktion an Quarz haben Y. KONDO und O. TOYAMA[5] oberhalb der oberen Explosionsgrenze zwischen 570 und 650° untersucht. Die Reaktion ist hier wieder rein heterogen, steigt mit dem Sauerstoffdruck und wird durch Kohlenoxyd gehemmt. Wasser hat eine deutlich hemmende Wirkung, die die scheinbare Aktivierungswärme von 7 kcal/Mol auf 27 kcal/Mol erhöht; bei höheren Wasserdampfdrucken geht sie aber wieder auf 11,5 kcal/Mol zurück. Die Hemmung wird durch Verdrängung gedeutet.

M. PRETTRE[6] hat ebenfalls die Wandreaktion in Gefäßen aus Pyrexglas gemessen. Er findet ebenfalls Beschleunigung durch Sauerstoff und Hemmung durch Kohlenoxyd. Seine Geschwindigkeitsgleichungen sind:

$$\text{für CO} < 50\,\%: \quad \frac{d\,(CO_2)}{dt} = k' \frac{[(CO) + (O_2)]\,(O_2)}{(CO) + b\,(O_2)},$$

$$\text{für CO} > 50\,\%: \quad \frac{d\,(CO_2)}{dt} = k' \frac{[(CO) + (O_2)]\,(CO)}{[(CO) + b\,(O_2)]}.$$

[1] G. PARRAVANO: J. Amer. chem. Soc. **75** (1953), 1497.
[2] J. D. BRANDNER, H. C. UREY: J. chem. Physics **13** (1945), 351; C 46 I, 1665.
[3] T. H. NORRIS, S. RUBEN: J. chem. Physics **18** (1950), 1595.
[4] E. C. MARKHAM, A. F. BENTON: J. Amer. chem. Soc. **53** (1931), 497.
[5] Y. KONDO, O. TOYAMA: Rev. physic. Chem. Japan **13** (1939), 166; C 40 II, 723.
[6] M. PRETTRE: C. R. hebd. Séances Acad. Sci. **204** (1937), 775; C 37 II, 1935; C. R. hebd. Séances Acad. Sci. **204** (1937), 1734; C 38 I, 2999; Mém. Poudres **29** (1939), 283; C 40 II, 1389; C. R. hebd. Séances Acad. Sci. **212** (1941), 1090; **213** (1941), 29; C 41 II, 2526.

Diese Kinetik wird durch Reaktion beim Stoß gasförmiger Molekeln auf unter gegenseitiger Verdrängung nebeneinander adsorbierte gedeutet. Auffallend ist die große Beschleunigung, die die Reaktion durch kleine Zusätze von Wasserstoff erfährt. Bei kleinen Wasserstoffgehalten ist die Reaktionsgeschwindigkeit proportional dem Wasserstoffdruck und unabhängig von (CO) und (O_2). Bei niederen Drucken dagegen wird sie:

$$\frac{d\,(CO_2)}{dt} = \frac{k'\,(CO)\,(H_2)}{1 + 0{,}48\,(H_2)} \quad \text{(bei } 550^\circ\text{)},$$

oberhalb 30 mm Hg Wasserstoff hat dieser keinen Einfluß mehr. Es wird angenommen, daß die Wasserstoffverbrennung am Katalysator Gasketten einleitet, die das CO verbrennen. Bei Durchrechnung liefert diese Vorstellung obige Gleichung.

d) An anderen Verbindungen.

Auch Silberpermanganat ist nach M. KATZ und S. HALPERN[1] und G. A. GRANT, M. KATZ und R. RIBERDY[2] ähnlich wie Hopcalit schon bei tiefen Temperaturen ein wirksamer Katalysator für die CO-Oxydation, besonders wenn es noch etwa 10% Feuchtigkeit enthält. Trägersubstanzen (CuO, ZnO, CdO, Al_2O_3, $Al_2O_3 \cdot 2\,SiO_2 \cdot 2\,H_2O$, TiO_2, ZrO_2, SnO_2, Pb_3O_4, V_2O_5, Sb_2O_5, MoO_3, Fe_2O_3, Co_2O_3 und CeO_2) aktivieren den Permanganatkatalysator, unter ihnen sind ZnO und BeO besonders wirksam. Die Aktivitätsabnahme während der Katalyse wird darauf zurückgeführt, daß neben der katalytischen Reaktion eine stöchiometrische Reduktion des Kontakts zu $Ag_2O \cdot Mn_2O_5$ stattfindet (M. KATZ, L. G. WILSON und R. RIBERDY[3]).

Die Reaktion zwischen CO und N_2O untersuchten C. P. FENIMORE und J. R. KELSO[4] an mit NaCl und NaBr überzogenen Glaswänden. Bei $550 \div 600^\circ$ C tritt bei der Reaktion gelbes Na-Licht auf. Der analoge Effekt ist bei LiCl weniger ausgeprägt und bleibt an KCl und NaJ ganz aus.

e) An Metallen.

Die *Oberflächenverbrennung* an Metalldrähten aus Pt, Pd, Au, Ag, Ni hat W. DAVIES[5] studiert. Geschwindigkeitsbestimmend ist unter seinen Versuchsbedingungen die Diffusion und Konvektion zur Oberfläche. Bemerkenswert ist aber, daß der Temperaturkoeffizient trotzdem ein spezifisches Verhalten zeigt, weil in gewissen Temperaturbereichen die chemische Reaktion sehr langsam wird: bei 1200° wird die Geschwindigkeit an Platin null. So kann man Kohlenoxydknallgas an einem Platindraht auf diese Temperatur erhitzen, ohne daß Zündung eintritt. Die Theorie ist, daß unterhalb 400° CO adsorbiert wird, oberhalb 400° aber Sauerstoff; bei 1200° hört jegliche Adsorption auf, und erst bei noch höheren Temperaturen tritt wieder eine neue aktivierte CO-Adsorption an einer neuen Art von aktiven Zentren ein. Diese letztere ist es, auf die sich die klassischen Untersuchungen LANGMUIRS an Platin beziehen, nach denen die Reaktionsgeschwindigkeit direkt proportional dem Sauerstoffdruck und umge-

---

[1] M. KATZ, S. HALPERN: Ind. Engng. Chem. **42** (1950), 345.

[2] G. A. GRANT, M. KATZ, R. RIBERDY: Canad. J. Technol. **29** (1951), 511; C 52, 7943.

[3] M. KATZ, L. G. WILSON, R. RIBERDY: Canad. J. Chem. **29** (1951), 1059.

[4] C. P. FENIMORE, J. R. KELSO: J. Amer. chem. Soc. **72** (1950), 5045; C 51 I, 3149.

[5] W. DAVIES: Philos. Mag. (7) **17** (1934), 233; C 34 II, 192; Philos. Mag. (7) **19** (1935), 309; C 36 I, 1171; Engineering **145** (1938), 587; C 38 II, 1725.

kehrt proportional dem Kohlenoxyddruck ist, weil nur an den von CO freigelassenen Stellen der Sauerstoff einwirken kann. — B. TOPLEY[1] hat auf klassischem, K. J. LAIDLER, S. GLASSTONE und H. EYRING[2] auf quantenstatistischem Wege berechnet, daß die Absolutgeschwindigkeit dieser Reaktion den gebildeten Vorstellungen entspricht (k_0 [beob.] $= 0{,}71 . 10^{15}$ mm^{-1} sec^{-1} gegen k_0 [ber.] $=$ $= 4{,}3 . 10^{15}$ mm^{-1} sec^{-1}).

An *Palladium* finden M. G. T. BURROWS und W. H. STOCKMAYER[3], daß Kohlenoxyd bei Zimmertemperatur in Gegenwart von Wasserstoff zuerst verbrannt wird, eine in der Gasanalyse viel benutzte Erscheinung. Die Geschwindigkeit ist hierbei unabhängig vom Wasserstoffdruck und nimmt mit dem Sauerstoffdruck zu. Der Temperaturkoeffizient ist negativ, und es wird Bedeckung des Katalysators durch adsorbiertes Kohlenoxyd angenommen.

An *Silber* (s. a. B. W. BRADFORD[4]) haben A. F. BENTON und R. T. BELL[5] bei 80 ÷ 140° gemessen. Die Geschwindigkeit ist proportional dem Kohlenoxyddruck und unabhängig von den andern anwesenden Gasen, solange Kohlenoxyd im Überschuß ist; bei Unterschuß ist sie viel größer. Es wird Reaktion des Sauerstoffs im Augenblick der Adsorption angenommen, da die Reaktion rascher ist als die Sauerstoffadsorption.

Die Reaktion:

$$2CO \longrightarrow CO_2 + C$$

an Nickel wurde von S. HORIBA und T. RI[6] untersucht; nach anfänglicher Bildung eines Nickelkarbids ist dieses Katalysator, seine aktiven Zentren sind aber im Verlauf der Umsetzung weiterhin veränderlich. Auch an Fe wurde diese Reaktion untersucht. R. E. PROBST, S. MEYERSON und H. S. SEELIG[7] fanden, daß die Adsorption von CO an Fe (mit K_2O aktiviert und rein) mit der Bildung von CO_2 verbunden ist. Das Kohlendioxyd soll aus dem intermediär entstehenden $Fe(CO)_5$, das sich massenspektrometrisch nachweisen ließ, gebildet werden. Wie G. I. TSCHULFAROW und M. F. ANTONOWA[8] zeigten, wird die BOUDOUARDsche Reaktion durch Zusatz leicht dissoziierbarer Sulfate (des Cu, Al, Mn) zum Fe-Kontakt bei 350 ÷ 550° stark verlangsamt oder ganz zum Stillstand gebracht, während schwer dissoziierbare Sulfate (von Na, K, Mg) nur geringe Vergiftung des Katalysators bewirken.

T. KWAN[9] zeigte, daß an Pt-Schwarz eine Disproportionierung des CO in CO_2 und C unterhalb 300° C ganz ausbleibt. Hier ist die Adsorption des CO angeblich vielmehr mit einer Dissoziation in C- und O-Atome verbunden.

---

[1] B. TOPLEY: Nature (London) **128** (1931), 115.

[2] K. J. LAIDLER, S. GLASSTONE, H. EYRING: J. chem. Physics 8 (1940), 667; C 41 I, 2497.

[3] M. G. T. BURROWS, W. H. STOCKMAYER: Proc. Roy. Soc. (London), Ser. A **176** (1940), 474; C 41 II, 2171.

[4] B. W. BRADFORD: J. chem. Soc. (London) **1934**, 1276; C 35 II, 9; s. a. C 34 II, 1432.

[5] A. F. BENTON, R. T. BELL: J. Amer. chem. Soc. **56** (1934), 501; C 34 I, 3704.

[6] S. HORIBA, T. RI: Recueil Trav. chim. Pays-Bas 51 (4) (13) (1932), 641; C 32 II, 823.

[7] R. E. PROBST, S. MEYERSON, H. S. SEELIG: J. Amer. chem. Soc. **74** (1952), 2115; C 53 I, 1452.

[8] G. I. TSCHULFAROW, M. F. ANTONOWA: Bull. Acad. Sci. URSS, Cl. Sci. techn. **1947**, 381; C 48 II, 1255.

[9] T. KWAN: Bull. chem. Soc. Japan **23** (1950), 70.

f) An Kohlenstoff.

A. A. ORNING und E. STERLING[1] untersuchten mit Hilfe von ^{14}C den Sauerstoffaustausch zwischen CO_2 und CO. Die Reaktion wird durch Kohlenstoff katalysiert, chemisorbierter Sauerstoff soll Zwischenstoff der Reaktion sein:

$$CO_2 \rightarrow O_{chemis.} + CO.$$

Die Wirksamkeit verschiedener Kohlesorten stieg in der Reihenfolge: Graphit, bei hohen Temperaturen behandelter Koks, Kokosnuß-Kohle. Beim Koks ließ sich die Wirksamkeit durch Zugabe von K_2CO_3 zum Katalysator steigern. An dieser Kohle wurde eine erste Ordnung nach CO gefunden, die scheinbare Aktivierungsenergie betrug 43,1 kcal/Mol. An Graphit wurde folgendes Zeitgesetz gefunden:

$$v = \frac{1{,}86 \,.\, 10^{12}\, p_{CO}}{p_{CO} + 1{,}91\, p_{CO_2}}\, e^{-58900/RT}.$$

Es wird vermutet, daß die Reaktion maßgeblich durch den an der Kohleoberfläche chemisorbierten Sauerstoff beeinflußt wird. Zwischen präadsorbiertem und während der Reaktion adsorbiertem Sauerstoff ließ sich jedoch kein Unterschied feststellen.

Wir wollen diesen Abschnitt abschließen mit dem Hinweis auf den zusammenfassenden Artikel von MORRIS KATZ über: „The Heterogeneous Oxidation of Carbon Monoxide" in den Advances in Catalysis, Band V, S 177, New York, 1953.

2. Zerfall des Methans und niederer Kohlenwasserstoffe.

Für die Reaktion:

$$CH_4 \rightarrow C + 2H_2$$

hatten G.-M. SCHWAB und E. PIETSCH[2] an Platin streng erste Ordnung und eine Aktivierungswärme von 55 kcal/Mol ermittelt. Die Absolutgeschwindigkeit weist auf die Beteiligung mehrerer Freiheitsgrade an der Aktivierung hin. Geschwindigkeitsbestimmend muß der primäre Zerfall der Methanmolekel in Bruchstücke sein, deren weiteres Schicksal sich unmeßbar rasch abspielt. Der kleine Wert der Aktivierungswärme (im Vergleich mit allen in Frage kommenden Bindungsfestigkeiten) legte die Annahme nahe, daß der entstehende Kohlenstoff nicht frei und atomar gebildet wird, sondern gleich adsorbiert bleibt. — In Analogie zum homogenen Zerfall aber (L. S. KASSEL[3]) bleibt auch eine Primärreaktion:

$$CH_4 \rightarrow \rangle CH_2 + H_2 \qquad -80\,\text{kcal}$$

zu diskutieren, wenn die erforderliche Energie durch Adsorption der Primärprodukte auf 55 kcal/Mol erniedrigt wird. Hierfür würde sprechen, daß L. BELCHETZ und E. K. RIDEAL[4] bei höheren als den früher benutzten Temperaturen (1400÷1700°) durch Eisen, Jod oder Wolfram Radikale abfangen und diese auch an gekühlten Glaswänden als Äthylen nachweisen konnten. Es bleibt natürlich fraglich, ob es sich nicht um Sekundärprodukte handelt und ob über-

[1] A. A. ORNING, E. STERLING: J. physic. Chem. **58** (1954), 1044.
[2] G.-M. SCHWAB, E. PIETSCH: Z. physik. Chem. **121** (1926), 189.
[3] L. S. KASSEL: J. Amer. chem. Soc. **57** (1935), 833; C 36 I, 1842.
[4] L. BELCHETZ, E. K. RIDEAL: J. Amer. chem. Soc. **57** (1935), 1169; C 35 II, 2354.

haupt der Mechanismus derselbe ist, zumal hier die Aktivierungswärme zu 95 kcal/Mol gemessen wurde statt 55 kcal/Mol bei den tieferen Temperaturen. — Was die Kinetik selbst betrifft, so fand M. KOBOKAWA[1] statt der einfachen ersten Ordnung eine Geschwindigkeitsgleichung der Form:

$$\frac{dx}{dt} = \frac{k'(a-x)}{x^n},$$

die aber wegen der Einflußlosigkeit *zugesetzten* Wasserstoffs nicht durch eine Verdrängungshemmung, sondern durch eine zunehmende Vergiftung des Katalysators zu deuten ist. In den früheren Versuchen hätte danach eben diese Vergiftung einen konstanten Endwert (Kohlebedeckung?) erreicht.

An *Wolfram* treten nach K. HIROTA[2] ebenfalls Radikale auf, die vermutungsweise als $CH_2<$ angesprochen werden. Er hat den Zerfall bei 1100÷1300° in einem CLUSIUSschen Trennrohr durchgeführt, das durch die Thermodiffusion die Radikale den Sekundärreaktionen entziehen soll, und hat am „schweren" Ende höhere Kohlenwasserstoffe gefunden. Es bleibt fraglich (s. S. 276), ob die Geschwindigkeit der Thermodiffusion für ein Radikalabfangen wirklich ausreicht.

An *Nickel* sprechen für primäre Bildung von Radikalen, diesmal CH_3, die Beobachtungen des Austausches von Methan und Deuterium oder CD_4 und H_2 von K. MORIKAWA, W. S. BENEDICT und H. S. TAYLOR[3], die sich besser durch einen Dissoziations- als durch einen Anlagerungsmechanismus deuten lassen (s. S. 280).

C. KEMBALL und H. S. TAYLOR[4] untersuchten an Nickel auch die Zersetzung des *Äthans*. Die Zersetzungsgeschwindigkeit v folgt in Äthan-Wasserstoff-Gemischen bei 182° C und einem Mischungsverhältnis $H_2 : C_2H_6 > 1$ und bei 214° C, hier $H_2 : C_2H_6 > 2$, der Gleichung:

$$v = K \cdot p_{C_2H_6}{}^{0,7} \cdot p_{H_2}{}^{-1,2}.$$

Die Aktivierungsenergie beträgt unter diesen Verhältnissen 52 kcal/Mol. Bei kleinerem Wasserstoffzusatz wird die Reaktion jedoch schneller als nach der vorstehenden Gleichung berechnet ($\sim p_{H_2}{}^{-2}$). Ohne Wasserstoffzusatz zersetzt sich Äthan nach der Gleichung:

$$2\,C_2H_6 \longrightarrow 3\,CH_4 + C,$$

wobei die Zersetzungsgeschwindigkeit nur noch vom Äthanpartialdruck (mit dem Exponenten 0,7) abhängt und eine scheinbare Aktivierungsenergie von 40 kcal/Mol besitzt. Der abgeschiedene Kohlenstoff läßt sich mit Wasserstoff in Methan überführen. Der Reaktionsverlauf soll über an der Katalysatoroberfläche adsorbiertes Äthylen, das im Gleichgewicht mit Äthylradikalen und Wasserstoff steht, erfolgen. Diese Vorstellung wird dadurch gestützt, daß die anfängliche Bildungsgeschwindigkeit von Methan größer ist, wenn Äthylen als Ausgangsprodukt gewählt wird.

Den Zerfall des *Äthylens* zu Methan unter gleichzeitiger Kohlenstoffabscheidung konnte A. R. McKINNEY[5] an Nickel und ebenso auch an Eisen, Kobalt und Platin bei 400° C bestätigen. Dagegen besitzt Kupfer bei diesen Tempera-

---

[1] M. KOBOKAWA: Rev. physic. Chem. Japan **11** (1937), 82, 96, 202; C 38 I, 48, 2674.

[2] K. HIROTA: Bull. chem. Soc. Japan **16** (1941), 274; C 42 II, 152.

[3] K. MORIKAWA, W. S. BENEDICT, H. S. TAYLOR: J. Amer. chem. Soc. 58 (1936), 1445; C 37 II, 1972.

[4] C. KEMBALL, H. S. TAYLOR: J. Amer. chem. Soc. **70** (1948), 345.

[5] A. R. McKINNEY: J. physic. Chem. **47** (1942), 152.

turen noch nicht die Fähigkeit, Kohlenstoffbindungen zu spalten, es bildet bei gleichzeitiger Kohlenstoffabscheidung Äthan und Wasserstoff. Der Autor versucht die unterschiedliche Wirksamkeit der verschiedenen Metalle mit deren Atomradien in Zusammenhang zu bringen. Die Aktivität fällt nämlich ab in der Reihe Ni, Co, Fe, Cu, wird dann beim Zn unmeßbar klein und steigt wieder an in der Folge Os, Pd, Pt.

3. Germanan-Zerfall.

Germanan, GeH_4, zerfällt nach T. R. HOGNESS und W. C. JOHNSON[1] an *Germanium* zwischen 283° und 374° nach gebrochener Ordnung mit einem Exponenten von etwa $^1/_3$. Man kann das einfach, wie es früher beim SbH_3 an Antimon geschehen ist, durch eine LANGMUIR-Isotherme deuten, man kann aber auch, wie die Verfasser das tun, an eine Adsorption an aktiven Zentren aus drei Atomen (Tripletts) denken. Dann gilt für die wahre Aktivierungswärme:

$$q = q_s + \frac{\lambda}{3}.$$

Sie ergibt sich so zu 39,7 kcal/Mol.

4. Weitere organische Zerfallsreaktionen.

An reaktionskinetisch sauberen Vorgängen gehören hierher vor allem die Spaltungen von Alkoholen und Ameisensäure, die wir schon an anderer Stelle abgehandelt haben. Alle höheren organischen Verbindungen zerfallen in sehr verwickelter Weise, so daß klare Ergebnisse für die Kinetik der eigentlichen heterogenen Oberflächenreaktion nur schwer gewonnen werden können. So zersetzen sich beispielsweise *Dimethyläther* (E. W. R. STEACIE und H. A. REEVE[2]), *Äther, Aceton* (dieselben[3]), *Propionaldehyd* (dieselben[4], E. W. R. STEACIE und R. MORTON[5]) und *Äther* (H. A. TAYLOR und M. SCHWARTZ[6]) in Berührung mit heißen Platin- und Wolframdrähten überhaupt nicht in einer Oberflächenreaktion, sondern in homogener Spaltungsreaktion in der erhitzten Gasschicht rund um den Draht herum, was schon aus den hohen Aktivierungsenergien und ihrer Beziehung zu denjenigen der nachweislich homogenen Reaktion hervorgeht (s. S. 223).

Die technisch wichtigen *Krackreaktionen* sind hinsichtlich ihrer kinetischen Gesetzmäßigkeiten sehr undurchsichtig. Erst durch neuere Arbeiten scheint wenigstens in einzelnen einfachen Reaktionen eine vernünftige Deutung des Reaktionsablaufs ermöglicht zu werden. Bezeichnend für die Vielfalt der Reaktionsmöglichkeiten ist aber auch hier die Tatsache, daß Rückschlüsse auf den Reaktionsmechanismus weniger aus üblichen Kinetikmessungen, Bestimmung der Aktivierungsenergie usw. gezogen werden als vielmehr aus der Art und Häufigkeit der gebildeten Reaktionsprodukte, dem Struktureinfluß des Katalysators und dem Konstitutionseinfluß des Kohlenwasserstoffs. Aus der umfang-

---

[1] T. R. HOGNESS, W. C. JOHNSON: J. Amer. chem. Soc. **54** (1932), 3583; C 32 II, 3358.

[2] E. W. R. STEACIE, H. A. REEVE: Trans. Roy. Soc. Canada III (3) **26** (1932), 75; C 33 II, 2633; J. physic. Chem. **36** (1932), 3074; C 33 I, 3045.

[3] E. W. R. STEACIE, H. A. REEVE: Trans. Roy. Soc. Canada III (3) **26** (1932), 75; C 33 II, 2633.

[4] E. W. R. STEACIE, H. A. REEVE: J. physic. Chem. **36** (1932), 3074; C 33 I, 3045.

[5] E. W. R. STEACIE, R. MORTON: Canad. J. Res. **4** (1931), 582; C 32 I, 342.

[6] H. A. TAYLOR, M. SCHWARTZ: J. physic. Chem. **35** (1931), 1044; C 31 I, 2967.

reichen Literatur seien hier nur einige wenige, kinetisch interessante Arbeiten herausgegriffen.

Krackkatalysatoren bilden ein gutes Beispiel dafür, daß Katalysatoren nicht nur die Aktivierungsenergie einer Reaktion herabzusetzen vermögen, sondern gleichzeitig imstande sind, neue Reaktionswege zu eröffnen. J. R. Bates, F. W. Rose, S. S. Kurtz und J. W. Mills[1] zeigen beispielsweise, daß die Hexanfraktion bei ihren Krackuntersuchungen nur 7 % n-Hexan enthielt, während beim thermischen Kracken unter sonst gleichen Bedingungen 63 % n-Hexan entstand. B. S. Greensfelder, H. H. Voge und G. M. Good[2] stellen die unterschiedlichen Reaktionsprodukte beim katalytischen und thermischen Kracken, wie in der Tabelle 4 ersichtlich, gegenüber.

Tabelle 4. *Vergleich der katalytischen und thermischen Krackprodukte.*

Kohlenwasserstoff	thermisch	katalytisch
n-Hexadecan	Hauptprodukt C_2 mit Anteilen C_1 und C_3. Viel C_4- bis C_{15}-*n*-α-Olefine. Wenig verzweigte Aliphaten.	Hauptprodukt C_3 bis C_6. Wenig *n*-α-Olefine über C_4. Aliphaten meist verzweigt.
Aliphaten	Wenig Aromaten bei 500° C.	Viel Aromaten bei 500° C.
Alkylaromaten	Kracken innerhalb der Seitenkette.	Kracken am Ringnachbarn.
n-Olefine	Kaum Wanderung der Doppelbindung. Wenig Cyclisierung.	Schnelle Wanderung der Doppelbindung. Ausgedehnte Cyclisierung.
Olefine	Wasserstoffaustausch unbedeutend und nicht selektiv. Krackgeschwindigkeit mit der der Paraffine vergleichbar.	Wasserstoffaustausch bedeutend und für tertiäre Olefine selektiv. Krackgeschwindigkeit höher als bei Paraffinen.
Naphthene	Krackgeschwindigkeit geringer als bei Paraffinen.	Krackgeschwindigkeit wie bei Paraffinen mit äquivalenten Strukturgruppen.

Niedere Kohlenstoffe (bis C_4) werden von Aluminiumsilikatkatalysatoren nicht zersetzt, an höheren erfolgt der Krackprozeß mit steigender Kohlenstoffzahl um so leichter, jedoch wird der Reaktionsverlauf wegen der zahlreichen möglichen Nebenreaktionen wie Isomerisierung, Cyclisierung, Aromatisierung, Olefinbildung, Polymerisation, Hydrokondensation usw. sehr unübersichtlich. Als Katalysatoren eignen sich Mischoxyde und Silikate, etwa aus folgenden Komponenten: Al-B-O; Mg-Si-O; Al-Zr-Si-O; Zr-Si-O, am wirksamsten ist aber das Aluminiumsilikat. Als notwendige Voraussetzung für die katalytische Wirksamkeit wird von verschiedener Seite die Anwesenheit saurer Zentren in der Katalysatoroberfläche festgestellt. So fand M. W. Tamele[3], daß die Aktivität des Aluminiumsilikats für die Krackung von Isopropylbenzol mit steigender

[1] J. R. Bates, F. W. Rose, S. S. Kurtz, J. W. Mills: Ind. Engng. Chem. **34** (1942), 147.

[2] B. S. Greensfelder, H. H. Voge, G. M. Good: Ind. Engng. Chem. **41** (1949), 2573.

[3] M. W. Tamele: Discuss. Faraday Soc. 8 (1950), 271.

Acidität des Katalysators zunimmt, daß die Zunahme der Aktivität jedoch nicht linear, sondern entsprechend einer Wurzelbeziehung erfolgt. T. Milliken, G. Mills und A. Oblad[1] berichten, daß die durch die Chinolinchemisorption bestimmte Acidität verschiedener Katalysatoren, unabhängig von der chemischen Zusammensetzung derselben, direkt proportional der Aktivität ist. An weiteren Arbeiten seien hier nur aufgeführt: J. Bitepazh[2], H. Weil-Malherbe und J. Weis[3], C. L. Thomas[4], A. Grenele[5], C. J. Plank[6] und die zusammenfassenden Artikel von A. G. Oblad, T. H. Milliken und A. G. Mills in den Advances in Catalysis, Band III, S. 199 sowie den Artikel von Natta und Rigamonti im vorliegenden Bande.

Ausgehend von der Vorstellung, daß Krackreaktionen nur stattfinden können, wenn die Bindungssphäre eines C-Atoms in den Bereich der Katalysatoroberfläche gelangt, wobei notwendigerweise eine C-H-Bindung gelöst werden muß, untersuchten G. Parravano, E. F. Hammel und H. S. Taylor[7] den Austausch zwischen Deuterium und Wasserstoff im CH_4. Die Austauschreaktion findet am Aluminiumsilikatkatalysator bei 345° C statt. Da der Austausch bei tieferen Temperaturen erfolgt, als die Krackreaktion (475 ÷ 500° C), vermuten die Autoren, daß die Wasserstoffabspaltung der erste, aber nicht geschwindigkeitsbestimmende Teilschritt der Krackreaktion ist. C. L. Thomas[8] formuliert diesen Austausch in folgender Weise:

$$CD_4 + HA \rightarrow CD_3^+ + A^- + HD$$

(A = Katalysator), die mit dem von H. S. Bloch, H. Pines und L. Schmerling[9] formulierten Mechanismus für die Isomerisierung sehr ähnlich ist:

$$RH + HA \rightarrow R^+ + A^- + H_2 .$$

Dennoch sind Krackkatalysatoren keine Isomerisationskatalysatoren. Dies wird ersichtlich aus einer Arbeit von G. M. Good, H. H. Voge und B. S. Greensfelder[10], wo gezeigt wird, daß bei fünf verschiedenen isomeren Hexanen über Aluminiumsilikatkatalysatoren praktisch keine Isomerisierung (bis auf den Fall des 2,3-Dimethylbutans) auftritt.

Die Struktur der Kohlenwasserstoffe beeinflußt die Krackgeschwindigkeit in charakteristischer Weise. B. S. Greensfelder, H. H. Voge und G. M. Good[11] konnten den Konstitutionseinfluß auf die Krackgeschwindigkeit verschiedener isomerer Hexane durch spezifische Aktivitäten darstellen. Die Reaktionsgeschwindigkeiten von primärem C (P), sekundärem C (S) und tertiärem C (T) verhalten sich zueinander wie P : S : T = 1 : 2 : 20.

Während des Reaktionsverlaufes der Krackung wird nach übereinstimmender Meinung von R. C. Hansford[12]; C. L. Thomas (l. c.); B. S. Greensfelder,

---

[1] T. Milliken, G. Mills, A. Oblad: Discuss. Faraday Soc. 8 (1950), 279.
[2] J. Bitepazh: J. allg. Chem. UdSSR **17** (1947), 199.
[3] H. Weil-Malherbe, J. Weis: J. chem. Soc. **1948**, 2164.
[4] C. L. Thomas: Ind. Engng. Chem. **41** (1949), 2564.
[5] A. Grenele: Ind. Engng. Chem. **41** (1949), 1485.
[6] C. J. Plank: J. Colloid Sci. **2** (1947), 413.
[7] G. Parravano, E. F. Hammel, H. S. Taylor: J. chem. Soc. (London) **1948**, 2269.
[8] C. L. Thomas: Ind. Engng. Chem. **41** (1949), 2564.
[9] H. S. Bloch, H. Pines, L. Schmerling: J. Amer. chem. Soc. **68** (1946), 153.
[10] G. M. Good, H. H. Voge, B. S. Greensfelder: Ind. Engng. Chem. **39** (1947), 1032.
[11] B. S. Greensfelder, H. H. Voge, G. M. Good: Ind. Engng. Chem. **41** (1949), 2573.
[12] R. C. Hansford: Ind. Engng. Chem. **39** (1947), 849.

H. H. VOGE und G. M. GOOD (l. c.) und anderen ein mehr oder weniger stark polarisiertes Carbeniumkation gebildet.. Anhaltspunkte für diese Vorstellung sind die als notwendig erwiesene Acidität des Katalysators, dessen Vergiftung durch Adsorption von Basen und der leicht erfolgende Wasserstoffaustausch. Jedoch ist die Ausbildung eines Carbeniumkations nicht mit der Abspaltung atomaren Wasserstoffs verbunden, sondern vielmehr mit der eines negativen Hydridions, z. B.:

$$\begin{array}{ccccccccc} & H & H & H & H & & \\ H: & C: & C: & C: & C: & H \end{array} \longrightarrow \begin{array}{cccccc} & H & H & + & H & \\ H: & C: & C: & C: & C: & H \end{array} + H^- .$$
$$\begin{array}{cccc} H & H & H & H \end{array} \qquad\qquad \begin{array}{cccc} H & H & H & H \end{array}$$

Das Hydridion wird vom aktiven Zentrum des Katalysators (das saure Eigenschaften im LEWISschen Sinne, also Elektronendefektstellen besitzt) gebunden, und es verbleibt ein Carbeniumion. Nach T. MILLIKEN, G. MILLS und A. OBLAD[1] soll dieser Vorgang hauptsächlich durch die Änderung der Koordination des Aluminiums in der Oberfläche ermöglicht werden, etwa nach der Gleichung:

$$RH + \left[\begin{array}{c} O \\ Al\text{-}O\text{-}Si \\ O \end{array}\right] \longrightarrow R^+ + \left[\begin{array}{c} O \\ H\text{-}Al\text{-}O\text{-}Si \\ O \end{array}\right]^-$$

Der zweite Schritt der Krackreaktion, die Spaltung der C-C-Bindung, soll dann durch eine mesomere Umlagerung im Carbeniumkation erfolgen.

Nach R. C. HANSFORD, P. G. WALDO, L. C. DRAKE und R. E. HONIG[2] und C. L. THOMAS (l. c.) soll für die Ausbildung des Carbeniumkations eine weitere Möglichkeit durch die Anwesenheit von Olefinen gegeben sein, denn Olefine beschleunigen, schon in geringen Mengen zugesetzt, die Krackreaktion (ebenso wie Isomerisierungsreaktionen[3]). Olefine selbst können durch Reaktion mit einem am Katalysator adsorbierten Proton leicht ein Carbeniumkation bilden und lassen sich daher leichter spalten als gesättigte Kohlenwasserstoffe.

Auch der Deuteriumaustausch zwischen Kohlenwasserstoffen und D_2O wird nach R. C. HANSFORD, P. G. WALDO, L. C. DRAKE und R. E. HONIG (l. c.) durch die gleichzeitige Anwesenheit von Olefinen beschleunigt. Die Austauschgeschwindigkeit des Isobutans mit D_2O wird durch Zusatz von 0,5% Isobuten etwa um den Faktor 3 erhöht, wobei die Aktivierungsenergie der Reaktion den Wert von 17 kcal/Mol beibehält. Die Reaktion folgt der ersten Ordnung nach dem Isobutan. Die neun primären Wasserstoffatome im Isobutan sind an der Austauschreaktion gleichwertig beteiligt, während das am tertiären Kohlenstoffatom gebundene Wasserstoffatom von der Reaktion ausgeschlossen bleibt. Wegen der gleichbleibenden Aktivierungsenergie wird vermutet, daß sich der Reaktionsverlauf bei Isobutenzusatz nicht ändert; die Wirkung des Olefins soll darin bestehen, daß die Adsorption des Isobutans als Carbeniumkation erleichtert wird.

Zu denjenigen, die der Theorie des Carbeniumkations nicht zustimmen, gehören G. PARRAVANO, E. F. HAMMEL und H. S. TAYLOR[4]. Sie sind der Ansicht, daß die Spaltung der C-C-Bindung direkt während der aktivierten Adsorption eintritt, die, wie berichtet, unter Spaltung einer C-H-Bindung erfolgt. Die

---

[1] T. MILLIKEN, G. MILLS, A. OBLAD: Discuss. Faraday Soc. 8 (1950), 279.

[2] R. C. HANSFORD, P. G. WALDO, L. C. DRAKE, R. E. HONIG: Meeting Amer. Chem. Soc., Chicago 1950, Symposium, S. 81.

[3] H. PINES, R. C. WACKER: J. Amer. chem. Soc. 68 (1946), 595.

[4] G. PARRAVANO, E. F. HAMMEL, H. S. TAYLOR: J. Amer. chem. Soc. 68 (1946), 595.

Bruchstücke der Kohlenwasserstoffmolekel sollen dann je nach der Wasserstoffkonzentration an der Katalysatoroberfläche als mehr oder weniger gesättigte Reaktionsprodukte desorbiert werden. Allerdings gestattet diese Annahme nicht, die Tendenz der Krackkatalysatoren, verzweigte Kohlenwasserstoffe zu bilden, ohne Zusatzannahmen zu erklären, was der Theorie des adsorbierten Carbeniumkations mit Hilfe einer tautomeren Umlagerung gelingt.

Von den zusammenfassenden Arbeiten über den Mechanismus der Krackreaktionen seien hier einige aufgeführt: V. HAENSEL: Advances in Catalysis, Band III, S. 179; A. G. OBLAD, T. H. MILLIKEN, G. A. MILLS: Advances in Catalysis, Band III, S. 199, und R. C. HANSFORD: Advances in Catalysis, Band IV, S. 1.

5. Organische Polymerisationsreaktionen.

Die Kinetik der Polymerisations- und Polykondensationsreaktionen wird in der umfassenden Abhandlung von L. KÜCHLER[1] und bei J. W. BREITENBACH[2] so ausführlich behandelt, daß wir hier auf eine Wiedergabe verzichten können.

6. Enzymatische Reaktionen.

Es ist oft darauf hingewiesen worden, daß die hier auseinandergesetzten und angewandten Gesetze der Adsorptionskinetik, d. h. geschwindigkeitsbestimmende chemische Umsetzung in der Adsorptionsschicht bei eingestellten Adsorptionsgleichgewichten, auch auf enzymatische Reaktionen anwendbar sind, wobei dann gewöhnlich statt „Adsorption" „Enzym-Substrat-Verbindung" und statt „Adsorptionsisotherme" „Massenwirkungsgesetz" gesagt wird. Die nicht nur formale, sondern auch sachliche Identität beider Auffassungen (Literatur darüber bei G.-M. SCHWAB[3]) ist wieder von H. DUNKEN[4] einerseits und von G.-M. SCHWAB[5] andrerseits diskutiert worden, und wir haben sie ebenfalls schon auf S. 188f. besprochen.

Es ist nun hier nicht der Ort, alle kinetisch untersuchten Fermentreaktionen zu besprechen; wir verweisen hierfür auf den III. Band des vorliegenden Handbuches[6]. Wir wollen hier nur einige Beispiele anführen, wo eine solche Analyse zu besonderen Schlüssen geführt hat.

G.-M. SCHWAB, E. BAMANN und P. LAEVERENZ[7] haben das optische Auswählen der Menschenleber-Esterase bei der Spaltung von Mandelsäure-Estern auf Grund der Adsorptionsisotherme quantitativ behandelt und konnten verschiedene hier auftretende Erscheinungen, wie Spaltungsumkehr, deuten auf Grund der Vorstellung, daß der (—)-Ester S mit dem Ferment E zwei Verbindungen ES und ES_2 verschiedener Spaltungsgeschwindigkeit bildet, die von dem (+)-Ester und von dem entstehenden Alkohol verschieden gehemmt werden. Ebenso konnten H. ALBERS und K. HAMANN[8] die Oxynitril-Synthese

---

[1] L. KÜCHLER: Polymerisationskinetik. Berlin—Göttingen—Heidelberg: Springer-Verlag. 1951.

[2] J. W. BREITENBACH: Chemie und Technologie der Kunststoffe, Bd. I, 3. Aufl., 1951.

[3] G.-M. SCHWAB: Ergebn. exakt. Naturwiss. **7** (1928), 276.

[4] H. DUNKEN: Z. physik. Chem., Abt. A **187** (1940), 105.

[5] G.-M. SCHWAB: ebenda, S. 313.

[6] Dieses Handbuch Bd. III. Wien, 1941.

[7] G.-M. SCHWAB, E. BAMANN, P. LAEVERENZ: Hoppe-Seylers Z. physiol. Chem. **215** (1933), 121.

[8] H. ALBERS, K. HAMANN: Biochem. Z. **269** (1934), 14, 26, 33, 43; C 34 I, 3866f.

aus Blausäure und Benzaldehyd durch die Bildung mehrerer Verbindungen ES_2, ES_4, ES_2C_2, EC_4 beschreiben (S = Benzaldehyd, C = Blausäure). D. REICHINSTEIN[1] sieht in Versuchen von MANN[2] über die Einwirkung von Hydroperoxyd auf Guayacol in Gegenwart von Peroxydase ein Beispiel für bimolekulare Oberflächenreaktion nach Fall II 1 b [Formel (III, 10) von S. 189], die zu einem Geschwindigkeitsmaximum bei bestimmter Substratkonzentration führt. Es sei hier bemerkt, daß allgemein solche Maxima dort auftreten können, wo Konzentrationsquadrate im Nenner der Geschwindigkeitsgleichung vorkommen, und daß sie auch bei der oben besprochenen Esterhydrolyse auftreten, dort aber nicht wegen bimolekularer Reaktion, sondern wegen der Verbindungsbildung ES_2.

B. CHANCE[3] zeigt, daß Peroxydase mit Dioxymaleinsäure eine Zwischenverbindung ES bildet, deren Entstehungsgeschwindigkeit außerordentlich groß ist (10^7 liter. Mol^{-1} sec^{-1}), wie es ja die gemachten Voraussetzungen erheischen. — E. C. C. BALY[4] hat unter Anwendung der LANGMUIRschen Gleichung die wahre Aktivierungswärme einer enzymatischen Reaktion berechnet.

Große Fortschritte hat die Anwendung physikalisch-chemischer Betrachtungsweise in der Enzymkinetik insbesondere auf dem Wege über Fermentmodelle gemacht. Wir verweisen hier wieder auf Band III dieses Handbuches[5] und fügen nur ein neues Beispiel hinzu:

Nach I. REMESSOW[6] ist Cholesterinsol ein Katalasemodell, das hinsichtlich der Einflüsse von Dispersität, Substratkonzentration, p_H und sogar hinsichtlich der Absolutgeschwindigkeit Ähnlichkeit mit der natürlichen Katalase aufweist, wenn auch diese als eisenhaltiger Katalysator natürlich von anderen Giften gehemmt wird.

Nur hinweisen wollen wir hier auf eine Theorie, die von ganz andersartigen Voraussetzungen ausgeht, nämlich die *Kettentheorie* der Fermentreaktionen von F. HABER und R. WILLSTÄTTER[7], die nur den Start der Reaktion an den Katalysator verlegt, den Hauptumsatz aber als Radikalkette über freie OH-Radikale in die freie Lösung. Man wird wohl in jedem Einzelfall ihre Anwendbarkeit besonders prüfen müssen; denn wie z. B. G.-M. SCHWAB, B. ROSENFELD und L. RUDOLPH[8] am Beispiel der Katalase gezeigt haben, dürfte es schwer sein, auf ihrer Grundlage der Giftspezifität (und auch der Substratspezifität) der Enzyme gerecht zu werden.

VII. Aktivierungswärmen-Tabelle.

Es ist in letzter Zeit von verschiedenen Seiten, die hier nicht zitiert zu werden brauchen, versucht worden, die Aktivierungswärmen heterogener Reaktionen, da sie ja grundlegende Konstanten für die Charakterisierung dieser Umsetzungen sind, in Tabellenform zusammenzustellen und so einerseits Vergleiche zu erleichtern, andrerseits diese Konstanten bequem zugänglich zu machen. In allen diesen Fällen konnten wir uns überzeugen, daß eine solche

(Fortsetzung auf S. 407)

[1] D. REICHINSTEIN: Helv. chim. Acta **20** (1937), 644; C 37 II, 2481.
[2] P. J. G. MANN: Biochem. J. **25** (1931), 918; C 31 II, 3618.
[3] B. CHANCE: J. biol. Chemistry **140** (1941), Proc. 24; C 42 I, 2145.
[4] E. C. C. BALY: Nature **136** (1935), 146; C 36 I, 3523.
[5] G.-M. SCHWAB, F. ROST: Fermentmodelle. Dieses Handbuch Bd. III, S. 545. Wien, 1941.
[6] I. REMESSOW: Ber. dtsch. chem. Ges. **67** (1934), 134; C 34 I, 3599.
[7] F. HABER, R. WILLSTÄTTER: Ber. dtsch. chem. Ges. **64** (1931), 2844; C 32 I, 778.
[8] G.-M. SCHWAB, B. ROSENFELD, L. RUDOLPH: Ber. dtsch. chem. Ges. **66** (1933), 661.

Tabelle 5. *Aktivierungswärmen-Tabelle.*

Ausgangsstoffe	Endstoffe	Katalysator	q (wahr) $\frac{kcal}{Mol}$	q (scheinbar) $\frac{kcal}{Mol}$	Beobachter
H_2+D_2	HD	Cu		23,1	1
		Ag		16,5	
		Au		13,9	
$C_2H_2+H_2$	C_2H_4	Pt		12	2
		Ni		10,9	3
$C_2H_2+C_2D_2$	C_2HD	Ni		10,7	4
$C_2H_4+H_2$	C_2H_6	Ni (s. a. Tabelle 1)	18,7	6	5
				5	6
				3,6	7
				6	8
				0	9
				8,2	10
		Cu		19,5	6
		Ag		27	11
		Ni (u. a.)		10,7	12
$C_3H_6+H_2$	C_3H_8	Ni		4,2	13
				4,8	7
				6	10
$C_3H_6+D_2$	$C_3H_6D_2$	Pt		6,3	14
Cyclopropan$+H_2$	C_3H_8	Ni		10,6	15
		Pd		8,1	
		Pt		8,9	
$C_4H_8+H_2$	C_4H_{10}	Ni		3,3	16
				6,5	17

$C_6H_6+3H_2$	C_6H_{12}	Pt		6,8	
		Ni		10,6	18
		Cu		14	
$C_6H_5CH_3+3H_2$	$C_6H_{11}CH_3$	MoS_2		23—100	19
Krotonsäure $+H_2$		Pt	23—26	3	
Ölsäure $+H_2$		Pt		5	
Maleinsäure $+H_2$		Pt	25		20
Benzoesäure $+H_2$		Pt		9	
Ölsäure $+H_2$		Ni		12	21
Zimtester $+H_2$		Ni		6—15	22
Zimtester $+H_2$		Pt		9—12	22a
CH_4+CD_4	$2CH_2D_2$	Ni		19	23
CH_4+2D_2	CD_4	Ni		28	
$C_2H_6+H_2$	$2CH_4$	Ni		43	24
		Co		30—34	25
$C_2H_6+D_2$	$2CH_3D$	Ni		42,5	24
C_2H_6	CH_4+C	Ni		40	26
$C_3H_8+2H_2$	$3CH_4$	Ni		34	27
C_6H_{12}	$C_6H_6+3H_2$	Pt		18,8	28
		Pt		16,1	28a
		Pd		15,8	
		Ni		9,9	28
		Ni-Asbest		16,2	
		Ni-Al_2O_3		12	29
		Ni-Al_2O_3		13,6	30
		Ni-ThO_2		11,7	31
		Ni		8,7	32
C_7H_{14}	$C_6H_5CH_3+3H_2$	Ni-Al_2O_3		13,3	30
C_6H_{12}	$C_6H_6+3H_2$	Cr_2O_3, MoO_3	20—40,7		33

Fortsetzung der Tabelle 5

Ausgangsstoffe	Endstoffe	Katalysator	q (wahr) $\frac{\text{kcal}}{\text{Mol}}$	q (scheinbar) $\frac{\text{kcal}}{\text{Mol}}$	Beobachter
$(C[CH_3]_3)_2$	$C_6H_{10}(CH_3)_2+H_2$	Pt		16,1	34
$C_{10}H_{18}$	$C_{10}H_8+5H_2$	$(Cr, Zn)PO_4$		38	35
		$(Cr, Cu)PO_4$		29	
		Cr_2O_3		24,3	
$C_6H_{13}CH_3$	$C_6H_5CH_3+4H_2$	Cr_2O_3		35,8	36
$C_{10}H_{22}$	Krackung	Cr_2O_3		45	
$CO+3H_2$	CH_4+H_2O	Pd		23	37
$CO+H_2$	CH_2O	Pd		21,8	38
CH_2O	$CO+H_2$	$ZnCr_2O_4$		23,8	39
CO_2+H_2	$CO+H_2O$	$Pt(H_2SO_4)$		35	40
		Pt (rein)		0	
		Pt (rein)		22—25	41
$2H_2+O_2$	$2H_2O$	CuO		22,3	42
		Cu		6—13	43
		Glas, KCl		37±2	44
		Pd		1,8	45
		W		27	46
$2D_2+O_2$	$2D_2O$	Pd		2,6	45
CH_4+2O_2	CO_2+2H_2O	CuO		32—41	47
$^{18}O_2+2H_2O$	$O_2+2H_2{}^{18}O$	Al_2O_3		18—22	48
C_2H_5OH	CH_3CHO+H_2	CuJ		16	49
		CuJ	36		50

C_2H_5CHO	CO, H_2, CH_4, C_2H_6	Pt		96,5	51
CH_3OH	$CO+2H_2$	ZnO		30	52
$(C_2H_5)_2O$	$2CH_4+{}^1/_2C_2H_6+CO$	Pt		57	53
		W		58	
$(C_2H_5)_2O$	$2C_2H_4+H_2O$	Bauxit	32		54
$(C_3H_7)_2O$	$2C_3H_6+H_2O$	Bauxit	26		
i-$(C_3H_7)_2O+H_2O$	$2\,i$-C_3H_7OH	Bauxit	13		
C_2H_5OH	$C_2H_4+H_2O$	Bauxit	31		55
C_3H_7OH	$C_3H_6+H_2O$	Bauxit	28,5		
i-C_4H_9OH	$C_4H_8+H_2O$	Bauxit	26		
$C_5H_{11}OH$	$C_5H_{10}+H_2O$	Bauxit	17,5		
		Al_2O_3		17,9	56
C_2H_5OH	$C_2H_4+H_2O$	Al_2O_3		27	56a
		Al_2O_3		20,2	57
i-C_4H_9OH	$C_4H_8+H_2O$	Al_2O_3		16,5	
RRCHOH	$KW+H_2O$	Al_2O_3		16	
CH_3OH	$CO+2H_2$	Al		20	56a
		Ni		28	
C_2H_5OH	CH_3CHO+H_2	Al		25	
		Ag		20	
		Cu		12,8	58
C_3H_7OH	$C_2H_5CHO+H_2$	Cu		12,2	
$C_5H_{11}OH$	$C_5H_9CHO+H_2$	$Ni(Al_2O_3)$		8,8	56
HCOOH	CO_2+H_2	Cu	23,5		59
		Cu	24		56a
		Ni	11,5		60
		Ni	18—25		56a
		Ag	18		

Fortsetzung der Tabelle 5

Ausgangsstoffe	Endstoffe	Katalysator	q (wahr) $\frac{kcal}{Mol}$	q (scheinbar) $\frac{kcal}{Mol}$	Beobachter
HCOOH	CO_2+H_2	Ag	17,6		
		Pd	15,3		
		Pt	14,7		60a
		Au	12,5		
		Sb	23,7		
HCOOH	$CO+H_2O$	Glas	29		56a
		Na_2SO_4	25		49
		Silikagel		14,5—15,5	61
		$Ca(H_2PO_4)_2$		17,6—22,7	62
		$Ca_3(PO_4)_2$		15,2	
H_2+Br_2	2HBr	C		15	63
$C_2H_4+J_2$	$C_2H_4J_2$	J_2		20	64
$C_3H_8+Cl_2$	$C_3H_7Cl+HCl$ usw.	$CuCl_2$		12	65
		Al_2O_3		13	
$RHal+H_2$	$RH+HHal$	C		33,5	66
Dibrombernsteinsäure	Bromfumarsäure + HBr	SiO_2		10,3	
		C		16	67
		C + Hämin		11	
H_2+S	H_2S	S		45,5	68
H_2S	H_2+S	Mo		25	69
$2SO_2+O_2$	$2SO_3$	Pt		16	70
		Pt		20	71
		V_2O_5		20	
		V_2O_5		23	72
		V_2O_5		38	73

		$V_2O_5+SiO_2+K_2SO_4$		27	73
		$CaSO_4$		30—40	74
N_2+3H_2	$2NH_3$	Fe	16		75
			21,8		76
			14		77
		Mo-Legg.		24—36	78
$2NH_3$	N_2+3H_2	Fe	42—46	50—20	79
		Fe		51—54	80
		Fe		50	81
		Fe		40	77
		Fe		45,6	82
		Fe		39,7	83
		Fe		11,7	84
		Fe		45,6	85
		Fe		42,5	86
		FeMo		11,7(?)	87
		W	31—27		88
		W		(12)	89
		W	35		90
		W	42,5		91
		W	42,4		92
		Mo-Legg.		24—36	78
		Pt		40	93
		Os		42,2—47,6	94
		Cu		46	95
NH_3+O_2	$NO+H_2O$			17,4	96
$2NH_3+3NO$	$5/2N_2+3H_2O$	Pt		24,8	97
$2NH_3+COS$	NH_4SCONH_2	Glas		—2	98
$2N_2O$	$2N_2+O_2$	CuO		24	98a
		CuO		23,5	99

Fortsetzung der Tabelle 5

Ausgangsstoffe	Endstoffe	Katalysator	q (wahr) $\frac{\text{kcal}}{\text{Mol}}$	q (scheinbar) $\frac{\text{kcal}}{\text{Mol}}$	Beobachter
N_2O	$2N_2+O_2$	CuO		26—29	100
		CuO		39—29	101
		CuO		44	102
		MgO		28,1	98a
		MgO		37	103
		MgO		28	99
		MgO		28—40	101
		ZnO		44,5	98a
		ZnO		40	103
		ZnO		40	99
		CaO		35	
		SrO		32	103
		Al_2O_3		29	
		Al_2O_3		25,4	99
		Al_2O_3		29	100
		La_2O_3		28	
		In_2O_3		28,5	103
		CdO		37	
		CdO		27,2	
		TiO_2		46,7	99
		BeO_2		59,8	
		ZnO		48	104
		CoO		14	105
N_2O+H_2	N_2+H_2O	Pt		23	106
		Ag		13	107
		Al_2O_3		35,7	108
N_2O+CO	N_2+CO_2	Cu(O)		23	109
2NO	N_2+O_2	Pt		20—25	110

$2NO+O_2$	$2NO_2$	SiO_2	—10		111
		SiO_2		—4,7	112
		Cr_2ZnO_4		—1,9	
		V_2O_5		—0,3	
		C		3,4	113
$P+O_2$	P_2O_x	W		16	114
P_4	$2P_2$	W	30		115
$H_3PO_3+H_2O$	$H_3PO_4+H_2$	Pt		21	116
$2CO+O_2$	$2CO_2$	MnO_2	8		110
		MnO_2	6,3		117
		MnO_2	5—7		118
		MnO_2	2		119
		CuO	21	18	120
		SiO_2		7	121
		Fe_2O_3		20	122
		$Fe_2(Al_2)O_3$		14	
		(Cr, Zn, Fe, Al) O_x		25—26	123
		CuO, MnO_2		8—10	
		Ag		13,3	124
CH_4	$C+2H_2$	Pt		55	124a
		Pt		59	125
		Pt		31	126
		C		95	125
GeH_4	$Ge+2H_2$	Ge	39,7		127
$(CH_3)_2O$	CO, CH_4 usw.	Pt		67	128
$Ag^{\cdot}+$Hydrochinon	Ag+Chinon	Ag, Au, Pd		14,7	129
$CaSO_4+SiO_2$	$CaSiO_3+SO_3$	Luft	58		130
		N_2	59		
		H_2O	29		

Literatur zu Tabelle 5.

[1] R. J. Mikovsky, M. Boudart, H. S. Taylor: J. Amer. chem. Soc. **76** (1954), 3814.
[2] J. Sheridan: J. chem. Soc. (London) **1945**, 305.
[3] J. Sheridan: J. chem. Soc. (London) **1944**, 373; **1945**, 133, 301.
[4] G. C. Bond, J. Sheridan, D. H. Whiffen: Trans. Faraday Soc. **48** (1952), 715; C 53, 6458.
[5] G.-M. Schwab, H. Zorn: Z. physik. Chem., Abt. B **32** (1936), 169; C 36 I, 4869.
[6] G. Rienäcker, E. A. Bommer: Z. anorg. allg. Chem. **242** (1939), 302; C 40 I, 170.
[7] C. Schuster: Trans. Faraday Soc. **28** (1932), 406.
[8] O. Toyama: Proc. Imp. Acad. Tokyo **11** (1935), 319; C 36 I, 3670.
[9] O. Toyama: Rev. physic. Chem. Japan **12** (1938), 115; C 38 II, 3797; vgl. C 38 I, 3029.
[10] G. H. Twigg: Trans. Faraday Soc. **35** (1939), 934; C 39 II, 3265.
[11] G. Rienäcker, E. A. Bommer: Z. anorg. allg. Chem. **236** (1938), 263; C 38 I, 4414.
[12] O. Beeck: Advances in Catalysis, Vol. II, S. 151. New York, 1950; Discuss. Faraday Soc. **8** (1950), 118; C 53, 9091; Rev. mod. Physics **17** (1945), 61; C 46 I, 888; Rev. mod. Physics **20** (1948), 127; C 49 II, 170.
[13] O. Toyama: Rev. physic. Chem. Japan **14** (1940), 68; C 41 I, 188.
[14] G. C. Bond, J. Turkevich: Trans. Faraday Soc. **49** (1953), 281; C 54, 3668.
[15] G. C. Bond, J. Sheridan: Trans. Faraday Soc. **48** (1952), 713.
[16] O. Toyama: Rev. physic. Chem. Japan **11** (1937), 153; C 38 I, 3129.
[17] C. Schuster: Z. Elektrochem. angew. physik. Chem. **38** (1932), 614; C 32 II, 1743.
[18] R. K. Greenhalgh, M. Polanyi: Trans. Faraday Soc. **35** (1939), 520; C 40 I, 1334.
[19] L. Altmann, M. Nemzow: Acta physicochim. URSS **1** (1934), 420; C 35 II, 966.
[20] E. B. Maxted, V. Stone: J. chem. Soc. **1934**, 26; C 34 I, 1935. — E. B. Maxted, C. H. Moon: J. chem. Soc. **1935**, 1190; C 36 II, 284.
[21] A. Kailan, O. Stüber: Mh. Chem. **62** (1933), 90; C 33 I, 3158.
[22] G.-M. Schwab, W. Brennecke: Z. physik. Chem., Abt. B **24** (1934), 393; C 34 I, 3306.
[22a] G.-M. Schwab, D. Photiadis: Ber. dtsch. chem. Ges. **77** (1944), 296.
[23] K. Morikawa, W. S. Benedict, H. S. Taylor: J. Amer. chem. Soc. **58** (1936), 1445; C 37 II, 1972.
[24] K. Morikawa, W. S. Benedict, H. S. Taylor: J. Amer. chem. Soc. **58** (1936), 1795; C 37 II, 1973.
[25] E. H. Taylor, H. S. Taylor: J. Amer. chem. Soc. **61** (1939), 503; C 39 I, 4751.
[26] C. Kemball, H. S. Taylor: J. Amer. chem. Soc. **70** (1948), 345.
[27] K. Morikawa, N. R. Trenner, H. S. Taylor: J. Amer. chem. Soc. **59** (1937), 1103; C 38 II, 1205.
[28] A. A. Balandin: Z. physik. Chem., Abt. B **19** (1932), 451; C 33 I, 1893.
[28a] F. Kainer: Die Kohlenwasserstoff-Synthese nach Fischer-Tropsch. Berlin—Göttingen—Heidelberg: Springer-Verlag. 1950.
[29] A. A. Balandin, N. I. Schujkin: Wiss. Ber. Moskauer staatl. Univ. **6** (1936), 281; C 37 II, 1775.
[30] A. A. Balandin, H. Rubinstein: Wiss. Ber. Moskauer staatl. Univ. **2** (1934), 225; C 35 II, 1528.
[31] Cl. Herbo, V. Hauchard: Bull. Soc. chim. Belgique **52** (1943), 135.
[32] O. Beeck, A. W. Ritchie: Discuss. Faraday Soc. **8** (1950), 159; C 53, 9092.
[33] A. A. Balandin, I. I. Brussow: Z. physik. Chem., Abt. B **34** (1936), 96.
[34] B. A. Kasanski, A. L. Libermann: J. allg. Chem. URSS **9** (1933), 1431; C 40 I, 34.
[35] W. I. Karshew, S. A. Wassiljewa: J. physic. Chem. URSS **11** (1938), 670; C 38 II, 4207.
[36] W. I. Karshew, P. S. Ssorokin: J. physic. Chem. URSS **12** (1940), 42; C 41 I, 1642.
[37] H. S. Taylor, P. V. McKinney: J. Amer. chem. Soc. **53** (1931), 3604; C 31 II, 3299.
[38] G. Natta, G. Pastonesi: Chim. e Ind. **20** (1938), 587.
[39] G. Natta, G. Pastonesi: Chim. e Ind. **19** (1937), 313.
[40] G.-M. Schwab, K. Naicker: Z. Elektrochem. angew. physik. Chem. **42** (1936), 670; C 36 II, 3978.

[41] M. TEMKIN, E. MICHAILOWA: Acta physicochim. URSS 2 (1935), 9; C 35 II, 3054.
[42] G. TEDESCHI: Gazz. chim. ital. **66** (1936), 417; C 36 II, 2849.
[43] A. B. VAN CLEAVE, E. K. RIDEAL: Trans. Faraday Soc. **33** (1937), 635; C 38 I, 4413.
[44] M. PRETTRE: Mém. Poudres **27** (1937), 253; C 39 I, 2313.
[45] T. TUCHOLSKI: Roczniki Chem. **17** (1937), 284, 340; s. a. Z. physik. Chem., Abt. B **40** (1938), 333; C 38 I, 3425.
[46] I. LANGMUIR: J. chem. Soc. **1940**, 511; C 40 II, 1553.
[47] T. S. WHEELER: Recueil Trav. chim. Pays-Bas **50** (1931), 874; C 31 II, 3432.
[48] N. MORITA: Bull. chem. Soc. Japan **15** (1940), 298; C 41 I, 2351.
[49] G.-M. SCHWAB, H. H. MARTIN: Z. Elektrochem. angew. physik. Chem. **43** (1937), 610; C 37 II, 3855.
[50] G.-M. SCHWAB, H. H. MARTIN: Z. Elektrochem. angew. physik. Chem. **44** (1938), 724; C 39 II, 1230.
[51] E. W. R. STEACIE, R. MORTON: Canad. J. Res. **4** (1931), 582; C 32 I, 342.
[52] E. W. R. STEACIE, E. M. ELKIN: Canad. J. Res. **11** (1934), 47; C 35 I, 3247.
[53] H. A. TAYLOR, M. SCHWARTZ: J. physic. Chem. **35** (1931), 1044; C 31 I, 2967.
[54] W. MARX: Z. physik. Chem., Abt. B **23** (1933), 33; C 33 II, 3656.
[55] H. DOHSE: Z. physik. Chem., Bodenstein-Band (1931), 533; C 31 II, 2269.
[56] A. A. BALANDIN, A. M. RUBINSTEIN: J. Amer. chem. Soc. **57** (1935), 1143; C 36 II, 11.
[56a] G.-M. SCHWAB, S. SCHWAB-AGALLIDIS: Ber. dtsch. chem. Ges. **76** (1943), 1228.
[57] A. BORK, A. A. TOLSTOPJATOWA: Acta physicochim. URSS 8 (1938), 577, 591, 603; C 39 I, 3116f.
[58] A. BORK, A. A. BALANDIN: Z. physik. Chem., Abt. B **33** (1936), 54, 73, 435, 443; C 37 I, 2088, 2089.
[59] G. RIENÄCKER: Z. Elektrochem. angew. physik. Chem. **40** (1934), 487; C 34 II, 2491.
[60] G. RIENÄCKER, H. BADE: Z. anorg. allg. Chem. **248** (1941), 45; C 41 II, 3027.
[60a] G.-M. SCHWAB, G. HOLZ: Z. anorg. Chem. **252** (1944), 205.
[61] L. CH. FREIDLIN, A. M. LEWIT: J. allg. Chem. URSS **21** (83) (1951), 1255; C 52, 6193.
[62] L. CH. FREIDLIN, A. M. LEWIT: Nachr. Akad. Wiss. UdSSR, Abt. chem. Wiss. **1951**, 625; C 52, 6193.
[63] G.-M. SCHWAB, F. LOBER: Z. physik. Chem., Abt. A **186** (1940), 321; C 40 II, 3441.
[64] R. B. MOONEY, H. G. REID: J. chem. Soc. **1931**, 2597; C 32 I, 341.
[65] L. H. REYERSON, S. YUSTER: J. physic. Chem. **39** (1935), 1111; C 37 I, 1122.
[66] A. A. BALANDIN, W. W. PATRIKEJEW: J. allg. Chem. URSS **11** (73) (1941), 225; C 42 I, 2233.
[67] B. TAMAMUSHI, H. UNEZAWA: Bull. chem. Soc. Japan **11** (1936), 667; C 37 II, 1773.
[68] E. E. AYNSLEY, T. G. PEARSON, P. L. ROBINSON: J. chem. Soc. (London) **1935**, 58; C 35 II, 6.
[69] F. E. T. KINGMAN: Trans. Faraday Soc. **32** (1936), 903; C 36 I, 2284.
[70] G. B. TAYLOR, S. LENHER: Z. physik. Chem., Bodenstein-Band (1931), 30; C 31 II, 2114.
[71] G. S. BORESSKOW, W. R. PLIGUNOW: J. angew. Chem. URSS **6** (1933), 758; C 34 I, 3014.
[72] G. K. BORESSKOW, T. I. SSOKOLOWA: J. chem. Ind. URSS **14** (1937), 1241; C 39 I, 1621.
[73] G. K. BORESSKOW, B. G. PLIGUNOW: J. Chim. appl. URSS **13** (1940), 653; C 41 I, 1858.
[74] I. E. ADADUROW, L. GALAMEJEWA, D. W. GERNET: J. angew. Chem. URSS **5** (1932), 736; C 33 I, 2213.
[75] P. H. EMMETT, ST. BRUNAUER: J. Amer. chem. Soc. **56** (1934), 35; C 34 I, 1953.
[76] W. S. FINKELSTEIN, M. J. RUBANIK: J. physic. Chem. URSS **6** (1935), 1051; C 36 II, 423. — W. FINKELSTEIN und sieben Mitarbeiter: Acta physicochim. URSS **1** (1934), 521; C 35 I, 3244.
[77] M. TEMKIN, W. PYSHEW: J. physic. Chem. URSS **13** (1939), 851; C 41 I, 2350.
[78] A. MITTASCH, E. KEUNECKE: Z. physik. Chem., Bodenstein-Band (1931), 574.
[79] C. H. KUNSMAN, E. S. LAMAR, W. E. DENNING: Philos. Mag. (7) **10** (1930), 1015; C 31 I, 1566.

[80] E. Winter: Z. physik. Chem., Abt. B **13** (1931), 401; C 31 II, 2416. — P. H. Emmett, St. Brunauer: J. Amer. chem. Soc. **55** (1933), 1738; C 33 I, 3689.
[81] P. H. Emmett, K. S. Love: J. Amer. chem. Soc. **55** (1933), 4043; C 34 I, 6.
[82] K. S. Love, P. H. Emmett: J. Amer. chem. Soc. **63** (1941), 3297; C 42 II, 496.
[83] I. A. Chrisman: Acta physicochim. URSS **4** (1936), 899; C 36 II, 2668.
[84] I. A. Chrisman, K. E. Awaliani: Ber. Inst. physik. Chem. Akad. Wiss. UdSSR **5** (1936), 49; C 38 II, 2888.
[85] St. Brunauer, K. S. Love, R. G. Keenan: J. Amer. chem. Soc. **64** (1942), 751; C 43 I, 1030.
[86] S. Kiperman, M. Temkin: Acta physicochim. URSS **21** (1946), 267; J. physic. Chem. URSS **20** (1946), 369.
[87] W. Finkelstein und 7 Mitarbeiter: Acta physicochim. URSS **1** (1934), 521; C 35 I, 3244.
[88] H. R. Hailes: Trans. Faraday Soc. **27** (1931), 601; C 31 II, 2962.
[89] W. Frankenburger, A. Hodler: Trans. Faraday Soc. **28** (1932), 229; C 32 II, 1118.
[90] I. C. Jungers, H. S. Taylor: J. Amer. chem. Soc. **57** (1935), 679; C 36 I, 708.
[91] J. Motschan, I. Pereweseneff, S. Roginsky: Acta physicochim. URSS **2** (1935), 203; C 35 II, 3195.
[92] R. M. Barrer: Trans. Faraday Soc. **32** (1936), 490; C 36 I, 3258.
[93] J. K. Dixon: J. Amer. chem. Soc. **53** (1931), 2071; C 32 I, 1193.
[94] E. A. Arnold, R. E. Burk: J. Amer. chem. Soc. **54** (1932), 23; C 32 I, 1623.
[95] J. K. Dixon: J. Amer. chem. Soc. **53** (1931), 1763; C 31 II, 529.
[96] G. S. Boresskow: J. angew. Chem. URSS **5** (1932), 163; C 33 I, 893.
[97] E. A. Michailowa: J. physic. Chem. URSS **13** (1939), 572; Acta physicochim. URSS **10** (1939), 653; C 40 II, 859.
[98] A. S. Selivanova, I. K. Syrkin: Acta physicochim. URSS **11** (1939), 647; C 40 I, 1463.
[98a] G.-M. Schwab, H. Schultes: Z. physik. Chem., Abt. B **9** (1930), 265.
[99] G.-M. Schwab, H. Schultes: Z. physik. Chem., Abt. B **25** (1934), 411; C 34 II, 900.
[100] G.-M. Schwab, R. Staeger: Z. physik. Chem., Abt. B **25** (1934), 418; C 34 II, 900.
[101] G.-M. Schwab, H. H. Nakamura: Ber. dtsch. chem. Ges. **71** (1938), 1755; C 38 II, 2226.
[102] G. Damköhler, G. Delcker: Z. Elektrochem. angew. physik. Chem. **44** (1938), 228, 240; C 38 II, 3844.
[103] G.-M. Schwab, R. Staeger, H. H. von Baumbach: Z. physik. Chem., Abt. B **21** (1933), 65; C 33 I, 2867.
[104] G.-M. Schwab, J. Block: Z. Elektrochem. angew. physik. Chem. **58** (1954), 756.
[105] G. B. Amphlet: Trans. Faraday Soc. **50** (1954), 273.
[106] J. K. Dixon, J. E. Vance: J. Amer. chem. Soc. **57** (1935), 818; C 35 I, 1503.
[107] A. F. Benton, C. M. Thacker: J. Amer. chem. Soc. **56** (1934), 1300; C 34 II, 2650.
[108] J. E. Vance, J. K. Dixon: J. Amer. chem. Soc. **63** (1941), 176.
[109] G.-M. Schwab, G. Drikos: Z. physik. Chem., Abt. A **186** (1940), 348; C 40 II, 3582.
[110] I. Zeldowitsch: Acta physicochim. URSS **1** (1934), 449. — S. Roginsky, I. Zeldowitsch: ebenda 554, 595.
[111] L. Szegö, L. Guacci: Gazz. chim. ital. **61** (1931), 333; C 31 II, 2415.
[112] N. P. Kurin, I. O. Bloch: J. angew. Chem. URSS **11** (1938), 734; C 39 II, 4429.
[113] G. K. Boresskow, S. M. Schogam: J. physic. Chem. URSS **8** (1936), 306; C 37 II, 3276.
[114] H. W. Melville, E. B. Ludlam: Proc. Roy. Soc. (London), Ser. A **135** (1932), 315; C 32 II, 3356.
[115] H. W. Melville, S. C. Gray: Trans. Faraday Soc. **32** (1936), 1020; C 36 II, 1482.
[116] A. A. Wredenski, A. W. Frost: J. allg. Chem. URSS **1** (63), (1931), 1108; C 32 II, 3050.
[117] S. Elowitz, S. Roginsky: Acta physicochim. URSS **7** (1937), 295; C 38 I, 1064.
[118] N. Schurmowskaja, B. Bruns: J. physic. Chem. URSS **9** (1937), 301; C 38 I, 3300.
[119] N. Schurmowskaja, B. Bruns: J. physic. Chem. URSS **14** (1940), 1183; C 41 II, 2407.

[120] G.-M. SCHWAB, G. DRIKOS: Z. physik. Chem., Abt. B **52** (1942), 234; C 43 I, 5.
[121] Y. KONDO, O. TOYAMA: Rev. physic. Chem. Japan **13** (1939), 166; C 40 II, 723.
[122] J. ECKELL: Z. Elektrochem. angew. physik. Chem. **38** (1932), 918; C 33 I, 1074; Z. Elektrochem. angew. physik. Chem. **39** (1933), 807, 855; C 33 II, 3382; C 34 I, 653.
[123] W. S. FINKELSTEIN, M. I. RUBANIK, I. A. CHRISMAN: J. physic. Chem. URSS **3** (1933), 425; C 34 I, 340.
[124] A. F. BENTON, R. T. BELL: J. Amer. chem. Soc. **56** (1934), 501; C 34 I, 3704.
[124a] G.-M. SCHWAB, E. PIETSCH: Z. physik. Chem. **121** (1926), 189.
[125] L. BELCHETZ, E. K. RIDEAL: J. Amer. chem. Soc. **57** (1935), 1169; C 35 II, 2354.
[126] M. KOBOKAWA: Rev. physic. Chem. Japan **11** (1937), 82, 96; C 38 I, 48.
[127] T. R. HOGNESS, W. C. JOHNSON: J. Amer. chem. Soc. **54** (1932), 3583; C 32 II, 3358.
[128] E. W. R. STEACIE, H. A. REEVE: J. physic. Chem. **36** (1932), 3074; C 33 I, 3045.
[129] T. H. JAMES: J. Amer. chem. Soc. **61** (1939), 648; C 39 II, 1430.
[130] F. v. BISCHOFF: Z. anorg. allg. Chem. **250** (1942), 10; C 42 II, 1657.

(Fortsetzung von S. 395)

Sammlung verfrüht ist. Wie wir im Allgemeinen Teil auseinandergesetzt haben, sind zu viele Einflüsse vorhanden, die den Wert der Aktivierungsenergie verändern können; überdies ist nur in den allerseltensten Fällen die Reaktionskinetik soweit aufgeklärt, daß *wahre* Aktivierungswärmen angegeben werden können. Die eigentliche Bedeutung gemessener Aktivierungswärmen liegt bis heute in Vergleichen und nicht in Absolutangaben.

Es muß aus diesen Gründen für die Bewertung einer derartigen Zahlenangabe doch auf die Originalliteratur zurückgegangen werden. Nur als Wegweiser für ein solches Zurückgehen kann daher eine solche Tabelle aufgefaßt werden, wie wir sie im folgenden geben. Sie ist auf Grund des bei der Abfassung dieses Artikels vorgelegenen Materials zusammengestellt und basiert daher zum großen Teil auf Angaben des „Chemischen Zentralblattes". Dies bedeutet hier in noch höherem Maße als im Text eine Willkürlichkeit der Auswahl, und die Angaben sind daher keineswegs als vollständig, sondern nur als richtungweisend anzusehen. Überdies mußte eine Beschränkung dahingehend vorgenommen werden, daß Mischkatalysatoren und die Beeinflussung der Aktivierungsenergie in diesen im allgemeinen nicht aufgenommen wurden. Vielfach sind Angaben wie „18÷25" gemacht worden. Der Parameter, der solche Schwankungen oder Gänge hervorruft, kann Herstellungsart des Katalysators, Temperaturbereich, Druck, Konzentrationsverhältnis und dergleichen sein. Die Anordnung der Reaktionen ist dieselbe, wie die im speziellen Teil gewählte. Die Parawasserstoffumwandlung und die Deuteriumaustauschreaktionen wurden bis auf einige neuere Daten weggelassen, weil hierüber in Band VI dieses Handbuchs vollständigere Aufstellungen existieren. Daß die überwiegende Mehrzahl aller Aktivierungswärmen zwischen 10 und 40 kcal/Mol liegt, ist zum Teil durch die Größenordnung der chemischen Kräfte und Atomabstände bedingt, zum Teil aber mehr ein Zufall, indem nur Reaktionen mit solchen Aktivierungswärmen in den Geschwindigkeitsbereich bequemer Meßbarkeit fallen.

VIII. Sonderfälle.

Hier müssen einige Erscheinungen zusammengestellt werden, die in die bisher benutzte Einteilung nicht recht hineinpassen, aber von dem einen oder anderen Gesichtspunkt aus Interesse als heterogene Katalysen beanspruchen können. Untereinander haben sie nicht allzuviel gemein.

1. Ideale heterogene Lösungskatalysen.

Phosphorige Säure in wäßriger Lösung wird durch kolloidales *Platin* in Phosphorsäure und Wasserstoff übergeführt:

$$H_3PO_3 + H_2O \longrightarrow H_3PO_4 + H_2$$

(A. A. WREDENSKI und A. W. FROST[1]). Die Reaktion ist nach einer Induktionsperiode (Beschleunigung durch HPO_4'' und H_2PO_4') von erster Ordnung und hat eine scheinbare Aktivierungswärme von 21 kcal/Mol.

Platinkohle unter Elektrolytlösung vereinigt *Knallgas*. Nach S. LEWINA und R. ROSENTRETER[2] hat die Geschwindigkeit ein Maximum bei 0,01 n HCl, ebenso wie der Deuteriumaustausch; es handelt sich daher um eine Wasserstoffaktivierung. Über ähnliche Verhältnisse bei der Hydrierung in Lösung vgl. B. FORESTI[3].

Geschmolzenes *Kaliumchlorat* wird durch gefärbte *Oxyde*, wie MnO_2, Fe_2O_3, unter Sauerstoffentwicklung zersetzt. Beim Eisenoxyd ist diese Zersetzung parallel dem Ferromagnetismus, beim Mangandioxyd aber *nicht* dem Paramagnetismus; daher wird hier eine chemische Zwischenverbindung, ein Manganoxychlorid, angenommen (S. S. BATHNAGAR, B. PRAKASH und J. SINGH[4]).

2. Keimkatalysen in Lösung.

T. H. JAMES[5] hat die Kinetik der *photographischen Entwicklungsreaktion* untersucht. Bei Hydrochinon ist die Reaktion erster Ordnung nach diesem und zweiter und dritter Ordnung nach den Silberionen der Lösung. Das p_H regelt die wirksame Dissoziationsstufe des Hydrochinons. Der Temperaturkoeffizient entspricht einer scheinbaren Aktivierungswärme von 14,7 kcal/Mol. Mit Hydroxylamin sind die Verhältnisse ähnlich, jedenfalls in saurer Lösung, in alkalischer jedoch nur bei kleinen Silberionenkonzentrationen. Als Katalysator wirkt elementares Silber, an dem Silberionen adsorbiert werden, oder mit etwas schlechterer Wirkung anfänglich auch das isomorphe Gold. Reaktionsprodukte der katalytischen Reaktion sind Silber und Stickstoff. Mit steigendem p_H-Wert und steigender Silberionenkonzentration verläuft neben dieser katalytischen Reaktion zunehmend eine nicht katalytische Reaktion, die als Oxydationsprodukt des Hydroxylamins Stickoxydul liefert[6]. Nur die katalytische Reaktion wird durch Lichteinwirkung infolge der erhöhten Anzahl Silberkeime beschleunigt.

Ebenso ist auch die physikalische Entwicklung, d. h. die Abscheidung von Silber aus einer Silbernitratlösung unter Einwirkung milder Reduktionsmittel eine echte Keimkatalyse. J. EGGERT[7] hat in einer Reihe von Arbeiten nachgewiesen, daß die Abscheidungsgeschwindigkeit von Silber an künstlich hergestellten, kolloidalen Silberkeimen lediglich von der Anzahl der Keime, nicht

---

[1] A. A. WREDENSKI, A. W. FROST: J. allg. Chem. URSS **1** (63) (1931), 1108; C 32 II, 3050.

[2] S. LEWINA, R. ROSENTRETER: J. physic. Chem. URSS **13** (1939), 942; C 41 II, 1935.

[3] B. FORESTI: Boll. Soc. Eustachiana **38** (1940), 19, 29; C 40 II, 744.

[4] S. S. BATHNAGAR, B. PRAKASH, J. SINGH: J. Indian chem. Soc. **17** (1940), 125; C 40 II, 3441.

[5] T. H. JAMES: J. Amer. chem. Soc. **61** (1939), 648; C 39 II, 1430; J. Amer. chem. Soc. **61** (1939), 2379; C 39 II, 3959.

[6] T. H. JAMES: Advances in Catalysis, Vol. II, S. 105. New York, 1950.

[7] J. EGGERT: Helv. chim. Acta **30** (1947), 2114; C 48 I, 1068.

dagegen von deren Masse bestimmt wird. Im physikalischen Entwicklerprozeß wirken auch Keime aus Gold oder Silbersulfid katalytisch.

Es mag in diesem Zusammenhang interessant erscheinen, daß kristallographische Flächen bei Abscheidungsvorgängen in weiten Grenzen unterschiedliche Einflüsse ausüben können. H. LEIDHEISER und R. MEELHEIM[1] weisen beispielsweise nach, daß die Abscheidungsgeschwindigkeit von Kobalt aus einer Kobaltsalzlösung mittels Formiat durch die verschiedenen Flächen eines Kupfereinkristalls sehr unterschiedlich katalysiert wird. Die Fläche (210) des Kupfers war schon nach 30 sec vollständig mit Kobalt bedeckt, auf der (110)-Fläche ließ sich dagegen auch nach 10 Minuten noch kein Kobalt nachweisen.

3. Unideale Lösungskatalysen.

Unideale Lösungskatalysen sind Katalysen in Lösung, bei denen die katalysierende feste Phase notwendig auch Reaktionsteilnehmer ist und verbraucht wird. Das ist z. B. der Fall, wenn nach M. PRASAD und M. A. NAQVI[2] gelöstes *Cr(III)-Salz von* MnO_2 an dessen Oberfläche zu Dichromsäure oxydiert wird. Die Kinetik entspricht der der Ammoniakzersetzung an Platin (S. 358), zeigt also starke Hemmung durch die Reaktionsprodukte.

Kaliumjodid wird an der Oberfläche von *Quecksilber-Kohle* durch gelösten Sauerstoff oxydiert nach:

$$2\,J' + Hg + \frac{1}{2}\,O_2 + H_2O \longrightarrow 2\,OH' + HgJ_2; \qquad HgJ_2 + J' \longrightarrow HgJ_3'.$$

Der Grund, aus dem wir diese Reaktion als Katalyse auffassen, ist der auffallende Temperaturkoeffizient; die Reaktion durchläuft bei 50° ein Geschwindigkeitsmaximum, das durch abnehmende Adsorption der Jodionen an der Kohle erklärt werden muß, analog dem Maximum der Äthylenhydrierung (S. 247f.) (W. A. PJANKOW[3]).

4. Festreaktionen mit festem Katalysator.

Über Reaktionen mit festen Substraten und die dabei möglichen katalytischen Beeinflussungen verweisen wir ganz allgemein hier auf G. F. HÜTTIG[4] und führen nur einige Beispiele an: die Zersetzung von *Zinkcarbonat* oder *Nickelcarbonat* mit MnO_2 oder *NiO* als Katalysator (B. SREBROV[5]). Hier herrscht nicht mehr das allgemeine Gesetz der Proportionalität mit der Katalysatormenge, weil es nur auf die Berührungszonen von Substrat- und Katalysator-Phase ankommt. Die Kinetik des isothermen Zerfalls von *Kaliumperchlorat* unter- und oberhalb seines Schmelzpunktes wurde von E. HARVEY und Mitarbeitern[6] untersucht. Der Zerfall verläuft in der festen wie in der geschmolzenen Substanz nach einem Gesetz erster Ordnung, wobei $KClO_3$ als Zwischenprodukt auftritt. Flüssige und feste Phase unterscheiden sich hinsichtlich ihrer kinetischen Gesetzmäßigkeiten nur durch unterschiedliche Frequenzfaktoren — derjenige der flüssigen Phase ist etwa zwei Zehnerpotenzen höher —, während

[1] H. LEIDHEISER, JR., R. MEELHEIM: J. Amer. chem. Soc. **71** (1949), 1122.
[2] M. PRASAD, M. A. NAQVI: J. Indian chem. Soc. **17** (1940), 370; C 42 II, 369.
[3] W. A. PJANKOW: J. allg. Chem. URSS **5** (67) (1935), 1543; C 36 II, 3051.
[4] G. F. HÜTTIG: Dieses Handbuch Bd. VI, S. 318ff. Wien, 1943.
[5] B. SREBROV: Kolloid-Z. **76** (1937), 149; C 37 II, 2324.
[6] E. HARVEY, M. T. EDMINSON, E. D. JOVES, R. A. SEYBERT, K. A. CATTO: J. Amer. chem. Soc. **76** (1954), 3270.

die Aktivierungsenergie über den ganzen Meßbereich unabhängig vom Aggregatzustand stets 70 kcal/Mol beträgt. Auch durch das stark katalysierende MgO wird die Aktivierungsenergie nicht beeinflußt, sondern nur der Frequenzfaktor stark erhöht. Der Zerfall von *Kaliumpermanganat* verläuft bei 211 ÷ 227° C autokatalytisch (B. W. JEROFEJEW und I. I. SMIRNOWA[1]). Durch Zerkleinerung des Ausgangsmaterials soll keinerlei Geschwindigkeitserhöhung erzielt werden können. Ebenso ist nach G. A. HOOD und G. W. MURPHY[2] der Zerfall des Silberoxyds eine autokatalytische Reaktion, deren Anfangsgeschwindigkeit durch Zusatz elementaren Silbers erhöht werden kann. Für die Theorie der Vorgänge vgl. auch M. BLUMENTHAL[3].

5. Festreaktionen mit flüssigem Katalysator.

Hierher gehören z. B. Umwandlungsvorgänge unter einem Lösungsmittel. Uns interessiert hier aber die echte chemische Katalyse des flüssigen Katalysators, wie sie z. B. bei der *Zersetzung von HgO* zu beobachten ist, die nach B. W. JEROFEJEW und K. J. TRUSSOWA[4] eine Beschleunigung durch das entstandene flüssige Quecksilber erfährt, wohl weil dieses eine Keimwirkung ausübt.

6. Festreaktionen mit gasförmigem Katalysator.

Über dieses höchst interessante und noch nicht weitgehend durchforschte Gebiet hat G. F. HÜTTIG (l. c.) sehr ausführlich berichtet. Wir können uns daher auf die Anführung einiger Beispiele aus seinen eigenen Arbeiten beschränken: $ZnO + Cr_2O_3$, katalysiert durch A, NH_3, H_2O, CH_3OH, N_2O, Luft (G. F. HÜTTIG, S. CASSIRER, E. STROTZER[5]); Anatas $\rightarrow$ Rutil, katalysiert durch HCl (G. F. HÜTTIG und K. KOSTERHON[6]); γ-$Al_2O_3 \rightarrow \alpha$-$Al_2O_3$, katalysiert durch HCl, $SO_2 + O_2$, HBr, H_2O, weniger durch NH_3, $NO_2 + O_2$, Cl_2, gar nicht durch NO_2, CO_2, N_2, O_2 und SO_2 (G. F. HÜTTIG[7]). Ferner: $CuSO_4 . 5aq. \rightarrow CuSO_4 + 5\,H_2O$, katalysiert durch H_2O und HCl (B. TOPLEY und M. L. SMITH[8]); $CaSO_4 + SiO_2$, katalysiert durch SO_2 (negativ), O_2 und Luft (wenig), H_2O (stark); letzteres setzt die Aktivierungswärme herab (F. v. BISCHOFF[9]). Die Ausbeute bei der Reaktion zwischen CaO und SiO_2 bei 600 bis 900° C wird erhöht, wenn Sauerstoff statt Luft das Reaktionsgut umgibt (J. A. HEDVALL und A. LINDBERG[10]). G. HENRICH[11] beobachtet, daß die Reaktion zwischen MgO und Cr_2O_3 durch Sauerstoff beschleunigt wird, dieser aber bei der Spinellbildung aus MgO und Al_2O_3 ohne Einfluß bleibt und die Reaktion zwischen MgO und Fe_2O_3 sogar hemmt. Wie W. H. MACINTIRE und T. B. STANSEL[12] mitteilen, wird der Zer-

---

[1] B. W. JEROFEJEW, I. I. SMIRNOWA: J. physic. Chem. URSS **26** (1952), 1233; C 53, 4656.

[2] G. A. HOOD, JR., G. W. MURPHY: J. chem. Educat. **26** (1949), 169; C 50 I, 1182.

[3] M. BLUMENTHAL: Bull. int. Acad. polon. Sci. Lettres, Ser. A **1935**, 287; C 36 I, 3787.

[4] B. W. JEROFEJEW, K. J. TRUSSOWA: J. physic. Chem. URSS **12** (1940), 346; C 40 II, 2429.

[5] G. F. HÜTTIG, S. CASSIRER, E. STROTZER: Z. Elektrochem. angew. physik. Chem. **42** (1936), 215; C 36 II, 738.

[6] G. F. HÜTTIG, K. KOSTERHON: Kolloid-Z. **89** (1939), 202; C 40 II, 2427.

[7] G. F. HÜTTIG: Angew. Chem. **53** (1940), 35; C 40 II, 2427.

[8] B. TOPLEY, M. L. SMITH: J. chem. Soc. **1934**, 1754; C 35 II, 1503.

[9] F. v. BISCHOFF: Z. anorg. allg. Chem. **250** (1942), 10; C 42 II, 1657.

[10] J. A. HEDVALL, A. LINDBERG: Kolloid-Z. **104** (1943), 198; C 45 II, 1288.

[11] G. HENRICH: Z. Elektrochem. allg. physik. Chem. **58** (1954), 183; C 54, 6680.

[12] W. H. MACINTIRE, T. B. STANSEL: Ind. Engng. Chem. **45** (1953), 1548.

fall des Dolomits in $CaCO_3$ und MgO unter Kohlensäureentwicklung durch Wasserdampf schon bei 550° C eingeleitet. Auch die Temperatur beginnender Zersetzung des $CaCO_3$ wird durch Wasserdampf herabgesetzt, hier jedoch nur auf 700° C. Den katalytischen Einfluß des Wasserdampfs auf die Zersetzung des Kalksteins beobachten auch G. F. HÜTTIG und H. HEINZ[1], ebenso wirkt Ammoniak, eine Mischung aus Ammoniak und Wasserdampf jedoch geringer, als nach der Additivität zu erwarten wäre. Für die Tieftemperaturbrenngeschwindigkeit von Kalkstein schließen A. WAKEFIELD und M. TYNER[2] auf eine geschwindigkeitsbestimmende CO_2-Diffusion. Die Zerfallsgeschwindigkeit von $CaSO_4$ bei 1300° C wird auf den fünffachen Wert gesteigert, wenn über die feste Substanz Wasserdampf statt Luft geleitet wird (E. BRINER und C. KNODEL[3]). Der Einfluß wird der hydrolytischen Spaltung durch das Wasser zugeschrieben. Auch die Reduktionsgeschwindigkeit von Nickeloxyd durch Wolfram wird durch die umgebende Gasatmosphäre beeinflußt (J. P. KIEHL[4]). Dabei lassen sich Zusammenhänge mit den Verflüssigungstemperaturen der Gase feststellen.

Im Zusammenhang mit diesen Fragen stehen *Rückwirkungen* der Gasreaktion auf den festen Katalysator, z. B. die Widerstandserhöhung, die Metallpulver nach L. REICHARDT[5] erfahren können, wenn sie Katalysatoren z. B. der Hydrierung sauerstoffhaltiger Substrate sind. Eine Beeinflussung von Phasenumwandlungen oder Festreaktionen des festen Katalysators durch von ihm katalysierte Gasreaktionen können aber G.-M. SCHWAB und E. SCHWAB-AGALLIDIS[6] im allgemeinen nicht feststellen.

[1] G. F. HÜTTIG, H. HEINZ: Z. anorg. Chem. **255** (1948), 223; C 48 II, 363.
[2] A. WAKEFIELD, JR., M. TYNER: Ind. Engng. Chem. **42** (1950), 2127; C 51 II, 590.
[3] E. BRINER, C. KNODEL: Helv. chim. Acta **27** (1944), 1406.
[4] J. P. KIEHL: C. R. hebd. Séances Acad. Sci. **232** (1951), 1666.
[5] L. REICHARDT: Z. Elektrochem. angew. physik. Chem. **37** (1931), 289; C 31 II, 379.
[6] G.-M. SCHWAB, E. SCHWAB-AGALLIDIS: Svensk kem. Tidskr. **58** (1946), 161.

Die Mischkontakte.

Von

G. NATTA, Mailand, und R. RIGAMONTI, Turin.

Inhaltsverzeichnis.

I. Allgemeines über einfache und Mischkatalysatoren.

1. Geschichtliches und Allgemeines über Mischkontakte.

a) Geschichtliches über Träger und Verstärker.

Die Zunahme der Wirksamkeit eines Katalysators infolge der Anwesenheit bestimmter Fremdstoffe ist schon seit über einem Jahrhundert beobachtet worden. So hatte schon 1823 GARDEN[1] Katalysatoren aus zwei Stoffen hergestellt, und im selben Jahr hatte DÖBEREINER[2] beobachtet, daß eine bestimmte Menge Platin größere katalytische Wirksamkeit entfaltete, wenn sie auf Tonkugeln ausgebreitet war. Später beobachtete auch LIEBIG[3], daß der Zusatz verschiedener Stoffe zum Platin seine katalytische Wirksamkeit steigert.

Man hat sich lange Zeit bemüht, für die Durchführung von Gasreaktionen die Oberfläche von Edelmetallen wie Platin dadurch zu vergrößern, daß man sie auf porösen Stoffen ausbreitete, und Jahrzehnte lang war die ganze Technik der Schwefelsäurefabrikation durch katalytische Oxydation von Schwefeldioxyd zu Schwefeltrioxyd auf dieser Grundlage aufgebaut.

Die Dispersionsmittel haben dabei den Namen *Träger* erhalten und die mit ihnen hergestellten Katalysatoren heißen *Trägerkontakte.* Im allgemeinen sind diese Träger in viel größerer Menge anwesend als die katalytisch wirkende Substanz. In der Folge hat man beobachtet, daß auch winzige Mengen fremder Stoffe, die einem Katalysator zugesetzt werden, besonders während seiner Herstellung, seine katalytische Wirksamkeit merklich steigern können, und dies tritt sogar in gewissen Fällen auf beim Zusatz von Stoffen, die allein keinerlei katalytische Wirksamkeit besitzen.

Das erste Beispiel von Katalysatoren dieser Art liefern Kontakte auf Eisengrundlage unter Zusatz von kleineren Mengen anderer Oxyde, wie sie von MITTASCH für die Ammoniaksynthese studiert und seit 1910 von der Badischen Anilin- und Soda-Fabrik[4] patentiert worden sind.

Etwa gleichzeitig beobachtete IPATIEFF[5], daß kleine Zusätze von Eisen in

[1] GARDEN: Science **1823,** 377.
[2] J. W. DÖBEREINER: Jber. Fortschr. Chem. **4** (1823), 63.
[3] J. LIEBIG: Ann. Physik **17** (1829), 107.
[4] Badische Anilin- und Soda-Fabrik: D.R.P. 249447 vom 9. Januar 1910.
[5] W. IPATIEFF: Ber. dtsch. chem. Ges. **43** (1910), 3387; **45** (1912), 3205; J. russ. physik.-chem. Ges. **44** (1911), 1695.

gewissen Fällen die hydrierende Wirkung des Kupfers, solche von Aluminiumoxyd die des Nickels begünstigen.

Den Stoffen, die als Zusatz die Wirksamkeit eines Katalysators vergrößern, wurde in den ersten Patenten der Badischen Anilin- und Soda-Fabrik der Name „Aktivator", in den englischen Patenten der Name „Promotor" gegeben. Im folgenden werden sie auch häufig als Verstärker und die so hergestellten Kontakte als verstärkte Kontakte bezeichnet.

PEASE und TAYLOR[1] haben dann vorgeschlagen, die Verstärker in zwei Klassen einzuteilen: Wechselverstärker (englisch Copromotor oder Coactivator) und einfache Verstärker, je nachdem, ob der verstärkende Zusatz selbst gegenüber der katalysierten Reaktion aktiv ist oder nicht.

b) Definition von Mischkatalysatoren.

Eine erste Definition der Mischkatalysatoren verdankt man PEASE und TAYLOR[1]: "All those cases in which a mixture of two or more substances is capable of reproducing a greater catalytic effect than can be accounted for on the supposition that each substance in the mixture acts independently and in proportion to the amount present."

Nach dieser Definition müssen die Mischkatalysatoren eine Wirksamkeit besitzen, die *größer* ist als die nach der Mischungsregel berechnete. Dies ist von eminenter praktischer Bedeutung insofern, als der Fall einer Abschwächung der Wirksamkeit durch Mischung zweier Stoffe vom Standpunkt der Anwendung kein Interesse bietet. Dafür kann dieser letztere Fall aber vom theoretischen Standpunkt aus für das Studium des inneren Aufbaus solcher Katalysatoren von Wichtigkeit sein; ein Grenzfall ist in den Giften gegeben, die die Wirksamkeit der Katalysatoren sogar vernichten können.

In allgemeinerer Weise sind die Mischkatalysatoren von MITTASCH[2] definiert worden: „Ein Mehrstoffkatalysator ist ein aus zwei oder mehr Bestandteilen derart zusammengesetzter Körper, daß das während der Katalyse bestehende Mengenverhältnis dieser Bestandteile von vornherein bei der Herstellung des Katalysators innerhalb gewisser Grenzen willkürlich bestimmbar ist."

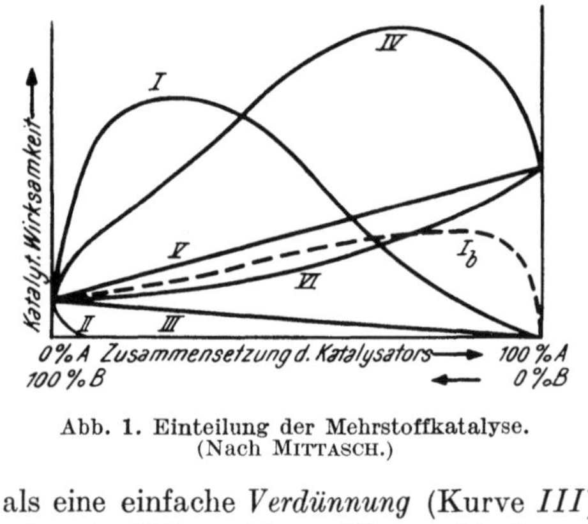

Derselbe Autor gibt dann[3] eine schematische Darstellung der Wirksamkeit eines Mehrstoffkatalysators in Abhängigkeit von seiner Zusammensetzung, die die Erscheinung in ihrer Allgemeinheit gut veranschaulicht (Abb. 1).

Abb. 1. Einteilung der Mehrstoffkatalyse. (Nach MITTASCH.)

Die Vereinigung einer katalytisch wirksamen Verbindung mit einer unwirksamen kann angesehen werden als eine einfache *Verdünnung* (Kurve *III*), als eine *Verstärkerwirkung* (Kurve *I*) oder als *Trägerwirkung* (Kurve I_b). Im ersten Falle fällt die Wirksamkeit linear mit dem Gehalt an nicht katalysierender Substanz. Im zweiten Falle steigt sie bei kleinen Mengen des Verstärkers und fällt dann bis auf Null; im dritten

[1] J. PEASE, H. S. TAYLOR: J. physic. Chem. **24** (1920), 241.
[2] A. MITTASCH: Z. Elektrochem. angew. physik. Chem. **36** (1930), 569.
[3] A. MITTASCH: Ber. dtsch. chem. Ges. **59** (1926), 13.

Falle zeigt die Wirksamkeit ein Maximum bei hohen Gehalten an Träger. Ein Fall, der von MITTASCH *nicht* in Betracht gezogen wird, der aber doch auftreten kann, und der eine wenn auch nur kleine Aktivierung bedeutet, ist derjenige, in dem die Wirksamkeit, wenn sie auch kein Maximum aufweist, doch auf einer Kurve verläuft, deren Punkte immer höher liegen als die gerade Linie *III*.

In dem Falle, in dem ein Mischkatalysator aus zwei Stoffen a und b gebildet wird, die *beide* katalytisch wirksam sind, hat man folgende drei Kurven: *IV*, die sich auf eine wechselseitige Aktivierung oder *Wechselverstärkung* bezieht, *V* im Falle der Gültigkeit der einfachen *Mischungsregel* und *VI* in dem möglichen Falle, daß die Mischung eine *Abschwächung* der katalytischen Wirkung zeigt.

c) Verbindungen als verstärkte Kontakte.

Es ist auch erörtert worden, ob eine *Verbindung*, z. B. ein Oxyd, als Mischkatalysator betrachtet werden muß oder nicht[1]. Auf Grund der Tatsache, daß, wie MITTASCH[2] bemerkt, „der Begriff des chemisch reinen Körpers, des bestimmten chemischen Individuums, nur ein idealer Grenzfall ist“, daß also alle Stoffe immer von, wenn auch äußerst kleinen, Verunreinigungen begleitet sind, muß man im großen und ganzen annehmen, daß Verbindungen als Einstoffkatalysatoren aufzufassen sind. Zum Beispiel sind Aluminiumoxyd bei Dehydratationsreaktionen, oder Zinkoxyd bei der Methanolsynthese oder dergleichen offensichtlich Einstoffkontakte.

EUCKEN[3] und nach ihm WICKE[4] haben es wahrscheinlich gemacht, daß Zinkoxyd deshalb bei der Zersetzung von Äthylalkohol zwei verschiedene katalytische Wirkungen gleichzeitig ausüben kann, weil es in seinen Kristallen Gitterebenen enthält, die nur aus Metallatomen, und andere, die nur aus Sauerstoffatomen bestehen. Die Äthylenbildung soll von den Sauerstoffebenen katalysiert werden, die eine dehydratisierende Wirkung haben, und die Acetaldehydbildung von den dehydrierenden Zinkebenen. Das Aluminiumoxyd, in welchem das kleine Aluminiumatom ganz von Sauerstoffatomen umgeben ist, zeigt nur eine dehydratisierende Wirkung. Kupferoxyd, das oberflächlich zu metallischem Kupfer reduziert wird, zeigt nur eine dehydrierende Wirkung. Wir sind jedoch nicht der Ansicht, daß man behaupten könne, Zinkoxyd sei ein Mischkatalysator, weil er Netzebenen aus Zink und Netzebenen aus Sauerstoff enthält, die eine verschiedene katalytische Wirkung haben.

Man kann aber Fälle von verhältnismäßig unbeständigen Salzverbindungen mit kleiner Bildungswärme angeben, wie die Spinelle, bestimmte basische Salze (Sulfate oder Phosphate von zwei- oder dreiwertigen Metallen) usw., die als Mischkatalysatoren betrachtet werden müssen. Hierher gehören z. B. bestimmte Vanadate (des Calciums, Silbers und Kupfers), die zur Synthese des Schwefeltrioxyds verwendet werden, bestimmte Chromite (von Kupfer oder Zink) für Hydrierungen, oder bestimmte Phosphate (von Cadmium, Mangan oder Zink) für Dehydratationen. In solchen Gemischen wird tatsächlich die katalytische Wirkung vorwiegend von einem Teil der stöchiometrischen Molekel (dem Anion oder Kation) bestimmt, dessen Wirksamkeit häufig durch die Gegenwart des

[1] H. S. TAYLOR: Z. Elektrochem. angew. physik. Chem. **35** (1929), 545. — G.-M. SCHWAB: Katalyse vom Standpunkt der chemischen Kinetik, S. 203 u. a. Berlin, 1931.

[2] A. MITTASCH: Dieses Handbuch, Bd. I, S. 25.

[3] A. EUCKEN: Naturwiss. **34** (1947), 374; **36** (1949), 48 u. 74. — A. EUCKEN, K. HEUER: Z. physik. Chem. **196** (1950), 40.

[4] E. WICKE: Z. Elektrochem. angew. physik. Chem. **53** (1949), 279.

anderen Teiles gesteigert wird: so haben z. B. die oben erwähnten Vanadate eine größere Wirksamkeit als das reine Vanadiumpentoxyd.

Die Einbeziehung dieser Verbindungen unter die Mischkatalysatoren ist kein Gegensatz zu den oben gegebenen Definitionen insofern, als diese Katalysatoren einen Überschuß des einen oder anderen der beiden Oxyde enthalten können, ohne daß deshalb ihre Wirksamkeit sich sehr verändert. Übrigens ist bekannt, daß sich sehr häufig der Verstärker mit dem Katalysator verbindet, und daß oft die neu gebildete Phase eine höhere katalytische Wirksamkeit zeigt, als die mechanische Ausgangsmischung (man vergleiche hierzu die Arbeiten von HÜTTIG über aktive Oxyde sowie die von GRIFFITH[1] vorgeschlagene Einteilung der Katalysatoren, auf die wir im folgenden zurückkommen).

d) Mehrkatalysatorenkontakte.

Die Darstellung der verschiedenen Arten von Mischkatalysatoren nach MITTASCH abstrahiert von der Spezifität der Katalysatoren und bezieht sich einfach auf die Größe ihrer Wirkung. Nur im Falle der Wechselverstärkung wird natürlich vorausgesetzt, daß beide Komponenten auch die gleiche katalytische Spezifität besitzen.

In der Folgezeit wurden gewisse Mischkatalysatoren in die Praxis eingeführt, die aus zwei oder mehreren Katalysatoren von *verschiedenartiger* spezifischer Wirkung zusammengesetzt sind. Sie sind es, die wir in der Folge als *Mehrkatalysatoren* bezeichnen werden. Sie erlauben es, in einer einzigen Phase zwei oder mehr Folgereaktionen durchzuführen.

Das erste Beispiel solcher Kontakte wurde von IPATIEFF[2] bei der Umwandlung von Phenol in Cyclohexan und von Kampfer in Isocamphen durch eine Hydrierung geliefert, der eine Dehydratisierung und dann noch eine zweite Hydrierung folgte. Alle diese Vorgänge gehen in einem Mischkatalysator aus Nickel und Tonerde vor sich. Die beste Bestätigung dieser Art von Mischkatalysatoren wurde von FISCHER[3] geliefert, der mit hydrierenden (Eisen-) und kondensierenden (Alkali-) Katalysatoren zur Herstellung seines „Synthols" gelangt ist, einer Mischung von Kohlenwasserstoffen, Säuren, Aldehyden und Alkoholen, die alle durch aufeinanderfolgende Reduktion und Kondensation aus Kohlenoxyd und Wasserstoff erhalten werden.

Auch diese Katalysatoren fallen unter die vorstehend gegebene Definition. Sie können ihrerseits verstärkt oder auf Träger aufgetragen sein, aber die Einteilung nach diesem Gesichtspunkt ist notwendigerweise derjenigen *nachgeordnet*, die sich aus ihrer mehrfachen Spezifität ergibt. Solche Katalysatoren wurden schon von SCHUSTER[4] als eine Klasse für sich betrachtet und für sie der Name „Mehrfachkatalysatoren" vorgeschlagen.

e) Allgemeines über Mischkatalysatoren.

Über alle Fragen nach der Einteilung solcher Mischkatalysatoren hinaus, Fragen, die wir auch später noch diskutieren werden, ragt die Bedeutung der Tatsache, daß so gut wie alle *in der Praxis* benutzten Katalysatoren Mischkontakte sind. Nicht nur finden wir, daß die Mischkatalysatoren in einer ungeheuren Reihe von Patenten und in dem größeren Teil aller Experimentalarbeiten

[1] R. H. GRIFFITH: The Mechanism of Contact Catalysis, S. 64. London, 1936.
[2] W. IPATIEFF: Ber. dtsch. chem. Ges. **45** (1912), 3205.
[3] F. FISCHER, N. TROPSCH: Ber. dtsch. chem. Ges. **56** (1923), 2428.
[4] F. SCHUSTER: Brennstoff-Chem. **14** (1933), 310.

über heterogene Katalyse beschrieben werden, sondern vor allen Dingen sehen wir die Mischkatalysatoren bei der industriellen Durchführung katalytischer Reaktionen durchwegs in Verwendung. Tatsächlich kann die Wirksamkeit der Verstärker oder Träger als wirklich äußerst beachtlich bezeichnet werden, so sehr, daß es ohne ihre Anwesenheit unmöglich wäre, bestimmte Katalysatoren überhaupt zu verwenden und bestimmte Reaktionen praktisch durchzuführen.

Bei der Hydrierung in flüssiger Phase mit bewegtem Katalysator wäre die wirtschaftliche Möglichkeit bestimmter Verfahren in Frage gestellt, wenn man nicht den Katalysatorverbrauch dadurch vermindern und praktisch bedeutungslos machen könnte, daß man die hohe Aktivität und den hohen Verteilungsgrad ausnutzt, den die Verstärker und Träger liefern. Dies gilt z. B. bei der Hydrierung von Fettsäuren, von Kohlehydraten, von Aldol usw.

Unter den Reaktionen in der Gasphase sind alle die, die bei hohem Druck verlaufen, nur mit sehr aktiven und sehr dauerhaften Katalysatoren durchführbar, und zwar wegen der sehr hohen Kosten der katalytischen Anlagen, die eine erhebliche Widerstandsfähigkeit in Gegenwart von Wasserstoff bei erhöhter Temperatur aufweisen müssen. So wurde die Ammoniaksynthese erst möglich, als man eine Methode gefunden hatte, um den benutzten Katalysator (reduziertes Eisen) durch Zusatz kleiner Mengen Aluminiumoxyd viel aktiver und widerstandsfähiger zu machen.

Bei der Oxydation von Schwefeldioxyd zu Trioxyd wäre die Verwendung von Platinkatalysatoren praktisch unmöglich, wenn man nicht Träger anwenden könnte, die die erforderliche Menge an Platin außerordentlich herabsetzen.

Die Anwesenheit von Verstärkern kann in manchen Fällen die Durchführung von sonst sehr schwierigen Reaktionen ermöglichen; z. B. kann Aldol nur dann mit guter Ausbeute zu Butylenglykol reduziert werden, wenn man bei Temperaturen unter 100° arbeitet, weil es sich sonst zu Crotonaldehyd umsetzt, der dann zu Butylalkohol reduziert wird. Nur durch die Benutzung von Verstärkern kann man Nickel oder Kupfer geeignet aktivieren, während sie sonst bei so tiefen Temperaturen nicht genügend hydrierungsaktiv wären.

Auch bei der Benzinsynthese aus Kohlenoxyd und Wasserstoff nach dem Fischer-Tropsch-Verfahren hat es erst die Einführung von aktivierten Trägerkontakten erlaubt, unter den optimalen Bedingungen zu arbeiten, unter denen anstatt Methan schwere Kohlenwasserstoffe entstehen.

In diesem letzteren Falle hat man sogar eine Steigerung der Selektivität des Katalysators in Richtung auf die Bildung bestimmter Teilprodukte erreichen können. Eine solche Steigerung der Selektivität durch Zusatz kleiner Mengen anderer Stoffe ist in zahlreichen Fällen erreicht worden, und wir werden weiter unten noch Gelegenheit haben, sie gründlicher zu betrachten.

Die *Mehrkatalysatorenkontakte* haben auch zu wichtigen industriellen Anwendungen geführt. Hier ist z. B. an die Herstellung von Aceton durch Oxydation von Alkohol mit Wasserdampf zu denken, die an Mischkontakten aus einer oxydierenden und einer kohlendioxydspaltenden Komponente verlaufen. Hierher gehört auch die Synthese höherer Alkohole mit Katalysatoren aus einer Kohlenoxyd oder Fettsäuren hydrierenden Komponente (Zinkoxyd) und einer stark basischen Komponente (Ätzkali), die Kohlenoxyd an Hydroxylverbindungen anlagert.

Von besonderem Interesse ist ferner wegen der Wichtigkeit der erhaltenen Produkte die Fabrikation von an verzweigten und klopffesten Kohlenwasserstoffen reichem Benzin durch Hydrierung oder Polymerisation. Man erhält solche Benzine mit Mischkontakten aus hydrierenden, thermisch spaltenden, kondensierenden und isomerisierenden Komponenten. Ähnlich liegt es bei der

Herstellung von Butadien für den synthetischen Kautschuk aus Alkohol mit dehydrierenden, kondensierenden und dehydratisierenden Katalysatoren.

Alle diese Fälle von industriellen Großverfahren sind geeignet, die große praktische Bedeutung der Mischkontakte zu beweisen.

2. Zustand und Herstellung der Mischkontakte.

a) Zustand eines Katalysators.

Damit ein Katalysator in der Praxis eine erhöhte Wirksamkeit, Widerstandsfähigkeit und Dauerhaftigkeit aufweist, muß sein Aufbau bestimmte Bedingungen erfüllen; im einzelnen muß er besitzen:

1. Eine erhöhte spezielle *Oberfläche* und eine spezielle *Struktur*, die die Ausbildung vieler aktiver Zentren zuläßt.
2. Einen besonderen *Porositätsgrad.* Eine übertriebene Porosität bei hoher Porengröße vermindert die Masse und damit in vielen Fällen auch die Oberfläche je Volumeneinheit des Katalysators. Außerdem geht eine übertriebene Porosität oft auf Kosten der mechanischen Widerstandsfähigkeit und kann in manchen Fällen auch die Sinterung begünstigen.
3. Eine möglichst hohe *Wärmeleitfähigkeit,* um während des Gebrauches örtliche Überhitzungen zu vermeiden.
4. Alterungs- und Sinterungs*beständigkeit.*

Alles das ist notwendig nicht nur für die praktischen Anwendungen, die Katalysatoren von langer Lebensdauer erfordern (in einzelnen Fällen von Monaten oder Jahren), sondern auch für wissenschaftliche Forschungen, z. B. kinetische Messungen, damit der Katalysator während des Gebrauches seine Eigenschaften nicht ändert.

Der Zusatz von Verstärkern oder Trägern soll hauptsächlich den Zweck haben, Eigenschaften zu begünstigen, die den voranstehenden Forderungen, und zwar insbesondere Nr. 1 und 4, entsprechen. Mit diesen Eigenschaften werden wir uns im nächsten Kapitel im einzelnen beschäftigen.

Demgegenüber hängen die Forderungen 2 und 3 hauptsächlich von der Herstellungsweise des Katalysators selbst ab.

Ein guter *Porositätsgrad* wird im allgemeinen erhalten, wenn man von einer Verbindung ausgeht, die durch thermische Zersetzung oder durch Reduktion sich in eine andere von kleinerem Molvolumen umwandelt. So erhält man z. B. Metalle durch Reduktion ihrer jeweiligen Oxyde, durch Zersetzung der Hydroxyde, Carbonate oder einiger organischer Salze usw. Natürlich ist diese Methode nur wirksam, wenn die Reduktion bzw. Zersetzung bei tiefer Temperatur und unter solchen Bedingungen vorgenommen wird, daß das erhaltene Produkt keine Rekristallisationserscheinungen zeigen kann.

Die Ansprüche an die Porosität des Katalysators sind je nach seiner Verwendungsart sehr verschieden, in der Weise, daß feste Katalysatoren, die hauptsächlich für Gasreaktionen dienen, im allgemeinen mechanisch widerstandsfähig und deshalb relativ *kompakter* sein müssen, während bewegte Katalysatoren, wie sie meist für Reaktionen in flüssiger Phase benutzt werden, notwendigerweise pulverförmig oder doch sehr *locker* sein müssen.

Im ersten Falle geht man gewöhnlich von Massen aus, die durch Schmelzen oder hohe Kompressionen (bis zu Tausenden von Atmosphären) gewonnen wurden, so daß sich auch nach der Reduktion oder Zersetzung große Körner, gegebenenfalls sogar von bestimmter Form, bilden. Zu diesem Zweck ist es im allgemeinen wünschenswert, daß die Verminderung des Molvolumens während der letzten

Phase der Herstellung nicht allzu groß sei. Wenn nämlich diese Verminderung kleiner ist als 50%, dann behält das erhaltene Produkt die äußere Form und das Volumen des Ausgangsstoffes und zeigt im allgemeinen eine gute Konsistenz. Im entgegengesetzten Falle entsteht ein lockerer oder geradezu pulveriger Katalysator, der häufig auch eine schlechte Sinterfestigkeit hat. So kann z. B. Eisen, das durch Reduktion von Ferrioxyd oder -hydroxyd erhalten wurde, praktisch nicht als Katalysator für die Synthese von Ammoniak verwendet werden, wohl aber solches, das aus der Reduktion von Magnetit stammt; insbesondere erhält man gute Katalysatoren, wenn der Magnetit vorher geschmolzen wurde und deshalb in kompakter Form vorliegt. Im ersten Fall (Eisen aus Ferrioxyd) beträgt die Volumenverminderung 67%, im zweiten nur 52%. ALMQUIST und CRITTENDEN[1] haben gezeigt, daß die maximale Aktivität für die Ammoniaksynthese bei Katalysatoren liegt, die aus der Reduktion von Oxyden mit dem Verhältnis $Fe^{II} : Fe^{III} = 0{,}5$ stammen.

Ein anderes sinnfälliges Beispiel liefert Zinkoxyd[2]. Wenn es aus Carbonat (mineralischer Smithsonit) durch Zersetzung bei 400° gewonnen wird, stellt es einen höchst wirksamen Katalysator für die Methanolsynthese und für die Konversion des Kohlenmonoxyds dar. Die Smithsonitkristalle bzw. die kompakten Mineralmassen zerfallen unter Entbindung von Kohlendioxyd und Hinterlassung einer Masse aus Zinkoxyd, die genau das Scheinvolumen des Ausgangsminerals hat, jedoch bei einer Porosität von 52%. Ein solches Produkt zeigt auch eine gute mechanische Widerstandsfähigkeit.

Wenn man aber von Zinkhydroxyd, -oxalat oder -formiat ausgeht, so hat der durch Erhitzen erhaltene Katalysator eine schlechtere Konsistenz und keine dauerhafte Wirksamkeit. Tatsächlich ist hier die Volumverminderung bei der Zersetzung zum Oxyd größer als beim neutralen Zinkcarbonat (für die hier angeführten drei Verbindungen 56,4%, 75,9% und 78,2%).

b) Einflüsse der Verstärker und Träger auf den Zustand der Kontakte.

Nach dem obigen ist es von Interesse, vor einer Besprechung der Herstellungsmethoden von Mischkontakten die Einflüsse zu betrachten, die Verstärker oder auch Träger auf die Porosität und Konsistenz eines Katalysators ausüben können, wenn auch eine solche Wirkung nur von sekundärer Bedeutung ist, verglichen mit denen derselben Verstärker und Träger, von denen wir im folgenden sprechen werden. Wie man aus Tabelle 1 entnehmen kann, erklärt sich von diesem Gesichtspunkt aus die Wirkung eines Verstärkers häufig als eine Verminderung der Porosität, dann nämlich, wenn der Verstärker bei der Herstellung des Katalysators nicht mit reduziert oder zersetzt wird und deshalb sein ursprüngliches Molvolumen beibehält oder doch nur geringfügige Kontraktionen erleidet. Er ist dann imstande, die äußere Form des Kontaktes in dem oben gekennzeichneten Sinne zu *stabilisieren*. Die Beispiele in der Tabelle wurden so berechnet, daß der fertige Katalysator 10% Verstärker enthält. Man kann natürlich diese Beispiele nach Belieben vermehren. Zuweilen kann diese Verstärkerwirkung auch nur oberflächlich sein, wie in dem später genauer zu besprechenden Falle, wo Katalysatoren auf Oxydbasis mit Chromsäureanhydrid imprägniert werden, um in der Oberfläche Chromate zu bilden, die dann zu Chromiten reduziert werden.

[1] J. A. ALMQUIST, E. D. CRITTENDEN: Ind. Engng. Chem. 18 (1926), 1307.
[2] G. NATTA: Bull. Soc. chim. France (5) (1949), D 161.

Demgegenüber beeinflußt ein Träger die eigentliche Porosität des Katalysators nicht in besonderer Weise; er kann indessen in manchen Fällen die Herstellung von haltbaren Katalysatoren erleichtern, indem der fertige Kontakt einfach die Form des benutzten Trägers beibehält. Ferner werden Träger häufig für suspendierte oder bewegte Katalysatoren bei Flüssigkeitsreaktionen verwendet, weil sie ein kleineres *spezifisches Gewicht* besitzen als die normalerweise verwendeten Katalysatorsubstanzen und so den Kontakt spezifisch leichter und deshalb in einer flüssigen Substratmasse dispergierbarer machen.

Außerdem gestatten die Träger in manchen Fällen eine bessere Erfüllung der Bedingung 3, indem sie die *Wärmeleitfähigkeit* des Kontakts verbessern (metallische Träger). Auf die Sonderwirkungen der Träger werden wir noch weiter in dem Kapitel über Trägerkontakte (s. 637 ff.) eingehen.

Tabelle 1. *Kontraktion des Molvolumens bei der Herstellung einiger Mischkatalysatoren.*

Ausgangsstoff	Herstellungsmethode	Zusammensetzung des Katalysators	Volumenkontraktion in Prozenten
Fe_3O_4	Reduktion	Fe	52,0
$85\ Fe_3O_4 \cdot 15\ FeAl_2O_4$	,,	$90\ Fe \cdot 5\ Al_2O_3$	47,4
$85\ Fe_3O_4 \cdot 15\ FeCr_2O_4$	,,	$90\ Fe \cdot 5\ Cr_2O_3$	46,7
$70\ Fe_3O_4 \cdot 30\ MgFe_2O_4$	,,	$90\ Fe \cdot 10\ MgO$	48,9
NiO		Ni	40,0
$90\ NiO . 5\ Al_2O_3$	,,	$90\ Ni \cdot 5\ Al_2O_3$	35,5
$90\ NiO \cdot 5\ Cr_2O_3$	,,	$90\ Ni \cdot 5\ Cr_2O_3$	33,8
$85\ NiO \cdot 15\ NiCr_2O_4$	,,	$90\ Ni \cdot 5\ Cr_2O_3$	34,7
$ZnCO_3$	thermische Zersetzung	ZnO	49,2
$80\ ZnCO_3 \cdot 10\ ZnCrO_4$	thermische Zersetzung und Reduktion	$90\ ZnO \cdot 5\ Cr_2O_3$	47,9
$Zn(OH)_2$	thermische Zersetzung	ZnO	56,4
$80\ Zn(OH)_2 \cdot 10\ ZnCrO_4$	thermische Zersetzung und Reduktion	$90\ ZnO \cdot 5\ Cr_2O_3$	53,1

c) Herstellung verstärkter Kontakte.

Die Verstärker können eine wirklich erhebliche Wirksamkeit schon in kleinen Mengen nur dann entfalten, wenn sie in der katalytisch wirkenden Masse fein verteilt werden. Deshalb müssen die für die Herstellung guter Mischkatalysatoren verwendbaren Methoden eine große *Dispersität* des Verstärkers gewährleisten. Welches auch immer die Ursache der Verstärkung im Einzelfall sei, ob es eine Vermehrung der Zahl der aktiven Zentren und ihre Stabilisierung ist (strukturelle Verstärkung), oder ob es eine Verbesserung der Wirksamkeit der Zentren ist (synergetische Verstärkung), man versteht leicht, daß die Wirkung eines Verstärkers von seinem Verteilungsgrad abhängen muß.

Im folgenden Kapitel werden wir sehen, in welcher Weise der Verstärker dazu beiträgt, eine erhöhte Oberfläche eines bestimmten Kristallgitters aufrecht zu erhalten und in manchen Fällen sogar das Gitter selbst zu deformieren. Hier wollen wir uns jetzt auf die Methoden beschränken, die am wirksamsten sind, um hohe Verstärker-Dispersion zu erhalten.

Diese Dispersion muß meistens schon vor der letzten Phase der Katalysatorherstellung erreicht sein, d. h. unmittelbar bei dem Stoff, der durch Reduktion oder Zersetzung den Kontakt ergeben soll.

Dies wird durch drei allgemeine Methoden erreicht: Wenn die Stoffe miteinander *feste Lösungen* bilden, wenn sie eine *Verbindung* bilden und endlich durch einfache mehr oder weniger innige mechanische *Vermischung*.

Die beiden ersten Methoden erlauben wirklich, den Verstärker in der Masse fein zu verteilen. Man denke z. B. an die Katalysatoren der schon erwähnten Ammoniaksynthese, die durch Reduktion einer festen Lösung von Ferrioxyd und Aluminiumoxyd erhalten werden, wobei die feste Lösung in der Schmelze entsteht. Das Aluminiumoxyd, das nicht reduziert wird, fällt dann in der Masse des reduzierten Eisens in äußerst feiner Verteilung an. Dasselbe kann man auch für Reduktionsprodukte der Eisenspinelle $FeAl_2O_4$, $MgFe_2O_4$, $FeCr_2O_4$ usw. sagen, die bei der Ammoniaksynthese verwendet werden, sowie auch von anderen Hydrierungskatalysatoren, wie sie z. B. erhalten werden durch Reduktion von Nickelchromit oder -silikat, von Kupferchromit, Zinkchromat usw.

Feste Lösungen können statt durch Schmelzen auch durch Mitfällung und gegebenenfalls anschließende thermische Zersetzung[1] erhalten werden; dies ist von besonderer Bedeutung, wenn eines der beiden Oxyde schwer schmelzbar ist oder vor dem Schmelzen sublimiert (z. B. Zinkoxyd).

Diese beiden Methoden — feste Lösung und Verbindungsbildung — geben die besten Resultate, wenn auch in dem fertigen Katalysator Hauptkontaktstoff und Verstärker feste Lösungen bilden, wie etwa bei der Herstellung der Katalysatoren Fe-Ni, ZnO-MgO, Cr_2O_3-Fe_2O_3 usw.

Die Methode der *Verbindung* insbesondere kann zu einem besonders günstigen Ergebnis führen, wenn die Verbindung an der Oberfläche entstehen kann. Zum Beispiel kann die Aktivierung von Zinkoxyd mit Chromoxyd erreicht werden, indem Zinkhydroxyd oder basisches Zinkcarbonat mit Lösungen von Chromsäureanhydrid behandelt und anschließend reduziert wird. Das so gebildete Cr_2O_3 liegt in ganz besonders feiner Verteilung auf der Oberfläche des Zinkoxyds vor, was die beachtliche Verstärkerwirkung erklärt.

In diesen Fällen handelt es sich jedoch um etwas speziellere Methoden, die nicht immer anwendbar sind. Hingegen ist die Methode der *mechanischen Mischung* von allgemeiner Anwendbarkeit. Sie erlaubt zwar nicht eine beträchtliche Feinverteilung des Verstärkers, jedoch läßt sie mit geeigneten Kunstgriffen wie etwa gleichzeitiger Herstellung, z. B. Mitfällung der beiden Grundstoffe (Verstärker und Hauptkontaktstoff), Resultate erzielen, die mit denen der anderen zwei Methoden vergleichbar sind.

Der Prozeß der *Mitfällung* ist der am allgemeinsten angewendete, und über ihn werden wir im folgenden noch eingehender sprechen. Wenn man unter besonderen Vorsichtsmaßnahmen arbeitet, so liefert er eine sehr innige Mischung der beiden Stoffe und erlaubt auch, sie in allen gewünschten Verhältnissen zu mischen, auch wenn sie keine festen Lösungen bilden.

Ein Beispiel der Überlegenheit der Ausfüllung gegenüber anderen Herstellungsmethoden geben die Versuche von Frolich, Fenske und Quiggle[2] über die Wirksamkeit von Mischungen Cu-ZnO, die in Tabelle 2 wiedergegeben sind.

---

[1] G. Natta, A. Reina: Atti Accad. naz. Lincei, Rend. **4** (1926), 48. — G. Natta, L. Passerini: Gazz. chim. ital. **58** (1928), 1597. — Th. Barth, G. Lunde: Z. physik. Chem. **122** (1926), 250, 291. — G. Lunde: Ber. dtsch. chem. Ges. **59** (1926), 2784.

[2] P. K. Frolich, M. R. Fenske, D. Quiggle: Ind. Engng. Chem. **20** (1928), 694.

Tabelle 2. *Vergleich verschiedener Herstellungsmethoden eines Katalysators aus 95 Molprozent Cu und 5 Molprozent ZnO und seine Wirksamkeit für die Methanolsynthese.* (Nach FROLICH, FENSKE und QUIGGLE.)

Herstellung des Katalysators	Wirksamkeit
Gemeinsame Fällung der Hydroxyde	100
$Zn(OH)_2$ in einer Suspension von $Cu(OH)_2$ gefällt	75
$Cu(OH)_2$ in einer Suspension von $Zn(OH)_2$ gefällt	67
Mischung der Gele von $Zn(OH)_2$ und $Cu(OH)_2$	83
Thermische Zersetzung der gemischten Nitrate	70

d) Herstellung von Trägerkontakten.

Es ist nicht immer leicht, einen Verstärker von einem Träger zu unterscheiden; zum Unterschied von verstärkten Kontakten, in denen die Menge des Verstärkers, verglichen mit dem Hauptkontaktstoff, gewöhnlich klein ist, ist in den Trägerkontakten die Menge der katalytisch unwirksamen Substanz (Träger) im Vergleich zum Hauptkontaktstoff gewöhnlich beachtlich groß.

Indessen kann ein scharfer Unterschied zwischen Trägerkontakten und verstärkten Kontakten anstatt auf Grund der quantitativen Zusammensetzung nur auf Grund der *Herstellungsmethode* gemacht werden. Wenn wir Nickelhydroxyd mit Aluminiumhydroxyd zusammen fällen und die Mischung reduzieren, so enthält der so gewonnene Katalysator Al_2O_3 als Verstärker, auch wenn sein Gehalt an Al_2O_3 hoch ist und einigen 10% entspricht. Wenn wir dagegen Nickelhydroxyd auf Kaolin oder auch auf fertigem Aluminiumoxyd ausfällen, so erhalten wir einen Trägerkontakt, auch wenn das Gewicht des Nickels in dem fertigen Kontakt größer ist als das des Trägers.

Nur in einigen Sonderfällen können Hauptkontaktstoff und Träger gemeinsam dargestellt werden. Normalerweise ist der Träger vorgebildet. In der Praxis gibt man sogar den Spezialfall einer Herstellung von verstärkten Kontakten auf Trägern an.

Die Träger müssen eine beachtliche Feinverteilung des Katalysators auf einer beträchtlichen Oberfläche hervorrufen. Deshalb müssen die Träger Stoffe von hoher Oberfläche und Porosität sein (Aktivkohle, Silikagel, Asbest, Bimsstein usw.).

Um die feine Verteilung zu erreichen, werden für verschiedene Träger verschiedene Methoden verwandt. Von dieser Mannigfaltigkeit werden wir später in dem Abschnitt Trägerkontakte sprechen (s. S. 637 ff.). Einstweilen können wir die Methoden in drei Hauptgruppen einteilen: Tränkung und Fällung, Vermischung und gleichzeitige Bildung.

Die wichtigste und erste Methode besteht in der *Tränkung* des Trägers mit einer Lösung eines löslichen Salzes des Hauptkontaktstoffes und nachfolgender Kristallisation oder Fällung. Im allgemeinen führt jedoch die Kristallisation zu einer schlechten Zerteilung des Hauptkontaktstoffes, weil die einzelnen Kristalle zu groß sind. Man zieht deshalb eine Fällung durch zugesetzte Reagenzien vor. So läßt sich z. B. Platin nur schwer in der Form von Ammoniumchloroplatinat auf einen Träger niederschlagen, viel besser hingegen als Hydroxyd, als freies Metall oder auch als Sulfid.

Die *Fällungsmethoden* sind recht verschieden und richten sich häufig auch nach der Art des Trägers, was wir, wie gesagt, im folgenden noch an Einzelfällen sehen werden. Was allgemein interessiert, ist eine möglichst vollständige

Tränkung des Trägers mit der Ausgangslösung, damit man die ganze Oberfläche des Trägers ausnutzen kann. Zu diesem Zweck wird der Träger häufig vorher evakuiert, um auch etwa adsorbierte Gase zu entfernen, oder er wird wenigstens sehr lange mit der Tränklösung behandelt.

Die zweite Methode ist die einfache *Vermischung* des Hauptkontaktstoffs mit dem Träger. Obgleich sie bisweilen verwendet wird, so entspricht sie doch nicht dem Hauptzweck der Verwendung von Trägern, nämlich der Ausbreitung des Katalysators auf einer großen Oberfläche; man erreicht mit ihr lediglich eine große Verdünnung des Kontaktstoffs. Die mit dieser Methode erreichten Resultate sind denn auch denen der vorher beschriebenen im allgemeinen unterlegen.

Die dritte Methode endlich ist die *gleichzeitige Bildung* von Träger und Hauptkontaktstoff. Obgleich, wie schon früher gesagt, im allgemeinen die Träger vorgebildet sind, so kann es doch Ausnahmen geben: So etwa die Herstellung von Metalloxyden auf Kohle durch Verkohlen von mit Salz getränkten organischen Stoffen oder die Koagulation eines Silikagels oder Aluminiumhydroxydgels unter gleichzeitiger Fällung des Hauptkontaktstoffs. Diese Methode hat jedoch, wenn sie auch zu einer sehr feinen Verteilung des Katalysators führt, den Nachteil, daß dieser zu stark im Inneren eingeschlossen ist und so, zum mindesten teilweise, verhindert ist, seine Wirksamkeit voll zu entfalten. Daher wird auch diese Methode wenig verwendet.

e) Einfluß der Herstellungstemperatur auf den Zustand von Mischkatalysatoren.

Wir haben gesehen, daß der größte Teil der Katalysatoren durch Zersetzung oder Reduktion von Salzen oder Oxyden dargestellt wird.

Es ist eine allgemeine Regel, daß die Wirksamkeit von so erhaltenen Katalysatoren um so größer ist, je niedriger die Temperatur ist, bei der die Reduktion oder Zersetzung vor sich ging. Dies gilt nicht nur wegen der Sinterungserscheinungen, die bei höherer Temperatur mit größerer Geschwindigkeit ablaufen, sondern auch deshalb, weil schon während der Reduktion sich von vornherein gröbere Kristalle bilden, wenn man bei höheren Temperaturen arbeitet.

Im allgemeinen ist man bestrebt, Katalysatoren bei Temperaturen herzustellen, die *nicht viel höher* sind als die, bei der sie *verwendet* werden sollen.

Die Anwesenheit eines Trägers oder Verstärkers hat jedoch auch einen merklichen Einfluß auf diese Phase der Kontaktherstellung. Sie verhindern nämlich oder verlangsamen wenigstens die Sinterung und erlauben so, Katalysatoren zu erhalten, die, wenn auch bei hohen Temperaturen hergestellt, sehr wirksam sind.

Das ist von besonderer Wichtigkeit, wenn die Reduktion oder Zersetzung exotherm ist und deshalb, wenn man nicht besondere Vorsichtsmaßnahmen trifft, zu starken örtlichen Überhitzungen führen kann. Das gilt z. B. von der Reduktion des Kupfer(II)oxyds (Reduktionswärme 20,3 kcal/mol). Diese muß langsam durchgeführt werden, um die Reaktionswärme zu verteilen. Noch besser ist es, den Wasserstoff oder allgemein das reduzierende Gas mit Stickstoff, Kohlendioxyd oder einem anderen inerten Gas zu verdünnen, so daß die Reaktionswärme leichter abgeführt wird.

Ebenso kann auch bei der Herstellung gewisser Katalysatoren durch Zersetzen von Hydroxyden oder Carbonaten die Temperatur der Zersetzung höher gehalten werden, wenn ein Verstärker zugegen ist.

Sehr interessant ist der Fall, daß gewisse Katalysatoren durch den Gebrauch vergiftet werden, weil sich auf ihnen Brenzprodukte oder Kondensationsprodukte der reagierenden Substanz absetzen. Dies gilt z. B. für gewisse Dehydrierungskatalysatoren auf Zinkoxydbasis oder Dehydratisierungs- und Krackkatalysatoren mit Kieselsäure oder Aluminiumoxyd als Grundmasse.

Solche Produkte können durch Erhitzung im Luftstrom entfernt und so der Kontakt *wiederbelebt* werden. Indessen setzt diese Operation zuweilen die Verbrennung dieser Produkte voraus und bringt infolgedessen eine beträchtliche Temperaturerhöhung hervor, die zur Zerstörung der katalytischen Aktivität des Kontaktes führen kann. Auch in solchen Fällen verhindert der Zusatz eines Verstärkers die Sinterung und erhält den Katalysator am Leben.

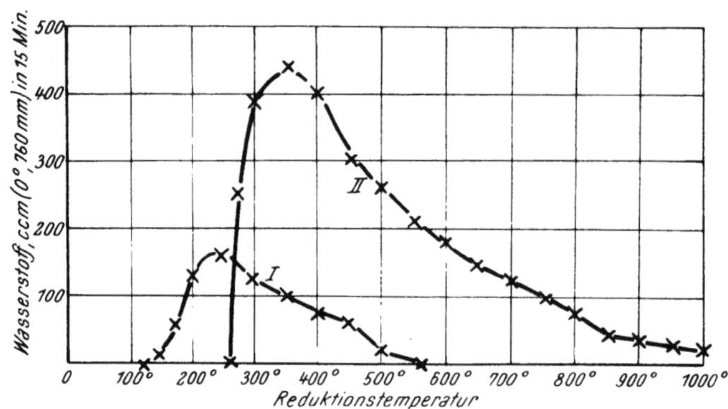

Abb. 2. Einfluß der Reduktionstemperatur von Nickelkatalysatoren mit (*II*) und ohne (*I*) Träger auf die Hydriergeschwindigkeit von Zimtsäure. (Nach KELBER.)

Man hat auch zuweilen beobachtet, daß verstärkte oder Trägerkontakte höhere *Herstellungstemperaturen* erfordern als Einstoffkontakte. Die Anwesenheit eines Verstärkers, zumal in ziemlich beträchtlichen Mengen, kann nämlich z. B. die Reduktion eines Oxyds verhindern (s. z. B. die Versuche von ARMSTRONG und HILDITCH[1] über die Reduktion von Mischungen von Nickel- und Aluminiumoxyd).

Ein ähnliches Beispiel sind Katalysatoren aus Nickel auf Silikagel oder auf Kieselgur, die durch Reduktion des auf dem Träger aufgetragenen Oxyds hergestellt werden. Sie sind besonders aktiv, wenn sie bei Temperaturen reduziert werden (450÷500°), die höher sind als die normale Reduktionstemperatur des Nickeloxyds (300÷350°). Das kommt daher, daß bei der Reduktionstemperatur die sauren Bestandteile des Verstärkers oder Trägers (SiO_2, Al_2O_3 oder dgl.) das reduzierbare Oxyd als Salz binden und so seine Reduktion erschweren. Dies ist von verschiedener Seite[2] beobachtet worden.

Eine zu hohe Temperatur führt indessen immer zu einer Aktivitätsverminderung. Wenn dennoch gewisse Katalysatoren bei höherer Herstellungstemperatur aktiver sind, so bedeutet das wohl die Existenz einer optimalen Herstellungstemperatur für jeden einzelnen von ihnen (vgl. die Versuche von KELBER über Nickel auf Bleicherde[3], Abb. 2). Diese hängt natürlich außer von der Natur des Kontaktes auch von der zu katalysierenden Reaktion ab.

---

[1] E. F. ARMSTRONG, T. P. HILDITCH: Proc. Roy. Soc. (London), Ser. A **103** (1923), 586.

[2] J. J. DE LANGE, G. H. VISSER: Ingenieur ('s Gravenhage) 58 (1946), 24. — J. LONGUET: C. R. hebd. Séances Acad. Sci. **225** (1947), 869. — Y. TRAMBOUZE: C. R. hebd. Séances Acad. Sci. **227** (1948), 971.

[3] C. KELBER: Ber. dtsch. chem. Ges. **57** (1924), 136.

3. Feinstruktur der Mischkontakte.

a) Kristallstruktur der Katalysatoren.

Wenn man die Wirksamkeit eines Katalysators mit seiner Struktur in Beziehung setzen will, so sind fünf Faktoren in Betracht zu ziehen:

1. Die *Gitterstruktur* der Substanzen, die den Katalysator bilden.
2. Abmessungen und Gestalt der *Kristalle* und daraus ihre Oberfläche.
3. Abmessungen der einzelnen *Körner*, die größer sein können als diejenigen der Einzelkristallite.
4. Struktur und Ausdehnung der Kristall*oberflächen* oder der Kornoberflächen und der Phasengrenzflächen (wenn der Katalysator mehrere feste Phasen enthält).
5. Abmessungen und Gestalt der *Poren*, die die Diffusion von Gasen und Flüssigkeiten in das Innere des Katalysators ermöglichen.

Es ist heutzutage eine anerkannte Tatsache, daß alle festen Stoffe (mit Ausnahme der Gläser und einiger Kunststoffe und Kunstharze) eine Gitterstruktur mit Symmetrieelementen zeigen und daß die amorphen Stoffe eine Ausnahme bilden.

Sogar Stoffe, die früher für amorph gehalten wurden (kolloidale Metalle, Ruß, Kaolin, Gele von Aluminiumoxyd und anderen Hydroxyden), zeigen bei der Untersuchung mit Röntgen- oder Elektronenstrahlen Interferenzbanden, aus denen sich eine mehr oder weniger ausgebildete Kristallstruktur ableiten läßt. Also muß man sich auch bei Mischkontakten über ihre Gitterstruktur Rechenschaft ablegen.

Wenn man auch theoretisch annehmen muß, daß eine amorphe, disperse oder gelockerte Substanz wegen ihrer großen Oberfläche die ideale Form eines Katalysators darstellt, so zeigen doch praktisch alle festen Katalysatoren für heterogene Reaktionen eine mehr oder weniger echte Kristallstruktur[1].

Die Röntgenuntersuchung der Katalysatoren kann also über die Struktur der Katalysatoren beträchtliche Aufklärung bringen, besonders in bezug auf die beiden oben zuerst genannten Faktoren. Für die anderen sind andere Methoden (Adsorption usw.) nützlicher, über die wir später berichten werden.

Jedenfalls haben die Röntgenmethoden eine annähernde Bestimmung der mittleren Korngröße für Einstoffkontakte[2] und später auch für Mischkontakte[3] möglich gemacht. Man konnte so bestätigen, daß die aktiveren Katalysatoren aus kleineren Kristallkörnern bestehen[4] und daß die Alterung (abgesehen von

---

[1] Es gibt einige Ausnahmen, wie das Chromhydroxyd und Silikagel. Solche Stoffe werden tatsächlich häufig für Mischkatalysatoren verwendet, im allgemeinen als Träger oder Verstärker, und sie erweisen sich dann gerade wegen dieser ihrer Eigenschaft als sehr wirksam. Andere Hydroxyde, wie die des Aluminiums, Zinns (IV), Eisens (III), Magnesiums, Zinks usw., zeigen alle bei der Röntgenuntersuchung eine deutliche Kristallstruktur.

[2] G. R. Levi, R. Haardt: Gazz. chim. ital. **56** (1926), 424.

[3] R. Brill: Z. Elektrochem. angew. physik. Chem. **38** (1932), 669. — J. Eckell: Z. Elektrochem. angew. physik. Chem. **39** (1933), 855.

[4] Es scheint indessen vorzukommen, daß die Wirksamkeit eines Katalysators durch ein Maximum bei einer gewissen Kristallgröße geht. — G. Dupont, P. Pipaniel: Bull. Soc. chim. France **6** (1939), 322. — A. M. Rubinstein: Bull. Acad. Sci. URSS, Cl. Sci. chim. **1938**, 815; **1940**, 135, 144; J. physic. Chem. URSS **14** (1940), 1208. — P. D. Dankow, A. A. Kotschetkow: C. R. Acad. Sci. URSS **2** (1935), 359.

anderen Ursachen wie Vergiftung usw.) auf eine Kornvergrößerung zurückzuführen ist.

Tabelle 3. *Wirksamkeit von Platin auf den Wasserstoffperoxyd-Zerfall in Abhängigkeit von der Korngröße.* (Nach LEVI und HAARDT.)

0,01 g Katalysator pro 50 g H_2O_2-Lösung, 20° C
5,04 g pro Liter H_2O_2

Korngröße, Kantenlänge Å	Gesamtoberfläche cm^2	Prozent Zersetzung in der Stunde
50,5	5588	24,5
55,5	5050	24,3
85,1	3300	23,7
149,0	1880	20,3
203,0	1385	19,3

Aber auch beim Studium der Verstärker haben diese Methoden interessante Resultate gebracht. Die Wirkung der Verstärker bei der Katalyse muß ja vorläufig in ihrer Wirkung auf die Gitter- oder Oberflächenstruktur der Kristalle gesucht werden, insbesondere auf die Entstehung oder Erhaltung der sogenannten aktiven Zentren.

b) Aktive Zentren bei den Mischkatalysatoren.

Die Substanzen, die die Wirksamkeit eines Katalysators erhöhen, sind von PEASE und TAYLOR[1] in Verstärker und Wechselverstärker eingeteilt worden, je nachdem, ob der zugesetzte Stoff für sich allein eine katalytische Wirksamkeit bei der betrachteten Reaktion besitzt oder nicht. Es sei aber hier vorausgeschickt, daß es keinerlei allgemeine Unterschiede zwischen Verstärkern und Wechselverstärkern gibt, was ihren Einfluß auf die physikalische Struktur des Katalysators betrifft. Wenn wir also im folgenden von Verstärkern sprechen, so sind die Wechselverstärker mit einbegriffen.

Man kann, ohne auf Einzelheiten des Verstärkungsmechanismus einzugehen, allgemein behaupten, daß ein Stoff sich als Verstärker verhält, wenn er durch seine Anwesenheit während der Bildung oder Funktion des Katalysators dessen *Oberfläche vermehrt*, dessen *Rekristallisation verhindert*, *Gitterverzerrungen hervorruft* oder die Möglichkeit einer *Diffusion* der reagierenden oder entstehenden Stoffe verbessert.

Das letztgenannte Kennzeichen (Erleichterung der Diffusion) ist besonders den Trägern eigen, während die eigentlichen Verstärker ihre Wirkung hauptsächlich in einer qualitativen und quantitativen Veränderung der Katalysatoroberfläche äußern, also auf Zahl und Art der aktiven Zentren wirken. Doch hat auch diese Unterscheidung keine absolute Bedeutung, weil sehr oft auch ein Träger die Oberflächenentwicklung des Hauptkontaktstoffs vergrößert.

Wenn wir zunächst von der Diffusionserleichterung absehen, die bei den Trägerkontakten besprochen werden soll, so kann man allgemein feststellen, daß der Einfluß auf die Oberflächenstruktur in bezug auf die *aktiven Zentren* (wobei wir vorläufig alle energetischen Fragen beiseite lassen) bei einem Verstärker oder Träger auf mindestens einen der folgenden Punkte zurückgeht:

1. Vergrößerung der *Oberfläche* des Hauptkontaktstoffs und deshalb auch Vergrößerung der Unregelmäßigkeit, d. h. der Zahl der aktiven Zentren (TAYLOR,

[1] J. PEASE, H. S. TAYLOR: J. physic. Chem. **24** (1920), 241.

SCHWAB, PIETSCH usw.). Dies läßt sich röntgenographisch durch Messung von Kristallgrößen oder auch, wie wir noch sehen werden, durch Messung der Adsorption oder der Reaktionskinetik feststellen.

2. Aufrechterhaltung einer großen Oberfläche und ihrer aktiven Zentren solchen Ursachen zum Trotz, die, wie die thermische Bewegung, die Oberfläche durch Kornvergrößerung (Sinterung) zu verkleinern streben (MITTASCH). Dieser Einfluß ist, wie schon im vorigen Kapitel betont, von größter Bedeutung für die Herstellung wie für die Erhaltung des Katalysators.

3. Schaffung von *Phasengrenzen* (zwischen Hauptkontaktstoff und Verstärker bzw. Träger), was immer zu Störungen in der Kontaktoberfläche führt (BURK, BALANDIN, HERBO usw.).

4. Schaffung von *Gitterstörungen* an der Oberfläche und im Inneren durch Einführung von Molekeln bzw. Atomen des Verstärkers in das Gitter des Hauptkontaktstoffs als feste Lösung oder als chemische Verbindung (ECKELL, RIENÄCKER, SCHWAB und andere).

Die beiden letzten Punkte sind auch die Ursache der Entstehung neuer Aktivzentren insbesondere wegen der energetischen Deformationen, die die Störungen im Gitter oder an der Oberfläche hervorbringen.

Der zweite Punkt (Sinterungsverhinderung) wird bei Besprechung der verschiedenen Arten von Verstärkern oder Trägern noch einmal betrachtet werden. Hier sollen zunächst die Punkte 1 und 2 vom *strukturellen* Standpunkt aus besprochen werden und dann Punkt 3 und 4, wobei wir uns die energetischen Fragen für ein anderes Kapitel vorbehalten.

Man wird dann sehen, wie man auf Grund der Röntgenuntersuchung die Verstärker ihrer Struktur nach in verschiedene Klassen einteilen kann, je nach der Art, wie sie entweder durch Eintritt in das Katalysatorgitter oder durch Einlagerung zwischen den Kristallen wirken.

c) Katalysatoren mit grobdispersem Verstärker (Außergitterverstärker).

Wir wollen zunächst mit der Röntgenmethode die Wirkung eines Verstärkers auf die Struktur eines Katalysators untersuchen. Diese Methode gibt uns Aufschluß entweder über die Vermehrung der Oberflächenentwicklung oder über die Stabilisierung durch Sinterungsverhinderung und damit die Erhöhung der Lebensdauer des Katalysators.

Als Beispiel wählen wir *Zinkoxydkatalysatoren*, wie sie bei der Methanolsynthese benutzt werden[1].

Wenn man basisches Zinkcarbonat ausfällt und es dann bei tiefer Temperatur (unterhalb 300°) calciniert, so erhält man ein Zinkoxyd, das anfänglich ein guter Katalysator ist, aber nach wenigen Stunden seine Wirksamkeit größtenteils verliert.

Wenn man hingegen bei 450° calciniert, so hat das entstehende Oxyd von vornherein eine geringere Wirksamkeit. Die Röntgenuntersuchung zeigt nun, daß das so erhaltene Zinkoxyd aus ziemlich großen Kristallen besteht, während im ersten Falle zu beobachten ist, daß äußerst kleine Kristalle während des Gebrauchs wachsen (Sinterung). In Abb. 3 sieht man, daß die Interferenzlinien bei dem bei 350° hergestellten Katalysator breiter sind und nach Gebrauch sowie bei der Herstellungstemperatur von 450° schmäler werden.

---

[1] G. NATTA: Giorn. Chim. ind. appl. **12** (1930), 13.

Wenn man nun bei der Herstellung des Katalysators der Zinksalzlösung ein Chrom(III)salz zusetzt und dann gleichzeitig basisches Zinkcarbonat und Chromhydroxyd ausfällt, so behält der gebildete Katalysator seine hohe Aktivität lange Zeit unverändert bei.

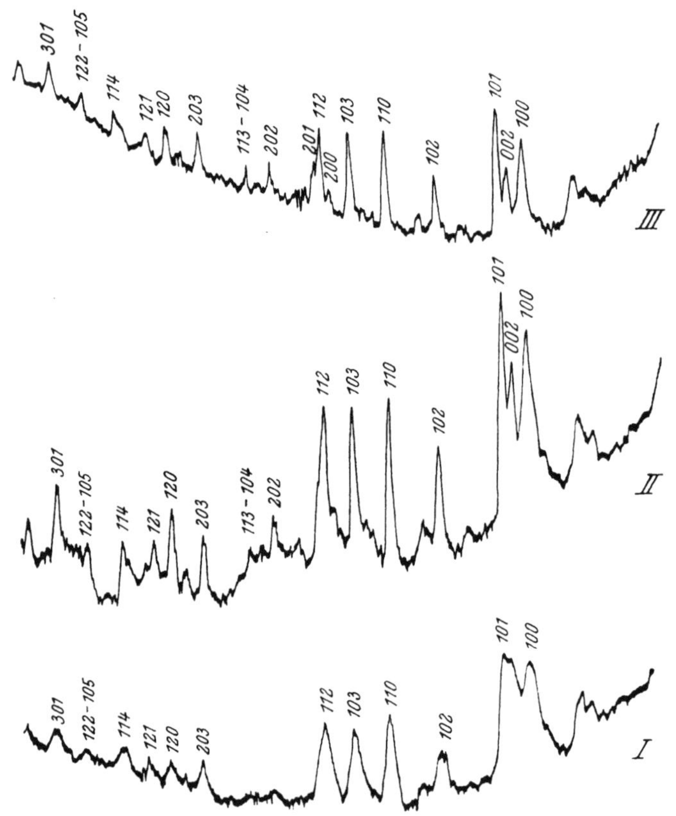

Zu dem gleichen Resultat führt eine Tränkung des fertigen Zinkoxyds mit einer verdünnten Chromsäurelösung. Das Röntgenbild zeigt in diesem Falle, daß die Zinkoxydkristalle auch nach langem Gebrauch des Katalysators äußerst klein sind (große Oberfläche), während das Chromoxyd fein verteilt und röntgenamorph anfällt (Abb. 4, s. a. Abb. 5).

Abb. 3. Photometerkurven von Röntgenaufnahmen (CuKα) von: *I.* Zinkoxyd aus basischem Carbonat bei 350°; *II.* desgl. nach 10 Stdn. Katalyse bei 400°; *III.* Zinkoxyd aus neutralem Carbonat bei 450°. (Nach NATTA.)

Es ist interessant zu beobachten, daß Zinkoxyd, je mehr es amorph ist, um so mehr auch der Alterung im Gebrauch anheimfällt. Ein Oxyd hingegen, das röntgenographisch kristallin, aber bei tiefer Temperatur hergestellt ist, etwa aus Smithsonit oder durch Zersetzung geschmolzenen Zinkazetats bei tiefer Temperatur, ist alterungsbeständig und behält im Gebrauch seine Aktivität bei. Dies kommt wahrscheinlich von der großen Instabilität amorpher Stoffe, die in Abwesenheit von Verstärkern das Bestreben haben, wegen der hohen Temperatur der katalytischen Reaktion zu großen Kristallen zu kristallisieren. Wenn man hingegen bei tiefer Temperatur kleine, aber stabile Kristalle erhält, die eine große Oberfläche haben, so gibt das sinterungsbeständige Kontakte, auch wenn sie zu Anfang weniger wirksam sind als die amorphen.

Die große Verstärkerwirkung von Chromoxyd, das durch Entwässerung des Hydroxyds bei tiefer Temperatur (unterhalb 450°) hergestellt wurde, kommt also daher, daß sowohl das Chromhydroxyd wie auch sein Entwässerungsprodukt röntgenamorph sind. Dies ist bei Metalloxyden eine sehr seltene Erscheinung. Die amorphe Masse umhüllt die kristallinen Körner des Zinkoxyds und verhindert so ihre Rekristallisation selbst bei hoher Temperatur.

Auch viele andere Fälle sind mit entsprechendem Resultat untersucht worden. Es sei z. B. an den ganz wichtigen Fall der Kontakte der Ammoniaksynthese erinnert, wie sie von WYCKOFF und CRITTENDEN[1], von BRILL[2], von EISENHUT und KAUPP[3] und von KATZAUROW[4] untersucht wurden. Wir kommen hierauf im einzelnen zurück. Kürzlich wurde für solche Studien auch das Elektronenmikroskop eingesetzt; auf dem Gebiet der Mischkatalysatoren ist indessen damit noch nicht viel gearbeitet worden. Allgemein ist festzuhalten, daß die beschriebenen Erscheinungen von allgemeiner Bedeutung für den allergrößten Teil der Mischkatalysatoren sind. Dies gilt am genauesten dann, wenn die Bestandteile des Kontakts (Katalysator und Verstärker) nicht unter Bildung fester Lösungen ineinander diffundieren können noch sich chemisch verbinden oder doch, wenn sie sich verbinden, in solchen Mengen-

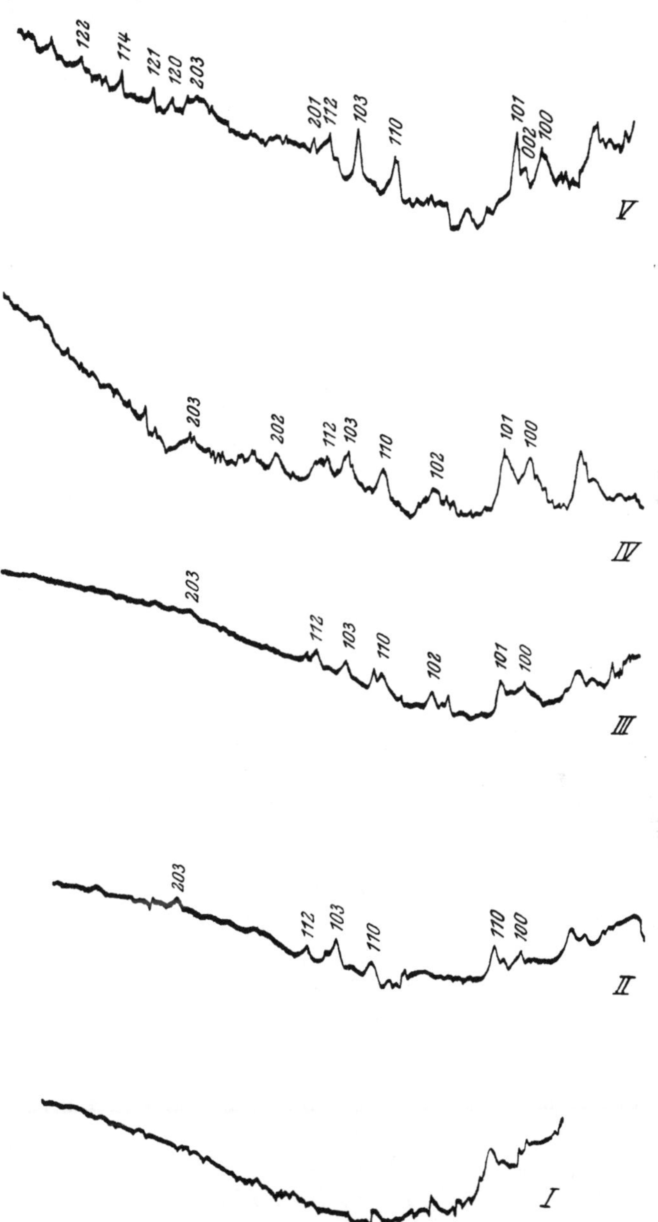

Abb. 4. Photometerkurven von Röntgenaufnahmen (CuKα) von: *I.* 2,5 ZnO—1 Cr_2O_3 gefällt (sehr aktiv); *II.* Bas. Zinkchromat bei <450° reduziert; *III.* 2 ZnO—1 Cr_2O_3 gefällt, auf 527° erhitzt; *IV.* 4 ZnO—1 Cr_2O_3 gefällt, auf 460° erhitzt; *V.* Wie *IV*, inaktiv, da auf 650°÷700° erhitzt. (Nach NATTA.)

[1] R. W. G. WYCKOFF, E. D. CRITTENDEN: J. Amer. chem. Soc. **47** (1925), 2866.
[2] R. BRILL: Z. Elektrochem. angew. physik. Chem. **38** (1932), 669.
[3] O. EISENHUT, E. KAUPP: Z. physik. Chem. **133** (1928), 456.
[4] L. N. KATZAUROW: J. physic. Chem. URSS **9** (1937), 292.

verhältnissen vorliegen, daß ein großer Überschuß des Hauptkatalysators unverbunden zurückbleibt.

In Fällen wie den besprochenen verändert der Verstärker das Kristallgitter des Katalysators *nicht*, sondern vermehrt oder erhält einfach den Dispersionsgrad. Man kann deshalb diese Art von Verstärkern als *Außergitterverstärker* bezeichnen.

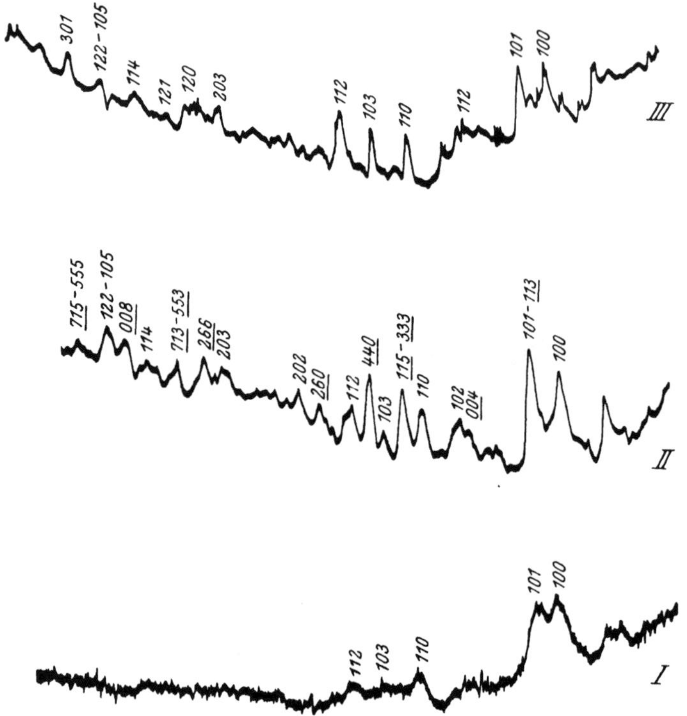

Abb. 5. Photometerkurven von Röntgenaufnahmen (CuKα) von: *I.* 2 ZnO–1 Al_2O_3 gefällt, 430°; *II.* desgl. 606° (thermisch desaktiviert); *III.* 5 ZnO–1 Al_2O_3 (gealtert, wenig aktiv). (Nach NATTA.)

d) Katalysatoren mit Verstärkern in fester Lösung (Gitterverstärker).

Im Gegensatz zu den besprochenen Fällen kann der Verstärker auch dadurch wirken, daß er die *Gitterkonstanten* des Katalysators ändert. Dies tritt in verschiedenen Fällen ein:

1. Wenn der Verstärker im Gitter des Hauptkontaktstoffs fest *gelöst* wird.

2. Wenn der Verstärker sich mit dem Hauptkontaktstoff *verbindet;* dies fällt unter die Rubrik der Außergitterverstärker, sofern man die entstandene Verbindung und nicht ihre Komponente nunmehr als den Verstärker oder Katalysator auffaßt.

3. Wenn der Verstärker *Oberflächenverbindungen* liefert, denen man eine besondere katalytische Wirksamkeit zuschreiben kann. In diesem Fall ändert sich nur die Kristallstruktur der Oberfläche.

Fall 3 läßt sich mit Röntgenmethoden nur schwer untersuchen, weil diese über die Oberflächenstruktur keine Auskunft geben. Hier könnte die Elektronenbeugung einen wichtigen Beitrag liefern, sie ist jedoch für das Studium von Katalysatoren noch nicht genügend ausgenutzt worden. Hingegen hat die Untersuchung der magnetischen Eigenschaften in gewissen Einzelfällen (Cr_2O_3-Al_2O_3, CuO-Cr_2O_3, eisenhaltige Kontakte) beachtenswerte Ergebnisse gezeitigt.

Im Fall 1 erlauben demgegenüber sowohl Röntgen- wie Elektronenstrahlen das Wesen der Gitterdeformation quantitativ zu bestimmen und damit auch die Menge des Verstärkers, die in feste Lösung gegangen ist.

Katalysatoren mit Verstärkern in *fester Lösung* sind sehr zahlreich. Man findet sie unter den Systemen mit unvollständiger Löslichkeit, wie Kupfer-Silber, Silber-Platin, Kupfer-Platin (Katalysatoren für die Herstellung von Formaldehyd aus Methanol) wie auch bei Systemen mit vollständiger Löslichkeit: Platin-Rhodium für die Netze der Ammoniakverbrennung, Kupfer-Nickel, Eisen-Nickel, Nickel-Kobalt, Platin-Palladium für Hydrierungskatalysatoren usw. Bei den Oxydkatalysatoren erwähnen wir die Mischungen von Zinkoxyd und Magnesiumoxyd für die Methanolsynthese und die von Eisen(III)oxyd und Chromoxyd für die Konversion von Wassergas und andere. In den meisten Fällen, so z. B. bei festen Lösungen von Metallen, findet man Mischkontakte, deren Komponenten jede schon für sich Katalysatoren sind. Es handelt sich also dann um Wechselverstärker.

Hingegen ist in dem System Zinkoxyd-Magnesiumoxyd das Magnesiumoxyd selbst kein Katalysator der Methanolsynthese, sondern wirkt als Verstärker des Zinkoxyds und macht es alterungsbeständig. Dasselbe gilt für den oben erwähnten Fall Eisenoxyd-Chromoxyd.

Ein äußerst interessanter Fall, der zeigt, wie verschieden das Verhalten eines Verstärkers sein kann, wenn er sich in fester Lösung mit dem Hauptkontaktstoff befindet oder nicht, findet sich bei Katalysatoren auf der Grundlage von Zinkoxyd und Eisenoxyd[1].

Eisen ist ein wirksamer Katalysator für die Synthese von Methan aus Kohlenmonoxyd und Wasserstoff:

$$CO + 3H_2 = CH_4 + H_2O, \qquad (I)$$

während Zinkoxyd ein Katalysator für die Methanolsynthese ist:

$$CO + 2H_2 = CH_3OH. \qquad (II)$$

Fein verteiltes Eisen katalysiert nun Reaktion (I) mit einer viel größeren Geschwindigkeit als Zinkoxyd die Reaktion (II), so daß man, wenn man das Eisen als Außergitterverstärker benutzt, auch bei erhöhtem Druck eine starke Lenkung der Reaktion in Richtung auf die Methansynthese hat. Es kann dabei eine ganz kleine Menge Eisen, weniger als 1 : 1000, niedergeschlagen auf einem guten Methanolkontakt, genügen, weil die Reaktion bevorzugt in der Richtung (I) verläuft[2].

Wenn hingegen das Eisen sich als FeO in fester Lösung im Gitter des Zinkoxyds befindet, dann kann es als Verstärker des Zinkoxyds für die Methanolsynthese wirken.

Die Fälle, in denen der Verstärker in eine feste Lösung eintritt, sind indessen begrenzt durch gewisse Strukturbeziehungen zwischen den Atom- und Ionengrößen im Gitter oder zwischen den Gitterdimensionen der Komponenten. Später, wenn wir die Gitterverstärker eingehender behandeln, werden wir diese Beziehungen noch im einzelnen kennenlernen. Eine allgemeine Tatsache ist es jedenfalls, daß in dieser Art von Mischkatalysatoren der fest gelöste Verstärker eine Gitterdeformation und fast immer eine Versteifung des Kristallgitters hervorbringt.

Diese Versteifung ist von einer Verbesserung der mechanischen Eigenschaften

---

[1] G. NATTA: Giorn. Chim. ind. appl. **12** (1930), 13.

[2] Es liegt hauptsächlich an diesen Erscheinungen, daß das Eisen im allgemeinen in den Industriepatenten von den Methanolkontakten absolut ausgeschlossen wird; in der Praxis wird es nicht einmal für die Syntheseapparaturen verwendet, um die Bildung von Eisencarbonyl zu vermeiden, das sich unter Bildung von elementarem Eisen auf der Katalysatoroberfläche zersetzen würde.

begleitet; dies zeigt sich z. B. in Legierungen (Stähle, Bronzen, Messing), die, wie bekannt, oft aus festen Lösungen bestehen und eine höhere Festigkeit, Elastizität und Härte zeigen als ihre Komponenten.

Ein analoger Fall, den man zuweilen antrifft, ist der, daß der Verstärker sich mit dem Hauptkatalysator zu einer wohl definierten *chemischen Verbindung* vereinigt, ohne die Wirksamkeit des Katalysators zu zerstören, sondern zuweilen sogar unter Aktivierung. Häufig wird dabei das Kristallgitter versteift und erhält so eine bessere Sinterbeständigkeit. Diesen Fall werden wir in dem Abschnitt über chemische Verbindungen genauer betrachten. Hier sei nur die Verwendung von Chromiten zweiwertiger Metalle bei der Oxydation des Kohlenoxyds nach Frazer und anderen[1] erwähnt, sowie vor allem die elektronenmikroskopische Beobachtung von Pongratz[2], wonach reines Vanadinpentoxyd bei seiner Verwendung für Oxydationsreaktionen viel stärker rekristallisiert und stärkeres Kornwachstum zeigt als $TiO(VO_3)_2$ und infolgedessen auch seine katalytische Aktivität viel rascher verliert.

Wegen ihrer feineren Verteilung im Katalysator und vor allem, wie wir noch sehen werden, wegen ihrer deformierenden oder modifizierenden Wirkung auf das Kristallgitter wirken diese fest gelösten oder chemisch verbundenen Verstärker bei der Katalyse anders als die grobdispersen, von denen das vorhergehende Kapitel handelte. Man kann sie deshalb *Gitterverstärker* oder *Innengitterverstärker* nennen, zum Unterschied von der anderen Gruppe, deren Wirkung eine rein mechanische Trennung und Entfernung der verschiedenen Kristalle oder Kristallteile ist und die wir Außergitterverstärker genannt haben.

e) Katalysatoren mit adsorbiertem oder oberflächlich niedergeschlagenem Verstärker (Oberflächenverstärker).

Außer den beiden vorhergehenden Arten von Verstärkern gibt es noch eine eigenartige dritte, die weder die Form noch die Struktur des Katalysators verändert, sondern sich nur auf ihm in praktisch unimolekularer Schicht niederschlägt. Der Verstärker kann dann die Oberfläche des Katalysators versteifen oder er kann ihn aktivieren, indem er ihm eine bestimmte chemische Oberflächenreaktivität aufprägt. Für diese Gruppe von Verstärkern wählen wir den Namen *Oberflächenverstärker*.

Ein Beispiel ist die Tränkung von Zinkoxyd mit einer Lösung von Chromsäure in solcher Menge, daß sich auf der Oberfläche eine kaum unimolekulare Schicht von Zinkchromat bildet. Ein anderes Beispiel ist das Kaliumoxyd, das sich in unimolekularer Schicht auf den aus Eisenoxyd gewonnenen Katalysatoren der Ammoniaksynthese ausbreitet. Zuweilen wirken als Verstärker dieser Art auch Gase oder Flüssigkeiten, die an der Katalysatoroberfläche adsorbiert bleiben und so eine Zunahme der katalytischen Wirksamkeit bedingen, zum Beispiel Spuren von HCl in Al_2O_3-Kontakten für die Polymerisation von Olefinen. Wir werden hiervon später sehr interessante Fälle kennenlernen; hier seien nur gewisse kolloidale Katalysatoren erwähnt, die ja auch nur wegen der an der Oberfläche adsorbierten Ionen im Reaktionsmedium fein verteilt bleiben.

Natürlich gibt es keine scharfen Grenzen zwischen den drei Gruppen und derselbe Verstärker kann auf mehrere Arten wirken.

---

[1] W. H. Lockwood, J. C. W. Frazer: J. physic. Chem. **38** (1934), 735. — J. C. W. Frazer, C. G. Albert: J. physic. Chem. **40** (1936), 101. — R. Ladisch, J. C. W. Frazer: J. Amer. chem. Soc. **62** (1940), 3222. — R. Ladisch, A. Simon: Z. anorg. allg. Chem. **248** (1941), 137. — E. C. Lory: J. physic. Chem. **37** (1933), 685.

[2] A. Pongratz: Mitt. chem. Forsch.-Inst. Ind. Österreichs **3** (1949), 41.

f) Trägerkontakte.

Trägerkontakte wie etwa Platin oder Nickel auf Asbest, Bimsstein, Kieselgel, Tonerde, Bauxit oder Bentonit, auf Magnesium- oder Bariumsulfat, sollen jetzt genauer behandelt werden. Sie zeigen strukturell eine gewisse Analogie zu den Katalysatoren mit Außergitterverstärkern.

Der Unterschied besteht darin, daß die typischen Außergitterverstärker im allgemeinen in kleiner Menge zugegen sind, während in den Trägerkontakten der Träger in beachtlicher Menge anwesend ist und die mechanische Funktion des Tragens und Dispergierens ausübt. Dadurch, daß der Träger eine kleine Menge Hauptkatalysator auf ein großes Volumen verteilt und uns so eine voluminöse Kontaktmasse mit voneinander getrennten Kristallen des Katalysators gewinnen läßt, erleichtert er die praktische Verwendung des Katalysators bei bestimmten Reaktionen.

Es ist deshalb klar, daß die Röntgenuntersuchung solcher Kontakte weniger Interesse bietet als die der Außergitterverstärker. Im übrigen zeigt ja schon die Darstellungsweise an, welches die wahrscheinliche Konstitution ist und welche Formbeziehungen zwischen Katalysator und Träger bestehen können.

Hingegen können die Röntgenstrahlen Aussagen machen über die *Kornabmessungen* des Katalysators und daher über seine Verteilung auf dem Träger. Versuche[1] mit einem Nickel-Tonerde-Katalysator haben gezeigt, daß die Erscheinung ziemlich kompliziert ist: Die katalytische Wirksamkeit zeigt ein Maximum für eine bestimmte Kristallgröße des Nickels, diese Kristallgröße aber wechselt mit der Art der zu katalysierenden Reaktionen. Sie beträgt 40 ÷ 60 Å für Hydrierungen und 70 ÷ 75 Å für Dehydrierungen.

Für einige Trägerarten mit diamagnetischen Eigenschaften (Kieselsäure, Tonerde, Rutil usw.) hat in den letzten Jahren die besonders von Selwood[2] durchgeführte Untersuchung der magnetischen Eigenschaften wichtige Resultate geliefert. Wir werden sie weiter unten besprechen.

Auch das *Elektronenmikroskop* und seine neuere Anwendung auf das Studium von Katalysatoren kann zu interessanten Ergebnissen führen. Durch die Untersuchung zahlreicher Platinkontakte auf verschiedenen Trägern[3] konnten die früheren Resultate über die Wichtigkeit kleiner und wohlausgebildeter Kristalle für die Hydrierung und von Konglomeraten für Dehydrierung und Spaltung bestätigt werden, es konnte aber auch die Bedeutung der Trägerstruktur festgestellt werden.

Besonders bedeutsam ist die Porosität des Trägers, weil der Hauptkatalysator bestrebt ist, sich in Poren mittlerer Größe niederzuschlagen und nicht in zu feinen oder zu groben (s. Abb. 6). Auf diesen Gesichtspunkt werden wir auch später bei der Einzelbesprechung der Trägerkontakte noch einmal zurückkommen.

In dem allgemeinen Fall, wo der Träger nur die mechanische Funktion des Tragens und Dispergierens erfüllt, wird das Gitter des katalytischen Wirkstoffs nicht verändert, sondern nur alterungsbeständig gemacht, indem das Wachstum der großen Kristalle auf Kosten der kleinen vermieden wird.

---

[1] G. Dupont, P. Pipaniel: Bull. Soc. chim. France **6** (1939), 322. — A. M. Rubinstein: Bull. Acad. Sci. URSS, Cl. Sci. chim. **1938**, 815; **1940**, 135, 144; J. physic. Chem. URSS **14** (1940), 1208. — P. D. Dankow, A. A. Kotschetkow: C. R. Acad. Sci. URSS **2** (1935), 359.

[2] P. W. Selwood: Advances in Catalysis, Vol. III. New York, 1952.

[3] T. Schoon, E. Beger: Z. physik. Chem., Abt. A **189** (1941), 171.

Es gibt indessen Fälle, wo zwischen der Struktur des Trägers und des katalysierenden Stoffes Analogien bestehen, z. B. bestimmte Orientierungen der Katalysatorkristalle oder ein bestimmter Habitus derselben oder Beziehungen, die zur Bildung von Adsorptionsschichten, festen Lösungen oder ausgesprochenen Verbindungen führen. Man hat es dann aber mit Sonderfällen zu tun, wie etwa bei Katalysatoren, die aus einem Metall auf einem anderen bestehen (für die

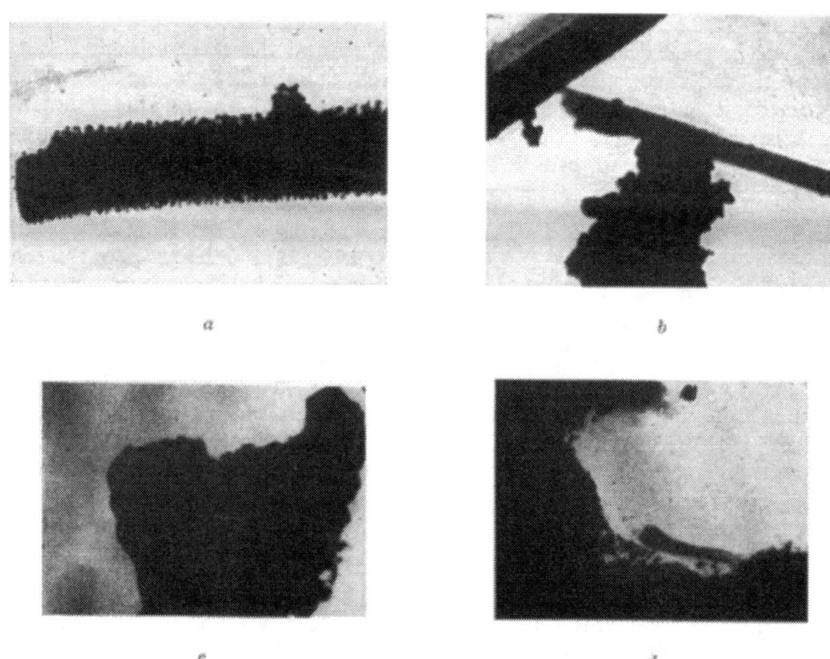

Abb. 6. *a* Hydrierender Pt-Asbest (feine Kristalle); 9,7% Pt; 43000:1. *b* Dehydrierender Pt-Asbest (Kristall-Aggregate); 37,4% Pt; 39000:1. *c* Dehydrierende Pt-Kohle, bei hoher Temperatur hergestellt (Kristall-Aggregate an der Oberfläche); 39000 : 1. *d* Hydrierende Pt-Kohle, bei tiefer Temperatur hergestellt (kleine wohlausgebildete Kristalle im Poren-Inneren); 39000 : 1. (Nach SCHOON und BEGER.)

Herstellung von Formaldehyd aus Methylalkohol wird Silber auf Kupfernetzen niedergeschlagen).

Wenn in einem solchen Fall der Träger imstande ist, mit dem Katalysator feste Lösungen zu bilden (was praktisch möglich ist), so ist der Träger mit dem Katalysator verschweißt durch Schichten aus festen Lösungen kontinuierlich veränderlicher Zusammensetzung, die sich während des Gebrauchs immer mehr homogenisieren werden.

Solche Träger, die mit dem getragenen Katalysator in Gitterbeziehungen stehen, könnte man *Gitterträger* nennen. Es ist möglich, daß in solchen Katalysatoren die aktiven Zentren sich an oberflächlichen Gitterpunkten befinden, die der Übergangszone zwischen Trägergitter und Metallgitter angehören und deshalb beträchtliche unregelmäßige Verzerrungen zeigen müssen.

Auch die Anwesenheit von Metalloxyd in Metallkatalysatoren, das durch unvollständige Reduktion des Oxyds entstanden ist, kann als ein Sonderfall von Trägerwirkung betrachtet werden. Obgleich es sich dabei um Katalysatoren großer Bedeutung für bestimmte Hydrierungsprozesse handelt, ist ihre Struktur bis jetzt kaum studiert worden.

g) Oberflächen- und Gitterstörungen.

Es ist festzuhalten, daß außer der Funktion, die einzelnen Kristallkörner zu trennen, ihr Wachstum zu verhindern und so eine große und unregelmäßige Oberfläche aufrechtzuerhalten, der Verstärker oder Träger in vielen Mischkontakten auch eine Verzerrung der Gitterkonstanten des Katalysators bewirkt. Es ist schon gezeigt worden, daß sehr kleine Kristalle ein wenig größere Gitterkonstanten haben als gut entwickelte Kristalle[1]. Gewisse Metalle, die durch Fällung aus ihren Salzlösungen mit unedleren Metallen gewonnen werden, zeigen Gitterkonstanten, die gleich oder fast gleich denen des fällenden Metalls sind[2] (Tabelle 4).

Tabelle 4. *Elektronenbeugung an Schichten aus Platin, die durch Fällung auf einer Silberfolie niedergeschlagen wurden (Gitterkonstante des Silbers: $a = 4{,}077$ Å; des Platins $a = 3{,}916$ Å).* (Nach NATTA.)

Beobachtung	Gitterkonstante Å
3 Stunden nach der Fällung	4,087
4 Stunden nach der Fällung	4,079
100 Stunden nach der Fällung	4,01
24 Stunden nach der Fällung bei gewöhnlicher Temperatur und 20 Minuten bei 90°	4,034
danach 80 Minuten bei 90°	4,038
danach 17 Stunden bei 90°	4,005

Die Gitterkonstanten werden erst nach Erhitzen oder Altern normal.

FINCH hat beobachtet, daß manche oxydischen Oberflächenschichten, die von der oberflächlichen Oxydation eines Kristalles herrühren, ein verzerrtes Gitter aufweisen, das der Struktur des Grundmetalls ähnelt[3]. Etwas ähnliches tritt wahrscheinlich bei der unvollständigen Reduktion eines Oxyds zum Metall ein. Wahrscheinlich kann überhaupt der enge Kontakt zwischen zwei verschiedenen Phasen, wie er in den Mischkontakten vorkommt, zu Störungen in der Grenzfläche und speziell zu Oberflächenstörungen des Katalysators führen.

ROGINSKI und seine Schule wurden beim Studium von Metallfilmen, die kleine Mengen von adsorbierten Gasen enthalten, direkt zu dem Schluß geführt, daß alle Katalysatoren, um aktiv zu sein, kleine Mengen von Verunreinigungen enthalten müssen, die eben die Störungen bestimmen (ROGINSKI spricht von Übersättigungen), welche für die katalytische Wirksamkeit verantwortlich sind. ROGINSKI[4] und VOLKENSTEIN[5] behaupten beide, daß auch die sogenannten Katalysatorgifte als Verstärker wirken können, wenn sie in äußerst kleiner Menge vorhanden sind. Dieser Gedanke wird, außer durch die Experimente von VOLKENSTEIN selbst, auch bestätigt durch Versuche von ZHABROVA, ROGINSKI und FOKINA[6] über die Aktivierung von Kupfer durch kleine Mengen

[1] J. E. LENNARD JONES: Z. Kristallogr., Mineral., Petrogr., Abt. A **75** (1930), 215. — G. I. FINCH, S. FORDHAM: Proc. physic. Soc. **48** (1936), 85.

[2] G. NATTA: Naturwiss. **23** (1935), 527; Gazz. chim. ital. **67** (1937), 32.

[3] G. I. FINCH, A. G. QUARREL: Proc. physic. Soc. **46** (1934), 48. — G. I. FINCH, N. WILMAN: J. chem. Soc. (London) **1934**, 751.

[4] S. Z. ROGINSKI: J. physic. Chem. URSS **15** (1941), 1, 708.

[5] F. F. VOLKENSTEIN: J. physic. Chem. URSS **24** (1950), 1068.

[6] G. M. ZHABROVA, S. Z. ROGINSKI, E. A. FOKINA: C. R. Acad. Sci. URSS **52** (1946), 313.

von Blei (0,03 bis 0,09% PbO_2) und über die Vergiftung durch größere Mengen (3% PbO_2). In derselben Richtung liegen Beobachtungen von ADKINS, RAE, DAVIS, HAGER und HOYLE[1] über die Verstärkung von Nickel durch Schwefel bei der Dehydrierung von Cycloaromaten (s. a. S. 637). Die gleiche Idee von ROGINSKI, daß die Metalle im absolut reinen Zustand keine Katalysatoren seien, ist in letzter Zeit auch von anderen Autoren geäußert oder unterstützt worden (IPATIEFF[2], HERBO[3]).

Welche Beziehung aber zwischen katalytischer Aktivität, Anwesenheit von aktiven Zentren und Gitterdeformation besteht, ist noch nicht gründlich studiert worden. Dies rührt natürlich von der Schwierigkeit her, das Wesen dieser Störungen zu beobachten, sowie von der Komplexität der Erscheinung, indem ja solche Störungen nicht gleichförmig sein können, sondern sicherlich verschieden sind, je nach der Enge der Berührung zwischen den beiden Phasen, der Anwesenheit von Gitterbaufehlern usw.

Die Röntgenuntersuchung kann im allgemeinen nichts aussagen, weil sie zu grob ist. Denn in Katalysatoren, die typische Außergitterverstärker enthalten, ändert die Anwesenheit des Verstärkers das Kristallgitter nicht oder doch nur an der Oberfläche oder an den Berührungsstellen. Das gleiche gilt im Falle der Träger. Vielleicht könnte man mit Elektronenstrahlen bessere Ergebnisse erhalten. Einen gewissen Fortschritt haben Messungen der magnetischen Suszeptibilität in Fällen erbracht, wo paramagnetische Verbindungen oder Schichten vorliegen (s. oben).

Der Gedanke der Oberflächenstörungen führt indessen unmittelbar auf die Betrachtung der Wichtigkeit, die die *Enge des Kontakts* zwischen Katalysator und Verstärker für die katalytische Aktivität hat. Bei einem Außergitterverstärker hängt diese natürlich von der Herstellungsweise ab. Mischkontakte, die durch mechanische Mischung von Katalysator und Verstärker gewonnen wurden, müssen diese Erscheinung sicherlich in viel geringerem Grade zeigen als solche, die etwa durch Mitfällung hergestellt wurden.

Besondere Oberflächenstörungen und daher die Bildung besonderer Aktivzentren können bei Oberflächenreaktionen durch Adsorption oder chemischen Angriff auftreten, wenn die Verstärker imstande sind, mit der Kristalloberfläche des Katalysators zu reagieren. Dies ist z. B. der Fall bei Chromsäure auf Zinkoxyd (Methanolsynthese) oder bei Alkalicarbonaten auf Zinkoxyd (Kohlenoxydkonversion), wovon wir schon gesprochen haben.

Die Wirkung der Störungen ist bei Trägerkontakten und bei Gitterverstärkern gründlicher studiert worden. Im ersten Falle hat man die Wirkung einmolekularer Schichten des Katalysators auf dem Träger beobachtet. Im zweiten Falle hat man die katalytische Wirksamkeit mit der Gitterkonstante der festen Lösungen in Beziehung gesetzt.

Nach ADADUROW[4] übt der Träger eine deformierende und polarisierende Wirkung auf die Molekeln des Katalysators aus und verändert so seine Eigenschaften bis zur völligen Beseitigung oder Umkehr der katalytischen Wirkung. Dieser Einfluß ist um so größer, je kleiner der Atomradius und je höher die Ladung

[1] H. ADKINS, D. S. RAE, J. W. DAVIS, G. F. HAGER, K. HOYLE: J. Amer. chem. Soc. **70** (1948), 381.

[2] V. N. IPATIEFF, B. B. CORSON, I. D. KURBATOW: J. physic. Chem. **43** (1939), 589; **44** (1940), 670. — V. N. IPATIEFF, B. B. CORSON: J. physic. Chem. **45** (1941), 431, 440. — V. N. IPATIEFF: Nat. Petroleum News **32** (1940), N. 32, R 280; Science **91** (1940), 605; Chim. et Ind. **45** (1941), 103.

[3] C. HERBO, V. HAUCHARD: Bull. Soc. chim. Belgique **55** (1946), 177. — C. HERBO: J. Chim. physique **47** (1950), 454.

[4] I. J. ADADUROW: J. physic. Chem. URSS **6** (1935), 206.

des Trägerions und je größer der Atomradius und je kleiner die Ladung des Katalysatorions ist.

Dieser Autor hat seine Hypothese an verschiedenen Reaktionen geprüft, z. B. an der Zersetzung von Ameisensäure an auf Birkenkohle niedergeschlagenem PbO[1] oder an der Dehydrierung von Alkohol an Zinkoxyd[2]. Er beobachtete, daß die Reaktion anders verläuft, wenn der Katalysator in sehr dünner Schicht niedergeschlagen ist, als wenn er in dicker Schicht vorliegt.

Indessen könnte diese Wirkung des Trägers auch von einer *Orientierung* der Kristalle oder der unimolekularen Schichten des Zink- oder Bleioxyds herrühren. Es könnten die Metallatome auf den Träger zu und die Sauerstoffatome nach außen gerichtet sein; in einem solchen Fall würde die Verschiedenheit der Wirkung nach der Hypothese von Eucken und Wicke[3] darauf beruhen, daß, wie schon erwähnt (S. 417), in den Oxyden die Ionen O^{--} eine andere katalytische Wirkung haben als die Metallionen. Mit solchen Versuchen und anderen über sehr dünne Katalysatorschichten werden wir uns weiter unten (S. 646) in dem Abschnitt über Trägerkontakte noch zu beschäftigen haben.

Eine andere Sonderwirkung wurde von Selwood[4] durch das Studium der magnetischen Eigenschaften zusammen mit chemischen Untersuchungen ans Licht gebracht. Auch mit seinen Katalysatoren werden wir uns später bei den Trägerkontakten befassen. Es handelt sich um eine *Änderung der Wertigkeit* in einem Oxyd eines Metalls veränderlicher Wertigkeit, wenn es auf einem anderen aufgetragen ist: In sehr dünner Schicht hat das aufgetragene Oxyd die Neigung, die Wertigkeit des Trägers anzunehmen. Zum Beispiel Eisen, das als Oxyd auf TiO_2 aufgetragen ist, hat die Neigung, vierwertig zu werden, während Nickel, wieder als Oxyd, auf Aluminiumoxyd die Neigung hat, dreiwertig zu werden. Außerdem haben Messungen der magnetischen Suszeptibilität auch in anderen Fällen Störungserscheinungen beobachten lassen, z. B. in Schichten von Cr_2O_3 oder Mn_2O_3 auf Aluminiumoxyd (s. S. 646 und 696).

Viel leichter zu studieren sind die Deformationen infolge Anwesenheit eines Verstärkers in *fester Lösung* (Gitterstörung). Wenn Katalysator und Verstärker isomorph sind, so ist die Gitterverzerrung des Katalysators proportional dem molaren Prozentsatz des Verstärkers und der Differenz zwischen den beiden Gitterkonstanten.

Wie die Röntgenuntersuchung gezeigt hat, führt die steigende Einführung von statistisch verteilten Atomen oder Molekeln mit größeren oder kleineren Abmessungen als die, die das ersetzte Atom hat, zu einer Gitterdeformation, die regelmäßig zunimmt, solange man die mittlere Größe der Elementarzelle im ganzen Kristall betrachtet. Wenn wir aber nicht den ganzen Kristall betrachten, sondern die einzelnen Gitterpunkte, an denen die Substitution stattgefunden hat, so müssen wir zugeben, daß dort um so beträchtlichere Verzerrungen auftreten, je größer die Differenz zwischen den Atomdimensionen des Substituenten und des ersetzten Atoms ist.

Die Gesetze, die die Möglichkeit eines Ersatzes irgendwelcher Atome oder Ionen in isomorphen Gittern durch andere regeln, werden später diskutiert, wenn wir das Problem der Katalysatoren mit fest gelöstem Verstärker genauer besprechen. Hier ist zu betonen, daß die Zunahme des Aktivatorgehalts im

---

[1] I. J. Adadurow: J. physic. Chem. URSS **5** (1934), 1139.

[2] I. J. Adadurow, P. J. Kraini: J. physic. Chem. URSS **5** (1934), 1132.

[3] A. Eucken: Naturwiss. **34** (1947), 374; **36** (1949), 48, 74. — E. Wicke: Z. Elektrochem. angew. physik. Chem. **53** (1949), 279. — A. Eucken, K. Heuer: Z. physik. Chem. **196** (1949), 280.

[4] P. W. Selwood: Advances in Catalysis, Vol. III. New York, 1952.

Katalysator immer die Gitterstörungen und deshalb erst recht die katalytische Aktivität erhöht.

Der größte Teil der Arbeiten in diesem Gebiet ist an Metall-Legierungen ausgeführt worden, insbesondere von RIENÄCKER und von SCHWAB[1], auf deren Arbeiten wir später ausführlich zurückkommen.

Da es sich aber fast immer um Fälle von Wechselverstärkung handelt, so ist es hier schwierig, die Wirkung der Gitterstörungen zu trennen von der Wirkung der Überlagerung der katalytischen Aktivität der beiden beteiligten Metalle und auch von der Stabilisierung des Kristallgefüges durch das höher schmelzende Metall. Übrigens können hier ja auch die besonders gearteten Bindungskräfte des metallischen Zustands und die Elektronenstruktur der Metalle von Einfluß sein.

Die Hypothese solcher Gitterstörungen ist durch die Versuche von IPATIEFF und CORSON[2] über die Benzolhydrierung an Kupfer bestätigt worden. Er hat gezeigt, daß, während spektralreines Kupfer Benzol nicht hydriert, der Zusatz von 0,01% Nickel genügt, um plötzlich eine beträchtliche Aktivität hervorzubringen. Es handelt sich auf jeden Fall immer um eine Wechselwirkung und einen Wechselverstärker insofern, als das im Kupfer gelöste Nickelatom zu Gitterstörungen führt und diese die katalytische Wirksamkeit entweder der umliegenden Kupferatome oder auch des Nickelatoms erhöhen (s. Abb. 7). Es kann ja nicht

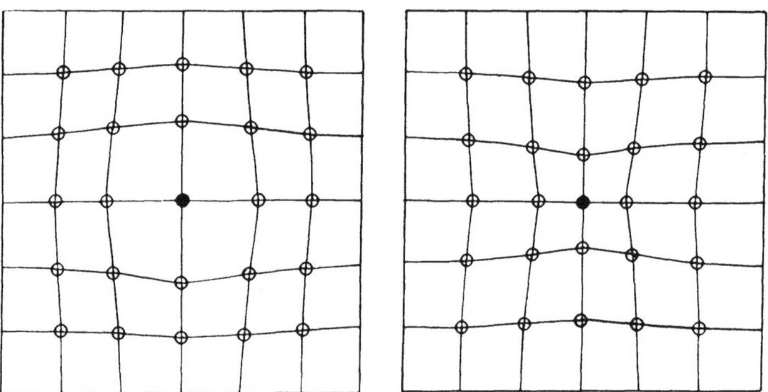

Abb. 7. Gitterstörung durch Einlagerung zu großer (links) oder zu kleiner (rechts) Fremdatome.

bezweifelt werden, daß Nickel tatsächlich hydrierende Eigenschaften besitzt, und auch Kupfer, wenn es auch im spektralreinen Zustand ganz oder fast inaktiv ist, kann ja hydrierende Eigenschaften erwerben, wenn es mit auch nur 1% Cr_2O_3 verstärkt wird, das seinerseits bei tieferer Temperatur keine hydrierende Wirkung zeigt.

Andererseits ist die aktivierende Wirkung von Gitterstörungen in festen Lösungen zwischen Metalloxyden besonders von ECKELL[3] an der Oxydation

[1] S. z. B. die zusammenfassenden Arbeiten von G. RIENÄCKER in Z. Elektrochem. angew. physik. Chem. **47** (1941), 805, und von G.-M. SCHWAB in Chalmers Tekn. Högskolas Handl. Nr. 81 (1949).

[2] V. N. IPATIEFF, B. B. CORSON, I. D. KURBATOW: J. physic. Chem. **43** (1939), 589; **44** (1940), 670. — V. N. IPATIEFF, B. B. CORSON: J. physic. Chem. **45** (1941), 431, 440. — V. N. IPATIEFF: Nat. Petroleum News **32** (1940), N. 32, R 280; Science **91** (1940), 605; Chim. et Ind. **45** (1941), 103.

[3] J. ECKELL: Z. Elektrochem. angew. physik. Chem. **38** (1932), 918; **39** (1933), 807, 855.

von Kohlenmonoxyd zu Kohlendioxyd über festen Lösungen Fe_2O_3-Al_2O_3 gezeigt worden. In diesem Falle wirkt sicherlich nur das Eisen(III)oxyd als Katalysator wegen der Leichtigkeit, mit der Ferriionen in Ferroionen übergehen und umgekehrt. Außer einer Veränderung der Gesamtaktivität wegen Zunahme der katalytischen Oberfläche (was sich in der Integrationskonstanten der ARRHENIUSschen Gleichung ausdrückt), bewirkt der Eintritt des Aluminiumoxyds in das Gitter des Eisenoxyds eine Herabsetzung der Aktivierungsenergie. Diese Herabsetzung ist der Änderung der Gitterkonstanten der festen Lösungen genau proportional. In der Mischungslücke bleibt dagegen die Aktivierungsenergie konstant. Dieser Effekt scheint durchaus vernünftig zu sein, da ja, wie wir sahen, die Einführung eines Ions in fester Lösung in eine isomorphe Verbindung eine Gitterdeformation hervorbringt, die der gelösten Menge proportional ist.

Indessen konnten diese Resultate von ECKELL über das Gemisch Al_2O_3-Fe_2O_3 nicht bestätigt werden[1]. So kann man auch nach den Ergebnissen von RIENÄCKER über Metalle[2] und andere Oxydgemische[3] immer annehmen, wenigstens in groben Zügen, daß die Einführung eines Verstärkers in fester Lösung zu einer Verminderung der Aktivierungsenergie führen kann. Wir werden im folgenden Kapitel ausführlicher über die wahrscheinliche Beziehung zwischen solchen Gitterstörungen und der Aktivierungsenergie der katalysierten Reaktion sprechen.

Schließlich wäre es sehr interessant, zu sehen, wie eine solche auf Gitterstörungen beruhende aktivierende Wirkung sich bei Veränderung der Größe und Ladung des störenden Ions oder Atoms verglichen mit denen des Katalysatorgitters verändert. In diesem Sinne sind jedoch noch keine verläßlichen Versuche ausgeführt worden.

4. Adsorption und Aktivierungsenergie bei Mischkatalysatoren.

Im vorigen Kapitel haben wir gesehen, wie es die Röntgenuntersuchung erlaubt, die Kristallstruktur und die Größe der verschiedenen Kristalle zu studieren, in gewissen Fällen das Wesen der Gitterstörungen zu bestimmen und qualitative und näherungsweise quantitative Aussagen über die aktive Oberfläche des Katalysators zu machen. Für diese letzteren Untersuchungen, die sich auf die letzten Punkte am Beginn des vorigen Kapitels beziehen, sind Adsorptionsmessungen und kinetische Messungen der katalytischen Erscheinungen eine wertvolle Hilfe.

Die *Adsorptionsmessungen* erlauben nämlich, sich eine Vorstellung zu bilden und in manchen Fällen auch zu genauen Bestimmungen zu gelangen über die Ausdehnung der Katalysatoroberflächen und darüber hinaus auch die Zahl und Art der aktiven Zentren zu untersuchen, wobei die letztere als eine Funktion der bei Adsorption einer Molekel entwickelbaren Energie angesehen wird. Adsorptionsmessungen gestatten ferner die Adsorptionskapazität gegenüber verschiedenen Gasen zu bestimmen und sie zuweilen auch mit der katalytischen Kapazität und der Spezifitätscharakteristik des Kontakts in Beziehung zu setzen.

Adsorptionsmessungen erfordern jedoch eine schwierig zu handhabende Apparatur und obendrein noch besondere Sorgfalt, um grobe Meßfehler zu

---

[1] G. RIENÄCKER, R. BURMANN: Z. anorg. allg. Chem. **258** (1949), 280.

[2] G. RIENÄCKER: Siehe die zusammenfassende Arbeit in Z. Elektrochem. angew. physik. Chem. **47** (1941), 805.

[3] G. RIENÄCKER, M. BIRCKENSTAEDT, R. BURMANN: Z. anorg. allg. Chem. **262** (1950), 81. — G. RIENÄCKER, R. BURMANN: Z. anorg. allg. Chem. **258** (1949), 280.

vermeiden; sie bieten aber im ganzen keine grundsätzlichen Schwierigkeiten, weshalb die Zahl der auf diesem Gebiet ausgeführten Versuche ganz beträchtlich ist.

Bei den *kinetischen Messungen* ist es durchaus nicht so. Während sie nur eine mäßige experimentelle Schwierigkeit aufweisen, stoßen sie auf eine prinzipielle Schwierigkeit: die Bestimmung der Reaktionsgeschwindigkeitskonstanten, die für homogene Reaktionen meist leicht berechnet werden kann, für heterogen katalysierte Reaktionen aber durchaus nicht so einfach ist. Diese Reaktionen verlaufen selten nach einem einfachen kinetischen Gesetz wegen der Adsorptions- und Diffusionserscheinungen, die die scheinbare Ordnung der Reaktion verändern können und den kinetischen Ablauf verwickelt machen.

Abgesehen von solchen Schwierigkeiten können jedoch auch die kinetischen Messungen wichtige Daten über die Struktur des Katalysators liefern. Die Bestimmung der beiden Konstanten einer Reaktion nach Arrhenius

$$\ln k = \ln B - \frac{q}{RT}$$

erlaubt es, sich eine Vorstellung von der Energie der aktiven Zentren und von der Ausdehnung der Oberfläche zu bilden. (Es bedeuten k die Geschwindigkeitskonstante, B den Häufigkeitsfaktor, q die Aktivierungsenergie, R die Gaskonstante und T die absolute Temperatur.) Diese Energie wird durch den Wert von q gegeben, der als die mittlere Aktivierungsenergie der katalysierten Reaktion zu deuten ist. Die Ausdehnung der Oberfläche ist proportional der sogenannten Aktivitätskonstanten, die den Maximalwert der Geschwindigkeitskonstanten bei unendlicher Temperatur darstellt. (Vgl. hierzu Schwab und Schultes sowie Balandin[1].)

Wir werden beim Studium der Mischkontakte besser erkennen, wie diese Methoden zu interessanten Resultaten geführt haben.

a) Adsorption bei Mischkatalysatoren.

Wie bei Einstoffkontakten, so ist auch bei Mischkatalysatoren die katalytische Aktivität eine Funktion der Entwicklung der aktiven Oberfläche, von der, wie gesagt, auch die Adsorption abhängt. In vielen Fällen wirkt die Anwesenheit von Verstärkern steigernd auf die Adsorptionsfähigkeit der Katalysatoren. Außerdem ist sie wegen der Veränderung des Zustandes der Oberfläche auch von Einfluß auf die Adsorptions*geschwindigkeit*, die hinwiederum die Reaktionsgeschwindigkeit bedeutend beeinflußt, und auch auf die Adsorptions*wärme*.

In katalytischer Hinsicht ist die Chemisorption besonders zu beachten, da sie sich von der von van der Waalsschen Kräften verursachten physikalischen Adsorption unterscheidet.

Vom historischen Standpunkt aus haben sich die ersten Beobachtungen auf die Messung der Adsorptions*kapazität* beschränkt, und erst später ist die Wichtigkeit der beiden anderen Faktoren erkannt worden.

Schon 1899 hatte Baxter[2] beobachtet, daß die reduzierten Metalle Nickel und Kobalt, die man gewöhnlich als „chemisch rein" betrachtet, mehr Wasserstoff adsorbierten als die als „atomgewichtsrein" bezeichneten, und daß diese Wasserstoffadsorption mit der katalytischen Hydrierungsaktivität in Beziehung stand. Baxter schloß, daß ein Metall, wenn es z. B. Siliciumdioxyd enthält, weniger kompakt anfällt, als wenn man es durch dieselbe Methode aus einem atom-

[1] G.-M. Schwab, H. Schultes: Z. physik. Chem., Abt. B **25** (1934), 411; **9** (1930), 265. — A. A. Balandin: Z. physik. Chem., Abt. B **29** (1932), 451.

[2] G. P. Baxter: J. Amer. chem. Soc. **22** (1899), 351.

gewichtsreinen Oxyd herstellt. Mit anderen Worten sintert das reine Metall rascher als das durch Reduktion eines Oxyds mit gewissen Verunreinigungen erhaltene. Ferner erhöhen nicht alle Verunreinigungen die adsorbierte Wasserstoffmenge, z. B. nimmt aus dem Bromid reduziertes Kobalt keinen Wasserstoff auf, und die Gegenwart von Natriumbromid ist auf die Adsorption ohne Einfluß.

In einigen Fällen steigert der Zusatz eines Verstärkers das Adsorptionsvermögen des Katalysators in gleichem Maße für alle Reaktionsteilnehmer. Dies ist besonders zu beobachten, wenn der Verstärker allein keine besondere Adsorption und besonders keine aktivierte Adsorption zeigt.

In anderen Fällen aber steigert der Zusatz eines Verstärkers das Adsorptionsvermögen nur in bezug auf einen bestimmten Reaktionsteilnehmer. Zum Beispiel vermehrt, wie wir noch genauer sehen werden, ein Zusatz von Kalium oder von Molybdän zu Eisenkatalysatoren die Stickstoffadsorption bei der Ammoniaksynthese. Manchmal begünstigen die Verstärker sogar die Adsorption eines Reaktionsproduktes, z. B. vermehrt ein Zusatz von Kaliumcarbonat zu Zinkoxyd die Adsorption von Kohlensäureanhydrid bei der Konversion von Kohlenmonoxyd mit Wasserdampf.

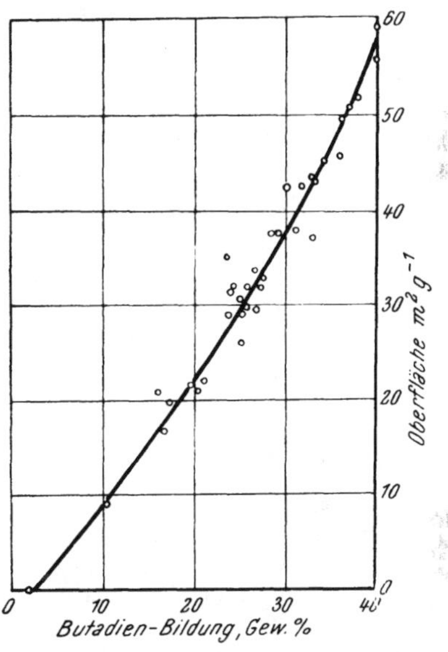

Abb. 8. Beziehung zwischen Oberfläche und Wirksamkeit bei einem Al_2O_3-Cr_2O_3-Katalysator. (Nach OWEN[1].)

Bei einer gegebenen Art von verstärkten Katalysatoren steigen meistens katalytische Aktivität und Oberfläche (oder Adsorptionsvermögen) *parallel*. Dies ist in verschiedenen Fällen an Katalysatoren gezeigt worden, die durch Erwärmen oder durch den Gebrauch mehr oder weniger erschöpft waren, z. B. von OWEN[1] für den Katalysator Al_2O_3-Cr_2O_3 (Abb. 8), von SCHWAB und ZORN[2] und von SMITH, BEDOIT und FUZEK[3] für RANEY-Nickel (s. S. 550).

Übrigens scheint es, daß in einem binären System Katalysator-Verstärker bei der Zusammensetzung maximaler katalytischer Aktivität auch das Adsorptionsmaximum liegt. Zum mindesten fanden dies TANIDA[4] für Katalysatoren Ni-Mo und LUYTEN und DE VLIEGHERE[5] für die Katalysatoren Cr_2O_3-ZnO, Cr_2O_3-ThO_2 und Cr_2O_3-Al_2O_3 und endlich GRIFFITH und HILL[6] für Katalysatoren aus Molybdänoxyd mit verschiedenen Verstärkern.

Indessen verlaufen die Änderungen der Aktivität als Funktion der Zusammensetzung oft nicht wirklich parallel zu der Zunahme der Adsorption; insbesondere, wenn man von dem unverstärkten Katalysator zu dem verstärkten übergeht, beobachtet man bisweilen Zunahmen der katalytischen Aktivität, die bis 50mal *größer* sind als die des Adsorptionsvermögens.

---

[1] J. R. OWEN: J. Amer. chem. Soc. **69** (1947), 2559.
[2] G.-M. SCHWAB, H. ZORN: Z. physik. Chem. **32** (1936), 169.
[3] H. A. SMITH, W. C. BEDOIT, J. F. FUZEK: J. Amer. chem. Soc. **71** (1949), 3769.
[4] S. TANIDA: Bull. chem. Soc. Japan **18** (1943), 30.
[5] L. LUYTEN, F. DE VLIEGHERE: Naturwetensch. Tijdschr. **24** (1942), 79.
[6] R. H. GRIFFITH, S. G. HILL: Proc. Roy. Soc. (London), Ser. A **148** (1935), 194.

Diese Tatsache hatte schon Benton bei seinen Untersuchungen über Hopcalit[1] bemerkt, eine Mischung von MnO_2 und CuO, die bei Zimmertemperatur die Verbrennung des Kohlenmonoxyds zu katalysieren vermag. Das Adsorptionsvermögen der reinen Komponenten und des Mischkatalysators ist wie folgt:

	Adsorptionsvermögen:
Kupferoxyd	1,66
Mangandioxyd	1,90
Hopcalit	4,42

Es ist also für den Mischkatalysator zwei- bis dreimal so groß als für die reinen Komponenten, die katalytische Aktivität ist aber ganz gewaltig überlegen.

Gründliche Studien über die Zunahme der Adsorption beim Mischen von Katalysatoren wurden von Taylor und seinen Mitarbeitern ausgeführt. Taylor und Russel[2] haben die Wasserstoffadsorption von reinem und von mit Thoriumoxyd verstärktem Nickel gemessen und konnten zeigen, daß der verstärkte Katalysator aktiver war als der reine, daß aber die Zunahme der katalytischen Aktivität derjenigen der Adsorption nicht proportional war.

Demnach hat die Oberfläche eher eine plötzliche qualitative statt einer quantitativen Änderung erfahren; einer Zunahme der Reaktionsgeschwindigkeit um das Zehnfache gegenüber dem unverstärkten Katalysator steht eine Zunahme der Oberfläche von nur 20% gegenüber (gemessen an der Adsorption von CO_2 sowie von H_2).

Dies beweist, daß nicht die ganze adsorbierende Oberfläche katalytisch aktiv ist und daß sie im Falle einer Verstärkung nicht nur in ihrer Größe verbessert wird, sondern auch durch Synergie.

Analoge Resultate wurden erzielt an den Katalysatoren: Cu-MgO[3], ZnO-Cr_2O_3 und MnO-Cr_2O_3[4], Cu-ThO_2[5], Fe-Al_2O_3[6], Fe-Mo-Al_2O_3[7].

Dieses äußerst wichtige Ergebnis ist auch auf anderem Wege bestätigt worden, so z. B. durch Messung der Aktivierungsenergie der katalysierten Reaktion[8] oder Messung der Vergiftung mit Sauerstoff oder Wasserdampf[9]. Aber in einigen Sonderfällen hat man keine Vermehrung, sondern sogar eine *Verkleinerung* der Oberfläche gefunden, wie z. B. in den Dreistoffkatalysatoren Fe-Al_2O_3-K_2O [10], die wir später behandeln werden. Dieser Fall tritt bei Oberflächenverstärkern häufig auf, indem diese im allgemeinen nicht die spezifische Oberfläche, sondern die Wirksamkeit des Katalysators erhöhen.

Auch Griffith und Hill[11] finden an mit Kieselsäure verstärkten Molybdän-Katalysatoren, daß der Zusatz steigender Mengen des Verstärkers die Zahl der aktiven Zentren vermindert, jedoch die Wirksamkeit erhöht. Der Unterschied zwischen der katalytisch wirksamen und der gesamten Oberfläche ist besonders

---

[1] F. Benton: J. Amer. chem. Soc. **45** (1923), 887.

[2] H. S. Taylor, W. W. Russel: J. physic. Chem. **29** (1925), 1325.

[3] J. F. Levis, H. S. Taylor: J. Amer. chem. Soc. **60** (1938), 877.

[4] W. E. Garner, F. E. T. Kingman: Trans. Faraday Soc. **27** (1931), 322. — J. Howard, H. S. Taylor: J. Amer. chem. Soc. **56** (1934), 2259. — J. Turkevich, H. S. Taylor: J. Amer. chem. Soc. **56** (1934), 2254. — H. S. Taylor, A. T. Williamson: J. Amer. chem. Soc. **53** (1931), 2168.

[5] W. W. Russel, O. C. Bacon: J. Amer. chem. Soc. **54** (1922), 54.

[6] P. H. Emmett, S. Brunauer: J. Amer. chem. Soc. **59** (1937), 1553.

[7] W. A. Roiter, S. S. Gauchmann, M. G. Lepersson: J. physic. Chem. URSS **7** (1936), 120.

[8] C. H. Kunsman: Science **65** (1927), 527.

[9] J. A. Almquist: J. Amer. chem. Soc. **48** (1926), 2820.

[10] K. S. Lowa, S. Brunauer: J. Amer. chem. Soc. **64** (1942), 745.

[11] R. H. Griffith, S. G. Hill: Proc. Roy. Soc. (London), Ser. A **148** (1935), 194.

von HERBO und HAUCHARD[1] gezeigt worden. Sie konnten aus kinetischen Messungen die Zahl der aktiven Zentren berechnen und sie mit der Gesamtoberfläche in Vergleich setzen. Während ein Katalysator gewöhnlich eine Oberfläche von der Größenordnung von mindestens einigen Quadratmetern je Gramm hat, ergibt sich die katalytisch wirksame Oberfläche in der Größenordnung 0,1 cm^2/g.

Es ist interessant zu vermerken, daß in verstärkten Katalysatoren auch die Geschwindigkeit der Adsorption erhöht ist. TAYLOR und WILLIAMSON[2] fanden z. B. an dem Katalysator $MnO\text{-}Cr_2O_3$ bei 450° C die Adsorptionsgeschwindigkeit des Wasserstoffs 750mal größer als am reinen MnO.

Es scheint auch, als ob die Adsorptions*geschwindigkeit* der katalytischen Aktivität des Kontakts parallel geht (Hinweise hierfür gibt $Fe\text{-}Mo\text{-}Al_2O_3$)[3]. Es scheint sogar, daß eine solche Zunahme der adsorbierten Menge, verglichen mit der an den Komponenten (wenigstens in gewissen Fällen), sich auch schon durch bloße mechanische Mischung erreichen läßt. So etwas fand STARKE[4] bei Adsorptionsversuchen mit radioaktivem Bleinitrat an den Mischungen $ZnO\text{-}Fe_2O_3$ und $ZnO\text{-}Cr_2O_3$, aber nicht an CuO-ZnO und $Fe_2O_3\text{-}Cr_2O_3$; nach ihm soll das Adsorptionsmaximum bei Gehalten von 72% Fe_2O_3 bzw. 88% Cr_2O_3 auftreten.

Diese Versuche stehen im Gegensatz zu denen von JANDER und seinen Mitarbeitern[5] sowie von HÜTTIG und seinen Mitarbeitern[6] über die Adsorption von organischen Farbstoffen. Sie finden bei einfacher mechanischer Mischung von zwei Stoffen immer eine Verminderung der adsorbierten Farbstoffmenge. Indessen ist diese Art von Adsorption wenig geeignet, um die aktive Oberfläche von Katalysatoren zu prüfen. Die zu adsorbierende Molekel hat eine beachtliche Größe, sie ist von besonderer Natur und endlich wird ein Katalysator doch immer sicherere und der Wirklichkeit mehr entsprechende Ergebnisse liefern, wenn man ihn dieselben Stoffe adsorbieren läßt, die auch bei der Katalyse vorkommen.

Gleichzeitig mit der Zunahme der adsorbierten Gasmenge in Anwesenheit eines Verstärkers beobachtet man eine *Herabsetzung der Aktivierungsenergie* für die Adsorption. Man sieht das z. B. deutlich an den Daten von HOWARD und TAYLOR[7] über Versuche mit Wasserstoff bei 194,5° K und 1 atm in Tabelle 5.

Tabelle 5. *Aktivierungsenergie der physikalischen Adsorption von Wasserstoff bei 194,5° K und 1 atm* (Nach TAYLOR und HOWARD.)

Katalysator	ZnO	Cr_2O_3	$ZnO+Cr_2O_3$	MnO	$MnO+Cr_2O_3$
Adsorbierte Menge cm^3/g	0,2	0,7	0,6	0,1	0,5
Aktivierungsenergie (kcal)	11	19	1	20	6

[1] C. HERBO, V. HAUCHARD: Bull. Soc. chim. Belgique 55 (1946), 177. — C. HERBO: J. Chim. physique 47 (1950), 454.

[2] H. S. TAYLOR, A. T. WILLIAMSON: J. Amer. chem. Soc. 53 (1931), 2168.

[3] S. S. GAUCHMANN, W. A. ROITER: J. physic. Chem. URSS 11 (1938), 569.

[4] K. STARKE: Z. physik. Chem., Abt. B 37 (1937), 81.

[5] W. JANDER, K. F. WEITENDORFF: Z. Elektrochem. angew. physik. Chem. 41 (1935), 435. — W. JANDER: Angew. Chem. 49 (1936), 879. — W. JANDER, H. HERRMANN: Z. anorg. allg. Chem. 241 (1939), 225.

[6] G. F. HÜTTIG: Z. Elektrochem. angew. physik. Chem. 41 (1935), 527; Angew. Chem. 49 (1936), 882.

[7] J. HOWARD, H. S. TAYLOR: J. Amer. chem. Soc. 56 (1934), 2259.

Die isostere Aktivierungsenergie ist hier in kcal je adsorbiertes Mol gegeben und bezieht sich auf eine Adsorptionsdichte von 0,2 cm^3 je g Katalysator.

Dieses Resultat bestätigt völlig das oben Gesagte, daß der Zusatz des Verstärkers nicht nur die Ausdehnung der Oberfläche des Katalysators verändert, sondern auch ihre Eigenschaften. Wegen der tiefen Temperatur der TAYLORschen Versuche muß man allerdings daran festhalten, daß es sich um physikalische Adsorption handelt. Es ist aber bekannt, daß für die katalytische Aktivität des Zinkoxyds die aktivierte oder chemische Adsorption viel wichtiger ist, die erst bei höheren Temperaturen einsetzt und nicht notwendig mit der physikalischen Adsorption zusammenhängt.

Spätere Versuche von NATTA und AGLIARDI[1] über die Adsorption von Kohlenoxyd und Wasserstoff an Zinkoxyd mit und ohne Verstärkung durch Tränken mit kleinen Mengen Chromsäure und Reduktion haben gezeigt, daß auch bei der aktivierten Adsorption in Gegenwart von Cr_2O_3 eine Herabsetzung der Aktivierungsenergie der Adsorption stattfindet.

Diese Bestimmung der Aktivierungsenergie ist ein Maß für die Leichtigkeit und für die Geschwindigkeit der Adsorption und somit, falls die Messungen bei derselben Temperatur durchgeführt werden wie die Katalyse, ein Maß der Geschwindigkeit der ersten Phase der katalysierten Reaktion. Demgegenüber gibt die Bestimmung der Adsorptionswärme einen Begriff von dem Wesen der Bindung zwischen Katalysator und adsorbierter Molekel (oder Atom) und daher von der Leichtigkeit, mit der die Reaktion vor sich gehen kann.

Über die Adsorptionswärme gibt es indessen nicht viele Messungen und besonders nicht hinsichtlich des Einflusses eines Verstärkers. TAYLOR[2] hat darauf hingewiesen, daß die Adsorptionswärme von Wasserstoff an reinem Zinkoxyd gleich der von GARNER und KINGMAN[3] an dem Katalysator $ZnO-Cr_2O_3$ gemessenen ist. Das bedeutet, daß auch in dem Mischkatalysator der Wasserstoff vorwiegend vom Zinkoxyd adsorbiert wird. Nach TAYLOR und Mitarbeitern[4] äußert sich die Anwesenheit von aktivierenden Verstärkern in einer Änderung der Kurve der Adsorptionswärme als Funktion der adsorbierten Menge, und zwar verschiebt sie das Gebiet maximaler Adsorptionswärme gegen größere adsorbierte Mengen. Wenn man von dem ersten, aufsteigenden Teil der Kurve absieht, der nach SCHWAB und BRENNECKE[5] durch die Meßmethode vorgetäuscht ist, so muß man schließen, daß der Zusatz des Verstärkers die Adsorption mit hoher Bindungsenergie vermehrt.

Weil aber auch nicht verstärkte Katalysatoren die gleiche Kurvenform bei der Adsorption zeigen, wenn auch weniger hervorstechend, so kann man doch nicht ohne weiteres annehmen, daß die Anwesenheit des Verstärkers die wesentliche Ursache für diese Art von aktivierter Adsorption sei. Die Tatsache, daß die Verstärker diesen Effekt vergrößern, kann auch daher kommen, daß sie die Bildung und Erhaltung einer riesigen Katalysatoroberfläche ermöglichen und deshalb logischerweise auch den Teil der Oberfläche vergrößern, der zu dieser bestimmten Art von Adsorption befähigt ist.

Die bisherigen Fälle bezogen sich im allgemeinen auf Mischkontakte mit

---

[1] G. NATTA, A. AGLIARDI: Unveröffentlichte Arbeit.

[2] H. S. TAYLOR: Nature **128** (1931), 636.

[3] W. E. GARNER, F. E. T. KINGMAN: Nature **126** (1930), 352.

[4] H. S. TAYLOR, G. KISTIAKOWSKY, W. FLOSDORF: J. Amer. chem. Soc. **49** (1927), 2200. — H. S. TAYLOR, G. KISTIAKOWSKY: Z. physik. Chem. **125** (1927), 341. — W. FLOSDORF, G. KISTIAKOWSKY: J. physic. Chem. **34** (1930), 1907. — C. F. FRYLING: J. physic. Chem. **30** (1926), 818.

[5] G.-M. SCHWAB, W. BRENNECKE: Z. physik. Chem., Bodenstein-Festband (1931), 907; Abt. B **16** (1932), 19.

Außergitterverstärkern. Im Falle eines Wechselverstärkers kann außer der Adsorption durch den Hauptkatalysator auch noch die durch den Verstärker selbst ins Spiel kommen. Es gibt indessen bisher nur wenig Daten über die Beziehungen zwischen Adsorption und katalytischen Eigenschaften bei solchen Kontakten. Ein besonderer Fall ist der, daß die Adsorptionsfähigkeit sich zwischen Katalysator und Verstärker so verteilt, daß der Katalysator bevorzugt die Molekeln eines Reaktionsteilnehmers adsorbiert und der Verstärker die eines anderen.

Zum Beispiel bemerkt man, daß bei der Ammoniaksynthese mit Eisenkatalysatoren Wasserstoff viel stärker adsorbiert wird als Stickstoff und sogar viel stärker, als dem stöchiometrischen Verhältnis für die Reaktion entspräche. In einem Mischkatalysator müßte man daher durch Einführung eines Metalles, das leicht ein Nitrid bildet, zum Beispiel Molybdän, ein günstigeres Verhältnis zwischen adsorbiertem Wasserstoff und Stickstoff erreichen können. Dasselbe soll nach BURK[1] bei der Ammoniakzersetzung an Platin-Wolfram-Mischkatalysatoren eintreten.

BANCROFT[2] nimmt sogar an, daß eine der Komponenten eines aktiven Katalysators einen Reaktionsteilnehmer und der Verstärker den anderen aktiviere. Wie RIDEAL und TAYLOR[3] zeigen, läßt sich aber diese Hypothese nicht experimentell bestätigen. Immerhin wird sie von HERBO[4] immer noch stark gestützt, der darauf besteht, daß die aktiven Zentren des Katalysators der Grenzfläche der beiden Phasen Katalysator und Verstärker angehören.

Auch im Fall von Trägerkatalysatoren hat man die Hypothese aufgestellt, daß die Adsorption gewisser Stoffe durch den Träger die Katalyse begünstigen könne. So hat BEEBE[5] beobachtet, daß Magnesiumsulfat sowie Asbest ein beträchtliches Adsorptionsvermögen für SO_2 haben, und er glaubt, die Tatsache, daß diese beiden Stoffe gute Träger für Platin bei der SO_3-Synthese sind, hierauf zurückführen zu dürfen.

Bei Versuchen, Fumarsäure und Maleinsäure mit verschiedenen Palladiumkatalysatoren auf verschiedenen Trägern zu hydrieren, haben SABALITSCHKA und MOSES[6] beobachtet, daß die Wirksamkeit des Katalysators der vom Träger adsorbierten Menge zu hydrierender Substanz parallel geht. Wir werden später in dem Kapitel über Träger noch mehr solche Befunde, z. B. die von SCHUSTER und DOHSE[7], behandeln. KÄLBERER und SCHUSTER[8] haben bei der Äthylenhydrierung mit Metallen auf Kohle eine recht niedrige Aktivierungsenergie gefunden, die sie der Adsorption des Äthylens an dem Träger zuschreiben.

Alle diese Hypothesen sind jedoch nicht frei von Einwänden, die, wie wir sehen werden, sie wenig wahrscheinlich erscheinen lassen. Man darf auch nicht vergessen, daß der Träger im wesentlichen eine andere wichtige Funktion entfaltet, nämlich die, den Dispersionsgrad und damit die katalytische Aktivität des Hauptkontaktstoffs zu vermehren. Es ist deshalb schwer zu entscheiden, ob nicht dieser Faktor den wesentlichen Einfluß hat und nicht die Adsorptionswirkung des

---

[1] R. BURK: Proc. nat. Acad. Sci. USA 14 (1928), 601.

[2] W. D. BANCROFT: First Report, Committee on Contact Catalysis, S. 16 (1922).

[3] E. K. RIDEAL, H. S. TAYLOR: Catalysis in Theory and Practice, S. 109. London, 1926.

[4] C. HERBO: J. Chim. physique 47 (1950), 454.

[5] R. A. BEEBE: Dissertation Princeton University 1924, zitiert in E. K. RIDEAL, H. S. TAYLOR: Catalysis in Theory and Practice, S. 122. London, 1926.

[6] TH. SABALITSCHKA, W. MOSES: Ber. dtsch. chem. Ges. 60 (1927), 786.

[7] C. SCHUSTER: Z. physik. Chem., Abt. B 14 (1931), 249.

[8] H. DOHSE, W. KÄLBERER, C. SCHUSTER: Z. Elektrochem. angew. physik. Chem. **36** (1930), 677.

Trägers. Diese kann vielleicht wichtig werden bei Stoffen mit großem Molekularvolumen (z. B. organischen Molekeln), wo die katalytische Reaktion nur einen Teil der Molekel ergreift (z. B. einen Substituenten in einer aromatischen Verbindung).

Zuweilen äußert sich die Wirkung des Trägers in einem anderen Sinne insofern, als er ja meistens eine recht poröse Substanz ist, die nur hochmolekularen Stoffen gegenüber adsorptionsfähig ist. Zum Beispiel werden Kohle, Kieselgur, Bleicherden usw. häufig als Träger benutzt, besitzen aber nur ein recht geringes Adsorptionsvermögen für Gase. Trotzdem kann man mit ihnen Flüssigkeiten entfärben, weil sie die hochmolekularen Verunreinigungen vorzugsweise adsorbieren. Nach gewissen Forschern[1] sollen solche Träger in einem Katalysator die Aufgabe erfüllen, die Verunreinigungen zu adsorbieren, die sich als Nebenprodukte bilden, und sollen so die Vergiftung des Katalysators verhindern. So soll z. B. bei der Benzinsynthese nach FISCHER und TROPSCH der Träger (im allgemeinen Kieselgur) das gebildete höher molekulare Paraffin adsorbieren und festhalten und so das katalysierende Metall wenigstens eine Zeitlang rein und wirkungsfähig erhalten.

Bei der Hydrierung flüssiger Brennstoffe soll der Träger die asphalt- und bitumenartigen, schwer reduzierbaren Stoffe adsorbieren. In diesem Falle könnte er aber dadurch, daß er diese Stoffe in eine erzwungene und direkte Berührung mit dem Katalysator bringt, auch den Angriff durch Wasserstoff erleichtern. Er hätte dann nicht mehr allein eine dispergierende Wirkung auf den Katalysator, sondern auch eine helfende. Aber hier sind wir natürlich immer noch auf dem Boden von Hypothesen, deren Wahrheitsgehalt noch nicht experimentell festgestellt werden konnte.

Jedenfalls aber erhöht auch ein Träger wie ein Verstärker das *Adsorptionsvermögen* des Hauptkontaktstoffs. So geht z. B. aus Versuchen von GAUGER und TAYLOR[2] hervor, daß Nickel auf Kieselgur eine zehnmal größere Adsorptionskapazität besitzt als trägerfreies Nickel bei gleichem Nickelvolumen. Es ist indessen bei solchen Versuchen schwierig, den Teil der Adsorption, der dem Träger angehört, von dem des Katalysators zu trennen, und das ist vielleicht der Grund dafür, daß Adsorptionsversuche an Trägerkontakten nicht eben zahlreich sind. Und auf der anderen Seite hat man gesehen, daß keine Proportionalität zwischen Adsorption und katalytischer Aktivität besteht, und es ist auch nicht erwiesen, daß die Adsorption durch den Träger günstig auf die Katalyse einwirkt. Allgemein ist festzuhalten, daß die *aktivierte* Adsorption, die für die Katalyse wesentlich von Bedeutung ist, gar nicht vom Träger, sondern vom *Katalysator* bestimmt wird.

Natürlich gelten diese Überlegungen nur für inaktive Träger und nicht für solche, die ihrerseits katalytisch wirksam sind und deshalb zur Reaktion beitragen oder aber mit dem Katalysator Verbindungen oder feste Lösungen eingehen und dann nicht mehr als Träger, sondern als Verstärker wirken. Das gilt z. B. für Katalysatoren aus Molybdänoxyd oder Vanadiumoxyd auf Aluminiumoxyd bei der „Reforming"-Reaktion, die wir später ausführlich betrachten werden.

b) Aktivierungsenergie bei Mischkontakten.

Versuche über die Aktivierungsenergien an Mischkontakten sind relativ selten wegen der Schwierigkeiten, denen sie grundsätzlich begegnen. Trotzdem beanspruchen sie großes Interesse, wenn auch die erhaltenen Resultate noch nicht

[1] F. MARTIN: Private Mitteilung.
[2] A. W. GAUGER, H. S. TAYLOR: J. Amer. chem. Soc. 44 (1923), 920.

für die Gesamtheit aller Katalysatoren verallgemeinert werden können. Aus den bisher ausgeführten Versuchen sieht man sofort, daß sich hinsichtlich der Aktivierungswärme durchaus nicht alle verstärkten Katalysatoren gleich verhalten. Die Versuche von SCHWAB und SCHULTES[1] sowie SCHWAB und STAEGER[2] über die Zersetzung von N_2O an Mischkatalysatoren zeigen, daß sowohl die Aktivierungsenergie q wie die Aktivität B der ARRHENIUSschen Gleichung

$$ln\, k = B - \frac{q}{RT}$$

im allgemeinen bei Mischkatalysatoren variabel sind. Häufig weichen sie ab von den Werten, die man nach dem Additivitätsgesetz aus den Werten der reinen Komponenten berechnen würde. Die Versuche, deren Resultate in Tabelle 6 angegeben sind, beziehen sich auf Katalysatoren, die durch mechanische Mischung gleicher Volumina der reinen Stoffe und nachfolgendes Erhitzen auf 600° dargestellt wurden.

Tabelle 6. *Aktivierungsenergie q und Aktivität B für die Spaltung von N_2O an verschiedenen Katalysatoren.* (Nach SCHWAB, STAEGER und SCHULTES.)

	CuO	MgO	ZnO	CdO	BeO	Al_2O_3	TiO_2
q	23,5	28,1	44,5	27,2	59,8	25,4	46,7
B	19,9	22,0	30,3	19,0	33,1	19,4	28,8

	CuO + Al_2O_3	CuO + CdO	CuO + TiO_2	CuO + BeO	CdO + BeO	CuO + MgO	CuO + ZnO	ZnO + MgO
q	29,1	29,5	26,3	35,0	32,7	21,6	24,4	31,0
	(24,5)	(25,3)	(35,1)	(41,6)	(43,5)	(25,8)	(34,0)	(36,3)
B	24,5	23,4	20,7	23,7	21,0	20,7	22,2	23,0
	(19,6)	(19,4)	(24,4)	(26,5)	(26,0)	(20,9)	(25,1)	(26,1)

Bei den Mischungen bedeuten die eingeklammerten Zahlen die Mittelwerte aus den Komponenten. Man sieht sofort, daß bei einigen Mischungen die Aktivierungsenergie größer ist als der Mittelwert und bei anderen kleiner. Dasselbe kann über die Aktivität gesagt werden. Wir können die Mischungen auch in zwei Gruppen einteilen: eine erste, wo eine Zunahme der Aktivität und gleichzeitig auch eine Zunahme der Aktivierungsenergie statthat. In diesen Katalysatoren hat man offenbar eine Verschlechterung der Wirksamkeit der aktiven Zentren, aber eine Zunahme ihrer Anzahl. Dies ist auch leicht vorstellbar bei der Mischung $CuO-Al_2O_3$, wo ja an der Oberfläche des Kontaktes die Bildung des Spinells $CuAl_2O_4$ begonnen haben kann. Die andere Gruppe enthält alle anderen Versuche, in denen sowohl die Aktivierungsenergie wie die Aktivitätskonstante herabgesetzt sind. Hier ist also die Zahl der aktiven Zentren verkleinert, aber ihre Wirkung verbessert.

SCHWAB prägt für diesen letzten Fall den Namen „synergetische Verstärkung" und behält den der „strukturellen Verstärkung" solchen Fällen vor, wo vor allem eine Sinterungsverhinderung statthat. Dies würde besonders bei der

[1] G.-M. SCHWAB, H. SCHULTES: Z. physik. Chem., Abt. B **9** (1930), 265; **25** (1934), 411.
[2] G.-M. SCHWAB, R. STAEGER: Z. physik. Chem., Abt. B **25** (1934), 418.

Mischung ZnO—CuO gelten, die, obgleich sie bei der Herstellung vorerhitzt wurde, eine Aktivität und Aktivierungsenergie ganz in der Nähe derjenigen des ungeglühten reinen Kupferoxyds besitzt, während dieses letztere in Abwesenheit von Zinkoxyd beim Vorerhitzen seine Aktivität durch Sinterung vermindert.

Daraus folgt, daß zur völligen Kennzeichnung eines Katalysators Messungen von Aktivität und Aktivierungsenergie in einem gegebenen Augenblick noch nicht genügen.

Die oben besprochenen Versuche haben aber für die Erkenntnis des Einflusses der Mischung zweier Oxyde auf den Wert der Aktivierungsenergie den Nachteil, daß sie an mechanischen Mischungen durchgeführt wurden. Dasselbe ist zu den Versuchen von Kostelitz und Hüttig[1] zu sagen, die Methanol zersetzen an Mischungen von CuO mit ZnO und Cr_2O_3 sowie von ZnO mit Cr_2O_3, die durch Mischen der Carbonate von Zink und Kupfer mit Chromoxyd und Erhitzen im Reaktionsofen dargestellt waren. Die Autoren haben zum Teil Ergebnisse gefunden, die mit denen von Schwab übereinstimmen. Nun können tatsächlich mechanische Mischungen, wenn sie einen basischen und einen sauren Bestandteil enthalten, beim Erhitzen auf hohe Temperatur unter Salzbildung reagieren, wobei Zwitterverbindungen entstehen. Wie zahlreiche Arbeiten von Hüttig und von Jander gezeigt haben, haben diese Zwischenverbindungen eine katalytische Wirkung, die deutlich von derjenigen der Komponenten wie auch derjenigen des Endprodukts der Salzbildung verschieden ist[2]. Ähnliche Erscheinungen können auch auftreten, wenn die beiden Oxyde feste Lösungen zu bilden vermögen.

Dem gegenüber steht aber die Tatsache, daß im allgemeinen Katalysatoren, die durch mechanische Mischung hergestellt wurden, schlechte Resultate gegeben haben[3]. Eine Ausnahme bilden einige Katalysatoren, im allgemeinen Mehrkatalysatorenkontakte, bei deren Herstellung unter anderem sehr häufig Wasser zum Anteigen verwendet wird, was die Bildung von Oberflächenverbindungen in Berührungszonen erleichtert. Wir haben schon im zweiten Kapitel gesehen, daß unter den am häufigsten zu erwähnenden Methoden der Herstellung sich die Umwandlung intimer Mischungen befand, die durch Schmelzen, Mitkristallisierung oder Mitfällung gebildet werden.

Jedoch sind nur wenige Katalysatoren dieser Art, die einen Außergitterverstärker enthalten, systematisch vom Gesichtspunkt der Aktivierungsenergie aus studiert worden. Einige Autoren haben zwar solche Messungen ausgeführt, aber es handelt sich meistens um vereinzelte Versuche, die wegen der Verschiedenheiten von Apparatur und Arbeitsweise nicht miteinander verglichen werden können. Zum Beispiel handelt es sich häufig um Hydrierungsversuche in flüssiger Phase, deren Kinetik weitgehend abhängig ist von der Einstellung des Gleichgewichts der Gasadsorption und daher von den Rührbedingungen.

Einige exakte Messungen wurden von Fricke und Wessing[4] an der Dehydratisierung von Isopropylalkohol an Mischungen von Aluminiumoxyd mit Berylliumoxyd ausgeführt. Es wurde nur eine leichte Verminderung der Aktivierungs-

[1] O. Kostelitz, G. F. Hüttig: Kolloid-Z. **67** (1934), 263. — O. Kostelitz: Kolloid-Beih. **41** (1935), 51.

[2] Zusammenfassende Arbeit von G. F. Hüttig: Z. Elektrochem. angew. physik. Chem. **41** (1935), 527 und theoretische Untersuchung von W. Jander, W. Scheele: Z. anorg. allg. Chem. **214** (1933), 55.

[3] Im Gegensatz dazu können gute Katalysatoren durch sehr starkes Zermahlen hergestellt werden, besonders wenn das Zermahlen soweit getrieben wird, daß eine Kristallgröße kleiner als 100 Å erreicht wird. Die I. G. Farbenindustrie hat gute Mischkontakte für die Methanolsynthese durch Zermahlen hergestellt (F.I.A.T. Final Report Nr. 888).

[4] R. Fricke, G. Wessing: Z. Elektrochem. angew. physik. Chem. **49** (1943), 274.

energie beim Zusatz kleiner Mengen von Berylliumoxyd (maximal bis zu gleichen Mengen beider Oxyde) gefunden. HERBO und HAUCHARD[1] haben solche Messungen an dem System Ni—BeO durchgeführt und dabei gefunden, daß sich die Aktivierungsenergie bei Variation der Zusammensetzung nicht ändert. NATTA[2] hat neu gefunden, daß bei der Methanolsynthese die Aktivierungsenergie an ZnO allein und an ZnO—Cr_2O_3 gleich ist. Diese Versuche sowie die von SCHWAB und KARATZAS[3] über Chloridmischungen, von denen wir binnen kurzem sprechen werden, erwecken den Eindruck, daß bei Außergitterverstärkern keine synergetische Verstärkung stattfindet. Jedoch würde diese Behauptung noch vieler weiterer Bestätigungen bedürfen.

Auf der anderen Seite liegen interessante Ergebnisse für Katalysatoren mit *Innengitterverstärkern* in fester Lösung sowohl zwischen Metallen wie zwischen Oxyden vor. Arbeiten von RIENÄCKER und Mitarbeitern[4] über feste Lösungen von Metallen (die später genauer besprochen werden, s. S. 488 ff.), Arbeiten von ECKELL[5] über die festen Lösungen Fe_2O_3-Al_2O_3 (s. vorhergehendes Kapitel, S. 440) und auch die Arbeit von RIENÄCKER, BIRCKENSTAEDT und BURMANN[6] über die Mischung ThO_2-CeO_2 (s. S. 532) zeigen, daß in den meisten Fällen sich bei Bildung einer festen Lösung die Aktivierungsenergie vermindert. In einzelnen findet RIENÄCKER[4], daß bei einer geordneten festen Lösung, wie man sie nach langem Tempern erhält, die Herabsetzung größer ist und sogar auch in Fällen auftritt, wo die ungeordnete Lösung keine Herabsetzung der Aktivierungsenergie erkennen läßt (Beispiel: Legierungen Cu-Pd).

Auch SCHWAB und KARATZAS[3] haben diese Herabsetzung durch Bildung fester Lösungen und auch von Komplexverbindungen aufgezeigt. Sie arbeiteten mit binären Mischungen aus den drei Chloriden $BaCl_2$, $PbCl_2$ und $MnCl_2$ in der Abspaltung von Chlorwasserstoff aus Äthylchlorid. Von diesen binären Mischungen bildet die aus $PbCl_2$ und $MnCl_2$ ein Eutektikum, die aus $BaCl_2$ und $MnCl_2$ eine Verbindung $BaMnCl_4$ und die aus $BaCl_2$ und $PbCl_2$ Mischkristalle in jedem Verhältnis. Tabelle 7 gibt die Ergebnisse der Autoren wieder, und man sieht, daß bei Bildung der festen Lösung und der Verbindung eine Herabsetzung der Aktivierungsenergie und der Aktivitätskonstante (Konstante B der ARRHENIUSschen Gleichung) eintritt, daß aber bei dem Eutektikum einfache Additivität für Aktivierungsenergie und B-Konstante gilt.

Wenn auch diese Versuche noch auf eine kleine Zahl möglicher Fälle beschränkt sind, so kann man sie doch mit den Überlegungen des vorigen Kapitels über die

---

[1] C. HERBO, V. HAUCHARD: Bull. Soc. chim. Belgique **55** (1946), 177.

[2] G. NATTA, P. CORRADINI: Proceedings of the International Symposium on the Reactivity of Solids, S. 619. Göteborg, 1953. — G. NATTA: J. Chim. physique **51** (1954), 702.

[3] G.-M. SCHWAB, A. KARATZAS: J. physic. Colloid Chem. **52** (1948), 1053.

[4] G. RIENÄCKER: Z. anorg. allg. Chem. **227** (1936), 353. — G. RIENÄCKER, U. W. DIETZ: Z. anorg. allg. Chem. **228** (1936), 65. — G. RIENÄCKER, F. A. BOMMER: Z. anorg. allg. Chem. **236** (1938), 263; **242** (1939), 302. — G. RIENÄCKER, G. WESSING, G. TRAUTMANN: Z. anorg. allg. Chem. **236** (1938), 252. — G. RIENÄCKER, H. BADE: Z. anorg. allg. Chem. **248** (1941), 45. — G. RIENÄCKER, H. HILLEBRANDT: Z. anorg. allg. Chem. **248** (1941), 52; Z. Elektrochem. angew. physik. Chem. **40** (1934), 487. — G. RIENÄCKER: Z. Elektrochem. angew. physik. Chem. **47** (1941), 805. — G. RIENÄCKER, R. BURMANN: J. prakt. Chem., N. F. **158** (1941), 95.

[5] J. ECKELL: Z. Elektrochem. angew. physik. Chem. **38** (1932), 918; **39** (1933), 307, 855.

[6] G. RIENÄCKER, M. BIRCKENSTAEDT, R. BURMANN: Z. anorg. allg. Chem. **262** (1950), 81; G. RIENÄCKER: Z. anorg. allg. Chem. **258** (1949), 280.

Deformation von Kristallgittern durch Einführung fremder Atome in Beziehung setzen und dann schließen, daß dort, wo Gitterstörungen oder Störungen in der Elektronendichte eines Kristallgitters auftreten, auch eine Verminderung der Aktivierungsenergie der katalytischen Reaktion statthat, also eine synergetische Verstärkung.

In diesem Betracht wäre es interessant, wenn man diese Herabsetzungen der Aktivierungsenergie mit den Abweichungen von der VEGARDschen Regel über die Abmessungen der Elementarzelle vergleichen könnte. Leider fehlen bis jetzt die notwendigen Daten für eine solche Rückprüfung.

RIENÄCKER[1] hat auch noch eine andere Art von Herabsetzung der Aktivierungsenergie durch einen Verstärker beobachtet, die unabhängig davon, ob es sich um einen Gitter- oder Außergitterverstärker handelt, nach ihm nur von *thermodynamischen* Tatsachen abhängt: Die Oxydation des Kohlenoxyds an Oxydmischungen ist verknüpft mit der Zunahme der Sauerstofftension über einem Hauptkontaktstoff, die durch einen Verstärker hervorgebracht wird. Zum Beispiel beobachtet man an dem Katalysator CuO-Al_2O_3 keine Erhöhung der Sauerstofftension des CuO und auch keine Änderung der Aktivierungsenergie, wie auch immer die Zusammensetzung des Kontaktes sei. An CuO-Cr_2O_3 hingegen, wo die Sauerstofftension zunimmt, weil die Reaktion

$$2\,CuO + Cr_2O_3 = Cu_2O \cdot Cr_2O_3 + \tfrac{1}{2}\,O_2$$

sich einzustellen strebt, beobachtet man eine Herabsetzung der Aktivierungsenergie bis zu einem Minimum bei 75 Molprozent CuO. Analog beobachtet man an dem System CeO_2-Al_2O_3 eine solche Herabsetzung bis zu einem Minimum bei 65 Molprozent Ce_2O_3. Hier steigt die Sauerstofftension des CeO_2 wegen des Bestrebens, in Ce_2O_3 überzugehen, das sich durch feste Lösung im Al_2O_3 stabilisieren kann. Umgekehrt findet RIENÄCKER im Gegensatz zu ECKELL, daß sich im System Al_2O_3-Fe_2O_3 die Aktivierungsenergie nicht vermindert. Vielmehr steigt sie ein wenig mit zunehmendem Aluminiumgehalt, und zwar deshalb, weil nach Bildung der festen Lösung das Gleichgewicht

$$Al_2O_3 \cdot Fe_2O_3 = 2\,FeO + Al_2O_3 + \tfrac{1}{2}\,O_2$$

nach links verschoben würde. In Wirklichkeit, abgesehen von der Diskrepanz zwischen den beiden Autoren, scheint es uns, daß auch in diesem Falle eine Zunahme des Sauerstoffdruckes wegen der Spinellbildung auftreten kann:

$$2\,Al_2O_3 + Fe_2O_3 = 2\,FeO \cdot Al_2O_3 + \tfrac{1}{2}\,O_2.$$

Dieser von RIENÄCKER studierte Fall der synergetischen Verstärkung ist aber ein wenig speziell und müßte erst noch an anderen Systemen (z. B. Hopcalit) und anderen Reaktionen bestätigt werden.

Was endlich den Träger betrifft, so ist wenig über Veränderungen der Aktivierungsenergie bekannt. Wo der Träger nur zum Tragen und Dispergieren des Katalysators dient, ohne die Phasengrenzerscheinungen zu beeinflussen, kann man voraussehen, daß keine Änderung der Aktivierungsenergie auftreten darf, es sei denn, es träten äußere Ursachen hinzu, wie Sinterung und dergleichen.

Dies bestätigt sich in den Versuchen von ZELINSKY und BALANDIN[2] über die Dehydrierung von Sechsringen zu aromatischen Kohlenwasserstoffen an Platin

---

[1] G. RIENÄCKER, M. BIRCKENSTAEDT, R. BURMANN: Z. anorg. allg. Chem. **262** (1950), 81; G. RIENÄCKER, R. BURMANN: Z. anorg. allg. Chem. **258** (1949), 280.

[2] N. D. ZELINSKY, A. A. BALANDIN: Z. physik. Chem., Abt. A **126** (1929), 267.

auf Kohle und auf Asbest. An beiden Kontakten ist die Aktivierungsenergie dieselbe; nur die Integrationskonstante B der ARRHENIUSschen Gleichung ändert sich. Wir werden dies in dem Kapitel über Trägerkontakte (S. 642) noch genauer sehen. Auf der anderen Seite können Änderungen der Aktivierungsenergie auch an gewissen Trägern auftreten, wenn diese eine ganz besondere Adsorptionsfähigkeit für die reagierenden Stoffe haben und so die Kinetik der Katalyse grundlegend verändern. In dieser Richtung wären gründlichere Untersuchungen von großem Interesse.

Tabelle 7. *Aktivität B und Aktivierungsenergie q für die Abspaltung von HCl aus Äthylchlorid an binären Mischungen aus $MnCl_2$, $BaCl_2$ und $PbCl_2$.*
(Nach SCHWAB und KARATZAS.)

	$MnCl_2$	$MnCl_2$-$BaCl_2$ Verbindung $MnBaCl_4$	$BaCl_2$	$BaCl_2$-$PbCl_2$ Mischkristall	$PbCl_2$	$PbCl_2$-$MnCl_2$ Eutektikum
q	39,0	13,0	27,0	22,0	37,0	38,0
B	13,0	4,2	8,4	7,0	11,9	12,8

5. Spezifität, Selektivität und Elektivität.

a) Allgemeines über Spezifität.

Eine Einteilung der verschiedenen Arten von Katalysatoren kann nach der ihnen gestellten Aufgabe erfolgen. Bei der praktischen Verwendung von Katalysatoren werden ihnen häufig ganz spezifische Aufgaben gestellt, die in vielen Fällen durch Benutzung geeigneter Mischkatalysatoren gelöst werden.

Bevor wir von diesem Standpunkt aus die Kennzeichen der Mischkatalysatoren untersuchen, wird es gut sein, sich allgemein die Begriffe Spezifität und Selektivität der Katalysatoren ins Gedächtnis zu rufen.

Die Spezifität beschränkt sich im allgemeinen nicht auf ein einzelnes chemisches Individuum als Katalysatorkomponente, sondern sie ist einer Gruppe von Stoffen gemeinsam, die in gewissen chemischen Eigenschaften Analogien aufweisen. Es gibt Klassen von Katalysatoren, die für gewisse bestimmte Reaktionen *spezifisch* sind, z. B. die Metalle der achten Gruppe und außerdem in untergeordnetem Maße Kupfer und Silber für Hydrierungs- und Dehydrierungsreaktionen. Einige von ihnen, und zwar speziell die, die instabile Oxyde oder Adsorptionsverbindungen mit Sauerstoff bilden können, sind auch spezifische Katalysatoren der Oxydation[1], z. B. Pt, Os, Rh, Ag.

---

[1] Man hat die Oxydation unter Einlagerung von Sauerstoff in das Molekül zu unterscheiden von der Dehydrierung unter Austritt von Wasserstoff (die nur in einem Nebensinne eine Oxydation ist).

Der erstgenannte Autor hat entsprechend die Hydrierung von der Reduktion abgegrenzt: „Es ist nicht möglich, zwischen Hydrierung und Reduktion organischer Verbindungen eine scharfe Grenze zu ziehen, da erstere an und für sich einen Reduktionsvorgang darstellt. Technisch jedoch bezeichnet man als Reduktionsprozesse diejenigen Reaktionen, bei welchen dem Molekül Sauerstoff unter Bildung von Wasser entzogen wird, oder z. B. solche, in welchen eine Aldehyd-, Keton- oder Alkoholgruppe zum Kohlenwasserstoff reduziert wird, während man als Hydrierung Reaktionen bezeichnet, welche eine Steigerung des Wasserstoffgehaltes zur Folge haben, wobei die Art der Bindung der Kohlenstoffatome im Molekül eine Veränderung erfährt, z. B. durch Sättigung einer Doppelbindung oder Spaltung einer langen Kette unter gleichzeitiger Bildung kürzerer gesättigter Ketten.“ (G. NATTA in EUCKEN-JAKOB: Der Chemie-Ingenieur, Bd. III, T. 4, S. 172.)

Oxydationskatalysatoren sind auch die Oxyde der Metalle mehrerer Wertigkeiten: MnO_2, V_2O_5, Ce_2O_3 usw.

Außerdem gibt es spezifische Klassen von Katalysatoren für Dehydratisierung und Hydratisierung, z. B. die Hydroxyde der mehrwertigen Metalle [$Al(OH)_3$, $Th(OH)_4$ usw.] oder die mehrbasischen Säuren [$Si(OH)_4$, H_3PO_4 usw.] oder die von ihnen abgeleiteten Oxyde oder Anhydride (Al_2O_3, SiO_2, ThO_2 usw.).

Die Halogenide von Metalloiden und von Metallen, deren Oxyde amphoteren Charakter tragen, sind spezifische Katalysatoren für die Polymerisation oder Alkylierung von Olefinen.

Die Spezifität eines Katalysators zeigt sich in bezug auf eine bestimmte Reaktionsart mehr oder weniger unabhängig von der Substanz, die der Katalyse unterliegt. Dies zeigt sich ganz deutlich bei Spaltungsreaktionen, die unter denselben Bedingungen in verschiedener Richtung verlaufen können (z. B. Dehydratation oder Dehydrierung).

Äthylalkohol kann z. B. an Aluminiumoxyd zu Äther oder Äthylen dehydratisiert oder an Kupfer zu Acetaldehyd dehydriert werden. Ameisensäure kann sich an dehydratisierenden Katalysatoren (H_3PO_4 und Al_2O_3) zu $CO + H_2O$ zersetzen, an dehydrierenden dagegen (stark wirksam Pt, Ni usw., schwach wirksam ZnO) zu $CO_2 + H_2$.

Diese Einteilung in Klassen von spezifischer Wirkung ist jedoch nicht absolut, sondern es gibt Katalysatoren mit mehreren spezifischen Wirkungen, die manchmal gleichzeitig, häufiger jedoch unter verschiedenen Reaktionsbedingungen hervortreten. Zum Beispiel sind Substanzen wie die Hydroxyde von Metallen veränderlicher Wertigkeit [$Ce(OH)_3$, $Cr(OH)_3$, $Sn(OH)_4$, $Mo(OH)_4$ usw.] oder ihre Entwässerungsprodukte gleichzeitig spezifische Katalysatoren der Hydratisierung (Dehydratisierung) und der Oxydation (oder Reduktion). Andere wieder (ZnO, MgO, MnO usw.) haben gleichzeitig dehydrierende und dehydratisierende Wirkung auf Alkohole[1].

b) Selektivität und Elektivität.

Innerhalb dieser Klassen von spezifischen Katalysatoren kann man jedoch noch Fälle einer noch größeren und schärferen Spezifität finden, die den Namen *Selektivität* und *Elektivität* führen mögen.

Einige katalytische Prozesse kommen durch eine Folge von Reaktionen des gleichen Typus (z. B. Hydrierungen) oder auch durch parallele Nebenreaktionen zustande[2], und normalerweise beschleunigt der Katalysator alle diese Reaktionen, um rasch zum Endprodukt zu gelangen: Zum Beispiel kommt man bei der Hydrierung des Acetylens im allgemeinen direkt zum Äthan, ohne Äthylen zu erhalten, und analog erhält man bei der Hydrierung von Verbindungen mit zwei Doppelbindungen das völlig gesättigte Produkt, ohne das halbgesättigte isolieren zu können; bei der Hydrierung einer Verbindung mit Carboxylgruppe und Doppelbindung erhält man gewöhnlich den zugehörigen gesättigten Alkohol usw.

Einige Katalysatoren sind aber imstande, nur eine der Folgereaktionen oder Nebenreaktionen vorwiegend oder sogar ganz beträchtlich vorwiegend zu beschleunigen und so den ganzen Vorgang wenigstens in der Hauptsache bei einem Zwischenstadium stehen zu lassen. So kann man bei den oben erwähnten Beispielen bei der Hydrierung von Acetylen große Mengen Äthylen erhalten, bei

[1] P. SABATIER, A. MAILHE: Ann. Chim. physique (8) **20** (1910), 341.

[2] Siehe z. B. in SCHWAB (G.-M. SCHWAB: Katalyse vom Standpunkt der Kinetik, S. 181, Berlin, 1931) die Unterscheidung von Folgereaktionen und Nebenreaktionen.

der Hydrierung von doppelt ungesättigten Verbindungen große Mengen der einfach ungesättigten und bei der Hydrierung ungesättigter Aldehyde als Hauptausbeute gesättigte Aldehyde oder ungesättigte Alkohole. Katalysatoren, die zu solchen Wirkungen befähigt sind, sollen *selektiv* genannt werden, und dieser spezielle Fall von Spezifität soll *Selektivität* heißen[1]. Die Selektivität kann einem Katalysator manchmal auch durch einfache Vergiftung aufgeprägt werden: Zum Beispiel können mit Schwefelverbindungen vergiftete Nickelkatalysatoren die Nitrogruppe des Nitrobenzols hydrieren, ohne den aromatischen Kern anzugreifen[2], und Nickelsulfid, das den größten Teil aller Hydrierungen nicht katalysiert, kann trotzdem zur selektiven Hydrierung eines Diolefins zum Olefin dienen[3].

Manchmal kann auch eine Selektivität lediglich dadurch erhalten werden, daß die *Aktivität* des Katalysators erheblich vermehrt (oder auch vermindert) wird, so daß die Reaktion bei viel tieferer (oder viel höherer) Temperatur auftritt, unter welchen Bedingungen es aus thermodynamischen Gründen viel wahrscheinlicher und deshalb viel leichter ist, die Reaktionsfolge an einem bestimmten Punkt festzuhalten oder unter verschiedenen Nebenreaktionen nur eine ablaufen zu lassen.

Es gibt andererseits Fälle, in denen einige Katalysatoren außerordentlich hervorstechende Selektivitätseigenschaften zeigen, nämlich dann, wenn unter vielen Katalysatoren, die alle für eine bestimmte Reaktionsart spezifisch und sogar für eine einzelne Reaktion partiell selektiv sind, einige Katalysatoren diese Selektivität in besonderem Maße zeigen, indem sie nur eine von verschiedenen Neben- und Folgereaktionen katalysieren und dies dermaßen, daß ganz oder fast *quantitative Ausbeuten* erhalten werden.

Von allen Katalysatoren zum Beispiel, die Kohlenmonoxyd oder Kohlendioxyd zu Kohlenwasserstoffen oder sauerstoffhaltigen Verbindungen hydrieren können (Ni, Fe, Co, Pt, Pd, Ru, Cu, ZnO usw.), sind nur Cu und ZnO oder ihre Mischungen imstande, Methanol quantitativ und praktisch ohne Nebenreaktionen zu erzeugen. Ähnlich können bei der Hydrierung von Furfurol nur Kupferchromit oder Mischungen Cr_2O_3-CuO Furfurylalkohol mit praktisch quantitativer Ausbeute liefern, ohne daß, wie bei allen anderen Hydrierungskatalysatoren,

---

[1] In einem andern Abschnitt dieses Handbuchs (SARTORI, Spezifität und Selektivität von Katalysatoren, Bd. VI, S. 190) wird den Ausdrücken „Selektivität" und „Spezifität" eine Bedeutung gegeben, die von der von uns gewählten abweicht.

Unter Selektivität wird dort und sonst die Eigenschaft eines Katalysators verstanden, eine bestimmte Reaktion bevorzugt vor anderen ebenfalls möglichen zu beschleunigen, und unter Spezifität die Eigenschaft, unter mehreren Stoffen, die alle in analoger Weise reagieren können, eine bestimmte zum Umsatz zu veranlassen.

In der Tat gibt es im praktischen Gebrauch stets Verwechslungen zwischen beiden Definitionen. Wir halten es im vorliegenden für richtiger, sowohl Selektivität wie Spezifität auf den Reaktionstyp und nicht auf die jeweilige Substanz zu beziehen. So gibt es spezifische Katalysatoren der Dehydratation, Oxydation, Hydrierung usw. Die Selektivität bedeutet dann eine Einschränkung oder Verfeinerung der Spezifität; ein selektiver Katalysator für die Überführung ungesättigter Säuren in ungesättigte Alkohole z. B. beschränkt seine hydrierende Wirksamkeit auf die Carbonylgruppe, ohne die Doppelbindung zu hydrieren.

Anmerkung des Herausgebers: Obgleich die oben angeführte SARTORIsche Definition die allgemein eingeführte in der katalytischen Chemie und Biochemie zu sein scheint, soll doch in vorliegendem Artikel die italienische Bezeichnungsweise der Autoren beibehalten werden. Das angeführte Beispiel ist natürlich ein Grenzfall; einen solchen Katalysator würde man auch nach SARTORI sowohl reaktionsselektiv wie gruppenspezifisch nennen können.

[2] K. YOSHIKAWA: Bull. Inst. physic. chem. Res. (Tokyo) **13** (1934), 54; Sci. Pap. Inst. physic. chem. Res. (Tokyo) **25** (1934), 235.

[3] J. ANDERSON, S. H. MCALLISTER, E. L. DERR, W. H. PETERSON: Ind. Engng. Chem. **40** (1948), 2295.

verschiedene sonstige Hydrierprodukte entstehen (Tetrahydrofurfurylalkohol, Methylfuran, Tetrahydromethylfuran, Furan usw.).

Diese ganz scharfen Fälle von Selektivität führen den Namen *Elektivität*, und die wenigen Katalysatoren, die sie hervorbringen, heißen elektiv.

c) Spezifität bei Mischkatalysatoren — Wechselverstärkung.

Die Anwendung des Begriffs der Spezifität auf Mischkatalysatoren und insbesondere auf die spezifische Wirkung der einzelnen Komponenten auf das Endprodukt führt hier dazu, drei typische Fälle zu unterscheiden:

a) Alle Komponenten haben eine spezifische katalytische Wirkung im gleichen Sinne. Das ist der Fall der *Wechselverstärkung.*

b) Alle Komponenten haben eine katalytische Wirkung, aber mit verschiedenen Spezifitäten: *Mehrkatalysatorenkontakte.*

c) Einige Komponenten sind katalytisch unwirksam: *verstärkte* Kontakte und *Trägerkontakte.*

Wir wollen jeden der drei Fälle getrennt untersuchen und mit dem ersten anfangen. Wir werden sehen, daß häufig der *Zusatz* einer anderen Verbindung zum Katalysator zu interessanten Erscheinungen der Selektivität oder Elektivität führen kann. Es ist jedoch gut, vorauszuschicken, daß man auf Grund unserer gegenwärtigen Kenntnisse keine Regeln von vornherein aufstellen kann, die vorauszusehen erlauben, wie sich bei Mischkatalysatoren die Selektivität oder Elektivität ändert. Auch im Falle b, der anscheinend der einfachste ist, weil er sich einfach durch die spezifische Wirkung der einzelnen Komponenten erklären lassen müßte, können unvorhergesehene Fälle von Selektivität oder Elektivität eintreten, z. B. wegen der Bildung von chemischen Verbindungen durch Reaktion im festen Zustand oder von Chemisorptions-Verbindungen. Wir werden uns deshalb darauf beschränken, die interessantesten der bis jetzt bekannten Fälle hier zu beschreiben.

Der einfachste und gebräuchlichste Fall ist die *Wechselverstärkung.* Wenn man in Mischkontakten zwei oder mehr Katalysatoren gleicher Spezifität zusammengibt, wird diese nicht vernichtet, sondern meistens vergrößert. Zum Beispiel sind Kupfer-Silber, Eisen-Nickel und ähnliche Paare gute Katalysatoren für Reduktion oder Dehydrierung. Wenn man Aluminiumoxyd mit Kieselsäure oder Thoriumoxyd vereinigt, so erhält man gute spezifische Katalysatoren für Wasserabspaltungen usf.

Im einzelnen bleibt die Aktivität des Kontakts erhalten, wenn man zwei elektive Katalysatoren kombiniert, z. B. in den Mischkatalysatoren Cu-ZnO für die Methanolsynthese.

Auch auf dem Gebiet der Trägerkontakte kann eine Erhöhung der spezifischen Wirkung eintreten, wenn man einen aktiven Träger verwendet, wie z. B. Kieselsäure, Kaolin und Bentonit als Träger für dehydratisierende Katalysatoren.

Höheres Interesse erwecken natürlich Fälle von Selektivität. Zuweilen stammt diese Selektivität von der Anwesenheit von *Hemmstoffen.* Wenn man z. B. Wassergas mit Kobalt konvertiert, das durch Reduktion eines mit anderen Oxyden zur Aktivierung zusammengeschmolzenen Oxydes erhalten wurde, so beobachtet man, daß der Katalysator besser ist, d. h. alterungsbeständiger, wenn nicht reduzierbare Oxyde (Al_2O_3, Cr_2O_3, MnO) zugegen sind. Bei reduzierbaren Zusatzoxyden beobachtet man aber wirkliche Selektivitäten. So begünstigt der Zusatz von Eisen in Mengen über 0,2% die Bildung von CH_4 nach der Reaktion

$$CO + 3H_2 = CH_4 + H_2O,$$

während Kupfer (bis zu 38%) die Methanbildung völlig unterbindet[1].

Eine hemmende Wirkung gewissen schädlichen Reaktionen gegenüber haben auch bestimmte Verstärker, die an der Katalysatoroberfläche adsorbiert werden. Zum Beispiel verhindert oder wenigstens vermindert Kaliumoxyd die Bildung von Methan bei der Konversion von Wassergas an Eisenoxyd unter Druck oder bei der Synthese von Sauerstoffverbindungen aus CO und H_2 an Eisen unter Hochdruck (Syntholgewinnung nach FISCHER[2]).

Ein anderer bemerkenswerter Fall ist die hemmende Wirkung des Eisens auf Platin[3]. Sie kann benutzt werden, um durch Hydrierung von Aldehyden Alkohole zu erhalten unter Bedingungen, wo Platin allein bis zum Kohlenwasserstoff hydriert. An dem mit Eisen versetzten Platin gehen aromatische Aldehyde in aromatische Alkohole über, während sie mit reinem Platin zu hydroaromatischen Alkoholen oder zu Kohlenwasserstoffen hydriert werden.

Zuweilen ist die selektive Wirkung sehr kompliziert. Das ist z. B. der Fall bei den Beobachtungen von NATTA, RIGAMONTI und BEATI[4] über die Hydrierung von Furfurol an Nickelkatalysatoren mit Wechselverstärkern. Zusatz von Eisen als Verstärker begünstigt die Bildung von Methylfuran, Zusatz von Kobalt und Kupfer diejenige der Amylenglykole, während Katalysatoren aus reinem Nickel nur Furfurylalkohol und Hydrofurfurylalkohol bilden (Tabelle 8).

Während nun Eisen die hydrierende Wirkung des Nickels bis zur Bildung des Kohlenwasserstoffs vermehrt, ohne indes den Furanring zu spalten, so öffnen obendrein Kupfer und Kobalt den Ring vor der völligen Hydrierung und üben so, verglichen mit reinem Nickel und mit Ni-Fe, eine selektive Wirkung aus. Analoge Selektivitäten sind bei der Hydrierung von Furfurol auch von anderen Autoren beobachtet worden, so von WILSON[5] und von BREMNER und KEEYS[6].

Ein sehr interessanter Fall von Selektivität wurde von HURST und RIDEAL[7] an Kupfer-Palladium-Katalysatoren bei der Oxydation von Mischungen aus CO und H_2 beobachtet. Ein Zusatz von kleinen Mengen von Palladium (bis zu 1,7%) beschleunigt die Verbrennung von CO im Vergleich zu H_2. Man hätte das Gegenteil erwartet, da ja Kupfer ein guter Katalysator für die Oxydation von CO ist, besser als Palladium. Das Maximum des Verhältnisses der Oxydationsgeschwindigkeiten von CO und von H_2 tritt bei 0,2% Palladium auf. Adsorptionsmessungen aus Mischungen zeigen, daß bei dieser Zusammensetzung auch das Verhältnis zwischen den adsorbierten Mengen beider Gase ein Maximum hat. Wie wir schon betonten, sind solche Fälle von Selektivität und Elektivität als Wechselverstärkung zu bezeichnen, und sie sind deshalb von beträchtlichem Interesse, weil sie diesen Begriff verflachen; der Zusatz eines Wechselverstärkers braucht nicht immer die katalytische Wirksamkeit zu steigern, sondern manchmal lenkt er sie nur nach einer besonderen Richtung.

---

[1] A. O. WHITE, Y. F. SCHULTZ: Ind. Engng. Chem. **26** (1934), 55.

[2] F. FISCHER, H. TROPSCH: Brennstoff-Chem. **4** (1923), 276; **5** (1924), 201, 217; Ber. dtsch. chem. Ges. **56** (1923), 2428.

[3] M. FAILLEBIN: C. R. hebd. Séances Acad. Sci. **175** (1922), 1077. — W. H. CAROTHERS, R. ADAMS: J. Amer. chem. Soc. **46** (1924), 1675.

[4] G. NATTA, R. RIGAMONTI, E. BEATI: Chim. e Ind. **23** (1941), 117; Atti 28 Riunione S. I. P. S. **3** (1939), 385.

[5] C. L. WILSON: J. chem. Soc. (London) **1945**, 61.

[6] J. G. M. BREMNER, R. K. F. KEEYS: J. chem. Soc. (London) **1947**, 1068.

[7] W. W. HURST, E. K. RIDEAL: J. chem. Soc. (London) **125** (1934), 685, 694.

d) Mehrkatalysatorenkontakte.

Wie schon gesagt, vereinigen sich in den Mehrkatalysatorenkontakten zwei Katalysatoren mit verschiedener spezifischer Wirkung zu einem Mischkontakt, der zwei parallele oder aufeinanderfolgende Reaktionen beschleunigen kann.

Ein typischer Fall sind die Katalysatoren für die Acetonbildung aus Äthylalkohol und Wasserdampf, die eine in Gegenwart von Wasserdampf oxydierende Komponente enthalten (z. B. Eisenoxyd) und eine dehydratisierende und kohlendioxydabspaltende (z. B. ein Carbonat eines Erdalkalimetalls).

Tabelle 8. *Druckhydrierung (200÷250 atm) von Furfurol.* (Nach Natta, Rigamonti und Beati.)

Katalysator	Reaktionszeit: Stunden	Temperatur: °C	Reaktionsprodukte in Molprozent vom Furfurol				
			Furfurylalkohole	Amylenglykole	Amylalkohole	Methylfuran u. Tetrahydromethylfuran	Hochsiedende Produkte
Raney-Ni	4	250°	53,3	15,8	3,8	5,6	3,3
Ni a. Kieselgur	7	250°	51,4	5,55	Spuren	Spuren	5
	8	300°	19,9	13,4	17,65	14,95	nicht gemessen
Ni-Cr_2O_3	2	250°	77,7	5,2	Spuren	Spuren	—
	3	300°	71,2	7,8	Spuren	Spuren	—
Ni-Fe (4 : 1) ...	8	250°	39,2	2,3	5,15	35,8	—
	7,5	350°	35,4	9,9	16,7	25,0	—
Fe-Ni (4 : 1)...	8,5	250°	40,6	13,7	2,5	20,6	—
	7	350°	18,1	7,85	11,45	49,6	—
Cu-Fe (4 : 1) ..	6	250°	56,0	14,5	2,6	2,85	—
	6	300÷350°	15,0	15,85	7,65	33,0	—
Fe-Cu (4 :1) ..	6	270°	45,2	18,5	5,15	12,45	—
	6	350°	16,5	26,4	8,4	31,6	—
Ni-Cu (4 :1) ...	7	250°	18,1	21,4	5,15	14,95	10,0
	3,5	300°	15,35	12,7	20,7	27,4	nicht gemessen
Ni-Co (4 : 1)...	4	250°	23,4	28,5	6,45	12,45	—
	3	350°	10,55	3,9	13,85	39,0	—
Cu-Ni (4 : 1) ..	6	150°	29,8	35,4	7,65	14,8	—
	6	250°	11,6	12,7	25,65	27,2	—

Ein sehr wichtiger Fall liegt bei der Herstellung von Butadien aus Alkohol vor, wo man dehydratisierende Katalysatoren (Aluminiumoxyd, Kieselsäure), stark (Kupfer, ZnO) oder auch schwach (MgO) dehydrierende und kondensierende (MgO, SiO_2) Katalysatoren kombiniert. Die kombinierte Wirkung dieser Katalysatoren erlaubt es, den Alkohol zum Aldehyd zu dehydrieren und diese Produkte zum Butadien zu kondensieren und zu dehydratisieren.

Andere Beispiele werden wir in Kap. IV, S. 725 ff., beschreiben. Hier können wir nur zeigen, wie solche Mischungen von Katalysatoren selektiv und elektiv wirken, ohne Betracht, ja sogar gegen die Erwartung der thermodynamischen Voraussagen, in dem Sinne, daß nicht immer die Reaktionen, die mit der größten Abnahme an freier Energie verbunden sind, am wahrscheinlichsten sind. Von diesem Standpunkt aus ist der erwähnte Fall der *Butadiendarstellung* besonders interessant. Die komplexe Mischung der Produkte (Kohlenwasserstoffe, Alkohole, Aldehyde, Äther usw.), die neben dem Hauptprodukt entstehen und über die wir in Kap. IV sprechen werden, zeigen schon die Kompliziertheit der Neben- und Folgereaktionen, die auftreten können. Die Verwendung geeigneter Mischungen von SiO_2 und MgO führt zu Ausbeuten von nahezu 60 Molprozent an dem Hauptprodukt Butadien, was eine echte selektive und elektive Wirkung des Kontakts bedeutet. Mit gewissen Kieselsäurekatalysatoren von kleinem Prozentgehalt an Tantaloxyd[1] erreichen die Ausbeuten 80%. Auch diese Katalysatoren können als elektiv bezeichnet werden. Dies ist hier gerechtfertigt, obgleich wir keine quantitative Ausbeute an Butadien erhalten, weil zahllose Katalysatoren Alkohol zu Äthylen dehydratisieren und zu Aldehyd dehydrieren können, jedoch nur die Mischungen SiO_2-Ta_2O_5 unter gleichen Druck- und Temperaturbedingungen Butadien bei weitem als Hauptprodukt entstehen lassen.

e) Verstärkte Kontakte und Trägerkontakte.

Die Einführung eines Einfachverstärkers verändert im allgemeinen die Spezifität eines Katalysators *nicht*.

Man hat jedoch eine gewisse Veränderlichkeit durch Träger beobachtet, wenn der Katalysator in ganz dünner Schicht nahezu einmolekular niedergeschlagen ist, so daß die Ionen des Trägers eine stark deformierende Wirkung auf die Ionen des Katalysators oder eine orientierende auf die adsorbierte Schicht ausüben können. Wir haben hierzu bereits die Versuche von ADADUROW[2] über die Zersetzung von Äthylalkohol an Zinkoxyd und von Ameisensäure an Bleioxyd in massivem Zustand und auf Kohle erwähnt. Im zweiten Fall verwandelt sich in sehr dünnen Schichten die dehydrierende Wirkung dieser Oxyde in eine dehydratisierende.

Häufig vergrößert oder bestimmt der Zusatz eines Verstärkers die *Selektivität* des Kontakts. Man denke hierbei an Katalysatoren aus Eisen, Kobalt oder Nickel, die mit ThO_2-MnO_2 usw. verstärkt sind, wie sie bei der FISCHER-TROPSCH-Synthese verwendet werden. Es handelt sich da um einen interessanten und besonders wichtigen Fall, auf den wir im folgenden noch zurückkommen werden[3].

Eine andere Selektivitätserscheinung haben KUBOTA und YAMANAKA[4] bei der Reaktion von Methan mit Wasserdampf bei 1000° an mit Metalloxyden aktiviertem Nickel aufgefunden. Sie wollen gefunden haben, daß die Reaktion je nach dem zugesetzten Oxyd vorwiegend in Richtung auf CO oder auf CO_2 verläuft; das Verhältnis $CO_2 : CO$ soll ein Maximum am Aluminiumoxyd und ein Minimum am Zinkoxyd erreichen. Dieses Ergebnis ist jedoch sehr überraschend, wenn man denkt, daß bei 1000° die thermodynamischen Gleichgewichtsbedingungen die Zersetzung glatt zugunsten der Bildung von CO anstatt CO_2 verschieben, wenn man nicht mit einem gewaltigen Dampfüberschuß oder mit einem Temperaturgefälle im Katalysenrohr arbeitet.

---

[1] B. B. CORSON, H. E. JONES, C. E. WELLING, J. A. HINCKLEY, E. E. STAHLY: Ind. Engng. Chem. **42** (1950), 359.

[2] I. J. ADADUROW, P. J. KRAINI: J. physic. Chem. URSS **5** (1934), 1132. — I. J. ADADUROW: J. physic. Chem. URSS **5** (1934), 1139.

[3] Siehe z. B. die Schlußfolgerung von ROBINET über die Katalysatoren bei der Benzinsynthese nach FISCHER-TROPSCH: Chim. et Ind. **47** (1942), 480.

[4] B. KUBOTA, T. YAMANAKA: Bull. chem. Soc. Japan **4** (1929), 211; Sci. Pap. Inst. physic. chem. Res. (Tokyo) **14** (1930), 26.

Die Kohlendioxydbildung nimmt in folgender Reihe von Oxyd zu Oxyd ab: Al_2O_3, ZrO_2, ThO_2, BeO, Cr_2O_3, Fe_2O_3, SiO_2, WO_3, MnO_2, CeO_2, SnO_2, CdO, CaO, MgO, CuO, ZnO.

Weil diese Oxyde Hydratisierungskatalysatoren sind und ihre Wirksamkeit in der angegebenen Reihenfolge abnimmt, so vermuten wir, daß es sich eher um eine auf die eigentliche Katalyse folgende Wirkung der Oxyde auf die Reaktion

$$CO + H_2O = CO_2 + H_2$$

handelt und nicht um eine Lenkung der Nickelwirkung in Richtung auf die Reaktion

$$CH_4 + 2H_2O = CO_2 + 4H_2.$$

Immerhin können Selektivitätsfälle wie der soeben genannte eher als Fälle von Mehrkatalysatorenkontakten anstatt von verstärkten Kontakten betrachtet werden.

Besonders interessant ist die *induzierte Selektivität* gewisser Hydrierungskatalysatoren in dem Sinne, daß die Hydrierung von Acetylenbindungen bei Äthylenbindungen stehenbleibt.

Tatsächlich können gewisse Träger in dieser Richtung wirken. So hat z. B. YOSHIKAWA[1] beobachtet, daß massives Nickel Acetylen zu Äthan hydriert, daß aber mit Nickel auf Kieselgur die Hydrierung beim Äthylen mit 90%iger Ausbeute an diesem stehenbleibt. Er erklärt dies durch die Annahme, daß die Hydrierungswärme bei der Äthylenbildung neue Aktivzentren des Nickels aktivieren kann und so die Weiterhydrierung des Äthylens erleichtert, jedoch nur dann, wenn das Nickel nicht fein verteilt ist. In diesem Falle soll die Reaktionswärme größtenteils durch den Träger aufgenommen werden.

Auch mit kolloidalem Palladium in Gegenwart von Wasser konnte man beobachten, daß die Hydrierung der Acetylenbindungen bei den Äthylenbindungen stehenbleibt[2]. In diesem Falle hat das vom Katalysator adsorbierte Wasser möglicherweise einen hemmenden Einfluß auf die Weiterhydrierung des Äthylens zum Äthan. Einen analogen Effekt erhält man bei Palladium, das auf einem geeigneten Träger (Kieselgel) fein verteilt ist; dieser Katalysator ist auch während des letzten Krieges von deutscher Seite[3] technisch verwendet worden.

NATTA und PARRAVANO[4] haben dagegen die selektive Hydrierung des Acetylens zum Äthylen mit verstärkten Katalysatoren erreicht, indem sie die Produkte der Teilreduktion von Chromiten, Molybdaten, Silikaten, Oxyden usw. von Nickel, Kobalt und Eisen verwandten. Die Ausbeuten an Äthylen waren jedoch wegen der Polymerisation des gebildeten Äthylens infolge des Vorhandenseins von mehrwertigen Metalloxyden nicht sehr günstig. BOVEN, HOWLETT und WOODS[5]

---

[1] K. YOSHIKAWA: Bull. chem. Soc. Japan **7** (1932), 201.

[2] C. PAAL, W. HARTMANN: Ber. dtsch. chem. Ges. **42** (1909), 3930. — C. PAAL, C. HOHENEGGER: Ber. dtsch. chem. Ges. **48** (1925), 275. — J. S. SALKIND, M. V. WISHNYAKOW, L. N. MOREW: Chem. J. Ser. A, J. allg. Chem. **3** (1933), 91. — M. BORGUEL, V. GREDY: C. R. hebd. Séances Acad. Sci. **189** (1929), 757, 909, 1083. — M. BORGUEL, V. GREDY, H. ROUBACH: Bull. Soc. chim. France (4) **49** (1931), 897.

[3] J. PIRIE: Ind. Chemist **24** (1948), 231.— T. TIMELL: Tekn. Tidskr. **76** (1946), 576.

[4] G. NATTA, G. PARRAVANO: It. Pat. 397 287 vom 4. April 1942 und 409 012 vom 2. Juni 1943.

[5] B. E. V. BOVEN, J. HOWLETT, W. L. WOODS: J. Soc. chem. Ind. **69** (1950), 65.

hinwiederum haben für denselben Zweck mit Erfolg einen Katalysator benutzt, der anscheinend schon während des letzten Krieges von den Deutschen studiert wurde und aus einem sehr chromoxydreichen ($Cr_2O_3 : Ni = 95 : 5$) und reduzierten Nickelchromit bestand. Der Mechanismus, auf Grund dessen man in diesem Falle die Selektivität erklärt, ist wahrscheinlich derselbe, den schon YOSHIKAWA für seine Nickelkatalysatoren auf Kieselgur in Anspruch nahm: wegen der beträchtlichen Menge von Verstärker und der unvollständigen Reduktion des Katalysatormetalles sind die aktiven Zentren sehr verteilt und weit voneinander entfernt, und so entsteht die Möglichkeit, daß die Äthylenmolekel desaktiviert und vom Katalysator desorbiert werden kann. So vermindert sich die Gefahr, daß adsorbierte Wasserstoffmolekeln mit soeben gebildetem Äthylen in Reaktion treten, wenn dieses als Aktivierungsenergie noch die bei der Hydrierung entstandene Wärme enthält. Es ist also sehr wahrscheinlich, daß auch die von YOSHIKAWA benutzten Katalysatoren nicht völlig durchreduziert waren; es ist sehr unwahrscheinlich, daß die Verteilung des Nickels auf einem Träger so weit geht, daß in jedem Korn nur ein einziges Aktivzentrum sitzt, es sei denn, die Nickelmenge auf dem Träger wäre äußerst gering.

Es ist NATTA, RIGAMONTI und TONO[1] auch gelungen, mit Kupferchromiten, Mischchromiten von Kupfer und Zink und Nickel und Zink, die teilweise reduziert waren, Butadien selektiv zu Butylen zu hydrieren, also nur eine Doppelbindung zu sättigen.

GAVAT[2] konnte bei der *Chlorierung* von Olefinen die Bildung von höher als die Dichlorderivate gechlorten Verbindungen fast völlig ausschalten, indem er mit eisenhaltigem Bauxit arbeitete. Wahrscheinlich finden auch seine Versuche ihre Erklärung in der bei diesem Katalysator leichteren Dissipierung der Reaktionswärme.

Auch bei den *Nebenreaktionen* gibt es einige Fälle von Erhöhung oder Neuschaffung einer Selektivität durch Verstärker. Zum Beispiel haben RAPOPORT und BLYUDOW[3] beobachtet, daß bei der Reaktion zwischen CO und H_2 reines Nickel bei 270° fast ausschließlich zur Bildung von Methan führt, daß aber ein Zusatz von Mangan- oder Aluminiumoxyd die Zersetzung des Kohlenmonoxyds nach

$$2\,CO = C + CO_2$$

begünstigt. Dies konnte allerdings von BOOTH, WILKINS, JOLLEY und TEBBOTH[4] nicht bestätigt werden; sie fanden, daß die Kohleabscheidung auf dem Katalysator durch Al_2O_3 oder MgO verzögert wird. Nach CHAKRAVARTY[5] begünstigt auch ein Zusatz von K_2CO_3 die Zersetzung des Kohlenoxyds.

Von der Selektivität bei der FISCHER-TROPSCH-Reaktion haben wir oben schon gesprochen.

Selektivität in der *Dehydrierung und Dehydratisierung* von Alkoholen an verstärkten Katalysatoren ist z. B. von GERSHBEIN, PINES und IPATIEFF[6] beobachtet worden. Sie arbeiteten mit Isopropylalkohol auf einem mit 2% Fremdoxyd verstärkten Zinkoxyd. Solche und ähnliche Fälle sind reichlich in der Literatur, und es wäre zu weitläufig, sie zu besprechen.

---

[1] G. NATTA, R. RIGAMONTI, P. TONO: Chim. e Ind. **29** (1947), 235.

[2] J. GAVAT: Ber. dtsch. chem. Ges. **76** B (1943), 1115.

[3] I. B. RAPOPORT, A. BLYUDOW: Chem. festen Brennstoffe **5** (1934), 625.

[4] N. BOOTH, E. T. WILKINS, L. J. JOLLEY, J. A. TEBBOTH: Gas Research Board Comm. GRB **21** (1945). — F. J. DENT, L. A. MOIGNARD, A. H. EASTWOOD, W. H. BLACKBURN, D. HEBDEN: Gas Research Board Comm. GRB **20** (1945).

[5] K. M. CHAKRAVARTY: Z. anorg. allg. Chem. **237** (1938), 381.

[6] L. L. GERSHBEIN, H. PINES, V. N. IPATIEFF: J. Amer. chem. Soc. **69** (1947), 2888.

Manchmal hängt aber die Selektivität von der besonderen *chemischen Natur* des Verstärkers ab. So hat man bei Versuchen von ADKINS und KRSEK[1] über die Hydrierung von 2-Naphthol zu Tetrahydronaphthol an RANEY-Nickel oder Nickel auf Kieselgur folgendes beobachtet: In Abwesenheit von Alkali erfolgt die Hydrierung vorwiegend in dem Benzolring, der nicht die Hydroxylgruppe trägt. Wenn man aber kleine Mengen Natriumhydroxyd, bis herab zu 2% des Katalysators, zusetzt, dann wird plötzlich vorwiegend der andere Ring hydriert (Tabelle 9). Wie wir später in dem Kapitel „Oberflächenverstärker" (S. 481 f.) sehen werden, ist es sehr wahrscheinlich, daß das Alkalihydroxyd, insbesondere in Gegenwart eines Restes von Aluminium, auf der Oberfläche des Katalysators adsorbiert wird und daß es in dieser Lage seinerseits eine Adsorption der phenolischen Gruppierung und damit deren leichtere Hydrierung verursacht.

Tabelle 9. *Hydrierung von Naphthol mit Nickelkatalysatoren unter Verstärkung durch NaOH.* (Nach ADKINS und KRSEK.)

Katalysator	t°	Dauer in min	Ausbeute in %	
			Alkohol	Phenol
RANEY-Nickel	65	90	9	87
desgl. + 2% NaOH	65	90	23	61
desgl. + 24% NaOH	65	90	65	19
Nickel auf Kieselgur	130	30	21	65
desgl. + 24% NaOH	130	30	68	8

Es ist festzuhalten, daß die Selektivität eines Katalysators in vielen Fällen stark von den *Arbeitsbedingungen* abhängt. Manchmal kann die Selektivität sogar einfach durch die Verwendung verschiedener Temperaturen oder Gasdrucke bestimmt werden. So zeigten z. B. Versuche von CARMODY[2] über die Hydrierung von Polyinden (Abb. 9), daß mit RANEY-Nickel bei hohem Wasserstoffdruck und hoher Temperatur völlige Hydrierung des Produktes eintritt, mit den Oxyden von Cu, Fe oder Ni allein oder verstärkt mit Chrom- oder Magnesiumoxyd bei tiefen Drucken und niedriger Temperatur man aber nur eine Hydrierung der Doppelbindungen in Zone *1* erhält. Mit dem einen oder anderen Katalysator ist es aber möglich, die Reaktion so zu führen, daß man nur die Doppelbindungen der Zone *1* und *2* hydriert, indem man Temperatur und Wasserstoffdruck geeignet einstellt.

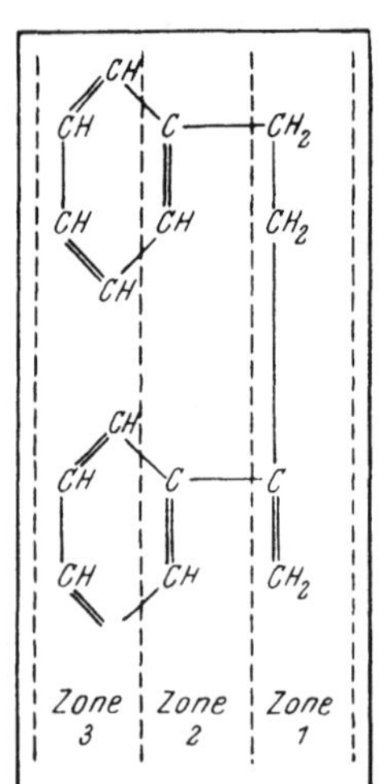

Abb. 9. Verschiedene Angriffszonen bei der Hydrierung der Polyindene. (Nach CARMODY.)

Gewisse Katalysatoren, wie die Metalle der achten Gruppe, die bei tiefen Temperaturen spezifisch und selektiv für Hydrierung und Dehydrierung sind, verlieren bei erhöhter Temperatur ihre Selektivität. Zum Beispiel ist es bei der Dehydrierung von *Kohlenwasserstoffen* (Butylen zu Butadien, Äthylbenzol zu Styrol usw.) nicht möglich, Metalle der achten Gruppe zu verwenden, wie man sie etwa bei der Dehydrierung von Cyclohexan zu Benzol benutzt. Weil man nämlich aus thermodynamischen Gründen bei hohen Temperaturen (650÷700°) arbeiten muß, üben sie auch

[1] H. ADKINS, G. KRSEK: J. Amer. chem. Soc. **70** (1948), 412.
[2] W. H. CARMODY: Ind. Engng. Chem. **34** (1942), 74.

eine *krackende* Wirkung aus und führen so zur Spaltung von C-C-Bindungen und zur Bildung von Ruß. Man benutzt deshalb sanftere Dehydrierungskatalysatoren, wie Zinkoxyd, Chromoxyd usw. und deren Mischungen.

Manchmal kann ferner die Selektivität eines Katalysators von der *angewandten Menge* abhängen. Dies scheinen z. B. die Hydrierungsversuche an Cis-Trans-Verbindungen und ungesättigten Aldehyden und Ketonen zu beweisen, die CSUROS[1] ausgeführt hat.

Eine besonders interessante, auf den Träger zurückzuführende Selektivität wurde von SCHWAB, ROST und RUDOLPH[2] bei der Dehydratisierung und Dehydrierung der *optischen Isomeren* von Alkoholen an dünnsten Schichten von Metallen beobachtet, die auf rechts- oder linksdrehendem Quarz niedergeschlagen waren. Die Reaktion verläuft unter Bevorzugung eines der beiden optischen Antipoden (Tabelle 10).

Tabelle 10. *Dehydrierung und Dehydratisierung von sekundärem Butylalkohol an Metallen auf rechtsdrehendem Quarz.* (Nach SCHWAB, ROST und RUDOLPH.)

	Cu	Ni	Pt
Dehydratisierung	links	links	—
Dehydrierung	rechts	links	links

Indessen haben wir schon vermutet und gezeigt, daß die von der Anwesenheit eines Verstärkers (Einfach- und Wechselverstärker) oder Trägers hervorgebrachte Selektivität und Elektivität verschieden sein kann und nicht immer vorauszusehen ist. Es ist nicht möglich, hierfür Gesetze oder Regeln anzugeben. Andererseits ist das systematische Versuchsmaterial über diese Frage noch zu spärlich, um daraus Schlüsse oder wenigstens qualitative Regeln abzuleiten. Es sind schon einige Versuche in dieser Richtung gemacht worden, aber im Augenblick fehlen noch genügende experimentelle Beweise.

6. Einteilung der Mischkatalysatoren.

Es gibt bis jetzt noch keine Einteilung der Mischkatalysatoren, die vollkommen zufriedenstellend wäre und alle die zahlreichen Arten von Mischkatalysatoren so berücksichtigt, daß sie ganz allgemein auf die Konstitution der Katalysatoren eingestellt ist, unabhängig von dem Reaktionstypus. Eine solche systematische Einteilung ist zweifellos schwierig, weil man ja sagen kann, daß es keinen Stoff gibt, der nicht bei irgendeiner Reaktion katalytisch wirkt. Das Problem vereinfacht sich, wenn man als Katalysatoren nur solche Systeme betrachtet, die eine außerordentlich *erhöhte* katalytische Wirksamkeit zeigen.

Es folgt dann aus der Betrachtung einer sehr großen Zahl von Mischkatalysatoren, daß es typische Fälle gibt, in denen die vorhandenen Komponenten in einer besonderen Weise miteinander verknüpft sind.

Eine erste Einteilung kann auf Grund der *Grobstruktur* gemacht werden.

---

[1] Z. CSUROS: Müegyetemi Közlemények **1947**, 110. — Z. CSUROS, K. ZECH, I. GÉKZY: Hung. Acta chim. **1** (1946), 1. — Z. CSUROS, K. ZECH, T. PFLIEGEL: Hung. Acta chim. **1** (1946), 24.

[2] G.-M. SCHWAB, F. ROST, L. RUDOLPH: Kolloid-Z. **68** (1934), 157.

Wie wir schon früher betont haben, kann man die Mischkatalysatoren in drei Hauptklassen einteilen:

1. Verstärkte Katalysatoren (verstärkte Kontakte),
2. Katalysatoren auf Trägern (Trägerkontakte),
3. Mehrkatalysatorenkontakte.

Zur ersten Klasse gehören alle Katalysatoren, bei denen sich größere oder kleinere (oder manchmal ganz kleine) Mengen von Stoffen (Verstärkern) vorfinden, die durch ihre Anwesenheit die katalytische Wirksamkeit des Hauptbestandteils des Katalysators (des Hauptkontaktstoffs) erhöhen. Auch haben wir schon gesehen, daß die Verstärker unterteilt werden können in *einfache Verstärker* und *Wechselverstärker*, je nachdem, ob sie allein katalytische Eigenschaften bei der betrachteten Reaktion haben oder nicht, man kann auch einteilen in *chemische Verstärker* und *strukturelle Verstärker*, je nachdem, ob sie den Hauptkontaktstoff verstärken, ohne seine spezifische Oberfläche zu vergrößern oder unter beachtlicher Vergrößerung.

Wir haben jedoch allen solchen Einteilungen eine andere vorgezogen, die auf der *Form* beruht, in der der Verstärker sich im Katalysator *verteilt* befindet, insofern als seine Wirkung auf den Kontakt vorwiegend auf dieser Verteilungsart beruht.

Unter diesem Gesichtspunkt kann der Verstärker molekular oder in Molekelaggregaten verteilt sein. Im ersten Falle haben wir es mit *molekular verteiltem Verstärker* oder einfach *Molekularverstärkern* oder *Gitterverstärkern* zu tun, im zweiten Falle mit Katalysatoren mit *aggregativ verteiltem Verstärker* oder kürzer mit *Aggregativverstärkern* oder *Außergitterverstärkern*. Ferner haben wir im ersten Fall meistens homogene Mischkontakte, im zweiten Fall heterogene.

Die erste Gruppe kann weiter danach unterteilt werden, ob die Verstärkermolekeln in *fester Lösung* oder in einer *chemischen Verbindung* oder in einer *Chemisorptionsschicht* im Hauptkontaktstoff verteilt sind. Von diesem Gesichtspunkt aus unterteilen wir die molekular verstärkten Kontakte in

feste Lösungen,
chemische Verbindungen,
Adsorptionsverbindungen,

und entsprechend die Molekularverstärker in

gelöste Verstärker,
chemisch gebundene Verstärker,
adsorbierte Verstärker oder Oberflächenverstärker.

In allen diesen Fällen *deformiert* entweder der Verstärker das Kristallgitter des Hauptkontaktstoffs (Fall der festen Lösung), oder er bewirkt die Bildung eines *neuen besonderen* Kristallgitters (chemisch gebundene Verstärker), oder endlich er ändert die Gitterstruktur an der *Oberfläche* (Chemisorption). Dies rechtfertigt den schon weiter oben von uns für diese Arten von Verstärkern vorgeschlagenen Namen Gitterverstärker. Dabei umfaßt die erste Untergruppe *alle* festen Lösungen.

Weil im allgemeinen Stoffe von ähnlicher chemischer und kristallographischer Struktur feste Lösungen geben, so ist es häufig so, daß der gelöste Verstärker ein *Wechselverstärker* ist. Da im allgemeinen außer den freien Metallen nur solche Festkörper Mischkristalle bilden, die gemeinsame Anionen oder Kationen haben, so kann man weiterhin diese Arten von Katalysatoren einteilen in *Metalle*, *Metalloxyde*, *Salze* usw.

Die zweite Untergruppe der homogenen Mischkatalysatoren enthält die Katalysatoren mit chemisch gebundenem Verstärker (chemische Verbindungen). In diesem Fall überträgt nämlich, wie wir noch sehen werden, ein gegebener Stoff seine eigene katalytische Wirksamkeit auch auf seine *Verbindungen*, zuweilen sogar in gesteigertem Maße. Voraussetzung ist, daß es sich um Verbindungen handelt, die die Elektronenstruktur der Ausgangsstoffe nicht viel verändert enthalten (z. B. Verbindungen zwischen Oxyden mit nicht zu sehr verschiedener Basizität).

So haben wir schon im ersten Kapitel gesehen, daß es Fälle gibt, in denen chemische Verbindungen als echte Mischkatalysatoren und nicht als Einstoffkatalysatoren anzusehen sind. Es handelt sich nicht um sehr zahlreiche Fälle, aber um solche, die ein besonderes technisches Interesse beanspruchen (z. B. Vanadium-Katalysatoren für die SO_3-Synthese).

Die dritte Untergruppe enthält Katalysatoren, die durch die Einwirkung oder die *Adsorption* kleiner Mengen eines Verstärkers an einem Hauptkontaktstoff gebildet werden (Katalysatoren mit adsorbiertem Verstärker). Dieser Fall könnte auch zu den Außergitterverstärkern gerechnet werden, wenn man die *Verbindung* selbst zwischen Verstärker und Hauptkontaktstoff als den Verstärker ansieht.

Wenn man bedenkt, daß diese Katalysatoren den Verstärker nur auf der Oberfläche bzw. oft nur in monomolekularer Schicht tragen, so wird man zweifeln, ob sie als echte homogene Mischkontakte aufgefaßt werden können. Deshalb haben wir es vorgezogen, diese Gruppe zu den *heterogenen* Mischkontakten zu schieben. Zu dieser Untergruppe gehören die meisten der sogenannten chemischen Verstärker, zumal da häufig die Adsorptionsschichten keine Zunahme der spezifischen Oberfläche des Kontakts bewirken, sondern lediglich seine Wirksamkeit erhöhen.

Ohne Zweifel ist die Gruppe der „außergitterverstärkten“ Kontakte die zahlreichste. Man teilt sie nach der Natur des Hauptkontaktstoffs ein in *Metallkatalysatoren*, *Oxydkatalysatoren*, *Salzkatalysatoren*.

In einer zweiten wichtigen Klasse können wir alle *Trägerkatalysatoren* unterbringen. Sie unterscheiden sich von den Katalysatoren mit Verstärker nicht nur in den Mengenverhältnissen. Im allgemeinen ist ja der Verstärker in kleiner Menge, verglichen mit dem Hauptstoff, zugegen und der Träger zu einem größeren Anteil. Der Träger hat tatsächlich auch noch die Funktion einer Aufrechterhaltung der Kristallite des Katalysators. Er ist gewöhnlich ein poröser Stoff mit Makroporen (Kieselgur ist ein typisches Beispiel), in denen die einzelnen Kristallkeime sich ohne Überdeckungen und Verschmelzungen einnisten können. Seine Funktion gleicht hierin derjenigen vieler Verstärker und ist zuweilen ihr auch überlegen, da sie praktisch den Katalysator besser auszunutzen erlaubt.

Wie wir gesehen haben, bestehen die Methoden der Herstellung von katalytischen Massen auf Trägern im allgemeinen in der Niederschlagung des Katalysators auf dem Träger (durch Fällung, Eindampfen usw. mit nachfolgender Oxydation oder Reduktion), ohne daß der Träger praktisch eine chemische oder physikalische Veränderung erfährt. Die einzelnen Körner des Kontakts behalten meist Größe und Form der Trägerkörner bei, auch wenn sie sich zu Aggregaten größerer Abmessungen vereinigen, und dies gibt den Unterschied gegenüber den Katalysatoren mit Verstärker.

Wir haben die Trägerkontakte in drei Gruppen eingeteilt:

Kontakte mit katalytisch *inaktivem* Träger,
Kontakte mit katalytisch *aktivem* Träger,
am Träger *adsorbierte* Katalysatoren.

Diese Einteilung hat keine grundlegende Bedeutung, ist aber für die Beschreibung nützlich. Die beiden ersten Gruppen enthalten Kontakte, in denen der Katalysator auf dem Träger grob verteilt ist. Die dritte Gruppe dagegen enthält Kontakte, wo der Katalysator größtenteils auf der ganzen Trägeroberfläche oder einem Teil davon molekular verteilt ist.

Endlich haben wir die Katalysatoren mit inaktivem Träger noch nach der *chemischen Konstitution* des Trägers eingeteilt, während die mit aktivem Träger nach der *Katalyse* eingeteilt werden, die sie verstärken.

Einen besonderen Typ der Mischkatalysatoren stellen die *kolloidalen* Katalysatoren dar, bei denen die Adsorption verschiedener Molekeln an der Oberfläche die Flockung verhindert und so eine große Oberfläche und Wirksamkeit aufrechterhält. Unter diesem Gesichtspunkt könnten diese Katalysatoren als Katalysatoren mit adsorbiertem Verstärker eingereiht werden. Bedenkt man jedoch, daß sie meistens durch Zufügen von Kolloiden zum Hauptkontaktstoff hergestellt werden, so wird doch die kolloidale Dispersion des Katalysators von den Kolloiden bestimmt. Wir haben deshalb geglaubt, diese Kontakte als eine vierte Gruppe von Trägerkontakten behandeln zu müssen, indem wir sie als Katalysatoren *auf kolloidalen Trägern* betrachten.

Es ist selbstverständlich, daß alle früher erwähnten verstärkten Katalysatoren auch noch auf Trägern aufgetragen oder mit kolloiden Trägern kolloid gelöst sein können. In einer letzten Gruppe stehen für sich die Mischkatalysatoren, die aus verschiedenen Komponenten bestehen, von denen jede eine bestimmte, aber *spezifisch verschiedene* katalytische Wirkung hat. Es gibt nämlich wichtige Fälle der Vereinigung mehrerer Katalysatoren in einer einzigen Kontaktmasse, von denen jeder eine von anderen verschiedene spezifische Wirkung hat, so daß ihre Vereinigung einen besonderen Effekt hervorbringen kann, indem in der Katalysatormasse mehrere katalytische Reaktionen entstehen, die durch ihr gleichzeitiges oder aufeinanderfolgendes Auftreten an der gleichen Molekel eine komplizierte Umlagerung erzeugen können.

In manchen wichtigen technischen Prozessen, wie z. B. bei der Hydrierung der Mineralöle, bei der Synthese höherer Alkohole aus Wassergas, bei der hydrierenden Polymerisation der Olefine oder bei der Synthese von Diolefinen aus einwertigen Alkoholen, treten gleichzeitig im gleichen Apparat mehrere katalytische Reaktionen auf, die die Erreichung besonderer technischer Ergebnisse erlauben. So hängt z. B. bei der Hydrierung der Mineralöle die erhöhte Oktanzahl des erhaltenen Benzins von der gleichzeitigen Anwesenheit hydrierender, krackender und polymerisierender Katalysatoren ab.

In einzelnen Fällen ist die katalytische Masse eine einfache Mischung von Katalysatoren mit spezifischer Wirkung, aber in den interessanteren Fällen liegen die verschiedenen Komponenten *in besonderer Form* vor, so daß gleichzeitig mit ihrer spezifischen Wirkung eine Verstärkerwirkung auf die anderen spezifisch verschiedenen Komponenten verständlich wird.

Solche Katalysatoren bezeichnen wir als „*Mehrkatalysatorenkontakte*“ (gemischte Katalysatoren) oder *polyaktive* Katalysatoren (mehrfach wirkende oder Mehrfachkatalysatoren). Sie sind eingeteilt worden je nach den spezifischen katalytischen *Wirkungen* der verschiedenen Komponenten.

II. Verstärkte Katalysatoren.

a) Verstärker und Wechselverstärker.

Die Unterscheidung zwischen Verstärkern und Wechselverstärkern geht auf TAYLOR und PEASE[1] zurück. Sie ist nicht von wesentlicher Bedeutung für den Mechanismus der Verstärkungserscheinung. Auch vom Standpunkt der Wirksamkeit eines Katalysators zeigt sich ein Wechselverstärker durchaus nicht immer als wirksamer, als ein gewöhnlicher Verstärker. Das geht auch daraus hervor, daß in gewissen wichtigen technischen Prozessen, bei denen systematische Versuche an vielen Hunderten von verschiedenen Katalysatoren gemacht worden sind, in vielen Fällen Katalysatoren gewählt wurden, die keinen Wechselverstärker enthalten, und es ist doch natürlich, daß man in der Praxis die aktivsten und haltbarsten Katalysatoren benutzt hat.

Wenn wir hier die Oberflächenverstärker für eine spätere Besprechung beiseite lassen, so sind wir, wie schon betont, der Ansicht, daß bei „Gitter- und Außergitterverstärkern" der Mechanismus der Verstärkung, welcher Art auch immer der Verstärker sei, eng mit der Wirkung von *Gitterstörungen* verbunden ist, wobei man diesem Wort eine recht weite Bedeutung zumißt.

Damit ein Kristall gar keine Gitterstörungen aufweist, müßte er aus einem ganz reinen Stoff bestehen und theoretisch vollkommen homogen und von unendlicher Ausdehnung sein. Schon die Tatsache der begrenzten Ausdehnung erzeugt an der Grenzfläche des Kristalles anomale Kraftfelder, die eine gewisse, wenn auch begrenzte Gitterstörung hervorbringen.

Dies zeigt die Tatsache, daß man, wenn man zu dem Grenzfall ganz kleiner Kristalle von der Größenordnung von 10 Atomen übergeht, mit Röntgenstrahlen oder Elektronenstrahlen Gitterkonstanten beobachtet, die von denen normaler Kristalle verschieden sind. Diese Art von Gitterstörung hängt nicht nur von der Größe der Kristalle, sondern auch von ihrer Bildungsweise ab.

Deshalb erzeugt ein Verstärker eine Gitterstörung nicht nur dann, wenn er in feste Lösung eintritt oder sich mit der Oberfläche des Einkristalls des Hauptkontaktstoffs verbindet, sondern auch schon, wenn er sich zwischen die Kriställchen einlagert und so die Rekristallisation verhindert und physikalisch unstabile Zustände stabilisiert.

Außer dieser Gitterstörung, die einen sehr begrenzten Einfluß auf die Gitterkonstante hat, können sich recht viel bedeutendere Gitterverzerrungen einstellen, wenn der Verstärker in feste Lösung eintritt oder Oberflächenverbindungen bildet.

Hiervon haben wir in dem Kapitel „Feinstruktur der Mischkontakte" schon gesprochen (S. 427). Wir sind damals zu der Unterscheidung zwischen Gitterverstärkern und Außergitterverstärkern gelangt.

Gitterverstärker, die sich als *Wechselverstärker* verhalten, sind ziemlich häufig, z. B. in Katalysatoren aus festen Lösungen von Metallen (Ni-Cu, Ni-Fe, Co-Ni, Cu-Ag usw.) oder gleichwertigen Oxyden (Al_2O_3-Cr_2O_3, MgO-ZnO usw.), und dies ist auch logisch, wenn man bedenkt, daß die Isomorphie sich im allgemeinen zwischen Atomen oder Ionen benachbarter Größe äußert, die gleiche Ladung und deshalb meist starke physikalische und chemische Ähnlichkeiten haben. Es gibt jedoch Katalysatoren aus festen Lösungen (z. B. ZnO-MgO für die Methanolsynthese), wo man nicht von Wechselverstärkern sprechen kann. In unserem Beispiel ist ja MgO allein kein Katalysator für die Methanolsynthese.

[1] H. S. TAYLOR, J. PEASE: J. physic. Chem. 24 (1920), 241.

Es gibt auch viele Wechselverstärker, die wirken, *ohne* in das Kristallgitter des Hauptkontaktstoffs einzutreten, wenn auch die typischsten Wechselverstärker zu der ersten Gruppe gehören. Beispiele für die zweite Gruppe sind die Katalysatoren Cu-ZnO für Hydrierungen, Al_2O_3-ThO_2 und Ce_2O_3-ThO_2 für Wasserabspaltungen, SnO_2-V_2O_5 und Ag_2O-V_2O_5 für Oxydationen. Wir werden jetzt nach unserer Einteilung der Mischkatalysatoren die einzelnen Fälle von Wechselverstärkern, die es gibt, der Reihe nach besprechen, ohne sie nach den allgemeinen Typen zu unterscheiden, zu denen sie gehören. Ihr Wirkungsmechanismus fällt nämlich, wie wir gesehen haben, in den allgemeinen Rahmen der Verstärker.

b) Allgemeine Kennzeichen der Gitter- und Außergitterverstärker.

Nach dem in den früheren Kapiteln Gesagten ist es klar, daß die Verstärker, seien es Gitter- oder Außergitterverstärker, zusammen einige allgemeine Kennzeichen haben müssen, die es erlauben, a priori eine Angabe über ihre größere oder kleinere Eignung zur Verstärkung eines Katalysators zu machen.

Es gibt in der Tat Stoffe, die besonders geeignet sind, als Verstärker zu wirken, auch bei Reaktionen, für die sie selbst nicht katalytisch wirken. So findet man gewisse Oxyde (z. B. des Chroms und des Aluminiums) als Verstärker für die verschiedensten Reaktionen im Gebrauch.

Besagte allgemeine Kennzeichen können wie folgt zusammengestellt werden:

1. Hoher Schmelzpunkt und deshalb geringe Tendenz zur Diffusion im festen Zustand oder zur Rekristallisation.

2. Erhältlichkeit in einem beträchtlich *dispersen* physikalischen Zustand sowie Beständigkeit einer amorphen oder doch unvollkommen kristallinen Struktur unter den Gebrauchsbedingungen.

3. Abwesenheit von Veränderungen infolge Reaktion mit den Teilnehmern der zu katalysierenden Umsetzung und mit dem Katalysator selbst.

Um die Bedeutung des Kennzeichens *2* zu beweisen, haben wir bereits in den vorhergehenden Kapiteln genug gesagt.

Was die Kennzeichen *1* und *3* anlangt, so sind sie von einem gewissen Gesichtspunkt aus miteinander verknüpft, insofern, als sowohl die Rekristallisation als auch die Reaktionen zwischen festen Phasen von der thermischen Bewegung der Atome in den Kristallen abhängen. TAMMANN[1] hat eine empirische Regel angegeben über die Temperatur (t_z) des beginnenden Zusammenbackens der Kristalle als Funktion der Schmelztemperatur (t_f).

Diese Regel ist verschieden, je nachdem, ob es sich um Metalle oder Oxyde oder mehr oder weniger komplexe Salze handelt. So lautet sie für Metalle:

$$t_z = 0{,}33\,(t_f + 273) - 273,$$

für Oxyde und einfache Salze:

$$t_z = 0{,}57\,(t_f + 273) - 273$$

und für sehr komplexe Verbindungen (Silikate usw.):

$$t_z = 0{,}88\,(t_f + 273) - 273.$$

Diese Temperatur t_z ist also sehr nützlich, um die Güte eines Verstärkers vorauszusehen. Nehmen wir z. B. unter den dreiwertigen Oxyden drei, die sich

[1] G. TAMMANN: Z. anorg. allg. Chem. **149** (1925), 21; **157** (1926), 321. — G. TAMMANN, A. SWORYKIN: Z. anorg. allg. Chem. **176** (1928), 46.

in den chemischen, physikalischen und kristallographischen Eigenschaften erheblich ähneln, nämlich Fe_2O_3, Al_2O_3 und Cr_2O_3. Ein Vergleich ergibt, daß das Eisenoxyd mit seinem relativ niedrigen Schmelzpunkt und daher seiner erheblichen Tendenz zur Rekristallisation ein schlechter Verstärker ist, verglichen mit den beiden anderen, während es ein höheres Molekulargewicht und daher eine bessere Eignung als Hauptkatalysator hat. Ein Vergleich des Eisenoxyds mit den anderen Sesquioxyden wird jedoch eingeschränkt dadurch, daß es unter bestimmten Bedingungen reduzierbar ist und daher selbst bei Oxydations- und Reduktionsreaktionen katalytische Wirksamkeit besitzt.

Der Vergleich ist klarer zwischen Aluminiumoxyd und Chromoxyd, die beide hohe Schmelzpunkte haben. Das Chromoxyd hat wegen seiner höheren Rekristallisationstemperatur eine stärkere Tendenz, amorph zu bleiben, und ist deshalb ein wirksamerer Verstärker als das Aluminiumoxyd.

Auch die Oxyde der Seltenen Erden mit ihren hohen Schmelz- und daher Rekristallisationstemperaturen sind ausgezeichnete Verstärker. In Tabelle 12 ist nur der Schmelzpunkt des Lanthanoxyds aufgeführt, da diejenigen der anderen Oxyde nicht bekannt sind; bei der großen Ähnlichkeit zwischen allen Elementen dieser Gruppe kann jedoch der Schmelzpunkt nicht sehr verschieden sein.

Unter den Oxyden der zweiwertigen Metalle (Tabelle 11) ist einer der besten Verstärker das Magnesiumoxyd, das manchmal auch als Träger verwandt wird. Gut ist auch Berylliumoxyd. Zinkoxyd hingegen wird fast nie als Verstärker (höchstens als Wechselverstärker) benutzt, ebenso das sehr flüchtige Cadmiumoxyd und auch nicht die Oxyde vom Nickel, Cobalt und Eisen, die, wie wir sehen werden (Kap. II B 1, S. 543ff.), zu leicht reduzierbar sind, wenn man auch Nickeloxyd als Verstärker des metallischen Nickels erkannt hat[1].

Manchmal werden auch Erdalkalioxyde, besonders das Bariumoxyd, als Verstärker benutzt, aber selten im freien Zustand wegen ihrer Basizität und ihrer erhöhten Reaktionsbereitschaft. Vorzüglich werden die Erdalkalioxyde als verbundene Verstärker benutzt (Calciumvanadat, Bariumchromit). Calciumoxyd wird als Verstärker von Dehydrierungskatalysatoren (Cr_2O_3 und ZnO) bei der technischen Herstellung von Styrol aus Äthylbenzol angewandt.

Unter den Oxyden vierwertiger Elemente rechtfertigt die äußerst hohe Schmelztemperatur von Thorium- und Zirkoniumoxyd ihre besondere Wirksamkeit als Verstärker. Uran- und Ceroxyd, die eine ähnlich hohe Schmelztemperatur haben wie Al_2O_3 oder Cr_2O_3, können nur in Einzelfällen als Verstärker genommen werden, weil ihr leichter Valenzwechsel sie weniger stabil macht und ihnen manchmal besondere katalytische Wirkungen erteilt, die den Verlauf von bestimmten zu katalysierenden Reaktionen stören können.

In den Tabellen 11 ÷ 14 sind die Oxyde, die gewöhnlich als Verstärker dienen, *kursiv* gedruckt.

Auch für andere Verbindungen als Oxyde gilt das, was wir über den Zusammenhang von Verstärkung und Schmelzpunkt gesagt haben. Es ist unnötig, nach den obigen Ausführungen hierbei noch zu verweilen.

Natürlich ist es nicht allein der Schmelzpunkt, der von Einfluß auf die aktivierende Wirkung eines Verstärkers ist, sondern man muß auch gewisse *chemische Eigenschaften* der verschiedenen Stoffe beachten. So ist z. B. unter den schon zitierten Oxyden von Chrom und Aluminium das letztere im allgemeinen ein weniger wirksamer Verstärker als das erste, nicht nur wegen seines tieferen Schmelzpunkts, sondern auch deshalb, weil es ausgeprägtere saure

---

[1] S. MEDSFORTH: J. Soc. chem. Ind. 42 (1923), 423.

Eigenschaften hat und daher leichter Salze bildet. Dieses äußert sich hauptsächlich nicht so sehr in Metallkatalysatoren, wo die beiden Oxyde keine großen Unterschiede zeigen, als vielmehr in Oxydkatalysatoren, wo der Hauptkontakt-

Tabelle 11 bis 14. *Die untersuchten Oxyde, nach steigenden Schmelzpunkten geordnet.*

Oxyde Me_2O		
Hg_2O	zers.	100°C
Au_2O	zers.	205°C
Ag_2O	zers.	300°C
Tl_2O		300°C
Cs_2O	zers.	360°C
Rb_2O	zers.	400°C
Ga_2O	zers.	500°C
Li_2O	subl.	1000°C
Cu_2O		1235°C
Na_2O	subl.	1275°C
K_2O		—
In_2O		—
Pd_2O	zers.	

Oxyde MeO und Me_2O_2		
Ag_2O_2	zers.	100°C
Au_2O_2	zers.	180°C
Cs_2O_2		400°C
Na_2O_2	zers.	460°C
K_2O_2		490°C
HgO	zers.	500°C
PtO	zers.	550°C
Rb_2O_2		600°C
GeO	subl.	710°C
SnO	zers.	700 bis 950°C
PdO	zers.	877°C
PdO		888°C
CdO	zers.	900 bis 1000°C
CuO	zers.	1026°C
FeO		1420°C
MnO		1650°C
TiO		1750°C
ZnO	subl.	1800°C
BaO		1923°C
CoO		1935°C
NiO		2090°C
SrO		2430°C
CaO		2570°C
BeO		2580°C
MgO		2800°C

Oxyde MeO und Me_2O_2		
NbO		—
CrO		—
GaO		—
InO		—
OsO		—
RhO		—
TeO	zers.	
VO		—

Oxyde MeO_2 und Me_2O_4		
P_2O_3		24°C
Au_2O_3	zers.	160°C
As_2O_3		313°C
Pb_2O_3	zers.	360°C
Cs_2O_3	zers.	400°C
K_2O_3		430°C
Rb_2O_3		470°C
Ir_2O_3	zers.	500°C
B_2O_3		577°C
Ni_2O_3	zers.	600°C
Sb_2O_3		656°C
Tl_2O_3		717°C
In_2O_3	zers.	850°C
Bi_2O_3		860°C
Co_2O_3	zers.	900°C
Mn_2O_3	zers.	1080°C
Rh_2O_3		1100°C
Fe_2O_3		1560°C
$\mathit{Ce_2O_3}$		1692°C
Ga_2O_3		1900°C
Nd_2O_3		1900°C
V_2O_3		1970°C
$\mathit{Cr_2O_3}$		1990°C
$\mathit{Al_2O_3}$		2045°C
Ti_2O_3		2130°C
La_2O_3		2315°C
Y_2O_3		2410°C
Dy_2O_3		—
Er_2O_3		—
Eu_2O_3		—
Gd_2O_3		—
Mo_2O_3		—

Oxyde MeO_2 und Me_2O_4		
Os_2O_3	zers.	
Pr_2O_3	zers.	
Ru_2O_3		—
Sm_2O_3		—
Sc_2O_3		—
Tb_2O_3		—
Yb_2O_3		—

Oxyde MeO_2 und Me_2O_4		
P_2O_4	subl.	180°C
PdO_2	zers.	200°C
Rb_2O_4		280°C
PbO_2	zers.	290°C
CrO_2	zers.	300°C
K_2O_4		400°C
PtO_2	zers.	430°C
BaO_2		450°C
TeO_2	subl.	450°C
MnO_2		535°C
Cs_2O_4	zers.	600°C
OsO_2		650°C
Sb_2O_4	zers.	1060°C
GeO_2		1115°C
SnO_2		1127°C
$\mathit{TiO_2}$	zers.	1640°C
$\mathit{SiO_2}$		1715°C
$\mathit{CeO_2}$		1950°C
V_2O_4		1967°C
$\mathit{UO_2}$		2176°C
$\mathit{ZrO_2}$		2715°C
HfO_2		2812°C
$\mathit{ThO_2}$		3050°C
NbO_2		—
IrO_2	zers.	
MoO_2		—
PrO_2		—
ReO_2		—
RhO_2		—
RuO_2	zers.	
SrO_2	zers.	
TaO_2		—

Oxyde MeO_2 und Me_2O_4		
WO_2		—
ZnO_2		—

Oxyde Me_2O_5		
Bi_2O_5	zers.	150°C
As_2O_5	zers.	315°C
P_2O_5	subl.	358°C
Ru_2O_5	zers.	365°C
Sb_2O_5	zers.	450°C
V_2O_5		800°C
Ta_2O_5	zers.	1470°C
Nb_2O_5		1470°C

Oxyde MeO_3		
SO_3		62°C
SeO_3	zers.	120°C
CrO_3	zers.	197°C
MoO_3	zers.	795°C
$\mathit{WO_3}$		1473°C
CeO_3		—
TeO_3	zers.	
TiO_3		—
UO_3	zers.	

Verschiedene Oxyde		
OsO_4		40°C
ReO_4		150°C
PrO_4		—
RuO_4	flüss.	
Re_2O_7		220°C
Ru_4O_9		440°C
Sm_4O_9		—
Pb_3O_4	zers.	500°C
Fe_3O_4		1538°C
Mn_3O_4		1705°C
Co_3O_4		—
Ni_3O_4		—
Pt_3O_4	zers.	
U_3O_8	zers.	

stoff mit Al_2O_3 leichter ein Salz bilden kann (Spinellbildung) als mit Cr_2O_3. Hierauf können auch noch die kleinen Alkalimengen von Einfluß sein, die wegen unvollständigen Auswaschens im Katalysator verbleiben und offenbar durch die Bildung intermediärer Alkalialuminate die Salzbildung des Aluminiumoxyds begünstigen.

Das Gesagte gilt besonders für solche Verstärker, die selbst keine katalytische Wirkung haben. Bei Wechselverstärkern treten nämlich andere Faktoren ins Spiel, die das Rekristallisationsvermögen beeinflussen oder sich ihm überlagern und einen überwiegenden Einfluß ausüben können.

Es gibt hiervon einige deutliche Ausnahmen; z. B. beobachtet man bei *Metallkatalysatoren* mit einem rein metallischen Verstärker zuweilen, daß Metalle von niedrigem Schmelzpunkt solche von hohem Schmelzpunkt durch Bildung fester Lösungen aktivieren. Ein anderes Beispiel ist der Katalysator Cu-ZnO für die Methanolsynthese, wo Zinkoxyd, an sich im allgemeinen kein guter Verstärker, für die Aktivierung des Kupfers sehr wirksam ist.

In manchen anderen Fällen wieder kann die Zunahme der Aktivität in Mischkatalysatoren auch an Erscheinungen liegen, die mit der *Herstellungsmethode* verknüpft sind. So können Mischungen Ni-Cu bessere Hydrierungskatalysatoren sein als reines Nickel, wahrscheinlich deshalb, weil der Zusatz von Kupferoxyd zum Nickeloxyd dessen Reduktion erleichtert, und zwar bei so tiefer Temperatur, daß sehr instabile und deshalb sehr wirksame Aktivzentren erhalten bleiben.

Stoffe mit *niedrigem Schmelzpunkt* wirken häufiger als Gifte wie als Verstärker (s. Kap. „Vergiftung" in Band VI dieses Handbuchs). Einige Ausnahmen sind nur scheinbar. Zum Beispiel wirkt in Katalysatoren Fe_2O_3-Bi_2O_3 für Ammoniakverbrennung zu Stickoxyd das Wismutoxyd nur deshalb günstig, weil es die katalytische Wirkung des Eisenoxyds mäßigt und so die weitergehende Zersetzung der gebildeten Stickoxyde zu Sauerstoff und Stickstoff hemmt.

Armstrong und Hilditch[1] beobachteten, daß die leicht schmelzbaren Alkalicarbonate auf die Nickelkatalysatoren der Phenolhydrierung eine verstärkende Wirkung haben, und schrieben dies einer echten Verstärkung des Katalysators zu. Dies könnte jedoch auch durch die Überlegung erklärt werden, daß die Alkalien auf das sauer reagierende Phenol eine Adsorption ausüben. Dann hätte das Alkali anstatt der Funktion, die katalytische Wirkung des Nickels zu erhöhen, mehr diejenige eines Überträgers von Phenol an den Katalysator.

Ähnlich erklärt man, wie wir noch sehen werden, die Einwirkung von Alkali auf die Ammoniakkontakte. Bei all dem handelt es sich aber um Einzelfälle, zu deren Studium wir bei den einzelnen Katalysatoren und in dem Kapitel Oberflächenverstärker noch Gelegenheit haben werden.

c) Eucoaktive Zusammensetzung.

Eine für die Anwendung eines Katalysators praktisch recht wichtige Tatsache ist die Veränderlichkeit seiner Wirkung in Abhängigkeit von der *Menge des Verstärkers*, ob dies nun ein Wechselverstärker ist oder nicht, ein Gitter- oder ein Außergitterverstärker.

Eigentlich haben wir diese Veränderlichkeit schon im ersten Kapitel auf Grund der Darstellung von Mittasch[2] gesehen, wo sehr häufig die Kurven durch ein Maximum gingen, sowohl bei Einfachverstärkern als auch bei Wechselverstärkern. Im strengsten Sinn des Wortes jedoch müßte ein Verstärker, um diese Bezeichnung zu verdienen, die Wirksamkeit des Kontakts ausschließlich

[1] E. F. Armstrong, T. P. Hilditch: Proc. Roy. Soc. (London), Ser. A **102** (1922), 21.
[2] A. Mittasch: Ber. dtsch. chem. Ges. **59** (1926), 13.

erhöhen und ihn so an den Punkt bringen, wo sie maximal ist. Trotzdem aber spricht man vor allem im Falle von Wechselverstärkern auch dann von Verstärkung, wenn man das erwähnte Maximum nicht klar findet, sondern nur die Wirksamkeit der Mischkontakte *größer ist als der additiv* gerechnete Wert.

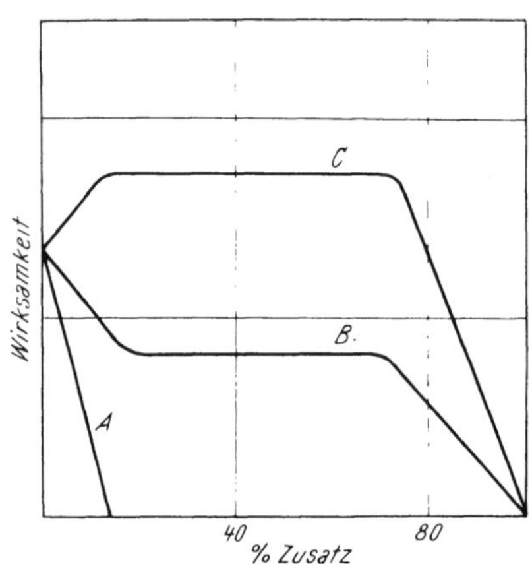

Abb. 10. Verbindungsbildung im Zweistoff-Katalysator. *A* Die Verbindung ist unwirksam. *B* die Verbindung ist weniger wirksam als die linke Komponente, *C* die Verbindung ist wirksamer als die linke Komponente. (Nach GRIFFITH.)

Die Wichtigkeit eines Maximums in der Aktivitäts-Zusammensetzungskurve ist zuerst hauptsächlich von GRIFFITH und neuerdings von IPATIEFF aufgezeigt worden, wenn auch viele Autoren Zweikomponenten-Systeme gründlich und ausreichend auf ihre katalytische Wirkung hin untersucht haben.

GRIFFITH[1] unterscheidet vor allem zwei Fälle, je nachdem, ob die Komponenten eine Verbindung bilden können (z. B. MnO-Cr_2O_3, die einen Spinell, Fe-Mo, die eine intermetallische Phase, Ag_2O-MnO_2, die eine salzartige Verbindung bilden usw.) oder auch nicht (Fe-Al_2O_3, Cu-Ni usw.). Die beiden Fälle sollen sich verschieden darstellen hinsichtlich der Aktivitätskurve als Funktion der Zusammensetzung.

Der erste Fall (Abb. 10) ist, wenn wir von der Möglichkeit absehen, daß die Verbindung unwirksam oder weniger wirksam ist als eine der Komponenten oder beide (Kurve *A* und *B*), durch eine breite Zone maximaler Wirksamkeit gekennzeichnet (Kurve *C*). Dies ist der sehr typische und wichtige Fall der Katalysatoren ZnO-Cr_2O_3 (s. S. 593), für die außerdem die Breite und Höhe dieser Zone von den Herstellungsverfahren des Katalysators abhängt.

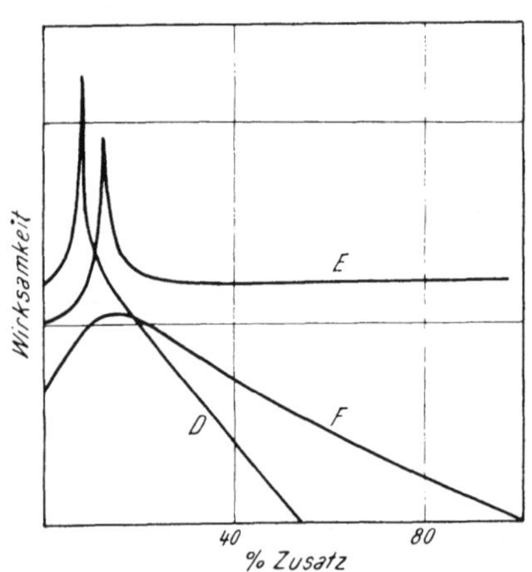

Abb. 11. Verstärkerwirkungen. *D* Der Verstärker ist selbst unwirksam, *E* der Verstärker besitzt eine eigene Wirksamkeit, *F* die Versuchsdaten legen den Verlauf nicht eindeutig fest. (Nach GRIFFITH.)

Der zweite Fall ist viel wichtiger (Abb. 11), weil man nach GRIFFITH schon bei verhältnismäßig kleinen Verstärkermengen ein spitzes Maximum beobachten soll, und zwar sowohl bei Einfachverstärkern (Kurve *D*) als auch bei Wechselverstärkern (Kurve *E*). Daß viele Autoren keine Spitze gefunden haben, sondern eine Kurve von der Art *F*, kommt nach GRIFFITH von ungenügenden Versuchsdaten. Es könnte aber auch von einer nicht vollkommenen Verteilung des Verstärkers herrühren.

GRIFFITH selbst hat in einer Reihe von Arbeiten über Hydrierung und thermi-

[1] R. H. GRIFFITH: The Mechanism of Contact Catalysis, S. 64. London: Oxford University Press, 1936.

sche Spaltung von Kohlenwasserstoffen[1] das Auftreten solcher spitzer Maxima nachgewiesen (z. B. Abb. 12); ein ebensolches Maximum findet man nun bei derselben Katalysatorenzusammensetzung auch für die Adsorption der Kohlenwasserstoffe (nicht aber des Wasserstoffs) an denselben Katalysatoren. Die Tatsache aber, der GRIFFITH die meiste Bedeutung beimißt, ist die, daß die Spitzen immer bei derselben Verstärkermenge auftreten: bei 4 Atomprozent für die Oxyde und 2 Atomprozent für die Metalle, wie auch aus den Zahlen der Tabelle 15 hervorgeht.

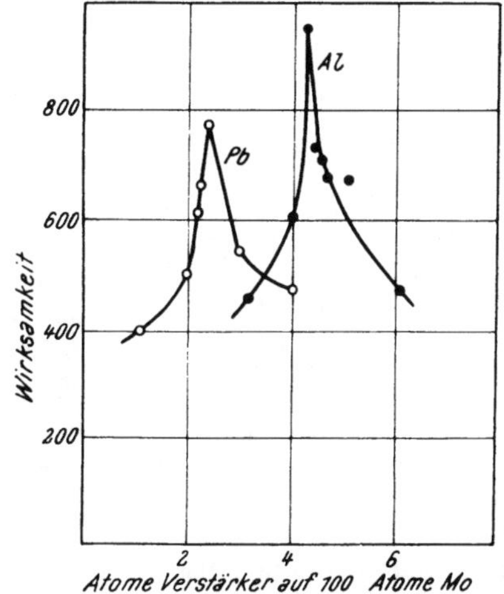

Abb. 12. Verstärkung von Molybdänoxydkatalysatoren für die Hexanspaltung bei 500°. (Nach GRIFFITH.)

Dieses Wirksamkeitsmaximum soll auch von anderen Erscheinungen begleitet sein, z. B. von einem Dichtemaximum des Katalysators (Tabelle 16), jedoch nicht von einem Extremum der Aktivierungsenergie oder der wirksamen Oberfläche.

Noch interessanter sind die Befunde von IPATIEFF, der gezeigt hat, daß bei

Tabelle 15. *Maximale Wirksamkeit von verstärkten Molybdänkatalysatoren für die Hexanzersetzung.* (Nach GRIFFITH und Mitarbeitern.)

Verstärker Oxyde oder Metalle	Optimale Konzentration (Atomprozent)	Wirksamkeit
Na	4,3	694
Cr	4,3	898
Ce	4,25	618
Al	4,6	950
Ba	4,5	833
B	4,3	844
Th	4,5	613
Si	4,3	825
Fe	2,1	1000
Cu	2,1	687
Pb	2,35	744

Tabelle 16. *Dichte eines Molybdän-Silicium-Oxydkatalysators bei verschiedener Zusammensetzung.* (Nach GRIFFITH und HILL.)

Zusammensetzung des Katalysators	Dichte	Zusammensetzung des Katalysators	Dichte
100 Atome Mo: 0,0 Atome Si	6,19	100 Atome Mo: 5,5 Atome Si	6,18
3	6,23	10,0	5,97
4,4	6,39		

[1] R. H. GRIFFITH, H. HOLLINGS: Proc. Roy. Soc. (London), Ser. A **148** (1935), 189. — R. H. GRIFFITH, J. H. G. PLANT: Proc. Roy. Soc. (London), Ser. A **148** (1935), 191. — R. H. GRIFFITH, S. G. HILL: Proc. Roy. Soc. (London), Ser. A **148** (1935), 194. — R. H. GRIFFITH: Nature **137** (1936), 538; Trans. Faraday Soc. **33** (1937), 405.

der Hydrierung von Benzol in der Dampfphase an Kupferoxydkontakten, die noch besprochen werden sollen[1], das Wirksamkeitsmaximum auch dann auftritt, wenn keiner der beiden Stoffe für sich eine katalytische Wirksamkeit besitzt (spektralreines Kupfer katalysiert die Benzolhydrierung nicht). Er hat nicht die Bildung einer deutlichen Spitze beobachtet. Jedoch geht auf ihn die Einführung des Namens und die Entwicklung des Begriffes der „*eucoaktiven*" Zusammensetzung zurück, womit die Zusammensetzung bezeichnet wird, bei der das Wirkungsmaximum liegt.

Eine Tatsache geht offenbar aus den Arbeiten beider Autoren hervor, nämlich daß die eucoaktive Zusammensetzung für eine große Gruppe von Katalysatoren bei *kleinen Verstärkergehalten* liegt, höchstens $5 \div 10\%$. Man kann das auch in anderen Arbeiten bestätigt finden, in denen die Wirksamkeit von Mischungen untersucht wurde (z. B. Ni-Al_2O_3 und Ni-Fe[2], Cu-Pd[3], ZnO-K_2CO_3[4]).

Es ist aber gut, diesem Befund gleich eine andere Bemerkung gegenüberzustellen, nämlich die, daß die eucoaktive Zusammensetzung von der *Darstellungsmethode* des Kontakts nicht unabhängig sein kann. Es sind wohl zu unterscheiden die Fälle, wo der Verstärker nur über die Oberfläche des Katalysators verteilt ist und die, wo er auch dem Inneren beigemengt ist. Es hängt natürlich immer von der Herstellungsweise ab, ob der Hauptkontaktstoff in großen Konglomeraten und der Verstärker fein verteilt an deren Oberfläche vorliegt, in welchem Falle das Verhältnis Verstärker zu Katalysator ganz klein wird. Andererseits kann der Hauptkontaktstoff in feinster Form und der Verstärker in groben Körnern vorliegen, so daß dieses Verhältnis zunimmt.

Und wirklich werden wir noch sehen, daß z. B. bei den Methanolkontakten aus ZnO-Cr_2O_3 die eucoaktive Zusammensetzung verschieden ist, je nachdem, ob der Katalysator durch Tränken von Zinkoxyd mit Chromsäure oder durch gemeinsame Fällung der Hydroxyde gewonnen wurde.

Obendrein kann man aus den Versuchen von GRIFFITH selbst[5] entnehmen, daß die Katalysatorzusammensetzung mit dem Wirkungsmaximum nicht für alle Reaktionen dieselbe ist, sondern sich für einige Reaktionen (Hydrierung von Phenol zu Benzol) verschiebt und auch für verschiedene Verstärker verschieden liegt. Auch aus einigen Versuchen von IPATIEFF und Mitarbeitern[1] geht hervor, daß die eucoaktive Zusammensetzung eine *Funktion der studierten Reaktion* ist.

Außerdem beschränken sich die Versuche der genannten und der meisten anderen Autoren über Katalyse an binären Systemen auf die Bruttowirksamkeit des Katalysators, ohne sich um die gesamte und die aktive Oberfläche zu kümmern (Adsorptionsversuche mit He, N_2 usw., Bestimmung des temperaturunabhängigen Faktors der ARRHENIUSschen Gleichung) und ohne Berücksichtigung einer Messung der Aktivierungsenergie. Die Bruttoaktivität eines Kontakts hängt nämlich von diesen beiden Größen ab, und es ist schon besprochen worden, wie diese bei den verstärkten Katalysatoren sich verändern (S. 441 ff.).

[1] V. N. IPATIEFF, B. B. CORSON, I. D. KURBATOW: J. physic. Chem. **43** (1939), 589; **44** (1940), 670. — V. N. IPATIEFF, B. B. CORSON: J. physic. Chem. **45** (1941), 431, 440. — V. N. IPATIEFF, V. HAENSEL: J. Amer. chem. Soc. **64** (1942), 520. — V. N. IPATIEFF: Nat. Petroleum News **32** (1940), N. 32, R 280; Science **91** (1940), 605; Chim. et Ind. **45** (1941), 103; Bull. Soc. chim. France **7** (1940), 281.

[2] E. F. ARMSTRONG, T. P. HILDITCH: Proc. Roy. Soc. (London), Ser. A **103** (1923), 586.

[3] E. K. RIDEAL, W. W. HURST: J. chem. Soc. (London) **125** (1924), 685.

[4] G. NATTA, R. RIGAMONTI: Chim. e Ind. **18** (1936), 623.

[5] R. H. GRIFFITH: Nature **137** (1936), 538; Trans. Faraday Soc. **33** (1937), 405.

Bei Versuchen über die Äthylenhydrierung an Silber-Kupfer-Legierungen hat RIENÄCKER[1] gezeigt, daß ein Wirksamkeitsmaximum zwischen 40 und 60 Atomprozent Silber auftritt, daß aber dieses Maximum fast ausschließlich von einer Zunahme der Kontaktoberfläche herkommt. In anderen Fällen hat man dagegen Maxima infolge einer Verminderung der Aktivierungsenergie beobachtet.

Über diesen Punkt, also über Wirkungsmaxima bei der eucoaktiven Zusammensetzung, äußert GRIFFITH selbst, obgleich er für Molybdän-Siliciumoxyd-Kontakte die Aktivierungsenergie der Wasserstoffadsorption gemessen hat, keine klare Ansicht. Weder die Aktivierungsenergie noch die Oberfläche des Katalysators zeigen singuläre Punkte im Zusammenhang mit einer eucoaktiven Zusammensetzung, sondern man findet, wie gesagt, nur ein Maximum der adsorbierten Kohlenwasserstoffmenge[2].

JULIARD[3] hat versucht, den Gang der Wirksamkeit mit der Zusammensetzung durch die Annahme zu erklären, daß sie die Summe von drei Funktionen ist, die folgendes ausdrücken: die erste $f_1(x)$ die Wirksamkeit des Katalysators allein, die zweite $f_2(x)$ die des durch den Verstärker aktivierten Katalysators und die dritte $f_3(x)$ die des durch den Katalysator aktivierten Verstärkers (x ist die molare Konzentration des Verstärkers). Diese Hypothese ist im Einklang mit der Theorie von JULIARD und HERBO, nach der die Aktivzentren eines Katalysators hauptsächlich an der Berührungsfläche der Katalysator- und Verstärkerphase liegen sollen, wobei vielfach von den beiden Reaktionsteilnehmern der eine vom Katalysator und der andere vom Verstärker adsorbiert sein soll (S. 429 und 447.) JULIARD hat bei der Dehydrierung von Cyclohexan an zahlreichen Katalysatoren (s. Abb. 39, S. 547) für die drei Funktionen die Ausdrücke gefunden:

$$f_1(x) = A\ (1 - x)$$

$$f_2(x) = A' \frac{(1-x)\,x}{k + x}$$

$$f_3(x) = B' \frac{(1-x)\,x}{l + (1-x)},$$

wo k und l Konstanten sind and A, A' und B' die spezifische Wirksamkeit des reinen Katalysators, des aktivierten Katalysators und des vom Katalysator aktivierten Verstärkers darstellen.

Er hat auch versucht, eine *theoretische Erklärung* dieser Funktionen zu geben auf Grund der Annahme, daß während der Katalysatorherstellung Teilchen des Promotors an der Oberfläche des Katalysators adsorbiert werden und umgekehrt, und daß für diese Adsorptionen das LANGMUIRsche Gesetz gelte. Ein im Vergleich zu B' sehr hoher Wert von A' würde bedeuten, daß der Katalysator durch den Verstärker stark aktiviert wird, und würde einer Kurve mit Wirksamkeitsmaximum bei niederen Verstärkerkonzentrationen entsprechen. Umgekehrt bedeutet ein gegen A' hoher Wert von B', daß der Verstärker durch den Katalysator stark aktiviert wird, und entspräche einem breiten und flachen Wirkungsmaximum über ein großes Intervall von Kontaktzusammensetzungen hinweg.

Auch diese Betrachtungen und Hypothesen auf Grund der Wirkungszusammensetzungskurve nehmen jedoch als Maß der Wirkung den Prozentsatz umgesetzten Reaktionsgutes. Es wäre für ein gründliches Studium der Erscheinung

[1] G. RIENÄCKER, E. A. BOMMER: Z. anorg. allg. Chem. **236** (1938), 263.
[2] R. H. GRIFFITH, S. G. HILL: Proc. Roy. Soc. (London), Ser. A **148** (1935), 194.
[3] A. JULIARD: Bull. Soc. chim. Belgique **46** (1937), 549.

viel nützlicher, die drei Größen Reaktionsgeschwindigkeit, Aktivierungsenergie und Aktivitätskonstante (*B* in der ARRHENIUSschen Gleichung) zu betrachten.

Systematische Versuche und Überlegungen über diesen Punkt wären deshalb von höchster Wichtigkeit.

d) Herstellungsmethoden für Außergitterverstärker.

Im zweiten Kapitel des ersten Teiles (S. 422) haben wir bereits die allgemeinen Methoden zur Einführung eines Verstärkers in einen Kontakt kennengelernt. Es lohnt sich indessen, dieses Problem noch einmal zu prüfen, nachdem die verschiedenen Verstärkertypen besprochen und ihre physikalischen Eigenschaften, die die besten Methoden kenntlich machen, diskutiert worden sind.

In dem angeführten Kapitel haben wir gesehen, daß im allgemeinen ein Katalysator, damit er wirksam ist, durch Zersetzung (Reduktion, CO_2-Abspaltung, sonstigen chemischen Eingriff) aus einer innigen Mischung oder Verbindung zwischen Hauptkontaktstoff und Verstärker dargestellt werden muß. Die erste Phase der Katalysatorherstellung betrifft also die Darstellung dieser *Ausgangsmischung* oder -verbindung. Hieran schließt sich die zweite Phase (Reduktion, Calcinierung, Dehydratisierung, CO_2-Abspaltung usw. der primären Mischung oder Verbindung), welche zum *endgültigen* Kontakt führt. Diese zweite Phase ist es, in der man dem Katalysator eine genügende Porosität und eine große Zahl von aktiven Zentren geben kann, und sie ist der Darstellung von Einstoff- und Mehrstoffkontakten gemeinsam.

Wenn man eine feste Lösung oder eine Verbindung von zwei Oxyden hat, von denen das eine sehr leicht und das andere sehr schwer reduzierbar ist, und wenn man die *Reduktion* zwischen den Reduktionstemperaturen der beiden reinen Oxyde vornimmt, so bekommt man oft nur eine Reduktion einer Komponente, während die andere in der Katalysatormasse fein verteilt verbleibt.

Ein Beispiel für dieses Vorgehen ist in der Herstellung der Katalysatoren für die Ammoniaksynthese gegeben, die durch Reduktion von Magnetit gewonnen werden und von denen wir später noch ausführlich sprechen werden. Man hatte nämlich anfangs beobachtet, daß der natürliche Magnetit bessere Katalysatoren liefert als das chemisch gewonnene Oxyd reinen Eisens. Man hat dann gefunden, daß die katalytische Wirksamkeit des durch Reduktion des Magnetits entstehenden Eisens zunimmt, wenn er Eisenaluminat oder andere mit ihm isomorphe Spinelle in fester Lösung enthält. Bei der Reduktion von Magnetit zu metallischem Eisen werden nämlich Ferri- und Ferrooxyd zu Metall reduziert, während Chrom-, Aluminium- und Magnesiumoxyd nicht reduzierbar sind, in der Katalysatormasse fein verteilt bleiben, die Oberfläche erhöhen und der Rekristallisation entgegenwirken.

Die Röntgenanalyse[1] hat dies voll bestätigt; sie hat sogar erlaubt festzustellen, daß das Aluminiumoxyd in so kleinen Teilchen vorliegt, daß es keine eigenen Beugungslinien liefert.

Vom Standpunkt der Mischkontakte liegt indessen das Hauptinteresse bei der ersten Herstellungsphase, weil von ihr die endgültige Verteilung des Verstärkers im Kontakt abhängt.

Ohne Zweifel ist eine der wichtigsten Methoden für die Herstellung von Mischkontakten die *Mitfällung* seiner Komponenten. Sie erlaubt es nämlich,

---

[1] R. BRILL: Z. Elektrochem. angew. physik. Chem. **38** (1932), 669. — R. W. G. WYCKOFF, E. D. CRITTENDEN: J. Amer. chem. Soc. **47** (1925), 2866.

je nach dem besonderen Fall, feste Lösungen[1] oder sehr innige mechanische Mischungen zu erhalten. Andererseits ist sie von ganz allgemeiner Anwendbarkeit, erfordert keine erhöhte Temperatur und ist außerdem sehr bequem.

Die mit ihr erhaltenen Ergebnisse sind vollkommen vergleichbar mit denen anderer Methoden, die wir später besprechen werden. Zum Beispiel bei der Herstellung von Ammoniakkontakten führt die Anwendung von durch Mitfällung erhaltenen festen Lösungen Fe_2O_3-Al_2O_3 zu ebenso wirksamen Kontakten wie die von erschmolzenen[2].

Die Mitfällung hat außerdem den Vorteil, daß sie jede beliebige Zusammensetzung aus Verstärker und Hauptkontaktstoff erlaubt, auch wenn diese beiden sich miteinander verbinden. Sie realisiert die Zusammensetzung, bei der die maximale katalytische Wirksamkeit liegt und die in vielen Fällen von der Zusammensetzung einer bestimmten Verbindung abweicht.

Die Mitfällung kann auf zwei Weisen durchgeführt werden. Die erste besteht darin, zu einer Lösung, die den Hauptkontaktstoff und den Verstärker enthält, ein *Reagens* zuzusetzen, das beide ausfällt; die zweite Art besteht darin, daß man zwei Lösungen *mischt*, von denen die eine den Hauptkontaktstoff und die andere den Verstärker in solcher Form enthält, daß die Lösungen miteinander unter Fällung reagieren. Infolgedessen ist bei der zweiten Methode das Mengenverhältnis zwischen Hauptkontaktstoff und Verstärker festgelegt und hängt von der Formel der sich bildenden Verbindung ab. Deshalb setzt man oft einer der beiden Lösungen (gewöhnlich der des Verstärkers) ein Reagens zu, das eine größere Menge der anderen Lösung fällen kann, um so das Mengenverhältnis variieren zu können.

Die beiden Methoden können auch auf dieselben Stoffe angewandt werden. Zum Beispiel kann man durch Mitfällung und nachfolgende Calcinierung Katalysatoren ZnO-Cr_2O_3 herstellen, entweder, indem man eine Lösung von Zink- und Chromsalz mit Alkali bzw. NH_3 fällt, oder, indem man mit einer Lösung von Alkalichromat ein lösliches Zinksalz ausfällt und das erhaltene Zinkchromat reduziert. Der Zusatz von Alkali in veränderlicher Menge zum Alkalichromat bezweckt, verschiedene Verhältnisse zwischen Zinkoxyd und Chromoxyd in dem fertigen Katalysator zu erzeugen, je nachdem, wie der Verstärker mit dem Hauptkontaktstoff in der Ausgangsmischung kombiniert ist.

Analog kann man Katalysatoren mit SiO_2 oder Al_2O_3 als Verstärker erhalten, indem man Alkalisilikat oder -aluminatlösungen mit Salzlösungen eines Schwermetalles mischt, wobei man einen Niederschlag erhält, der aus einer innigen Mischung von Metalloxyden besteht. Im Falle von Aluminat kommt es jedoch bei dieser Methode manchmal vor, daß die Kontakte zu reich an Katalysatormetall und deshalb zu arm an Aluminium sind, weil das Aluminat einen großen Hydroxylüberschuß erfordert, um ohne Hydrolyse in Lösung zu bleiben. Um das zu vermeiden, kann man mit einem Überschuß von Alkalilösung relativ zum Katalysatormetall fällen und dann durch die Masse Kohlenoxyd leiten, um die Hydrolyse des Aluminats zu vervollständigen[3].

Dieses Vorgehen dürfte den Nachteil haben, Körner zu liefern, die in der Oberfläche weniger reich an Katalysatorsubstanz sind, weil das Aluminiumoxyd,

---

[1] G. Natta, A. Reina: Atti Accad. naz. Lincei, Rend. **4** (1926), 48. — G. Natta, L. Passerini: Gazz. chim. ital. **58** (1928), 1597. — Th. Barth, G. Lunde: Z. physik. Chem. **122** (1926), 250, 291. — G. Lunde: Ber. dtsch. chem. Ges. **59** (1926), 2784.

[2] A. Mittasch, E. Keunecke: Z. Elektrochem. angew. physik. Chem. **38** (1932), 666.

[3] T. K. Pfaff, R. Brunck: Ber. dtsch. chem. Ges. **56** (1923), 2463.

das in einem zweiten Akt ausfällt, die Tendenz haben wird, die Keime des Nickelaluminats oder -hydroxyds zu *umhüllen*.

Einige Autoren haben die erhaltene Fällung auch dadurch angereichert, daß sie frisch gefälltes Aluminiumoxyd *zugemischt* haben[1]. Solche Katalysatoren sind ungleichmäßiger als die durch reine Mitfällung erhaltenen und nähern sich den durch mechanische Mischung erzeugten.

Oft liegt eine Schwierigkeit bei der Mitfällung darin, Spuren von bei der Fällung anwesenden Ionen (Sulfat, Chlorid, Alkalien) vollständig zu *beseitigen*, weil ihre Anwesenheit manchmal für die Aktivität des Katalysators schädlich sein kann. Hierfür hat jemand die Benutzung des Elektrodialysators und die Leitfähigkeitsmessung im Waschwasser vorgeschlagen.

Häufig ist bei der Mitfällung die eingehaltene Arbeitsweise wegen der wenn auch kleinen, so doch verschiedenen Löslichkeit der Niederschläge von beachtlicher Bedeutung. So logisch das ist, so ist es doch merkwürdigerweise erst in letzter Zeit genügend betont worden. TAYLOR und HOLMES[2] haben beobachtet, daß bei der gleichzeitigen Fällung der Hydroxyde von Cu und Mg beim Zusatz von Natriumhydroxyd zu der Mischsalzlösung inhomogene Katalysatoren entstehen, weil das schwerer lösliche $Cu(OH)_2$ zuerst ausfällt. Wenn man dagegen die Salzlösung zu dem Natriumhydroxyd hinzufügt, so erhält man homogene Katalysatoren, die im Gegensatz zu den vorhergehenden eine von der Fällungsdauer praktisch unabhängige Wirksamkeit aufweisen[3].

Wichtig ist auch die Art des *Auswaschens* des Niederschlages, die sogar manchmal die Zusammensetzung des Produkts verändern kann. In demselben Falle der Mitfällung von Cu- und Mg-Hydroxyden haben TAYLOR und HOLMES[2] auch beobachtet, daß nach drei Waschungen, jedesmal mit dem 80fachen Wassergewicht, der Kupfergehalt im Niederschlag wegen der Auflösung des $Mg(OH)_2$ von 30,9% auf 44,9% anstieg.

Endlich ist es auch möglich, wenn auch anscheinend nicht wichtig, daß die *Alterung* des Niederschlages, solange er in feuchtem Zustand bleibt, unter der Mutterlauge in manchen Fällen von Einfluß ist. KOLTHOFF[4] hat diese Alterung in einer Reihe von Arbeiten studiert und Veränderungen von Oberfläche und Adsorptionsvermögen der Niederschläge mit der Zeit gefunden, jedoch hat er die Veränderung der katalytischen Aktivität, die vermutlich diese Erscheinungen begleitet, nicht geprüft.

Die Fällung kann nicht nur durch doppelten Umsatz in Ionenlösungen, sondern auch durch Vermischen verschiedener kolloidaler Lösungen durchgeführt werden. Es ist nämlich bekannt, daß eine Lösung eines negativen Kolloids mit einer solchen eines positiven Kolloids zusammen ausfällt. Jemand[5] hat auch als beste Methode vorgeschlagen, den Katalysator mit einer kolloidalen Lösung des Verstärkers zu *tränken* und diesen dann zu koagulieren.

Die Methode der Mitfällung wird auch in der Technik sehr häufig verwendet,

---

[1] N. D. ZELINSKY, W. KOMMAREWSKY: Ber. dtsch. chem. Ges. **57** (1924), 667.

[2] E. H. TAYLOR: J. Amer. chem. Soc. **63** (1941), 2906. — J. W. HOLMES, E. H. TAYLOR: J. Amer. chem. Soc. **63** (1941), 2911.

[3] In diesem Betracht interessieren die auf S. 424 angegebenen Daten von P. K. FROLICH, M. R. FENSKE und D. QUIGGLE über die Wichtigkeit der Homogenität bei Cu-ZnO-Katalysatoren: Ind. Engng. Chem. **20** (1928), 694.

[4] I. SHAPIRO, I. M. KOLTHOFF: J. Amer. chem. Soc. **72** (1950), 776 und vorhergehende Arbeiten.

[5] R. H. GRIFFITH: The Mechanism of Contact Catalysis, S. 6. London: Oxford University Press, 1936.

wie aus der Patentliteratur hervorgeht, in der eine ungeheure Zahl von auf solche Art erhaltenen Mischkontakten beschrieben steht.

Andere Methoden der Herstellung von Mischkontakten sind *Zusammenschmelzen* oder *chemische* Vereinigung der Muttersubstanzen des Verstärkers und des Hauptkontaktstoffes.

Die erstgenannte Methode setzt jedoch voraus, daß diese Muttersubstanzen feste Lösungen bilden können, wie z. B. in dem schon zitierten Falle der Oxyde von Eisen und Aluminium oder im Falle der Mischungen von Nickel und Cobalt, die man nach der RANEY-Methode[1] erhält, wenn man geschmolzene ternäre Legierungen Ni-Co-Al mit Soda behandelt. Abgesehen davon, daß man dazu hohe Temperaturen und Spezialöfen braucht, ist die Methode nicht anwendbar, wenn eine der Komponenten sublimiert (z. B. ZnO) oder sich zersetzt (Carbonate usw.), und deshalb ist sie nur für die Herstellung gewisser Katalysatoren brauchbar.

In gewissen Einzelfällen kann die Schmelzung auch durch eine gemeinsame *Kristallisation* (z. B. von isomorphen Nitraten, die anschließend durch thermische Zersetzung in Oxyde übergeführt werden) ersetzt werden, jedoch handelt es sich um seltene und vereinzelte Fälle von geringer praktischer Bedeutung.

Die zweite Methode setzt natürlich voraus, daß die Urverbindungen des Verstärkers und des Hauptkontaktstoffs sich miteinander *verbinden können*. Zum Beispiel kann man durch Reduktion von Nickelchromit und -chromat[2] ausgezeichnete Hydrierungskatalysatoren gewinnen. In ähnlicher Weise erhält man aus basischen Zinkchromat durch Reduktion eine mechanische Mischung von Zinkchromit und Zinkoxyd, die einen sehr guten Katalysator der Methanolsynthese darstellt.

Obgleich diese Methode eine äußerst feine Verteilung des Verstärkers ermöglicht, hat sie doch den Nachteil, einen Kontakt zu liefern, in welchem sich Katalysator und Verstärker in einem bestimmten und konstanten Verhältnis befinden, und häufig sogar bei übertrieben hohem Verstärkergehalt. Wir haben schon gesehen, wie dieses Verhältnis durch Mitfällung in geeigneter Weise variiert werden kann.

Eine interessante Anwendung dieser Methode ist möglich, wenn die Urverbindung des *Verstärkers allein* sich mit der Oberfläche des Katalysators verbinden kann. So erhält man z. B. durch Tränken von Zinkoxyd mit einer äußerst verdünnten Lösung von Chromsäure (z. B. 1 ÷ 2 Gewichtsprozent des Zinkoxyds) sehr aktive und stabile Katalysatoren für die Methanolsynthese. Das Chrom(VI) -oxyd wird an der Oberfläche des Zinkoxyds adsorbiert und bildet eine dünne Schicht von Zinkchromat, die dann durch den Wasserstoff zu Zinkchromit reduziert wird. Es geht nämlich aus der Tabelle 17 hervor, daß für ideale Kristalle aus ZnO von 1000 Å Kantenlänge 1,03 Gewichtsprozent Chromsäure ausreichen, um die an der Oberfläche befindliche Menge von ZnO chemisch zu binden. Natürlich wird dieser Prozentsatz für Kristalle mit unregelmäßiger Oberfläche zu erhöhen sein.

Die Röntgenanalyse von bei tiefer Temperatur mit und ohne Verstärker hergestellten Zinkoxyden zeigt tatsächlich Kristalle der genannten Größenordnung. Es ist leicht einzusehen, daß diese Methode der Aktivierung große Vorteile hat, weil sie praktisch auf die ganze freie Oberfläche des Zinkoxyds einwirkt und weil der Verstärker ausschließlich auf der Oberfläche verteilt ist. Dies ist besonders interessant, wenn Zinkoxyd vor der Tränkung aus ganz kleinen

---

[1] M. RANEY: US-Pat. 1628190 vom 14. Mai 1926.

[2] J. C. W. FRAZER, C. B. JACKSON: J. Amer. chem. Soc. **58** (1936), 950. — G. NATTA, R. RIGAMONTI, E. BEATI: Chim. e Ind. **23** (1941), 117.

Körnern besteht, z. B. wenn es durch Zersetzung von Zinksalzen bei tiefer Temperatur oder durch Sublimation dargestellt ist.

Außer diesen allgemeinen Methoden können auch noch andere speziellere Methoden existieren (häufig als ihre Varianten), die wir bei den einzelnen Katalysatoren besprechen werden.

Tabelle 17. *Verhältnis zwischen den oberflächlichen und den gesamten Zinkatomen in einem idealen ZnO-Kristall.*

Basisbreite und Höhe des Kristalls Å	Zahl der Zinkatome	Zahl der Zinkatome in der Oberfläche	Oberflächenatome je 100 Gesamtatome	Menge CrO_3 je 100 g ZnO zur Bildung einer einmolekularen Schicht
100	$11 \cdot 10^4$	$0{,}923 \cdot 10^4$	8,4	10,3
1000	$11 \cdot 10^7$	$0{,}923 \cdot 10^6$	0,84	1,03
10000	$11 \cdot 10^{10}$	$0{,}923 \cdot 10^8$	0,084	0,103
100000	$11 \cdot 10^{13}$	$0{,}923 \cdot 10^{10}$	0,0084	0,0103

Es ist jedoch zu bemerken, daß man keine allgemein vorziehbare Herstellungsmethode für Katalysatoren angeben kann, die immer die besten Resultate gäbe. Vielmehr gibt es im großen und ganzen für jede Kontaktart im einzelnen eine optimale Methode. So geht aus den Versuchen von BRÜCKNER und JACOBUS[1] über die Herstellung von Methan aus Kohlenoxyd und Wasserstoff (Näheres Kap. IIB 1a, S. 546 ff.) hervor, daß die Mitfällung für die Herstellung von Katalysatoren wie Ni-ThO_2, Ni-BaO, Ni-SrO, Ni-CaO vollkommen ungeeignet ist und daß das Abrösten der Nitrate ganz erheblich überlegene Resultate liefert, während für die Katalysatoren Ni-Al_2O_3 genau das umgekehrte gilt.

e) Formung der Kontakte.

Eine besondere praktische Bedeutung hat die *physikalische Struktur* der Katalysatoren: Für Reaktionen in flüssiger Phase mit suspendiertem oder umgepumptem Katalysator sind pulverförmige Kontakte geeigneter. Bei Reaktionen in Gegenwart einer Gasphase muß hingegen der Katalysator in Körnern einer bestimmten Größe und mechanischen Festigkeit vorliegen, damit die Reaktionsgase durch den Katalyseraum strömen können, ohne daß starke Druckverluste auftreten und der Katalysator zerbröckelt und den Reaktionsraum verstopft.

Im allgemeinen pflegen die nassen Herstellungsmethoden (Mitfällung) pulverförmige Katalysatoren oder doch sehr kleine und wenig konsistente Körner zu liefern. Manchmal ist es jedoch möglich, Körner einer gewissen mechanischen Festigkeit zu erhalten, indem man den noch feuchten Niederschlag durch gelochte Platten drückt, so daß *Würstchen* entstehen, die dann getrocknet werden. Dies geht besonders dann, wenn es sich um kolloidale Hydroxyde handelt, die die Adhäsion zwischen den Teilchen des Niederschlags erhöhen und sie zusammenkitten. Oft gibt die Methode auch gute Ergebnisse, wenn der Kontakt durch eine Reaktion des Hauptkontaktstoffs mit einer verstärkerhaltigen Lösung entsteht, wie z. B. in dem erwähnten Falle des Anteigens von Zinkoxyd mit Chromsäure.

Durch *thermische Zersetzung* von Stoffen, die vor der Zersetzung schmelzen, erhält man häufig ziemlich feste Katalysatoren, so z. B. Oxyde oder Oxydgemische durch Verglühen von Nitraten oder Azetaten.

[1] H. BRÜCKNER, G. JACOBUS: Brennstoff-Chem. 14 (1933), 265.

Wenn es jedoch mit all diesen Methoden nicht möglich ist, Kontakte mit festen Körnern herzustellen, so muß man seine Zuflucht zum *Tablettieren* nehmen, indem man das Katalysatorpulver mit Tablettenmaschinen unter starkem Druck in der Presse komprimiert. Um aber auf diesem Wege einen guten Katalysator zu erhalten, darf man nicht den fertigen Katalysator tablettieren, sondern die *Urverbindungen*, und muß dann die erhaltenen Pillen den weiteren Operationen (Calcinierung, Reduktion usw.) so unterwerfen, daß sie am Schluß zwar mechanisch widerstandsfähig, aber noch hinreichend porös sind.

Eine andere Methode ist die des *Anteigens* des Pulvers mit organischen (Stärke) oder anorganischen (Wasserglas, Bentonit) Bindemitteln. Die erstgenannten geben selten gute Resultate, weil sie sich beim Erhitzen zersetzen und der Kontakt deshalb noch weniger fest wird. Die letztgenannten haben häufig den Fehler, den Katalysator zu überdecken und so seine Wirksamkeit etwas zu vermindern.

Was endlich die Überführung der Urverbindungen in Katalysatoren betrifft, so handelt es sich, wie schon betont, meistens um Erhitzen zur Beseitigung von Wasser oder Kohlensäureanhydrid oder zur Zersetzung von Salzen oder um Reduktion von Oxyden zu Metallen oder niederen Oxyden. Diese Operationen müssen bei tiefer Temperatur durchgeführt werden, um die Sinterung zu verhindern, wenn auch häufig, wie schon gesagt, die Gegenwart des Verstärkers ein Arbeiten bei ziemlich hoher Temperatur erlaubt.

Es gibt aber Fälle, wo auch der Verstärker nicht völlig genügt, um die *Sinterung* zu vermeiden. Dies tritt ein, wenn die Zersetzungs- oder Reduktionsreaktion stark exotherm ist. Dann kann örtlich an der Stelle des Korns oder Kristalls, wo die chemische Umsetzung eintritt, infolge ungenügender Verteilung der entwickelten Wärme in einer wenn auch sehr begrenzten Zone eine zu starke Temperaturerhöhung auftreten und deshalb eine Sinterung beginnen. Man beobachtet das besonders bei der Reduktion und speziell in den technisch wichtigen Fällen, wo man unter Druck arbeitet: z. B. bei der Reduktion von Fe_3O_4 zu Fe bei der Herstellung von Ammoniakkontakten, bei derjenigen von CoO zu Co bei der FISCHER-TROPSCH-Synthese und derjenigen des Zinkchromats zu Mischungen $ZnO\text{-}Cr_2O_3$ bei der Methanolsynthese usw. Man führt hier die Reduktion nicht mit reinem Wasserstoff, sondern unter Verdünnung mit Stickstoff durch, um die Reduktion zu verlangsamen und so die Reaktionswärme leichter auf die große Masse des inerten Gases zu verteilen.

Zu demselben Zweck verwendet man zuweilen eine Reduktion mit einem Gemisch von Wasserstoff und Ammoniak, welch letzteres die Reduktionswärme aufnimmt, indem es sich zersetzt. Manchmal hat man auch statt mit Wasserstoff mit Methyl- oder Äthylalkohol reduziert, die endotherm in die betreffenden Aldehyde übergehen und so die frei werdende Reduktionswärme des Katalysators kompensieren.

f) Oberflächenverstärker.

Im Falle der Gitter- und Außergitterverstärker, den wir schon betrachtet haben, ist die erste und deutlichste Wirkung des Verstärkers die, die Katalysatoroberfläche beträchtlich zu vergrößern oder zu stabilisieren. Schon in früheren Kapiteln sahen wir, daß dies durch strukturelle und röntgenographische Untersuchungen, Adsorptionsversuche usw. reichlich bewiesen ist. Diese Oberflächenvergrößerung ist zwar eine quantitative, sie kann sich jedoch auch auf die Qualität erstrecken, wie durch die häufig auftretende Herabsetzung der Aktivierungsenergie bewiesen ist.

Es gibt aber auch Verstärker, die nicht durch eine Vergrößerung der Oberflächenentwicklung des Katalysators wirken, sondern einfach seine Wirksamkeit vergrößern. Es handelt sich hier im allgemeinen um Stoffe von besonderer chemischer Reaktionsfähigkeit, die sich in unimolekularer Schicht *auf der Oberfläche* des Katalysators festsetzen oder doch an bestimmten Punkten in ihr, und so eine beträchtliche Verstärkerwirkung ausüben.

Der Wirkungsmechanismus solcher Stoffe ist sehr ähnlich, wenn auch entgegengesetzt, demjenigen der Gifte: beide wirken nämlich in kleinen Mengen und auf die Oberfläche des Katalysators. Die Gifte blockieren die Wirkung der Aktivzentren, die Verstärker erhöhen sie. Diesem besonderen Typ haben wir bereits den Namen „*Oberflächenverstärker*" gegeben.

Diese Oberflächenverstärkung kann durch Stoffe verschiedener Art hervorgebracht werden, durch feste, flüssige oder gasförmige. Zum Unterschied von Gitter- und Außergitterverstärkern sind die Oberflächenverstärker fast nie Stoffe von hohem Schmelzpunkt, oder wenigstens ist dies kein notwendiges Kennzeichen; sie sind vielmehr, wie schon gesagt, einfach Stoffe von erheblicher *chemischer* Reaktionsfähigkeit. Sie können sich auf die Oberfläche des Katalysators entweder als chemische Oberflächenverbindungen oder häufiger als Adsorptionsschichten setzen. Im zweiten Falle braucht ihre Konzentration auf dem Katalysator nicht konstant zu sein, sondern sie kann von den Arbeitsbedingungen und genauer von ihrer eigenen Konzentration in der Phase des Reaktionsgutes abhängen, besonders wo es sich um flüssige oder gasförmige Oberflächenverstärker handelt. Zum Beispiel kann die Dimerisation von Isobutylen zu Isoocten durch Aluminiumoxyd in Gegenwart kleiner Mengen gasförmigen Chlorwasserstoffs katalysiert werden, der auf dem Katalysator adsorbiert wird. Weil aber der Chlorwasserstoff allmählich durch den Isobutylenstrom weggeführt wird, muß man dem zu katalysierenden Gas laufend neue kleine Mengen zusetzen, damit der Katalysator nicht etwa seine Wirksamkeit rasch verliere. Andere Beispiele von Oberflächenverstärkung liefert uns der Einfluß von K_2O auf Ammoniakkatalysatoren, den wir schon in Kap. I (S. 444) bei den Adsorptionserscheinungen besprochen haben. Auch hier verteilt sich das Kaliumoxyd auf der Katalysatoroberfläche, ohne diese zu vergrößern, aber unter erheblicher Verstärkung des Kontaktes. Kaliumoxyd ist auch für andere Katalysatoren ein Oberflächenverstärker, so für Zinkoxyd in der Wassergasreaktion und für Eisen in der Fischer-Tropsch-Synthese.

Diese Stoffe sind von manchen Autoren als chemische Verstärker bezeichnet worden. Wir ziehen den Namen „Oberflächenverstärker" vor, weil er uns die Wirkung dieser Verstärkerart besser auszudrücken scheint, während das Wort „chemisch" eine für diesen Zweck wenig geeignete Bedeutung hat.

A. Homogene Mischkontakte.

1. Feste Lösungen von Metallen ineinander.

Mischkristalle aus Metallen sind ein interessanter Fall, der vom theoretischen Standpunkt aus vielfach studiert und auch in manchen technischen Ausführungen angewandt worden ist. Das Interesse und die Wichtigkeit dieser Kontakte liegen hauptsächlich darin, daß die Metalle an sich sehr gute Katalysatoren sind, hauptsächlich für Hydrierungen, daneben auch für Dehydrierung und Oxydation, und zweitens darin, daß die Zustandsdiagramme der Legierungen, besonders der binären, in den meisten Fällen gut untersucht und bekannt sind.

Die Gegenwart von zwei oder mehr Metallen im elementaren Zustand in einem Katalysator bedingt wegen der leichten Diffusion im festen Zustand bei der Temperatur der Herstellung und Anwendung des Kontakts fast immer das

Vorliegen von *festen Lösungen* oder intermetallischen *Verbindungen*, je nach dem jeweiligen Zustandsdiagramm. Die Mischkristalle brauchen dabei jedoch nicht völlig homogen zu sein; dies macht in einigen Fällen keinen großen Unterschied, weil die Eigenschaften der Mischkristalle in einem kleinen Intervall der Zusammensetzung sich zumeist linear mit der Zusammensetzung ändern und somit auch die katalytischen Eigenschaften einer festen homogenen Lösung sich von denen einer Mischung aus festen Lösungen benachbarter Zusammensetzung wenig unterscheiden werden. Wenn es aber eine große Homogenität gibt, können deutliche Verstärkereffekte eintreten, wie RIENÄCKER und BURMANN[1] und SCHWAB und BRENNECKE[2] im System Cu-Ni gezeigt haben.

Stärkere Änderungen der katalytischen Eigenschaften treten jedoch, wie wir sehen werden, oft dann auf, wenn solche Mischkristalle sich beim Tempern entmischen oder geordnete Strukturen liefern.

Obgleich nach unserer Einteilung die heterogenen Legierungen später behandelt werden sollten, halten wir es doch für zweckmäßig, damit die Beschreibung ganz ähnlicher Katalysatoren nicht auseinandergerissen wird, schon hier auch Katalysatoren aus Metall-*Legierungen* zu besprechen, die bei Zimmertemperatur oder Katalysentemperatur *keine* Mischkristalle oder Verbindungen geben.

Ein Faktor von großem Einfluß auf die katalytische Wirksamkeit der Legierungen und auch ihrer Grundmetalle ist die Gegenwart von *Verunreinigungen*. Viele Experimentatoren haben dies nicht immer beachtet und sich nicht bemüht, reinste Stoffe zu verwenden. Die gewöhnlichen reinen Handelsmetalle enthalten nämlich fast immer kleinste Mengen von Verunreinigungen, die schon ausreichen, um die katalytischen Eigenschaften zu verändern. Dies ist besonders von IPATIEFF und CORSON[3] in den schon auf S. 440 bei der Hydrierwirkung des Kupfers behandelten Versuchen beleuchtet worden, sowie durch einige Beobachtungen von SCHWAB[4] über die Wirksamkeit des durch Kupellation erhaltenen Silbers und Goldes.

Die Mehrzahl der vielen Arbeiten über die Wirkung von Metallgemischen hat sich darauf beschränkt, die Veränderung der Ausbeute mit der Zusammensetzung des Katalysators zu bestimmen. Nur wenige Autoren bestimmen die Veränderung der katalytischen Eigenschaften auf Grund der Minimaltemperatur, bei der die Testreaktion einsetzt, oder auch der Temperatur, bei der nach einer bestimmten Zeit ein bestimmter Umsatz erreicht wird. Immerhin gibt es auch einige Arbeiten, die diese Legierungen gründlicher studiert haben, indem sie vor allem die Veränderungen der *Aktivierungsenergie* mit der Zusammensetzung untersuchten. Daraus konnten dann allgemeine Gesichtspunkte über die katalytischen Wirkungen abgeleitet werden.

Wir wollen zuerst die Struktur der Legierungen und die notwendigen Bedingungen untersuchen, unter denen homogene Produkte erhalten werden können. Dann wollen wir die erwähnten Arbeiten über die Aktivierungsenergie besprechen und schließlich dazu übergehen, die wichtigsten binären Systeme mit den Ergebnissen der verschiedenen katalytischen Anwendungen der Legierungen zu beschreiben.

---

[1] G. RIENÄCKER, R. BURMANN: Z. Metallkunde **32** (1940), 242.

[2] G.-M. SCHWAB, W. BRENNECKE: Z. physik. Chem., Abt. B **24** (1934), 393.

[3] V. N. IPATIEFF, B. B. CORSON, I. D. KURBATOW: J. physic. Chem. **43** (1939), 589; **44** (1940), 670. — V. N. IPATIEFF, B. B. CORSON: J. physic. Chem. **45** (1941), 431. — V. N. IPATIEFF: Chim. et Ind. **45** (1941), 103; Bull. Soc. chim. France **7** (1940), 281.

[4] G.-M. SCHWAB, G. HOLZ: Z. anorg. allg. Chem. **252** (1944), 205.

a) Beziehungen zwischen der Struktur von Legierungen und den Eigenschaften der Grundmetalle.

Es ist bekannt, daß man bei den Legierungen drei Haupttypen von Zustandsdiagrammen unterscheiden kann: Feste Lösungen oder Mischkristalle, Eutektika und intermetallische Verbindungen. Die Bildung eines bestimmten dieser Diagramme hängt hauptsächlich von einer Reihe von Faktoren ab, die der Art des Grundmetalls angehören: Natur und chemische Eigenschaften, elektronischer Aufbau, Kristallstruktur, Atomdurchmesser usw. In zweiter Linie hat oft die Temperatur einen beträchtlichen Einfluß, da durch thermische Behandlung die Gebiete der Löslichkeit zunehmen oder abnehmen und so intermetallische Phasen verschwinden oder neu auftreten können. Es ist deshalb bei Legierungen unmöglich, einfache Beziehungen etwa zwischen Atomdurchmessern und Löslichkeitsgrenzen aufzustellen, im Gegensatz zu dem, was wir später (S. 520) bei den Oxydgemischen antreffen werden. Man kann höchstens einige allgemeine Hinweise geben. Eine gewisse Aufklärung dieser Dinge hat die Wellenmechanik gebracht, wie wir später noch bei Sonderfällen sehen werden.

Beim Studium der Zustandsdiagramme teilt man die Metalle in solche *erster Art und zweiter Art* ein. Metalle erster Art sind die, die in den Minima der LOTHAR-MEYERschen Volumkurve liegen und im kubisch-flächenzentrierten oder hexagonal dichtesten Gitter kristallisieren. Es sind das die Metalle der achten Gruppe, der Nebengruppe der ersten Gruppe (Cu, Ag, Au) und die Übergangsmetalle der vierten, fünften, sechsten und siebenten Gruppe. Es handelt sich um die vom katalytischen Standpunkt interessantesten, weil wirksamsten Metalle. Metalle zweiter Art sind die anderen Metalle, die gewöhnlich nach Systemen niedriger Symmetrie kristallisieren.

Systeme aus Metallen *erster Art* zeigen größtenteils breite Gebiete der Mischbarkeit und oft sogar völlige Mischbarkeit im festen Zustand. Manchmal treten intermetallische Verbindungen auf, meist im Atomverhältnis 1 : 1 oder 1 : 3. Es handelt sich um Verbindungen vom Einlagerungstyp, die sich einfach ableiten von einer geordneten und nicht statistischen räumlichen Atomverteilung. Sie haben nur einen begrenzten Homogenitätsbereich. Es handelt sich um ganz spezielle Verbindungen, die sich auch in Systemen mit völliger Mischbarkeit im festen Zustand bilden und die nur nach geeigneter thermischer Behandlung, wie langsames Tempern von Legierungen geeigneter Zusammensetzung, in Erscheinung treten.

Wenn wir uns hier auf die Bildung von *Mischkristallen* beschränken, so läßt sich sagen, daß in Systemen aus zwei Metallen erster Art, die isomorph sind, völlige Mischbarkeit auftritt, solange der Unterschied der Atomdurchmesser nicht mehr als 5 % des größeren beträgt, und daß unvollständige Mischbarkeit auftritt, wenn dieser Unterschied unter 15 % des größeren Durchmessers bleibt. Ferner beobachten wir bei Metallen von verschiedenem Kristallsystem oder verschiedener Kristallklasse meistens bei kleinen Durchmesserunterschieden zwei breite Gebiete gegenseitiger Löslichkeit. Im allgemeinen ist das Existenzgebiet des Mischkristalls höherer Symmetrie, insbesondere der kubisch-flächenzentrierten Struktur, das größere.

Ähnliche Regeln lassen sich für Legierungen zwischen Metallen *zweiter Art* ableiten, wenn auch die oft beträchtliche Verschiedenheit der Kristallformen dieser Elemente den Verlauf der Zustandsdiagramme komplizierter gestaltet.

Was Legierungen zwischen Metallen *erster und zweiter* Art betrifft, so findet man meistens außer einer festen Lösung der zweitgenannten in den ersten und zuweilen auch umgekehrt das Auftreten zahlreicher *intermetallischer Verbindun-*

gen. Das bezeichnendste ist, daß man beim Vergleich verschiedener binärer Systeme eine Analogie beobachtet, zuweilen in der Zusammensetzung und immer in der Kristallform, zwischen den intermetallischen Verbindungen verschiedener Systeme. Man findet eine vollständige und anschauliche Darstellung dieser Tatsachen in Büchern, wie dem von EMELÉUS und ANDERSON[1] und anderen. Wir wollen hier nur daran erinnern, daß die verschiedenen Phasen, d. s. Mischkristalle oder Verbindungen, mit griechischen Buchstaben bezeichnet werden, die jeweils für eine bestimmte Kristallstruktur charakteristisch sind: Man unterscheidet: die α-Phase, eine feste Lösung eines Metalls zweiter Art in einem erster Art mit kubisch-flächenzentriertem Gitter; die β-Phase, eine intermetallische Verbindung mit kubisch-raumzentriertem Gitter; die γ-Phase, eine intermetallische Verbindung mit kubisch-verzerrtem Gitter, raumzentriert mit einer hohen Atomzahl in der Elementarzelle; die hexagonal dichtest gepackte ε-Phase und das hexagonale Schichtengitter der η-Phase.

Die Konstitution dieser Phasen wurde aufgeklärt durch die Beobachtungen von HUME-ROTHERY[2]. Er hat gezeigt, daß ihr Auftreten an bestimmte Werte der *Elektronenkonzentration* geknüpft ist, d. h. des Verhältnisses zwischen der Gesamtzahl der Valenzelektronen und der Zahl der Atome. Genauer gesagt läuft die Elektronenkonzentration von 1 bis 1,33 für die α-Phase und hat die Werte 1,5 für die β-Phase, 1,6 für die γ-Phase, 1,75 für die ε-Phase und 2,2 bis 2,5 für die η-Phase. Diese Regel vom HUME-ROTHERY hat auch durch die Arbeiten von MOTT und JONES[3] eine quantenmechanische Grundlegung erfahren.

Die Legierungen zwischen Metallen zweiter Art und die zwischen solchen erster und zweiter Art haben jedoch vom katalytischen Standpunkt aus geringere praktische Bedeutung, weil, wie wir in einigen bezeichnenden Fällen noch sehen werden, die Metalle zweiter Art meistens als *Gifte* wirken. Dennoch hat ihr Studium es erlaubt, helleres Licht auf die katalytischen Erscheinungen zu werfen, wie man an den Versuchen von SCHWAB sehen wird.

In Anbetracht der Kompliziertheit der Zustandsdiagramme der verschiedenen Legierungen und besonders einiger davon werden wir, nachdem wir soeben einen Gesamtüberblick gegeben haben, die Diagramme im einzelnen anführen, wo die katalytische Charakteristik der verschiedenen binären Systeme diskutiert wird. Hier sei nur eine Tabelle (18) gegeben, die das Kristallsystem und die Gitterkonstanten der einzelnen Metalle enthält. Für weitere Einzelheiten verweisen wir auf Sonderdarstellungen, wie die von HALLA[4], von DEHLINGER[5] und andere schon zitierte.

b) Beziehungen zwischen katalytischer Wirksamkeit, Aktivierungsenergie, Zusammensetzung und Struktur der Metall-Legierungen.

Wie schon vorstehend bemerkt, gibt es zwar zahlreiche Arbeiten, die von der katalytischen Wirkung von Metallgemischen handeln, äußerst wenige aber sind systematisch und vollständig. Der größte Teil berichtet nämlich einfach über die Wirksamkeit des Katalysators für eine gegebene Reaktion (Testreaktion) und

---

[1] H. J. EMELÉUS, J. S. ANDERSON: Ergebnisse und Probleme der modernen anorganischen Chemie. Berlin, 1940.

[2] W. HUME-ROTHERY: The Structure of Metals and Alloys. Institute of Metals, 1936.

[3] N. F. MOTT, H. JONES: The Theory of the Properties of Metals and Alloys. Oxford, 1936.

[4] F. HALLA: Kristallphysik und Kristallchemie metallischer Werkstoffe. Leipzig, 1951.

[5] U. DEHLINGER: Chemische Physik der Metalle und Legierungen. Leipzig, 1939.

Tabelle 18. *Atomradien, Gittertypen und Gitterkonstanten der wichtigsten Metalle.*

Metall	Atomradius Å	Gittertyp	Gitterkonstanten Å	
			a	*c*
Ag	1,44	kub. fl. zentr.	4,077	
Al	1,43	kub. fl. zentr.	4,041	
Au	1,44	kub. fl. zentr.	4,070	
Ba	2,21	kub. r. zentr.	5,01	
Be	1,13	hex. dichtest	2,268	3,594
Bi	1,50	rhomboedr.	4,75	$\alpha = 57° 16'$
Ca	1,97	kub. fl. zentr.	5,56	
Cd	1,49	hex. dichtest	2,974	5,606
Ce	1,82	kub. fl. zentr.	5,143	
Co	1,26	kub. fl. zentr.	3,554	
Cr	1,25	kub. r. zentr.	2,879	
Cu	1,28	kub. fl. zentr.	3,608	
Er	1,87	hex. dichtest	3,74	6,10
Fe	1,24	kub. r. zentr.	2,861	
Ga	1,25	rhombisch	4,511	7,645 b=4,517
Ge	1,22	kub.	5,62	
Hf	1,66	hex. dichtest	3,32	5,46
Hg	1,49	rhomboedr.	2,999	$\alpha = 70° 32'$
In	1,40	tetragonal	4,583	4,936
Ir	1,35	kub. fl. zentr.	3,831	
La	1,88	hex. dichtest	3,75	6,06
Mg	1,60	hex. dichtest	3,202	5,199
Mn	1,28	kubisch	8,89	
Mo	1,36	kub. r. zentr.	3,140	
Nb	1,38	kub. r. zentr.	3,294	
Nd	1,83	hex. dichtest	3,66	5,88
Ni	1,24	kub. fl. zentr.	3,518	
Os	1,36	hex. dichtest	2,716	4,331
Pb	1,75	kub. fl. zentr.	4,940	
Pd	1,37	kub. fl. zentr.	3,882	
Pr	1,83	hex. dichtest	3,657	5,924
Pt	1,38	kub. fl. zentr.	3,916	
Re	1,38	hex. dichtest	2,755	4,449
Rh	1,35	kub. fl. zentr.	3,82	
Ru	1,35	hex. dichtest	2,69	4,27
Si	1,17	kubisch	5,42	
Sn	1,40	tetragonal	5,819	3,175
Sr	2,14	kub. fl. zentr.	6,05	
Ta	1,43	kub. r. zentr.	3,296	
Th	1,78	kub. fl. zentr.	5,04	
Ti	1,46	hex. dichtest	2,92	4,67
Tl	1,74	hex. dichtest	3,47	5,52
U	(ca. 1,65)	monoklin	2,829 b = 4,887	3,308 $\alpha = 63° 26'$
V	1,32	kub. r. zentr.	3,04	
W	1,37	kub. r. zentr.	3,159	
Y	1,83	hex. dichtest	3,66	5,81
Zn	1,33	hex. dichtest	2,659	4,935
Zr	1,56	kub. r. zentr.	3,61	

bemüht sich nicht, zu prüfen, ob Beziehungen vorliegen zwischen dieser Wirksamkeit und den beiden Konstanten der ARRHENIUSschen Gleichung, der Aktivierungsenergie und der Aktivität. Ebensowenig wird gewöhnlich der katalytische Effekt mit der Struktur der Legierung, also dem Vorliegen von Mischkristallen, einem Eutektikum oder einer intermetallischen Verbindung usw. in Beziehung gesetzt. Ferner sind die Ergebnisse der verschiedenen Autoren über die verschiedenen Legierungen zu verschiedenartig, um sie zu vergleichen oder daraus allgemeine Regeln zu erschließen. Eine Ausnahme bilden zwei Reihen von systematischen Arbeiten, von denen die eine von RIENÄCKER und Mitarbeitern stammt[1], die andere von SCHWAB und Mitarbeitern[2]. In ihnen wird das Studium der Legierungen als Katalysatoren vom rein wissenschaftlichen Standpunkt angegriffen und Ergebnisse erzielt, die gewisse Schlüsse von allgemeiner Geltung erlauben. RIENÄCKER hat hauptsächlich Legierungen zwischen Metallen erster Art untersucht, während SCHWAB mit Legierungen zwischen Metallen erster und zweiter Art gearbeitet hat.

Außerdem benutzt die Mehrzahl der Autoren Legierungen, die durch Reduktion von Oxydgemischen gewonnen werden (um Katalysatoren von großer Oberfläche und daher hoher Wirksamkeit zu erhalten). Jedoch ist es in einem solchen System meist nicht möglich, homogene feste Lösungen zu erhalten. Tatsächlich haben WAGNER, SCHWAB und STAEGER[3] bei einer Röntgenuntersuchung von so dargestellten Kupfer-Nickel-Mischungen festgestellt, daß sie aus Kristalliten von einer Zusammensetzung bestehen, die vom reinen Kupfer kontinuierlich bis zum reinen Nickel variiert. Demgegenüber sind die erwähnten Arbeiten von RIENÄCKER und von SCHWAB an kompakten Legierungen durchgeführt, die erschmolzen und dann gewalzt wurden und deshalb eine homogenere Zusammensetzung haben.

Beide Autoren haben als Testreaktion hauptsächlich die Zersetzung von Ameisensäure im dynamischen oder statischen System benutzt. RIENÄCKER hat auch die Äthylenhydrierung, SCHWAB auch die Äthanolzersetzung benutzt. Die Spaltung der Ameisensäure ist besonders geeignet, weil sie unter den Versuchsbedingungen der Autoren nach nullter Ordnung verläuft und deshalb die Bestimmung der wahren Aktivierungsenergie gestattet. In einigen Versuchen wurde auch die Hydrierung der Zimtsäure verwendet.

---

[1] G. RIENÄCKER: Z. Elektrochem. angew. physik. Chem. **40** (1934), 487. — G. RIENÄCKER: Z. anorg. allg. Chem. **227** (1936), 353. — G. RIENÄCKER, W. DIETZ: Z. anorg. allg. Chem. **228** (1936), 65. — G. RIENÄCKER: Metallwirtsch., Metallwiss., Metalltechn. **16** (1937), 633. — G. RIENÄCKER, G. WESSING, G. TRAUTMANN: Z. anorg. allg. Chem. **236** (1938), 252. — G. RIENÄCKER, E. A. BOMMER: Z. anorg. allg. Chem. **236** (1938), 263. — G. RIENÄCKER, E. A. BOMMER: Z. anorg. allg. Chem. **242** (1939), 302. — G. RIENÄCKER, R. BURMANN: Z. Metallkunde **32** (1940), 242. — G. RIENÄCKER, R. BURMANN: J. prakt. Chem., N. F. **158** (1941), 95. — G. RIENÄCKER, H. BADE: Z. anorg. allg. Chem. **248** (1941), 45. — G. RIENÄCKER, H. HILLEBRAND: Z. anorg. allg. Chem. **248** (1941), 52. — G. RIENÄCKER, R. BURMANN: Z. Elektrochem. angew. physik. Chem. **47** (1941), 805. — G. RIENÄCKER, E. MÜLLER, R. BURMANN: Z. anorg. allg. Chem. **251** (1943), 55. — G. RIENÄCKER, B. SARRY: Z. anorg. allg. Chem. **257** (1948), 41.

[2] G.-M. SCHWAB, G. HOLZ: Z. anorg. allg. Chem. **252** (1944), 205. — G.-M. SCHWAB, A. KARATZAS: Z. Elektrochem. angew. physik. Chem. **50** (1944), 242. — G.-M. SCHWAB, E. SCHWAB-AGALLIDIS: Ber. dtsch. chem. Ges. **76** (1944), 1228. — G.-M. SCHWAB, N. THEOPHILIDES: J. physic. Chem. **50** (1946), 427. — G.-M. SCHWAB: Trans. Faraday Soc. **42** (1946), 689. — G.-M. SCHWAB, S. PESMATJOGLOU: J. physic. Colloid Chem. **52** (1948), 1046. — G.-M. SCHWAB: Trans. Faraday Soc. **45** (1949), 385. — G.-M. SCHWAB: Chalmers Tekn. Högskolas Handl. Nr. 81 (1949). — G.-M. SCHWAB, G. PETROUTSOS: J. physic. Colloid Chem. **54** (1950), 581.

[3] G. WAGNER, G.-M. SCHWAB, R. STAEGER: Z. physik. Chem., Abt. B **27** (1935), 439.

Während wir eine genauere Beschreibung der Versuche verschiedener Autoren mit verschiedenen Legierungen auf die folgenden Kapitel verschieben, wollen wir hier im Überblick die Ergebnisse der beiden genannten Autoren wiedergeben, wobei wir sie nach einem Ordnungsprinzip einteilen.

Es muß jedoch zunächst bemerkt werden, daß auch ihre Resultate nicht immer untereinander übereinstimmen, wenigstens was die Zahlenwerte betrifft. Dies ist sicherlich erklärlich, wenn man bedenkt, daß kleine Verunreinigungen in den Ausgangsmetallen merkliche Unterschiede in der katalytischen Wirksamkeit hervorbringen können, wie z. B. SCHWAB und HOLZ[1] beobachtet haben. Jedoch ist das nicht der einzige Grund, der zu verschiedenen Ergebnissen führen kann. SCHWAB und SCHWAB-AGALLIDIS[2] haben z. B. gefunden, daß beim Nickel verschiedene Ergebnisse auftreten können, je nachdem, ob es gehärtet oder getempert ist, und dies nicht nur hinsichtlich der Aktivität, sondern auch der Aktivierungsenergie. Wenig abweichende Ergebnisse haben diese Autoren auch gefunden, wenn sie mit demselben Präparat einmal statisch und einmal dynamisch maßen. All das zeigt, welch große Sorgfalt und Vorsicht am Platze ist, um sicher vergleichbare Ergebnisse zu erhalten.

1. Legierungen zwischen Metallen erster Art mit Mischungslücke.

In der Gruppe der Legierungen zwischen Metallen erster Art mit Mischungslücke sind nur zwei Fälle untersucht worden: Kupfer-Silber von RIENÄCKER und Mitarbeitern[3] und von SCHWAB und SCHWAB-AGALLIDIS[2] und Silber-Platin, jedoch nur teilweise, von SCHWAB und HOLZ[1]. Die Ergebnisse von RIENÄCKER für das System Kupfer-Silber sind in Abb. 13 und 14 wiedergegeben. Zuerst

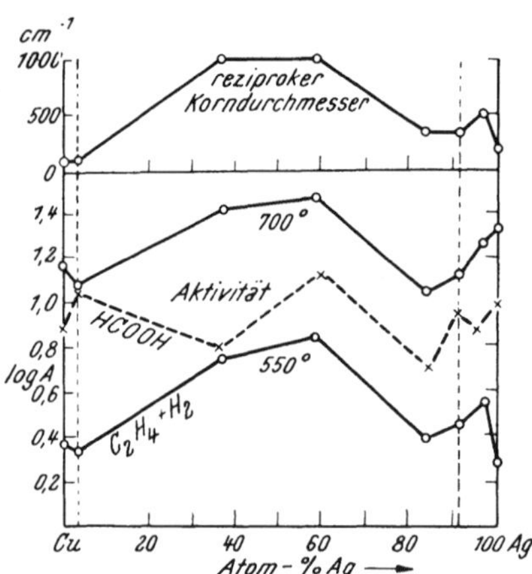

Abb. 13. Korngröße und Aktivität von Cu-Ag-Legierungen. (Nach RIENÄCKER.)

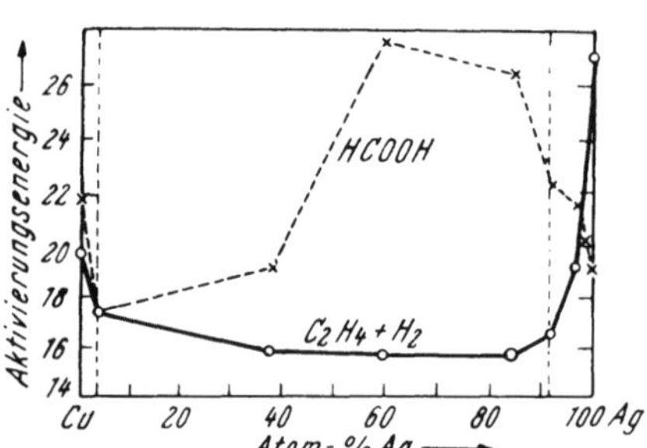

Abb. 14. Aktivierungsenergie von Legierungen Cu-Ag. (Nach RIENÄCKER.)

hatten diese Autoren mit Ameisensäure die ausgezogene Kurve mit einem scharfen Maximum beim Eutektikum gefunden. Später haben sie bemerkt, daß die Ameisensäurespaltung eine für wenig durchsichtige Faktoren zu empfindliche

[1] G.-M. SCHWAB, G. HOLZ: Z. anorg. allg. Chem. **252** (1944), 205.

[2] G.-M. SCHWAB, E. SCHWAB-AGALLIDIS: Ber. dtsch. chem. Ges. **76** (1944), 1228.

[3] G. RIENÄCKER, W. DIETZ: Z. anorg. allg. Chem. **228** (1936), 65. — G. RIENÄCKER, E. A. BOMMER: Z. anorg. allg. Chem. **236** (1938), 263.

Testreaktion darstellt[1] und deshalb die Versuche wiederholt, einmal wiederum mit Ameisensäure unter genauer bekannten Bedingungen (Tabelle 19 nach RIENÄCKER und BADE, zitiert bei SCHWAB[2]) und zweitens mit der Äthylenhydrierung. Die neuen Ameisensäureversuche zeigen einen erheblich anderen Verlauf unter Wegfall des Maximums der Aktivierungsenergie beim Eutektikum. Sie zeigen vielmehr eine Herabsetzung im Vergleich zu den nach der Mischungsregel berechneten Werten. Diese Versuche stimmen hinreichend mit denen von SCHWAB[2] (Tabelle 19) überein, die nur den Nachteil haben, sich auf drei intermediäre Zusammensetzungen zu beschränken.

Noch ausgeprägter ist diese Herabsetzung der Aktivierungsenergie in den Versuchen über die Äthylenhydrierung, obwohl diese Reaktion nur die scheinbare Aktivierungswärme liefern kann und diese von der Temperatur stark abhängt. Bei Prüfung von Abb. 13 sieht man, daß die Aktivitätskonstante offensichtlich unregelmäßig mit der Zusammensetzung variiert. Ihr Gang geht jedoch entgegengesetzt parallel der mittleren Korngröße; je kleiner also die Körner und je größer damit die Zahl der Aktivzentren, um so größer wird die Aktivität. Die Aktivierungsenergie hingegen hat zwei verschiedene Gänge, je nachdem, ob man sich in den Gebieten der gegenseitigen Löslichkeit der Komponenten oder in der Mischungslücke befindet. In den ersteren sinkt sie bei Zunahme der gelösten Menge des Gegenelements, im zweiten Gebiet ändert sie sich fast linear zwischen den Werten der beiden gesättigten Mischkristalle.

Analoge Ergebnisse, was die Aktivierungsenergie angeht, hat SCHWAB in seinen Versuchen an den silberreichen Legierungen Silber-Platin gefunden. Wie man aus Tabelle 20 ersieht, fällt die Aktivierungsenergie mit Zunahme des Platingehalts. Dies wäre auch normalerweise zu erwarten, da reines Platin eine kleinere Aktivierungsenergie hat als Silber. Die Meßwerte liegen aber tiefer als die nach der Mischungsregel berechneten.

In beiden Fällen hat man es also mit einer synergetischen Verstärkung zu tun, die durch die Auflösung eines Elements in einem anderen hervorgebracht wird. Wir haben schon in Kapitel I, S. 451, gesagt, daß dies wahrscheinlich von der Bildung von Gitterverzerrungen herrührt, die auf den Unterschied der Atomdurchmesser der Komponenten zurückgeht. Wir werden im folgenden Abschnitt auf diese Ansicht zurückkommen und weiterhin über die Erklärung von SCHWAB auf Grund der Elektronenkonzentration zu sprechen haben.

2. *Legierungen zwischen Metallen erster Art ohne Mischungslücke.*

Von Systemen ohne Mischungslücke wurden untersucht: von RIENÄCKER Kupfer-Gold[3], Silber-Gold[3], Kupfer-Nickel[4], Kupfer-Platin[5], und Kupfer-Palladium[6] sowie von SCHWAB Silber-Platin, Silber-Palladium, Silber-Gold[7]

[1] G. RIENÄCKER, G. WESSING, G. TRAUTMANN: Z. anorg. allg. Chem. **236** (1938), 252.

[2] G.-M. SCHWAB, E. SCHWAB-AGALLIDIS: Ber. dtsch. chem. Ges. **76** (1944), 1228.

[3] G. RIENÄCKER: Z. anorg. allg. Chem. **227** (1936), 353.

[4] G. RIENÄCKER, E. A. BOMMER: Z. anorg. allg. Chem. **242** (1939), 302. — G. RIENÄCKER, R. BURMANN: J. prakt. Chem., N. F. **158** (1941), 95. — G. RIENÄCKER, H. BADE: Z. anorg. allg. Chem. **248** (1941), 45.

[5] G. RIENÄCKER, H. HILLEBRAND: Z. anorg. allg. Chem. **248** (1941), 52. — G. RIENÄCKER, E. MÜLLER, R. BURMANN: Z. anorg. allg. Chem. **251** (1943), 55.

[6] G. RIENÄCKER, E. A. BOMMER: Z. anorg. allg. Chem. **236** (1938), 263. — G. RIENÄCKER, E. MÜLLER, R. BURMANN: Z. anorg. allg. Chem. **251** (1943), 55.

[7] G.-M. SCHWAB, G. HOLZ: Z. anorg. allg. Chem. **252** (1944), 205.

und Kupfer-Nickel[1]. Die Versuche sind in den Abb. 15, 16 und 17 und in der Tabelle 19 zusammengestellt.

Wenn wir zunächst die Ergebnisse RIENÄCKERS betrachten, so sieht man, daß in den Legierungen Kupfer-Gold (Abb. 15) ein sehr regelmäßiger, aber nicht linearer Gang der Aktivierungsenergie mit der Zusammensetzung vorliegt. Genauer gesagt ist die Aktivierungsenergie der Mischungen immer geringer als das gewichtete Mittel aus den Werten der Reinelemente. Dies wird besonders deutlich, wenn man mit getemperten Legierungen arbeitet, in denen die Atomverteilung geordneter ist als in abgeschreckten Legierungen. Dies läßt uns annehmen, daß wieder eine synergetische Verstärkung vorliegt.

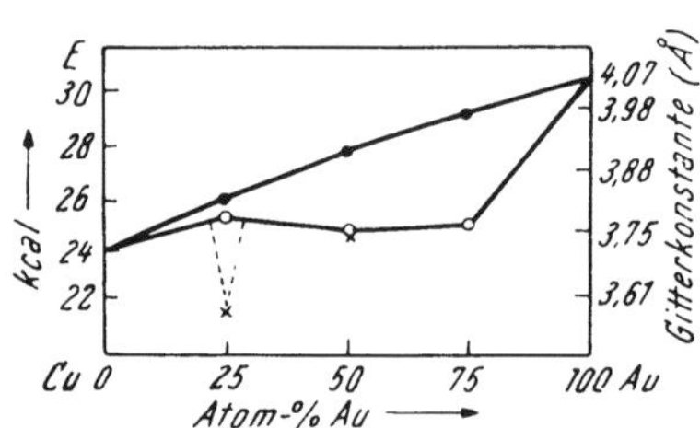

Abb. 15. Aktivierungsenergie der Ameisensäurespaltung an Cu-Au-Legierungen. (Nach RIENÄCKER.) ○ Ungeordnete Atomverteilung, × geordnete Atomverteilung, ● Gitterkonstante.

Bei den Legierungen Kupfer-Platin, Kupfer-Palladium und Kupfer-Nickel (Abb. 16) ist dagegen der Gang der Aktivierungsenergie mit der Zusammensetzung viel unregelmäßiger. RIENÄCKER[2] hat zur Deutung die Diagramme der Ameisensäurespaltung in zwei Gebiete eingeteilt: die Nachbarschaft der reinen Komponenten, wo die Aktivierungsenergie wenig mit der Zusammensetzung variiert, und ein Mittelgebiet, wo sie sich abrupt ändert. Er findet, daß man eine ähnliche Einteilung auch bei der Äthylenhydrierung durchführen kann, wenn man statt der Aktivierungsenergie die *Geschwindigkeitskonstante* betrachtet (Abb. 17). Die wirksameren Metalle der achten Gruppe sollen also ihre Wirksamkeit auch bei Zusatz des unwirksameren Kupfers fast unverändert beibehalten bis zu einer gewissen Konzentration, von der ab man ziemlich rasch auf die Wirksamkeit des Kupfers kommt.

Die katalytische Wirkung von Nickel, Platin und Palladium hat sicherlich mit der Elektronenkonfiguration dieser Metalle zu tun und es ist wahrscheinlich, daß diese Konfiguration durch die Anwesenheit von Kupfer verändert wird. Ein so unregelmäßiger Gang in diesen Legierungen findet sich jedoch auch in einigen anderen Eigenschaften; z. B. ist es bemerkenswert, daß der Wirksamkeitssprung im System Kupfer-Nickel mit dem Farbwechsel von Rot nach Weiß zusammenfällt und daß in den drei von RIENÄCKER untersuchten Systemen ein gewisser Parallelismus zwischen katalytischer Wirksamkeit und magnetischer Suszeptibilität auftritt. Diese letzte Tatsache ist auch schon von MORRIS[3] bemerkt worden, der beobachtet hatte, daß Kupfer, an sich für die Benzolhydrierung unwirksam, bei Zusatz von 1% Nickel ein guter Katalysator und zugleich stark ferromagnetisch wurde.

Ähnliche Ergebnisse wie RIENÄCKER haben auch COUPER und ELEY[4] erhalten, die die Ortho-Parawasserstoff-Umwandlung an Palladium-Gold-Legierungen studierten. Ihre Ergebnisse gehen klar aus Abb. 18 hervor. Die Aktivierungsenergie erfährt eine plötzliche Erhöhung bei 40 Atomprozent Gold, zusammen mit dem Verschwinden der paramagnetischen Suszeptibilität. COUPER und ELEY, die diese Tatsache bewiesen haben, bemerken, daß die in Abb. 18 schema-

[1] G.-M. SCHWAB, E. SCHWAB-AGALLIDIS: Ber. dtsch. chem. Ges. **76** (1944), 1228.

[2] G. RIENÄCKER, R. BURMANN: Z. Elektrochem. angew. physik. Chem. **47** (1941), 805.

[3] H. MORRIS: Trans. Illinois State Acad. Sci. **34**, Nr. 2 (1941), 122.

[4] A. COUPER, D. D. ELEY: Discuss. Faraday Soc. **8** (1950), 172.

tisch wiedergegebene Verminderung der paramagnetischen Suszeptibilität eine allmähliche Auffüllung der d-Bande bzw. des Atomic-orbital-d mit Elektronen

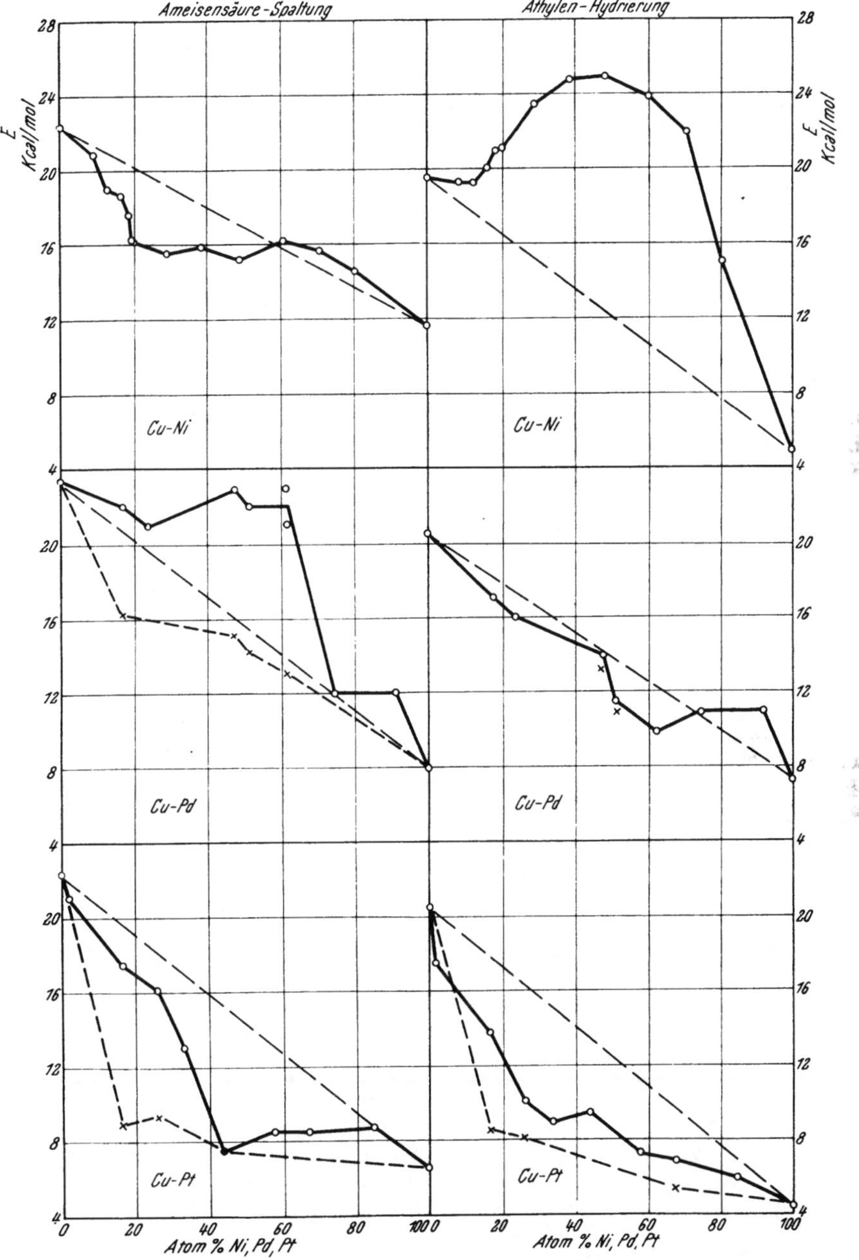

Abb. 16. Aktivierungsenergien der Ameisensäurespaltung und der Äthylenhydrierung an den Legierungen Cu-Ni, Cu-Pd und Cu-Pt. (Nach RIENÄCKER.)

bedeutet und kommen zu dem Schluß, daß die Anwesenheit dieser unaufgefüllten d-Niveaus für die Katalyse, insbesondere bei tiefen Temperaturen, wesentlich sei. Denselben Schluß ziehen DOWDEN und REYNOLDS[1] aus ihren Katalyseversuchen mit Cu-Ni- und Fe-Ni-Legierungen.

Zu den Bemerkungen RIENÄCKERS kann man eine andere ebenso interessante hinzufügen: Abb. 16 zeigt nämlich, daß wenigstens in vier von den RIENÄCKERschen Fällen, nämlich Ameisensäure an Kupfer-Nickel und Kupfer-Platin und Äthylen an Kupfer-Palladium und Kupfer-Platin, die Aktivierungsenergie der Legierungen fast immer geringer ist als das gewichtete Mittel der Reinmetalle. Man sieht nämlich, daß sie fast immer unterhalb der Verbindungsgeraden der Komponentenwerte liegt. Diese Abweichung von der Additivität ist sogar noch größer, wenn man die geordneten Legierungen betrachtet (Punkte ×). Auch bei der Ameisensäurezersetzung an Kupfer-Palladium, wenn man nur die geordneten Legierungen heranzieht, liegen die Werte unterhalb der Verbindungsgeraden. Wir haben demnach wieder eine *synergetische Verstärkung* vor uns. Nur die Hydrierung von Äthylen an Kupfer-Nickel zeigt eine Aktivierungsenergie, die immer höher ist als der additive Wert. Aber abgesehen davon, daß das der einzige Fall ist, muß man auch bedenken, daß bei der Äthylenhydrierung von RIENÄCKER die scheinbare und nicht die wahre Aktivierungsenergie gemessen wurde, und daß deshalb die Adsorptionsverhältnisse die Kurve etwas verschoben haben können.

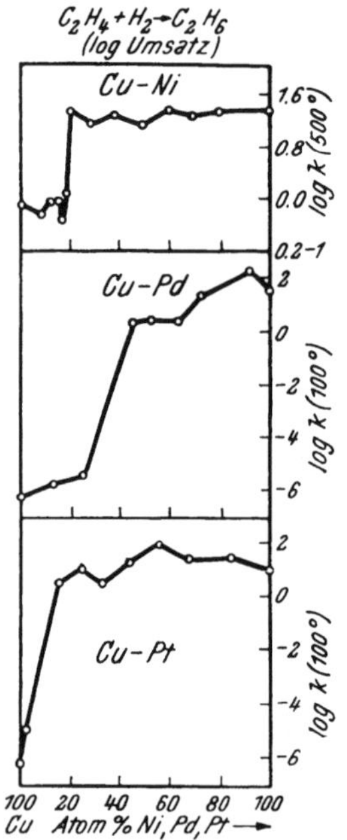

Abb. 17. Wirksamkeit der Legierungskatalysatoren Cu-Ni, Cu-Pd und Cu-Pt bei der Äthylenhydrierung. (Nach RIENÄCKER.)

Dasselbe kann man beobachten, wenn man die in Tabelle 19 angegebenen Versuche von SCHWAB an den Legierungen Silber-Palladium und Kupfer-Nickel betrachtet. Sie haben ihre Versuche nicht auf eine große Zahl von Legierungen erstreckt, aber dafür sind die angegebenen Werte Mittel aus zahlreichen Messungen und haben deshalb erhebliche Sicherheit. Auch in den Versuchen an Pd-Au-Legierungen von COUPER und ELEY (Abb. 18) ist die Aktivierungsenergie immer niedriger als das gewichtete Mittel der Reinmetalle, da für Gold die Verfasser den Wert 17,5 kcal gefunden haben.

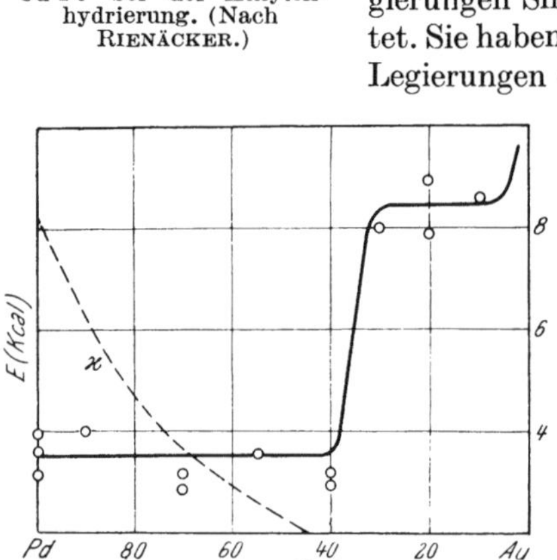

Abb. 18. Aktivierungsenergie der p-H_2-Umwandlung an Pd-Au-Legierungen. (Nach COUPER und ELEY.) Die strichlierte Linie bedeutet die paramagnetische Suszeptibilität in willkürlichen Einheiten.

Man kann also aus allen diesen Versuchen entsprechend dem, was wir im vorigen Abschnitt fanden, schließen, daß die Bildung fester Lösungen zwischen Metallen erster Art, insbesondere wenn es geordnete Mischkristalle sind, eine Verringerung der Aktivierungsenergie gegenüber der Additivität hervorbringt. Wir hatten dies schon in Kap. I, S. 431, betont und es durch die Gitterdeformation gedeutet, die von der Verschiedenheit der Atomdurchmesser der Mischungskomponenten herrührt.

[1] D. A. DOWDEN, P. W. REYNOLDS: Discuss. Faraday Soc. 8 (1950), 184.

Tabelle 19. *Spaltung der Ameisensäure an Legierungen Silber-Kupfer.* Aktivierungsenergie kcal.

% Silber	RIENÄCKER und BADE	SCHWAB und SCHWAB-AGALLIDIS	
		dynamisch	statisch
0	21,26	24,4	22,4
3	21,26	—	—
5	—	24,2	—
20	18,9	—	—
37	18,0	—	—
59	18,0	—	—
61	—	—	23,5
84	19,1	—	—
92	20,0	—	—
92,5	—	20,2	20,0
97	20,8	—	—
100	18,8	18,2	20,0

Tabelle 20. *Spaltung der Ameisensäure an Legierungen Ag-Pt, Ag-Pd, Ag-Au und Cu-Ni.* (Nach SCHWAB und HOLZ sowie SCHWAB und SCHWAB-AGALLIDIS.) Aktivierungsenergie kcal.

Legierung	gefunden	additiv berechnet
Ag	17,6	—
87,8 Ag — 12,2 Pt	16,8	17,2
73 Ag — 27 Pt	15,0	16,8
Pt	14,7	—
Ag	17,6	—
90 Ag — 10 Pd	16,7	17,4
50 Ag — 50 Pd	15,7	16,4
Pd	15,3	—
Ag	17,6	—
64,6 Ag — 35,4 Au	16,0	15,8
Au	12,5	—
Cu	24,4	—
55 Cu — 45 Ni	22,9	24,9
Ni	25,5	—

Diese Deutung erfährt nunmehr eine wenn auch indirekte Bestätigung in dem Verhalten der Legierungen Silber-Gold. Sowohl aus einigen früheren Messungen RIENÄCKERS[1] wie aus den schon angeführten SCHWABS (Tabelle 20) sieht man nämlich, daß hier keinerlei Erniedrigung der Aktivierungsenergie gegenüber dem gewichteten Mittel der Reinelemente auftritt. Es ist jedoch zu bemerken, daß sowohl die Atomdurchmesser wie die Gitterkonstanten von Silber und Gold praktisch gleich sind (Tabelle 18; Lanthanidenkontraktion) und daß auch ihre chemischen und physikalischen Eigenschaften sehr ähnlich sind. Die Gitterdeformationen beim Eintritt eines Silberatoms ins Goldgitter oder umgekehrt können also nicht erheblich sein und dementsprechend kann man keine Abweichung der Aktivierungsenergie von der Additivität erwarten.

[1] G. RIENÄCKER: Z. anorg. allg. Chem. 227 (1936), 353.

3. *Hume-Rothery-Legierungen.*

Die HUME-ROTHERY-Legierungen, die recht komplizierte Zustandsdiagramme haben, sind von SCHWAB und Mitarbeitern in zahlreichen Arbeiten untersucht worden. Die untersuchten Legierungen sind folgende:

Cu-Sn[1]	Ag-Al[4]	Ag-Tl[5]	Ag-Bi[5]
Cu-Sb[2]	Ag-Hg[3]	Ag-Sn[3]	Au-Cd[7]
Ag-Zn[3]	Ag-Ga[3]	Ag-Pb[5]	Au-Pb[2]
Ag-Cd[3]	Ag-In[3]	Ag-Sb[6]	Au-Sb[8]

Auf Grund dieses umfangreichen Materials hat SCHWAB einen nahezu übereinstimmenden Gang der Aktivierungsenergie mit der Zusammensetzung für den größten Teil der untersuchten Systeme feststellen können. Wie man aus den

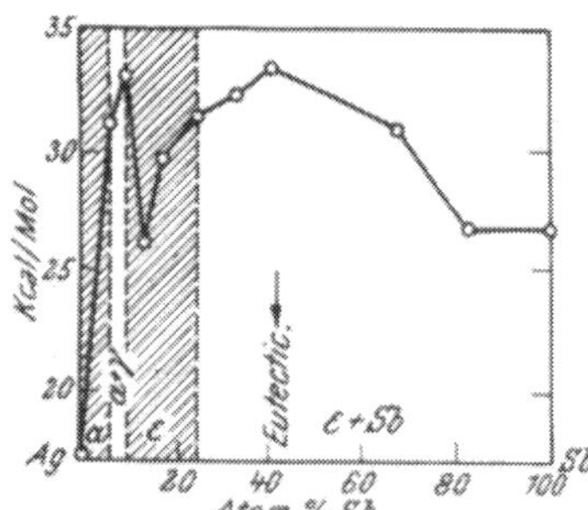

Abb. 19. Aktivierungsenergie der Ameisensäurespaltung an Ag-Sb-Legierungen. (Nach SCHWAB.)

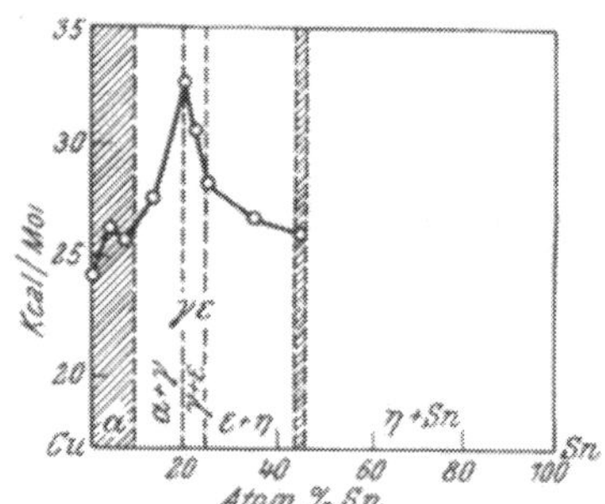

Abb. 20. Aktivierungsenergie der Ameisensäurespaltung an Cu-Sn-Legierungen. (Nach SCHWAB.)

Abb. 19, 20 und 21 sieht, hat man überall innerhalb der Löslichkeitsgrenze des zweitgenannten Metalles in dem ersten (α-Phase) eine Zunahme der Aktivierungsenergie mit der Konzentration. Hierauf folgt gewöhnlich ein Abfall mit einem Minimum bei der β-Phase und dann ein neuer Anstieg bis zu einem Maximum bei der Phase γ, von wo ab dann die Aktivierungsenergie wieder abnimmt bis zu den Phasen ε und η. Natürlich können auch scheinbare Abweichungen von diesem Gange auftreten; wenn z. B. die Phase β nicht auftritt (Cu-Sn), so fehlt auch das entsprechende Minimum und die Kurve steigt kontinuierlich durch die Phase α und den zweiphasigen Bereich, bis sie das Maximum bei der γ-Phase erreicht. Bei ausschließlicher Betrachtung des Anstiegs im Existenzbereich der

[1] G.-M. SCHWAB, A. KARATZAS: Z. Elektrochem. angew. physik. Chem. **50** (1944), 242. — G.-M. SCHWAB, S. PESMATJOGLOU: J. physic. Colloid Chem. **52** (1948), 1046. — G.-M. SCHWAB: Chalmers Tekn. Högskolas Handl. Nr. 81 (1949).

[2] G.-M. SCHWAB, G. PETROUTSOS: J. physic. Colloid Chem. **54** (1950), 581.

[3] G.-M. SCHWAB, G. HOLZ: Z. anorg. allg. Chem. **252** (1944), 205.

[4] G.-M. SCHWAB, E. SCHWAB-AGALLIDIS: Ber. dtsch. chem Ges. **76** (1944), 1228.

[5] G.-M. SCHWAB, G. HOLZ: Z. anorg. allg. Chem. **252** (1944), 205. — G.-M. SCHWAB, N. THEOPHILIDES: J. physic. Chem. **50** (1946), 427.

[6] G.-M. SCHWAB, G. HOLZ: Z. anorg. allg. Chem. **252** (1944), 205. — G.M. SCHWAB, A. KARATZAS: Z. Elektrochem. angew. physik. Chem. **50** (1944), 242. — G.-M. SCHWAB, N. THEOPHILIDES: J. physic. Chem. **50** (1946), 427. — G.-M. SCHWAB: Trans. Faraday Soc. **42** (1946), 689. — G.-M. SCHWAB: Chalmers Tekn. Högskolas Handl. Nr. 81 (1949).

[7] G.-M. SCHWAB, S. PESMATJOGLOU: J. physic. Colloid Chem. **52** (1948), 1046. — G.-M. SCHWAB: Chalmers Tekn. Högskolas Handl. Nr. 81 (1949).

[8] G.-M. SCHWAB: Chalmers Tekn. Högskolas Handl. Nr. 81 (1949). — G.-M. SCHWAB, G. PETROUTSOS: J. physic. Colloid Chem. **54** (1950), 581.

α-Phase hat SCHWAB an den Silberlegierungen, die in größter Zahl untersucht wurden, eine einfache Beziehung zwischen der Aktivierungsenergie des Silbers und der der Legierungen gefunden. Sie lautet:

$$q = q_{Ag} + Ax\,(n-1)^2 .$$

Hier bedeutet q die Aktivierungsenergie der Legierung, q_{Ag} die des Silbers (17,6 kcal), A eine Konstante, die von der Periode im periodischen System abhängt, der die zweite Komponente angehört ($A = 11$ für die fünfte Periode; $A = 100$ für die sechste Periode), x den Atombruch und n die Valenzelektronenzahl des zweiten Elements. Mit anderen Worten steigt danach die Aktivierungsenergie proportional dem Quadrat der Zunahme an Valenzelektronen, die beim Ersatz von Silber durch das zweite Element auftritt. Der Ausdruck $A\ (n-1)^2$ wird von SCHWAB „atomare Inaktivierung" genannt und ist proportional den in denselben Legierungen auftretenden atomaren elektrischen Widerstandserhöhungen.

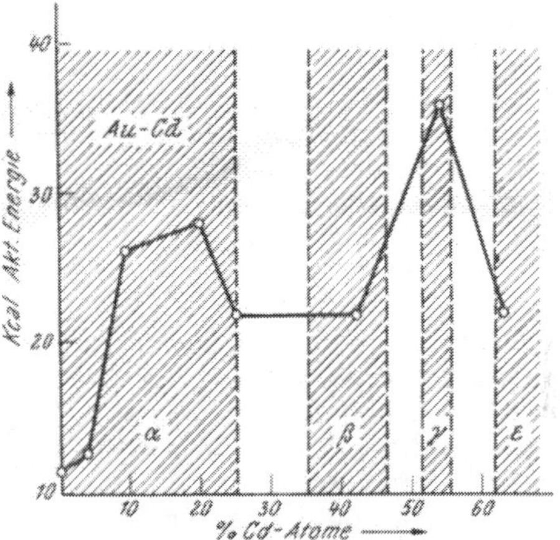

Abb. 21. Aktivierungsenergie der Ameisensäurespaltung an Au-Cd-Legierungen. (Nach SCHWAB.)

Diese Inaktivierung steht im Gegensatz zu dem, was wir bei Legierungen zwischen Elementen erster Art gesehen haben, wo die Auflösung des einen im anderen zu einer synergetischen Verstärkung führte. Es ist allerdings so, daß man in den Fällen, wo SCHWAB die Untersuchung auf das ganze binäre System ausgedehnt hat, sehen kann, daß das zweite Metall eine beträchtlich kleinere Wirksamkeit hat als das Grundelement. Jedoch läßt sich leicht zeigen, daß meist die Erhöhung der Aktivierungsenergie deutlich größer ist als die additiv berechnete. Man hat also hier nicht mit einer synergetischen Verstärkung, sondern vielmehr mit einer *synergetischen Abschwächung* zu tun.

SCHWAB[1] hat für diese Abschwächung eine Deutung auf Grund der *Elektronenstruktur* der Legierungen gegeben, die wir später besprechen werden. Es scheint uns jedoch möglich zu sein, auch eine *strukturelle* Erklärung zu geben. Es ist nämlich festzustellen, daß im allgemeinen die in den untersuchten Legierungen als zweite Komponente eingeführten Metalle nur eine geringe katalytische Wirksamkeit und einen tiefen *Schmelzpunkt* haben, und daß auch die Legierungen selbst tiefere Schmelzpunkte haben als das Grundelement. Wir haben schon früher an verschiedenen Stellen und besonders in Kap. IIb, S. 468, die Wichtigkeit von Verbindungen mit hohem Schmelzpunkt für die katalytische Wirksamkeit betont, und haben auch beobachtet, daß tiefschmelzende Stoffe meist als Gifte wirken. Man könnte anscheinend annehmen, daß dies von einer Abnahme der Zahl der aktiven Zentren herrührt, die durch die vermehrte Atombeweglichkeit hervorgebracht wird, die ihrerseits dem verminderten Schmelzpunkt entspricht. Dann hätte man aber eine strukturelle Abschwächung. In Wirklichkeit muß man jedoch bedenken, daß die Aktivzentren, die bei der vermehrten Atombeweglich-

[1] G.-M. SCHWAB, G. HOLZ: Z. anorg. allg. Chem. **252** (1944), 205. — G.-M. SCHWAB: Trans. Faraday Soc. **42** (1946), 689.

keit zuerst ihre Wirksamkeit verlieren, aus den isoliertesten Atomen bestehen und deshalb die wirksamsten sind. Daraus folgt eine Verminderung nicht nur der Zahl, sondern auch der mittleren Qualität der Zentren und somit eine synergetische Abschwächung, wie sie SCHWAB beobachtet hat.

Man könnte für die Abschwächung auch noch eine *energetische* Deutung geben. SCHWAB[1] hat beobachtet, daß eine Zunahme der Aktivierungsenergie der katalysierten Reaktion eigentlich einer verminderten Herabsetzung der Aktivierungsenergie der unkatalysierten Reaktion und damit einer verminderten energetischen Einwirkung der Aktivzentren auf die adsorbierten Molekeln entspricht, also einem geringeren Energieüberschuß der aktiven Zentren. SCHWAB war daher ursprünglich zu dem Schluß gekommen, daß die Zunahme der Aktivierungsenergie von einer Verminderung der Gitterenergie der Legierung herkommt. Diese Verminderung steht nun wieder im Einklang mit der Tatsache, daß der Schmelzpunkt der Legierung bei Zunahme des Gehalts an zweiter Komponente abnimmt und auch mit der SCHWABschen Beobachtung, daß die Legierungen mit der höchsten Aktivierungsenergie auch die geringste Plastizität[1] und die höchste Härte[2] aufweisen.

Schwieriger ist nach dieser Auffassung die Deutung der geringen Aktivierungsenergie der Phasen β, ε und η sowie des Maximums der γ-Phase. Man kann hier sagen, daß die drei ersten Phasen einfache Gitter haben, während die Phase γ viel komplizierter ist. Man könnte dann annehmen, daß vom Strukturstandpunkt aus die Veränderung der Atomabstände beim Übergang von einer Phase zur anderen oder die Gitterenergie der verschiedenen Phasen von Einfluß seien. Es ist aber klar, daß die Veränderung der Gitterabstände und der Gitterenergie mit einer Veränderung der Restvalenzen zusammenhängt, die um die Aktivzentren herum auftreten. Dann würde letzten Endes die Änderung der Aktivierungsenergie von einer Änderung der Valenzbindungen abhängen, die bei der Bildung einer intermetallischen Verbindung auftritt, und damit von der Änderung der Elektronenstruktur der Atome in der Legierung. Wir werden tatsächlich später sehen, daß SCHWAB für diese Änderungen der Aktivierungsenergie eine Erklärung gegeben hat, die auf der besagten Elektronenstruktur basiert.

4. Legierungen zwischen Metallen zweiter Art.

Legierungen zwischen Metallen zweiter Art sind bisher vom katalytischen Standpunkt aus nur wenig untersucht worden, wahrscheinlich weil sie nur geringe katalytische Wirksamkeit und damit wenig praktisches Interesse haben. Aus Versuchen von KAPUSTINSKI und SCHMELOW[3] über die Zersetzung von Hydroperoxyd an den Legierungen Blei-Cadmium und Zinn-Wismut (Unmischbarkeit im festen Zustand mit Eutektikum) und Antimon-Wismut (völlige Mischbarkeit im festen Zustand) könnte man schließen, daß die Aktivierungsenergie in Eutektika ein Maximum hätte und dagegen kontinuierlich verläuft, wenn feste Lösungen auftreten. Diese Ergebnisse sind merkwürdig wegen der Gegenwart der reinen Komponenten im Eutektikum, und widersprechen auch den Ergebnissen von RIENÄCKER an Cu-Ag-Legierungen. Nach SHUSHUNOV und FEDYAKOVA[4] dagegen, die die gleiche Reaktion an Zinn-Wismut untersucht haben, liegt beim Eutektikum durchaus kein ausgezeichneter Punkt der Aktivierungs-

[1] G.-M. SCHWAB, G. HOLZ: Z. anorg. allg. Chem. **252** (1944), 205.
[2] G.-M. SCHWAB: Chalmers Tekn. Högskolas Handl. Nr. 81 (1949).
[3] A. F. KAPUSTINSKI, B. A. SCHMELOW: Bull. Acad. Sci. URSS, Cl. Sci. chim. **1940**, 617.
[4] V. A. SHUSHUNOV, K. G. FEDYAKOVA: J. physic. Chem. URSS **23** (1949), 936.

energiekurve vor, wogegen im System Cadmium-Antimon bei einer intermetallischen Verbindung (CdSb) ein Minimum liegt.

5. *Geordnete und ungeordnete Atomanordnung.*

Wir haben schon früher gesehen, daß die thermische Behandlung einer Legierung nicht nur die katalytische Wirksamkeit im ganzen, sondern speziell die Aktivierungsenergie beeinflußt. Dieser Einfluß kann entweder, wie schon gesagt, einfach von einer Homogenisierung der Legierung herkommen, aber auch vom Übergang aus einer ungeordneten Atomverteilung zu einer geordneten oder auch unmittelbar von der Bildung einer neuen Phase.

Der Übergang von der ungeordneten Atomverteilung zur geordneten ist Gegenstand einer eingehenden Untersuchung von RIENÄCKER gewesen, und zwar für Legierungen zwischen Metallen erster Art mit vollständiger Mischbarkeit und vor allem für Legierungen der Zusammensetzungen A_3B und AB_3. Bei diesen führt nämlich ein längeres Erhitzen auf 300° zum Erscheinen von Überstrukturlinien in den Röntgenaufnahmen, ein Zeichen für eine besser geordnete Atomanordnung im Gitter, wenn auch mit einer niedrigeren Gittersymmetrie als sie die reinen Metalle aufweisen.

Außer in Abb. 15 und 16 werden die Ergebnisse dieser Untersuchungen noch besser in der von RIENÄCKER selbst[1] stammenden Tabelle 21 aufgezeigt. Im großen und ganzen beobachtet man immer beim Übergang von der ungeordneten zur geordneten Phase eine Verminderung der Aktivierungsenergie, wie ja schon in den vorhergehenden Abschnitten (S. 492) gezeigt wurde. Nur in den Fällen, wo die geordnete Phase eine vollständig andere Gitterstruktur hat als die ungeordnete (CuAu und CuPt), beobachtet man keinerlei Änderung der Aktivierungsenergie. Auf den ersten Blick könnten diese Ergebnisse seltsam erscheinen, weil sie im Widerspruch stehen mit dem, was wir S. 441 und 451 über Gitterdeformation gesagt haben und was auch MITTASCH[2], HÜTTIG[3], FRICKE[4] und andere geäußert haben über die Wichtigkeit von Gitterlücken und metastabilen Zuständen und allgemeiner über die topochemischen Einflüsse auf die Aktivierungsenergie. Man sollte hier demnach das entgegengesetzte Ergebnis erwarten: eine Zunahme der Aktivierungsenergie beim Übergang Unordnung—Ordnung. Eine gewisse Aufklärung bringen jedoch spätere Versuche von SCHNEIDER[5] mit der Legierung Cu-Au sowie einige Beobachtungen RIENÄCKERs über diese Legierungen[6] und endlich der Vergleich, den SCHNEIDER zwischen dem katalytischen und magnetischen Verhalten der Systeme Cu-Au, Cu-Pd und Cu-Pt auf Grund der Messungen von SEEMANN[7], VOGT[8] und SVENSSON[9] durchführte. Bei der Prüfung der katalytischen Wirksamkeit und der mechanischen Eigenschaften der abge-

[1] G. RIENÄCKER, H. HILLEBRAND: Z. anorg. allg. Chem. **248** (1941), 52. — G. RIENÄCKER, R. BURMANN: Z. Elektrochem. angew. physik. Chem. **47** (1941), 805.

[2] A. MITTASCH: Z. Elektrochem. angew. physik. Chem. **36** (1930), 569.

[3] G. F. HÜTTIG: Z. Elektrochem. angew. physik. Chem. **41** (1935), 527; Angew. Chem. **49** (1936), 882; Mh. Chem. **69** (1936), 42; Chemiker-Ztg. **61** (1937), 408.

[4] R. FRICKE: Z. Elektrochem. angew. physik. Chem. **46** (1940), 90.

[5] A. SCHNEIDER: Z. Elektrochem. angew. physik. Chem. **45** (1939), 727; **46** (1940), 321.

[6] G. RIENÄCKER: Z. Elektrochem. angew. physik. Chem. **40** (1934), 487.

[7] H. J. SEEMANN, E. VOGT: Ann. Physik (5) **2** (1929), 976. — H. J. SEEMANN: Z. Physik **62** (1930), 824; **84** (1933), 557.

[8] E. VOGT: Ann. Physik (5) **14** (1932), 1. — E. VOGT, H. KRÜGER: Ann. Physik (5) **18** (1933), 763.

[9] B. SVENSSON: Ann. Physik (5) **14** (1932), 699.

schreckten (also völlig ungeordneten) Legierungen Cu-Au beim Tempern mit allmählich zunehmenden Temperaturen hat nämlich SCHNEIDER das Auftreten charakteristischer metastabiler Zustände zwischen 250° und 300° beobachtet.

Tabelle 21. *Atomanordnung und Aktivierungsenergie.* (Nach RIENÄCKER.)

Legierungstyp	Cu_3Au	CuAu	Cu_3Pd	CuPd			Cu_3Pt		CuPt
Zusammensetzung der katalytisch untersuchten Legierungen (Atomprozent) ..	25 Au	50 Au	16,7 Pd	47,2 Pd	51,2 Pd	62 Pd	16,5 Pt	25 Pt	44 Pt
Gittertyp ungeordnet[1]	k. fl.	k. fl.	k. fl.	k. fl.	k. fl.	k. fl.	k. fl.	k. fl.	k. fl.
Gittertyp geordnet[1]	k. fl.	tetr.	k. fl.	k. rzt.	k.rzt. + k. fl.	k. fl. (?)	k. fl.	k. fl.	trig.
Aktivierungsenergie (kcal) ungeordnet	24,5	24,0	22	23	22	23÷21	17,4	16,1	7,6
Aktivierungsenergie (kcal) geordnet ..	21,3	24,0	16,2	15	14,2	13	8,3	9,3	7,5
Differenz der Aktivierungsenergie (kcal)	3,2	0	5,8	8	7,8	8÷10	9,1	6,8	0
Richtung der Änderung der magnetischen Suszeptibilität...........	dia	**para**	dia	dia	dia	dia	dia (?)	dia	dia

[1] k. fl. = kubisch, flächenzentriert; k. rzt. = kubisch, raumzentriert; tetr. = tetragonal; trig. = trigonal.

Sie sind gekennzeichnet durch sehr deutliche Änderungen der Aktivierungsenergie sowie durch eine anfängliche Zunahme und dann Abnahme der Härte und Festigkeit (Abb. 22). Andererseits zeigt die von SCHNEIDER durchgeführte Gegenüberstellung der magnetischen Eigenschaften (Abb. 23) einen Parallelismus mit den katalytischen. Der Übergang Unordnung—Ordnung führt immer zu einer Verminderung der Atomsuszeptibilität, eine Ausnahme ist die Legierung CuAu, wo auch keine Änderung der Aktivierungsenergie eintritt.

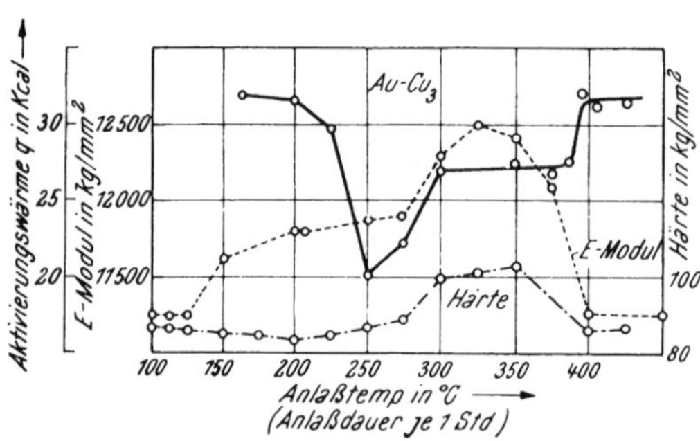

Abb. 22. Katalytische und mechanische Eigenschaften der Legierung $AuCu_3$ als Funktionen der Vorbehandlungstemperatur. (Nach SCHNEIDER.)

Dieser Parallelismus zwischen Aktivierungsenergie einerseits und magnetischen und mechanischen Eigenschaften andererseits, zusammen mit der Tatsache, daß beim Übergang vom ungeordneten zum geordneten Gitter keine merkliche Änderung der Gitterabstände stattfindet, führt zu folgendem Schluß: in diesen Fällen kommen nicht die Gitterdeformationen als solche zur Wirkung, sondern die Katalyse ist eher mit einem besonderen Zustand der *Bindungselek-*

tronen zwischen den Atomen verknüpft, und die erwähnten Änderungen sind Änderungen dieses Zustandes zuzuordnen.

Von einem gewissen Gesichtspunkt aus muß ja der Mechanismus der Aktivierung für geordnete und ungeordnete Legierungen analog sein. In den ungeordneten Mischkristallen bedeuten die auftretenden Gitterdeformationen eine Änderung der Kohäsionskräfte, die sich in einer allgemeinen Verbesserung der mechanischen Eigenschaften bei abnehmender Plastizität und in einer Änderung der elektrischen Kenngrößen äußert. Analoge und sogar größere Eigenschaftsänderungen treten auch in den geordneten Mischkristallen auf. Man braucht sich deshalb nicht zu wundern, wenn solche geordnete Phasen, deren Eigenschaften denen der reinen Metalle nahekommen, manchmal auch bessere katalytische Eigenschaften aufweisen. RIENÄCKER selbst hat sich dahin ausgesprochen, daß gewisse Legierungen, z. B. CuAu, nicht als Zweikomponenten-Systeme, sondern als einphasige Kontakte anzusprechen sind. Übrigens läßt sich das auch röntgenographisch bestätigen, indem diese geordneten Legierungen häufig eine andere Kristallstruktur aufweisen als die Komponenten, so daß man an die Bildung intermetallischer Verbindungen zu denken hat.

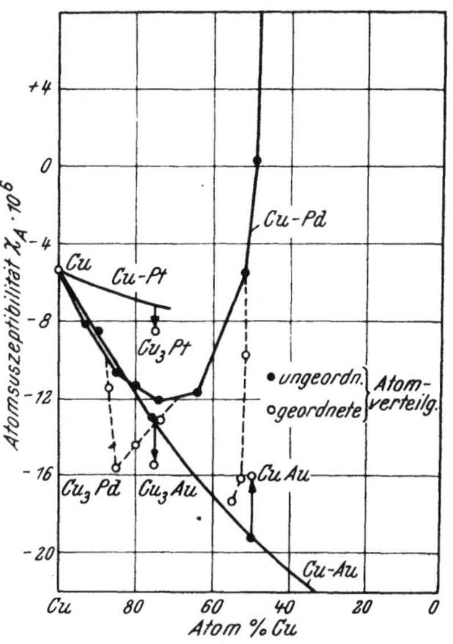

Abb. 23. Magnetische Eigenschaften der Legierungen Cu-Pd, Cu-Pt und Cu-Au im geordneten und ungeordneten Zustand. (Nach SEEMANN, VOGT und SVENSSON.)

6. *Katalytische Wirksamkeit und Elektronenkonzentration.*

In den vorhergehenden Abschnitten haben wir bei den HUME-ROTHERY-Legierungen und bei den Erscheinungen des Übergangs Unordnung→Ordnung bereits, wenn auch nicht in klarer Form, den Einfluß kennengelernt, den die *Bindungen* zwischen den Atomen einer Legierung und vor allem die Zustände der Bindungselektronen auf die Katalyse und insbesondere auf die Aktivierungsenergie ausüben. Man sieht das auch noch an einer anderen Tatsache: an der Änderung der katalytischen Wirksamkeit am Curie-Punkt beim Übergang vom Ferromagnetismus zum Paramagnetismus. Dieser Übergang wurde von HEDVALL für reine Metalle[1], für HEUSLER-Legierungen[2], für Cu-Ni und Co-Pd[3] und für Stahl[4] gefunden, und von anderen Autoren[5] bestätigt. Allerdings bezieht er sich nach SCHWAB (Verhandlungen Göteborg 1952) nur auf das Curie-Intervall

[1] J. A. HEDVALL, E. GUSTAVSON: Svensk kem. Tidskr. **46** (1934), 64. — J. A. HEDVALL, R. HEDIN, O. PERSSON: Z. physik. Chem., Abt. B **27** (1934), 196. — J. A. HEDVALL, F. SANDFORD: Z. physik. Chem., Abt. B **29** (1935), 455. — J. A. HEDVALL: Chem. Reviews **15** (1934), 139; Z. Elektrochem. angew. physik. Chem. **41** (1935), 445; Atti Congr. int. Chim., X Congr., Roma **2** (1938), 255.

[2] J. A. HEDVALL, R. HEDIN: Z. physik. Chem., Abt. B **30** (1935), 280.

[3] J. A. HEDVALL: Z. physik. Chem., Abt. B **41** (1938), 163; Angew. Chem. **54** (1941). 505. — G. COHN, J. A. HEDVALL: J. physic. Chem. **46** (1942), 841.

[4] J. A. HEDVALL, A. BERG: Z. physik. Chem., Abt. B **41** (1938), 388.

[5] I. T. KOYANO, R. ITO: J. chem. Soc. Japan **62** (1941), 948.

selbst und nicht auf die Aktivierungsenergie der beiden Zustände. Wir haben auch bereits gesehen, daß sich aus den Deutungen von COUPER und ELEY[1] sowie von DOWDEN und REYNOLDS[2] für den Vergleich mit der paramagnetischen Suszeptibilität folgern läßt, daß die katalytische Wirksamkeit der Metalle und Legierungen mit der Anwesenheit unaufgefüllter d-Bahnen in Beziehung steht.

Um diese Überlegungen in eine schärfere Form zu kleiden, hat SCHWAB erstmals die Aktivierungsenergie mit der Elektronenkonzentration der Legierungen im Sinne der HUME-ROTHERYschen Regel (S. 494) in Beziehung gesetzt. Er hat gefunden, daß in Legierungen zwischen Metallen erster Art und in HUME-ROTHERYschen α-Phasen mit der Abnahme der Elektronenkonzentration eine Verminderung der Aktivierungsenergie Hand in Hand geht[3]. Zum Beispiel beobachtet man in Legierungen zwischen Kupfer oder Silber (Elektronenkonzentration 1) mit Metallen der achten Gruppe (Elektronenkonzentration 0) eine Abnahme der Aktivierungsenergie, während in den α-Phasen beim Zulegieren von Metallen höherer Elektronenkonzentration zum Kupfer oder Silber die Aktivierungsenergie zunimmt (S. 495). Sie steigt auch bei Zunahme der Valenzelektronenzahl des Zusatzatoms, weil auch dabei die Elektronenkonzentration der Legierung steigt.

Diese Beobachtung gilt nicht mehr, wenn man zu den Phasen β, γ usw. der HUME-ROTHERY-Systeme übergeht, weil dann mit wachsender Elektronenkonzentration die Aktivierungsenergie von einem Maximum bei der γ-Phase nicht nur nach der β-Phase hin, sondern auch nach den Phasen ε und η hin, also bei steigender Elektronenkonzentration, abnimmt.

Um diese Tatsachen zu erklären, ist SCHWAB[4] tiefer auf den katalytischen Vorgang eingegangen, besonders bei der von ihm studierten Ameisensäuredehydrierung. Er bemerkt, daß die verschiedenen HUME-ROTHERY-Phasen sich ja nicht nur in der Elektronenkonzentration unterscheiden, sondern auch in dem verschiedenen Füllungsgrad der BRILLOUIN-Zonen, d. h. der Bande von Energieniveaus, in denen sich die Elektronen der metallischen Bindung (das sogenannte Elektronengas) befinden können. Durch quantenmechanische Überlegungen läßt sich nämlich zeigen, daß diese Zone in den Phasen α, β und ε wegen der einfacheren Gitterstruktur nur zu etwa 70 % aufgefüllt ist. Die kompliziertere γ-Phase hat eine viel gefülltere Zone (88,4 %). Daraus folgt, daß die erstgenannten Phasen die Dichte ihres Elektronengases noch durch Zufuhr neuer Elektronen von außen erhöhen können, insbesondere aus den am Katalysator adsorbierten Molekeln der reagierenden Stoffe.

Nach SCHWAB ist die Bindung zwischen Substrat (reagierendem Stoff) und Katalysator eine homöopolare; die reagierenden Molekeln werden an den Katalysator gebunden, indem sie ihm einige ihrer Elektronen abtreten, die sich dann den Valenzelektronen des Katalysatormetalls zugesellen. So entsteht eine besonders reaktionsfähige Verbindung (Adsorptions- und Chemisorptions-Verbindung). In analoger Weise läßt sich z. B. die Adsorption von Wasserstoff an Metallen beschreiben, indem man annimmt, daß die Protonen (Wasserstoffkerne) sich in den Leerstellen des Kristallgitters verteilen, während die Elektronen in das Elektronengas aufgenommen werden.

Die thermische Aktivierungsenergie der reagierenden Molekeln muß demnach dazu dienen, diesen Eintritt der Elektronen aus den Molekeln in die freien

[1] A. COUPER, D. D. ELEY: Discuss. Faraday Soc. 8 (1950), 172.

[2] D. A. DOWDEN, P. W. REYNOLDS: Discuss. Faraday Soc. 8 (1950), 184.

[3] G.-M. SCHWAB, G. HOLZ: Z. anorg. allg. Chem. **252** (1944), 205.

[4] G.-M. SCHWAB: Trans. Faraday Soc. **42** (1946), 689. — G.-M. SCHWAB: Chalmers Tekn. Högskolas Handl. Nr. 81 (1949).

Energieniveaus des Elektronengases herbeizuführen. Da nun aber bei Auffüllung der BRILLOUIN-Zone die tieferen Niveaus zuerst besetzt werden und dann die höheren, so folgt daraus, daß, je voller die Zone ist, um so höher die erforderliche Energie für den Eintritt der Elektronen und um so größer auch die Aktivierungsenergie sein muß. In einer nahezu vollen Zone erfordert der Eintritt neuer Elektronen eine besonders hohe Energiezufuhr. Dies ist es, was man an der γ-Phase im Vergleich zu den anderen Phasen beobachtet.

Zur Vervollständigung seiner Theorie hat SCHWAB noch andere Legierungen untersucht: Fe-C, Fe-Au, Cu-Mg[1], und hat bei ihnen, gestützt auch auf röntgenographische, elektrische und magnetische Messungen, die Beziehung zwischen Aktivierungsenergie und Füllungsgrad der BRILLOUIN-Zone bestätigen können. Er hat dann umgekehrt diese Beziehung wieder zur Deutung gewisser intermetallischer Verbindungen herangezogen. Weiter hat er festgestellt, daß die *Härte* der HUME-ROTHERY-Legierungen der Aktivierungsenergie etwa parallel läuft. Er hat dann die Änderung der Härte mit der Temperatur untersucht und aus dem Temperaturgang der Warmhärte eine Aktivierungsenergie der Gleitung berechnen können, die wieder in der γ-Phase maximal und in den anderen Phasen geringer ist.

c) Edelmetalle der achten Gruppe.

Legierungen zwischen Platinmetallen sind vom thermischen und Strukturstandpunkt nur ganz wenig untersucht worden. Es ist jedoch in Anbetracht der Ähnlichkeit der Atomabstände und in Anbetracht der kristallographischen Isomorphie anzunehmen, daß Platin, Palladium, Iridium und Rhodium untereinander in allen Verhältnissen Mischkristalle bilden. Im Falle der Legierungen Platin-Rhodium hat sich diese Annahme tatsächlich durch Messungen der elektrischen Leitfähigkeit als richtig erwiesen. Im Gegensatz zu den genannten kubischen Metallen kristallisieren Osmium und Ruthenium hexagonal. Im System Platin-Ruthenium hat sich die Löslichkeitsgrenze für Ruthenium im Platin (kubische Phase) zu 70 Atomprozent festlegen lassen. Für die anderen Legierungen gibt es keine einschlägigen Untersuchungen.

Die Verwendung von Platin und seinen Legierungen hat große praktische Bedeutung für die technische Gewinnung von Salpetersäure durch *Verbrennen von Ammoniak*. Die Arbeiten über die für diese Reaktion vorgeschlagenen Mischkatalysatoren sind sehr zahlreich. Einige Gemische haben den Vorteil größerer Alterungsbeständigkeit und geringeren Verschleißes. Außerdem haben einige, insbesondere Mischungen Platin-Rhodium, die Eigenschaft, höhere Ausbeuten zu liefern.

Das Studium der Katalysatoren für die Ammoniak-Oxydation bietet besonderes Interesse, weil es einer der Fälle ist, wo der Katalysator besonders scharfen Arbeitsbedingungen ausgesetzt ist: erhöhter Temperatur, enormen Stoffmengen, die je Oberflächeneinheit des Katalysators umgesetzt werden, und besonderen kinetischen Anforderungen der Reaktion, die ja im Stadium des Stickoxyds stehen bleiben muß und nicht bis zu dessen Zersetzung führen darf. Gefordert wird vom Katalysator mechanische Festigkeit und nicht zu hohe Tendenz zur Rekristallisation.

Alle vergleichenden Untersuchungen verschiedener Katalysatoren stützen sich auf die Bestimmung der Ausbeute an Stickoxyd, die für manche Kontakte 99 % überschreitet. Da aber eine Abnahme der Ausbeute nicht etwa von Ammo-

[1] G.-M. SCHWAB: Chalmers Tekn. Högskolas Handl. Nr. 81 (1949). — G.-M. SCHWAB, G. PETROUTSOS: J. physic. Colloid Chem. **54** (1950), 581.

niak herkommt, das nicht reagiert hat, sondern von einer Zersetzung des gebildeten Stickoxyds, so geht daraus hervor, daß eine höhere Ausbeute durchaus nicht ein Zeichen ist für eine höhere katalytische Wirksamkeit der Hauptreaktion

$$2\,NH_3 + \frac{5}{2}\,O_2 = 2\,NO + 3\,H_2O,$$

sondern eher für eine geringere Wirksamkeit auf die Nebenreaktionen. Trotzdem ist eine Betrachtung der in dieser Richtung systematisch ausgeführten Arbeiten nicht ohne Interesse.

Man muß berücksichtigen, daß es sich um Reaktionen handelt, für die man die höchsten Raumgeschwindigkeiten hat (die Werte von 100000 ÷ 1000000 Gasvolumen pro Katalysatorvolumen erreichen). Es handelt sich im allgemeinen um netzförmige Katalysatoren, deren Oberfläche nur von einem Teil des Gases berührt wird. Man muß annehmen, daß die Reaktion auf der Metalloberfläche beginnt, die die freien Radikale liefert. Letztere diffundieren in die Gasphase, wo die Reaktion, weit vom Katalysator entfernt, in homogener Phase zu Ende geht. In diesen Fällen darf der Katalysator nicht porös sein, um nicht durch zu langen Kontakt die Zersetzung der instabilen Reaktionsprodukte zu bewirken.

Bei dieser Katalyse ist das meistverwendete Metall Platin. Im reinen Zustand läßt es Ausbeuten bis 96 % erreichen. Reines Platin hat aber den Nachteil, im Gebrauch eine Verschlechterung der *mechanischen Eigenschaften* und einen beträchtlichen *Gewichtsverlust* zu erfahren. Man hat den Zusatz der allerverschiedensten Metalle zum Platin versucht, um seine Eigenschaften zu verbessern. Es ist klar, daß die praktische Bedeutung eines Verstärkers nicht nur darin liegen kann, die Ausbeute zu erhöhen, sondern auch darin, die mechanischen Eigenschaften zu verbessern und besonders den Gewichtsverlust zurückzudrängen. Er hängt nämlich von der Tendenz der Legierung zur *Rekristallisation* unter Volumvermehrung ab. Dabei nimmt die Porosität zu und damit die Leichtigkeit, mit der die Oberflächenpartikeln mechanisch von den Gasen weggerissen werden. Einige Autoren allerdings schreiben diesen Verlust auch einer echten Flüchtigkeit der Metalle unter den gegebenen Arbeitsbedingungen zu.

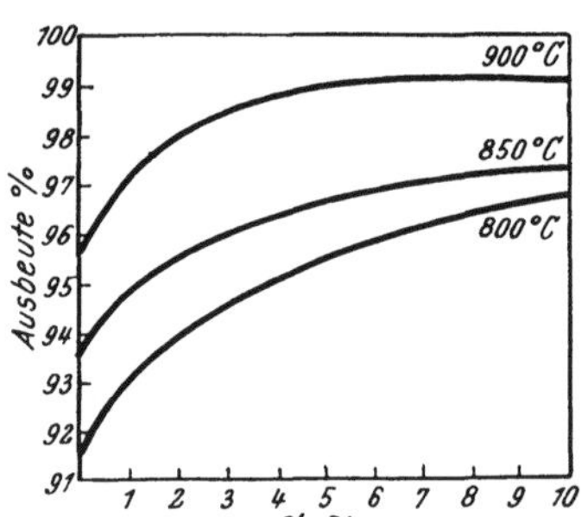

Abb. 24. Einfluß des Rhodiums auf die Ausbeute der Ammoniakverbrennung an Platin. (Nach HANDFORT und TILLEY.) 1,45 kg NH_3/g Pt in 24 Stdn., 1 atm 34 Maschen/cm, 0,075 mm Durchmesser.

Nach ADADUROW[1] soll dies auch mit der Wasserstoffadsorption am Metall in Beziehung stehen. Der Zusatz von Rhodium oder Wolfram[2], die Wasserstoff nicht adsorbieren, verbessert nämlich die Widerstandsfähigkeit des Platins. Die besten Ergebnisse erzielt man bei Zusatz von Rhodium. In Abb. 24 nach HANDFORT und TILLEY[3] ist die zunehmende Ausbeute als Funktion des Rhodiumgehaltes der Legierungen Platin-Rhodium aufgetragen. Die Zunahme der Ausbeute ist beträchtlich bei kleinen Rhodium-

[1] I. J. ADADUROW: Ukrain. chem. J. **10** (1935), 106.

[2] I. J. ADADUROW, W. I. ATROSCHTSCHENKO: Chem. J. Ser. B, J. appl. Chem. **9** (1936), 1221. — I. J. ADADUROW, N. J. PEWNI: J. physic. Chem. URSS **12** (1938), 451.

[3] S. L. HANDFORT, J. N. TILLEY: Ind. Engng. Chem. **26** (1934), 1287.

gehalten und steigt bei weiterer Zunahme an Rhodium einsinnig, aber immer langsamer und asymptotisch an. Bei hohen Temperaturen erreicht man schon mit Rhodiumgehalten von 6÷7 % praktisch die höchstmöglichen Ausbeuten. Ein Rhodiumgehalt von 10 % erlaubt aber die *Lebensdauer* des Katalysators stark zu vergrößern (Abb. 25).

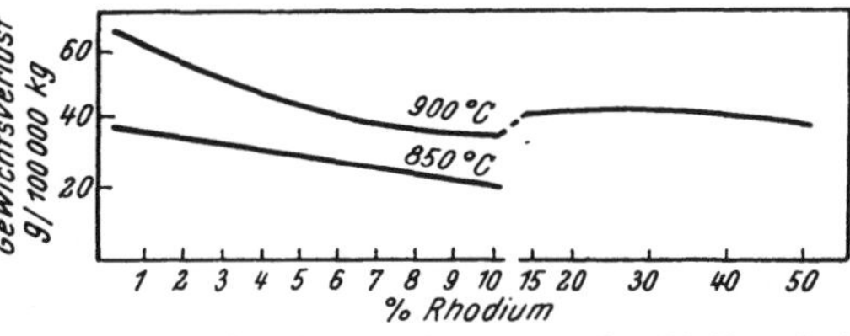

Abb. 25. Einfluß des Rhodiums auf den Platinverlust bei der Ammoniakverbrennung. (Nach HANDFORT und TILLEY.) 10,5÷11 % NH_3.

Nach KRAUSS und SCHULEIT[1] ist auch die *Kinetik* des Vorganges an Platin-Rhodium und an Platin verschieden. HANDFORT und TILLEY[2] haben auch mit anderen Metallen Versuche durchgeführt. Auch Palladium und Rhenium erhöhen als Zusätze zum Platin unter bestimmten Bedingungen die Ausbeute, haben aber den Nachteil, brüchige Legierungen zu bilden. Dies hatte schon DECARRIÈRE[3] für die Legierungen Platin-Palladium erkannt. Andere Elemente, wie Wolfram, erhöhen zwar die Widerstandsfähigkeit erheblich, setzen aber in Mengen über 3 % die Ausbeuten herab. Beim Molybdän hat man nur eine Zunahme der Widerstandsfähigkeit, aber schon bei kleinen Zusätzen eine starke Verminderung der Ausbeuten.

In der Mehrzahl der Fälle wird also die Zunahme der Widerstandsfähigkeit durch Metalle mit einem höheren Schmelzpunkt als Platin bewirkt. Eine Ausnahme macht Kupfer, das ebenfalls Widerstandsfähigkeit und Ausbeute erhöht, wenn auch weniger als Rhodium.

Auch binäre Palladium-Legierungen lassen sich durch Zusatz kleiner Mengen anderer Metalle verstärken. Doch haben solche Legierungen wegen des niedrigeren Schmelzpunkts des Palladiums eine zu hohe Rekristallisationstendenz und werden deshalb schon nach wenigen Stunden des Gebrauchs äußerst brüchig. Auch andere Autoren haben verschiedene Legierungen untersucht[4], insbesondere ternäre, und haben gute Ergebnisse mit ternären Legierungen von geringem Wolframgehalt erzielt. In manchen Fällen (Platin-Silber) hat man auch beobachtet, daß kleine Mengen von Silber die Ausbeute erhöhen und große sie herabsetzen. Es kommt natürlich auf die Oberflächenzusammensetzung an; so liefert platiniertes Silber (mit 20 % Platin) sogar höhere Ausbeuten als reines Platin, während eine Ag-Pt-*Legierung*[5], selbst wenn sie silberärmer ist, niedrige Ausbeuten gibt.

Die Katalysatoren der Ammoniakverbrennung sind ein recht interessanter Fall, weil es sich um eine der wenigen technischen Reaktionen handelt, wo der Katalysator in Form des *kompakten* Metalls (Netze) verwandt wird. Ein entsprechender Fall liegt noch bei der Gewinnung von Formaldehyd vor; in beiden Fällen handelt es sich um Oxydationen, die nicht zu den reversiblen Reaktionen gehören, und die Bedingungen maximaler Ausbeute für die erwünschte Reak-

[1] W. KRAUSS, H. SCHULEIT: Z. physik. Chem., Abt. B **45** (1939), 1.

[2] S. L. HANDFORT, J. N. TILLEY: Ind. Engng. Chem. **26** (1934), 1287.

[3] E. DECARRIÈRE: Bull. Soc. chim. France (4) **37** (1925), 412.

[4] I. J. ADADUROW, W. I. ATROSCHTSCHENKO: Chem. J. Ser. B, J. appl. Chem. **9** (1936), 1221. — I. J. ADADUROW, N. J. PEWNI: J. physic. Chem. URRS **12** (1938), 451. — I. J. ADADUROW: J. chem. Ind. URSS **14** (1934), 917. — I. J. ADADUROW, W. I. ATROSCHTSCHENKO: Ukrain. chem. J. **11** (1939), 209.

[5] I. J. ADADUROW, J. M. DEUTSCH, N. A. PROSOROWSKI: Chem. J. Ser. B, J. appl. Chem. **9** (1936), 807.

tionsrichtung hängen mehr von kinetischen als von thermodynamischen Faktoren ab, da ja das thermodynamische Gleichgewicht zur praktisch völligen Zersetzung des erhaltenen Produkts führen würde. Hierhin würde man gelangen, wenn man dieselben Katalysatoren in sehr fein verteilter Form verwenden würde, wo sie eine viel stärkere katalytische Wirkung haben, oder wenn man die Kontaktzeiten verlängern würde.

In jüngster Zeit wurden Katalysatoren aus Platinnetzen auch noch für eine andere interessante technische Reaktion verwendet, nämlich die Synthese von *Blausäure* aus Methan, Ammoniak und Luft nach der Gleichung:

$$CH_4 + NH_3 + \frac{3}{2} O_2 = HCN + 3\, H_2O.$$

Nach THOMAS[1] bekommt man praktisch dieselben Ausbeuten, ob man reine Platinnetze oder Legierungen mit 2÷10 % Rhodium oder 2 % Iridium verwendet. Jedoch haben die Legierungskatalysatoren eine höhere Lebensdauer, die bei 10 % Rhodium bis zu fünfmal erhöht ist. Der Zusatz anderer Metalle hat demnach auch für diese Reaktion die gleiche Wirkung, wie wir sie bei der Ammoniakverbrennung gesehen haben.

Eine Prüfung aller binären Mischungen (im Verhältnis 1 : 1) zwischen den Metallen der Platingruppe ist von REMY und SCHAEFER[2] an der Knallgasreaktion versucht worden. Jedoch sind, vielleicht wegen der Inhomogenität der Legierung (der Kontakt war durch Erhitzen von mit Chloridlösung der gewünschten Metalle getränktem Asbest gewonnen), die Ergebnisse nicht einfach und beschränken sich auf eine Reihenfolge der Aktivitäten der verschiedenen Gemische, ohne daß man wenigstens Additivität der katalytischen Eigenschaften gefunden hätte. Auch LEVI[3] hat Mischungen von Platin mit 10 % Os, Ir, Pd, Ru und Rh (auf Kieselgur und Magnesiumsulfat als Trägern) untersucht. Die Ergebnisse bei der Oxydation von Schwefeldioxyd zeigen, daß Palladium und Ruthenium die Wirkung des Platins oberhalb 450° steigern können. Iridium, Rhodium und Osmium wirken dagegen herabsetzend. Bei der Zersetzung von *Hydroperoxyd* dagegen mit denselben Katalysatoren wirkte nur Osmium verstärkend und alle anderen Zusätze herabsetzend. Es ist auch hier wie bei den Versuchen von REMY zu bemerken, daß der durch Erhitzen und Reduzieren der Chloride erhaltene Katalysator meistens nicht als homogene Legierung anfällt.

Unter sonstigen Arbeiten über Edelmetall-Legierungen der achten Gruppe wollen wir außer einigen über kolloidale Mischungen Platin-Palladium (siehe Kap. III D 1 S. 723) hier noch die von SRIKANTAN[4] über die Legierung Platin-Iridium erwähnen, die bei der Wassergas-Gleichgewichts-Einstellung ein Wirksamkeitsmaximum um 5 % Iridium feststellt.

In den letzten Jahren haben sich die Verfahren, die Platin-Metall als Katalysator für Isomerisationen von Kohlenwasserstoffen verwenden, sehr entwickelt (Plattforming). Es handelt sich jedoch um Trägerkontakte, die gesondert abgehandelt werden.

---

[1] A. THOMAS: Ann. Chimie (12) 4 (1949), 258.
[2] H. REMY, B. SCHAEFER: Z. anorg. allg. Chem. **136** (1924), 149.
[3] G. R. LEVI, M. FALDINI: Giorn. Chim. ind. appl. **9** (1947), 223. — G. R. LEVI: Atti Accad. naz. Lincei, Rend. **8** (1938), 409.
[4] B. S. SRIKANTAN: J. Indian chem. Soc. **6** (1929), 949.

d) Feste Lösungen zwischen Eisen, Kobalt und Nickel.

Die drei Elemente Eisen, Kobalt und Nickel, die vom chemischen Standpunkt aus beträchtliche Ähnlichkeiten aufweisen, haben trotzdem komplizierte binäre Zustandsdiagramme, weil sie, wie bekannt, im festen Zustand als Metalle je nach der Temperatur in verschiedenen Formen auftreten können (Abb. 26, 27, 28).

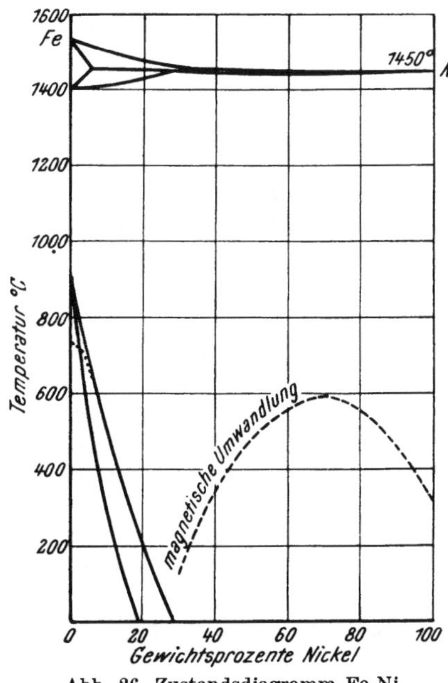

Abb. 26. Zustandsdiagramm Fe-Ni.

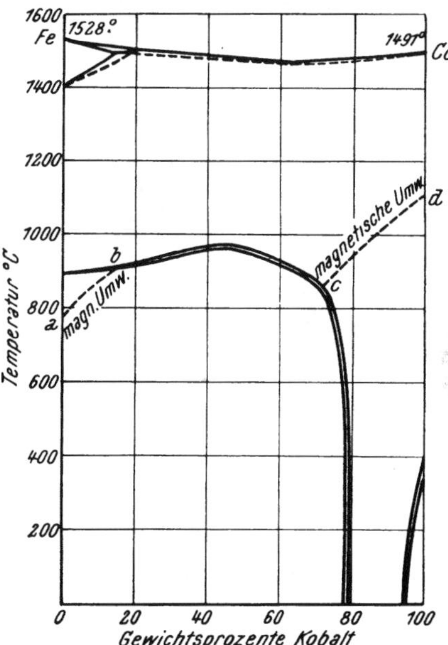

Abb. 27. Zustandsdiagramm Co-Fe.

Bei hoher Temperatur ist bei allen die kubisch-flächenzentrierte Form beständig (γ-Fe, β-Co und Nickel). In diesem Gebiet ist die gegenseitige Mischbarkeit vollständig. Es ist jedoch zu bemerken, daß das Existenzgebiet dieser Mischungen, wie aus den Zustandsdiagrammen ersichtlich, im allgemeinen bei zu hohen Temperaturen liegt, als daß sie als Katalysatoren in Frage kämen. Diese Metalle haben nämlich hauptsächlich hydrierende (allenfalls dehydrierende) Eigenschaften und werden bei organischen Substanzen im allgemeinen nur bei niedriger Temperatur ($< 200°$) verwendet. Bei höherer Temperatur ($> 400°$) überwiegen Nebenreaktionen, und außerdem würde bei hoher Temperatur die Sinterung die Wirksamkeit des Kontakts rasch herabsetzen.

Bei tiefen Temperaturen liegt im allgemeinen immer eine Mischungslücke vor, und je nach dem Überwiegen des einen oder des anderen Elementes bildet sich ein kubisches (flächenzentriertes oder raumzentriertes) oder ein hexagonales Gitter (Tabelle 22).

Für die Legierungen Fe-Co und Fe-Ni folgen übrigens auch innerhalb des Löslichkeitsfeldes die Gitterdimensionen bei veränderter Zusammensetzung *nicht* dem linearen Gesetz. Deshalb sind diese Systeme besonders interessant für das Studium der katalytischen Wirksamkeit der Legierungen. Trotzdem sind aber bisher auf diesem Gebiet nur wenige Arbeiten durchgeführt worden.

Die meisten Untersuchungen betreffen die Legierungen Co-Ni, die für die Benzinsynthese nach Fischer von Interesse waren und die man meist nach dem Raney-Verfahren gewinnt, indem man eine ternäre Legierung von Kobalt und

Nickel mit Aluminium oder Silicium bis zur vollständigen oder unvollständigen Entfernung des dritten Elements mit Lauge behandelt. Allerdings sind im allgemeinen in derart erhaltenen Katalysatoren immer gewisse, wenn auch kleine, Mengen von Silicium oder Aluminium neben ihren Oxyden zugegen, die während des Waschens durch Hydrolyse ausgefallen sind, so daß man nicht mit absoluter Sicherheit von binären Legierungen sprechen kann. (Nach TSUNEOKA und MURATA[1] sollen von einer Legierung Ni: Co: Si = 1:1:2 nach dem Angriff durch Natronlauge noch 4% nichtextrahierbares Silicium zurückbleiben, s. a. die Arbeiten von IPATIEFF[2], S. 550.)

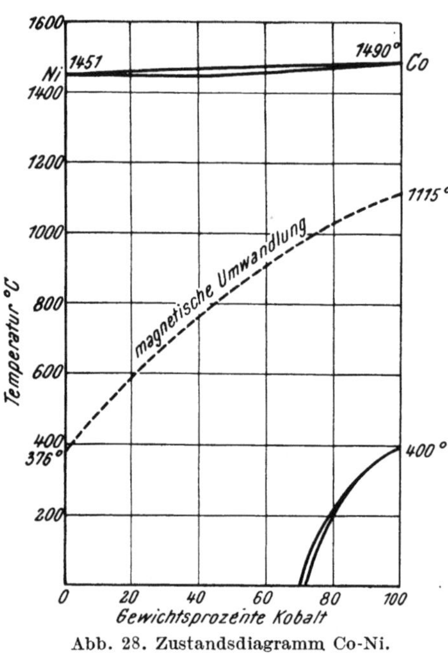

Abb. 28. Zustandsdiagramm Co-Ni.

Überdies ist es nach der Darstellungsmethode zweifelhaft, ob Kobalt und Nickel wirklich als *Mischkristall* vorliegen. Es müßten diese Katalysatoren röntgenographisch untersucht werden, um dies sicher beurteilen zu können. Im allgemeinen beschränken sich die verschiedenen Verfasser[3] darauf, zu sehen, ob man aus ternären Legierungen mit Silicium, Aluminium oder anderen Elementen die besten Katalysatoren erhält, mit dem Ergebnis, daß das erste das beste ist. Nur FISCHER beobachtet auch die Veränderung der Ausbeute bei Änderung des Verhältnisses Co : Ni und findet, daß bis 20% Ni die Ausbeuten praktisch konstant sind und dann fallen.

Tabelle 22. *Löslichkeitsgrenzen der Legierungen zwischen Eisen, Kobalt und Nickel bei tiefen Temperaturen* (Atomprozent).

System	Gitter		
	kub. raumzentr.	kub. flächenzentr.	hexagonal
Fe-Co	0 ÷ 78% Co	80÷95% Co	96÷100% Co
Fe-Ni	0 ÷ 5% Ni	25 (30)÷100% Ni	
Co-Ni		0 ÷ 75% Co	80÷100% Co

Es handelt sich jedoch um eine sehr delikate und außerdem sehr spezielle Reaktion, in der die Selektivität eines gegebenen Elements sicherlich die Haupt-

[1] S. TSUNEOKA, Y. MURATA: Sci. Pap. Inst. physic. chem. Res. (Tokyo) **33** (1937), 305.

[2] V. N. IPATIEFF, H. PINES: J. Amer. chem. Soc. **72** (1950), 5320.

[3] F. FISCHER, K. MAYER: Ber. dtsch. chem. Ges. **67** (1934), 253. — S. TSUNEOKA, Y. MURATA: Sci. Pap. Inst. physic. chem. Res. (Tokyo) **30** (1936), 1; **33** (1937), 305; **27** (1935), 23; J. Soc. chem. Ind. Japan **39** (1936), 267 B. — S. TSUNEOKA: Sci. Pap. Inst. physic. chem. Res. (Tokyo) **25** (1934), 144; J. Soc. chem. Ind. Japan **17** (1934), 738 B.

rolle spielt und wo man über eine wirkliche Verstärkung durch Zusatz eines zweiten Elements wenig sagen kann.

Daß jedoch diese Legierungen sehr gute *Hydrierungskatalysatoren* sind, wird im allgemeinen auch von anderen Verfassern bestätigt[1]. Nach PAUL[2] soll der Zusatz von 3÷10 % Kobalt zum Nickel eine verstärkende Wirkung haben. Dann wäre Kobalt ein Verstärker. Außer der RANEY-Methode können Nickel-Kobalt-Legierungen auch durch Reduktion des Mischkristalls aus ihren Oxyden gewonnen werden. Es ist anzunehmen, daß dann, wenn die Temperatur zur Reduktion ausreicht, die erhaltene Legierung wirklich homogen ist. Solche Katalysatoren aus der Oxydmischung haben sich als sehr gut erwiesen mit Wirksamkeiten, die derjenigen der reinen Metalle gleich und manchmal überlegen sind. So steht es nach KAHLENBERG und RITTER[3] bei der Ölhydrierung, nach NATTA, RIGAMONTI und BEATI[4] bei der Furfurolhydrierung, nach KINO und KATO[5] bei der Hydrierung der Ketone und nach LONG, FRAZER und OTT[6] auch bei der Benzolhydrierung.

Die Arbeit der letzten Autoren ist besonders interessant, weil die *Benzolhydrierung* in der Gasphase nicht nur an den Legierungen Co-Ni untersucht wurde, sondern an allen drei Systemen Fe-Co, Fe-Ni und Co-Ni (Tabelle 23). Die Katalysatoren wurden sehr sorgfältig durch Fällen der Hydroxyde, Waschen, elektrodialytische Entfernung von Alkali und nachfolgende Reduktion unter normalisierten Bedingungen hergestellt. Die Autoren wollen beobachtet haben, daß das kubisch-raumzentrierte Eisen unwirksam ist, Kobalt und Nickel aber mit ihrem flächenzentrierten Gitter sehr wirksam. Die Mischungen der beiden letzten sollen sehr wirksam sein, wenn auch im Verhältnis etwas zu wenig, die Mischungen Fe-Co und Fe-Ni dagegen nur wirksam innerhalb der Grenzen des flächenzentrierten Gitters und unwirksam oder ganz wenig wirksam in den Gebieten des kubisch-raumzentrierten Gitters. Die Verfasser wollen also die katalytische Wirksamkeit hauptsächlich mit dem *Gittertyp* in Beziehung setzen. Während Legierungen Fe-Ni mit 50 % Ni und flächenzentriertem Gitter noch gut wirksam sind, haben die kubisch-raumzentrierten Legierungen Fe-Co mit 50 % Co keine oder fast keine Wirksamkeit. Dagegen schließen neuerdings LIHL, WAGNER und ZEMSCH[7] aus ihren Versuchen, daß nicht eigentlich der Gittertyp die Wirksamkeit bestimmt, sondern die in zweiphasigen Legierungen in den Aufwachsflächen kubischer und hexagonaler Kristallite auftretenden Spannungszonen.

Da hier die Darstellungsmethoden der Katalysatoren streng genormt waren, könnte man daraus den Schluß ziehen, daß die von den Autoren gefundenen Wirksamkeitsunterschiede hauptsächlich Unterschieden der Aktivierungsenergien entsprechen. Es ist jedoch zu bemerken, daß bei der Kompliziertheit dieser Legierungssysteme und der nichtlinearen Zusammensetzungsfunktion der Gitterkonstanten eine größere Zahl von Versuchen als die publizierten notwendig

---

[1] I. B. RAPOPORT, Chem. J. Ser. B, J. appl. Chem. **11** (1938), 723, 1056. — J. I. SSILTSCHENKO: J. Chim. appl. **12** (1939), 421. — I. B. RAPOPORT, J. I. SSILTSCHENKO: Chem. J. Ser. B, J. appl. Chem. **10** (1937), 1427.

[2] R. PAUL: Bull. Soc. chim. France **1946,** 208.

[3] L. KAHLENBERG, G. J. RITTER: J. physic. Chem. **25** (1921), 89.

[4] G. NATTA, R. RIGAMONTI, E. BEATI: Atti 28 Riunione S. I. P. S. **3** (1939), 385; Chim. e Ind. **23** (1941), 117.

[5] K. KINO, S. KATO: J. Soc. chem. Ind. Japan **42** (1939), 362 B.

[6] J. H. LONG, J. C. W. FRAZER, E. OTT: J. Amer. chem. Soc. **56** (1934), 1101.

[7] F. LIHL, H. WAGNER, R. ZEMSCH: Z. Elektrochem. angew. physik. Chem. **56** (1952), 612, 619; s. a. F. LIHL, R. ZEMSCH: Z. Elektrochem. angew. physik. Chem. **57** (1953), 58.

wäre, um sicherere Schlüsse über die Veränderlichkeit der Wirksamkeit mit der Zusammensetzung ziehen zu können.

Long, Frazer und Ott haben auch beobachtet, daß man andere Ergebnisse erhält, wenn man mit der Hydrierung von *Äthylen* arbeitet. Das würde mit der Anschauung gewisser Autoren übereinstimmen, daß die hydrierende oder dehydrierende Wirksamkeit gegenüber bestimmten Stoffen an das Vorliegen bestimmter Atomabstände im Gitter des Kontaktes gebunden sei. Jedoch ist es recht wahrscheinlich, daß die Ergebnisse von Long und Mitarbeitern auch mit den magnetischen Eigenschaften und vor allem mit der *Elektronenkonfiguration* der untersuchten Legierungen in Zusammenhang stehen; wie wir aus den Versuchen von Schwab[1] gesehen haben, scheint ja diese Konfiguration von besonderer Wichtigkeit für die katalytische Wirksamkeit zu sein.

Tabelle 23. *Hydrierung von Benzol in der Dampfphase.* (Nach Long, Frazer und Ott.)

Katalysator %	Temperatur für einen Hydrierungsgrad von			Gittertyp	Gitterkonstante Å	Bemerkung
	10%	50%	90%			
100 Ni	53°	66°	72°	fl. z.	3,5154 ± 0,0006	
100 Fe	—	—	—	raumz.	2,8602 ± 0,0007	immer unwirksam
100 Co	—	43°	61°	fl. z.	3,5343 ± 0,0010	Hauptlinien
				(hexagon.)	—	schwach
74,7 Ni—25,3 Fe	90°	108°	126°	fl. z.	3,5430 ± 0,0007	
49,1 Ni—50,9 Fe	93°	120°	131°	fl. z.	3,5615 ± 0,0009	
24,1 Ni—75,9 Fe	100°	129°	149°	fl. z.	3,5837 ± 0,0009	
				raumz.	2,8623 ± 0,0006	Hauptlinien
76,4 Ni—23,6 Co	50°	73°	86°	fl. z.	3,5209 ± 0,0008	
54,6 Ni—45,4 Co	48°	69°	87°	fl. z.	3,5243 ± 0,0007	
28,4 Ni—71,6 Co	—	—	87°	fl. z.	3,5295 ± 0,0011	
75,8 Fe—24,2 Co	—	—	—	raumz.	2,8556 ± 0,0007	unwirksam
50,0 Fe—50,0 Co	—	—	—	raumz.	2,8506 ± 0,0008	Wirkung schwankend
25,1 Fe—74,9 Co	63°	80°	98°	raumz.	2,8400 ± 0,0010	Hauptlinien
				fl. z.	3,5441 ± 0,0007	

Legierungen Nickel-Kobalt wurden auch von Juliard und Herbo[2] als

[1] G.-M. Schwab: Trans. Faraday Soc. **42** (1946), 689; Chalmers Tekn. Högskolas Handl. Nr. 81 (1949).

[2] A. Juliard: Bull. Soc. chim. Belgique **46** (1937), 549. — A. Juliard, C. Herbo: Bull. Soc. chim. Belgique **47** (1938), 717.

Katalysatoren der Dehydrierung von Cyclohexan und der Hydrierung von Benzol studiert. Im zweiten Falle haben reines Nickel oder Kobalt eine hohe katalytische Wirkung, die aber schon durch kleine Mengen von Fe, Cu und Cd energetisch erniedrigt wird. Die binären Legierungen Ni-Co haben dagegen die gleiche Wirksamkeit wie die reinen Metalle. Leider fehlt hier eine Strukturuntersuchung der Katalysatoren.

Die abschwächende Wirkung von Eisen und Kupfer auf Nickel (auch in Gegenwart von Kobalt) bei der Hydrierung von Benzol wird von AGLIARDI[1] bestätigt, indem er findet, daß diese Metalle hemmend wirken, auch wenn sie in so kleinen Konzentrationen vorliegen, daß sie keine im Röntgenbild erkennbare Änderung der Gitterkonstante des reinen Nickels bewirken.

Es ist jedoch festzuhalten, daß dies nicht allgemein, sondern immer nur für gewisse Reaktionen gültig ist. So beobachtet YOSHIKAWA[2] bei der Hydrierung von Glukose und Dextrin, daß Mischungen Ni-Fe und Ni-Fe-Co besser arbeiten als reines Nickel. Auch haben wir schon erwähnt, daß LONG, FRAZER und OTT bei der Äthylenhydrierung andere Ergebnisse erhielten als bei der Benzolhydrierung.

Weiterhin kann die Anwesenheit von Eisen (oder Kupfer) manchmal die Wirkung des Nickels so verändern, daß eine besondere katalytische *Selektivität* entsteht, wie dies die Versuche von NATTA, RIGAMONTI und BEATI[3] über die Hydrierung von Furfurol zeigten, die schon in dem Kapitel über die Selektivität der Mischkontakte, S. 457, besprochen wurden. Ähnliches zeigen FISCHER, PETERS und Mitarbeiter[4] für die Hydrierung von Acetylen, wobei sie mit Fe-Ni auch flüssige Kondensationsprodukte erhielten im Gegensatz zum reinen Nickel, das ausschließlich Äthan liefert.

e) Legierungen von Edelmetallen der achten Gruppe mit Eisen, Kobalt oder Nickel.

Es ist bis jetzt wenig über die Legierungen von Platinmetallen mit Eisenmetallen bekannt; ihre Röntgenuntersuchung ist noch nicht vollständig durchgeführt, und auch die thermische Analyse liegt nur für einige Systeme vor. Es ist jedoch vorauszusehen (und bestätigt sich an den schon untersuchten Legierungen), daß feste Lösungen mit breiter Mischungslücke auftreten müssen, wenn man die großen Unterschiede in den Gitterkonstanten von Nickel, Kobalt und Eisen gegenüber den Platinmetallen bedenkt sowie ferner die Tatsache, daß in manchen dieser Paare die Elemente in verschiedenen Gittertypen kristallisieren. In manchen Fällen, wie Ni-Pt, werden auch intermetallische Verbindungen gebildet.

Eine ziemlich vollständige Untersuchung, wenigstens was die möglichen Zweierkombinationen aus Platingruppe und Eisengruppe betrifft, die jedoch hinsichtlich der verschiedenen Zusammensetzungen der einzelnen Legierungen ungenügend ist, wurde von REMY und GÖNNINGEN[5] für die Knallgasreaktion zusammengestellt. Versuche über die Hydrierung doppelter Bindungen hat

[1] A. AGLIARDI: Atti Reale Accad. Sci. Torino **77** (1941), 82.

[2] K. YOSHIKAWA: Sci. Pap. Inst. physic. chem. Res. (Tokyo) **24** (1934), 513; **25** (1934), 235; Bull. Inst. physic. chem. Res. (Tokyo) **13** (1934), 55.

[3] G. NATTA, R. RIGAMONTI, E. BEATI: Atti 28 Riunione S. I. P. S. **3** (1939), 385; Chim. e Ind. **23** (1941), 117.

[4] F. FISCHER, K. PETERS, H. KOCH: Brennstoff-Chem. **10** (1929), 383. — K. PETERS, L. NEUMANN: Gesammelte Abh. Kenntn. Kohle **11** (1934), 423.

[5] H. REMY, H. GÖNNINGEN: Z. anorg. allg. Chem. **148** (1925), 279; **149** (1925), 283.

JURASCHEWSKI[1] mit Legierungen von Palladium und Nickel durchgeführt. Es fehlen jedoch systematische katalytische Arbeiten über diese Legierungen.

Ein gewisses Interesse beanspruchen wegen ihrer Eigenschaften gewisse Legierungen, die durch Abscheidung eines Edelmetalles auf einem weniger edlen Metall entstehen. Wenn man ein Blech von Kupfer, Nickel oder einem anderen wenig edlen Metall in eine verdünnte Lösung eines Salzes von Platin oder einem anderen Edelmetall eintaucht, so scheidet sich durch Atomaustausch eine Schicht des zweiten Elementes auf dem Blech ab. Es hat sich mit Elektronenstrahlen zeigen lassen (NATTA[2], s. S. 437), daß diese Schicht nicht aus dem reinen Edelmetall besteht, sondern aus einer nicht immer homogenen *Legierung* des Edelmetalls mit dem Fällungsmetall. Schon PAUL[3] hatte die so erhaltenen Niederschläge von Palladium auf Kobalt und Nickel studiert.

Interessanter ist jedoch die von DELÉPINE und HOREAU[4] unternommene Untersuchung der Verstärkung von RANEY-Nickel mit Platin oder anderen Metallen der achten Gruppe. Die Verfasser stellen die Katalysatoren her, indem sie frisch dargestelltes RANEY-Nickel mit der Lösung eines löslichen Salzes des Edelmetalls behandeln, so daß es sich mit einer dünnen Legierungsschicht bedeckt. Die Behandlung des so gewonnenen Katalysators mit Salzsäure hinterläßt nämlich einen schwarzen unlöslichen Rest, der außer dem Edelmetall noch ein gut Teil Nickel enthält, wie dies auch NATTA für Platin auf Silber und auf Kupfer gefunden hatte. Der Katalysator besteht also eigentlich aus einer Legierung Nickel-Edelmetall auf einem Nickelskelett als Träger. Es handelt sich somit nicht um einen homogenen Katalysator, und die Legierung Nickel-Edelmetall ist sogar wahrscheinlich sehr wenig homogen. Jedoch sind solche Katalysatoren sehr wirksam, und die Ergebnisse der Verfasser sind äußerst interessant, besonders wenn man bedenkt, daß die Versuche bei gewöhnlicher Temperatur und Normaldruck ausgeführt wurden (Tabelle 24).

Tabelle 24. *Hydriergeschwindigkeit von Methyläthylketon mit Edelmetallen auf Raney-Nickel.* (Nach DELÉPINE und HOREAU.)

Ansatz: 10 g Keton, 4,5 g RANEY-Nickel und 0,1 g Edelmetall.

Katalysator	cm^3 H_2 je min
Ni RANEY	95
Ni + Ru	130
Ni + Rh	145
Ni + Pd	110
Ni + Os	210
Ni + Ir	200
Ni + Pt	185
Ni + Cu	75
Ni + Ag	110

Wenn man die auf dem RANEY-Nickel niedergeschlagenen Prozentsätze an Edelmetall noch weiter variiert, so findet man, daß die Hydriergeschwindigkeit bis zu einem gewissen Grenzwert ansteigt und dann stehenbleibt. Die Deutung

[1] N. K. JURASCHEWSKI: Chem. J. Ser. A, J. allg. Chem. **5** (1935), 1098.

[2] G. NATTA: Naturwiss. **23** (1935), 527; Gazz. chim. ital. **67** (1937), 12, 32. — G. NATTA, A. GIURIANI: Gazz. chim. ital. **67** (1937), 23.

[3] L. PAUL: Ber. dtsch. chem. Ges. **44** (1911), 1013.

[4] M. DELÉPINE, A. HOREAU: C. R. hebd. Séances Acad. Sci. **201** (1935), 1301; **202** (1936), 995; Bull. Soc. chim. France (5) **4** (1937), 31.

hiervon ist recht unklar, und die Verfasser selbst wagen nicht, sie genau auszusprechen. Wahrscheinlich handelt es sich um die Bildung von immer edelmetallreicheren Schichten, so daß man schließlich an die Hydriergeschwindigkeit des Edelmetalls selbst herankommt (Tabelle 25).

Tabelle 25. *Hydriergeschwindigkeit* mit *Raney-Nickel in Gegenwart verschiedener Mengen von Platin oder Iridium.* (Nach DELÉPINE und HOREAU.)

Acetessigester		Methyläthylketon	
5 g RANEY-Ni + Platin g	cm³ H_2/min	4,5 g RANEY-Ni + Iridium g	cm³ H_2/min
0	95	0	95
0,002	105		
0,005	145	0,011	145
0,010	165	0,022	150
0,015	175	0,05	180
0,030	175÷180	0,10	200
0,12	195		
0,25	195	0,25	195÷200

Da diese Versuche mit dem gleichen *Gewichtsanteil* an Edelmetallen und daher verschiedener *Atomzahl* ausgeführt wurden, erlauben sie keine Vergleiche zwischen der Wirksamkeit der mit verschiedenen Edelmetallen dargestellten Katalysatoren und keine Gegenüberstellung mit dem Unterschied der Atomabstände und mit der Fähigkeit zur Mischkristallbildung. Immerhin sind sie sehr interessant, weil sie die Möglichkeit zeigen, die Wirksamkeit eines an sich schon sehr guten Katalysators wie RANEY-Nickel durch Zusatz eines anderen Elementes zu erhöhen.

Übrigens wurden diese Versuche bestätigt von FORESTI und CHIUMMO[1], von LIEBER, SMITH und Mitarbeitern[2], von HEILMANN, DUBOIS und BEREGI[3] sowie von BOSE und ROY[4]. Sie alle haben verschiedene Stoffe (Nitrobenzol, Dinitroguanidin, Rizinusöl, Leinöl usw.) hydriert und dazu die Platinierung oder Palladierung des Nickels nach verschiedenen Arten und mit verschiedenen Salzen vorgenommen. Dabei hat sich gezeigt, daß die Wirkungssteigerung sowohl von der Herstellungsmethode wie von dem Hydrierungssubstrat abhängt. Manchmal wurde eine zehnmal größere Hydrierungsgeschwindigkeit erreicht als mit reinem Nickel.

f) Legierungen zwischen Metallen der ersten Gruppe (zweiten Untergruppe).

Kupfer, Silber und Gold kristallisieren alle kubisch-flächenzentriert mit wenig verschiedenen Elementarkörpern: Kupfer: $a = 3{,}608$, Silber: $a = 4{,}0776$,

[1] B. FORESTI, C. CHIUMMO: Gazz. chim. ital. **67** (1937), 408.

[2] E. LIEBER, G.B.L. SMITH: J. Amer. chem. Soc. **58** (1936), 1417. — J. R. REASENBERG, E. LIEBER, G. B. L. SMITH: J. Amer. chem. Soc. **61** (1939), 384. — S. S. SCHOLNIK, R. REASENBERG, E. LIEBER, G. B. L. SMITH: J. Amer. chem. Soc. **63** (1941), 1192. — D. R. LEVERING, E. LIEBER: J. Amer. chem. Soc. **71** (1949), 1515. — D. R. LEVERING, F. R. MORRITZ, E. LIEBER: J. Amer. chem. Soc. **72** (1950), 1190.

[3] R. HEILMANN, J. E. DUBOIS, L. BEREGI: C. R. hebd. Séances Acad. Sci. **223** (1946), 737.

[4] R. BOSE, D. K. ROY: Sci. and Cult. **16** (1950), 164.

Gold: $a = 4{,}0702$. Während jedoch Kupfer-Gold und Silber-Gold in allen Verhältnissen Mischkristalle bilden, zeigt das System Kupfer-Silber eine breite Mischungslücke.

Wir haben schon die interessanten Ergebnisse von RIENÄCKER und Mitarbeitern betrachtet, die solche Legierungen als Katalysatoren für die Spaltung der Ameisensäure und die Hydrierung des Äthylens benutzt haben. Wenn auch seine Ergebnisse nicht ausreichen, um allgemeine Regeln für die katalytische Wirksamkeit der Legierungen aufzustellen, so sind sie doch für die drei untersuchten Systeme ziemlich erschöpfend. Es existieren auch keine anderen Arbeiten hierüber.

Nur für die Legierungen Kupfer-Silber gibt es andere Forschungen, die, wenn auch recht andersartig ausgeführt, die Ergebnisse RIENÄCKERS bestätigen[1]. Verschiedene Forscher haben nämlich die Oxydation von Alkoholen zu Aldehyden in Luft auf Kupfer-Silber-Katalysatoren untersucht. Sie fanden, daß die besten Resultate erhalten werden, wenn man als Kontakt ein Kupfernetz benutzt, das eine gewisse Zeit lang in eine Silbersalzlösung eingetaucht wurde. Dabei bildet sich, wie wir bereits im Falle der Nickelverstärkung mit Edelmetallen (S. 510) sahen, eine Oberflächenschicht aus einer Legierung von Silber und Kupfer, wahrscheinlich reich an Silber. Eigentlich ist der so gewonnene Katalysator aus dieser Legierung auf einem aktiven Träger, dem Kupfernetz, zusammengesetzt.

Das gleiche läßt sich zu den alten Versuchen von LE BLANC und PLASCHKE[2] und den neueren von BACCAREDDA[3] sagen, die mit elektrolytisch versilberten Kupfernetzen gearbeitet haben. Wegen der Diffusion muß sich nämlich bei der Katalysentemperatur die ursprüngliche Silberschicht ziemlich bald in eine Legierung Kupfer-Silber verwandeln. Gegenüber reinen Kupferkontakten haben diese Katalysatoren aus Silber auf Kupfer den Vorteil einer größeren dehydrierenden Wirkung. Dies zeigt sich an der Anwesenheit größerer Wasserstoffmengen im Restgas der Formaldehyddarstellung.

Für die Dehydrierung der Alkohole sind auch präformierte Legierungen von Silber und Kupfer benutzt worden. Nach einigen Autoren[4] erhält man damit auch gute Ergebnisse. Nach anderen aber[5] sind die Ausbeuten niedriger als mit reinem Kupfer.

Die gegenüber reinem Kupfer oder Silber erhöhte Wirksamkeit solcher Kontakte beruht wahrscheinlich nicht auf einer größeren aktiven Oberfläche des Kontakts, was ja z. B. im Falle der Formaldehydbildung sogar schädlich wäre, weil es die Zersetzung des Produkts begünstigen würde; vielmehr ist es wahrscheinlicher (wenn es auch kein Experiment zur Bestätigung gibt), daß die Wirkungserhöhung (bessere Ausbeute, niedrigere Temperatur) von der geringeren Aktivierungsenergie der gebildeten Legierung kommt. Jedoch haben anscheinend die präformierten Silber-Kupfer-Legierungen keinen praktischen Erfolg gehabt, weil der wiederholte Oxydations- und Reduktions-Vorgang des Kupfers die netzförmigen Kontakte brüchig machen.

---

[1] S. P. ALEXANDROWA: Chem. J. Ser. B, J. appl. Chem. **10** (1937), 105. — S. B. GUREWITSCH, F. F. TSCHINWISKAJA: J. chem. Ind. URSS **12** Nr. 1 (1935), 57. — G. NATTA, M. STRADA: Giorn. Chim. ind. appl. **14** (1932), 551.

[2] M. LE BLANC, E. PLASCHKE: Z. Elektrochem. angew. physik. Chem. **17** (1911), 45.

[3] M. BACCAREDDA: Chim. e Ind. **31** (1949), 77.

[4] R. S. SMINGTON, H. ADKINS: J. Amer. chem. Soc. **50** (1928), 1449. — S. FOKIN: J. russ. physik.-chem. Ges. **45** (1913), 286. — N. D. COSTEANU, AL. ST. COCOSINSCHI: Bul. Fac. Ştiinţe Cernăuti **10** (1936), 392. — R. R. DAVIES, H. H. HODGONS: J. chem. Soc. (London) **1943**, 282.

[5] J. C. GHOSH, J. B. BAKSI: J. Indian chem. Soc. **3** (1926), 415.

g) Legierungen zwischen Metallen der ersten Gruppe und der achten Gruppe.

Die Möglichkeit der Mischkristallbildung zwischen Metallen der achten Gruppe mit Kupfer, Silber und Gold läßt sich wegen der identischen Gitterstruktur und der Nachbarschaft der Gitterkonstanten dieser Elemente leicht voraussehen. Eine synoptische Zusammenstellung der bisher bekannten Daten gibt Tabelle 26.

Während die Legierungen mit Platin und Palladium vom Standpunkt der Strukturanalyse den Gegenstand zahlreicher Arbeiten gebildet haben, sind sie vom Standpunkt der Katalyse aus noch fast gar nicht geprüft worden. Eine Ausnahme bilden die Arbeiten von RIENÄCKER (S. 490) über die Legierungen Cu-Pd, Cu-Pt und Cu-Ni sowie die von HURST und RIDEAL[1] über die Spezifität der Legierungen Cu-Pd für die Verbrennung des Kohlenoxyds, die wir schon in Kap. I 5, S. 457, besprochen haben. Die wenigen anderen mit solchen Legierungen ausgeführten Versuche sind von geringerem Interesse.

Mit Katalysatoren, die Silber oder Gold enthalten, sind nur wenige Versuche ausgeführt worden. Aus Messungen von NATTA, RIGAMONTI und BEATI[2] über die Hydrierung von Furfurol unter Druck in Gegenwart von Mischkatalysatoren geht hervor, daß der Zusatz von Silber zu Nickel, Eisen oder Kobalt keine besonderen Eigentümlichkeiten aufweist, da das Silber ziemlich ebenso wirkt wie Kupfer, aber ohne eine hervorragende katalytische Aktivität. KONAKA[3] will dagegen bei der Polymerisation des Acetylens mit Kobalt-Silber-Katalysatoren bessere Resultate erzielt haben als mit Kobalt-Kupfer-Katalysatoren. Es handelt sich jedoch durchweg um Studien komplizierter Reaktionen, in denen außer der Wirksamkeit auch die Spezifität des Katalysators zum Zuge kommt. Nach NATTA und STRADA[4] sowie BACCAREDDA[5] haben Katalysatoren auf Silberbasis mit kleinen Mengen ($^1/_{10000}$) von oberflächlich ausgebreitetem Platin gute Ergebnisse bei der Dehydrierung von Methanol zu Formaldehyd geliefert.

Demgegenüber sind kupferhaltige Katalysatoren, besonders aus Nickel und Kupfer, in vielen Fällen erprobt worden, und zwar aus zwei Hauptgründen: Der eine ist der, daß Kupfer im Vergleich zu anderen Elementen beträchtlich billiger und deshalb praktisch verwendbarer ist. Der andere besteht darin, daß Kupfer die Reduktion anderer Oxyde, mit denen es innig vermischt ist, nach tieferen Temperaturen verschiebt.

Kupfer kann nämlich keine Verstärkerwirkung im Sinne einer Stabilisierung des Gitters haben, in dem es fest gelöst ist, weil sein Schmelzpunkt ziemlich tief liegt (1083° C). Andererseits ist auch sein Oxyd wegen seiner niedrigen (monoklinen) Symmetrie nicht imstande, mit den Oxyden von Nickel, Eisen oder Kobalt feste Lösungen zu geben. Wenn man aber von einer sehr innigen Mischung dieser Oxyde mit Kupferoxyd ausgeht, wie man sie durch Mitfällung der Hydroxyde oder noch besser der Carbonate aus einer Salzlösung erhält, so zeigt sich, daß die Reduktion mit Wasserstoff zu Metall bei tieferer Temperatur durchführbar ist als bei den reinen Oxyden. Nickeloxyd z. B. läßt sich mit brauchbarer Geschwindigkeit erst bei Temperaturen von 350÷400° reduzieren,

---

[1] W. W. HURST, E. K. RIDEAL: J. chem. Soc. (London) **125** (1924), 685, 694.

[2] G. NATTA, R. RIGAMONTI, E. BEATI: Atti 28 Riunione S. I. P. S. **3** (1939), 385; Chim. e Ind. **23** (1941), 117.

[3] I. KONAKA: J. Soc. chem. Ind. Japan **40** (1937), 236 B.

[4] G. NATTA, M. STRADA: Giorn. Chim. ind. appl. **14** (1932), 551.

[5] M. BACCAREDDA: Chim. e Ind. **31** (1949), 77.

die Mischung CuO-NiO dagegen schon bei 200° und sogar 180° (ARMSTRONG und HILDITCH[1]). Die tiefste Reduktionstemperatur erreicht man mit 132÷134° bei einer Mischung 3 CuO : NiO (TANAKA und KOBAYASHI[2]).

Daraus folgt, daß das durch Reduktion erhaltene Metall bzw. die Legierung nicht unter dem Einfluß einer erhöhten Temperatur und damit Sinterung gestanden ist, sondern „frischer" und deshalb jedenfalls reicher an aktiven Zentren, jedoch weniger stabil ist. Diese wahrscheinliche Instabilität der Aktivzentren des so erhaltenen Katalysators kann auch die oft widersprechenden Ergebnisse einiger Verfasser verständlich machen. Man muß auch, um die Empfindlichkeit der Reduktion dieser Katalysatoren zu erklären, daran erinnern, daß die Reduktion von NiO, CoO und den Eisenoxyden endotherm oder schwach exotherm ist, die des CuO aber ziemlich stark exotherm, was wieder zu lokalen Temperaturerhöhungen und damit lokaler Sinterung und Verminderung der Zahl und der Wirkung der aktiven Zentren führen muß. Auf diese Erscheinungen hat auch die Art der Herstellung und der Reduktion des Gemisches CuO-NiO großen Einfluß.

Tabelle 26. *Mischbarkeitsgrenzen zwischen Kupfer-Silber-Gold und den Metallen der achten Gruppe.*

	Cu	Ag	Au
Fe	Mischungslücke 11,6 ÷ 80,1% Cu		Mischungslücke etwa 0÷88% Au
Co	Mischungslücke 8 ÷ 95% Cu		
Ni	Vollständige Mischbarkeit		Hohe Temperatur: vollständige Mischbarkeit, tiefe Temperatur: Mischungslücke 2,4÷92,2% Au
Pd	Hohe Temperatur: vollständige Mischbarkeit, tiefe Temperatur: Mischungslücke 50÷62% Cu; intermetallische Phasen Cu_3Pd und CuPd	Vollständige Mischbarkeit	Vollständige Mischbarkeit
Pt	Hohe Temperatur: vollständige Mischbarkeit, tiefe Temperatur: intermetallische Phasen Cu_3Pt, CuPt, $CuPt_3$	Temperaturabhängige Mischungslücke und intermetallische Phasen AgPt und $AgPt_3$	Hohe Temperatur: vollständige Mischbarkeit, tiefe Temperatur: temperaturabhängige Mischungslücke
Rh	Mischungslücke 20÷90 Atomprozent Rh; intermetallische Phasen RhCu, Rh_3Cu		Mischungslücke 4,1÷98,9 Atomprozent Rh

[1] E. F. ARMSTRONG, T. P. HILDITCH: Proc. Roy. Soc. (London), Ser. A **102** (1922), 27.
[2] Y. TANAKA, R. KOBAYASHI: J. Soc. chem. Ind. Japan **36** (1935), 32 B; **37** (1936), 669 B.

Tabelle 27. *Wärmetönungen der Reduktion der Oxyde von Fe, Co, Ni und Cu (H_2O_g).*

$NiO + H_2 = Ni + H_2O - 0{,}4$ kcal.
$CoO + H_2 = Co + H_2O + 0{,}3$ kcal.
$FeO + H_2 = Fe + H_2O - 7{,}5$ kcal.
$Fe_2O_3 + 3\,H_2 = 2\,Fe + 3\,H_2O - 25{,}2$ kcal.
$Fe_3O_4 + 4\,H_2 = 3\,Fe + 4\,H_2O - 35{,}8$ kcal.
$CuO + H_2 = Cu + H_2O + 19{,}3$ kcal.
$Co_3O_4 + 4\,H_2 = 3\,Co + 4\,H_2O + 38{,}7$ kcal.

Schon ARMSTRONG und HILDITCH[1] hatten dies bemerkt und vermutet, daß das Kupferoxyd bei seiner Reduktion lokal die für die Reduktion des Nickeloxyds erforderliche Wärme liefert.

Zum Ausgleich einer etwaigen Sinterung tritt jedoch die Legierungsbildung ein, die durch die Gitterdeformationen zu neuen aktiven Zentren führt. In dieser Hinsicht ist es von Interesse, die Röntgenuntersuchungen von WAGNER, SCHWAB und STAEGER[2] anzuführen, die sie an durch Reduktion inniger Oxydmischungen erhaltenen Nickel-Kupfer-Katalysatoren durchführten. Sie beobachteten dabei, daß die Diagramme anstatt einigermaßen scharfer Linien sehr breite Banden aufwiesen, deren Intensität sich von der zu erwartenden Lage der Linien reinen Nickels bis zu der reinen Kupfers erstreckte. Hiernach wird der Katalysator nicht von *einer* Legierung mit bestimmter Zusammensetzung und eindeutigem Gitter gebildet, sondern von einer sehr innigen Mischung sehr kleiner Kristalle mit einer kontinuierlich von reinem Nickel bis zu reinem Kupfer veränderlichen Zusammensetzung. Es ist klar, daß in einem solchen Falle die Gitterdeformationen besonders groß und deshalb eine viel höhere katalytische Wirkung der Masse zu erwarten sein müssen. Diese Ergebnisse wurden von MORRIS und SELWOOD[3] durch magnetische Messungen bestätigt. Nach ihnen enthalten die durch Reduktion von CuO mit 2% NiO erhaltenen aktiven Katalysatoren kein reines Nickel, sondern Mischkristalle mit einer zwischen 66 und 92,5% Ni veränderlichen Zusammensetzung. Beim Tempern tritt eine Homogenisierung der Legierung unter Eindiffusion von Kupfer in die nickelreichen Legierungen und damit eine Abnahme der katalytischen Wirkung ein.

Es ist jedoch im Auge zu behalten, daß die Reduktion der *letzten Anteile* von Nickeloxyd langsam ist und daß deshalb die entstandenen Katalysatoren noch kleine und variable Mengen von NiO enthalten können, das dann als Verstärker wirkt, wie wir später noch (S. 544) bei den Mischungen Oxyd-Metall sehen werden. Dies kann die Unsicherheit der Interpretation der katalytischen Wirksamkeitsbestimmung bei Legierungen aus Mischungen CuO-NiO erklären.

Aus diesen verschiedenen Gründen und vor allem wegen der Möglichkeit, durch Reduktion bei tiefer Temperatur sehr wirksame Katalysatoren zu erhalten, hat man den Zusatz von Kupfer insbesondere bei Katalysatoren auf der Grundlage Eisen, Kobalt und Nickel für die *Benzinsynthese* nach FISCHER und TROPSCH studiert. Die Ergebnisse sind durchaus nicht immer glänzend. Es ist jedoch zu bemerken, daß diese Katalysatoren nie oder fast nie einfach binär sind, sondern im allgemeinen andere Elemente und oft unreduzierbare Oxyde enthalten oder auf Kieselgur aufgetragen sind, was alles die Deutung der Beobachtungsergebnisse weiterhin erschwert. Wir werden deshalb von diesen und allen anderen FISCHER-TROPSCH-Katalysatoren später bei den Kontakten auf Kieselgur (S. 676)

[1] E. F. ARMSTRONG, T. P. HILDITCH: Proc. Roy. Soc. (London), Ser. A **102** (1922), 27.
[2] G. WAGNER, G.-M. SCHWAB, R. STAEGER: Z. physik. Chem., Abt. B **27** (1935), 439.
[3] H. MORRIS: Trans. Illinois State Acad. Sci. **34** Nr. 2 (1941), 122. — H. MORRIS, P. W. SELWOOD: J. Amer. chem. Soc. **65** (1943), 2245.

sprechen. Über die Anwendung von Kupfer im besonderen sei nur gesagt, daß hauptsächlich Katalysatoren Co-Cu und Fe-Cu untersucht wurden, die ersteren mit einem Maximum bei 25% Cu, die zweiten sogar mit Gehalten bis zu 50%. Wegen der Verschiedenheit der Verfasser, die mit solchen Kontakten gearbeitet haben, und der daher rührenden Verschiedenheit der Versuchsbedingungen sowie wegen des Zusatzes von fast immer anderen Komponenten ist es nicht möglich, vergleichbare Werte anzugeben.

Katalysatoren aus Eisen und Kupfer sind auch für die *Hydrierung* von Furfurol[1] verwandt worden, Katalysatoren aus Kupfer und Kobalt für die *Polymerisation* von Äthylen[2] und die Hydrierung von Ketonen[3]. Jedoch handelt es sich dabei um verstreute Einzelversuche.

Wichtig ist dagegen die von WITHE und SCHULTZE[4] beobachtete Unterdrückung der Methanbildung, die Kupfer ausübt, wenn es bei der Wassergaskonvertierung dem Kobalt zugesetzt wird. Wir haben sie bereits bei der spezifischen Wirkung von Mischkatalysatoren (Kap. I 5, S. 457) angeführt.

Vor allem aber wurde die Mischung Nickel-Kupfer bei ganz einfachen Hydrierungen (Addition von Wasserstoff an Doppelbindungen, Reduktion von Aldehyden zu Alkoholen usw.) untersucht, und die Ergebnisse sind wirklich bedeutsam, wenn auch noch nicht endgültig und nicht immer ganz erschöpfend. Im allgemeinen geht man bei der Herstellung von einer gemeinsamen Fällung der Hydroxyde oder Carbonate beider Metalle aus, die dann bei einer nicht allzu hohen Temperatur oberhalb 200° reduziert werden.

Nach BUTKOWSKY und KOLIN[5] soll die Verwendung der Hydroxyde statt der Carbonate nicht immer von Wichtigkeit sein. Einige Autoren[6] ziehen vor allem bei der Fetthydrierung die Darstellung aus Formiaten vor, die durch einfaches Erwärmen auf die Reaktionstemperatur sich zu feinverteiltem Metall zersetzen.

Wir haben schon auf die Röntgenuntersuchung dieser Katalysatoren durch SCHWAB und Mitarbeiter[7] hingewiesen. Derselbe Verfasser[8] hat auch die katalytische Wirkung verschiedener aus mitgefällten Hydroxyden hergestellter Kupfer-Nickel-Mischkatalysatoren bei der Hydrierung von Zimtsäureäthylester in alkoholischer Lösung untersucht. Seine Ergebnisse zeigen, daß die Wirksamkeit kupferarmer Mischungen deutlich der des reinen Nickels überlegen ist mit einem Maximum bei etwa 20 Atomprozent Kupfer, während reines Kupfer absolut unwirksam ist.

Entsprechende Ergebnisse finden RIENÄCKER und BURMANN[9] bei der Hydrierung von Zimtsäure mit Nickel-Kupfer-Katalysatoren. Sie fällen Lösungen der Nitrate mit Soda, trocknen und reduzieren die erhaltenen Carbonatmischungen im Wasserstoffstrom. Die Katalysatoren sind wirksam bis zu einem minimalen Nickelgehalt von 30÷40 Atomprozent. Das Maximum, das um 60 Atomprozent Nickel liegt, scheint reell zu sein. Die Anwesenheit des Kupfers setzt also

---

[1] G. NATTA, R. RIGAMONTI, E. BEATI: Atti 28 Riunione S. I. P. S. **3** (1939), 385; Chim. e Ind. **23** (1941), 117.

[2] I. KONATA: J. Soc. chem. Ind. Japan **39** (1936), 447 B.

[3] K. KINO, S. KATO: J. Soc. chem. Ind. Japan **42** (1939), 362 B.

[4] E. C. WITHE, J. F. SCHULTZE: Ind. Engng. Chem. **26** (1934), 95.

[5] K. BUTKOWSKY, A. KOLIN: Öl- u. Fett-Ind. URSS **12** (1936), 363.

[6] H. P. KAUFMANN, H. PARDUN: Fette u. Seifen **45** (1938), 223. — W. NORMANN: Fette u. Seifen **45** (1938), 664.

[7] G. WAGNER, G.-M. SCHWAB, R. STAEGER: Z. physik. Chem., Abt. B **27** (1935), 439.

[8] G.-M. SCHWAB, W. BRENNECKE: Z. physik. Chem., Abt. B **24** (1934), 393.

[9] G. RIENÄCKER, R. BURMANN: J. prakt. Chem., N. F. **158** (1941), 95.

die hydrierende Wirkung des Nickels nicht herab, sondern verbessert sie sogar in der Gegend um 40 Atomprozent. Die kupferreichen Legierungen (70 Atomprozent) leiden stark unter der Verdünnung durch das unwirksame Kupfer. Zum Unterschied von den SCHWABschen Mischungen erweisen sich die RIENÄCKERschen als vollkommen homogen im Röntgenbild, wahrscheinlich wegen der verschiedenen Herstellungs- und besonders Reduktionsbedingungen.

Die Messung der *Aktivierungsenergie* durch RIENÄCKER zeigt, daß die nickelreichen Katalysatoren verhältnismäßig wenige, aber recht wirksame aktive Zentren besitzen, daß aber der Kupferzusatz die Zahl der Zentren vermehrt und ihre Wirkung abschwächt. Das Wirksamkeitsmaximum hängt dann von einem günstigen Zusammentreffen der beiden Einflüsse ab. Dasselbe war auch von SCHWAB vermutet worden und bestätigt die Schlüsse von YOSHIKAWA[1] aus Vergiftungsversuchen mit Thiophen, wonach Kupferzusatz zum Nickel die Zahl der hochaktiven Zentren herabsetzt, aber die der mäßig wirksamen vermehrt.

Hinsichtlich des Optimums in der Zusammensetzung der Kupfer-Nickel-Katalysatoren stimmen auch andere Forscher mit den Ergebnissen von SCHWAB und RIENÄCKER überein. Sie finden Werte zwischen 25 und 30% Kupfer an ganz verschiedenen Reaktionen, wie der Fetthydrierung[2] oder der Nitrobenzolhydrierung[3]. Einige allerdings behaupten, daß die besten Resultate mit hälftigen Mischungen beider Metalle[4] erzielt werden. Unter anderem wird dies von vielen behauptet, die Fette mit Kupfer-Nickel-Legierungen auf Kieselgur hydriert haben. (S. Kap. „Kieselgurkontakte", S. 676.)

Ein Sonderfall ist das durch Behandeln mit Kupfersulfat *verkupferte* RANEY-*Nickel*, das bei der Reduktion von Nitrobenzol[5] gute Ergebnisse und sogar bessere als Nickel allein geliefert hat. Einige Verfasser ziehen kupferreiche Legierungen den nickelreichen vor. So haben KAGAN, LIUBARSKI und FEDOROW[6] beobachtet, daß bei der Hydrierung von Krotonaldehyd zu Butylalkohol ein Katalysator aus Kupfer mit 3% Nickel besser ist als reines Kupfer. Weiterhin wurde die Fähigkeit kleiner Nickelmengen, die Wirksamkeit des Kupfers zu erhöhen, auch in den schon angeführten (S. 440) Versuchen von IPATIEFF und CORSON[7] aufgezeigt. Die schädigende Einwirkung des Kupfers auf Nickel, die von manchen gefunden wurde[8], könnte von einer Sinterung herrühren, die durch die Temperaturerhöhung durch die Reduktionswärme des CuO begünstigt wird oder auch in

---

[1] K. YOSHIKAWA: Sci. Pap. Inst. physic. chem. Res. (Tokyo) **26/27**, 566/171; Bull. Inst. physic. chem. Res. (Tokyo) **14** (1935), 22.

[2] G. M. KLEIN, N. A. KAMINSKI, M. D. LITWINOW, N. A. FEDOROWITSCH: Öl- u. Fett.-Ind. URSS **13** Nr. 3 (1937), 9. — R. KOYMA: J. Soc. chem. Ind. Japan **40** (1937), 25 B. — K. BUTKOWSKI, A. KOLIN: Öl- u. Fett-Ind. URSS **12** (1936), 249. — W. WASSILYEW: Öl- u. Fett-Ind. URSS **11** (1935), 444. — H. Y. CHIANG, S. H. WANG: J. chem. Engng. China **1** (1936), 136.

[3] K. YOSHIKAWA, T. YAMANAKA, B. KUBOTA: Sci. Pap. Inst. physic. chem. Res. (Tokyo) **26/27**, 566/71; **27**, 575/75; Bull. Inst. physic. chem. Res. (Tokyo) **14** (1935), 23, 29.

[4] E. YAMAGUTI, S. NAKAYAMA, K. TERAMISHI: Waseda appl. chem. Soc. Bull. **17** (1940), 40.

[5] M. R. STEVINSON, C. S. HAMILTON: J. Amer. chem. Soc. **57** (1935), 1298.

[6] M. J. KAGAN, G. D. LIUBARSKI, S. F. FEDOROW: Chem. J. Ser. B, J. appl. Chem. **7** (1934), 135.

[7] V. N. IPATIEFF, B. B. CORSON, I. D. KURBATOW: J. physic. Chem. **43** (1939), 589; **44** (1940), 670. — V. N. IPATIEFF, B. B. CORSON: J. physic. Chem. **45** (1941), 431. — V. N. IPATIEFF: Chim et Ind. **45** (1941), 103; Bull. Soc. chim. France **7** (1940), 281.

[8] J. H. LONG, J. C. W. FRAZER, E. OTT: J. Amer. chem. Soc. **56** (1934), 1101. — A. JULIARD: Bull. Soc. Chim. Belgique **46** (1937), 549. — A. JULIARD, C. HERBO: Bull. Soc. chim. Belgique **47** (1938), 717. — W. M. PUSANOW: Chem. J. Ser. B, J. appl. Chem. **11** (1938), 67. — F. E. SMITH: J. physic. Chem. **32** (1928), 719.

gewissen speziellen Reaktionen (Benzinsynthese nach Fischer-Tropsch, Benzolhydrierung, Wassersynthese) von einer besonderen Selektivität der aktiven Zentren.

Endlich sei erwähnt, daß einige Verfasser versucht haben, Kupfer-Nickel-Legierungen kleine Mengen anderer Metalle hinzuzufügen[1]; bei einem Katalysator aus 75% Nickel und 20% Kupfer wirkt der Zusatz von 5% Mangan oder Eisen verstärkend, während 5% Kobalt ohne Einfluß sind; bei Katalysatoren aus 75% Kupfer und 20% Nickel tritt das Gegenteil ein.

In neuerer Zeit ist auch *Monelmetall* (60% Nickel, 33% Kupfer, 7% Eisen) bei der Kohlenwasserstoffhydrierung mit gutem Ergebnis erprobt worden[2].

h) Andere Legierungen.

Außer den vorstehend erwähnten sind nur wenige andere Legierungen für Katalysen-Versuche verwendet worden. Unter ihnen seien *zinkhaltige* Legierungen erwähnt, und zwar Mischungen Zink-Nickel, die man durch Behandeln ammoniakalischer Nickel(II)lösungen mit Zinkstaub erhält, für Hydrierungen[3] und Messing für die Oxydation von Methanol zu Formaldehyd[4]. Legierungen von Kupfer mit Zink, Zinn, Antimon und Cadmium von der Zusammensetzung der intermetallischen Phasen (Cu_2Zn_3, Cu_3Sn, Cu_3Sb, Cu_2Cd_3) sind auch bei der Hydrierung von Nitrobenzol[5] erprobt worden.

Andere Metalle, wie Magnesium, Aluminium usw., sind zu leicht oxydierbar, um selbst in Legierungen als Katalysatoren verwendbar zu sein. Sie bedecken sich leicht mit einer feinsten oberflächlichen Oxydschicht, die ihre katalytische Wirkung verändert. Aus diesem Grund, der auch oft unerwünschte spezifische Wirkungen (z. B. Dehydratationen) hervorruft, sind sie so gut wie nie allein oder in Legierungen benutzt worden. Erwähnt seien nur die Arbeiten von Schwab und Schwab-Agallidis[6] über die Spaltung von Alkoholen an Silber-Aluminium-Legierungen.

Die wichtigste Verwendung dieser Metalle ist die, daß man mit ihnen *Matrixlegierungen* herstellt, um daraus Katalysatoren von der Art des Raney-Nickels zu gewinnen[7]. Es sind so Legierungen mit Nickel, mit Kobalt und Kupfer[8] sowie mit Eisen[9] angewandt worden; der gebräuchlichste Katalysator ist der aus Nickel-Aluminium-Legierungen. Nach dem Angriff mit Alkali bleibt aus ihnen Nickel in hochdisperser Form übrig. Da der Angriff niemals vollständig durchzuführen ist, enthalten solche Katalysatoren praktisch immer noch eine gewisse Menge des alkalilöslichen Metalles, nach einigen[10] bis zu 4%, nach anderen[11] bis 11%, nach wieder anderen[12] aber nur etwa 1%. Jedoch verbleibt in ihnen auch eine beachtliche Menge Aluminiumoxyd[12], so daß der fertige Kontakt

---

[1] S. Ueno, Z. Okamura: J. Soc. chem. Ind. Japan **34** (1931), 349 B.

[2] C. L. Thomas, G. Egloff, J. C. Morrel: Ind. Engng. Chem. **31** (1939), 1090.

[3] V. Harley: C. R. hebd. Séances Acad. Sci. **213** (1941), 304.

[4] R. S. Smington, H. Adkins: J. Amer. chem. Soc. **50** (1928), 1449. — W. A. Plotnikow, S. S. Balyassni: Ukrain. Acad. Sci., Mem. Inst. Chem. **4** (1937), 269.

[5] R. J. Grim: J. physic. Chem. **46** (1942), 464. — B. Berk, O. W. Brown: J. physic. Chem. **46** (1942), 964.

[6] G.-M. Schwab, E. Schwab-Agallidis: Ber. dtsch. chem. Ges. **76** (1944), 1228.

[7] M. Raney: US-Pat. 1563587 vom 1. Dezember 1925; 1628190 vom 10. Mai 1927; 1915473 vom 27. Juni 1933; Ind. Engng. Chem. **32** (1940), 1199.

[8] L. Fenconau: C. R. hebd. Séances Acad. Sci. **203** (1936), 406.

[9] R. Paul, G. Hilly: C. R. hebd. Séances Acad. Sci. **206** (1938), 608.

[10] S. Tsuneoka, Y. Murata: Sci. Pap. Inst. physic. chem. Res. (Tokyo) **33** (1937), 305.

[11] H. Adkins, H. R. Billica: J. Amer. chem. Soc. **70** (1948), 695.

[12] V. N. Ipatieff, H. Pines: J. Amer. chem. Soc. **72** (1950), 5320.

eher als heterogener Mischkatalysator denn als Legierung zu betrachten ist. Wir werden von diesen Katalysatoren deshalb ausführlich erst in dem Kapitel über die Kontakte Ni-Al_2O_3 (S. 550) sprechen. Hier sei nur erwähnt, daß ein Forscher[1] vorgeschlagen hat, nur einen kleinen Teil des Aluminiums, und zwar den oberflächlichen, durch eine kurze Waschung mit Natronlauge zu entfernen. Dies soll den Zweck haben, einen sehr grobkörnigen Katalysator zu machen, mit dem man Autoklaven mit ruhendem anstatt bewegtem Katalysator beschicken kann.

Endlich verdienen Legierungen von Eisen, Kobalt und Nickel Erwähnung, die *Molybdän* enthalten. Schon verschiedene Autoren haben Molybdän als Verstärker insbesondere des Nickels in Hydrierungskatalysatoren benutzt. Diese erhält man durch Reduktion zusammengefällter Oxyde oder aus Nickelmolybdat, und sie bestehen aus festen Lösungen Ni-Mo, wie dies die Röntgenuntersuchung von SCHWAB und Mitarbeitern[2] sowie die magnetischen Messungen von MORRIS und SELWOOD[3] gezeigt haben. Sie enthalten jedoch meist auch noch eine gewisse Menge Molybdänoxyd, das schwerer reduzierbar ist als Nickeloxyd, und sind daher meistens heterogen. Nur bei hohem Nickelgehalt und langer Reduktionsdauer kann man homogene Katalysatoren in Form von Mischkristallen Ni-Mo erhalten. Wir werden jedoch diese Katalysatoren erst in einem späteren Kapitel (S. 555) behandeln. Nur in einem Falle ist wegen der besonderen Reduktionsbedingungen (Temperatur und Druck) die Überführung von MoO_3 in Metall vollständig; es handelt sich um die von MITTASCH und KEUNECKE[4] für die Ammoniaksynthese benutzten Katalysatoren.

Bei tiefer Temperatur (unterhalb 500°) ist Molybdän in Eisen wie auch in Kobalt und Nickel wenig löslich und bildet mit ihnen die intermetallischen Phasen Fe_3Mo_2, NiMo und CoMo. Bei der Ammoniaksynthese zeigt die Wirksamkeit der Mischkatalysatoren Fe-Mo, Ni-Mo und Co-Mo zu Beginn der Katalyse

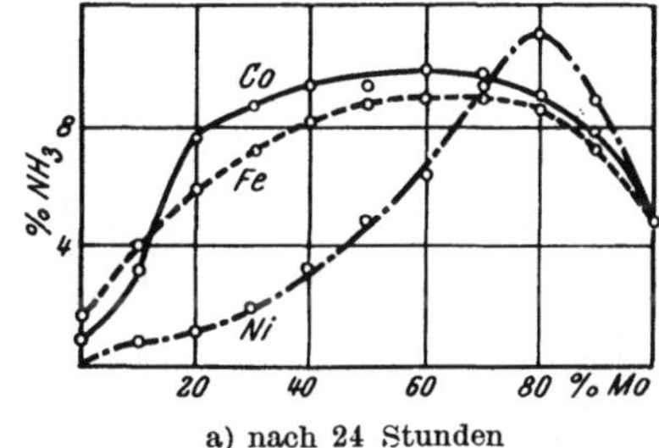

a) nach 24 Stunden

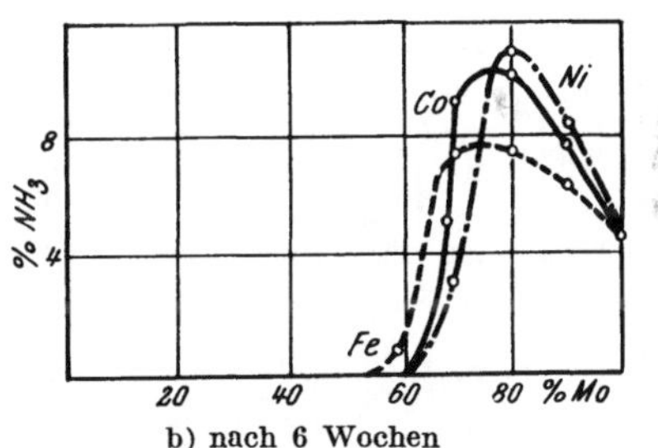

b) nach 6 Wochen

Abb. 29. Ammoniakausbeute an molybdänhaltigen Mischkatalysatoren. (Nach MITTASCH und KEUNECKE.)

ein breites Maximum bei Werten zwischen 20 und 30% Mo. Nach kurzer Zeit aber wird die Wirksamkeit der Katalysatoren mit weniger als 50÷60% Mo zu null (Abb. 29). Dies liegt an der Bildung der intermetallischen Verbindung, die nur, wenn sie in hinreichender Menge vorliegt (hoher Mo-Gehalt), als Ver-

[1] A. A. BAG, T. P. JEGUPOW, D. F. WOLOKITIN: Öl- u. Fett-Ind. URSS **9** Nr. 4 (1933), 16; **10** Nr. 2 (1934), 10; **13** Nr. 2 (1937), 27; Ind. org. Chem. URSS **2** (1936), 141.

[2] G.-M. SCHWAB, H. NAKAMURA: Z. physik. Chem., Abt. B **41** (1938), 189.

[3] H. MORRIS: Trans. Illinois State Acad. Sci. **34** Nr. 2 (1941), 122. — H. MORRIS, P. W. SELWOOD: J. Amer. chem. Soc. **65** (1943), 2245.

[4] A. MITTASCH, E. KEUNECKE: Z. physik. Chem., Bodenstein-Festband (1931), 574. — A. MITTASCH: Z. Elektrochem. angew. physik. Chem. **36** (1930), 567. — E. KEUNECKE: Z. Elektrochem. angew. physik. Chem. **36** (1930), 690.

stärker des Eisens wirken und so die Sinterung verhindern kann, die bei niederen Mo-Gehalten eintritt. Von einem Fall homogener Mischkontakte kommt man so zu einem von Außergitterverstärkern. Es ist jedoch zu betonen, daß nach Messungen der Aktivierungsenergie eine Herabsetzung und damit eine synergetische Verstärkung vorliegt.

Bei Kontakten auf Molybdänbasis mit Kupfer, Silber, Chrom und Wolfram bemerkt man, daß bei den ersten zwei, die in Molybdän ganz unlöslich sind, Additivität gilt, während die anderen zwei, die sich in jedem Verhältnis mit Molybdän mischen, eine katalytische Abschwächung zeigen.

2. Feste Lösungen von Metalloxyden und anderen Verbindungen.

a) Oxyde zweiwertiger Metalle.

Die Reihe der zweiwertigen Oxyde ist zahlreich; der größte Teil von ihnen kristallisiert kubisch-flächenzentriert, wie aus Tabelle 28 hervorgeht, in welcher die Oxyde nach steigendem Molekularvolumen angeordnet sind. Es hängt nämlich die gegenseitige Löslichkeit der verschiedenen Oxyde von ihrem Molekularvolumen und besonders für die kubisch-flächenzentrierten Oxyde, die im allgemeinen reine Ionenverbindungen sind, von den Ionenradien der Metalle ab. Deshalb sind auch diese Werte in der Tabelle aufgeführt.

Tabelle 28. *Gittereigenschaften zweiwertiger Oxyde.*

Oxyd	Kristallsystem	Gitterkonstanten in Å				Kationenradius
		a	*b*	*c*	α	
BeO	hexagonal	2,70		4,39		0,34
VO	kub. flächenzentriert	4,08				0,72
NiO	kub. flächenzentriert	4,1684				0,76
CuO	monoklin	4,66	5,09	3,40	99°30′	0,77
MgO	kub. flächenzentriert	4,203				0,78
TiO	kub. flächenzentriert	4,235				0,80
CoO	kub. flächenzentriert	4,24				0,80
ZnO	hexagonal	3,248		5,203		0,82
FeO	kub. flächenzentriert	4,332				0,84
MnO	kub. flächenzentriert	4,435				0,90
CdO	kub. flächenzentriert	4,689				1,03
CaO	kub. flächenzentriert	4,797				1,08
HgO	rhombisch	3,296	3,513	5,504		1,12
SnO	tetragonal	3,77		4,77		1,22
SrO	kub. flächenzentriert	5,144				1,25
PbO gelb	rhombisch	5,459	5,859	4,723		1,32
PbO rot	tetragonal	3,968		5,011		1,32
BaO	kub. flächenzentriert	5,523				1,44

Es kann zwischen den kubischen Oxyden vollständige oder unvollständige Löslichkeit auftreten, je nach dem Verhältnis der Ionenradien der Metalle. NATTA und PASSERINI[1] konnten beobachten, daß vollständige Löslichkeit

[1] G. NATTA, L. PASSERINI: Gazz. chim. ital. **59** (1929), 130; Atti Congr. naz. Chim. pura appl., III Congr., Roma (1929), 365. — L. PASSERINI: Gazz. chim. ital. **59** (1929), 144; **60** (1930), 535.

dann auftritt, wenn das Verhältnis zwischen den Ionenradien des größeren und des kleineren Kations niedriger ist als 1,13. Für Werte zwischen 1,13 und 1,25 tritt unvollständige Löslichkeit auf und für Werte oberhalb 1,25 gar keine Löslichkeit. Im Falle der unvollständigen Löslichkeit wurde ferner gefunden, daß die Löslichkeit der Verbindung mit kleinerer Elementarzelle in der mit der größeren größer ist als umgekehrt.

Dieser Regel entsprechend kann die vollständige oder unvollständige Löslichkeit aus der Abb. 30 entnommen werden, wo auch in den bis jetzt untersuchten Fällen die Grenzen der Mischungslücke in Molprozent angegeben sind[1].

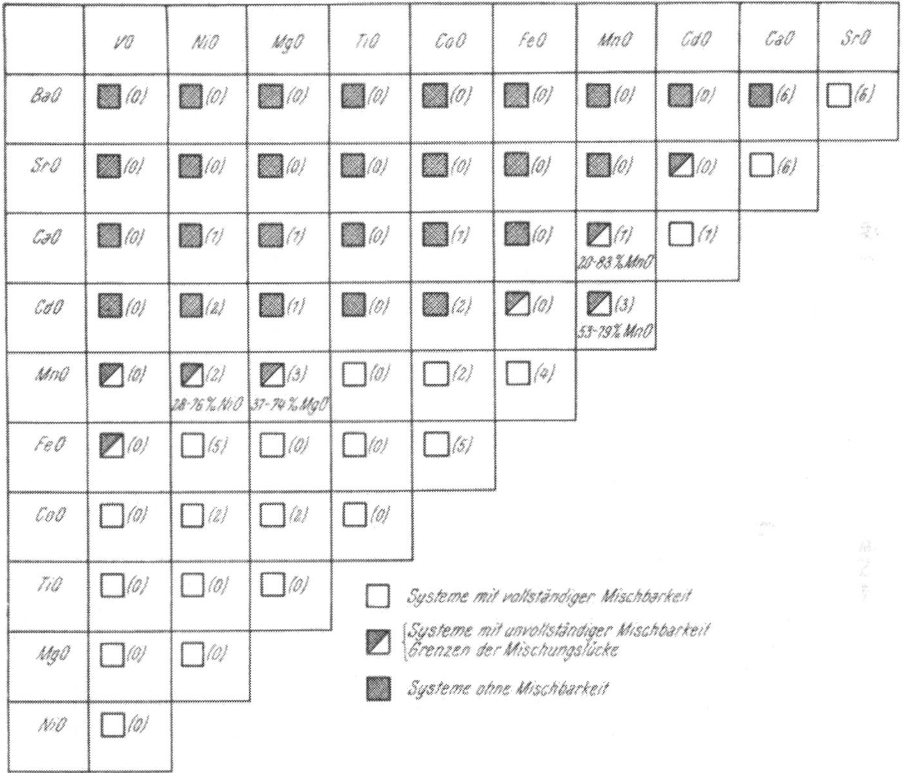

Abb. 30. Mischbarkeit kubischer Oxyde zweiwertiger Metalle im festen Zustand bei tiefer Temperatur. *1* Nach NATTA und PASSERINI, *2* nach PASSERINI sowie HOLGERSSON und KARLSSON, *3* nach PASSERINI, *4* nach MONTORO, *5* nach BÉNARD, *6* nach BURGERS sowie HUBER und WAGENER, *0* nach den Regeln von NATTA und PASSERINI abgeschätzt.

Die beiden hexagonalen Oxyde (ZnO und BeO) wie auch die beiden rhombischen (HgO und gelbes PbO) haben zu verschiedene Gitterkonstanten, um feste Lösungen zu bilden. Sehr wahrscheinlich könnten feste Lösungen zwischen SnO und rotem PbO auftreten, obgleich dies noch nicht experimentell bestätigt wurde.

[1] G. NATTA, L. PASSERINI: Gazz. chim. ital. **59** (1929), 620; Atti Congr. naz. Chim. pura appl., III Congr., Roma (1929), 365. — L. PASSERINI: Gazz. chim. ital. **59** (1929), 144; **60** (1930), 535. — V. MONTORO: Gazz. chim. ital. **70** (1940), 150. — J. BÉNARD: C. R. hebd. Séances Acad. Sci. **203** (1936), 203; Ann. Chimie **12** (1939), 5. — S. HOLGERSSON, A. KARLSSON: Z. anorg. allg. Chem. **182** (1929), 255. — W. G. BURGERS: Z. Physik **80** (1933), 352. — H. HUBER, S. WAGENER: Z. techn. Physik **23** (1942), 1.

Umgekehrt können feste Lösungen begrenzten Bereichs zwischen kubischen Oxyden und dem hexagonalen ZnO auftreten, wie NATTA und PASSERINI[1] sowie RIGAMONTI[2] gefunden haben an den Systemen: ZnO—MgO, ZnO—FeO, ZnO—NiO, ZnO—CoO, ZnO—MnO und ZnO—CdO. Dasselbe gilt für kubische Oxyde mit dem monoklinen CuO[2] in den Systemen: NiO—CuO und MgO—CuO. Die Löslichkeitsgrenzen dieser Systeme sind in Tabelle 29 angegeben.

Tabelle 29. *Mischbarkeit zweiwertiger Oxyde verschiedenen Kristallsystems.*

System	Gebiet der Mischbarkeit Molprozent	Kristallform	Literatur
CuO—NiO	0÷35% CuO	kub. flächenzentriert	3
CuO—MgO ...	0÷25% CuO	kub. flächenzentriert	3
CuO—ZnO ...	unlöslich	kub. flächenzentriert	3
ZnO—NiO	0÷ 35% ZnO	kub. flächenzentriert	4, 2
ZnO—MgO	0÷ 33% ZnO	kub. flächenzentriert	4, 2, 5
ZnO—CoO	0÷ 28% ZnO	kub. flächenzentriert	4, 2
	72÷100% ZnO	hexagonal	4, 2
ZnO—FeO	—	—	5
ZnO—MnO ...	0÷22% MnO	hexagonal	2
ZnO—CdO	0÷ 4,9% CdO	hexagonal	2
PbO—SnO		tetragonal	6

Während diese festen Lösungen zwischen zweiwertigen Oxyden vom Strukturstandpunkt aus gut studiert sind, so ist nur wenig vom *katalytischen Standpunkt* aus geschehen. Das kommt davon, daß diese Oxyde im allgemeinen von sich aus keine katalytische Wirkung von besonderem praktischem Interesse haben, mit Ausnahme des Zinkoxyds, das die Methanolsynthese und andere organische Reaktionen (Hydrierung, Ketonisierung usw.) katalysiert, und des Kupferoxyds, das Oxydationsreaktionen katalytisch beeinflußt. Außerdem werden bei Oxydations- oder Hydrierungsreaktionen viele dieser Oxyde unter den Arbeitsbedingungen zu höherer Wertigkeit aufoxydiert oder zu Metall reduziert.

Wie wir schon S. 449 gesehen haben, haben SCHWAB und SCHULTES[7] in einer Versuchsreihe über die Zersetzung von N_2O an Oxydmischungen beobachtet, daß die Mischung CuO—MgO eine synergetische Verstärkung (Herabsetzung der Aktivierungsenergie) aufweist. Es ist sehr wahrscheinlich, daß in dieser Mischung, die vorher einige Stunden auf 650° erhitzt worden war, die Bildung der festen Lösung begonnen hatte, oder auch die einer Verbindung der beiden Oxyde, wie sie RIGAMONTI gefunden hat, und daß die beobachtete Verstärkung hierauf zurückzuführen ist.

---

[1] G. NATTA, L. PASSERINI: Gazz. chim. ital. **59** (1929), 620. — G. NATTA: Giorn. Chim. ind. appl. **12** (1930), 13.

[2] R. RIGAMONTI: Gazz. chim. ital. **76** (1946), 474.

[3] R. RIGAMONTI: Atti Accad. naz. Lincei, Rend. (8) **2** (1947), 446.

[4] G. NATTA, L. PASSERINI: Gazz. chim. ital. **59** (1929), 130; Atti Congr. naz. Chim. pura appl., III Congr., Roma (1929), 365.

[5] G. NATTA: Giorn. Chim. ind. appl. **12** (1930), 13.

[6] G. R. LEVI: Nuovo Cimento N. S. **1** (1924), 335. — G. R. LEVI, G. NATTA: Nuovo Cimento N. S. **3** (1926), 114.

[7] G.-M. SCHWAB, H. SCHULTES: Z. physik. Chem., Abt. B **9** (1930), 265.

Hiervon abgesehen ist der einzige Fall, wo zweiwertige Oxyde in fester Lösung als Katalysatoren verwendet werden, der des Zinkoxyds mit MgO oder mit FeO und CoO bei der *Methanolsynthese*[1]. Bei den hohen Temperaturen und Drucken dieser Reaktion werden FeO und CoO von Wasserstoff und CO leicht reduziert.

Man hat aber beobachtet, daß dann, wenn diese Oxyde vollständig in Form einer festen Lösung in dem hexagonalen Gitter des Zinkoxyds vorliegen, sie *nicht mehr* unter Synthesebedingungen zu Metall reduzierbar sind und dann eine beachtliche *Verstärkerwirkung* aufweisen können. Natürlich können solche Katalysatoren höchstens so viel Kobalt- oder Eisen(II)oxyd enthalten, wie der Grenzzusammensetzung der festen Lösung entspricht. Praktisch müssen die beiden Oxyde sogar in noch erheblich kleineren Mengen zugegen sein, denn bei dem Versuch, reiche feste Lösungen herzustellen, bekommt man immer anstatt homogener Produkte Mischungen aus zwei festen Lösungen, einer hexagonalen und einer kubischen (reich an FeO und CoO), welch letztere unter den Synthesebedingungen recht leicht reduziert werden. Es bildet sich dann fein verteiltes metallisches Eisen und Kobalt, die ihrerseits nunmehr die Synthese von Methanol katalysieren.

Es ist nicht möglich, wirksame Katalysatoren einfach durch *mechanische Mischung* von FeO (oder CoO) mit Zinkoxyd zu erhalten, weil unterhalb 500° keine Diffusion im festen Zustand stattfindet und weil man bei höheren Temperaturen stark durchkristallisierte Produkte mit geringer wirksamer Oberfläche erhält. Man muß deshalb für die Herstellung der festen Lösungen der Oxyde von festen Lösungen der Hydroxyde oder basischen Carbonate ausgehen, die man durch gemeinsames Ausfällen erhält und die durch Erwärmen schon unterhalb 450° leicht zu Oxyden zersetzt werden.

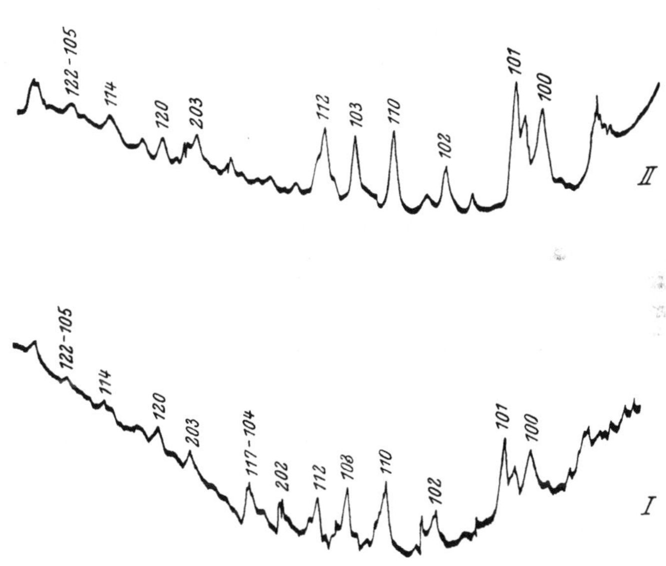

Abb. 31. Photometerkurven von Röntgenaufnahmen der Katalysatoren: *I*. 80% ZnO, 15% Cr_2O_3, 5% FeO; *II*. 20% MgO, 80% ZnO (Mischkristall). (Nach NATTA.)

Die so erhaltenen homogenen Mischkristalle behalten ihre erhöhte katalytische Wirksamkeit lange Zeit bei. Bei der Untersuchung mit Röntgenstrahlen nach der Pulvermethode zeigen sie sowohl kurz nach der Herstellung (bei etwa 400°) als auch nach einer langen katalytischen Arbeitsdauer das gleiche Kristallgitter des Zinkoxyds, wenn auch mit merklicher Verzerrung.

Wie man auf Abb. 31 sieht, sind die Linien ziemlich scharf, was nicht nur die Homogenität der Mischkristalle beweist, sondern auch das Vorliegen ziemlich wohl entwickelter Kristallkörner, zum Unterschied von jenen besseren

[1] G. NATTA: Giorn. Chim. ind. appl. 12 (1930), 13.

Katalysatoren, die als Verstärker Oxyde dreiwertiger Metalle, insbesondere Cr_2O_3, enthalten.

Die festen Lösungen, die z. B. 20 Molprozent FeO enthalten und die man durch reduzierende Dehydratation bei 400° aus festen Lösungen der Hydroxyde (oder basischen Carbonate) erhält, haben eine schöne grüne Farbe und sind trotz ihrer beachtlichen wirksamen Oberfläche so stabil, daß man sie an trockener Luft lange Zeit unverändert aufbewahren kann. Bei der Darstellung sind besondere Vorsichtsmaßnahmen zu beachten, weil das Eisen vor der Fällung vollständig in der zweiwertigen Form vorliegen muß und sich auch bei den späteren Operationen nicht oxydieren darf. Schon kleine Mengen an freiem Fe_2O_3 genügen, um das Produkt als Katalysator für die Methanolsynthese unbrauchbar zu machen. Ähnliche Vorsicht erfordert auch die Herstellung der Mischkristalle von ZnO und CoO. Diese sind jedoch wegen der leichteren Reduzierbarkeit des CoO als Katalysatoren empfindlicher gegen erhöhte Temperatur als die eisenhaltigen.

Auch Magnesiumoxyd und Manganoxyd, und zwar das erstere in viel höherem Maße, sind imstande, mit Zinkoxyd feste Lösungen zu geben. Trotz der sehr geringen Löslichkeit und damit der Schwierigkeit, sich vollständig im ZnO-Gitter zu lösen, zeigt das MnO eine merkliche Verstärkerwirkung. Es wird in der Tat in zahlreichen Patenten für Katalysatoren zur Methanolsynthese genannt. Die magnesiumoxydhaltigen Katalysatoren haben eine beachtliche Wirksamkeit. Sie sind jedoch wegen der geringen Löslichkeit des ZnO im Kristallgitter des MgO und besonders wegen der Unlöslichkeit des MgO im Gitter des ZnO heterogen. Der hohe Schmelzpunkt des MgO erlaubt einen weiten Anwendungsbereich als Verstärker, wie wir an anderer Stelle bei den Außergitterverstärkern sehen werden.

b) Oxyde dreiwertiger Metalle.

Der größte Teil der dreiwertigen Oxyde kristallisiert im rhomboedrischen oder im kubischen System und bildet so zwei Klassen von isomorphen Verbindungen, wie man in Tabelle 30 sieht.

Tabelle 30. *Gitterkonstanten dreiwertiger Oxyde in* Å.

a) Rhomboedrische Oxyde			b) Kubische Oxyde			
	a	α		a		a
α-Al_2O_3	5,13	55°, 17′	γ-Al_2O_3	7,90	Lu_2O_3	10,37
Cr_2O_3	5,35	54°, 58′	Dy_2O_3	10,63	Mn_2O_3	9,41
α-Fe_2O_3	5,42	55°, 17′	Er_2O_3	10,54	Sa_2O_3	10,85
Ga_2O_3	5,28	55°, 35′	Eu_2O_3	10,84	Sc_2O_3	10,70
Rh_2O_3	5,47	55°, 40′	γ-Fe_2O_3	8,32	Tl_2O_3	10,57
Ti_2O_3	5,37	56°, 48′	Gd_2O_3	10,79	Tm_2O_3	10,52
V_2O_3	5,43	53°, 5′	Ho_2O_3	10,58	Y_2O_3	10,60
			In_2O_3	10,12	Yb_2O_3	10,39

Die Gruppe der kubischen Oxyde enthält diejenigen der Seltenen Erden. Diese sind aber nur selten bei der Herstellung von Mischkatalysatoren in Betracht gezogen worden, und dann immer als Verstärker hauptsächlich von Metallen. Beispiele für die Benutzung ihrer festen Lösungen ineinander gibt es nicht. Hingegen sind die rhomboedrischen Oxyde genauer studiert worden.

Diese geben lückenlose oder unvollständige feste Lösungen, auch wenn man ihre Mischungen durch Dehydratisierung der gefällten festen Lösungen der Hydroxyde darstellt[1].

Die Gesetze, die die gegenseitige Löslichkeit dieser Oxyde bestimmen, scheinen dieselben zu sein wie bei den zweiwertigen Oxyden: Feste Lösungen in jedem Verhältnis entstehen in den Systemen (Fe_2O_3-Cr_2O_3), wo die Differenz der Ionenradien der Metalle kleiner ist als 13 % des kleineren Radius; feste Lösungen mit Mischungslücke entstehen dort, wo besagte Differenz zwischen 13 % und 25 % liegt (System Al_2O_3-Fe_2O_3 mit einer Mischungslücke zwischen 25 % und 80,4 % Al_2O_3; System Al_2O_3-Cr_2O_3 mit einer Mischungslücke zwischen 29 % und 76 % Al_2O_3).

Allerdings sind bis jetzt nur die drei Mischungen Al_2O_3-Fe_2O_3, Al_2O_3-Cr_2O_3 und Fe_2O_3-Cr_2O_3 untersucht worden, während für die anderen die Daten fehlen.

Das Oxyd des Galliums ist wegen seiner Seltenheit wenig studiert worden. Die Oxyde der dreiwertigen Metalle Rhodium, Titan und Vanadium haben übrigens vom katalytischen Standpunkt aus nur wenig Interesse, weil sie wenig stabil sind und sich leicht in andere Oxyde umwandeln. Nur für Vanadiumoxyd sind einige Versuche in Mischung mit Al_2O_3 durchgeführt worden.

Was Co_2O_3 anlangt, so ist seine Struktur nicht genau bekannt[2], jedoch ist es höchstwahrscheinlich isomorph mit dem rhomboedrischen α-Fe_2O_3 oder dem kubischen γ-Fe_2O_3. Deshalb wird die Verwendung von Mischungen dieser zwei Oxyde in diesem Kapitel abgehandelt werden.

α) System Fe_2O_3-Al_2O_3.

Wegen der reversiblen Oxydationserscheinungen, die mit dem Übergang zu niedrigerer Wertigkeit verbunden sind, ist Eisenoxyd ein sehr wichtiger Katalysator für Oxydationsreaktionen, wie die Konversion von CO zu CO_2 nach

$$CO + H_2O = CO_2 + H_2,$$

während Aluminiumoxyd diese Reaktion nicht katalysiert. Wenn man aber dem Eisenoxyd Aluminiumoxyd zufügt, z. B. durch gemeinsame Fällung und dann Entwässerung der Hydroxyde, und so feste Lösungen erzeugt, so steigen die Wirksamkeit und die Alterungsbeständigkeit[3].

Auch bei der Oxydation von CO mit Sauerstoff zeigen die Mischkatalysatoren Al_2O_3-Fe_2O_3 eine höhere Wirksamkeit und geringere Aktivierungsenergie als das reine Eisenoxyd. Über die diesbezüglichen Versuche von ECKELL[4] haben wir schon gesprochen (S. 440).

Während die Aktivität des Katalysators, ausgedrückt als temperaturunabhängige ARRHENIUS-Konstante B, eine gewisse Abhängigkeit von der Kristallkorngröße zeigt (welche sich röntgenographisch zwischen 100 und 300 Å ergibt), fällt die Aktivierungsenergie bei zunehmendem Al_2O_3-Gehalt bis zu einem Grenzwert, der der gesättigten festen Lösung aus 25 % Al_2O_3 und 75 % Fe_2O_3 (Molprozente) entspricht.

Diese Verminderung verläuft parallel zu der Verminderung der Gitter-

---

[1] L. PASSERINI: Gazz. chim. ital. **60** (1930), 544; **62** (1932), 85.

[2] G. NATTA, M. STRADA: Gazz. chim. ital. **58** (1928), 419.

[3] R. M. EVANS, W. L. NEWTON: Ind. Engng. Chem. **18** (1926), 513. — B. NEUMANN, G. KÖHLER: Z. Elektrochem. angew. physik. Chem. **34** (1928), 218. — G. B. SIMEK, R. KASSLER: Chim. et Ind. Sonderheft **31** (1934), 330.

[4] J. ECKELL: Z. Elektrochem. angew. physik. Chem. **38** (1932), 918; **39** (1933), 807, 855.

konstanten der festen Lösungen. Nun ist auch für diese Oxydationsreaktion die katalytisch wirkende Substanz das Eisenoxyd, da ja bekannt ist, daß Aluminiumoxyd vor allem bei den Temperaturen der Eckellschen Versuche (160 ÷ 250°) kein Oxydationskatalysator ist. Folglich ist bewiesen, daß die Zunahme der katalytischen Wirksamkeit (Abnahme der Aktivierungsenergie) von der Abänderung der Gitterkonstanten des *Eisenoxyds* durch Einführung von Aluminiumoxyd abhängt.

Block und Kobosew[1] haben die Zersetzung von *Wasserstoffperoxyd* mit Katalysatoren aus Eisen- und Aluminiumoxydmischungen untersucht. In diesem Fall findet man die maximale Wirksamkeit bei 2 Gewichtsprozent (etwa 3 Molprozent) Aluminiumoxyd. Auch hier ist Aluminiumoxyd selbst kein Katalysator des Peroxydzerfalls, während Eisenoxyd einer ist. Also wird dieser durch die Gegenwart des Aluminiumoxyds in fester Lösung verstärkt.

In diesen beiden Beispielen haben wir die verstärkende Wirkung des Aluminiumoxyds auf Eisenoxyd als Oxydationskatalysator gesehen. Es gibt aber auch katalytische Reaktionen, bei denen Eisenoxyd eine verstärkende Wirkung auf *Aluminiumoxyd* als hydratisierenden oder hydrolysierenden Katalysator hat.

Bei der Hydratisierung des Äthyläthers zu Alkohol bei 280 ÷ 350° wollen Koslow und Goluboskaja[2] beobachtet haben, daß unter Bedingungen, wo reines Aluminiumoxyd nur 27 % des Äthers hydratisiert, an einem Katalysator aus gleichen Teilen Fe_2O_3 und Al_2O_3 Ausbeuten oberhalb 58 % erhalten wurden.

Auch haben die russischen Autoren Schuikin und Balandin[3] die katalytische Wirkung von Mischungen Al_2O_3-Fe_2O_3 auf die Aminierung der Alkohole und die Alkylierung der aromatischen Amine studiert. Bei der ersten Reaktion (Aminierung der Alkohole) steigert der Eisenzusatz zum Aluminiumoxyd die katalytische Wirkung. Bei der anderen (Alkylierung von Aminen) tritt eine Verminderung der Wirkung ein, die jedoch zu einer gewissen Selektivität führt, weil sie in beträchtlich stärkerem Maße die Bildung von Polyalkylaminen unterdrückt.

In neuerer Zeit haben Heinemann, Wert und McCarter[4] bei der Untersuchung von dehydratisierenden und verschiedene Mengen von Fe_2O_3 enthaltenden Bauxiten die verstärkende Wirkung dieses Oxyds auf Aluminiumoxyd bestätigt, sowohl bei der Dehydratisierung von Alkohol als auch bei der Aminierung von Alkohol und der Reaktion zwischen Alkohol und Anilin. Sie haben (Tabelle 31) ein Optimum gefunden bei einem Eisenoxydgehalt, der je nach der betrachteten Reaktion zwischen 2 % und 6 % variierte.

In Anbetracht der reduzierenden Eigenschaften der Alkohole erscheint es wahrscheinlich, daß das Eisen(III)oxyd in diesen Versuchen zum mindesten teilweise zu Eisen(II)oxyd oder zu metallischem Eisen reduziert worden ist, so daß man nicht mit Sicherheit von festen Lösungen Fe_2O_3-Al_2O_3 sprechen kann. Das gleiche muß auch zu den Versuchen von Komori[5] gesagt werden, der Fettsäuren mit Katalysatoren aus innigen Mischungen von Fe_2O_3 und Al_2O_3 hydriert hat.

---

[1] O. Block, N. I. Kobosew: Acta physicochim. URSS **5** (1936), 417.

[2] N. Koslow, N. Goluboskaja: Chem. J. Ser. A, J. allg. Chem. **6** (1936), 1506.

[3] N. I. Schuikin, A. A. Balandin, Z. I. Plotkin: J. physic. Chem. **33** (1935), 1197; Chem. J. Ser. A, J. allg. Chem. **4** (1934), 1644. — N. I. Schuikin, A. A. Balandin, F. T. Dimow: J. physic. Chem. **33** (1935), 1207. — N. I. Schuikin, A. N. Birkowa, A. F. Iermilina: Chem. J. Ser. A, J. allg. Chem. **6** (1936), 774.

[4] H. Heinemann, R. W. Wert, W. S. W. McCarter: Ind. Engng. Chem. **41** (1949), 2928.

[5] S. Komori: J. Soc. chem. Ind. Japan, Suppl. **44** (1941), 740 B; **45** (1942), 79 B, 141 B.

Tabelle 31. *Dehydratationsreaktionen mit Bauxit, der Fe_2O_3 enthält.* (NACH HEINEMANN, WERT und CARTER.)

Katalysator	Dehydratation von Äthanol (Prozent Äther und Äthylen)	Butanol und Ammoniak (Prozent Amin)	Äthanol und Anilin (Prozent Alkylanilin)
Al_2O_3	—	36,0	23,3
Bauxit 0,76% Fe_2O_3	—	51,8	—
Bauxit 1,26% Fe_2O_3	74,3	—	32,3
Bauxit 2,73% Fe_2O_3	—	58,5	—
Bauxit 5,65% Fe_2O_3	75,9	49,1	87,2
Bauxit 18,60% Fe_2O_3	—	—	74,6

β) *System Fe_2O_3-Cr_2O_3.*

Mischungen von Eisenoxyd und Chromoxyd werden technisch bei der *Konversion des Kohlenoxyds* verwandt. Die aus ihnen hergestellten Katalysatormassen haben eine Lebensdauer von Jahren.

Besonders interessant sind die Studien von YOSHIMURA[1], der die durch Schmelzen erhaltenen festen Lösungen der Oxyde sowie die durch Entwässerung der gemeinsam gefällten Oxyde oder durch Verglühen der Nitrate erhaltenen untersucht hat. Die Schmelzprodukte sind am wenigsten wirksam; die der beiden anderen Methoden sind praktisch gleichwertig.

Die Mischung aus 50% Fe_2O_3 und 50% Cr_2O_3 hat eine größere Wirksamkeit, als die Mischungsregel voraussehen ließe, und ihre Alterungs- und Überhitzungsbeständigkeit ist viel größer als beim reinen Fe_2O_3.

Schon 5 ÷ 7 Molprozent Cr_2O_3 genügen, um eine beachtliche Verstärkung und Beständigkeit gegen Alterung auch noch bei 780° hervorzubringen, während reines Fe_2O_3 schon bei 700° an Wirksamkeit verliert.

Der Verfasser beobachtet, daß in den arbeitenden Katalysatoren das Fe_2O_3 sich bei 450° bis 500° in Magnetit umwandelt, und er schreibt die verstärkende Wirkung des Cr_2O_3 seiner feinen Verteilung zwischen den Körnern des Magnetits zu. Wenn man jedoch bedenkt, daß Chromoxyd mit Eisenoxyd einen *Spinell* $FeCr_2O_4$ geben kann, der mit Magnetit isomorph ist[2], so muß man dabei bleiben, daß das Auftreten von *Mischkristallen* zwischen Spinell und Magnetit nicht ausgeschlossen ist (wenn auch der Autor sie experimentell nicht aufgefunden hat) und daß die katalytische Verstärkung vielleicht zum Teil diesem zukommt. Es wäre interessant, Messungen der Aktivierungsenergie durchzuführen, die vollständig fehlen, sowie mit einem Präzisionsspektrographen die Gitterkonstanten zu bestimmen.

Was dagegen die Versuche von KOMORI[3] über die *Hydrierung* von Säuren zu Alkoholen mit Mischungen von Fe_2O_3 und Cr_2O_3 angeht, so ist festzuhalten, daß bei dem hohen Arbeitsdruck an Wasserstoff das Eisen(III)oxyd zum mindesten teilweise zu zweiwertigem Oxyd oder zu metallischem Eisen reduziert sein

[1] R. YOSHIMURA: J. Soc. chem. Ind. Japan, Suppl. **34** (1931), 193 B, 271 B, 484 B; **36** (1933), 14 B, 48 B, 282 B, 306 B; **37** (1934), 350 B. — R. YOSHIMURA, S. SUGIMOTO: J. Soc. chem. Ind. Japan, Suppl. **37** (1934), 182 B. — W. DOMINIK: Przemysł chem. **11** (1927), 557. — E. BOTOLFSEN: Arch. Math. Naturvidensk. (B) **41** (1939), Heft 2, Nr. 7.

[2] Auch die beiden Gitterkonstanten sind sehr ähnlich: Fe_3O_4: $a = 8{,}37$ Å; $FeCr_2O_4$: $a = 8{,}34$ Å.

[3] S. KOMORI: J. Soc. chem. Ind. Japan, Suppl. **43** (1940), 428 B; **44** (1941), 740 B.

muß, wie wir schon gelegentlich der entsprechenden Versuche mit den Mischungen Fe_2O_3-Al_2O_3 bemerkt haben.

Man muß dabei berücksichtigen, daß man es in allen jenen Fällen, in denen sich feste Lösungen mit dem Magnetit oder mit anderen Spinellen mit einem nicht streng stöchiometrischen Verhältnis zwischen Oxyden verschiedener Wertigkeit oder partiell reduzierten Produkten bilden, mit Kristallgittern zu tun hat, die einen Überschuß oder Unterschuß an Elektronen aufweisen und Halbleiter darstellen.

γ) *System Al_2O_3-Cr_2O_3.*

Die Mischungen von Aluminium- und Chromoxyd sind als Katalysatoren der *Dehydrierung — Aromatisierung* sowie der *Dehydratisierung* benutzt worden. Im ersten Falle ist das hauptsächlich katalytisch wirkende Agens das Chromoxyd, im zweiten das Aluminiumoxyd.

Diese Mischungen sind allerdings als Dehydratisierungskatalysatoren nur wenig benutzt worden und meistens mit widersprechenden Resultaten, wahrscheinlich wegen der Verschiedenheiten der studierten Reaktion und vielleicht auch der Kontaktherstellung. So hat Kearby[1] bei der Dehydratisierung von Äthanol in der Gasphase beobachtet, daß reines (gefälltes) Al_2O_3 eine 2,6mal größere Wirksamkeit hat als ein Mischkatalysator (90,6 % Al_2O_3 + 9,4 % Cr_2O_3). Andere Autoren aber haben bei komplizierteren Reaktionen die Mischkatalysatoren wirksamer gefunden als reines Aluminiumoxyd. Zum Beispiel beobachtete Rigamonti[2], daß bei der Bildung von Butadien aus Mischungen von Äthanol und Acetaldehyd das Aluminiumoxyd durch kleine Zugaben von Cr_2O_3 verstärkt wird. Giua[3] benutzt Mischungen von Aluminium- und Chromoxyd für die Darstellung von Kohlenwasserstoffen mit 6 oder 7 Kohlenstoffatomen aus Acetaldehyd, Butanol und Amylalkohol.

Kearby, Kistler und Swann[4] finden, daß auch für die *Aminierung* von Alkoholen und Ammoniak der Zusatz von Cr_2O_3 zum Al_2O_3 günstig ist. Er darf nur nicht zu groß sein, weil sonst die dehydrierende Wirkung des Cr_2O_3 überwiegt und Nitrile entstehen. Das Optimum liegt bei 10 ÷ 20 % Cr_2O_3.

Nach allem scheint es, als ob zur Erzielung einer einfachen Dehydratisierungswirkung der Zusatz von Cr_2O_3 den Katalysator verschlechtert, während es günstig wirkt, wenn man auch eine *Kondensation* erzielen will. Wahrscheinlich beruht das auf der dehydrierenden Wirkung des Chromoxyds, die geeignet ist, die Bindungen C-H labil zu machen und so die Kondensation zu begünstigen.

Im Gegensatz hierzu sind die Mischungen Al_2O_3-Cr_2O_3 als Katalysatoren der *Dehydrierung* und *Aromatisierung* häufig studiert und verwandt worden, vor allem wegen des praktischen Interesses, welches sie für die Aromatisierung oder Krackung der Kohlenwasserstoffe bieten. Die für solche Reaktionen verwandten Katalysatoren werden allerdings meistens durch Imprägnieren aktiven Aluminiumoxyds mit CrO_3 oder $Cr(NO_3)_3$ hergestellt, wobei das Aluminiumoxyd also eher als Träger wirkt. Es ist allerdings möglich, daß sich in der Kontaktzone zwischen beiden Oxyden Mischkristalle bilden in Anbetracht der hohen Arbeitstemperatur des Katalysators (500 ÷ 600°). Die Zunahme der Wirksamkeit, die man im Laufe der Zeit und besonders nach wiederholter Regenerierung häufig beobachtet, könnte dann auf diesen festen Lösungen beruhen.

---

[1] K. K. Kearby: Chem. Age **37** (1937), 427.

[2] R. Rigamonti: Chim. e Ind. **29** (1947), 178.

[3] M. Giua, L. Thuminger: Atti Reale Accad. Sci. Torino **61** (1926), 199. — M. Giua: Atti Reale Accad. Sci. Torino **64** (1929), 89.

[4] K. K. Kearby, S. S. Kistler, S. Swann, jr.: Ind. Engng. Chem. **30** (1938), 1082.

Wenn auch, wie schon gesagt und wie TAYLOR und Mitarbeiter[1] bestätigten, bei der Dehydrierung das hauptsächlich katalysierende Agens das Cr_2O_3 ist, so kann doch auch Al_2O_3 bei höherer Temperatur eine gewisse Wirksamkeit entfalten. Dies haben BURGIN, GROLL und ROBERTS[2] bei der Dehydrierung von Paraffinen beobachtet. Sie haben aber auch schon bemerkt, daß man einen besseren Katalysator erhält, wenn das Aluminiumoxyd mit Chromsäure getränkt und dann erhitzt wird.

Die mit diesen Katalysatoren durchgeführten Versuche sind zahlreich: Dehydrierung von Butan und Propan zu Butylen und Propylen[3], von Butylen zu Butadien[4], von Äthylbenzol zu Styrol[5], Aromatisierung von Aliphaten oder Cycloparaffinen[6] oder „Reforming" im allgemeinen[7]. Es sind auch Versuche über die Kondensation von Aromaten gemacht worden (z. B. Benzol zu Diphenyl[8]). In allen diesen Untersuchungen wurden manchmal Katalysatoren aus der Mitfällungsmethode verwandt, meistens aber wie gesagt solche, bei denen Cr_2O_3 auf Al_2O_3 niedergeschlagen wurde, und es wurden sehr wechselnde Wirksamkeiten gefunden. Niemals jedoch ist eine vergleichende Untersuchung der beiden Herstellungsmethoden ausgeführt worden. Ebenso gibt es keine genauen Daten über die beste Zusammensetzung. Man bemerkt aber immerhin, daß meistens chromarme Mischungen ($4 \div 30\%$) benutzt werden.

EISCHENS und SELWOOD[9] haben interessante magnetische Versuche gemacht, um die *Struktur* der durch Niederschlagen von Cr_2O_3 auf Al_2O_3 hergestellten Katalysatoren festzustellen. Ihre Resultate werden bei den Trägerkatalysatoren ausführlicher besprochen werden. Hier sei indessen bemerkt, daß SELWOOD für kleine Mengen Cr_2O_3 (bis zu 8 % an elementarem Chrom) eine sehr hohe magnetische Suszeptibilität gefunden hat, ähnlich derjenigen von „verdünnten" Chromverbindungen, das sind solche niedrigen Chromgehalts. Er meint, daß dies von einer starken Dispergierung des Chromoxyds über die Oberfläche des Aluminiumoxyds herkommt, und er berechnet sogar das Vorliegen von Kernen aus drei Molekelschichten von Chromoxyd. Wie schon gesagt, ist jedoch unsere Ansicht die, daß das Chromoxyd im Aluminiumoxyd zumindest teilweise in

---

[1] S. GOLDWASSER, H. S. TAYLOR: J. Amer. chem. Soc. **61** (1939), 1260. — J. TURKEVICH, H. FEHRER, H. S. TAYLOR: J. Amer. chem. Soc. **63** (1941), 1129. — D. J. SALLEY, H. FEHRER, H. S. TAYLOR: J. Amer. chem. Soc. **43** (1941), 1131. — H. FEHRER, H. S. TAYLOR: J. Amer. chem. Soc. **63** (1941), 1385, 1387.

[2] J. BURGIN, H. GROLL, R. M. ROBERTS: Nat. Petroleum News **30** (1938), 432.

[3] A. V. GROSSE, V. N. IPATIEFF: Ind. Engng. Chem. **32** (1940), 268. — C. H. RIESZ, T. L. PELICAN, V. I. KOMAREWSKY: Oil Gas J. **43,** No. 10 (1944), 105. — H. S. BLACK, R. E. SCHAAD: Ind. Engng. Chem. **38** (1946), 144.

[4] A. V. GROSSE, J. C. MORREL, J. M. MAVITY: Ind. Engng. Chem. **32** (1940), 309.

[5] J. M. MAVITY, E. E. ZETTERHOLM, G. HERVERT: Trans. Amer. Inst. chem. Engr. **41** (1945), 519; Ind. Engng. Chem. **38** (1946), 829.

[6] A. V. GROSSE, J. C. MORREL, W. J. MATTOX: Ind. Engng. Chem. **32** (1940), 528. — B. S. GREENSFELDER, D. L. FULLER: J. Amer. chem. Soc. **67** (1945), 2170. — A. V. GROSSE, J. M. MAVITY, W. J. MATTOX: Ind. Engng. Chem. **38** (1946), 1041. — R. D. OBOLANTESEV, Y. M. USOV: J. allg. Chem. URSS **16** (1946), 953. — B. S. GREENSFELDER, R. C. ARCHIBALD, D. L. FULLER: Chem. Engng. Progr. **43** (1947), 561. — S. S. NAMETKIN, M. I. KHOTIMSKAYA, L. M. ROZEMBERG: Bull. Acad. Sci. URSS **1947,** 795. — E. F. G. HERINGTON, E. K. RIDEAL: Proc. Roy. Soc. (London), Ser. A **190** (1947), 289, 309.

[7] R. C. ARCHIBALD, B. S. GREENSFELDER: Ind. Engng. Chem. **37** (1945), 356. — E. C. HUGES, M. M. STINE, S. M. DARLING: Ind. Engng. Chem. **41** (1949), 2185. — W. J. MATTOX: J. Amer. chem. Soc. **66** (1944), 2059.

[8] W. J. MATTOX, A. V. GROSSE: J. Amer. chem. Soc. **67** (1945), 84.

[9] R. P. EISCHENS, P. W. SELWOOD: J. Amer. chem. Soc. **69** (1947), 1590; **70** (1948), 2271.

fester Lösung vorliegen kann und daß der magnetisch beobachtete „Verdünnungseffekt" auf der Bildung solcher fester Lösungen beruht.

In der Praxis des „Reforming" bedecken sich diese Katalysatoren im Gebrauch mit kohligen Produkten, die von einer Krackung der Kohlenwasserstoffe kommen und die Wirksamkeit verringern. Man kann sie aber regenerieren, indem man einen Luftstrom durchleitet, der diese kohligen Stoffe verbrennt. Bei dieser Operation tritt indessen eine oberflächliche Oxydation des Cr_2O_3 zu CrO_3 ein. Nach MESLIANSKII und BURSIAN[1] hat diese Veränderung große Bedeutung. Je größer sie ist (innerhalb gewisser Grenzen), um so größer ist die Wirksamkeit des regenerierten Katalysators. Versuche der gleichen Autoren über die Wirksamkeit von erst oxydierten und dann reduzierten Katalysatoren führen zu der Ansicht, daß der aktivste Teil eines solchen Katalysators fein verteiltes Cr_2O_3 ist, das sich durch Reduktion von CrO_3 an der Oberfläche der Körner während der Phase der Dehydrierung der Kohlenwasserstoffe bildet.

Es sind auch Versuche mit Mischungen von Cr_2O_3 und Al_2O_3 unter Zusatz von anderen Oxyden gemacht worden, die nicht, wie diese zwei, in fester Lösung vorhanden sein können. Der wichtigste Zusatz ist Sb_2O_4, das z. B. bei der Umwandlung von Normalheptan in Toluol die aromatisierende Wirksamkeit erheblich verbessert[2]. Andere untersuchte Zusätze sind Cu und ZnO, die die dehydrierende Wirkung verbessern (Wechselverstärkung)[3].

Schließlich sind auch *ternäre Mischungen* Al_2O_3-Cr_2O_3-Fe_2O_3 für die Dehydrierung von Butylen zu Butadien erprobt worden[4]. Wie wir aber schon bei den festen Lösungen mit Fe_2O_3 bemerkt haben, wird Eisen(III)oxyd zu Magnetit und vielleicht sogar zu metallischem Eisen reduziert, und dann kann man nicht mehr von ternären festen Lösungen sprechen, sondern nur mehr von einem Katalysator Fe_3O_4-Cr_2O_3-Al_2O_3, der eventuell feste Lösungen von $FeCr_2O_4$-$FeAl_2O_4$-Fe_3O_4 enthält. Die beste Wirksamkeit liegt bei einer Zusammensetzung von 15% Fe_3O_4, 80% Cr_2O_3, 5% Al_2O_3.

δ) *System Al_2O_3-V_2O_3.*

Die Katalysatoren aus Aluminium- und Vanadiumoxyd sind sowohl bei der Dehydrierung wie bei der Hydrierung untersucht worden. Das wirkende Agens ist V_2O_3. Sie werden meistens so dargestellt, daß Aluminiumvanadat und -hydroxyd zusammen ausgefällt werden, und sollten daher das Vanadium im fünfwertigen Zustand enthalten. In Wirklichkeit geht aber während der Hydrierung oder Dehydrierung V_2O_5 in V_2O_3 über, was KOMAREWSKY und COLEY[5] röntgenographisch beobachtet haben, und der Katalysator wird um so aktiver, je weiter dieser Übergang fortschreitet (s. a. LIUBARSKI und KAGAN[6] und DOYAL und BROWN[7]).

Als Hydrierungskatalysatoren sind diese Mischungen allerdings wenig brauchbar, weil sie nur bei so hohen Temperaturen arbeiten (300÷400°), daß die

---

[1] G. N. MESLIANSKII, N. R. BURSIAN: J. allg. Chem. URSS **17** (1947), 208.

[2] F. E. FISCHER, H. C. WATTS, G. E. HARRIS, C. M. MOLLENBECK: Ind. Engng. Chem. **38** (1946), 61.

[3] J. C. GHOSH, A. N. ROY: Current Sci. (India) **14** (1945), 156; Proc. nat. Inst. Sci. India **12** (1946), 97. — J. C. GHOSH, S. R. GUHA, A. N. ROY: Petroleum **10** (1947), 236. — S. L. LELTSCHUK: Ber. Akad. Wiss. UdSSR **52** (1947), 933.

[4] J. C. GHOSH, C. D. SRINIVASAN, A. N. ROY: Current Sci. **14** (1945), 301. — J. C. GHOSH, S. R. GUHA, A. N. ROY: Petroleum **10** (1947), 236.

[5] V. I. KOMAREWSKY, L. B. BOS, J. R. COLEY: J. Amer. chem. Soc. **70** (1948), 428. — V. I. KOMAREWSKY, J. R. COLEY: J. Amer. chem. Soc. **70** (1948), 4163.

[6] G. D. LIUBARSKI, M. Y. KAGAN: C. R. Acad. Sci. URSS **29** (1940), 575.

[7] H. A. DOYAL, O. W. BROWN: J. physic. Chem. **36** (1932), 1549.

Gleichgewichtsbedingungen der eigentlichen Hydrierung ungünstig liegen und andere Reaktionen, oft auch hydrierende Spaltungen, statthaben[1].

Besonders wichtig ist die Benutzung solcher Katalysatoren für die Cyclisierung und Aromatisierung von Kohlenwasserstoffen. Nach BRIGGS und TAYLOR[2] gibt ein Zusatz von V_2O_3 zum Aluminiumoxyd dem Kontakt nicht nur dehydrierende und cyclisierende Eigenschaften, sondern er beseitigt auch die krackende Wirkung des Aluminiumoxyds. Der beste Katalysator soll 15 Gewichtsprozent V_2O_3 enthalten.

Ein durch gleichzeitige Fällung von V_2O_5 und Al_2O_3 erhaltener Katalysator war besonders am Anfang beträchtlich aktiver und hatte eine längere Lebensdauer als ein solcher, bei dem V_2O_5 auf Al_2O_3 niedergeschlagen war. Ferner haben TAYLOR und BRIGGS beim Vergleich der Katalysatoren V_2O_5-Al_2O_3 und Cr_2O_3-Al_2O_3 festgestellt, daß die ersteren den letzteren dadurch überlegen sind, daß sie größere Mengen aromatischer Kohlenwasserstoffe bilden.

Nach PLATE und Mitarbeitern[3] sollen die dehydrierenden, cyclisierenden und auch krackenden Eigenschaften solcher Katalysatoren mit der scheinbaren Aktivierungsenergie der verschiedenen Reaktionen verknüpft sein. Während diese für Dehydrierungen und Cyclisierungen unter 50 kcal bleibt, steigt sie auf 56,4 kcal für die Bildung von Kohlenstoff und auf 60,8 kcal für die Bildung von Methan.

ε) *System* Cr_2O_3-V_2O_3.

Das System Chromoxyd-Vanadiumoxyd wurde von TAYLOR und YEDDANAPALLI[4] an der Reaktion der Dehydrierung von Cyclohexan zu Benzol studiert. Von den beiden reinen Stoffen hat Cr_2O_3 eine beträchtliche Wirksamkeit, während die des V_2O_3 erheblich geringer ist. Die Mischungen liegen in ihrer Wirksamkeit zwischen den Komponenten, die Aktivierungsenergie aber hält sich überall in der Größenordnung derjenigen des Cr_2O_3 (24 kcal/Mol). Wir können in einem solchen Fall das Vorliegen einer wirklichen Verstärkung nicht anerkennen.

ζ) *System* Fe_2O_3-Co_2O_3

Die Mischung der Oxyde dreiwertigen Eisens und Kobalts ist von ENGELDER und BLUMER[5] an der Oxydation von Kohlenoxyd mit Luft geprüft worden, und unter allen binären Mischungen zwischen den Oxyden Fe_2O_3, Co_2O_3, NiO, MnO_2 und V_2O_5 hat sie sich, insbesondere bei tiefen Temperaturen (unterhalb 100°), als die wirksamste erwiesen (s. Tabelle 32). Wie schon gesagt, ist das Kobalt(III)oxyd wahrscheinlich mit Eisen(III)oxyd isomorph, obgleich sichere Daten fehlen. Andererseits ist Eisen(III)oxyd, wie wir schon bei den Katalysatoren Fe_2O_3-Cr_2O_3 gesehen haben, imstande, in einer teilweise reduzierenden Atmosphäre in Magnetit Fe_3O_4 überzugehen, und dasselbe muß auch für das Kobaltoxyd gelten, da ja Co_3O_4 noch viel stabiler ist als das Co_2O_3[6]. Demnach enthält der Katalysator von ENGELDER und BLUMER wahrscheinlich eine feste Lösung zwischen Fe_3O_4 ($a = 8{,}37$ Å) und Co_3O_4 ($a = 8{,}02$ Å).

Es ist jedenfalls interessant zu beobachten, daß Fe_2O_3 bei tiefer Temperatur (0°)

---

[1] V. I. KOMAREWSKY, C. F. PRICE, R. COLEY: J. Amer. chem Soc. **69** (1947), 238.

[2] R. A. BRIGGS, H. S. TAYLOR: J. Amer. chem. Soc. **63** (1941), 2500.

[3] A. F. PLATE, G. A. TARASOVA: J. allg. Chem. URSS **13** (1943), 21, 46, 202; **15** (1945), 120. — A. F. PLATE: J. allg. Chem. URSS **15** (1945), 156.

[4] H. S. TAYLOR, L. M. YEDDANAPALLI: Bull. Soc. chim. Belgique **47** (1938), 162.

[5] C. I. ENGELDER, M. BLUMER: J. physic. Chem. **36** (1931), 1353.

[6] G. NATTA, M. STRADA: Gazz. chim. ital. **58** (1928), 419.

keine katalytische Wirkung aufweist, aber schon durch Zusatz von nur 30 % Co_2O_3 soweit aktiviert wird, daß es die in diesem binären System maximale Wirksamkeit erreicht. Allerdings äußert sich diese aktivierende Wirkung in anderen Reaktionen, wie der Oxydation des Methans, nach YANT und HAWK[1] nicht.

Tabelle 32. *Oxydation von CO mit Luft an Katalysatoren* Co_2O_3—Fe_2O_3. (Nach ENGELDER und BLUMER.)

Katalysator Prozent Co_2O_3	Katalysator Prozent Fe_2O_3	Prozent Oxydation bei der Temperatur von: 300°	200°	100°	50°	0°
0	100	100	100	26,8	0	—
10	90	100	89	16,2	0	—
30	70	100	94	94	94	95
50	50	100	95	100	100	85
70	30	100	100	100	100	89
90	10	100	100	100	100	—
100	0	89	76	78	78	—

c) Oxyde vierwertiger Metalle.

Auch die vierwertigen Oxyde bilden zwei isomorphe Reihen, von denen die eine tetragonal und die andere kubisch ist. Nur die Mischungen CeO_2-ThO_2, CeO_2-ZrO_2 und CeO_2-HfO_2 sind vom Strukturstandpunkt aus untersucht worden[2]. Die erstgenannte zeigt lückenlose Mischbarkeit, die beiden anderen weisen eine partielle auf (Tabelle 33).

Diese Oxyde sind aber nur selten in *Mischungen* verwendet worden. Der interessanteste Fall ist die Mischung von ThO_2 mit kleinen Zusätzen von CeO_2 bei der Oxydation von Wasserstoff und Kohlenmonoxyd. Nach SWAN[3] und GOGGS[4] soll in beiden Fällen das Wirkungsmaximum bei einem Gehalt von 0,96 % CeO_2 liegen. RIENÄCKER, BIRCKENSTAEDT und BURMANN[5], die das ganze

Tabelle 33. *Gitterkonstanten vierwertiger Oxyde in* Å.

Tetragonale Oxyde	*a*	*c*	Tetragonale Oxyde	*a*	*c*	Kubische Oxyde	*a*
NbO_2	4,77	2,96	RuO_2	4,51	3,11	CeO_2	5,41
IrO_2	4,48	3,14	SnO_2	4,72	3,16	HfO_2	5,11
MnO_2	4,44	2,89	TeO_2	4,79	3,77	PrO_2	5,36
MoO_2	4,86	2,79	TiO_2	4,58	2,98	ThO_2	5,59
OsO_2	4,51	3,19	VO_2	4,54	2,88	UO_2	5,47
PbO_2	4,97	3,40				ZrO_2	5,07

[1] W. P. YANT, O. HAWK: J. Amer. chem. Soc. **49** (1927), 1454.
[2] L. PASSERINI: Gazz. chim. ital. **60** (1930), 762; **62** (1932), 85.
[3] R. L. SWAN: J. chem. Soc. (London) **125** (1924), 780.
[4] A. B. GOGGS: J. chem. Soc. (London) **1928**, 2667.
[5] G. RIENÄCKER, M. BIRCKENSTAEDT, R. BURMANN: Z. anorg. allg. Chem. **262** (1950), 81.

System durchgemessen haben, finden ein *Wirkungsmaximum* bei etwas verschiedenen Zusammensetzungen. An der Stelle dieses Maximums tritt ein recht deutliches Minimum der Aktivierungsenergie auf (Abb. 32). Für die Verbrennung von Wasserstoff soll jedoch noch ein zweites Minimum der Aktivierungsenergie bei einem Gehalt von ungefähr 5% CeO_2 auftreten.

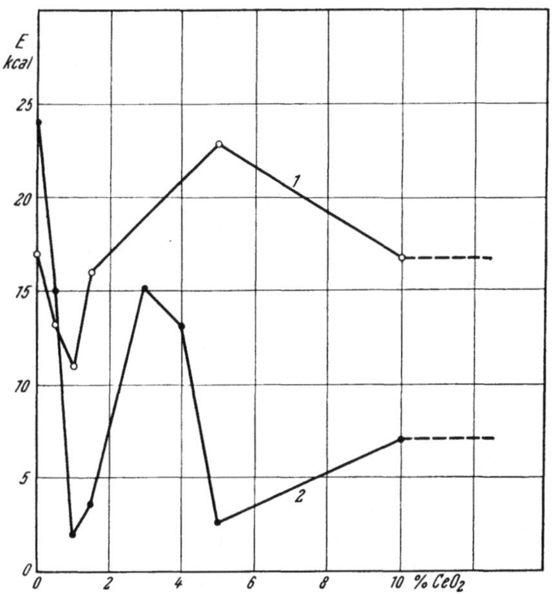

Abb. 32. Aktivierungsenergie der CO- und H_2-Oxydation an Mischungen ThO_2–CeO_2. (Nach RIENÄCKER.) Kurve *1* = CO, Kurve *2* = H_2.

Es ist nun interessant, daß die Zusammensetzung des katalytischen Wirkungsmaximums auch dem Optimum der *Leuchtintensität* bei der Benutzung dieser Mischungen im *Auerstrumpf* entspricht. Nach SWAN kann die Wirkung des CeO_2 die eines Sauerstoffträgers sein, oder auch auf einer Erhöhung der Elektronenemission des ThO_2 mit nachfolgender Ionisierung des Gases beruhen.

d) Feste Lösungen zwischen sonstigen Verbindungen.

Über die festen Lösungen zwischen Metallen, zwischen zweiwertigen und zwischen dreiwertigen Oxyden haben wir uns ausführlich verbreitet, weil sie das am eingehendsten studierte Gebiet darstellen.

Unter den sonstigen Oxyden sind vor allem die vom Typus der *Spinelle* $Me^{II} Me^{III}_2O_4$ (Fe_3O_4, Co_3O_4, $FeAl_2O_4$ usw.) zu erwähnen, die eine reiche Serie isomorpher Verbindungen darstellen. Abgesehen jedoch von den bei den dreiwertigen Oxyden Fe_2O_3-Cr_2O_3 und Fe_2O_3-Co_2O_3 schon erwähnten Fällen kennt man keine Anwendung fester Lösungen zwischen Spinellen als Katalysatoren.

Vielleicht kann die Beobachtung von ZVORYKIN und PERELMAN[1] hierher gehören, wonach die Zersetzung von Hydroperoxyd durch Ni_3O_4 und ein höheres Kobaltoxyd in einer Mischung mit 20 Atomprozent Nickel rascher verläuft als an den Reinoxyden. Die Tatsache, daß das Oxyd Co_2O_3 wenig stabil ist, läßt vermuten, daß das erwähnte Kobaltoxyd vorwiegend aus Co_3O_4 bestand und daher wahrscheinlich in einer festen Lösung Ni_3O_4-Co_3O_4 vorlag. Ebenso ist es ziemlich wahrscheinlich, daß feste Lösungen auch in der Mischung Nb_2O_5-Ta_2O_5 sich bilden, die an verschiedenen Reaktionen von BALANDIN und EGOROVA[2] erprobt wurde, wenn auch die Gitterstrukturen dieser beiden Oxyde unbekannt sind.

Was die anderen Verbindungsklassen und speziell die Metallsalze angeht, so ist vorauszusehen, daß unter einigen von ihnen Verstärkungen durch Ein-

[1] A. YA. ZVORYKIN, F. M. PERELMAN: J. physic. Chem. URSS **20** (1946), 1095.
[2] A. A. BALANDIN, N. P. EGOROVA: Ber. Akad. Wiss. UdSSR **56** (1947), 235.

tritt in feste Lösungen erhalten werden können, wenn auch bis heute noch wenig systematische Arbeit zum Beweise dessen geleistet worden ist.

Der einzige sichere Fall ist die von SCHWAB und KARATZAS[1] untersuchte Abspaltung von Chlorwasserstoff aus Äthylchlorid an festen Lösungen von $BaCl_2$ und $PbCl_2$, wo, wie wir auf S. 451 sahen, eine synergetische Verstärkung stattfindet.

Ein anderer studierter Fall ist die Mischung $AlCl_3$-$FeCl_3$ bei der FRIEDEL-CRAFTS-Synthese. Die gegenseitige Löslichkeit der beiden Chloride ist noch nicht röntgenographisch untersucht worden. Da sie aber identische Struktur und nahezu gleiche Gitterkonstanten haben, darf man vermuten, daß sie ineinander vollständig löslich sind. Die äquimolekulare Mischung hat eine Wirksamkeit, die größer ist, als die halbe Summe der Wirksamkeiten der Einzelsalze[2]. Es scheint jedoch, daß diese Wirkungserhöhung nicht bei allen FRIEDEL-CRAFTSschen Reaktionen auftritt.

Andererseits üben die Halogenide von Eisen und Aluminium ihre katalytische Wirkung nur in Gegenwart von Halogenwasserstoffsäuren oder Alkylhalogeniden (oder Feuchtigkeitsspuren) aus, und daher ist der Mechanismus der Katalyse ziemlich kompliziert und zuweilen mit einer chemischen Verbindung der durch HCl oder H_2O aktivierten Halogenide mit den Olefinen oder Aromaten verknüpft. Nur in den Fällen, in denen keine Auflösung des FRIEDEL-CRAFTS-Kontaktes im reagierenden Mittel stattfindet, kann die Bildung von festen Lösungen eine Wirkung auf die Wirksamkeit des oberflächlich aktivierten Kontaktes besitzen.

3. Chemische Verbindungen.

Es gibt katalytisch wirksame Stoffe, die sich bei Vermischung miteinander verbinden und Verbindungen liefern, die manchmal katalytisch wirksamer sind als die einzelnen Komponenten. Der Fall, wo eine der Komponenten in dem Katalysator zu einem kleineren Bruchteil vorhanden ist, als notwendig ist, um völlig mit der anderen Komponente verbunden zu werden, gehört in das nachfolgende Kapitel über heterogene Mischkontakte.

Wenn jedoch das Verhältnis der Bestandteile genau dem der Verbindung entspricht und sie sich völlig im verbundenen Zustand befinden, dann kann ein chemisch homogener Katalysator vorliegen. Eine solche bestimmte Verbindung können wir als einen „Einstoffkontakt" bezeichnen.

Wir haben jedoch schon bemerkt, daß man bei *Verbindungen*, die sich unter kleinen Variationen der freien Energie bilden, von *Mischkontakten* sprechen kann. Gemeint sind z. B. salzartige Verbindungen, wie Spinelle, intermetallische Verbindungen, die nur im festen Zustand existieren, Doppelsalze usw.

Es gibt auch Fälle von einfachen Salzen, die als Mischkontakte betrachtet werden können: Salze, in denen die katalytische Wirkung nur von dem basischen Anteil (Oxyd) oder nur von dem sauren (Anhydrid) ausgeübt wird und der andere Teil des Moleküls als Verstärker auftritt, wie z. B. gewisse Phosphate oder Sulfate, die als dehydratisierende Katalysatoren benutzt werden. Häufiger handelt es sich um Fälle von Wechselverstärkung, wo sowohl der basische als auch der saure Molekelteil im gleichen Sinne katalytisch wirksam sind. Ein

---

[1] G.-M. SCHWAB, A. KARATZAS: J. physic. Colloid Chem. **52** (1948), 1053.

[2] W. GALLAY, G. S. WHITBY: Canad. J. Res. **2** (1930), 31. — W. RIDDEL, C. R. NOLLER: J. Amer. chem. Soc. **52** (1930), 4365; **54** (1932), 290. — L. F. MARTIN, P. PIZZOLATO, L. S. McWATERS: J. Amer. chem. Soc. **57** (1935), 2584.

typisches Beispiel liegt im leicht hydrolysierbaren Aluminiumsulfat und -phosphat vor, die dehydratisierend wirken.

In manchen Fällen findet man, daß basischer und saurer Bestandteil einer Verbindung keine analoge katalytische Wirkung besitzen und ihre Vereinigung dazu führt, daß die Wirkung der einen Komponente die der anderen überwiegt. So zersetzt sich Äthylalkohol an Manganoxyd vorwiegend in Aldehyd und Wasserstoff, während er an Manganphosphat Äthylen und Wasser gibt[1].

Eigentlich sind Katalysatoren dieser Art nur wenig studiert und auch selten angewandt worden. Wahrscheinlich kommt das davon, daß viele solcher Verbindungen wenig aktiv sind, weil man sie schwer in poröser und oberflächenreicher Form gewinnen kann. Sie würden jedoch ein gründlicheres Studium verdienen, weil sie wahrscheinlich trotz ihrer manchmal mäßigen Wirksamkeit Verstärkungserscheinungen zeigen. Wir haben schon auf S. 451 gesehen, daß SCHWAB und KARATZAS[2] bei der Halogenwasserstoff-Abspaltung aus Äthylchlorid an der Verbindung $BaMnCl_4$ gefunden haben, daß im Vergleich mit den beiden Einzelchloriden $BaCl_2$ und $MnCl_2$ eine synergetische Verstärkung vorliegt.

Es gibt jedoch vier Verbindungsklassen, die hinreichend untersucht sind: die Molybdate, die Chromite, die Aluminiumsilikate (Tone) und die Ionenaustauschharze.

In diesem Kapitel werden die Verbindungen, die sich bei den Katalysatoren vom Typ FRIEDEL-CRAFTS bilden, nicht behandelt (z. B. aus Metallhalogeniden und Halogenwasserstoffsäuren). Es handelt sich in diesen Fällen um Reaktionen, die nach ionischem Mechanismus ablaufen und bei denen bestimmte Ionentypen vorliegen, die sich im Verlaufe der Reaktion bilden und regenerieren und die als Katalysatoren wirken. Derartige Katalysatoren, speziell was den häufigen Fall der im reagierenden Medium löslichen Ionen betrifft, unterscheiden sich von den Katalysatortypen, die in dieser Abhandlung, die lediglich feste Katalysatoren berücksichtigt, betrachtet werden.

a) Molybdate.

Die Molybdate besitzen als selektive Oxydationskatalysatoren ein erhebliches praktisches Interesse[3].

Basische Eisenmolybdate haben eine außergewöhnliche Selektivität und erlauben, das Methanol fast quantitativ und mit mehr als 90% Ausbeute zu Formaldehyd zu oxydieren.

Es ist notwendig, mit einem Überschuß an Luft zu arbeiten und den Methanolgehalt des Methanol-Luft-Gemisches unter 7 Volumprozent in der Gasphase zu halten, um unterhalb der Explosionsgrenze zu bleiben.

Die verwandten Katalysatoren werden durch Fällung von Ammoniummolybdaten mit Eisensalzen erhalten.

Es ist interessant, zu beobachten, daß das Oxyd des Molybdäns wie auch die anderen Oxyde allein keine selektive katalytische Wirkung bei der Oxydation des Methanols unterhalb 300° C besitzen. Nur wenn gewisse Oxyde mit dem Oxyd des Molybdäns unter Bildung eines basischen Molybdats kombiniert werden, treten diese überraschenden katalytischen Eigenschaften auf.

---

[1] A. T. WILLIAMSSON, H. S. TAYLOR: J. Amer. chem. Soc. **53** (1931), 3270.

[2] G.-M. SCHWAB, A. KARATZAS: J. physic. Colloid Chem. **52** (1948), 1053.

[3] Bakelite Corp., Canad. Pat. 323665 (1932), 367698 (1937), Du Pont de Nemours, Canad. Pat. 462364 (1950).

b) Chromite.

Über die Chromite der zweiwertigen Metalle ist eine gewisse Zahl von Arbeiten durchgeführt worden. Meistens werden sie durch Zersetzung der Doppelchromate von Ammonium und dem zweiwertigen Metall dargestellt. Die Doppelchromate erhält man durch Fällung aus einem Salz des zweiwertigen Metalls mit Alkalichromat in ammoniakalischer Lösung. Zum Beispiel erhält man so das Kupferammoniumchromat, das sich dann nach folgender Reaktion zersetzt:

$$[Cu\,(NH_3)_2]\,(NH_4)_2\,(CrO_4)_2 = CuO\cdot Cr_2O_3 + N_2 + 2\,NH_3 + 4\,H_2O.$$

Das erhaltene Produkt ist röntgenamorph, aber gewöhnlich zeigen die chemischen Reaktionen, insbesondere die Größe der Löslichkeit in Säure oder Ammoniak, daß nicht eine Oxydmischung vorliegt, sondern eine echte chemische Verbindung.

Solche Chromite werden häufig für Hydrierungen verwendet, z. B. die des Kupfers, Nickels, Kobalts usw. Allerdings findet in solchen Fällen, wie wir später beim Kupferchromit besprechen werden (S. 569), eine zumindest partielle Reduktion des zweiwertigen Oxyds zum Metall statt, so daß man nicht mehr von einem reinen Chromit sprechen kann.

Demgegenüber soll jetzt die Verwendung solcher Verbindungen als Katalysatoren für *Oxydationsreaktionen*, insbesondere des Kohlenoxyds, besprochen werden. Solche Versuche sind von verschiedenen Forschern durchgeführt worden. Wir nennen: LORY[1], LOCKWOOD und FRAZER[2], FRAZER und ALBERT[3], LADISCH und FRAZER[4], LADISCH und SIMON[5]. Meistens haben die Autoren ihre Katalysatoren bei verschiedenen Temperaturen hergestellt und unter verschiedenen Katalysebedingungen gearbeitet, jedoch scheint es, daß Kupferchromit einer der besten Katalysatoren ist. LOCKWOOD und FRAZER[2] haben auch noch andere Spinelle, nämlich Kobaltite, Ferrite und Aluminate untersucht.

c) Aluminiumsilikate.

Wie bekannt, bestehen Kaolin und Bentonit aus hydratisierten Aluminiumsilikaten. Sie zeigen starke dehydratisierende Wirkung, besonders wenn sie vorher bei 400÷500° calciniert wurden. Ihre Wirksamkeit wurde schon 1795 von DEIMANN[6] und seinen Mitarbeitern am Äthylalkohol beobachtet, und später von SENDERENS[7] gründlich studiert. Natürlich kann die Wirksamkeit stark von der Temperatur der vorherigen Entwässerung abhängen, wenn auch dieser Faktor noch nicht genau studiert worden ist. TUROVA-POLLAK und ZIMINOVA[8] fanden z. B., daß ein durch Erwärmen mit verdünnter Schwefelsäure aktivierter Bentonit die maximale Wirksamkeit für die Dehydratisierung von Amylalkohol dann zeigte, wenn er bei 450° entwässert wurde. Weil jedoch solche Katalysatoren auch noch während des Gebrauches sich weiter entwässern oder auch wieder aufwässern können und außerdem sich im Verlauf der Katalyse meistens mit kohligen Niederschlägen bedecken, die die Wirksamkeit herabsetzen, so können Untersuchungen über diesen Punkt nur schwer zu Ergebnissen führen, die mit Sicherheit zu deuten sind.

---

[1] E. C. LORY: J. physic. Chem. **37** (1933), 685.
[2] W. H. LOCKWOOD, J. C. W. FRAZER: J. physic. Chem. **38** (1934), 735.
[3] J. C. W. FRAZER, C. G. ALBERT: J. physic. Chem. **40** (1936), 101.
[4] R. LADISCH, J. C. W. FRAZER: J. Amer. chem. Soc. **62** (1940), 3222.
[5] R. LADISCH, A. SIMON: Z. anorg. allg. Chem. **248** (1941), 137.
[6] J. R. DEIMANN, VAN TROOSTWYK, BONDT, LOUWRENBOURGH: Crell's Chem. Ann. (2) **312** (1795), 438.
[7] J. B. SENDERENS: Bull. Soc. chim. France (4) **3** (1908), 633.
[8] M. B. TUROVA-POLLAK, N. I. ZIMINOVA: J. Chim. appl. URSS **19** (1946), 953.

Außer der dehydratisierenden Wirkung beobachtet man am Kaolin und noch mehr am Bentonit auch eine gewisse polymerisierende Wirkung, wenn man sie ohne vorhergehende Calcinierung anwendet. Das Aluminium- und das Siliciumoxyd, aus denen diese Verbindungen bestehen, haben nämlich außer der dehydratisierenden auch eine gewisse kondensierende Wirkung. Diese Wirkung ist jedoch ganz besonders und gegenüber den reinen Stoffen stark erhöht an *Bleicherden* zu beobachten (Gerbererde, Floridaerde, saure Japanerde usw.), die im allgemeinen aus sauren Aluminiumsilikaten vom Typus des Montmorillonits ($Al_2O_3 \cdot 4SiO_2 \cdot H_2O + m\ H_2O$) und Halloysits ($Al_2O_3 \cdot 2SiO_2$, 2-4 H_2O) bestehen. Diese Mineralien selbst haben allerdings nur beschränkte dehydratisierende Wirkung[1].

Die kondensierende Wirkung ist schon 1912 von GURWITSCH[2] beobachtet und dann von vielen Autoren[3] studiert worden.

Außerdem zeigen manchmal die Bleicherden eine isomerisierende[4] und besondere kondensierende Wirkung[5]. Es ist besonders interessant zu beobachten, daß von Verbindungen nahezu gleicher chemischer Zusammensetzung, wie Kaolin und Bentonit, die eine eine ausgeprägte dehydratisierende und die andere hinwiederum eine stärkere kondensierende Wirkung hat. Es ist zu betonen, daß von den Komponenten SiO_2 und Al_2O_3 das Aluminiumoxyd stärker dehydratisiert als die Kieselsäure, während diese stärker kondensiert.

Dies steht wahrscheinlich in Beziehung mit der verschiedenartigen *Gitterstruktur* der beiden Stoffklassen. Abb. 33 stellt die Struktur der beiden Grundverbindungen dar; Kaolinit als Grundlage des Kaolins und Montmorillonit als Grundverbindung des Bentonits und der Bleicherden. Das Gitter dieser Verbindungen besteht aus Schichten, von denen jede Ebenen aus Tetraedern SiO_4^{4-} und Ebenen aus Oktaedern $AlO_n(OH)_{6-n}^{n-}$ enthält. Je nachdem, ob sich an der Außenseite der Schichten Siliciumebenen oder Aluminiumebenen befinden, wird die kondensierende oder die dehydratisierende Wirkung überwiegen. So ist z. B. im Kaolinit eine Seite der Schicht von Kieselsäure-Charakter und die andere Seite von Aluminiumoxyd-Charakter. Vor dem Gebrauch wird der Kaolin einer Erwärmung auf $400 \div 500°$ unterworfen, um die katalytische Wirksamkeit zu steigern. Hierbei verliert die Aluminiumoxydschicht das als Hydroxyd gebundene Wasser und verwandelt sich so in ein sehr aktives Aluminiumoxyd, das nun vorwiegend eine dehydratisierende katalytische Wirkung entfaltet. Dieser Katalysator wirkt nur in entwässerter Form.

Im Fall des Montmorillonits hingegen bestehen die Schichten aus zwei

---

[1] T. HANYU, T. YANAGIBASHI: J. Soc. chem. Ind. Japan, Suppl. **37** (1934), 538 B.

[2] L. GURWITSCH: Kolloid-Z. **11** (1912), 17.

[3] F. H. GAYER: Ind. Engng. Chem. **25** (1933), 1122. — S. W. LEBEDEW, G. G. KOBLIANSKY: Ber. dtsch. chem. Ges. **63** (1930), 1432. — S. W. LEBEDEW, J. A. BORGMANN: Chem. J. Ser. A, J. allg. Chem. **5** (1935), 67. — S. W. LEBEDEW, I. WINOGRADOW WOLSHINSKI: J. russ. physik.-chem. Ges. **60** (1928), 441. — S. W. LEBEDEW, S. M. ORLOW: Chem. J. Ser. A, J. allg. Chem. **5** (1935), 65. — S. W. LEBEDEW, I. A. LIWSCHITZ: Chem. J. Ser. A, J. allg. Chem. **4** (1934), 13. — J. M. SLOBODIN: Chem. J. Ser. B, J. appl. Chem. **8** (1935), 35. — L. GUCHMANN, A. DEGTJERJEWA, A. NEGIJEW: Petroleum-Ind. Aserbaidshan **15** (1935), 60.

[4] L. GURWITSCH: Z. physik. Chem. **107** (1923), 235. — S. W. LEBEDEW, J. M. SLOBODIN: Chem. J. Ser. A, J. allg. Chem. **4** (1934), 23. — J. M. SLOBODIN: Chem. J. Ser. A, J. allg. Chem. **4** (1934), 778. — T. KUWATA: J. Soc. chem. Ind. Japan, Suppl. **32** (1929), 372 B. — H. INONE: Bull. chem. Soc. Japan **1** (1926), 157.

[5] K. KOBAYASI, J. ABE: J. Soc. chem. Ind. Japan, Suppl. **36** (1933), 42 B. — T. KUWATA: J. Soc. chem. Ind. Japan, Suppl. **38** (1935), 505 B. — H. INONE, K. ISHIMURA: Bull. chem. Soc. Japan **9** (1934), 431. — K. ISHIMURA: Bull. chem. Soc. Japan **9** (1934), 493, 521.

tetraedrischen Kieselsäureebenen, die eine oktaedrische Aluminiumoxydebene einschließen. Die letztere kommt also mit den reagierenden Stoffen gar nicht in direkte Berührung und kann auch keine katalytische Wirkung haben, so daß

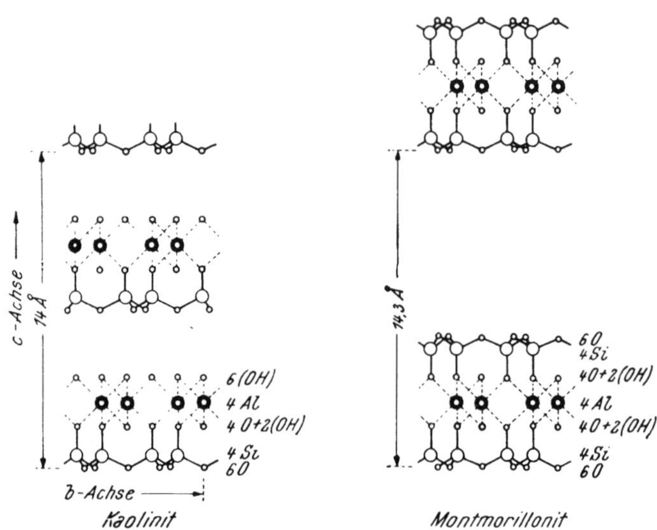

Abb. 33. Schematische Darstellung der Kristallstrukturen von Kaolinit und Montmorillonit.

diese hauptsächlich den anderen Ebenen zukommt. Ein solcher Katalysator ist also im wesentlichen von kondensierender Wirkung.

Es ist indessen auch der sehr wichtige Faktor der *Beimengungen* zu beachten, die diese Stoffe begleiten und ganz besonderen Einfluß auf ihre katalytischen Eigenschaften haben. INONE und ISHIMURA[1] haben nämlich in ihren interessanten Versuchen über die Umwandlung von Naphthalin in β-β'-Dinaphthyl an saurer Japanerde beobachtet, daß die katalytische Wirkung bei Zunahme des Verhältnisses $Al_2O_3 : SiO_2$ ansteigt und bei Zunahme des Verhältnisses $CaO : SiO_2$ und $K_2O : SiO_2$ abfällt, während die Verhältnisse Glühverlust : SiO_2, $Fe_2O_3 : SiO_2$ und $MgO : SiO_2$ ohne Einfluß sind. Das Studium künstlicher Mischungen von Kieselsäure- und Aluminiumoxyd ergibt ein Maximum an katalytischer Wirkung bei der Zusammensetzung 35% Al_2O_3 + 65% SiO_2 ($Al_2O_3 \cdot 3SiO_2$). Dies zeigt die Bedeutung des Aluminium-Siliciumverhältnisses in der sauren Erde. Wenn man der Japanerde, die kolloidale Kieselsäure enthält, kolloidales Aluminiumoxyd zusetzt, so bekommt man tatsächlich eine Zunahme der katalytischen Wirkung, während ein Zusatz von kolloidaler Kieselsäure die Wirksamkeit herabsetzt. Ein Zusatz von Hydroxyden der Alkalien oder Erdalkalien vergiftet den Katalysator so stark, daß schon mit 5% NaOH keinerlei Dinaphthylbildung mehr eintritt. Der Einfluß von KOH ist noch stärker. Eine Behandlung mit Salzsäure stellt jedoch die anfängliche Wirksamkeit wieder her. Bei Versuchen mit Bentonit, Kaolin, zwei Proben von Ton, Diatomeenerde und Bauxit fanden die Autoren ganz die gleichen Resultate für das Verhältnis von Silicium, Aluminium, Calcium usw. wie oben angegeben. Versuche jedoch, SiO_2-Al_2O_3 durch

[1] H. INONE, K. ISHIMURA: Bull. chem. Soc. Japan 9 (1934), 431.

TiO_2-Al_2O_3 zu ersetzen, sowie Kombinationen TiO_2-Al_2O_3 und SiO_2-La_2O_3 ergaben keinerlei katalytische Wirksamkeit.

Außerdem scheint es, daß auf die Wirksamkeit solcher Erden, wenigstens für die betrachtete Reaktion, auch das vom Katalysator adsorbierte *Wasser* von beachtlichem Einfluß ist, mehr als das chemisch gebundene Wasser[1].

In den letzten Fällen stehen wir aber eigentlich vor richtigen Mischkontakten, in denen der Verstärkerwirkung auch noch eine besondere Spezifität überlagert ist, die von nichts anderem herrührt, als von Zusammensetzungs- und Strukturunterschieden sowie vom Zusatz kleiner Mengen fremder Stoffe.

Broughton[2] hat auch versucht, die katalytische Wirksamkeit von Bentonit dadurch zu verändern, daß er ihn durch Elektrodialyse seiner austauschbaren Metallkationen beraubte und sie durch Na, Ca, Fe oder Cu ersetzte. Diese Metallbentonite zeigen für die von ihm studierten Reaktionen (Hydroperoxydzersetzung, Pinenpolymerisation, thermische Isopropylalkoholzersetzung) beträchtliche Unterschiede je nach dem adsorbierten Ion.

Die wichtigste Anwendung des Tons und vor allem des montmorillonitischen Tons ist jedoch die als *Krackkatalysator*. Wenn sie auch von den synthetischen Katalysatoren, die wir später besprechen werden (s. Oxydgemische, S. 607), übertroffen werden, so ist doch ihre Anwendbarkeit weitgehend untersucht worden. Wir werden es uns natürlich ersparen, alle die Beschreibungen praktisch gerichteter Versuche aufzuführen, die hauptsächlich die Erdölindustrie interessieren, und werden nur Versuche ins Auge fassen, die angestellt wurden, um die Wirksamkeit des Katalysators zu verbessern.

Wie man bei den synthetischen Katalysatoren noch besser sehen wird, ist gefunden worden, daß für den Mechanismus der Krackung und die Wirksamkeit der Katalysatoren die Anwesenheit von *Wasserstoffionen* in diesen von beträchtlicher Bedeutung ist. Deshalb hat der Ton, wie er ist, eine schlechte katalytische Wirkung in dem Sinne, daß er Kohlenwasserstoffe nur bei hohen Temperaturen zersetzen kann, ohne die Krackreaktionen in Richtung auf die erwünschten Verbindungen zu lenken, die dem erzeugten Benzin eine hohe Oktanzahl erteilen. Insbesondere fehlt, oder ist doch sehr gering, die isomerisierende Wirkung, die bei den modernen Krackverfahren so wichtig ist. Schon Bitepazh[3] hatte bemerkt, daß eine Beziehung zwischen der katalytischen Aktivität und der Austauschkapazität eines aktivierten und calcinierten Tons besteht. Später wurde die Bedeutung der Acidität eines Tons für seine katalytische Wirkung von Thomas, Hickey und Stecker[4] bestätigt, die Tone in verschiedener Weise durch Behandlung mit Säuren aktiviert haben, und von Grenall[5], der Ton bei verschiedenen Temperaturen entwässerte. Alle diese Forscher finden eine recht regelmäßige Zunahme der Wirksamkeit als Funktion der Acidität des Kontakts (Abb. 34). Aus ihren Versuchen geht auch hervor, daß die Acidität von verschiedenen Faktoren abhängt.

Was die Aktivierung durch Säuren betrifft, so haben Thomas, Hickey und Stecker[4] gefunden, daß die Behandlung eines montmorillonitischen Tons mit kalter Säure nur die austauschbaren Ionen entfernt und so nur zu einer begrenzten Zunahme der katalytischen Wirksamkeit führt. Die Behandlung mit heißer Säure hingegen entfernt auch einen Teil des gittergebundenen Aluminiums

---

[1] K. Ishimura: Bull. chem. Soc. Japan **9** (1934), 493, 521.
[2] G. Broughton: J. physic. Chem. **44** (1940), 180.
[3] Yu. A. Bitepazh: J. allg. Chem. URSS **17** (1947), 199.
[4] C. L. Thomas, J. Hickey, G. Stecker: Ind. Engng. Chem. **42** (1950), 866.
[5] A. Grenall: Ind. Engng. Chem. **41** (1949), 1485.

aus dem Montmorillonit und steigert im Laufe dieser Entfernung die katalytische Wirksamkeit bis zu einem Maximum (Abb. 35).

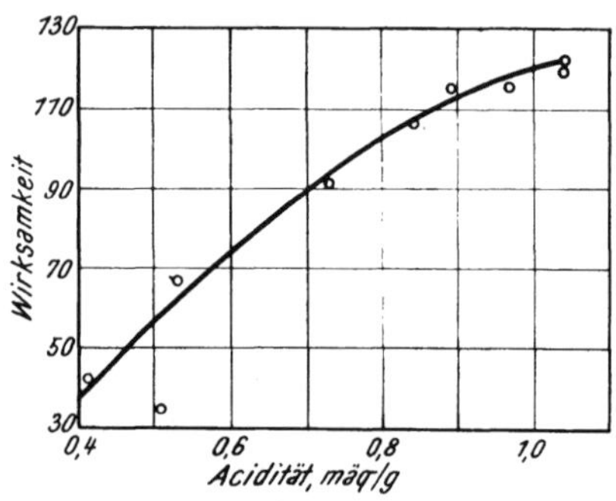

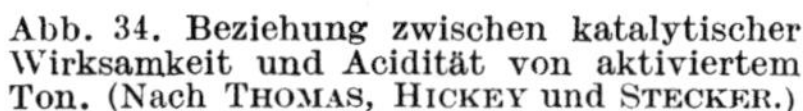
Abb. 34. Beziehung zwischen katalytischer Wirksamkeit und Acidität von aktiviertem Ton. (Nach THOMAS, HICKEY und STECKER.)

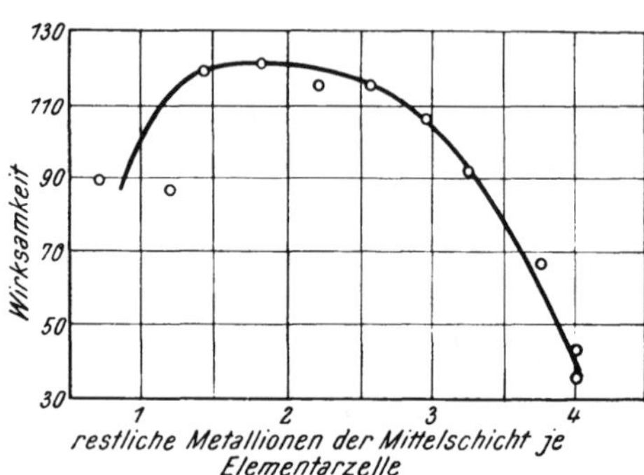

Abb. 35. Wirksamkeitsänderung von Ton bei Entfernung von Al-Atomen. (Nach THOMAS, HICKEY und STECKER.)

Man kann jedoch nicht jeden Ton durch Säureaktivierung in einen guten Katalysator verwandeln. MILLS, HOLMES und CORNELIUS[1] haben gefunden, daß gewisse Typen nicht für katalytische Zwecke aktivierbar sind. Nach ihnen nimmt während des Säureangriffs sowohl die Oberfläche als auch die katalytische Wirksamkeit zu. Während aber die Wirksamkeit ein Maximum erreicht, wenn etwa ein Fünftel des Aluminiums entfernt ist, steigt die Oberfläche weiter, bis nur noch das Kieselgerüst des Tons übrig bleibt.

Auch nach TEICHNER[2] führt die Säureaktivierung zu einer Oberflächenvergrößerung. Nach ihm sollen sich durch die Entfernung von Al und OH aus dem Ton Poren von etwa 10 Å Halbmesser bilden. Es ist in diesem Zusammenhang von Interesse, daß GLAESER[3] bemerkt hat, daß röntgenographisch

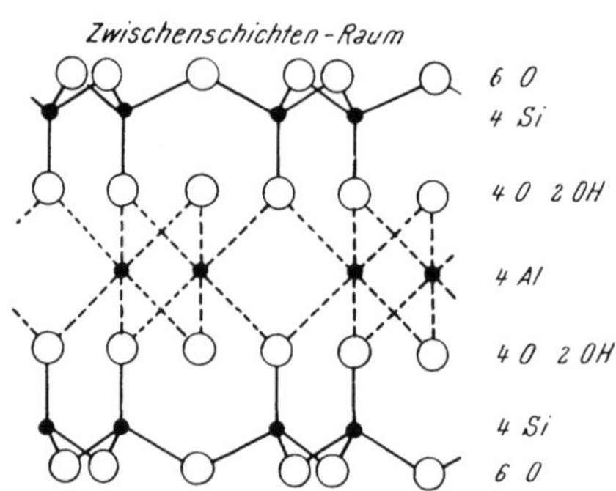

Abb. 36. Idealisierte Struktur des Montmorillonits. (Nach THOMAS, HICKEY und STECKER.)

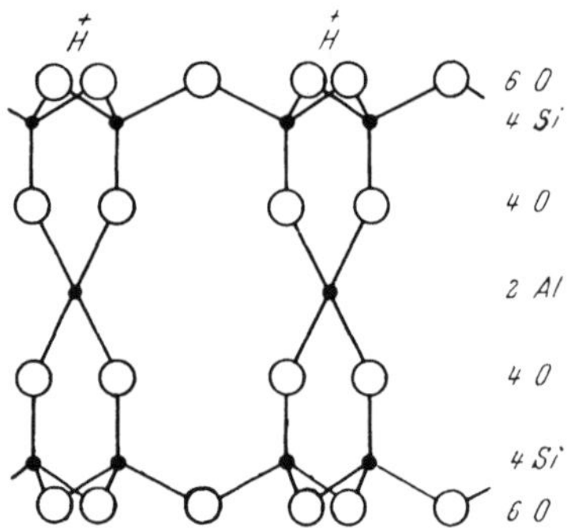

Abb. 37. Gedachte Struktur des Montmorillonits nach Säureaktivierung. (Nach THOMAS, HICKEY und STECKER.)

die Montmorillonitstruktur erst verschwindet, wenn durch die Säure 80% des gesamten Al + Mg + Fe (diese Ionen bilden die mittlere Schicht im Gitter) entfernt worden sind. Hiermit würde die später zu erwähnende Tatsache in

---

[1] G. A. MILLS, J. HOLMES, E. B. CORNELIUS: J. physic. Colloid Chem. **54** (1950), 1170.

[2] S. TEICHNER: C. R. hebd. Séances Acad. Sci. **227** (1948), 392, 427.

[3] R. GLAESER: C. R. hebd. Séances Acad. Sci. **222** (1946), 1241.

Übereinstimmung stehen, daß die aktivierten und gut katalysierenden Tone bei der Röntgenuntersuchung noch die Montmorillonitstruktur besitzen.

Was die Deutung der Aktivierung angeht, so behaupten THOMAS und Mitarbeiter[1], daß bei der Behandlung der idealisierten Montmorillonitstruktur der Abb. 36 mit warmer Säure Aluminiumatome austreten und ein Übergang zu der gedachten Struktur der Abb. 37 eintritt. Dann würden die übriggebliebenen Aluminiumatome an Stelle ihrer oktaedrischen Koordination eine tetraedrische annehmen. In einer solchen Struktur müssen sie ein Elektron aufnehmen, und deshalb muß zur Neutralisation der Ladung ein H^+ an das Gitter angelagert werden.

Auch MILLS und Mitarbeiter[2] sind der Ansicht, daß die saure Natur dieser Produkte mit dem Auftreten tetraedrisch koordinierter Aluminiumatome zusammenhängt; demgegenüber behaupten sie aber, daß die katalytische Wirkung eines Tons an Aluminiumatome geknüpft sei, die Silicium im Gitter ersetzen. Der Befund, daß einige Tone auch nach der Säurebehandlung schlechte Katalysatoren sind, kommt dann von der Abwesenheit solcher Aluminiumatome.

Was den Einfluß der *Entwässerung* betrifft, so hat GRENALL ihn sowohl durch röntgenographische Strukturuntersuchung[3] verfolgt, wie auch durch Titration der meßbaren Acidität mit Alkali in Gegenwart von NaCl[4] (Abb. 38). Er hat beobachtet, daß mit steigender Entwässerungstemperatur die Montmorillonitlinien allmählich an Intensität verlieren, insbesondere zwischen 550° und 800° C, und bei 850° ganz verschwinden. Bei noch höheren Temperaturen (1000°) erscheinen die Linien von Quarz und Sillimanit sowie andere, die von Verunreinigungen kommen. In dem Maße, wie die Montmorillonitlinien verschwinden, vermindern sich auch die katalytische Wirkung und die Acidität des Kontakts, bis sie null werden, wenn die Linien ganz verschwunden sind.

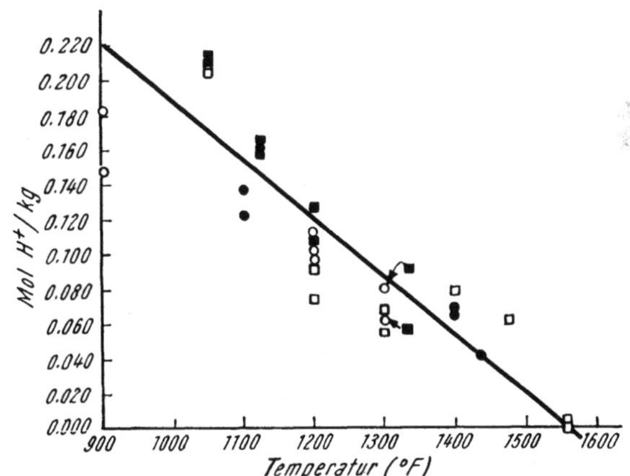

Abb. 38. Abnahme der Acidität von Tonen beim Erhitzen. (Nach GRENALL.)

Analoge Ergebnisse haben auch MIZUNO und KUSABA[5] erhalten. Sie finden einen plötzlichen Abfall der katalytischen Aktivität um 700°, während gleichzeitig die Dichte und die mechanische Festigkeit der Tonkörper zunehmen. Nach ihnen soll die Erhitzungskurve des aktivierten Tons drei Entwässerungsstadien anzeigen, ein erstes bei 200 ÷ 300°, ein zweites bei 450° und ein drittes bei 600 ÷ 700°. Die beiden ersten Entwässerungen sollen reversibel sein, die dritte nicht. Dies soll nach den Verfassern die beobachtete Möglichkeit erklären, die

[1] C. L. THOMAS, J. HICKEY, G. STECKER: Ind. Engng. Chem. **42** (1950), 866.
[2] G. A. MILLS, J. HOLMES, E. B. CORNELIUS: J. physic. Colloid Chem. **54** (1950), 1170.
[3] A. GRENALL: Ind. Engng. Chem. **40** (1948), 2148.
[4] A. GRENALL: Ind. Engng. Chem. **41** (1949), 1485.
[5] S. MIZUNO, I. KUSABA: Bull. Tokyo Inst. Technol. **13** (1948), 89.

unter 600° entwässerten Tone durch Behandlung mit Dampf wieder zu aktivieren. Unter diesen Bedingungen soll wieder Wasser aufgenommen werden unter Bildung von Hydroxylionen und von den für die katalytische Wirkung notwendigen H^+-Ionen.

GRENALL hat auch gefunden, daß oberhalb 550÷600° die Anwesenheit von *Wasserdampf* in der Atmosphäre, in der der Ton entwässert wird, eine Desaktivierung begünstigt, und zwar um so mehr, je höher die Dampfkonzentration ist. Die Erscheinung ist auch von einer Intensitätsverminderung der Montmorillonitlinien im Röntgendiagramm und von einer Abnahme des Gehalts an H^+-Ionen in dem Entwässerungsprodukt begleitet[1]. Der Autor behauptet, daß dies von der Bildung von H_3O^+-Ionen an der Oberfläche des Montmorillonits herrührt, die leichter mit anderen Ionen, wie H^+, O^{--} oder OH^-, reagieren können, wobei Wasser entsteht und daher Wasserstoffionen verschwinden.

Endlich haben TEICHNER[2] sowie LONGUET-ESCARD[3] die Oberflächen von aktiviertem und entwässertem Montmorillonit mittels Gasadsorption gemessen. TEICHNER fand, daß eine Erwärmung auf 180° die Kontaktoberfläche vergrößert, während Erhitzen auf 450° sie leicht vermindert. Der bei 450° entwässerte Katalysator vergrößert jedoch bei der Wasseraufnahme seine Oberfläche wieder, und wenn er sich bei 20° oder bei 180° stabilisiert hat, nimmt er wieder die Oberfläche an, die er bei diesen Temperaturen vor der Entwässerung hatte. Demnach wäre die von den oben erwähnten japanischen Autoren beobachtete reversible Entwässerung auch von reversiblen Veränderungen der Kontaktoberfläche begleitet. Nach LONGUET-ESCARD soll bei Produkten, die bei 300° entwässert sind, ein Maximum der Oberfläche liegen.

Von MILLS und HINDIN[4] ist die Wirksamkeit dieser Katalysatoren auch mit ihrer Fähigkeit in Beziehung gesetzt worden, Sauerstoffatome mit H_2O^{18} auszutauschen. Die Verfasser beobachten einen raschen anfänglichen Austausch, den sie einem Übergang von Hydroxyl zwischen (SiOH) und (HOH) zuschreiben, und einen langsameren bei 100°, den sie einer Hydrolyse von Bindungen Si-O-Si unter Bildung von Si-OH-Gruppen zuordnen. Auch sie finden, daß die erwähnten Austauschvorgänge an nichtaktivierten Tonen nicht auftreten, wohl aber an aktivierten und vor allem an künstlichen Mischungen SiO_2-Al_2O_3. Sie meinen, dies stehe in Beziehung mit der aktiven Oberfläche des Kontakts und mit der Möglichkeit der Al^{+++}-Ionen von der Sechserkoordination zur Viererkoordination überzugehen, ein Übergang, der, wie gesagt, auch nach anderen Autoren für die Aktivität solcher Kontakte notwendige Bedingung sein soll.

d) Ionenaustauscher.

Endlich gehören zu den chemischen Verbindungen, die als Katalysatoren benutzt werden, auch die *Ionenaustauscher*, die man in jüngster Zeit zur Beschleunigung von Veresterungen, Verseifungen und Zuckerinversion benutzt hat. Wir haben es hier mit im Reaktionsmedium unlöslichen Makromolekeln mit zahlreichen sauren Gruppen (-SO_3H, -COOH, -OH) zu tun, die katalytisch wirken, indem sie H^+-Ionen bilden. Solche Harze wurden von SUSSMAN[5], MARIANI[6] und von BODAMER und KUNIN[7] bei der Zuckerinversion verwandt,

---

[1] A. GRENALL: Ind. Engng. Chem. **40** (1948), 2148; **41** (1949), 1485.
[2] S. TEICHNER: C. R. hebd. Séances Acad. Sci. **227** (1948), 392, 427.
[3] J. LONGUET-ESCARD: J. Chim. physique **47** (1950), 113.
[4] G. A. MILLS, S. G. HINDIN: J. Amer. chem. Soc. **72** (1950), 5549.
[5] S. SUSSMAN: Ind. Engng. Chem. **38** (1946), 1228.
[6] E. MARIANI: Ann. Chim. appl. **39** (1949), 717; **40** (1950), 500.
[7] G. BODAMER, R. KUNIN: Ind. Engng. Chem. **43** (1951), 1082.

von LEVESQUE und CRAIG[1] bei der Veresterung von Ölsäure mit Butanol, von THOMAS und DAVIES[2], von HASKELL und HAMMETT[3] und von MARIANI[4] bei der Esterverseifung, und von JENNY[5] bei der Mutarotation der Glukose. Sie sind auch in großem Stil in Deutschland für Veresterungsreaktionen verwandt worden[6]. Diese Katalysatoren werden hier abgehandelt, obwohl man sie als Verbindungen einer sauren Komponente (die schon von sich aus als Katalysator wirken kann) mit einer Substanz, die als Träger wirkt, also als mit einem Träger chemisch verbundene Katalysatoren betrachten kann.

Offenbar sollte der Mechanismus der katalytischen Wirkung dieser Kunstharze sich nicht unterscheiden von dem löslicher Säuren bei der homogenen Katalyse der untersuchten Reaktionen. Tatsächlich haben MARIANI[7] und nach ihm auch andere der erwähnten Autoren gefunden, daß der bestimmende Faktor in der Kinetik der Katalyse die *Diffusion* der Flüssigkeiten in das *Innere* der Harze selbst ist. Allerdings scheint dies nach LEVESQUE und CRAIG[1] nur für Reaktionen zwischen kleinen Molekeln zu gelten, die leicht ins Innere der Harzkörner eindringen können.

Die interessanteste Tatsache ist aber die von HASKELL und HAMMETT[3] sowie BODAMER und KUNIN[8] beobachtete, daß bei der heterogenen Katalyse der studierten Hydrolysereaktionen mit Ionenaustauscherharzen die *Aktivierungsenergie* kleiner ist als bei homogener Katalyse mit löslichen Säuren. Das kann daher kommen, daß die gemessene Aktivierungsenergie nicht die der katalytischen Reaktion ist, sondern in Wahrheit die des Diffusionsvorgangs in der festen Phase. Dieser ist ja für die Kinetik dieser Reaktionen hauptsächlich bestimmend und besitzt, wie bekannt, einen kleinen Temperaturkoeffizienten.

Nach BODAMER und KUNIN[8] ist es auch möglich, daß die verminderte Aktivierungsenergie daher kommt, daß in den Harzen lokal eine sehr starke Säurekonzentration herrscht, oder auch daher, daß Adsorptionserscheinungen zwischen dem Harz und den reaktionsteilnehmenden Molekeln ins Spiel kommen. Die gleiche Hypothese ist auch von MARIANI[9] sowie von HASKELL und HAMMETT[3] geäußert worden. Über diese Fragen kann vielleicht ein Studium von Harzen verschiedener Art und daher auch verschiedener Adsorptionseigenschaften für die Reaktionsprodukte und von nicht diffundierenden großen Molekeln Aufklärung bringen.

B. Heterogene Mischkontakte.

1. Metallkatalysatoren.

Metalle sind im wesentlichen Katalysatoren der Hydrierung und Dehydrierung. Nur einige (Cu, Ag, Pt) können auch als Oxydationskatalysatoren gebraucht werden. Es ist bekannt, daß reine Metalle wegen ihrer außerordentlichen Neigung zur Rekristallisation im allgemeinen keine große Wirksamkeit bzw.

[1] C. L. LEVESQUE, A. M. CRAIG: Ind. Engng. Chem. **40** (1948), 96.
[2] G. G. THOMAS, C. W. DAVIES: Nature **159** (1947), 372.
[3] V. C. HASKELL, L. L. HAMMETT: J. Amer. chem. Soc. **71** (1949), 1284.
[4] E. MARIANI: Ann. Chim. appl. **39** (1949), 717.
[5] H. JENNY: Colloid Sci. **1** (1946), 33.
[6] F. I. A. T. Reports, PB 42802/1946.
[7] E. MARIANI: Ann. Chim. appl. **39** (1949) 717; **40** (1950) 500.
[8] G. BODAMER, R. KUNIN: Ind. Engng. Chem. **43** (1951), 1082.
[9] E. MARIANI: Ann. Chim. appl. **40** (1950), 500.

Lebensdauer besitzen. Deshalb werden die Metallkatalysatoren häufig unter Zusatz von Metalloxyden als Verstärker dargestellt; die allgemeinen Methoden hierfür sind in einem früheren Abschnitt (S. 476) beschrieben worden.

Es gibt Fälle, wo das Oxyd des Katalysatormetalls selbst als Verstärker wirken kann. Die Versuche von IPATIEFF[1] über Nickeloxyd als Hydrierkontakt und die ganze lange Diskussion über die Wirkung der hypothetischen Nickelsuboxyde als Hydrierkontakte[2] haben bewiesen, daß das nicht völlig reduzierte Nickeloxyd aktiver ist als das durchreduzierte (s. a. Nickel auf Kieselgur S. 673). Offensichtlich ist dies auf eine Verstärkerwirkung seitens des Oxyds in feiner Verteilung im Metall zurückzuführen. YAMAGUTI[3] findet z. B. die höchste Wirksamkeit, wenn NiO etwa zu 80 % reduziert ist. Es handelt sich aber offensichtlich um instabile Katalysatoren, denn während des Gebrauchs, wenn die Hydrierung jenseits einer gewissen Temperatur (200°) durchgeführt wird, setzt das Oxyd seine Reduktion langsam fort.

Es ist eine interessante Tatsache, daß mit Verstärkern nur die unedlen Metalle (Ni, Co, Fe, Cu) und nicht die Edelmetalle (Pt, Os, Pd) verwendet werden, welch letztere umgekehrt häufig auf Trägern zur Anwendung kommen. In derselben Richtung liegt die Tatsache, daß die ersteren wegen ihrer kleineren katalytischen Wirksamkeit nur bei hohen Temperaturen verwendbar sind und deshalb einen Verstärker brauchen, der sie alterungsbeständig macht. Die Edelmetalle werden nur bei tiefer Temperatur benutzt und sind wegen ihres hohen Schmelzpunkts schon für sich allein viel alterungsbeständiger. Hingegen ist es bei ihnen gut, einen Träger zu benutzen, der sie auf ein großes Volumen verteilt.

Trotzdem hat man auch eine Aktivierung z. B. des Osmiums mit seltenen Erdoxyden (Zr_2O_3, Ce_2O_3) versucht, und immerhin mit positivem Ergebnis[4].

Eines der am meisten untersuchten Metalle ist das *Nickel*, und bei ihm hat der Verstärker in vielen Fällen nicht nur die Aufgabe, die katalytische Wirksamkeit zu erhöhen, sondern auch die, ein teures Metall mit einem billigeren Oxyd zu verdünnen. In der Praxis kann es daher empfehlenswert sein, die katalytische Wirksamkeit nicht auf das angewandte Katalysatorvolumen zu beziehen, sondern auf das Gewicht des darin enthaltenen *Metalls*.

Betrachten wir z. B. die alten Versuche von MEDSFORTH[5] über die Methansynthese aus $CO + 3\,H_2$ und nehmen wir die Katalysatoren aus Nickel- und Aluminiumoxyd oder anderen Oxyden. Die größte Wirksamkeit wird bei einem Katalysator mit nur kleinem Mengenverstärker (15 % Al_2O_3, 4 % Ce_2O_3, 12 % ThO_2 usw.) gefunden, wie Tabelle 34 zeigt.

Interessant ist, daß die größten Wirkungssteigerungen bei kleinen Verstärkermengen liegen; 0,5 % Ceroxyd vergrößern die Wirksamkeit des Nickels zehnmal. Diese Wirksamkeit wird noch einmal verdoppelt, wenn der Cergehalt auf 4 % steigt. Dann bleibt sie praktisch unveränderlich oder fällt langsam (auf die Raumeinheit des Katalysators bezogen), wenn der Ceroxydgehalt noch weiter zunimmt. Wir bringen eine Tabelle der Daten von MEDSFORTH[5] (Tabelle 34).

Man sieht daraus deutlich den günstigen Einfluß der Verstärker von hohem Schmelzpunkt (ThO_2, Ce_2O_3, BeO, Al_2O_3) und die viel kleinere Wirkung der-

---

[1] W. IPATIEFF: J. russ. physik.-chem. Ges. **38** (1906), 75; **39** (1907), 81; Ber. dtsch. chem. Ges. **40** (1907), 1270.

[2] C. ELLIS: Hydrogenation of Organic Substances, 3. Ausg., S. 51. New York, 1930.

[3] B. YAMAGUTI: Bull. chem. Soc. Japan **2** (1927), 289.

[4] W. S. SSADIKOW, P. I. ASTRACHANZEW: J. russ. physik.-chem. Ges. **62** (1930), 2071.

[5] S. MEDSFORTH: J. chem. Soc. (London) **123** (1923), 1452.

jenigen mit niedrigem Schmelzpunkt (Mo_2O_3, V_2O_3), die wir schon im vorigen Kapitel erwähnt haben.

Häufig hat die Anwesenheit nicht reduzierbarer basischer Oxyde, z. B. des Calciums, Magnesiums oder der Alkalien, in Metallkatalysatoren einen kom-

Tabelle 34. *Synthese von CH_4 aus $CO + 3\ H_2$ an verstärktem Nickel.* (Nach MEDSFORTH.) Maximale Strömungsgeschwindigkeit (cm^3/min) für quantitativen Umsatz. (1 g Bimsstein + 0,1 g Ni + Verstärker.)

Prozent Verstärker bezogen auf Nickel	Maximalgeschwindigkeit mit folgenden Verstärkern					
	Ce_2O_3	ThO_2	BeO	Al_2O_3	Mo_2O_3	V_2O_3
0,5	300	60	32	75	32	32
1	540	320	35	200	40	54
2	560	420	—	260	—	60
3	590	—	—	—	—	—
4	*620*	—	—	—	—	—
5	610	480	160	320	80	95
6	—	—	—	—	—	120
7	600	—	—	—	—	*140*
8	—	590	—	—	—	120
10	600	*600*	290	450	200	110
12	—	*600*	—	470	*220*	—
15	580	*600*	—	*500*	190	—
16	—	—	—	490	—	—
18	—	—	540	—	—	—
20	560	—	*580*	460	—	—
23	—	—	560	—	—	—
50	470	570	420	380	110	24
100	—	530	280	—	—	—
200	380	470	—	—	—	—
400	—	350	—	—	—	—

plizierten Einfluß, der sich nicht auf die Aktivierung des Metalls für die studierte Reaktion beschränkt. Zum Beispiel wirken solche basischen Oxyde als Verstärker für die Konversion von Kohlenoxyd mit Wasserdampf und verhindern auch die Abscheidung von elementarem Kohlenstoff bei Dampfmangel. Sie wirken also als positive Verstärker für die Wassergaskonversion

$$CO + H_2O = CO_2 + H_2,$$

aber als „negative Verstärker" für die Zersetzung von Kohlenoxyd nach

$$2\,CO = C + CO_2.$$

Entsprechende Ergebnisse liegen für die Konversion von Methan mit Wasserdampf an mit Aluminiumoxyd verstärkten Nickelkatalysatoren vor. Nach TAKENAKA[1] soll bei Zusatz von 0,01 bis 0,02 Mol K_2CO_3 pro Mol Nickel schon bei 650° eine fast vollständige Konversion des Methans eintreten. Hier handelt es sich um Oberflächenverstärker, auf die wir im Kap. II B 4 a, S. 626ff., zurückkommen.

Auch SCHENCK, KURZEN und WESSELKOCK[2] fanden bei der Methanspaltung mit Katalysatoren aus Eisen und anderen Metallen mit MgO als Verstärker,

[1] Y. TAKENAKA: J. Fuel Soc. Japan **12** (1932), 57.
[2] R. SCHENCK, F. KURZEN, H. WESSELKOCK: Z. anorg. allg. Chem. **206** (1932), 273.

daß dessen Anwesenheit die Bildung von Metallkarbiden der Formel Me_mC_n verhindert ($m > n$).

Diese Sonderwirkung der stark basischen Verstärker und einige Wechselverstärkungen, bei denen man Verstärker mit eigener Hydrierwirkung (ZnO usw.) benutzt, sind Ausnahmen. Meistenteils haben die den Metallen als Verstärker zugesetzten Oxyde keine eigene Wirkung (Al_2O_3, SiO_2 usw.) oder nur eine zu vernachlässigende (MgO, Cr_2O_3), besonders wenn bei nicht zu hoher Temperatur gearbeitet wird. In den meisten Fällen kann man ihnen daher nicht die Wirkung von Wechselverstärkern zuschreiben, sondern nur eine strukturelle Verstärkung.

Es gibt in der Literatur nur wenige vergleichende Angaben über die spezifische Einwirkung der verschiedenen Metalloxyde auf ein bestimmtes Metall, und auch diese beschränken sich meistens auf nickelhaltige Katalysatoren. Wenn auch eine ganz große Zahl von Katalysatoren aus Nickel und Oxyden beschrieben ist, so sind doch die Versuchsdaten meistens nicht vergleichbar und daher ist es nicht möglich, quantitativ vergleichbare Schlüsse zu ziehen. Wir müssen uns deshalb darauf beschränken, für jedes in Betracht kommende Metall die experimentellen Daten zusammenzustellen. Von den mit Verstärkern benutzten Metallen sind, außer dem schon erwähnten Osmium, studiert worden: Fe, Co, Ni, Cu, Ag und Cd.

Von ihnen wieder sind Silber und Cadmium ganz wenig benutzt worden. *Silber*, mit kleinen Mengen Sm_2O_3 verstärkt, ist für die Oxydation von Äthylalkohol zu Aldehyd erprobt worden[1], und mit Cr_2O_3 und Sm_2O_3 für die Oxydation von Äthylen zu Äthylenoxyd[2]. *Cadmium* ist als Chromit, Molybdat, Vanadat und Wolframat (die jedoch während der Reaktion zu einer Mischung von Cadmium mit niederen Oxyden von Cr, Mo, V und W reduziert werden) von KOMORI[3] für die Hydrierung von Fettsäuren zu Alkoholen benutzt worden.

a) Nickelkatalysatoren.

Nickel enthaltende Katalysatoren wurden für Hydrierungen gründlich untersucht, besonders in der organischen Chemie.

Im allgemeinen werden Nickelkatalysatoren in Anwesenheit von Verstärkern oder Trägern aus Metalloxyd hergestellt. Hauptsächlich bevorzugt man die Verwendung von Verstärkern für Katalysen in der Gasphase und von Trägern für Reaktionen, bei denen Flüssigkeiten teilnehmen, wenn auch häufig beide Typen für Reaktionen in flüssiger und gasförmiger Phase benutzt werden.

Verschiedene Autoren haben einen Vergleich der Wirkung verschiedener Verstärker durchgeführt. Während man nun findet, daß Oxyde mit hohem Schmelzpunkt (der Seltenen Erden, des Thoriums, Zirkons und der Erdalkalien) immer ohne Ausnahme Nickelkatalysatoren verstärken, so gilt dies nicht immer für solche mit tieferem Schmelzpunkt, die denn auch ziemlich selten als Verstärker für Nickel angegeben werden.

Man beobachtet ferner interessanterweise, daß die Oxyde mit den höchsten Schmelzpunkten, die für sich allein keinerlei katalytische Wirkung auf Hydrierungen ausüben, ausgezeichnete Verstärker des Nickels sind, während dies ganz selten (in Anwesenheit der ersteren) für gewisse Metalle oder leicht reduzierbare Oxyde gilt, die für sich schon Hydrierkatalysatoren sind. Dies bedeutet wahrscheinlich, daß im allgemeinen eine *strukturelle Verstärkung* wirksamer ist als

[1] J. A. PATTERSON, A. R. DAY: Ind. Engng. Chem. **26** (1934), 1276.

[2] F. L. W. MCKIM, A. CAMBRON: Canad. J. Res. **27** B (1949), 813.

[3] S. KOMORI: J. Soc. chem. Ind. Japan, Suppl. **42** (1939), 246B; Suppl. **43** (1940), 34B.

eine Wechselverstärkung in Abwesenheit der ersteren. Die Fähigkeit, besondere Aktivzentren zu erzeugen, bleibt eben nutzlos, wenn man nicht die Möglichkeit hat, sie auch zu konservieren.

So erklärt es sich, daß nach JULIARD und HERBO[1] bei der Dehydrierung von Cyclohexan zu Benzol bei 300° und bei der Hydrierung von Benzol zu Cyclohexan folgende Oxyde gute Verstärker sind: Aluminium, Chrom, Zirkon, Thorium, Beryllium und auch Zink und Magnesium. In ihrer Anwesenheit treten Wirksamkeiten bis zum Vierfachen der des reinen Nickels auf (Abb. 39). Dagegen sinkt die Wirksamkeit des Nickels in Anwesenheit von Oxyden des Eisens, Kupfers, Cadmiums und Kobalts, also solcher Metalle, die an sich schon eine gewisse katalytische Hydrierwirkung haben sollten.

Dies geht noch klarer aus einer Betrachtung der Ergebnisse von MEDSFORTH[2] und von BRÜCKNER und JACOBUS[3] hervor, die die Bildung von Methan nach

$$CO + 3H_2 = CH_4 + H_2O$$

gemessen haben (Tabellen 35 und 36). Da diese bei höherer Temperatur arbei-

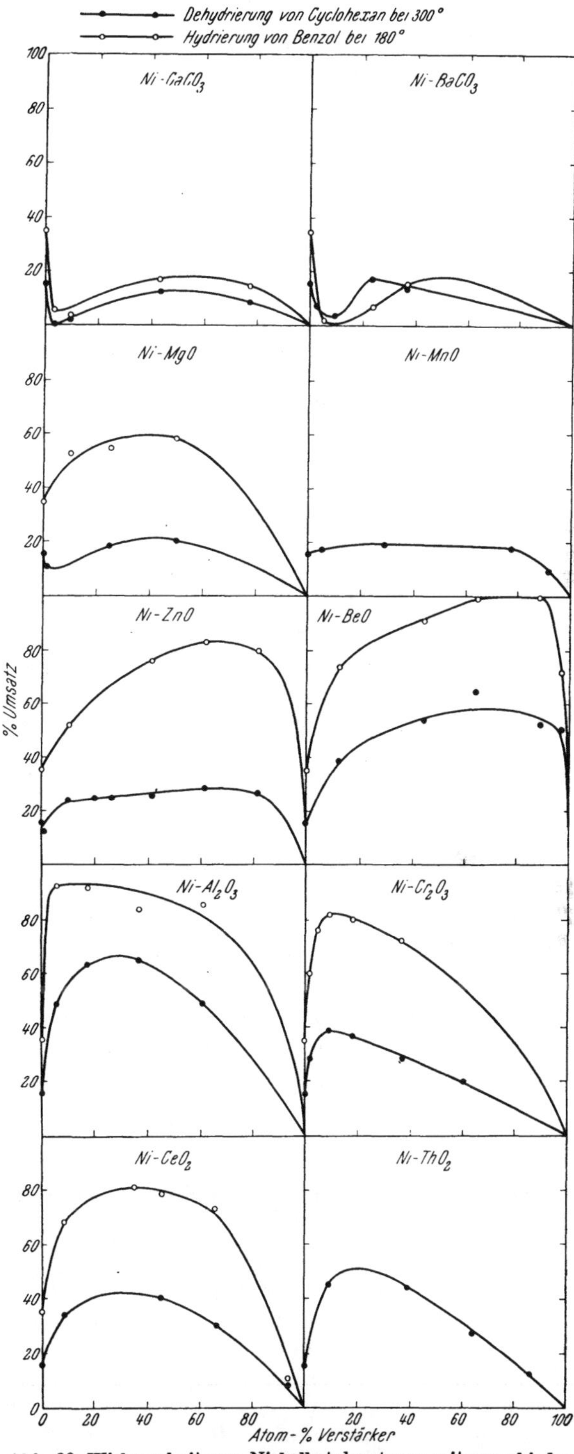

Abb. 39. Wirksamkeit von Nickelkatalysatoren mit verschiedenen Verstärkern bei der Dehydrierung von Cyclohexan und bei der Hydrierung von Benzol. (Nach JULIARD und HERBO.)

[1] A. JULIARD: Bull. Soc. chim. Belgique **46** (1937), 549. — A. JULIARD, C. HERBO: Bull. Soc. chim. Belgique **47** (1938), 717.

[2] S. MEDSFORTH: J. chem. Soc. (London) **123** (1923), 1452.

[3] H. BRÜCKNER, G. JACOBUS: Brennstoff-Chem. **14** (1933), 265.

ten, so tritt der Einfluß der Rekristallisation des Verstärkers (der von seinem Schmelzpunkt abhängt) deutlicher hervor.

Tabelle 35. *Synthese von CH_4 aus $CO + H_2$ mit verstärktem Nickel bei 300°.* (Nach BRÜCKNER und JACOBUS.)

Katalysator	Abnahme der Aktivität bis zu 95% Umsatz des CO — Nach Stunden	Molumsatz CO/Ni	Wirksamkeitsverbesserung Ni = 1
Ni	5	8,49	1,0
Ni + 10% Silikagel	10	16,93	2,0
Ni + 10% BaO	140	223,5	26,3
Ni + 10% SrO	10	18,66	2,2
Ni + 10% CaO	1	1,76	0,2
Ni + 10% Al_2O_3	> 250*	405,2	> 47,7
Ni + 10% Al_2O_3 + 10% Silikagel	> 250*	386,7	> 45,4
Ni + 10% ThO_2	> 250*	364,6	> 42,9

* Diese Versuche wurden nach 250 Stunden abgebrochen.

Tabelle 36. *Synthese von CH_4 aus $CO + H_2$ mit verstärktem Nickel.* (Nach MEDSFORTH.) (0,1 g Ni ohne den Verstärker auf 1 g Bimsstein.)

Katalysator	Optimale Konzentration in Prozent des Ni	Maximale Geschwindigkeit cm³/min	Temperatur °C	Herstellung
Ni	—	32÷35	285÷290	Verglühen von Nitrat
Ni + Ce_2O_3	4	620	270	Verglühen von Nitrat
Ni + ThO_2	10÷12	600	270	Verglühen von Nitrat
Ni + BeO	20	580	275	Verglühen von Nitrat
Ni + Cr_2O_3	15	550	295	Verglühen von Nitrat
Ni + Al_2O_3	15	500	297	Verglühen von Nitrat
Ni + SiO_2	7	430	295	Fällung
Ni + ZrO_2	18	310	280	Fällung
Ni + Mo_2O_3	12	220	292	Ni-Nitrat + NH_4-Molybdat
Ni + V_2O_3	7	140	298	Ni-Nitrat + NH_4-Vanadat
Ni + Sn	keine Beschleunigung			
Ni + MgO	keine Beschleunigung			
Ni + Cu	keine Beschleunigung			
Ni + Ag	keine Beschleunigung			

MEDSFORTH bezeichnet nämlich als die besten Verstärker des Nickels das Thoriumoxyd (Schmelzpunkt 3050°), Ceroxyd (Schmelzpunkt 1956°) und Berylliumoxyd (Schmelzpunkt 2580°), BRÜCKNER Thoriumoxyd und Aluminiumoxyd (Schmelzpunkt 2050°).

Kieselsäure (Schmelzpunkt 1715°) liefert Katalysatoren von kurzer Lebensdauer. Man kann das vielleicht darauf zurückführen, daß sie in Gegenwart anderer Oxyde leicht schmelzende *Silikate* geben kann, deren Gegenwart die Rekristallisation erleichtert. Interessant ist, daß bei den Erdalkalioxyden, die eine gute Verstärkerwirkung entwickeln, diese vom Calcium- (Schmelzpunkt 2576°) über Strontium- (Schmelzpunkt 2430°) zum Bariumoxyd hin (Schmelzpunkt 1923°) abnimmt.

Bei Reaktionen bei tiefer Temperatur und besonders in Anwesenheit flüssiger

Phase können auch andere Verstärker benutzt werden, die beim Arbeiten unter erhöhter Temperatur wegen ihrer Sintertendenz nicht anwendbar wären, z. B. Kupfer, das wir schon bei den homogenen Mischkontakten angetroffen haben (S. 513). Weil aber viele Experimentatoren bei der Katalysatorherstellung die Reduktion der Nickelverbindungen bei ziemlich hoher Temperatur vornehmen, so ist auch in diesen Fällen die Benutzung wenig sinterfähiger Verstärker angebracht.

Man muß jedoch immer bedenken, daß alle Vergleichsdaten über Mischkatalysatoren nur von begrenztem Wert sind, weil oft die Herstellungsmethode des Katalysators einen größeren Einfluß auf seine Eigenschaften hat als seine Zusammensetzung. Eine Herstellungsmethode, die für einen bestimmten Verstärker außerordentlich brauchbar ist, kann für einen anderen unbrauchbar sein. So finden BRÜCKNER und JACOBUS[1], daß bei der Anwendung von ThO_2 oder Erdalkalioxyden die durch Verglühen der Nitrate gewonnenen Katalysatoren sehr wirksam sind, die durch Fällung der Hydroxyde gewonnenen aber vollkommen unwirksam. Umgekehrt sind Katalysatoren mit Al_2O_3 wirksamer, wenn sie nach der letzteren Methode gemacht werden.

Manchmal können auch leicht schmelzende Verstärker Vorteile bringen. So finden ARMSTRONG und HILDITCH[2], daß die Anwesenheit von Na_2CO_3 die Hydrierung von Phenol zu Cyclohexanol begünstigt. Das Optimum liegt bei 25% Alkali. Es handelt sich jedoch um Einzelfälle, die vor allem von dem verarbeiteten Substrat abhängen. Die Alkaliwirkung läßt sich nämlich im vorliegenden Falle erklären, entweder als eine Verhinderung der Vergiftung des Katalysators (wie wir sie auch schon in anderen Fällen erwähnt haben) oder als eine Förderung der erhöhten Adsorption des Phenols (das schwach sauer ist) am Kontakt.

α) *Katalysatoren* $Ni\text{-}Al_2O_3$.

Das Oxyd, das am häufigsten für die Verstärkung von Nickel benutzt wird, ist das Aluminiumoxyd, und zwar wahrscheinlich deshalb, weil es nicht nur sehr gute Katalysatoren liefert, sondern auch billig ist.

Wir sagten schon im 1. Kapitel (S. 415), daß IPATIEFF[3] als erster Katalysatoren $Ni\text{-}Al_2O_3$ mit bestem Erfolg zur Hydrierung verwandt hat. Er hat in der Folge in äußerst zahlreichen Arbeiten diese Katalysatoren erschöpfend behandelt sowie auch Mischungen $NiO\text{-}Al_2O_3$, in denen aber unter den jeweiligen Arbeitsbedingungen das NiO wenigstens oberflächlich zu metallischem Nickel reduziert wird.

Jedoch haben nur wenig andere Forscher[4] diesen Katalysator bei der Hydrierung organischer Stoffe benutzt, wahrscheinlich in der Befürchtung, das Aluminiumoxyd könnte mit seinen dehydratisierenden Eigenschaften manchmal in die Reaktion eingreifen, wie es auch in den ersten Versuchen von IPATIEFF geschehen war. Systematische Versuche mit verschiedenen Gehalten an Al_2O_3 sind von ARMSTRONG und HILDITCH[5] über die Hydrierung von Ölen

[1] H. BRÜCKNER, G. JACOBUS: Brennstoff-Chem. **14** (1933), 265.

[2] E. F. ARMSTRONG, T. P. HILDITCH: Proc. Roy. Soc. (London), Ser. A **102** (1922), 21.

[3] W. IPATIEFF: Ber. dtsch. chem. Ges. **45** (1912), 3205.

[4] K. YOSHIKAWA, T. YAMANAKA, B. KUBOTA: Bull. Inst. physic. chem. Res. (Tokyo) **14** (Abstr.) (1935), 23, 29, 31. — K. I. SKÄRBLON: Tekn. Tidskr. **60** Nr. 33 Kemi **57** (1932). — A. JULIARD, C. HERBO: Bull. Soc. chim. Belgique **47** (1938), 717.

[5] E. F. ARMSTRONG, T. P. HILDITCH: Proc. Roy. Soc. (London), Ser. A **103** (1923), 586.

gemacht worden. Aus ihren Ergebnissen (Abb. 40) geht hervor, daß kleine Zusätze genügen, um die Aktivität des Nickels stark zu erhöhen, wobei sie ein Maximum schon bei 2,5% Al_2O_3 erreicht. Auch aus den schon besprochenen Versuchen von JULIARD und HERBO[1] geht hervor, daß das Optimum der Hydrierung bei kleinen Verstärkerzusätzen liegt. Bei der Dehydrierung hingegen soll das Optimum in der Nähe von 25 Molprozent Aluminiumoxyd liegen (Abb. 39). Für die Bildung flüssiger Kohlenwasserstoffe aus CO und H_2 soll das Maximum sogar bei etwa 50% Al_2O_3 liegen (Abb. 44 und 45). Nach Versuchen von ARMSTRONG und HILDITCH[2] sowie von CORSON und IPATIEFF[3] scheint es, daß die Aktivität dieser Katalysatoren für die Hydrierung schon bei nicht zu hohem Al_2O_3-Gehalt vernichtet wird. Das könnte, nach demselben Verfasser, mit der Schwierigkeit der Reduzierbarkeit von Al_2O_3-NiO-Mischungen mit hohem Al_2O_3-Gehalt verknüpft sein.

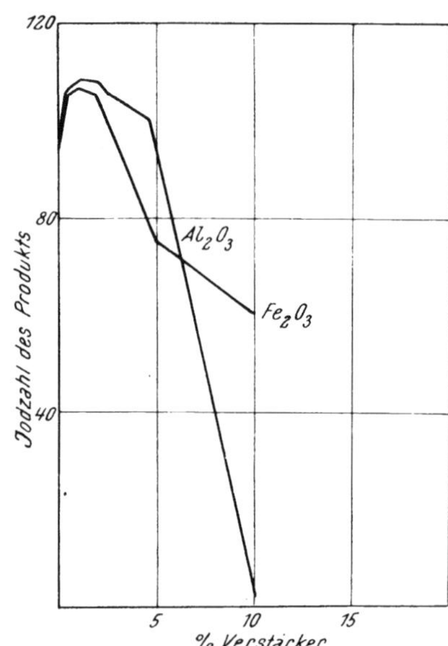

Abb. 40. Hydrierende Wirkung von mit Al_2O_3 oder Fe_2O_3 verstärktem Nickel. (Nach ARMSTRONG und HILDITCH.)

Der größte Teil der Autoren hat diese Katalysatoren für die Synthese von CH_4 aus $CO + H_2$ oder für dessen Spaltung mit Wasserdampf verwendet. Der sehr günstige Einfluß von Aluminiumoxyd als Verstärker für die Methanbildung aus $CO + H_2$ wurde außer den schon erwähnten Versuchen von MEDSFORTH sowie BRÜCKNER und JACOBUS von KASARNOWSKI und JEFREMOWA[4] beobachtet. Versuche über die Oxydation von Methan mit Wasserdampf an Katalysatoren Ni-Al_2O_3 wurden von FISCHER und TROPSCH[5] durchgeführt. Nach ihnen läßt sich die Wirksamkeit dieses Katalysators nur übertreffen durch Kontakte, die auf einem speziellen Träger auf Quarzbasis aufgetragen sind. Nach TAKENAKA[6] soll sich die Wirksamkeit unseres Kontakts durch Zusatz kleiner Mengen (1÷2 Atomprozent) K_2CO_3 noch erhöhen lassen. Auch in technischen Krackanlagen für Methan werden Katalysatoren benutzt, die mit Aluminiumoxyd verstärktes Nickel enthalten.

Ein besonderer Typus von Katalysatoren Ni-Al_2O_3 ist das *Nickel* nach RANEY[7], das schon auf S. 518 erwähnt wurde. Es wird durch Einwirkung von Natronlauge auf Ni-Al-Legierungen dargestellt. Ursprünglich glaubte man, es bestehe aus reinem Nickel. IPATIEFF und PINES[8] haben aber gezeigt, daß es eine gewisse Menge Aluminiumoxyd enthält, das durch Hydrolyse des bei dem

[1] A. JULIARD: Bull. Soc. chim. Belgique **46** (1937), 549. — A. JULIARD, C. HERBO: Bull. Soc. chim. Belgique **47** (1938), 717.
[2] E. F. ARMSTRONG, T. P. HILDITCH: Proc. Roy. Soc. (London), Ser. A **103** (1923), 586.
[3] B. B. CORSON, V. N. IPATIEFF: J. physic. Chem. **45** (1941), 431.
[4] S. N. KASARNOWSKI, T. N. JEFREMOWA: J. chem. Ind. URSS **13** (1936), 215.
[5] F. FISCHER, H. TROPSCH: Brennstoff-Chem. **9** (1928), 39.
[6] Y. TAKENAKA: J. Fuel Soc. Japan **12** (1933), 57.
[7] M. RANEY: US-Pat. 1563587 vom 1. Dezember 1925; 1628190 vom 10. Mai 1927, 1915473 vom 27. Juni 1933; Ind. Engng. Chem. **32** (1940), 1199.
[8] V. N. IPATIEFF, H. PINES: J. Amer. chem. Soc. **72** (1950), 5320.

Angriff auf die Legierung gebildeten Natriumaluminats entsteht. Dieser Katalysator ist einer der wirksamsten für die Hydrierung und wird sehr häufig für das Arbeiten in flüssiger Phase benutzt[1]. In vielen Fällen ist es möglich, damit Hydrierungen auch noch bei Atmosphärendruck oder wenig darüber durchzuführen[2]. Diese seine große Wirksamkeit kommt von dem stark aufgelockerten Zustand des Reaktionsprodukts durch Behandlung mit Natronlauge.

Dies läßt sich röntgenographisch beweisen. TAYLOR und WEISS[3] haben den Angriff auf eine Legierung der Zusammensetzung Ni_2Al_3 verfolgt und gefunden, daß man bis zu 20% des Aluminiums entfernen kann, ohne daß die Legierung ihr Kristallgitter ändert. Wenn der Angriff weitergeht, so erscheint auch das Nickelgitter. Es handelt sich aber dabei um ein stark aufgelockertes Gitter, das deshalb eine beträchtliche katalytische Wirksamkeit hat. URAZOW, KEFELY und LELTSCHUK[4] haben den Angriff von Alkali auf einen Einkristall von Ni_2Al_3 verfolgt und beobachtet, daß auch nach Entfernung des ganzen oder fast des ganzen Aluminiums der Katalysator noch die Struktur des Ni_2Al_3 aufweist, in dem sehr kleine Teilchen von Nickel der Größenordnung $10^{-7} \div 10^{-6}$ cm verteilt sind. Diese Struktur ist aber ziemlich instabil und geht mit der Zeit langsam, beim Erhitzen auf nur 100° rasch verloren. Gleichzeitig vermindert sich auch die Wirksamkeit[5] (Abb. 41). Man konnte auch feststellen, daß die Verminderung der Katalysatoroberfläche und der katalytischen Aktivität hierbei parallel laufen[6].

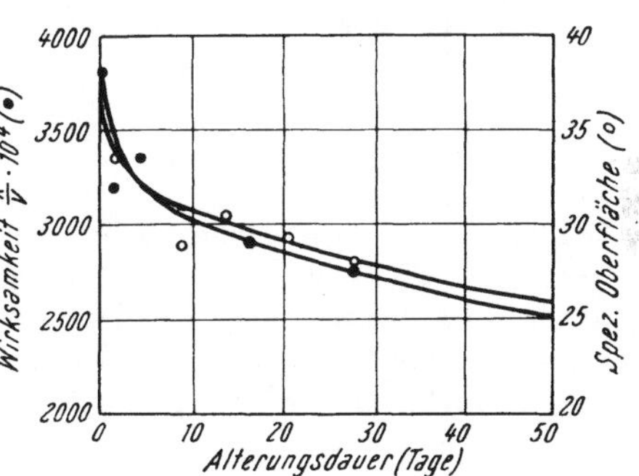

Abb. 41. Einfluß der Alterung auf Oberfläche (○) und Wirksamkeit (●) von RANEY-Nickel. (Nach SMITH, BEDOIT und FUZEK.)

Nach TERMINASOW und BELETSKI[7] bekommt man nach Entfernung des gesamten Aluminiums aus einer Legierung Ni_2Al_3 hexagonal kristallisiertes Nickel mit einer wegen Einschlusses von Wasserstoff kleineren Elementarzelle, als sie kompaktem Nickel zukommt. Die hexagonale Form ist jedoch bei der Temperatur der Umgebung instabil und wandelt sich beim Erwärmen in die kubische Form um. Die beträchtliche Wirksamkeit solcher Katalysatoren könnte daher außer an die hochdisperse Struktur auch an das Vorliegen dieser metastabilen Kristallform geknüpft sein.

Nach FREIDLIN und ZIMINOWA[8] soll jedoch die Wirksamkeit des RANEY-Nickels (und wahrscheinlich auch anderer Nickelkatalysatoren) auf der Anwesenheit gelösten (nicht adsorbierten) Wasserstoffs beruhen, der als Verstärker wirken soll. Wenn man diesen gelösten Wasserstoff entfernt, so fällt die Wirksamkeit

---

[1] H. ADKINS: Reaction of Hydrogen with Organic Componds. Wisconsin: Univ. of Wisconsin Press, 1937.

[2] A. ADKINS, H. R. BILLICA: J. Amer. chem. Soc. **70** (1948), 695.

[3] A. TAYLOR, J. WEISS: Nature **141** (1938), 1055.

[4] G. G. URAZOW, L. M. KEFELY, S. L. LELTSCHUK: C. R. Acad. Sci. URSS **55** (1947), 509, 735.

[5] G.-M. SCHWAB, H. ZORN: Z. physik. Chem., Abt. B **32** (1936), 169. — H. A. SMITH, W. C. BEDOIT, J. F. FUZEK: J. Amer. chem. Soc. **71** (1949), 3769. — E. B. MAXTED, R. A. TITT: J. Soc. chem. Ind. **57** (1938), 197.

[6] H. A. SMITH, W. C. BEDOIT, J. F. FUZEK: J. Amer. chem. Soc. **71** (1949), 3769.

[7] Y. S. TERMINASOW, M. S. BELETSKI: C. R. Acad. Sci. URSS **63** (1948), 411.

[8] L. C. FREIDLIN, N. I. ZIMINOWA: Nachr. Akad. Wiss. UdSSR **1950**, 659; **1951**, 145; C. R. Acad. Sci. URSS **74** (1950), 955.

des Katalysators auf Null, und außerdem verschwindet auch sein pyrophores Verhalten. Wir werden diese Tatsachen in dem Abschnitt über adsorbierte Katalysatoren (S. 636) noch besprechen.

Während nach Smith, Bedoit und Fuzek[1] Temperatur und Dauer der Laugenbehandlung und des Auswaschens wenig Einfluß auf die Wirksamkeit dieses Katalysators haben sollen, konnte Adkins[2] bei systematischem Studium der Herstellungsweise sehr wirksame Produkte erhalten. Das aktivste von allen, von ihm W 6 genannt, hydriert sogar bei Zimmertemperatur und niederem Druck und kann daher den Katalysatoren aus Platin oder Palladium an die Seite gestellt werden. Zu seiner Herstellung läßt man etwa 20%ige Natronlauge 50 Minuten lang bei 50° auf die Legierung einwirken, wäscht einmal durch Dekantieren und dann lange Zeit unter Wasserstoffatmosphäre mit destilliertem Wasser. Ein sehr aktiver Kontakt ist auch von Cornubert und Phelisse[3] hergestellt worden.

Nach Ipatieff[4] soll wie gesagt die Wirksamkeit an die Gegenwart von Aluminiumoxyd gebunden sein. Der Katalysator W 6 hat in der Tat eine mittlere Zusammensetzung: 76,97% Ni, 21,13% Al_2O_3, 0,54% Natriumaluminat und 1,36% Al. Es scheint, daß noch keine Versuche gemacht worden sind, die Wirksamkeit der Katalysatoren von verschiedenem Gehalt an Al_2O_3 zu vergleichen, wie man sie sicherlich bei verschiedenen Herstellungsverfahren erhält.

Schmiedt-Nielsen und Spillum[5] haben beobachtet, daß die Wirksamkeit von der Zusammensetzung der *Ausgangslegierung* abhängt: Ihre Versuche mit Legierungen von 15÷60% Nickel zeigen, daß die aktivsten Katalysatoren aus den nickelreichsten Legierungen entstehen. Die Verfasser haben auch versucht, bei zwei Legierungen mit 28 und 42% Nickel einen unvollständigen Abbau unter Entfernung nur eines Teils des Aluminiums durchzuführen. Sie erhielten so Katalysatoren mit einem zwischen 0,2% und 70% variierenden Aluminiumgehalt. Die besten Resultate wurden mit kleinen Restaluminiumgehalten zwischen 15% und 0,2% gefunden. Wahrscheinlich liegt, wenn die Verfasser von „Aluminium" sprechen, ein guter Teil des Metalls in Form von Al_2O_3 vor, wie wir schon sahen.

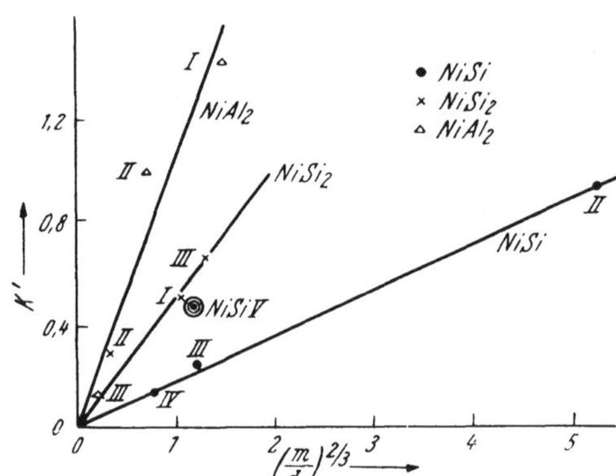

Abb. 42. Wirksamkeit und Oberflächenentwicklung von Raney-Nickel. (Nach Schwab und Zorn.) K' = Geschwindigkeitskonstante der Äthylenhydrierung; $\left(\frac{m}{d}\right)^{2/3}$ = Kornoberfläche des Katalysators.

Schwab und Zorn[6] haben gefunden, daß auch aus denselben Legierungen hergestellte Katalysatoren verschiedene Wirksamkeit haben können. Ohne auf die äußeren Ursachen einer solchen Wirksamkeitsvariation (Herstellungsweise, Vergiftung usw.) einzugehen, finden sie, daß die Wirksamkeit des Kontakts seiner Gesamtoberfläche genau proportional ist (Abb. 42).

[1] H. A. Smith, W. C. Bedoit, J. F. Fuzek: J. Amer. chem. Soc. **71** (1949), 3769.
[2] H. Adkins, A. K. Pavlich: J. Amer. chem. Soc. **69** (1947), 3039. — H. Adkins, H. R. Billica: J. Amer. chem. Soc. **70** (1948), 695.
[3] R. Cornubert, J. Phelisse: C. R. hebd. Séances Acad. Sci. **229** (1949), 460.
[4] V. N. Ipatieff, H. Pines: J. Amer. chem. Soc. **72** (1950), 5320.
[5] S. Schmiedt-Nielsen, E. Spillum: Kgl. norske Vidensk. Selsk., Forh. **17** Nr. 31 (1944), 122.
[6] G.-M. Schwab, H. Zorn: Z. physik. Chem., Abt. B **32** (1936), 169.

Wir haben schon von der weiteren Aktivierung des RANEY-Nickels durch Zusatz von Kobalt oder durch Behandlung mit Salzen von Palladium oder Platin gesprochen (s. S. 510). PAUL[1] hat auch versucht, Chrom und Molybdän der Ausgangslegierung zuzusetzen und fand, daß sie in Mengen von 3÷10% des Katalysators als Verstärker wirken. Er ist der Ansicht, daß beide Metalle im fertigen Katalysator als Oxyde vorliegen.

Außer mit Aluminium kann die Ausgangslegierung auch mit anderen alkalilöslichen Elementen wie Silicium oder Zink hergestellt werden. SCHWAB und ZORN[2] haben mit vier Legierungen der angenäherten Zusammensetzungen NiSi, $NiSi_2$, NiAl und $NiAl_2$ gearbeitet und gefunden, daß NiAl von Natronlauge nicht angegriffen wird, während die anderen drei zu Katalysatoren führen, deren Wirksamkeit für die Äthylenhydrierung im Verhältnis steht NiSi : $NiSi_2$: : $NiAl_2$ = 1 : 3 : 6, wie auch aus Abb. 42 zu ersehen ist. PATTISON und DEGERING[3] haben eine Legierung Ni-Mg mit verdünnter (1%) Essigsäure zersetzt und einen Katalysator erhalten, der in seiner Wirksamkeit mit dem W 4 von ADKINS[4] vergleichbar ist. Bessere Resultate sollen mit einer Legierung von 50% Nickel, schlechtere mit einer von 30% erzielt worden sein. Endlich soll bei dieser Katalysatorart noch erwähnt werden, daß nach diesem Verfahren außer den schon auf S. 505 erwähnten Ni-Co-Legierungen auch *Eisen*[5], *Kobalt*[6] und *Kupfer*[6] hergestellt worden sind.

β) *Katalysatoren Ni-Cr_2O_3.*

Erst in neuerer Zeit finden wir als Verstärker des Nickels auch Chromoxyd vorgeschlagen. Es scheint meistens für die Herstellung von *suspendierten* Katalysatoren in flüssiger Phase angewandt zu werden.

Bei der Hydrierung von Benzol und anderen aromatischen und zweikernigen Kohlenwasserstoffen hat außer den erwähnten Autoren JULIARD und HERBO[7] auch TRUFFAULT[8] recht wirksame Katalysatoren aus Nickel mit 3% Cr_2O_3 verwendet und Reaktionsgeschwindigkeiten erreicht, die nur wenig kleiner sind als bei Platinkatalysatoren. Das Optimum soll bei 10 Molprozent Cr_2O_3 liegen[7]. Aber auch Katalysatoren mit größerem Chromoxydgehalt sind noch sehr aktiv, wenn sie auf besondere Weise hergestellt werden. So erhielten FRAZER und JACKSON[9] durch Zersetzung von Nickelammoniumchromat einen Katalysator der Zusammensetzung $2NiO \cdot Cr_2O_3$. Er ist den anderen für die Ölhydrierung untersuchten bedeutend überlegen. Auch bei der Hydrierung von Furfurol[10] und von Zucker[11] ist beobachtet worden, daß reduziertes Nickelchromit einen der wirksamsten Katalysatoren ergibt. Während der Reduktion zu metallischem Nickel verbleibt nämlich das Chrom-

[1] R. PAUL: Bull. Soc. chim. France **1946**, 208.
[2] G.-M. SCHWAB, H. ZORN: Z. physik. Chem., Abt. B **32** (1936), 169.
[3] J. N. PATTISON, E. F. DEGERING: J. Amer. chem. Soc. **72** (1950), 5756.
[4] H. ADKINS, A. K. PAVLICH: J. Amer. chem. Soc. **69** (1947), 3039.
[5] R. PAUL, G. HILLY: C. R. hebd. Séances Acad. Sci. **206** (1938), 608.
[6] L. FENCONAU: C. R. hebd. Séances Acad. Sci. **203** (1936), 406.
[7] A. JULIARD: Bull. Soc. chim. Belgique **46** (1937), 549. — A. JULIARD, C. HERBO: Bull. Soc. chim. Belgique **47** (1938), 717.
[8] R. TRUFFAULT: Bull. Soc. chim. France (5) **2** (1935), 244; (5) **1** (1934), 206.
[9] J. C. W. FRAZER, C. B. JACKSON: J. Amer. chem. Soc. **58** (1936), 950.
[10] G. NATTA, R. RIGAMONTI, E. BEATI: Chim. e Ind. **23** (1941), 117; Atti 28 Riunione S. I. P. S. **3** (1939), 385.
[11] R. RIGAMONTI, E. BEATI: Reale Ist. lombardo Sci. Lettere, Rend. **73** fasc. 2 (1939/40). — G. NATTA, R. RIGAMONTI, E. BEATI: Chim. e Ind. **24** (1942), 419.

oxyd wegen seiner geringen Rekristallisationstendenz in feinster Verteilung mit metallischem Nickel vermischt und kann deshalb seine Verstärkerwirkung allerbestens ausüben.

Die Wirksamkeit solcher Katalysatoren hängt stark von der *Herstellungsweise* des Chromits ab, und das ist vielleicht der Grund, daß Nickelchromit zum Unterschied von Kupferchromit bisher in der Praxis nur wenig als Katalysator verwendet worden ist. Dies gilt vor allem für die Fällung von Nickelchromat, dessen Zusammensetzung stark von der Konzentration und dem p_H der fällenden Lösungen abhängt[1].

Die Versuche der genannten Verfasser[2] haben gezeigt, daß man einen nicht weniger als RANEY-Nickel wirkenden Kontakt erhält, wenn man durch Vermischen gleicher Volumina molarer Lösungen von Nickelnitrat und Natriumchromat bei 80° basisches Nickelchromat ausfällt, wäscht, trocknet und eine Stunde bei 500° im Wasserstoffstrom reduziert. Diese Darstellungsweise ist von gewissen Gesichtspunkten aus einfacher als die des RANEY-Nickels. Ein Beweis für die beachtliche Wirksamkeit dieser Art von Katalysatoren liegt auch in den Versuchen von SADEK und TAYLOR[3] vor, die bei dem Wasserstoff-Deuterium-Austausch unter Bildung von HD eine Aktivierungsenergie von nur 0,53 kcal beobachtet haben, also weniger als an anderen verstärkten Nickelkatalysatoren (z. B. an Nickel-Thoriumoxyd beträgt die Aktivierungsenergie 2 kcal).

Schon auf S. 460 haben wir die selektive Wirkung besonders hergestellter Ni-Cr_2O_3-Katalysatoren bei der Hydrierung von Acetylen in Anwesenheit von Olefinen erwähnt. Es sind übrigens auch Katalysatoren Ni-Cr_2O_3-Al_2O_3 vorgeschlagen worden[4], die durch Mischen der Lösungen von $K_2Cr_2O_7$, $NiSO_4$, $Al_2(SO_4)_3$ und K_2CO_3 hergestellt werden sollen.

γ) *Nickel — Seltene Erden.*

Katalysatoren aus Nickel mit seltenen Erdoxyden sind im allgemeinen sehr wirksam. Wir haben schon die Versuche von JULIARD und HERBO[5] (S. 547) über die Hydrierung von Benzol und die Dehydrierung von Cyclohexan sowie die Synthese von Methan nach MEDSFORTH betrachtet. Für denselben Zweck haben nun RUSSEL und TAYLOR[6] Katalysatoren Ni-ThO_2 und GHOSH, CHAKRAVARTY und BASHI[7] Katalysatoren Ni-ThO_2-CeO_2, Ni-CeO_2-V_2O_5 und Ni-CeO_2-Cr_2O_3 benutzt. YOSHIKAWA[8] hat Nickel für die katalytische Oxydation von Methan mit Sauerstoffunterschuß bei 850° zu CO und H_2 mit Kieselsäure und Thoriumoxyd verstärkt.

[1] P. L. CASAUS, G. S. MARCO: Rev. Acad. Ci. exact., fisic. quim. natur. Zaragoza (2 A) **4** (1949), 71.

[2] G. NATTA, R. RIGAMONTI, E. BEATI: Chim. e Ind. **23** (1941), 117; Atti 28 Riunione S. I. P. S. **3** (1939), 385. — R. RIGAMONTI, E. BEATI: Reale Ist. lombardo Sci. Lettere, Rend. **73** fasc. 2 (1939/40). — G. NATTA, R. RIGAMONTI, E. BEATI: Chim. e Ind. **24** (1942), 419.

[3] H. SADEK, H. S. TAYLOR: J. Amer. chem. Soc. **72** (1950), 1168.

[4] P. L. CASAUS, G. S. MARCO: Rev. Acad. Ci. exact., fisic. quim. natur. Zaragoza (2A) **4** (1949), 71. — P. L. CASAUS: Combustibles **7** (1947), 151.

[5] A. JULIARD: Bull. Soc. chim. Belgique **46** (1937), 549. — A. JULIARD, C. HERBO: Bull. Soc. chim. Belgique **47** (1938), 717.

[6] W. W. RUSSEL, H. S. TAYLOR: J. physic. Chem. **29** (1925), 1325.

[7] J. C. GHOSH, K. M. CHAKRAVARTY, J. B. BASHI: Z. anorg. allg. Chem. **217** (1934), 277. — K. M. CHAKRAVARTY: J. Indian chem. Soc. **15** (1938), 245.

[8] K. YOSHIKAWA: Sci. Pap. Inst. physic. chem. Res. (Tokyo) **15** (1931), 304; Bull. Inst. physic. chem. Res. (Tokyo) **10** (1931), 45.

SSADIKOW und ASTRACHANZEW[1] erhalten die besten Resultate bei der Hydrierung von α-Picolin zu α-Pipecolin mit Nickel oder Osmium unter Verstärkung mit Lanthan- und Ceroxyd. Während mit den reinen Metallen unter gleichen Bedingungen die Ausbeuten niedrig sind (mit Nickel 26,5 %), erreicht man bei Verstärkung des Nickels mit Ceroxyd Pipecolinausbeuten von 61,8 % und mit Lanthanoxyd 87,8 %. Jedoch kann man wegen sekundärer Zersetzungs-, Verschiebungs- oder Polymerisationsreaktionen nur schwer ein Bild über den Einfluß der verschiedenen Verstärker auf die eigentlich betrachtete Reaktion gewinnen. Es ist jedenfalls merkwürdig, daß nach denselben Autoren Zirkoniumoxyd für diese Reaktion kein guter Verstärker sein soll. Demgegenüber sei an die besondere verstärkende Wirkung von Thoriumoxyd (und auch Cer- und Uranoxyd) auf Nickel und Kobalt in den Katalysatoren der FISCHERschen Benzinsynthese erinnert. Hiervon werden wir in dem Abschnitt Kieselgurkontakte (S. 676) noch zu sprechen haben.

δ) *Nickelkontakte aus der Reduktion von Nickelsalzen.*

Wir haben schon gesehen, daß sich unter den Herstellungsmethoden von Nickelkatalysatoren auch die Reduktion gewisser Salze befindet, deren Anion sich von einem nichtreduzierbaren Säureanhydrid ableitet. Unter diesen Fällen ist auch die Herstellung der Katalysatoren Ni-Cr_2O_3 durch Reduktion von Nickelchromit erneut zu erwähnen.

Die Herstellung solcher Kontakte wurde zum ersten Male durch KAHLENBERG und PI[2] an zahlreichen Salzen durchgeführt: Molybdat, Wolframat, Silikat, Beryllat, Chromat und Manganat. Bei Versuchen zur Ölhydrierung scheint sich das aus dem Silikat erhaltene Produkt als das beste herausgestellt zu haben. Sehr wirksam für Hydrierungen sind auch die aus Nickelmolybdat oder Nickelammoniummolybdat[3] erhaltenen Katalysatoren. Nach WOODMAN, TAYLOR und TURKEVICH[4] erlauben diese Katalysatoren eine Äthylenhydrierung schon bei — 80°.

Wie die Messungen der magnetischen Suszeptibilität von TAYLOR und Mitarbeitern[4] und die röntgenographische Untersuchung von SCHWAB und NAKAMURA[5] gezeigt haben, hängt die beachtliche Wirksamkeit dieser Katalysatoren von der feinen Verteilung des Nickels in ihnen ab. Nach SCHWAB sollen kinetische Messungen der Hydrierung beweisen, daß es eigentlich das elementare ungeordnete Nickel und nicht so sehr das röntgenographisch sichtbare kristalline Nickel ist, das die katalytische Wirkung des Kontaktes bestimmt. Außerdem findet, wie aus Tabelle 37 hervorgeht, in manchen Katalysatoren auch eine Reduktion des Molybdänoxyds zu Molybdän statt, das sich dann im Nickel löst; bei hohen Gehalten an MoO_3 besteht so der gebildete Kontakt nur aus einer Nickel-Molybdän-Legierung. Wenig abweichende Resultate erhält auch TANIDA[6], der mit einem Katalysator arbeitet, den er aus Nickelcarbonat und ammoniaka-

---

[1] V. S. SSADIKOW, P. I. ASTRACHANZEW: J. russ. physik.-chem. Ges. **62** (1930), 2071.

[2] L. KAHLENBERG, T. P. PI: J. physic. Chem. **28** (1923), 59, 70.

[3] R. WEIDENHAGEN, H. WEGNER: Ber. dtsch. chem. Ges. **71** (1938), 2712. — W. F. POLOSOW: Chem. festen Brennstoffe **6** (1935), 78. — J. F. WOODMAN, H. S. TAYLOR: J. Amer. chem. Soc. **62** (1940), 1393. — J. F. WOODMAN, H. S. TAYLOR, J. TURKEVICH: J. Amer. chem. Soc. **62** (1940), 1397. — G.-M. SCHWAB, H. NAKAMURA: Z. physik. Chem., Abt. B **41** (1938), 189. — F. E. T. KINGMAN, E. K. RIDEAL: Nature **137** (1936), 529.

[4] J. F. WOODMAN, H. S. TAYLOR, J. TURKEVICH: J. Amer. chem. Soc. **62** (1940), 1397. — J. F. WOODMAN, H. S. TAYLOR: J. Amer. chem. Soc. **62** (1940), 1393.

[5] G.-M. SCHWAB, H. NAKAMURA: Z. physik. Chem., Abt. B **41** (1938), 189.

[6] S. TANIDA: Bull. chem. Soc. Japan **18** (1943), 36.

lischer Molybdänsäurelösung gewonnen, entwässert und bei 450° reduziert hat. Der Zusatz von Molybdän zum Nickel steigert die Wirksamkeit des Kontakts bis zu einem Maximum bei 15 Atomen Molybdän auf 100 Atome Nickel. Gleichzeitig beobachtet man im fertigen Kontakt die Bildung einer festen Lösung

Tabelle 37. *Hydrierung von Öl (Jodzahl 109) mit Nickelkatalysatoren aus der Reduktion von Salzen.* (Nach KAHLENBERG und PI.)

Katalysator	Reduktions-Temperatur	Hydrier-Temperatur	Jodzahl nach 3 Std.	Schmelzpunkt nach Hydrierung
Nickeloxyd	340	210	63	41
Nickelmolybdat	360	245	84	25
Nickelwolframat	370	255	82	30
Wolframoxyd	410	255	109	flüssig
Nickelsilikat	290	200	40	44
Nickelborat	290	200	60	42
Eisensilikat	240	250	105	flüssig
Eisennickelsilikat	300	200	94	,,
Nickelglycinat	235	225	109	,,
Nickeltyrosinat	—	225	109	,,
Thoriumstearat	140	225	109	,,
Thoriumsilikat	350	240	109	,,
Nickelchromat	320	220	62	41
Nickelmanganat	320	220	62	40,5
Kobaltsilikat	350	190	109	flüssig
desgleichen	390	190	71	37,5

von Mo in Ni, wobei das Maximum der Löslichkeit mit der Zusammensetzung der größten katalytischen Wirksamkeit zusammenfällt. Ebendort liegt auch ein Maximum des spezifischen Gewichts des Kontakts.

Derselbe Verfasser hat auch mit ebenso dargestellten Katalysatoren Ni-W gearbeitet, wo das Wirkungsmaximum bei 5 Atomen Wolfram auf 100 Atome Nickel liegt. In diesem Fall konnte allerdings mit Röntgenstrahlen die Bildung fester Lösungen nicht nachgewiesen werden.

Eine besondere Stellung unter den Verstärkern nimmt Borsäureanhydrid ein. Durch Reduktion neutralen Nickelborats bekommt man einen Katalysator, der nicht wirksamer ist als reines Nickel, was dazu verleiten könnte, die Verstärkerwirkung der Borsäure praktisch gleich Null zu setzen. Dies wäre im Einklang mit unseren allgemeinen Betrachtungen über die Beziehung zwischen Wirksamkeit und Schmelzpunkt von Verstärkern. Hiernach sollte Borsäureanhydrid (Schmelzpunkt 577°) als Verstärker nicht geeignet sein.

UBBELOHDE und SCHÖNFELD[1] beobachteten jedoch bei der Ölhärtung, daß ein Katalysator, der durch Reduktion von basischem Nickelborat bei 420 ÷ 430° erhalten wird, das nur 14 % B_2O_3 enthält und durch Hydrolyse von Nickelborat entsteht, die dreifache katalytische Wirksamkeit des aus neutralem Borat erhaltenen besitzt. Die Erklärung für diese Tatsachen ist ziemlich unklar; vielleicht kommen hier Unterschiede in dem Prozentsatz des im Kontakt vorliegenden reduzierten Nickels ins Spiel wegen der verschiedenen Leichtigkeit der Reduktion des Oxyds, des neutralen Borats und des basischen Borats. Vielleicht handelt es sich auch bei dieser Hydrierung in flüssiger Phase um andere

[1] L. UBBELOHDE, H. SCHÖNFELD: Allg. Öl- u. Fett-Ztg. **27** (1930), 425.

Einflüsse, z. B. Bindungen zwischen dem zu hydrierenden Öl und dem im Kontakt vorliegenden Borsäureanhydrid. Man muß auch beachten, daß es sich um eine Reaktion handelt, die bei tiefer Temperatur verläuft (unterhalb 200°). Bezeichnend ist, daß diese aus Boraten erhaltenen Nickelkatalysatoren nicht pyrophor sind und daß die beste Wirkung dem kleinsten Gehalt an B_2O_3 entspricht, der gerade die Pyrophorizität des Nickels aufhebt.

Endlich wurden sehr komplizierte Katalysatoren der hier betrachteten Gruppe von KINGMAN und RIDEAL[1] bei der Phenolhydrierung studiert. Es handelt sich um Zersetzungsprodukte von Heteropolysäuren $R\,[Me\,(MoO_4)_6]$, wo R = H, NH_4, K usw., und Me = Ni, Co, Cu usw. Hier ist wegen der stark reduzierenden Reaktionsbedingungen anzunehmen, daß das Nickel (und entsprechend Kobalt und Kupfer) in ein in der Masse der anderen Oxyde fein verteiltes Metall verwandelt ist.

Tabelle 38. *Aufbau und Aktivierungsenergie der Äthylenhydrierung von Katalysatoren aus der Reduktion von Mischungen von Nickeloxyd und Nickelmolybdat.* (Nach SCHWAB und NAKAMURA.)

Katalysator Atomprozent		Röntgenbefund	Scheinbare Aktivierungsenergie
Ni	Mo		
0	100	Mo	—
27,1	72,9	MoO_2	2÷5
44,4	55,6	MoO_2, NiO, Ni + 27% Mo	2,7
52,9	47,1	Ni + 20% Mo	7,1
77,1	22,9	Ni + 15% Mo	1÷1,8
100	0	Ni	2,4

b) Kobaltkatalysatoren.

In Analogie zum Nickel wurde auch das mit Al_2O_3 verstärkte Kobalt von FISCHER, TROPSCH und DILTHEY[2] bei der Synthese von Methan aus CO und H_2 und von FISCHER und TROPSCH[3] bei der Oxydation von Methan mit CO_2 untersucht. Mit ThO_2 und mit SiO_2 verstärktes Kobalt wurde von YOSHIKAWA[4] bei der Oxydation von Methan mit Luft oder Sauerstoff erprobt, allerdings mit Resultaten, die dem Nickel nachstanden. JULIARD und HERBO[5] haben dagegen die Wirkung verschiedener Verstärker (Cr_2O_3, Al_2O_3, ZnO) bei der Hydrierung von Benzol und der Dehydrierung von Cyclohexan studiert, indem sie die Veränderungen der Kontaktwirksamkeit in Abhängigkeit von der Menge des Verstärkers untersuchten (Abb. 43).

GRIFFITH und BROWN[6] haben Kobaltkatalysatoren mit MnO, MoO_2 und Cr_2O_3 bei der Hydrierung von Nitrobenzol zu Anilin in der Dampfphase erprobt. Die besten Resultate lieferte ein Katalysator Co-MnO aus Kobaltpermanganat.

Die wichtigsten Kobaltkatalysatoren sind jedoch ohne Zweifel die mit Mischungen unreduzierbarer Oxyde (MgO, MnO, UO_2, ThO_2 usw.) verstärkten, wie sie von FISCHER und TROPSCH bei der Synthese flüssiger und fester Kohlen-

[1] F. E. T. KINGMAN, E. K. RIDEAL: Nature **137** (1936), 529.
[2] F. FISCHER, H. TROPSCH, P. DILTHEY: Brennstoff-Chem. **6** (1925), 265.
[3] F. FISCHER, H. TROPSCH: Brennstoff-Chem. **9** (1939), 28.
[4] K. YOSHIKAWA: Sci. Pap. Inst. physic.-chem. Res. (Tokyo) **15**, N. 304; Bull. Inst. physic.-chem. Res. (Tokyo) **10** (1931), 45.
[5] A. JULIARD, C. HERBO: Bull. Soc. chim. Belgique **47** (1938), 717.
[6] F. A. GRIFFITH, O. W. BROWN: J. physic. Chem. **42** (1938), 107.

wasserstoffe aus Wassergas studiert wurden. Es ist nicht leicht, sich aus der Patentliteratur und den Veröffentlichungen der verschiedenen deutschen, japanischen, amerikanischen und englischen Autoren ein genaues Bild über den

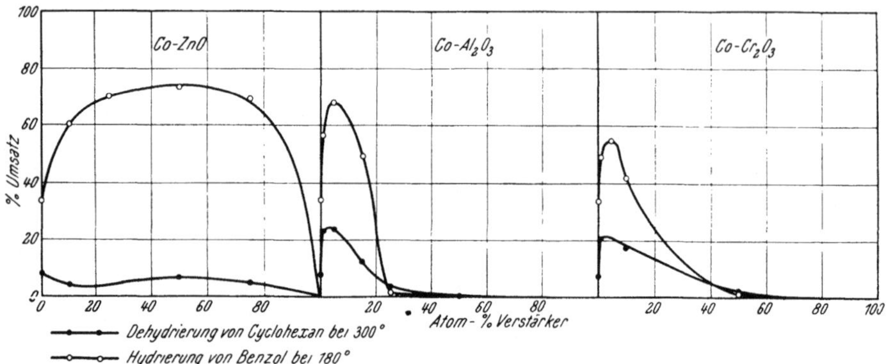

Abb. 43. Wirksamkeit von verstärkten Kobaltkatalysatoren bei der Hydrierung von Benzol und der Dehydrierung von Cyclohexan. (Nach Juliard und Herbo.)

Einfluß der verschiedenen Oxyde auf die Eigenschaften dieser Katalysatoren zu machen. Es ist zu beachten, daß das unreduzierbare Oxyd nicht nur die Funktion eines Verstärkers oder Trägers hat, sondern anscheinend zuweilen auch eine wirklich katalytische, nämlich kondensierende Wirkung. Da man anderseits diese Katalysatoren meistens auch noch in Gegenwart eines Trägers benutzt, so werden wir sie ausführlicher unter den Trägerkontakten besprechen.

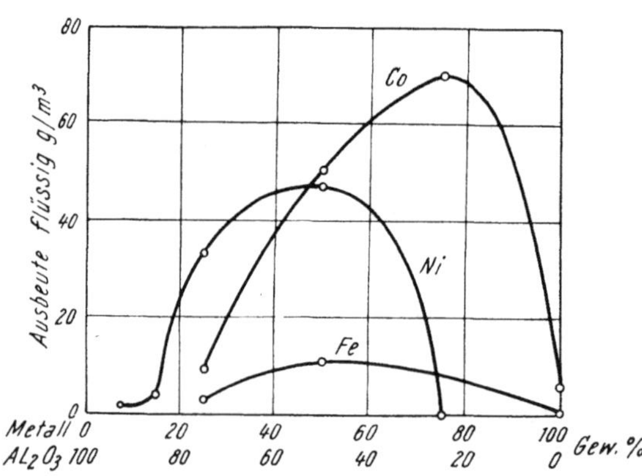

Abb. 44. Ausbeute an flüssigen Kohlenwasserstoffen mit Al_2O_3-verstärkten Katalysatoren. (Nach Riess, Lister, Smith und Komarewsky.)

Es sind jedoch auch Versuche ohne Träger gemacht worden. In dieser Richtung sind die Versuche von Craxford[1] über die drei Katalysatoren Co-ThO_2, Co-Kieselgur und Co-ThO_2-Kieselgur von Interesse. Der erste soll ohne Träger der wirksamste für die Bildung von Kobaltcarbid sein:

$$2\,Co + 2\,CO = Co_2C + CO_2,$$

welche ja nach gewissen Ansichten das erste Stadium der Fischer-Tropsch-Synthese sein soll. Unter den interessantesten Versuchen der Kohlenwasserstoffsynthese mit trägerfreien Katalysatoren seien hier die von Riess, Lister, Smith und Komarewsky[2] zitiert. Sie haben nicht nur Kobalt, sondern auch Eisen und Nickel, verstärkt durch Al_2O_3, ThO_2, ZnO sowie SiO_2 erprobt. Wie

[1] S. R. Craxford: Trans. Faraday Soc. 42 (1946), 580.

[2] C. H. Riess, F. Lister, L. G. Smith, V. I. Komarewsky: Ind. Engng. Chem. 40 (1948), 718.

man aus den Abb. 44, 45 und 46 sieht, ist Kobalt den anderen Metallen überlegen, indem es die größte Ausbeute an flüssigen Kohlenwasserstoffen und die kleinste an gasförmigen liefert. Unter den verschiedenen Verstärkern des Kobalts wieder hat sich Thoriumoxyd als der beste erwiesen. Bei ihm liegt das Wirkungsoptimum bei etwa 20 Gewichtsprozent.

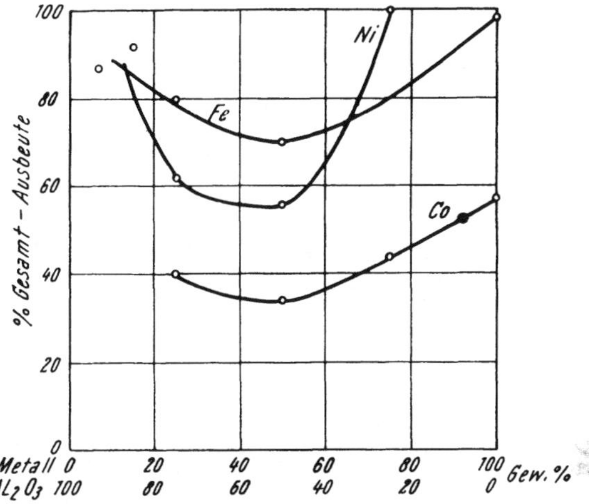

Abb. 45. Gesamtausbeute an Kohlenwasserstoffen mit Al_2O_3-verstärkten Katalysatoren. (Nach RIESS, LISTER, SMITH und KOMAREWSKY.)

Man hat solche mit Oxyden wie ThO_2 und MnO verstärkten Kobaltkatalysatoren auch für die Oxosynthese zur Erzeugung von Aldehyden aus Olefinen, CO und Wasserstoff[1] und für die *Carboxosynthese*, also Estergewinnung aus Olefinen, CO und Alkoholen[2] verwandt. Spätere Versuche haben gezeigt, daß die wirklichen Katalysatoren dieser Synthese die Kobalt-Carbonyl-Verbindungen sind[3]. Bei diesen Reaktionen besteht die Wirkung des Verstärkers auf das Kobalt wahrscheinlich darin, das Kobalt leichter reagierbar gegenüber dem Kohlenoxyd zu machen, so daß sich Kobalt-Carbonyl-Verbindungen bilden können. Ein sehr wirksamer Kobaltkatalysator läßt sich nach RANEY[4] durch Einwirkung von Natronlauge auf eine Legierung von Kobalt und Aluminium gewinnen. Wie wir bei dem entsprechenden Nickelkatalysator sehen werden, bleibt dabei ein Teil des Aluminiums als Oxyd oder Hydroxyd im Kontakt zurück und erhöht seine Stabilität und Wirksamkeit. Dieses RANEY-Kobalt hat

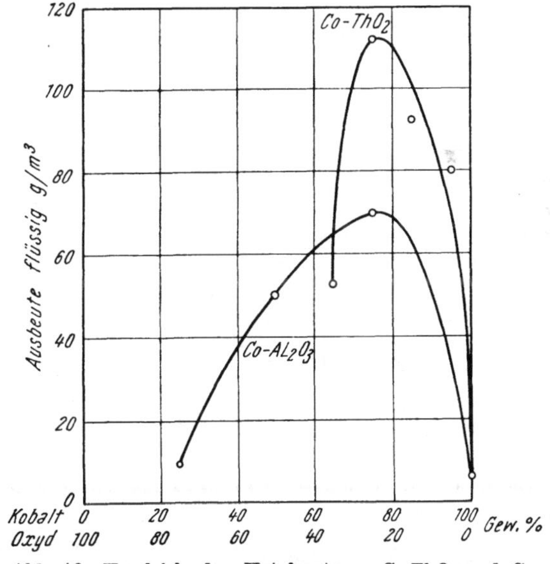

Abb. 46. Vergleich der Katalysatoren Co-ThO_2 und Co-Al_2O_3 bei der Synthese flüssiger Kohlenwasserstoffe. (Nach RIESS, LISTER, SMITH und KOMAREWSKY.)

[1] O. ROELEN: Chem. Zbl. **1941**, I, 1354. — F.I.A.T. Final Report 1000, S. 26. — Report on German Ind., BIOS 447. — G. NATTA: Chim. e Ind. **24** (1942), 389. — G. NATTA, E. BEATI: Chim. e Ind. **27** (1945), 2984.

[2] G. NATTA, P. PINO: Chim. e Ind. **31** (1949), 109.

[3] G. NATTA, R. ERCOLI: Chim. e Ind. **34** (1952), 503.

[4] M. RANEY: US-Pat. 1563587 vom 1. Dezember 1925; 1628190 vom 10. Mai 1927; 1915473 vom 27. Juni 1933; Ind. Engng. Chem. **32** (1940), 1199.

unter anderem technische Anwendung zur Hydrierung von Nitrilen zu Aminen (Adipinsäurenitril zu Hexamethylendiamin bei der Nylonherstellung) gefunden.

Endlich sei bemerkt, daß Kobalt die merkwürdige Eigenschaft hat, mit drei- und vierwertigen Oxyden Katalysatoren zu geben, deren Wirksamkeit bei zunehmendem Verstärkergehalt nach einem deutlichen Maximum viel rascher abfällt als bei anderen Metallen (Ni, Fe, Cu) und sogar fast ganz oder völlig verschwindet bei Verstärkergehalten um 50% (Abb. 43, 46).

c) Eisenkatalysatoren.

Metallisches Eisen dürfte in Abwesenheit von Verstärkern nicht imstande sein, praktisch brauchbare Katalysatoren zu liefern. Seine leichte Oxydierbarkeit, seine, verglichen mit anderen Metallen der achten Gruppe, schwerere Reduzierbarkeit und die pyrophore Eigenschaft des reduzierten Eisens beschränken die Brauchbarkeit. Nichtsdestoweniger sehen wir metallisches Eisen in einer der wichtigsten katalytischen Reaktionen im Gebrauch, nämlich der *Ammoniaksynthese.*

Zum Unterschied von anderen Katalysatoren kann metallisches Eisen (z. B. bei der Ammoniaksynthese) nicht diskontinuierlich arbeiten. Wenn es mit der Luft in Berührung kommt, so verliert es seine Wirksamkeit, und auch wenn es zum zweitenmal reduziert wird, gewinnt es sie nicht völlig zurück. Die hohe Temperatur, bei der die Ammoniaksynthese verläuft, besonders wenn man bei Höchstdruck arbeitet (Verfahren nach Claude, Casale usw.), macht die Anwendung von Verstärkern zur Vermeidung der Sinterung des Eisens notwendig. Aber auch bei mäßigen Drucken und Temperaturen (Verfahren Haber-Bosch, Fauser usw.) ist die Anwendung von sehr wirksamen Katalysatoren erforderlich, um die Ausbeute bei jedem Gasdurchgang durch den Katalysator hochzuhalten, um eine günstige Wärmebilanz zu erhalten (sich selbst erhaltende Reaktion in der Synthesekolonne) und um ein begrenztes Katalysatorvolumen zu erreichen. Wenn man bedenkt, daß die aus hochlegierten Stählen gebauten fertigen Hochdruckreaktoren etwa 10000 Dollar pro Kubikmeter inneren Nutzraumes kosten, so ist der Vorteil augenscheinlich, der in der Benutzung eines hochwirksamen Katalysators liegt, der zu einer Apparatur mit kleinem Katalysenraum führt.

Wegen der geschichtlichen und praktischen Wichtigkeit der Eisenkatalysatoren für die Ammoniaksynthese halten wir es für nützlich, sie näher zu betrachten. Zum Unterschied von den meistens früher benutzten Katalysatoren aus mehr oder weniger edlen Metallen auf Trägern und damit mit einem nur kleinen Gewichtsanteil wirksamen Metalls an der gesamten Kontaktmasse, stellen die Eisenkatalysatoren den ersten wichtigen Fall dar, wo praktisch ein Katalysator durch außerordentlich kleine Mengen von Verstärkern aktiviert wird und gleichzeitig jene Kompaktheit und mechanische Festigkeit aufweist, die man heutzutage allgemein bei Katalysen in der Gasphase verlangt.

Der klassische Katalysator für unsere Synthese besteht nämlich aus einer innigen Mischung von Eisenoxyd und Aluminiumoxyd, der nach der Reduktion metallisches Eisen in feiner Verteilung im Aluminiumoxyd gibt, welch letztere das Eisen vor Sinterung schützt. Dieser Katalysator wurde 1910 von A. Mittasch aufgefunden und von der *Badischen Anilin- und Soda-Fabrik*[1] patentiert. Er wurde in der Folge in großem Maße variiert hinsichtlich der Darstellungsmethode und durch Zusatz anderer Stoffe, ist aber immer das kennzeichnende Beispiel eines

---

[1] A. Mittasch: Patent der Badischen Anilin- und Soda-Fabrik D.R.P. 249447 vom 9. Januar 1910.

verstärkten Kontakts geblieben. MITTASCH selbst[1] hat die Wichtigkeit des Zusatzes von Aluminiumoxyd zum Eisen gezeigt, nicht so sehr für die Wirksamkeit des Katalysators als für seine Lebensdauer bei der hohen Temperatur der Ammoniaksynthese (500°, 200 atm). Dies geht auch aus den Daten der Tabelle 39 hervor. Die anfänglich sehr hohe Wirksamkeit des Eisens fällt nach der ersten halben Stunde seines Arbeitens um 15 % und nach 48 Stunden auf 1 % ab. Der verstärkte Katalysator dagegen vergrößert seine Wirksamkeit mit der Zeit und erreicht schließlich einen konstanten Wert. Das kommt davon, daß der verstärkte Katalysator viel langsamer reduziert wird als reines Eisenoxyd. Nach MITTASCH selbst soll sogar eine gewisse Beziehung bestehen zwischen der Schwierigkeit, mit der das Gemisch Fe_2O_3-Al_2O_3 reduziert wird, und der Wirksamkeit des entstehenden Katalysators.

Tabelle 39. *Alterung von Katalysatoren bei der Ammoniaksynthese* (500° und 200 atm). (Nach MITTASCH und KEUNECKE.)

Katalysator	Volumprozent NH_3 nach einer Versuchsdauer von										
	5 min	30 min	1 Std.	4 Std.	8 Std.	12 Std.	16 Std.	20 Std.	24 Std.	36 Std.	48 Std.
Reines Eisen aus Fe_3O_4	10,1	8,6	7,7	5,8	4,7	3,5	2,5	1,9	1,2	0,4	0,1
Eisen mit 10 % Al_2O_3 verstärkt	—	—	—	3,4	7,0	9,1	10,4	10,7	10,7	10,3	10,6

Auch die Herstellungsmethode der Oxydmischung vor ihrer Reduktion ist natürlich von Bedeutung für die Wirksamkeit des Kontakts. Die wirksamsten Katalysatoren erhält man durch Zusammenschmelzen der beiden Oxyde; etwas weniger wirksam sollen die durch gemeinsame Fällung der Hydroxyde erhaltenen Kontakte sein; die mechanische Mischung der zwei Oxyde soll nur dann wirksam sein, wenn sie zunächst so lange auf 1100° erwärmt wird, daß sie viel homogener wird (Tabelle 40).

Tabelle 40. *Wirksamkeit der Katalysatoren nach 24 Stunden Versuchsdauer.* (Nach MITTASCH und KEUNECKE.)

Katalysator	Modifikation des Ausgangs-Al_2O_3	Wirksamkeit in Volumprozent NH_3 bei			
		400°		450°	500°
		1 atm	200 atm	200 atm	200 atm
Schmelzkontakt 1a	α-Al_2O_3	0,33	3,0	6,0	11,6
Schmelzkontakt 1b	γ-Al_2O_3	0,35	3,0	5,9	11,5
Fällungskontakt 2a (1000°)	—	—	2,3	4,5	10,7
Fällungskontakt 2b (500°)	—	—	2,5	5,0	10,1
Gemenge (1100°) 3a	α-Al_2O_3	0,30	2,3	4,8	9,5
Gemenge (1100°) 3b	γ-Al_2O_3	0,34	2,5	4,8	9,7
Gemenge (500°) 4a	α-Al_2O_3	0,10	0,4	0,8	1,6
Gemenge (500°) 4b	γ-Al_2O_3	0,31	2,1	4,2	8,5

Der durch Reduktion der zusammengeschmolzenen Oxyde erhaltene Katalysator sollte hinsichtlich der Homogenität nur sehr kleine Unterschiede gegen den durch Mitfällung und Erhitzen auf 1100° erhaltenen aufweisen. Er ist jedoch

[1] A. MITTASCH, E. KEUNECKE: Z. Elektrochem. angew. physik. Chem. 38 (1932), 666.

merklich wirksamer und besitzt eine größere mechanische Festigkeit, was für den praktischen Gebrauch von erheblicher Bedeutung ist.

Vielleicht können die Unterschiede zwischen Schmelz- und Fällungskontakten auch daher kommen, daß das Ausgangsprodukt in den ersten Fe_3O_4, in den zweiten aber Fe_2O_3 ist. Almquist und Crittenden[1] haben nämlich gefunden, daß das Wirksamkeitsmaximum dann auftritt, wenn die Ausgangsoxyde gleiche Mengen von Ferroeisen und Ferrieisen enthalten.

Die Röntgenuntersuchung solcher Katalysatoren durch Wyckoff und Crittenden[2], durch Brill[3], durch Eisenhut und Kaupp[4] und durch Katzaurow[5] zeigt klar, daß die Schmelzkontakte vor der Reduktion aus einer homogenen Phase mit Spinellgitter ($FeAl_2O_4$, isomorph mit Fe_3O_4) bestehen, während die Fällungskontakte zwar nur eine Phase aufweisen, aber aus einer festen Lösung von α-Fe_2O_3 und α-Al_2O_3 bestehen. Im erstgenannten Fall ist also das Aluminiumoxyd mit dem Eisenoxyd chemisch verbunden, während es im zweiten Fall nur in fester Lösung vorliegt. Nach der Reduktion weisen aber alle diese Katalysatoren nur die Interferenzen von α-Eisen auf, was beweist, daß das Aluminiumoxyd nicht reduziert wird und in sehr feiner Verteilung anwesend ist. Erst nach Entfernung des Eisens mit Essigsäure wird ein Rückstand erhalten, der die Interferenzen des kubischen γ-Al_2O_3 sehr unscharf zeigt. Aus ihrer Breite würde man eine Kristallgröße von $5 \div 10 \times 10^{-7}$ cm errechnen.

Als Beweis für den Einfluß der Verteilung des Al_2O_3 auf das Gitter des Eisenoxyds in Form einer festen Lösung möge der Befund dienen, daß unter den auf 500° erwärmten Gemengen die mit α-Al_2O_3 erhaltenen kaum wirksam sind, während die aus γ-Al_2O_3 deutlich wirken. Bei 500° kann man nach dem Röntgenbefund noch keine Homogenisierung des Gemisches erwarten, und deshalb geht das α-Al_2O_3 im Fe_2O_3 nicht in feste Lösung. γ-Al_2O_3 kann hingegen mit dem ersten Reduktionsprodukt des α-Fe_2O_3, dem Fe_3O_4, mit dem es isomorph ist, feste Lösungen bilden.

Auch aus *Gasadsorptionsmessungen* läßt sich nach Emmett und Brunauer[6] ableiten, daß Al_2O_3 eine Tendenz besitzt, sich in der Katalysatoroberfläche anzureichern. In Katalysatoren mit 1 bzw. 10% Al_2O_3 soll dieses 35 bzw. 55% der Oberfläche bedecken.

Man hat auch versucht, diesem Katalysator noch andere Oxyde in der Absicht einer Wirkungssteigerung zuzusetzen. Der Zusatz eines Oxydes von Molybdän[7] oder Zusatz von Kupfer- oder Nickeloxyd[8] verschlechtern aber die Ergebnisse. Hingegen ist die günstige Wirkung von Kaliumoxyd ganz allgemein anerkannt. Die größere Wirksamkeit solcher kalihaltiger Katalysatoren geht klar aus der von Almquist und Crittenden[1] stammenden Tabelle 41 hervor.

Auch nach Latschinow und Telegin[9] erhöht der Zusatz von K_2O allein eigentlich die Wirksamkeit des Eisens nicht. Vielmehr beobachtet man eine

---

[1] J. A. Almquist, E. D. Crittenden: Ind. Engng. Chem. **18** (1926), 1307.
[2] R. W. G. Wyckoff, E. D. Crittenden: J. Amer. chem. Soc. **47** (1925), 2866.
[3] R. Brill: Z. Elektrochem. angew. physik. Chem. **38** (1932), 669.
[4] O. Eisenhut, E. Kaupp: Z. physik. Chem. **133** (1928), 456.
[5] L. N. Katzaurow: J. physic. Chem. URSS **9** (1937), 292.
[6] P. H. Emmett, S. Brunauer: J. Amer. chem. Soc. **59** (1937), 1553.
[7] M. Ja. Rubanik, T. W. Sabolotzki, M. T. Russow: J. chem. Ind. URSS **14** (1937), 484.
[8] S. Latschinow: Chem. J. Ser. B, J. appl. Chem. **10** (1937), 1847.
[9] S. Latschinow, W. Telegin: J. chem. Ind. URSS **1934**, Nr. 12, 31.

Zunahme der Beständigkeit. Zusatz von Al_2O_3 bringt eine Zunahme der Wirksamkeit, aber keine große Stabilisierung hervor.

Diese Erscheinungen werden zwar durch die später zu besprechenden (s. S. 565) Versuche von LARSON und BROOKS[1] bestätigt, beziehen sich jedoch nur auf die Katalysatoren Fe-K_2O oder Fe-Al_2O_3 und nicht auf die *ternären* Kontakte Fe-Al_2O_3-K_2O. In diesen bringt eine Vermehrung des Kaligehalts über eine gewisse Grenze hinaus eine Abnahme der Beständigkeit des Katalysators hervor, wie die gleichen Autoren LATSCHINOW und TELEGIN[2] in einer anderen Arbeit gezeigt haben.

Wir haben schon auf S. 444 betont, daß der Zusatz von Kaliumoxyd zu Katalysatoren Fe-Al_2O_3 einen interessanten Fall von Oberflächenverstärkung darstellt. EMMETT und BRUNAUER[3] haben Katalyse- und Adsorptionsmessungen an verschiedenen Katalysatoren mit interessanten Resultaten ausgeführt. Sie haben die Adsorption mit einem inerten Gas (N_2) und mit zwei Gasen gemessen, von denen das eine sicherlich bevorzugt vom Eisen aus chemischen Gründen adsorbiert wird (CO) und das andere vom Kaliumoxyd (CO_2). Auf diese Weise konnten sie grosso modo den Teil der Oberfläche bestimmen, der von jeder der drei Komponenten Fe, Al_2O_3 und K_2O eingenommen wird. So wurden die Ergebnisse der Tabelle 42 gewonnen. Der Katalysator 973 besteht aus fast reinem

Tabelle 41. *Vergleich von Katalysatoren aus* Fe_3O_4, $Fe_3O_4 + Al_2O_3$, $Fe_3O_4 + K_2O$ *und* $Fe_3O_4 + Al_2O_3 + K_2O$ *bei der Ammoniaksynthese.* (Nach ALMQUIST und CRITTENDEN.)

Prozent Al_2O_3	Prozent K_2O	Prozent NH_3 im Gas bei 450° und der Raumgeschwindigkeit 5000	
		bei 30 atm	bei 100 atm
—	—	3,30	5,49
—	0,20	1,57	3,43
1,31	—	5,35	9,35
1,05	0,26	5,80	13,85

Eisen, so daß seine ganze Oberfläche praktisch von Eisenatomen gebildet wird. Der Zusatz von Al_2O_3 und von K_2O vermindert die von Eisenatomen eingenommene Oberfläche, und zwar sogar in beachtlichem Maße. Man betrachte z. B. die Katalysatoren 954 und 930.

Wenn Al_2O_3 und K_2O gleichzeitig zugegen sind, so vereinigt sich wahrscheinlich das Kaliumoxyd mit dem Aluminiumoxyd, und dies würde den Fall des Katalysators 931 erklären. Dort nimmt nämlich anscheinend das Al_2O_3 gar keinen Bruchteil der Oberfläche ein.

Außerdem sieht man an diesen Versuchen, daß Kaliumoxyd eine Tendenz hat, die Oberfläche des Katalysators zu verkleinern (man vgl. z. B. Nr. 973 und 930), gleichzeitig aber die Wirksamkeit so stark zu erhöhen, daß man auch mit kleinerer spez. Oberfläche noch vergrößerte Wirksamkeiten findet. (Man vgl. Nr. 973 mit 930 und 954 mit 958 oder 931.) Es handelt sich also in der Tat um einen Fall von *Oberflächenverstärkung*. Weiter kann man aus diesen Versuchen von EMMETT und BRUNAUER noch ableiten, daß ebenso wie das schon besprochene Aluminiumoxyd sich auch das Kaliumoxyd in noch höherem Maße auf der

[1] A. T. LARSON, A. P. BROOKS: Ind. Engng. Chem. 18 (1926), 1305.
[2] S. LATSCHINOW, W. TELEGIN: J. chem. Ind. URSS **1934**, Nr. 5, 30.
[3] P. H. EMMETT, S. BRUNAUER: J. Amer. chem. Soc. **59** (1937), 310, 1553, 2682.

Kontaktoberfläche ausbreitet. Man beachte z. B. den großen Teil der Oberfläche, den im Katalysator Nr. 931 das Kaliumoxyd einnimmt.

Zum gleichen Resultat ist auch BREWER[1] auf Grund seiner Studien des photoelektrischen Effekts an diesen Katalysatoren gelangt. Dies hat POWELL und BRATA[2] auf den Gedanken gebracht, daß den Kaliumatomen eine beträchtliche direkte Einwirkung auf die Ammoniaksynthese zuzuschreiben sei. Nach EMMETT[3] soll das Kaliumoxyd die Desorption des gebildeten Ammoniaks beschleunigen. KAGAN, MOROZOW und PODUROWSKAJA[4] wollen nämlich gefunden haben, daß Ammoniak von Aluminiumoxyd bei 600÷700° stark adsorbiert wird und daß der Zusatz von Kaliumoxyd diese Adsorption vermindert.

Tabelle 42. *Spezifische Oberfläche und Wirksamkeit einiger Ammoniakkatalysatoren aus mit Al_2O_3 und K_2O verstärktem Eisen.* (Nach EMMETT und BRUNAUER.)

Katalysator	Verstärker	Reduktion	Prozent NH_3 bei 450° 100 atm	Gesamtoberfl. m²/g	Prozent Oberfläche wahrsch. bedeckt durch		
					Fe	Al_2O_3	K_2O
973	0,15% Al_2O_3	124 Std. b. 300÷350° +54 Std. b. 375÷500°	3,3	1,24	100	—	—
954	10,2% Al_2O_3	48 Std. b. 350÷400° +48 Std. b. 450÷500°	8,2	11,03	43	57	—
958	0,35% Al_2O_3 +0,08% K_2O	36 Std. b. 350÷450° +36 Std. b. 450÷500°	10,4	2,50	62	11	27
931	1,3 % Al_2O_3 +1,59% K_2O	18 Std. b. 300÷350° +65 Std. b. 350÷450° +18 Std. b. 450÷530°	12,3	4,78	40	—	60
930	1,07% K_2O	48 Std. b. 350÷450°	5,3	0,56	25	—	74

Nach MOROZOW und KAGAN[5] hingegen soll die Wirksamkeit der K_2O und Al_2O_3 enthaltenden Katalysatoren auf eine größere Geschwindigkeit der Hydrierung des adsorbierten Stickstoffs zurückgehen, die die Verminderung der Adsorptionskapazität im Vergleich mit nur Al_2O_3 enthaltenden Kontakten kompensiert.

Das günstigste Verhältnis des Zusatzes von Al_2O_3 und von K_2O zum Eisenoxyd geht allerdings aus der veröffentlichten Literatur auch bei gründlichem Studium *nicht* hervor. Nach JARLYKOW und DARASCHKEWITSCH[6] scheint das Wirkungsoptimum zwischen folgenden Grenzen zu liegen: 1,8÷2% Al_2O_3 und 0,7÷1% K_2O. TELEGIN, SIDOROW und SPULENKO[7] behaupten, daß die optimale Zusammensetzung auch noch eine Funktion der Druck- und Temperaturbedingungen sei: Bei Atmosphärendruck und unterhalb 450° sollen schon

[1] A. K. BREWER: J. Amer. chem. Soc. **53** (1931), 74.
[2] C. F. POWELL, L. BRATA: Nature **131** (1933), 168.
[3] P. H. EMMETT: Twelfth Report of the Committee on Catalysis, S. 139. New York, 1940.
[4] M. Y. KAGAN, N. M. MOROZOW, O. M. PODUROWSKAJA: J. physic. Chem. URSS 8 (1936), 677.
[5] N. M. MOROZOW, M. Y. KAGAN: Acta physicochim. URSS 8 (1938), 459.
[6] M. M. JARLYKOW, M. L. DARASCHKEWITSCH: J. chem. Ind. URSS **12** (1935), 388.
[7] V. G. TELEGIN, N. V. SIDOROW, K. B. SPULENKO: J. angew. Chem. URSS **13** (1940), 823.

0,1 % Al_2O_3 genügen, während man bei 500° und 300 atm bis zu 5 % gehen müsse.

LOVE und EMMETT[1] setzen dagegen die Wirksamkeit mit der von K_2O bedeckten Oberfläche des Katalysators in Beziehung und finden bei der Ammoniakzersetzung an Katalysatoren mit 0,4 % Al_2O_3 und verändertem Alkaligehalt ein Optimum dort, wo die besagte Teiloberfläche 30 % der gesamten beträgt (entsprechend 0,25 % K_2O). Dieser Gesichtspunkt, nicht so sehr die prozentuale Zusammensetzung zu berücksichtigen als vielmehr die Zusammensetzung der Oberfläche, scheint vor allem für das Kaliumoxyd sehr richtig zu sein; jedoch hängt wahrscheinlich die optimale von Kaliumoxyd bedeckte Oberfläche auch noch von der Menge des anwesenden Aluminiumoxyds ab. Wahrscheinlich sind genaue Studien über die beste Zusammensetzung solcher Katalysatoren in den Forschungslaboratorien der großen chemischen Werke durchgeführt worden, aber nicht bekannt geworden.

Man hat auch versucht, Eisen mit anderen Oxyden zu verstärken. Die interessanten Ergebnisse von LARSON und BROOKS[2] zu dieser Frage hinsichtlich der Ammoniaksynthese sind in Tabelle 43 zusammengestellt. Von allen verglichenen Oxyden sind 2 % zum geschmolzenen Eisenoxyd zugefügt worden. Man sieht, daß die Wirksamkeit des mit Oxyden vierwertiger Metalle verstärkten Katalysators noch höher ist als die des mit Aluminiumoxyd verstärkten. Allerdings hält dieser in der Alterungsprobe seine Wirksamkeit besser aufrecht. In diesem Zusammenhang ist es interessant, daß eine starke Zunahme der Wirksamkeit und vor allem der Beständigkeit durch die Oxyde hervorgebracht wird, die sich leicht in Eisenoxyd lösen, sei es in Form einer festen Lösung (z. B. Al_2O_3), sei es als Verbindung (z. B. SiO_2 unter Silikatbildung, MgO oder ZrO_2 unter Spinellbildung usw. Man muß dabei berücksichtigen, daß außer den Spinellen des Typus $Me^{II}M_2^{III}O_4$ auch solche vom Typ $Me_2^{II}Me^{IV}O_4$ existieren[3]).

Kürzlich hat NIELSEN[4] eine Reihe von Resultaten über Katalysatoren veröffentlicht, die außer K_2O und Al_2O_2 auch noch CaO enthalten, hat aber leider ihre Zusammensetzung nicht mitgeteilt. Diese Katalysatoren sollen wirksamer und vor allem beständiger gegen thermische Alterung sein, als die nur mit K_2O und Al_2O_3 verstärkten. Bei der Röntgenuntersuchung der Katalysatoren vor der Reduktion konnten nur die Spinell-Linien gefunden werden und es ist deshalb wahrscheinlich, daß auch in diesem Falle die Oxyde des Eisens, Calciums und Aluminiums chemisch verbunden bzw. in gemeinsamer fester Lösung vorliegen. Der größere Ionenradius des Calciumions läßt jedoch lediglich eine äußerst kleine Löslichkeit des Calciumoxyds in festem Zustand möglich erscheinen, in Übereinstimmung mit der Tatsache, daß das Calciumferrit kein Spinell ist.

Es gibt keine besonderen Untersuchungen über die Anwendung von Chromoxyd als Verstärker. Man findet einige Andeutungen in der Patentliteratur, wonach es scheint, daß in der amerikanischen Industrie Katalysatoren verwandt werden, die Cr_2O_3, zusammen mit anderen Oxyden (MgO und SiO_2), enthalten.

Abgesehen davon, daß in besonderen Fällen dieses Oxyd zu Nebenreaktionen führen kann, sollte es eigentlich ein sehr guter Verstärker auch für Katalysatoren der vorliegenden Art sein, ebenso wie für Nickel-, Kupfer- und

[1] K. S. LOVE, P. H. EMMETT: J. Amer. chem. Soc. **64** (1942), 745.

[2] A. T. LARSON, A. P. BROOKS: Ind. Engng. Chem. **18** (1926), 1305.

[3] G. NATTA, L. PASSERINI: Atti Accad. naz. Lincei, Rend. **9** [6] (1929), 557.

[4] A. NIELSEN: An Investigation on Promoted Iron Catalyst for the Synthesis of Ammonia. Kopenhagen, 1950.

Zinkoxydkatalysatoren sowie für die Eisenoxydkatalysatoren, die wir bei der Konversion von Wassergas in Gebrauch sahen (s. S. 527).

Ein ganz besonderer Eisenkatalysator für die Ammoniaksynthese ist der, den man durch Zersetzung und Reduktion *komplexer Ferrocyanide* erhält, insbesondere Ferriferrocyanid unter Zusatz der Ferrocyanide von Calcium, Kalium oder Aluminium und Kalium usw.[1]. In seiner Endzusammensetzung überwiegt im ganzen das Eisen über die anderen Bestandteile, besonders über Aluminium

Tabelle 43. *Ammoniakkatalyse bei 450°, 30 atm und der Raumgeschwindigkeit 5000.* (Nach LARSON und BROOKS.)

Verstärker (Gehalt: 2 Prozent des Fe_3O_4)	Prozent Ammoniak im Katalysegas	
	a) anfänglich	b) am Ende
Li_2O	2,3	2,2
Na_2O	3,2	3,3
K_2O	2,8	2,9
Cs_2O	1,3	1,3
BeO	2,5	2,3
MgO	3,9	3,0
CaO	1,6	0,7
SrO	1,3	0,6
BaO	1,6	0,9
B_2O_3	4,3	1,2
Al_2O_3	4,7	4,6
La_2O_3	3,4	3,3
SiO_2	4,9	4,3
ThO_2	4,9	4,4
ZrO_2	4,9	4,7
CeO_2	4,6	4,4

Anmerkung: „a) anfänglich" bedeutet sofort nach der Reduktion, „b) am Ende" bedeutet Wirksamkeit nach vierstündigem Erwärmen auf 550°.

und Kalium. Seine Wirksamkeit kann die der oben besprochenen Katalysatoren erreichen und sogar überschreiten. Er katalysiert nämlich die Synthesereaktion schon bei tieferen Temperaturen (400÷425° anstatt 450÷600° bei den normalen Katalysatoren) und erlaubt so, die Synthese bei geringeren Drucken (100 atm anstatt 250÷1000 atm) durchzuführen. Dieser Katalysator ist zwar wissenschaftlich noch wenig untersucht, wird aber für den Montcenis-Prozeß der Ammoniaksynthese schon weitgehend technisch verwendet. Seine beachtliche Wirkung wird mit zwei Dingen in Beziehung stehen: 1. der vollkommenen Homogenität der Katalysatormasse vor der Reduktion, da ja die verwandten Ferrocyanide von Fe, Al und K, Fe und K usw. alle miteinander isomorph sind[2], und 2. der Tatsache, daß während der Reduktion der Stickstoff der Cyangruppe als Ammoniak frei wird und so eine Art „Erinnerungsvermögen der Materie"

[1] A. MITTASCH, E. KUSS, O. EMERT: Z. anorg. allg. Chem. **170** (1928), 193. — A. MITTASCH, E. KUSS: Z. Elektrochem. angew. physik. Chem. **34** (1928), 159.

[2] J. F. KEGGIN, F. D. MILES: Nature **137** (1936), 577. — R. RIGAMONTI: Gazz. chim. ital. **68** (1938), 803.

in dem Adsorptionsvermögen des Kontaktes hervorbringt, das seine katalytische Wirksamkeit steigert. Solche Erscheinungen von „Erinnerungsvermögen" trifft man nämlich auch in anderen Fällen an (Methanolsynthese an ZnO, das aus dem Acetat stammt, Kohlenoxydkonversion an ZnO aus basischem Carbonat, Oxalat usw.).

Katalysatoren des Typs Fe-Al_2O_3 und Fe-Al_2O_3-K_2O sind von EMMETT, GRAY und HANSFORD[1] auch für die Hydrierung der Olefine benutzt worden. Beim Äthylen findet die Hydrierung schon bei — 89° statt; zum Unterschied von der Ammoniaksynthese vermindert hier der Zusatz von Alkali die Wirksamkeit des Katalysators und hemmt die Hydrierung. Ein verstärkter Katalysator, in dem das Eisen 25% der Oberfläche einnahm, hatte, bezogen auf die Einheit der Gesamtoberfläche, nur die Wirksamkeit von einem Sechzigstel des unverstärkten Katalysators.

In neuerer Zeit sind die mit Al_2O_3 und anderen Oxyden verstärkten Eisenkatalysatoren auch noch, und anscheinend mit technischen Erfolgen, bei der *Darstellung von Kohlenwasserstoffen* aus $CO + H_2$ nach der FISCHER-TROPSCH-Methode eingesetzt worden. Diese Versuche hatten in Deutschland begonnen und sind dann in USA vom Bureau of Mines fortgesetzt worden. Die Katalysatoren enthalten außer Fe, Al_2O_3 und K_2O auch noch andere Oxyde (B_2O_3, MgO usw.). Eine vollständige Auswertung der erhaltenen Resultate wäre zwar recht interessant, würde aber auch die Grenzen dieses Buches überschreiten. Wir führen hier das Buch von STORCH, GOLUMBIC und ANDERSON[2] auf, die diese Versuche im einzelnen diskutiert haben. Was den binären Katalysator Fe-Al_2O_3 betrifft, so haben wir ja schon auf S. 558 und 559 in Abb. 44 und 45 gesehen, daß die optimale Zusammensetzung bei etwa 50% Al_2O_3 liegt.

Katalysatoren des Typs Fe-Al_2O_3 sind ferner von KOMORI[3] bei der Hydrierung von Fettsäuren zu Alkoholen benutzt worden. Er spricht von Mischungen der Oxyde Fe_2O_3, Al_2O_3 und Cr_2O_3, die ein Maximum bei einem Gehalt von 50 Molprozent Al_2O_3 oder Cr_2O_3 aufweisen. Wegen des stark reduzierenden Milieus, das während der Reaktion vorherrscht, muß man jedoch vermuten, daß das Eisenoxyd zum mindesten teilweise zu metallischem Eisen reduziert ist und daß dieses dann das wirklich katalytische Agens ist. Ein solcher Katalysator soll die Eigenschaft haben, Ölsäure und Linolsäure zu Alkoholen zu hydrieren und dabei die Doppelbindungen wenigstens teilweise unangegriffen zu lassen.

d) Kupferkatalysatoren.

Katalysatoren auf Kupferbasis haben besondere Bedeutung für gewisse katalytische *Reduktionen organischer Stoffe*. Zum Unterschied von nickelhaltigen Katalysatoren, die häufig tiefgehende Hydrierungen unter Lösung von C-C-Bindungen hervorrufen, sind die Kupferkatalysatoren geeignet für die Reduktion der Aldehydgruppe, Ketogruppe, Carbonylgruppe von organischen Verbindungen, wobei in bestimmten Fällen aromatische Bindungen und manchmal sogar C=C-Doppelbindungen unangegriffen bleiben.

In noch höherem Maße als Nickel hat metallisches Kupfer die Tendenz zu sintern, und deswegen ist die Anwendung von Verstärkern hier von grundlegender

---

[1] R. C. HANSFORD, P. H. EMMETT: J. Amer. chem. Soc. **60** (1938), 1185. — P. H. EMMETT, J. B. GRAY: J. Amer. chem. Soc. **66** (1944), 1338.

[2] H. H. STORCH, N. GOLUMBIC, R. B. ANDERSON: The FISCHER-TROPSCH and Related Syntheses. New York, 1951.

[3] S. KOMORI: J. Soc. chem. Ind. Japan, Suppl. **43** (1940), 428B; **44** (1941), 740B; **45** (1942), 79B, 141B.

Wichtigkeit. Während beim Nickel die einfache Verteilung auf einem Träger (z. B. Kieselgur) ausreichen kann, um die Sinterung zu vermeiden, gilt für Kupfer nicht das gleiche. Katalysatoren aus reinem Kupfer auf Kieselgur haben keine für praktische Zwecke ausreichende Wirksamkeit. Beim Kupfer ist die Anwesenheit eines Verstärkers unentbehrlich, um die Sinterung zu vermeiden.

Dies stimmt auch mit dem überein, was wir früher feststellten, daß nämlich die Rekristallisationstendenz bei Metallen mit niedrigem Schmelzpunkt stärker ist (Kupfer schmilzt bei 1083°, Nickel bei 1452°, Kupfer hat eine Brinellhärte von 28÷30, Nickel von 70÷90 kg/mm², die Bruchlast ist 23 kg/mm² für Kupfer und 49 kg/mm² für Nickel). Aus allen diesen Daten geht hervor, daß das Nickelgitter starrer ist als das Kupfergitter und deshalb weniger leicht die Form ändert und rekristallisiert.

Es gibt in der Literatur weniger Angaben über Kupferkatalysatoren als über Nickelkatalysatoren, obgleich die ersten für gewisse organische Reduktionen von großem Wert sind.

Die kleinere Empfindlichkeit des Kupfers im Vergleich mit Eisen und Nickel gegenüber sauerstoffhaltigen Giften kommt wahrscheinlich von der leichteren Reduzierbarkeit des Kupferoxyds, die ja schon bei Temperaturen wenig über 150° eintreten kann, so daß man bei Reaktionen oberhalb dieser Temperatur eine Oxydation des Kupfers nicht zu befürchten braucht, weil etwa gebildetes Oxyd sofort wieder reduziert wird. Übrigens scheint es, daß auch Kupferoxyd selbst bei Hydrierungen eine katalytische Wirksamkeit hat.

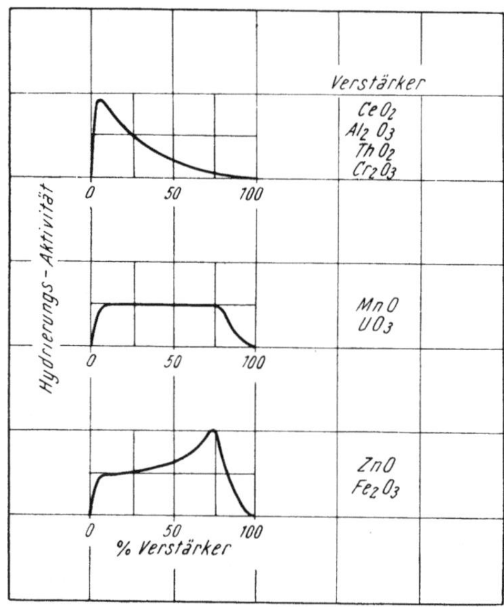

Abb. 47. Wirksamkeit von verstärkten Kupferkatalysatoren. (Nach IPATIEFF und CORSON.)

Im Gegensatz zum Kupfer wird Eisen für einige Reaktionen durch Wasserdampf vergiftet. Nickel und Eisen werden durch Spuren von Kohlenmonoxyd vergiftet (wegen ihrer Tendenz, Carbonyle zu bilden), während Kupfer gegen dieses Gift weniger empfindlich ist.

IPATIEFF und CORSON[1] haben eine Reihe von Kupferkatalysatoren mit verschiedenen Oxyden als Verstärkern bei der *Benzolhydrierung* untersucht. Die von ihnen geprüften Mischungen, die in Tabelle 44 aufgeführt sind, wurden meistens durch gemeinsame Fällung dargestellt. Als beste Verstärker haben sich in der angeführten Reihenfolge die Oxyde von Cer, Aluminium, Thorium und Chrom erwiesen. Interessant ist die Beobachtung der Autoren, daß die verschiedenen benutzten Verstärker sich je nach der Wirksamkeits-Zusammensetzungs-Kurve in drei Gruppen teilen lassen. Wie man aus Abb. 47 sieht, steigt die Wirksamkeit des Katalysators bei einigen und am deutlichsten bei den wirksamsten mit zunehmendem Verstärkergehalt rasch zu einem Maximum

[1] V. N. IPATIEFF, B. B. CORSON: J. physic. Chem. 45 (1941), 440.

und fällt dann langsam ab. Bei anderen steigt die Wirksamkeit rasch an, bleibt dann über eine beträchtliche Strecke konstant und fällt dann wieder auf Null. Bei der dritten Gruppe steigt die Wirksamkeit zuerst rasch und dann langsamer bis zu einem scharfen Maximum und fällt dann auf Null. Wir werden später bei den Katalysatoren Cu-Cr_2O_3 (S. 572) sehen, daß diese Kurven von der studierten Reaktion abhängen. Besonders interessant ist an dieser Arbeit von IPATIEFF und CORSON die Bestätigung des zu Beginn dieses Kapitels Gesagten, daß die besten Verstärker für Metalle die hochschmelzenden Oxyde sind.

Es sind noch verschiedene andere Arbeiten über Kupferkatalysatoren durchgeführt worden, von denen wir hier die wichtigsten betrachten werden.

Tabelle 44. *Benzolhydrierung (Gewichtsprozent) mit Kupferkatalysatoren mit Oxyden als Verstärker.* (Nach IPATIEFF und CORSON.)

Verstärker	Gewichtsprozent an Verstärker										
	0	0,1	0,5	1	5	10	25	50	75	90	100
CeO_2	0	10	35	30	51	46	36	16	9	3	0
Al_2O_3	0	14	36	37	38	34	24	15	9	3	0
ThO_2	0	13	28	30	38	35	22	9	7	2	0
Cr_2O_3	0	6	26	26	32	28	16	8	4	2	0
UO_3	0	3	10	12	27	27	30				
MnO	0	5	15	15	19	24	25	23	25	1	0
ZnO	0	2	6	9	17	20	18	29	46	2	0
Fe_2O_3	0	1	2	7	9	11	10	19	47	1	0
SiO_2	0	3	12	14	12	10	9	6	1	1	0
Kieselgur	0	3	11	12	15	13	10	3	1	0	0
BeO	0		8	8		8					
$BaCO_3$	0		7	8		7					
$SrCO_3$	0		3	2		0					
ZrO_2	0		2	3		1					

α) Cu-Cr_2O_3-*Kontakte.*

Unter allen Kupferkatalysatoren haben die mit Chromoxyd verstärkten eine besondere Bedeutung. Wie wir sehen werden, gehört nämlich zu dieser Gruppe das sogenannte „Kupferchromit“ von ADKINS[1], das man durch Zersetzung von Kupferammoniumchromat erhält und weitgehend für technische Hydrierungen anwendet.

Dieser Katalysator ist besonders wirksam für die Hydrierung von Carbonylgruppen: Aldehyde und Ketone werden zu Alkoholen, Ester- und Carbonsäuren desgleichen, Amide zu Aminen reduziert. Er ist aber wenig wirksam für die Hydrierung von aromatischen Kernen und mäßig wirksam für doppelte und dreifache Bindungen, so daß man ihn für *selektive Hydrierungen* benutzen kann, z. B. zur Hydrierung von Carbonylgruppen in aromatischen Verbindungen, ohne den Benzolkern anzugreifen[2] oder zur Hydrierung von Furfurol zu Furfurylalkohol[3] oder auch zur Hydrierung von Butadien zu Butylen und Acetylen zu Äthylen[4].

[1] H. ADKINS: Reaction of Hydrogen with Organic Compounds. Wisconsin: Univ. of Wisconsin Press, 1937. — H. ADKINS, R. CONNOR: J. Amer. chem. Soc. **53** (1931), 1091. — R. CONNOR, K. FOLKERS, H. ADKINS: J. Amer. chem. Soc. **54** (1932), 1138.

[2] K. FOLKERS, H. ADKINS: J. Amer. chem. Soc. **53** (1931), 1095; **54** (1932), 1145.

[3] R. CONNOR, K. FOLKERS, H. ADKINS: J. Amer. chem. Soc. **54** (1932), 1138. — G. CALINGAERT, G. EDGAR: Ind. Engng. Chem. **26** (1934), 878.

[4] G. NATTA, R. RIGAMONTI, P. TONO: Chim. e Ind. **29** (1947), 235.

Durch Fällung einer Kupfersalzlösung mit ammoniakhaltigem Natrium- oder Ammoniumchromat erhält man ein Produkt, das nach BRIGGS[1] und GRÖGER[2] die Zusammensetzung haben soll: $CuCrO_4 \cdot (NH_4)_2CrO_4 \cdot 2\,NH_3$. Nach CALINGAERT[3] soll hingegen für die Bildung basischer Chromate sehr nahe die Formel gelten: $Cu(OH) \cdot NH_4 \cdot CrO_4$. Dieses Produkt zersetzt sich beim Erwärmen in eine Mischung von Chromoxyd und Kupferoxyd: $2\,Cu(OH) \cdot NH_4 \cdot CrO_4 = Cr_2O_3 \cdot 2\,CuO + N_2 + 5\,H_2O$, welches ein sehr wirksamer Hydrierungskatalysator ist.

Nach ADKINS[4] rührt die Aktivität dieses Katalysators vom Kupfer(II)oxyd her, das im Chromoxyd fein verteilt ist. Wenn dieses zum Kupfer(I)oxyd reduziert wird, was auch noch während des Gebrauchs bei der Druckhydrierung eintreten kann, so nimmt der vorher schwarze oder braune Katalysator eine rote Farbe an und wird unwirksam. Zum Beweis seiner Hypothese hat ADKINS[5] gezeigt, daß der Katalysator seine Wirksamkeit vollständig verliert, wenn man ihn mit Salzsäure wäscht und so alles fein verteilte CuO entfernt und nur das als Chromit chemisch an Cr_2O_3 gebundene übrig läßt. Der Farbwechsel von schwarz nach rot kann jedoch nicht allein eine Reduktion, sondern auch eine Sinterung des reduzierten Kupfers anzeigen. Schon PEASE[6] hatte nämlich beobachtet, daß das vollständig reduzierte Kupfer, um wirksam zu sein, eine braune Färbung haben muß, während es, wenn es sich durch Sintern desaktiviert, lebhaft rot wird. Katalysatoren aus Kupferchromit, die nach der Hydrierung braun sind, sind noch recht wirksam und können wieder verwandt werden. Übrigens folgt aus unveröffentlichten Versuchen des Verfassers, daß Alkalichloride für diesen Katalysator Gifte sind. Hiernach scheint es nicht so, als ob die von ADKINS angeführten Versuche als Beweise seiner These gelten können.

Neuere Arbeiten von STROMPE[7], RABES und SCHENCK[8] und von SELWOOD und Mitarbeitern[9] dürften eher dafür sprechen, daß der aktive Bestandteil dieses Katalysators fein verteiltes metallisches Kupfer ist, in Übereinstimmung mit der Tatsache, daß die Oxyde bei tiefen Temperaturen keine hydrierende Wirkung haben. Nach STROMPE[7] zeigt die Röntgenanalyse des Zersetzungsprodukts von Kupferammoniumchromat die Anwesenheit von Kupferoxyd und -chromit in nahezu äquimolekularer Menge an, wie man auch nach der oben angegebenen Gleichung erwarten sollte:

$$2\,Cu\,(OH) \cdot NH_4 \cdot CrO_4 = CuO + CuO \cdot Cr_2O_3 + N_2 + 5\,H_2O.$$

In gebrauchten Katalysatoren zeigt sich, daß das Kupferchromit in Kupfer(I)-chromit und das Kupferoxyd in metallisches Kupfer übergegangen sind. Dieses letztere ist jedoch hochdispers und gibt nur schwache Röntgenlinien, solange der Katalysator noch wirksam ist. Wenn er unwirksam und rot geworden ist, werden die Linien stark und zeigen eine beträchtliche Rekristallisation an.

SELWOOD und seine Mitarbeiter[9] kommen zu demselben Ergebnis durch Messung der magnetischen Suszeptibilität, und RABES und SCHENCK[8] auf Grund

[1] S. H. C. BRIGGS: J. chem. Soc. (London) **83** (1903), 391.

[2] M. GRÖGER: Z. anorg. allg. Chem. **58** (1908), 412.

[3] G. CALINGAERT, G. EDGAR: Ind. Engng. Chem. **26** (1934), 878.

[4] R. CONNOR, K. FOLKERS, H. ADKINS: J. Amer. chem. Soc. **54** (1932), 1138. — H. ADKINS, R. CONNOR: J. Amer. chem. Soc. **53** (1931), 1091. — H. ADKINS: Reaction of Hydrogen with Organic Compounds. Wisconsin: Univ. of Wisconsin Press, 1937.

[5] H. ADKINS, E. E. BOURGOYNE, H. J. SCHNEIDER: J. Amer. chem. Soc. **72** (1950), 2626.

[6] J. PEASE: J. Amer. chem. Soc. **45** (1923), 1196, 2235.

[7] J. D. STROMPE: J. Amer. chem. Soc. **71** (1949), 569.

[8] I. RABES, R. SCHENCK: Z. Elektrochem. angew. physik. Chem. **52** (1948), 37.

[9] P. W. SELWOOD, F. N. HILL, H. BOARDMAN: J. Amer. chem. Soc. **68** (1946), 2055.

thermodynamischer Betrachtungen über die Reduzierbarkeit von Kupfer-(II) oxyd und -chromit. Sie berücksichtigen dabei die Beobachtung von WÖHLER[1] sowie von SCHENCK und KURZEN[2], daß ein Zusatz von Cr_2O_3 zum CuO dessen Sauerstofftension erhöht. MIYAKE[3] hat wirklich beobachtet, daß die Reduktion des CuO im Chromitkatalysator bei 128° beginnt. Diese Temperatur erniedrigt sich sicherlich noch, wenn man unter Druck arbeitet, was praktisch bei Hydrierungen mit diesem Katalysator der Fall ist.

Natürlich ist die Reduktion des CuO nicht vollständig, vielmehr wird der Katalysator rot und unwirksam, wenn sie zu weit geht. Man kann daher feststellen, daß vom Standpunkt der Konstitution dieser Katalysator aus Kupfer besteht, das in einer Masse aus CuO, $CuO \cdot Cr_2O_3$ und $Cu_2O \cdot Cr_2O_3$ dispergiert ist.

Die Zersetzung des Kupferammoniumchromats muß mit großer Sorgfalt durchgeführt werden, denn wenn man auf zu hohe Temperaturen kommt oder die Reaktionswärme nicht geeignet abführt, so erhält man ein dunkelgraues Produkt von beträchtlich geringerer Wirksamkeit. Dies bedeutet wahrscheinlich die Bildung von besser kristallisiertem Kupferchromit[4].

Um die Gefahr der Sinterung hintanzuhalten, haben schon NATTA und ROBERTI[5] die Zersetzung des Chromats in wässeriger Lösung im Autoclaven vorgeschlagen, wobei die Reaktionswärme leicht abgeführt wird. Jedoch ist der auf nassem Wege erhaltene Katalysator weniger wirksam als der trocken zersetzte. RIENER[6] sowie ADKINS, BOURGOYNE und SCHNEIDER[7] haben aber ausgezeichnete Katalysatoren hergestellt, indem die Zersetzungstemperatur von 310° durch eine geschmolzene Metall-Legierung als Temperaturbad festgehalten wurde. Nach MIYAKE[3] soll die optimale Zersetzungstemperatur 280° C sein.

Um das Kupfer im zweiwertigen Zustand festzuhalten, haben CONNOR, FOLKERS und ADKINS[8] dem Chromit auch noch Barium-, Calcium-, Strontium- oder Magnesiumchromit beigemengt. Der aktivste Kontakt ist der mit Barium, den man mit gleichzeitiger Fällung der Chromate von Kupfer und Barium im molekularen Verhältnis von etwa 10 : 1 erhält. Die Wirksamkeit solcher Zusätze wird allerdings von einigen anderen Autoren[9] in Zweifel gezogen. Weiterhin haben wir gesehen, daß es nicht so wichtig ist, das Kupfer im zweiwertigen Zustand zu erhalten, wie ADKINS behauptete, als vielmehr seine sehr feine Verteilung in der Kontaktmasse aufrechtzuerhalten.

So ist ein ganz besonders wirksamer Katalysator von ADKINS, BOURGOYNE und SCHNEIDER[7] dadurch gewonnen worden, daß sie die Zersetzung des Chromats in sehr regelmäßiger Weise in einem durch ein flüssiges Legierungsbad auf 310° geheizten Apparat vornahmen. Das Zersetzungsprodukt wurde zunächst durch Waschen mit Essigsäure aktiviert, um Spuren unzersetzten Chromats zu ent-

---

[1] L. u. P. WÖHLER: Z. physik. Chem. **62** (1908), 440.
[2] R. SCHENCK, F. KURZEN: Z. anorg. allg. Chem. **235** (1937), 106.
[3] R. MIYAKE: J. pharmac. Soc. Japan **68** (1948), 1.
[4] H. ADKINS, R. CONNOR: J. Amer. chem. Soc. **53** (1931), 1091. — W. A. LAZIER, H. R. ARNOLD: Org. Syntheses **19** (1939), 31. — G. CALINGAERT, G. EDGAR: Ind. Engng. Chem. **26** (1934), 878.
[5] G. NATTA, G. ROBERTI: It. Pat. 364503 (1938).
[6] T. W. RIENER: J. Amer. chem. Soc. **71** (1949), 1130.
[7] H. ADKINS, E. E. BOURGOYNE, H. J. SCHNEIDER: J. Amer. chem. Soc. **72** (1950), 2626.
[8] R. CONNOR, K. FOLKERS, H. ADKINS: J. Amer. chem. Soc. **54** (1932), 1138.
[9] R. MIYAKE: J. pharmac. Soc. Japan **68** (1948), 1. — A. SCIPIONI: Chim. e Ind. **31** (1949), 277.

fernen, und dann im Autoclaven bei 100° C und 300 atm rasch mit Wasserstoff behandelt. Es findet dann eine partielle Reduktion des CuO statt. Der fertige Katalysator ist nämlich pyrophor. Mit einem so hergestellten Kontakt kann man Ketone bei Zimmertemperatur und Ester bei 80° hydrieren.

Eine Frage, die nicht gründlich untersucht ist, ist die, wie die Wirksamkeit des Katalysators von seiner *Zusammensetzung* abhängt. Die Zusammensetzung des Niederschlags muß nämlich je nach den Fällungsbedingungen verschieden sein. ADKINS und Mitarbeiter[1] haben gefunden, daß Katalysatoren mit einem Molverhältnis $CuO : Cr_2O_3$ kleiner als 1 besser sind als andere mit diesem Verhältnis über 1. Es fehlen jedoch hierüber systematische Studien.

Dagegen sind solche Studien durchgeführt worden für Katalysatoren, die durch gemeinsame Fällung der Salze von Kupfer und Chrom mit Alkalicarbonaten entstehen. Nach CONNOR, FOLKERS und ADKINS[2] sowie SCIPIONI[3] ist diese Art von Katalysatoren in ihrer Wirksamkeit den durch Zersetzung des Kupferammoniumchromats erhaltenen gleichwertig (jedoch den wie oben nach RIENER sowie ADKINS, BOURGOYNE und SCHNEIDER dargestellten unterlegen). SCIPIONI[3] hat damit Hydrierungsversuche an Furfurol zwischen sehr weiten Grenzen des Verhältnisses $CuO : Cr_2O_3$ durchgeführt. Nach seinen in Tabelle 46 wiedergegebenen Ergebnissen soll das Optimum bei einem Gehalt von $30 \div 35\%$ Cr_2O_3 liegen, was einem Molverhältnis $CuO : Cr_2O_3$ von 4 : 1 bis 3,5 : 1 entspräche, also viel höheren Werten, als sie ADKINS für die aus Chromat gewonnenen Katalysatoren gefunden hat.

Nun sind aber von IPATIEFF[4] vollständig abweichende Ergebnisse erhalten worden. Wir haben sie schon gelegentlich der Hydrierung von Benzol in der Dampfphase an Katalysatoren $Cu\text{-}Cr_2O_3$ (s. S. 568) besprochen. Er findet nämlich, daß reines (spektralreines) Kupfer unwirksam ist, aber bei Zusatz wachsender Mengen wirksam wird, und daß seine Wirksamkeit bei etwa 5% Cr_2O_3 (Tabelle 45) durch ein Maximum geht. Der Unterschied in den Ergebnissen der beiden Autoren ist der verschiedenen Arbeitsweise zuzuschreiben oder noch wahrscheinlicher der Verschiedenheit der untersuchten Reaktion: Hydrierung von Carbonylgruppen im einen Falle, von Benzolkernen im anderen.

IPATIEFF hat ferner gezeigt, daß der Zusatz minimaler Mengen von *Nickel* die Wirksamkeit noch weiter steigert; schon mit 0,005% Nickel erreicht man eine Zunahme um 50%. Wir haben über diesen außergewöhnlichen Effekt schon bei den Katalysatoren Cu-Ni (s. S. 440) gesprochen.

Im Gegensatz zu anderen Kupferkatalysatoren werden die $Cu\text{-}Cr_2O_3$-Katalysatoren bei Dehydrierungen nur wenig verwandt. Nach BALANDIN und Mitarbeitern[5] können sie zur Darstellung von Styrol aus Äthylbenzol dienen. Über die Synthese von Äthylacetat aus Äthanol werden wir später (s. S. 576) sprechen.

---

[1] H. ADKINS, E. E. BOURGOYNE, H. J. SCHNEIDER: J. Amer. chem. Soc. **72** (1950), 2626.

[2] R. CONNOR, K. FOLKERS, H. ADKINS: J. Amer. chem. Soc. **53** (1931), 2012.

[3] A. SCIPIONI: Chim. e Ind. **31** (1949), 277.

[4] V. N. IPATIEFF: Nat. Petroleum News **32** (1940), N. 32, R. 280; Science **61** (1940), 605; Chim. et Ind. **45** (1941), 103. — V. N. IPATIEFF, B. B. CORSON, I. D. KURBATOW: J. physic. Chem. **43** (1939), 589; **44** (1940), 670. — V. N. IPATIEFF, B. B. CORSON: J. physic. Chem. **45** (1941), 440.

[5] A. A. BALANDIN, N. D. ZELINSKY, G. M. MARUKYAN: J. Chim. appl. URSS **14** (1941), 161. — A. A. BALANDIN, G. M. MARUKYAN: J. Chim. appl. URSS **19** (1946), 623.

Während Chrom in kleinen Mengen ein ausgezeichneter Verstärker für andere Kontakte der Methanolsynthese ist (z. B. für Zinkoxydkontakte), beschleunigt seine Anwendung als alleiniger Zusatz zum Kupfer Nebenreaktionen infolge seiner dehydratisierenden Eigenschaften.

Tabelle 45. *Hydrierung von Benzol und Isopenten in der Gasphase mit Cu-Cr_2O_3-Kontakten.* (Nach IPATIEFF.)

Gewichtsprozent Cr_2O_3	Prozent Benzol hydriert (225° C, Kontaktzeit 90 sec)	Prozent Isopenten hydr. (75° C, Kontaktzeit 10 sec)
0	0	0
0,05	—	46
0,1	3	51
0,5	13	—
1,0	13	79
2,5	—	96
5,0	16	—
10	14	—
25	8	85
50	4	66
75	2	40
90	1	—
99	0	—
100	0	0

Tabelle 46. *Hydrierung von Furfurol in flüssiger Phase mit Katalysatoren Cu-Cr_2O_3 verschiedener Zusammensetzung.* (Nach SCIPIONI.)

Prozent Cr_2O_3	Prozent Furfurol hydriert in 25 min	Prozent Cr_2O_3	Prozent Furfurol hydriert in 25 min
—	9,1	23,0	58,0
1,00	11,6	31,0	77,5
3,75	15,9	36,5	78,5
5,0	19,2	47,8	62,5
6,0	21,7	61,0	46,0
8,5	27,5	62,8	44,0
17,5	46,0	86,0	12,5

BROWN und GALLOWAY[1] erhielten nämlich mit einem Katalysator 6 Cu zu 1 Cr_2O_3 die folgenden Resultate bei einem Druck von $CO + H_2$ von 180 atm. Die Zahlen bedeuten Gewichtsprozent Produkt bezogen auf die verarbeitete Mischung.

Temperatur	Methanol	Dimethyläther
265,5°	7,2	3,1
285,5°	14,3	6,1
305,0°	23,8	22,3
337,0°	18,4	22,0
353,0°	12,4	14,5

NATTA und Mitarbeiter[2] haben kürzlich das Verhalten eines Katalysators der Zusammensetzung CuO-Cr_2O_3, der durch thermische Zersetzung von basi-

[1] R. L. BROWN, A. E. GALLOWAY: Ind. Engng. Chem. **22** (1930), 175.
[2] G. NATTA, G. MAZZANTI, I. PASQUON: Chim. e Ind. **37** (1955), 1015.

schem Kupferammoniumchromat bei der niedrigst möglichen Temperatur hergestellt worden war, bei der Methanolsynthese untersucht. Dieser, im Temperaturintervall zwischen 290 und 330° und 220 atm angewandte Katalysator wird teilweise in eine Mischung von Cu und Cr_2O_3 reduziert, besitzt eine höhere Aktivität als solche, die nur aus CuO oder Cr_2O_3 bestehen, und ist alterungsbeständiger. Die an dem durch Kondensation bei 0° C erhaltenen Rohmethanol durchgeführten Analysen ergaben die folgenden Werte: Freie Säure = 0 g/l; Ester (ausgedrückt als Methylacetat) = 0,1 g/l; Carbonylverbindungen (ausgedrückt als Aceton) = 0,2 g/l.

Trotz der Selektivität dieser Katalysatoren besitzen sie nur begrenztes praktisches Interesse infolge ihrer im Vergleich zu den ZnO-haltigen Katalysatoren niedrigen Aktivität und ihrer Empfindlichkeit gegen Vergiftung.

β) *Cu-Al_2O_3-Kontakte.*

Im Gegensatz zum Chromoxyd wird Aluminiumoxyd nur wenig als Verstärker des Kupfers benutzt. Außer den schon zitierten Versuchen von IPATIEFF[1] (s S. 568) erwähnen wir die Versuche des gleichen Verfassers zusammen mit HAENSEL[2] über die Ketonhydrierung und die mit MONROE[3] über die Methanolsynthese aus CO_2 und H_2, die schon bei 285° mit praktisch quantitativer Ausbeute (94%) verlaufen soll. Interessant ist der Befund, daß man mit demselben Katalysator aus CO und H_2 viel kleinere Ausbeuten (43%) und daneben beachtliche Mengen von Dimethyläther (41%) erhält. Aus CO_2 und H_2 bildet sich das letztgenannte Produkt hingegen nicht, wahrscheinlich weil sich bei der Methanolsynthese in diesem Falle Wasser bildet, das thermodynamisch auf die Bildung von Dimethyläther ungünstig einwirkt.

F. E. SMITH[4] hat beobachtet, daß ein mit 5% Al_2O_3 verstärktes Kupfer ein guter Katalysator ist, wenigstens in dem von ihm studierten Fall der Wassersynthese aus $O_2 + 2\ H_2$ bei 75÷180°. Auch hatte TSUTSUMI[5] mit einem ähnlichen Katalysator (Cu + 10% Al_2O_3) gute Ergebnisse bei der Benzolhydrierung.

LENTH und DU PUIS[6] haben einen auf besondere Weise hergestellten Cu-Al_2O_3-Katalysator beschrieben. Kupfercarbonat und Aluminiumhydroxyd werden zusammen gefällt, bei 1000° zur Bildung des Spinells $CuO \cdot Al_2O_3$ calciniert und dann mit Wasserstoff bei 200° reduziert. Mit diesem Katalysator haben sie ausgezeichnete Ergebnisse bei der hydrierenden Spaltung von Zuckern erhalten. Nach der Darstellungsmethode muß hier das Kupfer in hochdisperser und auch ziemlich beständiger Form vorliegen. Wenn auch kein anderer Forscher diesen Katalysator ausprobiert hat, so ist doch zu vermuten, daß er auch bei anderen Hydrierungen sich als nützlich erweisen kann, besonders solchen, die gewöhnlich durch Kupferchromit katalysiert werden.

γ) *Cu-MgO-Kontakte.*

Mit Magnesiumoxyd verstärktes Kupfer ist für Hydrierung und für Dehydrierung sehr tauglich. TAYLOR und JORIS[7] haben beobachtet, daß ein aus zusammengefällten Hydroxyden im Molverhältnis $Cu(OH)_2 \cdot 4\ Mg(OH)_2$ durch Reduktion

---

[1] V. N. IPATIEFF, B. B. CORSON: J. physic. Chem. **45** (1941), 440.
[2] V. N. IPATIEFF, V. HAENSEL: J. Amer. chem. Soc. **64** (1942), 520.
[3] V. N. IPATIEFF, G. S. MONROE: J. Amer. chem. Soc. **67** (1948), 2168.
[4] F. E. SMITH: J. physic. Chem. **32** (1928), 719.
[5] S. TSUTSUMI: Sci. Pap. Inst. physic. chem. Res. (Tokyo) **36** (1939), 360.
[6] C. W. LENTH, R. N. DU PUIS: Ind. Engng. Chem. **37** (1945), 152.
[7] H. S. TAYLOR, E. E. JORIS: Bull. Soc. chim. Belgique **46** (1937), 241.

im Wasserstoffstrom gewonnener Kontakt fähig ist, Äthylen bei 0° und Benzol bei 225° zu hydrieren und Cyclohexan zwischen 330 und 460° ohne Nebenreaktionen zu dehydrieren.

TAKAYASU[1] hat die Dehydrierung aliphatischer Alkohole zu Aldehyden mit Katalysatoren verschiedenen Kupfergehaltes durchgeführt. Die besten Resultate erhielt man mit großen Verhältnissen Cu : MgO, denn wenn die Menge des Magnesiumoxyds unter den Versuchsbedingungen (300÷400°) zu groß wird, so tritt auch eine dehydratisierende Wirkung auf. Schon früher hatten CHRISTIANSEN und HUFFMAN[2] die Zersetzung von Methanol mit Wasserdampf an solchen Katalysatoren studiert. Nach ihren Ergebnissen soll ein schwaches Maximum der Wirkung bei Verhältnissen Mg : Cu zwischen 2 : 2 und 2 : 1 liegen. Die Aktivierungsenergie soll für alle untersuchten Katalysatoren (von etwa 30÷100% Cu) dieselbe sein.

Es ist sehr wahrscheinlich, daß die beachtliche Wirksamkeit dieser Katalysatoren mit einer röntgenographisch von RIGAMONTI[3] entdeckten Tatsache in Beziehung steht. CuO, das im monoklinen System kristallisiert, löst sich im kubischen Magnesiumoxyd bis zu etwa 25 Molprozent und bildet in noch höheren Konzentrationen mit ihm eine Verbindung, die röntgenographisch aufgefunden, aber in ihrer genauen Zusammensetzung noch nicht bekannt ist. Da sich die feste Lösung und auch die Verbindung bei der gemeinsamen Fällung der basischen Carbonate oder Hydroxyde und nachfolgender Erhitzung bilden, ist es sehr wahrscheinlich, daß sie sich auch bei der Methode von TAYLOR vor der Reduktion gebildet hatte. Dies würde dann dazu führen, daß nach der Reduktion eine äußerst feine Verteilung des Kupfers und Magnesiumoxyds auftritt, wie wir das ähnlich bei den Katalysatoren Fe-Al_2O_3 aus der Reduktion der festen Lösungen von Fe_2O_3 und Al_2O_3 (S. 562) gesehen haben oder bei den durch Reduktion von Nickelchromat oder anderen Nickelsalzen entstandenen Nickelkatalysatoren (S. 555).

Diese Kupfer-Magnesiumoxyd-Katalysatoren verdienen also wohl eine gründlichere Untersuchung.

δ) *Katalysatoren Cu-V_2O_3, Cu-MoO_2, Cu-Ce_2O_3, Cu-ThO_2, Cu-ZrO_2, Cu-UO_2.*

Katalysatoren Cu-V_2O_3 und Cu-MoO_2 sind für die Hydrierung von Fettsäuren zu Alkoholen[4] verwendet worden, bieten aber keinen Vorteil gegenüber den oben (S. 569) besprochenen Cu-Cr_2O_3. Ein sehr eigentümliches Verhalten zeigen aber die Katalysatoren Cu-Ce_2O_3, Cu-ThO_2, Cu-ZrO_2 und Cu-UO_2 bei der *Zersetzung des Äthylalkohols.* Während reines Kupfer sozusagen ausschließlich Acetaldehyd und Wasserstoff liefert, ergibt nach russischen Autoren[5] der Zusatz

[1] M. TAKAYASU: J. chem. Soc. Japan **64** (1943), 457. — S. KOMATSU, M. TAKAYASU: J. chem. Soc. Japan **64** (1943), 696.

[2] J. A. CHRISTIANSEN, J. R. HUFFMAN: Z. physik. Chem., Abt. A **151** (1930), 269.

[3] R. RIGAMONTI: Atti Accad. naz. Lincei, Rend. (8) **2** (1947), 446.

[4] J. SAUER, H. ADKINS: J. Amer. chem. Soc. **59** (1937), 1.

[5] B. N. DOLGOW, M. N. KOTON, S. L. LELTSCHUK: J. chem. Ind. URSS **12** (1935), 1066; Chem. J. Ser. A, J. allg. Chem. **5** (1935), 1611; Ind. org. Chem. URSS **1** (1936), 70. — B. N. DOLGOW, M. M. KOTON: Chem. J. Ser. A, J. allg. Chem. **6** (68) (1936), 1444. — M. M. KOTON: Chem. J. Ser. A, J. allg. Chem. **6** (68) (1936), 1291. — B. N. DOLGOW, M. M. KOTON, N. W. SSIDOROW: Chem. J. Ser. A, J. allg. Chem. **6** (68) (1936), 1456. — N. M. ABRAMOWA, B. N. DOLGOW: Chem. J. Ser. A, J. allg. Chem. **7** (69) (1937), 1009; J. allg. Chem. URSS **9** (1939), 1976. — M. M. KOTON: Chem. J. Ser. A, J. allg. Chem. **7** (69) (1937), 2188. — P. IWANNIKOW, JE. JA. GAWRILOWA: J. chem. Ind. URSS **12** (1935), 1256; Chem. J. Ser. B, J. appl. Chem. **9** (1936), 490, **11** (1938), 981. — P. IWANNIKOW: J. Chim. appl. URSS **13** (1940), 1138.

der genannten Oxyde auch in kleinem Prozentsatz (0,1÷0,5 %) vorwiegend Äthylacetat in recht hohen Ausbeuten bei relativ niedrigen Temperaturen (250÷270°). Da diese Temperaturen mit denen zusammenfallen, bei denen Kupfer allein nur Acetaldehyd und Wasserstoff gibt, so entsteht logischerweise die Frage, ob sich nicht das Äthylacetat in einer an den mehrwertigen Oxyden verlaufenden Folgereaktion nach Art der CANNIZZAROschen Reaktion bildet. Da in diesem Fall die Wirkung der beiden Komponenten verschieden und nacheinander aufträte, so läge dann ein aus mehreren Katalysatoren *zusammengesetzter Kontakt* vor. Aber auch dann ist nicht auszuschließen, wenn nicht sicher, daß die mehrwertigen Oxyde von hohem Schmelzpunkt eine strukturelle Verstärkung des Kupfers bewirken.

Eine Neigung des Kupfers, katalytisch durch Dehydrierung von Alkoholen Ester hervorzubringen, offenbaren auch Zusätze von Chromoxyd und Aluminiumoxyd[1] sowie Manganoxyd[2]. Ihre Wirkung ist indessen geringer als die der oben genannten Oxyde.

Neuerdings kommen LELTSCHUK und Mitarbeiter[3] nach Untersuchung verschiedener anderer Oxyde zu dem Ergebnis, daß die guten Verstärker für die Esterbildung aus Alkohol die Oxyde der Elemente der vierten und sechsten Gruppe des periodischen Systems sind. Die der achten Gruppe haben nur geringe Wirkung und begünstigen Nebenreaktionen (Dehydrierung zum Aldehyd und dessen Zersetzung in CO und Kohlenwasserstoff). Oxyde der dritten Gruppe liegen dazwischen und sind um so besser, je höher ihr Atomgewicht ist. Die beste Wirksamkeit erreicht man im ganzen mit 0,1% Uran. Dieselben Verfasser geben auch einen Reaktionsmechanismus an, der von dem obigen etwas abweicht. Genauer gesagt nehmen sie an, daß der in erster Phase durch Dehydrierung des Alkohols gebildete Acetaldehyd sich auf Kosten von etwas Wasserdampf zu Essigsäure oxydiert und diese dann mit einer zweiten Molekel Alkohol unter Esterbildung reagiert, wobei eine Molekel Wasser wieder gebildet wird.

Wenn man, wiederum nach diesen Autoren, die Menge des Verstärkers variiert, so beobachtet man, daß die Ausbeute zunächst ansteigt, aber dann wieder kleiner wird. Die optimale Konzentration hängt von der Art des Verstärkers ab.

LELTSCHUK und andere haben auch mit *zwei* Verstärkern gearbeitet[4], indem sie den Mischungen Cu-Al_2O_3 und Cu-Ce_2O_3 ein zweites Oxyd zusetzten, ohne jedoch zu interessanten Ergebnissen zu gelangen. In manchen Fällen haben sie einen Verstärkereffekt gefunden. Wenn man jedoch bedenkt, daß dehydrierende, dehydratisierende und kondensierende Agenzien zugegen sind, so ist es klar, daß die optimale Ausbeute von einer geeigneten Dosierung aller drei Wirkungen abhängig ist. Außerdem können die Ergebnisse dieser Versuche auch noch durch einen anderen Einfluß verfälscht sein. Der Katalysator besteht hauptsächlich aus Kupferoxyd mit Zusatz anderer Oxyde, über das man Alkoholdämpfe streichen läßt. Während der ersten Periode tritt eine Reduktion des Kupferoxyds und

---

[1] M. Y. KAGAN: Ind. org. Chem. URSS **1** (1936), 394. — S. L. LELTSCHUK, M. W. WELTISTOWA, JE. A. BORISSOWA: Chem. J. Ser. B, J. appl. Chem. **11** (1938), 56. — S. L. LELTSCHUK, M. W. WELTISTOWA: Ind. org. Chem. URSS **4** (1937), 147, 245.

[2] M. I. USCHAKOW, A. D. TSCHINAJEWA: Bull. Acad. Sci. URSS, Cl. Sci. chim. **1941,** 139. — D. N. WASSKEWITSCH, T. F. BULANOWA: Chem. J. Ser. A, J. allg. Chem. **8** (70) (1938), 1091.

[3] S. L. LELTSCHUK: C. R. Acad. Sci. URSS **49** (1945), 652. — S. L. LELTSCHUK, D. N. WASSKEWITCH, A. P. BELENKAYA, F. A. DASHKOVSKAYA: Nachr. Akad. Wiss. UdSSR **1946,** 191.

[4] S. L. LELTSCHUK, A. A. BALANDIN, D. N. WASSKEWITSCH, I. I. GROVE: J. Chim. appl. URSS **17** (1944), 60. — S. L. LELTSCHUK, D. N. WASSKEWITSCH, A. P. BELENKAY, F. A. DASHKOVSKAYA: Bull. Acad. Sci. URSS **1947,** 235.

infolgedessen eine Oxydation des Alkohols zum Aldehyd und auch zur Essigsäure ein, und zwar besonders reichlich am Anfang. Solange nun das Kupferoxyd nicht vollständig reduziert ist, wird sich diese Oxydation in den Reaktionsprodukten bemerkbar machen und so die Ergebnisse fälschen. Erst nach einer hinreichend langen Zeitdauer, wenn alles Kupferoxyd reduziert ist, kann man den Einfluß der Verstärker auf die Esterbildung untersuchen und mit Sicherheit von einer Lenkung der Kontaktwirkung in dieser Richtung sprechen.

Die direkte Bildung von Ester aus Alkohol ist auch am Methylalkohol aufgefunden worden. Nach FROLICH und Mitarbeitern[1] soll Kupfer mit 15 Molprozent ZnO eine Ausbeute von 80% Methylformiat liefern (s. Abb. 49).

Katalysatoren mit etwa 0,1% ThO_2 oder CeO_2 sollen auch bei der Dehydrierung von Methylalkohol zu Formaldehyd sehr wirksam sein[2].

ε) *Katalysatoren Cu-ZnO und Cu-ZnO-Cr_2O_3.*

Ein besonderer Platz gebührt den Katalysatoren auf Kupferbasis (Cu-Cr_2O_3, Cu-ZnO, Cu-ZnO-Cr_2O_3) für die *Methanolsynthese* aus $CO + 2\,H_2$, und zwar wegen der Wichtigkeit des Problems und wegen der großen Zahl der darüber angestellten Untersuchungen. Versuche über diese Synthese mit durch verschiedene Oxyde verstärktem Kupfer sind von AUDIBERT und RAINEAU[3] ausgeführt worden. Sie fanden, daß die höchste Wirksamkeit den Mischungen Cu-ZnO zukommt, dann folgen der Reihe nach Cu-BeO, Cu-Cr_2O_3, Cu-MnO, Cu-Al_2O_3 und Cu-ZrO_2. Nach dem Altern hingegen waren die wirksamsten Mischungen die mit BeO und mit Cr_2O_3.

Wir haben schon auf S. 573 die Cu-Cr_2O_3-Katalysatoren für die Methanolsynthese behandelt und dabei festgestellt, daß sie wegen ihrer Gift- und Wärmeempfindlichkeit und ihrer Neigung, auch die Bildung von Dimethyläther zu katalysieren, von geringer Bedeutung sind. Ganz anders die Katalysatoren Cu-ZnO-Cr_2O_3, in denen sowohl das Kupfer wie das Zinkoxyd katalytisch wirksame Stoffe für die Methanolsynthese sind und das Chromoxyd als Verstärker wirkt. In diesen Katalysatoren ist vielleicht die dehydratisierende Wirkung des Chromoxyds durch die Anwesenheit von Zinkoxyd vermindert, mit dem es wahrscheinlich zu Zinkchromit verbunden ist, und wahrscheinlich deshalb sind diese Katalysatoren so brauchbar für die Methanolsynthese, solange man die Anwesenheit von Spuren von Schwefelverbindungen vermeidet, die das Kupfer rasch vergiften. Während jedoch der Schwefel die Wirksamkeit von Kupferchromit vernichtet, vermag er dies nicht bei Katalysatoren, die außerdem noch Zinkoxyd enthalten.

Von beträchtlichem Interesse ist die Untersuchung der Katalysatoren Cu-ZnO nicht nur, weil sie sehr wirksam sind, sondern auch, weil sie das Objekt von Sonderuntersuchungen verschiedener Experimentatoren gebildet haben. Sie sind besonders bei der Synthese und der Zersetzung des Methanols geprüft worden. Im Gegensatz zu dem allgemeinen Falle eines Gleichgewichts zwischen organischen Stoffen findet man im Falle des Methanols wegen der Sekundärreaktionen meist *keinen* Zusammenhang zwischen den Ergebnissen der Spaltung und der Synthese. Ein bei der Spaltung hochaktiver Katalysator kann also für die Synthese sich als ganz schlecht erweisen. Da außerdem die Synthese meist unter Hochdruck (über 100 atm), die Zersetzung aber bei gewöhnlichem Druck durchgeführt wird, so können bei der Zersetzung Reaktionen auftreten, die praktisch bei

[1] P. K. FROLICH, M. R. FENSKE, D. QUIGGLE: Ind. Engng. Chem. **20** (1928), 694.
[2] J. C. GHOSH, J. B. BATZI: J. Indian chem. Soc. **3** (1936), 415.
[3] E. AUDIBERT, A. RAINEAU: Ind. Engng. Chem. **20** (1928), 1105.

der Synthese nicht vorkommen. Dies folgt einfach aus der verschieden großen Verschiebung der Affinität mit dem Druck bei Reaktionen, bei denen die Änderung der Molzahl verschieden ist. Zum Beispiel bildet sich oft bei der Zersetzung Formaldehyd und Methylformiat, die bei der Synthese höchstens in Spuren auftreten.

So kommt es, daß wir bei der Synthesereaktion zwar eine regelmäßige Veränderung der Wirksamkeit mit der Zusammensetzung des Katalysators beobachten, daß dies aber bei der Zersetzung durchaus nicht der Fall ist. Deren Resultate sind nichtsdestoweniger von Interesse wegen der selektiven Wirkung der verschiedenen Katalysatorkomponenten auf die verschiedenen Spaltungsreaktionen. Eine solche Selektivität tritt bei der Synthese von Methanol aus CO und H_2 nicht in Erscheinung.

Nach FROLICH und Mitarbeitern[1] zersetzt reines Kupfer Methylalkohol mit beträchtlicher Geschwindigkeit zu Formaldehyd, und dieser geht zum großen Teil durch Oxydoreduktion in Methylformiat über und zersetzt sich nur zum kleinen Teil in CO und H_2. Dagegen spaltet Zinkoxyd den Methylalkohol vorwiegend in CO und H_2.

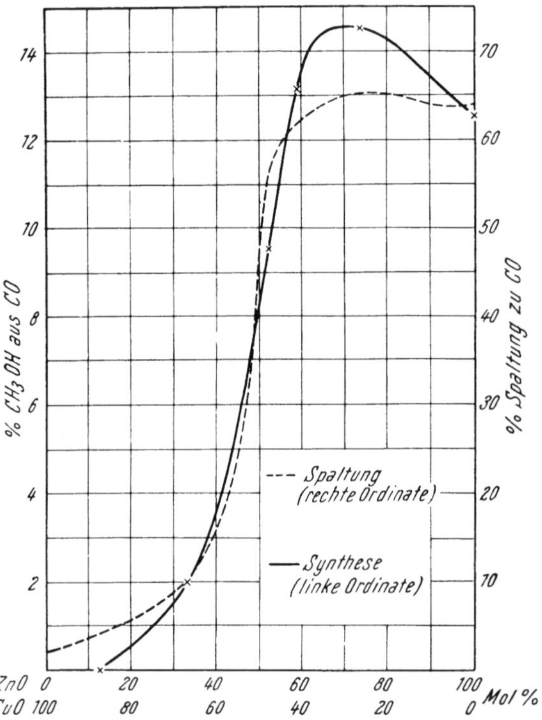

Abb. 48. Spaltung von Methanol bei 360° C und 1 atm und Synthese bei 350° C und 204 atm am gleichen Katalysator ZnO-CuO. (Nach FROLICH und Mitarbeitern.)

Trotz dieser verschiedenen Reaktionsmöglichkeiten hat FROLICH[2] beobachtet, daß die Kurve des bei der Synthese verbrauchten Kohlenoxyds und die des bei der Methanolspaltung gebildeten einen analogen Gang mit der Zusammensetzung des Katalysators aufweisen (Abb. 48).

Das Wirkungsmaximum für die Reaktion

$$CO + 2\,H_2 \rightleftarrows CH_3OH$$

tritt bei einer Zusammensetzung von etwa 70% ZnO und 30% CuO ein, und zwar für die Reaktion in beiden Richtungen. Dieser Parallelismus im Verhalten der Katalysatoren ist nur vorhanden, wenn man die beiden entgegengesetzten Reaktionen vergleicht, die zur Bildung oder zum Verbrauch von Kohlenoxyd führen. Wenn man dagegen die *Gesamtmenge* des gebildeten und des gespaltenen Methanols vergleicht, so ist das Verhalten ganz verschieden. Katalysatoren mit hohem Kupfergehalt geben noch eine hohe Spaltungsgeschwindigkeit des Metha-

[1] P. K. FROLICH, M. R. FENSKE, D. QUIGGLE: Ind. Engng. Chem. **20** (1928), 694.

[2] P. K. FROLICH, M. R. FENSKE, P. S. TAYLOR, C. A. SOUTHWICK: Ind. Engng. Chem. **20** (1928), 1327.

nols, während die Synthesegeschwindigkeit klein ist. Bei der Spaltung bildet sich aber diesmal nicht vorwiegend Kohlenoxyd, wie im vorigen Falle, sondern größtenteils Formaldehyd oder Methylformiat (Abb. 49).

Der Parallelismus würde auch noch für kupferreiche Katalysatoren bemerkbar sein, wenn man die Dehydrierung von Methanol zu Formaldehyd mit der Hydrierung von Formaldehyd zu Methanol vergleichen würde. Dann würde man bemerken, daß die maximale Wirksamkeit sich gegen die kupferreichen Katalysatoren hin verschiebt.

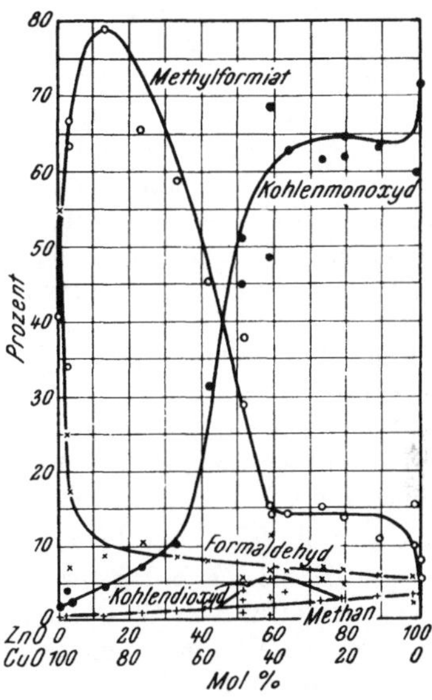

Abb. 49. Gesamte Methanolspaltung durch ZnO-CuO-Kontakte, nach Produkten gesondert. (Nach FROLICH und Mitarbeitern.)

Ähnliche Resultate haben auch KOSTELITZ und HÜTTIG[1] erhalten, die Methanolspaltungsversuche bei verschiedenen Temperaturen (270÷320°) mit Mischungen Cu-ZnO verschiedener Zusammensetzung gemacht haben. Es ist ihnen nicht gelungen, eine Geschwindigkeitskonstante zu bestimmen und daraus die Aktivierungsenergie zu berechnen. Aus ihren Versuchen geht aber immerhin hervor, daß die Mischkatalysatoren wirksamer sind als die reinen Komponenten. HÜTTIG schreibt dies bei den kupferreichen Katalysatoren vorwiegend einer strukturellen Verstärkung und bei den zinkoxydreichen einer synergetischen Verstärkung zu.

Eine interessante Erscheinung an den Kupfer-Zink-Katalysatoren der Methanolsynthese haben ABORN und DAVIDSON[2] gefunden. Sie untersuchten mit Röntgenpräzisionskammern die von FROLICH benutzten Katalysatoren. Mit zunehmendem Gehalt an ZnO vergrößert sich die Elementarzelle des Kupfers, weil unter Bildung von Mischkristallen Cu-Zn (α-Messing) Zinkoxyd mitreduziert wird. Andererseits wird bei großen Kupfergehalten auch das Zinkoxydgitter aufgeweitet, während das Achsenverhältnis konstant bleibt. Nach den genannten Autoren soll dies davon kommen, daß im Zinkoxydgitter metallisches Kupfer und Zink sich lösen oder dispergieren. Auch russische Autoren[3] haben die Bildung von α-Messing beobachtet, nicht jedoch die Deformation des Zinkoxydgitters.

Leichter als mit Wasserstoff und Kohlenoxyd kann die Reduktion des Zinkoxyds mit Methylalkoholdampf eintreten, also gerade bei der betrachteten Katalyse. Das geht aus den untenstehenden von FROLICH und Mitarbeitern[4] berechneten Werten der freien Energie bei der Temperatur von 360° C hervor:

1. $^1/_3\,CH_3OH + ZnO = {}^1/_3\,CO_2 + Zn + {}^2/_3\,H_2O \quad \Delta F = 14.526$
2. $CH_3OH + ZnO = CO_2 + 2\,H_2 + Zn \quad \Delta F = 8.188$
3. $H_2 + ZnO = H_2O + Zn \quad \Delta F = 17.696$
4. $CO + ZnO = CO_2 + Zn \quad \Delta F = 13.708$

[1] O. KOSTELITZ, G. F. HÜTTIG: Kolloid-Z. **67** (1934), 265.
[2] R. H. ABORN, R. L. DAVIDSON: J. physic. Chem. **34** (1930), 522.
[3] A. W. FROST, R. Y. IVANNIKOW, M. I. SCHAPIRO, N. N. SOLOTOW: Acta physicochim. URSS **1** (1934), 511. — N. N. SOLOTOW, M. SCHAPIRO: Chem. J. Ser. A, J. allg. Chem. **4** (1934), 679. — K. N. IWANOW: Acta physicochim. URSS **1** (1934), 493.
[4] P. K. FROLICH, M. R. FENSKE, D. QUIGGLE: Ind. Engng. Chem. **20** (1928), 694.

Unter Gleichgewichtsbedingungen wäre nach diesen ΔF-Werten die Menge von Zink, die sich aus äquimolekularen Mengen von Zinkoxyd und Reduktionsmittel bilden würde, $^1/_{1\cdot350\cdot000}$, nach Reaktion 3 $^1/_{59\cdot000}$ nach Reaktion 4 und $^1/_{690}$ Mol nach Reaktion 2.

Ferner ist zweifellos die Reduktion von Zinkoxyd durch die Gegenwart von Kupfer erleichtert. Dies hat schon ROGERS[1] beobachtet, der mit Wasserstoff geschmolzene Mischungen von 7,7% ZnO und 92,3% Cu_2O+CuO reduzierte und die Erleichterung auf energetische Grenzflächenerscheinungen zurückführte. Nach unserer Ansicht kann diese größere Leichtigkeit der Reduktion zwei Gründe haben: Kupfer bildet mit Zink einen Mischkristall, vermindert dessen Dampfdruck und so letzten Endes die oben angegebenen Werte der freien Energie. Zweitens kann es eine katalytische Wirkung auf die Reduktion des Zinkoxyds ausüben. Die Möglichkeit, daß Zinkoxyd oberflächlich durch Wasserstoff reduziert wird, ist experimentell von NATTA und AGLIARDI[2] bei Adsorptionsversuchen mit Wasserstoff ins Auge gefaßt worden. Wenn man an derselben Probe eine Reihe von Adsorptionen und Desorptionen vornimmt und dabei eine Wiederoxydation der Oberfläche sorgfältig vermeidet, so beobachtet man auch bei verstärkten Katalysatoren eine rasche Alterung unter Verminderung der adsorbierten Gasmenge. Dies ist durch Reduktionserscheinungen am Zinkoxyd verursacht, die die Natur und Struktur der Katalysatoroberfläche verändern.

Jedenfalls ist die Tatsache, daß Zinkoxyd an der Berührungsstelle ZnO-Zn durch die reagierenden Gase reduziert oder gebildet werden kann, je nach der Konzentration von CO_2 und von H_2O, eine wichtige Erscheinung, die die außerordentliche Lebensdauer gewisser ZnO-haltiger Methanolkontakte erklären kann. Praktisch werden deshalb nur diese für die Synthese verwendet. Während der Verwendung findet eine fortgesetzte und langsame Korrosion der Kristalloberfläche statt, die mengenmäßig vernachlässigbar ist, da das Reaktionsgas immer feucht ist und etwas CO_2 enthält, die aber genügt, um an der Oberfläche des Katalysators immer wieder neue aktive Zentren zu bilden. Diese Eigenschaft ist jedoch unabhängig von der Gegenwart des Kupfers, das höchstens die Reduktion des Zinkoxyds erleichtern könnte.

Die oben erwähnten Deformationen des Kristallgitters der gebrauchten Katalysatoren sind von ABORN und DAVIDSON[3] sowie FROLICH, DAVIDSON und FENSKE[4] mit der Wirksamkeit und Selektivität des Kontakts in Beziehung gesetzt worden. Genau gesprochen haben diese Forscher einen Parallelismus gefunden (Abb. 50) zwischen den Gitteränderungen des Kupfers und der Bildung von Formaldehyd + Methylformiat ebenso wie zwischen den Gitteränderungen des Zinkoxyds und der Bildung von Kohlenoxyd. Dieser Parallelismus ist ziemlich sicher nicht zufällig, sondern ist mit anderen Erscheinungen verknüpft. Es ist nämlich wahrscheinlich, daß bei der Dehydrierung von Methanol zu Formaldehyd Messing ein schlechterer Katalysator ist als Kupfer.

Außerdem haben wir schon an den erwähnten Versuchen von NATTA und AGLIARDI[2] gesehen, daß eine unvollständige Reduktion des Zinkoxyds (die die Ursache der beobachteten Gitteraufweitung sein könnte) eine Alterung des Katalysators und damit gewiß auch eine Wirkungsminderung bei der Zersetzung von Methanol in CO und H_2 hervorbringt.

---

[1] W. ROGERS, JR.: J. Amer. chem. Soc. **49** (1927), 1432.
[2] G. NATTA, A. AGLIARDI: Atti Accad. naz. Lincei, Rend. (8) **2** (1947), 383, 387.
[3] R. H. ABORN, R. L. DAVIDSON: J. physic. Chem. **34** (1930), 522.
[4] P. K. FROLICH. R. L. DAVIDSON, M. R. FENSKE: Ind. Engng. Chem. **21** (1929), 109.

Nach FROLICH, FENSKE und QUIGGLE[1] hängt die Wirksamkeit des Kupfer-Zinkoxyd-Katalysators von der Fällungsmethode ab (s. Tabelle 2, S. 424). Außerdem hängt sie auch nach NUSSBAUM und FROLICH[2] noch von der Reduktionstemperatur ab. Die höchste Wirksamkeit wird bei einer Reduktions-

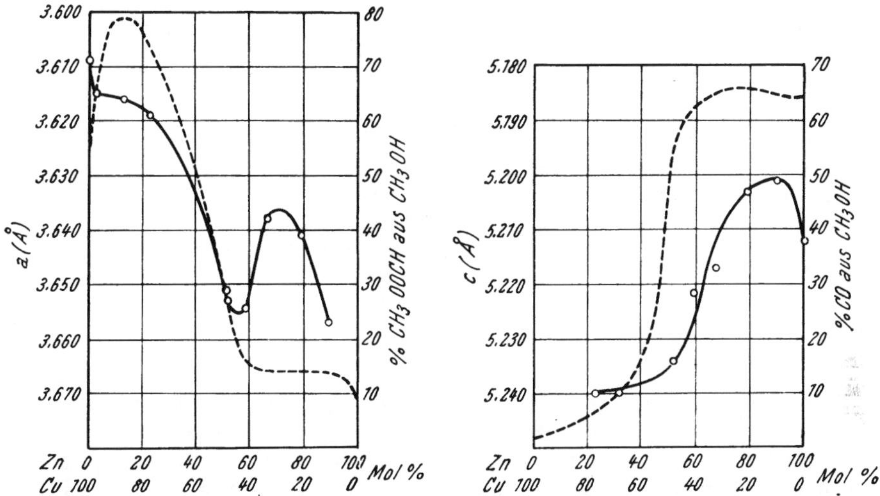

Abb. 50. a) ------- Methylformiatbildung, —— Gitterkonstante von Cu; b) ------- Kohlenmonoxydbildung, —— c-Achse von ZnO. Beide in ZnO-CuO-Methanolspaltungskontakten. (Nach FROLICH und Mitarbeitern.)

temperatur von 260° beobachtet. Bei höheren Temperaturen findet man eine kleine, aber deutliche Verminderung der anfänglichen Wirksamkeit, aber eine starke Abnahme der Wirksamkeit als Funktion der Zeit.

Die große Rekristallisationstendenz des Kupfers, die seine Wirkung als Wechselverstärker bei hoher Temperatur so vorübergehend gestaltet, hat Veranlassung gegeben, einen dritten und alterungsbeständigen Verstärker zuzusetzen. Verschiedene Autoren[3] haben zu diesem Zweck Chromoxyd verwendet. Was die Wirksamkeit solcher ternärer Katalysatoren betrifft, so sind die Verfasser darin einig, daß sie größer ist als die der binären Katalysatoren ZnO-Cu und auch $ZnO\text{-}Cr_2O_3$. Mit solchen Katalysatoren tritt die Methanolsynthese schon bei 280° ein (nach einer Angabe sogar noch tiefer), also mindestens 70° tiefer als mit $ZnO\text{-}Cr_2O_3$. Es sind sich aber nicht alle Verfasser einig in der Angabe der Zusammensetzung, bei der die maximale Wirksamkeit beobachtet wird (weil diese natürlich von der Herstellungsweise abhängt). In Tabelle 47 sind die von verschiedenen Experimentatoren bevorzugten molaren Zusammensetzungen

[1] P. K. FROLICH, M. R. FENSKE, D. QUIGGLE: Ind. Engng. Chem. **20** (1928), 694.

[2] R. NUSSBAUM, P. K. FROLICH: Ind. Engng. Chem. **23** (1931), 1386.

[3] D. A. POSSOPECHOW: J. chem. Ind. URSS **14** (1937), 173. — K. N. IWANOW: Acta physicochim. URSS **1** (1934), 493. — W. A. PLOTNIKOW, D. A. POSSOPECHOW: Ukrain. Acad. Sci., Mem. Inst. Chem. **1** (1934), 153. — W. A. PLOTNIKOW, K. N. IWANOW: J. chem. Ind. URSS **7** (1930), 1136. — W. A. PLOTNIKOW, K. N. IWANOW, D. A. POSSOPECHOW: J. chem. Ind. URSS **8** (1931), 119, 472. — D. A. POSSOPECHOW: Ukrain. Acad. Sci., Mem. Inst. Chem. **2** (1935), 157; **3** (1936), 403. — W. A. PLOTNIKOW, E. M. KAGANOWA: J. chem. Ind. URSS **7** (1930), 672. — M. R. FENSKE, P. K. FROLICH: Ind. Engng. Chem. **21** (1929), 1052. — D. M. NEWITT, B. J. BYRNE, H. WIDSTRONG: Proc. Roy. Soc. (London), Ser. A **123** (1929), 236.

zusammengestellt. PLOTNIKOW, IWANOW und POSSOPECHOW[1] beobachteten, daß die Wirksamkeit bei einer Zunahme des Gehalts an $ZnO + Cr_2O_3$ bis zu 30% zunimmt, um bei dieser Zusammensetzung ein Maximum zu erreichen; das beste Verhältnis zwischen ZnO und Cr_2O_3 ist 11 : 1.

Tabelle 47. *Von verschiedenen Autoren erprobte Zusammensetzungen des ternären Katalysators Cu-ZnO-Cr_2O_3.*

Katalysator	Autoren
49 Cu, 43 ZnO, 4 Cr_2O_3	FENSKE u. FROLICH
32 Cu, 16 ZnO, 2 Cr_2O_3	POSSOPECHOW
Desgleichen	IWANOW
91 Cu, 8 ZnO, 1 Cr_2O_3	PLOTNIKOW u. IWANOW
90 Cu, 8 ZnO, 2 Cr_2O_3	PLOTNIKOW u. KAGANOWA
70 Cu, 27,5 ZnO, 2,5 Cr_2O_3	PLOTNIKOW, IWANOW u. POSSOPECHOW
1 Cu, 6 ZnO, 2 Cr_2O_3	NEWITT, BYRNE u. STRONG

Nach denselben Verfassern ist auch zu betonen, daß die Zusammensetzung, bei der die Wirksamkeit in bezug auf das reagierende Kohlenoxyd am größten ist, wegen Nebenreaktionen nicht die gleiche ist, die die größte Methanolausbeute gibt, und auch nicht die, die die alterungsbeständigsten Katalysatoren liefert. Von diesem letzten Gesichtspunkt aus ist die Wirkung des Chromoxyds am stärksten.

Ein Vergleich und eine Kritik der alten Literaturangaben ist nicht möglich, da die einzelnen Autoren unter verschiedenen experimentellen Bedingungen arbeiten. Die Temperaturangaben sind häufig ungewiß und ungenau wegen des Fehlens von Vorsichtsmaßregeln zur Verhinderung von örtlichen Überhitzungen durch die auftretende Reaktionswärme.

NATTA und Mitarbeiter[2] haben kürzlich einige Katalysatoren, Kupfer-Chrom und Kupfer-Zink-Chrom, die durch thermische Zersetzung der Acetate erhalten wurden, untersucht. Die angewandte Apparatur, die die Einhaltung einer Temperaturkonstanz von 1° C auf der ganzen Länge des Katalysators erlaubte, konnte vergleichbare Werte liefern.

Wie schon von anderen Autoren für kupferhaltige Katalysatoren beobachtet worden war, weisen die untersuchten Katalysatoren eine bemerkenswerte Anfangsaktivität auf, die jedoch mit der Zeit stark abfällt. Ein Katalysator, bestehend aus Zn : Cu : Cr = 6 : 3 : 1, verliert nach dreitägiger Verwendung bei 320° C 40% seiner Anfangsaktivität. Die röntgenographische Untersuchung zeigt im reduzierten Katalysator die Linien des Kupfers, die mit fortschreitendem Gebrauch an Intensität zunehmen. Bei den niedrigen Arbeitstemperaturen konnte keine Bildung von Messing beobachtet werden.

Wenn man die Katalysatoren durch längeres Erhitzen in einer $CO\text{-}H_2$-Atmosphäre bei 330° C altert, sind diese ausreichend stabilisiert, um mit ihnen kinetische Untersuchungen durchzuführen und die scheinbaren Aktivierungsenergien bei Temperaturen unterhalb 330° C zu berechnen.

---

[1] W. A. PLOTNIKOW, K. N. IWANOW, D. A. POSSOPECHOW: J. chem. Ind. URSS 8 (1931), 119, 472.

[2] G. NATTA: J. chim. physique **51** (1954), 702. — G. NATTA, P. CORRADINI: Proc. Intern. Symposium Reactivity of Solids (1952). 619. — G. NATTA, G. MAZZANTI, I. PASQUON: Chim. e Ind., **37** (1955), 1015.

Die von NATTA und Mitarbeitern bestimmten scheinbaren Aktivierungsenergien betragen für einen reduzierten $CuO\text{-}Cr_2O_3$-Katalysator 16000 cal/Mol (292 ÷ 326° C), für einen $Zn_{80}Cu_{10}Cr_{10}$-Katalysator 20000 cal/Mol (307 ÷ 325° C) und für einen $Zn_{60}Cu_{30}Cr_{10}$ - Katalysator 20000 cal/Mol (276 ÷ 321° C) (Tabelle 48).

Ein kinetischer Vergleich zwischen dem Verhalten der verschiedenen Katalysatoren ist von NATTA, MAZZANTI und PASQUON durchgeführt worden.

Der einzige Ausdruck für die Reaktionsgeschwindigkeit, der mit den experimentellen Werten vereinbar ist, ist aus der Hypothese abgeleitet worden, daß die Reaktion auf der Katalysatoroberfläche zwischen den reagierenden adsorbierten Gasmolekülen stattfindet.

Für jede der reagierenden Stoffarten sind Konstanten K_{H_2}, K_{CO}, K_{CH_3OH} bestimmt worden, die der Konstanten des Adsorptionsgleichgewichts für jede Komponente proportional sind und die erlauben, die Konzentrationen der Reagenzien auf dem Katalysator auszudrücken, z. B.:

$$C_{H_2} = K_{H_2} \cdot C_L \cdot a_{H_2},$$

wo C_{H_2} die Konzentration des H_2 auf der Katalysatoroberfläche, C_L die Konzentration der freien aktiven Zentren und a_{H_2} die Aktivität des H_2 in der Gasphase bedeuten (s. auch S. 599).

Tabelle 48. *Scheinbare Aktivierungswärme von verschiedenen $ZnO\text{-}Cu\text{-}Cr_2O_3$-Katalysatoren für die Methanolsynthese.* (Nach NATTA und Mitarbeitern.)

Katalysator	Herstellungsmethode	Scheinbare Aktivierungswärme cal/Mol
ZnO	Zersetzung von Zn-Acetat	30 000
Zn:Cr = 9:1	Zersetzung von Zn-Cr-Acetaten	30 000
Zn:Cu:Cr = 6:3:1	Zersetzung von Zn-Cu-Cr-Acetaten	20 000
Zn:Cu:Cr = 2:1:1	id.	20 000
Zn:Cu:Cr = 8:1:1	id.	20 000
Kupferchromit	Aus Kupfer-Ammonium-Chromat	16 000

Tabelle 49. *Kinetische Faktoren K_{CO}, K_{H_2}, K_{CH_3OH} für zwei Katalysatoren der Methanolsynthese.* (Nach NATTA und Mitarbeitern.)

Katalysator	Temperatur °C	Kinetische Faktoren			Verhältnisse der kinetischen Faktoren		
		K_{CO}	K_{H_2}	K_{CH_3OH}	K_{CO}	K_{H_2}	K_{CH_3OH}
89% ZnO, 11% Cr_2O_3	330°	$5{,}9 \cdot 10^{-2}$	$12{,}2 \cdot 10^{-3}$	$3{,}17 \cdot 10^{-1}$	1,31	1,34	1,22
Zn:Cu:Cr = 2:1:1	330°	$4{,}5 \cdot 10^{-2}$	$9{,}1 \cdot 10^{-3}$	$2{,}60 \cdot 10^{-1}$			
89% ZnO, 11% Cr_2O_3	325°	$6{,}6 \cdot 10^{-2}$	$14 \cdot 10^{-3}$	$3{,}9 \cdot 10^{-1}$	1,44	1,52	1,44
Zn:Cu:Cr = 2:1:1	325°	$4{,}6 \cdot 10^{-2}$	$9{,}2 \cdot 10^{-3}$	$2{,}7 \cdot 10^{-1}$			

In der Tabelle 49 werden die Adsorptionskonstanten bei verschiedenen Temperaturen für zwei verschiedene Katalysatoren verglichen, von denen einer Kupfer enthält und der andere nicht.

In der Tabelle 50 sind die Adsorptionswärmen und die Aktivierungsenergien angegeben.

Was endlich die Zusätze von anderen Oxyden (CdO, MgO, Al_2O_3, Ag_2O) betrifft, verweisen wir auf die Arbeiten von PLOTNIKOW, IWANOW und POSSOPECHOW, von PLOTNIKOW und KAGANOWA[1] und von LEWIS und FROLICH[2].

Tabelle 50. *Adsorptionswärme und scheinbare und oberflächliche Aktivierungsenergie von ZnO-Cu-Cr_2O_3-Katalysatoren.* (Nach NATTA und Mitarbeitern.)

Katalysator	Adsorptionswärme cal/Mol			Aktivierungswärme cal/Mol	
	H_2	CO	CH_3OH	scheinbare	oberflächliche
89% ZnO, 11% Cr_2O_3	24 000	35 000	30 000	30 000	50 000
Zn:Cu:Cr = 2:1:1	2 000	1 500	7 000	20 000	22 000

Trotz der hohen Anfangsaktivität der kupferhaltigen Katalysatoren ist ihre Verwendung bei der Methanolsynthese an Stelle der ZnO-Cr_2O_3-Katalysatoren nicht empfehlenswert, obwohl letztere eine geringere Anfangsaktivität aufweisen. Die Verwendung der kupferhaltigen Katalysatoren ist nur möglich, wenn man Überhitzung durch die auftretende Reaktionswärme, die die Wirksamkeit der Kontakte schnell herabsetzt, verhindert und außerdem sehr reines, praktisch schwefelfreies Wassergas einsetzt.

2. Katalysatoren aus Oxydgemischen.

Die sehr große Zahl der untersuchten Katalysatoren aus mechanischen Mischungen von Oxyden macht ihre Einteilung schwierig. Selbst ein Vergleich zwischen ihnen, um Konstitution, Herstellungsweise und katalytische Wirkung in Beziehung zu setzen, erweist sich als schwierig, weil die Arbeiten der verschiedenen Experimentatoren meist nicht vergleichbar sind und auch oft die Ergebnisse desselben Autors nicht ganz zu reproduzieren sind, weil genaue Daten über die Herstellung der untersuchten Katalysatoren fehlen. Wir werden uns deshalb darauf beschränken, die Katalysatoren aus Oxydgemischen nach der Wertigkeit der Oxyde einzuteilen und die Fälle genauer zu betrachten, in denen das Vorliegen von Vergleichsversuchen eine Diskussion und einen Vergleich der Ergebnisse möglich erscheinen läßt.

a) Mischungen zweiwertiger Oxyde.

Wir haben in Kap. II A 2, S. 520, schon die Katalysatoren aus Mischungen zweiwertiger Oxyde betrachtet, die Mischkristalle bilden. Die Mischungen, die keine Mischkristalle bilden, bieten wenig praktisches Interesse. Viele Oxyde zweiwertiger Metalle werden unter gewissen Arbeitsbedingungen zu Metall reduziert (CuO, NiO, FeO, CdO usw.), und wir haben sie bereits als Metallkatalysatoren besprochen.

Man kann aber eventuell den Fall in Erwägung ziehen, wo solche Mischungen bei *Oxydations-* (Verbrennungs-) Reaktionen benutzt werden, wie z. B. in den Versuchen von PICHLER und RENKHOFF[3] über die Verbrennung von H_2, CH_4

[1] W. A. PLOTNIKOW, K. N. IWANOW, D. A. POSSOPECHOW: J. chem. Ind. URSS 8 (1931), 119, 472. — W. A. PLOTNIKOW, E. M. KAGANOWA: J. chem. Ind. URSS 7 (1930), 672.

[2] W. K. LEWIS, P. K. FROLICH: Ind. Engng. Chem. **20** (1928), 285.

[3] H. PICHLER, G. RENKHOFF: Gesammelte Abh. Kenntn. Kohle **12** (1937), 242.

und C_2H_4 an Kupferoxyd, das mit 2% CoO, NiO und MnO verstärkt sein kann. Die besten Resultate werden mit MnO erhalten, besonders bei tiefer Temperatur. Allerdings ist es auch in diesem Falle möglich, daß Valenzwechsel unter Bildung höherer Oxyde stattfinden. Einige Katalysatoren, die CuO, CdO, ZnO, MgO und BeO enthalten, sind von SCHWAB und Mitarbeitern[1] bei der Zersetzung von N_2O geprüft worden, und die Resultate sind schon in Kap. I 4 b, S. 449, gelegentlich der Besprechung der Aktivierungswärme vorgetragen worden.

Hier ist interessant zu bemerken, daß in einem Falle (CuO-CdO) die Aktivierungsenergie größer ist als für reines CuO, während die katalytische Aktivität im Gegensatz zur Erwartung höher ist als die aus der Mischungsregel folgende. Man muß daraus folgern, daß solche Katalysatoren eine viel höhere Zahl von aktiven Zentren besitzen als die aus reinen Komponenten bestehenden Katalysatoren, und daß dann, obgleich die katalytische Wirkung jedes einzelnen Aktivzentrums geringer ist (höhere Aktivierungsenergie), insgesamt eine größere katalytische Wirkung herauskommt. Wir stehen hier vor einem *besonderen Falle* von Verstärkereffekt insofern, als einer beachtlichen strukturellen Verstärkung in Form einer Zunahme der Zentrenzahl eine wenigstens partielle mittlere synergetische Schwächung gegenübersteht, die sich in einer Zunahme der Aktivierungsenergie äußert.

Einen Fall von synergetischer Verstärkung haben wir dagegen in dem System CuO-MgO, das Katalysatoren liefert, die aktiver sind als die reinen Komponenten und eine kleinere Aktivierungsenergie haben. Wie wir schon auf S. 575 gesagt haben, ist es sehr wahrscheinlich, daß dies zusammenhängt mit der Bildung von Mischkristallen aus CuO in MgO und von einer Verbindung zwischen beiden, die von RIGAMONTI[2] röntgenographisch aufgefunden wurde. Es ist aber auch ein Effekt von Sinterungsverhinderung durch das MgO nicht ausgeschlossen, das, wie schon mehrmals betont, in diesem Sinne viel wirksamer ist als ZnO.

In einigen technischen Dehydrierungen organischer Stoffe bei erhöhter Temperatur mit Katalysatoren, die MgO und ZnO enthalten, beobachtet man eine Verstärkerwirkung des Calciumoxyds. Sie tritt auf bei solchen Hochtemperatur-Dehydrierungen, z. B. von Olefin zu Diolefin oder von alkylierten Aromaten, z. B. Styrol zu Äthylbenzol oder von Hydroaromaten. Diese Katalysatoren werden auch technisch benutzt, weil bei ihnen die Abscheidung elementaren Kohlenstoffs ausbleibt, der die Oberfläche bedecken und die Wirksamkeit vermindern würde.

Außerdem hat die Mischung ZnO-CaO auch bei der Oxydation von Acetaldehyd mit Wasserdampf zu Aceton eine viel größere katalytische Wirksamkeit als der Mischungsregel entspräche[3]. Derselbe Katalysator erlaubt auch, wahrscheinlich über einen analogen Reaktionsmechanismus, Aceton aus Äthylalkohol zu erhalten. Zinkoxyd hat nämlich auch eine dehydrierende Wirkung bei der Zersetzung von Äthylalkohol in Wasserstoff und Acetaldehyd. Es ist auch industriell für die Gewinnung von Aceton aus Acetylen und Wasser verwendet worden.

b) Mischungen dreiwertiger Oxyde.

Die meist benutzten dreiwertigen Oxyde (Al_2O_3, Cr_2O_3, Fe_2O_3) bilden miteinander Mischkristalle und sind deshalb schon in Kap. II A 2, S. 524, abgehandelt worden.

[1] G.-M. SCHWAB, H. SCHULTES: Z. physik. Chem., Abt. B **9** (1930), 265; **25** (1934) 411. — G.-M. SCHWAB, R. STAEGER: Z. physik. Chem., Abt. B **25** (1934), 418.
[2] R. RIGAMONTI: Atti Accad. naz. Lincei, Rend. (8) **2** (1947), 446.
[3] S. YMADA: J. Soc. chem. Ind. Japan **36** (1933), 193 B.

Viele dreiwertige Oxyde haben als Katalysatoren nur verschwindende praktische Bedeutung, weil sie den Seltenen Erden angehören und deshalb für die Praxis zu teuer sind. Ihr Studium wäre aber dennoch von Interesse, besonders in Mischung mit Aluminiumoxyd, mit welchem sie die dehydratisierende Wirkung gemein haben. BRINTZINGER und MÖLLERS[1] haben nämlich gefunden, daß eine mit 10% Lanthanoxyd verstärkte Tonerde wirksamer ist als eine mit der gleichen Menge Thoriumoxyd oder Zirkonoxyd versetzte.

Besonderes Interesse bietet der Katalysator Fe_2O_3-Bi_2O_3, der von der früheren I. G. bei der Oxydation des Ammoniaks ausprobiert worden ist. Mit ihm erhält man nur wenig kleinere Ausbeuten als mit Platinnetzen, so daß man früher sogar einige technische Anlagen mit ihm betrieben hat. Versuche darüber sind veröffentlicht worden von MITTASCH[2], NEUMANN und ROSE[3], MAXTED[4], SINOZAKI und HARA[5] sowie KRAUSS und NEUHAUS[6].

MITTASCH hat mit einem Katalysator mit 3% Bi_2O_3 Ausbeuten bis zu 94,9% erhalten, während man technisch mit Platinnetzen auf 96÷98% kommt. Wie man aber aus der Tabelle 51 sieht, die die Daten von NEUMANN enthält. ist die Benutzung anderer Oxyde schädlich.

Tabelle 51. *Oxydation von Ammoniak mit Eisenoxydkatalysatoren mit Metalloxyden als Verstärker.* (Nach NEUMANN und ROSE.)

Katalysator	optimale Temperatur	Ausbeute in Prozent NO
Fe_2O_3 allein	670°	89,9
Fe_2O_3 + 3% Bi_2O_3	600°	94,9
Fe_2O_3 + 3% CuO	550°	53,1
Fe_2O_3 + 3% ThO_2	585°	52,1
Fe_2O_3 + 3% CeO_2	610°	36,7

Andere Autoren[7] haben statt Eisenoxyd auch Kobaltoxyd zu verwenden versucht, das sicher unter den Arbeitsbedingungen wenigstens teilweise in den dreiwertigen Zustand übergehen muß. Auch hier erhält man die besten Ausbeuten bei Zusatz von 3% Wismutoxyd, und wiederum führt die Verwendung von Katalysatoren, die statt Wismutoxyd andere Oxyde enthalten, zu niedrigeren Ergebnissen. Wieder andere[8] wollten das Eisenoxyd durch Manganoxyd ersetzen (das unter den Arbeitsbedingungen vermutlich in Mn_2O_3 oder Mn_3O_4 übergeht). Es ist interessant, daß in allen diesen Fällen die besten Ausbeuten beim Zusatz von Bi_2O_3 auftreten und daß schon kleine Mengen davon ausreichen, um die besten Ausbeuten an NO zu erhalten, während größere Mengen zuweilen sogar zu völliger Zersetzung des Ammoniaks führen.

c) Mischungen zwischen zweiwertigen und dreiwertigen Oxyden.

Bei den technisch als Katalysatoren verwendeten Mischungen zweiwertiger und dreiwertiger Oxyde ist fast in allen Fällen festzustellen, daß das zweiwertige

[1] H. BRINTZINGER, A. MÖLLERS: Z. anorg. allg. Chem. **254** (1947), 343.
[2] A. MITTASCH: Z. Elektrochem. angew. physik. Chem. **36** (1930), 569.
[3] B. NEUMANN, H. ROSE: Z. angew. Chem. **33** (1920), 41, 44, 51.
[4] E. B. MAXTED: J. Soc. chem. Ind. **36** (1917), 777.
[5] H. SINOZAKI, R. HARA: Technol. Rep. Tôhoku Imp. Univ. Sendai, Japan **6** (1926), 95.
[6] W. KRAUSS, A. NEUHAUS: Z. physik. Chem., Abt. B **50** (1941), 323.
[7] W. W. SCOTT: Ind. Engng. Chem. **16** (1924), 74. — W. W. SCOTT, W. L. LEECH: Ind. Engng. Chem. **19** (1927), 170.
[8] K. A. KOBE, P. D. HOSMAN: Ind. Engng. Chem. **40** (1948), 397.

Oxyd den Hauptkontaktstoff bildet, während das dreiwertige als Verstärker wirkt. Das ist darauf zurückzuführen, daß die dreiwertigen Oxyde als wirksame Verstärker der zweiwertigen bei deren spezifischen Reaktionen (Hydrierung und Dehydrierung) wirken können, während bei den für dreiwertige Oxyde spezifischen Dehydratisierungen die zweiwertigen entweder nur eine schwache Verstärkerwirkung haben oder zu Nebenreaktionen führen. Wir haben schon mehrfach von der besonderen Rolle gesprochen, die Chromoxyd sowie auch in geringerem Grade Aluminiumoxyd als Verstärker spielt.

Bevor wir die verschiedenen Einzelfälle betrachten, wird es gut sein, einige Eigentümlichkeiten zu besprechen, die diese Mischungen infolge der verschiedenen physikalischen und chemischen Eigenschaften der beiden Klassen von Oxyden aufweisen.

Bei *Herstellung* der Katalysatoren durch gemeinsame Fällung sind die erhaltenen Ergebnisse nicht immer leicht reproduzierbar, weil die Wirksamkeit des Katalysators in sehr erheblichem Maße von den kleinsten Einzelheiten der Darstellungsweise abhängt. Die Fällungsgeschwindigkeit und besonders die Art und Vollständigkeit des Auswaschens und der Trocknung der Niederschläge können von großem Einfluß sein. Zum Beispiel können bei Hydrierungs-, Dehydrierungs- und Kondensationskatalysatoren die kleinsten Mengen von adsorbiert gebliebenem Alkali bei unvollständiger Waschung gewisse Reaktionen erheblich zurückdrängen und andere begünstigen. Daher ist es schwer, die Versuche der verschiedenen Experimentatoren zu vergleichen, weil die Darstellungsmethoden der Katalysatoren in der Literatur im allgemeinen nicht genau genug beschrieben sind. Es genügt nicht, die Bruttozusammensetzung und die allgemeine Herstellungsmethode zu kennen, um einen Katalysator genau zu kennzeichnen. Das ist die Erklärung dafür, daß man durch Mitfällung manchmal sehr wirksame und ein anderes Mal ganz mäßige Katalysatoren bekommt.

Weil im allgemeinen die Wasserlöslichkeit der dreiwertigen Oxyde kleiner ist als die der zweiwertigen, so erhält man, wenn die Fällung allmählich durch Eingießen von Alkali in eine zwei- und dreiwertige Ionen enthaltende Lösung erfolgt, zuerst die dreiwertigen und erst nachher, wenn alle dreiwertigen Ionen gefällt sind, den Niederschlag der zweiwertigen. Es ist deshalb nicht dasselbe, ob man das Fällungsmittel zur Metallionenlösung oder umgekehrt die Ionenlösung in die des Fällungsmittels eingießt. Im ersten Falle besteht die Tendenz, daß sich ein Niederschlag von zweiwertigem Hydroxyd oder basischem Salz um das zuerst gefällte dreiwertige Hydroxyd herumlegt, während es im zweiten Falle leichter ist, eine gleichmäßigere Zusammensetzung der Mischung zu erreichen. Die meist mit kleinen Mengen verknüpfte Verstärkerwirkung des dreiwertigen Oxyds ist in dem zuerst beschriebenen Falle nicht in der Lage, sich da, wo sie notwendig wäre, nämlich an der Kornoberfläche, auszuwirken.

Das ist wahrscheinlich der Grund, warum man oft durch Tränken des Katalysatoroxyds mit kleinen Mengen von Chromsäure und nachfolgendes Reduzieren viel wirksamere Kontakte erhält als durch Mitfällung der Hydroxyde und basischen Chromate. Wir werden dies z. B. an den Katalysatoren $ZnO\text{-}Cr_2O_3$ kennenlernen (s. S. 593). Bei der Tränkmethode wird die Chromsäure an der Kornoberfläche adsorbiert, dringt in die Fugen zwischen den Kristallen ein und korrodiert diese, so daß sich an ihren Oberflächen unlösliches basisches Chromat bildet. Bei der Mitfällung ist das basische Chromat auf die ganze Masse des Katalysators verteilt. Im ersten Falle genügen denn auch ganz kleine Mengen von Chrom, um den Katalysator viel besser zu verstärken als im zweiten Falle, wie wir bereits in dem Kapitel über die Herstellung der Katalysatoren (s. S. 479) betont haben.

Ein anderes Kennzeichen solcher Mischungen zweiwertiger und dreiwertiger Oxyde ist die Möglichkeit einer *Salzbildung* wegen des basischen Charakters der ersteren und des sauren der zweiten. Das Studium dieser Salzbildung an einer großen Reihe von Mischungen durch Hüttig, Jander und deren Mitarbeiter hat zu wichtigen Ergebnissen geführt, die in Tabelle 52 und 53 zusammengestellt sind. Die Ergebnisse der beiden Forscher stimmen nicht immer in den Zahlenwerten überein, vielleicht wegen ihrer verschiedenartigen Versuchstechnik. Sie münden aber der Sache nach in dieselbe Deutung der Erscheinungen ein, die bei der Salzbildung auftreten, eine Deutung, die die Autoren selbst in zusammenfassenden Arbeiten dargestellt haben[1]. Die Versuche wurden an äquimolekularen mechanischen Mischungen der fein gemahlenen und bei verschiedenen Temperaturen während verschiedener Zeiten vorerhitzten Oxyde durchgeführt. Beobachtungen der Veränderlichkeit der katalytischen Wirkung, des Schüttgewichts, der Farbe, der Adsorptionseigenschaften, des magnetischen Verhaltens und der Kristallstruktur haben Aufklärung gebracht über das Wesen der Diffusionserscheinungen, die in einigen Fällen zur Bildung von Zwischenverbindungen führen. Als katalytischer Versuch wurde meistens die Zersetzung von N_2O, manchmal auch die Oxydation von CO oder die Zersetzung von Methanol verwandt.

Nach Hüttig lassen sich bei der Reaktion zwischen zweiwertigem und dreiwertigem Oxyd sechs Perioden unterscheiden:

a) Erste Periode. Schon durch einfaches inniges Verreiben bei Zimmertemperatur werden die Eigenschaften der einzelnen Komponenten verändert: Die katalytische Wirksamkeit der Mischung wird kleiner als die der einzelnen Komponenten, wenn man jede von ihnen in der Menge der Mischung anwendet. Dieselbe Verminderung der katalytischen Wirkung kann auch erhalten werden, wenn man dem System eine inerte Substanz zufügt, z. B. etwas CaF_2 zu dem System ZnO-Cr_2O_3.

Auch das Adsorptionsvermögen für gewisse Farbstoffe ist für die Mischung geringer als die Summe der Adsorptionen der einzelnen Komponenten und unter gewissen Umständen gleich derjenigen nur einer Komponente. Diese Herabsetzung ist stärker für Farbstoffe von hohem Molekulargewicht oder von Kolloidlöslichkeit.

Dieser erste Effekt kann durch die Hypothese erklärt werden, daß die Teilchen der verschiedenen Oxyde sich glatt und fest aneinander anschmiegen, so daß ein Teil der für die katalytische oder adsorptive Wirksamkeit notwendigen Oberfläche bedeckt wird („Abdeckungseffekt"). Durch Erwärmen auf mäßige Temperaturen ($100 \div 300°$) nimmt der Abdeckungseffekt zu, und die Verminderung der Adsorption erstreckt sich dann auch auf niedermolekulare Farbstoffe.

b) Zweite Periode. Erhöht man die Vorerhitzungstemperatur, so folgt auf die Abdeckungsperiode eine erste Aktivierungsperiode wegen der Bildung von Zwittermolekeln und molekularen Überzügen der Oberfläche. Dies erkennt man an einem ersten Farbwechsel und einer Zunahme der katalytischen Wirksamkeit bis zu einem ersten Maximum und im allgemeinen auch der Farbstoffadsorption.

c) Dritte Periode. Die Lebensdauer dieser an der Oberfläche entstandenen Zwittermolekeln ist jedoch nicht sehr groß. Zum Beispiel kehrt bei dem System ZnO-Fe_2O_3 schon durch Erwärmen auf 550° die katalytische Wirksamkeit für

[1] G. F. Hüttig: Z. Elektrochem. angew. physik. Chem. **41** (1935), 527; Angew. Chem. **49** (1936), 882; Natur (URSS) **25** Nr. 11 (1936), 17; Mh. Chem. **69** (1936), 42; Chemiker-Ztg. **61** (1937), 408. — W. Jander: Angew. Chem. **49** (1936), 879. — W. Jander, K. F. Weitendorf: Z. Elektrochem. angew. physik. Chem. **41** (1935), 435. — W. Jander, H. Herrmann: Z. anorg. allg. Chem. **241** (1939), 225.

die Stickoxydulspaltung oder die Kohlendioxydbildung zu einem Minimum zurück. Auch die Farbe wird wieder ungefähr die des nicht erhitzten Produkts. Es scheint also, daß die an der Oberfläche gebildeten aktiven Molekeln durch weiteres Erhitzen eine Desaktivierung erfahren, vielleicht weil sich stärkere Bindungen ausbilden, die mit einem Verlust an freier Energie verbunden sind, oder vielleicht auch, weil die gebildeten Molekeln sich in die verschiedenen Kristalle geordnet einfügen.

d) Vierte Periode. Die dritte Periode wird jedoch von einer zweiten Aktivierungsperiode abgelöst, die durch einen Fortschritt der inneren Diffusion gekennzeichnet ist. In dieser Periode nimmt die magnetische Suszeptibilität zu und die Werte der pyknometrischen Dichte ab. Die katalytische Wirksamkeit für die Stickoxydulspaltung und die Kohlendioxydbildung erreicht ein zweites Mal ein Maximum, während der Abfall der Farbstoffadsorptionskapazität sich nur verlangsamt. Die Farbe fängt an sich deutlich zu verändern. Gleichzeitig beobachtet man in den Röntgendiagrammen eine Verschiebung der Interferenzen des Ausgangsmaterials.

Die Temperaturen, bei denen diese Änderungen eintreten, fallen mehr oder weniger mit den Temperaturen des beginnenden Zusammenbackens zusammen, wie man sie nach der TAMANNschen Formel berechnet. Man kommt so auf die Bildung einer amorphen oder pseudoamorphen Reaktionsschicht von der Dicke von einer oder weniger Molekeln. Von diesem Punkte an treten nun tiefergreifende Änderungen auf.

e) Fünfte Periode. Das vorletzte Stadium der Reaktion ist eine Periode der Bildung von kristallinen Aggregaten der Addiditionsverbindung. Dichte und Schüttgewicht erreichen ein Minimum, um dann wieder zu steigen, während die Fluoreszenz zum ersten Male abnimmt. Die Farbe verändert sich immer mehr in Richtung auf die des Spinells, und die katalytischen Eigenschaften fallen rasch bis auf den Wert Null.

f) Sechste Periode. Als letzte Reaktionsstufe beobachtet man die Ausheilung der Fehler der gebildeten neuen Kristalle. In diesem Stadium nehmen nur die Röntgeninterferenzlinien an Schärfe zu und die magnetischen Eigenschaften und das Schüttgewicht können sich teilweise noch ändern, während Farbe und Dichte keine beträchtliche Änderung mehr erfahren. Hiermit ist der stabile Endzustand erreicht und bleibt stabil, bis bei äußerst hohen Temperaturen schließlich die Zersetzung der Verbindung eintritt.

JANDER hingegen unterscheidet nur vier Perioden:

Erste Periode. Beim Kontakt zwischen zwei Kristallen A und B kommen die A-Molekeln durch thermische Bewegung in die Wirkungssphäre der B-Molekeln und bedecken die B-Kristalle mit einer einmolekularen Schicht. So bildet sich eine Art von Zwitterverbindung.

Zweite Periode. Beim Fortschreiten der Reaktion bilden sich echte Molekeln AB, die aber noch nicht in einem Kristallgitter gebunden sind, sondern sich in einem amorphen oder Wachstumszustand auf den B-Kristallen befinden.

Dritte Periode. Es bilden sich Kristallkeime und unvollständige Kristalle AB.

Vierte Periode. Die unvollständigen Kristalle AB entwickeln sich regelmäßig.

Nach diesem Verfasser würden diese Perioden denen von HÜTTIG in dem Sinne entsprechen, daß zu der ersten Periode von JANDER die Perioden a, b und c von HÜTTIG gehören, zur zweiten die Periode d und zur dritten und vierten jeweils die Perioden e und f. Die Beobachtungen wurden durch HÜTTIG und JANDER auch auf andere Oxydmischungen als nur die zwischen zweiwertigen und dreiwertigen Oxyden ausgedehnt, wie ebenfalls aus den Tabellen 52 und 53 hervorgeht. Diese Beobachtungen sind von großer Wichtigkeit für die Herstellung und noch mehr die Benutzung von Katalysatoren, die aus Mischungen von Oxyden bestehen, die miteinander reagieren können. Insbesondere müssen die bei tiefen Temperaturen ($550 \div 600°$) eintretenden Effekte beachtet werden, weil sie auf die Lebensdauer und die Wirksamkeit der Kontakte Rückwirkungen haben können.

Außer den von HÜTTIG und JANDER studierten Mischungen sind weitere binäre Katalysatoren bei zahlreichen Reaktionen untersucht worden.

α) CuO-Kontakte.

Katalysatoren des Typs CuO-Al_2O_3 und CuO-Cr_2O_3 sind für die *Hydrierung* sauerstoffhaltiger organischer Verbindungen wie Aldehyde, Säuren, Kohlehydrate usw. vorgeschlagen worden. Es zeigte sich jedoch, daß während des Gebrauchs solcher Katalysatoren immer eine partielle oder vollständige Reduktion des Kupferoxyds zu Kupfer statthat, und daß deshalb der Katalysator praktisch ein Metallkontakt mit einem Oxydverstärker ist, wie wir sie teilweise schon behandelt haben.

Nur bei der katalytischen Zersetzung von Stickoxydul, wo man in oxydierender Atmosphäre arbeitet, besteht der Katalysator aus den beiden Oxyden. SCHWAB und SCHULTES[1] haben für die Mischung CuO-Al_2O_3 etwas höhere Aktivierungswärmen gefunden als für die reinen Oxyde. Nichtsdestoweniger sind die Mischkatalysatoren wirksamer als die Reinoxyde. Dies wird zurückgeführt auf die Bildung einer neuen Phase (Spinell) von größerer Oberfläche und kleinerer spezifischer katalytischer Aktivität dieser Oberfläche, oder auch von größerer Adsorptionskapazität[2].

Auch bei der Verwendung als *Oxydationskatalysator* handelt es sich um unreduzierte Kupferoxydkontakte. Wir haben dies schon auf S. 536 bei den Katalysatoren auf Kupferchromitbasis gesehen.

Ein vollständiges Studium des Systems CuO-Fe_2O_3 bei der Oxydation von Schwefeldioxyd zu Schwefeltrioxyd mit Luft zwischen 350 und 600° ist von KURIN, SIGOW, SSEMENOWA und WOROBJEWA[3] durchgeführt worden.

Im Gegensatz zum reinen Eisenoxyd, dessen Wirksamkeit bei steigender Temperatur zunimmt, steigt die der Mischungen zunächst zwischen 350 und 400° an, fällt dann zwischen 400 und 450° und nimmt bei höheren Temperaturen nochmals zu. Qualitativ stimmt dieses Resultat mit dem angeführten von HÜTTIG (Tabelle 52) überein. Unterschiede treten nur hinsichtlich der Temperaturen auf, bei denen die Maxima der Wirksamkeit liegen, doch liegt dies wahrscheinlich an der Verschiedenheit der Katalysatorherstellung und der Versuchsführung. Die Zusammensetzung des Katalysators optimaler Wirksamkeit ist nicht eindeutig, sondern hängt von der Arbeitstemperatur und der Volumgeschwindigkeit des Gases ab. Als bester Katalysator erwies sich der mit 40% CuO, der bei 550° bei einer Volumgeschwindigkeit von 200 eine Ausbeute von 73,4% SO_3 gab. Das ist eine niedrige Ausbeute, wenn man sie mit der von technischen Platin- oder Vanadium-Katalysatoren vergleicht, und unter diesem Gesichtspunkt sind diese Katalysatoren deshalb unwichtig. Immerhin ist die Tatsache interessant, daß bei $350 \div 400°$ Katalysatoren mit $40 \div 70\%$ Kupferoxyd 6- bis 20mal wirksamer sind als reines Eisenoxyd.

---

[1] G.-M. SCHWAB, H. SCHULTES: Z. physik. Chem., Abt. B **25** (1934), 411.

[2] G.-M. SCHWAB, R. STAEGER: Z. physik. Chem., Abt. B **25** (1934), 418.

[3] N. P. KURIN, S. A. SIGOW, G. K. SSEMENOWA, M. N. WOROBJEWA: Izv. tomsk. industr. Inst. **60** Nr. 3 (1940), 79.

Tabelle 52. *Fortschritt der Vereinigung zweier Oxyde als Funktion der Erhitzungstemperatur.* (Nach HÜTTIG.)

System	1. Periode a Abdekkungseffekt t⁰	2. Periode b 1. Aktivierung durch Bildung von Zwittermolekeln t⁰	3. Periode c Deaktivierung t⁰	4. Periode d 2. Aktivierung durch innere Diffusion t⁰	5. Periode e Bildung von kristallinen Aggregaten t⁰	6. Periode f Ausheilung von Kristallfehlern t⁰	Literatur
BeO-Fe_2O_3	—	200÷250	250÷400	400÷500	>500	—	1
MgO-Fe_2O_3	—	300÷400	—	475÷575	475÷650	650÷850	2
CaO-Fe_2O_3	—	300÷450	450÷550	550÷650	650÷900	900÷1000	3
SrO-Fe_2O_3	—	150÷550	—	—	>625	—	4
BaO-Fe_2O_3	—	325÷400	—	475	>650	—	4
ZnO-Fe_2O_3	<250	250÷400	400÷500	500÷600	600÷700	>700	5
CdO-Fe_2O_3	—	300÷500	500÷550	550÷600	650÷775	775÷1000	6
CuO-Fe_2O_3	—	200÷300	300÷450	450÷600	>600	—	7
PbO-Fe_2O_3	—	250÷350	—	500÷600	>700	—	8
Al_2O_3-Fe_2O_3	—	200÷400	400÷500	500÷700	—	—	9
Cr_2O_3-Fe_2O_3	—	—	—	250	—	—	9
SiO_2-Fe_2O_3*	—	—	—	—	—	—	9
TiO_2-Fe_2O_3	—	750÷800	—	850÷950	1000÷1150	—	9
BeO-Cr_2O_3	—	225÷300	—	650÷700	>700	—	10
MgO-Cr_2O_3	—	200÷405	400÷500	500÷600	600÷750	750÷800	11
CaO-Cr_2O_3	—	400÷850	—	>900	>925	—	12
ZnO-Cr_2O_3	<200	200÷300	300÷350	350÷450	450÷500	500÷900	13
CdO-Cr_2O_3	—	>600	—	—	—	—	10
CuO Cr_2O_3	—	100÷200	200÷225	225÷350	>400	—	14
PbO Cr_2O_3	—	>200	—	—	>450	—	10
Al_2O_3-Cr_2O_3*	—	—	—	—	—	—	9
SiO_2-Cr_2O_3*	—	—	—	—	—	—	9
TiO_2-Cr_2O_3*	—	—	—	—	—	—	9
MgO-Al_2O_3	—	200÷250	250÷450	—	>550	—	15
CuO-Al_2O_3*	—	—	—	—	—	—	9

* Für diese Paare konnten wegen der wenigen ausgeführten Versuche die Grenzen der verschiedenen Perioden nicht genau festgelegt werden.

Literatur zu Tabelle 52.

[1] G. F. HÜTTIG, H. KITTEL: Gazz. chim. ital. **63** (1933), 833. — G. F. HÜTTIG, D. ZINKER, H. KITTEL: Z. Elektrochem. angew. physik. Chem. **40** (1934), 306. — G. F. HÜTTIG, G. SIEBERT, H. KITTEL: Acta physicochim. URSS **2** (1935), 129. — G. F. HÜTTIG, TH. MEYER, H. KITTEL, S. CASSIRER: Z. anorg. allg. Chem. **224** (1935), 225. — H. KITTEL: Z. physik. Chem., Abt. A **178** (1937), 81. — G. F. HÜTTIG u. Mitarbeiter: Z. anorg. allg. Chem. **237** (1938), 209. — G. F. HÜTTIG: J. Chim. physique **36** (1939), 84.

[2] H. KITTEL, G. F. HÜTTIG, Z. HERMANN: Z. anorg. allg. Chem. **212** (1933), 209. — E. ROSENKRANZ, B. STEINER, H. KITTEL, G. F. HÜTTIG: Z. anorg. allg. Chem. **217** (1934), 22. — G. F. HÜTTIG, W. NOVAK-SCHREIBER, H. KITTEL: Z. physik. Chem., Abt. A **171** (1934), 83. — G. F. HÜTTIG, TH. MEYER, H. KITTEL, S. CASSIRER: Z. anorg. allg. Chem. **224** (1935), 225. — H. KITTEL: Z. physik. Chem., Abt. A **178** (1937), 81.

[3] H. KITTEL, G. F. HÜTTIG, Z. HERMANN: Z. anorg. allg. Chem. **212** (1933), 209. — G. F. HÜTTIG, D. ZINKER, H. KITTEL: Z. Elektrochem. angew. physik. Chem. **40** (1934), 306. — H. KITTEL, G. F. HÜTTIG: Z. anorg. allg. Chem. **219** (1934), 256. — G. F. HÜTTIG, J. FUNKE, H. KITTEL: J. Amer. chem. Soc. **57** (1935), 2470.

[4] H. KITTEL, G. F. HÜTTIG: Z. anorg. allg. Chem. **219** (1934), 256.

[5] H. KITTEL, G. F. HÜTTIG: Z. anorg. allg. Chem. **210** (1933), 26. — G. F. HÜTTIG: D. ZINKER, H. KITTEL: Z. Elektrochem. angew. physik. Chem. **40** (1934), 306. — G. F. HÜTTIG, N. E. TSCHAKERT, H. KITTEL: Z. anorg. allg. Chem. **223** (1935), 241. — G. F. HÜTTIG, TH. MEYER, H. KITTEL, S. CASSIRER: Z. anorg. allg. Chem. **224**

(1935), 225. — G. F. HÜTTIG, M. EHRENBERG, H. KITTEL: Z. anorg. allg. Chem. **228** (1936), 112. — H. KITTEL: Z. physik. Chem., Abt. A **178** (1937), 81. — G. F. HÜTTIG: Verh. X. Internat. Kongr. Chem. **2** (1938), 678. — G. F. HÜTTIG u. Mitarbeiter: Z. anorg. allg. Chem. **237** (1938), 209. — G. F. HÜTTIG: Z. Elektrochem. angew. physik. Chem. **44** (1938), 570; J. Chim. physique **36** (1939), 84.

[6] H. KITTEL: Z. anorg. allg. Chem. **221** (1934), 49. — G. F. HÜTTIG, G. SIEBERT, H. KITTEL: Acta physicochim. URSS **2** (1935), 129.

[7] H. KITTEL: Z. anorg. allg. Chem. **221** (1934), 49. — G. F. HÜTTIG, TH. MEYER, H. KITTEL, S. CASSIRER: Z. anorg. allg. Chem. **224** (1935), 225. — H. KITTEL: Z. physik. Chem., Abt. A **178** (1937), 81.

[8] H. KITTEL: Z. anorg. allg. Chem. **221** (1934), 49.

[9] G. F. HÜTTIG, TH. MEYER, H. KITTEL, S. CASSIRER: Z. anorg. allg. Chem. **224** (1935), 225.

[10] H. KITTEL: Z. anorg. allg. Chem. **222** (1935), 1.

[11] H. KITTEL, G. F. HÜTTIG: Z. anorg. allg. Chem. **217** (1934), 193. — G. F. HÜTTIG, D. ZINKER, H. KITTEL: Z. Elektrochem. angew. physik. Chem. **40** (1934), 306. — TH. MAYER, G. F. HÜTTIG, O. HNEVKOWSKI, H. KITTEL: Z. Elektrochem. angew. physik. Chem. **41** (1935), 429.

[12] J. HAMPEL: Z. anorg. allg. Chem. **223** (1935), 297.

[13] G. F. HÜTTIG, R. RADLER, H. KITTEL: Z. Elektrochem. angew. physik. Chem. **38** (1932), 442. — O. KOSTELITZ: Kolloid-Beih. **41** (1934), 58. — J. HAMPEL: Z. anorg. allg. Chem. **223** (1935), 297. — G. F. HÜTTIG, TH. MEYER, H. KITTEL, S. CASSIRER: Z. anorg. allg. Chem. **224** (1935), 225. — G. F. HÜTTIG, S. CASSIRER, E. STROTZER: Z. Elektrochem. angew. physik. Chem. **42** (1936), 215. — G. F. HÜTTIG, H. THEIMER: Z. anorg. allg. Chem. **246** (1941), 51; Kolloid-Z. **100** (1942), 162.

[14] O. KOSTELITZ: Kolloid-Beih. **41** (1934), 58. — H. KITTEL: Z. anorg. allg. Chem. **222** (1935), 1. — G. F. HÜTTIG, TH. MEYER, H. KITTEL, S. CASSIRER: Z. anorg. allg. Chem. **224** (1935), 225.

[15] G. F. HÜTTIG, D. ZINKER, H. KITTEL: Z. Elektrochem. angew. physik. Chem. **40** (1934), 306.

Tabelle 53. *Fortschritt der Vereinigung zweier Oxyde als Funktion der Erhitzungstemperatur.* (Nach JANDER.)

System	1. Periode Oberflächen-Reaktion; 1. Maximum der katalytischen Wirkung t°	2. Periode Bildung dünner Schichten am Phasenkontakt; Abnahme der katalytischen Wirkung t°	3. Periode Kristallisation der dünnen Schicht und Massenreaktion; 2. Maximum der katalytischen Wirkung t°	4. Periode Kristallisation der Masse und Ausheilung der Kristalle t°	Literatur
$ZnO \cdot Al_2O_3$	<700	700÷800	800÷900	>900	1
$MgO \cdot Al_2O_3$	400÷600	600÷800	820	>920	2
$NiO \cdot Al_2O_3$	<730	730÷800	850÷900	900÷1100	3
$ZnO \cdot Cr_2O_3$	200÷300	300÷450	450÷650	650÷ 800	4
$ZnO \cdot Fe_2O_3$	—	—	600	—	5
$MgO \cdot TiO_2$	<700	700÷800	800÷950	—	6
$ZnO \cdot SiO_2$	<500	800÷900	930	965	7
$MgO \cdot V_2O_5$	300÷350	350÷450	450÷530	530÷650	8
$CuO \cdot WO_3$	—	—	512	—	9

[1] W. JANDER, K. BUNDE: Z. anorg. allg. Chem. **231** (1937), 345.

[2] W. JANDER, H. PFISTER: Ebenda **239** (1938), 95.

[3] W. JANDER, K. GROB: Ebenda **245** (1940), 67.

[4] W. JANDER, K. F. WEITENDORF: Z. Elektrochem. angew. physik. Chem. **41** (1935), 435.

[5] W. JANDER, H. HERRMANN: Z. anorg. allg. Chem. **241** (1939), 225.

[6] W. JANDER, G. LEUTHNER: Ebenda **241** (1939), 57.

[7] W. JANDER, F. RIEHL: Ebenda **246** (1941), 81.

[8] W. JANDER, G. LORENZ: Ebenda **248** (1941), 105.

[9] W. JANDER, W. WENZEL: Ebenda **246** (1941), 67.

Dieses System zeigt auch *Analogien* zu dem der entsprechenden Hydroxyde $Cu(OH)_2$-$Fe(OH)_3$[1] oder zu Salzpaaren von Kupfer und Eisen[2], Mischungen, die ebenfalls wirksamer als die Komponenten bei der Hydroperoxydzersetzung sind und später besprochen werden sollen. Ebenso wie dort, so steigert auch in den erwähnten Versuchen von KURIN und Mitarbeitern die Anwesenheit zweier Elemente, die mehrere Oxydationsstufen besitzen, die Leichtigkeit von Oxydationsvorgängen an der Katalysatoroberfläche und so auch die Wirksamkeit des ganzen Katalysators durch einen *synergetischen* Verstärkungsmechanismus. Die Aktivierungsenergie für die Katalysatoren CuO-Fe_2O_3 ist nämlich kleiner als bei reinem Fe_2O_3 und hat ein Minimum bei 20% CuO.

β) *MgO-Kontakte.*

Unter den Magnesiumoxyd enthaltenden Mischungen werden der Katalysator MgO-Fe_2O_3 bei der Konversion von Wassergas[3] und MgO-Cr_2O_3 bei der Dehydrierung von Paraffinkohlenwasserstoffen zu Olefinen oder von Olefinen zu Diolefinen[4] angewandt. Hierbei ist der Vorteil, daß die thermische Spaltung und die Abscheidung elementaren Kohlenstoffs zurückgedrängt werden. Höchstwahrscheinlich liegt das Magnesiumoxyd in diesen Katalysatoren chemisch gebunden in Form des Spinells vor.

γ) *ZnO-Cr_2O_3-Kontakte.*

Im Gegensatz zu den vorigen sind die am meisten untersuchten und am häufigsten angewandten Mischungen die mit *Zinkoxyd*, welche sanfte Katalysatoren für Hydrierung und Dehydrierung darstellen. Zinkoxyd erlaubt nämlich Kohlenoxyd quantitativ und ohne Methanbildung zu *Methanol* zu hydrieren; bei höherer Temperatur kann es gewisse Olefinkohlenwasserstoffe zu Diolefinen dehydrieren, ohne daß merkliche thermische Spaltung unter Bildung leichterer Kohlenwasserstoffe oder elementaren Kohlenstoffs usw. einträte. Seine hohe Rekristallisationstendenz verhindert allerdings im allgemeinen seine Anwendung im reinen Zustand. Der übliche und auch einer der wirksamsten Verstärker ist Chromoxyd.

Eine beträchtliche Anzahl von Forschern haben sich damit beschäftigt, wie die Wirksamkeit mit Zusammensetzung und Herstellungsweise variiert. Die systematischesten Arbeiten, die in bedeutenden Industrielaboratorien ausgeführt wurden, sind allerdings nicht veröffentlicht.

Auch Aluminiumoxyd ist als Verstärker wirksam, jedoch viel weniger, insbesondere was die Alterungsbeständigkeit angeht.

In allen Einzelheiten ist das System ZnO-Cr_2O_3 für die Katalyse der Synthese und Zersetzung von Methanol studiert worden. Alle Autoren schreiben übereinstimmend den Mischkatalysatoren eine viel höhere Wirksamkeit zu als den einzelnen Komponenten. Dieser Katalysator befindet sich schon unter den ersten Vorschlägen der *Badischen Anilin- und Sodafabrik* für die Methanolsynthese[5]. PATART[6] führt die katalytische Wirksamkeit auf das Vorliegen basischer Zinkchromite zurück.

---

[1] A. QUARTAROLI: Gazz. chim. ital. **55** (1925), 252, 619; **57** (1927), 234.

[2] L. VAN BOHNSON, A. C. ROBERTSON: J. Amer. chem. Soc. **45** (1923), 2512.

[3] R. E. BREWER, L. H. RYERSON: Ind. Engng. Chem. **27** (1935), 1047. — G. L. BRIDGER, D. C. GERNES, H. L. THOMPSON: Chem. Engng. Progr. **44** (1948), 363.

[4] JU. S. SALKIND, G. L. BULAWSKY: Plast. Massen URSS **1935**, Nr. 3, 9.

[5] Fr. Pat. 571 356 vom 1. Oktober 1923. — Deutsche Prior. 23. Juli 1923.

[6] G. PATART: Fr. Pat. 540 343 vom 19. August 1921; It. Pat. 248 686 vom 4. Mai 1926.

NATTA[1] hat aber durch Röntgenanalyse nachgewiesen, daß die durch Reduktion der basischen Zinkchromate gewonnenen Katalysatoren alle freies Zinkoxyd enthalten. Allerdings sind in den Röntgendiagrammen die Linien des Zinkoxyds verbreitert, was beweist, daß die Kristalle äußerst klein sind. So wird die verstärkende Wirkung des Chromoxyds darauf zurückgeführt, daß es die Sinterung der Zinkoxydkriställchen verhindert.

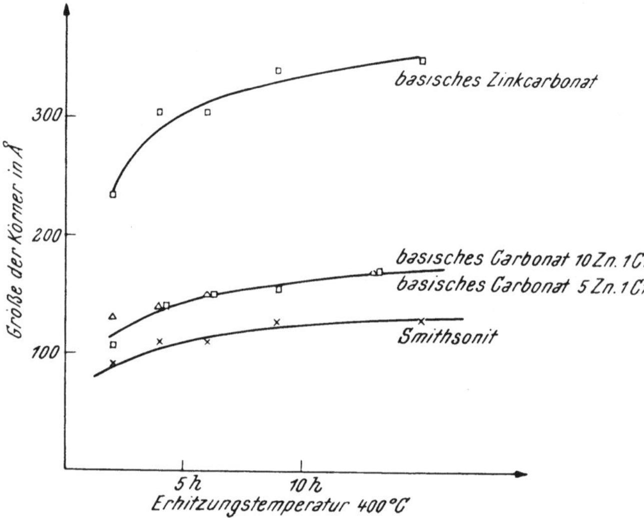

Abb. 51. Vergrößerung der Kristalle mit der Zeit bei 400° C. (Nach NATTA und Mitarbeitern.)

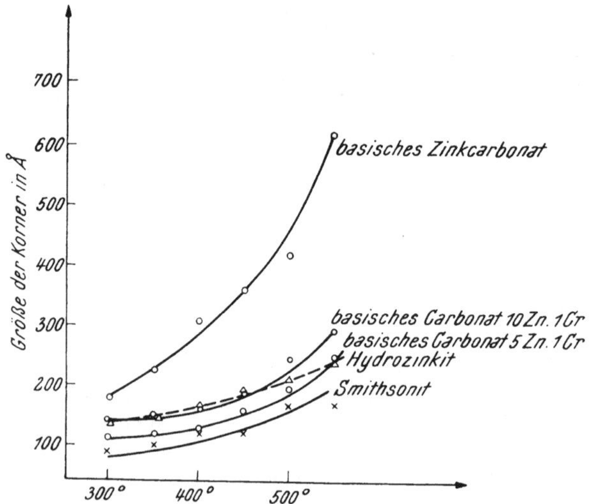

Abb. 52. Vergrößerung der Kristalle von einigen Katalysatoren bei verschiedenen Temperaturen. (Nach NATTA und Mitarbeitern.)

Daß Chromoxyd allein keine oder doch kaum eine katalytische Wirkung bei der Methanolsynthese hat, wurde gezeigt von CRYDER und FROLICH[2], von NATTA[3] und von MOLSTAD und DODGE[4]. Die erstgenannten wollen direkt die katalytische Wirkung null gefunden haben. NATTA findet eine kleine Wirksamkeit (etwa 1 ÷ 5 % des theoretischen Umsatzes bei gleichzeitigen sekundären katalytischen Wirkungen bei Temperaturen innerhalb 400° und vorwiegend solche ohne Methanolbildung oberhalb 450°); die letztgenannten Autoren finden eine schwache Wirkung ähnlich derjenigen reinen Zinkoxyds. NATTA und Mitarbeiter[5] haben verschiedene Katalysatoren auf Basis von reinem oder mit Cr_2O_3 aktiviertem Zinkoxyd elektronenmikroskopisch und röntgenographisch untersucht. Ihre in Tabelle 55 wiedergegebenen Ergebnisse zeigen, daß das aus dem Carbonat

[1] G. NATTA, s. Fußnote [5].
[2] D. S. CRYDER, P. K. FROLICH: Ind. Engng. Chem. 21 (1929), 867.
[3] G. NATTA: Giorn. Chim. ind. appl. 12 (1930), 13.
[4] M. C. MOLSTAD, B. F. DODGE: Ind. Engng. Chem. 27 (1935), 134.
[5] G. NATTA, P. CORRADINI: Proc. Intern. Symposium Reactivity of Solids, Gothenburg 1952, 619. — G. NATTA: J. Chim. physique 51 (1954), 702.

oder aus anderen Salzen erhaltene Oxyd aus Kristallen viel größerer Dimensionen besteht als die der Mischkatalysatoren oder das durch Calcinierung des Smithsonits hergestellte ZnO. Das Wachstum dieser Kristalle

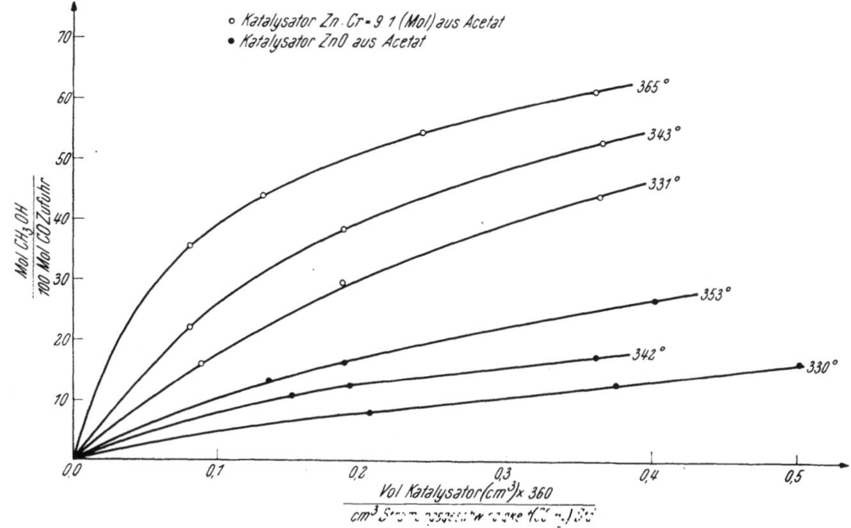

Abb. 53. Reaktionsisotherme $CO + 2 H_2 = CH_3OH$ auf zwei ZnO-Katalysatoren. (Nach NATTA und Mitarbeitern.)

durch längere Wärmeeinwirkung bei 400° C (Abb. 51) scheint sowohl für reines als auch für aktiviertes Zinkoxyd prozentual gleich groß zu sein. Bei höherer Temperatur jedoch (Abb. 52) erfährt das Oxyd aus basischem Carbonat ein sehr viel größeres Wachstum. Vom Gesichtspunkt der thermischen Stabilität aus gesehen verhält sich das Smithsonit ungefähr so wie das aktivierte Oxyd, und dies wahrscheinlich deshalb, weil es kleine Mengen an Verunreinigungen enthält, die als Promotor wirken.

Diese Ergebnisse würden beweisen, daß dem Promotor in der Phase der Herstellung des Katalysators, oder wenn man hohe Temperaturen erreicht,

Tabelle 54. *Einfluß von Chromoxyd auf Wirksamkeit und Alterungsbeständigkeit von Zinkoxyd bei der Methanolsynthese.* (Nach alten Angaben von NATTA.)

Arbeits-stunden	Zinkoxyd Kahlbaum Druck 300 atm			$2,5\ ZnO \cdot 1\ Cr_2O_3$ Druck 250 atm		
	Temp. °C	l Gas/Std.	gr CH_3OH pro m³	Temp. °C	l Gas/Std.	gr CH_3OH pro m³
2	413	2700	41,5	400	3200	38,5
3	411	3500	33,4	400	2900	40,3
4	405	3000	30,7	390	3300	34,3
6	410	3200	25,6	400	3500	27,3
8	—	—	—	400	3000	41,8
10	—	—	—	405	2700	44,6

besondere Bedeutung zukommt. In der Praxis hat er jedoch einen erheblichen Einfluß auf die Aktivität des Kontaktes, wie man aus den Reaktionsisothermen der Abb. 53 ersieht. Außerdem ist der Genauigkeit wegen zu sagen, daß nach den Arbeiten von NATTA die Wirksamkeit des reinen Zinkoxyds nicht konstant, sondern sehr erheblich mit der Zeit veränderlich ist.

Katalysatoren aus Zinkoxyd können gleich nach der Herstellung eine sehr hohe Wirksamkeit haben, diese Wirkungen fallen aber rasch mit der Zeit ab

Tabelle 55. *Mittlere Korngröße von nach verschiedenen Methoden hergestellten ZnO-Kristallen.* (Nach NATTA und Mitarbeitern.)

Herstellungsmethode	Mittlere Korngröße Å
Verbrennung von Zn	> 1000
Sublimation von ZnO	≫ 1000
Zersetzung von $Zn(NO_3)_2$ bei 500°	≫ 1000
Zersetzung von Zn-oxalat bei 500°	500
Zersetzung von Zn-formiat bei 500°	500
Zersetzung von Zn-acetat bei 300°	250
Zersetzung von basischem Zn-Carbonat bei 300°	200
Zersetzung von neutralem Zn-Carbonat (Smithsonit) bei 350°	90

(nach wenigen Stunden auf weniger als die Hälfte), wie man aus Tabelle 54 ersieht. Im Gegensatz dazu haben die mit Chromoxyd verstärkten Katalysatoren eine Wirkung, die nicht merklich zeitabhängig ist (auch nach monatelangem Arbeiten).

Interessant ist der Befund, daß die besten Katalysatoren durch Reduktion von basischem Zinkchromat oder von den Produkten der Tränkung von Zinkoxyd mit kleinen Prozentsätzen von Chromsäure oder Ammoniumchromat erhalten werden, während die durch gemeinsame Fällung von Zinkoxyd und Chromhydroxyd erhaltenen weniger aktiv anfallen. Dies ist von verschiedenen Autoren festgestellt worden[1]. Schlecht stimmen die Ergebnisse der verschiedenen Forscher über die Menge von Chromoxyd überein, die die besten Resultate gibt, wie man aus Tabelle 56 sieht.

Die Werte von MOLSTAD und DODGE (Abb. 54) und die von CRYDER und FROLICH sind auf die gleiche Gewichtsmenge Katalysator bezogen. Wenn man sie dagegen auf gleiches Volumen bezieht (was vor allem für die durch Mitfällung der Hydroxyde erhaltenen Katalysatoren wichtig ist, die nach kurzem Gebrauch schrumpfen und sich beträchtlich zusammenziehen), so verschieben sich die Maxima zu dem Verhältnis $2\,ZnO : Cr_2O_3$ für die Versuche von MOLSTAD und DODGE und $3\,ZnO : Cr_2O_3$ für die Messungen von CRYDER und FROLICH. Dies ist ein Beweis mehr für das früher Gesagte, wie wichtig es ist, daß das Chromoxyd sich über die Oberfläche des Zinkoxyds verteilt befindet. Bei den Katalysatoren aus der Tränkung von ZnO mit CrO_3 (CRYDER und FROLICH) bekommt man das Wirkungsmaximum bei kleineren Chromgehalten als bei durch Mitfällung von Hydroxyden hergestellten Katalysatoren (MOLSTAD und DODGE).

Ohne Zweifel hängt aber die Menge von Chromoxyd, die die maximale Wirksamkeit ergibt, auch von der Natur des verwandten Zinkoxyds ab. Fein verteilte Sorten von Zinkoxyd erfordern größere Mengen an Verstärker. Dagegen sind

[1] G. T. MORGAN, R. TAYLOR, T. Y. HELDLEY: J. Soc. chem. Ind. **47** (1928), 117T. — D. S. CRYDER, P. K. FROLICH: Ind. Engng. Chem. **21** (1929), 867. — G. NATTA: Giorn. Chim. ind. appl. **12** (1930), 13. — V. M. GRINEVICH: J. Chim. appl. URSS **18** (1945), 90.

gewisse schon für sich aktive und stabile Sorten von Zinkoxyd gegen die verstärkende Wirkung des Chromoxyds empfindlich.

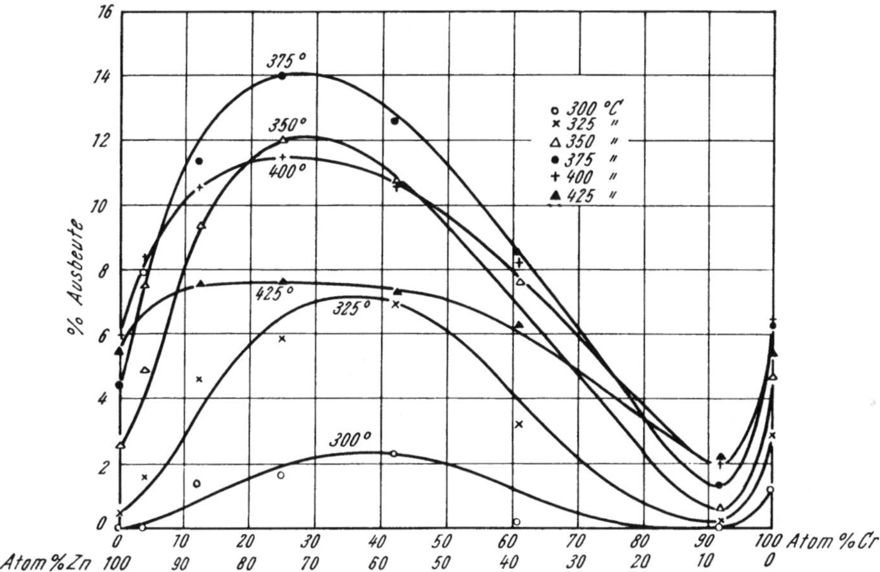

Abb. 54. Methanolausbeute aus Kohlenoxyd im Standardversuch bei 178 atm. (Nach MOLSTAD und DODGE.)

Zum Beispiel der durch Tieftemperaturspaltung von Smithsonit (neutrales Zinkcarbonat) erhaltene Zinkoxydkatalysator, der an sich schon sehr wirksam ist, vermehrt seine Wirksamkeit nur, wenn er mit minimalen Mengen von Chromsäure getränkt wird, vermindert sie aber beträchtlich, wenn man ihn mit der Menge Chromsäure tränkt, die für andere Zinkoxydsorten zu einem Wirkungsmaximum führt. Auch das durch thermische Zersetzung von trockenem geschmolzenem Zinkacetat erhaltene Zinkoxyd, das an sich ein sehr guter Katalysator ist, benimmt sich ähnlich. Man kann ihm kleine Mengen Chromoxyd zusetzen, wenn man seine Hochtemperaturbeständigkeit steigern will, aber seine Wirksamkeit nimmt dabei nicht merklich zu[1].

Die Chromoxydwirkung ist kennzeichnend für einen „strukturellen Verstärker". Das geht auch daraus hervor, daß die Adsorptionswärme für Wasserstoff an Mischungen ZnO-Cr_2O_3 identisch ist[2] (21000 cal) mit der an reinem Zinkoxyd gemessenen (GARNER und KINGMAN[3]).

Wenn auch manche Verfasser behaupten, daß Chromoxyd für sich ein Katalysator mit einer Wirksamkeit derselben Größenordnung wie Zinkoxyd für die Methanolsynthese sei (MOLSTAD und DODGE[4]), so kann man doch aus ihren Untersuchungen nicht entnehmen, daß in der Mischung eine Wechselverstärkung stattfindet, weil der Zusatz von kleinen Mengen Zinkoxyd die Wirksamkeit des Cr_2O_3 herabsetzt und erst größere Mengen sie steigern.

---

[1] G. NATTA: Unveröffentlichte Arbeit.
[2] H. S. TAYLOR: Nature **128** (1931), 636.
[3] W. E. GARNER, F. E. T. KINGMAN: Trans. Faraday Soc. **27** (1931), 322; Nature **126** (1930), 352.
[4] M. C. MOLSTAD, B. F. DODGE: Ind. Engng. Chem. **27** (1935), 134.

Aus unseren eigenen Untersuchungen (NATTA[1]) geht demgegenüber hervor, daß ein durch Erhitzen von Hydroxyd gewonnenes Chromoxyd bei der Methanolsynthese nur eine ganz kleine Wirksamkeit zeigt, aber eine größere für Nebenreaktionen, besonders bei hoher Temperatur. Es gibt andererseits Sorten von

Tabelle 56. *Optimale Zusammensetzung des Katalysators ZnO-Cr_2O_3 der Methanolsynthese.*

Literatur	Autoren	Herstellungsmethode	Synthese-Reaktion	Spaltung
1	MOLSTAD u. DODGE	Mitgefällte Hydroxyde	6 ZnO — 1 Cr_2O_3	—
2	HUFFMAN u. DODGE	desgleichen	8 ZnO — 1 Cr_2O_3	8 ZnO — 1 Cr_2O_3
3	CRYDER u. FROLICH	$Zn(OH)_2 + CrO_3$	8 ZnO — 1 Cr_2O_3	8 ZnO — 1 Cr_2O_3
4	BROWN u. GALLOWAY	$ZnCrO_4$	2 ZnO — 1 Cr_2O_3	—
5	KOSTELITZ	Zinkcarbonat $+ Cr_2O_3$	—	40 ZnO — 1 Cr_2O_3
6	WELTISTOWA, DOLGOW und KARPOW	Mechanische Mischung der Oxyde	4 ZnO — 1 Cr_2O_3	—
6	Dieselben	Anteigen von ZnO, Cr_2O_3 und CrO_3 mit Wasser	8 ZnO — 1 Cr_2O_3 — 1 CrO_3	—
7	DOLGOW		8 ZnO — 1 Cr_2O_3	—
8	PLOTNIKOW u. IWANOW		4 ZnO — 1 Cr_2O_3	—
9	FLEURY		2 ZnO — 1 Cr_2O_3	—
10	SMITH u. HAWK	$ZnO + CrO_3$	—	8 ZnO — 1 Cr_2O_3
11	GRINEVICH	$ZnO + CrO_3$	von 8 ZnO — 3 CrO_3 bis 2 ZnO — 1 CrO_3	—

1 M. C. MOLSTAD, B. F. DODGE: Ind. Engng. Chem. **27** (1935), 134.
2 J. R. HUFFMAN, B. F. DODGE: Ind. Engng. Chem. **21** (1929), 1056.
3 D. S. CRYDER, P. K. FROLICH: Ind. Engng. Chem. **21** (1929), 867.
4 R. L. BROWN, A. E. GALLOWAY: Ind. Engng. Chem. **20** (1928), 960.
5 O. KOSTELITZ: Kolloid-Beih. **41** (1935), 58.
6 W. M. WELTISTOWA, B. N. DOLGOW, A. S. KARPOW: J. chem. Ind. URSS **1934,** Nr. 9, 24; Chem. festen Brennstoffe **4** (1933), 492.
7 B. N. DOLGOW: Chem. festen Brennstoffe **3** (1932), 185, 282.
8 W. A. PLOTNIKOW, K. N. IWANOW: J. chem. Ind. URSS **7** (1930), 1136.
9 G. A. FLEURY: Mém. Poudres **24** (1930/31), 10.
10 D. F. SMITH, C. O. HAWK: J. physic. Chem. **32** (1928), 415.
11 V. M. GRINEVICH: J. angew. Chem. URSS **18** (1945), 90.

hochwirksamem, reinem Zinkoxyd, bei denen der Zusatz von Chromoxyd nur die Alterung herabdrückt, und andere wieder, bei denen Chromoxyd kaum einen Einfluß hat. Für die wenig wirksamen Sorten (Zinkoxyd aus Hydroxyd) ist Chromoxyd ein sehr guter Verstärker. In Gegenwart von kleinen Mengen gibt es praktisch keine Nebenreaktionen (Bildung von Dimethyläther, Aldehyden,

[1] G. NATTA: Giorn. Chim. ind. appl. **12** (1930), 13.

Ketonen und Säuren), während diese in Gegenwart starker Zusätze von Chromoxyd sich bemerkbar machen[1].

Der Zusatz eines dritten Oxyds als Verstärker zu der Mischung ZnO-Cr_2O_3 ist im allgemeinen nutzlos, und nach DOLGOW und Mitarbeitern[2] sind die Effekte null oder sogar schädlich. Eine Ausnahme machen die schon früher bei den Metallkatalysatoren beschriebenen ternären Katalysatoren ZnO-Cr_2O_3-Cu (s. S. 577). Sie sind sehr wirksam, haben aber wegen der äußersten Empfindlichkeit des Kupfers gegen Schwefelverbindungen kleinere praktische Bedeutung.

Das von NATTA und Mitarbeitern[3] durchgeführte kinetische Studium der Synthesereaktion des Methanols mit ZnO-Cr_2O_3- und ZnO-Cr_2O_3-Cu-Katalysatoren hat zu dem folgendem, für beide Kontakttypen gültigen Ausdruck für die Reaktionsgeschwindigkeit r geführt:

$$r = \frac{k\,C\,K_{CO}\,K^2_{H_2}\left(f_{CO}\,p_{CO}\,f^2_{H_2}\,p^2_{H_2} - \frac{1}{K_e}\,f_{CH_3OH}\,p_{CH_3OH}\right)}{(1 + K_{CO}\,f_{CO}\,p_{CO} + K_{H_2}\,f_{H_2}\,p_{H_2} + K_{CH_3OH}\,f_{CH_3OH}\,p_{CH_3OH})^3},$$

wo

k die Geschwindigkeitskonstante der direkten Reaktion in der adsorbierten Phase,

K_e die Gleichgewichtskonstante,

C die Molarkonzentration der aktiven Zentren pro Maßeinheit des Katalysators,

$p_{CO} \cdot p_{H_2}$, p_{CH_3OH} die Partialdrucke des Kohlenoxyds, des Wasserstoffs und des Methanols,

$f_{CO} \cdot f_{H_2}$, f_{CH_3OH} ihre Aktivitätskoeffizienten und

K_{CO}, K_{H_2}, K_{CH_3OH} die Konstanten ihres Adsorptionsgleichgewichts, die wir schon S. 583 definiert haben, sind.

Die Berechnung der verschiedenen Konstanten dieses Ausdrucks hat gezeigt, daß sich die kupferhaltigen Katalysatoren von den anderen unterschieden, weil sie eine geringere scheinbare oberflächliche Aktivierungsenergie und eine kleinere Adsorptionswärme der reagierenden Stoffe besitzen, wie man aus Tabelle 50, S. 584, sieht.

Außer bei der Methanolsynthese sind Katalysatoren ZnO-Cr_2O_3 auch bei der *Oxydation von Formaldehyd*[4] erprobt worden, wobei das Optimum mit einem Kontakt von 70 Atomprozent Zink erhalten wurde.

Die Katalysatoren sind auch für die *Dehydrierung* von Kohlenwasserstoffen bei $500 \div 700°$ benutzt worden, z. B. für die Gewinnung von Styrol aus Äthylbenzol[5].

Als *hydrierende* Katalysatoren haben sie nach VAUGHAN und LAZIER[6] kaum eine Wirkung auf Ketone; bei solchen Reaktionen üben sie auch eine dehydratisierende Wirkung auf den gebildeten Alkohol aus, die dem Cr_2O_3 zukommt wie in anderen Reaktionen (Zersetzung von Alkoholen) auch ADKINS und MILLINGTON[7] gefunden haben. WOODMAN und TAYLOR[8] haben dagegen gefunden,

---

[1] M. STRADA: Giorn. Chim. ind. appl. **15** (1933), 168.

[2] B. N. DOLGOW: Chem. festen Brennstoffe **3** (1932), 185, 282. — B. N. DOLGOW, M. N. KARPINSKI: Chem. festen Brennstoffe **3** (1932), 559.

[3] G. NATTA, P. PINO, G. MAZZANTI, I. PASQUON: Chim. e Ind. **35** (1953), 705. — G. NATTA, G. MAZZANTI, I. PASQUON: Chim. e Ind. **37** (1955), 1015.

[4] F. RUMFORD: J. Roy. techn. Coll. **4** (1939), 427.

[5] S. R. SERGIENKO: C. R. Acad. Sci. URSS **29** (N. F. 8) (1940), 36.

[6] J. V. VAUGHAN, W. A. LAZIER: J. Amer. chem. Soc. **43** (1921), 3719.

[7] H. ADKINS, P. E. MILLINGTON: J. Amer. chem. Soc. **51** (1929), 2449.

[8] J. F. WOODMAN, H. S. TAYLOR: J. Amer. chem. Soc. **62** (1940), 1393.

daß sie eine beträchtliche Wirksamkeit bei der Äthylenhydrierung haben, aber auch eine kondensierende Wirkung, die die Bildung von Polymerisationsprodukten begünstigt.

Wichtiger ist jedoch die Anwendung der Katalysatoren ZnO-Cr_2O_3 zur Hydrierung von Carbonylgruppen in Gegenwart von einer Doppelbindung, die von SAUER und ADKINS[1] und von KOMORI[2] als möglich erkannt wurde. Man erhält aus ungesättigten Säuren durch Hydrierung ungesättigte Alkohole. Dies ist sehr interessant, wenn man bedenkt, daß mit gewöhnlichen Hydrierkatalysatoren die Doppelbindung leichter hydriert wird. Der hier verwendete Katalysator wird meist durch Zersetzung von Zinkammoniumchromat gewonnen (entsprechend den Kupferchromitkatalysatoren), und es ist festzuhalten, daß in ihm, wenn nicht das gesamte, so doch fast das gesamte Zinkoxyd in Form von Zinkchromit an Chromoxyd gebunden ist.

Der Zusatz kleiner Mengen von Cu, Co, Cd, Fe während der Fällung des Doppelchromats soll günstig, der von Barium ungünstig wirken[3].

Die Verwendung von Katalysatoren ZnO-V_2O_3[1] hat weniger gute Resultate ergeben als die von ZnO-Cr_2O_3.

δ) *Kontakte ZnO-Al_2O_3 und ZnO-Fe_2O_3.*

Zinkoxyd kann für die Methanolsynthese auch mit Aluminiumoxyd verstärkt werden. Nach NATTA[4] haben solche Katalysatoren eine größere Sinterungstendenz als ZnO-Cr_2O_3. In Abb. 5, S. 432, sind die Röntgenaufnahmen einiger ZnO-Al_2O_3-Kontakte wiedergegeben. Während Zinkoxyd (aus basischem Carbonat) ziemlich scharfe Linien gibt, zeigt ein Katalysator 2 ZnO-1 Al_2O_3, dargestellt durch Mitfällung der Hydroxyde und Entwässerung bei 430°, die Zinkoxydlinien stark verbreitert und beweist so, daß dieses Oxyd in äußerst kleinen Kristallen vorliegt. Noch feiner werden die Kristallite des ZnO-Cr_2O_3-Kontakts, ob dieser nun durch Mitfällung der Hydroxyde oder aus basischem Chromat erhalten wurde.

Nach Erhitzen auf höhere Temperatur oder nach einer gewissen Arbeitszeit als Katalysator beobachtet man aber, daß bei dem Aluminiumoxyd enthaltenden Katalysator die Linien des Zinkoxyds langsam *schärfer* werden, was anzeigt, daß die Anwesenheit von Aluminiumoxyd im Gegensatz zum Chromoxyd *nicht* imstande ist, die Sinterung des Zinkoxyds zu verhindern. Hierauf kann die kleinere Wirksamkeit der Katalysatoren ZnO-Al_2O_3 verglichen mit ZnO-Cr_2O_3 zurückgeführt werden.

ZnO-Al_2O_3 ist auch als Katalysator vorgeschlagen worden zur *Dehydrierung* von Kohlenwasserstoffen, z. B. für die von Äthylbenzol zu Styrol[5] und für die „Isosynthese"[6], von der wir bei den Katalysatoren Al_2O_3-ThO_2 (S. 607) ausführlicher sprechen werden.

Was die ZnO-Fe_2O_3-Kontakte angeht, so hat HÜTTIG[7] außer dem stöchiometrischen Gemisch auch das gesamte System nach Vorerhitzung auf verschiedene

[1] J. SAUER, H. ADKINS: J. Amer. chem. Soc. **59** (1937), 1.
[2] S. KOMORI: J. Soc. chem. Ind. Japan **41** (1938), 219B; **42** (1939), 46B.
[3] S. KOMORI: J. Soc. chem. Ind. Japan **43** (1940), 337B.
[4] G. NATTA: Giorn. Chim. ind. appl. **12** (1930), 13.
[5] J. S. SAMKIND, G. L. BULAWSKY: Plast. Massen URSS **1935**, Nr. 3, 9.
[6] D. R. DEWEY: Chim. et Ind. **55** (1946), 327. — H. PICHLER, K. H. ZIESECKE: Brennstoff-Chem. **30** (1949), 13, 60, 81.
[7] G. F. HÜTTIG: Z. Elektrochem. angew. physik. Chem. **44** (1938), 571; Atti Congr. int. Chim., X Congr., Roma **2** (1938), 678; J. Chim. physique **36** (1939), 84; Z. anorg. allg. Chem. **237** (1938), 209.

Temperaturen bei der Zersetzung des Stickoxyduls untersucht. Während die auf 300° (wo nach S. 588 die erste Aktivierung liegt) erhitzten Proben die größte Wirksamkeit bei hohen Gehalten an ZnO aufweisen, haben die auf 600° (zweite Aktivierung) erhitzten ihr Maximum bei hohen Gehalten an Fe_2O_3. In der Periode der ersten Aktivierung beobachtet man auch ein hohes Maximum des Adsorptionsvermögens bei sehr ZnO-reichen Mischungen.

d) Mischkatalysatoren aus zweiwertigen und vierwertigen Oxyden.

Unter den vierwertigen Oxyden ist das in Mischkatalysatoren am häufigsten verwendete das Siliciumdioxyd. Von ihm werden wir aber ausführlicher erst in dem Kapitel über Trägerkontakte sprechen (S. 657), weil es mehr als Träger denn als Verstärker angewandt wird. Hier wollen wir nur den Katalysator $MgO\text{-}SiO_2$ erwähnen, der technisch für die *Krackung* benutzt wird[1]. Über ihn sind noch nicht viele Arbeiten erschienen, zum Unterschied von den Katalysatoren $Al_2O_3\text{-}SiO_2$, von denen wir im nächsten Abschnitt (S. 607) sprechen werden. Es scheint jedoch, daß er erhebliche Verbesserungen der Krackung gestattet, besonders im Hinblick auf die Benzinausbeute, die Stabilität und Lebensdauer des Katalysators. Das erhaltene Benzin hat allerdings eine kleinere Oktanzahl, doch höhere Suszeptibilität gegenüber Bleitetraäthyl als das mit Kieseltonerde-Katalysatoren erzeugte. Über die Verwendung der $MgO\text{-}SiO_2$-Kontakte für die Butadien-Herstellung aus Alkohol werden wir ausführlich im Kap. IV b berichten.

Die anderen vierwertigen Oxyde werden selten und meist in Mischung mit anderen Oxyden als Verstärker benutzt. Das kommt vielleicht daher, daß die durch ihre Eigenschaften hierfür geeigneten Oxyde ziemlich seltenen Elementen angehören (Zr, Th, Ce), und daß außer in Sonderfällen ihre Wirkung praktisch nicht sehr von der des Aluminium- und Chromoxyds verschieden ist.

Ein sicher sehr interessanter Katalysator aus dieser Gruppe ist aber der von Pichler und Ziesecke[2] für die Isosynthese benutzte Kontakt $ZnO\text{-}ThO_2$. Isosynthese ist die Synthese verzweigter Kohlenwasserstoffe aus Kohlenoxyd und Wasserstoff bei hohen Drucken und Temperaturen. Diese Reaktion wird von Thoriumoxyd katalysiert, der Zusatz von Zinkoxyd aber steigert die Ausbeute an flüssigen Produkten. Bessere Resultate werden, wie wir im nächsten Kapitel sehen werden (S. 606), durch Zusatz von Aluminiumoxyd erhalten.

Eingehend untersucht wurden dagegen Katalysatoren auf der Grundlage des *Manganoxyds*, die unter dem Namen *Hopcalit* gehen. Es handelt sich um Mischungen mit anderen Oxyden (hauptsächlich Kupferoxyd), die ebenfalls oxydierend wirken. Diese Mischungen haben infolge einer interessanten Wechselverstärkung eine beträchtliche katalytische Wirkung und können Kohlenoxyd mit atmosphärischem Sauerstoff schon bei Zimmertemperatur oxydieren.

Das Studium des Hopcalits ist in Amerika begonnen worden, um einen Katalysator für Gasmasken zu finden[3]. Die Arbeiten sind zahlreich und noch zahlreicher die Oxydmischungen, die für diesen Zweck erprobt wurden: $MnO_2\text{-}CuO$, $MnO_2\text{-}Ag_2O$, $MnO_2\text{-}Co_2O_3$, $MnO_2\text{-}NiO_x$, $Co_2O_3\text{-}CuO$ usw. und auch ternäre und quaternäre Mischungen. Ihre Darstellung geschieht durch Mischen der beiden Oxyde im feuchten Zustand, gegebenenfalls in wässeriger Suspension.

[1] R. W. Richardson, F. B. Johnson, L. V. Robbins: Ind. Engng. Chem. **41** (1949), 1729.

[2] H. Pichler, K. H. Ziesecke: Brennstoff-Chem. **30** (1949), 13, 60, 81. — D. R. Dewey: Chim. et Ind. **55** (1946), 327.

[3] A. B. Lamb, W. C. Bray, J. C. W. Frazer: Ind. Engng. Chem. **12** (1920), 213.

Die Oxydkomponenten selbst haben schon eine gewisse mehr oder weniger starke katalytische Wirkung bei der Oxydation des Kohlenoxyds, vor allem das Mangandioxyd, das eingehend von FRAZER[1] untersucht wurde. Dieser Autor kam zu dem Schluß, daß die beiden wichtigsten Faktoren die feine Verteilung der Oxyde und die Abwesenheit von oberflächlich adsorbierten Salzen, vor allem Alkalisalzen, seien.

Beide Tatsachen (die Herstellungsmethode und die Wirksamkeit auch der reinen Oxyde) lassen den Zweifel aufkommen, ob Hopcalit ein echter verstärkter Katalysator oder nur eine Mischung von zwei oder mehr Katalysatoren sei. Dennoch zeigt er trotz seiner Herstellungsweise klar einen Verstärkereffekt, weil seine Wirksamkeit größer ist als die beider Komponenten. Wahrscheinlich findet während der Vermischung auf nassem Wege eine Zusammenlagerung der Teilchen statt, die zu dieser Wirksamkeitssteigerung führt[2].

Die außergewöhnliche Wirksamkeit des Hopcalits steht in Beziehung zu einer sehr kleinen Aktivierungswärme, die nach SCHURMOWSKAJA und BRUNS[3] zwischen 5000 und 7000 cal/Mol liegen soll. Nach NEUMANN[4] ist die Wirksamkeit auf die leichte Abgabe von Sauerstoff zurückzuführen; die Komponenten der Hopcalite haben nämlich eine recht hohe Sauerstofftension, die in folgender Reihenfolge abnimmt: Ag_2O, MnO_2, Co_3O_4, NiO_x, CuO. In der gleichen Reihenfolge nimmt nun auch die Wirksamkeit der einzelnen reinen Oxyde bei der katalytischen Oxydation des Kohlenoxyds ab. Die Sauerstofftension der Mischungen ist sogar noch höher als die der Komponenten.

PITZER und FRAZER[5] behaupten demgegenüber, daß es zwei Faktoren sind, die die Wirksamkeit der verschiedenen Oxyde und damit auch ihrer Mischungen bestimmen. Vor allem ist es die freie Energie der Reduktion des Oxyds durch Kohlenoxyd, die negativ sein muß (was in gewissem Sinne mit der von NEUMANN in den Vordergrund gestellten erheblichen Sauerstofftension übereinstimmt); an zweiter Stelle handelt es sich um den Atomabstand Metall-Sauerstoff. In einer Reihe von Versuchen der Verfasser mit auf verschiedenen Wegen hergestellten Oxyden soll sich ergeben haben, daß nur die Oxyde mit dem Atomabstand Metall-Sauerstoff zwischen 1,75 und 1,85 Å, also Co_3O_4, MnO_2, Ni_2O_3 und Co_2O_3 (Tabelle 57) die Oxydation von Kohlenoxyd schon bei 0° katalysieren. (GeO_2 katalysiert nicht, obgleich sein Abstand zwischen dem von Co_3O_4 und MnO_2 liegt, weil die freie Energie seiner Reduktion positiv ist.)

Nach diesen Verfassern sollte man aus solchen Beobachtungen sowie aus Vergiftungsversuchen schließen, daß die Molekel des Kohlenoxyds an zwei sehr benachbarten Punkten (Zentren) des Katalysators adsorbiert wird, die man mit einem Metallatom und einem im Gitter benachbartem Sauerstoffatom zu identifizieren hätte. Der Abstand C — O im Kohlenoxyd wird auf 1,15 Å geschätzt, ist also deutlich kleiner als der von 1,75 bis 1,85 Å, der den katalytisch wirksamsten Oxyden zukommt. Es ist jedoch möglich, daß diese letzteren Abstände mit der Struktur der absorbierten Moleküle vereinbar sind, wenn man die Valenzwinkel berücksichtigt.

Im allgemeinen darf man annehmen, daß an der Oberfläche des Kontakts zunächst eine Reduktion durch Kohlenoxyd stattfindet, welches so zu Kohlendioxyd wird, und dann eine Oxydation durch Sauerstoff, wobei das höhere

[1] J. C. W. FRAZER: J. physic. Chem. **35** (1931), 405.
[2] F. MERK, E. WEDEKIND: Z. anorg. allg. Chem. **192** (1930), 113.
[3] N. SCHURMOWSKAJA, B. BRUNS: Acta physicochim. URSS **6** (1937), 513.
[4] B. NEUMANN, C. KRÖGER, R. IWANOWSKI: Z. Elektrochem. angew. physik. Chem. **37** (1931), 121.
[5] E. C. PITZER, J. C. W. FRAZER: J. physic. Chem. **45** (1941), 761.

Oxyd zurückgebildet wird. In dem besonderen Fall der Mischungen MnO_2-CuO sind nach SCHWAB und DRIKOS[1] die Temperaturen, bei denen die Reduktion durch CO bzw. die Reoxydation einsetzt, die folgenden:

	Reduktion	Oxydation
CuO	140°	Zimmertemperatur
MnO_2	30°	100°
Hopcalit	70°	Zimmertemperatur

Man muß daraus schließen, daß von den beiden Reaktionen beim CuO und beim Hopcalit die erste und beim MnO_2 die zweite für die Kinetik und damit für die katalytische Wirksamkeit bestimmend ist. Im Hopcalit ist jedoch die Reduzierbarkeit des CuO durch die Gegenwart des Mangandioxyds erhöht.

Hingegen scheint es nicht, als ob eine Beziehung zwischen der katalytischen Wirksamkeit und der Adsorptionskapazität des Hopcalits gegen CO, CO_2 und O_2 bestünde[2].

Wenn auch die Untersuchung der verschiedenen Mischungen von verschiedenen Experimentatoren ausgeführt worden ist, so geht doch aus ihrem Vergleich hervor, daß in Übereinstimmung mit unserer obigen Reihe die Mischung Ag_2O-MnO_2 die wirksamste ist. Nach NEUMANN[3] ist sie sogar noch wirksamer als die klassische CuO-MnO_2. Sie zeigt ein Wirkungsmaximum zwischen 40 und 90% Ag_2O. Die Mischung CuO-MnO_2 scheint hingegen ihr Maximum zwischen 40 und 70% MnO_2 zu haben, wie aus der graphischen Darstellung von ALMQUIST und BRAY[4] hervorgeht (Abb. 55). In ihr sind die Temperaturen angegeben, bei denen 50% Kohlenoxyd umgesetzt werden, und zwar als Funktion der Zusammensetzung des Hopcalits.

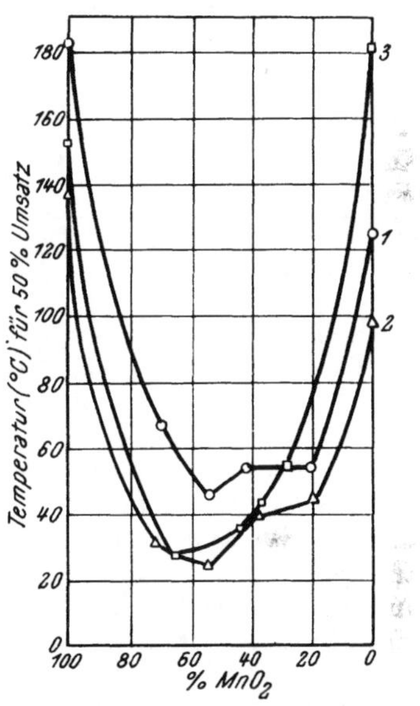

Abb. 55. Wirksamkeit von CuO-MnO_2-Mischungen bei der Tieftemperaturoxydation von Kohlenoxyd (drei Versuchsreihen). (Nach ALMQUIST und BRAY.)

In Tabelle 58 sollen kurz die Ergebnisse verschiedener Autoren mit verschiedenen Mischungen zusammengestellt werden. Wenn sie auch, wie schon gesagt, nicht ganz vergleichbar sind, so geben sie doch einen Eindruck von der Wirksamkeit der einzelnen Mischungen. Die ternären und quaternären Mischungen sind natürlich komplizierter zu untersuchen. Nach LAMB, BRAY und FRAZER[5] bekommt man die besten Ergebnisse mit der ternären Mischung 50% MnO_2, 30% CuO, 20% Co_2O_3 und noch bessere mit der quaternären Mischung 50% MnO_2, 30% CuO, 15% Co_2O_3, 5% Ag_2O. DOLIQUE und GALINDO[6] haben das

[1] G.-M. SCHWAB, G. DRIKOS: Z. physik. Chem., Abt. A 185 (1940), 405.

[2] F. BENTON: J. Amer. chem. Soc. 45 (1923), 887, 900. — W. M. HORKINS, W. C. BRAY: J. Amer. chem. Soc. 48 (1926), 1454. — W. C. BRAY, G. J. DOSS: J. Amer. chem. Soc. 48 (1926), 2060.

[3] B. NEUMANN, C. KRÖGER, R. IWANOWSKI: Z. Elektrochem. angew. physik. Chem. 37 (1931), 121.

[4] J. A. ALMQUIST, W. C. BRAY: J. Amer. chem. Soc. 45 (1923), 2305.

[5] A. B. LAMB, W. C. BRAY, J. C. W. FRAZER: Ind. Engng. Chem. 12 (1920), 213.

[6] R. DOLIQUE, J. GALINDO: Bull. Soc. chim. France 10 (1943), 64.

genaue Studium des ternären Systems MnO_2-CuO-Co_xO_y auf der kobaltarmen Seite unternommen und geben in einer plastischen Darstellung mit dreieckiger Basis ihre Ergebnisse an. Sie finden dabei zahlreiche relative Maxima der Wirksamkeit, die von Minimumszonen umgeben sind. In einem dieser Maxima liegt

Tabelle 57. *Abstände Me-O in verschiedenen Oxyden.* (Nach PITZER und FRAZER.)

SiO_2	1,59 Å	TiO_2 (Brookit)	1,95 Å
BeO	1,64	TiO_2 (Rutil)	2,01
Nd_2O_3	1,66	Ga_2O_3	2,0
Pr_2O_3	1,67	Fe_2O_3	2,06
Ce_2O_3	1,68	SnO_2	2,07
La_2O_3	1,70	NiO	2,09
Co_3O_4	1,75	Cr_2O_3	2,1
GeO_2	1,80	V_2O_3	2,1
MnO_2	1,84	CoO	2,13
Ni_2O_3	1,84	FeO	2,14
Co_2O_3	1,85	PbO_2	2,16
CuO	1,87	ZrO_2	2,20
TiO_2 (Anatas)	1,91	CeO_2	2,34
Al_2O_3	1,93	ThO_2	2,41
ZnO	1,94		

die oben genannte von LAMB, BRAY und FRAZER studierte Zusammensetzung. Man findet aber bei anderen Maxima auch noch höhere Wirksamkeiten. Der höchste Wert soll bei MnO_2-reichen Mischungen liegen, während die CuO-reicheren wenig wirksam sind.

Wenn auch darüber keine besonderen Arbeiten vorliegen, so darf man doch annehmen, daß die *Herstellungsweise* einen gewissen Einfluß auf die Wirksamkeit von Hopcalit hat. Besonders wichtig ist das Verfahren der Darstellung der reinen Oxyde, wie aus den schon zitierten Arbeiten von PITZER und FRAZER[1] hervorgeht, sowie aus einer Untersuchung von MATHIEU und Mitarbeitern[2] mit Röntgenstrahlen über die Darstellung von Mangandioxyd aus dem Carbonat. Ein Nachteil des Hopcalits ist seine leichte *Vergiftung* durch Wasserdampf.

Eine Reihe von *Titandioxyd* enthaltenden Mischkatalysatoren ist von ENGELDER und MILLER[3] an der Oxydation von Kohlenoxyd geprüft worden. Es handelt sich aber überall um Katalysatoren, die weniger wirksam sind als Hopcalit: binäre Mischungen von Titanoxyd mit Ag_2O oder den dreiwertigen Oxyden Fe_2O_3, Cr_2O_3, Co_2O_3, Bi_2O_3, Al_2O_3 oder den vierwertigen SnO_2, UO_2, CeO_2, MnO_2, ThO_2. Der wirksamste ist CuO-TiO_2, der die Oxydation bei 150°, ja sogar bei 60° katalysiert. Wahrscheinlich hat hier TiO_2 die Funktion eines Verstärkers, indem man die katalytische Aktivität vor allem bei tiefen Temperaturen dem CuO zuschreiben muß, das ja auch eine Komponente des Hopcalits selbst ist.

ENGELDER und BLUMER[4] haben ferner eine Reihe anderer Oxyde rein und

[1] E. C. PITZER, J. C. W. FRAZER: J. physic. Chem. **45** (1941), 761.
[2] T. PETITPAS, E. CHEYLAN, M. MATHIEU: Mém. Serv. chim. Etat **31** (1944), 323.
[3] C. J. ENGELDER, L. E. MILLER: J. physic. Chem. **36** (1932), 1345.
[4] C. J. ENGELDER, M. BLUMER: J. physic. Chem. **36** (1932), 1353.

in Mischung untersucht und haben, abgesehen von der Mischung Fe_2O_3-Co_2O_3, die wir schon unter den isomorphen dreiwertigen Oxyden (S. 531) behandelt haben, folgende als sehr aktiv erkannt: MnO_2-Fe_2O_3, MnO_2-NiO, MnO_2-Co_2O_3.

Tabelle 58. *Verschiedene Arten von Hopcalit und ihre Wirksamkeit.*

	Temperatur °C	Volumgeschwindigkeit	Prozent Oxydation von CO	Literatur
Binäre Systeme:				
MnO_2-CuO:				
Optimale Zusammensetzung 55% MnO_2, 45% CuO ...	58	1000	100	1
Zusammensetzung 60% MnO_2, 40% CuO ...	90	30000	99,5	2
„ desgl.	54	30000	61	2
„ „	—10	6000	100	3
„ „	90	6000	100	3
„ „	45	6000	6	3
„ 75% MnO_2, 25% CuO ...	40	4800	100	4
MnO_2-Ag_2O:				
Optimale Zusammensetzung 30% MnO_2, 70% Ag_2O ..	26	600	100	5
Zusammensetzung 55% MnO_2, 45% Ag_2O ..	?	3000	100	6
MnO_2-NiO_x:				
Optimale Zusammensetzung 100% MnO_2	70	600	97	5
MnO_2-Co_2O_3:				
Optimale Zusammensetzung 75% MnO_2, 25% Co_2O_3 ..	65	600	100	5
„ „ 89% MnO_2, 11% Co_2O_3 ..	20	?	70	7
Ternäre Systeme:				
MnO_2-CuO-Ag_2O:				
Zusammensetzung 50% MnO_2, 40% CuO, 10% Ag_2O	?	3000	100	6
MnO_2-CuO-Co_2O_3:				
Optimale Zusammensetzung 90% MnO_2, 6% CuO, 4% Co_2O_3	—	Statische Messungen	—	8
MnO_2-Ag_2O-Co_2O_3:				
Zusammensetzung 20% MnO_2, 40% Ag_2O, 40% Co_2O_3	?	3000	100	6
MnO_2-Ag_2O-NiO_x:				
Optimale Zusammensetzung 75% $AgMnO_3$, 25% NiO_x	82	600	100	5
Systeme mit mehr als drei Komponenten:				
50% MnO_2, 30% CuO, 15% Co_2O_3, 5% Ag_2O	50	6000	100	3
39% MnO, 30% CuO, 17% Co_2O_3, 8% Fe_2O_3, 6% Ag_2O	100	?	95	9

[1] J. A. Almquist, W. C. Bray: J. Amer. chem. Soc. **45** (1923), 11.
[2] A. B. Lamb, Ch. C. Scalione, G. Edgar: J. Amer. chem. Soc. **44** (1922), 738.
[3] D. R. Merril, Ch. C. Scalione: J. Amer. chem. Soc. **43** (1921), 1982.
[4] A. B. Lamb, W. E. Vail: J. Amer. chem. Soc. **47** (1925), 123.
[5] B. Neumann, C. Kröger, R. Iwanowski: Z. Elektrochem. angew. physik. Chem. **37** (1931), 121.
[6] T. H. Rogers, C. S. Piggot, W. H. Bahlke, J. M. Jennings: J. Amer. chem. Soc. **43** (1921), 1973.
[7] F. Merk, E. Wedekind: Z. anorg. allg. Chem. **186** (1930), 49; **192** (1030), 113.
[8] R. Dolique, J. Galindo: Bull. Soc. chim. France **10** (1943), 64.
[9] S. Kasarnowski, W. Borschtschewski, D. Kosstin: J. chem. Ind. URSS **15** (1938), 41.

e) Katalysatoren aus dreiwertigen und vierwertigen Oxyden.

Außer den soeben genannten Katalysatoren von ENGELDER und MILLER sind die Mischungen Cr_2O_3-SiO_2 und Cr_2O_3-SnO_2 besonders bei der Oxydation von Schwefeldioxyd zu Schwefeltrioxyd untersucht worden, vor allem in Arbeiten von ADADUROW und seinen Mitarbeitern. Die erste Mischung wurde durch Fällung einer Natriumsilikatlösung mit Chromnitrat dargestellt, scheint aber keine guten Resultate ergeben zu haben[1]. Die Mischung Cr_2O_3-SnO_2[2] ist dagegen sehr wirksam und gibt bei 450 ÷ 460° einen Umsatz von 96 ÷ 97%. Es ist aber ein Katalysator, der ziemlich leicht sintert, und so seine Wirksamkeit verliert.

Um ihn zu verbessern, setzten GERNET und CHITUN[3] kleine Mengen anderer Oxyde zu, wie CaO, MgO, SrO, ZnO, Al_2O_3, Bi_2O_3, MnO_2, NiO, CoO, CuO, jedoch mit negativem Resultat. Gute Ergebnisse dagegen gibt ein Zusatz von BaO oder Fe_2O_3. Besonders der Zusatz von BaO, auch in kleinen Mengen, verstärkt den Katalysator sehr und macht ihn viel beständiger. Nach ADADUROW und GERNET[4] soll mit 0,1 ÷ 0,14% BaO auf die Gewichtseinheit Cr_2O_3-SnO_2 das Maximum erhalten werden, nämlich 99,25% Umsatz bei 420° und einer Volumgeschwindigkeit von 60. Ein Kennzeichen dieses Katalysators ist, daß er auch in verhältnismäßig *feuchter* Atmosphäre arbeiten kann. Daraus folgt aber nicht, daß dieser Katalysator trotz seiner guten Wirksamkeit nun auch in der technischen Praxis viel angewandt wird, ähnlich wie andere Katalysatoren derselben Verfasser, von denen wir gleich sprechen werden.

Eine andere Mischung drei- und vierwertiger Oxyde, die untersucht wurde, ist der von PICHLER und ZIESECKE[5] studierte Katalysator Al_2O_3-ThO_2 für die „*Isosynthese*“, d. h. Synthese verzweigter Kohlenwasserstoffe aus Kohlenoxyd und Wasserstoff unter Druck (300 ÷ 400 atm) und bei 400 ÷ 500°. Für dieselbe Reaktion haben wir bereits die Katalysatoren ZnO-ThO_2 betrachtet (S. 601). Die Mischungen Al_2O_3-ThO_2 sind besser, weil man höhere Ausbeuten an verzweigten Kohlenwasserstoffen erhält, während zinkoxydhaltige Kontakte auch gewisse Mengen von Alkohol und Dimethyläther liefern.

Die Verfasser haben ihre Versuche während des Krieges nicht veröffentlicht, jedoch liegt ein eingehendes Referat von DEWEY[6] vor. Sie haben mit reinen Oxyden gearbeitet, vor allem mit ThO_2, CeO_2 und ZrO_2 sowie mit binären Mischungen des ThO_2 mit ZnO, Al_2O_3, Cr_2O_3, Fe, Cu und Alkali, sowie auch mit ternären Mischungen. Ein gewisses Interesse beansprucht die Mischung ZnO-Al_2O_3, weil sie wenig kostet, allerdings gibt sie zu viel Alkohole. Die besten Ergebnisse gibt Al_2O_3-ThO_2 mit variablem Gehalt an Al_2O_3 zwischen 20 und 40%. Der Zusatz von 0,5 ÷ 1,0% K_2CO_3 verbessert das Ergebnis noch etwas, während eine Steigerung der Tonerdemenge zu stark nach der Methanbildung hinlenkt.

Diese Katalysatoren können durch Mitfällung aus Nitratmischungen dar-

---

[1] I. J. ADADUROW: J. chem. Ind. URSS **1934**, Nr. 11, 53.

[2] I. J. ADADUROW: J. chem. Ind. URSS **1934**, Nr. 11, 53. — B. NEUMANN, E. GOEBEL: Z. Elektrochem. angew. physik. Chem. **34** (1928), 734. — I. J. ADADUROW, D. W. GERNET, A. M. CHITUN: Chem. J. Ser. B, J. appl. Chem. **7** (1934), 875. — I. J. ADADUROW, D. W. GERNET: Chem. J. Ser. B, J. appl. Chem. **8** (1935), 612. — I. J. ADADUROW, T. L. FOMITSCHEWA: Chem. J. Ser. B, J. appl. Chem. **9** (1936), 1580. — R. KIYOURA: J. Soc. chem. Ind. Japan, Suppl. **42** (1939), 24 B. — M. MATUI, R. KIYOURA, H. MORITA, T. SAVAII: J. Soc. chem. Ind. Japan, Suppl. **42** (1939), 329 B.

[3] D. W. GERNET, A. M. CHITUN: Chem. J. Ser. B, J. appl. Chem. **8** (1935), 598.

[4] I. J. ADADUROW, D. W. GERNET: Chem. J. Ser. B, J. appl. Chem. URSS **8** (1935), 606; J. physic. Chem. URSS **6** (1935), 1086.

[5] H. PICHLER, K. H. ZIESECKE: Brennstoff-Chem. **30** (1949), 13, 60, 81.

[6] D. R. DEWEY: Chim. et Ind. **55** (1946), 327.

gestellt werden. Wie Tabelle 59 zeigt, erhält man jedoch die besten Resultate, wenn man die beiden Hydroxyde getrennt fällt, wäscht und im feuchten Zustand innig mischt, oder auch, wenn man Thoriumoxyd auf Tonerde niederschlägt.

Tabelle 59. *Isosynthese an ThO_2 und ThO_2-Al_2O_3.* (Nach PICHLER und ZIESECKE.)

Kontakt	Temperatur °C	Ausbeute in g pro m³ CO+H₂			
		Flüssige Kohlenwasserstoffe und Gasöl	Isobutan	Flüssige Kohlenwasserstoffe	Alkohole
ThO_2	450	79,0	22,7	42,2	19,3
	475	92,2	27,3	39,6	9,6
ThO_2-20% Al_2O_3	450	79,1	47,7	21,0	13,0
zusammen gefällt	475	93,7	54,8	17,6	4,0
ThO_2-20% Al_2O_3	450	112,2	60,5	34,1	3,3
getrennt gefällt	475	112,7	69,0	25,9	0,5
ThO_2-20% Al_2O_3 (ThO_2 auf Al_2O_3 niedergeschlagen)	450	100,7	27,0	48,0	4,9

Heutzutage ist jedoch der wichtigste Katalysator dieser Gruppe der aus SiO_2-Al_2O_3, der zur Dehydration, zur Kondensation und zum Kracken dient. Wir haben schon in dem Kapitel „Chemische Verbindungen“ von der Benutzung natürlicher Verbindungen zwischen Al_2O_3 und SiO_2 vom Typ der Kaoline oder Bentonite für diese Reaktionen gesprochen (S. 536). Hier sollen die synthetischen Mischungen angeführt werden, die nach verschiedenen Methoden und in verschiedenen Mengenverhältnissen hergestellt werden.

Auf dem Gebiet der Kondensation ermöglichen diese Katalysatoren FRIEDEL-CRAFTS-Synthesen in der Dampfphase, wie die Kondensation von Benzol mit Äthylen[1] oder anderen Olefinen[2] und die Synthesen des Antrachinons und Benzophenons[3].

Als Dehydratisierungskatalysatoren scheinen die synthetischen Produkte im Gegensatz zum Kaolin immer auch *kondensierende* Wirkungen mitzubringen. Sie werden nämlich benutzt für die Darstellung von Äthylbenzol aus Benzol und Äthanol, von Methylpyridin aus Pyridin und Methanol[4], von Methylnaphthalin aus Naphthalin und Methanol[5], von Toluol aus Benzol und Dimethyläther[6] usw. Nach den Bearbeitern dieser Synthese scheinen die wirksamsten Katalysatoren den Zusammensetzungen Al_2O_3-2 SiO_2 und Al_2O_3-4 SiO_2 zu entsprechen.

Die wichtigste Anwendung dieser Katalysatoren liegt jedoch in der *Krackung* von Erdölen und dem „*Reforming*“ von Benzin, die in den Verfahren HOUDRY, „*Thermophor Catalytic Process*“ und „*Wirbelschicht-Katalyse*“ entwickelt worden sind.

---

[1] A. A. O'KELLY, J. KELLETT, J. PLUCKER: Ind. Engng. Chem. **39** (1947), 154.
[2] H. PINES, J. D. LA ZERTE, V. N. IPATIEFF: J. Amer. chem. Soc. 72 (1950), 2850.
[3] A. N. SACHANEN, P. D. CAESAR: Ind. Engng. Chem. **38** (1946), 43.
[4] N. M. CULLINANE, S. J. CHARD, R. MEATYARD: J. Soc. chem. Ind. **67** (1948), 142, 232.
[5] N. M. CULLINANE, S. J. CHARD: J. chem. Soc. (London) **1948,** 804.
[6] P. H. GIVEN, D. L. HAMMICK: J. chem. Soc. (London) **1947,** 928; **1948,** 2154; **1949,** 1779.

In den letzten Jahren sind in dieser Richtung zahlreiche Arbeiten ausgeführt worden, jedoch sind natürlich aus technischen und wirtschaftlichen Gründen nicht alle veröffentlicht worden. Es fällt aber ein guter Teil davon aus dem Rahmen unseres Werkes heraus, weil er sich auf quantitative und qualitative Krackausbeuten aus einer gegebenen Art von Erdölfraktion oder Benzin unter besonderen Reaktionsbedingungen bezieht. Es können nämlich zahllose Variablen die Krackreaktion beeinflussen: Zeit, Temperatur und Druck der Reaktion, Ausgangsprodukt, dessen Beimengungen und Verunreinigungen sowie Zusammensetzung, Herstellung und Vorbehandlung des Katalysators. Wenn wir uns hier auf diese letzten Faktoren beschränken, so können wir sofort feststellen, daß die besten Ergebnisse die Katalysatoren geben, die durch mechanische Mischung der beiden Oxyde oder noch besser durch Niederschlagen von Al_2O_3 auf SiO_2 dargestellt werden. Nach OBORIN[1] sollen nämlich verschieden hergestellte Katalysatoren die folgenden relativen Wirksamkeiten haben:

$Al(OH)_3$ aus $Al_2(SO_4)_3 + NaOH$ mit SiO_2-Zusatz	1
Desgleichen, aber aus Alaun $+ NH_3$	0,91
$Al(OH)_3$ aus $Al_2(SO_4)_3 + NH_3$, mit Kieselgel gemischt	0,80
Aus $Al_2(SO_4)_3$ und Na_2SiO_3 zusammengefällte Gele	0,61
Desgleichen aus Alaun und Na_2SiO_3	0,34
Desgleichen, aber zerreibbar	0,17
Der vorhergehende mit $Al(NO_3)_3$ getränkt und erhitzt	0,77

Was die optimale Zusammensetzung angeht, so sind die Ansichten geteilt, vielleicht wegen der Verschiedenheiten der Darstellung. TOPCHIEWA und PANCHENKOW[2] und andere erklären, die maximale Wirksamkeit liege bei einer Mischung von 70% SiO_2 und 30% Al_2O_3, entsprechend der molaren Zusammensetzung $Al_2O_3 \cdot 4\,SiO_2$, also dem Montmorillonit. THOMAS[3] berichtet von einem Maximum bei einem Gehalt von 37% SiO_2. Viele andere dagegen behaupten, das Optimum liege bei niedrigen Prozentsätzen (10÷15%) an Al_2O_3; die technisch verwendeten Katalysatoren enthalten in der Tat etwa 10÷12% Tonerde.

Über den Wirkungsmechanismus dieses Katalysators sind viele Arbeiten ausgeführt und viele Hypothesen aufgestellt worden. TOPCHIEWA und PANCHENKOW[2] nehmen in Übereinstimmung mit dem Zusammenfallen der optimalen Zusammensetzung mit der Formel des Montmorillonits und auf Grund der BALANDINschen Dublettbypothese an, daß die aktiven Zentren aus zwei Molekeln Montmorillonit $Al_2O_3 \cdot 4SiO_2$ bestehen, die einander zugekehrt sind. Man sieht jedoch nicht ein, warum das eigentlich Montmorillonit-Molekeln sein müssen, nachdem doch die Autoren selbst nicht behaupten, daß die ganze Katalysatormasse aus solchen Molekeln bestehe, sondern daß diese nur an einigen Punkten liegen, obwohl die mittlere Zusammensetzung des Katalysators $Al_2O_3 \cdot 4SiO_2$ ist.

Dagegen nimmt OBORIN[1] an, daß die Dubletts aus Aluminiumatomen im Gitter des γ-Al_2O_3 im Abstand von 2,56 Å bestehen. Dieser Abstand ist etwa gleich dem zweier auf derselben Seite liegender Kohlenstoffatome in einer Kohlenwasserstoffkette (2,51 Å, Abb. 56). Es soll nämlich nur das γ-Aluminiumoxyd und nicht die α-Modifikation katalytische Aktivität haben. Es ist jedoch zu bemerken, daß α-Al_2O_3 nur bei erhöhter Temperatur erhältlich ist, wo schon

[1] V. I. OBORIN: Petroleum-Ind. **25** Nr. 11 (1947), 50.

[2] R. M. PANCHENKOW, K. V. TOPCHIEWA: Nachr. Moskauer Univ. **1946** Nr. 2, 39. — K. V. TOPCHIEWA, R. M. PANCHENKOW: C. R. Acad. Sci. URSS **55** (1947), 505.

[3] C. L. THOMAS: Ind. Engng. Chem. **41** (1949), 2564.

eine Sinterung stattfindet, und daß deshalb der Wirksamkeitsverlust bei Übergang des Aluminiumoxyds aus der γ- in die α-Form auch einfach eine thermische Desaktivierung sein kann.

Die heutzutage am meisten angenommene Erklärung ist aber die, daß die Wirksamkeit dieser Katalysatoren mit ihrer *sauren Natur* zusammenhängt. Wir haben hiervon schon in dem Kapitel „Chemische Verbindungen" (S. 536) bei den natürlichen Silikaten gesprochen. Es wird nicht allgemein angenommen, daß sich bei der Herstellung dieser Katalysatoren wohldefinierte Verbindungen zwischen Kieselsäure und Tonerde bilden, wenn man auch bei der gemeinsamen Fällung von $Al(OH)_3$ und Kieselsäure starke Anzeichen für eine Verbindung beider Stoffe hat (Tamele[1], Milliken und Cornelius[2]). Man nimmt aber heute an, daß hier und dort in der Masse des Kieselgels ein Ersatz der Ionen Si^{4-} durch Ionen Al^{3+} unter Bildung von Kieselaluminiumsäuren stattfindet. Das bringt eine Änderung der oktaedrischen Struktur des Aluminiumions in eine tetraedrische mit sich und damit das Auftreten eines Elektronenmangels, der die saure Natur des Kontakts bedingt (Thomas[3], Greensfelder, Voge und Good[4], Milliken, Mills und Oblad[5]).

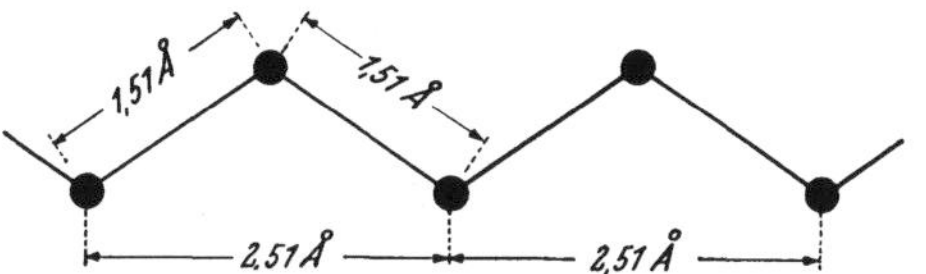

Abb. 56. Anordnung der Kohlenstoffatome in einer aliphatischen Kette.

Die saure Natur unserer Katalysatoren ist durch verschiedene Forscher ans Licht gebracht worden. Bitepazh[6] hatte in ihnen die Anwesenheit kleiner Mengen zeolithisch austauschbarer Kationen beobachtet. Diese Kationen, vor allem Na^+, können durch Einwirkung von Salzsäure entfernt werden, wobei sie durch H^+ ersetzt werden und eine Aktivierung des Kontakts eintritt. Wenn man die H^+-Ionen wieder durch Na^+ ersetzt, so tritt eine Vergiftung ein, während die Einführung von NH_4^+ keine Vergiftung bewirkt, weil diese Ionen bei der Katalysentemperatur dissoziativ entfernt werden. Obendrein hat Bitepazh beobachtet, daß die Einführung von Kationen höherer Wertigkeit und mit kleinerem Radius (z. B. Al^{3+}) eine kleinere Vergiftung hervorbringt als die von Ionen niederer Wertigkeit und mit großem Radius (Alkalimetalle). Das soll nach dem Verfasser von einer Abschirmung der Oberfläche kommen, die für die Aluminiumionen geringer sei als für die ihnen stöchiometrisch äquivalenten drei Natriumionen.

Die gleichen Vergiftungserscheinungen durch Alkali sind auch von Mills, Boedecker und Oblad[7] beobachtet worden. Der Säuregrad dieser Kontakte ist auch von Gayer[8], Grenall[9], Thomas[3] sowie Oblad, Mills und Milliken[10] titriert worden, entweder durch Neutralisation mit Alkali in Gegenwart von

---

[1] M. W. Tamele: Discuss. Faraday Soc. 8 (1950), 270.
[2] T. H. Milliken, E. B. Cornelius: Zitiert in A. G. Oblad, G. A. Mills, T. H. Milliken: Advances in Catalysis, Bd. III, S. 204. New York, 1951.
[3] C. L. Thomas: Ind. Engng. Chem. 41 (1949), 2564.
[4] B. S. Greensfelder, H. H. Voge, G. M. Good: Ind. Engng. Chem. 41 (1949), 2573.
[5] T. H. Milliken, G. A. Mills, A. G. Oblad: Discuss. Faraday Soc. 8 (1950), 279.
[6] Ya. A. Bitepazh: J. allg. Chem. URSS 17 (1947), 199.
[7] G. A. Mills, E. R. Boedecker, A. G. Oblad: J. Amer. chem. Soc. 72 (1950), 1554.
[8] F. H. Gayer: Ind. Engng. Chem. 25 (1937), 1122.
[9] A. Grenall: Ind. Engng. Chem. 41 (1949), 1485.
[10] A. G. Oblad, G. A. Mills, T. H. Milliken: Advances in Catalysis, Bd. III, S. 204. New York, 1951.

Indikatoren oder durch Ionenaustausch mit einer Kochsalzlösung oder durch Reaktion mit Natriumhydrogencarbonat und Messung des entwickelten Kohlendioxyds oder endlich durch die Katalyse der Zuckerinversion. Man fand dabei eine Beziehung zwischen dem Säuregrad und der katalytischen Wirksamkeit (s. a. Abb. 34, S. 540).

Bei der Katalysentemperatur werden nun die Hydroxylgruppen unter Abspaltung von Wasser zersetzt. Wenn man den so entwässerten Katalysator wieder in Wasser bringt, so bilden sie sich teilweise wieder durch Hydratation. Daher können diese Titrationen in wässerigem Medium kein sicheres Zeichen für den Säuregrad des Kontakts *bei der Kracktemperatur* sein. Jedoch ist der Säuregrad des bei 500° entwässerten Katalysators in zweifelsfreier Weise von TAMELE[1] durch Titration mit n-Butylamin in nichtwässerigem Medium festgelegt worden und von OBLAD, MILLS, MILLIKEN und BOEDECKER[2] durch Messung der physikalischen und chemischen Adsorption von Aminen. Auch haben die letztgenannten Autoren eine logarithmische Beziehung gefunden zwischen dem Adsorptionsvermögen für Amine bei erhöhter Temperatur und der katalytischen Wirksamkeit (Abb. 57). Die bei hoher Temperatur von den Katalysatoren adsorbierten Basenmengen weichen, und zwar oft nach unten, von der in der Kälte in wässerigem Medium titrierbaren Säurestärke ab.

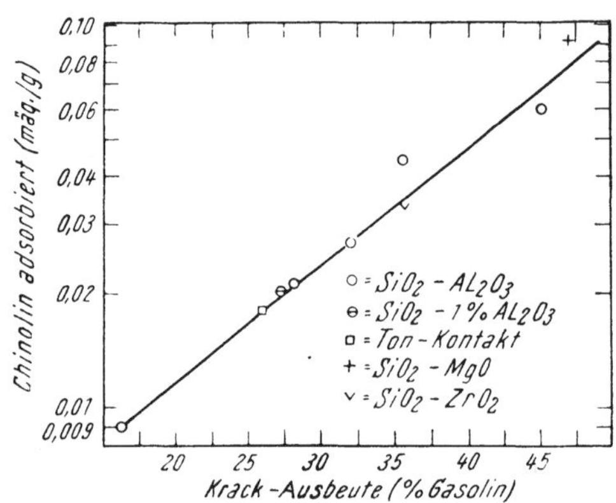

Abb. 57. Katalytische Wirksamkeit und Chinolinadsorption verschiedener Krackkatalysatoren. (Nach MILLS, BOEDECKER und OBLAD.)

Es ist zu betonen, daß diese Katalysatoren *starke* Säuren sind. Das beweisen sowohl die Titration und die Adsorption organischer Basen als auch die Tatsache, daß die Ammoniumsalze dieser Säuren bei höheren Temperaturen zerfallen als gewöhnliche Ammoniumsalze.

Über das innere Wesen dieser Säurenatur scheinen die Verfasser sich hingegen noch nicht einig zu sein. THOMAS[3] z. B. nimmt an, daß die Säure aus an Aluminiumatome gebundenen Hydroxylgruppen bestehe. Diese Gruppen sollen bei der Dissoziation Protonen H^+ geben und so das Elektronengleichgewicht in der tetraedrischen Konfiguration um das Aluminiumatom herum wiederherstellen. Das Proton seinerseits kann dann abgegeben werden, z. B. an ein Olefin, wobei ein Carboniumion[4] gebildet wird und Kettenreaktionen der Krackung oder Isomerisierung ausgelöst werden. Diese Autoren und viele andere[5] nehmen also

---

[1] M. W. TAMELE: Discuss. Faraday Soc. 8 (1950), 270.

[2] G. A. MILLS, E. R. BOEDECKER, A. G. OBLAD: J. Amer. chem. Soc. **72** (1950), 1554. — T. H. MILLIKEN, G. A. MILLS, A. G. OBLAD: Discuss. Faraday Soc. 8 (1950), 279.

[3] C. L. THOMAS: Ind. Engng. Chem. **41** (1949), 2564.

[4] F. C. WHITMORE: Chem. Engng. News **26** (1948), 668. — C. L. THOMAS: Ind. Engng. Chem. **41** (1949), 2564. — B. S. GREENSFELDER, H. H. VOGE, G. M. GOOD: Ind. Engng. Chem. **41** (1949), 2573.

[5] R. N. HANSFORD: Ind. Engng. Chem. **39** (1947), 849. — B. S. GREENSFELDER, H. H. VOGE, G. M. GOOD: Ind. Engng. Chem. **41** (1949), 2573. — M. W. TAMELE: Discuss. Faraday Soc. 8 (1950), 270.

an, daß diese Katalysatoren Säuren im Sinne von BRÖNSTED seien, also Protonendonatoren.

OBLAD, MILLS und MILLIKEN[1] hingegen berücksichtigen, daß bei der Katalysetemperatur der größte Teil des im Katalysator enthaltenen Wasserstoffs in Form von Wasser abgegeben wird, und glauben daher, daß die Kontakte Säuren im Sinne von LEWIS sind, also einfach Systeme mit Elektronenmangel. Die Kohlenwasserstoffmolekeln, die mit ihnen in Kontakt kommen, sollen dann im wesentlichen als Elektronendonatoren wirken und so zur Bildung von Carboniumionen C^+ und damit zur Krackung und Isomerisierung führen. Ferner muß man auf Grund der von MILLS und HINDIN[2] durchgeführten Austauschversuche von Sauerstoff mit Wasser H_2O^{18} annehmen, daß die Oberfläche des Kontakts labil ist und daß die Säurezentren ständig entstehen und vergehen. Auch ist die von einigen Autoren (PARRAVANO, HAMMEL und TAYLOR[3], HOLM und BLUE[4]) angeführte Tatsache des leichten Austausches H—D kein günstiges Argument für die Theorie der Protonenabgabe, weil dieser Austausch an den auf 525° erhitzten Katalysatoren gar nicht stattfindet, sondern nur auf den bei tieferer Temperatur vorbehandelten und wieder bewässerten[5].

Eine Verbesserung der katalytischen Eigenschaften der Kieselsäure-Tonerdekatalysatoren tritt bei Einführung eines dritten Oxyds ein, wie ZrO_2[6] oder ThO_2[7]. Ein ternärer Katalysator der Zusammensetzung 86,2% SiO_2, 9,4% ZrO_2, 4,3% Al_2O_3 hat sogar eine Zeitlang technische Anwendung gefunden, weil anscheinend der Zusatz von Zirkonoxyd die Stabilität des Kontakts verbessert. Heutzutage gibt es jedoch gleichwertige binäre Katalysatoren SiO_2-Al_2O_3. Wie das Zirkonoxyd in diesem Kontakt katalytisch wirkt, ist noch nicht recht klar. Nach OBORIN[8] sollen in seiner Anwesenheit die Dubletts (aktiven Zentren) von BALANDIN aus einem Atom Al und einem Zr bestehen. Mit größerer Wahrscheinlichkeit handelt es sich auch bei diesem Metall um die oben besprochene Bildung saurer Stellen auf der Oberfläche des Katalysators im Sinne von BRÖNSTED oder von LEWIS.

f) Katalysatoren mit fünfwertigen Oxyden.

Im allgemeinen werden die Oxyde von Metallen mit hoher Valenz als Verstärker für Katalysatoren verwandt, deren Hauptkontaktstoff ein Metall geringerer Valenz oder dessen Oxyd ist. Je höher jedoch die Wertigkeit wird, um so mehr steigen im allgemeinen die katalytischen Fähigkeiten der Oxyde, und in den meist verwen-

[1] T. H. MILLIKEN, G. A. MILLS, A. G. OBLAD: Discuss. Faraday Soc. 8 (1950), 279.
[2] G. A. MILLS, S. G. HINDIN: J. Amer. chem. Soc. 72 (1950), 5549.
[3] G. PARRAVANO, E. F. HAMMEL, H. S. TAYLOR: J. Amer. chem. Soc. 70 (1948), 2269.
[4] V. C. F. HOLM, R. W. BLUE: Ind. Engng. Chem. 43 (1951), 501.
[5] S. G. HINDIN, G. A. MILLS, A. G. OBLAD: J. Amer. chem. Soc. 73 (1951), 278.
[6] B. S. GREENSFELDER, H. H. VOGE: Ind. Engng. Chem. 37 (1945), 514, 983, 1038.— B. S. GREENSFELDER, H. H. VOGE, G. M. GOOD: Ind. Engng. Chem. 37 (1945), 1168.— G. M. GOOD, H. H. VOGE, B. S. GREENSFELDER: Ind. Engng. Chem. 39 (1947), 1032.— C. L. THOMAS: J. Amer. chem. Soc. 66 (1944), 1586. — H. S. BLOCH, C. L. THOMAS: J. Amer. chem. Soc. 66 (1944), 1589. — C. L. THOMAS, J. HOEKSTRA, F. T. PIUKSTON: J. Amer. chem. Soc. 66 (1944), 1694. — C. L. THOMAS: Ind. Engng. Chem. 37 (1945), 543.
[7] C. L. THOMAS: J. Amer. chem. Soc. 66 (1944), 1586. — H. S. BLOCH, C. L. THOMAS: J. Amer. chem. Soc. 66 (1944), 1589. — C. L. THOMAS, J. HOEKSTRA, F. T. PIUKSTON: J. Amer. chem. Soc. 66 (1944), 1694. — C. L. THOMAS: Ind. Engng. Chem. 37 (1945), 543.
[8] V. I. OBORIN: J. allg. Chem. URSS 18 (1948), 612.

deten Katalysatoren werden sie dann aus Verstärkern allmählich Hauptkontaktstoffe. Schon bei Katalysatoren mit vierwertigen Oxyden hat man es dann, wie wir sahen (S. 601), mit Wechselverstärkung zu tun (CuO-MnO_2) oder doch mit Kontakten, bei denen schwer zu entscheiden ist, welches der Oxyde als Hauptkontaktstoff und welches als Verstärker wirkt (z. B. Al_2O_3-SiO_2). In Mischungen mit fünfwertigen Oxyden (typisch ist V_2O_5 als Oxydationskatalysator) hat das niederwertige Oxyd ganz klar dic Rolle des Verstärkers.

Wir werden im Kapitel III A 2b, S. 663, die weitgehend in Verwendung stehenden V_2O_5-Katalysatoren auf Trägern kennenlernen. Hier wollen wir nur solche Katalysatoren betrachten, bei denen der Zusatz kleiner Mengen fremder Oxyde die katalytische Wirksamkeit der V_2O_5 stark steigert. Die Literatur darüber ist wenig klar und zuweilen widerspruchsvoll. Im allgemeinen läßt sich feststellen, daß zahlreiche Oxyde sehr gute Verstärker des Vanadiumpentoxyds bei der Oxydation von Schwefeldioxyd zu Schwefeltrioxyd sind.

Calcium als Verstärker ist schon von HOLMES und ELDER[1] beschrieben worden, die ihren Katalysator durch Mitfällung von Calciumvanadat und -silikat dargestellt haben. Danach haben SCOTT und LAYFIELD[2] das Calcium durch Barium ersetzt und bessere Ergebnisse gefunden, während ein partieller Ersatz des Calciums durch Eisen oder ein gänzlicher durch Zink oder Magnesium das Resultat verschlechtert. Auch ohne Zusatz von Kieselsäure oder Silikaten[3] (Abb. 58) ist der Katalysator mit BaO wirksamer als der mit CaO. Er hat auch, wie BORESSKOW und PLIGUNOW[4] bei 450° finden, eine kleinere Aktivierungsenergie: 19000 cal/Mol gegen 22000 cal/Mol mit CaO.

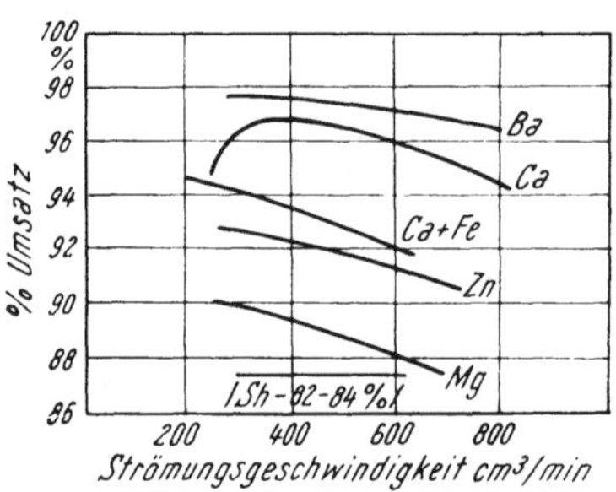

Abb. 58. Wirksamkeit von mit zweiwertigen Metallen verstärkten Vanadiumkatalysatoren. (Nach SCOTT und LAYFIELD.)

Außerdem zersetzt sich nach Beobachtungen von NEUMANN[5] Calciumvanadat im Gebrauch zu V_2O_5 und $CaSO_4$, wodurch der Kontakt an Konsistenz verliert, was vom technischen Standpunkt aus ein Nachteil ist. Demgegenüber hat Bariumvanadat außer einer ausgezeichneten Wirksamkeit auch eine beachtliche Haltbarkeit und scheint sich im Gebrauch nicht zu verändern.

Eine ausgezeichnete Verstärkerwirkung haben auch kleine Mengen von Alkali, besonders Kalium. Das ist von NEUMANN[5], von CANNERI und VAJNA DE PAVA[6] und von anderen gezeigt worden. Aus Abb. 59 geht hervor, daß, abgesehen vom Silbervanadat, das reine Natriummetavanadat die größte Wirksamkeit hat, während die von Calciumvanadat viel kleiner ist. Die Vanadiumzeolithe, von denen wir weiter unten sprechen werden (S. 614), die sehr gute Katalysatoren sind, enthalten auch immer gewisse Alkalimengen, die die Wirksamkeit vermehren. Nach BORESSKOW und PLIGUNOW[7] begünstigt die Gegenwart von Alkali die Bildung von Vanadylsulfat, das dann der eigentliche Katalysator

[1] H. N. HOLMES, A. L. ELDER: Ind. Engng. Chem. **22** (1930), 471.
[2] W. W. SCOTT, E. B. LAYFIELD: Ind. Engng. Chem. **23** (1931), 617.
[3] M. MAKLAKOW, M. ARCHIPOWA: Chimstroy **6** (1934), 318. — W. W. SCOTT, E. B. LAYFIELD: Ind. Engng. Chem. **23** (1931), 617.
[4] G. K. BORESSKOW, W. P. PLIGUNOW: J. chem. Ind. URSS **13** (1936), 422.
[5] B. NEUMANN: Z. Elektrochem. angew. physik. Chem. **41** (1935), 589.
[6] G. CANNERI, A. VAJNA DE PAVA: Ann. Chim. appl. **26** (1936), 560.
[7] G. K. BORESSKOW, W. P. PLIGUNOW: J. Chim. appl. URSS **13** (1940), 329, 653.

sein soll; schon ein Mol K_2SO_4 auf 10 Mol V_2O_5 verdoppelt die Wirksamkeit des Kontakts. Sie kann dann durch Auftragen auf Kieselgel noch einmal verdoppelt werden.

Diese Zunahme der Wirksamkeit soll mit einer Verminderung der Aktivierungsenergie verknüpft sein, wie man aus folgenden Daten sieht:

Katalysator:	Aktivierungsenergie:
V_2O_5 rein	38000
1 V_2O_5 — 8 SiO_2	38000
1 V_2O_5 — 0,1 K_2O — 8 SiO_2	27000

Vergleicht man diese Werte mit den oben angegebenen der mit BaO und CaO verstärkten Katalysatoren, so möchte es scheinen, als ob letztere besser seien; da aber die letzteren vor allem bei hohen Temperaturen wirken, so sind doch, wie auch aus Abb. 59 hervorgeht, die alkaliverstärkten Katalysatoren in der Praxis überlegen. Die beste Wirksamkeit erreicht man mit Kalium bei einem molaren Verhältnis $K_2O : V_2O_5 = 1{,}66$ (HIRAI)[1].

Wenig wahrscheinlich erscheint die Hypothese von TOPSOE und NIELSEN[2], wonach Kalium und auch Rubidium und Thallium deshalb die besten Verstärker sein sollen, weil sie SO_3-reiche Verbindungen eingehen, die eine geschmolzene Oberflächenschicht bilden, die V_2O_5 in Lösung hält. Ihrer Theorie entsprechend haben die Autoren die Oxydation von SO_2 zu SO_3 auch so durchgeführt, daß sie die Gase in Blasen durch eine geschmolzene Mischung von $K_2S_2O_7 + SO_3$ streichen ließen, die gelöstes V_2O_5 enthielt.

Noch andere Oxyde vermögen die Wirksamkeit von V_2O_5 zu erhöhen, unter ihnen CuO und Ag_2O. Für Kupferoxyd beobachten NEUMANN, KRÖGER und IWANOWSKI[3] eine gute Verstärkung auch bei hohen Zusätzen. Das Maximum tritt bei 40÷50 Molprozent CuO auf (Katalysator durch Mischung beider Oxyde dargestellt). Die gleichen Verfasser haben auch das ternäre System V_2O_5-CuO-SiO_2 untersucht, wobei sie wieder mechanische Mischungen der Komponenten anwandten. Sie haben festgestellt, daß innerhalb gewisser Grenzen die ternären Mischungen wirksamer sind als die binären. Die höchste Wirksamkeit soll etwa bei 45÷55% V_2O_5, 15÷18% CuO, 30÷35% SiO_2 liegen (Molverhältnisse). Die binären Mischungen V_2O_5-SiO_2 sollen am unwirksamsten sein.

Bei den Mischungen Ag_2O-V_2O_5 stimmen die Ergebnisse verschiedener Autoren nicht überein. Während japanische Autoren[4] sie für schlechter als die alkaliverstärkten Katalysatoren erklären, betrachtet sie NEUMANN als die besten Katalysatoren, deren Wirksamkeit ganz ähnlich der des Platins sei[5] (Abb. 59). Versuche von AGLIARDI[6] über die aktivierte Adsorption von Sauerstoff und SO_2 an V_2O_5 und an Silbervanadat haben gezeigt, daß, auf gleiche Vanadiumvolumina bezogen, SO_2 von beiden Katalysatoren gleich adsorbiert wird, während Sauerstoff vom reinen V_2O_5 stärker festgehalten wird. Während aber an reinem V_2O_5 die Aktivierungsenergie der Adsorption von SO_2 rasch mit der adsorbierten

[1] T. HIRAI: J. Soc. chem. Ind. Japan, Suppl. **47** (1944), 507B.

[2] H. F. A. TOPSOE, A. NIELSEN: Trans. Dan. Acad. techn. Sci. **1** (1948), 3, 18.

[3] B. NEUMANN, C. KRÖGER, R. IWANOWSKI: Z. Elektrochem. angew. physik. Chem. **41** (1935), 821.

[4] M. MATSUI, K. ODA, T. NAKA: J. Soc. chem. Ind. Japan, Suppl. **38** (1935), 80B. — M. MATSUI, K. ODA, T. NAKA, T. KOJIMA: J. Soc. chem. Ind. Japan, Suppl. **39** (1936), 471B.

[5] B. NEUMANN, H. PANZER, E. GOEBEL: Z. Elektrochem. angew. physik. Chem. **34** (1928), 696.

[6] A. AGLIARDI: Atti Accad. naz. Lincei, Rend. (8) **2** (1947), 617.

Menge abfällt, bleibt sie an Silbervanadat nahezu konstant. Auch hier hat wahrscheinlich, wie in so vielen anderen Fällen, die Herstellungsmethode des Kontakts einen beachtlichen Einfluß und kann verschiedene Experimentatoren zu widersprechenden Ergebnissen führen. Es scheint, daß Silbervanadatkata-

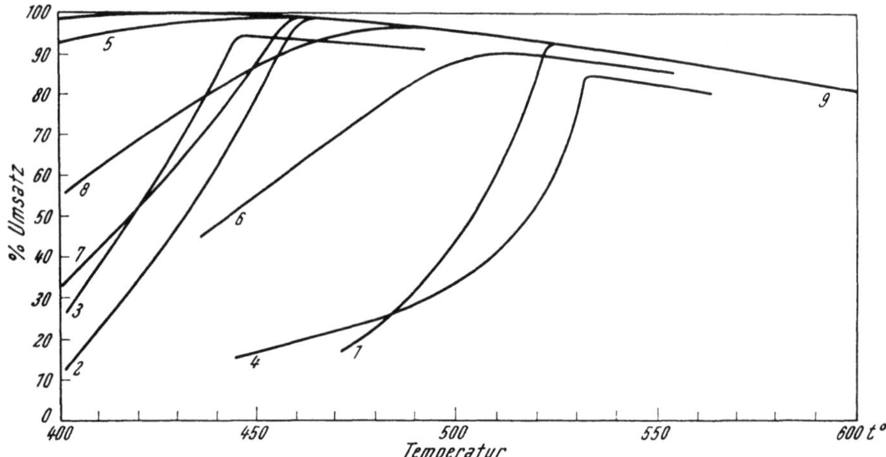

Abb. 59. Wirksamkeit verschiedener Vanadiumkatalysatoren bei der Oxydation von Schwefeldioxyd. (Nach NEUMANN.) *1* = Reines V_2O_5; *2* = 33 % V_2O_5 auf Bimsstein; *3* = Natriumvanadat; *4* = Calciumvanadat; *5* = Silbervanadat auf Bimsstein; *6* = Kupfervanadat auf Bimsstein; *7* = V_2O_5-SnO_2; *8* = Cr_2O_3-SnO_2; *9* = Platinasbest (theoretische Maximalkurve).

lysatoren auch in der Technik benutzt werden; das würde ihre Brauchbarkeit bestätigen.

Bei den kieselsäurehaltigen Kontakten kann man drei Arten unterscheiden, denen auch ein verschiedenes Verhalten der Kieselsäure entspricht. Die erste Art sind die mechanischen Mischungen, in denen die Kieselsäure nur als Verdünnungsmittel wirkt und die Wirksamkeit des Kontakts herabsetzt; das ist der Fall der von NEUMANN und Mitarbeitern[1] untersuchten Katalysatoren V_2O_5-SiO_2. Eine zweite Art sind die gefällten oder auf Kieselsäure niedergeschlagenen Katalysatoren, in denen die Kieselsäure Träger ist und häufig die katalytische Wirkung erhöht. Hiervon werden wir in dem Kapitel über die Träger (S. 663) sprechen.

Die dritte Art der Vanadiumpentoxyd-Kieselsäure-Kontakte sind die sogenannten Vanadiumzeolithe, in denen V_2O_5 und SiO_2 zu dem gemeinsamen Skelett eines Zeoliths verbunden sind. Sie bilden so eine Art von gemischtem Anhydrid. Nach JAEGER[2] und ADADUROW[3] soll ein solcher Katalysator anderen dieser Art deutlich überlegen sein. Während auf Kieselgel niedergeschlagene V_2O_5-Katalysatoren Ausbeuten von 96,5÷97,8% bei 400÷425° gaben, erreichten die Vanadiumzeolithe unter denselben Bedingungen Ausbeuten von 99,4÷99,8%.

Auch andere Oxyde sind zur Verstärkung von Vanadiumpentoxyd mit mehr oder weniger gutem Erfolg benutzt worden, sind aber den schon besprochenen im allgemeinen unterlegen. In Tabelle 60 stellen wir alle verschiedenen Arten von untersuchten Katalysatoren zusammen. Einzelne von ihnen sind auch für die Oxydation von organischen Stoffen statt von SO_2 angewandt worden.

[1] B. NEUMANN, C. KRÖGER, R. IWANOWSKI: Z. Elektrochem. angew. physik. Chem. **41** (1935), 821.

[2] A. O. JAEGER: Ind. Engng. Chem. **21** (1929), 627.

[3] I. J. ADADUROW, G. K. BORESSKOW: Ukrain. chem. J. **4**, Techn. Teil (1929), 259.

Tabelle 60. *Vanadinpentoxyd-Katalysatoren für Oxydationen.*

Katalysator	Reaktion	Literatur
V_2O_5-K_2O	$SO_2 \longrightarrow SO_3$ Oxydation aromatischer Kohlenwasserstoffe	1
V_2O_5-Na_2O	$SO_2 \longrightarrow SO_3$ Oxydation aromatischer Kohlenwasserstoffe	2
V_2O_5-Rb_2O	$SO_2 \longrightarrow SO_3$	3
V_2O_5-Cs_2O	Oxydation aromatischer Kohlenwasserstoffe	4
V_2O_5-Ag_2O	$SO_2 \longrightarrow SO_3$	5
V_2O_5-MgO	$SO_2 \longrightarrow SO_3$	6
V_2O_5-CaO	$SO_2 \longrightarrow SO_3$	7
V_2O_5-BaO	$SO_2 \longrightarrow SO_3$	8
V_2O_5-CuO	$SO_2 \longrightarrow SO_3$ Alkohole $\longrightarrow$ Aldehyde Oxydation aromatischer Kohlenwasserstoffe	9
V_2O_5-CoO	$SO_2 \longrightarrow SO_3$ Oxydation aromatischer Kohlenwasserstoffe	10
V_2O_5-PbO	$SO_2 \longrightarrow SO_3$	11
V_2O_5-TlO	$SO_2 \longrightarrow SO_3$	12
V_2O_5-Fe_2O_3	$SO_2 \longrightarrow SO_3$	13
V_2O_5-Cr_2O_3	$SO_2 \longrightarrow SO_3$	14
V_2O_5-B_2O_3	Benzol $\longrightarrow$ Maleinsäure Naphthalin $\longrightarrow$ Phthalsäure	15
V_2O_5-Bi_2O_3	Furfurol $\longrightarrow$ Maleinsäure Oxydation aromatischer Kohlenwasserstoffe	16
V_2O_5-SiO_2	$SO_2 \longrightarrow SO_3$ Alkohole $\longrightarrow$ Aldehyde Naphthalin $\longrightarrow$ Phthalsäure Aliphatische Kohlenwasserstoffe $\rightarrow$ HCHO $\rightarrow$ HCOOH	17
V_2O_5-SnO_2	$SO_2 \longrightarrow SO_3$ Naphthalin $\longrightarrow$ Phthalsäure Oxydation aromatischer Kohlenwasserstoffe	18
V_2O_5-MnO_2 (MnO)	$SO_2 \longrightarrow SO_3$ Naphthalin $\longrightarrow$ Phthalsäure Oxydation aromatischer Kohlenwasserstoffe	19
V_2O_5-MoO_3 (WO_3, U_3O_8)	Furfurol $\longrightarrow$ Maleinsäure Oxydation aromatischer Kohlenwasserstoffe	20
V_2O_5-SiO_2-K_2O (Na_2O)	$SO_2 \longrightarrow SO_3$	21
V_2O_5-SiO_2-Ag_2O	Alkohole $\longrightarrow$ Aldehyde $SO_2 \longrightarrow SO_3$	22
V_2O_5-SiO_2-CaO (Na_2O, K_2O)	$SO_2 \longrightarrow SO_3$	23
V_2O_3-SiO_2-BaO (Na_2O, K_2O)	$SO_2 \longrightarrow SO_3$	24
V_2O_5-SiO_2-CuO (Na_2O, K_2O)	$SO_2 \longrightarrow SO_3$ Alkohole $\longrightarrow$ Aldehyde	25
V_2O_5-SiO_2-ZnO V_2O_5-SiO_2-MgO	$SO_2 \longrightarrow SO_3$ $SO_2 \longrightarrow SO_3$	26
V_2O_5-SiO_2-NiO V_2O_5-SiO_2-CoO	$SO_2 \longrightarrow SO_3$ $SO_2 \longrightarrow SO_3$	27
V_2O_5-SiO_2-PbO	$SO_2 \longrightarrow SO_3$	28
V_2O_5-SiO_2-Fe_2O_3 (K_2O, Na_2O)	$SO_2 \longrightarrow SO_3$	29
V_2O_5-SiO_2-Cr_2O_3 (K_2O, Na_2O)	$SO_2 \longrightarrow SO_3$	30
V_2O_5-SiO_2-Al_2O_3 (K_2O, Na_2O)	$SO_2 \longrightarrow SO_3$	31
V_2O_5-SiO_2-SnO_2	$SO_2 \longrightarrow SO_3$ Toluol $\longrightarrow$ Benzaldehyd	32

Fortsetzung der Tabelle 60.

Katalysator	Reaktion	Literatur
V_2O_5-SiO_2-MnO_2	$SO_2 \longrightarrow SO_3$	33
V_2O_5-SiO_2-U_3O_8 (K_2O)	$SO_2 \longrightarrow SO_3$	29
V_2O_5-Fe_2O_3-Sb_2O_3	$SO_2 \longrightarrow SO_3$	34
V_2O_5-Cr_2O_3-PbO (K_2O, Ce_2O_3, ThO_2)	$SO_2 \longrightarrow SO_3$	11
V_2O_5-MnO_2-Ag_2O	$CO \longrightarrow CO_2$	35
V_2O_5-SnO_2-Na_2O	$SO_2 \longrightarrow SO_3$	36
V_2O_5-SnO_2-K_2O	$SO_2 \longrightarrow SO_3$	37
V_2O_2-SnO_2-BaO	$SO_2 \longrightarrow SO_3$	38
V_2O_5-MnO_2-BaO	$SO_2 \longrightarrow SO_3$	39
V_2O_5-MnO_2-CuO	$SO_2 \longrightarrow SO_3$	39
V_2O_5-MnO_2-Fe_2O_3	$SO_2 \longrightarrow SO_3$	39
V_2O_5-MnO_2-Al_2O_3	$SO_2 \longrightarrow SO_3$	39
V_2O_5-MoO_3-Na_2O	$SO_2 \longrightarrow SO_3$	36
V_2O_5-MoO_3-Co_2O_3	Benzol $\longrightarrow$ Maleinsäure	40
V_2O_5-MoO_3-TiO_2	Benzol $\longrightarrow$ Maleinsäure	41
V_2O_5-WO_3-P_2O_5	Naphthalin $\longrightarrow$ Phthalsäure	42
V_2O_5-SiO_2-CaO-Fe_2O_3	$SO_2 \longrightarrow SO_3$	26
V_2O_5-SiO_2-PbO-Al_2O_3	$SO_2 \longrightarrow SO_3$	27
V_2O_5-SiO_2-PbO-CuO	$SO_2 \longrightarrow SO_3$	27
V_2O_5-SiO_2-PbO-K_2O	$SO_2 \longrightarrow SO_3$	27
V_2O_5-SiO_2-PbO-Sb_2O_3	$SO_2 \longrightarrow SO_3$	43
V_2O_5-SiO_2-Cr_2O_3-Sb_2O_3	$SO_2 \longrightarrow SO_3$	44
V_2O_5-Fe_2O_3-CaO-K_2O	$SO_2 \longrightarrow SO_3$; Alkohole $\longrightarrow$ Aldehyde	45
V_2O_5-MoO_3-P_2O_5-Fe_2O_3	Furfurol $\longrightarrow$ Maleinsäure	46
V_2O_5-SiO_2-SnO_2-BaO-K_2O	$SO_2 \longrightarrow SO_3$	47
V_2O_5-SiO_2-CuO-CoO-NiO-Fe_2O_3 (K_2O, Na_2O)	$SO_2 \longrightarrow SO_3$	30

Literatur zu Tabelle 60

[1] G. CANNERI, A. VAJNA DE PAVA: Ann. Chim. appl. **26** (1936), 560. — J. K. CHOWDURY, M. A. SABOOR: J. Indian chem. Soc. **14** (1937), 633, 638. — C. OLSEN, H. MAISNER: Ind. Engng. Chem. **29** (1937), 254. — H. SIEGERT: Angew. Chem. **50** (1937), 319. — G. K. BORESSKOW, W. P. PLIGUNOW: J. Chim. appl. URSS **13** (1940), 329, 653. — G. K. BORESSKOW: J. physic. Chem. URSS **14** (1940), 1337. — H. E. FIERZ-DAVID, L. BLANGEY, W. v. KRANNICHFELDT: Helv. chim. Acta **30** (1947), 237. — H. F. A. TOPSOE, A. NIELSEN: Trans. Dan. Acad. techn. Sci. Nr. 1 (1948), 3. — T. HIRAI: J. Soc. chem. Ind. Japan **47** (1944), 507. — N. N. WOROSHZOW, D. A. GUREWITSCH: J. appl. Chem. URSS **18** (1945), 39.

[2] B. NEUMANN: Z. Elektrochem. angew. physik. Chem. **41** (1935), 589. — G. CANNERI, A. VAJNA DE PAVA: Ann. Chim. appl. **26** (1936), 560. — J. K. CHOWDURY, M. A. SABOOR: J. Indian chem. Soc. **14** (1937), 633, 638. — H. SIEGERT: Angew. Chem. **50** (1937), 319. — G. K. BORESSKOW: J. physic. Chem. URSS **14** (1940), 1337. — H. F. A. TOPSOE, A. NIELSEN: Trans. Dan. Acad. techn. Sci. Nr. 1 (1948), 3. — N. N. WOROSHZOW, D. A. GUREWITSCH: J. appl. Chem. URSS **18** (1945), 39.

[3] H. F. A. TOPSOE, A. NIELSEN: Trans. Dan. Acad. techn. Sci. Nr. 1 (1948), 3.

[4] N. N. WOROSHZOW, D. A. GUREWITSCH: J. appl. Chem. URSS **18** (1945), 39.

[5] B. NEUMANN, H. PANZER, E. GOEBEL: Z. Elektrochem. angew. physik. Chem. **34** (1928), 696. — I. J. ADADUROW, G. K. BORESSKOW: J. chem. Ind. URSS **6** (1929), 805. — H. SIEGERT: Angew. Chem. **50** (1937), 319.

[6] W. JANDER, G. LORENZ: Z. anorg. allg. Chem. **248** (1941), 105.

[7] N. MAKLAKOW, M. ARCHIPOWA: Chimstroy **6** (1934), 318. — B. NEUMANN: Z. Elektrochem. angew. physik. Chem. **41** (1935), 589. — G. K. BORESSKOW, W. P. PLI-

GUNOW: J. chem. Ind. URSS **13** (1936), 422. — N. N. WOROSHZOW, D. A. GUREWITSCH: J. appl. Chem. URSS **18** (1945), 39.

[8] N. MAKLAKOW, M. ARCHIPOWA: Chimstroy **6** (1934), 318. — G. K. BORESSKOW, W. P. PLIGUNOW: J. chem. Ind. URSS **13** (1936), 422. — H. F. A. TOPSOE, A. NIELSEN: Trans. Dan. Acad. techn. Sci. Nr. 1 (1948), 3.

[9] B. NEUMANN, C. KRÖGER, R. IWANOWSKI: Z. Elektrochem. angew. physik. Chem. **41** (1935), 821. — G. K. BORESSKOW: J. physic. Chem. URSS **14** (1940), 1337. — H. F. A. TOPSOE, A. NIELSEN: Trans. Dan. Acad. techn. Sci. Nr. 1 (1948), 3. — N. N. WOROSHZOW, D. A. GUREWITSCH: J. appl. Chem. URSS **18** (1945), 39.

[10] I. J. ADADUROW, G. K. BORESSKOW: J. chem. Ind. URSS **6** (1929), 805. — N. N. WOROSHZOW, D. A. GUREWITSCH: J. appl. Chem. URSS **18** (1945), 39.

[11] I. J. ADADUROW, G. K. BORESSKOW: J. chem. Ind. URSS **6** (1929), 805.

[12] G. CANNERI, A. VAJNA DE PAVA: Ann. Chim. appl. **26** (1936), 560. — J. K. CHOWDURY, M. A. SABOOR: J. Indian chem. Soc. **14** (1937), 633, 638. — I. J. ADADUROW, T. L. FOMITSCHEWA: Chem. J. Ser. B, J. appl. Chem. **10** (1937), 988. — H. F. A. TOPSOE, A. NIELSEN: Trans. Dan. Acad. techn. Sci. Nr. 1 (1948), 3.

[13] I. J. ADADUROW, G. K. BORESSKOW: J. chem. Ind. URSS **6** (1929), 805, 1365. — G. K. BORESSKOW: J. physic. Chem. URSS **14** (1940), 1337.

[14] I. J. ADADUROW, G. K. BORESSKOW: J. chem. Ind. URSS **6** (1929), 805. — G. K. BORESSKOW: J. physic. Chem. URSS **14** (1940), 1337.

[15] H. E. FIERZ-DAVID, L. BLANGEY, W. v. KRANNICHFELDT: Helv. chim. Acta **30** (1947), 237. — S. TAKIKAWA: J. Soc. chem. Ind. Japan, Suppl. **48** (1945), 37 B.

[16] E. B. MAXTED: J. Soc. chem. Ind. **47** (1928), 101 T.

[17] G. FESTER, G. BERRAZ: An. Asoc. quím. argent. **15** (1927), 210. — I. J. ADADUROW, G. K. BORESSKOW: Ukrain. chem. J. **4**, Techn. Teil (1929), 259. — I. J. ADADUROW, G. K. BORESSKOW, S. M. LISSJANSKAJA: J. chem. Ind. URSS **8** (1931), 606. — B. NEUMANN: Z. Elektrochem. angew. physik. Chem. **41** (1935), 589. — B. NEUMANN, C. KRÖGER, R. IWANOWSKI: Z. Elektrochem. angew. physik. Chem. **41** (1935), 821. — G. K. BORESSKOW, W. P. PLIGUNOW: J. Chim. appl. URSS **13** (1940), 329, 653. — F. COLETTE, L. SCHEPERS: Chim. et Ind. **63** (1951), 246. — R. N. SHREVA, R. W. WELBORN: Ind. Engng. Chem. **35** (1943), 279. — C. C. DE WITT, L. W. HEIN: Michigan State Coll. Agric. appl. Sci., Engng. Exp. Stat., Bull. **106** (1945—1947).

[18] E. B. MAXTED: J. Soc. chem. Ind. **47** (1928), 101 T. — E. B. MAXTED, A. N. DUNSBY: J. chem. Soc. (London) **1928**, 1439. — B. NEUMANN: Z. Elektrochem. angew. physik. Chem. **35** (1929), 42. — M. POLJAKOW: Chem. J. Ser. W, J. physik. Chem. **2** (1931), 147. — E. B. MAXTED, N. J. HASSID: J. Soc. chem. Ind. **50** (1931), 399 T. — N. F. MAKLAKOW, T. G. SCHURAWLOWA, N. I. JUDINA: J. chem. Ind. URSS **1934**, Nr. 11, 45. — J. K. CHOWDURY, S. C. CHOUDHURY: J. Indian chem. Soc. **11** (1934), 185. — J. K. CHOWDURY, M. A. SABOOR: J. Indian chem. Soc. **14** (1937), 633, 638. — R. N. SHREVA, R. W. WELBORN: Ind. Engng. Chem. **35** (1943), 279. — H. SESAYAMA: J. Soc. chem. Ind. Japan **46** (1943), 1225.

[19] M. O. CHARMADARYAN, K. I. BRODOWITSCH: Chem. J. Ser. B, J. appl. Chem. **7** (1934), 725. — B. NEUMANN, C. KRÖGER, R. IWANOWSKI: Z. Elektrochem. angew. physik. Chem. **41** (1935), 821. — J. K. CHOWDURY, M. A. SABOOR: J. Indian chem. Soc. **14** (1937), 633, 638. — H. F. A. TOPSOE, A. NIELSEN: Trans. Dan. Acad. tech. Sci. Nr. 1 (1948), 3. — N. N. WOROSHZOW, D. A. GUREWITSCH: J. appl. Chem. URSS **18** (1945), 39.

[20] T. KUSAMA: Bull. Inst. physic. chem. Res. (Tokyo), Abstracts **1** (1928), 105. — H. N. HOLMES, A. L. ELDER: Ind. Engng. Chem. **22** (1930), 471. — R. SHIMOSE: Sci. Pap. Inst. physic. chem. Res. (Tokyo) **15** (1931), 251. — M. MATSUI, K. ODA, T. NAKA, T. KOJIMA: J. Soc. chem. Ind. Japan, Suppl. **39** (1937), 471 B. — H. E. FIERZ-DAVID, L. BLANGEY, W. v. KRANNICHFELDT: Helv. chim. Acta **30** (1947), 237. — N. N. WOROSHZOW, D. A. GUREWITSCH: J. appl. Chem. URSS **18** (1945), 39. — S. TAKIKAWA: J. Soc. chem. Ind. Japan **48** (1945), 37.

[21] M. MATSUI, K. ODA, T. NAKA, T. KOJIMA: J. Soc. chem. Ind. Japan, Suppl. **39** (1937), 471B. — C. OLSEN, H. MAISNER: Ind. Engng. Chem. **29** (1937), 254. — R. KIYOURA: J. Soc. chem. Ind. Japan **42** (1939), 101, 241, 377. — G. K. BORESSKOW, W. P. PLIGUNOW: J. Chim. appl. URSS **13** (1940), 329, 653. — G. K. BORESSKOW: J. physic. Chem. URSS **14** (1940), 1337. — J. H. FRAZER, W. S. KIRKPATRICK: J. Amer. chem. Soc. **62** (1940), 1659. — G. D. SIROTKIN: J. angew. Chem. URSS **21** (1948), 245.

[22] B. NEUMANN, H. PANZER, E. GOEBEL: Z. Elektrochem. angew. physik. Chem. **34** (1928), 696. — M. MATSUI, K. ODA, T. NAKA: J. Soc. chem. Ind. Japan, Suppl. **38** (1935), 80B. — M. MATSUI, K. ODA, T. NAKA, T. KOJIMA: J. Soc. chem. Ind. Japan,

Suppl. **39** (1937), 471B. — G. FESTER, G. BERRAZ: An. Asoc. quím. argent. **15** (1927), 210.

[23] H. N. HOLMES, A. L. ELDER: Ind. Engng. Chem. **22** (1930), 471. — W. W. SCOTT, E. B. LAYFIELD: Ind. Engng. Chem. **23** (1931), 617. — N. F. MAKLAKOW, T. G. SCHURAWLOWA, N. I. JUDINA: J. chem. Ind. URSS **1934**, Nr. 11, 45.

[24] W. W. SCOTT, E. B. LAYFIELD: Ind. Engng. Chem. **23** (1931), 617. — M. MATSUI, K. OKI, K. ODA: J. Soc. chem. Ind. Japan, Suppl. **36** (1933), 546B. — N. F. MAKLAKOW, T. G. SCHURAWLOWA, N. I. JUDINA: J. chem. Ind. URSS **1934**, Nr. 11, 15. — M. MATSUI, K. ODA, T. OKAI: J. Soc. chem. Ind. Japan, Suppl. **37** (1934), 169B. — I. J. ADADUROW: Ukrain. chem. J. **10** (1935), 336. — M. MATSUI, K. ODA, T. NAKA: J. Soc. chem. Ind. Japan, Suppl. **38** (1935), 80B. — I. J. ADADUROW, D. W. GERNET: Ukrain. chem. J. **10** (1935), 93. — M. MATSUI, K. ODA, T. NAKA, T. KOJIMA: J. Soc. chem. Ind. Japan, Suppl. **39** (1937), 471B.

[25] G. FESTER, G. BERRAZ: An. Asoc. quím. argent. **15** (1927), 210. — H. N. HOLMES, A. L. ELDER: Ind. Engng. Chem. **22** (1930), 471. — B. NEUMANN, C. KRÖGER, R. IWANOWSKI: Z. Elektrochem. angew. physik. Chem. **41** (1935), 821. — B. NEUMANN, H. PANZER, E. GOEBEL: Z. Elektrochem. angew. physik. Chem. **34** (1928), 696.

[26] W. W. SCOTT, E. B. LAYFIELD: Ind. Engng. Chem. **23** (1931), 617.

[27] M. O. CHARMADARYAN, K. I. BRODOWITSCH: Ukrain. Chem. J. **8**, Wiss.-Techn. Teil (1933), 49.

[28] M. O. CHARMADARYAN, K. I. BRODOWITSCH: J. chem. Ind. URSS **10**, No. 9, 35 (1933); Ukrain. chem. J. **8**, Wiss.-Techn. Teil (1933), 49. — M. MATSUI, K. ODA, T. NAKA, T. KOJIMA: J. Soc. chem. Ind. Japan, Suppl. **39** (1937), 471B.

[29] H. N. HOLMES, A. L. ELDER: Ind. Engng. Chem. **22** (1930), 471. — M. O. CHARMADARYAN, K. I. BRODOWITSCH: Ukrain. chem. J. **8**, Wiss.-Techn. Teil (1933), 49.

[30] H. N. HOLMES, A. L. ELDER: Ind. Engng. Chem. **22** (1930), 471.

[31] H. N. HOLMES, A. L. ELDER: Ind. Engng. Chem. **22** (1930), 471. — M. O. CHARMADARYAN, K. I. BRODOWITSCH: Ukrain. chem. J. **8**, Wiss.-Techn. Teil (1933), 49. — M. MATSUI, K. ODA, T. NAKA, T. KOJIMA: J. Soc. chem. Ind. Japan, Suppl. **39** (1937), 471 B.

[32] I. J. ADADUROW, G. K. BORESSKOW: J. angew. Chem. URSS **3** (1930), 11. — I. J. ADADUROW, G. K. BORESSKOW, S. M. LISSJANSKAJA: J. chem. Ind. URSS **8** (1931), 606. — I. J. ADADUROW, P. P. PERSCHIN: J. chem. Ind. URSS **10**, No. 9 (1933), 38. — M. O. CHARMADARYAN, K. I. BRODOWITSCH: Ukrain. chem. J. **8**, Wiss.-Techn. Teil (1933), 49. — J. K. CHOWDURY, S. C. CHOUDHURY: J. Indian chem. Soc. **11** (1934), 185. — M. MATSUI, K. ODA, T. NAKA, T. KOJIMA: J. Soc. chem. Ind. Japan, Suppl. **39** (1937), 471B. — I. J. ADADUROW: J. chem. Ind. URSS **14** (1937), 1000, 1083.

[33] M. MATSUI, K. ODA, T. NAKA, T. KOJIMA: J. Soc. chem. Ind. Japan, Suppl. **39** (1937), 471B.

[34] G. D. SIROTKIN: J. angew. Chem. URSS **21** (1948), 245.

[35] M. KATZ, S. HALPERN: Ind. Engng. Chem. **42** (1950), 345.

[36] G. CANNERI, A. VAJNA DE PAVA: Ann. Chim. appl. **26** (1936), 560.

[37] G. K. BORESSKOW: Arb. VI. Allunions Mendelejew-Kongr. theoret. angew. Chem. 1932 **2**, Teil 1 (1935), 159.

[38] I. J. ADADUROW, P. P. PERSCHIN, G. W. FEDOROWSKI: Chem. J. Ser. B, J. angew. Chem. **6** (1933), 797. — N. F. MAKLAKOW, T. G. SCHURAWLOWA, N. I. JUDINA: J. chem. Ind. URSS **1934**, Nr. 11, 45. — I. J. ADADUROW, D. W. GERNET, A. M. CHITUN: Chem. J. Ser. B, J. appl. Chem. **7** (1934), 17. — G. K. BORESSKOW: Arb. VI. Allunions Mendelejew-Kongr. theoret. angew. Chem. 1932 **2**, Teil 1 (1935), 159. — I. J. ADADUROW: Arb. VI. Allunions Mendelejew-Kongr. theoret. angew. Chem. 1932 **2**, Teil 1 (1935), 154.

[39] M. O. CHARMADARYAN, K. I. BRODOWITSCH: Chem. J. Ser. B, J. appl. Chem. **7** (1934), 725.

[40] G. I. KIPRIANOW, F. T. SCHOSSTAK: Chem. J. Ser. B, J. appl. Chem, **11** (1938), 471.

[41] S. TAKIKAWA: J. Soc. chem. Ind. Japan, Suppl. **48** (1945), 37 B.

[42] M. M. MARISIC: J. Amer. chem. Soc. **62** (1940), 2312.

[43] K. I. BRODOWITSCH, N. A. GOLOWCO: J. chem. Ind. URSS **1934**, Nr. 11, 55.

[44] I. J. ADADUROW, J. G. SSEDASCHEWA: Chem. J. Ser. B, J. appl. Chem. **11** (1938), 597.

[45] A. E. MARTINUZZI: Rev. Fac. Quím. ind. agríc., Santa Fe, Argentina **15/16**, Nr. 26, 97 (1947/48).

[46] E. N. NIELSEN: Ind. Engng. Chem. **41** (1949), 365.

[47] G. K. BORESSKOW, W. P. PLIGUNOW: Chem. J. Ser. B, J. appl. Chem. **6** (1933), 785.

Einer, der gute Ergebnisse geliefert zu haben scheint, ist *Zinn(IV)oxyd*, sowohl in der binären Mischung V_2O_5-SnO_2 (eventuell als Zinn(IV)vanadat) als auch in der ternären Mischung V_2O_5-SiO_2-SnO_2. Dieser Kontakt hat eine besondere Wirksamkeit, wenn er so dargestellt wird, daß die drei Oxyde untereinander zeolithisch verbunden sind (Vanadio-stanni-zeolith), was man[1] durch Zusatz verdünnter Schwefelsäure (bis zur neutralen Reaktion) zu einer Mischung von Kaliumvanadat und -stannat mit Natrium- oder Kaliumsilikat erreicht. Der Niederschlag, der sich in Form zylindrischer Stäbchen bildet, wird getrocknet, bis zur Katalysentemperatur erhitzt und dann mit SO_2 gesättigt. So vermeidet man die Gefahr des Zerbröckelns.

Dieser Katalysator gibt bei 400° und der Volumgeschwindigkeit 239 eine Ausbeute von 99,5%. Unterhalb 400° liegt die Umsatzkurve dieses Katalysators unter der für Platin oder zinnfreies Vanadiumzeolith, während sie zwischen 400 und 600° darüber liegt. Arsenige Säure, Selen, Chlorwasserstoff, Wasserdampf usw. sollen ohne Wirkung auf diese Katalysatoren sein.

Nach ADADUROW und SSEDASCHEWA[2] soll man auch sehr gute Ergebnisse mit einem *Vanadium-Chromzeolith* erzielen, der auch Antimon enthält. Wegen der raschen Desorption des gebildeten SO_3 soll er große Reaktionsgeschwindigkeiten erreichen bei einer dem Platin vergleichbaren Aktivierungsenergie (11380 cal/Mol). Es ist uns nicht bekannt, ob diese Katalysatoren Eingang in die Praxis gefunden haben.

g) Katalysatoren mit sechswertigen Oxyden.

Von den sechswertigen Oxyden ist als Katalysator nur das des Molybdäns und viel seltener das des Wolframs verwandt worden. Wie wir in den vorigen Kapiteln sahen, wird das Oxyd MoO_3 manchmal als Verstärker Metallen (Ni) (S. 555) oder Oxyden (ZnO)[3] bei Hydrierungen zugesetzt. Es ist jedoch auch schon für sich allein ein guter Hydrierkatalysator und wird als solcher bei der Hydrierung von Brennstoffen weitgehend benutzt, weil es unempfindlich gegen Schwefel ist, da ja auch das zugehörige Sulfid bei hoher Temperatur ein sehr guter Hydrierkatalysator ist.

Es ist jedoch zu bemerken, daß im allgemeinen MoO_3 unter den Versuchsbedingungen wenigstens teilweise zu niedrigeren Oxyden reduziert wird, so daß man eigentlich für den arbeitenden Kontakt nicht recht von einem Katalysator mit sechswertigem Oxyd sprechen kann.

Die über dieses Oxyd in Mischung mit ZnO, Al_2O_3, Cr_2O_3, CeO_2, ThO_2 usw. ausgeführten Arbeiten sind allerdings meistens technisch eingestellt und betreffen die Benutzung des Katalysators für die Hydrierung von Erdöl oder Teer verschiedener Herkunft. Sehr oft wird auch die Beschreibung der Herstellungsmethode des Kontakts verabsäumt, und manchmal wird kaum angegeben, daß es sich um einen Molybdänkontakt handelt. Es fehlt an einer wirklich systematischen Untersuchung der Mischungen, die dieses Oxyd enthalten, wenn man von den im allgemeinen Teil über die Hydrierung von Phenol und Benzol bei Atmosphärendruck und über die thermische Zersetzung von Hexan schon zitierten Arbeiten von GRIFFITH[4] absieht. Dieser Autor will gefunden haben,

---

[1] I. J. ADADUROW, G. K. BORESSKOW, S. M. LISSJANSKAJA: J. chem. Ind. URSS 8 (1931), 606. — I. J. ADADUROW, G. K. BORESSKOW: J. angew. Chem. URSS 3 (1930), 11.

[2] I. J. ADADUROW, JE. G. SSEDASCHEWA: Chem. J. Ser. B, J. appl. Chem. 11 (1938), 597.

[3] J. SAUER, H. ADKINS: J. Amer. chem. Soc. 59 (1937), 1.

[4] R. H. GRIFFITH: Trans. Faraday Soc. 33 (1937), 405; Nature 137 (1936), 538.

daß der Zusatz der Oxyde von Na, Cr, Ca, Al, Ba, B, Th, Si die Wirksamkeit des Molybdäns bei der thermischen Zersetzung von Hexan bei 500° steigert bis zu einem sehr deutlichen Maximum bei dem Verhältnis von 4 Atomen je 100 Atome Molybdän (vgl. Tabelle 15, S. 473). Bei der Hydrierung des Phenols (unter gewöhnlichem Druck) hingegen beobachtet man keine solche Einheitlichkeit der Optimalkonzentration, sondern für jeden Verstärkertyp etwas verschiedene Werte.

Im Gegensatz dazu bleibt das Molybdänoxyd im sechswertigen Zustand, wenn es für *Oxydationen* verwandt wird, wofür es nämlich häufig die besten Ergebnisse liefert. Von ADKINS und PETERSON[1] ist es durch Fe_2O_3 verstärkt oder noch besser in Form von Eisen(III)molybdat als Katalysator für die Oxydation von Methanol zu Formaldehyd studiert worden und wird gegenwärtig hierfür auch technisch verwandt. Basische Eisenmolybdate enthaltende Katalysatoren zeigen eine hohe Selektivität und liefern bei Temperaturen von etwa 300° Formaldehydausbeuten von etwa 90% bei totaler Oxydation des Methanols zu Formaldehyd. Die Selektivität der Katalysatoren verschwindet, wenn das Eisen nicht an das MoO_2 gebunden ist und ebenso, wenn das dreiwertige Eisen zu niedrigeren Oxydationsstufen reduziert wird. In Mischung mit anderen Oxyden (PbO, UO_2 usw.) ist Molybdänoxyd auch an der Oxydation des Toluols erprobt worden[2]. Wir haben schon in Tabelle 60, S. 615, einige Katalysatoren angeführt, die MoO_3 und V_2O_5 und gegebenenfalls noch andere Oxyde enthielten.

Auch Wolframtrioxyd ist zuweilen als Oxydationskatalysator benutzt worden. Zum Beispiel sind binäre gleichteilige Mischungen von MoO_3-V_2O_5, WO_3-V_2O_5 und WO_3-MoO_3 von TANG und KAO[3] bei der Oxydation von Zucker durch Salpetersäure zu Oxalsäure eingesetzt worden, wobei bei den ersten beiden Paaren ein deutlicher Verstärkungseffekt auftrat, wie die folgenden Daten zeigen:

Katalysator	Ausbeute an Oxalsäure
V_2O_5	32%
MoO_3	0%
WO_3	0%
V_2O_5-MoO_3	41,5%
V_2O_5-WO_3	42,5%
MoO_3-WO_3	0%

Das Interessante daran ist, daß hier das Paar WO_3-MoO_3 unwirksam ist, während in den Versuchen von BOGDANOW und PETIN[4] über die Zersetzung von Hydroperoxyd an Natrium- oder Eisen(III)wolframat und -molybdat die Mischung WO_3-MoO_3 viel wirksamer ist als ihre Komponenten.

Sehr gute Katalysatoren aus verstärkten sechswertigen Oxyden erhält man durch Zersetzung von *Heteropolysäuren.* Schon KINGMAN und RIDEAL[5] hatten diese Methode für die Herstellung von Hydrierkatalysatoren angewandt. Sie fällten und reduzierten Verbindungen des Typs R_n $[X \cdot (Mo_2O_7)_6]$ sowie R_n $[M\ (MoO_4)_6]$, wo $X = P$, Si, As, Th, Sn, usw.; $M =$ Cr, Ni, Co, Cu usw.; $R =$ H, NH_4, K usw. Sie fanden, daß P, Ni, Cr und Si die Wirksamkeit des Molybdäns erhöhen, während Sn und Th sie herabdrücken. MARISIC[6] sowie BROWN und

[1] H. ADKINS, W. R. PETERSON: J. Amer. chem. Soc. **53** (1931), 1512.
[2] W. G. PARKS, J. KATZ: Ind. Engng. Chem. **28** (1936), 319.
[3] T. H. TANG, F. C. KAO: J. chem. Engng. China **6** (1939), 32.
[4] G. A. BOGDANOW, N. N. PETIN: J. allg. Chem. URSS **12** (1942), 38. — G. A. BOGDANOW: J. physic. Chem. URSS **21** (1947), 51.
[5] F. E. T. KINGMAN, E. K. RIDEAL: Nature **137** (1936), 529.
[6] M. M. MARISIC: J. Amer. chem. Soc. **62** (1940), 2312.

FRAZER[1] haben Katalysatoren aus Heteropolymolybdän- und -wolframsäure bei der Oxydation von Naphthalin zu Phthalsäureanhydrid und Maleinsäureanhydrid verwendet. Der erstgenannte Autor hat sehr zahlreiche Produkte geprüft und hat beobachtet, daß P, Si und Sn die Wirksamkeit des MoO_3 vermehren, während As, Ni, Cr und Fe sie vermindern und die Bildung des Maleinsäureanhydrids dabei begünstigen. Die beste Wirkung wurde bei einem Katalysator gefunden, der auch V_2O_5 enthielt und aus der Verbindung erhalten wurde: $13\,(NH_4)_2O \cdot 2\,P_2O_5 \cdot 8\,V_2O_5 \cdot 34\,WO_3 \cdot 86\,H_2O$. Seine Leistung ist der des reinen V_2O_5 überlegen. Dagegen haben BROWN und FRAZER Mischungen der beiden (wahrscheinlich isomorphen) Säuren $H_4SiMo_{12}O_{40}$ und $H_4SiW_{12}O_{40}$ untersucht und ein Maximum der Wirkung gefunden bei $H_4SiMo_9W_3O_{40}$.

3. Andere Mischungen.

a) Mischungen von Hydroxyden.

Naturgemäß ist die Verwendung von Hydroxyden als Katalysatoren auf solche Reaktionen beschränkt, die bei tiefen Temperaturen ablaufen können, bei denen also die verwandten Hydroxyde nicht vollständig dehydratisiert werden. So sind die Reaktionen, bei denen Hydroxyde untersucht worden sind, die Zersetzung des Wasserstoffperoxyds, der alkalischen Hypochloritlösungen und kürzlich auch die Oxydation von Ameisensäure oder Aminen mit Wasserstoffperoxyd.

Der Verstärkungsmechanismus ist bei den Hydroxyden wahrscheinlich anders als bei den Oxyden. Um sichere Angaben zu machen, mangelt es jedoch an Messungen der Aktivierungsenergie. Als die wirksamsten Katalysatoren haben sich Mischungen aus $Cu(OH)_2$ und $Fe(OH)_3$ erwiesen, bei denen die Möglichkeit eines Valenzwechsels beider Kationen von größter Bedeutung ist. Diese Verstärkerwirkung des Paares Eisen-Kupfer ist auch schon bei der homogenen Lösungskatalyse beobachtet worden, nämlich bei der Zersetzung von Wasserstoffperoxyd[2] und bei der Reaktion zwischen Kaliumjodid und -persulfat[3] oder Wasserstoffperoxyd[4] unter Katalyse durch gelöste Eisen- und Kupfersalze.

Diese Einwirkung der Hydroxyde von Eisen und Kupfer auf Wasserstoffperoxyd ist schon von QUARTAROLI[5] beobachtet worden, der gefunden hatte, daß kleinste Mengen von Eisen (0,1 mg Fe_2O_3 auf 0,5 mg CuO) hinreichen, um die Spaltungsgeschwindigkeit des Wasserstoffperoxyds mehr als zu verdoppeln. Der Zusatz von $Al(OH)_3$, $Ni(OH)_2$ oder $Mg(OH)_2$ hingegen setzt die Wirksamkeit des Kupferoxyds herab. Man vergleiche hierzu Tabelle 61.

Tabelle 61. *Spaltungsgeschwindigkeit von Wasserstoffperoxyd in Gegenwart von* $Cu(OH)_2 + Fe(OH)_3$*; 20* cm^3 *1%iges* H_2O_2. (Nach QUARTAROLI.)

Katalysator	Zeit in min für 44 cm^3 Sauerstoff
CuO 0,5 mg	5
Fe_2O_3 0,4 mg	65
CuO 0,5 mg + Fe_2O_3 0,4 mg	0,1
CuO 0,5 mg + Fe_2O_3 0,1 mg	1,1

[1] H. T. BROWN, J. C. W. FRAZER: J. Amer. chem. Soc. **64** (1942), 2917.
[2] L. VAN BOHNSON, A. C. ROBERTSON: J. Amer. chem. Soc. **45** (1923), 2512.
[3] T. S. PRICE: Z. physik. Chem. **27** (1898), 474.
[4] J. BRODE: Z. physik. Chem. **37** (1901), 257.
[5] A. QUARTAROLI: Gazz. chim. ital. **55** (1925), 252, 619; **57** (1927), 234.

Auch bei der Oxydation von Ameisensäure mit Wasserstoffperoxyd oder mit Natriumnitrit beschleunigt Kupfer die katalytische Wirkung des Eisenhydroxyds, wie von BELFIORI[1], KRAUSE und FULARSKA[2] sowie KRAUSE, TUROWSKA und KWINTKIEWICZOWNA[3] beobachtet wurde. Nach den letzten Autoren bringt schon ein Gehalt von 10^{-5} g-Atomen Kupfer eine deutliche Verstärkung hervor, was klar beweist, daß dieses Element synergetisch wirkt. Nach O. BELFIORI soll die größte Wirksamkeit bei einem Atomverhältnis Cu-Fe um $^1/_{100}$ liegen (Tabelle 62).

Tabelle 62. *Oxydation von Ameisensäure mit H_2O_2 in Gegenwart von $Fe(OH)_3$ mit verschiedenem Gehalt an Cu^{++}.* (Nach BELFIORI.)

Zeit (Std.)	Unverändert gebliebene Ameisensäure bei einem Verhältnis Cu^{++}: $Fe(OH)_3$ von:						
	0	0,00039	0,000785	0,00156	0,00312	0,00625	0,0125
0	100	100	100	100	100	100	100
2	89	81	79	75	79	62	58,5
6	68	47	45	27	18	17	32
8	46	30	15,5	12,5	7,3	4,6	16
24	11,5	—	—	—	—	—	0,7

Die verstärkende Wirkung von $Cu(OH)_2$ auf $Fe(OH)_3$ haben auch KULBERG und MATENKO[4] bei der Oxydation von Aminen mit Hydroperoxyd beobachtet, während LEWIS[5] eine verstärkende Wirkung des $Fe(OH)_3$ auf $Cu(OH)_2$ bei der Zersetzung von Natriumhypochlorit gefunden hat.

Ein anderer interessanter Fall von Verstärkung des Eisenhydroxyds tritt mit Magnesiumhydroxyd ein. Wenn man bedenkt, daß dieses Hydroxyd keinen Wertigkeitswechsel zeigt, so kann dieser Effekt vielleicht einer strukturellen Verstärkung zugeschrieben werden. Allerdings fehlt es zum Beweise an Messungen der Aktivierungsenergie. Wie nämlich KRAUSE und SOBOTA[6] bei der Oxydation von Ameisensäure mit Wasserstoffperoxyd gefunden haben, tritt die Verstärkerwirkung nur ein, wenn die Mischung durch gemeinsame Fällung der Hydroxyde gewonnen wurde, so daß die Dispersität des Eisenhydroxyds und damit die Zahl der aktiven Zentren des Kontakts sehr groß gemacht wurde.

Eine Bestätigung dieser Hypothese gibt die Zersetzung von Natriumhypochlorit in Gegenwart von $Cu(OH)_2$ und $Mg(OH)_2$, wie sie von LEWIS[7] studiert wurde. Die maximale Wirksamkeit tritt bei einem Verhältnis Cu : Mg von etwa 1 : 4 auf. Auch hat der Verfasser beobachtet, daß diese Mischung eine blaue Farbe hat und behält, im Gegensatz zu magnesiumärmeren Mischungen, die schwarz werden. Dies beweist klar eine Verhinderung der Koagulation und Zersetzung des $Cu(OH)_2$. KRAUSE und seine Mitarbeiter[8] haben auch gefunden,

---

[1] O. BELFIORI: Gazz. chim. ital. **68** (1938), 405.
[2] A. KRAUSE, I. FULARSKA: Ber. dtsch. chem. Ges. **72** (1939), 634.
[3] A. KRAUSE, A. TUROWSKA, L. KWINTKIEWICZOWNA: Ber. dtsch. chem. Ges. **72** (1939), 637.
[4] L. KULBERG, JE. MATENKO: J. physic. Chem. URSS **13** (1939), 600.
[5] J. R. LEWIS: J. physic. Chem. **32** (1928), 1808.
[6] A. KRAUSE, A. SOBOTA: Ber. dtsch. chem. Ges. **71** (1938), 1296.
[7] J. R. LEWIS: J. physic. Chem. **38** (1931), 915.
[8] A. KRAUSE: Roczniki Chem. **19** (1939), 129. — A. KRAUSE, L. KWINTKIEWICZOWNA, A. GROKOWSKA, Z. TRZECIAKOWSKI: Ber. dtsch. chem. Ges. **72** (1939), 161. — A. KRAUSE, I. FULARSKA: Ber. dtsch. chem. Ges. **72** (1939), 634.

daß ein ternärer Katalysator Fe-Cu-Mg eine noch größere Wirksamkeit für die Oxydation von Ameisensäure mit Wasserstoffperoxyd oder mit Natriumnitrit besitzt. Die optimale Zusammensetzung scheint in der Nähe des Atomverhältnisses Fe : Cu : Mg = 1 : 0,1 : 0,1 zu liegen.

Versuche über die Zersetzung von Hypochloritlösungen mit $Cu(OH)_2$ unter Verstärkung durch verschiedene andere Oxyde (Ca, Cd, Ba, Mg, Fe, Hg) und durch andere Salze ($BaSO_4$, Ba-, Ca-carbonat, Ca-, Ba-oxalat) sind von LEWIS und SZEGEMILLER[1] ausgeführt worden. CHIRNOAGA[2] hat wieder andere Oxyde erprobt: Mischungen aus Al_2O_3 und Kobaltperoxyd, Al_2O_3 und Nickelperoxyd, Nickel- und Kobaltperoxyd. Es handelt sich überall um Fälle, wo wenigstens eines der Hydroxyde in verschiedenen Valenzstufen auftreten kann.

Interessant wäre das Studium fester Lösungen von Hydroxyden, z. B. auf Grund der Arbeiten von NATTA und PASSERINI[3] über die gegenseitige Löslichkeit einiger Hydroxyde. Allerdings fehlen die betreffenden Studien.

Kürzlich hat FASSINA[4] Mischungen von Eisen- und Manganhydroxyd für die Entschwefelung von Gasen vorgeschlagen. Sie sollen wirksamer sein als Eisenhydroxyd allein. Zum Schluß wollen wir noch erwähnen, daß bei vielen Wasserabspaltungen und Kondensationen Hydroxyde mehrwertiger Metalle verwandt werden, die unvollständig entwässert sind. Da jedoch im allgemeinen die Menge des noch anwesenden chemisch gebundenen Wassers gering ist, so sind diese Fälle in den Kapiteln über die Oxyde (S. 584) abgehandelt worden.

b) Mischungen von Salzen.

Die Anwendung von ionisierbaren Salzen als Katalysatoren ist ziemlich selten und beschränkt sich auf einige charakteristische Reaktionen. Das liegt wahrscheinlich daran, daß in vielen Salzen die zwei Partner, der Säure- und der Baseanteil, verschiedenartige katalytische Wirkung ausüben. Überdies stört manchmal die Wirkung des Anions die des Kations, abgesehen von einigen Sonderfällen, die wir schon in dem Kapitel „Chemische Verbindungen" (S. 534) abgehandelt haben.

Wir haben schon in den früheren Abschnitten (Chemische Verbindungen, S. 534, Kupferkatalysatoren, S. 536, Katalysatoren aus fünfwertigen Oxyden, S. 611) die Benutzung einiger Salze kennengelernt, in denen entweder der saure oder der basische Partner als Verstärker wirkt: Chromite bei Reaktionen der Hydrierung und Oxydation, Vanadate und Molybdate bei Oxydationen, Phosphate und Sulfate bei Dehydratationen und Hydratationen usw. Wir haben auch schon gesehen, daß man oft auf Mischungen zwischen den oben genannten Salzen und Oxyden zurückgreift, um eine größere Verstärkung zu erzielen.

In gewissen Salzen tritt allerdings diese Verstärkerwirkung des basischen Bestandteils auf den sauren oder umgekehrt nicht ein. Dort ist es vielmehr die ganze Salzmolekel, die eine katalytische Wirkung bei gewissen besonderen Reaktionen ausübt. Unter ihnen sind die Halogenide und die Sulfide zu finden, die ersteren bei einigen Halogenierungen (z. B. CuCl) oder Kondensationen (z. B. $AlCl_3$), die letzteren bei Hydrierungen schwefelhaltiger Verbindungen, die die normalerweise als Hydrierkatalysatoren angewandten Metalle oder Oxyde vergiften würden.

---

[1] J. R. LEWIS: J. physic. Chem. **32** (1928), 243, 1808; **35** (1931), 915. — J. R. LEWIS, F. SZEGEMILLER: J. physic. Chem **37** (1933), 917.

[2] E. CHIRNOAGA: J. chem. Soc. (London) **1926**, 1693.

[3] G. NATTA, L. PASSERINI: Gazz. chim. ital. **58** (1928), 507.

[4] L. FASSINA: Chim. et Ind. **59** (1948), 350.

α) Chloride enthaltende Mischkatalysatoren.

Chloride als Hauptkontaktstoff enthaltende Mischkatalysatoren sind nur selten verwandt worden. Die interessantesten Versuche, wenn auch nicht vom Standpunkt der Anwendung, so doch von dem der Theorie und der Erforschung des Aktivierungseffekts, sind die von Schwab und Karatzas[1] mit Mischungen der Chloride von Mn, Ba und Pb, über die wir schon in Kap. I 4 b, S. 451, gesprochen haben. Wie damals schon bemerkt, tritt in den binären Mischungen $BaCl_2$-$MnCl_2$ und $BaCl_2$-$PbCl_2$, wo sich eine Verbindung bzw. ein Mischkristall bildet, synergetische Verstärkung ein unter Herabsetzung der Aktivierungsenergie. Die Mischung $MnCl_2$-$PbCl_2$ dagegen, die keins von beiden, sondern nur ein Eutektikum bildet, zeigt keinen Verstärkereffekt, und die Aktivierungsenergie ist gleich dem Mittelwert der reinen Komponenten.

Scheludko[2] hat die Bildung von Chlorwasserstoff aus Chlor und Wasserdampf an einem Katalysator aus MgO, CuO und $MgCl_2$ studiert. Es ist wahrscheinlich, daß der Katalysator schon nach kurzem Gebrauch sich in eine Masse von basischen Chloriden verwandelt hat.

Nur für die Friedel-Crafts-Synthese sind Mischungen von Chloriden zur Anwendung gekommen. Schon bei den homogenen Mischkontakten (S. 534) haben wir die Mischung $FeCl_3$-$AlCl_3$ angetroffen. Ott und Brugger[3] sowie Kosaka und Kayamori[4] haben auch versucht, Mischungen von Aluminiumchlorid mit Chloriden der Elemente der vierten Gruppe zu verwenden ($TiCl_4$, $SiCl_4$, $SnCl_4$ und auch CCl_4). Ferner hat Heldman[5] Mischungen von Aluminiumbromid mit Natriumbromid und -chlorid, Chlorwasserstoff und Alkylchloriden ausprobiert. Der Verstärkereffekt solcher Verbindungen ist an die Bildung von Ionen AlX_4^- oder $Al_2X_7^-$ geknüpft, deren Verbindungen meistens in den reagierenden Stoffen löslich sind. Es handelt sich also um besondere Fälle von Verstärkung, die über das Gebiet der hier untersuchten Mischkatalysatoren, die allgemein die heterogene Katalyse betreffen, hinausgehen. Obwohl man oft von Promotorwirkung der obengenannten Stoffe auf die Friedel-Crafts-Katalysatoren spricht, sind wir der Auffassung, daß die Produkte, die bei ihrer gegenseitigen Einwirkung entstehen, nicht als echte Mischkontakte zu betrachten sind. Die katalytische Wirkung muß der Bildung von Komplexen, in denen der Co-Katalysator und der Katalysator chemisch verbunden sind, zugeschrieben werden. Außerdem reagieren in vielen Fällen solche Komplexe ihrerseits untereinander oder sie lösen sich in den reagierenden Stoffen (rote Öle bei der Kondensation von ungesättigten Verbindungen). Ein interessanter Katalysator, der auch technische Verwendung bei der Isomerisierung normaler Paraffinkohlenwasserstoffe gefunden hat, ist die geschmolzene Mischung von $AlCl_3$ und $SbCl_3$ mit 5 % HCl, über die Galstann[6] sowie McAllister, Ross, Randlett und Carlson[7] berichtet haben.

Geschmolzene Mischungen von Kupfer- und Kaliumchlorid sind von Gorin, Fontana und Kidder[8] für die Chlorierung des Methans mit Luft und Chlor-

[1] G.-M. Schwab, A. Karatzas: J. physic. Colloid Chem. **52** (1948), 1053.

[2] M. M. Scheludko: Ukrain. chem. J. **9** (1934), 410.

[3] E. Ott: Angew. Chem. **54** (1941), 142. — E. Ott, W. Brugger: Z. Elektrochem. angew. physik. Chem. **46** (1940), 105.

[4] T. Kosaka, H. Kayamori: J. Soc. chem. Ind. Japan, Suppl. **46** (1943), 779 B.

[5] J. D. Heldman: J. Amer. chem. Soc. **65** (1943), 2276; **66** (1944), 1786.

[6] L. S. Galstann: Chem. metallurg. Engng. **52**, Nr. 9 (1945), 109.

[7] S. H. McAllister, W. E. Ross, H. E. Randlett, G. I. Carlson: Trans. Amer. Inst. chem. Engr. **42** (1946), 33.

[8] E. Gorin, C. M. Fontana, G. A. Kidder: Ind. Engng. Chem. **40** (1948), 2128, 2135.

wasserstoff benutzt worden. Es scheint, daß hier das Kaliumchlorid außer der Herabsetzung des Schmelzpunkts der Mischung auch eine besondere Wirkung durch Bildung der Verbindung $K_2Cu_2Cl_6$ ausübt.

HANMER und SWANN[1] haben dagegen ternäre Mischungen von Chloriden für die Synthese von Acetonitril aus Acetylen und Ammoniak eingesetzt. Nur Mischungen mit $ZnCl_2$ erweisen sich als aktiv; die beste Zusammensetzung hängt von der Reaktionstemperatur ab, von der jede Mischung eine optimale hat. Manchmal werden die Chloride auf Trägern zur Anwendung gebracht, damit man sie auf ein größeres Volumen verteilen und ihnen eine Festigkeit verleihen kann, die sie an sich nicht besitzen. Wir werden diese Fälle in dem Kapitel über Träger antreffen (S. 657 und 717).

β) *Mischkatalysatoren aus Sulfiden.*

Sulfidische Katalysatoren haben beachtliche Bedeutung bei der *Hydrierung von Mineralölen* erlangt, weil sie gegen Vergiftung durch *Schwefelverbindungen* unempfindlich sind. Sie erlauben so auch Mineralöle mit hohen Gehalten an organischem Schwefel zu hydrieren, während alle metallischen Katalysatoren und im besonderen Nickel, Eisen und Kupfer schon durch Spuren von Schwefelverbindungen schlagartig vergiftet werden. Die bekanntesten Katalysatoren für die Hydrierung von Erdölen und Teeren sind Molybdänsulfid und Wolframsulfid. Es ist nicht möglich, sich aus der Literatur genaue Kenntnis der spezifischen Wirkung verschiedener Verstärker zu verschaffen, schon deshalb, weil diese Katalysatoren von den verschiedenen Forschern zur Hydrierung technischer Produkte verschiedener Konstitution und unter verschiedenen Bedingungen benutzt wurden. Die Arbeiten sind äußerst zahlreich, aber alle oder fast alle haben eine technische Zielsetzung; in vielen Fällen ist nicht einmal die Herstellung des Katalysators beschrieben.

Die zugesetzten Oxyde oder Sulfide sind sehr viele; SiO_2, Al_2O_3, ZnO, Cr_2O_3, CuO, NiO, Fe_2O_3, CoO, CuS, NiS, CoS usw. Es scheint, daß besonders gute Resultate mit der Mischung MoS_2-Al_2O_3 erzielt werden, die wenigstens in den veröffentlichten Arbeiten am häufigsten bearbeitet wird, wenn man von MoS_2 auf Kieselerde absieht. Nach HOLROYD, FARAGHER und HORNE[2] wurden aber in Deutschland technisch verwendet die Mischungen NiS-WS_2 mit 15 Gewichtsprozent NiS und ternäre Mischungen wie 3% NiS, 27% WS_2, 70% Al_2O_3.

Hier ist zu bemerken, daß man zwar die Herstellung im allgemeinen so durchführt, daß man im Katalysator die Sulfide MoS_3 und WS_3 erhält, daß aber in der Praxis nach kurzem Gebrauch sich diese unter dem Einfluß der Temperatur und des Wasserstoffs in MoS_2 und WS_2 verwandeln. So erhält man durch den Verlust von einem Schwefelatom einen poröseren und deshalb auch wirksameren Katalysator.

4. Katalysatoren mit Oberflächenverstärkern.

Wir haben schon darauf hingewiesen, daß in vielen Fällen der Verstärker sich mit dem Katalysator verbindet, um eine neue Verbindung zu geben. Wenn diese nun irgendwelche besonderen Eigenschaften vom katalytischen Standpunkt aus besitzt, die denen des ursprünglichen Verstärkers analog sind, so wirkt sie ihrerseits als Verstärker. Ein besonderer Fall aber liegt dann vor, wenn der Verstärker keine massiven chemischen Verbindungen liefert, sondern nur Ober-

---

[1] R. S. HANMER, S. JR. SWANN: Ind. Engng. Chem. **41** (1949), 325.

[2] W. F. FARAGHER, W. A. HORNE: Bur. Mines Inform. Circ. **7368** (1946), 2, 33. — R. HOLROYD, W. F. FARAGHER: Bur. Mines Inform. Circ. **7375** (1946), 27.

flächenschichten, die die Oberfläche des Katalysators ganz oder teilweise bedecken. Sie können feste, flüssige oder gasförmige Verstärker sein. Sie können an die Oberfläche chemisch gebunden oder auch nur adsorbiert sein; das letztere gilt vor allem für flüssige oder gasförmige Verstärker.

Wir haben dieser Art von Verstärkern bereits den Namen Oberflächenverstärker gegeben und nennen die mit ihnen erzeugten Katalysatoren Kontakte mit Oberflächenverstärkern.

Wir haben solche Katalysatoren schon bei den chemischen Verbindungen angetroffen (S. 537 ff.), als wir über die Wirkung adsorbierter Ionen auf Bentonit[1] oder adsorbierten Alkalis auf Kaolin[2] bei der Dehydratisierung und Kondensation durch diese Stoffe sprachen. Wir sahen damals, daß in manchen Fällen die katalytische Wirkung vermehrt, in anderen vermindert wird, und daß häufig Selektivitäts- oder Spezifitätserscheinungen ausgelöst werden.

Man kann dieses Kapitel in zwei Teile unterteilen: Kontakte mit adsorbiertem festem Verstärker und Kontakte mit adsorbiertem flüssigem oder gasförmigem Verstärker.

Zu den Oberflächenverstärkern kann man auch noch gewisse Ionen rechnen, die bei einer Katalyse in wässeriger Phase an der Oberfläche des Katalysators adsorbiert werden und sie aktivieren oder doch eine Sinterung hintanhalten. Dies tritt ein bei kolloidalen Katalysatoren, besonders solchen ohne Schutzkolloid, wo die Verhinderung des Ausflockens der kristallinen Partikeln von den oberflächlich adsorbierten Ionen herrührt. Alle kolloidalen Katalysatoren werden in einem besonderen Kapitel abgehandelt werden (S. 719) und dort werden wir auch solche Katalysatoren mit adsorbierten Ionen besprechen.

a) Katalysatoren mit adsorbiertem festem Verstärker.

Kontakte mit adsorbiertem festem Verstärker sind noch relativ selten untersucht worden, obgleich sie beträchtliches Interesse verdienen. Sie können wichtige Ergebnisse liefern wegen der besonderen Verteilung des Verstärkers an der Phasengrenze. Allerdings wird man bei dieser Untersuchung auf beträchtliche Schwierigkeiten stoßen, weil man einmolekulare Schichten von adsorbiertem Verstärker auf dem Katalysator wahrnehmen müßte. Einmolekulare oder fast einmolekulare Schichten von Katalysatoren auf reaktionsträgen Stoffen sind untersucht worden, doch gehört dieser Fall in die Abteilung der Trägerkontakte und wird deshalb später behandelt werden (S. 714).

Es gibt allerdings auch Verstärker, die in ganz oder fast einmolekularer Schicht auf der Oberfläche eines Katalysators niedergeschlagen sind. Zum Beispiel sind Zinkoxydkatalysatoren zur Anwendung gelangt, die mit sehr kleinen Mengen von Chromsäure getränkt sind, so daß die Zinkoxydkörner von einer ungefähr einmolekularen Schicht von Chromat überzogen sind. Von diesen Katalysatoren haben wir auf S. 479 gesprochen.

Häufiger und auch interessanter sind Katalysatoren mit kleinen Mengen von Verstärkern, die nicht die gewöhnlichen Eigenschaften der Schwerschmelzbarkeit usw. besitzen, wie sie auf S. 468 gefordert wurden. Solche Verstärker rufen gewöhnlich keine Vermehrung der Oberfläche hervor; zuweilen vermindern sie diese sogar ein wenig, wie die Messungen von EMMETT und BRUNAUER[3]

---

[1] G. BROUGHTON: J. physic. Chem. **44** (1940), 180.

[2] K. KOBAYASI, J. ABE: J. Soc. chem. Ind. Japan, Suppl. **36** (1933), 42B. — T. KUWATA: J. Soc. chem. Ind. Japan, Suppl. **38** (1935), 505B. — H. INONE, K. ISHIMURA: Bull. chem. Soc. Japan **9** (1934), 431. — K. ISHIMURA: Bull. chem. Soc. Japan **9** (1934), 493, 521.

[3] P. H. EMMETT, S. BRUNAUER: J. Amer. chem. Soc. **59** (1937), 310, 1553, 2682.

über den hierfür typischen Ammoniakkatalysator mit kleinen Kalimengen gezeigt haben. Solche Verstärker sind meistens Stoffe, die in die katalysierte Reaktion eingreifen, indem sie die Bildung von Zwischenverbindungen erleichtern, die ja vielen katalytischen Reaktionen zugrunde liegt. Wegen dieser ihrer bezeichnenden Eigenschaften sind sie auch von gewisser Seite als „chemische Verstärker" bezeichnet worden; wir haben schon auf S. 481 auseinandergesetzt, weshalb wir diese Namengebung als ungeeignet betrachten.

Ein anderer Fall sind die $CuCl_2$-Katalysatoren auf Kieselgel für die Hydrolyse organischer Chlorverbindungen, besonders des Chlorbenzols, wie sie bei dem RASCHIG-Prozeß für die Gewinnung von Phenol benutzt werden und von einigen russischen Autoren[1] untersucht wurden. Die Kieselsäure wirkt an sich schon als Hydrolysenkatalysator, aber der Zusatz von nur 0,2% $CuCl_2$ verdoppelt die Wirksamkeit, und bei 2% wird sie verdreifacht. Obgleich es keine Messungen der Oberflächenentwicklung oder gar der Aktivierungsenergie gibt, so ist es doch wahrscheinlich, daß Kupferchlorid sich über die Oberfläche des Katalysators ausbreitet und so kann es als echter Oberflächenverstärker betrachtet werden.

Die am häufigsten benutzten Oberflächenverstärker sind jedoch die *Alkalioxyde*. Ihre Anwendung haben wir schon bei den Katalysatoren der *Ammoniaksynthese* kennengelernt. Die auf S. 564 referierten Versuche von EMMETT und BRUNAUER[2] über die Adsorption verschiedener Gase an diesen Katalysatoren zeigen, daß Kaliumoxyd sich ausschließlich an der Oberfläche ausbreitet. Damit aber das Wirksamkeitsmaximum erreicht wird, darf nicht die ganze Oberfläche von Alkali bedeckt sein, wie aus den Versuchen von LOVE und EMMETT[3] über die Ammoniakzersetzung an Katalysatoren mit verschiedenem Kaligehalt hervorgeht, die in Tabelle 63 angegeben sind. Man sieht daraus, daß im vorliegenden Falle die optimale Wirksamkeit dann erreicht wird, wenn 30% der Oberfläche mit K_2O bedeckt sind. Jedoch ist dieses Maximum sicher auch eine Funktion der Menge von Al_2O_3. In dieser Hinsicht wäre eine ausführlichere Untersuchung und auch ein Studium der Synthese neben der Zersetzung des Ammoniaks sehr aufschlußreich.

Tabelle 63. *Zersetzung von Ammoniak an Eisenkatalysatoren mit 0,42% Al_2O_3 und verschiedenen Mengen K_2O.* (Nach LOVE und EMMETT.)

Prozent K_2O	Prozent der Oberfläche bedeckt mit			Ammoniak zersetzt bei 450° cm^3/min
	K_2O	Al_2O_3	Fe	
—	—	35	65	0,75
0,09	16	29	55	1,05
0,18	23	26	51	1,34
0,25	31	24	45	1,35
0,44	39	21	40	1,15
0,65*	42	16	42	1,18
*berechnet				

Ein anderer interessanter Fall sind die von NATTA und RIGAMONTI[4] studierten *alkalisierten Zinkoxydkatalysatoren* für die *Konversion von Kohlenoxyd* mit

[1] L. C. FREIDLIN, A. A. BALANDIN, A. J. LEBEDEWA, etc.: Bull. Acad. Sci. URSS, Cl. Sci. chim. **1945**, 53, 375; ebenda **1947**, 512; Acta physicochim. URSS **21** (1946), 55.
[2] P. H. EMMETT, S. BRUNAUER: J. Amer. chem. Soc. **59** (1937), 310, 1553, 2682.
[3] K. S. LOVE, P. H. EMMETT: J. Amer. chem. Soc. **64** (1942), 745.
[4] G. NATTA, R. RIGAMONTI: Chim. e Ind. **18** (1936), 623.

Wasserdampf. Zinkoxyd ist nur ein mäßiger Katalysator für die Konversion. Aber der Zusatz von Alkali als Carbonat erhöht seine Wirksamkeit beträchtlich. Die Bestimmung der Geschwindigkeitskonstanten als Funktion des Prozentsatzes zugesetzten Alkalis hat gezeigt, daß sie ein Maximum bei einem Gehalt von etwa 4,5% K_2CO_3 oder 3% Na_2CO_3 erreicht. Dabei sind die maximalen Werte der Geschwindigkeitskonstanten bei K_2CO_3 höher als bei Na_2CO_3, was wegen der höheren Basizität zu erwarten ist. Interessant hingegen ist, daß das Verhältnis 4,5 : 3 annähernd gleich dem der Molekulargewichte der beiden Carbonate ist, welches 148 : 106 ist (Abb. 60 und 61).

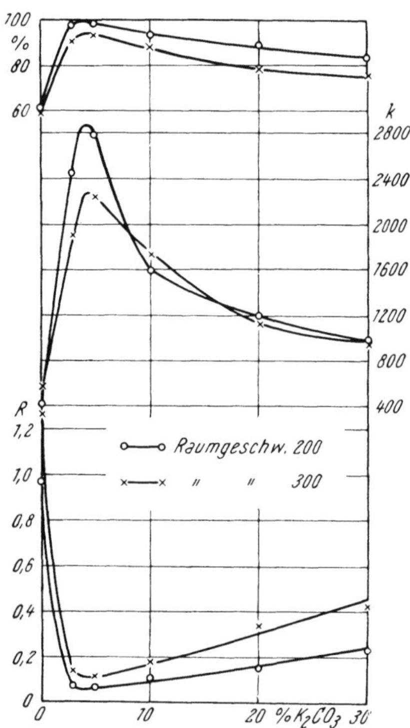

Abb. 60. Einfluß von Kaliumcarbonat auf die katalytische Wirksamkeit von calciniertem Smithsonit bei 363° C. (Nach NATTA und RIGAMONTI.) % = Umsatz von CO zu CO_2; k = Geschwindigkeitskonstante; $R = \frac{[CO]\,[H_2O]}{[CO_2]\,[H_2]}$ im Endgas.

Es ist wahrscheinlich, daß bei dem leicht sauren Charakter des Zinkoxyds das Alkalicarbonat sich mit an dessen Oberfläche anlagert, unter Bildung labiler Verbindungen nach Art eines Zinkats.

Auf Grund des beobachteten optimalen Prozentgehaltes, der 2,75 Molprozent entspricht und auf Grund des Verhältnisses zwischen oberflächlichen Zinkatomen und den in vollkommenen Kristallen vorliegenden (vgl. Tabelle 17, S. 480) würde man eine Kristallgröße von 10^{-6} bis 10^{-5} cm Kantenlänge für das Zinkoxyd ableiten, was dem aus der Röntgenanalyse zu entnehmenden Wert voll entspricht.

Eine solche verstärkende Wirkung von Alkali bei der Wassergasreaktion findet man anscheinend auch bei den *Eisenkatalysatoren*, die technisch benutzt werden, um in Druckanlagen Kohlenoxyd zu Kohlendioxyd und Wasserstoff zu konvertieren. So hat TAKENAKA[1] eine solche Verstärkerwirkung bei der Reaktion von Methan mit Wasserdampf unter Bildung von Mischungen aus Kohlendioxyd und Wasserstoff an Nickelkatalysatoren angetroffen. Nach ihm bewirkt der Zusatz von 0,01 bis 0,02 Mol K_2CO_3 pro Mol Nickel eine fast vollständige Umsetzung des Methans bei 650°.

In allen diesen Fällen kann man annehmen, daß die Alkalicarbonate oder -hydroxyde den Kontakt wegen ihrer basischen Reaktion verstärken, die alle zu CO_2 führenden Reaktionen erleichtern muß. Es wäre sehr interessant gewesen, auch in diesen Fällen, so wie wir es bei den Katalysatoren der Ammoniaksynthese gesehen haben, die Adsorption der verschiedenen Gase und die Aktivierungsenergie der katalysierten Reaktionen festzustellen.

Ein dritter wichtiger Fall der Verstärkung durch kleine zugesetzte Alkalimengen liegt bei den Eisenkatalysatoren der *Kohlenwasserstoffsynthese* nach FISCHER-TROPSCH vor, von denen wir bereits auf S. 567 gesprochen haben.

[1] Y. TAKENAKA: J. Fuel Soc. Japan **12** (1932), 57.

Wenn auch bei diesen Katalysatoren nicht ermittelt worden ist, wo sich das Alkalimetall aufhält, so kann man doch wegen ihrer großen Ähnlichkeit mit den Ammoniakkontakten annehmen, daß auch hier das Alkali in äußerst dünner Schicht an der Oberfläche ausgebreitet ist. Die Wirkung des Alkalizusatzes auf die Aktivität dieser Katalysatoren ist schon von FISCHER und TROPSCH[1] bei den ersten benutzten Katalysatoren aus Eisen und Kupfer auf Kieselgur angetroffen und für die gleichen Kontakte von KODAMA und FUJIMURA[2] bestätigt worden. FISCHER hatte in den ersten zehn Stunden für gleiche Gewichtsmengen Alkali den größten Effekt beim Kalium gefunden, und dann folgten der Reihe nach Rb, Ba, Na, Cu und Li. Allerdings verloren die mit Kalium und Rubidium verstärkten Katalysatoren rasch an Wirksamkeit, so daß nach langen Reaktionszeiten die größte Verstärkung bei den natriumhaltigen Katalysatoren lag. Bei ihnen besonders stieg auch die Menge der flüssigen Kohlenwasserstoffe beträchtlich an, während bei den anderen Alkalien auch die festen Produkte zunahmen. So ergab Alkali einen doppelten Vorteil: Zunahme an Produktion und an Lebensdauer.

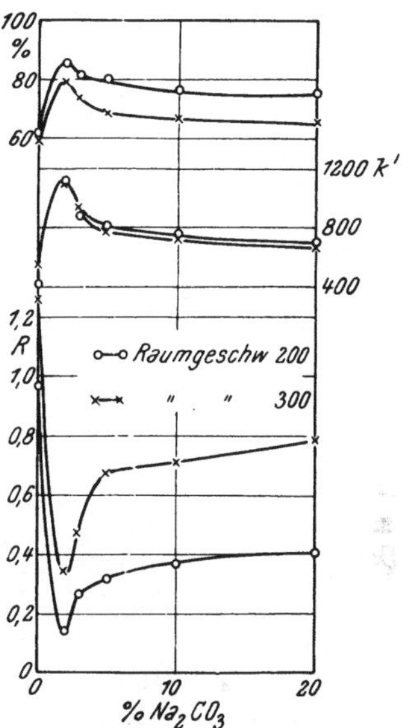

Abb. 61. Einfluß von Natriumcarbonat auf die katalytische Wirksamkeit von calciniertem Smithsonit bei 363° C. (Nach NATTA und RIGAMONTI.) % = Umsatz von CO zu CO_2; k = Geschwindigkeitskonstante; $R = \frac{[CO]\,[H_2O]}{[CO_2]\,[H_2]}$ im Endgas.

FISCHER hat Zusätze verschiedener Alkalisalze versucht, Carbonate, Silikate, Aluminate, Phosphate usw., und hat gefunden, daß bei gleichen molaren Mengen meist auch gleiche Wirkung eintrat, wenigstens wenn keine Vergiftung des Katalysators durch Nebenreaktionen stattfand (wie z. B. bei Natriumsulfat, das zu Sulfid reduziert wird).

Die verstärkende Wirkung des Kaliums auf Eisenkatalysatoren wurde auch in Versuchen unter leichtem Überdruck anstatt unter Atmosphärendruck von PICHLER[3] und vielen Versuchen des *U. S. Bureau of Mines* bestätigt, wie ANDERSON, SELIGMAN, SHULTZ, KELLY und ELLIOTT[4] sowie STORCH, GOLUMBIC und ANDERSON[5] berichten. In den Versuchen von PICHLER (Tabelle 64) zeigt sich, daß eine Steigerung des Gehaltes an K_2CO_3 ganz besonders die gebildete Paraffinmenge erhöht. Nach den Versuchen des *Bureau of Mines* soll das Optimum der Ausbeute und der Lebensdauer bei 0,4÷0,6% K_2O liegen (Tabelle 65). Die verstärkende Wirkung des Alkalis soll in diesen Katalysatoren mit der größeren Leichtigkeit und Geschwindigkeit der Bildung von Eisencarbiden zusammenhängen, Verbindungen, die man für Zwischenprodukte der Kohlenwasserstoffbildung hält. Gleichzeitig damit entsteht aber auch freier Kohlen-

[1] F. FISCHER, H. TROPSCH: Gesammelte Abh. Kenntn. Kohle **10** (1930), 333.
[2] S. KODAMA, K. FUJIMURA: Sci. Pap. Inst. physic. chem. Res. (Tokyo) **29** (1936), 272.
[3] H. PICHLER: The Synthesis of Hydrocarbons from Carbon Monoxyde and Hydrogen. U. S. Bur. Mines Spec. Rep. **1947.**
[4] R. B. ANDERSON, B. SELIGMAN, J. F. SHULTZ, R. KELLY, M. A. ELLIOTT: Ind. Engng. Chem. **44** (1952), 391.
[5] H. H. STORCH, N. GOLUMBIC, R. B. ANDERSON: The FISCHER-TROPSCH and Related Syntheses. New York, 1951.

stoff, der den Katalysator vergiftet. Das Optimum bei 0,4÷0,6% K_2O soll einem Kompromiß zwischen diesen beiden Effekten zu verdanken sein.

Außer der Bildung von flüssigen Kohlenwasserstoffen begünstigt jedoch der Zusatz von Alkali auch die Entstehung *sauerstoffhaltiger Verbindungen.* Auch dies ist schon von den ersten Experimentatoren beobachtet worden. Wie man

Tabelle 64. *Einwirkung von K_2CO_3 auf den Eisenkatalysator der Kohlenwasserstoffsynthese aus $3\,CO + 2\,H_2$ bei 15 atm und 235° C.* (Nach PICHLER.)

Prozent K_2CO_3	Kohlenwasserstoffausbeute g/m³	Prozent Zusammensetzung der Kohlenwasserstoffe		
		$C_2 - C_4$	flüssig	fest
—	140	28	67	13
0,25	148	18	56	26
1,0	157	11	47	42
2,0	143	13	44	43
5,0	158	11	44	45

in Tabelle 65 sieht, steigt die Säureproduktion bei zunehmender Alkalimenge im Gegensatz zur Kohlenwasserstoffproduktion, die ja bei kleinen Kalimengen ein Maximum hat. Diese Bildung von Sauerstoffverbindungen kommt von Nebenreaktionen, die sich der Kohlenwasserstoffbildung überlagern. Sie ist besonders groß in dem ursprünglich von FISCHER und TROPSCH[1] studierten Syntholverfahren mit stark alkalisierten Katalysatoren, von denen wir noch in Kap. IVd, S. 736ff., zu sprechen haben werden.

Es muß in diesem Zusammenhang daran erinnert werden, daß die Bildung oxydierter Produkte, und insbesonders die Bildung von Alkoholen, bei Gebrauch von Katalysatoren, die alkalisiertes Eisen enthalten und die bei der FISCHER-TROPSCH-Synthese Verwendung finden, vor allem dann stattfindet, wenn man bei Temperaturen von 190 ÷ 200°, also etwa 10 ÷ 20° unterhalb jener Temperatur, die zur Synthese der Kohlenwasserstoffe allein notwendig ist[2], arbeitet. Es ist interessant, zu beobachten, daß die mit diesen Katalysatoren erhaltenen Alkohole normale primäre Alkohole sind, im Gegensatz zu den größtenteils verzweigten Produkten, die man bei Verwendung von alkalisierten ZnO-Cr_2O_3-Katalysatoren erhält, die wir später in Kap. IVd, S. 736ff., besprechen werden.

Auch bei der *Isosynthese* (Synthese verzweigter Kohlenwasserstoffe aus CO und H_2 an Mischungen von Thoriumoxyd mit Aluminium- oder Zinkoxyd unter sehr hohen Drucken), die von PICHLER und ZIESECKE[3] studiert und von DEWEY[4] ausführlich beschrieben wurde, steigert der Zusatz kleiner Alkalimengen (0,5÷1% K_2O) die Ausbeuten ein wenig.

Ein Fall von Oberflächenverstärkung ist wahrscheinlich auch die Beobachtung von FORESTI und CHIUMMO[5] und von DELÉPINE und HOREAU[6], daß RANEY-Nickel und Platin bei der Hydrierung von Carbonylverbindungen durch kleine Mengen von Alkali verstärkt werden. Das Alkali wird am Katalysator absorbiert und legt im allgemeinen seine Wirkung lahm. In dem besonderen Falle der Al-

[1] F. FISCHER, H. TROPSCH: Ber. dtsch. chem. Ges. **56** (1923), 2428; Brennstoff-Chem. **4** (1923), 276; **5** (1924), 201, 217.
[2] R. B. ANDERSON, J. FELDMAN, H. H. STORCH: Ind. Engng. Chem. **44** (1952), 2418.
[3] H. PICHLER, K. H. ZIESECKE: Brennstoff-Chem. **30** (1949), 13, 60, 81.
[4] D. R. DEWEY: Chim. et Ind. **55** (1946), 327.
[5] B. FORESTI, C. CHIUMMO: Gazz. chim. ital. **67** (1937), 408.
[6] M. DELÉPINE, A. HOREAU: Bull. Soc. chim. France (5) **4** (1937), 31.

dehyde und Ketone jedoch wirkt es als Beschleuniger der Reaktion, weil es den Übergang in die Enolform begünstigt. PATY[1] hatte am RANEY-Nickel beobachtet, daß bei zunehmender Alkalimenge erst eine Zunahme und dann eine Verminderung der Wirksamkeit auftritt und nimmt an, daß der Mechanismus der Verstärkung ein anderer sei. Es soll nämlich auf einer Auflösung des in der Legierung

Tabelle 65. *Einfluß des Kaligehalts eines Eisenkatalysators auf die Synthese von Kohlenwasserstoffen und Sauerstoffverbindungen aus $CO + H_2$.*
(Nach ANDERSON, SELIGMAN, SHULTZ, KELLY und ELLIOTT.)

Prozent K_2O	0,06	0,23	0,45	0,85	0,94
Temperatur °C	228	229	226	227	228
Raumgeschwindigkeit für 65 % Umsatz	28	257	352	342	245
Prozent flüssiges Produkt	49,6	69,9	72,4	71,0	76,3
Säurezahl des flüssigen Produkts	5,1	4,4	3,1	10,4	12,2

verbliebenen Aluminiums beruhen. Nun beziehen sich aber die Beobachtungen von PATY auf die Hydrierung ganz anderer Verbindungen (doppelte und dreifache Bindungen), und seine Erklärung scheint nicht für die Hydrierung von Carbonylverbindungen anwendbar. Auch hatte FORESTI[2] z. B. beobachtet, daß Alkali einen negativen Einfluß auf die Benzol-Hydrierung hat. Alles das bestätigt die Möglichkeit der Bildung von Adsorptionsschichten aus Alkali auf der Katalysatoroberfläche, die im oben erwähnten Sinne wirken.

Entsprechende Fälle einer Verstärkung durch Oberflächenadsorption von Alkali liegen auch vor in den Versuchen über die Hydrierung von β-Naphthol von ADKINS und KRSEK[3], die auf S. 462 erwähnt sind und von Phenol von ARMSTRONG und HILDITCH[4], s. S. 549. Aus ihnen geht hervor, daß der Zusatz kleiner Mengen von NaOH oder Na_2CO_3 zum Nickel eine Zunahme der Hydriergeschwindigkeit der Phenole bewirkt und in dem Sonderfall des β-Naphthols zu einer bevorzugten Hydrierung des die phenolische Hydroxylgruppe enthaltenden Ringes anstatt des anderen führt.

b) Katalysatoren mit adsorbiertem flüssigem oder gasförmigem Verstärker.

Wie im vorhergehenden Fall, so gibt es auch bei adsorbierten flüssigen oder gasförmigen Verstärkern nur wenige Beispiele. Entweder weil dieser Fall auf den ersten Blick uninteressant erscheint oder weil seine Verwirklichung offenbar Schwierigkeiten macht. Adsorbierte Gas- oder Flüssigkeitsschichten auf Katalysatoroberflächen können wegen ihres Dampfdruckes im Laufe der katalysierten Reaktion leicht entfernt werden, besonders wenn diese in Gegenwart von anderen Gasen und vor allem von strömenden Gasen vor sich geht. Deshalb ist es meistens nötig, die adsorbierte Schicht laufend zu erneuern, es sei denn, die Bedingungen der Katalyse seien solche, daß die Schicht während der Katalysendauer nicht oder äußerst wenig verdampft.

---

[1] M. PATY: C. R. hebd. Séances Acad. Sci. **220** (1945), 827.
[2] B. FORESTI: Gazz. chim. ital. **66** (1936), 455.
[3] H. ADKINS, G. KRSEK: J. Amer. chem. Soc. **70** (1948), 412.
[4] E. F. ARMSTRONG, T. P. HILDITCH: Proc. Roy. Soc. (London), Ser. A **102** (1922), 21.

Der erste beobachtete Fall dieser Art von Verstärkung ist die *Stimulierung von Platinschwarz* durch Adsorption von Sauerstoff. Diese Erscheinung hat zu einer langen Diskussion[1] Anlaß gegeben und ist hauptsächlich von Willstätter ins Licht gesetzt worden. Er hat beobachtet, daß Platin und Palladium, wenn sie vollständig entgast sind, keine hydrierende Wirkung haben oder doch diese Wirkung gering ist und in kurzer Zeit verschwindet. Wenn die Katalysatoren aber der Luft ausgesetzt werden, so werden sie aktiver und ihre Wirksamkeit dauerhafter. Zelinsky und Turowa-Pollak[2] haben das damit erklärt, daß der Katalysator deshalb unwirksam wird, weil ein Teil des zu hydrierenden Stoffes sich zersetzt und auf dem Katalysator Kohle abscheidet. Nach ihnen soll die Gegenwart von Sauerstoff diese Abscheidung verhindern, weil die abzuscheidende Kohle oxydiert wird. Läßt man nämlich Sauerstoff über einen unwirksam gewordenen Katalysator streichen, so beobachtet man die Entwicklung von Kohlendioxyd. Ferner werden die Katalysatoren nicht bei allen Reaktionen desaktiviert, sondern nur bei der Reduktion von ziemlich schwierig zu hydrierenden Stoffen (aromatischen, mehrkernigen usw.), die deshalb längere Zeit mit dem Katalysator in Berührung stehen müssen. Jedoch scheint diese Hypothese wenig überzeugend, weil es wenig wahrscheinlich ist, daß der adsorbierte Sauerstoff sich mit dem Kohlenstoff, der sich beim Fortschreiten der Reaktion allmählich abscheidet, leichter vereinigen soll, als mit Wasserstoff. Andererseits ist beobachtet worden, daß auch bei der Wasserstoffverbrennung in Abwesenheit von kohlenstoffhaltigen Verbindungen die vorherige Anwesenheit von chemisorbiertem Sauerstoff das Platin verstärkt.

Nun hat die Untersuchung durch Elektronenbeugung von Finch, Murison, Stuart und Thomson[3] an Platinschichten, die in Gegenwart von Sauerstoff niedergeschlagen waren, gezeigt, daß die für die Knallgasreaktion wirksamsten Schichten aus PtO_2 bestanden, während Schichten aus reinem Platin völlig unwirksam waren, und Schichten, die außer den Linien des PtO_2 auch solche des Platins zeigten, eine mittlere Wirksamkeit besaßen. Hiernach könnte die Verstärkung des Platinschwarzes auf der oberflächlichen Bildung von PtO_2 beruhen. Es ist ja auch anderweitig bekannt, daß Platinoxyd ein sehr guter Hydrierkatalysator ist[4].

Eine andere Erklärung dieser Erscheinungen gibt aber Käb[5]. Er hat gefunden, daß Platinschwarz, durch elektrische Zerstäubung in Wasserstoff erhalten, um so unwirksamer ist, je mehr Wasserstoff es okkludiert enthält, und sogar ganz unwirksam werden kann. Er behauptet deshalb, daß die Verstärkung durch Luftbehandlung von einer Entfernung des adsorbierten Wasserstoffs durch Verbrennen herrührt. Auch diese Hypothese scheint uns wenig wahrscheinlich, weil ja viele Hydrierungen (von Äthylen usw.) mit adsorbierten Gasschichten am Katalysator durchgeführt worden sind. Es ist zu betonen, daß Käb auch eine Desaktivierung des Platins bei Herstellung in Sauerstoffatmosphäre

[1] R. Willstätter, E. Waldschmidt-Leitz: Ber. dtsch. chem. Ges. **54** (1921), B 113. — R. Willstätter, D. Jaquet: Ber. dtsch. chem. Ges. **51** (1918), 767. — E. Waldschmidt-Leitz, F. Seitz: Ber. dtsch. chem. Ges. **58** (1925), B 563.

[2] N. D. Zelinsky, M. B. Turowa-Pollak: Ber. dtsch. chem. Ges. **59** (1926), B 156.

[3] G. I. Finch, C. A. Murison, N. Stuart, G. P. Thomson: Proc. Roy. Soc. (London), Ser. A **141** (1933), 414.

[4] V. Voorhees, R. Adams: J. Amer. chem. Soc. **44** (1922), 1397. — R. Adams, R. L. Shriner: J. Amer. chem. Soc. **45** (1923), 2171. — W. H. Carothers, R. Adams: J. Amer. chem. Soc. **45** (1923), 1071.

[5] G. Käb: Z. physik. Chem. **115** (1925), 224.

beobachtet hat, ein Resultat, das dem obigen von FINCH[1] und den später zu besprechenden von ROGINSKI und Mitarbeitern entgegengesetzt wäre. Andererseits wurden die Ergebnisse von KÄB durch spätere Versuche von BREDIG und ALLOLIO[2] bestätigt. Deren Versuche beziehen sich auf Platinpulver und nicht auf Oberflächenschichten, und es kann sein, daß die verschiedene Herstellungsweise die morphologische Struktur und daher auch die Empfindlichkeit des Katalysators beeinflußt hat.

Ein sehr interessanter Fall eines Katalysators mit gasförmigem Verstärker ist die von NATTA und BACCAREDDA[3] studierte *Polymerisation* von Isobutylen

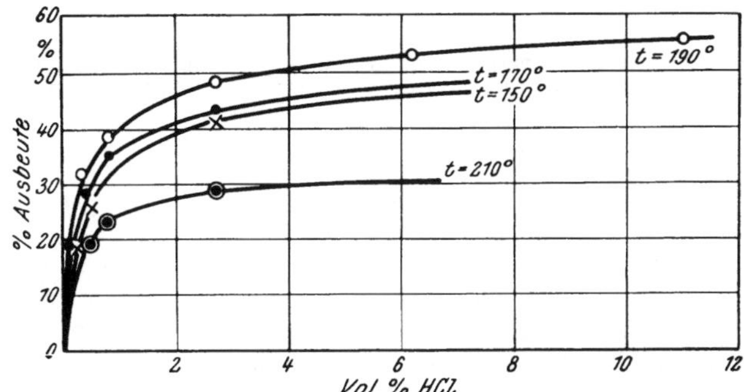

Abb. 62. Ausbeute der Isooctenbildung aus Isobutylen in Abhängigkeit vom Chlorwasserstoffgehalt des Gases. (Nach NATTA und BACCAREDDA.)

in der Gasphase an Aluminiumoxyd unter Verstärkung durch *Chlorwasserstoff* (Abb. 62). Die schwach polymerisierende und kondensierende Wirkung des Aluminiumoxyds ist uns schon bekannt. Sie kann nun in Gegenwart von Chlorwasserstoff sehr stark erhöht werden. Dieser kann auf zwei Weisen wirken: er kann sich an die Doppelbindung anlagern und so ein Alkylhalogenid bilden, dessen weitere Kondensation leichter verläuft, oder er kann am Aluminiumoxyd adsorbiert werden und diesem durch die Bildung einmolekularer Schichten die stark kondensierenden Eigenschaften des $AlCl_3$ verleihen. Da die Wirkung von Alkylchloriden viel schwächer ist als die des freien Chlorwasserstoffs, so ist es sehr wahrscheinlich, daß die zweite Erklärung richtiger ist.

Man beobachtet diese Erscheinung jedoch nicht bei allen Arten von Aluminiumoxyd, sondern nur mit Produkten, die auch noch basische Aluminiumsalze enthalten, so die Tonerde, die durch Calcinieren des Hydrats von Aluminiumchlorid entsteht und etwas Oxychlorid enthält, oder die aus Aluminiumsulfat mit unterschüssigem Natriumcarbonat gefällte Tonerde, die basisches Aluminiumsulfat enthält.

Es ist interessant, daß man in diesem Prozeß auch eine selektive Polymerisation verwirklichen kann. Während Isobutylen und allgemein die verzweigten Olefine mit einem solchen Katalysator bei tiefer Temperatur (120 ÷ 200°) polymerisiert werden können, reagieren die normalen Olefine erst bei erhöhter Temperatur, um so höher, je kleiner ihr Molekulargewicht ist.

---

[1] G. I. FINCH, C. A. MURISON, N. STUART, G. P. THOMSON: Proc. Roy. Soc. (London), Ser. A **141** (1933), 414.

[2] G. BREDIG, R. ALLOLIO: Z. physik. Chem. **126** (1927), 41.

[3] G. NATTA, M. BACCAREDDA: Atti Congr. int. Chim., X Congr., Roma **5** (1938), 970; Riv. ital. Petrolio Nr. 65 (1938), 14; Chim. e Ind. **21** (1939), 393.

Ebenso wie Chlorwasserstoff, aber in stärkerem Maße wirkt auch Bromwasserstoff und noch stärker Jodwasserstoff[1].

Natürlich sind jedoch nicht alle Erhöhungen katalytischer Wirkungen durch die gleichzeitige Anwesenheit fester und gasförmiger Verbindungen als Oberflächenverstärkung anzusehen. So kommt z. B. die Kondensation von Olefinen mit Paraffinen in Gegenwart von BF_3 und Nickel oder Wolfram, die von Ipatieff und Grosse[2] gefunden wurde, nach Beobachtungen derselben Autoren von der Bildung von organischen Zwischenverbindungen, die Nickel, BF_3 und Borfluorwasserstoffsäure enthalten. In ähnlicher Weise ist die von Nasarow[3] beobachtete Wirkungssteigerung des Bortrifluorids durch HgO bei der Kondensation von Glykolen oder Alkoholen und Acetalen wahrscheinlich auf die Bildung ähnlicher Zwischenverbindungen zurückzuführen.

Auch die Wirkungssteigerung durch Zusatz gasförmigen Chlorwasserstoffs bei der Friedel-Crafts-Synthese ist kein Fall von Oberflächenverstärkung. Die Wirksamkeit des Aluminiumchlorids ist nämlich der Menge HCl, die es enthält, proportional. Nach Boswell und Laughlin[4] können bis zu 9 cm^3 HCl je Gramm $AlCl_3$ adsorbiert werden. Diese Menge läßt sich nicht durch inerte Gase entfernen, sondern nur durch Sublimation im Stickstoffstrom. Jedoch hat dann das sublimierte Aluminiumchlorid seine Wirksamkeit völlig verloren. Die Halogenwasserstoffsäuren bilden mit den Aluminiumhalogeniden Aluminiumhalogenwasserstoffsäuren: $HAlX_4$ oder HAl_2X_7. Wie Heldman[5] am Aluminiumbromid gezeigt hat, sind diese die eigentlichen Katalysatoren der Friedel-Crafts-Synthese. Außerdem bildet Aluminiumchlorid, wie schon auf S. 624 betont, mit den reagierenden Stoffen in diesen lösliche Komplexe. Es kommt also nicht in Frage, hier von Adsorptionsschichten auf dem Katalysator zu reden.

Ein wirklicher Fall der Stimulierung fester Katalysatoren durch Gase, der von theoretischem Standpunkt aus interessant, aber nicht ganz aufgeklärt ist, liegt in einer Beobachtung von Roginski und anderen russischen Autoren[6] vor. Sie haben ähnlich wie Finch und seine Mitarbeiter in den oben erwähnten Versuchen[7] die hydrierende oder oxydierende katalytische Wirkung dünner Schichten verschiedener Metalle (Ni, W, Pd, Pt) untersucht, die durch Verdampfung und Kondensation auf inerten Trägern im Hochvakuum hergestellt waren. Sie beobachteten, daß diese Schichten, wenn in Gegenwart kleiner Mengen gewisser Gase (H_2, N_2, O_2 und auch Fett) gewonnen, die im Metall eingeschlossen werden, größere katalytische Wirkung haben, als wenn sie unter völliger und dauernder Entgasung der Apparatur hergestellt werden.

Käb[8] sowie Bredig und Allolio[9] hatten schon früher bei Versuchen mit Platin, Palladium und Nickel, die in Wasserstoff oder Sauerstoff aufgedampft waren, gefunden, daß sie ganz unwirksam waren, und daß besonders die in

[1] M. Baccaredda: Unveröffentlichte Arbeit.

[2] V. N. Ipatieff, A. V. Grosse: J. Amer. chem. Soc. **57** (1935), 1617.

[3] I. N. Nasarow: Bull. Acad. Sci. URSS, Cl. Sci. chim. **1940**, 194.

[4] M. C. Boswell, R. R. McLaughlin: Canad. J. Res. **1** (1929), 400.

[5] J. D. Heldman: J. Amer. chem. Soc. **65** (1943), 2276; **66** (1944), 1786.

[6] K. S. Ablesowa, S. Z. Roginski: C. R. Acad. Sci. URSS **1935**, I, 487, 490; Z. physik. Chem., Abt. A **174** (1935), 449. — K. Ablesowa, T. Zelinskaja: Acta physicochim. URSS **7** (1937), 127. — S. Z. Roginski: C. R. Acad. Sci. URSS **30** (1941), 23; J. physic. Chem. URSS **15** (1941), 1. — M. Barkowa, I. Mochan: C. R. Acad. Sci. URSS **30** (1941), 32. — A. Rawdel, F. Yudin: C. R. Acad. Sci. URSS **30** (1941), 37.

[7] G. I. Finch, C. A. Murison, N. Stuart, G. P. Thomson: Proc. Roy. Soc. (London), Ser. A **141** (1933), 414.

[8] G. Käb: Z. physik. Chem. **115** (1925), 224.

[9] G. Bredig, R. Allolio: Z. physik. Chem. **126** (1927), 41.

Sauerstoff hergestellten Schichten aktiv werden konnten, wenn man sie nachher in reduzierender Atmosphäre behandelte. Wahrscheinlich haben aber diese Autoren ihre Katalysatoren unter zu hohen Drucken hergestellt (0,2 ÷ 0,5 Torr) und somit mit Mengen von Sauerstoff oder Wasserstoff, die die Oberfläche des Produkts vollständig mit Oxyd oder Hydrid bedeckten. ROGINSKI und seine Mitarbeiter arbeiten aber bei viel kleineren Drucken (10^{-5} Torr) und dosieren ihr Gas so, daß sie nur verglichen mit dem verdampften Metall sehr kleine Gasmengen einlassen. Sie erhalten so sehr wirksame verstärkte Katalysatoren. Sie führen ferner an, daß ein optimales Verhältnis zwischen Metall und adsorbiertem Gas vorliegt:

Bei der Hydrierung von Äthylen mit durch Sauerstoff stimuliertem Nickel soll die Wirksamkeit ein Maximum erreichen bei dem Atomverhältnis O : Ni = = 0,4 : 100, während für Verhältnisse über 1,2 : 100 die Schichten ganz unwirksam werden. Bei der Stimulierung durch Wasserstoff liegt das Maximum bei einem Atomverhältnis H : Ni = 1 : 100 (Tabelle 66).

Beim Wolfram sollen die Maxima[1] bei folgenden Atomverhältnissen liegen:
H : W = 1 : 100
N : W = 1,2 : 100
O : W = 0,4 : 100 bis 1,2 : 100.

Die Wirksamkeit der gashaltigen Metallschichten wird durch Entgasen völlig vernichtet, kann aber durch Behandeln mit Sauerstoff wiederhergestellt werden[2].

Aus einer Untersuchung der Oberfläche solcher Katalysatoren mit Hilfe der Wasserdampfadsorption könnte man schließen, daß die gasverstärkten Schichten eine erhöhte Zahl von aktiven Zentren haben. ROGINSKI behauptet sogar[3], wie wir schon S. 437 erwähnten, daß die Katalysatoren überhaupt nur in Gegenwart von Gasen oder Verunreinigungen aktive Zentren haben können. Er behauptet jedoch auch, daß die stimulierende Wirkung der Gase mit einer Verminderung der Aktivierungsenergie und einer Veränderung der Adsorptionswärme bei zunehmender adsorbierter Gasmenge verknüpft sei.

Es ist immerhin zweifelhaft, wenigstens bei der Stimulierung durch Sauerstoff, ob es sich wirklich um echte Adsorptionsschichten, sei es auch Chemisorptionsschichten, handelt, oder um oberflächliche Metalloxyde. Die Leichtigkeit, mit der Nickel Oxyde veränderlichen Sauerstoffgehalts bildet, ist nämlich bekannt. Auch die Versuche von FINCH über die Elektronenbeugung an in Sauerstoff niedergeschlagenen Platinschichten (S. 632) machen diese letztere Vorstellung sehr wahrscheinlich. Derselbe ROGINSKI[4] spricht außer von einer Chemisorption der aktivierenden Gase auch von mit Metallatomen zusammengepackten Sauerstoffatomen.

Auch BEECK[5] hat Katalyseversuche an auf Glas durch Vakuumverdampfung niedergeschlagenen Metallfilmen ausgeführt und hat eine Zunahme der kata-

---

[1] K. SHADANOWSKAJA, V. KOROLEW, I. MOCHAN: C. R. Acad. Sci. URSS **30** (1941), 26. — M. BABKOWA, I. MOCHAN: C. R. Acad. Sci. URSS **30** (1941), 32. — A. RAWDEL, F. YUDIN: C. R. Acad. Sci. URSS **30** (1941), 37.

[2] S. Z. ROGINSKI: C. R. Acad. Sci. URSS **30** (1941), 23. — S. Z. ROGINSKI, V. S. ROZING: Ann. Leningrad State Univ., physic. Ser. **1939**, Nr. 5, 67.

[3] S. Z. ROGINSKI: J. physic. Chem. URSS **15** (1941), 1.

[4] K. ABLESOWA, S. Z. ROGINSKI, T. ZELINSKAJA: C. R. Acad. Sci. URSS **30** (1941), 29. — S. Z. ROGINSKI: J. physic. Chem. URSS **15** (1941), 1.

[5] O. BEECK, A. E. SMITH, A. WHEELER: Proc. Roy. Soc. (London), Ser. A **177** (1940), 62. — A. E. SMITH, O. BEECK: Physic. Rev. **55** (1939), 602. — O. BEECK, A. WHEELER, A. E. SMITH: Ebenda **55** (1939), 601. — O. BEECK: Discuss. Faraday Soc. **8** (1950), 118. — O. BEECK, A. W. RITCHIE: Ebenda **8** (1950), 159.

lytischen Aktivität für die Äthylenhydrierung gefunden, wenn die Schichten in Anwesenheit kleiner Mengen fremder Gase (Ar, N_2) hergestellt wurden. Er gibt jedoch eine andere Deutung der Erscheinung. Nach seinen Beobachtungen mit der Elektronenbeugung sollen die mit Inertgas erhaltenen Schichten mehr

Tabelle 66. *Wirksamkeit von in Gegenwart von H_2 oder O_2 aufgedampftem Nickel bei der Äthylenhydrierung.* (Nach ABLESOWA, ROGINSKI und TSELINSKAYA.)

Mit Wasserstoff		Mit Sauerstoff	
Wirksamkeit (reziproke Halbwertzeit der Hydrierung)	Adsorbierte H_2-Molekeln pro min während der Bildung der Nickelschicht	Wirksamkeit (reziproke Halbwertzeit der Hydrierung)	Adsorbierte O_2-Molekeln pro min während der Bildung der Nickelschicht
0,03	$3{,}4 \cdot 10^{16}$	0,03	$6{,}7 \cdot 10^{15}$
0,06	5,0	0,17	8,3
0,15	6,0	0,11	9,0
0,11	6,3	0,08	12,0
0,02	8,0	0,04	20,0
0,003	49,0	0,03	28,0

oder weniger orientiert sein, indem sie eine Kristallebene der Unterlage parallel richten: Bei Nickel z. B. soll diese Ebene (110) sein, bei Eisen aber (111). Die anderen Kristallebenen sollen in allen möglichen Richtungen liegen. Diese orientierten Schichten sollen die doppelte Oberfläche haben als die nicht orientierten bei gleichem Metallgewicht je Flächeneinheit. Ihre katalytische Wirksamkeit dagegen soll zehnmal so groß sein wie die der nicht orientierten Schichten. Im Gegensatz zu den russischen Autoren findet BEECK jedoch keine Zunahme, sondern sogar eine Abnahme der katalytischen Wirksamkeit, wenn er die Schichten in Gegenwart von Sauerstoff herstellt, der mit dem Metall ein Oxyd bildet. Er hat jedoch bei höheren Drucken gearbeitet als ROGINSKI (bis zu 1 mmg), und daher wahrscheinlich mit einem Sauerstoffüberschuß.

Die Aktivierung des Nickels durch Wasserstoff ist von FREIDLIN und ZIMINOWA[1] auch am RANEY-Nickel beobachtet worden. Nach ihren Versuchen enthält der Katalysator kurz nach seiner Herstellung Wasserstoff in zwei Formen: adsorbiert und gelöst. Der adsorbierte kann durch langes Spülen mit Stickstoff entfernt werden; doch auch nach seiner vollständigen Entfernung behält der Katalysator seine ursprüngliche Wirksamkeit bei. Der gelöste Wasserstoff wird durch lange Behandlung mit ungesättigten Verbindungen (Nitrobenzol, Vinyläther) entfernt, die man nachher teilweise hydriert wiederfindet. Während dieser Entfernung vermindert sich die Wirksamkeit des Katalysators, bis sie Null wird, wenn aller Wasserstoff entfernt ist. Demnach hätte der gelöste Wasserstoff die Funktion eines Verstärkers und wäre bestimmend für die Bildung der aktiven Zentren, deren Zahl jedoch der Menge des adsorbierten Wasserstoffs proportional wäre. In einer Probe von RANEY-Nickel, die FREIDLIN und ZIMINOWA untersucht haben, war das Verhältnis adsorbierter Wasserstoff: gelöster Wasserstoff: Nickel wie 1 : 3,5 : 9. Schon früher hatte jedoch auch GRIFFIN[2] bei der Adsorption von Wasserstoff an Nickel, Kobalt und Platin zwei verschiedene Möglichkeiten der Gasfixierung angetroffen und hatte schon vermutet, daß außer der echten und

[1] L. C. FREIDLIN, N. I. ZIMINOWA: C. R. Acad. Sci. URSS **74** (1950), 955; Bull. Acad. Sci. URSS **1950**, 659; Ebenda **1951**, 145.
[2] C. W. GRIFFIN: J. Amer. chem. Soc. **63** (1941), 2957.

eigentlichen Adsorption auch noch die Möglichkeit einer Auflösung bestehe. Er hatte auch die Beobachtung gemacht, daß die Adsorption am größten ist, wenn das Metall sich in einem Zustand feiner Verteilung befindet (wie z. B. in Trägerkontakten), während die Lösung hauptsächlich bei Metallen im massiven Zustand auftritt.

Endlich ist noch die Tatsache bemerkenswert, daß als Oberflächenverstärker zuweilen Stoffe wirken können, die für gewöhnlich *Gifte* sind: Das tritt bei den Dehydrierungsversuchen von ADKINS und Mitarbeitern[1] auf, wo kleine Mengen von Schwefelverbindungen das reduzierte Nickelchromit verstärken (Optimum bei einem Teil Schwefel auf dreißig Teile reduziertes Nickel). Zu große Mengen jedoch vergiften den Katalysator. Auch ROGINSKI[2] behauptet in seiner oben erwähnten Theorie der aktiven Zentren eine aktivierende Wirkung von Giften bei kleinen Konzentrationen und findet z. B., daß Kupferchromit von kleinen Mengen Bleitetraäthyl aktiviert und von großen Mengen vergiftet wird[3]. Die maximale Wirksamkeit liegt allerdings bei verschiedenen Mengen je nach der katalysierten Reaktion. Bei der Wasserstoffperoxydspaltung liegt sie bei 3% PbO_2 und bei der Knallgasreaktion unter 160÷240° bei 0,03÷0,09% PbO_2.

III. Katalysatoren auf Trägern.

Eine sehr umfangreiche Art von Mischkontakten, die wir jedoch hier getrennt behandeln wollen, sind diejenigen, die den Katalysator auf einem Träger enthalten. Wir haben schon im ersten Kapitel gesehen, daß vom geschichtlichen Standpunkt aus die ersten bekannten Mischkontakte gerade Trägerkontakte waren, z. B. das von DÖBEREINER benutzte Platin auf Kaolin.

Der Gedanke eines Trägers bedeutet eigentlich die Gegenwart einer Unterlage, auf der der eigentliche wahre Katalysator sich mehr oder weniger regelmäßig ausgebreitet befindet, zum Unterschied von den verstärkten Kontakten, wo Katalysator und Verstärker innig miteinander vermischt sind. Dieser Unterschied ist so wesentlich, daß wir zuweilen sogar verstärkte Katalysatoren ihrerseits auf Trägern haben können.

Wir können jedoch sofort zwei Arten von Trägerkontakten unterscheiden: Bei der Mehrzahl der Fälle wird der Katalysator *mechanisch* auf dem Träger niedergeschlagen. Er liegt dann in Schichten oder in Körnern oder in hinreichend großen Einkristallen vor, die mehrere Molekelschichten umfassen und durch Adhäsionskräfte am Träger hängen bleiben, oder aber, weil sie von Hohlräumen oder Rauhigkeiten der Trägeroberfläche getragen werden. In einigen Fällen hingegen ist der Katalysator am Träger *adsorbiert*, und das ruft dann besondere Erscheinungen hervor, indem oft die Wirksamkeit des Kontakts sich beträchtlich von der der massiven Katalysatorsubstanz unterscheidet. Die erstgenannten Fälle können als auf Träger aufgebrachte Katalysatoren oder einfach Trägerkatalysatoren bezeichnet werden, die zweiten als auf Trägern adsorbierte Katalysatoren. Wir werden uns an dieser Stelle nur mit der ersten Klasse befassen und die zweite einem anderen Kapitel zuweisen (s. S. 714).

---

[1] H. ADKINS, D. S. RAE, J. W. DAWIS, G. F. HAGER, K. HOYLE: J. Amer. chem. Soc. **70** (1948), 381.

[2] S. Z. ROGINSKI: J. physic. Chem. URSS **15** (1941), 1.

[3] G. M. ZHABROVA, S. Z. ROGINSKI, E. A. FOKINA: C. R. Acad. Sci. URSS **52** (1946), 313.

a) Einfluß des Verhältnisses zwischen Katalysator und Träger.

Die Veränderlichkeit der Wirkung eines Kontakts bei Änderung des Verhältnisses zwischen Katalysator und Träger ist schon von verschiedenen Autoren untersucht worden. Insbesondere hat man versucht, allgemeine Regeln aufzustellen, jedoch scheint es, daß dieses Ziel nicht voll erreicht worden ist.

Wir haben schon auf S. 416, Abb. 1, gesehen, daß MITTASCH[1] die Wirkung eines Trägers qualitativ darstellt als eine mehr oder weniger starke Zunahme der Wirksamkeit des Hauptkontaktstoffes durch eine starke „Verdünnung" mit einem inerten Stoff. Später hat GRIFFITH[2] auf dem Gebiet der Trägerkontakte drei Fälle unterschieden (Abb. 63). Im ersten hat der Träger einfach eine verdünnende Wirkung auf den Katalysator, und die Kontaktwirkung fällt linear mit der prozentualen Abnahme des Hauptkontaktstoffes (Kurve G). Im zweiten Fall (Kurve H) hat man eine verzögerte Verdünnung in dem Sinne, daß die Kontaktwirkung bis zu einer gewissen Konzentration konstant bleibt, ehe sie bei weiterer Zunahme des Trägergehalts abnimmt. Im dritten Falle endlich (Kurve J) liegt eine wirkliche Zunahme der Kontaktwirkung vor, die nach GRIFFITH von einer Sinterungsverhinderung herrührt.

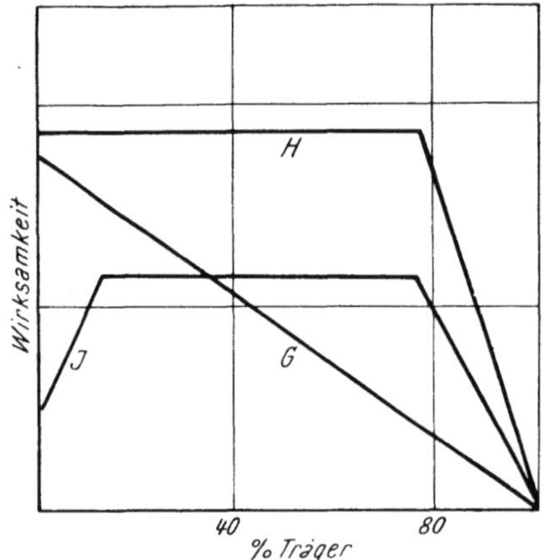

Abb. 63. Verschiedene Arten von Trägerwirkung. (Nach GRIFFITH.) G Normale Verdünnung, H verzögerte Verdünnung, J Sinterungsverhinderung.

Die Kurven in Abb. 63 beziehen sich auf Versuche, die alle mit demselben Kontaktvolumen gemacht wurden. GRIFFITH hat die von ihm vorgeschlagenen Kurven in verschiedenen Fällen bestätigt gefunden. So hat er z. B. bei der Dehydrierung des Dekalins beobachtet, daß Titandioxyd auf Magnesiumoxyd eine Kurve vom Typ G gibt, d. h. der Träger eine unmittelbare verdünnende Wirkung hat. Chromoxyd auf Magnesiumoxyd gibt aber eine Kurve vom Typ H, also verzögerte Verdünnung, und endlich Kupferoxyd wieder auf Magnesiumoxyd gibt eine Kurve vom Typ J mit anfänglicher Verstärkung und verzögerter Verdünnung[3]. Jedoch hat GRIFFITH selbst, obgleich er noch viele andere Beispiele studiert hat, keine Angaben gemacht, in welchen Fällen die eine oder die andere dieser Kurven auftritt und an welche Grunderscheinungen sie geknüpft ist.

Andererseits ist der Gang dieser Kurven eine Funktion verschiedener Faktoren und vor allem der Art, mit der der Katalysator *hergestellt* ist. Man sieht das sehr schön an den Versuchen von SABALITSCHKA und ZIMMERMANN[4], von denen wir später sprechen werden und die in Tabelle 69 angeführt sind. Zum Beispiel zeigen Katalysatoren, die durch Tränken von Blutkohle mit $PdCl_2$ und Wasserstoffreduktion gewonnen werden, den Fall der Aktivierung und späteren Verdünnung, andere, bei denen man das aus $PdCl_2$ erhaltene Palladium nachträglich der Blutkohle beigemengt hat, gehören zu dem Typ der unmittelbaren Verdünnung.

---

[1] A. MITTASCH: Ber. dtsch. chem. Ges. **59** (1926), 13.
[2] R. H. GRIFFITH: The Mechanism of Contact Catalysis, S. 66. London: Oxford University Press, 1936.
[3] R. H. GRIFFITH: Trans. Faraday Soc. **33** (1937), 412.
[4] TH. SABALITSCHKA, K. ZIMMERMANN: Ber. dtsch. chem. Ges. **63** (1930), 375.

Auch die Art der katalysierten Reaktion hat fernerhin einen Einfluß auf diese Kurven. GRIFFITH[1] selbst hat beobachtet, daß Chromoxyd auf Magnesiumoxyd bei der Dehydrierung von Dekalin und von Dekan eine Kurve mit verzögerter Verdünnung gibt, beim Arbeiten mit kleineren Molekeln wie etwa Hexan hingegen eine Kurve mit unmittelbarer Verdünnung. Ebenso finden RUBINSTEIN und Mitarbeiter[2] bei der Hydrierung von Benzol und der Dehydrierung von Cyclohexan mit Platin auf Kohle, daß für die erste Reaktion die Kontaktwirkung in dem Gebiet 4÷1% Pt konstant bleibt, in dem Gebiet 1÷0,1% langsam fällt, während für die zweite Reaktion die Wirksamkeit in dem ganzen Gebiet 4÷0,25% Pt konstant ist und dann scharf abfällt. TSUTSUMI[3] hat zwar in ihrem Gang von den GRIFFITHschen abweichende Kurven erhalten, hat aber mit auf Kieselgur niedergeschlagenen Katalysatoren verschiedene Maxima je nach der betrachteten Reaktion erhalten. Zum Beispiel ist für Nickel bei der Kohlenwasserstoffsynthese die beste Zusammensetzung Kieselgur zu Nickel = 1 : 2, für die Benzolhydrierung aber zwischen 5 : 1 und 10 : 1.

Wir werden jedoch später bei den verschiedenen Trägerarten die bisher untersuchten verschiedenen Fälle der Kurven der Wirksamkeit gegen die Zusammensetzung noch einmal prüfen müssen.

b) Einfluß der Art des Trägers und der Herstellungsweise.

Häufig hängt die Wirksamkeit eines Trägerkontakts sehr stark von der Art des Trägers ab. Jedoch ist es nicht möglich, etwa eine Reihenfolge sämtlicher Träger aufzustellen, weil die Wirksamkeitsverhältnisse sich je nach der katalysierten Reaktion und nach dem niedergeschlagenen Katalysator ändern können.

ROSENMUND und LANGER[4] haben bei der Hydrierung von Zimtsäure mit Trägerpalladium beobachtet, daß die Wirksamkeit eines Katalysators stark von der Art des verwendeten Trägers abhängt und in folgender Reihenfolge ansteigt: reine Kieselgur, Knochenkohle, rohe Kieselgur, Bimsstein, Bariumsulfat, Blutkohle. Der aus Blutkohle gemachte Katalysator soll neunmal wirksamer sein als der aus reiner Kieselgur. Auch die Giftfestigkeit wächst in der genannten Reihenfolge (Tabelle 67).

Tabelle 67. *Einfluß des Trägers auf die Hydrierung von Zimtsäure mit Palladium.* (Nach ROSENMUND und LANGER.)

Träger	cm^3 Wasserstoffverbrauch pro min		
	Katalysator rein	Katalysator vergiftet mit As_2O_3	Katalysator vergiftet mit CO
Gereinigte Kieselgur	0,70	0,00	0,25
Knochenkohle	1,25	0,43	1,00
Technische Kieselgur	1,90	0,00	0,80
Bimsstein	2,05	0,40	1,65
Bariumsulfat	2,30	0,23	0,45
Blutkohle	6,20	4,25	5,45

[1] R. H. GRIFFITH: Trans. Faraday Soc. **33** (1937), 412.

[2] A. M. RUBINSTEIN, C. M. MINATSCHEW, N. I. SCHUIKIN: C. R. Acad. Sci. URSS **62** (1948), 497; **67** (1949), 287.

[3] S. TSUTSUMI: Sci. Pap. Inst. physic. chem. Res. (Tokyo) **36** (1939), 335, 352.

[4] K. W. ROSENMUND, G. LANGER: Ber. dtsch. chem. Ges. **56** (1923), 2262.

Ähnliche Resultate erzielten SABALITSCHKA und MOSES[1] für die Hydrierung von Maleinsäure, Fumarsäure und zimtsaurem Natrium, immer mit Trägerpalladium. Sie geben folgende Reihe steigender Wirksamkeit: Kieselgur, Bariumsulfat, Knochenkohle, Buchenkohle, Schwammkohle, Blutkohle. Allerdings hängt die Wirksamkeit auch von der Darstellungsweise ab: die durch Fällung des Oxyduls erhaltenen Kontakte sind wirksamer als die aus dem Chlorid gewonnenen.

Dieser Einfluß des Trägers hängt jedoch, wie schon gesagt, noch von der Art der auszuführenden Reaktion und des aufzutragenden Katalysators ab. So fanden KAILAN und STÜBER[2] bei der Fetthärtung mit Trägernickel, daß der beste Träger Kieselgur ist, und dann der Reihe nach folgen: Al_2O_3, Ce_2O_3, Talk, Lindenkohle und Tierkohle (Tabelle 68). Gewöhnlich ist Trägernickel besser als trägerfreies und erlaubt bis zu einem gewissen Grade sogar eine Hydrierung bei Zimmertemperatur[3]; UYENO[4] findet allerdings für dieselbe Reaktion keine wesentlichen Unterschiede, wenn als Träger des Nickels Kieselgur, Tonerde, aktivierte Bleicherde, Talk oder dergleichen verwendet werden.

Bei der Hydrierung aromatischer Kohlenwasserstoffe mit Nickel oder Kobalt hat AKHMEDLI[5] gefunden, daß Cr_2O_3 besser ist als Al_2O_3 und dieses wieder besser als Asbest. PINES, OLBERG und IPATIEFF[6] finden bei der Dehydrierung von Pinan an Platin, daß Tonerde und Kohle besser sind als Asbest.

Man könnte die Beispiele vervielfachen, jedoch ist es nicht möglich, aus den bisher bekannten Erfahrungen Schlüsse allgemeiner Geltung zu ziehen. Immerhin scheint es, daß die Tendenz des Trägers, den Hauptkatalysator zu dispergieren, großen Einfluß hat. Von dieser Tendenz werden wir später noch sprechen, zumal sie von verschiedenen Autoren[7] in den Vordergrund gestellt wird. Außerdem hat die Darstellungsmethode des Trägers und die Methode der Auftragung des Katalysators auf den Träger große Wichtigkeit, und das ist ein Punkt, zu dem hier keine genauen Angaben gemacht werden können. Wir werden auch im folgenden die Methoden der Herstellung der einzelnen Kontakte mehr im einzelnen betrachten müssen. Jedoch gibt es einige *allgemeine* Methoden, die schon jetzt hervorgehoben werden können.

Tabelle 68. *Einfluß des Trägers auf die Ölhydrierung mit Nickel bei 180° und Atmosphärendruck.* (Nach KAILAN und STÜBER.)

Träger	Geschwindigkeitskonstante × 10^5
Tierkohle	51
Lindenkohle	73
Talk	90
Ce_2O_3	132
Al_2O_3	287
Kieselgur	391

Die Auftragung des Katalysators auf den Träger kann nach verschiedenen Arten vor sich gehen. Manchmal *tränkt* man den Träger mit einer Lösung, die nach Eintrocknen und Erhitzen den Katalysator liefert, z. B. mit einer Lösung von Ammoniumvanadat, die beim Erhitzen Vanadinsäureanhydrid V_2O_5 hinterläßt, oder einer ammoniakalischen Lösung von $Cu(OH)_2$, die CuO zurückläßt.

Häufiger jedoch fällt man auf dem Träger den Katalysator aus oder doch

[1] TH. SABALITSCHKA, W. MOSES: Ber. dtsch. chem. Ges. **60** (1927), 786.
[2] A. KAILAN, O. STÜBER: Mh. Chem. **62** (1933), 90.
[3] C. KELBER: Ber. dtsch. chem. Ges. **49** (1916), 55.
[4] S. UYENO: J. Soc. chem. Ind. Japan **63** (1942), 976B.
[5] M. K. AKHMEDLI: J. allg. Chem. URSS **17** (1947), 224; **19** (1949), 462.
[6] H. PINES, R. C. OLBERG, V. N. IPATIEFF: J. Amer. chem. Soc. **70** (1948), 533.
[7] S. UYENO: J. Soc. chem. Ind. Japan **63** (1942), 976B. — H. E. RIES, M. F. L. JOHNSON, J. S. MELIK: J. physic. Colloid Chem. **53** (1949), 638. — R. P. EISCHENS, P. W. SELWOOD: J. Amer. chem. Soc. **69** (1947), 1590, 2698; **70** (1948), 2271.

eine Verbindung, die dann durch Erhitzen, Reduktion oder dergleichen den Katalysator ergibt. Zum Beispiel wird Nickel auf Diatomeenerde so dargestellt, daß man basisches Nickelcarbonat auf Kieselgur fällt und dann reduziert.

Manchmal führt man die Fällung des Katalysators auf dem Träger auch aus einer kolloidalen Lösung aus, manchmal sogar durch Sublimation.

Jede dieser Methoden hat natürlich ihre Vorteile und ihre Nachteile, und man kann nicht sagen, daß irgendeine Methode in allen Fällen den wirksamsten Katalysator gäbe. So haben z. B. SABALITSCHKA und ZIMMERMANN[1] bei der Fumarsäurehydrierung mit Palladium beobachtet, daß durch Reduktion von auf Bariumsulfat oder Tierkohle niedergeschlagenen Palladiumverbindungen erhaltene Kontakte wirksamer waren als solche, die durch Mischen feiner Palladiumsuspensionen mit diesen Trägern dargestellt wurden (s. Tabelle 69).

Tabelle 69. *Wirksamkeit von Palladium auf Träger in Abhängigkeit von dem Verhältnis Pd : Träger und von der Herstellungsmethode.* (Nach SABALITSCHKA und ZIMMERMANN.)

Träger	Wirksamkeit=1000/Halbwertszeit der Hydrierung					
	g Träger/g Pd					
	0	2,5	5	10	20	40
Blutkohle ....a)	11,1	14,0	19,6	16,7	8,7	4,4
Blutkohle ....b)	11,1	3,5	0,3	0,2	—	—
Zuckerkohle ....b)	11,1	7,0	7,0	6,5	5,4	3,7
Bariumsulfat ....a)	11,1	10,4	10,4	11,1	16,1	14,1
Bariumsulfat ....b)	11,1	7,4	5,7	3,7	3,7	3,7

a) Hergestellt durch Reduktion von am Träger adsorbiertem $PdCl_2$.
b) Hergestellt durch Beimischung von durch Reduktion von $PdCl_2$ erhaltenem Palladium zum Träger.

c) Mechanische Wirkung des Trägers.

Es ist eine sehr bezeichnende Erscheinung, daß die heute am häufigsten als Träger benutzten Stoffe solche mit hohem Adsorptionsvermögen sind (Kohle, Kieselgel, Kieselgur usw.). Sie sind allerdings nicht die ersten Träger gewesen, sondern dies waren Kaolin, Bimsstein, Asbest, Glas, keramische Stoffe, alles Substanzen von relativ geringer Oberflächenwirkung. Ihre Wirkung war nur die, den Katalysator zu verteilen und zu tragen.

Tatsächlich ist dies eines der ersten Ziele bei der Verwendung von Trägern: den Katalysator in einem größeren Volumen zu *verteilen* und so die Berührung der reagierenden Molekeln mit seiner Oberfläche zu erleichtern. Es handelt sich also um eine rein mechanische Funktion.

Dies ist besonders nützlich, wenn der Katalysator ein kostspieliger Stoff ist, den man so besser ausnutzen kann. Zum Beispiel ist es in den letzten Jahrzehnten gelungen, durch Benutzung geeigneter Träger bei der Herstellung von Oleum die Platinmenge von 1,24 kg pro Tonne Schwefelsäure und Tag auf 0,35 kg pro Tonne und Tag unter erheblicher Senkung der Anlagekosten herabzudrücken.

Eine andere günstige mechanische Wirkung ist die Steigerung der Widerstandsfähigkeit und Festigkeit des Kontakts. Einige Katalysatoren (z. B. feinverteilte Metalle) würden in Form von sehr feinen Pulvern für Gaskatalysen

[1] TH. SABALITSCHKA, K. ZIMMERMANN: Ber. dtsch. chem. Ges. **63** (1930), 375.

unbrauchbar sein, weil sie von dem Gasstrom mitgerissen würden oder aber sonst starke Druckverluste in dem Gaskreislauf hervorbringen würden. Die Anwendung eines Trägers erlaubt es, solche Katalysatoren in feiner Verteilung auf einer mechanisch festen und porösen Masse von gewünschter Form festzulegen, so daß sie in geeigneter Weise in dem Katalysenraum angebracht werden können. Man wähle diese Form so, daß sie keinen hohen Strömungswiderstand auf die Gase ausübt und eine gleichmäßige Verteilung des Gasstromes über den ganzen Katalysator erlaubt.

In vielen Fällen hat der Träger auch die Funktion, die Reaktionswärme abzuleiten und bildet so ein *thermisches Steuerorgan* und verhindert, daß die Katalysatortemperatur lokal allzu hoch steigt. Eine Vermehrung des Katalysatorvolumens begünstigt auch die Ableitung der Reaktionswärme nach außen. Dies bringt bei Reaktionen mit starker Wärmetönung und besonders in Fällen eines Gleichgewichts erhebliche Vorteile und begünstigt die Vollständigkeit des Umsatzes.

Eine dritte, mit dem Vorhergehenden zusammenhängende mechanische Wirkung der Träger besteht darin, die *Schrumpfung zu verhindern*, die gewisse Katalysatoren in der ersten Periode des Gebrauchs erleiden (durch Verlust von Wasser oder anderen flüchtigen Bestandteilen), und so das Kontaktvolumen und damit die Raumgeschwindigkeit unverändert zu erhalten. Dies ist von GRIFFITH[1] an Katalysatoren aus Cr_2O_3 gut erläutert worden.

Dieser mechanischen Wirkung, die offensichtlich die katalytische Wirksamkeit nicht ändert, sondern nur die Berührung zwischen Reaktionsstoffen und Katalysatoren erleichtert, überlagern sich andere Wirkungen, die die Wirksamkeit des Katalysators ändern, ihn stabiler machen, seine Aktivierungsenergie verschieben usw.

d) Struktur der Katalysatoren auf den Trägern — sinterverhindernde und aktivierende Effekte.

Außer der mechanischen Trägerwirkung übt der Träger auf den Katalysator eine ganz klare dispergierende Wirkung aus. Auf der Oberfläche eines Trägerkontakts befindet sich der Hauptkontaktstoff in sehr feiner Verteilung. Außerdem isolieren die oberflächlichen Unregelmäßigkeiten des Trägers leicht die verschiedenen Partikeln des Katalysators voneinander und erhalten so die feine Verteilung aufrecht. Von diesem Standpunkt aus erleichtert ein Träger die Zunahme der aktiven Zentren des Katalysators und stabilisiert die schon gebildeten Zentren gegen die Sinterung, so daß er eine gewisse Analogie mit Verstärkern aufweist. Es ist das eine Trägerwirkung, die wenig studiert worden ist, aber sicher grundsätzliche Bedeutung hat. Der Träger wirkt also *schützend* im selben Sinne wie ein Schutzkolloid, indem er die einzelnen kleinsten Kristallkörner des Katalysators voneinander trennt. Dies erklärt die weite industrielle Verbreitung von Trägerkatalysatoren (V_2O_5 auf Kieselgel, Ni auf Kieselgur usw.), die ihre Wirksamkeit jahrelang unverändert erhalten.

Diese Struktur der Katalysatoren auf Trägern und die daraus folgende sinterungsverhindernde Wirkung ist entweder mit dem Elektronenmikroskop[2]

---

[1] R. H. GRIFFITH: The Mechanism of Contact Catalysis, S. 131-132. London: Oxford University Press, 1936.

[2] D. BEISCHER, M. v. ARDENNE: Z. angew. Chem. **53** (1940), 103. — T. SCHOON, E. BEGER: Z. physik. Chem., Abt. A **189** (1941), 171. — J. TURKEVICH: J. chem. Physics **13** (1945), 235. — A. B. SCHECHTER, A. I. JETSCHEISSTOWA, I. I. TRETYAKOW: C. R. Acad. Sci. URSS **68** (1949), 1069. — J. T. MCCARTNEY, B. SELIGMAN, W. K. HALL, R. B. ANDERSON: J. physic. Colloid Chem. **54** (1950), 505; usw.

oder mit Röntgenstrahlen oder auch durch katalytische und Adsorptionsversuche sichergestellt worden.

Schon KELBER[1] und später ARMSTRONG und HILDITCH[2] hatten beobachtet, daß Nickel, durch Reduktion seines Oxyds bei 300° erhalten, eine mäßige katalytische Wirkung hat, daß es bei 450÷500° reduziert seine Wirksamkeit fast völlig verliert, daß es aber auf Kieselgur aufgetragen auch noch nach Reduktion bei 500° eine erhöhte katalytische Wirksamkeit zeigt.

Ähnlich hatten SCHENCK und KURZEN[3] beobachtet, daß die Sauerstofftension des PdO bei gegebener Temperatur sich vermindert, wenn dieses Oxyd auf Kieselgel oder Tonerde niedergeschlagen wird, wegen der großen Dispersion, die das Oxyd dann annimmt. Durch abwechselnden Ab- und Aufbau des PdO kann man es langsam dahin bringen, eine gewisse Menge des Oxyds zu sintern und dabei die Sauerstofftension zu erhöhen; in den SCHENCKschen Versuchen blieb jedoch auch dann noch ein Viertel des niedergeschlagenen Oxyds fein verteilt und ungesintert.

Die interessantesten Versuche über den Dispergierungs- und Antisinterungseffekt des Trägers sind die von RIES und Mitarbeitern[4] über die Ausmessung der Oberfläche durch die Gasadsorption. Der Vergleich zwischen trägerfreien und Trägerkatalysatoren hat unwiderruflich gezeigt, daß die letzteren viel disperser sind als die ersteren. Zum Beispiel geht das aus dem folgenden Vergleich mit einem Krackkatalysator hervor:

Katalysator ohne Träger: Oberfläche 53,2 m^2/g
Träger: Diatomeenerde: Oberfläche 20,7 m^2/g
Katalysator auf Träger: Oberfläche 119,8 m^2/g

Entsprechend hat die Messung der Oberfläche von thermisch behandelten Katalysatoren die sinterungsverhindernde Wirkung des Trägers aufgezeigt: ein Katalysator ohne Träger verlor durch einige Zeit Erwärmen auf 500° 60 % seiner Oberfläche, während ein Katalysator auf Diatomeenerde als Träger nach 33 Stunden bei 400° 5 % und nach 6 Stunden bei 600° 26,5 % verlor. Man beachte dabei, daß ja auch der Träger durch Erhitzen seine eigene Oberfläche verkleinert (39 % nach 6 Stunden bei 650°).

Ferner hat RIES[5] sehr interessante Ergebnisse erhalten, als er die Untersuchungen auf verschiedene Träger erstreckte und die Kurven der Adsorption und Desorption sowie die Adsorption von kleinen (N_2) und großen Molekeln (Stearinsäure) verglich. Er konnte auf diese Weise feststellen, daß je nach dem Träger verschiedene Grade und Arten der Dispersität des Katalysators auftreten können. So zeigte z. B. Kobaltoxyd auf Kieselgur und auf Silikagel einen großen Unterschied in der Oberflächenentwicklung, je nachdem, ob man die Messung mit Stickstoff oder mit Stearinsäure durchführte. Auf TiO_2 oder Tonerde als Träger war dagegen der Unterschied viel geringer (Tabelle 70). Dies würde bedeuten, daß man auf den beiden erstgenannten Trägern eine Struktur mit sehr zahlreichen, aber kleinen Poren hat, während auf den beiden anderen die Porosität kleiner sein müßte.

Der Strukturunterschied des Katalysators je nach dem Träger wurde auch

---

[1] O. KELBER: Ber. dtsch. chem. Ges. **49** (1916), 55, 1868.

[2] E. F. ARMSTRONG, T. P. HILDITCH: Proc. Roy. Soc. (London), Ser. A **96** (1921), 490.

[3] R. SCHENCK, F. KURZEN: Z. anorg. allg. Chem. **220** (1934), 97.

[4] H. E. RIES, R. A. VAN NOSTRAND, J. W. TEER: Ind. Engng. Chem. **37** (1945), 310. — H. E. RIES, M. F. L. JOHNSON, J. S. MELIK: J. chem. Physics **14** (1946), 465.

[5] H. E. RIES, M. F. L. JOHNSON, J. S. MELIK: J. chem. Physics **14** (1946), 465. — H. E. RIES, M. F. L. JOHNSON, J. S. MELIK: J. physic. Colloid Chem. **53** (1949), 638.

von EISCHENS und SELWOOD[1] bestätigt, die mit Röntgenstrahlen ein auf α-Al_2O_3, γ-Al_2O_3 und auf Böhmit niedergeschlagenes Chromoxyd untersuchten. Die Interferenzen des Cr_2O_3 treten nicht in Erscheinung, solange dieses Oxyd in geringer Menge zugegen ist, sondern erst, wenn es 10 % auf α-Al_2O_3, bzw. 26 % auf Böhmit oder 32 % auf γ-Al_2O_3 erreicht. Das würde bedeuten, daß auf dem letztgenannten Träger der Dispersitätsgrad größer ist als auf den anderen. Von SELWOOD und Mitarbeitern[2] wurden auch interessante Schlüsse auf die Struktur des auf dem Träger befindlichen Katalysators gezogen. Dieser Forscher konnte aus Messungen des *magnetischen* Verhaltens gewisser Kontakte ableiten, daß der Katalysator in Form von kleinen isolierten *Kristallen* vorliegt, in Übereinstimmung mit röntgenographischen und elektronenmikroskopischen Beobachtungen. Wir werden auf diese später (Kap. III A4, S. 697) bei den Katalysatoren auf Tonerde zurückkommen, weil das der von SELWOOD am meisten studierte Träger ist.

Tabelle 70. *Oberflächenentwicklung eines Katalysators aus CoO auf verschiedenen Trägern.* (Nach RIES und Mitarbeitern.)

Katalysator	Prozent Träger	Oberfläche gemessen durch Adsorption von:			
		Stickstoff m²/g		Stearinsäure m²/g	
		CoO + Träger	CoO allein	CoO + Träger	CoO allein
CoO, trägerfrei	0	91	91	93	93
dito, auf Kieselgur	45,6	267	471	47	85
dito, auf Silikagel	43,0	420	126	47	65
dito, auf TiO_2	45,1	79	135	43	71
dito, auf Al_2O_3	49,2	176	210	72	74
Kieselgur	—	23	—	2,3	—
Silikagel	—	809	—	22	—
TiO_2	—	10	—	7,7	—
Al_2O_3	—	141	—	70	—

Diese Dispersitätsunterschiede von Katalysatoren auf verschiedenen Trägern lassen natürlich entsprechende Unterschiede der katalytischen Wirksamkeit voraussehen. Dies ist zwar von den oben erwähnten Autoren nicht geprüft worden, wurde jedoch schon von SABALITSCHKA und MOSES[3] bei der Hydrierung von Fumarsäure und Maleinsäure an verschiedenen Palladiumkatalysatoren aufgezeigt. Wie man aus Abb. 64 ersieht, laufen katalytische Wirksamkeit der Kontakte und Adsorptionsvermögen der Träger einander fast parallel. Aus diesen und anderen Beobachtungen haben schon die genannten Autoren geschlossen, daß die höhere Wirksamkeit der besten Katalysatoren daher kommt, daß die poröseren und deshalb besser adsorbierenden Träger eine feinere Verteilung des Palladiums bewirken.

Außer der sinterverhindernden Wirkung übt also der Träger auch eine verstärkende Wirkung aus, wie wir schon betont haben, indem er die Zahl der

[1] R. P. EISCHENS, P. W. SELWOOD: J. Amer. chem. Soc. **69** (1947), 1590, 2698; **70** (1948), 2271.
[2] F. N. HILL, P. W. SELWOOD: J. Amer. chem. Soc. **71** (1949), 2522. — R. P. EISCHENS, P.W. SELWOOD: J. Amer. chem. Soc. **69** (1947), 1590, 2698; **70** (1948), 2271.
[3] TH. SABALITSCHKA, W. MOSES: Ber. dtsch. chem. Ges. **60** (1927), 786.

aktiven Zentren beachtlich erhöht. Es ist möglich, daß diese Verstärkerwirkung nicht nur strukturell, sondern auch synergetisch ist, entsprechend dem, was wir schon an verstärkten Katalysatoren gesehen haben. Im großen und ganzen jedoch scheint es, daß die strukturelle Verstärkung bei unveränderter Aktivierungs-

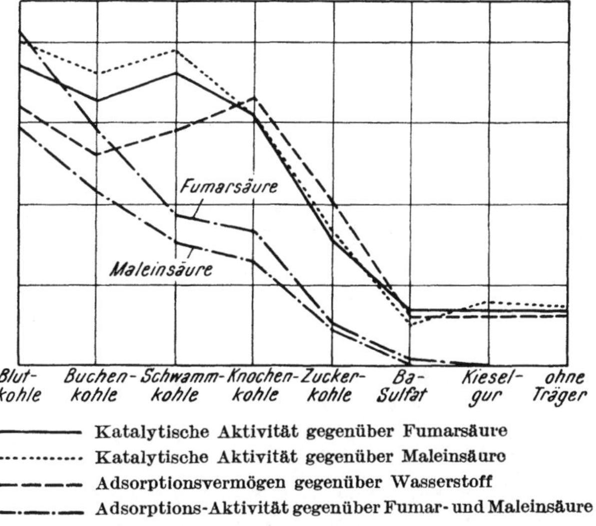

Abb. 64. Katalytische Wirksamkeit und Adsorptionsvermögen von Trägerkontakten. (Nach SABALITSCHKA und MOSES.)

energie bei weitem der häufigere Fall ist. Das bestätigt sich z. B. an den klassischen Versuchen von ZELINSKY und BALANDIN[1] über die Dehydrierung cyclischer Verbindungen mit Platinkohle und Platinasbest: die Aktivierungsenergie ist überall dieselbe, während die Aktivität für die beiden Kontakte merklich verschieden ist (Tabelle 71).

Tabelle 71. *Dehydrierung cyclischer Verbindungen.* (Nach ZELINSKY und BALANDIN.) Werte der Aktivierungsenergie q und der Aktivität B in der ARRHENIUSschen Gleichung $K = B \cdot \exp(-q/RT)$.

Substrat	Platinasbest		Platinkohle	
	q	B	q	B
Dekahydronaphthalin	18990	$2{,}203 \cdot 10^{10}$	18890	$7{,}128 \cdot 10^{10}$
Cyclohexanol	18040	$1{,}122 \cdot 10^{9}$	18040	$1{,}12 \cdot 10^{9}$
Piperidin	19930	$5{,}00 \cdot 10^{6}$	—	—
Mittelwert	18990		18460	

e) Erscheinungen an der Grenzfläche zwischen Katalysator und Träger.

Bestimmte Kontakterscheinungen zeigen sich an der Grenzfläche zwischen Katalysator und Träger, also dort, wo die beiden Phasen sich gegenseitig beeinflussen können. Da der Träger gewöhnlich ein Stoff mit einer an der Oberfläche

[1] N. D. ZELINSKY, A. A. BALANDIN: Z. physik. Chem., Abt. A **126** (1929), 267.

aktiven Wirkung ist, kann er diese Wirkung an der Oberfläche des auf ihm niedergeschlagenen Katalysators ausüben und der Kontaktzone Eigenschaften aufprägen, die der massive Katalysator nicht besitzt.

BALY[1] hat zuerst die Änderung des oberflächenelektrischen Zustands eines auf einem anderen niedergeschlagenen Stoffes gezeigt. Er maß die Adsorption von $Al(OH)_3$ auf mit Salzsäure gewaschener Kieselerde. Bei der Verfolgung des Oberflächenpotentials durch Kataphorese beobachtete er bei zunehmender adsorbierter Menge drei Phasen (Abb. 65). Zuerst nimmt das Oberflächenpotential mit der adsorbierten Menge linear zu bis zu einem Maximum von 75,4 mV bei 0,0049 Mol $Al(OH)_3$/100 g Kieselerde. Bei größeren adsorbierten Mengen sinkt das Potential und erreicht schließlich einen konstanten Grenzwert von 62 mV. Am Potentialmaximum ist gerade eine einmolekulare Schicht von $Al(OH)_3$ an der Kieselerde adsorbiert. Die Bindung einer zweiten Schicht ist ohne Einfluß und das Grenzflächenpotential bleibt gleich dem des nicht gebundenen $Al(OH)_3$.

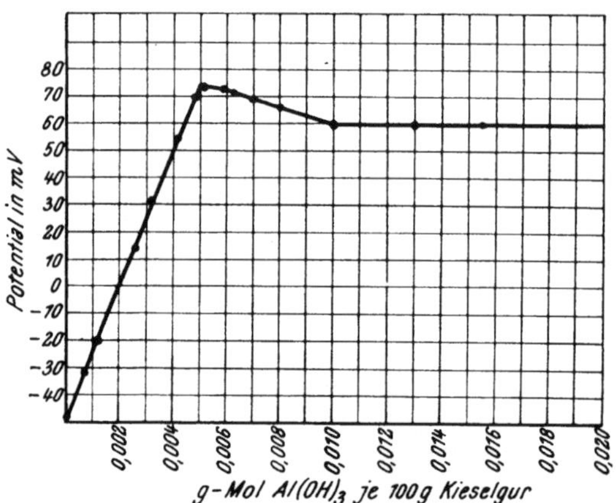

Abb. 65. Veränderung des Oberflächenpotentials von Kieselgur durch Beladung von Aluminiumhydroxyd. (Nach BALY.)

Noch klarere Erscheinungen in der Kontaktzone zwischen Träger und Katalysator wurden von SELWOOD[2] beobachtet und als „*Valenzinduktion*" bezeichnet. Auf Grund der magnetischen Untersuchung und der chemischen Analyse von dünnen Schichten von Oxyden auf Magnesiumoxyd, Aluminiumoxyd oder Rutil wurde gefunden, daß ein niedergeschlagenes Oxyd eines Übergangmetalles in der Kontaktzone sich so ändert, daß das Metall die Wertigkeit des Trägermetalls annimmt. Zum Beispiel findet man beim Eisenoxyd auf Rutil, daß in den ersten Schichten das Eisen vierwertig ist[3]. Das Manganoxyd, das man durch Zersetzen von Nitrat bei tiefen Temperaturen auf Tonerde niederschlägt, entspricht, obgleich es an sich MnO_2 ist, in den dem Träger anliegenden Schichten der Formel Mn_2O_3. Auf Rutil hingegen verbleibt es in der MnO_2-Form[4]. Nickeloxyd hat, auf Magnesiumoxyd niedergeschlagen, die Formel NiO, nimmt jedoch die Formel Ni_2O_3 in der Berührungszone an, wenn es auf Al_2O_3 niedergeschlagen ist[5].

Sicherlich haben solche Erscheinungen in der Grenzfläche Katalysator—Träger einen Einfluß auf die katalytische Wirksamkeit des ganzen Katalysators. Dies zeigen denn auch Versuche von ADADUROW und seinen Mitarbeitern[6]. Auf Grund einer Versuchsreihe mit Trägerkatalysatoren zeigt ADADUROW, daß der Träger nicht einfach als ein indifferentes Gerüst für einen Katalysator ange-

---

[1] E. C. C. BALY: J. Soc. chem. Ind. **55** (1936), 9 T. — E. C. C. BALY, W. P. PEPPER, C. E. VERNON: Trans. Faraday Soc. **35** (1939), 1165.

[2] P. W. SELWOOD: Bull. Soc. chim. France **1949**. D 167; Intern. Conf. on Surface Reaction **1948**, 49. — R. B. SPOONER, P. W. SELWOOD: J. Amer. chem. Soc. **71** (1949), 2184.

[3] P. W. SELWOOD, M. ELLIS, K. WETHINGTON: J. Amer. chem. Soc. **71** (1949), 2181.

[4] P. W. SELWOOD, T. E. MOORE, M. ELLIS, K. WETHINGTON: J. Amer. chem. Soc. **71** (1949), 693.

[5] F. N. HILL, P. W. SELWOOD: J. Amer. chem. Soc. **71** (1949), 2522.

[6] I. J. ADADUROW: J. physic. Chem. URSS **6** (1935), 206.

sehen werden darf, weil er die Molekeln des Katalysators *deformiert und polarisiert* und somit in ihren Eigenschaften verändert. Die deformierende Wirkung ist um so größer, je kleiner der Atomradius und je höher die Wertigkeit der Trägeratome ist. Dagegen ist die Deformierbarkeit des Katalysators um so größer, je größer sein Atomradius und je kleiner seine positive Ladung ist.

Natürlich äußert sich diese deformierende Wirkung nur in den Teilen des Katalysators, die mit dem Träger in Berührung stehen und nicht in größerer Entfernung. Sie kann aber in solchen Phasengrenzen die Quelle ganz besonderer Eigenschaften werden.

Besonders ADADUROW[1] behauptet, daß diese Wirkung von Einfluß auf das Zusammenbacken des Katalysators und damit auf seine Sinterbeständigkeit sein könne. Eine Zunahme der Wechselwirkung zwischen den Feldern des Trägers und des Katalysators führe zu einer Verminderung des Backvermögens des Katalysators.

Ferner wirkt die Deformation auf die Aktivität und die Aktivierungsenergie des Katalysators. Studien der Alkoholdehydratisierung zu Äthylen an verschiedenen Mengen von Al_2O_3 auf Holzkohle[2] haben gezeigt, daß die Anbringung des katalysierenden Stoffes auf einen Träger eine Verzerrung des Feldes seiner aktiven Zentren und eine Änderung des Potentials (und damit auch der Aktivierungsenergie) hervorbringt. Diese Verzerrung wird um so größer sein, je kleiner die Katalysatormenge auf dem Träger ist. Je größer aber die Verzerrung, desto größer ist auch der Unterschied in der Aktivierungsenergie zwischen dem Trägerkontakt und dem reinen Katalysator. Jedoch sind die Veränderungen diskontinuierlich, und die beobachteten Sprünge könnten verschiedenen Energieniveaus entsprechen, die die Katalysatormolekeln in verschiedenen Zuständen besitzen.

Die induzierte Deformation des Katalysators durch den Träger kann auch auf die Adsorptionseigenschaften des letzteren wirken, indem sie etwa die Adsorption lähmen oder ihn mehr oder weniger giftempfindlich machen kann.

Das eigenartigste Kennzeichen ist jedoch das, daß manchmal die katalytische Wirkung des Katalysators aufgehoben oder vollständig verändert werden kann, indem sie eine ganz andere Richtung nimmt, und zwar besonders, wenn der Katalysator leicht deformierbare Kationen enthält. So haben ADADUROW und KRAINI[3] beobachtet, daß die spezifisch dehydrierende Wirkung von Zinkoxyd auf Alkohol (Aldehydbildung) sich in eine dehydratisierende (Äthylenbildung) verwandelt, wenn das Oxyd auf Birkenkohle aufgetragen ist. Natürlich ist diese Veränderung nicht vollständig, denn die Schicht des Katalysators auf dem Träger ist nicht einheitlich, und neben dünnen Schichten des Katalysators gibt es auch noch größere Kristalle mit Aktivzentren, die zu weit vom Träger entfernt liegen, als daß dieser ihr Feld deformieren könnte. Man beobachtet sogar bei verschiedenen Temperaturen zwei Wirkungsmaxima, eines für die Dehydratisierung und eines für die Dehydrierung.

Ein anderer solcher Fall scheint die Zersetzung der Ameisensäure an reinem oder auf Birkenkohle niedergeschlagenem Bleioxyd PbO zu sein[4]. Die dehydrierende katalytische Wirkung (Spaltung in $CO_2 + H_2$) des PbO soll auf Birkenkohle sich in eine dehydratisierende (Spaltung in $CO + H_2O$) verwandeln. Bei diesen Versuchen ist zu beachten, daß Birkenkohle selbst eine dehydrierende Wirkung hat und daß daher die Änderung der Wirkung des Katalysators, wenn

[1] I. J. ADADUROW, N. A. PROSOROWSKI: J. physic. Chem. URSS 12 (1938), 445.
[2] I. J. ADADUROW, P. J. KRAINI: Chem. J. Ser. W, J. physik. Chem. 5 (1934), 136.
[3] I. J. ADADUROW, P. J. KRAINI: J. physic. Chem. URSS 5 (1934), 1132.
[4] I. J. ADADUROW: J. physic. Chem. URSS 5 (1934), 1139.

dieser in dünnen Schichten vorliegt, nicht von einer Überlagerung durch die katalytische Eigenwirkung des Trägers herrühren kann.

Es scheint jedoch in Anbetracht des häufig elektronenmikroskopisch[1] festgestellten Aufbaus der Trägerkontakte aus Körnern des Hauptkontaktstoffs, die nur an wenigen Punkten den Träger berühren, als ob diese Schlüsse von ADADUROW nur in Sonderfällen gültig sein können (auf Trägern adsorbierte oder in äußerst kleine Körner zerteilte Katalysatoren) und nicht zu verallgemeinern sind. Nach unserer Ansicht läßt es sich auch nicht ausschließen, daß bei sehr dünnen oder äußerst kleinkristallinen Katalysatoren, wie sie bei ADADUROW vorlagen, Erscheinungen der Kristallorientierung (Epitaxie) auftreten, wie sie häufig bei der Ausscheidung dünner Schichten auf Kristallen[2] beobachtet werden. Diese könnten z. B. zur Bildung von größeren Kristallflächen aus Metallionen allein oder Sauerstoffionen allein führen, was ihre besondere Wirkung erklären könnte. (Vgl. hierzu das auf S. 417 zu den Hypothesen von TAYLOR und EUCKEN Gesagte.)

f) Einfluß der Dicke der niedergeschlagenen Schicht.

Aus den oben beschriebenen Versuchen von ADADUROW und von SELWOOD kann man also ableiten, daß die Dicke der niedergeschlagenen Schicht einen Einfluß auf Eigenschaften und Wirkung der Trägerkatalysatoren ausübt. Bei den gewöhnlichen Trägern läßt sich dies jedoch wegen der Unregelmäßigkeit ihrer Oberfläche und damit der Katalysatorschicht schwer beweisen. Es ist dies aber von DANKOW und seinen Mitarbeitern bei der Katalyse mit dünnen Metall- oder Oxydschichten bewiesen worden, die durch Vakuumverdampfung auf Glas niedergeschlagen waren. Hydrierungen von Äthylen an Schichten von Nickel, Eisen oder Platin[3] haben gezeigt, daß die Wirksamkeit von der Dicke der benutzten Schicht abhängt. Für Nickel ist sie Null bei einer Dicke von 2 mμ, dann steigt sie bis 30 mμ rasch und dann langsamer an. Die Natur des Trägers, Glas, Messing, Papier, Glimmer, scheint ohne Einfluß zu sein. Mit der Dicke wächst nicht nur die Wirksamkeit, sondern auch die Aktivierungsenergie und erreicht ein absolutes Maximum bei 15÷20 mμ. Dagegen haben Versuche mit Schichten aus Silber, Zink und Cadmium[4], wie auch Versuche zur Oxydation von SO_2 zu SO_3 bei 450° an Schichten aus Platin und aus V_2O_5[5] nicht zu interessanten Ergebnissen geführt, weil die Schichten während des Versuchs leicht rekristallisieren.

Dagegen haben bei der Polymerisation des Butadiens dünne aufgedampfte Schichten von Natrium[6] eine erheblich (etwa zehnmal) höhere Wirksamkeit gezeigt als Natriumdrähte. Nach DANKOW kann dies Resultat nicht einfach durch Oberflächenvergrößerung erklärt werden, sondern eher durch eine vermehrte Oberflächenwirksamkeit bei der Auflösung des Natriums im Divinyl, die wieder mit dem Dispersitätsgrad dieser dünnen Schichten im Zusammenhang steht.

---

[1] D. BEISCHER, M. v. ARDENNE: Z. angew. Chem. **53** (1940), 103. — T. SCHOON, E. BEGER: Z. physik. Chem., Abt. A **189** (1941), 171. — J. TURKEVICH: J. chem. Physics **13** (1945), 235. — A. B. SCHECHTER, A. I. JETSCHEISSTOWA, I. I. TRETYAKOW: C. R. Acad. Sci. URSS **68** (1949), 1069. — J. T. McCARTNEY, B. SELIGMAN, W. K. HALL, R. B. ANDERSON: J. physic. Colloid Chem. **54** (1950), 505.

[2] A. NEUHAUS: Angew. Chem. **64** (1952), 158.

[3] P. D. DANKOW: Chem. J. Ser. W, J. physik. Chem. **4** (1933), 326.

[4] P. D. DANKOW, D. DOBYTSCHIN: Chem. J. Ser. W, J. physik. Chem. **4** (1933), 343.

[5] P. D. DANKOW, I. JOFFE, A. KOTSCHTKOW, I. PEREWESENTZEW: Chem. J. Ser. W, J. physik. Chem. **4** (1933), 334.

[6] P. D. DANKOW, P. KRESNOBAJEWA: Chem. J. Ser. W, J. physik. Chem. **4** (1933), 346.

Auch haben neuerdings KLJATSCHKO-GURWITSCH und KOBOSEW[1] bei der Ammoniaksynthese mit dünnen Schichten von Eisen auf Asbest oder Kohle festgestellt, daß die Wirksamkeit mit zunehmender Schichtdicke durch ein Maximum geht und dann dem Werte für trägerfreies Eisen zustrebt. Auch diese Erscheinungen könnten natürlich zum Teil durch die Kristallorientierung beeinflußt werden, die ja bei dünnen Schichten auftritt, aber mit zunehmender Schichtdicke verschwindet.

Wir haben schon auf S. 635 gesehen, daß nach BEECK[2] die katalytische Aktivität einer orientierten Schicht bis zum zehnfachen jener einer unorientierten betragen kann.

g) Wirkung des Trägers auf die reagierenden Stoffe.

Wir haben schon gesagt, daß der größte Teil der Träger eine Oberflächenwirkung zeigt, da sie nämlich spezifische Adsorptionseigenschaften haben. Daher können sie auch die katalysierte Reaktion nicht unbeeinflußt lassen, indem sie eine oder mehrere der reagierenden Substanzen oder der Reaktionsprodukte adsorbieren und sie so den Aktivzentren des Katalysators entweder annähern oder entziehen. So können sie den Gang der Reaktion beeinflussen.

Nach einigen Autoren soll der Träger durch Adsorption der Ausgangsstoffe die katalytische Reaktion begünstigen. Schon 1924 hatte BEEBE[3] gefunden, daß die hohe Wirksamkeit von Platin auf Asbest oder auf Magnesiumsulfat bei der Oxydation von SO_2 mit dem starken Adsorptionsvermögen dieser Träger für das genannte Gas zusammenhängt. Nach dieser Theorie soll also der Träger die Konzentration der Ausgangsstoffe auf dem Katalysator durch Adsorption vergrößern.

Die gleiche Ansicht vertritt SCHUSTER[4] für die Hydrierung des Äthylens mit Eisen, Kupfer oder Nickel auf Aktivkohle. In diesem Fall ist der Träger ein starkes Adsorbens für Äthylen und Äthan, aber nicht für Wasserstoff, während das Katalysatormetall hauptsächlich diesen adsorbiert. Solche Katalysatoren beschleunigen die Reaktion schon bei 0° mit einer scheinbaren Aktivierungsenergie von $2 \div 3$ kcal. Nach den Autoren kann dieser niedrige Wert nur daher kommen, daß das schon an der Kohle adsorbierte Äthylen in einem aktivierten Zustand ist. Wenn nun eine Wasserstoffmolekel ein Aktivzentrum des Nickels trifft, so wird sie aktiviert und reagiert sofort. Das Reaktionsprodukt wird vom Träger adsorbiert, der demnach die wichtige Rolle eines Behälters spielt, der Äthylenmolekeln nachliefert und Äthanmolekeln wegnimmt. Dieser Behälter steht mit der Gasphase im Gleichgewicht, je nach dem Fortschritt der Reaktion.

Diese Ansicht scheint sich auch zu bestätigen in dem Parallelismus, den SABALITSCHKA und MOSES[5] (s. a. S. 644 und Abb. 64) zwischen Hydrierungsaktivität und Adsorptionsvermögen zahlreicher Palladiumkatalysatoren auf ver-

---

[1] L. L. KLJATSCHKO-GURWITSCH, N. I. KOBOSEW: J. physic. Chem. URSS **14** (1940), 650.

[2] O. BEECK, A. E. SMITH, A. WHEELER: Proc. Roy. Soc. (London), Ser. A **177** (1940), 62. — A. E. SMITH, O. BEECK: Physic. Rev. **55** (1939), 602. — O. BEECK, A. WHEELER, A. E. SMITH: Physic. Rev. **55** (1939), 601. — O. BEECK: Discuss. Faraday Soc. **8** (1950), 118. — O. BEECK, A. W. RITCHIE: Ebenda 159.

[3] R. A. BEEBE: Thesis, Princeton University, 1924, Zitate in E. K. RIDEAL, H. S. TAYLOR: Catalysis in Theory and Practice, S. 122. London, 1926.

[4] C. SCHUSTER: Z. physik. Chem., Abt. B **14** (1931), 249. — H. DOHSE, W. KÄLBERER, C. SCHUSTER: Z. Elektrochem. angew. physik. Chem. **36** (1930), 677.

[5] TH. SABALITSCHKA, W. MOSES: Ber. dtsch. chem. Ges. **60** (1927), 786.

schiedenen Trägern finden. Dem steht jedoch das Bedenken entgegen, daß ein Träger, der den Ausgangsstoff stark adsorbiert, ihn nicht leicht an den Katalysator abgeben wird, damit die Reaktion eintritt.

Dies zeigen z. B. KAUTSKY und BAUMEISTER[1] für die Hydrierung von Methylenblau in verdünnter wässeriger Lösung mit Platin auf Kieselgel und auf ThO_2-Gel: der Farbstoff wird von letzterem nicht, vom Kieselgel stark adsorbiert. Nun ist bei Kieselgel die Hydrierung wegen dieser Adsorption stark gehemmt und ist dies um so mehr, je verdünnter die mit dem Adsorbens im Gleichgewicht stehende Methylenblaulösung ist. Mit anderen Worten kann nur der in Wasser gelöste Anteil das Platin erreichen und an ihm adsorbiert und dann hydriert werden; in der Oberfläche des Trägers findet keine Diffusion und deshalb kein direkter Platzwechsel der Farbstoffmolekeln zwischen den Adsorptionszentren des Trägers und den Aktivzentren des Katalysators statt. Dieser Platzwechsel ist nur durch die überstehende Lösung möglich.

Die oben erwähnten Versuche von SABALITSCHKA und MOSES bestätigen das; eine aufmerksame Prüfung zeigt nämlich, daß die höchste Hydriergeschwindigkeit bei den meisten Katalysatoren mit Maleinsäure erreicht wird, also der am wenigsten adsorbierten Säure. SABALITSCHKA und MOSES selbst behaupten, daß die adsorptionsfähigsten Träger die wirksamsten Katalysatoren geben, nicht weil sie die zu hydrierenden Stoffe besser adsorbieren, sondern weil sie wegen ihrer größeren spezifischen Oberfläche das Palladium besser dispergieren.

Die Versuche von SCHUSTER wurden so durchgeführt, daß zuerst das Äthylen am Katalysator adsorbiert und dann der Wasserstoff zugelassen wurde. Es waren also einfach Reaktionen mit adsorbierter Phase, und für solche kann der von dem Autor angenommene Mechanismus richtig sein. Im allgemeinen jedoch darf man annehmen, daß ein starkes Adsorptionsvermögen des Trägers für die Ausgangsstoffe die Reaktion nur dann beschleunigen kann, wenn die Adsorptionszentren des Trägers und die Aktivzentren des Katalysators einander sehr nahe sind, ja nebeneinander liegen. Und auch in diesem Falle kann man eine Vermehrung der katalytischen Wirkung nur in statischen oder quasistatischen Versuchen und nicht in Strömungsversuchen erwarten. Bei einem kontinuierlichen Fluß der Ausgangsstoffe mit Gleichgewicht zwischen den Konzentrationen in Gasphase und Adsorptionsschicht kann nämlich eine Veränderung der Konzentration am Katalysator und damit der katalytischen Kinetik nur zu Beginn des Prozesses auftreten, wenn das System noch nicht eingespielt ist.

Wenn die Adsorptionszentren des Trägers und die Aktivzentren des Katalysators äußerst benachbart sind, dann kann die Adsorption durch den Träger auch zu einer katalytischen Selektivität führen. Der interessanteste Fall ist der von SCHWAB, ROST und RUDOLPH[2] beobachtete (Kap. I 5, S. 463) bei der Verwendung von rechts- oder linksdrehendem Quarz als Träger zur Erreichung einer selektiven Katalyse von optisch aktiven Verbindungen. Die Verfasser haben dünne Schichten von Kupfer, Nickel oder Platin von etwa einmolekularer Stärke auf ausgewählten Quarzkörnern gleichen Drehungssinnes hergestellt. An diesen Kontakten haben sie die Zersetzung des razemischen, sekundären Butylalkohols studiert und haben tatsächlich selektive Zersetzungen sowohl bei der Dehydratisierung wie bei der Oxydation gefunden. Zum Beispiel bekommt man mit Rechtsquarz in Anwesenheit von Kupfer hauptsächlich eine Dehydratation des Linksalkohols und eine Oxydation des Rechtsalkohols, während mit Nickel sowohl die Dehydratation wie die Oxydation des Linksalkohols überwiegen. Mit Platin erhält man ebenfalls hauptsächlich Oxydation des Linksalkohols. Die besten Resultate hinsicht-

[1] H. KAUTSKY, W. BAUMEISTER: Ber. dtsch. chem. Ges. **64** (1931), 2446.
[2] G.-M. SCHWAB, F. ROST, L. RUDOLPH: Kolloid-Z. **68** (1934), 157.

lich der Spezifität erhält man nicht mit einer einmolekularen, sondern einer etwas dünneren Metallschicht. Nach einer gewissen Zeit wird der Katalysator jedoch unwirksam hinsichtlich der Asymmetrie der Katalyse, vermutlich weil er eine erneute Razemisierung begünstigt.

Die Adsorptionswirkung des Trägers kann auch noch einen anderen positiven Effekt erklären, nämlich den *Vergiftungsschutz*. Häufig sind nämlich die Gifte Stoffe mit hohem Molekulargewicht, die von kapillaraktiven Stoffen — und das sind die meisten heutzutage benutzten Träger — festgehalten werden. Wir haben schon in den Versuchen von ROSENMUND und LANGER[1] gesehen, daß der Träger das Platin vor der Vergiftung durch As_2O_3 schützt, und zwar um so besser, je höher sein Adsorptionsvermögen ist.

So verlängert auch der Träger die Lebensdauer der Katalysatoren für die FISCHER-TROPSCH-Synthese, indem er die hochmolekularen festen Produkte (Paraffine) adsorbiert und verhindert, daß sie sich auf den aktiven Zentren des Hauptkontaktstoffs festsetzen und so dessen Wirkung lähmen[2].

h) Verstärkte Katalysatoren auf Trägern.

Der Zusatz von Trägern zu verstärkten Katalysatoren ist ein ziemlich häufiges Verfahren, das meistens nicht angewandt wird, um die katalytische Wirksamkeit des Kontakts zu erhöhen, sondern um seine mechanische Festigkeit und seine Dispersität zu vergrößern. So werden z. B. häufig verstärkte Katalysatoren auf Metallgrundlage (Ni-Al_2O_3 usw.) für Hydrierungen auf leichten und feindispersen Trägern benutzt (z. B. Kieselgur), um ihre Dispergierung in den zu hydrierenden Flüssigkeiten zu erleichtern. Katalysatoren für Gasreaktionen, z. B. Vanadinkontakte für Oxydationen, werden auf körnige, fein poröse Träger aufgebracht (körniges Kieselgel usw.), um ihre Berührung mit den Reaktionsgasen zu erleichtern, ohne dem Gasstrom allzu großen Widerstand entgegenzusetzen.

Von den Autoren wird manchmal der Zusatz eines Trägers zu einem verstärkten Katalysator, manchmal auch der Zusatz eines Verstärkers zu einem Trägerkontakt geprüft. Bei unserer Besprechung werden wir den zweiten Weg verfolgen, weil ja, wie oben gesagt, für verstärkte Kontakte der Träger im wesentlichen nur eine mechanische Rolle spielt. Wir werden also für die verschiedenen Kontakte auf Trägern die Wirksamkeit verschiedener zugesetzter Verstärker betonen.

Es scheint allerdings, daß die Träger auf die verstärkten Katalysatoren nicht immer nur eine mechanische und vergiftungsschützende Wirkung haben, sondern manchmal auch synergetische Wirkungen entfalten können. Hierzu zitieren wir Versuche von RIENÄCKER und BURMANN[3] über den Vergleich zwischen Nickel-Kupfer-Katalysatoren mit und ohne Träger (Kieselgur). Nickelreiche Katalysatoren mit wenigen Aktivzentren, aber beachtlicher Wirkung nehmen bedeutend an Wirkung zu, wenn sie auf Trägern niedergeschlagen werden; kupferreiche Katalysatoren mit vielen Zentren, aber geringer Wirkung (hohe Aktivierungsenergie) verlieren auf dem Träger an Wirksamkeit. Die Autoren nehmen an, daß im ersten Fall der Träger wahrscheinlich eine strukturelle Verstärkung ausübt (Vermehrung der aktiven Zentren), im zweiten Fall aber einfach Verdünnungsmittel ist. Allerdings sind diese Resultate noch nicht bei anderen Katalysatoren bestätigt worden.

---

[1] K. W. ROSENMUND, G. LANGER: Ber. dtsch. chem. Ges. **56** (1923), 2262.
[2] F. MARTIN: Private Mitteilung.
[3] G. RIENÄCKER, R. BURMANN: J. prakt. Chem., N. F. **158** (1941), 95.

A. Kontakte auf katalytisch unwirksamem Träger.

Wir sprachen schon von der Einteilung der Trägerkontakte in solche mit katalytisch wirksamem und unwirksamem Träger. Wir wollen damit nicht ausdrücken, daß der Träger einen Einfluß auf die Katalyse hat oder nicht, wenn wir auch gesehen haben, daß er mannigfache Wirkungen auf den Katalysator, auf die reagierenden Stoffe usw. hat. Wir wollen nur sagen, ob bei der betreffenden Reaktion und unter den Versuchsbedingungen der Träger allein eine eigene katalytische Wirkung entfaltet oder nicht.

So wäre ein Kontakt aus Aluminiumoxyd auf Kieselgur oder Bleicherde bei Dehydratisierungsreaktionen ein Katalysator mit katalytisch wirksamem Träger, weil Kieselgur und Bleicherde beide katalytisch dehydratisierende Wirkung haben. Aber ein Katalysator aus Nickel auf denselben Trägern wäre ein Kontakt mit katalytisch unwirksamem Träger, weil weder Kieselgur noch Bleicherde hydrierende Katalysatoren sind.

Natürlich ist diese Unterteilung mehr formal als sachlich und entspricht eher einem Gebrauchsgesichtspunkt als einem Strukturprinzip. Übrigens sind die Kontakte mit katalytisch wirksamem Träger nur ganz wenig studiert und benutzt worden und können auch als Mischkontakte aus zwei katalytischen Stoffen aufgefaßt werden.

Jedenfalls werden wir zunächst die verschiedenen Kontakte mit katalytisch unwirksamem Träger untersuchen und sie dabei nach der Art des Trägers einteilen.

Eine allgemeine Bemerkung, die wir vorausschicken können, ist die, daß diese katalytisch unwirksamen Träger häufiger für metallische Katalysatoren verwendet werden als für Oxyde oder andere Verbindungen. Dies hat hauptsächlich drei Gründe: Erstens haben die Metalle eine je Gewichts- und Volumeinheit größere katalytische Wirksamkeit als die Oxyde, und deshalb ist es für sie besonders nützlich und oft notwendig, sie in einem größeren Volumen zu verteilen, aus den früher bei Besprechung der mechanischen Trägerwirkungen genannten Gründen. Zweitens sintern bei gleicher Schmelztemperatur die Metalle leichter als die Oxyde; deshalb ist bei ihnen die früher besprochene, den Trägern eigentümliche sinterungsverhindernde und aktivierende Wirkung nützlicher und häufig notwendig. Endlich ist es bei reinen Metallen schwieriger als bei Oxyden, kompakte und gleichzeitig poröse Körner zu erhalten, wie sie für Gasreaktionen nötig sind, und man muß deshalb zu ihrer Niederschlagung auf vorgeformten Trägerkörnern greifen.

1. Kohlekontakte.

Es ist bekannt, daß die Aktivkohle trotz ihrer höchst beachtlichen Adsorptionseigenschaften nicht als Katalysator benutzt wird, außer in seltenen Fällen, wo an der Reaktion Halogenverbindungen teilnehmen, z. B. bei der Bildung von Phosgen aus CO und Cl_2, bei der Herstellung von Vinylchlorid und auch bei der Hochtemperaturhydrierung der Alkylhalogenide[1]. Kohle kann aber als Träger für andere Katalysatoren dienen, und als solcher wird sie in vielen technischen Patenten und wissenschaftlichen Arbeiten vorgeschlagen und benutzt.

Die durchgeführten Arbeiten sind zwar von höchstem Interesse, aber häufig unvollständig, weil sie die Art der benutzten Kohle nicht angeben oder doch die Herstellungsart, die Zusammensetzung und die anorganischen Verunreinigungen, die sie enthalten kann, nicht berücksichtigen.

---

[1] A. A. BALANDIN, W. W. PATRIKEJEW: J. allg. Chem. URSS 11 (73) (1941), 225.

Es ist nämlich bekannt, daß es zahllose Typen von Aktivkohle gibt: angefangen von der gewöhnlichen Holzkohle mit mäßigem Adsorptionsvermögen über die Tierkohle (Knochenkohle oder Blutkohle) mit guter Aktivität bis zu den modernen Typen der aktivierten Kohlen (aus Pflanzenrückständen durch Verkohlung in Anwesenheit von $ZnCl_2$, H_3PO_4 oder dergleichen erhalten oder mit Wasserdampf bei hoher Temperatur aktiviert), die höchst beachtliche Adsorptionseigenschaften haben. Es ist selbstverständlich anzunehmen, daß die verschiedenartige Herstellung solcher Kohlen nicht nur die Adsorptionseigenschaften, sondern auch die katalytischen Eigenschaften beeinflussen muß, sei es als eigentlicher Katalysator, sei es, was uns hier interessiert, als Träger.

Wir haben übrigens schon in dem allgemeinen Teil über Träger (S. 639 ff.) gesehen, daß man Metallkatalysatoren auf Aktivkohlen verschiedener Herkunft (Blutkohle, Buchenkohle, Knochenkohle, Zuckerkohle) hergestellt und dabei ganz verschiedene Ergebnisse hinsichtlich der relativen katalytischen Aktivität erzielt hat[1]. Ferner wird in einer Arbeit von KASANSKY und PLATE[2] über den Katalysator Platin-Kohle gesagt, daß der Kontakt um so besser sei, je aktiver die Kohle ist, auf der das Platin niedergeschlagen ist. Jedoch fehlen auch in diesen Arbeiten genaue Angaben über die Herstellung der Aktivkohle, und die Reihen der hergestellten Aktivkohlen sind relativ eng, verglichen mit den Typen, die heute fabriksmäßig lieferbar und in Gebrauch sind.

Auf der anderen Seite sei erwähnt, daß ein Studium der katalytischen Wirksamkeit eines Stoffes auf verschiedenen Kohlesorten als Träger unvollständig wäre, wenn es nicht auch die Adsorptionseigenschaften der verschiedenen Kohlen für Ausgangsstoffe und Produkte der Reaktion berücksichtigte.

Schließlich wollen wir noch darauf hinweisen, daß trotz der zahlreichen wissenschaftlichen Arbeiten mit Aktivkohle als Träger doch in der technischen Praxis Katalysatoren auf Aktivkohleträgern selten benutzt werden, ausgenommen für die oben erwähnten Reaktionen mit Chlorverbindungen.

a) Kohlekontakte mit Metallen als Katalysator.

Von allen Arten von Kohlekontakten werden am häufigsten Metalle auf Kohle benützt, und zwar besonders Edelmetalle (Platin und Palladium). Ihre Verwendung liegt natürlich bei Hydrierungen und Dehydrierungen organischer Verbindungen. Insbesondere werden Platin und Palladium auf Kohle von den Organikern häufig verwandt, um Reduktionen oder Hydrierungen von unbeständigen Substanzen vorzunehmen. Sie ersetzen hierbei das Platinschwarz oder das ADAMSsche Platinoxyd.

Die Herstellung dieser Katalysatoren erfolgt in verschiedener Weise, je nach dem zugesetzten Metall. Ein Platinkatalysator kann in der Kälte hergestellt werden, indem man die Kohle in einer Lösung von Platinchlorid aufschlämmt, eventuell unter Zusatz eines Schutzkolloids wie Gummiarabikum oder Dextrin, und dann das Metall mit einem Reduktionsmittel kolloidal ausfällt, sich auf der Kohle niederschlagen läßt und eventuell noch die Flockung durch Rühren erleichtert. Nach Waschen und Erwärmen auf 150° ist der Katalysator gebrauchsfertig (Katalysator *Merck*[3]). Die Herstellung ist auch möglich, indem man

[1] K. W. ROSENMUND, G. LANGER: Ber. dtsch. chem. Ges. **56** (1923), 2262. — TH. SABALITSCHKA, W. MOSES: Ber. dtsch. chem. Ges. **60** (1927), 786.

[2] B. A. KASANSKY, A. F. PLATE: Ber. dtsch. chem. Ges. **69** (1936), 1862.

[3] *Merck:* D.R.P. 342094 vom 21. Juni 1919.

Aktivkohle mit Platinchlorwasserstoffsäure anteigt und dann bei 100 ÷ 300° im Wasserstoffstrom zersetzt[1].

Eine dritte Methode endlich, die PATRIKEJEW und LIBERMAN[2] beschreiben, besteht darin, daß eine Suspension von Kohle in der zu hydrierenden Substanz nach Zusatz von Platinchlorwasserstoffsäure mit Wasserstoff durchspült wird. Nach den Verfassern soll die Gegenwart des Substrats eine Ausfällung des Platins ermöglichen, gleichgültig ob man nun mit oder ohne Kohle arbeitet. In beiden Fällen aber braucht man eine lange Induktionsperiode. Das interessanteste an diesen Versuchen ist, daß in Gegenwart von nach den obigen Methoden platinierter Kohle oder von Platinschwarz der Niederschlag von Platin sich rasch bildet, und daß der erhaltene Katalysator bedeutend aktiver ist als die verwendete Platinkohle bzw. das Platinschwarz. Wahrscheinlich kommt dies daher, daß sich durch autokatalytische Reduktion der Platinchlorwasserstoffsäure auf dem vorgegebenen Platin allerfeinste Pt-Schichten abscheiden.

Für das Palladium ist die Sache leichter: Es genügt, die mit Palladiumchlorür[3] imprägnierte Kohle in einer Wasserstoffatmosphäre zu erwärmen. Auch beim leichten Erwärmen einer Suspension von Aktivkohle in einer salzsauren Lösung von $PdCl_2$ auf dem Wasserbad erhält man einen feinen Niederschlag von Palladium auf der Aktivkohle[4]. Im allgemeinen jedoch und für die anderen Metalle (Kupfer, Eisen, Nickel usw.) ist es am besten, die Kohle mit einem löslichen Salz zu tränken und dann ein basisches Carbonat oder Hydroxyd zu fällen, zu trocknen und zu reduzieren, oder auch die mit dem Nitrat des Katalysatormetalls getränkte Kohle zu erhitzen und dann mit Wasserstoff zu reduzieren.

Wenig benutzt wird dagegen die Methode, die aktive Kohle gleichzeitig mit der katalysierenden Substanz darzustellen, indem man z. B. Sägespäne oder Zucker mit dem Nitrat oder Acetat des Katalysatormetalls tränkt und dann durch Erhitzen verkohlt. Die Methode wurde z. B. von CHAKRAVARTY und GHOSH[5] für Nickel-Kohle-Katalysatoren verwendet. Jedoch gibt es keine Daten zum Vergleich mit den anderen Methoden. Es ist wahrscheinlich, daß die Methode schlechtere Resultate liefert, weil sich während der Verkohlung teerartige Stoffe bilden, die sich dann auf dem Metall thermisch zersetzen und es so mit Kohlenstoffschichten bedecken.

RUBINSTEIN und Mitarbeiter[6] haben kürzlich beobachtet, daß sich der Katalysator an der Oberfläche konzentriert, wenn die Kohle bei der Imprägnierung nicht als Pulver, sondern in der für Gasreaktionen geeigneten körnigen Form vorliegt. So erhielt man z. B. mit Kohlewürfeln von 10,2 mm Kantenlänge folgende Ergebnisse:

Tiefe mm	0 ÷ 1,2	1,2 ÷ 2,4	2,4 ÷ 3,7	3,7 ÷ 4,9
% Pt	6,7	3,6	1,1	1,0

Die oberflächliche Anreicherung ist eine Erscheinung, die sehr oft auftritt, wenn man poröse Substanzen mit Lösungen tränkt. Sie hängt im allgemeinen

[1] K. PACKENDORFF, L. LEDER-PACKENDORFF: Ber. dtsch. chem. Ges. **67** (1934), 1388.

[2] W. W. PATRIKEJEW, A. L. LIBERMAN: C. R. Acad. Sci. URSS **62** (1948), 87.

[3] E. OTT, R. SCHRÖTER: Ber. dtsch. chem. Ges. **60** (1927), 624. — W. H. HARTUNG: J. Amer. chem. Soc. **50** (1928), 3370. — TH. SABALITSCHKA, K. ZIMMERMANN: Ber. dtsch. chem. Ges. **63** (1930), 375.

[4] M. MLADENOVIC: Bull. Soc. chim. Royaume Yougosl. **4** (1933), 187.

[5] K. M. CHAKRAVARTY, J. K. GHOSH: J. Indian chem. Soc. **2** (1925), 150, 157; **4** (1927), 431.

[6] A. M. RUBINSTEIN, C. M. MINATSCHEW, N. I. SCHUIKIN: C. R. Acad. Sci. URSS **71** (1950), 1073.

von zwei Faktoren ab, von denen der erstere die Adsorptionseigenschaft des Materials ist, die die Konzentration der Lösung im gleichen Maße, wie diese in das Innere der Körner eindringt, herabsetzt. Die zweite Erscheinung ist die Oberflächenanreicherung der Lösung, die an der Oberfläche verdunstet und dabei gelöste Salze abscheiden kann. Dies muß kein Nachteil sein, weil wegen der Langsamkeit, mit der die Gase in das Innere der Körner diffundieren, die Strömungsgeschwindigkeit an der Oberfläche größer ist und es deshalb vorteilhaft sein kann, in der Nähe der äußeren Oberflächenzone eine größere Katalysatorkonzentration zu haben.

Wir haben schon betont, daß Platin-Kohle- und Palladium-Kohle-Kontakte weite Anwendung für organische Hydrierungen finden, weil sie solche Reaktionen schon bei Zimmertemperatur katalysieren. Die Literatur auf diesem Gebiet ist ungeheuer, aber an sich wenig aufschlußreich, da es sich meist um Arbeiten aus der präparativen organischen Chemie ohne Untersuchung der physikalisch-chemischen Eigenschaften des Katalysators handelt.

Noch mehr als für Hydrierungen wird Platinkohle für Dehydrierungen besonders von Hydroaromaten benutzt. Man vergleiche hierzu die Arbeiten von Zelinsky und Mitarbeitern[1] sowie von Kasanski und Mitarbeitern[2].

Packendorff und Leder-Packendorff[3] wollen beobachtet haben, daß der in der Kälte hergestellte Katalysator gute hydrierende Eigenschaften besitzt, indem er schon bei Zimmertemperatur hydriert, daß aber der in der Wärme hergestellte und bei hoher Temperatur reduzierte hauptsächlich dehydrierende Eigenschaften habe (z. B. in dem System Benzol-Cyclohexan). Sie haben auch beobachtet, daß ein Hydrierkatalysator bei Vergiftung mit Phosphortrichlorid seine Hydrieraktivität verliert, seine dehydrierende Wirkung aber beibehält.

Die bei tiefer Temperatur erhaltenen Katalysatoren könnten auch weniger alterungsbeständig sein und deshalb bei höherer Temperatur an Wirksamkeit verlieren. Man erinnere sich hierbei an den Fall des Raney-Nickels, eines typischen bei tiefer Temperatur hergestellten Katalysators, der schon beim Erwärmen auf 180÷200° seine Wirksamkeit stark vermindert. Die Herstellung von Katalysatoren bei tiefer Temperatur führt sicher zu einer instabilen Mikrostruktur, die dann beim Erwärmen in eine stabilere übergeht.

Tatsächlich haben, wie wir schon an anderer Stelle erwähnten (s. S. 435), Schoon und Beger[4] durch Untersuchung solcher Katalysatoren im Elektronenmikroskop gefunden, daß sie, wenn bei tiefer Temperatur hergestellt, zahlreiche kleine Kristalle aufweisen, während das Metall in solchen Katalysatoren, die bei höherer Temperatur gewonnen wurden, in Form von Konglomeraten vorliegt.

Übrigens ist gewöhnlich die Wirksamkeit solcher Katalysatoren ganz überraschend. Man stelle sich z. B. vor, daß man mit Palladium auf Kohle schon bei 100° Kohlenmonoxyd mit Wasserdampf zu Kohlendioxyd oxydieren kann[5],

---

[1] N. D. Zelinsky, I. Titz, L. Fatejew: Ber. dtsch. chem. Ges. **59** (1926), 2580. — N. D. Zelinsky, I. Titz, M. Gawerdowskaja: Ber. dtsch. chem. Ges. **59** (1926), 2590. — N. D. Zelinsky, A. Balandin: Z. physik. Chem. **126** (1927), 267; Bull. Acad. Sci. URSS **7** (1929), 29. — N. D. Zelinsky, M. Gawerdowskaja: Ber. dtsch. chem. Ges. **61** (1928), 1049.

[2] B. A. Kasanski u. Mitarbeiter: J. allg. Chem. URSS **9** (1939), 447, 496; Bull. Acad. Sci. URSS **1941**, 107; **1947**, 29, 265; C. R. Acad. Sci. URSS **57** (1947), 571; **61** (1948), 67; **62** (1948), 83; **71** (1950), 477; **72** (1950), 511; Bull. Acad. Sci. URSS **1948**, 406, 503; **1949**, 60; Ber. dtsch. chem. Ges. **68** B (1935), 1869.

[3] K. Packendorff, L. Leder-Packendorff: Ber. dtsch. chem. Ges. **67** (1934), 1388.

[4] T. Schoon, E. Beger: Z. physik. Chem., Abt. A **189** (1941), 171.

[5] G. Fester, G. Brude: Brennstoff-Chem. **5** (1924), 49.

oder daß Katalysatoren mit 0,5% Platin schon sehr aktiv für die Hydrierung gewisser Olefine und des Benzols in der Dampfphase sind[1].

Von sonstigen Metall-Kohle-Kontakten sei einer auf der Grundlage Kupfer auf Kohle angeführt, der nach MARTINEAU[2] die Oxydation von Methanol und Äthanol zu den Aldehyden in Gegenwart von Luft schon unterhalb 100° katalysieren soll. Kupfer oder Kohle allein sollen die Reaktion erst oberhalb 120° katalysieren. Bei so niedriger Temperatur handelt es sich natürlich um eine sehr langsame Reaktion. Die besten Ergebnisse erzielt man mit einem Verhältnis Cu : C etwa = 1 : 1,5 bis 1 : 2. Ferner soll der Zusatz von Zirkonium- oder Thoriumoxyd die Wirksamkeit noch weiter erhöhen[3]. Gute Resultate will auch KATSUMO[4] bei der Dehydrierung von Isopropanol zu Aceton erhalten haben.

Auch Nickel auf Aktivkohle ist untersucht worden. Es scheint dies einer der besten Katalysatoren für die Methansynthese aus Kohlenoxyd und Wasserstoff zu sein; er ist hierfür von verschiedenen Seiten empfohlen worden[5]. Auch Versuche über Hydrierung und Dehydrierung organischer Stoffe liegen vor. Nach SCHUIKIN und Mitarbeitern[6] liegt der geringste Gehalt an Nickel, mit dem der Katalysator noch wirksam ist, bei 1% für die Hydrierung und bei 0,5% für die Dehydrierung. Jedoch wird diese Grenze wahrscheinlich von den Katalysebedingungen sowie von den Verunreinigungen abhängen, die die benutzte Kohle enthalten kann.

b) Kohlekontakte mit Oxyden, Salzen oder Säuren als Katalysatoren.

Wie wir sahen, ist Kohle als Träger für Metalle, besonders Edelmetalle, häufig untersucht worden. Man kann aber nicht dasselbe sagen über ihre Benutzung als Träger von Oxyden, Salzen, Säuren und anderen Katalysatoren, in Übereinstimmung mit dem, was man allgemein für Trägerkatalysatoren beobachtet.

Auf jeden Fall fehlen Kontakte auf der Grundlage von Oxyden, z. B. auf Kohle, nicht völlig. An erster Stelle ist ein von der *American Magnesium Metals Corporation*[7] patentierter und benutzter Kontakt aus Magnesium- und Alkalioxyden auf Holzkohle zu erwähnen, der Kohlenoxyd mit Wasserdampf unter Druck konvertiert. Er hat auch in einigen Anlagen für die Druckkonvertierung praktische Anwendung gefunden, weil er im Gegensatz zu Katalysatoren mit Metalloxyden der achten Gruppe die Methanbildung nicht katalysiert. Jedoch ist er weniger wirksam als Katalysatoren auf Eisenoxydgrundlage, und deshalb erfordert er längere Berührungszeiten und deshalb größere Kontakträume. Für dieselbe Reaktion hat man auch Kaliumcarbonat und andere Kaliumsalze auf Kohle vorgeschlagen[8].

---

[1] C. M. MINATSCHEW, N. I. SCHUIKIN: C. R. Acad. Sci. URSS **72** (1950), 61. — A. M. RUBINSTEIN, C. M. MINATSCHEW, N. I. SCHUIKIN: C. R. Acad. Sci. URSS **62** (1948), 287, 497.

[2] M. MARTINEAU: C. R. hebd. Séances Acad. Sci. **193** (1931), 1189.

[3] M. MARTINEAU: C. R. hebd. Séances Acad. Sci. **194** (1932), 1350.

[4] M. KATSUMO: J. Soc. chem. Ind. Japan **46** (1943), 20B.

[5] K. M. CHAKRAVARTY, J. C. GHOSH: J. Indian chem. Soc. **2** (1925), 150, 157. — H. KEMMER: Gas- u. Wasserfach **72** (1929), 744. — C. PADOVANI, P. FRANCHETTI: Acqua e Gas **24** (1935), 57.

[6] N. I. SCHUIKIN, C. M. MINATSCHEW, I. D. ROSHDESTWENSKAYA: C. R. Acad. Sci. URSS **72** (1950), 1911.

[7] American Magnesium Metals Corp.: US-Pat. 1836919 vom 29. Mai 1930.

[8] W. N. GRINEWITSCH: J. angew. Chem. URSS **13** (1940), 831. — W. A. ROITER, S. S. GAUKHMAN, N. P. PISARZHEVSKAJA, T. M. GVALYA: J. angew. Chem. URSS **1945**, 339.

Auch andere Oxyde sind studiert worden (Fe_2O_3 für die Reaktion von Halogenen mit Wasserdampf[1], Molybdänoxyd für die Hydrierung von Ölen[2]). Für die Hydrierung von Nitrobenzol zu Anilin[3] wurden Sulfide wie MoS_2 in Betracht gezogen. Jedoch handelt es sich um Versuche, deren Ergebnisse nicht zur praktischen Anwendung gelangt sind.

Als Träger für Chloride wurde Kohle weitgehend angewendet, um Kontakte für die Addition von Chlorwasserstoff an Olefine oder Acetylen herzustellen. Von PIOTROWSKI und WINKLER[4] ist eine lange Reihe von Chloriden untersucht worden ($HgCl_2$, $CuCl_2$, $CdCl_2$, $MnCl_2$, $ZnCl_2$; $CrCl_3$, $FeCl_3$, $BiCl_3$, $SbCl_3$; $SnCl_4$, UCl_4, VCl_4, WCl_4, $TiCl_4$, $MoCl_5$, $SbCl_5$). Sehr aktiv sollen Zinkchlorid und die Chloride der vier- und fünfwertigen Metalle sein.

Ferner ist Phosphorsäure (oder ihr Anhydrid) auf Kohleträger als Veresterungskatalysator studiert worden, besonders für die Veresterung von Butanol mit Essigsäure[5] und von Äthylenglycol mit Essigsäure[6].

Andere Verfasser[7] haben denselben Typ von Katalysatoren für die Drucksynthese von Essigsäure aus Methanol und Kohlenoxyd verwendet. Nach Zusatz kleiner Mengen von Zinkphosphat und kleinster Mengen von Kupferphosphat hat derselbe Katalysator auch die Synthese von Acetaldehyd aus Acetylen und Wasser in der Dampfphase mit Ausbeuten bis zu 88% ermöglicht[8].

BALANDIN und NESWISHASKY[9] haben auf der anderen Seite Aktivkohle als Träger für Schwefelsäure und Silbersulfat für die Hydratation von Äthylen zu Alkohol benutzt.

Bei den letzteren Reaktionen sind die Ergebnisse ziemlich gut, aber nicht hervorragend. Es ist zu betonen, daß in diesem Fall die Kohle ganz ausschließlich als mechanischer Träger dient. TUROWA-POLLAK und DSIOMA[6] beobachten nämlich, daß bei Steigerung der Menge an Phosphorsäure die Wirksamkeit nur bis zu einer bestimmten Grenze und nicht weiter steigt. Wahrscheinlich kommt dies weniger von einer Verminderung des Adsorptionsvermögens der Kohle für die reagierenden Stoffe durch die Imprägnierung mit Phosphorsäure, als vielmehr von der Herabsetzung der Porosität und damit der katalytisch wirkenden Oberfläche des Kontakts.

2. Silikagel-Kontakte.

Wichtiger als die Verwendung von Aktivkohle als Träger scheint die von Silikagel zu sein, gemessen an der Zahl der wissenschaftlichen Untersuchungen und der technischen Anwendungen. Silikagel ist eine Verbindung, die nicht, wie Aktivkohle, in Berührung mit oxydierenden Mitteln angegriffen wird. Kohle kann nämlich bei hoher Temperatur vergast und so teilweise oder ganz

[1] B. NEUMANN, W. STAUER, R. DOMKE: Angew. Chem. **39** (1926), 374. — I. G. SCHTSCHERBAKOW, A. E. NIKONOWA: Technik des Urals **7** (1931), 20.

[2] H. I. WATERMAN, J. F. CLAUSEN, A. J. TELLENERS: Recueil Trav. chim. Pays-Bas **54** (1935), 701. — Y. KOSAKA, T. DAN: J. Soc. chem. Ind. Japan **44** (1941), 21B.

[3] P. C. CONDIT: Ind. Engng. Chem. **41** (1949), 1704.

[4] W. J. PIOTROWSKI, J. WINKLER: Przemysł chem. **15** (1931), 25.

[5] M. B. TUROWA-POLLAK, A. A. BALANDIN, M. S. MERKUROWA, M. W. GUSSEWA: Chem. J. Ser. B, J. appl. Chem. **7** (1934), 1454.

[6] M. B. TUROWA-POLLAK, W. F. DSIOMA: Chem. J. Ser. B, J. appl. Chem. **9** (1936), 696.

[7] A. D. SINGH, N. W. KRASSE: Ind. Engng. Chem. **27** (1935), 909. — S. L. LELTSCHUK, A. S. KARPOW: Org. chem. Ind. URSS **7** (1940), 210.

[8] A. J. JAKUBOWITSCH: J. angew. Chem. URSS **19** (1946), 973.

[9] A. A. BALANDIN, M. NESWISHASKY: Wiss. Ber. Moskauer staatl. Univ. **2** (1934), 233.

als Träger vernichtet werden, wenn an der Katalyse Wasser, Kohlendioxyd, Sauerstoff oder andere Oxydationsmittel beteiligt sind. Das ist ein beachtlicher Vorteil zugunsten des Silikagels, da ja die technisch wichtigen Reaktionen, in denen diese Oxydationsmittel zugegen sind, sehr zahlreich sind. So erklärt es sich, daß in der technischen Praxis Katalysatoren auf Kieselgel einen beträchtlichen Anwendungsbereich haben (siehe z. B. Vanadiumoxyd auf Kieselgel) im Gegensatz zu Kohlekontakten.

Freilich existieren keine vergleichenden Arbeiten, die festzustellen erlauben, ob in Fällen, wo beide Träger verwendbar sind, die Wirksamkeit mit Silikagel höher wäre als mit Aktivkohle. Auf eine solche mögliche Überlegenheit können natürlich verschiedene Faktoren Einfluß haben, darunter vor allem die Herstellungsmethode und der Typus der benutzten Testreaktion.

Kontakte auf Kieselgel können auf zwei verschiedene Arten dargestellt werden. Entweder wird der Katalysator gleichzeitig mit dem Kieselgel dargestellt, oder aber er wird auf schon vorgebildetem Kieselgel niedergeschlagen. Die erste Methode wird z. B. durchgeführt, indem man eine doppelte Umsetzung eines Alkalisilikats mit einer Lösung des als Katalysator zu benutzenden Metalls ausführt. Diese Lösung wird häufig angesäuert, um eine unerwünschte Ausfällung der Kieselsäure schon beim Zusammengießen zu vermeiden und dafür zuerst ein Hydrosol zu erhalten, das dann in ein homogenes Hydrogel übergeht. In manchen Fällen setzt man zu dem frisch abgeschiedenen Metallhydroxyd eine Lösung von Natriumsilikat zu und säuert so weit an, daß die Kieselsäure sich gerade abscheidet. Im Fall der Edelmetalle kann man auch von einer kolloidalen Lösung der Metalle ausgehen, der man die Natriumsilikatlösung zusetzt und die man dann ansäuert. Man hat auch als Herstellungsmethode des Silikagels die langsame Hydrolyse eines Alkylsilikats benutzt, besonders von Äthylorthosilikat, dem ein Salz des als Katalysator wirkenden Metalls (z. B. Platinchlorid) zugesetzt wird[1]. Diese gleichzeitige Ausfällung der Kieselsäure mit dem Kontaktstoff hat den Nachteil, daß sie häufig inhomogene Produkte liefert. Um das zu vermeiden, kann man manchmal den Katalysator mit einem Kieselsäuresol anteigen und dann trocknen. Man kann auch, etwa durch Ansäuern von Natriumsilikat, eine kolloidale Lösung von Kieselsäure erhalten und dieser, ohne sie vorher durch Dialyse zu reinigen, eine Lösung eines Salzes des Metalles zusetzen, das man als Katalysator benutzen will. Wenn dann das Kieselsäuregel geronnen ist, setzt man erst ein Reagens zur Zersetzung des Salzes zu, z. B. Ammoniak, wenn ein Hydroxyd niederzuschlagen ist (z. B. $Fe[OH]_3$ aus $FeCl_3$), oder eine Säure, wenn eine saure Verbindung zu fällen ist (V_2O_5 aus Natriumvanadat). Dann trocknet man bei 100°, wäscht und trocknet nochmals.

Die zweite Methode dagegen geht von Silikagel aus und *imprägniert* es mit den katalysierenden Stoffen. Man kann es z. B. mit einer Salzlösung tränken, aus der man dann das Hydroxyd mit Alkali ausfällt. Man kann das Silikagel auch mit der Lösung eines leicht zersetzlichen Salzes, z. B. Ammoniumvanadat, anteigen und dann erhitzen. Endlich kann man es direkt mit einer kolloidalen Metallösung anteigen.

Eine interessante Methode[2] ist die, daß man am Silikagel ein reduzierendes Gas (CO oder H_2) adsorbieren läßt oder ein solches, das mit der Salzlösung reagieren kann (H_2S, NH_3), und dann mit einer Metallsalzlösung tränkt (im ersten Fall mit einem leicht reduzierbaren Salz, wie Platin- oder Palladiumchlorid). Auf diese Weise wird in den Poren des Silikagels eine dünne Schicht

[1] H. D. Foster, D. B. Keyes: Ind. Engng. Chem. **29** (1937), 1254.
[2] H. N. Holmes, R. C. Williams: Colloid Sympos. Monogr. **6** (1928), 283.

aus Metall bzw. Hydroxyd, Sulfid usw. niedergeschlagen, die beträchtliche katalytische Wirkungen hat. So sind LATSHAW und REYERSON[1] durch Behandeln von Kieselgel mit Wasserstoff und dann mit Lösungen von Pt, Pd, Ag, Au, Cu zu höchst aktiven Katalysatoren gelangt, die die Hydrierung von Äthylen bei 0° und die Verbrennung von Wasserstoff schon bei —15° katalysieren (s. S. 661).

Nun kann man nach der ersten Methode der gleichzeitigen Darstellung von Katalysator und Kieselgel leicht einen Kontakt in großen Körnern bekommen, die man für Gasreaktionen benutzen kann. Nach der zweiten Methode, der Abscheidung des Katalysators auf dem Kieselgel, ist die Herstellung von großen Körnern schwieriger. Wenn man nämlich nicht geeignete Tricks und besondere Vorsichtsmaßnahmen anwendet, so hat Silikagel nach der Tränkung mit dem Fällungsmittel die Tendenz, zu zerbröckeln. Es ist jedoch zu betonen, daß nach der zweiten Methode der erhaltene Katalysator wirklich ein Trägerkontakt ist, während er sich bei der ersten Methode mehr einem verstärkten Katalysator annähert. So haben CHARMADARJAN und DACHNYUK[2] bei der Oxydation von SO_2 zu SO_3 gefunden, daß Kontakte aus Platin auf Kieselgel aktiver sind, wenn das Platin durch Reduktion eines Salzes auf dem Kieselgel niedergeschlagen wurde, als wenn Platin und Kieselsäure zugleich ausgefällt wurden. Dieser wesentliche Nachteil der Mitfällungsmethode beruht in diesem Fall sicher auf einer möglichen Überdeckung und Umhüllung des Katalysators durch das Kieselgel und damit Verminderung seiner freien Wirkoberfläche.

Auch beim Kieselgel hat, wie bei der Aktivkohle, das Adsorptionsvermögen großen Einfluß auf die katalytische Wirksamkeit des Kontakts, so daß diese mit ihm zunimmt. HOLMES, RAMSAY und ELDER[3] haben, wiederum bei der Oxydation von SO_2 zu SO_3, einen Katalysator studiert, der wie folgt gewonnen war: Kieselgel wurde mit einer Lösung von Platinchlorid getränkt, getrocknet, dann mit Formaldehyd befeuchtet und bis 100° zur vollständigen Reduktion des Chlorids zum Metall erwärmt. Sie finden, daß die Wirksamkeit eines solchen Katalysators von der Art des benutzten Kieselgels abhängt (Tabelle 72).

Tabelle 72. *Umwandlung von SO_2 zu SO_3 auf Pt-Silikagel bei 395° C.*
(Nach HOLMES, RAMSAY und ELDER.)

mg Pt pro 5 g Silikagel	Prozent Umsatz	
	mit erdigem Gel	mit glasigem Gel
117,5	91,4	66,0
58,8	68,2	57,0
39,2	53,5	64,6
29,4	48,5	52,5
19,6	42,5	46,5
14,7	38,5	51,5
7,4	21,5	28,6

Danach war bei hohen Platingehalten ein erdiges Silikagel bei 395° wirksamer als ein glasiges, während bei kleinen Platingehalten das Verhältnis sich umdreht. Bei 440÷495° war hingegen der SO_2-Umsatz mit beiden Gelen fast derselbe. Da bei einem gekörnten Katalysator und strömendem Gas hauptsächlich die äußere Kornoberfläche katalytisch wirkt, so kann man die größere Wirksamkeit

[1] M. LATSHAW, L. H. REYERSON: J. Amer. chem. Soc. 47 (1925), 610.
[2] M. O. CHARMADARJAN, G. D. DACHNYUK: Ukrain. chem. J. 8 (1933), Wiss. T., 36.
[3] H. N. HOLMES, J. RAMSAY, A. L. ELDER: Ind. Engng. Chem. 21 (1929), 850.

des glasigen Gels bei kleinen Platingehalten so erklären, daß dieses eine höhere Oberflächenkonzentration an Platin aufweist, während sich beim erdigen Gel eine beträchtliche Menge des Platins im Korninneren ablagert und so dem Gasstrom weniger zugänglich wird.

CHARMADARJAN und DACHNYUK[1] wollen auch gefunden haben, daß saure Gele eine kleinere Wirksamkeit besitzen als neutrale. Interessant sind die Versuche von TSCHUFAROW, AGAFONOW, TATJEWSKAJA und KULPINA[2], die die Kontaktwirkung mit der Porosität des Silikagels vergleichen. Wenn die Porosität von 20 auf 70 % steigt, so steigt unter sonst gleichen Bedingungen die SO_3-Ausbeute von 42 % auf 98÷ 99 %. Wenn die Porosität von 20 % auf 50 bzw. 70 % zunimmt, wird die Reaktionsgeschwindigkeit fünfmal bzw. zehnmal größer. Eine weitere Vermehrung der Porosität führt aber nur noch zu kleinen Veränderungen der Wirksamkeit und kann sogar eine Abnahme der Ausbeuten bewirken. Diese Zunahmen der Katalyse mit der Porosität lassen sich erklären, wenn man daran denkt, daß mit der Porosität auch die katalytisch wirkende Oberfläche (das heißt die Zahl der benutzbaren Aktivzentren) zunimmt, da das Platin eine größere Oberfläche für seine Abscheidung zur Verfügung hat. Außerdem erlaubt eine höhere Porosität auch eine leichtere Diffusion der reagierenden Gase ins Innere der Katalysatorkörner und damit eine größere Reaktionsgeschwindigkeit. Die Aktivierungsenergie bleibt nämlich unverändert bei 18 kcal, wie groß auch die Porosität des Trägers sei. Dies bedeutet, daß die Wirksamkeit des einzelnen Aktivzentrums nicht zunimmt.

a) Metall-Silikagel-Kontakte.

Das Studium von Kontakten auf der Grundlage von Metallen auf Silikagel hat sich besonders zwei Arten von Versuchen zugewandt, nämlich Hydrierungen und verschiedenen Oxydationen (CO, H_2, CH_4, organische Stoffe) und der Reaktion von Schwefeldioxyd zu Schwefeltrioxyd. Während jedoch im ersten Fall verschiedene Metalle angewandt wurden (Cu, Ni, Ag, Pt, Pd), handelt es sich im zweiten Fall immer ausschließlich um Platin.

Als Katalysatortypen haben sich diese Metalle auf Kieselgel immer sehr gut bewährt. Allerdings gibt es in der Literatur nur wenige Daten zum Vergleich mit anderen Kontakten, die dieselben Metalle auf anderen Trägern oder ganz ohne Träger enthalten, und so ist es nicht möglich, absolute Vergleiche zu ziehen. Indes sind die mit diesen Katalysatoren erhaltenen Ergebnisse grundsätzlich wichtig, und deshalb werden wir uns ein wenig in ihre Beschreibung einlassen. Einige dieser Kontakte haben auch schon technische Anwendung erfahren.

Die allgemeinen Darstellungsmethoden sind schon erwähnt worden. Eine besonders interessante Art, Niederschläge von Pt, Pd, Ag, Au oder Cu auf Silikagel zu erhalten, ist die schon zitierte von REYERSON und Mitarbeitern[3]. Er entgast das Kieselgel bei 400° völlig im Vakuum, läßt dann Wasserstoff bei —20° adsorbieren und tränkt darauf mit einer Chloridlösung des niederzuschlagenden Metalles. Der adsorbierte Wasserstoff ist dann imstande, das Salz *in situ* zu reduzieren und eine sehr aktive Metallschicht zu bilden. Dies geht jedoch nur mit Edelmetallen, die elektronegativer sind als Wasserstoff, aber z. B. nicht mit Nickel.

---

[1] M. O. CHARMADARJAN, G. D. DACHNYUK: Ukrain. chem. J. 8 (1933), Wiss. T., 36.

[2] G. I. TSCHUFAROW, N. N. AGAFONOW, J. P. TATJEWSKAJA, K. I. KULPINA: J. physic. Chem. URSS 5 (1934), 936.

[3] M. LATSHAW, L. H. REYERSON: J. Amer. chem. Soc. 47 (1925), 610. — V. L. MORRIS, L. H. REYERSON: J. physic. Chem. 31 (1927), 1220.

Die so erhaltenen Katalysatoren sind sehr wirksam: Bei einer Raumgeschwindigkeit von 200÷600 Lit./Std. und pro Liter Katalysator katalysieren Platin und Palladium die Wasserbildung aus Knallgas quantitativ schon bei Zimmertemperatur und sogar unter 0°. Bei Kupfer beginnt die Reaktion schon bei 80° und wird bei 195° quantitativ, beim Silber sind die betreffenden Temperaturen 100° und 230° [1]. Die Oxydation des Methans setzt erst bei höheren Temperaturen ein, 200° bei Kupfer, 240° bei Platin, 330° bei Palladium, während Silber mindestens bis 400° unwirksam ist[2].

Auch bei der Hydrierung von Äthylen und Acetylen haben diese Katalysatoren gute Ergebnisse geliefert[3] (Tabelle 73). Die Reaktionsgeschwindigkeit sinkt jedoch stark bei zunehmendem Kohlenwasserstoffgehalt des Reaktionsgases und wird Null z. B. bei 75 % Äthylen. Nach REYERSON kommt dies daher, daß die Kohlenwasserstoffe am Katalysator stark adsorbiert werden, bei hoher Konzentration die Oberfläche völlig bedecken und so die Wirksamkeit vernichten.

Es ist bemerkenswert, daß man mit Platin wie mit Palladium aus Acetylen Äthan und Äthylen erhält, mit Palladium aber hauptsächlich Äthylen. Man beachte, daß auch YOSHIKAWA[4] beobachtet hat, daß mit Palladium auf Kieselgur die Hydrierung des Acetylens bei Äthylen stehenbleibt sowie daß während des zweiten Weltkrieges die Deutschen Palladium auf Kieselgel zur Gewinnung von Äthylen aus Acetylen technisch verwendet haben[5].

Wegen dieser hervorragenden Aktivität ist Platin auf Kieselgel (0,075°/₀ Platin) auch für die Gasanalyse vorgeschlagen worden, da es die vollständige Verbrennung von Wasserstoff schon bei 100° erlaubt, wo weder Kohlenoxyd noch Kohlenwasserstoffe angegriffen werden[6].

Tabelle 73. *Äthylenhydrierung an Platin, Palladium und Kupfer auf Silikagelträger.* (Nach MORRIS und REYERSON.)
Raumgeschwindigkeit 1 Lit./Std. und Gramm Katalysator, Gaszusammensetzung 75 % H_2, 25 % C_2H_4.

Temperatur °C	Prozent Umsatz		
	Pd	Pt	Cu
240	94,0	98,3	59,9
150	97,7	98,5	54,7
90	99,3	98,5	51,6
60	99,7	98,8	32,0
30	99,7	98,8	13,5
0	99,3	98,8	18,3

Demgegenüber hat sich Nickel auf Kieselgel nicht als guter Katalysator für der Hydrierung organischer Verbindungen erwiesen. Deutlich überlegen scheint das später zu besprechende Nickel auf Kieselgur zu sein (s. S. 668).

[1] L. E. SWEARINGEN, L. H. REYERSON: J. physic. Chem. **32** (1928), 113.
[2] L. H. REYERSON, L. E. SWEARINGEN: J. physic. Chem. **32** (1928), 192.
[3] V. L. MORRIS, L. H. REYERSON: J. physic. Chem. **31** (1927), 1220, 1332.
[4] K. YOSHIKAWA: Bull. chem. Soc. Japan **7** (1932), 201.
[5] J. PIRIE: Ind. Chemist **24** (1948), 231. — T. TIMELL: Tekn. Tidskr. **76** (1946), 578.
[6] K. A. KABE, E. J. ARVESON: Ind. Engng. Chem., analyt. Edit. **5** (1933), 110. — K. A. KABE, E. B. BROOKBANK: Ind. Engng. Chem., analyt. Edit. **6** (1934), 35.

Jedoch hat Nickel auf Silikagel historische Bedeutung, da es zu den ersten Katalysatoren gehörte, die HABER[1] für die Ammoniaksynthese einsetzte.

Die wichtigsten Katalysatoren auf Silikagel sind jedoch die mit Platin, die auch technisch für die Oxydation von Schwefeldioxyd benutzt werden und zum erstenmal in Amerika[2] vorgeschlagen und studiert wurden. Ein solcher Kontakt hat nämlich merkliche Vorteile gegenüber Platin-Asbest und Platin-Magnesiumsulfat[3]. In erster Linie ist seine Herstellung bemerkenswert einfach, ferner ist er von beachtlicher mechanischer Festigkeit und leicht in gleich großen Körnern erhältlich. Endlich ist er weniger feuchtigkeitsempfindlich, indem Feuchtigkeit nur eine vorübergehende Wirkungsminderung hervorbringt. Die Ausbeuten je Einheit der Platinmenge sind bei diesem Katalysator am größten: $12000 \div 18000$ kg H_2SO_4 je kg Pt in 24 Stunden.

Die Herstellung kann, wie schon gesagt, so geschehen, daß Platin durch Reduktion aus einem Salz auf Silikagel niedergeschlagen wird, oder auch so, daß Platin und Kieselsäure gleichzeitig gefällt werden. Jedoch soll nach der zweiten Methode der Katalysator weniger wirksam sein[4]. Wir haben schon den Einfluß der Porosität des Silikagels auf die katalytischen Eigenschaften dieser Kontakte bei der allgemeinen Besprechung der Silikagelkontakte (s. S. 559) erwähnt. HOLMES, RAMSAY und ELDER[5] haben einen Katalysator durch Reduktion von Platinchlorid auf Silikagel mit Formaldehyd dargestellt und gefunden, daß bei einer bestimmten Temperatur der prozentische Umsatz mit dem Platingehalt des Kontakts ansteigt; während man aber mit kleinen Platinmengen $80 \div 85\%$ Umsatz erhält, braucht man zur Umsetzung weiterer Mengen von SO_2 zu SO_3 bedeutend höhere Platingehalte. Außerdem sinkt mit zunehmendem Platingehalt die Optimaltemperatur für die Reaktion (s. Abb. 66 und 67).

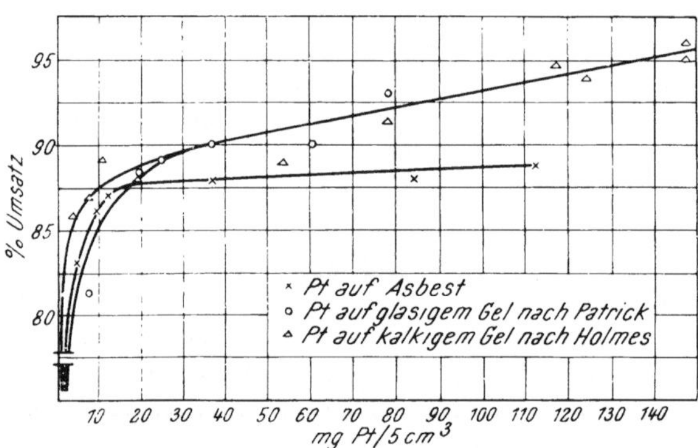

Abb. 66. Optimale SO_3-Ausbeute bei verschiedenem Platingehalt von Pt-SiO_2-Kontakten. (Nach HOLMES, RAMSAY und ELDER.)

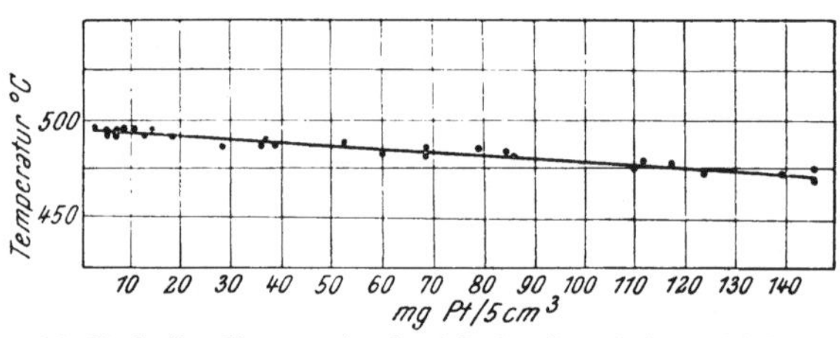

Abb. 67. Optimaltemperatur der SO_3-Synthese bei verschiedenem Platingehalt in Pt-SiO_2. (Nach HOLMES, RAMSAY und ELDER.)

Um die Wirksamkeit dieses Katalysators noch weiter zu steigern, ist der Zusatz von anderen Verstärkern vorgeschlagen worden, wie Metallen oder Magnesium- und Aluminiumsulfat in Mengen bis zu 10% des Silikagels. Es gibt jedoch keine Publikationen

[1] F. HABER, V. CORDT: Z. anorg. allg. Chem. **43** (1905), 111; **44** (1905), 341.
[2] A. HENWOOD: US-Pat. 1309623. — L. H. REYERSON: US-Pat. 1547236 vom 28. Juni 1925. — *Silicagel Corp.*: US-Pat. 1683694 vom 24. Mai 1924.
[3] F. MAYER: Angew. Chem. **37** (1924), 36.
[4] M. O. CHARMADARJAN, G. D. DACHNYUK: Ukrain. chem. J. 8 (1933), Wiss. T., 36.
[5] H. N. HOLMES, J. RAMSAY, A. L. ELDER: Ind. Engng. Chem. **21** (1929), 850.

darüber, und so können über diese Kontaktpräparate keine sicheren Angaben gemacht werden.

Die hohen Ausbeuten, die man, wie erwähnt, mit diesem Kontakttypus bei nur minimalem Platinverbrauch erreicht, haben ihn für lange Zeit zum Prototyp der Katalysatoren gemacht. Heute ist er durch die Vanadiummasse verdrängt worden, die etwas unwirksamer, aber viel billiger ist. Nichtsdestoweniger behält er auch heute noch die Kennzeichen eines der wirksamsten bekannten Kontakte und auch seine historische grundlegende Wichtigkeit, die er für die Entwicklung der chemischen Industrie im allgemeinen und der katalytischen im besonderen besitzt.

b) Kontakte aus Metalloxyden, Säuren oder Salzen auf Silikagel.

Die Verwendung von Silikagel als Träger für Metalloxyde ist schon in verschiedenen Fällen versucht worden. In der technischen Praxis hat sich aber nur ein einziger dieser Katalysatoren bewährt: der mit Vanadiumoxyd für die Schwefelsäurekatalyse. Wir haben von ihm auch schon bei den Verstärkerkontakten (S. 612) gesprochen. Unter den anderen Oxyden ist das am meisten untersuchte Aluminiumoxyd auf Kieselgel, das sich als guter Katalysator für die Polymerisation von Olefinen erwiesen hat; es soll der besten Florida-Erde 20mal überlegen sein, und wenn man in Gegenwart von HCl arbeitet, so soll seine Wirksamkeit noch weiter steigen[1]. Diese Wirkung des Chlorwasserstoffs haben auch NATTA und BACCAREDDA[2] beobachtet, die, wie wir schon bei den Oberflächenverstärkern (S. 633) vermerkten, Aluminiumoxyd allein zur Dimerisierung von Isobutylen verwandten. Auch Phosphorsäure auf Kieselgel ist für die Polymerisation von Olefinen[3] benutzt worden.

Abgesehen von der Benutzung mit anderen Oxyden (Fe_2O_3, Cr_2O_3, SnO_2 usw.) für verschiedene Reaktionen geringeren Interesses, hat Silikagel sich als Träger von Molybdänoxyd oder -sulfid in Katalysatoren zur Hydrierung von Ölen und Teeren gut bewährt, da es ein besserer Träger ist als Bimsstein usw.[4] Auch hier ist, wie wir schon bei Nickel gesehen haben, der meistens verwendete Träger Kieselgur.

Die wichtigste Stelle unter diesen Kontakten nimmt, wie schon gesagt, Vanadiumoxyd auf Kieselgel ein. Dieser Katalysator ist zum erstenmal von der *Badischen Anilin- und Sodafabrik*[5] patentiert worden. In der Folge wurde er durch Zusatz anderer Oxyde (Alkalien, Erdalkalien, Silber, Kupfer usw.) beträchtlich verbessert. Er hat zwei beachtliche Vorzüge: den viel niedrigeren Preis gegenüber Platin und die geringere Giftempfindlichkeit für Arsen und für Feuchtigkeit; dafür hat er allerdings nicht die hohe Wirksamkeit wie Platin auf Silikagel und erfordert deshalb etwas umfänglichere Anlagen.

Außer der Oxydation von Schwefeldioxyd dient dieser Katalysator auch zur

---

[1] G. H. GAYER: Ind. Engng. Chem. **25** (1933), 1122. — H. I. WATERMANN, J. J. LENDERTSEE, A. J. DE KOK: Recueil Trav. chim. Pays-Bas **53** (1934), 1151. — H. I. WATERMANN, J. J. LENDERTSEE: Trans. Faraday Soc. **32** (1935), 251. — B. A. KASANSKI, M. I. ROSENGART: Bull. Acad. Sci. URSS, Cl. Sci. chim. **1941,** 115.

[2] G. NATTA, M. BACCAREDDA: Atti Congr. int. Chim., X Congr., Roma **5** (1938), 970; Riv. ital. Petrolio Nr. 65 (1938), 14; Chim. e Ind. **21** (1939), 393.

[3] V. N. IPATIEFF, E. EGLOFF: Oil Gas J. **33** (1935), 31. — V. N. IPATIEFF: Ind. Engng. Chem. **27** (1935), 1067. — V. N. IPATIEFF, B. B. CORSON, E. EGLOFF: Ind. Engng. Chem. **27** (1935), 1077. — K. PETERS, K. WINZER: Brennstoff-Chem. **17** (1936), 366.

[4] G. ROBERTI: Wld. Petroleum Congr. 1933 Proc. **2** (1934), 326.

[5] *Badische Anilin- und Sodafabrik:* D.R.P. 291792 vom 10. Oktober 1913.

Oxydation organischer Stoffe, besonders des Naphthalins zu Phthalsäure und des Anthrazens zu Anthrachinon.

Schon bei den verstärkten Kontakten (S. 612) haben wir die Anwendung von Verstärkern besprochen; besonders haben Alkalien (K_2O und Na_2O) großen Einfluß auf die Wirksamkeit. NEUMANN[1] konnte in diesem Zusammenhang zeigen, daß die Wirksamkeit der besten nach den verschiedenen Patenten gewinnbaren Katalysatoren gerade gleich der von Natriumvanadat ist.

Die *Herstellung* kann auf zweierlei Weise geschehen: die erste Methode besteht in der Fällung von Vanadiumoxyd auf Silikagel oder auch der Tränkung mit Ammoniumvanadat und Erhitzen, Tränkung mit Natriumvanadat und Ansäuern oder endlich Tränkung mit Vanadiumsalzen (Oxychlorid), die dann durch Erhitzen im Luftstrom zersetzt werden. Dieser Methode wurde dann zuerst von Amerikanern[2] und dann von Russen[3] die Herstellung durch Zusammenfällung von V_2O_5 und SiO_2 durch Ansäuern einer Alkalivanadat- und -silikatlösung entgegengestellt. Das Produkt ist eine komplexe Silikovanadinsäure, die mit dem Namen Vanadiumzeolith bezeichnet wird und von der wir schon bei den verstärkten Kontakten (S. 614) gesprochen haben. Es handelt sich nämlich hier eher um einen verstärkten als um einen Trägerkatalysator. Dies geht sowohl aus der Herstellungsmethode hervor als auch daraus, daß hier wirklich das Vanadiumoxyd mit der Kieselsäure chemisch zu einem gemischten Anhydrid verbunden zu sein scheint.

Nach ADADUROW und BORESSKOW[3] hat ein so hergestellter Kontakt bessere Ergebnisse geliefert als ein nach der ersten Methode dargestellter, vielleicht gerade weil hier die Kieselsäure nicht nur als Träger, sondern als Verstärker wirkt. Während der nach der ersten Methode dargestellte Kontakt bei 400 ÷ 425° eine Oxydation von 96,5 ÷ 97,8% gab, lieferte ein Vanadiumzeolith unter denselben Bedingungen 99,4 ÷ 99,8%. Es ist freilich unbekannt, ob die beiden Kontakte denselben Gehalt an V_2O_5 aufwiesen.

Man hat Silikagel auch als Träger für einige Salze verwandt, besonders Metallchloride in Katalysatoren für die Addition von Chlorwasserstoff an äthylenische und acetylenische Kohlenwasserstoffe[4]. Wir werden aber darüber auf S. 717 gelegentlich der an Trägern adsorbierten Katalysatoren sprechen, da diese Salze nur aktiv sind, wenn sie auf Silikagel adsorbiert sind.

3. Kontakte auf Kieselgur.

Mit dem Namen Kieselgur (oder auch Diatomeenerde) bezeichnet man im allgemeinen eine feinkörnige Erde, die aus Skeletten von Diatomeen oder Radiolarien besteht und in oft ziemlich ausgedehnten Lagerstätten von Meeres- oder Seeablagerungen vorkommt. Diatomeen sind eine Art von Algen, die sich mit einem Kieselskelett bekleiden, das meist aus zwei Halbschalen besteht. Nach dem Tod der Pflanze sinkt dieses Skelett auf den Grund. Große Lagerstätten gibt es in Algier, in Europa (Deutschland, Österreich, Italien, Rußland) und vor allem in Amerika[5]. Was die chemische Konstitution der Kieselgur angeht, so besteht sie im wesentlichen aus kristallisierter Kieselsäure mit Zumischung (je nach der

[1] B. NEUMANN: Z. Elektrochem. angew. physik. Chem. **41** (1935), 589.
[2] A. O. JÄGER: Ind. Engng. Chem. **21** (1929), 627.
[3] I. J. ADADUROW, G. K. BORESSKOW: Ukrain. chem. J. **4** (1930), 259.
[4] L. G. BROUWER, J. P. WIBAUT: Recueil Trav. chim. Pays-Bas **53** (1934), 1001. — J. P. WIBAUT, J. v. DALFSEN: Recueil Trav. chim. Pays-Bas **51** (1932), 636.
[5] Wegen genauerer Angaben über Lagerstätten und Gewinnung von Kieselgur s. F. KAINER: Kieselgur (Sammlung chemischer und chemisch-technischer Vorträge, Neue Folge, Heft 32, Stuttgart, 1951).

Herkunft) von anderen Metalloxyden in kleiner Menge, wie Eisen- und Aluminiumoxyd, Erdalkalien, Alkalien und so weiter. Manchmal enthält sie auch organische Verunreinigungen.

Physikalisch gesehen ist Kieselgur ein sehr feines Pulver, das im Mikroskop Körner von allen Formen zeigt, regelmäßige und unregelmäßige, häufig durchsetzt von Hohlräumen, die die Oberfläche beträchtlich vergrößern. Diese Struktur zeigt sich sehr schön in den elektronenmikroskopischen Aufnahmen von ANDERSON, MCCARTNEY, HALL und HOFER[1] und von PERNOUX[2], die das Vorliegen von Poren vom Durchmesser 15 ÷ 100 Å festgestellt haben (Abb. 68). Wegen dieser physikalischen Beschaffenheit besitzt Kieselgur erhebliches Adsorptionsvermögen und wird deshalb schon lange als Filtrier- und Entfärbungsmittel verwandt.

a

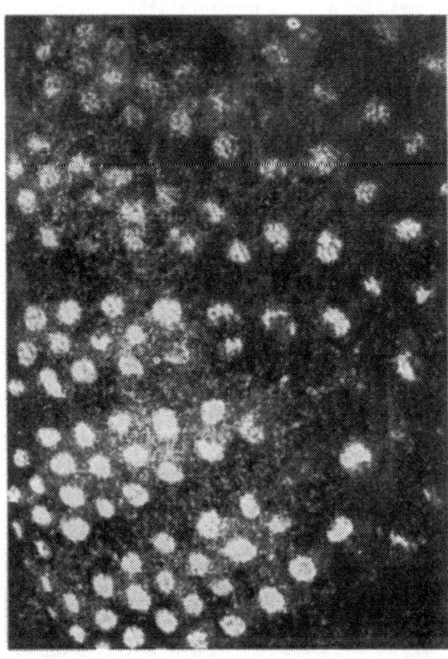

b

Abb. 68. Elektronenmikroskopische Aufnahmen von Kieselgurproben, 20000fach. a) Amerikanische Kieselgur, b) Katalysator aus einer deutschen Kieselgur. (Nach ANDERSON und Mitarbeitern.)

Die Verwendung der Kieselgur als Träger für Katalysatoren scheint zum erstenmal im Jahre 1878 von CLEMENS WINKLER in einem Patent (D.R.P. 4566) erwähnt zu sein, um einen Platinkatalysator für die Oxydation von Schwefeldioxyd zu gewinnen.

Kieselgur empfiehlt sich als Katalysatorträger durch seine große Porosität und bedeutende Wärmebeständigkeit. Jedoch hat es nur geringe Wärmeleitfähigkeit, was in manchen Fällen (Reaktionen in Gasphase) ein Nachteil sein kann, da es keine rasche Entfernung der Reaktionswärme ermöglicht. Die physikalisch-chemischen Kenntnisse über Kieselgur sind in den letzten Jahren vertieft

[1] R. B. ANDERSON, J. T. MCCARTNEY, W. K. HALL, L. J. E. HOFER: Ind. Engng. Chem. **39** (1950), 1618.

[2] E. PERNOUX: J. Chim. physique **47** (1950), 233; C. R. hebd. Séances Acad. Sci. **228** (1949), 1646.

worden, da es als Träger für zahlreiche Katalysatoren, insbesondere Hydrierkontakte und FISCHER-TROPSCH-Kontakte, sehr wichtig geworden ist. Außer den elektronenmikroskopischen sind auch röntgenographische Untersuchungen und Messungen der spezifischen Oberfläche durch Gasadsorption durchgeführt worden, insbesondere von ANDERSON und Mitarbeitern[1] sowie von TEICHNER[2]. Der erstgenannte hat eine große Zahl von Kieselguren verschiedener Herkunft untersucht und hat gefunden, daß es sich meist um amorphe Kieselsäure mit einer Oberfläche von 15 ÷ 37 m^2/g handelt. Bei Trocknung bei hoher Temperatur kristallisiert das Siliciumdioxyd als Cristobalit und die spezifische Oberfläche fällt auf 2 ÷ 6 m^2/g. Auch das Elektronenmikroskop zeigt einen merklichen Unterschied zwischen nativer und calcinierter Kieselgur.

Nicht alle Arten von Kieselgur sind jedoch für die Herstellung von Mischkontakten[3] geeignet, wahrscheinlich wegen der Beimengungen, die sie enthalten. Häufig wird deshalb in den Patenten bzw. Arbeiten angeführt, daß es sich um Kieselgur einer bestimmten Herkunft handelt. So wollen z. B. BOTKOWSKAJA und ARTAMONOW[4] bei Nickel auf Kieselgur gefunden haben, daß die Wirksamkeit umgekehrt proportional dem Gehalt des Trägers an in Natronlauge löslicher Kieselsäure sei und bei Zunahme der in Schwefelsäure löslichen Bestandteile zunehme.

Diese Beimengungen können im allgemeinen durch Waschen mit Salzsäure in der Wärme entfernt werden. Nicht immer aber ist eine gewaschene Kieselgur besser als eine ungewaschene. Im allgemeinen beobachtet man sogar, daß die Beimengungen eine günstige Wirkung haben (außer wenn sie selbst eine ungewünschte katalytische Wirkung in Richtung von Nebenreaktionen ausüben) und daß Katalysatoren aus nichtsäuregewaschener Kieselgur eine höhere Wirksamkeit haben als solche aus gereinigter. Dies liegt an einer Verstärkerwirkung der Beimengungen. So hat man bei der Fällung von Metallen auf Kieselgur beobachtet, daß man mit gereinigter Kieselgur dann viel bessere Kontakte erhält, wenn während der Fällung des Katalysators auch eine Mitfällung der Salze stattfindet, die bei der Säurewaschung aus der Kieselgur selbst extrahiert worden sind[5].

Die elektronenmikroskopische Untersuchung und die Messung der Gasadsorption an säuregewaschener Kieselsäure durch TEICHNER[2] und PERNOUX[6] haben gezeigt, daß bei dieser Behandlung die Löcher in der Kieselgur sich mit gelatinöser Kieselsäure bedecken und so zum größten Teil verstopfen, während die Masse ihre spezifische Oberfläche um 50% vergrößert. Dies wäre eine gute Erklärung für die Tatsache, daß man mit gewaschener Kieselgur meistens wenig wirksame Katalysatoren erhält. Der Niederschlag des Katalysators wird nunmehr nur oberflächlich und die Körnchen, die jetzt nicht mehr in den Poren der Kieselgur sitzen, sind nicht mehr so gut isoliert und können leichter sintern. Durch eine Alkalibehandlung nach der Säurewaschung wird die gelatinöse

---

1 R. B. ANDERSON, J. T. MCCARTNEY, W. K. HALL, L. J. E. HOFER: Ind. Engng. Chem. **39** (1950), 1618.

2 S. TEICHNER: J. Chim. physique **47** (1950), 229; C. R. hebd. Séances Acad. Sci. **228** (1949), 1644.

3 J. T. EIDUSS, B. A. KASANSKI, N. D. ZELINSKY: Bull. Acad. Sci. URSS, Cl. Sci. chim. **1941**, 27.

4 E. BOTKOWSKAJA, P. ARTAMONOW: Öl- u. Fett-Ind. URSS **11** (1935), 468.

5 E. F. ARMSTRONG, T. P. HILDITCH: Proc. Roy. Soc. (London), Ser. A **103** (1923), 586. — A. MOSCHKIN, A. ARTEMOW: Öl- u. Fett-Ind. URSS **1932**, Nr. 4/5, 27.

6 E. PERNOUX: J. Chim. physique **47** (1950), 233; C. R. hebd. Séances Acad. Sci. **228** (1949), 1646.

Kieselsäure entfernt, die Poren erscheinen wieder frei und die spezifische Oberfläche wird wieder kleiner. Allerdings geht aus den Daten der Literatur nicht hervor, ob sich durch diese doppelte Vorbehandlung die Kontakteigenschaften auch bessern.

a) Metallkatalysatoren auf Kieselgur.

Die Verwendung von Kieselgur als Träger ist besonders im Fall der metallischen Hydrierkatalysatoren entwickelt worden. Es genüge, zwei Fälle anzuführen, um die Bedeutung zu zeigen, die die Anwendung dieser Träger gewonnen hat: in erster Linie die Herstellung von Nickelkatalysatoren für die Fetthärtung und für zahlreiche andere Hydrierungen; an zweiter Stelle die Herstellung gemischter Katalysatoren aus Co, Cu, Fe, Ni mit nichtreduzierbaren Oxyden (Th, U, Mn usw.) für die Benzinsynthese nach FISCHER-TROPSCH.

Außerdem sind noch verschiedene andere Kontakte studiert worden; Platin auf Kieselgur ist der erste Katalysator mit diesem Träger, der patentiert wurde, und zwar, wie schon gesagt, von CL. WINKLER 1878 für die Herstellung von Schwefeltrioxyd aus Schwefeldioxyd und Luft. Palladium auf Kieselgur wurde von YOSHIKAWA[1] in der Acetylenhydrierung studiert; es scheint, daß man mit diesem Katalysator die Hydrierung beim Äthylen anhalten könnte und so nicht oder nur langsam dieses zum Äthan hydriert, analog wie wir dies schon bei Palladium auf Kieselgel (S. 661) sahen.

Kupfer auf Kieselgur ist nicht nur, wie oben gesagt (S. 651), in Mischung mit Nickel, sondern auch rein für verschiedene Hydrierungsversuche benutzt worden (Acetylen von FISCHER und PETERS[2], Fettsäuren zu Alkoholen von ODA[3], gesättigte Öle zu ungesättigten von MIYAKE[4], Äthylen von HARTER[5], Furfurol von NATTA, RIGAMONTI und BEATI[6]). Nach NATTA und PARRAVANO[7] soll bei der Hydrierung des Acetylens Kupfer auf Kieselgur eine selektive Wirkung haben in Richtung auf Äthylen; jedoch entsteht auch viel Cupren und die Aktivität fällt rasch. KATSUMO[8] hat denselben Katalysator bei der Dehydrierung von Isopropylalkohol zu Aceton benutzt und eine optimale Wirkung bei dem Verhältnis Cu : Kieselgur = 1 : 2 gefunden. Jedoch hat dieser Katalysator den allen kupferreichen Katalysatoren gemeinsamen Nachteil einer leichten Sinterung des Kupfers, die schon während der Reduktion seines Oxyds wegen des exothermen Charakters der Reduktion selbst stattfinden kann (Tabelle 27; S. 515). Auch PEASE und STEWART[9] finden bei der Hydrierung von Äthylen an Metallen (Ni, Co, Fe, Cu, Ag) auf Kieselgur, daß Kupfer auf Träger ein schwächerer Katalysator ist als ohne Träger.

Aus diesem Grunde finden auch mehrere Autoren, daß bei der Hydrierung in flüssiger Phase ein vorher nicht reduzierter Katalysator besser sei als ein reduzierter. Im ersten Fall nämlich wird die Reduktion des Oxyds gleichzeitig mit der Hydrierungsreaktion vorgenommen, und die entwickelte Reduktionswärme kann sofort von der zu hydrierenden Flüssigkeit aufgenommen werden.

---

[1] K. YOSHIKAWA: Bull. chem. Soc. Japan **7** (1932), 201.
[2] F. FISCHER, H. PETERS: Brennstoff-Chem. **12** (1931), 286.
[3] R. ODA: J. Soc. chem. Ind. Japan **35** (1932), 349 B.
[4] R. MIYAKE: J. pharmac. Soc. Japan **68** (1948), 32, 33.
[5] G. HARTER: J. Soc. chem. Ind. **51** (1932), 323 T.
[6] G. NATTA, R. RIGAMONTI, E. BEATI: Chim. e Ind. **23** (1941), 117.
[7] G. NATTA, G. PARRAVANO: Unveröffentlicht.
[8] M. KATSUMO: J. Soc. chem. Ind. Japan **46** (1943), 20 B.
[9] E. N. PEASE, L. STEWART: J. Amer. chem. Soc. **49** (1927), 2783.

Einige andere Verfasser[1] erhielten auch gute Resultate durch Zusatz von Verstärkern (Al_2O_3, ThO_2, Cr_2O_3), die hohe Schmelzpunkte besitzen.

Kieselgur für Träger von Metallkontakten wird im allgemeinen zuerst gründlich mit Salzsäure gewaschen, um die Begleitoxyde zu entfernen. Es ist jedoch zweifelhaft, ob diese Behandlung die Eigenschaften des Katalysators verbessert, denn, wie schon gesagt, scheinen die durch Waschen der Kieselgur mit Salz- oder Salpetersäure erhaltenen Kontakte weniger aktiv zu sein als die aus roher. Diese gründliche Waschung kann jedoch nützlich sein, um Calciumsulfat zu entfernen, das manchmal in der Kieselgur enthalten ist und während der späteren Reaktion mit Wasserstoff bei hoher Temperatur zu Schwefel reduziert werden und dann als Gift wirken kann.

Nickel auf Kieselgur war für die Fetthärtung schon in den ersten Anfängen dieses Industriezweiges, nämlich 1905, von MARKEL[2] vorgeschlagen worden. Es ist der am gründlichsten studierte Kieselgurkatalysator (besonders dank der ersten Arbeiten von ARMSTRONG und HILDITCH[3] und später der von ADKINS und Mitarbeitern in Amerika[4] sowie KAILAN und Mitarbeitern in Österreich[5]).

Während jedoch ADKINS den Katalysator bei der Hydrierung verschiedener organischer Stoffe untersuchte und besonders dem Einfluß von Herstellungsmethode und Verstärkerzusatz nachging, haben die anderen vor allem die Fetthydrierung (Fettsäurehydrierung) und KAILAN die Kinetik und ähnliche Probleme der Hydrierung untersucht. Weitere Arbeiten stammen von WATERMANN und Mitarbeitern[6] über verschiedene Hydrierungen, von anderen über die Acetylenhydrierung[7] und über die Reaktion des Wasserstoffs mit Kohlenoxyd zu Methan[8].

Die Wirksamkeit dieser Katalysatoren ist sehr beachtlich und man hat damit die verschiedensten Hydrierungen, auch abbauende Hydrierungen, durchführen können; Messungen der Aktivierungsenergie sind jedoch nicht veröffentlicht worden, obwohl einige Verfasser[9] die Geschwindigkeitskonstanten bei verschiedenen Temperaturen bestimmt haben. Immerhin hat man feststellen können, daß schon bei 60÷80° die Hydrierung der Doppelbindungen der Ölsäure mit

---

[1] S. TSUTSUMI: Sci. Pap. Inst. physic. chem. Res. (Tokyo) **36** (1939), 360.

[2] K. E. MARKEL, s. F. KRCZIL: Adsorptionsstoffe in der Kontaktkatalyse, S. 36, 365. Leipzig, 1938.

[3] E. F. ARMSTRONG, T. P. HILDITCH: Proc. Roy. Soc. (London), Ser. A **99** (1921), 490; **103** (1923), 586.

[4] H. ADKINS, H. I. CRAMER: J. Amer. chem. Soc. **52** (1930), 4349. — H. ADKINS, L. W. COWERT: J. physic. Chem. **35** (1931), 1684. — L. W. COWERT, R. CONNOR, H. ADKINS: J. Amer. chem. Soc. **54** (1932), 1651. — H. ADKINS, R. CONNOR, H. CRAMER: J. Amer. chem. Soc. **52** (1930), 5192. — H. ADKINS: Reaction of Hydrogen with Organic Compounds. Madison, Wisconsin, 1937.

[5] A. KAILAN, H. CH. HARDT: Mh. Chem. **58** (1931), 307. — A. KAILAN, F. HARTEL: Mh. Chem. **70** (1937), 329. — A. KAILAN, O. STÜBER: Mh. Chem. **62** (1933), 90. — A. KAILAN, O. KOHBERGER: Mh. Chem. **59** (1932), 16.

[6] G. F. SCHOREL, A. J. TULLENERS, H. I. WATERMANN: J. Instn. Petroleum Technologists **18** (1932), 179. — A. DROS, A. J. TULLENERS, H. I. WATERMANN: J. Instn. Petroleum Technologists **19** (1933), 784. — H. I. WATERMANN, J. F. CLAUSEN, A. J. TULLENERS: Recueil Trav. chim. Pays-Bas **53** (1934), 821, 701. — H. I. WATERMANN, M. J. TUSSENBROEK: J. Soc. chem. Ind. **50** (1931), 227 T. — H. I. WATERMANN, J. A. DIJK: Recueil Trav. chim. Pays-Bas **50** (1931), 279.

[7] K. YOSHIKAWA: Bull. chem. Soc. Japan **7** (1932), 201. — F. FISCHER, K. PETERS: Brennstoff-Chem. **12** (1931), 286. — P. ACKERMANN: Brennstoff-Chem. **18** (1937), 357.

[8] M. TANAKA: Chemiker-Ztg. **48** (1924), 25. — C. PADOVANI, F. FRANCHETTI: Acqua e Gas **24** (1935), 57. — W. P. KAMSOLKIN, A. W. AWDEJEWA: J. chem. Ind. URSS **10** (1934), Nr. 6, 40. — F. FISCHER, H. TROPSCH, P. DILTHEY: Brennstoff-Chem. **6** (1925), 265. — E. F. ARMSTRONG, T. P. HILDITCH: Proc. Roy. Soc. (London), Ser. A **103** (1923), 25.

[9] A. KAILAN, F. HARTEL: Mh. Chem. **70** (1937), 329.

beachtlicher Geschwindigkeit verläuft und daß sich Aceton und einige Aldehyde schon wenig über Atmosphärendruck und schon unterhalb 100° hydrieren lassen.

Für die *Herstellung* dieser Katalysatoren gibt es verschiedene Arten, entweder Tränken von Kieselgur mit Nickelnitrat, Erhitzen und Reduzieren, oder Anteigen von Kieselgur mit Nickelnitrat, Fällen mit Alkalicarbonat (oder Hydroxyd), Waschen, Trocknen und Reduzieren. Die letzte ist die von ADKINS[1] empfohlene Methode. Er beschreibt sie für einen Katalysator, den er als sehr wirksam befunden hat, folgendermaßen: 85 g Nickelnitrat und 80 cm^3 Wasser werden in einem Mörser mit 50 g säuregewaschener Kieselgur 40÷60 Minuten lang verrieben, bis eine homogene Masse entsteht. Diese wird in eine Lösung von 34 g Ammoniumcarbonat in 200 cm^3 Wasser eingetragen. Man filtriert dann, wäscht und trocknet bei 110°. Kurz vor dem Gebrauch wird eine Stunde lang mit Wasserstoff bei 450° reduziert.

Tabelle 74. *Hydrierung von Aceton mit Nickel-Kieselgur verschiedener Herstellungsweise.* (Nach COWERT, CONNOR und ADKINS.)
1 Mol Aceton, 2 g Katalysator, 125° C, 125 atm Nickelgehalt des Katalysators ungefähr 13%.

Herstellungsmethode des Katalysators	Reduktionsdauer des Acetons min
Kieselgur $+Ni(NO_3)_2$ zur Na_2CO_3-Lösung hinzugefügt	16
Na_2CO_3-Lösung zu Kieselgur $+ Ni(NO_3)_2$ hinzugefügt	30
$NaHCO_3$-Lösung zu Kieselgur $+ Ni(NO_3)_2$ hinzugefügt	25
$(NH_4)_2CO_3$-Lösung zu Kieselgur $+ Ni(NO_3)_2$ hinzugefügt......	20
Kieselgur $+ Ni(NO_3)_2$ zu $(NH_4)_2CO_3$-Lösung hinzugefügt......	23

Ebenfalls nach ADKINS gibt die Anwendung von Natriumcarbonat oder -bicarbonat bei der Herstellung des Katalysators in vielen Fällen schlechtere Ergebnisse; wahrscheinlich verbleiben im Katalysator Natriumsalze, die ihn schädigen. Deshalb ist nach ADKINS Ammoniumcarbonat vorzuziehen. Nach NORMANN[2] läßt sich der mit Natriumbicarbonat hergestellte Katalysator bei tieferer Temperatur (280°) calcinieren als der mit Carbonat gefällte (450÷550°). Die Fällung mit Natriumhydroxyd statt Carbonat gibt schlechtere Ergebnisse[3].

In unseren eigenen Versuchen dagegen hat sich als bei weitem wirksamster ein mit Kaliumcarbonat in der Wärme gefällter Katalysator erwiesen. Ein sehr guter von uns erhaltener Katalysator[4], der bessere Resultate gab als der nach ADKINS hergestellte, ist folgender:

100 g Kieselerde werden lange mit einer Lösung von 370 g $Ni(NO_3)_2 \cdot 6H_2O$ in 120 cm^3 Wasser bis zur Sahnenkonsistenz angeteigt. Dann wird die Masse auf 80÷90° erwärmt und unter heftigem Rühren mit einer Lösung von 161 g K_2CO_3 in 250 cm^3 Wasser gleicher Temperatur versetzt. Man kocht nun etwa 20 Minuten, filtriert und wäscht gründlich mit warmem Wasser. Man trocknet bei 110° und reduziert im Wasserstoffstrom eine Stunde bei 450°.

[1] L. W. COWERT, R. CONNOR, H. ADKINS: J. Amer. chem. Soc. **54** (1932), 1651.
[2] W. NORMANN: Fette u. Seifen **43** (1936), 133.
[3] E. F. ARMSTRONG, T. P. HILDITCH: Proc. Roy. Soc. (London), Ser. A **99** (1921), 490; **103** (1923), 586. — A. KAILAN, CH. HARDT: Mh. Chem. **58** (1931), 307.
[4] G. NATTA, R. RIGAMONTI, E. BEATI: Chim. e Ind. **23** (1941), 117. — R. RIGAMONTI, E. BEATI: Reale Ist. lombardo Sci. Lettere, Rend., Cl. Sci. mat. natur. **73** (1939/40), 633.

So kann man leichter die Natrium- und Kaliumsalze entfernen, die manchmal die Katalyse beeinflussen können. COWERT, CONNOR und ADKINS haben nämlich z. B. beobachtet, daß je nachdem, ob der benutzte Katalysator mit Ammonium- oder Natriumcarbonat hergestellt worden war, die Hydrierung des Fufurylacetals mit verschiedener Ausbeute verläuft, und zwar nach folgenden Gleichungen:

$$C_4H_3O \cdot CH(OC_2H_5)_2 + 2H_2 = C_4H_7O \cdot CH(OC_2H_5)_2 \quad (1)$$

$$C_4H_3O \cdot CH(OC_2H_5)_2 + 3H_2 = C_4H_7O \cdot CH_2 \cdot O \cdot C_2H_5 + C_2H_5OH. \quad (2)$$

Hierbei begünstigt nun die Anwesenheit von Alkali die zweite Reaktion[1].

Ferner findet bei Anwesenheit von Spuren von Alkali TSUTSUMI[2], daß der durch die Fällung erhaltene Katalysator weniger alterungsbeständig ist als der durch Zersetzung des Nitrats erhaltene. Nach ADKINS fällt die Wirksamkeit verschieden aus, wenn man bei der Fällung das Carbonat zu der Mischung von Nickelsalz und Kieselgur gibt oder umgekehrt (Tabelle 74). Man vergleiche hierzu auch die Versuche von FISCHER (S. 680) hinsichtlich der Katalysatoren Ni-Mn-Al_2O_3 auf Kieselgur[3].

KAILAN[4] zieht es vor, das Nickelcarbonat teilweise zu fällen und dann den Niederschlag noch feucht lange Zeit mit Kieselerde zu verreiben. Nach TSUTSUMI[5] soll das die beste Methode sein. Wieder andere Autoren fällen statt des Carbonats das Oxalat[6] oder tränken Kieselgur mit Nickelformiat, das dann durch Erhitzen im Kohlendioxydstrom zersetzt wird[7]. Diese Methode scheint bei der Fetthydrierung die besten Resultate zu geben insofern, als der Katalysator selektiver ist, d. h. sich besser für die Hydrierung der zwei- und dreifach ungesättigten Säuren zu einfach ungesättigten eignet und diese unverändert läßt, wodurch ein homogeneres Endprodukt entsteht. Nach anderen[8] soll der Formiatkontakt auch noch deshalb besser als der Carbonatkontakt sein, weil er bei niedrigerer Temperatur entsteht.

Trotzdem haben die meisten Experimentatoren immer die Herstellung aus Nickelcarbonat bevorzugt. Nach dieser Methode haben außer den schon besprochenen Fällungsbedingungen auch die Reduktionsbedingungen bedeutenden Einfluß auf die Wirksamkeit. Die Reduktionstemperatur ist von verschiedener Seite in Betracht gezogen worden. Wahrscheinlich hat jedoch auch die Strömungsgeschwindigkeit des Wasserstoffs, die Zeit der Vorerhitzung bis zur Erreichung der Reduktionstemperatur und anderes einen Einfluß. COWERT, CONNOR und ADKINS[1] sagen, daß der durch Fällung mit Natriumcarbonat hergestellte Katalysator bei Reduktion während 60 Minuten bei 500° aktiver wird als mit 90 Minuten bei 450° oder auch als mit 60 Minuten bei 550°, während ein mit Natriumhydrogencarbonat gewonnener Kontakt am besten wird, wenn man ihn 60÷90 Minuten bei 450° reduziert. Dies zeigt, daß auch die Fällungsmethode von Einfluß auf die Bedingungen der Reduktion ist.

Im allgemeinen hat es den Anschein, daß die bei höheren Temperaturen (500÷550°) erhaltenen Katalysatoren etwas aktiver sind. So erhielten KAILAN

[1] L. W. COWERT, R. CONNOR, H. ADKINS: J. Amer. chem. Soc. **54** (1932), 1651.
[2] S. TSUTSUMI: Sci. Pap. Inst. physic. chem. Res. (Tokyo) **36** (1939), 251.
[3] F. FISCHER, K. MEYER: Brennstoff-Chem. **14** (1933), 47.
[4] A. KAILAN, F. HARTEL: Mh. Chem. **70** (1937), 329.
[5] S. TSUTSUMI: Sci. Pap. Inst. physic. chem. Res. (Tokyo) **36** (1939), 344.
[6] F. FISCHER, K. PETERS: Brennstoff-Chem. **12** (1931), 286.
[7] H. P. KAUFMANN: Fette u. Seifen **45** (1938), 304.
[8] A. SINOWJEW: Arb. Allunions zentr. wiss. Fettforschungsinst. **1934,** Nr. 3, 3.

und Mitarbeiter[1] bei zwei auf verschiedene Weise hergestellten Katalysatoren folgende Geschwindigkeitskonstanten k für die Hydrierung von Ölsäure:

Reduktionstemperatur ° C	250	320	345	460	485	500	550
$k \cdot 10^5$ (Kat. I)	—	—	646	—	1000	—	1300
$k \cdot 10^5$ (Kat. II)	105	305	—	441	—	467	478

Diese Ergebnisse stimmen vollkommen mit denen von THOMAS[2] überein, die wir in Tabelle 75 wiedergeben.

Es ist beachtenswert, daß mit Nickel ohne Träger SCHWAB und RUDOLPH[3] umgekehrt finden, daß der Katalysator die größte Wirksamkeit hat, wenn er bei tiefer Temperatur (300÷350°) reduziert wird. Dies Ergebnis erscheint logisch, da offenbar bei tiefer Temperatur die reduzierten Nickelkristalle feiner und deshalb die Katalysatoren aktiver ausfallen müssen. Ferner kann, da die Reduktion langsam vor sich geht, eine gewisse Menge Nickeloxyd im Katalysator zurückbleiben und als Verstärker für das metallische Nickel wirken. Andererseits ist aber die Notwendigkeit einer höheren Reduktionstemperatur für Trägerkatalysatoren auch in anderen Fällen bestätigt worden, z. B. von KELBER[4] (s. S. 426) in Vergleichsversuchen mit reinem Nickel und Nickel auf Bleicherden. Unsererseits haben wir in zahlreichen Versuchen gefunden, daß Nickel auf Kieselgur aktiver ist, wenn es bei erhöhter Temperatur reduziert wird.

Tabelle 75. *Halbwertszeit der Hydrierung von Olivenöl mit Nickel auf Kieselgur als Funktion der Reduktionstemperatur des Kontakts.* (Nach THOMAS.)

Reduktionstemperatur °C	Halbwertszeit in min
250	60
350	51
500	48
650	254
750	24 Std.

Der Grund für diese Tatsache ist wahrscheinlich, wie schon an anderer Stelle betont (s. S. 426), die Bildung von schwer reduzierbarem Nickelsilikat. Sie wurde von LANGE und VISSER[5] aufgefunden und von TRAMBOUZE[6] und PERRIN[7] gründlich untersucht durch Beobachtung der Dissoziationskurven und des Angriffs mit chemischen Reagenzien sowie durch Röntgenuntersuchung der unter verschiedenen Bedingungen hergestellten Produkte. Im einzelnen zeigte sich dabei, daß dieses Silikat (wahrscheinlich ein Hydroxosilikat) sich nicht bei der Fällung selbst bildet, selbst wenn man sie in der Wärme vornimmt oder den Katalysator in der Mutterlauge der Fällung eine gewisse Zeit lang erwärmt, sondern erst nach Trocknen und Erhitzen mindestens auf 200°. Diese Ergebnisse gehen sehr klar aus Tabelle 76 hervor. Sie enthält die Untersuchung eines durch Zusatz von etwas Aluminiumoxyd verstärkten Nickel-Kieselgur-Katalysators durch TRAMBOUZE. Das Aluminiumoxyd bildet schon während der Fällung wasserhaltige Nickelaluminate, wie auch schon LONGUET[8] angibt. Die Untersuchung der Katalysatoren wurde folgendermaßen durchgeführt: Mit Ammoniak wird das unverbundene Nickelhydroxyd gelöst, mit Salpetersäure unter vorher fest-

[1] A. KAILAN, H. CH. HARDT: Mh. Chem. **58** (1931), 307. — A. KAILAN, F. HARTEL: Mh. Chem. **70** (1937), 329.
[2] R. THOMAS: J. Soc. chem. Ind. **42** (1923), 21 T.
[3] G.-M. SCHWAB, L. RUDOLPH: Z. physik. Chem., Abt. B **12** (1931), 427.
[4] G. KELBER: Ber. dtsch. chem. Ges. **57** (1924), 136.
[5] J. J. DE LANGE, G. H. VISSER: Ingenieur ('s-Gravenhage) **58** (1946), 24.
[6] Y. TRAMBOUZE: C. R. hebd. Séances Acad. Sci. **227** (1948), 971; **228** (1949), 1432; **230** (1950), 1169; J. Chim. physique **47** (1950), 258.
[7] M. PERRIN: C. R. hebd. Séances Acad. Sci. **227** (1948), 476.
[8] J. LONGUET: C. R. hebd. Séances Acad. Sci. **226** (1948), 579.

gelegten und genau eingehaltenen Bedingungen das an Aluminiumoxyd gebundene Nickel und endlich durch eine Alkalischmelze das in Silikat übergegangene.

Nach den erwähnten Autoren[1] und auch nach VAN EIJK und FRANZEN[2], die die Bildung von Nickelsilikat in Nickel-Kieselgel-Kontakten gefunden haben, ist die Anwesenheit des Silikats zuweilen bestimmend für die Wirksamkeit: Es wirkt im allgemeinen verstärkend, wofern lang genug reduziert wird. Es handelt sich also um verstärkte Kontakte auf Trägern.

Ein zweiter Grund für die Notwendigkeit hoher Reduktionstemperaturen ist vielleicht der, daß das Reduktionswasser entfernt werden muß, das eine vergiftende Wirkung auf den Katalysator ausübt.

Tabelle 76. *Aufbau eines NiO-Al_2O_3-Kieselgur-Kontaktes nach verschiedener Wärmebehandlung.* (Nach TRAMBOUZE.)

Katalysator	Prozent NiO		
	unverändert	als Aluminat	als Silikat
kalt gefällt	100	0	0
siedend gefällt	63	37	0
im Ofen getrocknet	63	37	0
im Vakuum bei 150° bis zur Gewichtskonstanz entgast	63	37	0
im Stickstoffstrom 2 Stunden auf 220° erwärmt	59	13	28
im Stickstoffstrom 48 Stunden auf 220° erwärmt	33	59	8
im Stickstoffstrom bis Gewichtskonstanz auf 320° erwärmt	18	46	36
desgleichen auf 450° im N_2-Strom	16	40	44
48 Stunden auf 220° und dann wie oben	20,5	59,5	20

Kieselgur hält nämlich Wasser leicht fest, wie aus den Versuchen von MORIKAWA, TRENNER und TAYLOR[3] über die Adsorption und Desorption von Wasserstoff hervorgeht. Sie finden nämlich durch Desorption bei hoher Temperatur größere Wasserstoffmengen, als adsorbiert wurden, und schreiben dies dem von den Silikaten der Kieselgur hartnäckig adsorbierten Wasser zu. So ist es bei der Herstellung von Nickel auf Kieselgur wahrscheinlich, daß eine höhere Reduktionstemperatur die Entfernung des gebildeten Wassers und damit eine Entgiftung des Katalysators begünstigt. Ein Industrieunternehmen hat zu demselben Zweck die Reduktion mit über Calciumchlorid scharf getrocknetem Wasserstoff durchgeführt. Es ist zu bedenken, daß das adsorbierte Wasser erst während der Hydrierung langsam abgegeben wird und deshalb seine vergiftende Wirkung lange Zeit anhält.

ARMSTRONG und HILDITCH[4] haben ferner bemerkt, daß bei gleicher Temperatur die Wirksamkeit des Katalysators vom Reduktionsgrad abhängt, und zwar (Tabelle 77) in Übereinstimmung mit unseren Ausführungen (S. 544) über

[1] J. J. DE LANGE, G. H. VISSER: Ingenieur ('s-Gravenhage) **58** (1946), 24. — Y. TRAMBOUZE, M. PERRIN: C. R. hebd. Séances Acad. Sci. **228** (1949), 837.

[2] J. J. B. VAN EIJK VAN VOORTHNIJSEN, P. FRANZEN: Recueil Trav. chim. Pays-Bas **69** (1950), 666.

[3] K. MORIKAWA, N. R. TRENNER, H. S. TAYLOR: J. Amer. chem. Soc. **59** (1937), 1103.

[4] E. F. ARMSTRONG, T. P. HILDITCH: Proc. Roy. Soc. (London), Ser. A **103** (1923), 586.

die Rolle von NiO als Verstärker des Ni. Die maximale Wirksamkeit soll bei etwa 80 % Reduktion liegen.

Je nach den Autoren schwankt die Menge des auf dem Träger aufgebrachten Nickels sehr stark, nämlich von 1 bis 50 %. Es gibt keine Untersuchung, die mit Sicherheit ein Maximum angäbe. Jedoch scheint es, daß es nicht zu empfehlen ist, die Menge zu klein zu machen. KAILAN und HARTEL[1] geben nämlich an, daß bei gleicher Nickelmenge im Katalyseversuch ein Katalysator mit 20 % Nickel deutlich bessere Ergebnisse liefert als einer mit 10 % (Tabelle 78). Jedoch scheint dies nach ihren eigenen Resultaten nicht immer zu gelten. Auch nach MARKMAN und IWANOWA[2] liegt das Optimum bei einem Verhältnis Ni : Kieselgur = 1 : 4. Nach JOGLEKAR und JATKAR[3] soll bei Zunahme des Nickelgehalts ein erstes Wirksamkeitsmaximum zwischen 10 und 20 % Ni liegen, dann ein Minimum gegen 50 %, und dann soll die Wirkung wieder zunehmen, um dann im trägerfreien Nickel den dreifachen Wert des ersten Maximums zu erreichen.

Andererseits hängt das Optimum auch von der zu katalysierenden Reaktion ab. So sahen wir schon, daß TSUTSUMI[4] für die FISCHER-TROPSCH-Synthese von Kohlenwasserstoffen ein Optimum bei einem Verhältnis Kieselgur : Ni = 1 : 2, für die Benzolhydrierung aber zwischen 5 : 1 und 10 : 1 gefunden hat.

Tabelle 77. *Wirksamkeit von nur teilweise reduziertem Nickel auf Kieselgur (14,5 % Ni) bei der Leinölhydrierung bei 180°.* (Nach ARMSTRONG und HILDITCH.)

Prozent Nickel reduziert	Wasserstoffverbrauch Lit./min
19,9	0,130
24,6	0,159
38,9	0,302
44,5	0,333
58,3	0,456
71,4	0,465
88,6	0,465
97,9	0,445

Sehr interessant sind weiterhin die Versuche, diesen Katalysator durch Zusatz anderer Oxyde oder Metalle zu aktivieren. Wir haben schon von der verstärkenden Wirkung der natürlichen Beimengungen der Kieselgur gesprochen. ARMSTRONG und HILDITCH[5] versuchten, dem Nickel durch Mitfällung Aluminiumoxyd zuzumischen; schon 1 bis 1,2 % Al_2O_3 wirken verstärkend. Auch MOSCHKIN

Tabelle 78. *Einfluß von Menge und Zusammensetzung eines Nickel-Kieselgur-Katalysators auf die Ölhärtung.* (Nach KAILAN und HARTEL.)

Prozent Nickel bezogen auf Öl	Geschwindigkeitskonstante $k \cdot 10^6$ cm^3 min^{-1}			
	Katalysator a		Katalysator b	
	10 % Ni	20 % Ni	10 % Ni	20 % Ni
1	865	739	882	741
1,4	758	862	776	897
2	646	917	690	945

Katalysator a: Reduziert mit Wasserstoff, der über Kupfer bei 400° gereinigt ist.
Katalysator b: Reduziert mit Wasserstoff, der über Pyrogallol und Kaliumpermanganat gereinigt ist.

[1] A. KAILAN, F. HARTEL: Mh. Chem. **70** (1937), 329.
[2] A. MARKMAN, W. IWANOWA: Öl- u. Fett-Ind. URSS **1929**, Nr. 4, 13.
[3] R. V. JOGLEKAR, S. K. K. JATKAR: J. Indian chem. Soc., ind. News Edit. **5** (1942), 4.
[4] S. TSUTSUMI: Sci. Pap. Inst. physic. chem. Res. (Tokyo) **36** (1939), 335.
[5] E. F. ARMSTRONG, T. P. HILDITCH: Proc. Roy. Soc. (London), Ser. A **103** (1923), 586.

und ARTEMOW[1] haben Zunahmen der katalytischen Wirksamkeit von Ni auf Kieselgur bei Zusatz verschiedener Oxyde (Al_2O_3, ThO_2, SiO_2, MgO, ZnO, Fe_2O_3, CuO, MnO, CaO) erzielt.

Eine ziemlich ausgedehnte Untersuchung, was die Zahl der Zusatzstoffe betrifft, haben COWERT, CONNOR und ADKINS[2] ausgeführt. Sie haben während der Fällung eine Reihe von Verstärkern zugesetzt. Die Versuche beziehen sich auf die Hydrierung von Aceton oder von Furfurylacetal. In Tabelle 79 bringen wir die Resultate. Man sieht aus ihnen, daß die Wirksamkeit in einigen Fällen steigt, in anderen fällt. Jedoch sind nicht immer die besten Katalysatoren für die Hydrierung des Acetons auch die besten für die des Furfurylacetals. Man könnte demnach sagen, daß die zugesetzten Verstärker auch selektiv wirken. Dies ist auch in vollem Einklang mit allem, was wir in dem Kapitel „Selektivität und Spezifität von Mischkatalysatoren" (s. S. 453) schon gesehen haben.

Tabelle 79. *Wirkung verschiedener Verstärker auf Nickel-Kieselgur.* (Nach COWERT, CONNOR und ADKINS.) Katalysatoren, hergestellt durch Fällung von 10 Teilen Nickel und 1 Teil Verstärker mit Natriumhydrogencarbonat. Temperatur bei Aceton 125°, bei den übrigen Stoffen 175°.

Katalysator	Zeit in Minuten für vollständige Hydrierung von		
	Aceton	Furfurylacetal	Toluol
Ni	13	12	—
+ Cu	25	10	15
+ Cu*	16	12	—
+ ZnO	15	160	—
+ Cr_2O_3	16	11	—
+ MoO_2	10	0**	—
+ BaO	24	1	24
+ MnO	24	0**	—
+ Ce_2O_3	20	0**	4
+ Fe	16	0**	—
+ Co	10	8	—
+ B_2O_3	10	16	—
+ Ag	15	11	—
+ MgO	12	8	—
+ WO_2	140	17	—
+ Sn	16	71	—
+ SiO_2	16	0**	—

* Katalysator, hergestellt mit Natriumcarbonat.
** Die Hydrierung war beendet, bevor 175° erreicht waren.

Auch NATTA, RIGAMONTI und BEATI[3] haben Katalysatoren aus Nickel auf Kieselgur mit anderen Metallen als Verstärker bei Versuchen der Hydrierung von Furfurol (Tabelle 80) und Glukose (Tabelle 81) verwendet. Bei der Furfurolhydrierung zeigte sich, daß der Zusatz von Verstärkern im allgemeinen die Spaltung des Furanringes begünstigt. Wie wir jedoch schon bei den Versuchen mit ähnlichen

[1] A. MOSCHKIN, A. ARTEMOW: Öl- u. Fett-Ind. URSS **1932**, Nr. 4/5, 27. — S. TSUTSUMI: Sci. Pap. Inst. physic. chem. Res. (Tokyo) **36** (1939), 182.
[2] L. W. COWERT, R. CONNOR, H. ADKINS: J. Amer. chem. Soc. **54** (1932), 1651.
[3] G. NATTA, R. RIGAMONTI, E. BEATI: Chim. e Ind. **23** (1941), 117; Chim. e Ind. **24** (1942), 419; Ber. dtsch. chem. Ges. **76** (1943), 641.

Katalysatoren ohne Träger (S. 513) gesehen haben, wirkt Silber ungünstig, indem es die katalytische Wirksamkeit überhaupt herabsetzt. Dies war auch schon von PATEL[1] bei der Fetthydrierung bemerkt worden.

Tabelle 80. *Hydrierung von Furfurol bei 250° und 200÷300 atm mit verstärkten Katalysatoren auf Kieselgur.* (Nach NATTA, RIGAMONTI und BEATI.)

Katalysator	Versuchsdauer Std.	Reaktionsprodukte Mol/100 Mol Furfurol				
		Furfurylalkohole	Amylenglykole	Amylalkohole	Methylfuran oder Tetrahydromethylfuran	Hochsiedende Produkte
Ni	7,0	51,4	5,55	Spur	Spur	5,0
1 Teil Ni, 4 Teile Co	5,5	27,6	13,15	9,45	15,2	13,4
5 Teile Ni, 1 Teil Ag	4,5	7,6	2,7	5,65	9,55	38,5
4 Teile Co, 1 Teil Cu	5,0	12,0	15,8	7,65	12,45	23,4
4 Teile Co, 1 Teil Ag	4,5	9,05	7,15	11,45	13,7	27,6
5 Teile Cu, 1 Teil Ag	4,5	36,0	14,5	3,8	8,45	20,0

Die Kieselgur hat jedoch in diesen Versuchen auch selbst eine katalytische Wirkung, indem sie die Kondensation von Furfurol zu hochsiedenden Produkten hervorruft, die bei der Hydrierung mit trägerlosen Kontakten nicht unter den Reaktionsprodukten angetroffen werden. Es ist dies ein Fall, wo der Träger eine schädliche Wirkung auf die Richtung der Katalyse ausüben kann.

Bei der Hydrierung von Glukose (Tabelle 81) wurden insbesondere Katalysatoren Ni-Cu auf Kieselgur berücksichtigt. Als erstes Produkt bildet sich bei 150÷180° Sorbit, der sich dann bei höheren Temperaturen spaltet und Glyzerin, Propylenglykol, Methylglyzerin und Alkohole liefert.

Tabelle 81. *Hydrierung von Glukose mit Katalysatoren Ni-Cu-Kieselgur.* Druck H_2 = 160 atm; Lösungsmittel Wasser. (Nach NATTA, RIGAMONTI und BEATI.)

Katalysator	Temp. °C	Versuchsdauer Std.	Prozent Produkte bezogen auf trockene Glukose			
			Sorbit	Glyzerin	Glykole	Alkohole
Ni	240	3	22,0	5,5	48,0	3,55
Ni : Cu = 5 : 1	220	5	54,4	5,9	18,8	2,9
	230	5	35,0	2,5	16,6	n. b.
Ni : Cu = 4 : 1	220÷230	5	29,0	19,4	19,5	26,0
Ni : Cu = 3 : 2	220	5	70,0	n. b.	14,7	0
	220	8	44,0	11,3	18,6	3,0
	220	3	54,7	8,6	14,8	2,4
	230	5	26,5	16,9	26,9	4,2
Ni : Cu = 2 : 3	200	3	73,0	12,4	10,0	2,9
	220	3	28,0	21,7	25,9	4,7
Ni : Cu = 1 : 2	230	3	59,0	7,6	12,35	2,95
	240	3	59,0	2,5	18,4	4,3

n. b. = nicht bestimmt.

[1] C. K. PATEL: J. Indian Inst. Sci. **1924**, 197.

Besonders aktiv ist ein Katalysator mit reinem Nickel und der Ni-Cu-Katalysator mit Gewichtsverhältnissen zwischen 3 : 2 und 2 : 3. Während aber der erste hohe Ausbeuten an Propylenglykol liefert, geben die Cu-haltigen Katalysatoren auch gute Ausbeuten an Glyzerin.

Auch andere haben versucht, Ni-Cu-Mischungen auf Kieselgur vor allem für die Härtung von Ölen zu verwenden. Nach KAUFMANN und PARDUN[1] sowie YAMAGUTI, NAKAYAMA und TERANISCHI[2] soll bei dieser Reaktion der Mischkatalysator beträchtlich bessere Ergebnisse liefern als reines Nickel; das Optimum soll bei einer Mischung mit gleichen Gewichtsteilen beider Metalle liegen. Man hat auch Mischungen verschiedener Metalle und Oxyde bis zu fünf Komponenten bei der Hydrierung pflanzlicher Öle versucht: Mischungen Ni-Cd-Co-Mn, Ni-Cu-Co-Zn und Ni-Cu-Mg-Co mit einer fünften Komponente (Ca, Ba, Mg, Zn, Cr, Fe)[3]. Anscheinend sind aber diese Vielfachkatalysatoren nicht von besonderem Interesse.

b) Verstärkte Nickel- und Kobalt-Kieselgur-Kontakte für die Benzinsynthese.

Ein sehr spezieller Fall von Metallkatalysatoren auf Kieselgur mit verstärkendem Zusatz von Oxyden sind die Katalysatoren, die bei der Benzinsynthese nach FISCHER und TROPSCH benutzt werden. Es haben sich hier zahlreiche Katalysatoren auf der Grundlage von Nickel, Kobalt oder Eisen bewährt. Unter ihnen sind es die Kobaltkontakte, die wegen der guten Ausbeuten zuerst technische Bedeutung gewonnen haben. Erst später hat man in der Praxis auch Eisenkatalysatoren verwendet.

Der Zusatz von Oxyden oder Fremdmetallen als Verstärker zu diesen Katalysatoren hat sich als ziemlich unentbehrlich erwiesen. Die Gründe sind noch ungewiß und es werden hauptsächlich zwei Erklärungen angeführt: Nach einigen Autoren soll die Synthese von Kohlenwasserstoffen die Anwesenheit besonders gearteter Aktivzentren voraussetzen, die besondere Wirksamkeit und Selektivität besitzen, und für die Bildung solcher Zentren soll die Anwesenheit der Verstärker erforderlich sein. Zum Beispiel hat TSUTSUMI[4] gefunden, daß selbst sehr aktive Katalysatoren der Benzolhydrierung für die Kohlenwasserstoffsynthese nicht ausreichen, und er schließt daraus, daß diese nur an Zentren höchster Wirksamkeit vor sich geht. HERINGTON und WOODWARD[5] haben speziell die Anwesenheit von zwei Arten aktiver Zentren angenommen: Aktivzentren A, die über die Bildung von Metallkarbiden die Synthese höherer Kohlenwasserstoffe ermöglichen, und Aktivzentren B, die nur die Synthese von Methan erlauben. Aus ihren Forschungen scheint auch hervorzugehen, daß die Zentren der ersten Art gegen thermische Mißhandlung empfindlich, aber gegen Gifte (Schwefel) resistent sind, und die Zentren B umgekehrt.

Diese Hypothese ist von TRAMBOUZE und PERRIN[6] durch Versuche mit einem Katalysator aus Ni-Al_2O_3 auf Kieselgur vertieft worden. In Verfolg ihrer schon erwähnten Beobachtungen über die Bildung von Nickelaluminat und -silikat bei der Kontaktherstellung wollen die Autoren zu dem Schluß gekommen sein,

---

[1] H. P. KAUFMANN, H. PARDUN: Fette u. Seifen **45** (1938), 223.

[2] E. YAMAGUTI, S. NAKAYAMA, K. TERANISCHI: Waseda appl. chem. Soc. Bull. **17** (1940), 40.

[3] S. UENO, T. SUZUKAWA: J. Soc. chem. Ind. Japan **42** (1939), 350 B.

[4] S. TSUTSUMI: Sci. Pap. Inst. physic. chem. Res. (Tokyo) **36** (1939), 251.

[5] E. F. G. HERINGTON, L. A. WOODWARD: Brennstoff-Chem. **20** (1939), 319.

[6] Y. TRAMBOUZE, M. PERRIN: C. R. hebd. Séances Acad. Sci. **228** (1949), 1015; J. Chim. physique **47** (1950), 474.

daß die durch Reduktion des Aluminats entstandenen aktiven Zentren für die Kohlenwasserstoffsynthese aktiv seien, während die aus Silikat entstandenen die Methanbildung katalysieren. Dem widerspricht CRAXFORD[1], der darauf hinweist, daß die Bildung einer geringen Silikatmenge günstig sei. Er stimmt also mit der zitierten Ansicht von HERINGTON und WOODWARD überein, wonach die Wirkung der Verstärker (besonders ThO_2) und auch des Trägers in einer Begünstigung der Bildung und Reduktion von Metallkarbiden besteht[2].

Andere wieder meinen, daß die Anwesenheit der Verstärker deshalb nötig sei, weil sie eine eigene katalytische Wirkung hätten, indem sie als Kondensationsmittel wirken und so die Bildung höherer Kohlenwasserstoffe begünstigen. Auch sollen sie die hydrierende Wirkung des Grundmetalles mäßigen und so die Methanbildung verhindern oder wenigstens herabsetzen[3].

Diesen beiden Erklärungen des Wirkungsmechanismus der Verstärker entsprechen bis zu einem gewissen Grade auch zwei Theorien der Kohlenwasserstoffsynthese selbst. Die eine nimmt als Zwischenprodukte Karbide des Hauptkatalysatormetalles an, die dann reduziert werden, und die andere einfach Chemisorptionsverbindungen des Katalysators mit CO und H_2, die dann miteinander oder mit freien Molekeln H_2 oder CO reagieren und Methylenradikale liefern, die dann zu Kohlenwasserstoffen polymerisieren. Ohne in Einzelheiten auf die beiden Hypothesen einzugehen, verweisen wir auf eine neuere detaillierte Zusammenstellung von KÖLBEL und ENGELHARDT[4].

Jedenfalls, welche auch die Theorie des Synthesenmechanismus und des Verstärkereffekts sei, ist es sicher, daß man es mit einer komplizierten und noch dazu empfindlichen Synthese zu tun hat und daß zuweilen kleine Unterschiede z. B. in der Katalysatorherstellung genügen können, um ganz abweichende Ergebnisse zu bekommen. Dies hat schon FISCHER selbst beobachtet, der z. B. angibt, daß gewisse Katalysatoren besser bei hoher und andere bei tiefer Temperatur arbeiten und daß sowohl unter optimalen als auch unter gleichen Bedingungen das Syntheseprodukt je nach dem Katalysator verschieden ist.

Um alle diese Dinge aufzuklären, sind zahlreiche Untersuchungen ausgeführt worden: mit Röntgenstrahlen[5], mit dem Elektronenmikroskop[6], durch Adsorptionsmessungen[7], durch Bestimmungen magnetischer Suszeptibilitäten[8], mit

---

[1] S. R. CRAXFORD, A. POLL: J. Chim. physique **47** (1950), 253.

[2] S. R. CRAXFORD: Trans. Faraday Soc. **42** (1946), 580.

[3] C. H. RIESS, F. LISTER, L. G. SMITH, V. I. KOMAREWSKY: Ind. Engng. Chem. **40** (1948); 718.

[4] H. KÖLBEL, F. ENGELHARDT: Chemie-Ing.-Techn. **22** (1950), 97.

[5] S. R. CRAXFORD: J. Soc. chem. Ind. **66** (1947), 440. — R. B. ANDERSON, W. K. HALL, L. J. E. HOFER: J. Amer. chem. Soc. **70** (1948), 2465. — L. J. E. HOFER, W. C. PEEBLES: J. Amer. chem. Soc. **69** (1947), 893, 2497. — L. J. E. HOFER, E. M. COHN, W. C. PEEBLES: J. Amer. chem. Soc. **71** (1949), 189.

[6] J. T. MCCARTNEY, B. SELIGMAN, W. K. HALL, R. B. ANDERSON: J. physic. Colloid Chem. **54** (1950), 505.

[7] S. MATSUMURA, K. TARAMA, S. KODAMA: Sci. Pap. Inst. physic. chem. Res. (Tokyo) **37** (1940), 302; J. Soc. chem. Ind. Japan **43** (1940), 175 B. — S. R. CRAXFORD: J. Soc. chem. Ind. **66** (1947), 440. — R. B. ANDERSON, W. K. HALL, L. J. E. HOFER: J. Amer. chem. Soc. **70** (1948), 2465. — J. T. MCCARTNEY, B. SELIGMAN, W. K. HALL, R. B. ANDERSON: J. physic. Colloid Chem. **54** (1950), 505. — S. R. CRAXFORD, A. POLL: J. Chim. physique **47** (1950), 253. — R. B. ANDERSON, W. K. HALL, H. HEWLETT, B. SELIGMAN: J. Amer. chem. Soc. **69** (1947), 3114. — H. KÖLBEL, P. ACKERMAN, R. JUZA, H. TENTSHERT: Erdöl u. Kohle **2** (1949), 278.

[8] L. J. E. HOFER, E. M. COHN, W. C. PEEBLES: J. Amer. chem. Soc. **71** (1949), 189. — H. KÖLBEL, R. LANGHEIM: Erdöl u. Kohle **2** (1949), 544. — H. PICHLER, H. MERKEL: Brennstoff-Chem. **31** (1950), 1, 33; U. S. Bur. Mines, techn. Paper 718 (1949). — L. J. E. HOFER, E. M. COHN, W. C. PEEBLES: J. physic. Colloid Chem. **53** (1949), 661.

Katalyseversuchen unter verschiedenen Bedingungen (s. die zahlreichen Literaturangaben bei KÖLBEL und ENGELHARDT[1]) usw., wie auch durch reaktionskinetische und Chemisorptionsmessungen[2]. Mit Ausnahme der zitierten Versuche von TSUTSUMI fehlen jedoch Vergleiche mit anderen Hydrierungen, die wahrscheinlich eine gewisse Klarheit in das Problem bringen könnten.

Die Arbeiten über die FISCHER-TROPSCH-Synthese sind zahllos. Viele Versuchsreihen sind in Industrielaboratorien durchgeführt worden und über diese war meist keinerlei Veröffentlichung erschienen, bis sie in den Berichten der Alliierten über die Deutsche Industrie veröffentlicht wurden. Was diese Industrieforschung betrifft, so kann man sagen, daß sich hauptsächlich vier Gruppen von Experimentatoren mit diesem Thema befaßt haben: Deutsche (FISCHER und TROPSCH, PICHLER, KÖLBEL usw.), Japaner (KODAMA, FUJIMURA, TSUNEOKA, MURATA, TSUTSUMI usw.), Engländer (MEDSFORTH, ELVINS, NASH, CRAXFORD usw.) und Amerikaner (SMITH, ANDERSON, STORCH usw.). Außerdem gibt es noch einen etwas bescheideneren Beitrag von französischen, russischen, indischen und auch spanischen Veröffentlichungen. Es ist natürlich nicht möglich, alle diese Arbeiten zu berücksichtigen, von denen viele die verschiedensten Fragen, wie die Produktzusammensetzung oder den Einfluß des Apparaturaufbaus behandeln; wir verweisen hierfür auf die Literatur[3]. Hier wollen wir uns darauf beschränken, einfach die Haupteigenschaften der meist studierten Katalysatoren anzugeben.

a) Nickelkatalysatoren.

Diese sind von FISCHER studiert worden, wobei als Verstärker Thoriumoxyd und Manganoxyd dienten[4]. Das erstere hat sich überlegen gezeigt; die maximale Wirkung tritt bei 18 % Thoriumoxyd, bezogen auf metallisches Nickel, ein (Tabelle 82). Demgegenüber sind die manganhaltigen Katalysatoren etwas unwirksamer. Ihr Maximum liegt bei 15 ÷ 20 % Mangan, bezogen auf Metall.

Tabelle 82. *Einfluß des ThO_2-Gehalts auf die Wirksamkeit von Ni- und Co-Kontakten bei der Benzinsynthese.* (Nach FISCHER und MEYER sowie FISCHER und KOCH.)

Prozent ThO_2	Kohlenwasserstoffausbeute cm^3/m^3 Mischgas					
	Ni-Kontakt (bei 180°)			Co-Kontakt (bei 195°)		
	Benzin	Öl	Summe	Benzin	Öl	Summe
12	44	25	69	53	77	130,0
18	64	48	112	58	80,5	138,5
24	65	38	103	13,5	10	23,5

Jedoch steigt die Wirksamkeit des Ni-Mn-Katalysators merklich, wenn man ihn mit Aluminiumoxyd verstärkt. Wie wir aus den Versuchen von TRAMBOUZE und PERRIN[5] gesehen haben, kann dies mit der Bildung von Nickelaluminaten in Beziehung stehen. Ein Katalysator aus 20 % Mn, 10 % Al_2O_3 (beides

[1] H. KÖLBEL, F. ENGELHARDT: Chemie-Ing.-Techn. **22** (1950), 97.

[2] W. BRÖTZ: Z. Elektrochem. angew. physik. Chem. **53** (1949), 201. — W. BRÖTZ, W. ROTTIG: Z. Elektrochem. angew. physik. Chem. **56** (1953), 869. — H. TRAMEN: Chemie-Ing.-Techn. **24** (1952), 237.

[3] H. H. STORCH, N. GOLUMBIC, R. B. ANDERSON: The FISCHER-TROPSCH and Related Syntheses. New York, 1951.

[4] F. FISCHER, K. MEYER: Brennstoff-Chem. **12** (1931), 225.

[5] Y. TRAMBOUZE, M. PERRIN: C. R. hebd. Séances Acad. Sci. **228** (1949), 1015; J. Chim. physique **47** (1950) 474.

auf Nickel bezogen) und gleichviel Kieselgur wie Nickel hat in FISCHERS Versuchen die besten Ergebnisse geliefert und wird deshalb von ihm als „Normalkontakt" für die verschiedenen Vergleichsversuche definiert[1].

FUJIMURA und TSUNEOKA[2], die mit Nickelkatalysatoren und Mn- und Al_2O_3-Verstärker gearbeitet haben, haben ein Optimum bei etwas verschiedenen Prozentsätzen gefunden; 15 % Mn und 3 % Al_2O_3.

Dagegen wurden streuende, jedoch fast immer negative oder klägliche Ergebnisse mit Kupfer als Verstärker[3] erzielt, im Gegensatz zu dem Verhalten bei gewissen anderen Katalysen.

Was den Träger betrifft, so hat FISCHER auseinanderfallende Ergebnisse gefunden. Zuerst hatten FISCHER und MEYER[4] die besten Resultate mit einer Kieselgur geringen Schüttgewichts (und daher großer Weichheit) gefunden, später aber fanden dieselben[5] bei gewissen Sorten das Gegenteil. Offensichtlich hat, wie schon eingangs betont, die Herkunft und die Vorbehandlung des Trägers bedeutenden Einfluß. Vor allem ist es wichtig, die Beimengungen und insbesondere Eisenoxyd durch wiederholte Waschung mit Salzsäure gut zu entfernen[6].

Das beste Verhältnis zwischen Kieselgur und Metall liegt immer auch bei verschiedenen Katalysatoren zwischen 1 : 1 und 2 : 1, wie man aus Tabelle 83 sieht.

Tabelle 83. *Einfluß des Verhältnisses Metall : Kieselgur in Ni- 18 % ThO_2- und Co-18 % ThO_2-Kontakten bei der Benzinsynthese.* (Nach FISCHER und MEYER sowie FISCHER und KOCH.)

Verhältnis Metall zu Kieselgur	Kohlenwasserstoffausbeute cm^3/m^3 Mischgas					
	Ni-Kontakt			Co-Kontakt		
	Benzin	Öl	Summe	Benzin	Öl	Summe
5 : 1	—	—	—	39,5	59,5	99
3 : 1	58	18	76	—	—	—
2 : 1	61	30	91	47	91,5	138,5
1 : 1	64	48	112	47	97	144
1 : 1,33	72	35	107	—	—	—
1 : 1,5	—	—	—	53	100	153
1 : 2	51	19	70	—	—	—

Die besten Resultate hat man ferner durch Zusatz einer gleichen Menge Stärke zur Kieselgur erhalten. Dies ermöglicht es besser, den Katalysator zu Würmchen zu formen und erhöht außerdem die Ausbeuten erheblich[5]. Versuche mit anderen Trägern gaben immer schlechtere Ergebnisse.

Wie bei anderen Kieselgurkatalysatoren hat die Herstellungsmethode großen Einfluß, und zwar beobachtet man an diesen Kontakten dasselbe, was wir schon allgemein bemerkt haben (Tabelle 84). Die durch Tränken mit Nitrat und Verglühen zu Oxyd hergestellten Katalysatoren sind meist unwirksam oder wenig wirksam; das gleiche gilt für die mit Alkalihydroxyd gefällten; wirksam

[1] F. FISCHER, O. ROELEN, W. FEISST: Brennstoff-Chem. **13** (1932), 461. — F. FISCHER, K. MEYER: Brennstoff-Chem. **14** (1933), 47, 64.

[2] K. FUJIMURA, S. TSUNEOKA: J. Soc. chem. Ind. Japan **36** (1933), 413B.

[3] K. FUJIMURA, S. TSUNEOKA: J. Soc. chem. Ind. Japan **36** (1933), 413 B. — F. FISCHER, K. MEYER: Brennstoff-Chem. **12** (1931), 225. — H. KÜSTER: Brennstoff-Chem. **17** (1936), 221. — S. TSUTSUMI: Sci. Pap. Inst. physic. chem. Res. (Tokyo) **36** (1939), 182.

[4] F. FISCHER, K. MEYER: Brennstoff-Chem. **12** (1931), 225.

[5] F. FISCHER, K. MEYER: Brennstoff-Chem. **14** (1933), 47.

[6] F. FISCHER, K. PETERS: Brennstoff-Chem. **12** (1931), 228.

sind die mit Alkalicarbonat und insbesondere (mit einigen Ausnahmen) Kaliumcarbonat gefällten[1]. Dies bestätigt unsere Bemerkungen über Nickel auf Kieselgur bei anderen Hydrierungen (S. 669). Nur manchmal gibt es einige Ausnahmen. So wird der Katalysator Co-Mn sehr gut (und vielleicht sogar besser), auch wenn man mit Natriumcarbonat fällt[1].

Tabelle 84. *Einfluß der Herstellungsweise des Katalysators bei der Benzinsynthese.* (Nach FISCHER und MEYER sowie FISCHER und KOCH.) Katalysatoren: Ni + 18 % ThO_2 + 100 % Kieselgur bzw. Co + 18 % ThO_2 + 100 % Kieselgur.

Herstellungsweise	Kohlenwasserstoffausbeute cm^3/m^3 Mischgas					
	Ni-Kontakt			Co-Kontakt		
	Benzin	Öl	Summe	Benzin	Öl	Summe
Erhitzen von Nitraten ..	—	Spur	—	—	0,5	0,5
Fällung mit Na_2CO_3 ...	55	48	103	46	15,5	61,5
Fällung mit $(NH_4)_2CO_3$	37	17	54	52	69	121
Fällung mit K_2CO_3	74	46	120	62	80	142
Fällung mit $KHCO_3$ ...	46	20	66	—	—	—

Übrigens scheint auch die Art der Fällung von Einfluß zu sein, in dem Sinne, daß es besser ist, die Nitratlösung dem fertigen Brei aus Kieselgur und Carbonatlösung zuzusetzen, als wenn man die Carbonatlösung zu einem Brei aus Nitrat und Kieselgur setzt[1]. Bei der Reduktion hat FISCHER eine Variante eingeführt: neben der Reduktion mit Wasserstoff oder mit Wassergas bei 350 ÷ 450° hat er auch die Reduktion mit Ammoniak oder Mischungen H_2-NH_3 bei etwa 450° mit sehr zufriedenstellendem Erfolg versucht[2]. Dieser Katalysator hat eine beträchtlich höhere Ausbeute an flüssigen Produkten (besonders hochsiedenden) gegeben, als der mit Wasserstoff reduzierte (Tabelle 85). Eine überzeugende

Tabelle 85. *Einfluß von Ammoniak bei der Reduktion des Katalysators für die Benzinsynthese mit Wasserstoff.* (Nach FISCHER und MEYER.) Normalkontakt: Ni + 20 % Mn + + 10 % Al_2O_3 + 100 % Kieselgur.

Betriebsdauer Stunden	Temperatur °C	Kohlenwasserstoffausbeute cm^3/m^3 Mischgas	
		ohne NH_3	mit NH_3
64	191	127	153
283	197	112	148
619	203	100	140

Erklärung hierfür ist nicht gegeben worden. Die Reduktion von NiO ist ganz schwach exotherm, und daher sollte die Kühlung durch die endotherme Zersetzung des Ammoniaks eine untergeordnete Rolle bei der Verringerung der Sinterung des Nickels spielen. Wahrscheinlicher ist das Eingreifen irgendeines chemischen Faktors, etwa der Bildung von Nickelnitriden, ähnlich

[1] F. FISCHER, K. KOCH: Brennstoff-Chem. 13 (1932), 61. — F. FISCHER, K. MEYER: Brennstoff-Chem. 12 (1931), 225; 14 (1933), 47.
[2] F. FISCHER, K. MEYER: Brennstoff-Chem. 14 (1933), 64, 86.

wie wir das später bei den Eisenkatalysatoren[1] sehen werden, oder die Erleichterung der schon erwähnten Aluminatbildung nach der Theorie von TRAMBOUZE und PERRIN[2].

β) *Kobaltkatalysatoren.*

Wie gesagt, waren es die Kobaltkatalysatoren, die anfangs hauptsächlich technisch verwendet wurden, weil sie in der ersten Zeit als die besten anerkannt waren. Die Überlegenheit des Kobalts über Nickel und Eisen hatte FISCHER schon bei seinen ersten Versuchen[3] angetroffen. Jedoch bedarf auch dieser Katalysator der Verstärker, und als solche wurden die Oxyde von Mangan und Thorium erprobt, wobei auch hier, wie beim Nickel, ThO_2 überlegen ist[4]. FISCHER selbst hat Versuche mit diesem Katalysator parallel mit dem Nickelkatalysator durchgeführt und im ganzen die gleichen Optimumbedingungen gefunden: Gewichtsverhältnis $ThO_2 : Co = 18 : 100$, Kieselgur : Co = 1 : 1 bis 2 : 1 (Tabellen 82 und 83).

Der Katalysator mit den besten Resultaten, der auch meist benutzt wurde, hatte die Zusammensetzung Co : ThO_2 : Kieselgur = 100 : 18 : 100, und damit erhielt man bis zu 150 g flüssige Kohlenwasserstoffe je Kubikmeter Wassergas[5] bei Atmosphärendruck und bis zu 186 g Ausbeute unter leichtem Überdruck[6]. FISCHER fand auch bei diesem Katalysator wie beim Nickel, daß die besten Ergebnisse durch Fällung mit K_2CO_3 (Tabelle 84)[7] und mit salzsäuregewaschener Kieselgur zur Entfernung des Eisens[8] erzielt werden.

Später hat ROELEN[9] von der Ruhrchemie als zweiten Verstärker Magnesiumoxyd hinzugefügt. Die so erhaltenen Katalysatoren waren wirksamer und thermisch und mechanisch widerstandsfähiger. Nach ROELEN hängt die verstärkende Wirkung des Magnesiumoxyds damit zusammen, daß es mit CoO feste Lösungen bildet und so die Sinterung des metallischen Kobalts während der Reduktion erschwert. Diese Annahme scheint recht wahrscheinlich und steht auch in Übereinstimmung mit entsprechenden Beobachtungen z. B. bei Ammoniakkatalysatoren sowie mit Beobachtungen von CRAXFORD[10], wonach die Reduktion des Katalysators die empfindlichste Operation ist, von der die Aktivität des Kontakts stark abhängt. Man beachte in diesem Zusammenhang, daß diese Reduktion, im Gegensatz zu der des Nickels, exothermer wegen der möglichen Bildung von Kobalt(II)-Kobalt(III)oxyd beim Trocknen und Erhitzen des gefällten Katalysators werden kann (Tabelle 27, 515). So gelangte die Ruhrchemie zu einem Katalysator der Zusammensetzung Co : ThO_2 : MgO : Kieselgur = = 100 : 5 : 8 : 200, der als der beste in den technischen Anlagen verwandt wurde. Um die Sinterung während der Herstellung zu vermindern, wurde die Reduktion mit Wasserstoff unter Zusatz von Stickstoff als thermischem Ballast vorgenommen.

---

[1] R. B. ANDERSON, J. F. SHULTZ, B. SELIGMAN, W. K. HALL, H. H. STORCH: J. Amer. chem. Soc. **72** (1950), 3502.

[2] Y. TRAMBOUZE, M. PERRIN: C. R. hebd. Séances Acad. Sci. **228** (1949), 837, 1015; J. Chim. physique **47** (1950), 474.

[3] F. FISCHER: Brennstoff-Chem. **11** (1930), 489.

[4] F. FISCHER, H. KOCH: Brennstoff-Chem. **13** (1932), 61.

[5] F. FISCHER, H. PICHLER: Brennstoff-Chem. **17** (1936), 24.

[6] F. FISCHER, H. PICHLER: Brennstoff-Chem. **20** (1939), 221.

[7] F. FISCHER, K. KOCH: Brennstoff-Chem. **13** (1932), 61. — F. FISCHER, K. MEYER: Brennstoff-Chem. **12** (1931), 225; **14** (1933), 47.

[8] F. FISCHER, K. PETERS: Brennstoff-Chem. **12** (1931), 228.

[9] BIOS Final Report **447**, item 30.

[10] S. R. CRAXFORD: J. Soc. chem. Ind. **66** (1947), 440. — S. R. CRAXFORD, A. POLL: J. Chim. physique **47** (1950), 253.

Kürzlich erschien eine Arbeitsreihe von ANDERSON und Mitarbeitern über diesen doppelt verstärkten Katalysator und auch über den Katalysator Co-ThO_2-Kieselgur. Sie bestätigte den günstigen Einfluß des MgO in Richtung der Erhaltung einer feinen Verteilung des Kobalts[1]. Schon am unreduzierten Katalysator kann diese feine Verteilung im Elektronenmikroskop[2] festgestellt werden.

Kieselgur hat zwar allein schon diese Funktion, hauptsächlich dient sie aber dazu, eine Schrumpfung des Kontakts zu vermeiden[3]. Adsorptionsmessungen mit Kohlenmonoxyd an diesen Katalysatoren haben ferner gezeigt, daß der Verstärker sich fast ausschließlich an der Oberfläche befindet, analog dem Resultat von EMMETT und BRUNAUER (s. S. 562) bei den Eisenkatalysatoren der Ammoniaksynthese.

ANDERSON und Mitarbeiter, deren Arbeiten über die Struktur der Kieselgurträger wir schon auf S. 665 besprochen haben[4], haben hinsichtlich des Einflusses der Kieselgursorte keine eindeutige Beziehung der Wirksamkeit zur Zusammensetzung, Teilchengröße, Oberflächenentwicklung und Struktur des Trägers finden können[5]. Sie haben nur einen Befund von FISCHER, nämlich den schädlichen Einfluß des Eisengehaltes, bestätigen können, indem nämlich die besten Resultate beim geringsten Eisengehalt erzielt werden. Ferner haben sie auch den FISCHERschen Befund der Nützlichkeit von Kieselgur mit kleinem Schüttgewicht bestätigt.

γ) *Eisenkatalysatoren.*

Eisenkatalysatoren waren die ersten, die FISCHER und TROPSCH untersucht haben[6], indem sie ihre Versuche mit Kontakten Fe-Cu (im Verhältnis bis zu 4 : 1) begannen. Die Ausbeuten waren nicht sehr hoch, ließen sich aber durch Zusatz von etwas Alkali steigern. Später wurden verschiedene Versuche in Amerika von SMITH und Mitarbeitern[7] und in Japan von KODAMA und FUJIMURA[8] gemacht. Jedoch sind die Ausbeuten stets kleiner als mit Kobalt. Eine gewisse Steigerung erhält man durch Arbeiten unter Druck. Recht wichtig ist die Anwesenheit von etwas Alkali, jedoch nicht zuviel, damit keine sauerstoffhaltigen Verbindungen entstehen (s. Tabellen 64 und 65, S. 630 und 631, bei den Oberflächenverstärkern). Meistens genügen 0,5 % Alkalicarbonat.

Diese Katalysatoren wurden von der *Ruhrchemie* auch in einigen technischen Versuchen eingesetzt, doch ist nicht bekannt, daß sie laufend benutzt wurden. Ihr größter Nachteil scheint in der höheren Methanbildung zu liegen. Außerdem

---

[1] R. B. ANDERSON, W. K. HALL, L. J. E. HOFER: J. Amer. chem. Soc. **70** (1948), 2465.
[2] J. T. MCCARTNEY, B. SELIGMAN, W. K. HALL, R. B. ANDERSON: J. physic. Colloid Chem. **54** (1950), 505.
[3] R. B. ANDERSON, W. K. HALL, L. J. E. HOFER: J. Amer. chem. Soc. **70** (1948), 2465.
[4] R. B. ANDERSON, J. T. MCCARTNEY, W. K. HALL, L. J. E. HOFER: Ind. Engng. Chem. **39** (1950), 1618.
[5] R. B. ANDERSON, A. KRIEG, B. SELIGMAN, W. TARN: Ind. Engng. Chem. **40** (1948), 2347.
[6] F. FISCHER, H. TROPSCH: Brennstoff-Chem. **7** (1926), 97; **9** (1928), 21; Ber. dtsch. chem. Ges. **59** (1926), 830.
[7] D. F. SMITH, C. O. HAWK, P. L. GOLDEN: J. Amer. chem. Soc. **52** (1930), 3221.
[8] K. FUJIMURA: J. Soc. chem. Ind. Japan **34** (1931), 136 B. — S. KODAMA: Sci. Pap. Inst. physic. chem. Res. (Tokyo) **14** (1930), 169. — S. KODAMA, K. FUJIMURA: J. Soc. chem. Ind. Japan **34** (1931), 14 B.

haben sie die Eigentümlichkeit, als Nebenprodukt hauptsächlich CO_2 anstatt H_2O zu liefern. Anstatt der Gleichung

$$CO + 2H_2 = -CH_2- + H_2O \quad (1)$$

läuft also die Hydrierung des Kohlenoxyds mehr nach

$$2CO + H_2 = -CH_2- + CO_2. \quad (2)$$

Dies wird dahin gedeutet[1], daß Reaktion (2) eine Überlagerung von Reaktion (1) und der Wassergasreaktion

$$CO + H_2O = CO_2 + H_2$$

sei, nachdem ja Eisen für diese ein guter Katalysator ist. Bei geringer Strömungsgeschwindigkeit findet nämlich auch an Kobalt Reaktion (2) statt.

Nach dem Krieg wurde das Studium dieses Prozesses sowohl in Amerika als auch in Deutschland wieder aufgenommen. In USA haben ANDERSON und Mitarbeiter[2] hauptsächlich Versuche mit trägerlosen Eisenkatalysatoren vom Typ der für die Ammoniaksynthese benutzten und auf S. 567 erwähnten mit guten Ergebnissen durchgeführt. Diese Katalysatoren werden wirksamer, wenn man sie mit Ammoniak reduziert[3], weil sich dabei Nitride bilden, die der Alterung durch Kohleabscheidung oder Oxydation besser widerstehen sollen. In Deutschland haben KÖLBEL und seine Mitarbeiter[4] genaue Versuche mit Trägerkatalysatoren (Kieselgur oder Magnesiumoxyd) gemacht und unter anderem gefunden, daß man das Kupfer bis auf 0,5% vermindern kann, ohne die Ausbeute zu verändern, und daß der Katalysator, um gut zu sein, vor der Reduktion aus γ-Fe_2O_3 bestehen muß. KÖLBEL hat auch gute praktische Ergebnisse erzielt.

δ) *Verschiedene Katalysatoren.*

Außer den drei vorstehend betrachteten Grundtypen Nickel-ThO_2-MnO-Al_2O_3, Co-ThO_2-MgO und Fe-Cu-Alkali sind zahlreiche andere, vor allem von den Japanern[5], studiert worden. Unter ihnen sind einige, die gleichzeitig Nickel und Kobalt enthalten, aber auch nicht besser arbeiten als eines dieser Metalle allein, und andere, in denen unter den verstärkenden Oxyden auch das des Urans vorkommt. Man hat auch Katalysatoren mit bis zu fünf Komponenten (Metallen und verstärkenden Oxyden) erprobt. Aber wegen der komplizierten Zusammensetzung und der Verschiedenheit der Versuchsbedingungen geben diese Versuche kein klares Bild von dem Einfluß der verschiedenen Zusätze. Wir wollen uns daher darauf beschränken, in Tabelle 86 die Zusammensetzung und die Ausbeute der meisten dieser Katalysatoren zu bringen.

---

[1] H. KÖLBEL und Mitarbeiter: Chemie-Ing.-Techn. **23** (1951), 153.

[2] H. H. STORCH, N. GOLUMBIC, R. B. ANDERSON: The FISCHER-TROPSCH and Related Syntheses. New York, 1951.

[3] R. B. ANDERSON, J. F. SHULTZ, B. SELIGMAN, W. K. HALL, H. H. STORCH: J. Amer. chem. Soc. **72** (1950), 3502.

[4] H. KÖLBEL, P. ACKERMANN, E. RUSCHENBURG, R. LANGHEIM, F. ENGELHARDT: Chemie-Ing.-Techn. **23** (1951), 153, 183.

[5] S. TSUNEOKA, Y. MURATA: Sci. Pap. Inst. physic. chem. Res. (Tokyo) **34** (1938), 280; J. Soc. chem. Ind. Japan **41** (1938), 52 B. — S. TSUTSUMI: J. chem. Soc. Japan **58** (1937), 996; Sci. Pap. Inst. physic. chem. Res. (Tokyo) **35** (1939), 435; **36** (1939), 335. — J. KATAYAMA, Y. MURATA, H. KOIDE, S. TSUNEOKA: J. Soc. chem. Ind. Japan **41** (1938), 393 B; Sci. Pap. Inst. physic. chem. Res. (Tokyo) **34** (1938), 1181.

Tabelle 86. *Katalysatoren für die Fischer-Tropsch-Synthese.*

Katalysator	Zusammensetzung	Ausbeute g/m³ $CO+H_2$	Literatur*	sonstige Literatur
a) Binäre Mischungen:				
Fe-Co	—	—	—	105, 138
Fe-Ni	—	—	—	120, 138, 161
Fe-Cu	100 : 28	51	26	9, 11, 12, 13, 14, 36, 38, 51, 54, 55, 56, 57, 58, 67, 93, 100, 101, 102, 104, 105, 130, 137, 142, 144, 159
Fe-Ag	—	—	—	13
Fe-Pd	—	—	—	54
Fe-Pb	—	—	—	38
Fe-C	—	—	—	54
Fe-Na_2CO_3; Fe-Li_2CO_3	—	80	106	13
Fe-K_2CO_3	—	80	106	9, 13, 102, 105, 108, 141, 142
Fe-Rb_2CO_3; Fe-Cs_2CO_3	—	80	106	—
Fe-$CaCO_3$; Fe-$SrCO_3$; Fe-$BaCO_3$	—	—	—	13
Fe-BeO	—	—	—	54
Fe-MgO; Fe-ZnO; Fe-MnO	—	—	—	13, 54
Fe-Al_2O_3	100 : 100	11	136	13, 54
Fe-Cr_2O_3	—	—	—	13, 54
Fe-Fe_2O_3	—	—	—	54
Fe-SiO_2	—	—	—	13, 54
Fe-ThO_2	0,25 : 100	39	131	—
Fe-MoO_3; Fe-WO_3	—	—	—	13
Fe-U_3O_8; Fe-Seltene Erdoxyde	—	—	—	54
Fe-Al_2O_3; Fe-SiO_2 (Skelettkontakt)	—	—	—	45
Co-Ni	—	—	—	42, 120, 158
Co-Cu	100 : 50	8	34	39, 54, 57, 85, 105, 143, 144, 164
Co-Pd; Co-C	—	—	—	54
Co-K_2CO_3	—	—	—	49
Co-BeO	—	—	—	54
Co-MgO	100 : 20	141	23	2, 3, 39, 54, 111
Co-ZnO	100 : 20	30	39	54
Co-MnO	100 : 15	105	36	39, 54, 85, 161
Co-Al_2O_3	100 : 33	70	136	39, 54, 85
Co-Cr_2O_3	100 : 20	11	39	54, 143
Co-Fe_2O_3	—	—	—	54
Co-Ce_2O_3	—	—	—	54, 61
Co-SiO_2	—	—	—	54
Co-ThO_2	100 : 18	186	50	2, 3, 4, 6, 20, 21, 25, 28, 30, 36, 39, 40, 48, 51, 52, 71, 73, 74, 75, 76, 77, 82, 83, 85, 90, 91, 111, 126, 134, 136, 146, 161, 167, 168

* Die Literatur-Fußnoten zu dieser Tabelle befinden sich auf S. 688 ff.

Fortsetzung der Tabelle 86

Katalysator	Zusammensetzung	Ausbeute g/m³ $CO+H_2$	Literatur	sonstige Literatur
Co-U_3O_8	—	—	—	54, 161
Co-Al_2O_3 (Skelettkontakt)	—	115	135	45
Co-SiO_2 (Skelettkontakt)	—	63	45	120, 135, 156, 157
Ni-Cu	—	—	—	42, 54, 161
Ni-Ag; Ni-Bi	—	—	—	42
Ni-Pd; Ni-C	—	—	—	54
Ni-K_2CO_3	—	—	—	150
Ni-BeO	—	—	—	54
Ni-MgO	—	—	—	54, 80, 161
Ni-CaO	—	—	—	161
Ni-ZnO	—	—	—	54, 161
Ni-MnO	100 : 20	95	163	42, 54, 62, 134, 161
Ni-Al_2O_3	100 : 100	47	136	42, 54, 152, 153, 161
Ni-Cr_2O_3	—	—	—	54, 62
Ni-Fe_2O_3	—	—	—	54
Ni-SiO_2	—	—	—	54, 161
Ni-ThO_2	100 : 18	85	42	36,47,60,65,82,107,161
Ni-U_3O_8	—	—	—	56, 62, 160
Ni-Seltene Erdoxyde	—	—	—	54
Ni-Al_2O_3 (Skelettkontakt)	—	53	45	135, 157
Ni-SiO_2 (Skelettkontakt)	—	38	45	120, 156, 157
Cu-ThO_2	0,25: 100	—	—	131
Ru-K_2CO_3	100 : 0,7	130	129	37, 51, 128
Ru-Na_2CO_3; Ru-Li_2CO_3; Ru-Rb_2CO_3	—	—	—	37
Ru-ThO_2	—	—	—	37
ThO_2-K_2CO_3	100 : 0,6	65	131	132
ThO_2-ZnO	100 : 33	59	131	133
ThO_2-Al_2O_3	100 : 20	56	131	132
ThO_2-Cr_2O_3	—	49	131	—
ZnO-Al_2O_3	100 : 63	41	131	132
Al_2O_3-Cr_2O_3	100 : 10	10	131	—
b) Ternäre Mischungen:				
Fe-Co-Cu	100 : 100 : 10	15	105	159
Fe-Co-Al_2O_3	—	—	—	105
Fe-Co-ThO_2	—	—	—	39
Fe-Ni-Al_2O_3; Fe-Ni-Cr_2O_3	—	—	—	115, 159
Fe-Ni-ThO_2; Fe-Ni-U_3O_8	—	—	—	115, 159
Fe-Cu-Ni	—	—	—	67, 159
Fe-Cu-Na_2CO_3	—	—	—	87, 88, 97, 114, 120,
Fe-Cu-K_2CO_3	100 : 5 : 0,5	168	147	9, 13, 19, 26, 35, 55, 70, 93, 97, 100, 102, 103, 104, 105, 109, 111, 115, 117, 118, 119, 121, 122, 123, 139, 140, 141, 142, 159
Fe-Cu-Rb_2CO_3		—	—	114
Fe-Cu-MgO	—	—	—	87, 159
Fe-Cu-ZnO	—	—	—	119
Fe-Cu-MnO	100 : 33 : 43	30	16	89, 91, 92, 110, 121, 144, 159

Fortsetzung der Tabelle 86

Katalysator	Zusammensetzung	Ausbeute g/m³ CO+H₂	Literatur	sonstige Literatur
Fe-Cu-Al_2O_3	—	—	—	115, 159
Fe-Cu-Cr_2O_3	—	—	—	110, 115, 119, 159
Fe-Cu-B_2O_3	—	—	—	93, 116, 118, 123
Fe-Cu-ThO_2; Fe-Cu-U_3O_8	—	—	—	115, 159
Fe-MgO-K_2CO_3	—	—	—	5, 9, 70, 141, 142
Fe-MgO-CaO	—	—	—	102
Fe-Al_2O_3-K_2CO_3	—	—	—	9, 138, 141, 142, 143
Fe-ZrO_2-K_2CO_3	—	—	—	141
Fe-Ni-Al_2O_3 (Skelettkontakt)	100 : 100 : x	49	45	—
Fe-Ni-SiO_2 (Skelettkontakt)	—	—	—	45
Fe-Cu-Al_2O_3 (Skelettkontakt)	—	—	—	45, 157
Co-Ni-Cu	—	—	—	158
Co-Ni-MnO	—	—	—	158
Co-Ni-Al_2O_3	—	—	—	158
Co-Ni-Cr_2O_3	—	—	—	158, 161
Co-Ni-ThO_2	—	—	—	40, 158
Co-Ni-U_3O_8	—	—	—	158
Co-Cu-Cd	—	—	—	86
Co-Cu-K_2CO_3	—	—	—	105
Co-Cu-BeO	—	—	—	86
Co-Cu-MgO	100 : 33 : 15	32	86	59
Co-Cu-ZnO	100 : 50 : 75	7	34	16, 33, 59, 86, 125
Co-Cu-MnO	100 : 10 : 15	83	39	16, 17, 32, 33, 34, 81, 86, 110, 125, 138, 143, 144, 145
Co-Cu-Al_2O_3	100 : 50 : 75	4	34	33, 125
Co-Cu-Cr_2O_3	—	—	—	59, 110, 143
Co-Cu-Ce_2O_3	100 : 50 : 75	7	34	33, 86, 125
Co-Cu-ThO_2	100 : 11 : 22	115	164	36, 49, 59, 85, 105, 165, 166
Co-Cu-ZrO_2	100 : 33 : 15	21	86	—
Co-Cu-TiO_2	—	—	—	86
Co-Cu-MoO_3; Co-Cu-WO_3	—	—	—	59
Co-Cu-U_3O_8	—	—	—	59, 71, 120, 143, 160, 161
Co-Ag-U_3O_8	100 : 10 : 12	108	160	—
Co-MgO-ThO_2	100 : 3 : 6	130	69	2, 3, 4, 7, 8, 22, 23, 24, 30, 68, 76, 84, 147, 148, 168
Co-MnO-Al_2O_3	100 : 15 : 1	59	39	—
Co-MnO-ThO_2	—	—	—	134
Co-ThO_2-Na_2CO_3	100 : 18 : 1	65	83	—
Co-ThO_2-K_2CO_3	100 : 18 : 1	61	83	—
Co-ThO_2-U_3O_8	—	—	—	100
Co-Ni-MgO (Skelettkontakt)	—	—	—	156
Co-Ni-SiO_2 (Skelettkontakt)	100 : 100 : x	113	45	36, 120, 155, 156, 157
Co-Cu-SiO_2 (Skelettkontakt)	100 : 5 : x	22	45	—
Ni-Cu-K_2CO_3	—	—	—	105
Ni-Cu-MnO	—	—	—	62
Ni-Cu-ThO_2	100 : 25 : 22	8	44	42
Ni-Ag-ThO_2	—	—	—	134
Ni-Hg-ThO_2	—	—	—	80

Fortsetzung der Tabelle 86

Katalysator	Zusammensetzung	Ausbeute g/m³ $CO+H_2$	Literatur	sonstige Literatur
Ni-MnO-Rb_2CO_3	—	—	—	62
Ni-MnO-Al_2O_3	100 : 24 : 9	118	1	28, 31, 36, 42, 43, 46, 48, 51, 53, 62, 63, 113, 120, 127, 134, 149, 154
Ni-MnO-Cr_2O_3	100 : 12 : 3	56	62	134
Ni-MnO-ThO_2	100 : 15 : 3	96	62	63, 120
Ni-MnO-MoO_3	100 : 12 : 3	53	62	—
Ni-MnO-WO_3	100 : 12 : 3	69	62	—
Ni-MnO-U_3O_8	100 : 12 : 3	71	62	—
Ni-Al_2O_3-SiO_2	—	—	—	151
Ni-Al_2O_3-ThO_2	100 : 18 : 18	5	42	47
Ni-ThO_2-K_2CO_3	—	—	—	18, 62
Ni-ThO_2-Rb_2CO_3	—	—	—	62
Ni-U_3O_8-K_2CO_3	—	—	—	62
Ni-Cu-Al_2O_3 (Skelettkontakt)	100 : 10 : x	3	45	—
Ni-Mn-Al_2O_3 (Skelettkontakt)	100 : 20 : x	32	45	—
Ni-Mn-SiO_2 (Skelettkontakt)	—	—	—	157
Ni-Al_2O_3-SiO_2 (Skelettkontakt)	—	—	—	45
Ru-Al_2O_3-K_2CO_3	—	—	—	37
ThO_2-ZnO-Alkali	—	—	—	133
ThO_2-Al_2O_3-K_2CO_3	100 : 20 : 3	25	131	133
c) Quaternäre Mischungen:				
Fe-Co-Cu-K_2CO_3	—	—	—	105
Fe-Co-Cu-MnO	100 : 100 : 67 : 89	11	16	86
Fe-Ni-Cu-K_2CO_3	—	—	—	105, 115, 159
Fe-Cu-MgO-Na_2CO_3	—	—	—	87
Fe-Cu-MgO-K_2CO_3	100 : 25 : 5 : 6	111	96	115, 159
Fe-Cu-MgO-B_2O_3	—	—	—	116, 119
Fe-Cu-BaO-K_2CO_3	—	—	—	101
Fe-Cu-ZnO-K_2CO_3	100 : 100 : 133 : 8	31	16	15
Fe-Cu-ZnO-B_2O_3	—	—	—	119
Fe-Cu-MnO-K_2CO_3	100 : 25 : 2 : 2	62	159	15, 36, 48, 92, 94, 95, 112, 114, 115, 121, 124
Fe-Cu-MnO-Rb_2CO_3	100 : 25 : 2 : 2	—	—	114
Fe-Cu-MnO-B_2O_3	—	—	—	92, 95, 116, 119
Fe-Cu-B_2O_3-K_2CO_3	—	—	—	93, 118, 123
Fe-Cu-SiO_2-K_2CO_3	100 : 10 : 9 : 24	142	147	—
Fe-Cu-ThO_2-K_2CO_3	—	—	—	27, 28, 29
Fe-Ag-MnO-K_2CO_3	—	—	—	112
Fe-Co-Ni-SiO_2 (Skelettkontakt)	16 : 100 : 100 : x	22	45	—
Co-Ni-MgO-ThO_2	100 : 43 : 11 : 7	120	163	—
Co-Ni-MnO-U_3O_8	100 : 100 : 40 : 40	125	158	79
Co-Cu-MnO-U_3O_8	100 : 10 : 5 : 12	102	160	71, 120
Co-Cu-ThO_2-K_2CO_3	—	—	—	105
Co-Cu-ThO_2-Ce_2O_3	100 : 11 : 22 : 3	126	41	39, 64, 71
Co-Cu-ThO_2-U_3O_8	100 : 12,5 : 2,5 : 1,2	145	61	60, 99, 100, 120
Co-Ce_2O_3-ThO_2-B_2O_3	—	—	—	72
Co-Ni-Cu-SiO_2 (Skelettkontakt)	—	—	—	45
Co-Ni-Mn-SiO_2 (Skelettkontakt)	100 : 100 : 20 : x	62	45	157

Fortsetzung der Tabelle 86

Katalysator	Zusammensetzung	Ausbeute g/m³ $CO+H_2$	Literatur	sonstige Literatur
Co-Ni-Cr-SiO_2 (Skelettkontakt)	—	—	—	45
Co-Ni-Al_2O_3-SiO_2 (Skelettkontakt)	100 : 100 : x : y	49	45	—
Co-Ni-ThO_2-SiO_2 (Skelettkontakt)	—	—	—	45
Ni-Cu-MnO-Al_2O_3	100 : 13,5 : 24 : 9	93	44	—
Ni-Cu-MnO-Cr_2O_3	—	—	—	134
Ni-MnO-Al_2O_3-K_2CO_3	100 : 24 : 9 : 6	73	43	—
Ni-MnO-ThO_2-U_3O_8	100 : 20 : 4 : 8	117	160	162
d) Quinäre Mischungen:				
Fe-Co-Cu-ZnO-K_2CO_3	100:100:200:165:7	10	16	—
Fe-Cu-Ni-ThO_2-Ce_2O_3	—	—	—	67
Fe-Cu-MnO-MgO-K_2CO_3	—	—	—	114
Fe-Cu-MnO-CaO-K_2CO_3	—	—	—	112, 114
Fe-Cu-MnO-BaO-K_2CO_3	—	—	—	112, 114
Fe-Cu-MnO-CdO-K_2CO_3	—	—	—	112
Fe-Cu-MnO-PbO-K_2CO_3	—	—	—	112
Fe-Cu-MnO-SnO-K_2CO_3	—	—	—	112
Fe-Cu-MnO-Al_2O_3-K_2CO_3	100 : 25 : 2 : 3 : 2	66	112	—
Fe-Cu-MnO-Bi_2O_3-K_2CO_3	—	—	—	112
Fe-Cu-MnO-B_2O_3-K_2CO_3	100 : 25 : 2 : 20 : 7	90	95	92, 98, 99, 116
Fe-Cu-MnO-WO_3-K_2CO_3	—	—	—	112
Fe-MgO-Cr_2O_3-SiO_2-K_2CO_3	— —	—	—	10
Co-Ni-MnO-ThO_2-U_3O_8	100 : 100 : 30 : 6 : 30	116	158	78
Co-Cu-Cr_2O_3-Ce_2O_3-ThO_2	100:12:0,6:13,5:6,5	159	64	66

Literatur zu Tabelle 86.

[1] A. AICHER, W. W. MIDDLETON, J. J. WALKER: J. Soc. chem. Ind. **54** (1935), 313 T.

[2] R. B. ANDERSON, W. K. HALL, H. HEWLETT, B. SELIGMAN: J. Amer. chem. Soc. **69** (1947), 3114.

[3] R. B. ANDERSON, W. K. HALL, L. J. E. HOFER: J. Amer. chem. Soc. **70** (1948), 2465.

[4] R. B. ANDERSON, W. K. HALL, A. KRIEG, B. SELIGMAN: J. Amer. chem. Soc. **71** (1949), 183.

[5] R. B. ANDERSON, L. J. E. HOFER, E. M. COHN, B. SELIGMAN: J. Amer. chem. Soc. **73** (1951), 944.

[6] R. B. ANDERSON, A. KRIEG, R. A. FRIEDEL, L. S. MASON: Ind. Engng. Chem. **41** (1949), 2189.

[7] R. B. ANDERSON, A. KRIEG, B. SELIGMAN, W. E. O'NEILL: Ind. Engng. Chem. **39** (1947), 1548.

[8] R. B. ANDERSON, A. KRIEG, B. SELIGMAN, W. TARN: Ind. Engng. Chem. **40** (1948), 2347.

[9] R. B. ANDERSON, B. SELIGMAN, J. F. SHULTZ, R. KELLY, M. A. ELLIOTT: Ind. Engng. Chem. **44** (1952), 391.

[10] R. B. ANDERSON, J. F. SHULTZ, B. SELIGMAN, W. K. HALL, H. H. STORCH: J. Amer. chem. Soc. **72** (1950), 3502.

[11] J. ANTHEAUME: Ann. Office nat. Combustibles liquides **10** (1935), 473.

[12] J. ANTHEAUME, E. LECARRIÈRE, R. REANT: Chim. et Ind. **31** (1934), Sond. No. 4, 421.

[13] C. AUDIBERT, A. RAINEAU: Ind. Engng. Chem. **21** (1929), 880.

[14] H. BAHR: Gesammelte Abh. Kenntn. Kohle **9** (1930), 514.

[15] A. N. BASCHKIROW, Y. B. KRYUKOW, YU. B. KAGAN: C. R. Acad. Sci. URSS **67** (1949), 1029; **78** (1951), 275.
[16] E. BERL, K. JÜNGLING: Z. angew. Chem. **43** (1930), 435.
[17] B. A. BUYLLA, J. M. PERTIERRA: An. Real Soc. españ. Física Quím. **27** (1927), 23.
[18] K. M. CHAKRAVARTY, P. B. CHAKRAVARTY: Sci. and Cult. **12** (1946), 110.
[19] T. Y. CHAO, W. W. HSU, C. WEN: J. Chin. chem. Soc. **12** (1945), 1
[20] S. R. CRAXFORD: Trans. Faraday Soc. **35** (1939), 946; Brennstoff-Chem. **20**, (1939), 263.
[21] — Trans. Faraday Soc. **42** (1946), 576, 580.
[22] — J. Soc. chem. Ind. **66** (1947), 440.
[23] — Fuel **26** (1947), 119.
[24] S. A. CRAXFORD, A. POLL: J. Chim. physique **47** (1950), 253.
[25] S. R. CRAXFORD, E. K. RIDEAL: J. chem. Soc. (London) **1939,** 1604.
[26] E. DECAZZIÈRE, J. ANTHEAUME: C. R. hebd. Séances Acad. Sci. **196** (1933), 1889.
[27] J. T. EIDUSS: Bull. Acad. Sci. URSS **1944,** 255, 349; **1945,** 62.
[28] — Bull. Acad. Sci. URSS **1946,** 447; J. allg. Chem. URSS **16** (1946), 869, 875.
[29] J. T. EIDUSS, N. W. ELAGINA: Bull. Acad. Sci. URSS **1943,** 305.
[30] J. T. EIDUSS, I. W. GUSSEWA: Bull. Acad. Sci. URSS **1950,** 287.
[31] J. T. EIDUSS, B. A. KASANSKI, N. D. ZELINSKY: Bull. Acad. Sci. URSS **1941,** 27.
[32] O. C. ELVINS: J. Soc. chem. Ind. **46** (1927), 473 T.
[33] O. C. ELVINS, A. W. NASH: Fuel **5** (1926), 263; Nature **118** (1926), 154.
[34] A. ERDELY, A. W. NASH: J. Soc. chem. Ind. **47** (1928), 219 T.
[35] F. FISCHER: Brennstoff-Chem. **11** (1930), 489.
[36] — Brennstoff-Chem. **16** (1935), 1.
[37] F. FISCHER, TH. BAHR, A. MENSEL: Brennstoff-Chem. **16** (1935), 466; Ber. dtsch. chem. Ges. **69** B (1936), 183.
[38] F. FISCHER, P. DILTHEY: Gesammelte Abh. Kenntn. Kohle **9** (1930), 501, 512.
[39] F. FISCHER, H. KOCH: Brennstoff-Chem. **13** (1932), 61.
[40] — Brennstoff-Chem. **13** (1932), 428.
[41] F. FISCHER, H. KÜSTER: Brennstoff-Chem. **14** (1933), 3.
[42] F. FISCHER, K. MEYER: Brennstoff-Chem. **12** (1931), 225.
[43] — Brennstoff-Chem. **14** (1933), 47, 86.
[44] — Brennstoff-Chem. **14** (1933), 64.
[45] — Brennstoff-Chem. **15** (1934), 84, 107; Ber. dtsch. chem. Ges. **67** (1934), 253.
[46] — Gesammelte Abh. Kenntn. Kohle **11** (1934), 497.
[47] F. FISCHER, K. PETERS: Brennstoff-Chem. **12** (1931), 286.
[48] F. FISCHER, H. PICHLER: Brennstoff-Chem. **14** (1933), 306.
[49] — Brennstoff-Chem. **17** (1936), 24.
[50] — Brennstoff-Chem. **20** (1939), 41, 221.
[51] — Brennstoff-Chem. **20** (1939), 247.
[52] — Ber. dtsch. chem. Ges. **72** B (1939), 327.
[53] F. FISCHER, O. ROELEN, W. FEISST: Brennstoff-Chem. **13** (1932), 461.
[54] F. FISCHER, H. TROPSCH: Ber. dtsch. chem. Ges. **59** (1926), 830; Brennstoff-Chem. **7** (1926), 97.
[55] — Ber. dtsch. chem. Ges. **60** (1927), 1330.
[56] — Brennstoff-Chem. **9** (1928), 21.
[57] — Gesammelte Abh. Kenntn. Kohle **10** (1930), 313.
[58] K. FUJIMURA: J. Soc. chem. Ind. Japan **34** (1931), 136 B.
[59] — J. Soc. chem. Ind. Japan **34** (1931), 227 B, 384 B.
[60] — J. Soc. chem. Ind. Japan **35** (1932), 179 B.
[61] K. FUJIMURA, S. TSUNEOKA: J. Soc. chem. Ind. Japan **35** (1932), 415 B.
[62] — J. Soc. chem. Ind. Japan **36** (1933), 119 B, 413 B; **37** (1934), 704 B.
[63] K. FUJIMURA, S. TSUNEOKA, K. KAWANACHI: Sci. Pap. Inst. physic. chem. Res. (Tokyo) **24** (1934), 93.
[64] J. C. GHOSH, N. G. BASAK: Petroleum **11** (1948), 131.
[65] J. C. GHOSH, N. G. BASAK, G. N. BADAMI: Current Sci. **16** (1947), 353.
[66] J. C. GHOSH, S. L. SASTRY: Nature **156** (1945), 506.
[67] J. C. GHOSH, S. SIN: J. Indian chem. Soc. **12** (1935), 53.
[68] C. C. HALL, S. L. SMITH: J. Soc. chem. Ind. **65** (1946), 128.
[69] — J. Instn. Petroleum Technologists **33** (1947), 439.
[70] W. K. HALL, W. H. TARN, R. B. ANDERSON: J. Amer. chem. Soc. **72** (1950), 5436.

[71] S. HAMAI, S. HAYASHI, K. SHIMAMURA: Bull. Soc. chim. Japan **17** (1942), 252, 339, 451, 463.
[72] S. HAMAY, S. HAYASHI, K. SHIMAMURA, H. IGARASHI: Bull. Soc. chim. Japan **17** (1942), 166.
[73] E. F. G. HERINGTON: Chem. and Ind. **65** (1946), 346.
[74] E. F. G. HERINGTON, L. A. WOODWARD: Brennstoff-Chem. **20** (1939), 319; Trans. Faraday Soc. **35** (1939), 958.
[75] L. J. E. HOFER, E. M. COHN, W. C. PEEBLES: J. physic. Colloid Chem. **53** (1948), 661.
[76] L. J. E. HOFER, W. C. PEEBLES: J. Amer. chem. Soc. **69** (1947), 893, 2497.
[77] B. B. JOROFEJEW, A. P. RUNTZO, A. A. WOLKOWA: Acta physicochim. URSS **13** (1940), 111.
[78] I. KATAYAMA, Y. MURATA, H. KOIDE, S. TSUNEOKA: Sci. Pap. Inst. physic. chem. Res. (Tokyo) **34** (1938), 1181.
[79] G. KIMPFLIM: Génie Civil **119** (1942), 279.
[80] N. A. KLJUKWIN, J. N. WOLNOW: Chem. festen Brennstoffe **4** (1933), 355.
[81] K. KOBAYASHI, K. YAMAMOTO: J. Soc. chem. Ind. Japan **32** (1929), 23 B.
[82] H. KOCH: Glückauf **71** (1935), 85.
[83] H. KOCH, R. BILLIG: Brennstoff-Chem. **21** (1940), 157.
[84] H. KOCH, W. FIFERT: Brennstoff-Chem. **30** (1949), 213.
[85] S. KODAMA: J. Soc. chem. Ind. Japan **32** (1929), 4 B, 6 B, 258 B.
[86] — J. Soc. chem. Ind. Japan **33** (1930), 60 B, 202 B.
[87] — J. Soc. chem. Ind. Japan **33** (1930), 399 B.
[88] S. KODAMA, K. FUJIMURA: J. Soc. chem. Ind. Japan **34** (1931), 14 B.
[89] S. KODAMA, S. MATSUMURA, K. TARAMA, T. ANDO, K. YOSHIMURA: J. Soc. chem. Ind. Japan **45** (1942), 254 B.
[90] S. KODAMA, S. MATSUMURA, T. ANDO: J. Soc. chem. Ind. Japan **44** (1941), 920 B.
[91] S. KODAMA, S. MATSUMURA, K. TARAMA, T. ANDO, K. YOSHIMURA: J. Soc. chem. Ind. Japan **47** (1944), 1 B.
[92] S. KODAMA, S. MATSUMURA, K. YOSHIMURA, Y. NISHIBAYASHI, N. KADOKA, E. JWAMURA: J. chem. Soc. Japan, ind. Chem. Sect. **51** (1948), 98.
[93] S. KODAMA, Y. MURATA, L. HERA: J. Soc. chem. Ind. Japan **50** (1947), 119B.
[94] S. KODAMA, H. TAHARA: J. Soc. chem. Ind. Japan **45** (1942), 1260 B.
[95] S. KODAMA, H. TAHARA, I. FUKUSHIMA, M. IWAO, S. KOMAZAWA, K. KIMURA: J. Soc. chem. Ind. Japan **45** (1942), 1263 B.
[96] S. KODAMA, H. TAHARA, O. IMAI, T. YAMADA: J. Soc. chem. Ind. Japan **50** (1947), 121 B.
[97] S. KODAMA, H. TAHARA, T. NAKABAYASHI, M. HONGO: J. chem. Soc. Japan **51** (1948), 23 B.
[98] S. KODAMA, K. TARAMA, A. MISHIMA, K. FUJITA, M. YASUDA: J. Soc. chem. Ind. Japan **46** (1943), 69 B, 404 B.
[99] S. KODAMA, K. TARAMA, T. OSHIMA, K. FUJITA: J. Soc. chem. Ind. Japan **44** (1941), 270 B.
[100] S. KODAMA, K. TARAMA, T. TAKAZAWA, K. FUJITA, T. TEJIMA, S. ITO, Y. YOKOMAKU: J. Soc. chem. Ind. Japan **48** (1945), 3 B.
[101] H. KÖLBEL, P. ACKERMANN, R. JUTZA, H. TENTSHERT: Erdöl u. Kohle **2** (1949), 278.
[102] H. KÖLBEL, P. ACKERMANN, E. RUSCHENBERG, R. LANGHEIM, F. ENGELHARDT: Chemie-Ing.-Techn. **23** (1951), 153, 183.
[103] H. KÖLBEL, F. ENGELHARDT: Erdöl u. Kohle **2** (1949), 52.
[104] H. KÖLBEL, R. LANGHEIM: Erdöl u. Kohle **2** (1949), 544.
[105] H. KÜSTER: Brennstoff-Chem. **17** (1936), 221.
[106] G. LE CLERC: C. R. hebd. Séances Acad. Sci. **207** (1938), 1099.
[107] G. LE CLERC, H. LEFEBVRE: C. R. hebd. Séances Acad. Sci. **208** (1939), 1650. — G. LE CLERC, A. MICHEL: C. R. hebd. Séances Acad. Sci. **203** (1936), 1583. — A. MICHEL, R. BERNIER, G. LE CLERC: J. Chim. physique **47** (1950), 269.
[108] H. LEFEBVRE, G. LE CLERC: C. R. hebd. Séances Acad. Sci. **203** (1936), 1378.
[109] — Congr. Chim. Ind. Nancy **18** (1938), II, 725.
[110] G. R. LEVI, C. PADOVANI, M. BUSI: Atti Congr. naz. Chim. pura appl. III Congresso, Firenze e Toscana **1929** (1930), 718.
[111] J. J. MCCARTNEY, B. SELIGMAN, W. K. HALL, R. B. ANDERSON: J. physic. Colloid Chem. **54** (1950), 505.
[112] S. MAKINO, H. KOIDE, Y. MURATA: J. Soc. chem. Ind. Japan **43** (1940), 435 B.
[113] W. W. MIDDLETON, J. J. WALKER: J. Soc. chem. Ind. **55** (1936), 121 T.

[114] Y. MURATA, S. MAKINO: Sci. Pap. Inst. physic. chem. Res. (Tokyo) **37** (1940), 338.

[115] Y. MURATA, S. MAKINO, S. TSUNEOKA: Sci. Pap. Inst. physic. chem. Res. (Tokyo) **35** (1939), 330.

[116] Y. MURATA, M. MASUDA: J. Soc. chem. Ind. Japan **45** (1942), 675 B.

[117] Y. MURATA, M. NAKAGAWA, E. TASHIRO, T. UMEMURA: J. Soc. chem. Ind. Japan **46** (1943), 52 B.

[118] Y. MURATA, Y. SAWDA, Y. TAKEZAKI: J. Soc. chem. Ind. Japan **45** (1942), 670 B.

[119] Y. MURATA, Y. TATSUKI, H. YAMADA, Y. SAWADA: J. Soc. chem. Ind. Japan **45** (1942), 557 B.

[120] Y. MURATA, S. TSUNEOKA: Sci. Pap. Inst. physic. chem. Res. (Tokyo) **34** (1937), 99.

[121] Y. MURATA, T. YAMADA: Sci. Pap. Inst. physic. chem. Res. (Tokyo) **38** (1940), 118.

[122] — Sci. Pap. Inst. physic. chem. Res. (Tokyo) **38** (1941), 218.

[123] Y. MURATA, R. YASHIRO, E. TASHIRO: J. Soc. chem. Ind. Japan **45** (1942), 1117 B.

[124] Y. MURATA, Y. YOSHIOKA, G. OJI, S. SAITO: J. Soc. chem. Ind. Japan **45** (1942), 1271 B.

[125] A. W. NASH: J. Soc. chem. Ind. **45** (1926), 876.

[126] M. PERRIN: C. R. hebd. Séances Acad. Sci. **224** (1947), 342.

[127] — J. Chim. physique **47** (1950), 262.

[128] H. PICHLER: Brennstoff-Chem. **19** (1938), 226.

[129] H. PICHLER, H. BUFFLEB: Brennstoff-Chem. **21** (1940), 257, 273, 285.

[130] H. PICHLER, H. MERKEL: Brennstoff-Chem. **31** (1950), 1, 33.

[131] H. PICHLER, K. H. ZIESECKE: Brennstoff-Chem. **30** (1949), 13, 60.

[132] H. PICHLER, K. H. ZIESECKE, E. TITZENTHALER: Brennstoff-Chem. **30** (1949), 333.

[133] H. PICHLER, K. H. ZIESECKE, B. TRAEGER: Brennstoff-Chem. **31** (1950), 361.

[134] I. B. RAPOPORT, A. BLJUDOW, L. SCHEWJAKOWA, J. FRANZUS: Chem. festen Brennstoffe **6** (1935), 35.

[135] I. B. RAPOPORT, E. POLOSHINZEWA: Oil Gas J. URSS **38** (1939), N. 20, 52.

[136] C. H. RIESS, F. LISTER, L. G. SMITH, V. I. KOMAREWSKY: Ind. Engng. Chem. **40** (1948), 718.

[137] O. ROELEN, A. HINTERMAYER: Gesammelte Abh. Kenntn. Kohle **9** (1930), 517.

[138] A. M. RUBINSTEIN, N. A. PRIBYTKOWA, B. A. KASANSKY, N. D. ZELINSKY: Bull. Acad. Sci. URSS **1941**, 41.

[139] M. D. SCHLESINGER, J. H. CROWELL, M. LEVA, H. H. STORCH: Ind. Engng. Chem. **43** (1951), 1474.

[140] S. SHIRAI, S. KINUMAK, T. OGAWA: J. Soc. chem. Ind. Japan **46** (1943), 329 B.

[141] J. F. SHULTZ, B. SELIGMAN, J. LECKY, R. B. ANDERSON: J. Amer. chem. Soc. **74** (1952), 637.

[142] J. F. SHULTZ, B. SELIGMAN, L. SHAW, R. B. ANDERSON: Ind. Engng. Chem. **44** (1952), 397.

[143] D. F. SMITH, J. D. DAVIS, D. A. REYNOLDS: Ind. Engng. Chem. **20** (1928), 462.

[144] D. F. SMITH, C. O. HAWK, P. L. GOLDEN: J. Amer. chem. Soc. **52** (1930), 3221.

[145] D. F. SMITH, C. O. HAWK, D. A. REYNOLDS: Ind. Engng. Chem. **20** (1928), 1341.

[146] H. H. STORCH: Ind. Engng. Chem. **37** (1945), 340.

[147] — Chem. Engng. Progr. **44** (1948), 469.

[148] S. W. TATARSKI, K. K. PAPOK, E. G. SEMENIDO: Petroleum-Ind. UdSSR **24** (1946), N. 2, 52.

[149] Y. TRAMBOUZE: J. Chim. physique **47** (1950), 258.

[150] — C. R. hebd. Séances Acad. Sci. **230** (1950), 1169.

[151] Y. TRAMBOUZE, M. PERRIN: C. R. hebd. Séances Acad. Sci. **228** (1949), 837.

[152] — C. R. hebd. Séances Acad. Sci. **228** (1949), 1051.

[153] — J. Chim. physique **47** (1950), 474.

[154] S. TSUNEOKA: J. Soc. chem. Ind. Japan **37** (1934), 711 B.

[155] — J. Soc. chem. Ind. Japan **37** (1934), 738 B.

[156] S. TSUNEOKA, R. KURODA: J. Soc. chem. Ind. Japan **40** (1937), 449 B.

[157] S. TSUNEOKA, Y. MURATA: J. Soc. chem. Ind. Japan **38** (1935), 199 B, 206 B, 212 B; **39** (1936), 267 B.

[158] — J. Soc. chem. Ind. Japan **41** (1938) 52 B.

[159] S. TSUNEOKA, Y. MURATA, S. MAKINO: J. Soc. chem. Ind. Japan **42** (1939), 107 B.

[160] S. TSUTSUMI: J. Fuel Soc. Japan **14** (1935), 110.

161 S. Tsutsumi: Sci. Pap. Inst. physic. chem. Res. (Tokyo) **35** (1939), 435, 441, 481; **36** (1939), 47, 182, 251, 262, 335, 344.

162 — U. S. Bur. Mines Inform. Circ. No. 7594 (1951).

163 S. Watanabe: U. S. Bur. Mines Inform. Circ. No. 7611 (1951).

164 S. Watanabe, K. Morikawa, S. Igawa: J. Soc. chem. Ind. Japan **37** (1934), 142 B, 385 B.

165 — J. Soc. chem. Ind. Japan **38** (1935), 70 B, 328 B.

166 — J. Soc. chem. Ind. Japan **46** (1943), 967.

167 S. Weller: J. Amer. chem. Soc. **69** (1947), 2432.

168 S. Weller, L. J. E. Hofer, R. B. Anderson: J. Amer. chem. Soc. **70** (1948), 799.

c) Oxyd- (oder Säure-) Kontakte auf Kieselgur.

Kieselgur ist nicht nur als Träger für Metallkatalysatoren benutzt worden, sondern auch für oxydische, saure oder auch salzartige Kontakte. Zum Beispiel ist sie technisch viel verwendet worden als Träger für Molybdänoxyd oder -sulfid bei der Benzinhydrierung. Versuche über den Einfluß der Kieselgursorte, des Zusatzverhältnisses usw. sind in Forschungslaboratorien der Industrie ausgeführt worden und größtenteils nicht zugänglich. Alle veröffentlichten Arbeiten über Hydrierungen mit solchen Katalysatoren (und auch sie sind recht zahlreich) sind nun wieder von zu technischer Einstellung und zu wenig wissenschaftlich, wie übrigens auch bei den schon besprochenen trägerfreien Kontakten gleicher Art. Man hat sich mehr mit den erhaltenen Produkten beschäftigt als mit den charakteristischen Eigenschaften des Katalysators.

Besser untersucht ist dagegen der Katalysator aus Vanadin (V)-oxyd auf Kieselgur für die Oleumgewinnung. Die Anwendung von Kieselgur als Träger für Vanadiumoxyd ist zum erstenmal von der Badischen Anilin- und Sodafabrik gleichzeitig mit Kieselgel[1] vorgesehen worden und später dann von vielen anderen Firmen. Die Herstellung des Katalysators geschieht ähnlich wie beim Silikagel, nämlich durch Tränkung. Nach Charmadarjan und Brodowitsch[2] hängt die Wirksamkeit von der Art des Auftragens des V_2O_5 auf den Träger ab. Geht man z. B. von einer kolloidalen Lösung von V_2O_5 aus, so liefert die Fällung mit Salzsäure einen wirksameren Kontakt als die durch Erwärmen. Macht man aber den Kontakt aus Ammoniumvanadat, so hängt wieder die Wirksamkeit von der Konzentration der angewandten Lösung, d. h. von der Schicht aus V_2O_5 auf dem Träger ab. Aus der Untersuchung verschiedener V_2O_5-Katalysatoren auf Diatomeenerde mit Gehalten von 2 % bis 11 % V_2O_5 schließen Matsui und Kiyoura[3], daß das Optimum bei 5,02 % liegt. Ferner ist ein durch Anteigen von Diatomeenerde mit V_2O_5 gewonnener Katalysator besser als einer, bei dem man körnige Diatomeenerde mit Vanadiumsalzlösung getränkt und dann erhitzt hat; vielleicht ist das Vanadiumoxyd im Inneren der Körner den Reaktionsgasen weniger zugänglich und übt daher eine kleinere Wirkung aus. Der Einfluß verschiedener zugesetzter Oxyde (K_2O, Na_2O, BaO usw.) auf diesen Kontakttyp ist fast derselbe wie bei den entsprechenden trägerfreien oder Silikagelkontakten.

Wegen seiner adsorbierenden Eigenschaften wird Kieselgur von vielen Autoren (und in vielen Patentschriften) auch als Träger für Phosphorsäure in Katalysatoren für die Polymerisation von Olefinen verwendet. Auch hier jedoch gibt es keine besonderen Untersuchungen über die Eigenschaften des Katalysators,

---

1 *Badische Anilin- und Sodafabrik:* D.R.P. 291792 vom 10. Oktober 1913.

2 M. O. Charmadarjan, K. I. Brodowitsch: Chem. J. Ser. B, J. appl. Chem. **7** (1934), 725.

3 M. Matsui, R. Kiyoura: J. Soc. chem. Ind. Japan **40** (1937), 80 B.

sondern meist nur Angaben über Ausbeute und Zusammensetzung der erhaltenen Polymerisationsprodukte. Ein technisch bewährter Katalysator ist der der *Universal Oil Products* mit 62÷65 % P_2O_5. Außer der Olefinpolymerisation erreicht man mit ihm auch die Benzolalkylierung mit Äthylen[1] und Propylen[2] in der Dampfphase.

4. Kontakte auf Aluminiumoxyd.

Die Verwendung von Aluminiumoxyd als Träger steht in direkter Beziehung zu seiner schon besprochenen Verwendung als Verstärker; da es nämlich, wie wir schon sahen, ein ausgezeichneter Verstärker ist, so besteht der Unterschied zwischen seinen beiden Funktionen nur in dem Verhältnis Katalysator : Al_2O_3 und in der Herstellungsart des Katalysators selbst. Bei großen Werten dieses Verhältnisses oder bei Mitfällungsmethoden oder bei Vermischen oder Zusammenschmelzen der Oxyde handelt es sich eindeutig um verstärkte Kontakte. Wenn aber dieses Verhältnis gering ist und die Herstellung durch Vorgabe von Aluminiumoxyd und Fällung oder Abscheidung des Katalysators auf diesem erfolgt, so handelt es sich um Trägerkontakte.

Die Arbeiten mit Katalysatoren dieser letzten Art sind jedoch nicht sehr zahlreich, obwohl Metallkatalysatoren (hauptsächlich Nickel) auf Aluminiumoxyd oder auf Bauxit anscheinend einige technische Verwendung bei der Reduktion von Schwefeldioxyd zu Schwefel und bei der Konversion von Methan mit Wasserdampf zu Kohlenoxyd und Wasserstoff gefunden haben.

Es scheint auch, wenn auch keine genauen Angaben veröffentlicht worden sind, daß Aluminiumoxyd der Träger für das Platin in dem Katalysator des Platforming-Prozesses ist, der auf dem Erdölgebiet wegen seiner großen Wirksamkeit und spezifischen Wirkung verglichen mit anderen Reforming-Katalysatoren großes Interesse beansprucht[3].

Auch hier ist natürlich die Darstellungsmethode des Katalysators der Faktor von primärer Bedeutung. Im physikalischen Aufbau ist ja natürlicher Bauxit (auch der reinste) von dem aus gefälltem Hydroxyd erhaltenen Aluminiumoxyd verschieden. Auch ist bekannt, daß dieses letztere je nach der Herstellung in ganz verschiedenen Formen auftritt, sowie daß häufig basische Salze gebildet werden (z. B. basisches Aluminiumsulfat, wenn die Fällung aus Aluminiumsulfat erfolgt usw.), die selbstverständlich ihren Einfluß auf Struktur und Trägereigenschaften des Oxyds haben und auch in gewissen Reaktionen selbst eine katalytische Wirkung ausüben können.

Schon ADKINS[4] hatte sich damit beschäftigt, Al_2O_3 auf verschiedene Weise herzustellen und hatte dann diese Produkte als Katalysatoren bei der Dehydratisierung von Alkoholen oder Ameisensäure verwendet. Bei der Ameisensäure fand er, daß die Herstellung einen Einfluß auf die Richtung der Reaktion nach der Dehydratation statt der Dehydrierung hin hatte. Wenn er auch seine Produkte nicht auch noch als Träger erprobt hat und es auch keine anderen Versuche darüber gibt, so ist es doch wahrscheinlich, daß ihre Wirkung auch als Träger verschieden ist.

---

[1] W. A. PARDEE, B. F. DODGE: Ind. Engng. Chem. **35** (1943), 273. — W. J. MATTOX: Trans. Amer. Inst. chem. Engr. **41** (1945), 463.

[2] S. H. MCALLISTER, J. ANDERSEN, E. F. BULLARD: Chem. Engng. Progr. **43** (1947), 189.

[3] Anonym: Petroleum Processing **6** (1951), Nr. 11, 1275.

[4] H. ADKINS: J. Amer. chem. Soc. **44** (1922), 2175. — H. ADKINS, B. H. NIESSEN: J. Amer. chem. Soc. **45** (1923), 809; **46** (1924), 130.

Versuche mit verschiedenen Arten von Aluminiumoxyd als Träger sind aber von NAHIN und HUFFMAN[1] gemacht worden. Sie haben mit Röntgenstrahlen und mit dem Elektronenmikroskop verschiedene Arten von wasserhaltigem und wasserfreiem Aluminiumoxyd untersucht: Hydratgel, Gibbsit, Böhmit, Bayerit, Diaspor, γ-Al_2O_3, ϑ-Al_2O_3, $\varkappa$-Al_2O_3, und haben dann die Ergebnisse mit der Wirksamkeit von Molybdänoxyd (im Hydroforming) oder von Kobaltoxyd (in der Entschwefelung) auf diesen Trägern verglichen. Wenn auch die Versuche sich auf diese zwei Typen von Katalysatoren beschränken, so können die Ergebnisse vielleicht doch auf andere ausgedehnt werden. NAHIN und HUFFMAN geben an, daß die wirksamsten und alterungsfestesten Katalysatoren mit γ-Al_2O_3 erhalten werden. Dies wird von vielen anderen Forschern bestätigt, von denen wir später sprechen, nämlich bei den Reforming-Katalysatoren, für die immer als bester Träger das γ-Al_2O_3 angegeben wird. Ferner haben NAHIN und HUFFMAN gefunden, daß wirksame Katalysatoren entstehen, wenn die Mikrokristalle des Trägers höchstens 500 Å groß sind. Bei größeren Abmessungen fällt die Wirksamkeit stark. Das steht wahrscheinlich im Zusammenhang mit später zu erwähnenden Verhältnissen bei MoO_3-Katalysatoren, nämlich Versuchen von RUSSEL und STOKES[2] über die Bildung von einmolekularen Schichten von Molybdänoxyd auf Aluminiumoxyd.

a) Metalle auf Aluminiumoxyd.

Von den Katalysatoren aus Metallen auf Aluminiumoxyd sei vor allem der von ZELINSKY und seinen Mitarbeitern[3] studierte Nickelkatalysator für die Dehydrierung von aliphatischen oder aromatischen Kohlenwasserstoffen erwähnt. Dieser Katalysator wurde erhalten durch Zusatz einer Nickelnitratlösung zu einer Natriumaluminatlösung und Durchleiten von Kohlendioxyd durch die Masse, um die Fällung des Aluminiumhydroxyds zu erleichtern. Dann wurde der Niederschlag mit weiterer noch nicht entwässerter Tonerde vermischt, bei 120° getrocknet und bei 300÷330° reduziert. Der Nickelgehalt dieses Kontakts betrug 56% (vgl. eine ähnliche Vorschrift bei PFAFF und BRUNCK[4]).

ZELINSKY und Mitarbeiter haben mit diesem Katalysator Cyclohexan bei 300° zu Benzol dehydriert, während andere russische Autoren[5] bei 200÷270° Methylcyclohexan zu Toluol und Dimethylcyclohexan zu Xylol dehydriert haben. Die gemessenen Aktivierungsenergien sind in allen Fällen etwa gleich (13590 cal/Mol).

Diese katalytische Wirkung ist sehr beachtlich, wenn man bedenkt, daß die in den oben genannten Versuchen angewandte Temperatur für diese Dehydrierungsreaktionen verhältnismäßig tief ist. Die gute Wirkung liegt sicherlich an der Wirksamkeit des dargestellten Katalysators und damit an der Darstellungsmethode. Anderen Autoren[4] war es nämlich früher nicht gelungen, so gute Resultate zu erzielen. Bei höheren Temperaturen treten Nebenreaktionen ein, nämlich Zersetzungen unter Kohleabscheidung sowie Bildung von Methyl-

[1] P. G. NAHIN, H. C. HUFFMAN: Ind. Engng. Chem. **41** (1949), 2021.
[2] A. S. RUSSEL, J. J. STOKES: Ind. Engng. Chem. **40** (1948), 520.
[3] N. D. ZELINSKY, W. KOMMAREWSKY: Ber. dtsch. chem. Ges. **57** (1924), 667.
[4] J. K. PFAFF, R. BRUNCK: Ber. dtsch. chem. Ges. **56** (1923), 2463.
[5] A. A. BALANDIN, A. M. RUBINSTEIN: Z. physik. Chem., Abt. A **167** (1934), 431. — A. A. BALANDIN, J. K. JURIEW: Chem. J. Ser. W, J. physik. Chem. **5** (1934), 393. — A. A. BALANDIN, N. I. SCHUIKIN: Chem. J. Ser. W, J. physik. Chem. **5** (1934), 707; Wiss. Ber. Moskauer staatl. Univ. **6** (1936), 281.

gruppen, die entweder in den Benzolkern eintreten oder zu Methan werden[1].

Außer bei den reinen Kohlenwasserstoffen haben ZELINSKY und Mitarbeiter Nickel auf Aluminiumoxyd auch in technischen Versuchen der Aromatisierung[2], der Entschwefelung in der Dampfphase[3] und des hydrierenden Abbaus[4] eingesetzt. THORÉN[5] hat ferner den ZELINSKYschen Katalysator auch bei der Hydrierung von Äthylen und Benzol sowie bei der Knallgasreaktion verwendet.

Ein anderer Typ von Metallkatalysatoren auf Tonerde ist der Silberkontakt, den man für die Oxydation von Äthylen mit Luft zu *Äthylenoxyd* benutzt hat. Nach verschiedenen Arbeiten hierüber[6] sollte dieser Katalysator der beste sein. Für seine Herstellung empfehlen MCBEE, HASS und WISEMAN den Korund. Dies steht im Widerspruch mit den erwähnten Befunden von NAHIN und HUFFMAN[7] über die Überlegenheit von γ-Al_2O_3 als Träger. Man muß jedoch bedenken, daß die Oxydation von Äthylen eine sehr empfindliche und schwierig zu führende Reaktion ist, und daß wahrscheinlich (ähnlich wie bei anderen Oxydationen, etwa der von Ammoniak zu Stickoxyd oder von Methanol zu Formaldehyd) sich ein nicht zu aktiver Katalysator sowie ein thermisch nicht zu isolierender Träger empfiehlt, um Zersetzung oder weitere Oxydation zu vermeiden. REYERSON und OPPENHEIMER[8] empfehlen für die Herstellung dieses Katalysators Silberoxalat, auf geschmolzener Tonerde niedergeschlagen, thermisch zu zersetzen. Nach CARTMELL und Mitarbeitern[9] soll derselbe Katalysator auch für die Oxydation und gleichzeitige Hydratisierung von Äthylen zu Glykol brauchbar sein.

Einige Autoren meinen nun, daß diese Katalysatoren aus Ag_2O und nicht aus Silber bestehen. Diese Hypothese ist zu verwerfen, da bei der Arbeitstemperatur ($260 \div 290^0$) Silberoxyd vollständig dissoziiert ist. Man könnte vielmehr von einer Chemisorption des Sauerstoffs sprechen, doch liegen keine eingehenderen Untersuchungen vor.

Manchmal ist auch Cu-Cr_2O_3 auf Tonerde für Dehydrierungen benutzt worden[10].

b) Oxyde auf Aluminiumoxyd.

Die Tonerde wurde als Träger von Oxyden bisher wenig verwendet und ihr Gebrauch beschränkte sich auf Oxydations- und Hydrierungskatalysatoren, die Vanadinpentoxyd, Uranylwolframat oder Molybdänoxyd enthalten[11]. Hingegen

---

[1] N. I. SCHUIKIN: Chem. J. Ser. A, J. allg. Chem. **7** (1937), 1015. — N. D. ZELINSKY, N. I. SCHUIKIN: C. R. Acad. Sci. URSS **3** (1934), 255.

[2] N. D. ZELINSKY, N. I. SCHUIKIN: Bull. Acad. Sci. URSS **1935,** 229. — N. D. ZELINSKY, JU. K. JURIEW: C. R. Acad. Sci. URSS **1935,** II, 225.

[3] I. N. TITZ, N. I. SCHUIKIN, P. F. EPIFANSKY: Petroleum-Ind. URSS **1935,** Nr. 5, 52.

[4] N. I. SCHUIKIN: Chem. J. Ser. B, J. appl. Chem. **10** (1937), 652. — P. P. BORISSOW, M. W. GAWERDOWSKAJA: Petroleum-Ind. URSS **26** (1936), Nr. 10, 37.

[5] F. THORÉN: Z. anorg. allg. Chem. **163** (1927), 367.

[6] L. H. REYERSON, H. OPPENHEIMER: J. physic. Chem. **48** (1944), 290. — E. T. MCBEE, H. B. HASS, P. A. WISEMAN: Ind. Engng. Chem. **37** (1945), 432. — R. S. ARIES: Ind. Engng. Chem. **41** (1949), 1892.

[7] P. G. NAHIN, H. C. HUFFMAN: Ind. Engng. Chem. **41** (1949), 2021.

[8] L. H. REYERSON, H. OPPENHEIMER: J. physic. Chem. **48** (1944), 290.

[9] R. R. CARTMELL, J. R. GALLOWAY, R. W. OLSER, J. M. SMITH: Ind. Engng. Chem. **40** (1948), 389.

[10] R. E. DUNBAR: J. org. Chemistry **3** (1938), 242.

[11] W. G. PARKS, R. W. YULA: Ind. Engng. Chem. **33** (1941), 891. — G. D. LIUBARSKI, M. J. KAGAN: C. R. Acad. Sci. URSS **29** (N. F. 8), (1940), 575. — W. G. PARKS, J. KATZ: Ind. Engng. Chem. **28** (1936), 319. — K. ASAI, S. ABÉ: Sci. Pap. Inst. physic. chem. Res. (Tokyo) **36** (1939), Nr. 920; Bull. Inst. physic. chem. Res. (Tokyo) **18** (1939), 45. — S. ABÉ: Sci. Pap. Inst. physic. chem. Res. (Tokyo) **37** (1940), Nr. 974; **38** (1940), Nr. 984.

hat sie in den letzten Jahren für die Herstellung von Katalysatoren der Dehydrierung, Aromatisierung und des Reforming für die Erdölindustrie hauptsächlich als Träger für Katalysatoren Anwendung gefunden, die Molybdän-, Chrom- oder Vanadiumoxyd enthalten. Nach einigen ersten Arbeiten[1] über diese Katalysatoren gab es eine Reihe sehr gründlicher systematischer Untersuchungen, einige mit dem Ziel, den Katalysator mit verschiedenen Methoden zu untersuchen (Elektronenmikroskop[2], Röntgenstrahlen[3], Adsorptionsmessungen[4], Messung der magnetischen Suszeptibilität[5]), andere mit dem Ziel, die Wirksamkeit dieser Katalysatoren bei *verschiedenen* Reaktionen festzustellen, und zwar der Aromatisierung[6], der Cyclisierung der Paraffine[7], der Aromatisierung der Naphthene[8], der Dehydrierung der Paraffine[9] und insbesondere des Butans und Butylens zu Butadien[10] sowie des Äthylbenzols zu Styrol[11].

Alle diese Versuche haben gezeigt, daß das Oxyd auf dem Träger die Tendenz hat, sich als homogene Schicht auf der ganzen Oberfläche auszubreiten. Das kann damit in Zusammenhang stehen, daß das aufgetragene Oxyd imstande ist, mit Tonerde (im Fall von Cr_2O_3 und V_2O_3) Mischkristalle oder wegen seiner sauren Natur (im Fall des Molybdänoxyde) labile Verbindungen zu bilden.

In manchen Fällen sind auch Vergleichsversuche gemacht worden zwischen Katalysatoren, in denen die Oxyde von Chrom, Vanadium oder Molybdän auf Tonerde niedergeschlagen waren und anderen, durch Mitfällung hergestellten entsprechender Zusammensetzung. Im allgemeinen wurde gefunden, daß die Katalysatoren nach der zweiten Methode besser sind als die nach der ersten[12]. Man vergleiche hierzu auch unsere Ausführungen über feste Lösungen zwischen Oxyden (S. 528 ff.). In der technischen Praxis dagegen wie auch in den meisten veröffentlichten Arbeiten über Katalyseversuche mit diesen Kontakten werden anscheinend die durch Fällung auf Tonerde erhältlichen vorgezogen. Was Chromoxyd-Katalysatoren betrifft, so ist die beste Methode das Tränken von γ-Al_2O_3 mit einer Lösung von CrO_3 oder Chromnitrat und nachfolgendes Erhitzen, während

---

[1] J. Turkevich, H. H. Young, jr.: J. Amer. chem. Soc. **63** (1941), 519.

[2] P. G. Nahin, H. C. Huffman: Ind. Engng. Chem. **41** (1949), 2021.

[3] P. G. Nahin, H. C. Huffman: Ind. Engng. Chem. **41** (1949), 2021. — R. P. Eischens, P. W. Selwood: J. Amer. chem. Soc. **69** (1947), 1590, 2698; **70** (1948), 2271.

[4] A. S. Russel, J. J. Stokes: Ind. Engng. Chem. **38** (1946), 1071. — J. R. Oven: J. Amer. chem. Soc. **69** (1947), 2559.

[5] R. P. Eischens, P. W. Selwood: J. Amer. chem. Soc. **69** (1947), 1590, 2698; **70** (1948), 2271.

[6] B. S. Greensfelder, R. C. Archibald, D. L. Fuller: Chem. Engng. Progr. **43** (1947), 561. — A. V. Grosse, J. C. Morrell, W. J. Mattox: Ind. Engng. Chem. **32** (1940), 528. — B. S. Greensfelder, L. D. Fuller: J. Amer. chem. Soc. **67** (1945), 2171. — R. D. Obolentsev, J. N. Usov: J. allg. Chem. URSS **16** (1946), 933.

[7] E. F. Herington, E. K. Rideal: Proc. Roy. Soc. (London), Ser. A **184** (1945), 434, 447.

[8] E. F. Herington, E. K. Rideal: Proc. Roy. Soc. (London), Ser. A **190** (1947), 289, 309. — A. V. Grosse, J. M. Mavity, W. J. Mattox: Ind. Engng. Chem. **38** (1946), 1041.

[9] T. W. Reynolds, E. R. Ebersole, J. M. Lamberti, N. M. Chaman, P. M. Ordin: Ing. Engng. Chem. **40** (1948), 1751.

[10] A. V. Grosse, V. N. Ipatieff: Ind. Engng. Chem. **32** (1940), 268. — A. V. Grosse, J. C. Morrel, J. M. Mavity: Ind. Engng. Chem. **32** (1940), 309. — R. H. Dodd, K. M. Watson: Trans. Amer. Inst. chem. Engr. **42** (1946), 263. — G. H. Hanson, H. L. Hays: Chem. Engng. Progr. **44** (1948), 431.

[11] J. M. Mavity, E. E. Zatterholm, G. L. Hervert: Ind. Engng. Chem. **38** (1946), 829; Trans. Amer. Inst. chem. Engr. **41** (1945), 519.

[12] G. M. Webb, M. A. Smith, C. H. Ehrhardt: Petroleum Processing **2** (1947), 836. — R. A. Briggs, H. S. Taylor: J. Amer. chem. Soc. **63** (1941), 2500.

die Fällung von Chromhydroxyd $Cr(OH)_3$ auf Tonerde oder die Tränkung mit Ammoniumchromat oder -bichromat zu Katalysatoren geringerer Wirksamkeit führen soll[1].

In den verschiedenen Vergleichsversuchen mit diesem Katalysator ist das Optimum der Wirksamkeit nicht scharf festgelegt worden. Nach ARCHIBALD und GREENSFELDER[1] soll es um 10,6% Chrom (als Metall berechnet) liegen; nach EISCHENS und SELWOOD[2] beobachtet man bei zunehmender Chromoxydkonzentration zunächst eine sehr starke Abnahme der Wirksamkeit und dann, wenn 8% Cr_2O_3 überschritten sind, eine sehr langsame Abnahme, die asymptotisch der Wirksamkeit reinen Chromoxyds zustrebt. Wie man in Abb. 69 sieht,

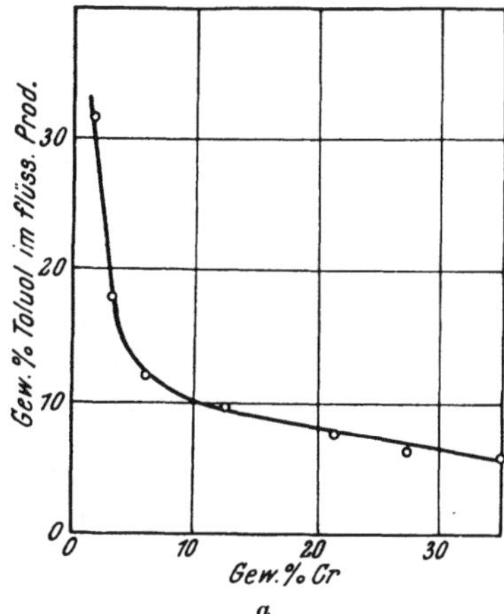

a

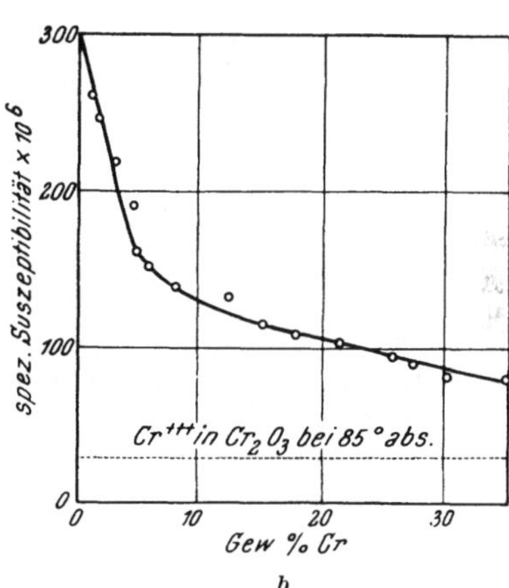

b

Abb. 69. Katalytische Wirksamkeit für die Überführung von n-Heptan in Toluol sowie magnetische Suszeptibilität von Cr_2O_3-Kontakten. (Nach EISCHENS und SELWOOD.)

ist dieser Gang der Wirksamkeitskurve parallel demjenigen der magnetischen Suszeptibilitätskurve, und dies würde nach den Verfassern bedeuten, daß die katalytische Wirksamkeit mit der feinen Verteilung des Chromoxyds in Zusammenhang steht. An dem Knick, wo eine starke Änderung der Neigung in beiden Kurven auftritt, soll man nach den Verfassern eine dreimolekulare Schicht von Chromoxyd auf der Tonerde haben. Diese Schicht soll jedoch nicht ununterbrochen sein, sondern aus isolierten Kernen von wenigen Molekülen bestehen, so daß von der Gesamtoberfläche der Tonerde nur ein Neuntel bedeckt wäre.

Zu den Versuchen von SELWOOD über die katalytische Wirksamkeit ist zu bemerken, daß er nicht mit Katalysatoren unterhalb 2% Cr_2O_3 gearbeitet hat, und so kann man daraus nicht entnehmen, was aus der Wirksamkeit des Kontakts wird, wenn der Chromgehalt kleiner wird. Außerdem sind die Versuche immer mit derselben Menge Chrom gemacht, indem die chromreicheren Katalysatoren mit Tonerde verdünnt wurden. Wäre der Vergleich mit unverdünnten Katalysatoren und bei gleichem Katalysatorvolumen durchgeführt worden (was den technischen Interessen besser entspricht), so hätte man wahrscheinlich gefunden, daß die Wirksamkeit zu Anfang mit zunehmendem Chromgehalt ansteigt.

Nach ARCHIBALD und GREENSFELDER[1] soll der Katalysator seine Wirksamkeit

[1] R. C. ARCHIBALD, B. S. GREENSFELDER: Ind. Engng. Chem. **37** (1945), 356.
[2] R. P. EISCHENS, P. W. SELWOOD: J. Amer. chem. Soc. **69** (1947), 1590, 2698; **70** (1948), 2271.

verbessern, wenn ihm kleine Mengen von Ceroxyd und Kali zugesetzt werden. Der beste Katalysator hat die Zusammensetzung 0,67% Ce, 1,11% K und 10,6% Cr (alle als Metalle berechnet).

Was den Molybdänoxydkontakt auf Tonerde betrifft, so gibt es wenig Angaben über die besten Herstellungsbedingungen. Gewöhnlich bedient man sich der Tränkung mit Ammoniummolybdat, Erhitzung und Reduktion mit Wasserstoff. Ebenso ist auch in den verschiedenen Veröffentlichungen meist nichts darüber gesagt, wo die optimale Zusammensetzung liegt. In dieser Beziehung sind nur die Versuche von Russel und Stokes[1] interessant, weil sie durch das Studium von Katalysatoren mit Tonerden verschiedener spezifischer Oberfläche zu dem Schluß kamen, daß die Wirksamkeit mit zunehmendem Gehalt an Molybdänoxyd anwächst, bis die ganze Tonerdeoberfläche von einer einmolekularen Schicht bedeckt ist, und von da ab konstant bleibt. Auch haben die magnetischen Messungen bei diesem Katalysator keine weiteren Aufschlüsse über die Struktur liefern können[2], wie dies bei den chromhaltigen der Fall war.

Die Versuche von Russel und Stokes[3] haben jedoch weiter gezeigt, daß mit zunehmendem Molybdängehalt die thermische Beständigkeit des Katalysators abnimmt. Dies gilt besonders für solche mit höheren Molybdängehalten, als der einmolekularen Schicht entspricht.

Eine besonders interessante Beobachtung an diesen Katalysatoren haben Herington und Rideal[4] gemacht. Nach ihnen sind die beiden reinen Oxyde des Molybdäns und des Aluminiums für die Aromatisierung paraffinischer Kohlenwasserstoffe nicht wirksam, wohl aber der Katalysator, der durch Niederschlag des einen auf den anderen entsteht. Das hängt sicher mit der feineren Verteilung des Molybdäns in dem Trägerkontakt und vielleicht auch mit einer Art Valenzinduktion zusammen, entsprechend den erwähnten Beobachtungen von Selwood an anderen Oxyden (S. 646).

Was endlich die Vanadiumoxyd-Katalysatoren auf Tonerde angeht, so zeigen Versuche von Briggs und Taylor[5], daß das Optimum bei 15% V_2O_5 liegt. Sie nehmen an, daß bei dieser Zusammensetzung die Tonerde völlig von einer Schicht von Vanadiumoxyd bedeckt ist, und stützen diese Annahme darauf, daß bei derselben Zusammensetzung die krackende Wirkung der Tonerde verschwindet. Was also die Struktur des Kontakts betrifft, so besteht danach Übereinstimmung mit dem Fall des Molybdäns. Es ist jedoch zu beachten, daß zwar der Katalysator durch Fällung von V_2O_5 auf der Tonerde erzeugt wird, daß dieses aber im praktischen Gebrauch, wie wir schon erwähnten (S. 530), ziemlich rasch zu V_2O_3 reduziert wird, was Liubarski und Kagan[6] auch beobachten konnten.

Man hat auch nicht versäumt, die drei Typen von Katalysatoren untereinander zu vergleichen. Jedoch haben natürlich die Bedingungen der Herstellung und Benutzung Einfluß auf solche Vergleiche. Nach Greensfelder, Archibald und Fuller[7] ist für Reforming der Molybdänkatalysator besser als der Chromkatalysator. Das gleiche hatten früher schon Turkevich und Young[8]

---

[1] A. S. Russel, J. J. Stokes: Ind. Engng. Chem. **38** (1946), 1071.

[2] R. P. Eischens, P. W. Selwood: J. Amer. chem. Soc. **69** (1947), 2698.

[3] A. S. Russel, J. J. Stokes: Ind. Engng. Chem. **40** (1948), 520.

[4] E. F. Herington, E. K. Rideal: Proc. Roy. Soc. (London), Ser. A **184** (1945), 434.

[5] R. A. Briggs, H. S. Taylor: J. Amer. chem. Soc. **63** (1941), 2500.

[6] G. D. Liubarski, M. Y. Kagan: C. R. Acad. Sci. URSS **29** (1940), 575.

[7] B. S. Greensfelder, R. C. Archibald, D. L. Fuller: Chem. Engng. Progr. **43** (1947), 561.

[8] J. Turkevich, H. H. Young, jr.: J. Amer. chem. Soc. **63** (1941), 519.

mit reinen Kohlenwasserstoffen gefunden. GROSSE, MORRELL und MATTOX[1] haben auch Mischkatalysatoren V-Cr, Cr-Mo und Mo-V auf Tonerde bei der Aromatisierung aliphatischer Kohlenwasserstoffe erprobt und gefunden, daß der erste davon weniger wirkt als ein einfacher Cr_2O_3-Tonerdekontakt, während die anderen zwei besser sind. Noch besser ist der dreifache Mischkatalysator Cr-Mo-V auf Tonerde. Allerdings hat, wie schon betont, auch auf dieses Resultat die Herstellungsmethode großen Einfluß.

5. Kontakte auf Silikaten.

Wie wir schon an anderer Stelle zu bemerken Gelegenheit hatten, sind nach der zeitlichen Reihenfolge Silikate die ersten Träger, die benutzt wurden (Platin auf Kaolin durch DÖBEREINER im Jahre 1823). In der Folge wurden sie aber immer weniger benutzt und durch die anderen vorstehend besprochenen Träger ersetzt. Der ursprüngliche Gebrauch der Silikatträger kam hauptsächlich daher, daß sie von den meisten chemischen Reagenzien nicht angegriffen werden, und daß sie häufig eine großporige Struktur aufweisen, so daß man Katalysatoren leicht auf ihnen aufbringen kann, um Oberfläche und Volumen der Kontakte zu vergrößern. Andererseits erlaubt bei den meisten Silikaten das Fehlen eines so starken Adsorptionsvermögens, wie es Silikagel, Kieselgur oder Aktivkohle besitzen, nicht, daß sich an den entsprechenden Katalysatoren die physikalisch-chemischen Erscheinungen in großem Maße ausbilden, die wir in der Einleitung des Kapitels „Träger" (S. 642 ff.) hervorgehoben haben und die zweifelsohne für das Funktionieren der Trägerkontakte von Bedeutung sind.

In dieser Beziehung bilden die Bleicherden (Floridaerde, saure Japanerde usw.) und in untergeordnetem Maße Kaolin und Bentonit eine Ausnahme, da sie ausgeprägtes Adsorptionsvermögen besitzen. Sie verändern aber ihre Adsorptionseigenschaften, wenn sie auf hohe Temperaturen gebracht werden, wie das bei vielen katalytischen Reaktionen der Fall ist, und überdies können sie als viele Beimengungen enthaltende Stoffe zuweilen den Verlauf einer Katalyse dadurch beeinflussen, daß sie selbst Katalysatoren sind, wie wir das ja in dem Kapitel „Chemische Verbindungen" (S. 538) schon bemerkt haben.

Jedenfalls sind die Kontakte auf Silikaten mehrfach rationell untersucht worden und die erhaltenen Ergebnisse sind oft von Interesse. Überdies haben einige von ihnen auch technische Bedeutung. Man denke z. B. an den Platinasbest, der als erster Katalysator für die Synthese der Kontaktschwefelsäure verwandt wurde, oder an das Kaolin, das heute noch oft für Krack- und Dehydratationskatalysatoren für hohe Arbeitstemperaturen benutzt wird. Wir werden die Eigenschaften der verschiedenen Kontakte der Reihe nach je nach dem als Träger benutzten Silikat besprechen.

a) Bleicherde als Träger.

Schon in dem Abschnitt „Chemische Verbindungen" haben wir die Zusammensetzung der verschiedenen Bleicherden erwähnt sowie auch die Tatsache, daß sie bemerkenswerte katalytische Eigenschaften hauptsächlich für Polymerisation und Isomerisation besitzen. Ihr Einsatz als Träger ist analog dem der Kieselgur, aber als Katalysatorträger sind sie der Kieselgur nicht gleichwertig. Wenn es auch keine ausführlichen Untersuchungen über diesen Punkt gibt, so gehen hierin doch verschiedene Autoren konform[2]. Hauptsächlich werden die Bleich-

[1] A. V. GROSSE, J. C. MORRELL, W. J. MATTOX: Ind. Engng. Chem. **32** (1940), 528.
[2] K. KRCZIL: Technische Adsorptionsstoffe in der Kontaktkatalyse. Leipzig, 1938.

erden als Träger für Nickel benutzt (eventuell mit Kupfer oder anderen Verstärkern), um billige Hydrierkatalysatoren zu gewinnen[1].

KELBER[2] hatte reines Nickel und Nickel auf Floridaerde bei der Hydrierung von zimtsaurem Natrium verglichen; beide wurden durch Reduktion des basischen Carbonats bei verschiedenen Temperaturen gewonnen (Abb. 2, S. 426). Aus seinen Ergebnissen geht hervor, daß das Trägernickel eine höhere Reduktionstemperatur braucht, damit es hydrierende Eigenschaften zeigt, daß es aber dann auch viel bessere Ergebnisse liefert. Die Erklärung dieser Tatsache wurde schon in dem Kapitel „Katalysatoren auf Kieselgur" (S. 671) gegeben. Die Nickelmenge im Trägerkontakt und im trägerfreien Katalysator war stets die gleiche, ebenso auch die Reduktionsdauer. Der Nickelgehalt des Trägerkontakts betrug etwa 10 %.

Es sind auch einige Fälle bekannt, wo Bleicherde als Träger für Salze verwendet wurde, vor allem von Japanern, die häufig ihre japanische Bleicherde verwenden. KUWATA und KATO[3] haben es z. B. als Träger für Quecksilbersulfat bei der Synthese von Vinylacetat benutzt und KOSAKA und Mitarbeiter[4] als Träger für Ammoniummolybdat und Fe_2O_3 bei der Hydrierung von Schieferölen. Es handelt sich aber immer um vereinzelte Versuche, die wenig über die Vorteile der Anwendung solcher Erden als Träger im Vergleich mit anderen aussagen.

b) Ton, Kaolin und Bentonit als Träger.

Ton, Kaolin und Bentonit, in der Konstitution den natürlichen Bleicherden ähnlich, unterscheiden sich von ihnen durch die plastischen Eigenschaften der ersten zwei und die reversible Gelbildung des dritten Materials. Außerdem unterscheiden sie sich durch die gemeinsame Eigenschaft, diese Fähigkeiten bei hoher Temperatur zu verlieren und eine beachtliche mechanische Festigkeit anzunehmen.

Während des Brennens bildet sich durch den Verlust gebundenen Wassers eine gewisse Porosität aus, die die Verteilung und das Auftragen von Katalysatorsubstanzen begünstigt. Um diese Porosität noch zu steigern, ist auch vorgeschlagen worden, Kaolin mit Kohle zu mischen und dann im Luftstrom zu brennen[5].

Es wurde schon erwähnt, daß Ton der allererste Träger war, den DÖBEREINER[6] für Platin benutzte, um Wasser aus den Elementen zu synthetisieren. Noch früher, nämlich 1795, wurde Ton allein von DEIMANN und seinen Mitarbeitern[7] für die katalytische Dehydratisierung von Alkohol verwandt.

Der Hauptgrund, warum man diese Träger, vor allem Kaolin, heute noch verwendet, ist die Feuerfestigkeit, die die Benutzung der Katalysatoren noch bei Temperaturen um 1000° erlaubt, und die Möglichkeit, geformte Körper

[1] W. NORMANN: Fette u. Seifen **43** (1936), 133. — Y. TANAKA, R. KOBAYASHI: J. Soc. chem. Ind. Japan **35** (1932), 29 B. — Y. TANAKA, R. KOBAYASHI, I. EUDE, T. FUJITA: J. Soc. chem. Ind. Japan **37** (1934), 538 B.

[2] C. KELBER: Ber. dtsch. chem. Ges. **57** (1924), 136.

[3] T. KUWATA, O. KATO: J. Soc. chem. Ind. Japan **39** (1936), 127 B.

[4] Y. KOSAKA, K. TANAKA: J. Soc. chem. Ind. Japan **39** (1936), 475 B. — Y. KOSAKA, A. YAMANOUCHI, K. TANAKA: J. Soc. chem. Ind. Japan **40** (1937), 3 B.

[5] E. W. ALEXEJEWSKI: J. Chim. appl. URSS **2** (1929), 779.

[6] J. W. DÖBEREINER: Jber. Fortschr. Chem. **4** (1823), 63.

[7] J. R. DEIMANN, VAN TROOSTWYK, BONDT, LOUWRENBOURGH: Crell's Chem. Ann. (2) **312** (1795), 438.

(Ringe und dergleichen) zu bilden, die den Katalysenraum gut ausfüllen, ohne allzu große Strömungswiderstände zu bilden[1].

Der auf diesen Trägern am häufigsten untersuchte Katalysator ist Nickel. Man benutzt es zur Umwandlung von Kohlenoxyd in Methan bei 500°[2] und vor allem für die Konversion von Methan mit Wasserdampf in Kohlenoxyd und Wasserstoff bei 800÷1000°[3]. Wenn auch bei dieser letzten Reaktion Nickel auf gebranntem Magnesit wirksamer ist, so hat doch Ni auf Kaolin eine bessere Hitzebeständigkeit[4], abgesehen von seiner besseren Formbarkeit. Dieser Katalysator läßt sich noch verbessern, indem das Nickel durch andere Oxyde, wie Cr_2O_3, Al_2O_3, CuO[5], MgO und ThO_2[6], verstärkt wird. Nach KARSHAWIN und LEIBUSCH[7] hatte sich die Wirksamkeit eines solchen Katalysators nach 700stündiger Arbeit bei 1000÷1100° mit einer Raumbelastung von 600 praktisch nicht vermindert. Es ist allerdings zu beachten, daß für derartige Reaktionen diese Belastung noch recht klein ist.

Der Nickelgehalt schwankt bei den verschiedenen Autoren von 2÷15 %; eine Veränderung von 2,7 auf 6,4 % scheint ohne Einfluß auf die praktische Ausbeute der katalysierten Reaktion zu sein. Dies ist auch wegen der hohen Temperatur plausibel, bei der man aus Gleichgewichtsgründen die Katalyse ablaufen läßt, da bei ihr schon die homogene unkatalysierte Reaktion eine ziemlich hohe Geschwindigkeit besitzt. In Übereinstimmung damit verwendet die Mehrzahl der Autoren geringe Gehalte (2÷5 %). Betreffs der technischen Verwendung dieses Katalysators für die Methankonversion sei schließlich noch angeführt, daß die *I. G. Farben-Industrie*, um den Verlust an Wirksamkeit mit der Zeit zu kompensieren, vor der Reaktionszone kleine Mengen von Nickelsalzen im Gas zerstäubte.

Nickel auf Kaolin ist auch für Hydrierungen in der Dampfphase benutzt worden[8], besonders in der Schweiz und in Deutschland für die technische Hydrierung von Acetaldehyd zu Äthanol, vor allem in Kriegszeiten, wenn die Erzeugung von Gärungsalkohol ungenügend war[9].

Was die Herstellung betrifft, so beschränkt man sich meistens darauf, den schon gebrannten Kaolin mit Nickelnitrat zu tränken und dieses durch Verglühen und Reduzieren in metallisches Nickel zu überführen. Diese Methode, die wir in anderen Fällen (Silikagel und Kieselgur) nicht als die beste erkannt haben, scheint hier wegen der Verwendung des Kontakts bei hohen Temperaturen einfacher zu sein als die Methode der Mitfällung mit Alkalicarbonat und ist daher wohl vorzuziehen.

---

[1] E. W. ALEXEJEWSKI: J. Chim. appl. URSS **2** (1929), 727, 779. — W. GLUUD, K. KELLER, W. KEMPT, R. BESTEHORN, F. BRODKORB, J. SCHRÖTER, E. CURLAND: Ber. Ges. Kohlentechn. **3** (1930), 211.

[2] B. NEUMANN, K. JAKOS: Z. Elektrochem. angew. physik. Chem. **30** (1924), 557. — W. RIESE, W. KEMPT: Ber. Ges. Kohlentechn. **2** (1927), 250.

[3] C. O. HAWK, D. L. GOLDEN, H. H. STORCH, A. C. FIELDNER: Ind. Engng. Chem. **24** (1932), 23.

[4] W. A. KARSHAWIN, I. M. BOGUSLAWSKI, S. M. SMIRNOWA: J. chem. Ind. URSS **10** (1933), Nr. 8, 31.

[5] W. S. FINKELSTEIN, T. W. SABOLOTSKI: Ukrain. chem. J. **9** (1934), 263.

[6] W. A. KARSHAWIN, A. G. LEIBUSCH, B. N. OWTSCHINNIKOW, G. A. MARGUBIN: J. chem. Ind. URSS **10** (1933), Nr. 5, 45. — W. A. KARSHAWIN, I. M. BOGUSLAWSKI, S. M. SMIRNOWA: J. chem. Ind. URSS **10** (1933), Nr. 8, 31.

[7] W. A. KARSHAWIN, A. G. LEIBUSCH: J. chem. Ind. URSS **11** (1934), Nr. 1, 34.

[8] M. I. BELOZERKOWSKI: Plast. Massen URSS **1935**, Nr. 3, 12.

[9] J. SULSER: Chemiker-Ztg. **79** (1936), 801.

Eine besondere Herstellungsmethode ist die von CONSTABLE[1] der elektrolytischen Abscheidung auf vorher graphitierten Porzellanstäben. Aber natürlich ist sie offenbar nur für wissenschaftliche Versuche zu gebrauchen.

Außer für Nickel ist Kaolin auch als Träger benutzt worden für kupferaktiviertes Kobalt (WALKER und CHRISTENSEN[2]) und vor allem für Edelmetalle, wie Platin und Palladium, bei Hydrierungen[3], hauptsächlich zu analytischen Zwecken, um geeignete Katalysatoren für die selektive Verbrennung von Wasserstoff neben Kohlenoxyd, Methan und eventuell anderen Kohlenwasserstoffen bei der Gasanalyse zu schaffen[4]. Jedoch fehlen auch auf diesem Arbeitsgebiet genügend systematische Arbeiten und Vergleichsdaten mit anderen Trägern.

Endlich wurde Kaolin auch als Träger für Zinkchlorid und für Phosphorsäure bei der Druckpolymerisierung von Olefinen[5] verwendet sowie für Vanadiumoxyd bei der Schwefelsäuresynthese[6] und für andere Oxyde (NiO, Fe_2O_3, Al_2O_3, CeO_2, ThO_2) für die Knallgasverbrennung[7] und endlich von verschiedenen Autoren für Molybdänsulfid in der Brennstoffhydrierung[8].

c) Bimsstein als Träger.

Zum Unterschied von den bisherigen Trägern, die manchmal noch besondere und spezifische katalytische Wirkungen und ein erhöhtes Adsorptionsvermögen besitzen, hat Bimsstein praktisch keine solchen Eigenschaften, sondern lediglich eine grobe Porosität. Er ist im wesentlichen ein Schaum aus einem erstarrten Glas, dessen innerer Porenraum mit dem Außenraum nicht kommuniziert. Obgleich Bimsstein auf Wasser schwimmt, so ist sein wahres spezifisches Gewicht merklich größer als 1. Jedoch ist die Oberfläche der Körner, die man beim Zerbrechen der Bimssteinkörner erhält, reich an Vakuolen und daher geeignet, verschiedene Arten von festen und sogar flüssigen Katalysatoren zu tragen.

Diese Katalysatoren bleiben jedoch wegen der beschriebenen Struktur nur an der Oberfläche statt im Inneren der Körner, weshalb bei gleichem Kontaktvolumen die Bimssteinkontakte oft weniger aktiv sind, bei gleichem Katalysatorgewicht dagegen aktiver als andere auf verschiedenen Trägern, bei denen sich ein Teil des Katalysators auch im Korninneren niederschlägt, wo er an der Katalyse nur unvollständig teilnehmen kann.

Bimsstein hat keine scharf definierte chemische Zusammensetzung; er ist eine vulkanische Lava, bestehend aus amorphen Silikaten von Alkalien, Aluminium und Eisen. Der größte Teil der Bimssteinarten gehört zur Gruppe der sauren Trachyte (Quarztrachyt), es gibt jedoch auch basische Bimssteine mit Alkaliüberschuß. Er wird von Säuren nicht angegriffen und ist gegen hohe Temperaturen ziemlich beständig. Er enthält jedoch Beimengungen und Verunreinigungen, häufig in Form von niedergeschlagenem Staub in den Vakuolen.

---

[1] F. H. CONSTABLE: Proc. Roy. Soc. (London), Ser. A **119** (1928), 202.

[2] I. W. WALKER, B. E. CHRISTENSEN: Ind. Engng. Chem., analyt. Edit. **7** (1935), 9.

[3] E. W. ALEXEJEWSKI: J. Chim. appl. URSS **2** (1929), 779. — E. W. ALEXEJEWSKI, J. D. MAKAROW: J. Chim. appl. URSS **3** (1930), 857.

[4] M. S. PLATONOW, O. W. NEKRASSOWA: Z. analyt. Chem. **106** (1936), 416.

[5] D. M. RUDKOWSKI, G. SCHEWZOWA, G. PEMELLER: Ind. org. Chem. URSS **3** (1937), 332.

[6] I. J. ADADUROW, G. K. BORESSKOW: J. Soc. chem. Ind. URSS **6** (1929), 208, 732, 805, 1365.

[7] M. B. RAVICH, B. A. ZAKHAROW: C. R. Acad. Sci. URSS **26** (1940), 65; **27** (1940), 473.

[8] B. L. MOLDAWSKI, S. T. KUMARI: Chem. J. Ser. A, J. allg. Chem. **4** (1934), 307. — B. L. MOLDAWSKI, S. JE. LIROSCHITZ: Chem. festen Brennstoffe **5** (1934), 91 und andere.

Deshalb wird er gewöhnlich vor Gebrauch gründlich mit warmer Salzsäure gewaschen. Einige Autoren setzen diese Waschung bis zum Verschwinden der Eisenreaktionen fort und begründen das damit, daß dieses Element abwesend sein muß, weil es bei gewissen Reaktionen schädliche katalytische Eigenschaften haben kann.

Es ist interessant, daß Bimsstein, im Gegensatz zu den bisherigen Trägern, hauptsächlich für Oxyde, Salze und Säuren als Träger verwandt wird und nicht für Metalle, und zwar offenbar wegen der physikalischen und chemischen Eigenschaften, die wir oben besprochen haben.

Unter den Metallen sind die einzigen, die in Versuchen von einigem Interesse auf Bimsstein zur Anwendung kamen, das Kupfer, das Silber und das Rhenium. Dieses letztere dient zur Ammoniaksynthese[1], während die vorgenannten, auch verstärkt durch Oxyde, wie BaO, Cr_2O_3, Sm_2O_3[2], Alkohole mit Luft zu Aldehyden oder Ketonen oxydieren. Diese Anwendung kann bemerkenswert sein, da bekannt ist, daß die katalytische Oxydation eines Alkohols zum Aldehyd auf einer großen Oberfläche und mit kürzesten Kontaktzeiten durchgeführt werden muß, um zersetzende Folgereaktionen zu vermeiden. Die Anwendung von Bimsstein kann diese Bedingungen in gewissem Sinne begünstigen. Allerdings scheinen aber die Ausbeuten der zitierten Autoren nicht bedeutend hoch zu sein.

Auch als Träger für Nickel bei der Hydrierung[3] ist Bimsstein verwandt worden.

Unter den Oxyden auf Bimsstein sind hauptsächlich diejenigen hochwertiger Elemente (V_2O_5, MoO_3 usw.) angewandt worden, um verschiedene Reaktionen der Oxydation hauptsächlich von Kohlenwasserstoffen cyclischer Struktur[4] oder von Methanol[5] zu katalysieren. Ebenso auch Aluminiumoxyd für die Dehydratisierung von Alkoholen und für den Ersatz von Hydroxylgruppen durch Aminogruppen[6].

Die letztere Reaktion ist besonders bemerkenswert, weil sie einer der wenigen Fälle ist, wo Tonerde auf einem Träger zur Anwendung kommt. Es scheint allerdings nicht, daß die aufgetragene Tonerde, wenigstens bei der Dehydratisierung von Alkoholen, bessere Ergebnisse liefert als die ebenso hergestellte reine Tonerde[7].

Im wesentlichen jedoch dient Bimsstein als Träger für Salze und Säuren, und zwar deshalb, weil er als einer der besten Träger für die feine Verteilung

---

[1] C. Zenghelis, E. Stathis: Österr. Chemiker-Ztg. **40** (1937), 80.

[2] F. R. Lowdermilk, A. R. Day: J. Amer. chem. Soc. **52** (1930), 3535. — A. R. Day: J. physic. Chem. **35** (1931), 2372. — A. R. Day, A. Eisner: J. physic. Chem. **36** (1932), 1912. — R. E. Dunbar, D. Cooper, R. Cooper: J. Amer. chem. Soc. **58** (1936), 1053. — S. Ya. Pshezhetskii, S. A. Kamentskaya: J. physic. Chem. URSS **23** (1949), 136.

[3] A. Jaeger, H. Winkelmann: Gesammelte Abh. Kenntn. Kohle **7** (1925), 55. — V. Grignard, G. Mingasson: C. R. hebd. Séances Acad. Sci. **185** (1927), 1552. — H. Adkins, W. A. Lazier: J. Amer. chem. Soc. **46** (1924), 2291. — H. S. Taylor, W. W. Russel: J. physic. Chem. **29** (1925), 1325.

[4] J. S. Salkind, W. W. Kessarew: Chem. J. Ser. B, J. appl. Chem. **10** (1937), 99; Chem. J. Ser. A, J. allg. Chem. **7** (1937), 879. — J. S. Salkind, S. Solatarew: Chem. J. Ser. B, J. appl. Chem. **6** (1933), 681. — S. J. Green: J. Soc. chem. Ind. **51** (1932), 147 T, 159 T. — N. A. Milas, W. L. Walsh: J. Amer. chem. Soc. **61** (1939), 633. — P. Schorigin, J. Kisber, E. Smoljanowa: J. Chim. appl. URSS **2** (1929), 149.

[5] G. Canneri, D. Cozzi: Chim. e Ind. **21** (1939), 653.

[6] Ch. Prevost: C. R. hebd. Séances Acad. Sci. **182** (1926), 583. — A. Lowy: Ind. Engng. Chem. **15** (1925), 397. — H. Adkins, B. H. Niessen: J. Amer. chem. Soc. **46** (1924), 130. — J. E. Goris: Chim. et Ind. **11** (1924), 449. — W. D. Bancroft, A. B. George: J. physic. Chem. **35** (1931), 2943.

[7] H. Adkins, B. H. Niessen: J. Amer. chem. Soc. **46** (1924), 130.

dieser Katalysatortypen gilt. Die Arbeiten hierüber sind sehr zahlreich, aber ohne besonderes Interesse im Hinblick auf die besondere Wirkung des Trägers.

Unter den aufgetragenen Salzen wurden verwendet: Zinkchlorid für thermische Spaltungen und Polymerisationen[1], verschiedene Phosphate für die Hydrolyse von Alkylchloriden oder für Oxydationen[2], Sulfate zwei- und dreiwertiger Metalle für die Umwandlung von Aceton in Keten[3], Kupferchlorid und Cerchlorid für organische Chlorierungen[4], Wismutchlorid für die Addition von HCl an Doppelbindungen[5] und endlich eine äquimolekulare Mischung von $AlCl_3$ und NaCl für die Alkylierung von Benzol mit Äthylen[6].

Unter den verwandten Säuren sind Phosphorsäure und Schwefelsäure für die Dehydratisierung von Alkoholen[7], für die Polymerisierung[8] und Hydratisierung von Olefinen[9] zu nennen. Nach PAIK[9] jedoch soll Phosphorsäure auf Tonerde oder Kieselgel unwirksam sein, während Schwefelsäure und Ag_2SO_4 auf Bimsstein ausgezeichnete Resultate gibt.

Wahrscheinlich ist in manchen Fällen diese günstige Wirkung des Bimssteins der geringen Aktivität seiner Oberfläche zuzuschreiben, wenn man ihn mit anderen Trägern von aktiverer Oberfläche vergleicht, die eine eigene schädliche katalytische Wirkung auf die reagierenden Stoffe ausüben (z. B. Bildung von Verkohlungs- oder Polykondensationsprodukten) oder sich mit dem Katalysator zu weniger wirksamen Stoffen vereinigen können.

d) Asbest als Träger.

Die Verwendung von Asbest als Träger ist weit bekannt. In seinen Eigenschaften nähert er sich dem Bimsstein. Er hat eine geringe Oberflächenaktivität, aber wegen seiner Faserstruktur die Möglichkeit, erhebliche Mengen anderer Stoffe in feiner Verteilung zu halten und sie so über eine große Oberfläche und ein großes Volumen zu verteilen.

Vom chemischen Standpunkt aus kennt man verschiedene Sorten von Asbest, die zur Gruppe der Serpentine (Magnesiumsilikate) oder zu der der Amphibole (Metasilikate) gehören. Unter den ersten ist der mineralogische Haupttyp der Chrysotil, $3\ MgO \cdot 2\ SiO_2 \cdot 2\ H_2O$. Unter den zweiten haben wir Anthophyllit $(Mg,Fe)SiO_3$, Tremolit $CaMg_3(SiO_3)_4$, Aktinolith $Ca(Mg,Fe)_3(SiO_3)_4$ und Crocidolith $NaFe(SiO_3)_2 \cdot FeSiO_3$.

Der größte Teil der praktisch verwendeten Asbestsorten besteht jedoch hauptsächlich aus Chrysotil, Anthophyllit und Crocidolith.

Interessant ist, daß im Gegensatz zum Bimsstein der Asbest vorwiegend als Träger für Metalle und nur in untergeordnetem Maße für Oxyde dient. Das liegt hauptsächlich daran, daß der Bimsstein mit seinen groben Poren auch Stoffe mit grober Kornstruktur wie Salze und gewisse Oxydmischungen tragen kann,

---

[1] K. MUSSATON: Petroleum-Ind. URSS **26** (1934), Nr. 2, 55. — O. L. BRANDS, W. A. GRUSE, A. LOWY: Ind. Engng. Chem. **28** (1936), 554.

[2] A. ABKIN, S. MEDWEDEW: J. chem. Ind. URSS **11** (1934), Nr. 1, 30. — S. MEDWEDEW, A. ABKIN: Chem. J. Ser. W, J. physik. Chem. **4** (1933), 731. — P. P. KORSHEW: Chem. J. Ser. G, Fortschr. Chem. **1** (1932), 319.

[3] E. BERL, A. KULLMANN: Ber. dtsch. chem. Ges. **65** (1932), 1114.

[4] M. GIORDANI: Ann. Chim. appl. **25** (1935), 163.

[5] A. F. DOBRJANSKI, M. NEMZOW: Petroleum-Ind. URSS **15** (1928), 472.

[6] W. A. PARDEE, B. F. DODGE: Ind. Engng. Chem. **35** (1943), 273.

[7] J. B. SANDERENS: C. R. hebd. Séances Acad. Sci. **192** (1931), 1335.

[8] E. DESPARMENT: Bull. Soc. chim. France (5) **3** (1936), 2047. — H. ORSUKA: J. Soc. chem. Ind. Japan **40** (1937), 21 B.

[9] A. J. PAIK, S. SWANN, D. B. KEYES: Ind. Engng. Chem. **30** (1938), 173. — L. F. MAREK, R. K. FLEGE: Ind. Engng. Chem. **24** (1932), 1428.

die auf Asbest nicht leicht haften. Dieser ist aber für feinteilige Stoffe (Metalle und eventuell Oxyde) geeigneter.

Nach Literaturangaben über den Vergleich von Asbest und Bimsstein scheint es, daß der Asbest hinsichtlich der Wirksamkeit eines Katalysators überlegen sei[1] und manchmal auch größere Mengen des Katalysators tragen kann[2]. Das ist in vielen Fällen wichtig, wie z. B. IPATIEFF[1] bei der Methanolzersetzung an mit Cr_2O_3 und anderen Oxyden verstärktem und auf Asbest aufgetragenem Zinkoxyd beobachtet hat, wo die Spaltung der Konzentration des Zinkoxyds auf dem Träger proportional ist.

Andererseits haben nicht alle Asbestsorten den gleichen Effekt hinsichtlich der katalytischen Wirksamkeit. So haben ALEXEJEWSKI, MUSSAKIN und MAKAROW[3] beobachtet, daß bei gleichem Katalysatorgehalt (Palladium für die Wasserstoffverbrennung) ein lockerer Asbest bessere Ergebnisse gibt.

Weil, wie gesagt, der Asbest selbst kaum Oberflächenwirkungen ausübt, hängen die besseren Wirkungen bei lockerem Asbest offenbar von rein mechanischen Fragen ab: von der feineren Verteilung des Katalysators und der besseren Berührung des Gases mit der ganzen katalytischen Oberfläche.

In neuerer Zeit konnten BALANDIN und VASIUNINA[4] bei der Dehydrierung von Cyclohexan mit Platinasbest (8 % Pt) feststellen, daß ein Katalysator mit einem fasrigen Asbest vom Chrysotiltyp etwa zweimal wirksamer war und eine kleinere Aktivierungsenergie (13600 kal) hatte als einer mit einem Asbest aus starren Fasern vom Amphiboltyp (14300 kal). Es könnte sein, daß dieser Unterschied, wie BALANDIN annimmt, an einer verschiedenen Adsorption der Platinchlorwasserstoffsäure am Träger vor der Reduktion beruht oder auch an einer Umwandlung des Trägers und damit des Katalysators beim Erhitzen. Die elektronenmikroskopische Untersuchung durch SCHECHTER, ROGINSKI und ISAEV[5] hat nämlich gezeigt, daß die Chrysotilfasern von 10 ÷ 100 Å Stärke beim Erwärmen auf 500° zu zerfallen beginnen und bei 1250° völlig zerfallen sind, während die Fasern eines Anthophyllitasbestes erst bei dieser Temperatur zu zerfallen beginnen.

Abb. 70. Platin auf Asbest im Elektronenmikroskop (50000:1). (Nach M. v. ARDENNE und BEISCHER.)

Schon früher hatten ARDENNE und BEISCHER[6] mit dem Elektronenmikroskop den Palladium- und Platinasbest untersucht und beobachtet, daß die Trägerfasern, die vor der Katalyse glatt waren, nach dem Gebrauch durch thermischen Wasserverlust rauh wurden.

Nach diesen elektronenmikroskopischen Untersuchungen (Abb. 70) der Katalysatoren, die auch von anderen Autoren durchgeführt wurden, erhellt die feine Verteilung der Metallkristalle, die in die Fasern des Trägers eingewickelt und oft, wie TURKEVICH[7] beobachtet hat, nur mit einer Kante daran angeheftet sind.

[1] V. N. IPATIEFF, B. N. DOLGOW: J. chem. Ind. URSS **8** (1931), 825.
[2] R. J. HARTMANN, O. W. BROWN: J. physic. Chem. **34** (1930), 2651.
[3] E. W. ALEXEJEWSKI, A. P. MUSSAKIN, J. D. MAKAROW: J. Chim. appl. URSS **3** (1930), 863.
[4] A. A. BALANDIN, N. A. VASIUNINA: C. R. Acad. Sci. URSS **52** (1946), 139.
[5] A. SCHECHTER, S. ROGINSKI, B. ISAEV: Acta physicochim. URSS **20** (1945), 217.
[6] M. v. ARDENNE, D. BEISCHER: Angew. Chem. **53** (1940), 103.
[7] J. TURKEVICH: J. chem. Physics **13** (1945), 235.

Unter allen Katalysatoren auf Asbest ist der bekannteste und gebräuchlichste sicherlich das Platin. Es wird in großem Umfang für die Synthese von SO_3 aus SO_2 und Sauerstoff verwendet, wenigstens bis 1898 (das erste Patent ist von JULLIAN[1] aus dem Jahre 1846), und erst später wurde es durch andere Träger aus Kieselgel oder Sulfaten verdrängt. Es gab Ausbeuten von $96 \div 97\%$ bei einem Aufwand von 1 g Platin pro Tageskilo Schwefelsäure[2]. In Abb. 66 auf S. 662 sieht man, wie bei diesem Katalysator die Ausbeute vom Platingehalt abhängt. Er ist übrigens übertroffen worden durch andere Träger, die bei gleicher Ausbeute weniger Platin erfordern, und durch die modernen Vanadiumpentoxydkontakte.

Platinasbest wird in den chemischen Laboratorien als hydrierender oder oxydierender Gaskatalysator noch angewandt, obwohl man manchmal Palladium vorzieht. Die Arbeiten, vor allem aus der organischen Chemie, über diesen Katalysator sind sehr zahlreich und es lohnt sich nicht, sie hier zu zitieren, weil sie meistens keine besonders wichtigen Daten über die Eigenschaften der Katalysatoren bringen, sondern nur über die erzielten rein chemischen Erfolge.

Dem Platin und dem Palladium haben sich noch Osmium und Iridium auf Asbest zugesellt, die ebenfalls gute Hydrierwirkung zu haben scheinen[3].

Die *Herstellung* dieser Kontakte geschieht gewöhnlich auf nassem Wege, indem man die Metalle auf dem Asbest mit Reduktionsmitteln (Formaldehyd usw.) niederschlägt. Manchmal arbeitet man auch auf trockenem Wege, indem man den Asbest mit Metallsalz tränkt und dann im Wasserstoffstrom, eventuell mit Formaldehyd beladen, reduziert.

Außer diesen Metallen sind auch noch andere auf Asbest benutzt worden. Schon SABATIER[4] wußte, daß Kupfer aus dem Oxyd auf Asbest wirksamer ist als reines Kupfer. Von anderen Metallen sind zu nennen: Silber[5] für Oxydationen von Alkoholen zu Aldehyden mit CO_2 oder H_2O oder O_2; Nickel für die Synthese von Methan[7]; Nickel und Kupfer für die Hydrierung von Furfurol in der Dampfphase[6]; Cadmium[8] und Thallium[9] für die Reduktion von Nitrobenzol zu Anilin. Der letzte Fall ist besonders interessant, weil Cadmium und Thallium selten als Katalysatoren benutzt werden, und vor allem deshalb, weil die Autoren beobachtet haben, daß diese Metalle auch noch oberhalb des Schmelzpunkts eine gewisse Wirksamkeit haben. Dies beweist, daß tatsächlich der Asbest bis zu einem gewissen Grade die Vereinigung der geschmolzenen Metalle verhindert.

Auch als Träger von Oxyden hat man Asbest benutzt, besonders von V_2O_5

[1] JULLIAN: Engl. Pat. 11425 von 1846.

[2] R. KNIETSCH: Ber. dtsch. chem. Ges. **34** (1901), 4069. — B. NEUMANN, H. PAUZA, E. GAEBEL: Z. Elektrochem. angew. physik. Chem. **34** (1928), 696. — N. H. HOLMES, J. RAMSAY, A. L. ELDER: Ind. Engng. Chem. **21** (1929), 850.

[3] N. D. ZELINSKI, M. B. TUROWA-POLLAK: Ber. dtsch. chem. Ges. **62** (1929), 2865. — N. I. SCHUIKIN, J. M. TSCHILIKINA: Chem. J. Ser. A, J. allg. Chem. **6** (1936), (68), 279. — W. SSADIKOW, A. MICHAILOW: J. russ. physik-chem. Ges. **58** (1926), 527; J. chem. Soc. (London) **1928**, 438.

[4] P. SABATIER: C. R. hebd. Séances Acad. Sci. **125** (1897), 101.

[5] A. M. RUBINSTEIN, A. J. KRONROD: Chem. J. Ser. B, J. appl. Chem. **10** (1937), 888. — A. M. RUBINSTEIN, A. A. BALANDIN, B. A. DOLGOPLOSKA, K. A. MOROSOW, L. I. WAGRANSKAJA: Chem. J. Ser. B, J. appl. Chem. **6** (1933), 278.

[6] F. E. BROWN, H. GILMAN, R. L. VAN PEUERSEN: Iowa State Coll. J. Sci. **6** (1932), 133.

[7] B. NEUMANN, K. JAKOB: Z. Elektrochem. angew. physik. Chem. **30** (1924), 557. — K. CHAKRAVARTY, J. C. GHOSH: J. Indian chem. Soc. **4** (1927), 431.

[8] R. J. HARTMANN, O. W. BROWN: J. physic. Chem. **34** (1930), 2651.

[9] O. W. BROWN, C. BROTHERS, G. ETZEL: J. physic. Chem. **32** (1928), 456.

für starke Oxydationen[1] oder von Tl_2O_3 für milde Oxydationen[2] oder von reinem oder mit Cr_2O_3 verstärktem ZnO für die Methanolsynthese[3]. Mit Ausnahme der zitierten Arbeit von IPATIEFF und DOLGOW handelt es sich jedoch um Versuche, die für die Charakterisierung der Eigenschaften des Asbests als Träger von geringerer Bedeutung sind.

Interessanter sind die Versuche von WIBAUT[4] über die Addition von HCl und HBr an Doppelbindungen in Gegenwart von Halogeniden ($BiCl_3$, $AlCl_3$, $HgCl_2$, $SbCl_3$ und die entsprechenden Bromide) auf Asbest. Während Glaswolle z. B. bei der Anlagerung von HBr an Vinylbromid mit $HgBr_2$ nur das 1,2-Dibrombutan gibt, erhält man auf Asbest fast ausschließlich 1,1-Dibrombutan und mit anderen Bromiden verschiedene Mengen beider Produkte.

6. Andere Träger.

Außer den im vorstehenden besprochenen Trägern haben in Einzelfällen auch andere eine gewisse Verwendung gefunden. Außer besonderen Silikaten (wie Puzzolan[5]) hat man auch sonstige Stoffe als Katalysatorträger herangezogen und darunter hauptsächlich drei Kategorien: Metalle, Sulfate und Oxyde.

Metalle werden angewandt, um einen Träger mit guter Wärmeleitfähigkeit zu haben, der es erlaubt, eine gleichmäßige Temperatur und einen leichten Abtransport der Reaktionswärme zu erreichen. In diesem Sinne haben z. B. ADADUROW, ZEITLIN und ORLOWA[6] mit Platin auf einem Aluminiumdraht oder auf Nickel-Chromspänen die SO_3-Synthese durchgeführt, oder GINSBERG und IWANOW[7] Hydrierungen mit Platin oder Palladium auf Metallpulver. Die letzteren wollen folgende Reihe abnehmender Güte der Träger gefunden haben: Be, Al, Fe, Ni, W, Sn, Ag, Zn, Te.

Ferner haben GERSCHEMOWITSCH und KOTELKOW[8] versucht, oberflächlich oxydierte Chromnickeldrähte mit Platin oder Palladium zu überziehen, um Oxydationskatalysatoren zu erhalten, die dem Platinasbest überlegen waren. PARKS und YULA[9] sowie DOWNS[10] haben V_2O_5 auf Aluminiumgranalien aufgetragen, um die Reaktionswärme der katalytischen Oxydation von Aromaten besser abzuführen.

Einen anderen Grund für die Verwendung metallischer Träger hat man bei Katalysatoren aus Netzen kostbarer Metalle (Silber für die Formaldehydbildung und Platin für die Ammoniakoxydation). Es ist ja verlockend, für diese Netze billige Metalle zu verwenden, die der Katalyse nicht schaden, und sie mit einer dünnen Schicht des Edelmetalls zu überziehen. So haben ADADUROW und

[1] N. JEFREMOW, A. ROSENBERG: J. chem. Ind. URSS **4** (1927), 129. — M. TICHOMIROWA: Petroleum-Ind. Aserbaidshan **14** (1934), Nr. 10, 82. — S. J. GREEN: J. Soc. chem. Ind. **51** (1932), 123 T. — M. TOMEO, J. SERRALONGO: An. Física Quím. **41** (1945), 1485.

[2] O. W. BROWN, W. C. FRISHE: J. physic. Colloid Chem. **51** (1947), 1394.

[3] V. N. IPATIEFF, B. N. DOLGOW: J. chem. Ind. URSS **8** (1931), 825. — G. PATART: C. R. hebd. Séances Acad. Sci. **179** (1924), 1330. — W. A. PLOTNIKOW, K. N. IWANOW: J. chem. Ind. URSS **6** (1929), 940.

[4] J. P. WIBAUT: Z. Elektrochem. angew. physik. Chem. **35** (1929), 602.

[5] L. MARMIER: C. R. hebd. Séances Acad. Sci. **199** (1934), 868.

[6] I. J. ADADUROW, A. N. ZEITLIN, L. M. ORLOWA: Ukrain. chem. J. **10** (1935), 346.

[7] A. S. GINSBERG, A. P. IWANOW: J. russ. physik.-chem. Ges. **62** (1930), 1991.

[8] M. S. GERSCHEMOWITSCH, W. S. KOTELKOW: Chem. J. Ser. B, J. appl. Chem. **11** (1938), 253.

[9] W. G. PARKS, R. W. YULA: Ind. Engng. Chem. **33** (1941), 891.

[10] C. R. DOWNS: J. Soc. chem. Ind. **45** (1926), 188 T.

PROSOROWSKI[1] platinierte Nickelnetze zur Ammoniakverbrennung herangezogen, allerdings mit schlechten Ergebnissen, weil der aus der Ammoniakspaltung stammende Wasserstoff bei der hohen Temperatur die Platinschicht durchdringt und vom Nickel aufgenommen wird. Dabei steigt die Gitterkonstante von 3,52 Å bis auf 4,63 Å, und dies führt zum Zerfall des ganzen Netzes.

Besser haben sich Netze aus platiniertem Silber erwiesen[2]. Weil aber Silber einen tiefen Schmelzpunkt hat, muß man größere Temperaturerhöhungen vermeiden. Außerdem ist zu beachten, daß sich unter den Arbeitsbedingungen ($750 \div 900^0$) durch Diffusion Legierungen mit Platin bilden können, deren Wirksamkeit kleiner als die des reinen Platins sein kann. Dasselbe ist über Netze aus platiniertem Kupfer oder Messing[3] zu sagen, welch letzteres übrigens bei zu niedriger Temperatur schmilzt.

Bessere Ergebnisse hat man mit versilberten Kupfernetzen bei der Oxydation von Methanol zu Formaldehyd erzielt[4]. Schon Kupfer selbst ist ein Katalysator für diese Reaktion, wenn auch mit etwas kleineren Ausbeuten als Silber. Hier handelt es sich also um einen katalytisch wirksamen Träger. Unter allen Umständen erhält man beim Behandeln des Kupfernetzes mit einer Silbersalzlösung einen Niederschlag aus Silberhäutchen, die gewisse Kupfermengen gelöst enthalten. Dies hat NATTA[5] durch Elektronenbeugungsaufnahmen festgestellt, wie wir bereits bei den Legierungskatalysatoren (S. 512) erwähnt haben. Die Eigenschaften solcher Kontakte sind recht gut, und die Ergebnisse sind mit denen reiner Silbernetze durchaus vergleichbar (Tabelle 87).

Es ist zu beachten, daß das Salz, aus dem das Silber niedergeschlagen wird, einen Einfluß auf die Katalysatorwirksamkeit hat. Während man mit Silbernitrat gute und mit Silbersulfat etwas schlechtere Resultate erzielt, liefert das Cyanid in überschüssigem Kaliumcyanid zwar festere Überzüge, aber schlechte Ausbeuten. Vielleicht bringen kleine Mengen von KCN oder CuCN, die auf dem Katalysator bleiben, eine Vergiftung hervor. Bessere Ergebnisse erzielt man mit

Tabelle 87. *Oxydation von Methanol zu Formaldehyd mit verschiedenen Katalysatoren.* (Nach NATTA und STRADA.)

Katalysator	Strömungsgeschwindigkeit $cm^3\ cm^{-2}\ min^{-1}$	Prozent Ausbeute	
		vom angewandten Alkohol	vom zersetzten Alkohol
Kupfernetz	6850	52,4	79,4
Kupfernetz in Cyanidbad versilbert	2700	19,2	68,8
Silberwolle	4230	46,5	87,7
Kupfer in Nitratbad versilbert	5650	47,5	84,8
desgl.	5920	40,0	88,4
desgl.	6400	37,0	85,1
Kupfer, versilbert $+ {}^1/_{1000}$ Pt	4900	40,0	85,6
Silber $+ {}^1/_{10\,000}$ Pt	5900	53,5	85,9

[1] I. J. ADADUROW, A. N. PROSOROWSKI: Chem. J. Ser. B, J. appl. Chem. **8** (1935), 1321.

[2] I. J. ADADUROW, J. M. DEUTSCH, N. A. PROSOROWSKI: Chem. J. Ser. B, J. appl. Chem. **9** (1936), 807.

[3] I. J. ADADUROW, P. D. DIDENKO: Ukrain. chem. J. **10** (1935), 271.

[4] G. NATTA, M. STRADA: Giorn. Chim. ind. appl. **14** (1932), 551. — S. P. ALEXANDROWA: Chem. J. Ser. B, J. appl. Chem. **10** (1937), 105. — S. B. GUREWITSCH, F. F. TSCHIMWISKAJA: J. chem. Ind. URSS **12** (1935), Nr. 1, 57.

[5] G. NATTA: Gazz. chim. ital. **66** (1936), 1.

Silberspiegeln, die auf Kupfer aus Silbersalzlösungen mit Reduktionsmitteln niedergeschlagen werden.

Silber und Silberoxyd, eventuell noch mit Verstärkern (SnO_2 oder CaC_2O_4) auf Metallscheiben aufgebracht, ist auch zur Oxydation von Äthylen zu Äthylenoxyd verwendet worden[1].

Besonderes Interesse haben die Katalysatoren, die als fein verteiltes Metall auf demselben Metall in kompakter Form aufgetragen sind. Einer von diesen Katalysatoren ist platiniertes Platin, das in der elektrolytischen Abscheidung des Wasserstoffs die Vereinigung der Wasserstoffatome zu Molekeln katalysiert und die Überspannung des Wasserstoffs auf dem Platin erniedrigt. Ein anderer Fall, der technische Verwendung gefunden hat, ist: Nickel auf Nickel als Träger bei der Ölhydrierung (LUSH-BOLTON-Prozeß[2]). Der Katalysator wird hergestellt, indem Nickelspäne anodisch oxydiert werden; bei der nachfolgenden Reduktion bildet sich eine feine, reduzierte Nickelschicht, die von dem darunterliegenden kompakten Nickel getragen wird. Wenn man die Oxydation in einem Bad von Natriumaluminat oder -silikat durchführt, so ist es auch möglich, Al_2O_3 oder SiO_2 in die Oxydschicht einzubauen und sie so katalytisch zu verstärken[3]. Man hat auch nicht verfehlt, für diese Reaktion elektrolytisch vernickelte Eisen- oder Kupferdrähte vorzuschlagen[4]. Die Ergebnisse, die man so erzielen kann, sind jedoch recht zweifelhaft.

Endlich ist zu erwähnen, daß man oft in rein wissenschaftlichen Versuchen einen Katalysator auf einem Platindraht aufgebracht hat, wobei dieser außer seiner tragenden Funktion auch noch die eines Heizers (durch elektrischem Strom) und eines Thermometers (durch Widerstandsmessung) ausübt, s. z. B. SCHWAB und DRIKOS[5].

Die andere oben erwähnte Klasse von Trägern, die *Sulfate*, werden fast ausschließlich für Platin- oder Palladiumkatalysatoren bei zweierlei Kontakten verwendet: Kontakte für die SO_3-Synthese und Kontakte für Reduktionen. Es ist bekannt, daß der Platinasbest bald durch Platin auf einer Mischung wasserfreier Sulfate, hauptsächlich Magnesiumsulfat, ersetzt worden ist und daß solche Katalysatoren mit Erfolg in der technischen Praxis eingesetzt werden. Sie werden hergestellt aus teilweise entwässerten Sulfaten, die man zu Pastillen preßt, bei hoher Temperatur völlig entwässert, dann mit einer alkoholischen Lösung von Platinchlorwasserstoffsäure tränkt und trocknet (SCHRÖDER-GRILLO-Prozeß[6]).

Die Wirkung dieser Träger scheint günstig zu sein insofern, als die Sulfatgruppe im Träger die Adsorption von SO_2 begünstigt[7]. Zusatz von Alkalisulfaten zum Träger ist schädlich[8]. Es fehlt aber an Arbeiten, in denen die Veränderlichkeit der katalytischen Wirkung mit dem Platingehalt oder dem Zusatz von Beimengungen zum Magnesiumsulfat untersucht wurde und gleichzeitig Daten zum Vergleich mit anderen Platinkatalysatoren für diese Synthese gebracht werden. Nur LEVI und FALDINI[9] haben versucht, 10 % anderer Edelmetalle

---

[1] F. W. McKIM, A. CAMBRON: Canad. J. Res. **27** B (1949), (11), 813.

[2] E. J. LUSH: J. Soc. chem. Ind. **42** (1923), 219 T.

[3] E. J. LUSH: J. Soc. chem. Ind. **46** (1927), 454 T.

[4] A. SWIZYN: Öl- u. Fett-Ind. URSS **1928**, Nr. 3, 25.

[5] G.-M. SCHWAB, G. DRIKOS: Z. physik. Chem., Abt. B **52** (1942), 234. — C. H. KUSMANN: J. Amer. chem. Soc. **51** (1929), 688.

[6] F. MAYER: J. Soc. chem. Ind. **22** (1903), 348. — G. W. PATTERSON, L. B. CHENEY: Ind. Engng. Chem. **4** (1912), 723.

[7] R. A. BEEBE: Dissertation, Princeton University, 1924, zitiert in E. RIDEAL, H. S. TAYLOR: Catalysis in Theory and Practice, S. 122. London, 1926.

[8] N. S. ARTAMONOW: J. chem. Ind. URSS **10** (1935), Nr. 31, 59.

[9] G. R. LEVI, M. FALDINI: Giorn. Chim. ind. appl. **9** (1925), 223.

(Pd, Ru, Os, Rh, Ir) zuzusetzen und bei den ersten zwei eine leichte Wirksamkeitssteigerung beobachtet. Neuerdings haben MATSUI und ODA[1] systematisch die Bedingungen der Vorbehandlung des Trägers aufgesucht, unter denen er die größte mechanische Festigkeit besitzt.

Der Platingehalt liegt normalerweise um 3‰. Dies erlaubt eine Produktion von einer Tagestonne Schwefelsäure je 0,35 kg Platin.

Bei den Hydrierkatalysatoren handelt es sich meist um Platin oder Palladium auf Bariumsulfat. Dieses hat den Vorteil, ein sehr feines Pulver und bei tiefer Temperatur chemisch unangreifbar zu sein. Obwohl diese Art von Katalysatoren bei Hydrierversuchen in flüssiger Phase vor allem in der organischen Forschung ziemlich verbreitet ist, so scheint es doch, daß er nicht besser ist als andere hydrierende Pt-Katalysatoren. Dies haben die Versuche von ROSENMUND und LANGER sowie von SABALITSCHKA und MOSES und SABALITSCHKA und ZIMMERMANN[2] erwiesen, von denen wir bereits bei den allgemeinen Eigenschaften der Träger (S. 639ff.) gesprochen haben. Immerhin soll dieser Katalysator besser sein als das trägerfreie Metall[3].

Manchmal hat man als Träger auch *Oxyde* verwandt: z. B. CaO, BeO und MgO für Kupfer bei der katalytischen Verbrennung von Wasserstoff[4] oder MgO als Träger für $Ni + Al_2O_3$ bei der Oxydation von Methan mit Wasserdampf[5].

Ein wichtiger Fall hingegen ist der Dehydrierungskatalysator der *Standard-Oil-Company*, der bei den Technikern der Firma die Nr. 1707 führt. Dieser Katalysator besteht aus Eisenoxyd-Kupferoxyd-Kaliumoxyd auf Magnesiumoxyd als Träger im Gewichtsverhältnis: 72,4 % MgO, 18,4 % Fe_2O_3, 4,6 % CuO, 4,6 % K_2O. Wahrscheinlich werden im Gebrauch Eisen- und Kupferoxyd wenigstens teilweise zu Metall oder niederen Oxyden reduziert. Der Katalysator wird für die Dehydrierung von Butylen zu Butadien[6] und auch von Äthylbenzol und Homologen zu Styrol[7] verwandt; beide Reaktionen haben auch weitgehende technische Durchführung gefunden.

Sehr interessant ist die Art der Herstellung dieses Katalysators, wie sie hauptsächlich aus einer Arbeit von KEARBY[8] hervorgeht: zu einer Lösung von Eisen- und Kupfersulfat wird die notwendige Menge Magnesiumoxyd zugefügt und 3 Stunden gerührt. So tritt eine Fällung der Oxyde von Eisen und Kupfer auf dem Träger durch eine chemische Reaktion der Lösung mit dem Träger selbst ein. Nach dieser Rührdauer filtriert man ab, wäscht, setzt K_2CO_3 zu und trocknet. Vergleicht man diesen Katalysator bei der Dehydrierung von Buten mit den Al_2O_3-Cr_2O_3-Kontakten (S. 528 und 697), so gibt er nach KEARBY[8] zufriedenstellende Ergebnisse (71 % Ausbeute bei Al_2O_3-Cr_2O_3 und 85 % bei 1707). Es scheint auch, daß dieser Katalysator seltener regeneriert werden muß, um die hemmenden gebildeten kohligen Stoffe zu entfernen.

KEARBY[8] hat auch eine Versuchsreihe mit zahlreichen (etwa 50) ähnlichen

---

[1] M. MATSUI, K. ODA: J. Soc. chem. Ind. Japan **38** (1935), 148 B.

[2] K. W. ROSENMUND, G. LANGER: Ber. dtsch. chem. Ges. **56** (1923), 2262. — TH. SABALITSCHKA, W. MOSES: Ber. dtsch. chem. Ges. **60** (1927), 786. — TH. SABALITSCHKA, K. ZIMMERMANN: Ber. dtsch. chem. Ges. **63** (1930), 375.

[3] E. MÜLLER, K. SCHWABE: Z. Elektrochem. angew. physik. Chem. **34** (1928), 170.

[4] G. TEDESCHI: Gazz. chim. ital. **66** (1936), 57.

[5] F. SCHUSTER, G. PANNING, H. BÜLOW: Brennstoff-Chem. **16** (1935), 368. — W. GLUND, K. KELLER, W. KLEMPT, F. BESTEHORN: Ber. Ges. Kohlentechn. **3** (1930), 211.

[6] K. K. KEARBY: Ind. Engng. Chem. **42** (1950), 295. — L. H. BECHBERGER, K. M. WATSON: Chem. Engng. Progr. **44** (1948), 229.

[7] J. E. NICKELS, G. A. WETT, W. HEINZELMAN, B. B. CORSON: Ind. Engng. Chem. **41** (1949), 563.

[8] K. K. KEARBY: Ind. Engng. Chem. **42** (1950), 295.

Kontakten veröffentlicht, die durch vollständigen oder unvollständigen Ersatz einiger Komponenten erhalten werden: Rb und Cs können gut den Platz des Kaliums einnehmen, Na und Li aber weniger gut. Man erhält auch ziemlich wirksame Katalysatoren, wenn man MgO ersetzt durch Fe_2O_3, CuO, BeO, ZrO_2, während andererseits die Einführung von CaO, Al_2O_3, SiO_2, TiO_2 schlechte Ergebnisse liefert.

Ein anderer interessanter Fall sind die Eisenkatalysatoren für die FISCHER-TROPSCH-Synthese, die auch Magnesia oder Dolomit als Träger haben und von KÖLBEL und Mitarbeitern[1] studiert wurden. Auch sie werden durch Behandlung einer schwach kupferhaltigen Eisensalzlösung mit großen Mengen Dolomit erhalten, so daß, ganz wie bei KEARBY, der Überschuß des Fällungsmittels gleich als Träger dient.

Unter anderen Trägern sei noch das *Borcarbid* erwähnt, das PARKS und KATZ[2] als Träger für Uranylmolybdat bei der Oxydation von Toluol empfehlen. Erwähnt sei auch *Quarz* für Reaktionen bei hoher Temperatur und *Glaswolle* oder *Glasringe* und *-perlen*, die von einigen benutzt werden. Diese letztgenannten Träger können jedoch wegen der leichten Erweichung des Glases nur bei niederen Temperaturen benutzt werden. Ihre Funktion besteht ausschließlich in einer Verteilung des Katalysators auf ein größeres Volumen.

B. Kontakte mit katalytisch wirksamem Träger.

Wie schon erwähnt, soll der Name „Kontakte mit katalytisch wirksamem Träger“ Kontakte bezeichnen, die aus einem Katalysator bestehen, der auf einem Träger niedergeschlagen ist, der selbst auch Katalysator ist und in die Reaktion eingreift (s. dagegen Kontakte mit unwirksamem Träger, S. 652). Im einzelnen empfiehlt es sich, den Begriff noch weiter einzuengen und nur solche Kontakte zu berücksichtigen, in denen Träger und Katalysator in der betrachteten Reaktion die gleiche spezifische Wirkung haben und sich höchstens durch eine größere oder geringere Selektivität unterscheiden.

Diese Begriffsbestimmung ist natürlich nicht sachlich, sondern nur klassifikatorisch. Wie schon im Kapitel „Einteilung der Mischkatalysatoren“ (S. 463) auseinandergesetzt, können Kontakte aus einem Träger und einem Katalysator mit beiderseitiger, aber verschiedenartiger (z. B. dehydratisierender bzw. hydrierender) katalytischer Wirkung entweder nur eine von beiden verspüren lassen, und zwar die des Katalysators, und heißen dann Kontakte mit unwirksamem Träger. Sie können aber auch beide Wirkungen ausüben und gehören dann eher in das Kapitel „Mehrkatalysatorenkontakte“ (s. S. 725).

In der Tat, wenn ein solcher Katalysator präparativ gesehen aus einem Träger und einem aufgetragenen Stoff besteht, so hat doch vom Standpunkt der Anwendung diese Konstitution nur ein relatives Interesse und kann nebensächlich sein, während das Hauptinteresse in der verschiedenen Funktion der beiden Katalysatoren liegt, von denen jeder seine Wirkung hat, die zu wohldefinierten Endergebnissen führt.

In dem engeren Gebiet der Kontakte mit wirksamem Träger handelt es sich also im wesentlichen um Wechselverstärker, in denen einer der Katalysatoren als Träger wirkt.

Von diesem Gesichtspunkt aus muß die weitere Unterteilung dieser Katalysatoren notwendigerweise nach der katalysierten Reaktionsart durchgeführt

[1] K. KÖLBEL u. Mitarbeiter: Chemie-Ing.-Techn. 23 (1951), 153, 183.
[2] W. G. PARKS, J. KATZ: Ind. Engng. Chem. 28 (1936), 319.

werden: hydrierende oder dehydrierende, dehydratisierende, kondensierende Katalysatoren usw.

Es gibt jedoch auf diesem Gebiet überhaupt keine Arbeit von besonderem Interesse und vor allem keine allgemeine Untersuchung, aus der hervorginge, ob Katalysatoren dieser Art besser oder schlechter sind als solche derselben Zusammensetzung, die aber als gewöhnliche verstärkte Katalysatoren hergestellt sind. Bei dem Mangel an solchen Angaben wäre wohl anzunehmen, daß solche Katalysatoren, außer in Sonderfällen, kein großes Interesse bieten und keine guten Ergebnisse liefern. Und wirklich gibt es nur zwei Gründe, sie zu verwenden: der eine ist die Leichtigkeit der Herstellung und der andere die Billigkeit. Will man etwa als dehydratisierenden Katalysator Tonerde im Gemisch mit Kaolin verwenden, so ist es, um für die Gasströmung geeignete Formen leicht bilden zu können, einfacher und sicherer, zuerst den Kaolinträger zu formen und dann darauf Aluminiumhydroxyd niederzuschlagen. Ebenso ist es für Hydrierungen sicherlich billiger, Platin auf einem Nickelträger verteilt zu verwenden als in reiner Form.

Von solchen Katalysatoren aus *Metall auf Metall* für Hydrierungen und eventuell Dehydrierungen und Oxydationen haben wir vorher schon gesprochen. Die charakteristischsten und interessantesten Fälle sind die von DELÉPINE[1] untersuchten Schichten von Edelmetallen auf RANEY-Nickel (S. 510), sowie die versilberten Kupfernetze für die Herstellung von Formaldehyd aus Methanol[2] und die platinierten Nickelnetze für die Ammoniakverbrennung[3] (S. 707 und 708).

Zu beachten ist, daß zum Unterschied von den beiden ersten Fällen, wo bessere oder doch wenigstens mit dem aktivsten Katalysator vergleichbare Resultate erhalten wurden, im letzten Falle eher schlechtere Ergebnisse erzielt wurden. Einige andere Beispiele (Ni auf Ni, Ni auf Fe und Cu) haben wir schon im vorigen Kapitel kennengelernt.

Bei den *wasserabspaltenden* Katalysatoren hat man manchmal versucht, Aluminiumoxyd mit Kaolin zu verwenden. Außer dem schon erwähnten Vorteil, daß man den Katalysator zu Ringen formen kann, soll man nach ALEXEJEWSKI und PREJSS[4] bei der Dehydratisierung von Äthanol höhere Ausbeuten erhalten als mit reinem Kaolin.

Andere haben, wieder für die Dehydratisierung von Alkoholen[5], $Al(OH)_3$ mit Phosphorsäure zu imprägnieren versucht. Wahrscheinlich führt bei der Katalysentemperatur (250°) die Phosphorsäure das $Al(OH)_3$ völlig in Salz über, so daß der Katalysator betrachtet werden muß als aus Aluminiumphosphat bestehend, das auf Tonerde niedergeschlagen ist. Er hat jedoch den Vorteil, saure Eigenschaften zu besitzen und daher gewisse Isomerisationen bei den Butenkohlenwasserstoffen zu begünstigen, was gerade der von den Verfassern studierte Fall war. Nach ihnen soll ein derartiger Katalysator wirksamer sein als Phosphorsäure auf Bimsstein.

Was den Wert solcher Oxyd- oder Säure-Katalysatoren auf Tonerde betrifft, so scheint es jedoch im allgemeinen so zu sein, daß die Wirksamkeit der Tonerde herabgesetzt wird. So hat CHARRION[6] beim Studium der Entwässerung von Äther

---

[1] M. DELÉPINE, A. HOREAU: C. R. hebd. Séances Acad. Sci. **201** (1935), 1301; **202** (1936), 995; Bull. Soc. chim. France (5) **4** (1937), 31. — E. LIEBER, G. B. L. SMITH: J. Amer. chem. Soc. **58** (1936), 1417.

[2] G. NATTA, M. STRADA: Giorn. Chim. ind. appl. **14** (1932), 551. — S. B. GUREWITSCH, F. F. TSCHINWISKAJA: J. chem. Ind. URSS **12** (1935), Nr. 1, 57. — S. P. ALEXANDROWA: Chem. J. Ser. B, J. appl. Chem. **10** (1937), 105.

[3] I. J. ADADUROW, A. N. PROSOROWSKI: Chem. J. Ser. B, J. appl. Chem. **8** (1935), 1321.

[4] E. W. ALEXEJEWSKI, I. G. PREJSS: J. Chim. appl. URSS **3** (1930), 859.

[5] V. KOMAREWSKI, W. JOHNSTONE, P. YODER: J. Amer. chem. Soc. **56** (1934), 2705.

[6] A. CHARRION: C. R. hebd. Séances Acad. Sci. **180** (1935), 213.

zu Äthylen die Wirksamkeit folgender Oxyde auf Al_2O_3 geprüft: SO_3, P_2O_5, CaO, CuO, W_2O_5. Nur bei dem letzten erhöhte sich die Wirksamkeit der Tonerde, während sie in den anderen Fällen herabgesetzt war, auch wenn das betreffende Oxyd rein dehydratisierende Eigenschaften hatte (SO_3 und P_2O_5).

Bei all diesen Versuchen ist jedoch im Auge zu behalten, daß die Methode der Imprägnierung oder der Adsorption größeren Einfluß haben muß als die Menge des aufgetragenen Oxyds. Auch eigene unveröffentlichte Versuche über die Dehydratisierung von Äthanol sind mit Phosphorsäure auf Tonerde schlechter verlaufen als mit reiner Tonerde.

Als Kontakte mit aktivem Träger können auch die Katalysatoren der *Olefinpolymerisation* betrachtet werden, die aus Phosphorsäure auf einem Träger aus Silikagel, Diatomeenerde oder Kaolin bestehen, und die wir schon bei diesen Trägern besprochen haben (S. 663ff.). Haben sie doch auch eine gewisse kondensierende Wirkung, wenn auch in geringerem Grade als die Phosphorsäure selbst[1].

Endlich hat man auch die allerverschiedensten Träger erprobt. Wir nennen ADADUROW[2] sowie KATZ und HALPERN[3]. Der erstgenannte hat die Anwendung von Eisenoxyd als Träger für Platin bei der Oxydation von SO_2 studiert. Es ist nämlich bekannt, daß die Eisenoxyde für diese Reaktion eine katalytische Wirkung besitzen, wenn auch erst bei höherer Temperatur als Platin. Es scheint nach dem Verfasser, als ob Fe_2O_3 keinen guten Katalysator bilde, Fe_3O_4 hingegen einen ausgezeichneten.

KATZ und HALPERN haben eine gewaltige Reihe von Oxyden auf Silberpermanganat für die Oxydation von Kohlenoxyd mit Luft bei tiefen Temperaturen aufgetragen. Unter den besten ihrer Katalysatoren sind die mit Molybdänoxyd, Eisenoxyd und Zinn(4)oxyd zu erwähnen.

Die bisher beschriebenen Beispiele haben jedoch mit Ausnahme der Metalle auf metallischen Trägern nie praktische Bedeutung gehabt. Wichtiger sind zwei in neuerer Zeit studierte Fälle. Der erste bezieht sich auf Katalysatoren für die *Hydrolyse von Chlorbenzol* mit Wasserdampf zu Phenol und Salzsäure, die hauptsächlich von russischen Autoren studiert wurde. Für diese Reaktion ist schon Kieselsäure allein ein guter Katalysator, aber ihre Wirksamkeit wird erheblich gesteigert, wenn man auf ihr Kupfer(II)chlorid niederschlägt[4]. Schlechtere Ergebnisse lieferte die Anwendung anderer Träger für $CuCl_2$, wie TiO_2 oder SnO_2[5], sowie auch anderer Katalysatoren auf Kieselsäure, wie H_3PO_4, Kobaltphosphat, Ammoniumphosphormolybdat, $CrCl_3$, Ammoniummolybdat, Hg_2Cl_2, $MnCl_2$, $BaCl_2$, $CaCl_2$, $MgCl_2$, LiCl[6]. Da die katalytische Wirkung der Kupferchloride bei Reaktionen organischer Chlorderivate bekannt ist, so hat man hier einen besonders interessanten Fall einer Verstärkung der katalytischen Wirkung

[1] V. N. IPATIEFF: Ind. Engng. Chem. **27** (1935), 1067. — V. N. IPATIEFF, G. EGLOFF: Oil Gas J. **33** (1935), — V. N. IPATIEFF, B. B. CORSON: Ind. Engng. Chem. **27** (1935), 1069. — V. N. IPATIEFF, B. B. CORSON, G. EGLOFF: Ind. Engng. Chem. **27** (1935), 1077. — V. N. IPATIEFF, H. PINES: Ind. Engng. Chem. **27** (1935), 1364. — K. PETERS, K. WINZER: Brennstoff-Chem. **17** (1936), 301, 366. — D. RUDKOWSKI, G. SCHEWZOWA, G. PEMELLER: Ind. org. Chem. URSS **3** (1937), 332.

[2] I. J. ADADUROW, I. M. ORLOWA, T. JE. FOMITSCHEWA, A. N. ZEITLIN: Ukrain. chem. J. **11** (1936), 425.

[3] M. KATZ, S. HALPERN: Ind. Engng. Chem. **42** (1950), 345.

[4] L. C. FREIDLIN, A. A. BALANDIN, G. A. FRIEDMAN, A. I. LEBEDEWA: Bull. Acad. Sci. URSS **1945**, 375. — L. C. FREIDLIN, A. A. BALANDIN, A. I. LEBEDEWA, G. A. FRIEDMAN: Bull. Acad. Sci. URSS **1945**, 53.

[5] L. C. FREIDLIN, A. A. BALANDIN, A. I. LEBEDEWA, G. A. FRIEDMAN: Bull. Acad. Sci. URSS **1946**, 439.

[6] L. C. FREIDLIN, A. A. BALANDIN, A. I. LEBEDEWA, G. A. FRIEDMAN: Acta physicochim. URSS **21** (1946), 55.

von Katalysatoren auf einem katalytisch aktiven Träger. Schon eine Menge von 2 % $CuCl_2$ auf Kieselsäure soll genügen, um eine erhöhte Wirksamkeit zu geben. Auch Zinnvanadat auf Silikagel soll sich sehr gut eignen[1].

Da sich Kupferchlorid bei Benutzung des Katalysators mit dem Silikagelträger verflüchtigt und so die Wirksamkeit mit der Zeit sinkt, haben BALANDIN und Mitarbeiter[2] dem Kontakt noch 6 % metallisches Kupfer hinzugefügt. Es bildet durch periodische Oxydation mit Luft und nachfolgende Reaktion mit der entstehenden Salzsäure neues Kupferchlorid und hält so die Wirksamkeit unverändert.

Ein anderer Typ von Katalysatoren auf aktivem Träger wurde von RADLOVE, TEETER und COWAN[3] studiert bei der *Isomerisierung der Doppelbindungen* der Linolsäure und Linolensäure zu konjugierten Doppelbindungen zwecks Steigerung der Sikkativwirkung der Öle für Firnis. Zum Teil tritt diese Isomerisierung unter der Einwirkung von Aktivkohle, Kieselgur, Bleicherde und Nickel ein. Wenn man aber mit Nickel auf einem anderen der soeben genannten Katalysatoren arbeitet, erhält man viel bessere Ergebnisse. Besonders interessant ist Nickel auf einer besonderen Art Aktivkohle, die man aus den Rückständen der Sulfitlauge der Zellstoffabriken erhält und die die beste Isomerisierungsleistung aufweist. Kieselgur und Bleicherde sind weniger gut, weil sie auch eine polymerisierende Wirkung haben und deshalb zwischen den frisch isomerisierten Fettsäuren Kondensationen bewirken können.

C. An Trägern adsorbierte Katalysatoren.

Der nun zu besprechende Typ umfaßt Kontakte aus Gasen, Flüssigkeiten oder festen Körpern niedrigen Siedepunkts, die in ungefähr einmolekularer Schicht an einem Träger adsorbiert sind. Diese Kontakte unterscheiden sich von gewöhnlichen Trägerkontakten dadurch, daß sie geringe Mengen katalytisch aktiver Substanz enthalten, vor allem aber dadurch, daß bei ihnen die von SELWOOD[4] und von ADADUROW[5] betonten und hier in Kap. IIIe, S. 646, besprochenen Erscheinungen der Valenzinduktion und Polarisation usw. besonders deutlich und wirksam sind. Der wesentliche Unterschied zwischen einer adsorbierten und einer freien Schicht besteht darin, daß der Adsorptionsvorgang im allgemeinen einer größeren Änderung der freien Energie entspricht. Auch der einfache Übergang vom Gaszustand in ein Kondensat ist von einer Änderung der freien Energie begleitet, aber diese ist für flüssige oder feste Stoffe bei einer gewissen Temperatur immer niedriger als die beim Übergang aus dem Gaszustand in den adsorbierten Zustand. Auf dieser Änderung der freien Energie beruht das Auftreten der besonderen Eigenschaften der oberflächlich adsorbierten Monoschichten, die manchmal auch katalytische Wirkungen bestimmen können.

Die Beispiele für diese Art von Katalysatoren sind nicht sehr zahlreich, wenn auch einige schon praktische Anwendung gefunden haben. Außerdem

[1] A. A. VERNON, F. THOMPSON: J. physic. Chem. **44** (1940), 727.

[2] L. C. FREIDLIN, A. A. BALANDIN, A. I. LEBEDEWA, G. A. FRIEDMAN: Bull. Acad. Sci. URSS **1947**, 515.

[3] S. B. RADLOVE, H. M. TEETER, J. C. COWAN: U. S. Dep. Agr. Bur. Agr. Ind. Chem. **AIC — 101** (1945), 1; Off. Digest Fed. Paint Varn. Club **1946**, Nr. 265, 74. — S. B. RADLOVE, H. M. TEETER, J. C. COWAN, I. KASS: Ind. Engng. Chem. **38** (1946), 997.

[4] P. W. SELWOOD: Bull. Soc. chim. France **1949**, D 167. — R. B. SPOONER, P. W. SELWOOD: J. Amer. chem. Soc. **71** (1949) 2184.

[5] I. J. ADADUROW: J. physic. Chem. URSS **5** (1934), 1139; **6** (1935), 206. — I. J. ADADUROW, N. A. PROSOROWSKI: J. physic. Chem. URSS **12** (1938), 445. — I. J. ADADUROW, P. J. KRAINI: J. physic. Chem. URSS **5** (1934), 136, 1132.

kann häufig eine gewisse Berührung mit den Katalysatoren mit adsorbiertem Verstärker (S. 625) vorliegen, wenn auch bei diesen der Wirkungsmechanismus nicht scharf bestimmbar ist. Das wesentliche Charakteristikum eines am Träger adsorbierten Katalysators dürfte sein, daß eine der beiden Komponenten, und zwar die, die als Adsorbens der anderen auftritt, bei der betrachteten Reaktion überhaupt keine katalytische Wirkung haben darf. Dies ist jedoch nicht leicht mit Sicherheit festzustellen, und zuweilen kann das Adsorbens zwar ohne katalytische Wirkung auf die Gesamtreaktion sein, aber eine solche Wirkung auf das Reaktionsprodukt eines Ausgangsstoffes mit der adsorbierten Katalysatorkomponente haben. So können z. B. die Beobachtungen von NATTA und BACCAREDDA[1] (s. S. 633) über die Dimerisierung von Isobutylen an Tonerde in Gegenwart von Chlorwasserstoff so erklärt werden, daß ein Katalysator (HCl) an einen Träger (calciniertes Al_2O_3) adsorbiert ist, da dieser Träger selbst keine Wirkung hat. In Wirklichkeit kann es aber so sein, daß die Reaktion höchstwahrscheinlich über eine Anlagerung von Chlorwasserstoff an Isobutylen und eine nachfolgende Kondensation des gebildeten Chlor-Isobutans mit Isobutan verläuft und daß nun die Tonerde auf die zweite Reaktion eine katalytische Wirkung ausübt.

Unter den wenigen bisher studierten Fällen solcher an Trägern adsorbierten Katalysatoren können wir vor allem die adsorbierten Ionen erwähnen: schon BRUNS und WAUJAN[2] hatten beobachtet, daß in Gegenwart von mit Wasserstoff gesättigter Platinkohle Rohrzucker invertiert wird; wird der Katalysator völlig entgast, so bleibt die Reaktion aus. Wahrscheinlich bildet sich am Platin eine einatomige Schicht von Wasserstoff mit kationischen Eigenschaften, und diese wirkt katalytisch, analog wie Wasserstoffionen in Lösung. Neuerdings hat KRAUSE[3] einen beachtlichen katalytischen Effekt von an Zinkhydroxyd adsorbierten Co-Ionen bei der Oxydation von Indigokarmin mit Wasserstoffperoxyd festgestellt. Allerdings kann man hier auch annehmen, daß das Kobalt zum Teil als Hydroxyd am $Zn(OH)_2$ niedergeschlagen ist.

Eingehendere Studien solcher Katalysatoren mit adsorbierten Ionen haben KOBOSEW und Mitarbeiter gemacht. Bei der Zersetzung von Wasserstoffperoxyd und bei der Autoxydation von Natriumsulfit[4] haben sie die Wirkung von an Kohle adsorbierten Fe^{+++}-, Cu^{++}-, Ag^{+}- und Ni^{++}-Ionen sowie von an Kieselgel adsorbierten Ni^{++}-Ionen beobachtet. Im großen und ganzen findet man mit adsorbierten Ionen größere Reaktionsgeschwindigkeiten als mit freien Ionen. Die Autoren haben auch die Wirkung der gleichzeitigen Anwesenheit zweier adsorbierter Ionen, nämlich der Paare Fe^{+++}-Cu^{++} und Fe^{+++}-Ag^{+} studiert. Manchmal wird dabei eine der beiden Testreaktionen beschleunigt und die andere gehemmt[5]. Eine andere Versuchsreihe[6] bezieht sich auf die Reaktion zwischen Acetylen und Wasser zu Acetaldehyd unter der katalytischen Wirkung von Hg^{++}-Ionen. Hier findet man eine Zunahme der Geschwindigkeit bis zum Siebenfachen, wenn die Ionen an WO_3 adsorbiert sind. Auch Kasein als Adsorbens hat diese Wirkung. Wird aber Aktivkohle, Silikagel oder Kaolin als Adsorbens verwandt, so tritt keinerlei Geschwindigkeitszunahme ein.

---

[1] G. NATTA, M. BACCAREDDA: Atti Congr. int. Chim., X Congr., Roma **5** (1938), 970; Riv. ital. Petrolio **1938**, Nr. 65, 14; Chim. e Ind. **21** (1939), 393.

[2] B. BRUNS, M. WAUJAN: Z. physik. Chem., Abt. A **151** (1930), 97.

[3] A. KRAUSE: Przemysł chem. (29) **6** (1950), 575.

[4] N. I. KOBOSEW, L. A. NIKOLAEV, I. A. ZUBOVICH, YU. M. GOLDFELD: J. physic. Chem. URSS **19** (1945), 48; Acta physicochim. URSS **21** (1946), 289. — N. I. KOBOSEW: Acta physicochim. URSS **21** (1946), 469, 943.

[5] N. I. KOBOSEW, I. A. ZUBOVICH: C. R. Acad. Sci. URSS **52** (1946), 131.

[6] T. A. POSPELOVA, I. YA. SHLYAPINTOKH, N. I. KOBOSEW, I. A. NIKOLAEV: J. physic. Chem. URSS **21** (1947), 65.

Noch stärker ist die Einwirkung von Kohle auf die Kondensation von Acetylen zu Vinyl- und Divinylacetylen, wenn dieses in Gegenwart von CuCl in NH_4Cl und HCl gelöst ist: in Gegenwart der Kohle steigt die Reaktionsgeschwindigkeit auf das $15 \div 20$fache[1]. Besonders interessant ist, daß bei diesen Katalysen durch adsorbierte Ionen der Temperaturkoeffizient und damit die Aktivierungsenergie für den adsorbierten Katalysator kleiner ist als für den nichtadsorbierten. Die verstärkende Wirkung des adsorbierenden Trägers ist also von synergetischer Art, und dies bestätigt den besonderen Charakter dieser adsorbierten Katalysatoren.

Die Wirksamkeit aller dieser von KOBOSEW studierten Katalysatoren hängt von dem Verhältnis der adsorbierten Ionen zur Menge des Adsorbens ab und steigt bei dessen Zunahme zunächst, erreicht dann ein Maximum und fällt wieder. Dies ist eine kennzeichnende Eigenschaft der Katalyse durch adsorbierte Schichten. Eine ähnliche Erscheinung haben wir schon bei den adsorbierten Verstärkern (Kap. II B 4, S. 628) gesehen und haben z. B. bei den Versuchen von NATTA und RIGAMONTI[2] festgestellt, daß sie mit der Bildung einer etwa einmolekularen Schicht beim Aktivitätsmaximum verbunden ist. Man findet dasselbe auch in Versuchen von BALY[3] (S. 646) über die Potentialänderung von Kieselgur, wenn auf ihm Aluminiumhydroxyd gefällt wird. Auch hier tritt ein Maximum bei einer einmolekularen Hydroxydschicht auf.

KOBOSEW[4] behauptet, daß bei dieser Ionenadsorption Gruppen aus einigen Ionen oder „*Zellen*" entstehen, und daß diesen Zellen die katalytische Wirksamkeit zuzuschreiben sei; das beobachtete Maximum bei einem bestimmten Verhältnis der adsorbierten Ionen zum Adsorbens soll der Sättigung des Adsorbens mit „Zellen" entsprechen. Er berechnet auch aus dem Maximum die Zahl der Atome, die eine Zelle bilden: jedoch ist diese Zahl nicht für alle Ionen gleich und variiert auch, wie aus Tabelle 88 ersichtlich, mit der Art des Trägers und der katalysierten Reaktion.

Tabelle 88. *Zahl der Ionen je „Zelle" in Katalysatoren aus adsorbierten Ionen.* (Nach KOBOSEW und Mitarbeitern.)

Katalysator	Zahl der Ionen je Zelle bei der Reaktion	
	Spaltung von Wasserstoffperoxyd	Autoxydation von Natriumsulfit
Fe^{+++} auf Kohle	3	1
Cu^{++} auf Kohle	1	1
Ag^{+} auf Kohle	3	1
Ni^{++} auf Kohle	—	3
Ni^{++} auf Silikagel	1 und 7	2 und 4

Ein anderer ganz spezieller Fall sind die durch Katalysatoren gebildeten Polymerisationsanreger. Als solche werden gewöhnlich Redoxsysteme verwendet, die Radikale erzeugen können, welche dann durch Auslösung einer Kettenreaktion die

[1] E. N. MARTINSON, N. I. KOBOSEW: J. physic. Chem. URSS **21** (1947), 85.
[2] G. NATTA, R. RIGAMONTI: Chim. e Ind. **18** (1936), 623.
[3] E. C. C. BALY: J. Soc. chem. Ind. **55** (1936), 9 T. — E. C. C. BALY, W. L. PEPPER, C. E. VERNON: Trans. Faraday Soc. **35** (1939), 1165.
[4] N. I. KOBOSEW, L. A. NIKOLAEV, I. A. ZUBOVICH, YU. M. GOLDFELD: J. physic. Chem. URSS **19** (1945), 48.

Polymerisation hervorbringen. PARRAVANO[1] hat gefunden, daß der gleiche Effekt auch durch den Wasserstoff hervorgebracht wird, der bei der katalytischen Spaltung gewisser Stoffe (z. B. Hydrazin an kolloidalen Metallen) frei wird oder sich beim Angriff der Metalle durch Säuren oder bei der Elektrolyse bildet. Er nimmt an, daß diese polymerisationsanregende Wirkung nicht einfach durch freie Wasserstoffmolekeln zu erklären sei, sondern durch Wasserstoffatome, die im Augenblick ihrer Bildung auf dem Katalysator- oder Kathodenmetall adsorbiert werden.

Einer der wichtigsten Fälle von adsorbierten Katalysatoren ist aber die Synthese von Vinylchlorid an Silikagel oder anderen Adsorbenzien, die mit $HgCl_2$ oder anderen Salzen getränkt sind. Dieses Katalysatorsystem wurde hauptsächlich von DALFSEN und WIBAUT[2] untersucht. Sie konnten zeigen, daß Quecksilber(II)chlorid allein im Dampfzustand oder als fester Kristall praktisch keine katalytische Wirkung hat, daß es aber auf Kieselgel niedergeschlagen eine beachtliche Wirkung besitzt (Tabelle 89).

Tabelle 89. *Einfluß des Trägers auf die katalytische Wirkung von Quecksilber(II)-chlorid bei der Reaktion* $C_2H_2 + HCl \rightarrow CH_2{=}CHCl$. (Nach DALFSEN und WIBAUT.)

Katalysator	Temperatur °C	Ausbeute in Prozent der Theorie
Silikagel	200	0,4
$HgCl_2$-Dampf*	190	0,8
$HgCl_2$-Dampf**	260	0,9
$HgCl_2$-Dampf	260	1,5
$HgCl_2$, Kristalle	100	0,5
$HgCl_2$, Kristalle	200	11,2
$HgCl_2$ auf Silikagel	195	97,5**

* Halbe Strömungsgeschwindigkeit der anderen Versuche.
** Mittelwert zweier Messungen.

Diese kann nicht einfach an der größeren Dispersität des Salzes auf dem Träger liegen, sondern hängt sicher mit Adsorptionsvorgängen zusammen, die die kondensierende Wirkung des $HgCl_2$ erhöhen. Es ist nämlich zu beachten, daß dieses Salz einen sehr tiefen Schmelzpunkt hat und deshalb starke Rekristallisationstendenz aufweist, sowie daß es bei seinem sehr hohen Dampfdruck von dem Gasstrom bei der Katalysentemperatur rasch weggeführt werden müßte. Nichtsdestoweniger werden diese Katalysatoren aus $HgCl_2$ und Kieselgel technisch verwendet und behalten ihre Wirksamkeit monatelang unverändert bei. Dies beweist scharf, daß das Quecksilbersalz nicht einfach niedergeschlagen, sondern am Träger fest adsorbiert ist[3].

Kurz nach der Herstellung ist die Wirksamkeit des Katalysators eher gering, sie steigt dann im Laufe des Gebrauchs auf einen maximalen Wert und bleibt auf diesem lange Zeit. Dies wurde von DALFSEN und WIBAUT[2] beobachtet und

[1] G. PARRAVANO: Research 2 (1949), 495.
[2] J. v. DALFSEN, J. P. WIBAUT: Recueil Trav. chim. Pays-Bas 53 (1934), 15, 489.
[3] Dessenungeachtet hat das auf Silikagel niedergeschlagene Quecksilberchlorid einen gewissen Dampfdruck und wird langsam von den durchströmenden Gasen aus dem Träger entfernt. Um die Betriebsdauer eines Kontaktofens zu verlängern, braucht man große Kontakträume, so daß, wenn auch nach irgendeiner Zeit an der Eintrittsseite des Gases das Quecksilberchlorid verlustig geht, der übrige Teil zur Beendigung der Reaktion ausreicht.

später von FIERZ-DAVID und ZOLLINGER[1] bestätigt. Die letztgenannten haben auch gefunden, daß die Wirkungszunahme nicht von der allmählichen Bildung einer feinen Kohleschicht abhängt, sondern von der Gegenwart geringer Feuchtigkeitsspuren, die den Kontakt vergiften und erst langsam durch den Gasstrom entfernt werden. Auch die Gegenwart anderer flüchtiger Lösungsmittel kann schädlich wirken. Bei der starken Adsorptionsfähigkeit des Silikagels für Wasser würde diese Tatsache ebenfalls bestätigen, daß das Quecksilberchlorid im adsorbierten Zustand vorliegen muß, um katalytisch wirksam zu sein. Denn nur wenn die letzten Wasserspuren entfernt sind, dann können die wirksamsten Adsorptionszentren, die es festgehalten hatten, frei werden, um weitere $HgCl_2$-Molekeln zu adsorbieren, und erst dann wird die katalytische Wirkung ihren Maximalwert erreichen.

Dies ist auch in Übereinstimmung mit den Versuchen von PATAT und WEIDLICH[2] über die Kinetik der Vinylchlorid-Synthese mit $HgCl_2$ oder anderen Chloriden auf verschiedenen Trägern. Aus ihnen geht hervor, daß die verschiedene Wirksamkeit der verschiedenen Kontakte nicht auf Verschiedenheiten der Aktivierungsenergie beruht, sondern auf solchen des Häufigkeitsfaktors, d. h. der Zahl der aktiven Zentren.

Die beste Zusammensetzung dieses Katalysators soll nach BARTON und MUGDAN[3] bei etwa 10% Quecksilberchlorid liegen. Von verschiedenen der zitierten Autoren sind auch andere Salze erprobt worden: HgCl, $FeCl_3$, $CuCl_2$, CuCl, $NiCl_2$, $CdCl_2$, $PtCl_4$ usw., aber von allen gibt nur HgCl Katalysatoren, die so wirksam sind wie die mit $HgCl_2$, während die anderen viel schlechtere Ergebnisse liefern. Was aber den Träger anbelangt, so kann man mit zuweilen gleich gutem Erfolg das Silikagel durch Aktivkohle, Ton oder Aluminiumoxyd ersetzen[4]. BARTON und MUGDAN haben auch versucht, noch Verstärker zuzusetzen und haben z. B. mit Silbernitrat gewisse positive Erfolge gehabt.

Tabelle 90. *Addition von HCl an Propylen und Acetylen in Gegenwart von Metallchloriden auf Silikagel.* (Nach BROUWER und WIBAUT sowie WIBAUT und DALFSEN.)

Katalysator	C_3H_6 + HCl Ausbeute % bei 15÷20°	80°	C_2H_2 + HCl Ausbeute % bei 100° in CH_2=CHCl	CH_2=CHCl + HCl Ausbeute % bei 100° in $CH_3 . CHCl_2$
$CaCl_2$	—	91	—	—
$NiCl_2$	—	79	—	—
$ZnCl_2$	89	50	15	66
$HgCl_2$	—	85	95	11
$BiCl_3$	92	43	18	18
$FeCl_3$	80	66	3,7	13
$AlCl_3$	—	81	—	—

Nach CORBELLINI und AGLIARDI[5] soll auch Aktivkohle allein ohne $HgCl_2$ ein sehr guter Katalysator sein, der auch patentiert worden ist. Versuche von FIERZ-DAVID und ZOLLINGER[1] sowie von PATAT und WEIDLICH[2] scheinen aber

[1] H. E. FIERZ-DAVID, H. ZOLLINGER: Helv. chim. Acta **28** (1945), 1125.
[2] F. PATAT, P. WEIDLICH: Helv. chim. Acta **32** (1949), 783.
[3] D. H. R. BARTON, M. MUGDAN: J. Soc. chem. Ind. **69** (1950), 75.
[4] F. PATAT, P. WEIDLICH: Helv. chim. Acta **32** (1949), 783. — H. E. FIERZ-DAVID H. ZOLLINGER: Helv. chim. Acta **28** (1945), 1125.
[5] A. CORBELLINI, A. AGLIARDI: Private Mitteilung.

zu zeigen, daß seine Wirksamkeit viel schlechter ist als die der Kontakte $HgCl_2$-Silikagel. Höchstwahrscheinlich kann die Herstellungsweise der Aktivkohle und ihr Gehalt an kleinen Salzmengen von der Aktivierung her Einfluß auf die Wirksamkeit nehmen und den Grund für die Abweichungen zwischen den verschiedenen Forschern liefern.

Diese auf Silikagel adsorbierten Chloride dienen auch als Katalysatoren für die *Addition von Chlorwasserstoff* an Äthylenkohlenwasserstoffe[1], wie man in Tabelle 90 sieht. Für diese Reaktion scheint $HgCl_2$ nicht der beste Katalysator zu sein. Man sieht aber auch, daß es selektiv wirkt in dem Sinne, nur eine HCl-Molekel an Acetylen zu addieren.

D. Katalysatoren in kolloidaler Lösung.

Im folgenden Abschnitt sollen nur Katalysatoren betrachtet werden, die in kolloidaler Lösung benutzt werden. Ihre zwei Grundkennzeichen sind: ihre Teilchen sind äußerst klein, und ihre Koagulation wird durch verschiedene Schutzmechanismen verhindert: von dem einfachen Fall adsorbierter Ionen, die die Vereinigung der Teilchen zu größeren Aggregaten durch ihre Ladung verhindern (z. B. BREDIGS kolloidale Metalle) über Zwischenfälle geht dies bis zu solchen Fällen, wo der Katalysator als mechanisch auf einer Mizelle eines stabileren Kolloids getragen betrachtet werden kann (z. B. CASSIUS-Purpur). Die beiden extremen Kategorien können auch verglichen werden mit verstärkten Katalysatoren bzw. Katalysatoren auf Trägern, wo der Verstärker bzw. der Träger die schon früher oft besprochene wichtige Funktion hat, die Vergrößerung der Körner bzw. Kristalle zu verhindern. Insbesondere die durch Ionen stabilisierten Katalysatoren können als oberflächenverstärkt angesehen werden.

Man kann solche Katalysatoren unter drei Gesichtspunkten betrachten: Größe der Katalysatorteilchen, Einfluß des Schutzkolloids oder der adsorbierten Ionen oder eventuellen Salzzusätze und endlich Einfluß des Verhältnisses zwischen Katalysatormenge und Schutzkolloid.

Der Einfluß der *Teilchengröße*, wenn auch nicht besonders beachtet, ist doch selbstverständlich, weil zu kleineren Teilchen größere Oberflächen und damit größere Zahlen der aktiven Zentren gehören. So hatten schon PAAL und GERUM[2] eine deutliche Überlegenheit des kolloidalen Palladiums gegenüber Palladiumschwarz festgestellt. LEVI hat dann die Größe von Edelmetallteilchen mit ihrer Herstellungsart[3] und ihrer katalytischen Wirksamkeit[4] in Beziehung gesetzt (s. Tabelle 3, S. 428).

Eingehender studiert wurde demgegenüber der Einfluß des benutzten *Schutzkolloids*. Die verstärkende Wirkung der Kolloide beschränkt sich nicht auf kolloidal gelöste Katalysatoren, sondern gilt auch noch für niedergeschlagene. Hier ist an Versuche von MARIE und JAQUET[5] über die katalytische Wirkung elektrolytischer Kupferniederschläge bei der Knallgasreaktion zu erinnern. Wenn man dem Elektrolytbad außer Kupfersulfat noch etwas Gelatine zusetzt, so hat der erhaltene Niederschlag eine viel größere katalytische Wirkung als der aus gelatinefreiem Bad gewonnene. Die Gelatine erzeugt und erhält durch ihre feine Verteilung im Kupfer eine hohe Kristalldispersität des Niederschlags.

---

[1] L. G. BROUWER, J. P. WIBAUT: Recueil Trav. chim. Pays-Bas **53** (1934), 1001. — J. P. WIBAUT, J. v. DALFSEN: Recueil Trav. chim. Pays-Bas **51** (1932), 636.
[2] C. PAAL, J. GERUM: Ber. dtsch. chem. Ges. **41** (1908), 2273.
[3] G. R. LEVI, R. HAARDT: Atti Accad. naz. Lincei, Rend. **3** (1926), (6) 91, 215.
[4] G. R. LEVI, R. HAARDT: Gazz. chim. ital. **56** (1926), 424.
[5] C. MARIE, P. JAQUET: C. R. hebd. Séances Acad. Sci. **187** (1928), 41.

Der größte Teil der Autoren, die mit Katalysatoren mit Schutzkolloid gearbeitet haben, hat sich auf eine bestimmte Art von Kolloiden festgelegt, die aus dem einen oder anderen Grunde vorgezogen wurden. Andererseits sind die Ergebnisse der verschiedenen Autoren auch wegen der verschiedenen Versuchsbedingungen selten miteinander vergleichbar.

So hat für die Edelmetalle Platin und Palladium ihr erster Benutzer PAAL[1] Natriumlysalbinat und -protalbinat als Schutzkolloid benutzt, später hat SKITA[2] Gummiarabikum vorgezogen; KELBER und SCHWARZ[3] haben Gluten in Eisessig verwandt, BOURGUEL[4] Stärke.

Andere[5] haben auch mit Gelatine, Eialbumin, Dextrin und Saccharose gearbeitet. GUTBIER und WEITHASE[6] verwandten auch anorganische Kolloide (Pd auf dem Hydrat von TiO_2). Endlich haben neuerdings NORD und Mitarbeiter[7] mit bestem Erfolg Hochpolymere verwendet (Polyvinylalkohol, Polymere der Methacrylsäure und ihrer Ester, des Vinylacetats und Acetale des Polyvinylalkohols).

Die Bevorzugung des einen oder anderen Schutzkolloids durch diese Autoren liegt nicht allein an der höheren Wirksamkeit der so hergestellten Katalysatoren, sondern auch an der Leichtigkeit der Kontaktherstellung, der Lebensdauer und der Widerstandsfähigkeit gegenüber den bei der Reaktion auftretenden Stoffen. Die Tatsache, daß man im Laufe der Zeit von komplizierteren Schutzkolloiden zu einfacheren übergegangen ist, kann auch an einer Verbesserung der Technik bei Herstellung und Verwendung dieser Katalysatoren liegen.

Verschiedene Verfasser haben auch eine Gegenüberstellung der verschiedenen Schutzkolloide gemacht. Aus einer russischen Arbeit[8] scheint hervorzugehen, daß der Zusatz der Schutzkolloide Protalbinat, Gummiarabikum, Traganth, Stärke, Agaragar, Kasein ziemlich wenig Einfluß auf die Wirksamkeit des Katalysators (Pt oder Pd) habe; jedoch hatten schon früher andere Forscher deutliche Unterschiede gefunden.

Die Wirkung des Schutzkolloids ist eine doppelte: es begünstigt die Dispergierung des Katalysators und damit die Feinheit seiner Körner und es verhindert durch seine Adsorption an diesen die Berührung mit den reagierenden Stoffen bei der Katalyse. Während nämlich der Zusatz dieser Kolloide den kolloidalen Katalysator selbst gegen die Koagulation stabilisiert, bedeutet das, wie von verschiedener Seite[9] gezeigt wurde, dennoch eine Verminderung der katalytischen Wirkung. Da die beiden erwähnten Faktoren einander entgegengesetzt wirken, so ist es klar, daß man schwer ein absolutes Urteil hinsichtlich des besten Schutz-

[1] C. PAAL, C. AMBERGER: Ber. dtsch. chem. Ges. **38** (1905), 1406, 2414. — C. PAAL, J. GERUM: Ber. dtsch. chem. Ges. **40** (1907), 2209. — C. PAAL, K. ROTH: Ber. dtsch. chem. Ges. **41** (1908), 2282.

[2] A. SKITA: Ber. dtsch. chem. Ges. **42** (1909), 1627; **45** (1912), 3312.

[3] C. KELBER, A. SCHWARZ: Ber. dtsch. chem. Ges. **45** (1912), 1946.

[4] M. BOURGUEL: C. R. hebd. Séances Acad. Sci. **180** (1925), 1735; Bull. Soc. chim. France **41** (1927), 1443, 1475.

[5] J. GROH: Z. physik. Chem. **88** (1914), 414. — T. IREDALE: J. chem. Soc. (London) **119** (1921), 109; **121** (1922), 1536.

[6] A. GUTBIER, H. WEITHASE: Z. anorg. allg. Chem. **169** (1928), 264.

[7] L. D. RAMPINO, F. F. NORD: J. Amer. chem. Soc. **63** (1941), 2745, 3268. — K. E. KAVENAGH, F. F. NORD: J. Amer. chem. Soc. **65** (1943), 2121.

[8] J. S. SALKIND, M. N. WISCHUJAKOW, L. N. MOREW: Chem. J. Ser. A, J. allg. Chem. **3** (1933), 91.

[9] A. DE GREGORIO ROCASOLANO: C. R. hebd. Séances Acad. Sci. **173** (1921), 41, 234; Nachr. K. Ges. Wiss., Göttingen **1924**, 177. — J. GROH: Z. physik. Chem. **88** (1914), 414. — E. K. RIDEAL: J. Amer. chem. Soc. **42** (1920), 749. — T. IREDALE: J. chem. Soc. (London) **119** (1921), 109; **121** (1922), 1536. — F. DIAZ ANIZZECHE: An. Real Soc. españ. Física Quím. **25** (1927), 411.

kolloids abgeben kann. IREDALE[1] konnte bei der Spaltung von Hydroperoxyd beobachten, daß ein kolloider Zusatz, je wirksamer er als Schutzkolloid ist, also je kleiner die zur Stabilisierung des Katalysators erforderliche Menge ist, eine desto geringere Hemmung ausübt. Der Verfasser gibt folgende Reihe abnehmender Hemmung: Gelatine und Gluten, Eialbumin, Gummiarabikum, Saccharose. Er findet völlige Parallelität zwischen der hemmenden Wirkung (bestimmt aus der geringsten Menge, die noch eine merkbare Verzögerung der Katalyse ergibt) und der Goldzahl des Schutzkolloids (Tabelle 91).

Tabelle 91. *Beziehung zwischen Hemmwirkung und Goldzahl von Schutzkolloiden.* (Nach IREDALE.) (Werte für Gelatine zu 100 gesetzt.)

Kolloid	Hemmwirkung	Goldzahl
Gelatine	100	100
Eialbumin	20	20
Dextrin	1,0	0,66
Stärke	0,33	0,40

RIDEAL und TAYLOR[2] bemerken jedoch, daß man, obgleich Gummiarabikum und Lysalbinsäure gleiche Goldzahl haben, mit Gummiarabikum bessere Platin- oder Palladiumkatalysatoren erhält (vielleicht weil weniger Gift zugegen ist). BOURGUEL[3] findet ferner, daß Reisstärke oder sonstige Samenstärke nicht die gleiche Schutzwirkung zeigt wie Kartoffel- oder Getreidestärke. Und kürzlich haben RAMPINO und Mitarbeiter[4] bei Versuchen mit Vinylpolymeren als Schutzkolloiden gefunden, daß die Wirksamkeit des Katalysators bei zunehmendem Molekulargewicht des Polymeren zuerst zunimmt und dann wieder fällt. Übrigens muß man immer daran denken, daß auch adsorbierte Fremdstoffe auf die Schutzwirkung der zugesetzten Kolloide von Einfluß sein oder auch den Katalysator vergiften können.

Besonders deutlich ist dieser Einfluß bei Katalysatoren ohne Schutzkolloid. So machten HEAT und WELTON[5] Versuche über die Einwirkung verschiedener Salze [$NaCl$, $BaCl_2$, $AlCl_3$, $ThCl_4$, $NaNO_3$, $Ba(NO_3)_2$, $Al(NO_3)_3$, $Th(NO_3)_4$] auf die katalytische Wirkung in der Zersetzung des H_2O_2 und die elektrophoretische Wanderungsgeschwindigkeit von Platinsolen. Sie beobachteten, daß beide Eigenschaften praktisch parallel laufen, ein deutliches Zeichen für einen einfachen Einfluß der adsorbierten Kationen und ihrer Ladung auf die katalytische Wirksamkeit. Unter den Anionen hat Cl^-, das das Hydroxylion in der Hexahydroplatinsäure und deshalb auch in der adsorbierten Ionenhülle der Kolloidteilchen ersetzen kann, einen merklichen herabsetzenden Einfluß auf die Wirksamkeit des Katalysators. NO_3^- -Ionen, die aus sterischen Gründen die Ionen OH^- nicht ersetzen können, sind praktisch ohne Wirkung. Nach den Verfassern soll dies die schon von PENNYCUICK[6] ausgesprochene Hypo-

[1] T. IREDALE: J. chem. Soc. (London) **119** (1921), 109; **121** (1922), 1536.
[2] E. K. RIDEAL, H. S. TAYLOR: Catalysis in Theory and Practice, S. 245. London, 1926.
[3] M. BOURGUEL: Bull. Soc. chim. France **43** (1928), 231.
[4] L. D. RAMPINO, F. F. NORD: J. Amer. chem. Soc. **63** (1941), 2745, 3268. — K. E. KAVENAGH, F. F. NORD: J. Amer. chem. Soc. **65** (1943), 2121.
[5] M. H. HEAT, F. H. WELTON: J. physic. Chem. **37** (1933), 977.
[6] S. W. PENNYCUICK: J. Amer. chem. Soc. **42** (1930), 4621.

these bestätigen, wonach die Katalyse der Wasserstoffperoxydspaltung von der Möglichkeit einer Koordination von Hydroxylgruppen um die oberflächlichen Platinatome abhängt.

OLIVIERI-MANDALÀ[1] findet, daß auch die Ionen N_3^- der Stickstoffwasserstoffsäure oder ihrer Salze NH_4N_3, NaN_3, LiN_3, KN_3 eine hemmende Wirkung auf kollodiales Platin (nach BREDIG) ausüben, während Eisenazid $Fe(N_3)_3$ beschleunigend wirkt, weil das Fe^{+++}-Ion eine eigene katalytische Aktivität hat, die viel stärker ist als die auf Pt negative Wirkung des N_3^--Ions.

Was den dritten Punkt, nämlich den Einfluß des *Mengenverhältnisses* Katalysator: Schutzkolloid betrifft, so zeigen Versuche von GROH[2], daß bei einer Abnahme des Gehalts an Schutzkolloid die Wirksamkeit des Katalysators zunimmt (Tabelle 92).

Tabelle 92. *Wirksamkeit von kolloidalen Platinkatalysatoren bei der Wasserstoffperoxydspaltung in Anwesenheit verschiedener Schutzkolloide.* (Nach GROH.)

Schutzkolloid	Zeit für 50%ige Zersetzung (Min.) mit folgenden Mengen Schutzkolloid				
	ohne	0,1%	0,01%	0,001%	0,0001%
ohne	20	—	—	—	—
Gelatine	—	265	150	103	71
Gummiarabikum	—	86	39	21	—
Dextrin	—	66	28	23	—

Doch muß es auch hier ein Optimum zwischen zwei entgegenwirkenden Faktoren geben: einerseits der Tatsache, daß der Katalysator mit ungenügenden Mengen von Schutzkolloid weniger stabil ist, und andererseits der Möglichkeit, daß eine allzu große Menge von Kolloid den Katalysator abdecken und so seine Wirkung vermindern kann.

RIDEAL[3] findet so bei der Hydrierung von Phenylpropiolsäure mit kolloidem Platin, daß kleine Mengen von Schutzkolloid (Gummiarabikum) die Wirksamkeit steigern, größere sie vermindern. Das Maximum entspricht offenbar einem solchen Optimum zwischen Dispergierung und Abdeckung des Palladiums durch das Schutzkolloid. Das Ergebnis von RIDEAL wurde durch Versuche von RAMPINO und NORD[4] an Katalysatoren mit Vinylpolymeren als Schutzkolloid bestätigt. Sie fanden ein Wirksamkeitsmaximum bei der Zusammensetzung 250 mg Polyvinylalkohol auf 100 mg Palladium bzw. 100 mg Polyvinylalkohol auf 10 mg Platin.

Weiterhin ist im Auge zu behalten, daß die minimal anzuwendende Schutzkolloidmenge sich auch nach dem Medium richten muß, in dem die zu katalysierende Reaktion durchgeführt wird, sowie nach den Reaktionsteilnehmern selbst, die je nach ihrem Charakter als mehr oder weniger starke Elektrolyte größeren oder geringeren Einfluß auf die Koagulation haben können; ferner können auch andere adsorbierte Ionen andere Effekte auslösen. So findet ROCASOLANO[5] bei der Wasserstoffperoxydzersetzung mit kolloidem Platin mit Na-

[1] E. OLIVIERI-MANDALÀ: Gazz. chim. ital. **59** (1929), 699.
[2] J. GROH: Z. physik. Chem. **88** (1914), 414.
[3] E. K. RIDEAL: J. Amer. chem. Soc. **42** (1920), 749.
[4] L. D. RAMPINO, F. F. NORD: J. Amer. chem. Soc. **63** (1941), 2745, 3268.
[5] A. DE GREGORIO ROCASOLANO: Siehe Fußnote 9, S. 720.

triumprotalbinat, im Gegensatz zu den Hydrierungsversuchen von RIDEAL, daß die Wirkung bei zunehmendem Gehalt an Schutzkolloid zuerst ab- und später zunimmt. Dies kommt jedoch, wie er selbst bemerkt, daher, daß Natriumprotalbinat infolge seiner Hydrolyse OH^--Ionen in die Lösung schickt, die selbst eine katalytische Wirkung haben und dann von einem gewissen Punkte an bei zunehmender Konzentration durch ihren positiven Effekt den negativen des Kolloids kompensieren und überkompensieren.

1. Metallische Katalysatoren.

An erster Stelle unter den untersuchten und verwendeten kollodialen Katalysatoren stehen hinsichtlich Zahl der Versuche und Wichtigkeit der Anwendung die Metall-Katalysatoren, vor allem die Edelmetalle. Dargestellt werden sie nach den normalen Darstellungsmethoden für kolloidale Lösungen: Reduktion verdünnter Salzlösungen mit organischen Mitteln (Formaldehyd; Hydrazin, Oxalsäure) in Anwesenheit von Schutzkolloiden; Fällung kolloidaler Hydroxyde in Anwesenheit von Schutzkolloiden und nachfolgende Reduktion mit organischen Mitteln oder auch anorganischen Reagenzien (zweiwertiges Vanadium, Wasserstoff usw.)[1]; endlich elektrische Darstellung nach BREDIG und nachfolgender Zusatz von Schutzkolloid.

BREDIG selbst[2] hat das nach seiner Methode gewonnene Platin und Palladium schon bei der Wasserstoffperoxyd-Katalyse erprobt.

Eine interessante Methode hat SKITA[3] für Palladium ausgearbeitet, indem er einen Wasserstoffstrom durch eine Lösung von $PdCl_2$ und Gummiarabikum schickt. Beim Platin gelingt die Reduktion des Chlorids zum Metall mit Wasserstoff nicht oder doch nur, wenn man (Impfmethode) Spuren von Platin oder Palladium in kolloidem Zustand hinzufügt, die als Keime oder als Reduktionskatalysatoren wirken.

Man benutzt diese Katalysatoren hauptsächlich für Hydrierungen oder Reduktionen in der organischen Chemie, und zwar werden vor allem Pt und Pd, aber auch Os, Ir[4] und Rh[5] benutzt. Der wirksamste Katalysator scheint Palladium zu sein, wenn auch Vergleichsversuche von PAAL und SCHWARZ[6] zeigen, daß bei gleichen atomaren Mengen von Pt und Pd auch gleiche Wirksamkeit resultiert.

RIDEAL[7] hat auch versucht, durch gleichzeitige Fällung kolloidale Platin-Palladium-Legierungen zu erhalten. Tatsächlich ist eine gleichteilige Mischung beider Metalle wirksamer als die reinen Metalle (Tabelle 93).

---

[1] L. D. RAMPINO, F. F. NORD: J. Amer. chem. Soc. **65** (1943), 429. — L. HERNANDEZ, F. F. NORD: Experientia (Basel) **3** (1947), 489; J. Colloid Sci. **3** (1948), 363, 377.

[2] G. BREDIG, R. MÜLLER: Z. physik. Chem. **31** (1899), 258. — G. BREDIG, K. IKEDA: Z. physik. Chem. **37** (1901), 1. — G. BREDIG, W. REINDERS: Z. physik. Chem. **37** (1901), 323. — G. BREDIG, M. FORTNER: Ber. dtsch. chem. Ges. **37** (1904), 728.

[3] A. SKITA: Ber. dtsch. chem. Ges. **42** (1909), 1627. — A. SKITA, H. H. FRANCK: Ber. dtsch. chem. Ges. **44** (1911), 2862. — A. SKITA, W. M. MEYER: Ber. dtsch. chem. Ges. **45** (1912), 3579.

[4] C. PAAL, C. AMBERGER: Ber. dtsch. chem. Ges. **40** (1907), 2201. — C. PAAL, J. GERUM: Ber. dtsch. chem. Ges. **40** (1907), 2209. — W. NORMANN, F. SCHICK: Seifensieder-Ztg. **1914,** 111; Arch. Pharmaz. Ber. dtsch. pharmaz. Ges. **252** (1914), 208.

[5] G. KAHL, E. BIESALSKY: Z. anorg. allg. Chem. **230** (1936), 88. — C. ZENGHELIS, C. STATHIS: C. R. hebd. Séances Acad. Sci. **206** (1938), 682.

[6] C. PAAL, A. SCHWARZ: Ber. dtsch. chem. Ges. **48** (1915), 994.

[7] E. K. RIDEAL: Trans. Faraday Soc. **19** (1923), 1.

Besonders interessant sind ferner die von NORD und Mitarbeitern[1] studierten Katalysatoren mit Vinylpolymeren. Sie sollen wirksamer sein als die mit anderen Schutzkolloiden hergestellten. Bei der Reaktion $CO + H_2O = CO_2 + H_2$ war z. B. ein Katalysator aus Palladium auf Polyvinylalkohol fünfmal wirksamer als einer auf Gummiarabikum, obgleich der letztere 30mal mehr Palladium enthielt. Je nach dem Schutzkolloid kann man auch (mit Polyvinylalkohol) in wässeriger Lösung oder (mit Polyacrylsäuremethylester oder Polymethylmethacrylsäure) in organischen Lösungsmitteln arbeiten.

Tabelle 93. *Hydrierung von Natriumphenylpropiolat mit kolloidalen Pt-Pd-Katalysatoren.* (Nach RIDEAL.)

Zusammensetzung des Katalysators		Zeit für 50 % Hydrierung (min)
Pt	Pd	
10	0	7
5	5	5
1	9	11
0,2	9,8	7
0,1	9,9	12
0,01	9,99	30
0	10	39

NORD hat nach dieser Methode verschiedene Katalysatoren hergestellt: Platin und Palladium[2], Rhodium[3] und Iridium[4]. Dabei hat er gewisse Unterschiede im Verhalten und in der Wirksamkeit der verschiedenen Metalle gefunden. Zum Beispiel werden mit Palladium Nitrobenzol und seine Paraderivate mit gleicher Geschwindigkeit hydriert, mit Rhodium aber variierte die Geschwindigkeit je nach dem Parasubstituenten. Beim Palladium ist die Hydriergeschwindigkeit unabhängig vom p_H, beim Rhodium variiert sie je nach der sauren oder basischen Reaktion des Mediums. Rhodium soll auch noch eine dehydrierende Wirkung haben, besonders wenn es mit etwas Thiophen vergiftet ist. Andere Autoren[5] haben beobachtet, daß kolloidales Palladium sich dadurch auszeichnet, Acetylen zu Äthylenbindungen selektiv zu hydrieren, während die weitere Hydrierung zu einfachen Bindungen mit großer Schwierigkeit verläuft; dies ist für Palladium auch in nichtkolloidalen Kontakten charakteristisch (S. 661). Man hat kolloidales Palladium auch zur Analyse wasserstoffhaltiger Gasgemische herangezogen[6].

[1] L. D. RAMPINO, F. F. NORD: J. Amer. chem. Soc. **65** (1943), 429. — K. E. KAVENAGH, F. F. NORD: J. Amer. chem. Soc. **65** (1943), 2121. — L. HERNANDEZ, F. F. NORD: Experientia (Basel) **3** (1947), 489; J. Colloid Sci. **3** (1948), 363, 377. — W. P. DUNWORTH, F. F. NORD: J. Amer. chem. Soc. **72** (1950), 4197. — L. D. RAMPINO, F. F. NORD: J. Amer. chem. Soc. **63** (1941), 2745, 3268.

[2] L. D. RAMPINO, P. F. NORD: J. Amer. chem. Soc. **63** (1941), 2745, 3268; **65** (1943), 429.

[3] L. HERNANDEZ, F. F. NORD: Experientia (Basel) **3** (1947), 489; J. Colloid Sci. **3** (1948), 363, 377.

[4] W. P. DUNWORTH, F. F. NORD: J. Amer. chem. Soc. **72** (1950), 4197.

[5] C. PAAL, W. HARTMANN: Ber. dtsch. chem. Ges. **42** (1909), 3930. — C. PAAL, C. HOHENEGGER: Ber. dtsch. chem. Ges. **48** (1915), 275. — J. S. SALKIND, M. V. WISCHNIAKOW, L. H. MOREW: Chem. J. Ser. A, J. allg. Chem. **3** (1933), 91. — M. BOURGUEL, V. GREDY: C. R. hebd. Séances Acad. Sci. **184** (1929), 757, 909, 1083. — M. BOURGUEL, V. GREDY, H. ROUBACH: Bull. Soc. chim. France **49** (1931), 897.

[6] C. PAAL, W. HARTMANN: Ber. dtsch. chem. Ges. **43** (1910), 243. — O. BRUNCK: Chemiker-Ztg. **34** (1910), 1313, 1331. — R. BELCHER, C. E. SPOONER: Fuel **18** (1939), 164. — E. BIESALSKY, W. V. KOWALSKI, A. WACKER: Ber. dtsch. chem. Ges. **63** (1930), 1698.

Außer den Edelmetallen der achten Gruppe sind auch noch andere Metalle in kolloidaler Form studiert worden, unter ihnen Silber und Gold bei der katalytischen Oxydation von Pyrogallol[1] oder bei der Spaltung von Hydroperoxyd[2]. Ihre Wirksamkeit ist jedoch geringer als die des kolloidalen Platins.

Andere, nicht edle Metalle können offenbar nicht in kolloidaler Form verwendet werden, wenigstens nicht als Hydrosole, weil sie rasch in Hydroxyde übergehen. Jedoch hat man durch die Verwendung von Nickel als Alkosol bei der Fetthärtung[3] ausgezeichnete Ergebnisse erzielt, die denen mit Nickel auf Kieselgur klar überlegen sind. So genügen 0,001% Nickel einer Teilchengröße zwischen 1/10000 und 1/50000 mm, um Mohnöl mit ausreichender Geschwindigkeit zu hydrieren. Allerdings scheint dieser Katalysator seine Wirksamkeit ziemlich rasch zu verlieren[4] und außerdem ist eine Trennung vom Öl nach der Operation schwierig. LEIMDÖRFER[3] will gute Ergebnisse mit Oleosolen von Pt, Au, Ag, Cr, Al und Fe erhalten haben. Einzelheiten über die Herstellungsmethode für diese Oleosole jedoch fehlen.

2. Andere kolloidale Katalysatoren.

An sonstigen als kolloidale Katalysatoren verwendeten Stoffen gibt es einige Oxyde und Hydroxyde. So wird Vanadiumoxyd, Molybdänoxyd und Wolframoxyd bei der Oxydation organischer Stoffe mit Hydroperoxyd[5] sowie Ceroxyd[6] bei der Oxydation von Zuckern mit Luft benutzt, ferner auch Eisenhydroxyd in kolloidaler Form bei der Spaltung von Hydroperoxyd[7].

SKITA und MEYER[8] haben auch die kolloidalen Hydroxyde von Platin und Palladium durch Kochen einer Lösung der Chloride mit etwas Gummiarabikum und mit Soda erhalten. Während des Gebrauchs als Hydrierkatalysatoren werden diese jedoch leicht zu Metallen reduziert.

ANDRIKIDES[9] hat kolloidale Lösungen der Hydroxyde von Platinmetallen durch Peptisation mit Fetten, Gelatine, Pektin usw. erhalten. Sie sind für katalytische Oxydationen und Reduktionen geeignet.

Endlich hat man auch kolloidales Phosphorpentoxyd zu benutzen versucht, das durch ein Peptisationsmittel und ein Schutzkolloid erhalten wird[10]. Die Anwendung liegt in der Alkylierung aromatischer Kohlenwasserstoffe durch Olefine an der Stelle von Aluminiumchlorid, wobei als Schutzkolloid Ruß und als Peptisationsmittel Kresole dienen.

IV. Mehrkatalysatorenkontakte.

Als Mehrkatalysatorenkontakte betrachten wir Kontakte aus der Mischung von zwei oder mehr Stoffen mit verschiedener spezifischer katalytischer Wirkung, deren jeder bei der betrachteten, meist aus mehreren aufeinanderfolgenden

---

[1] J. SHIBATA, K. JAMASAKI: Bull. chem. Soc. Japan **10** (1935), 139.
[2] A. SALECKI, G. JERKE: Roczniki Chem. **7** (1927), 1. — E. WIEGEL: Z. physik. Chem., Abt. A **143** (1929), 81.
[3] J. LEIMDÖRFER: Seifensieder-Ztg. **58** (1931), 807.
[4] H. I. WATERMANN, C. V. VLODROP: Recueil Trav. chim. Pays-Bas **56** (1937), 521.
[5] J. C. GHOSH, B. C. KAR: J. Indian chem. Soc. **11** (1934), 485; **14** (1937), 249. — B. C. KAR: J. Indian chem Soc. **14** (1937), 291.
[6] J. C. GHOSH, R. C. RAKSHIT: J. Indian chem. Soc. **12** (1935), 367.
[7] R. J. KEPFLER, J. H. WALTON: J. physic. Chem. **35** (1931), 557.
[8] A. SKITA, W. A. MEYER: Ber. dtsch. chem. Ges. **45** (1912), 3579.
[9] A. ANDRIKIDES: Praktika Akad. Athenon **12** (1937), 30.
[10] B. W. MALISHEW: J. Amer. chem. Soc. **57** (1935), 883.

Stufen bestehenden chemischen Reaktion seine eigene grundsätzlich wichtige Wirksamkeit entfaltet. Als Mehrkatalysatorenkontakte werden nicht betrachtet Mischkontakte, die aus mehreren Katalysatoren bestehen, die dieselbe spezifische Wirkung ausüben (Wechselverstärker oder Katalysatoren mit aktivem Träger).

Die Mehrkatalysatorenkontakte sind also zu unterscheiden von den Mehrstoffkatalysatoren auch der MITTASCHschen Definition, da diese irgendwelche Mischkontakte sein können, deren Komponenten dieselbe spezifische katalytische Wirkung haben können, oder deren einer für sich überhaupt keine spezifische Wirkung für die betrachtete Reaktion zu haben braucht.

Die bedeutende praktische Wichtigkeit der Mehrkatalysatorenkontakte liegt darin, daß sie die technische Realisierung von Reaktionen gestatten, die sonst in einer einheitlichen Phase nicht durchführbar sind, und daß sie in manchen Fällen auch anderweitig undurchführbare Reaktionen erst ermöglichen (z. B. Butadien aus Alkohol).

In Wirklichkeit können in den Mehrkatalysatorenkontakten Verstärkerwirkungen fehlen, und dann hat man es mit einer einfachen physikalischen Mischung von zwei unabhängig arbeitenden Katalysatoren zu tun. Viel interessanter sind aber die Fälle, wo eine Komponente oder beide als Katalysator und auch als Verstärker der anderen Komponente wirkt. Man kann sogar aussagen, daß im allgemeinsten Falle jede Komponente mit irgendeinem Verstärker verstärkt (oder auf irgendeinem Träger aufgetragen) sein kann, und daß in Einzelfällen dieser Verstärker (Träger) für die verschiedenen Komponenten derselbe sein und sogar eine der Komponenten selbst sein kann.

Außer der Bedeutung der Oberflächenwirkung und der Sinterungsverhinderung, die bei allen Katalysatoren auftreten können, die wir schon früher durch Beispiele belegt haben und die besondere Herstellungsmethoden erfordern, spielt für die Mehrkatalysatorenkontakte eine außerordentlich große Rolle die Herstellung einer *innigen Mischung* der beiden Katalysatoren. Nur dann können die verschiedenen Reaktionen gleichzeitig oder unmittelbar hintereinander verwirklicht werden, was in gewissen Fällen nötig ist, um bestimmte Additions- oder Kondensationsprodukte zu erhalten. Manchmal hat nämlich die Anwendung von Mehrkatalysatorenkontakten nicht nur den praktischen Zweck, eine Reihe von Folgereaktionen für ein gewünschtes Produkt in einer Apparateeinheit durchzuführen; manchmal (z. B. bei der Gewinnung von Butadien aus Äthanol mit Kieselsäure-Magnesia) bildet sich das Endprodukt über wenig stabile Zwischenstoffe von kürzester Lebensdauer, so daß die gleichzeitige Anwesenheit der verschiedenen Katalysatoren notwendig ist, damit diese Zwischenstoffe sich im gewünschten Sinne bilden und weiter umwandeln können.

Unter gewissen Bedingungen kann ein Katalysator ein einfacher verstärkter Kontakt, unter anderen ein Mehrkatalysatorenkontakt werden. So haben wir schon den Katalysator aus Nickel auf Tonerde oder aus mit Tonerde verstärktem Nickel kennengelernt. Beide Stoffe, Nickel und Tonerde, sind Katalysatoren, jedoch der eine für Hydrierung oder Dehydrierung, der andere für Dehydratisierung. Wenn ein solcher Kontakt nur zum Hydrieren oder Dehydrieren verwendet wird, wie in dem seinerzeit (S. 549 und 694) betrachteten Falle, so äußert sich die Wirkung der Tonerde nur als die eines Verstärkers oder Trägers und nicht eines Katalysators. Wenn derselbe Kontakt aber für eine gleichzeitige Dehydratisierung und z. B. Dehydrierung (im praktischen Falle z. B. von Cyclohexanol zu Benzol, siehe MASSINA[1]) eingesetzt wird, so ist er nicht mehr einfach ein verstärkter oder

[1] M. P. MASSINA: Chem. J. Ser. A, J. allg. Chem. 7 (1937), 2128.

aufgetragener Kontakt, sondern er wird ein wirklicher Zweikatalysatorenkontakt. Auch in diesem bleibt noch die verstärkende Wirkung der Tonerde auf das Nickel erhalten, aber ihr überlagert sich jetzt die katalytische Zusammenarbeit beider Stoffe.

Wie wir schon im ersten Kapitel (S. 418) sahen, wurde die Anwendung solcher Katalysatoren schon von IPATIEFF studiert, um in einer einzigen Phase den Übergang von Phenol zu Cyclohexan und von Kampfer zu Isokamphan[1] zu erzwingen:

$$C_6H_5OH + 4H_2 = C_6H_{12} + H_2O$$
$$C_{10}H_{16}O + 2H_2 = C_{10}H_{18} + H_2O.$$

Man kann eine Einteilung der Mehrkatalysatorenkontakte nicht von einem allgemeinen Gesichtspunkt aus vornehmen, und wir werden uns darauf beschränken, die einzelnen Fälle zu untersuchen, die jeder einzelnen der komplexen Reaktionen entsprechen, die man mit ihnen durchführen kann.

Die wichtigsten praktischen Fälle, die unter unsere Definition fallen (die theoretischen Fälle sind zahlreicher), sind bei Beschränkung auf praktisch verwendbare und deshalb hinreichend untersuchte, die folgenden:

a) hydrierende (oder dehydrierende) und krackende (oder polymerisierende) Katalysatoren für die hydrierende Krackung von Ölen (Hydrierbenzin) oder die hydrierende Polymerisierung von Olefinen (Hydropolymerisation nach IPATIEFF),

b) dehydrierende und kondensierende bzw. dehydratisierende Katalysatoren zur Erzeugung von Dienen aus Alkoholen (synthetischer Kautschuk aus Alkohol),

c) Kohlendioxyd abspaltende und dehydrierende bzw. oxydierende Katalysatoren für die Synthese von Ketonen aus Alkoholen oder Aldehyden,

d) hydrierende und kondensierende Katalysatoren für die Synthese höherer Alkohole aus Wassergas.

a) Hydrierende (oder dehydrierende) und polymerisierende (oder depolymerisierende) Katalysatoren für die Kohlenwasserstoffsynthese.

Die Kohlenwasserstoffsynthese ist ein sehr verwickeltes Gebiet, das vor allem im Hinblick auf die technische Durchführung für die Veredlung von Erdölprodukten untersucht worden ist: es handelt sich um die Hydrierung schwerer Öle, den Hydroforming-Prozeß, die hydrierende Polymerisation der Olefine usw. Das Studium der Katalysatormischungen hierfür ist jedoch nicht einfach, vor allem wegen der Vielfalt der Reaktionsprodukte und der Schwierigkeit in der Ausdeutung der Versuchsergebnisse. Selbst wenn man von reinen Kohlenwasserstoffen ausgeht, so kann man doch wegen Polymerisationen und Depolymerisationen sehr verwickelte und schwer analysierbare Mischungen erhalten. Auch ist der Verlauf der Reaktion meist von der Überlagerung kinetischer und thermodynamischer Faktoren beherrscht, und deshalb bietet auch das Studium vom physikalisch-chemischen Standpunkt aus viele Deutungsschwierigkeiten und bringt nicht leicht Licht in die Probleme.

Jedoch sind die veröffentlichten einschlägigen Arbeiten relativ wenige; sie beschränken sich größtenteils auf eine Beschreibung der Versuchsergebnisse und verweilen dabei hauptsächlich bei der praktischen Kennzeichnung der Produkte. Unter den ersten Arbeiten dieser Art finden sich die von IPATIEFF,

[1] W. IPATIEFF: Ber. dtsch. chem. Ges. **45** (1912), 3205.

von KOMAREWSKY und von BALAY[1], die alle mit Olefinen (Äthylen, Isobuten und Amylen) gearbeitet haben. Einige andere[2] haben auch Acetylen untersucht.

Normalerweise bestehen die benutzten Katalysatoren aus Nickel und Phosphorsäure oder auch Nickel und Zinkchlorid; es handelt sich also um Katalysatoren von spezifischer Wirkung, die wir als klassisch bezeichnen können (Metalle als dehydrierende oder hydrierende Agenzien, Säuren oder anorganische Halogenide als polymerisierende und isomerisierende Agenzien). Kürzlich haben jedoch BLOCH und SCHAAD[3] mit spezifischen Katalysatoren gearbeitet, die erst in letzter Zeit in Gebrauch gekommen sind und für die moderne Erdöltechnik charakteristisch sind: die Mischung Cr_2O_3-Al_2O_3 (1 : 9) für die Dehydrierung und SiO_2-Al_2O_3-ThO_2 (20 : 1 : 0,1) für die Isomerisierung. Mit einer Mischung gleicher Teile dieser Katalysatoren wurde die Überführung von n-Butan in Isobutylen versucht. Die Ausbeuten sind allerdings nicht glänzend. Interessant ist, daß ein durch einfaches Mischen der beiden Katalysatoren erhaltener Kontakt sich als wirksamer erwies als ein anderer, bei dem die beiden Katalysatoren lange Zeit verrieben und dann angeteigt worden waren. Nach den Verfassern soll dies vielleicht daher kommen, daß die isomerisierende Wirkung des einen Katalysators durch einen zu innigen Kontakt mit dem dehydrierenden paralysiert wird.

Endlich gehören hierher auch die Katalysatoren der FISCHER-TROPSCH-Benzinsynthese (S. 676), wenn sie auch gewöhnlich nicht unter dem Begriff Mehrkatalysatorenkontakte betrachtet worden sind. Sie enthalten ja neben reinen Hydrierkatalysatoren (Kobalt, Nickel) polymerisierende Komponenten, wie Thoriumoxyd und Kieselgur. Man vergleiche hierüber die Versuche von RIESS, LISTER, SMITH und KOMAREWSKY[4] (S. 558).

b) Dehydrierende, kondensierende und dehydratisierende Katalysatoren für die Dien-Synthese.

Der Fall einer Dehydrierung und gleichzeitigen Wasserabspaltung hat große praktische Bedeutung für die Darstellung von Dienen und hauptsächlich von Butadien, dem Rohstoff für synthetischen Kautschuk.

Einige Vorversuche, ausgehend vom Butanol, wurden von KOMAREWSKY und STRINGER[5] gemacht, die mit einer Mischung von Tonerde (zur Wasserabspaltung) und Chromoxyd (zur Dehydrierung) arbeiteten, jedoch mit mageren Ergebnissen. Viel interessanter ist die Darstellung aus Äthylalkohol, die zum erstenmal von russischen Autoren (LEBEDEW und seine Schule) studiert und verwirklicht wurde. Sie hat in ihrem Ursprungsland zu wichtigen technischen Anlagen geführt und wurde später auch in Polen, Italien und Amerika studiert und angewandt.

Schon OSTROMYSSLENSKI[6] hatte gefunden, daß man aus einer Mischung von Alkohol und Acetaldehyd mit Katalysatoren auf Tonerdebasis Butadien

---

[1] V. N. IPATIEFF, V. I. KOMAREWSKY: J. Amer. chem. Soc. **59** (1937), 720; Ind. Engng. Chem. **29** (1937), 958. — V. I. KOMAREWSKY, N. BALAY: Ind. Engng. Chem. **30** (1938), 1051.

[2] A. D. PETROW, L. I. ANTSUS: Bull. Acad. Sci. URSS **1940**, 271; J. physic. Chem. URSS **14** (1940), 1308.

[3] H. S. BLOCH, R. E. SCHAAD: Ind. Engng. Chem. **38** (1946), 144.

[4] C. H. RIESS, F. LISTER, L. G. SMITH, V. I. KOMAREWSKY: Ind. Engng. Chem. **40** (1948), 718.

[5] V. I. KOMAREWSKY, J. T. STRINGER: J. Amer. chem. Soc. **63** (1921), 921.

[6] I. OSTROMYSSLENSKI, S. KILBASINSKI: J. russ. physik.-chem. Ges. **46** (1914), 123; **47** (1915), 1509. — I. OSTROMYSSLENSKI, P. RABINOWITSCH: J. russ. physik.-chem. Ges. **47** (1915), 1507. — I. OSTROMYSSLENSKI: J. russ. physik-chem. Ges. **47** (1915), 1472, 1494.

machen kann. Die Reaktion geht aber besser, wenn außer Al_2O_3 auch basische Sulfate und kleine Mengen von Alkali als Kondensationsmittel zugegen sind, wie RIGAMONTI[1] gefunden hat. Noch höhere Ausbeuten erhält man jedoch, wenn man den Katalysator mit Chromoxyd verstärkt, wie wir schon auf S. 528 sahen.

LEBEDEW dachte daran, den Acetaldehyd in situ auf dem Katalysator durch Dehydrierung von Alkohol zu erzeugen, so daß er in einem höchst reaktionsfähigen Zustand vorläge, und hat zu diesem Zweck dem dehydratisierenden Katalysator noch einen dehydrierenden zugesetzt. Nach dem Hauptpatent von LEBEDEW[2] überströmt man bei $300 \div 400^0$ eine Mischung von dehydrierenden Katalysatoren wie Cu, Ni, ZnO, MgO und dehydratisierenden wie Al_2O_3, SiO_2, Kaolin usw. und erhält eine Gasmischung, die bis zu 30 % Butadien enthält. Den letztgenannten Komponenten ist auch eine kondensierende und polymerisierende Wirkung zuzuschreiben, dadurch bewiesen, daß aus einem Ausgangsstoff mit einer zweiatomigen Kohlenstoffkette Butadien entsteht, das vier Kohlenstoffatome hat.

Die Zusammensetzung der Reaktionsprodukte ist jedoch sehr kompliziert. Außer Wasserstoff, der bis zu 50 Volumprozent im Katalysegas vorliegen kann und außer Butadien, dessen Ausbeute, auf Alkohol berechnet, 35 % (oder 60 % der Theorie) überschreiten kann, ist es eine Mischung von Olefinen (Äthylen, Propylen, Butylen usw.), von hochsiedenden Kohlenwasserstoffen und daneben Sauerstoffverbindungen wie Wasser, Äthyläther, Butanol und höhere Alkohole, Acetaldehyd, Butyraldehyd usw. Diese Kompliziertheit liegt daran, daß der Dehydrierkatalysator, wenn er allein wäre, den Alkohol in Acetaldehyd und Wasserstoff verwandeln würde, die dehydratisierende Komponente aber in Äthylen und Wasser, während die kondensierenden und dehydratisierenden Komponenten nicht nur Acetaldehyd und Alkohol unter Wasserabspaltung zu Butadien kondensieren, sondern auch Äthylen zu Butylen, und weiter die Bildung von Butanol und hochmolekularen Kohlenwasserstoffen hervorrufen. Wenig klar ist die Bildung des Propylens.

Besonders interessant ist, daß die Reaktionsprodukte eine ganz andere Zusammensetzung haben, als man sie thermodynamisch auf Grund chemischer Gleichgewichte erwarten könnte. Bei den ziemlich niedrigen Temperaturen, bei denen die LEBEDEW-Synthese durchgeführt wird, sollte nämlich das Gleichgewicht zwischen Butadien und Wasserstoff zu vollständiger Hydrierung des Butadiens zu Butylen und Butan führen.

Der *Mechanismus* der Reaktion ist nicht in seinen Einzelheiten bekannt, obgleich er von verschiedenen Autoren untersucht wurde. LEBEDEW[3] nimmt an, daß aus Alkohol Radikale $-CH_2 \cdot CHOH-$ sowie $-CH_2 \cdot CH_2-$ entstehen, und daß diese sich miteinander, eventuell unter Wasserabspaltung, verbinden. NATTA und RIGAMONTI[4] sowie GORIN[5] neigen im wesentlichen einer Folge von chemischen Reaktionen zu: eine thermodynamische Studie der verschiedenen möglichen Reaktionsfolgen und die Untersuchung des Einflusses zugesetzten Äthylens, Wasserstoffs oder Acetaldehyds zum Alkohol[6] läßt die erstgenannten Autoren in Übereinstimmung mit GORINS Annahme vermuten, daß am wahr-

[1] R. RIGAMONTI: Chim. e Ind. **29** (1947), 178.

[2] S. W. LEBEDEW: Chem. J. Ser. A, J. allg. Chem. **3** (1935), 698. URSS Pat. Nr. 35182 vom 29. Dezember 1934.

[3] S. W. LEBEDEW: J. allg. Chem. URSS **3** (1933), 698.

[4] G. NATTA, R. RIGAMONTI: Chim. e Ind. **29** (1947), 195.

[5] YU. A. GORIN: J. allg. Chem. URSS **16** (1946), 283.

[6] R. RIGAMONTI, F. RUSSO: Ann. Chim. appl. **37** (1947), 358.

scheinlichsten sich intermediär nacheinander Acetaldehyd, Aldol, Krotonaldehyd und Krotylalkohol bilden, und daß der letzte dann zu Butadien dehydratisiert wird.

Im ganzen muß man, da ja noch viele andere Reaktionen möglich und sogar thermodynamisch wahrscheinlicher sind, festhalten, daß die Entstehung von Butadien mit hohen Ausbeuten vorwiegend kinetischen anstatt thermodynamischen Faktoren zuzuschreiben ist. Jedenfalls haben Natur, Herstellung und Zusammensetzung des Katalysators grundlegende Bedeutung.

Nicht nur die dehydrierenden und kondensierenden bzw. dehydratisierenden Wirkungen müssen richtig abgestuft sein, sondern sie dürfen sich auch nicht im Laufe der Zeit in verschiedener Weise ändern. Nur auf empirischem Wege und nach zeitraubenden Versuchen ist man meistenteils zu guten Ergebnissen gekommen. Es sei erwähnt, daß vor 1939 in einer einzigen Anlage in einem osteuropäischen Land 12000 Versuche mit verschiedenen Katalysatoren ausgeführt werden mußten. So erklärt es sich, warum die Russen niemals ihren Katalysator beschrieben haben, obgleich sie viel über die Durchführung des Prozesses veröffentlicht haben: von theoretischen Studien über den Verlauf der Reaktion bis zu der Natur der erhaltenen Sekundärprodukte; von dem Einfluß des Verhältnisses dehydrierender und wasserabspaltender Komponenten bis zu dem Einfluß der Katalysentemperatur und des Zusatzes fremder Stoffe zum Alkohol; von Gestalt und Größe des Katalysenraumes bis zu den Methoden der Reinigung und Trennung von Butadien und Nebenprodukten usw. Man vergleiche hierüber den ausführlichen Bericht über die russischen Arbeiten in dem Buch von TALALAY und MAGAT[1]. Russische Experimentatoren haben auch versucht, mit ihrem Katalysator aus anderen Alkoholen als Äthanol höhere Diene zu erhalten (Arbeiten von GORIN und Mitarbeitern[2]), haben jedoch immer die Zusammensetzung des Katalysators geheimgehalten. Sie haben nur gesagt, daß er aus einer dehydrierenden Komponente A und einer dehydratisierenden B bestehe, denen sie nachher noch zwei andere Komponenten c und d zugefügt haben, auch diese von unbekannter Konstitution, und daß sie so die Butadienausbeute bezogen auf den theoretischen Wert von etwa 35 % für den binären Ausgangskatalysator auf etwa 70 % steigern konnten.

Will man den Einfluß der einzelnen Komponenten solcher Mehrkatalysatorenkontakte diskutieren, so sollte man sich an die Arbeiten von SABATIER und MAILHE[3] über die Einwirkung verschiedener Oxyde auf Alkohol erinnern. Sie haben nämlich beobachtet, daß einige Oxyde nur dehydratisieren, andere nur dehydrieren und andere wieder teils im einen, teils im anderen Sinne wirken. (Tabelle 94.)

Man muß aber dazu auch beachten, daß die Neigung eines Oxyds, die Dehydrierung oder die Dehydratisierung zu fördern, von der Kristallstruktur und der Vorbehandlung (Erhitzen usw.) abhängig ist, wie ADKINS[4], TAYLOR[5], RIDEAL[6] und SCHWAB[7] gezeigt haben.

---

[1] A. TALALAY, M. MAGAT: Synthetic Rubber from Alcohol. New York, 1945.

[2] YU. A. GORIN: J. allg. Chem. URSS **17** (1947), 55. — YU. A. GORIN, F. A. VASILIEVA: J. allg. Chem. URSS **17** (1947), 693. — YU. A. GORIN, F. A. VASILIEVA, A. K. PANTELEVA: J. allg. Chem. URSS **17** (1947), 1917. — YU. A. GORIN, YU. A. BORGMAN: J. allg. Chem. URSS **17** (1947), 1286. — YU. A. GORIN, M. I. DANILINA: J. allg. Chem. URSS **17** (1947), 2089.

[3] P. SABATIER, A. MAILHE: Ann. Chimie et Physique **20** (1910), (VIII) 289.

[4] H. ADKINS: J. Amer. chem. Soc. **44** (1922), 2175.

[5] H. S. TAYLOR: Colloid Sympos. Monogr. **4** (1926), 19.

[6] G. I. HOOVER, E. K. RIDEAL: J. Amer. chem. Soc. **49** (1927), 104, 116.

[7] G.-M. SCHWAB, E. SCHWAB-AGALLIDIS: J. Amer. chem. Soc. **71** (1949), 1806.

Ferner gibt die Verwendung rein dehydrierender Katalysatoren zusammen mit anderen rein dehydratisierenden (das beste Beispiel ist der von LEBEDEW angegebene Katalysator Cu-Al_2O_3) nicht dieselben hohen Ausbeuten an Butadien

Tabelle 94. *Dehydrierende und dehydratisierende Wirkung verschiedener Oxyde auf Äthanol bei 340÷350°.* (Nach SABATIER und MAILHE.)

Katalysator	Gebildetes Gasvolumen cm^3 pro min	Gaszusammensetzung Prozent H_2	Prozent C_2H_4	Bemerkungen
ThO_2 ...	21	Spur	100	dehydratisierend
Al_2O_3 ...	31	1,5	98,5	
W_2O_5 ...	57	1,5	98,5	
Cr_2O_3 ...	4,2	9	91	gemischte, dehydratisierende und dehydrierende Wirkung
SiO_2	0,9	16	84	
TiO_2	7	37	63	
BeO	1	55	45	
ZrO_2	1	55	45	
UO_2	14	76	24	
Mo_2O_5 ..	5	77	23	
Fe_2O_3 ...	32	86	14	
V_2O_3 ...	14	91	9	
ZnO	6	95	5	
SnO* ...	45	100	0	dehydrierend
CdO* ...	11,2	100	0	
MnO	3,5	100	0	
MgO	Spur	100	0	

* Anfangswirkung.

wie gewisse Mischungen von Oxyden, die in sich beide Wirkungen enthalten und auch eine kondensierende Wirkung zeigen.

Die schlechte kondensierende Wirkung von Katalysatoren aus Metall und Tonerde wird bestätigt durch Arbeiten über Ni-Al_2O_3 von BALANDIN und RUBINSTEIN[1], über Cd-Al_2O_3 von NIKITIN[2] und über NiO-Al_2O_3 (das natürlich rasch in Ni-Al_2O_3 übergeht) von GIOVANNINI[3]. Nach den Versuchen von BALANDIN und RUBINSTEIN[1] mit Isoamylalkohol soll der Katalysator Ni-Al_2O_3 drei Hauptwirkungen haben, die voneinander gut getrennt sind: die Dehydratisierung und die Dehydrierung des Alkohols und die Zersetzung des gebildeten Aldehyds; er soll jedoch, wenigstens in merklichem Maße, keine kondensierende Wirkung haben.

Interessant ist noch gerade in dieser Beziehung, daß bei BALANDIN die drei erwähnten Reaktionen verschiedene Aktivierungsenergie zeigen, während CREMER[4] bei denselben Reaktionen an einem Einheitskatalysator (Seltene Erdoxyde) die Aktivierungsenergie von Dehydrierung und Dehydratisierung gleich gefunden hatte.

Die Befunde von CREMER stehen aber in Widerspruch zu denen von RIDEAL

[1] A. A. BALANDIN, A. M. RUBINSTEIN: J. physic. Chem. URSS **6** (1935), 576; J. Amer. chem. Soc. **57** (1935), 1143; Z. physik. Chem. Abt. B **31** (1936), 195. — A. M. RUBINSTEIN: Acta physicochim. URSS **7** (1937), 101.

[2] V. M. NIKITIN: J. allg. Chem. URSS **15** (1945), 273.

[3] E. GIOVANNINI: Ann. Chim. appl. **33** (1943), 133; Chim. e Ind. **26** (1944), 5.

[4] E. CREMER: Z. physik. Chem. Abt. A **144** (1929), 231.

und SCHWAB[1], die mit Einheitskatalysatoren eine verschiedene Aktivierungsenergie für die Dehydratisierung und die Dehydrierung gefunden haben.

BALANDIN beobachtet auch, daß trotz Änderung der Aktivierungsenergie bei geänderten Versuchsbedingungen das Verhältnis zwischen den drei Aktivierungsenergien der drei erwähnten Reaktionen konstant bleibt. Später hat RUBINSTEIN[2] bei der Röntgenuntersuchung von verschieden hergestellten Katalysatoren gefunden, daß dieses Verhältnis vom Katalysator abhängt und dem Verhältnis der mittleren Kristallitgrößen von Nickel und Tonerde proportional ist. Nach ihm soll dies erklärlich sein, wenn die Reaktionen an den Grenzflächen der Phasen Ni und Al_2O_3 ablaufen.

Nach RUBINSTEIN[3] soll man die höchste Dehydrierungsaktivität bei 30% Ni und die niedrigste bei 60÷70% Ni finden, während die höchste Dehydratisierungsaktivität bei 70% Ni läge. Diese Ergebnisse stimmen recht gut mit denen von MASSINA[4] über die Dehydrierung und Dehydratisierung von Cyclohexanol überein und beweisen die Existenz einer wechselseitigen Verstärkung der beiden Komponenten.

Ein Katalysator, der die besten Ergebnisse bei der Synthese von Butadien aus Alkohol gegeben hat, da er in sich in optimaler Weise die drei besprochenen Eigenschaften der Dehydrierung, Dehydratation und Kondensation vereinigt, ist die von NATTA und RIGAMONTI[5] untersuchte Mischung Kieselsäure-Magnesia im Gewichtsverhältnis 2 : 3. Unter einer großen Reihe von binären und ternären Katalysatormischungen erwies sich dieser bei weitem als der beste, so daß die Verfasser sogar vermuten, daß der Katalysator der Russen eine ähnliche Zusammensetzung haben müsse. In der Tat stimmt er mit den russischen Angaben überein, sowohl in dem Einfluß von Zusätzen zum Alkohol[6] als auch in dem optimalen Verhältnis der dehydratisierenden zur dehydrierenden Komponente ($SiO_2 : MgO = 2 : 3$) wie endlich in der Zusammensetzung der erhaltenen Produkte. Zu beachten ist, daß in diesem Katalysator beide Komponenten kondensierende Wirkung haben: die Kieselsäure wegen ihrer Säurenatur und die Magnesia wegen ihrer Basenatur. Die erstere hat außerdem dehydratisierende, die letztere dehydrierende Wirkung. Diese Eigenschaften werden durch die Tatsache modifiziert, daß sie teilweise in aneinandergebundener Form im Katalysator vorliegen. Wahrscheinlich ist dieser Katalysator wegen dieser glücklichen Vereinigung der drei notwendigen spezifischen Wirkungen in einer Mischung aus nur zwei Stoffen, die partiell miteinander eine Verbindung eingehen, derart aktiv.

Der Katalysator wird hergestellt durch einfaches Anteigen von Kieselsäure und Magnesia mit Wasser. Jedoch ist diese Methode von erheblicher Bedeutung, wie NATTA und RIGAMONTI[7] gezeigt haben, denn SiO_2 und MgO können während des Anteigens untereinander in größerem oder geringerem Umfange reagieren, je nach der Durchführung der Operation und nach der Reaktivität der Oxyde, d. h. nach ihrer eigenen Herstellungsmethode. Diese Reaktion, die sich durch Wärmeentwicklung verrät, führt zur Bildung von Silikaten, deren Formel nicht

---

[1] G.-M. SCHWAB, E. SCHWAB-AGALLIDIS: J. Amer. chem. Soc. **71** (1949), 1806. — I. HOOVER, E. K. RIDEAL: J. Amer. chem. Soc. **49** (1927), 116.

[2] A. M. RUBINSTEIN: Bull. Acad. Sci. URSS **1938**, 815.

[3] A. M. RUBINSTEIN: J. physic. Chem. URSS **13** (1939), 1271.

[4] M. P. MASSINA: Chem. J. Ser. A, J. allg. Chem. **7** (1937), 2128.

[5] G. NATTA, R. RIGAMONTI: Chim. e Ind. **29** (1947), 195. — R. RIGAMONTI, G. CARDILLO: Ann. Chim. appl. **37** (1947), 347.

[6] R. RIGAMONTI, F. RUSSO: Ann. Chim. appl. **37** (1947), 358.

[7] G. NATTA, R. RIGAMONTI: Chim. e Ind. **29** (1947), 239.

feststeht, deren Anwesenheit aber durch Röntgenuntersuchungen und chemische Analysen mit Sicherheit nachgewiesen ist. Dieses Magnesiumsilikat ist zunächst amorph und kristallisiert während des nachfolgenden Erwärmens auf die Katalysetemperatur, ein Prozeß, den man durch Röntgenstrahlen wie auch analytisch genau verfolgen kann. Die Rekristallisation wird noch erleichtert, wenn der Katalysator reich an MgO ist, in Übereinstimmung mit späteren Befunden von SABATIER[1].

NATTA und RIGAMONTI konnten durch systematische Untersuchung einer großen Zahl von Katalysatoren vor und nach Gebrauch feststellen, daß, je größer der in Silikat übergegangene Anteil ist, desto geringer die katalytische Wirkung und vor allem die Ausbeute an Butadien wird (Tabelle 95). Dieselben Autoren

Tabelle 95. *Beziehung zwischen Konstitution und Wirksamkeit der Butadienkatalysatoren* SiO_2-MgO. (Nach NATTA und RIGAMONTI.)

Katalysator	Analytische Zusammensetzung bezogen auf die Summe $SiO_2+Al_2O_3$			Qualität des Katalysators	Versuchsdauer in Tagen	Butadienausbeute bezogen auf Alkohol-Verbrauch	
	SiO_2 gesamt Prozent	MgO frei Prozent	MgO als Silikat Prozent			die ersten drei Tage Prozent	die letzten drei Tage Prozent
70	44,6	48,4	7	gut	8	55,5÷61	54÷55
desgl. gebraucht	(42,9)	(41,4)	(15,7)	bescheiden			
69	43,1	47,5	9,4	gut	12	54,5÷59	54÷57
110	48,6	40,4	11,0	mittelmäßig	3	48,5÷51	—
3 B	42,4	41,3	16,3	schlecht	17	46,5÷52	39,5÷43,5
25	37,6	56,0	6,4	bescheiden	23	47,5÷53	38÷42
desgl. gebraucht	(38,8)	(35,4)	(25,8)	ganz schlecht			

haben aus diesen Untersuchungen auch zwei Methoden zur Herstellung wirksamerer Katalysatoren abgeleitet: das Anteigen mit Lösungen von Essigsäure (die in Magnesiumacetat übergeht) oder mit Ammoniak. Hierbei vermindert

Tabelle 96. *Vergleich verschiedener Herstellungsweisen des Katalysators* SiO_2-MgO. (Nach NATTA und RIGAMONTI.)

600 g MgO + 400 g SiO_2 angeteigt mit:	Katalyse-Temperatur °C	cm^3 Alkohol je Liter Katalysator und Stunde	Butadien-Ausbeute vom verbrauchten Alkohol
1600 cm^3 kaltes Wasser	430	299	41,0
1600 cm^3 Wasser und 12 Stunden auf 100°	420	300	18,4
1600 cm^3 Wasser + 30 g CrO_3 in der Kälte	415	233	52,3
1600 cm^3 5% NH_3	415	297	48,9
1600 cm^3 Wasser + 75 cm^3 Essigsäure in der Kälte	415	300	54,1

die Anwesenheit der Ionen Mg^{++} bzw. OH^- die Löslichkeit des MgO und verlangsamt so die Reaktion mit der Kieselsäure. Wie man aus Tabelle 96 sieht,

[1] G. SABATIER: C. R. hebd. Séances Acad. Sci. **230** (1950), 1962.

in der Mittelwerte verschiedener Versuche und Präparate zusammengefaßt sind, sind die Ergebnisse sehr gut. Auch mit CO_2-gesättigtem Wasser, das Magnesiumhydrogencarbonat bildet, oder mit Ammoncarbonat, das einfach Mg^{++}-Ionen in Lösung bringt, hat man gute Ergebnisse erzielt. Nichtsdestoweniger läßt sich eine geringe Silikatbildung nicht vermeiden und ist auch andererseits notwendig, da sie als Bindemittel wirkt und dem Katalysatorkorn eine gewisse Festigkeit verleiht.

NATTA und RIGAMONTI haben auch einige andere Zusätze zum Katalysator erprobt, aber die Ergebnisse wurden nicht besser, sondern im allgemeinen sogar schlechter. Nur ein Zusatz von Chromoxyd durch Anteigen mit Chromsäurelösungen führte zu guten Ergebnissen, die aber gemeinhin auch nicht besser waren als die mit dem binären Katalysator. Wahrscheinlich hat auch dieser Zusatz nur zu einer Verminderung der Silikatbildung beigetragen, indem er beim Anteigen lösliches Magnesiumchromat gegeben hat.

Kürzlich haben auch SRINIVASAN und HAZRA[1] Versuche mit SiO_2-MgO unter Zusatz eines dritten Oxyds (Al_2O_3 oder ZrO_2) gemacht, aber ihre Ergebnisse sind nicht besser wie die von NATTA und RIGAMONTI. WAIDA[2] hat dagegen nur mit Magnesiumoxyd verschiedener Herstellung oder mit MgO nach Zusatz von Al_2O_3, MnO oder CrO_3 gearbeitet, aber auch recht niedrige Ausbeuten erzielt.

Dagegen wurden kürzlich sehr gute Resultate von TOUSSAINT und Mitarbeitern[3] sowie CORSON und Mitarbeitern[4] erhalten. Sie arbeiteten zunächst mit Mischungen von Alkohol und Acetaldehyd und einem Katalysator aus Kieselsäure mit kleinen Mengen der Oxyde von Tantal, Zirkonium und Niobium und erreichten Butadienausbeuten von 88 % auf Aldehyd und 68 % auf Alkohol bezogen. Die besten Ergebnisse lieferte Ta_2O_5, weniger gute ZrO_2 und noch weniger gute Nb_2O_5. Versuche mit variierter Menge Ta_2O_5 zeigten ein Optimum bei einer Konzentration von 2 % (Tabelle 97). Noch bessere Ausbeuten, bis zu

Tabelle 97. *Butadienausbeute aus Äthanol + Acetaldehyd mit einem SiO_2-Ta_2O_5-Katalysator als Funktion des Ta_2O_5-Gehalts.* (Nach TOUSSAINT, DUNN und JACKSON.)

Prozent Ta_2O_5	0,6	2,0	5,5
Ausbeute vom Acetaldehyd	68,8	80,4	80,0
Ausbeute vom Alkohol	62,0	67,0	61,0

94 % auf Aldehyd und 76 % auf Aldehyd + Alkohol bezogen, wurden mit einer besonderen Einrichtung des Katalysenraumes erzielt, wo der Alkohol an verschiedenen Stellen in die Katalysatorschicht eintrat[5].

Später haben TOUSSAINT und Mitarbeiter[3] versucht, nach der Methode der

[1] R. SRINIVASAN, G. D. HAZRA: Sci. and Cult. **14** (1949), 436, 480, 532; **15** (1949), 36.

[2] T. WAIDA: J. chem. Soc. Japan **62** (1941), 955; J. Soc. Rubber Ind. Japan **15** (1942), 75. — T. WAIDA, Y. YOSHIMOTO: J. chem. Soc. Japan **64** (1943), 1086.

[3] W. J. TOUSSAINT, J. T. DUNN, D. R. JACKSON: Ind. Engng. Chem. **39** (1947), 120.

[4] B. B. CORSON, E. E. STAHLY, H. E. JONES, H. D. BISHOP: Ind. Engng. Chem. **41** (1949), 1012.

[5] P. M. KAMPMEYER, E. E. STAHLY: Ind. Engng. Chem. **41** (1949), 550.

russischen Schule nur mit Alkohol zu arbeiten, und einen dehydrierenden Stoff in den Katalysator eingeführt. Mit CdO hatten sie schlechten Erfolg, aber durch Mischen des Katalysators SiO_2-Ta_2O_5 mit einem Viertel seines Volumens eines Kupferkatalysators erhielten sie zufriedenstellende Ausbeuten um 64 %.

Quattelbaum, Toussaint und Dunn[1] sowie Jones, Stahly und Corson[2] haben auch mit Mischungen anderer Alkohole und Aldehyde unter verschiedenen Temperatur-, Druck- und Konzentrationsbedingungen gearbeitet und glauben, daß der Mechanismus der Reaktion im wesentlichen auf einer Oxydoreduktion oder Dismutation zwischen Alkohol- und Aldehydgruppen beruht. In dem Sonderfall der Darstellung von Butadien soll sich zuerst der Acetaldehyd zu Aldol kondensieren und dieses zu Krotonaldehyd dehydratisieren; dieser Aldehyd soll dann mit Äthanol zu Acetaldehyd und Krotylalkohol reagieren, worauf der letztere schließlich zu Butadien dehydratisiert werde. Demnach soll der Katalysator eine dehydratisierende, eine kondensierende und eine oxydoreduzierende oder dismutierende Wirkung haben.

c) Kohlendioxyd abspaltende und dehydrierende Katalysatoren.

Katalysatoren, die Kohlendioxyd und Wasserstoff abspalten, werden für die *Synthese von Aceton aus Alkohol* (oder aus Aldehyd oder Acetylen) gebraucht. Der Reaktionsmechanismus ist noch nicht klar; bisher wurden zwei Schemata vorgeschlagen: Dehydrierung des Alkohols zum Aldehyd, nachfolgende Oxydation dieses zu Essigsäure auf Kosten von Wasserdampf, und endlich Decarboxylierung der Säure zu Aceton; oder aber zuerst Dehydrierung des Alkohols zum Aldehyd, Kondensation dieses zu Äthylacetat, Verseifung dieses Esters mit Wasserdampf und Decarboxylierung der Säure zu Aceton. Wenn man von Acetylen ausgeht, so müßte die erste Reaktion natürlich der Übergang in Aldehyd durch Addition einer Molekel Wasser sein.

Für diese Reaktion sind verschiedene Katalysatoren mit Oxyden vorgeschlagen worden, die dehydrierend und oxydierend wirken (FeO, CuO), und mit anderen, die decarboxylieren (ZnO, MnO, MgO, CaO). Verschiedene Autoren haben die Reaktion mit dem einen oder anderen Katalysator studiert, ohne zu einer Entscheidung zu kommen, welcher die besseren Ergebnisse liefert. So scheint man dem Verhältnis zwischen den einzelnen Oxyden keine große Bedeutung beigelegt zu haben (oder wenigstens ist nichts darüber berichtet worden). Nach den in Tabelle 98 zusammengestellten Ergebnissen verschiedener Forscher kann man keine endgültige Aussage über den besten Katalysator machen. Für ein Gesamturteil müßte man auch die Strömungsgeschwindigkeit über den Katalysator, die Nebenprodukte und die Lebensdauer des Katalysators kennen.

Nach Dick[3], der eine technische Anlage für Aceton aus Acetylen beschreibt, soll der praktisch verwendete Katalysator aus einer Mischung von ZnO und Fe_2O_3 bestehen, die auf Stahlkugeln niedergeschlagen ist.

---

[1] W. M. Quattelbaum, W. J. Toussaint, J. T. Dunn: J. Amer. chem. Soc. **69** (1947), 593.

[2] E. Johnes, E. E. Stahly, B. B. Corson: J. Amer. chem. Soc. 71 (1949), 1822.

[3] A. W. J. Dick: Canad. Chem. Process Ind. **30** (1946), Nr. 9, 34.

Tabelle 98. *Katalysatoren für die Gewinnung von Aceton aus Alkohol, Acetaldehyd oder Acetylen.*

Katalysator	Ausgangsstoff	Ausbeute Aceton Prozent	Temperatur °C	Literatur
Fe_2O_3-$CaCO_3$	Alkohol	86,5	550	1
Fe_2O_3-MgO	Alkohol	80	470	2
Fe_2O_3-ZnO	Acetylen	89	—	3
Fe_2O_3-MnO	Acetaldehyd	96	400	4
	Acetylen	85	440	4
	Acetylen	—	—	5
$FeCO_3$-MgO	Alkohol	80÷83	470	2
Cr_2O_3-ZnO	Acetylen	89	—	6
V_2O_5-ZnO	Acetylen	64	425÷450	7
	Acetylen	60÷70	450	8
	Acetylen	50	—	9
	Acetylen	80÷95	—	5
ZnO-MnO	Alkohol	89	—	6
ZnO—CaO	Acetaldehyd	—	—	10
ZnO-MgO	Alkohol	80	470	2
Cadmiumvanadat-Fe_2O_3	Acetylen	50	—	9
Zn-Mn-Vanadat	Acetylen	90	—	11
Zn-Niobat	Acetylen	—	—	5
Fe_2O_3-CrO_3-ZnO	Alkohol	—	—	12

[1] S. BAKOWSKI, L. STIEPNIEWSKI: Przemysł chem. **20** (1936), 142. – T. J. SUEN, K. S. CHIA: J. Chin. chem. Soc. **8** (1941), 131.

[2] M. F. KAGAN, W. S. KLIMENKOW: Chem. J. Ser. W, J. physik. Chem. **3** (1932), 244.

[3] M. I. USCHAKOW, M. I. ROSENGART: J. chem. Ind. URSS **10** (1934), Nr. 4, 66. — G. O. MORRISON: Chem. and Ind. **1941**, 387. — H. BERGSTRÖM, K. G. TROBECK, H. TYDIN: Tekn. Tidskr. **72** (1942), Nr. 32, 63. — A. W. J. DICK: Canad. Chem. Process Ind. **30** (1946), Nr. 9, 34. — P. P. JONES: Ind. Chemist **22** (1946), 195.

[4] N. D. ZELINSKY, M. I. USCHAKOW, B. M. MICHAILOW, J. M. ARBUSSOW: J. chem. Ind. URSS **10** (1934), Nr. 7, 63; Chem. J. Ser. B, J. appl. Chem. **7** (1934), 83.

[5] E. N. KORAHINA, N. F. KRIWSKLYKOW, M. S. PLATONOW: J. Chim. appl. URSS **13** (1940), 1014.

[6] M. I. USCHAKOW, M. I. ROSENGART: J. chem. Ind. URSS **10** (1934), Nr. 4, 66.

[7] M. S. PLATONOW, W. A. PLAKIDINE, K. K. WALTISTOW: Chem. J. Ser. A, J. allg. Chem. **4** (1934), 421.

[8] A. S. BROWN, O. S. KURATOWA, D. W. MUSCHENKO, R. P. URINSON: J. chem. Ind. URSS **18** (1941), Nr. 1, 24.

[9] A. L. KLEBANSKI: Gosudarst. Inst. Prikladnoi Khim. Sbornik Statei **1919—39** (1939), 359.

[10] S. YAMADA: J. Soc. chem. Ind. Japan **36** (1933), 193 B.

[11] D. COZZI: Atti Congr. int. Chim., X Congr., Roma **3** (1938), 89.

[12] H. BERGSTRÖM, K. G. TROBECK, H. TYDIN: Tekn. Tidskr. **72** (1942), Nr. 32, 63.

d) Katalysatoren für die Synthese höherer Alkohole.

Die Synthese höherer Alkohole, die auch technische Bedeutung gehabt hat, läßt sich aus Mischungen von Kohlenoxyd und Wasserstoff unter Druck mit Katalysatoren erzielen, die aus den gewöhnlichen Methanolkontakten (ZnO, ZnO-Cr_2O_3, ZnO-CuO-Cr_2O_3) bestehen, alkalisiert durch Tränken mit Alkalisalzen, und mit Katalysatoren auf ThO_2-Basis, wie sie bei der Isosynthese verwendet werden, oder auf Fe-Basis (Synthol-Prozeß). Von den letzten beiden

Katalysatortypen wird auch in dem Kapitel über die Kohlenwasserstoffsynthese berichtet.

Schon früher hatten FISCHER und TROPSCH[1] beobachtet, daß Eisen, während es im reinen Zustand die Methanbildung katalysiert, alkalisiert eine flüssige Mischung liefert, die vorwiegend Alkohole und Aldehyde neben Säuren, Äthern, Estern, Kohlenwasserstoffen und so weiter enthält und die von ihnen Synthol genannt wurde. Der Katalysator wurde von ihnen durch einfaches Eindampfen von Alkalilösungen über Eisenspänen gewonnen. Die Anwendung reduzierten Eisens gab Katalysatoren, die rasch ihre Wirksamkeit verloren wegen des durch Zersetzung des Kohlenoxyds abgeschiedenen Kohlenstoffs.

Größere Bedeutung als der Alkaligehalt (wenigstens oberhalb eines gewissen Wertes) hat für solche Katalysatoren die Art des Alkalis, wie man aus Tabelle 99

Tabelle 99. *Einwirkung verschiedener Alkalien auf die Syntholreaktion.* (Nach FISCHER und TROPSCH.) Katalysatoren aus 300 g Eisenspänen und 300 cm^3 n-Alkali; Versuch bei 420° und 140 atm.

Alkali	wässerige Reaktionsprodukte		ölige Reaktionsprodukte cm^3/m^3
	cm^3/m^3	Alkoholgehalt Prozent	
LiOH	2,8	28	0
NaOH	23	24	5
KOH	60	17	30
RbOH	64	25	32
CsOH*	33	16	12
$Ca(OH)_2$	42	10	0
$Sr(OH)_2$**	8,3	22	0
$Ba(OH)_2$	44	19	9,9

* Mit nur 120 cm^3 Alkalilösung hergestellt.
** Katalysator während des Versuchs vergiftet.

sieht. Wahrscheinlich haben sowohl Gehalt als auch Art des Alkalis nicht nur Einfluß auf die Totalausbeute, sondern auch auf die Zusammensetzung des Produkts.

Verschieden sind die spezifischen Wirkungen des Eisens und des Alkalis: Das Alkali wirkt als Kondensationsmittel für den Aldehyd (Aldolisierung) und

Tabelle 100. *Syntholherstellung mit verschiedenen Metallen.* (Nach FISCHER und TROPSCH.) Katalysatoren mit K_2CO_3 alkalisiert.

Metall	wässerige Reaktionsprodukte cm^3/m^3	ölige Reaktionsprodukte cm^3/m^3
Fe	42	12
Co	85	0
Ni	20	0

als Verankerungsmittel für Kohlenoxyd an den Alkoholen unter Bildung von Säuren und Estern, das Eisen hydriert die gebildeten Produkte. Versuche mit anderen Metallen (Co, Ni) haben die verschiedensten Resultate ergeben (Tabelle 100).

[1] F. FISCHER, H. TROPSCH: Ber. dtsch. chem. Ges. **56** (1923), 2428; Brennstoff-Chem. **4** (1923), 276; **5** (1924), 201, 217.

Ähnliche Ergebnisse wie FISCHER haben auch AUDIBERT und RAINEAU[1] mit Katalysatoren aus alkalisierten Eisenoxyden erhalten, noch bessere jedoch mit einem Katalysator aus gleichen Teilen Fe_2O_3 und CuO, alkalisiert mit 1 % K_2CO_3.

Die Anwendung von Katalysatoren auf Zinkoxydgrundlage vermindert wieder stark die Bildung der Aldehyde, Säuren, Kohlenwasserstoffe usw. So ist die Syntheseflüssigkeit hauptsächlich aus Alkoholen zusammengesetzt.

Tabelle 101. *Mechanismus der Bildung höherer Alkohole aus $CO + H_2$ nach verschiedenen Autoren.*

a) Nach FISCHER-TROPSCH[2]:

$$R \cdot CH_2OH \xrightarrow{+CO} R \cdot CH_2 \cdot COOH \begin{cases} \xrightarrow{+H_2} R \cdot CH_2 \cdot CH_2OH \\ \xrightarrow[-H_2O]{-CO_2} \begin{matrix} R \cdot CH_2 \\ R \cdot CH_2 \end{matrix} \Big\rangle CO \xrightarrow{+H_2} \begin{matrix} R \cdot CH_2 \\ R \cdot CH_2 \end{matrix} \Big\rangle CHOH \end{cases}$$

b) Nach NATTA[3]:

$$R \cdot CH_2OH \xrightarrow{+KOH} R \cdot CH_2OK \xrightarrow{+CO} R \cdot CH_2 \cdot COOK \begin{cases} \xrightarrow{+H_2} R \cdot CH_2 \cdot CH_2OH + KOH \\ \xrightarrow{-K_2CO_3} \begin{matrix} R \cdot CH_2 \\ R \cdot CH_2 \end{matrix} \Big\rangle CO \xrightarrow{+H_2} \begin{matrix} R \cdot CH_2 \\ R \cdot CH_2 \end{matrix} \Big\rangle CHOH \end{cases}$$

c) Nach FROLICH und CRYDER[4]:

$$2CH_3OH \longrightarrow C_2H_5OH + H_2O$$
$$CH_3OH + C_2H_5OH \longrightarrow C_3H_7OH + H_2O$$
$$2C_2H_5OH \longrightarrow C_4H_9OH + H_2O$$

usw.

d) Nach GRAVES[5]:

$$R \cdot CH_2OH + CH_3OH \longrightarrow R \cdot CH_2 \cdot CH_2OH + H_2O$$
$$R \cdot CH_2OH + CH_3 \cdot CH_2OH \longrightarrow R \cdot CH_2 \cdot CH_2 \cdot CH_2OH + H_2O$$
$$R \cdot CH_2OH + R' \cdot CH_2 \cdot CH_2OH \longrightarrow R \cdot CH_2 \cdot \underset{\displaystyle R'}{\underset{|}{CH}} \cdot CH_2OH + H_2O$$

[1] E. AUDIBERT, A. RAINEAU: Ind. Engng. Chem. **21** (1929), 880.

[2] F. FISCHER, H. TROPSCH: Ber. dtsch. chem. Ges. **56** (1923), 2428; Brennstoff-Chem. **4** (1923), 276; **5** (1924), 201, 217.

[3] G. NATTA, M. STRADA: Giorn. Chim. ind. appl. **12** (1930), 169; **13** (1931), 317. — G. NATTA, R. RIGAMONTI: Giorn. Chim. ind. appl. **14** (1932), 217.

[4] P. K. FROLICH, D. S. CRYDER: Ind. Engng. Chem. **22** (1930), 1051.

[5] G. D. GRAVES: Ind. Engng. Chem. **23** (1931), 1381.

e) Nach MORGAN[1]:

$$R\cdot CHO + R'\cdot CH_2\cdot CHO \longrightarrow R\cdot CH(OH)\cdot CHR'\cdot CHO \xrightarrow{-H_2O} R\cdot CH{:}CR'\cdot CHO \xrightarrow{+H_2}$$

$$\longrightarrow R\cdot CH_2\cdot CHR'\cdot CHO \xrightarrow{+H_2} R\cdot CH_2\cdot CHR'\cdot CH_2OH$$

f) Nach MACHEMER[2]:

$$R\cdot CH_2\cdot CH_2OH \xrightarrow{-H_2} R\cdot CH_2\cdot CHO \longrightarrow R\cdot CH_2\cdot \underset{\displaystyle OH}{\underset{|}{CH}}\cdot \underset{\displaystyle R}{\underset{|}{CH}}\cdot CHO \xrightarrow{-H_2O}$$

$$\longrightarrow R\cdot CH_2\cdot CH{:}\underset{\displaystyle R}{\underset{|}{C}}\cdot CHO \xrightarrow{+H_2} R\cdot CH_2\cdot \underset{\displaystyle R}{\underset{|}{CH}}\cdot CH_2OH$$

$$R\cdot CH_2\cdot \underset{\displaystyle OH}{\underset{|}{CH}}\cdot R' \xrightarrow{-H_2} R\cdot CH_2\cdot CO\cdot R' \longrightarrow R\cdot CH_2\cdot \overset{\displaystyle R'}{\overset{|}{\underset{\displaystyle OH}{\underset{|}{C}}}}\cdot \overset{\displaystyle R}{\overset{|}{CH}}\cdot CO\cdot R' \xrightarrow{-H_2O}$$

$$\longrightarrow R\cdot CH_2\cdot \overset{\displaystyle R'}{\overset{|}{C}}{:}\overset{\displaystyle R}{\overset{|}{C}}\cdot CO\cdot R' \xrightarrow{+H_2} R\cdot CH_2\cdot \overset{\displaystyle R'}{\overset{|}{CH}}\cdot \overset{\displaystyle R}{\overset{|}{CH}}\cdot \underset{\displaystyle OH}{\underset{|}{CH}}\cdot R'$$

Diese Synthese der höheren Alkohole mit alkalisierten ZnO-Katalysatoren ist schon von vielen Autoren[3] studiert worden, doch sind ihre Resultate nach so verschiedenen Methoden und unter so verschiedenen Bedingungen gewonnen worden, daß sie schwer zu vergleichen sind. Außerdem ist, wie NATTA und RIGAMONTI[4] gezeigt haben, die erhaltene Mischung sehr komplex und die Analyse war zu jener Zeit sehr langwierig und schwierig. Es ist deshalb sehr wahrscheinlich, daß etliche veröffentlichte Ergebnisse fehlerhaft sind, insbesondere wegen der verschiedenen azeotropen Mischungen, die diese Alkohole bilden und die leicht mit anderen Produkten verwechselt werden können, wenn man mit zu kleinen Mengen arbeitet.

Es kommen noch die Verwicklungen durch die vielfachen Reaktionsmöglichkeiten dazu, die je nach dem verwendeten Katalysatortyp sich unterscheiden können. Die erste Reaktion, die stattfindet, ist die Bildung von Methanol. An sie schließen sich aber andere Reaktionen an, die von den verschiedenen Autoren verschieden gedeutet werden und die wir in Tabelle 101 zusammengestellt haben.

---

[1] G. T. MORGAN: Bull. Soc. chim. Belgique **45** (1936), 287. — G. T. MORGAN, D. V. N. HARDY, R. A. PROCTER: J. Soc. chem. Ind. **51** (1932), 1 T. — G. T. MORGAN, R. TAYLOR: Proc. Roy. Soc. (London), Ser. A **131** (1931), 533.

[2] H. MACHEMER: Angew. Chem. **64** (1952), 213.

[3] G. T. MORGAN: Bull. Soc. chim. Belgique **45** (1936), 287. — G. T. MORGAN, D. V. N. HARDY, R. A. PROCTER: J. Soc. chem. Ind. **51** (1932), 1T. — G. T. MORGAN, R. TAYLOR: Proc. Roy. Soc. (London), Ser. A **131** (1931), 533. — G. T. MORGAN, R. TAYLOR, T. Y. HEDLEY: J. Soc. chem. Ind. **47** (1928), 117T. — P. K. FROLICH, W. K. LEWIS: Ind. Engng. Chem. **20** (1928), 354. — P. K. FROLICH, D. S. CRYDER: Ind. Engng. Chem. **22** (1930), 1051. — JE. M. BOTSCHAROWA, B. N. DOLGOW, S. M. PROCHOROWA: Chem. festen Brennstoffe URSS **6** (1935), 665. — JE. M. BOTSCHAROWA, B. N. DOLGOW: C. R. Acad. Sci. URSS **3** (1934), 115. — N. D. A. POSSOPECHOW, A. A. SCHOKOL: Ukrain. Acad. Sci., Mem. Inst. Chem. **4** (1937), 205. — N. A. KLIUKWIN, J. N. WOLNOW, M. N. KARPINSKI: Chem. festen Brennstoffe URSS **3** (1932), 829. — G. NATTA, M. STRADA: Giorn. Chim. ind. appl. **12** (1930), 169; **13** (1931), 317. — G. NATTA, R. RIGAMONTI: Giorn. Chim. ind. appl. **14** (1932), 217. — M. STRADA: Giorn. Chim. ind. appl. **14** (1932), 601; **15** (1933), 168; **16** (1934), 62.

[4] G. NATTA, R. RIGAMONTI: Giorn. Chim. ind. appl. **14** (1932), 217.

Außer der Bildung von Alkoholen tritt auch noch die von Säuren, Ketonen, Acetalen, Aldehyden, Estern, Äthern usw. ein.

Aus allen Versuchen jedoch geht die Notwendigkeit hervor, alkalisierte Katalysatoren zu benutzen. Katalysatoren ohne Alkali geben praktisch reines Methanol, besonders wenn man bei tiefer Temperatur ($350 \div 380^0$) arbeitet; aber schon Spuren von Alkali, wie sie bei ungenügendem Waschen bei der Herstellung des Katalysators zurückgehalten werden, genügen, um wenn auch geringe Mengen von höheren Alkoholen zu bilden.

Der Grundkatalysator zeigt einen Einfluß auf die vorwiegende Bildung des einen oder anderen Alkohols. Es ist z. B. bekannt, daß die eisenhaltigen Katalysatoren, wie jene, die bei Syntholprozessen verwandt werden[1], an höheren Alkoholen hauptsächlich Äthylalkohol liefern und daneben wenig Methanol. Das gleiche Ergebnis wurde von Morgan und Taylor mit alkalisierten Katalysatoren auf Zn-, Co- und Mn-Basis erhalten[2]. Ein besonderes Verhalten scheinen in diesem Zusammenhang die kupferhaltigen Katalysatoren zu haben. Possopechow erhielt so beim Arbeiten mit alkalisierten CuO-ZnO-Cr_2O_3 Katalysatoren und bei Temperaturen von etwa 200^0 hauptsächlich Äthylalkohol[3], während Tahara und Mitarbeiter[4] mit alkalisierten Cu-Cr_4- und Cu-Zn-Cr_4-Kontakten und bei relativ hohen Temperaturen (490^0) Butylalkohol erhalten haben.

Nach diesen Ergebnissen zu urteilen, scheint auch die Temperatur einen gewissen Einfluß auf die Natur der erhaltenen Alkohole zu haben. Mit den normalerweise verwandten alkalisierten ZnO-Cr_2O_3-Kontakten erhielt man jedoch an höheren Alkoholen als Methanol in der Hauptsache Butylalkohol, während der Äthylalkohol lediglich in Spuren entstand. Hier ist jedoch zu beachten, daß Ausbeute und Zusammensetzung der höheren Alkohole in größtem Maße (vielleicht mehr als vom Katalysatortyp) von der Gaszusammensetzung (Verhältnis $CO:H_2$, siehe Tabelle 103) und von der Strömungsgeschwindigkeit, also der Kontaktdauer abhängen. Mit zunehmender Dauer steigt die Ausbeute an höheren Alkoholen und überhaupt der Gehalt an Produkten höheren Molekulargewichts, und zwar deshalb, weil die gebildeten Alkoholmolekeln längere Zeit mit dem Alkali in Berührung bleiben und zu höher molekularen Produkten weiter reagieren können. Es ist auch möglich, den Anteil

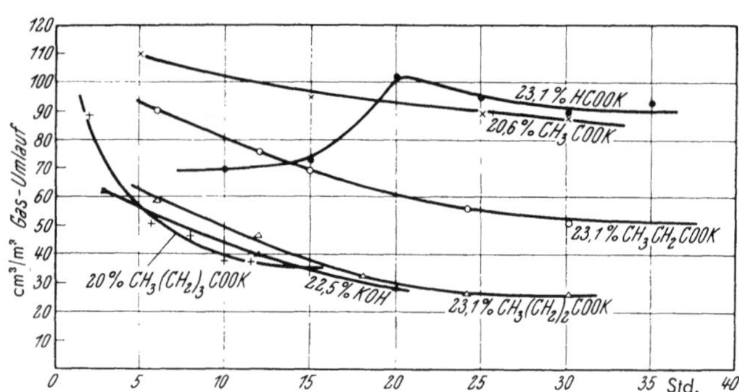

Abb. 71. Zeitliche Veränderlichkeit der Ausbeute an verschiedenen Katalysatoren. (Nach Strada.)

---

[1] W. Wenzel: Angew. Chem. **620** (1948), 225.

[2] G. T. Morgan, R. Taylor: Proc. Roy. Soc. (London), Ser. A **131** (1931), 533. — R. Taylor: Gas World **104** (1936) Nr. 2696, 38; J. chem. Soc. (London) **1934**, 1429.

[3] N. D. A. Possopechow, A. A. Schokol: Ukrain. Acad. Sci., Mem. Inst. Chem. **4** (1937), 205.

[4] H. Tahara, Y. Tatuchi, J. Simizu: J. Soc. chem. Ind. Japan **43** (1940), 82 B. — H. Tahara, D. Komiyana, S. Kodama, T. Ishibashi: J. Soc. chem. Ind. Japan **45** (1942), 89 B. — H. Tahara, T. Ishibashi, S. Kodama: J. Soc. chem. Ind. Japan **45** (1942), 90 B, 91 B.

an höheren Alkoholen dadurch zu vergrößern, daß man einen Teil des Methanols noch einmal über den Katalysator leitet.

Erhebliche Bedeutung hat auch die Menge und die Art des benutzten Alkalis, was noch deutlicher beweist, wie sehr die Bildung der höheren Alkohole mit dieser Imprägnierung des Katalysators verknüpft ist. Bei gleichem molekularem Alkaligehalt und sonst gleichen Katalysebedingungen steigt nämlich die Menge der gebildeten höheren Alkohole mit steigender Basizität der zur Alkalisierung benutzten Basen, und zwar in der Reihe Na_2O, K_2O, Rb_2O, Cs_2O (Tab. 103). Ferner steigt sie bis zu einer gewissen Grenze mit dem Prozentsatz anwesenden Alkalis[1] (Abb. 71 und 72).

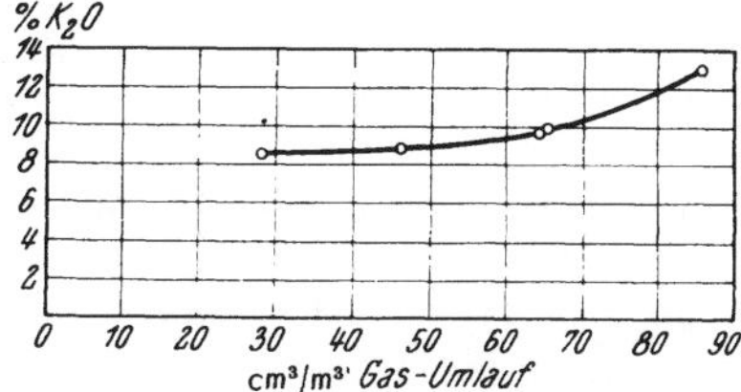

Abb. 72. Ausbeute in cm³ pro m³ Gasumlauf in Abhängigkeit von dem K_2O-Gehalt des Katalysators. (Nach STRADA.)

Tabelle 102. *Einfluß der Natur des einem ZnO-Cr_2O_3-Katalysator zugesetzten Alkalimetalls auf die Synthese der höheren Alkohole.* (Nach RUNGE und ZEPF[2].) Bedingungen der Synthese: $t = 440 \div 445^0$ C; P = 250 atm; 400 cm³ Katalysator. Synthesegas: $H_2 = 70\,\%$; $CO = 14{,}9\,\%$; $CO_2 = 0{,}8\,\%$; $CH_4 = 6{,}8\,\%$; $N_2 = 7{,}5\,\%$; Raumgeschwindigkeit 200 000. In Gewichtsprozenten.

Katalysator		ZnO: 55,0 CrO₃: 36,1 Li₂O: 0,32	ZnO: 56,1 CrO₃: 34,2 Na₂O: 0,59	ZnO: 55,5 CrO₃: 35,6 K₂O: 0,96	ZnO: 55,0 CrO₃: 35,5 Rb₂O: 1,9	ZnO: 54,5 CrO₃: 33,7 Cs₂O: 2,2
Leichte Fraktionen	Vorlauf...	0,9	0,6	0,4	0,5	0,8
	Methanol.	40,4 } 45,9	44,6 } 49,8	53,5 } 57,4	46,6 } 50,9	47,4 } 52,2
	C_2-Fraktion	4,6	4,6	3,5	3,8	4,0
C_3-Fraktion		0,5	0,9	0,8	1,6	1,0
Isobutyl-Fraktion . . .		8,1	12,5	10,3	15,2	15,6
Amyl-Fraktion........		0,6	0,9	1,1	1,7	1,3
Höhere Fraktionen	Zwischen Fraktionen ..	0,3	0,5	0,9	1,6	1,1
	C_6-Fraktion	0,5	1,2	1,0	1,3	1,6
	C_7-Fraktion	0,8 } 2,1	1,3 } 5,5	1,2 } 5,4	2,3 } 9,3	2,0 } 9,2
	Rückstand...	0,5	2,5	2,3	4,1	4,5
Zwischenfraktionen und Destillationsverlust		1,7	1,7	1,7	2,5	2,4
H_2O		41,1	28,7	23,3	18,8	18,3
Alkohole höher als Methanol..........		11,3	19,8	17,6	27,8	27,1
Produktion in Lit./Std. × Liter Kontakt (spezifische Ausbeute)		0,585	0,985	0,882	0,980	1,102

[1] G. NATTA, M. STRADA: Giorn. Chim. ind. appl. **12** (1930), 169. — M. STRADA: Giorn. Chim. ind. appl. **14** (1932), 601. — G. T. MORGAN, D. N. HARDY, R. A. PROCTER: J. Soc. chem. Ind. **51** (1932), 1T.

[2] F. RUNGE, K. ZEPF: Brennstoff-Chem. **35** (1954), 167.

Als Tränkungsmittel können Hydroxyde, Carbonate und auch Salze organischer Säuren, wie Formiate, Acetate usw. benutzt werden. Aber wegen der Reaktionen, die auf dem Katalysator stattfinden, ist dieser immer nach einer gewissen Arbeitszeit unabhängig von dem Ausgangsstoff mit derselben Mischung von Carbonaten und organischen Säuren getränkt, deren Zusammensetzung von dem Ausgangsprodukt nicht abhängt. Sie ist jedoch von Bedeutung für die Wirksamkeit und Lebensdauer des Katalysators. Geht man von Zinkoxyd mit z. B. Kaliumhydroxyd aus, so erfolgt der Übergang des letzteren in Carbonat und organische Salze größeren Molekularvolumens unter Volumzunahme; hierdurch wird die Oberfläche des Zinkoxyds von den Salzen dicht bedeckt und so ihre Porosität und katalytische Wirksamkeit herabgesetzt. Eine ähnliche Änderung der Katalysatoroberfläche durch Kaliumhydroxyd ergibt sich auch durch dessen Reaktion mit ZnO zu Zinkat.

Aus allen diesen Gründen bekommt man mit Carbonat bessere Ergebnisse als mit Hydroxyd und noch bessere mit Acetat[1], weil bei diesen Verbindungen die beschriebenen Erscheinungen in geringerem Maße auftreten.

Ein anderer Grund der Wirkungsminderung dieser Katalysatoren im Gebrauch ist der, daß sich bei einer solchen Reihe von Folgereaktionen unter Weiterreagieren der gebildeten Alkohole immer kleine Mengen hochmolekularer Stoffe bilden, die zum Teil am Kontakt adsorbiert bleiben und seine Porosität vermindern. Diese Aktivitätsminderung aus den erwähnten Gründen macht die praktische Verwendung der Katalysatoren mühselig. Während nämlich ein guter Methanolkontakt seine Wirksamkeit mit der Zeit so langsam verliert, daß er technisch über ein Jahr gebrauchsfähig ist, vermindern die Katalysatoren für höhere Alkohole ihre Wirkung nach zwei bis drei Monaten auf weniger als die Hälfte.

Das Reaktionsprodukt besteht aus einer Mischung von Methylalkohol, höheren Alkoholen und sonstigen sauerstoffhaltigen Stoffen, deren Zusammensetzung von der Kontaktzeit und dem Verhältnis $CO : H_2$ im Ausgangsgas abhängt (Tabelle 103). Im allgemeinen nimmt die Menge der höheren Alkohole im Verhältnis zum Methanol bei abnehmender Strömungsgeschwindigkeit oder zunehmendem Verhältnis $CO : H_2$ zu.

Tabelle 103. *Eigenschaften des Rohkondensats der Alkoholsynthese in Abhängigkeit vom Verhältnis $CO:H_2$ und von der Strömungsgeschwindigkeit.* (Nach NATTA und STRADA.) Druck: 400 atm, Temperatur: 380°, Katalysator: calcinierter Smithsonit, imprägniert mit K_2CO_3 (13,7% K_2O).

Verhältnis H_2:CO	Kreislaufgeschwindigkeit cm^3/Std.	Volumen der leichten Schicht (höhere Alkohole) Prozent	Eigenschaften							
			schwere Schicht				leichte Schicht			
			Dichte	freie Säuren Prozent	gebundene Säuren Prozent	Aldehyde Prozent	Dichte	freie Säuren Prozent	gebundene Säuren Prozent	Aldehyde Prozent
1,0	650	21,0	0,943	1,32	1,44	0,56	0,857	4,36	3,46	1,33
1,6	640	15,7	0,930	2,37	1,11	1,79	0,863	3,95	4,56	0,66
1,6	540	15,4	0,925	1,55	1,61	0,34	0,871	5,00	3,98	0,48
2,0	800	0,1	0,910	1,71	1,79	1,26	—	—	—	—

[1] G. NATTA, M. STRADA: Giorn. Chim. ind. appl. 12 (1930), 169.

*Das Manuskript dieses Artikels war schon bei Kriegsende im Jahre 1945 abgeschlossen. Da aber der Druck des vorliegenden Bandes durch die Nachkriegsverhältnisse verzögert wurde, hat der eine von uns (*Rigamonti*) das Manuskript unter Berücksichtigung der wichtigsten Literatur bis 1955 ergänzt.*

Namenverzeichnis.

Da die Transskription russischer Eigennamen in verschiedenen in diesem Werk benutzten Referatenorganen verschieden gehandhabt wird, kann derselbe Autor im Verzeichnis in verschiedener Schreibung, ja unter verschiedenen Anfangsbuchstaben erscheinen. So können gleichwertig sein:

J und Z	Ss und S	Schtsch und Shch
W und V	Ch und Kh	J und Y
Je und E	Z, Tz und Ts	Th und F
Sh und Zh	Tsch und Ch	
S und Z	Sch und Sh	

Es ist zu empfehlen, hierauf bei Benutzung des Verzeichnisses zu achten.

Sachverzeichnis.

Jedes Stichwort wurde in der Sprache in das Verzeichnis aufgenommen, in der es im Text auftritt. Außerdem wurde die deutsche Übersetzung der englischen Stichwörter eingereiht, außer in einigen Fällen, wo die Übersetzung fast an dieselbe Stelle des Alphabets zu stehen käme.

Zeitfracht Medien GmbH
Ferdinand-Jühlke-Straße 7
99095 Erfurt, Deutschland
produktsicherheit@kolibri360.de